国家出版基金项目
NATIONAL PUBLICATION FOUNDATION

中國水利史典

黄河卷二

◎中國水利史典編委會 編

中國水利水電出版社

图书在版编目（CIP）数据

中国水利史典. 黄河卷. 2 / 《中国水利史典》编委会编. -- 北京 : 中国水利水电出版社, 2015.9
ISBN 978-7-5170-3718-7

Ⅰ. ①中… Ⅱ. ①中… Ⅲ. ①水利史－中国②黄河－水利史 Ⅳ. ①TV-092

中国版本图书馆CIP数据核字(2015)第234416号

中國水利史典　黄河卷二

作者：中國水利史典編委會　編
出版：中國水利水電出版社
（北京市海淀區玉淵潭南路1號D座　100038）
經售：北京科水圖書銷售中心（零售）
全國各地新華書店和相關出版物銷售網點
排版：北京萬水電子信息有限公司
印刷：北京科信印刷有限公司
規格：184mm×260mm　16開本　56.5印張　1048千字
版次：2015年9月第1版　2015年9月第1次印刷

定價：490.00圓

『十一五』國家重大工程出版規劃圖書
『十二五』國家重點圖書出版規劃項目
首批國家出版基金資助項目

中國水利史典

主　　編　陳　雷

常務副主編　周和平　李國英　周學文

副 主 編（按姓氏筆畫排序）

匡尚富　任憲韶　岳中明　党連文　陳小江

陳東明　葉建春　湯鑫華　蔡　蕃　鄭連第

劉雅鳴　錢　敏

中國水利史典

編委會

主　任　陳　雷

副主任　周和平　李國英　周學文

委　員　（按姓氏筆畫排序）

王愛國　田中興　匡尚富　曲吉山　任憲韶　李　鷹

汪　洪　汪安南　武國堂　岳中明　周魁一　党連文

高　波　陳小江　陳東明　陳明忠　孫繼昌　張志彤

張志清　張紅兵　葉建春　湯鑫華　鄭連第　鄧　堅

劉　震　劉建明　劉雅鳴　劉學釗　錢　敏

編委會辦公室

主　任　陳東明

常務副主任　穆勵生

副主任　馬愛梅　杜丙照

主任助理　宋建娜

成　員　王　藝　楊春霞　張小思　朱　莉　趙　耀

中國水利史典

專家委員會

序一

讀史明今　鑒往知來

經過四年的緊張籌備和編纂，《中國水利史典》開始正式出版。這是貫徹落實黨的十八大精神、加快推動水文化建設的重要舉措，也是功在當代、澤被後人的重大工程。

我國是一個治水歷史悠久的文明古國和水利大國，興修水利、治理水害、消除水患歷來是治國安邦的頭等大事。在長期的治水實踐中，中華民族不僅修建了都江堰、鄭國渠、靈渠、京杭運河、黄河堤防、江浙海塘等衆多舉世聞名的水利工程，而且非常注重對治水歷史的記録整理。早在公元前一百年前後，歷史學家司馬遷就在《史記》中安排專章，記述了從公元前二十一世紀的大禹治水到西漢時期的重大水利事件，第一次提出了以防洪、灌溉、排水、航運、供水爲主要内容的『水利』概念，開了史書專門記録水利史的先河。繼司馬遷之後，我國編纂水利歷史、總結治水經驗、探索水利規律、提供後世借鑒的優良傳統薪火相傳，綿延至今，留下了《河渠書》《水經注》《水部式》《河防通議》《行水金鑑》等諸多彌足珍貴的水利文獻，形成了獨特而豐富的水文化。

盛世修典是中華民族的優秀傳統。我國水利典籍卷帙浩繁、博大精深。但是，經過千百年間朝代更替、戰火兵燹、天灾人禍，許多珍貴歷史文獻遺失或毀損。能够保存至今的古代文獻，藏本分散，複本稀少，孤本難求，極爲珍貴。爲了保護好、傳承好、利用好這些古代文化遺産，全面揭示歷代水利事業的輝煌成就，系統總結我國水利發展的歷史規律，傾力打造文化出版精品工程，爲水利改革發展提供可資借鑒的歷史經驗和現實指導，在國家圖書館和國家出版基金管理委員會的精心指導和大力支持下，水利部决定組織編纂《中國水利史典》。

作爲國家出版基金管理委員會批准并首批支持的重大出版項目，《中國水利史典》具有以下五個鮮明特點：一是歷史的厚重性。《中國水利史典》編纂内容上起大禹治水，下迄一九四九年，涉及我國五千年治水歷史，不僅是新中國成立以來實施的最大單項水利出版項目，也是我國乃至世界歷史上文獻最豐富、結構最完整、時間跨度最長、篇幅規模最大的水利典籍集成。其中收録的歷史文獻，記述了江河湖泊的自然狀況及其演變，記述了治水思想和治水方略的歷史變遷，記述了興修水利的艱辛實踐，記述了水利科技的進步歷程，記述了水利規約制度和管理經驗，凸顯了中國治水實踐的歷史縱深感。二是文化的傳承性。中華民族數千年的治水實踐，不僅創造了豐富的物質文明，而且積澱了深厚的文化財富。《中國水利史典》既是對水利歷史文獻的系統整編，也是對中國治水文化的全面梳理，凝聚了中華民族在治水興水漫長歷史進程中積累的科學認識、思想理念。這是祖先留下的寶貴遺産，是中華民族歷史經驗和智慧的結晶，也是中國傳統文化的絢麗瑰寶。三是内容的豐富性。我國現存的水利典籍，僅專著就有上千種，輿圖、碑刻、拓片、劄子更是不勝枚舉，水利古籍數量之多、領域之廣、内容之豐，居於世界前列。按照編纂方案，《中國水利史典》全書總計十卷，約五十個分册，近五千萬字，可謂鴻篇巨制。在編纂過程中，相關人員充分依托國家圖書館和其他機構的古籍文獻資源，深入查找，廣泛搜集，全面摸清了水利典籍的内容、種類和分布情况，科學厘清了部分文獻記述的來龍去脉和具體特徵，基本做到了應收盡收、精華不漏、系統完整。四是體例的科學性。《中國水利史典》嚴格遵循統一的編纂體例格式，對水利歷史典籍進行甄别、校勘、標點和評注。屬於專門水利著作而内容系統完整的，收録全書；内容涉及門類衆多而水利單獨成篇的，摘録相關篇章；内容豐富而龐雜的，節録水利相關文字和插圖。全書主體部分是經過校點的典籍本身或摘編，全部用繁體字出版，保留了原汁原味。作爲輔助部分的評注，文字簡潔，表述客觀，説理有據，爲讀者閲讀和理解主體部分内容提供了便捷通道。五是編纂的嚴謹性。水利部專門成立編委會，要求各有關單位全力配合、大力支持。爲選准配强編纂隊伍，編委會特别從高校、科研機構選聘了一批綜合素質高、工作責任心强、古文功底深厚、文史水平較高的專家學者參與相關分卷的編纂工作；堅持馬克思主義的立場觀點，堅持科學正確的學術方向，既兼收并蓄、博采衆長，古爲今用，又科學鑒别、去僞存真、去粗取精；建立嚴格規範的工作制度，明確每個環節、每位人員的責任，嚴把選題、大綱、點校、評注以及編輯、出版、印刷等關鍵環節關口，確保了編纂質量的高標準。

『以古爲鑒，可知興替』。當前和今後一個時期，是全面建成小康社會的關鍵時期，是加快轉變經濟發展方式的攻堅時期，也是大力發展民生水利、推進傳統水利向現代水利、可持續發展水利轉變的重要時期。二〇一一年中央一號文件、中央水利工作會議對水利改革發展作出全面部署，黨的十八大把水利放在生態文明建設的突出位置，提出了新的更高要求。《中國水利史典》的出版，爲當前水利工作提供了寶貴的歷史借鑒，爲開展現代水利科學研究提供了深厚的文獻基礎，對於豐富和完善可持續發展治水思路，推進民生水利新發展，加快水生態文明建設，具有重要的現實意義和深遠的歷史影響。我們要充分吸收借鑒歷史實踐的經驗智慧，緊緊抓住用好治水興水的戰略機遇，在新的歷史起點上加快推進水利改革發展新跨越，讓江河更加安瀾，山川更加秀美，人民更加安康，讓水利更好地造福中華民族。

是爲序。

中華人民共和國水利部部長

二〇一三年七月

序二

汲古潤今 嘉惠萬代

盛世修史治典是中華民族的優秀傳統。水利部組織相關領域專家，系統整理我國水利典籍，編纂《中國水利史典》，全面揭示我國歷代水利事業的輝煌成就，系統總結我國水利發展規律，爲當今水利建設提供借鑒，是一項功在當代、嘉惠子孫的重要文化建設項目。

中國幅員遼闊，從世界屋脊的青藏高原到東海之濱，黄河、長江蜿蜒流轉，奔流不息，經歷高山峽谷、草地平原，造就了獨具特色的景觀。巨大的落差和磅礴的水系，也使生活在這片土地上的人們很早就懂得涵養水源、興修水利，疏通河渠，造福生靈，中國的江河水利哺育滋養了璀璨的中華文明。

中國作爲一個歷史悠久的農業大國，歷來重視水利建設，它不僅是農業的命脉，也是治國安邦的要務。從大禹治水至今，涌現出許多可歌可泣的治水英傑，留下了許多造福萬代的水利工程。《元史·河渠志》中曾説：『水爲中國患，尚矣。知其所以爲患，則知其所以爲利。』歷代王朝都十分關注水利建設，康熙皇帝親政之初即把河務、漕運和三藩等三件大事寫成條幅懸挂堂中，作爲立國根本。一部中華民族繁衍發展史，在很大程度上也是中華兒女興水利、除水害的歷史。中華先賢不斷總結治水經驗和規律，留下了卷帙浩繁的水利典籍，數量和内容之豐富，都居於世界前列。這些典籍至今仍閃耀着光芒，是我們治水興國的重要鏡鑒。

早在先秦時期，《禹貢》《管子》《周禮》《考工記》等典籍中，就記有全國水土資源、水流理論、渠系設計、測量方法、施工組織及管理維修等知識。吕不韋等編修《吕氏春秋》，最早提出水文循環原理。西漢時期，著名史學家司馬遷在《史記》中就有記載水利的篇章——《河渠書》，該書記載了從大禹治水到漢武帝黄河瓠子堵口這一歷史時期内一系列治河防洪、開渠通航和引水灌溉的史實。後世的《水經注》、正史中的《河渠志》，以及《農政全書·水利》等，均是水利文獻中的代表作。隨着水利事業的發展，唐代中央政府頒行了我國第一部水利管理法規——《水部式》。這部珍貴法規二十世紀初在敦煌出土後被伯希和劫走，現藏法國國家圖書館。一九三五年，國立北平圖書館（國家圖書館前身）派員把這部珍貴文獻拍照帶回。《水部式》有二千六百多字，内容包括農田水利管理、航運船閘和橋梁渡口管理、漁業和城市水道管理等内容。《水部式》還規定，水利管理的好壞將作爲有關官吏考核晋升的重要依據。中華民族善於學習，兼收并蓄，明末徐光啓與傳教士熊三拔合譯的《泰西水法》，結合中國水利具體情況，經過實驗後，編譯成書，圖文并茂地記述了往復抽水機、螺旋提水車、雙筒往復抽水機等水利機械的結構和製造方法，以及修建蓄水池和鑿井的基本方法，爲近代西方水利技術的引進開了先河。

在衆多存世的河渠水利文獻中，各種類型的河工輿圖最能直觀描繪水利狀況，尤以明清時代河防工程體系形態最爲重要，如黄河河工輿圖上的提示，明確了各種堤防適合在哪一段工程中使用，如果配合文字史料，就可以細化黄河水利史的研究。又如在運河輿圖上有大量詳盡的文字注記，對沿途各程站的名稱與間距、運河水閘間里程、運河沿綫湖泊大小和儲水量多少、運河與其他水道通塞情況、各運河廳管段交界等狀況均有詳細的文字記述，可以通過地圖上的景物、地名與注記逐一對應，至今仍有重要的參考價值。

這些古代水利典籍，是中華民族的寶貴經驗和智慧結晶，源遠流長，博大精深，有待進一步整理、揭示、傳承、利用，這正是編纂出版《中國水利史典》的重要意義所在。

國家圖書館是全國最大的古籍收藏機構，也是古今水利典籍收藏數量最多的單位之一。在這些古籍和民國文獻中，有大量具有重要價值的水利史典籍。特别是有關河渠水利的地方文獻、金石拓片、輿圖資料和老照片檔案等，内容豐富，頗具特色。這些典籍，有的記録江河湖海的自然狀況，有的反映河渠水利的修造過程，有的闡述治水防灾的方略，有的彰顯造福百姓的德政，不乏精品，有重要借鑒意義。新中國成立後，水利部門爲了治河防洪，曾充分利用國家圖書館收藏的古舊河道圖。如一九六四年，水電部水利史研究室、水電部北京勘測設計院根據毛主席『一定要根治海河』的指示進行重大水利工程建設，制定漳、衛、滏陽、滹沱等河流域的治水方案，爲此查閲了當時國家圖書館收藏的各地清代河道圖一百餘種，爲工作的順利開展提供了文獻保障。

二〇〇七年，國務院下發《關於進一步加强全國古籍保護工作的意見》後，古籍整理及利用受到更多關注。《中國水利史典》作爲古籍整理的重要工程，一定會成爲名山之作，傳之後人。

國家圖書館館長
國家古籍保護中心主任
周和平

二〇一三年七月

編纂説明

《中國水利史典》是中華人民共和國成立以來首次全面系統整編水利歷史文獻的大型工具書。它全面記録了我國歷代水利事業的輝煌成就，系統呈現了我國水利發展規律，可爲現代水利建設提供借鑒。它既是梳理歷代治水脉絡、服務現代水利的大型出版工程，也是傳承治水文明、弘揚中華水文化的重要文化工程。

二〇〇七年，中華人民共和國國務院批准設立了『國家出版基金』，這是繼『國家自然科學基金』『國家社會科學基金』之後設立的第三大文化類基金。經過申請，二〇〇九年《中國水利史典》被國家出版基金管理委員會批准爲首批支持的項目，并被新聞出版總署列爲『十一五』『十二五』國家重點圖書出版規劃項目。二〇一〇年，水利部決定成立《中國水利史典》編纂委員會（以下簡稱編委會），負責領導全書編纂工作，并成立了編委會辦公室和專家委員會。編委會辦公室設在中國水利水電出版社。

中華文明有三千多年連續的文字記録，其中關於防洪、灌溉、水運等治水的文獻，爲人們提供了寶貴的歷史借鑒。紀傳體史書《二十五史》中的水利專篇《河渠志》，是中國水利史的縮編；以《資治通鑑》爲代表的編年體史書記載了歷代有重大影響的水利項目；歷代紀事本末體史書把散見於不同年代的同一水利項目編輯在一起；歷朝的會要、實録是歷史事實的原始記録，水利内容豐富。在古代行政管理及法制文獻中，也有如唐《水部式》、宋《農田水利條約》等十分珍貴的資料。大量現存的關於流域綜合治理的水利專志，是研究江河湖泊及其治理的重要依據，如明代《問水集》《河防一覽》《漕河圖志》《漕運通志》《浙西水利書》等。此外，清代編寫的《行水金鑑》《續行水金鑑》等水利史料彙編性圖書，分别摘録了黄河、長江、淮河、濟水和運河從遠古傳説到清代的水利史實。古代科技著作中亦不乏水利記載，如宋代著名科學家沈括的《夢溪筆談》、元代王禎的《王禎農書》和明代徐光啓的《農政全書》等著作中都有關於河湖和水利的内容，有的還比較詳細。

爲把這些浩如烟海的水利文獻有序整理出版，《中國水利史典》分爲十卷，分别是綜合卷、長江卷、黄河卷、淮河卷、海河卷、珠江卷、松遼卷、太湖及東南卷、運河卷和西部卷。其中，綜合卷收録的主要是全國性和跨流域的水利文獻，長江卷、黄河卷、淮河卷、海河卷、珠江卷、松遼卷六卷以相關流域範圍内水利文獻爲主，太湖及東南卷收録的主要是太湖流域、浙、閩、臺地區流域、獨流入海河流及海塘的文獻，運河卷收録的主要是京杭運河及全國性運河的文獻，西部卷包括西北和西南地區流域的水利文獻。

《中國水利史典》所收録的文獻時間範圍確定爲從有文字記載開始至一九四九年止。每卷分爲若干册，每册書一百萬字左右，收録一种文獻（稱爲編纂單元）或數种文獻，主要采用標點、校勘、注釋等方式，并增加整理説明、前言、後記等内容重新排版後付梓。

本次水利古籍整理工作的原則是：句讀合理、標點正確，校讎細緻、校勘有據。主要工作如下：

一、對原文獻分段，逐句加標點。標點遵循GB/T 15834—2011《標點符號用法》。

二、對原文獻進行校勘。凡有可能影響理解的文字差異和訛誤（脱、衍、倒、誤）都標出并改正，如有必要再以校勘記進行説明，校勘記置於頁末，文中校碼〔一〕〔二〕〔三〕……緊附於原文附近。正文改字在正文中標注增删符號，擬删文字用圓括號標記，正確文字用六角括號標記，如把擬删的『下』改成『卜』，格式爲『（下）〔卜〕』。

三、對於史實記載過於簡略、明顯謬誤之處，以及古代水利技術專有術語，專業管理機構，工程專有名稱、名詞等，進行簡單注釋。

四、整理後的文獻采用新字形繁體字。除錯字外，通假字、異體字原則上保留底本用字，不出校。

五、每個編纂單元前，有文獻整理人撰寫的『整理説明』。其主要内容包括：文獻的時代背景，作者簡介及其主要學術成就，文獻的基本内容、特點和價值，文獻的創作、成書情況和社會影響，本次整理所依據的版本及其他需要説明的問題。

六、每册書前，有卷編委會或卷主編撰寫的『卷前言』。其主要内容包括：本分卷涵蓋的水域範圍及其地理、水文、水資源基本特點，水域範圍内主要的古代水利事件、水利工程、水利典籍及其在現代水利中發揮的借鑒作用和參考實例，本分卷典籍入選原則，與編纂有關的、需要特别説明的問題，編纂組織工作簡介。

七、整理過程中，有根據文獻收録情况撰寫的『後記』。其主要内容包括：本册選取編纂單元的原則以及需要重點提示的問題，本册書不同編纂單元中有關職官、異體字等内容在點校工作中不同於其他分册的問題，本册書成稿過程中需要特别向讀者説明的事情。

八、爲便於檢索，書籍出版時在雙頁面加『中國水利史典　分册名』書眉，單頁面加『編纂單元名　篇章名』書眉。

九、爲保持文獻歷史原貌，本次整理不對插圖進行技術處理。

《中國水利史典》的編纂出版得到了水利行業及社會各界的廣泛關注和大力支持。水利部長江水利委員會、黄河水利委員會、淮河水利委員會、海河水利委員會、珠江水利委員會、松遼水利委員會、太湖流域管理局、中國水利水電科學研究院等單位承擔了相關分卷的編纂工作。國家圖書館、國家古籍保護中心、中國科學院、中國社會科學院、清華大學、北京大學、北京師範大學、南開大學、中華書局等單位爲本書的編纂出版提供了積極的幫助。本書的點校專家、審稿專家、編纂工作組織者、編輯出版人員亦付出了巨大努力，在此誠表謝意。

《中國水利史典》是連接歷史水利與現代水利的橋梁，搭建這座橋梁工程浩大，編校繁難，在編纂出版過程中難免存在疏漏與錯誤，歡迎讀者、專家批評指正。

《中國水利史典》編委會辦公室

中國水利史典　黄河卷

主　　編　陳小江

常務副主編　郭國順　李春安

副 主 編　陳呂平　張保平　李肖强

執行主編　鄭勝利

執行副主編　牛建强　岳德軍　呂洪予　韓美琴

參編人員（按姓氏筆畫排序）

田志光　田依林　白建娥　朱更翎　祁琛雲

吴小倫　吴朋飛　李金松　李留文　肖啟榮

武　强　陳二峰　馬洪良　曾　春　童慶鈞

賀科偉　鄒月琴　閔祥鵬　楊　亮　趙長貴

鄭小惠　劉聰明　魏千志　簡　群　龔留柱

前言

黄河是我國的第二大河，發源于青藏高原巴彦喀拉山北麓海拔四千五百米的約古宗列盆地，流經青海、四川、甘肅、寧夏、内蒙古、山西、陝西、河南、山東九省（區），在山東省墾利縣注入渤海，全長五千四百六十四公里，流域面積七十九萬五千平方公里（包括内流區四萬二千平方公里）。

黄河横跨青藏高原、内蒙古高原、黄土高原和華北平原，地勢西部高、東部低，由西向東逐級下降。河口鎮以上爲黄河上游，是黄河徑流的主要來源區；河口鎮至桃花峪爲黄河中游，是黄河洪水和泥沙的主要來源區；桃花峪以下至入海口爲黄河下游，河床比兩岸地面高，爲淮河和海河流域的分水嶺，是舉世聞名的『地上懸河』。黄河水系的主要特點是幹流彎曲多變、支流分佈不均、河床縱比降較大，主要支流有渭河、汾河、無定河、湟水、洮河等，其中渭河是黄河第一大支流，是黄河中游徑流、泥沙的主要來源區。

黄河流域水資源貧乏，多年平均天然徑流量爲五百三十五億立方米，僅占全國的五十分之一；河川徑流年内、年際變化大，降雨主要集中在七八月份，幹流和主要支流汛期七月至十月徑流量占全年六成以上，最大年徑流量是最小年徑流量的三倍多；黄河河川徑流地區分佈不均，徑流六成以上來自于蘭州以上；黄河又是世界上輸沙量最大的河流，三門峽站實測多年平均輸沙量爲十六億噸，平均含沙量爲每立方米三十五公斤。黄河輸沙量大、水流含沙量高的特點決定了下游河道『善淤、善決、善徙』。

黄河是中華民族的摇籃，華夏文明的發源地。在漫長的歷史時期内，黄河在爲我國政治、經濟和文化發展作出重大貢獻的同時，也曾給兩岸人民帶來深重災難。從周定王五年至公元一九三八年花園口決堤改道的二千五百四十年間，有記載的決口泛濫年份爲五百四十三年，決堤次數一千五百九十餘次，經歷五次大改道和遷徙，平均『三年兩決口，百年一改道』，洪災波及範圍北達天津、南抵江淮，包括冀、魯、豫、皖、蘇五省的黄淮海平原，縱横二十五萬平方公里。歷史上黄河流域也是旱災最嚴重的地區之一，有歷史記載的旱災有一千餘次，且旱災範圍廣、歷時久，常常形成『赤地千里』『餓殍遍野』的悲慘局面。

爲了治理黄河，造福人民，歷代先民們對水旱災害進行了長期艱苦的鬥争。大禹治水的傳説，至今仍廣爲流傳。春秋戰國時期，黄河流域開始修建黄河大堤、人工運河和灌溉工程。秦漢以來，經過長期的治河實踐，在防洪、灌溉、航運等方面都有較大建樹，治河方略不斷得到發展，涌現出賈讓、王景、潘季馴、靳輔、陳潢、李儀祉等一批治河名家，他們在治河上取得的重要成就，提出的重要治河觀點，載入典籍，對後世治河實踐與研究發揮了積極的參鑒作用。

我國歷史上防洪、灌溉、水運等有關文獻浩如烟海，其中涉及黄河的典籍著述尤爲豐富，是現存水利古籍的重點。其中，尤屬元代的《河防通議》《至正河防記》、明代的《問水集》《治水筌蹄》《河防一覽》和清代的《治河方略》等，流傳廣泛，影響較大。此外，元代的《治河圖略》、清代的《河防疏略》《河防述言》《張公奏議》《河防志》《黄運河口古今圖説》《南河成案》《回瀾紀要》《安瀾紀要》和民國時期的《豫河志》《黄河年表》《歷代治黄史》等，也都很有價值。由于歷史上黄河頻繁改道，有的著述還涉及到淮河、運河的治理問題。

《中國水利史典·黄河卷》選録原則有四：一是著名治河人物的代表作；二是歷史上有重要影響的黄河典籍；三是注重文獻類型多樣化；四是儘量避免内容重複，對于内容重迭較多的著作，僅選其最具代表性和影響力的一種。

水利部黄河水利委員會高度重視《中國水利史典·黄河卷》的編纂組織工作，成立了由黄河水利委員會主任牽頭，分管委領導、相關部門負責人參加的編委會。在《中國水利史典·黄河卷》編撰過程中，委領導多次聽取彙報，提出指導意見，安排解決人員、經費等問題，有力推動了點校工作按時保質完成。參加《中國水利史典·黄河卷》的點校和復審人員，分别是來自河南大學、清華大學、中國水利水電科學研究院、南陽師範學院、鄭州航空工業管理學院、河南科技大學、河南師範大學等單位和水利部黄河水利委員會的學者和文史工作者，他們具有深厚的古文功底和水利專業知識，終審人員多爲從事水利史研究的資深專家。正是他們的協作和努力，很好地保證了本卷的點校品質。

由于現存資料的限制，加之時間緊迫，錯漏之處恐難避免，懇請讀者不吝賜正。

《中國水利史典·黄河卷》主編

目録

〔清〕崔維雅 著

河防芻議

吴小倫 整理

整理説明

清初，緣于長期戰争，政局、社會秩序未穩，黄河缺失系統有效的治理，決溢徙道尤稱頻繁。譬如河南，『比歲以黄河爲患』（載畢沅《靈岩山人詩集》卷三五《豫州紀》）。近河之民，或葬身魚腹，或蕩析離居，耕藝無依，生計維艱，危害至重且深者矣。幸康熙帝深憂時艱，以河工爲亟務，夙夜廑念，『書而懸之宫中柱上』（載《清聖祖實録》卷一五四）。在其影響下，國家日重黄河治理，治河能臣遂得以擢用，治河言論亦得以付梓。本書即脱胎于這一時代背景之下。

《河防芻議》之著者崔維雅（？—一六六二年），字大醇，直隸新安人，順治三年（一六四六年）舉人。初授濬縣教諭，尋遷儀封知縣。遇北岸三家莊處當水衝，岸潰五里有餘。乃疏上游故流，使水東行，北岸始安，又塞封丘大王廟决口。以功贏得總河朱之錫推薦，擢開封府南河同知。復以防河有功，授浙江寧波府知府。後又因總河王光裕疏請，擢河南河道副使。其時，沿河千餘里，險工迭出，崔維雅常以預防爲先，成效顯著，陽武潭口寺堤、虞城河堤兩工即可堪稱道。至若桃源七里溝，河屢塞屢决，總河王光裕檄其往勘，并悉用其議，卒獲成功。崔維雅治河，力主疏導引河，使水有所歸，勢有所殺，故歷河工二十餘載，屢有著績。後再遷河南按察使，湖南、廣西布政使，内召爲大理寺卿。另著有《兩河治略》一書。

《河防芻議》共六卷，前三卷爲圖與圖説，其中卷一爲《黄河總圖》《淮揚運河全圖》《黄運兩河説》，卷二、卷三爲沿黄二十六處之《河患圖》與《治河説》。崔維雅尤重河圖之重要性，云：『今按圖立説，因病立方，河圖即河患，如人之抱病；立説即立法，如方劑之救人。圖如是，説如是。』後三卷爲文字表述，其中卷四、卷五爲《條議》五十則，卷六仿潘季馴《河防一覽》，置『或問』二十五則，另附其所上之《初上疏築事宜》《再上緊要事宜》《三上緊要事宜》，總河之《題補河廳疏》《題補河道疏》及《督撫薦語》。書前有李霨、姚文然《序》與《自序》。崔維雅認爲，治河蓋有七法，即引河、遥堤、月堤、縷堤、格堤、護埽及截壩。潘季馴僅詳于堤壩而未言引河，崔維雅却尤重引河，蓋有彌補缺略之意焉。書中將黄河大勢與主要河防工程繪製爲圖，綫條起伏各有側重，沿河自然山水、植被及城邑、村鎮、橋梁等多有收入，并力行『長圖』與『短圖』之配合運用，翔實地勾勒出了當時的河患形勢與治河概貌，具有非常重要的借鑒價值。同時，本書也可視爲順治、康熙時期具有代表性的治河水利專著。

《河防芻議》成書于康熙年間，其寫作源于崔維雅長期治河之經歷與心得，在當時産生了一定的社會影響。

清人薛鳳祚曾將本書之卷六《或問》與明潘季馴《河防一覽》中之《河議辯惑》共同輯録在《兩河清彙》卷七中，即足見本書在當時之重要地位。然此書亦非完善，時治河專家、河道總督靳輔就曾找出書中之不足。康熙二十一年（一六八二年），在事關蕭家渡决河治理的廷辯中，面對靳輔的侃侃具陳，崔維雅無言以對，終以靳輔之策而息河患，從中即不難看出，崔維雅之治河説亦多出于一己之見，不可視爲定論。

《河防芻議》流傳不廣，現有素堂藏清刻本、《續修四庫全書》影印清康熙刻本、《四庫全書存目叢書》影印清抄本、國家圖書館藏民國二十五年曬印本等。本次系以《續修四庫全書》本《河防芻議》爲底本，并參照其他相關文獻進行整理。

本書由吴小倫點校，趙長貴、蔣超、毛振培審稿。不當之處請批評指正。

整理者

目録

李霨序

自子輿氏稱大禹之治水曰『行所無事』，而後世論者遂曰：『治水之法，古今異宜。古也唯避其害，今則兼資其利。古也委之天事，今則純任人功。是以三代以後無善策，而四載奏績之難也。』余竊以為不然。《禹貢》所紀浮濟達河諸貢道，即（浚）〔後〕世轉漕之始。漢、唐都關中，經費、粟、帛亦皆仰給東南，其於輸輓之難易、道里之遠近，未嘗不博諮廣攬，歲有講求，非竟漫焉置之也。茲讀江南觀察愓菴崔君《河防》一編，蓋深有會焉。愓菴之言曰：『治河之法，莫善於因禹之治水也，順水之性。順之者，因之之謂也。其要有二，曰因時制宜、因勢利導。』於戲！何其與孟子之言相發明也。君擅經濟才，而深以學問釋褐為令。所治瀕河干，羨溢時儆，遂日與陽侯從事，躬親畚鍤，不翅胥靡，雜作河隄，奏績為諸邑最。於是，總河制府特疏薦於朝，擢淮郡丞，改理河務。所在輒效，一如其為令時。已而遷守四明以去。閱數載，後之使者睹其成績，後特舉為管河監司，所隸益廣，任益重。深心大力，益得所展拓。長河數千里，南北險工諸要害，相度疏塞，緊君一人是賴。承檄而行，不避勞怨。歲方再浹，諸大工以次告成，論功加秩，人咸榮之。會江南廉使缺，妙選難其人，廷推無出君右者，遂進今官。君雖辭究豫，領三吳，謝版築，司奏讞，顧念治河一事，生平精力所寓，猶廉頗之思用趙人，漢文之不忘鉅鹿也。乃輯成斯編，首以《圖說》，列形勢，詳方略也。次以《條議》，度事會，擇便宜也。又次以《或問》，折浮議，堅委任也。終之以桃源諸工事宜，又其所心目俱到，手口卒瘏，已試之成效也。其摘論扼要，擘畫周詳。或抒獨得之見，或薈衆說之長，或引伸前人之所已言，或抉摘昔賢之所未發。一時良吏任事之苦心與修防之急着，蓋包舉無遺矣。至其所謂神而明之，存乎其人者，則君之匠心獨運，非楮墨之所得陳也。然余更有進焉。

天子聖神，知人善任，不日將以旄節畀君，俾駕輕就熟。君必能殫其偉略，建一勞永逸之計，為國家萬世利，而不僅區區自安於賈讓之下策，則徐積《大河》一章，尚當為君誦之。

康熙甲寅陽月下澣，高陽李霨拜手題。

姚文然序

黄河，天下之險，自古記之。昔人言：『胸有全河，而後可以治河』。愚謂：『足遍全河，而後可以治河』。蓋信耳不如信目，坐論不如起行之實也。自古有治人無治法，法以人行，而人亦以法顯。有明三百年，治河如陳平江、劉忠宣輩，指不勝屈，而潘尚書季馴名獨著，以書存也。今攷《河防権書》[一]所載，崔鎮、高堰、黄浦口上下數百里間，築隄固防之策較詳，而于全河疏濬大勢或多未備，以其書但紀一時之成功，非立百世之大法。所謂長河數千里，總河足跡所不能到者也。今從學士玉階處得讀觀察崔公《河防芻議》一書，而後知有治人即有治法，始涣然無遺憾也已。觀察材識敏絶，過目不忘，起家儀封令，目覩懷襄之害，視若己溺，所至經營，丕著成績，書不勝書。先後洊歷郡佐副憲十餘年，所自滎澤、陽武、中牟、儀封，凡中州河患最劇之地，以逮淮、揚兩岸，無不躬親荒度，其險阻要害，條分縷晰，因列爲《圖説》，佐以《(確)〔條〕[二]議》《辨惑》，使人開卷瞭然于河之南北、高下、疾徐、險易。如秦越人之視病，肺腑經絡無不見也。于河之隄岸、埽壩、疏導、築塞，如庖丁之解牛，批却導欵，無不中也。其綜理縝密，部署精詳，如黄霸之治郡，煩碎米鹽，無不舉謝康樂之用材，履屐之間，無不得其任也。真可補前賢之闕略，作後代之津梁。金簡不必探奇于禹穴，歐陽不必致憾于河渠矣。頻歲淮、揚、桃、宿、高、寶陽侯爲災，漕艘咽喉，劇工浩繁，公私困絀。杞人蒿目維桑，天庚民命攸係。愧無以仰佐宵旰，誠以是書爲拜獻先資，不徒託之空言，將必見諸實效。其所以厝昏墊于平成，而臻允猶翕河之治者，功豈在潘尚書下哉？余不勝拭目引領，而泚筆序之如此。

康熙十三年十月，都察院掌院事左都御史、前兵部督捕左右侍郎、奉命江南察審刑部左侍郎、癸丑會試總裁刑部右侍郎、都察院右副都御史、内陞以正四品頂帶食俸仍管户科掌印給事中、兵科都給事中、禮工二科左右給事中、戊子山東典試内翰林國史院庶吉士、皖桐治年家弟姚文然頓首拜撰。

[一]《河防権書》即《河防権》，乃潘大復整理其父潘季馴治河奏疏之作。據《明史》卷九十七《藝文二》載：『潘大復，《河防権》十二卷。』

[二]『確』當作『條』，據卷四、卷五『條議』改。

自序

嘗少讀《河渠書》《溝洫志》，每歎漢司馬遷、班固不著治河方略，使後無所考。長而服官，起家儀封令，日夕河干，目擊黄流奔突，百姓沈甾之苦，深切痌瘝。躬親畚鍤，不避勞暑。凡諸要害險工，慘淡經營，試輒有效。以此，總河朱公之錫、王公光裕前後擇補道廳，三任河官。其于河政不獨耳目濡染，實神明寄之矣。竊嘗謂：『耕當問奴，織當問婢，服藥者必用耆醫，操舟者必訊三老。』諺曰：『巧者不過習者之門。』雅之於河，非敢曰『習之』，亦庶幾比于耕之奴、織之婢、折肱之良醫、久涉風濤之三老矣。

曩在中州，身歷河患，疏築告竣。以暨屢閲淮、揚，周視博訪險工二十餘處，皆授簡繪圖，復附以説。圖載河患情形，如病者之患症，必察其源，而頂衝、掃灣、上提、下坐諸河勢盡此矣。説載治河事宜，如醫者之立方，而引河、遥隄、月隄、縷隄、格隄、護埽、築壩諸治法盡此矣。攷潘（季馴）〔大復〕《河防榷書》，有總圖而無分圖，言築堤而不言引河。然頂衝激汛，隄不能塞。法有時而窮，非疏導不足以分其勢而殺其怒。故長圖不能盡，而分圖以晰之。圖不能載，而爲説以明之。隄不能塞，而引河以濟之。所以濟《河防榷書》之窮，而益補其所未備。《至正河防記》言：『治河不出疏、濬、塞三法。』疏與濬無異，其實止疏、塞二法。圖、説並明，疏、塞互用，後有作者未能舍此二法而别有奇謀秘計者也。但疏、塞之法不一方，疏、塞之工不一事。黄、淮之强弱異形，清濁異性，濬築之淺深異宜，遠近異勢，大而張官置吏，小而備料鳩工，官府之責成不可不專也，夫役之勞苦不可不恤也。錢糧日憂匱乏，何法以濟之？災黎靡有孑遺，何術以起之？種種未易枚舉，皆悉心籌畫。有在任條議，已見施行，亦有未及敷陳，藏諸篋笥者。合條議五十則，而河工先後緩急，官民勤惰勸懲，國計民生，人工物料，條分縷悉，盡此矣。至于治河之家，言人人殊。聚訟盈庭，道旁築舍；或旁觀袖手，而止資談柄；或心切時艱，而但憑耳食。總之，身未親歷，目未及覩，議論雖多，而成功者少，最足以撓國是而灰任事者之心。設爲《或問》二十五條，而衆議之紛紜，群言之折衷，又盡此矣。

竊不自揣妄，謂十年服政，盡瘁河官，止此一獲之愚。上報朝廷，下甦民瘼，庶幾仰佐高深，可幾翕河之治，不敢隱默，輒付梓人，亦猶野人，炙背負暄欲獻之。當宁其人雖愚，其心則誠也。今日河患能爲漕梗者，桃、清迤帶，劇工危急。嘗奉調三次勘工，具有末議，猥蒙當事採擇。并前此歷任縣廳以暨監司，皆以河績，受知督撫，謬蒙優詡，謹將桃源勘工芻議、督撫薦剡褒語附録于後，以見一時大臣寔心任事，虚懷下問，不遺葑菲之意云爾。

時康熙十三年，歲次甲寅仲秋月，江南江寧、蘇、松、常、鎮、淮、揚、徐等處提刑按察使司按察使，前巡理河南通省河道按察司副使崔維雅謹識。

卷一

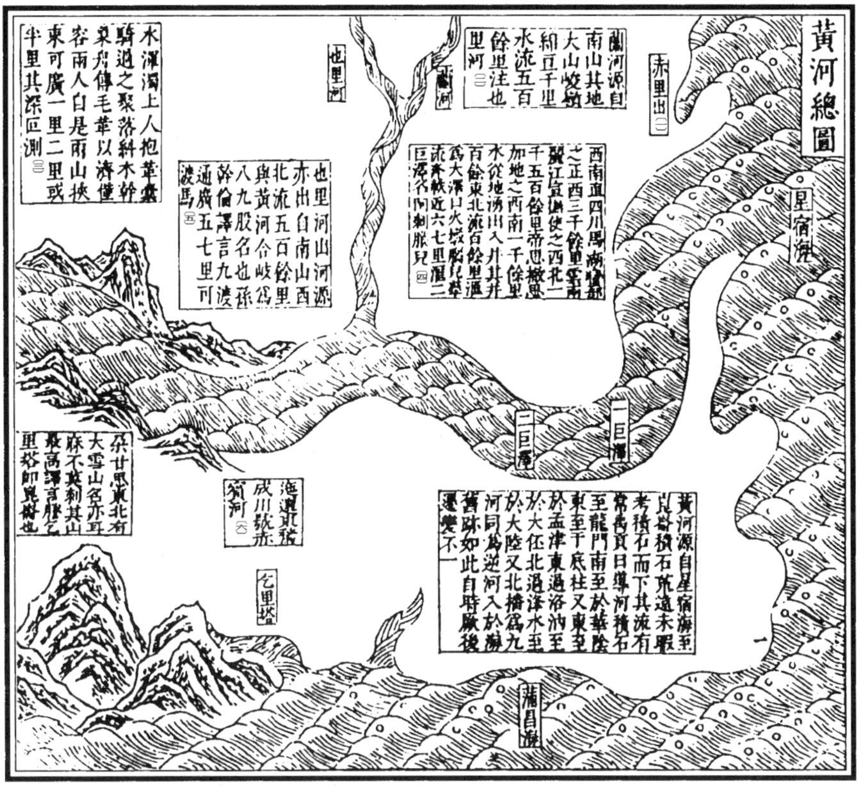

〔一〕『赤里出』，《元史》卷六十三《河源附録》作『亦里出』。

〔二〕『蘭』即『忽蘭』。《元史》卷六十三《河源附録》載：『水南來，名忽蘭。又水東南來，名也里术。』《文章辨體》卷二十四《治河議》載：『又東流爲赤賓河，而赤里出之水由西合忽蘭之水，從南會也里术之水。』下同。

『河』當作『术』。據同右。下同。

〔三〕『上』，《元史》卷六十三《河源附録》作『土』。

據《元史》卷六十三《河源附録》，『舟』上爲『象』字。

『毛』，《元史》卷六十三《河源附録》作『氂』。

〔四〕『湖』下當作『蠻部』。據《治河奏績書》卷一《川澤考》載：『西南四川馬湖蠻部三千餘里。』

『宣』下當作『撫司』。據《治河奏績書》卷一《川澤考》載：『雲南麗江宣撫司西北一千五百餘里。』

『帝』下當作『師撒』，『一千』當作『二千』。《禹貢錐指》卷十三上及《元史紀事本末》卷二載：『帝師撒思加地之西南二千餘里。』

『入』，《禹貢錐指》卷十三上及《元史紀事本末》卷二作『如』。

『六七』，《禹貢錐指》卷十三上及《元史紀事本末》卷二作『五七』。

『近』上爲『群流奔輳』。

〔五〕『倫』，《元史》卷六十三《河源附録》作『論』。

『渡』，《元史》卷六十三《河源附録》作『度』。

〔六〕『成』上爲『迤邐東鶩』。據《禹貢會箋》卷十一載：『迤邐東鶩成川，號赤賓河。』

〔一〕『正』上脫『水』字。《元史》卷六十三《河源附録》載：『懷里火禿河源自南山，水正北偏西流八百餘里，與黃河合。』

〔二〕據《元史》卷六十三《河源附録》，『麓』上脫『山』字。

〔三〕『納』下爲『鄰』。此圖下方文曰：『納鄰哈剌，譯言細黃河。』

〔四〕據同治十三年劉成忠刻本《河防芻議》，首字當爲『闊』。『即』字衍。《元史》卷六十三《河源附録》載：『又四五日，至地名闊即及闊提，二地相屬。』

〔五〕據《元史》卷六十三《河源附録》，『入』當作『八』，『思』下脫『今』，『河』下脫『合』。

原文『源自鐵豹嶺之北，正北流入黃河』脱字較多。據《元史》卷六十三《河源附録》載：『河過闊提，與亦西八思今河合。亦西八思今河源自鐵豹嶺之北，正北流凡五百餘里，而與黃河合。』

〔六〕『人少』，《元史》卷六十三《河源附録》作『人簡少』。

『山多南』，《元史》卷六十三《河源附録》作『多處山南』。

『其山東益高』，《元史》卷六十三《河源附録》作『其東，山益高』。

『益』，《元史》卷六十三《河源附録》作『亦』。

《元史》卷六十三《河源附録》無『漸』字。

〔七〕『包』，《禹貢錐指》卷十三上及《兩河清彙》卷五《黃河》作『乞』。

另：『乞兒馬』，《元史》卷六十三《河源附録》作『乞里馬出』。

㈠『山』，《元史》卷六十三《河源附録》作『嶺』。

㈡『塞』，《元史》卷六十三《河源附録》作『札塞』。

㈢『鵬梭河』，《元史》卷六十三《河源附録》作『鵬拶河』。

㈣『巳』，《元史》卷六十三《河源附録》作『巴』。

㈤『一百里』，《元史》卷六十三《河源附録》載爲『又東北流一百餘里』。
據《元史》卷六十三《河源附録》，『黄』當作『湟』，『壘』當作『亹』。
『山丹州』，《元史》卷六十三《河源附録》作『删丹州』。

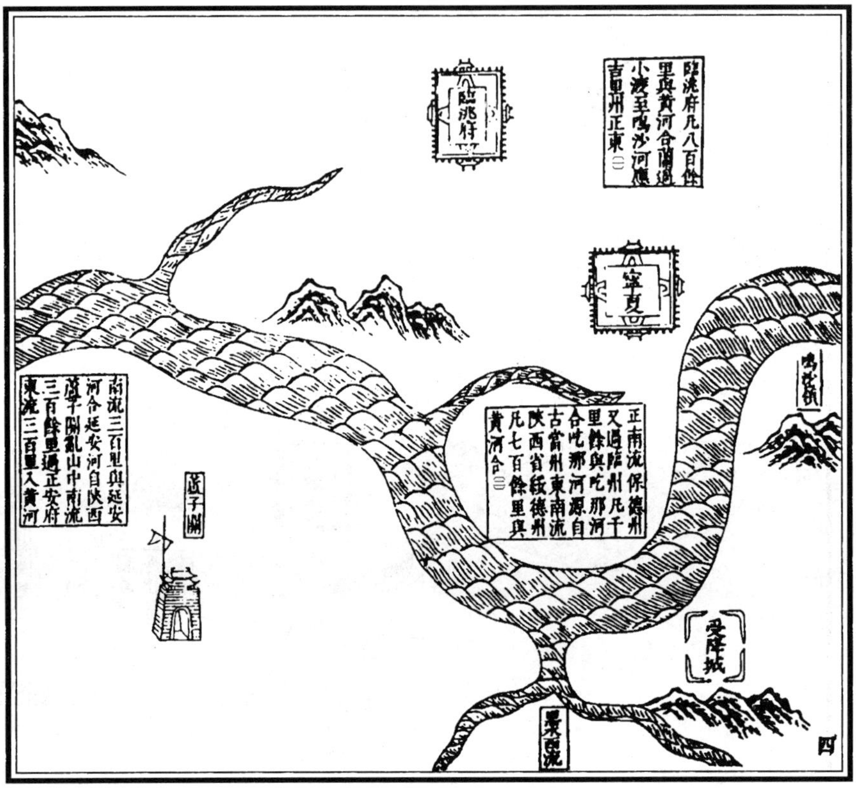

〔一〕『臨洮』前當脱『過』。據《元史》卷六十三《河源附録》載：『洮河源自羊撒嶺北，東北流，過臨洮府凡八百餘里，與黃河合。』

『蘭』，《元史》卷六十三《河源附録》作『至蘭州』。

據《元史》卷六十三《河源附録》載，『小渡』即『北卜渡』。

『河』，《元史》卷六十三《河源附録》作『州』。

〔二〕『保德州』句脱字較多。據《元史》卷六十三《河源附録》載：『又正南流，過保德州、葭州及興州境。』

『當』，《元史》卷六十三《河源附録》作『宥』。

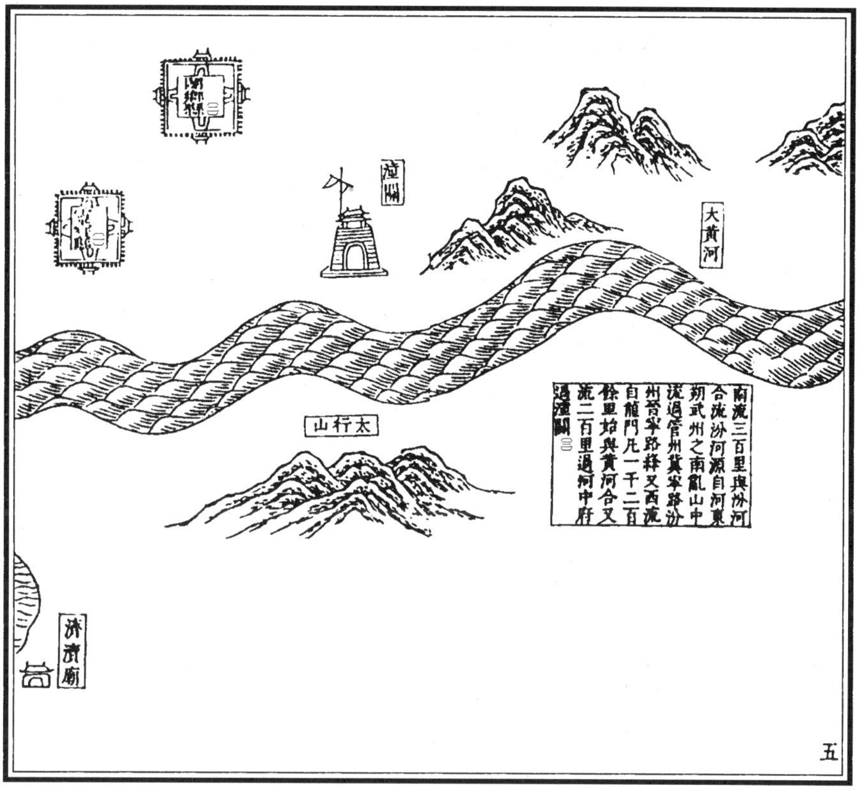

〔一〕當作『靈寶縣』。據乾隆《大清一統志》卷一百七十五《陝州》載，閿鄉縣『東至靈寶縣界二十五里，西至陝西潼關廳界六十里。』《禹貢錐指》卷十三中載：『河自潼關衛北折而東，逕閿鄉縣北，又東逕靈寶縣北。』

〔二〕當作『閿鄉縣』。據同右。

〔三〕『流』，《元史》卷六十三《河源附録》作『西南流』。《元史》卷六十三《河源附録》『汾州』下有『霍州』。據《元史》卷六十三《河源附録》，『晉寧路絳』下脱『州』。『自』，《元史》卷六十三《河源附録》作『至』。『又流』，《元史》卷六十三《河源附録》作『又南流』。

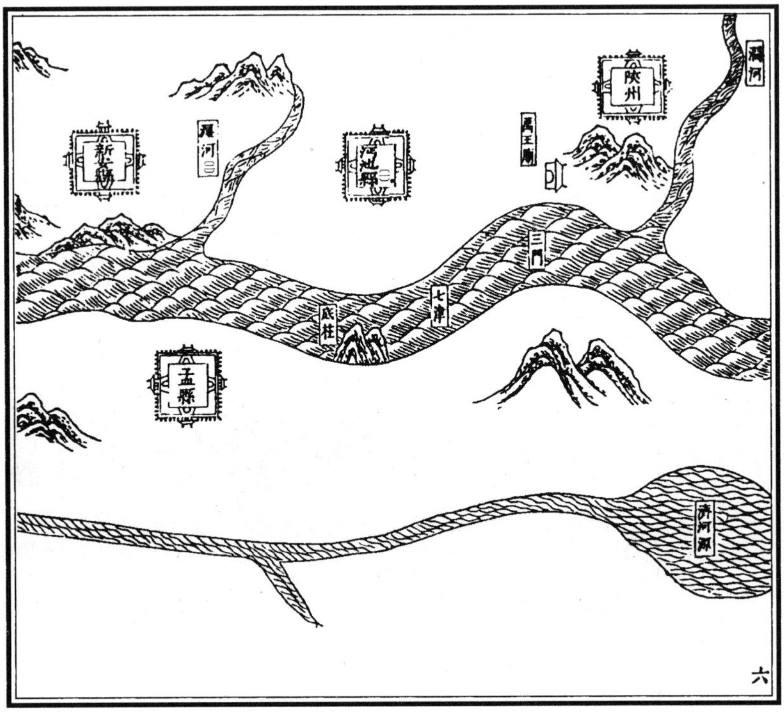

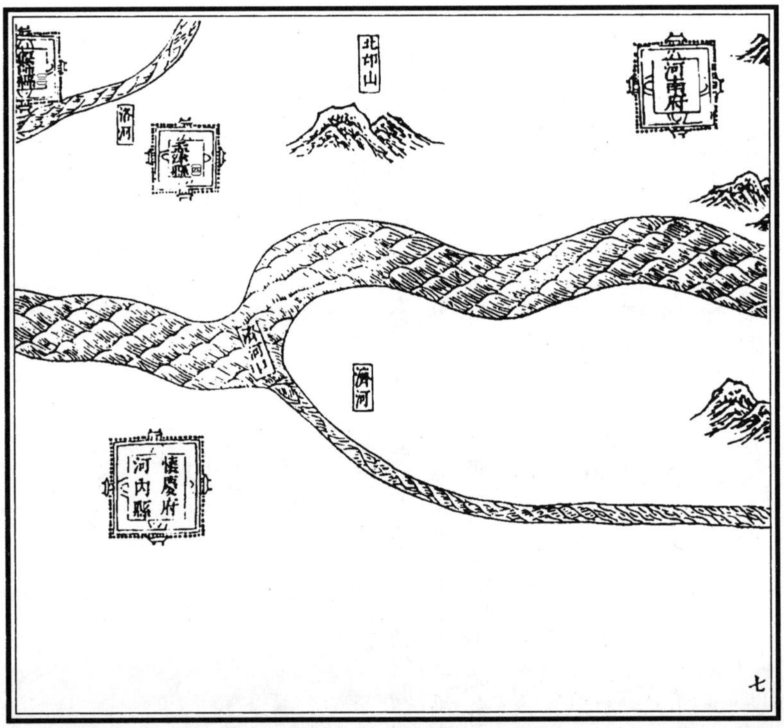

〔一〕『沔』，乾隆《大清一統志》卷一百六十二《河南府》作『澠』。

〔二〕『河』，同治十三年劉成忠刻本《河防芻議》作『瀍河』。

〔三〕當作『偃師縣』。據《水道提綱》卷五《黃河》載：『（黃河）又東至汜水縣西北界，有洛水合伊、澗、瀍諸水，西南自河南府，東經孟津、偃師、鞏縣之南，而東北流注之（即黃河）。』

〔四〕當作『孟津縣』。據同右。

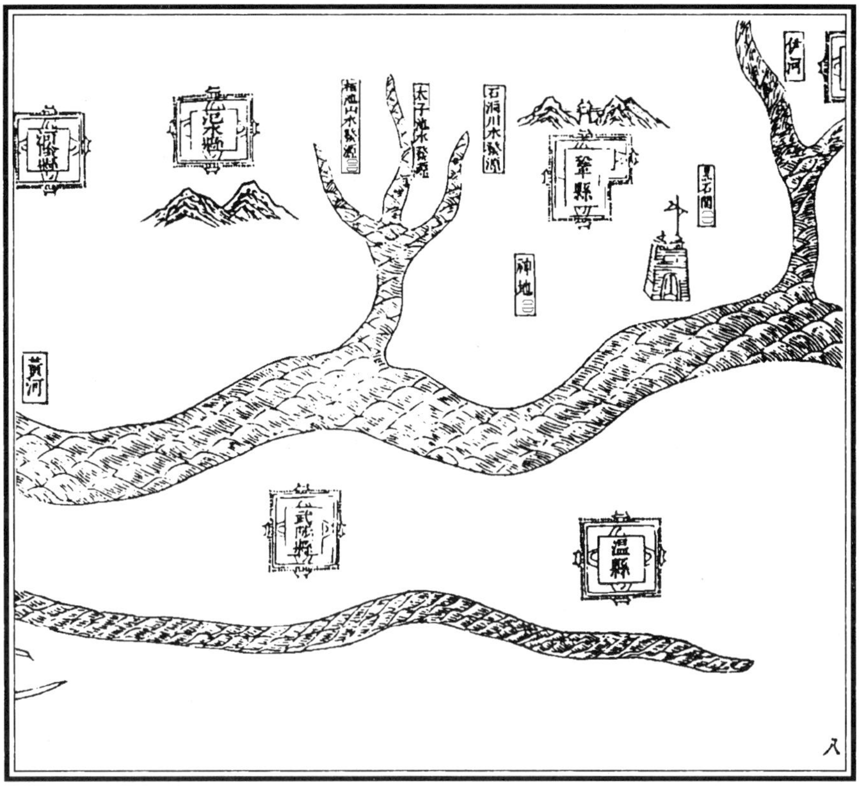

〔一〕當作『黑石關』。據《兩河清彙》卷五《黄河》載：『洛水出陝西冢嶺山，伊水出陝西熊耳山，相合入黄河黑石關，至鞏縣，北岸温縣。』

〔二〕『地』當作『堤』。據乾隆《鞏縣志》卷三《建置》載：『神堤，在縣北五里。』

〔三〕當作『栢池』。據乾隆《汜水縣志》卷三《地理》載：『栢池，在環翠峪。』又載：『環翠峪，在縣南四十里紫玉岩下。』文獻之載與圖基本吻合。

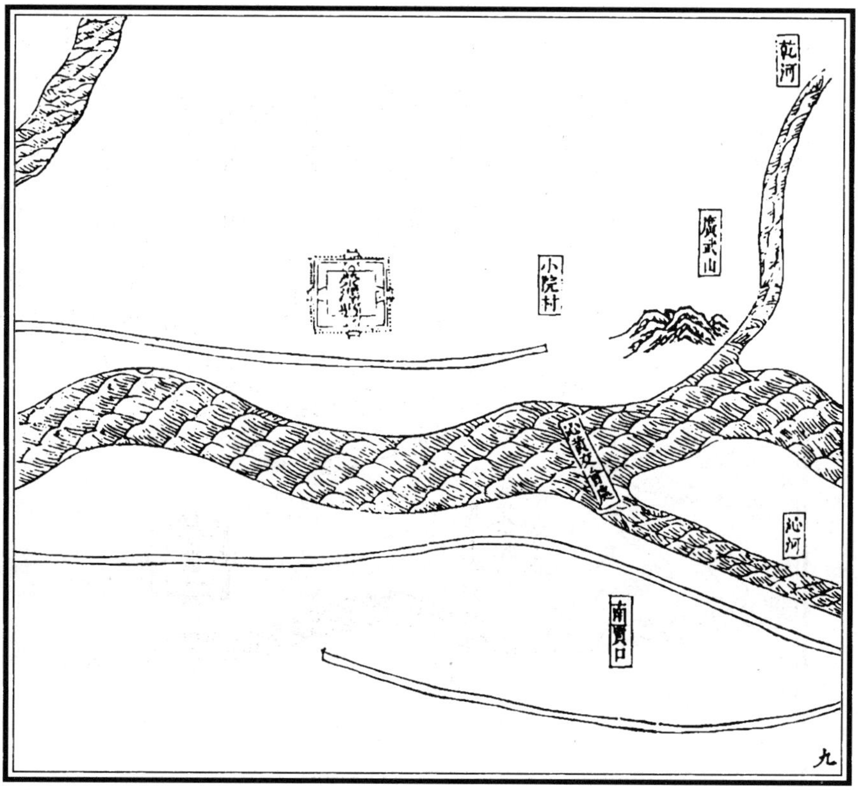

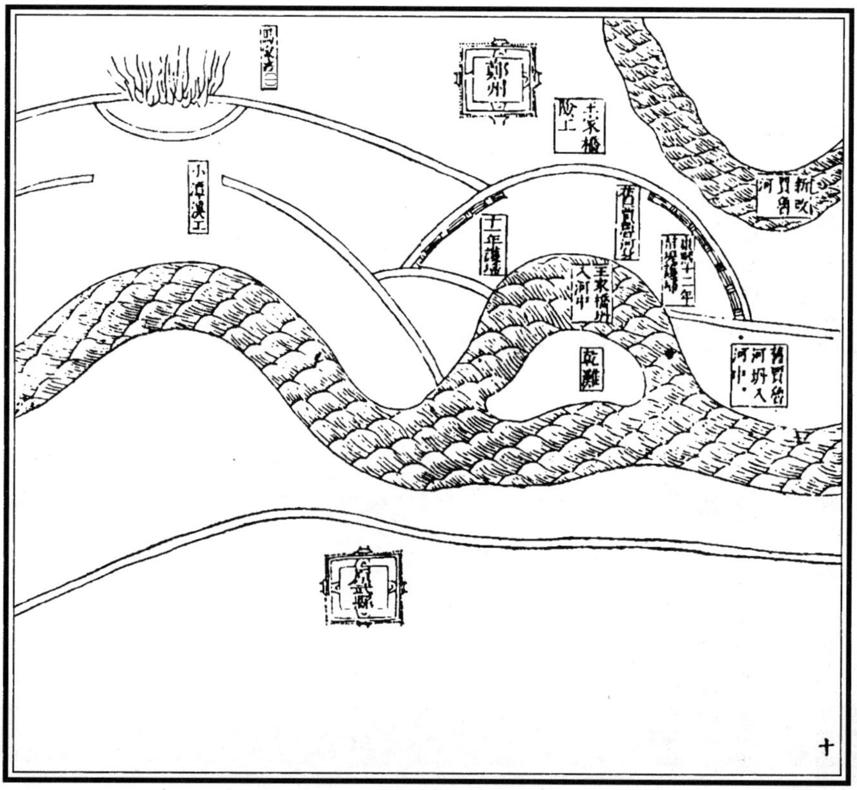

〔一〕據同治十三年劉成忠刻本《河防芻議》，當作『馬家渡』。

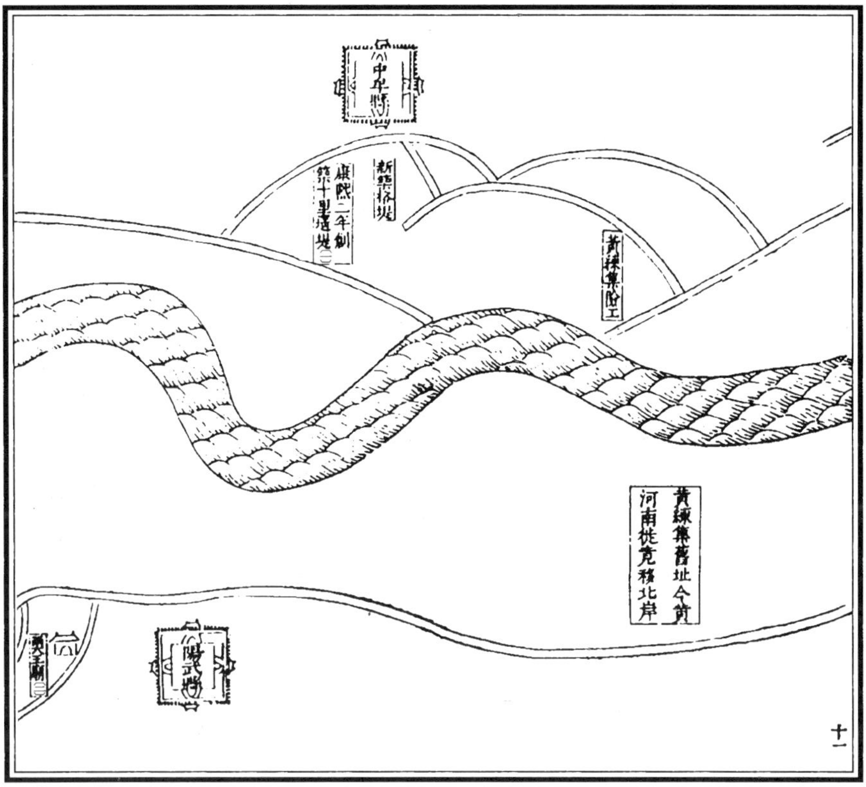

〔一〕當作『堰堤』。堰堤爲一種小型水利工程，兼具蓄水、排水之功能。

〔三〕據下圖『東大王廟』，當作『西大王廟』。

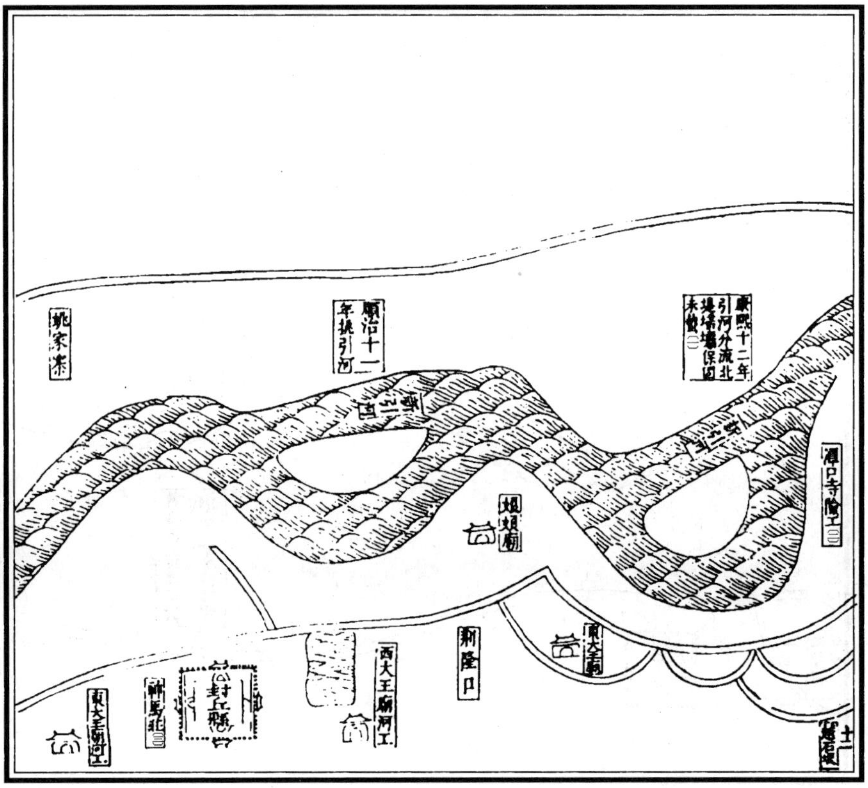

〔一〕『堤』下當爲『埽壩』。據《四庫全書存目叢書》本《河防芻議》載：『北堤埽壩保固未蟄。』

〔二〕當作『潭口寺』。據《河南通志》卷十五《河防考》載：『順治十二年，築……陽武潭口寺堤。』本書卷二亦有陽武縣北岸潭口寺上下河患圖與治河説。

〔三〕當作『神馬莊』。據順治《封丘縣志》卷二《建置》載：『西大王廟二，一在縣西南二十里中灤鎮……一在神馬村。』

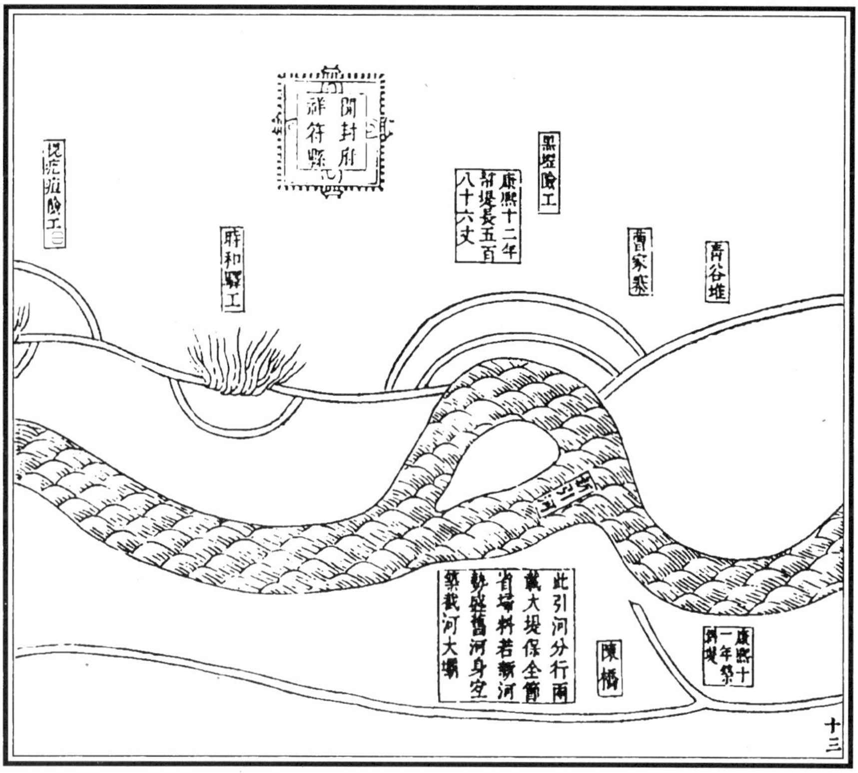

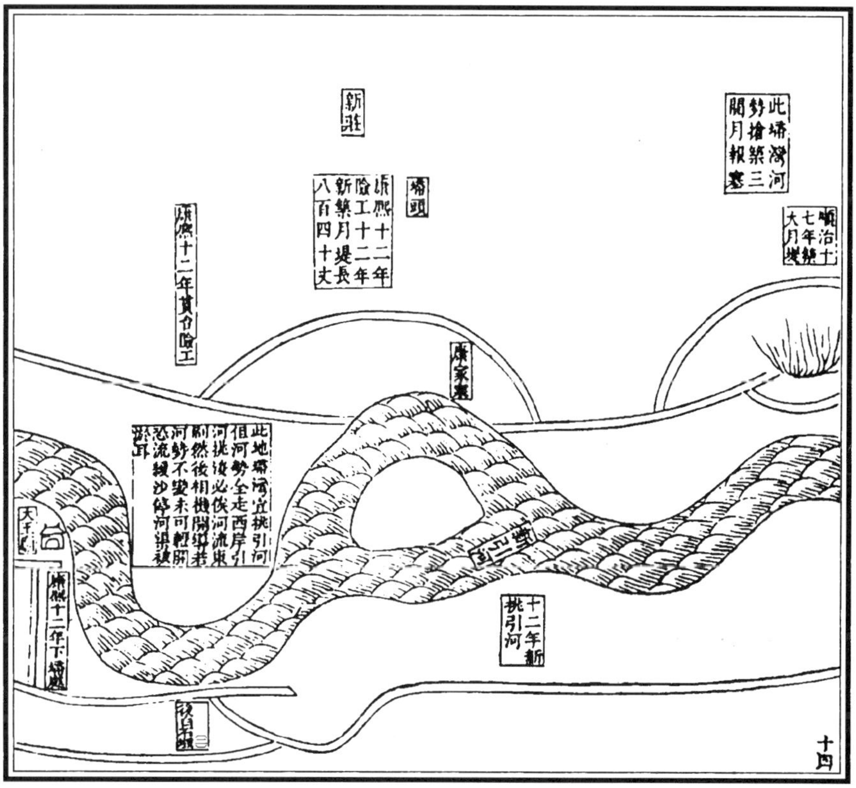

〔二〕當作『槐疙疸』。目録有『祥符縣南岸槐疙疸河患圖』條。

〔三〕據《四庫全書存目叢書》本《河防芻議》及本書卷二《祥符縣北岸貫台河患圖》之『後白石堤』，當作『後白石堤』。

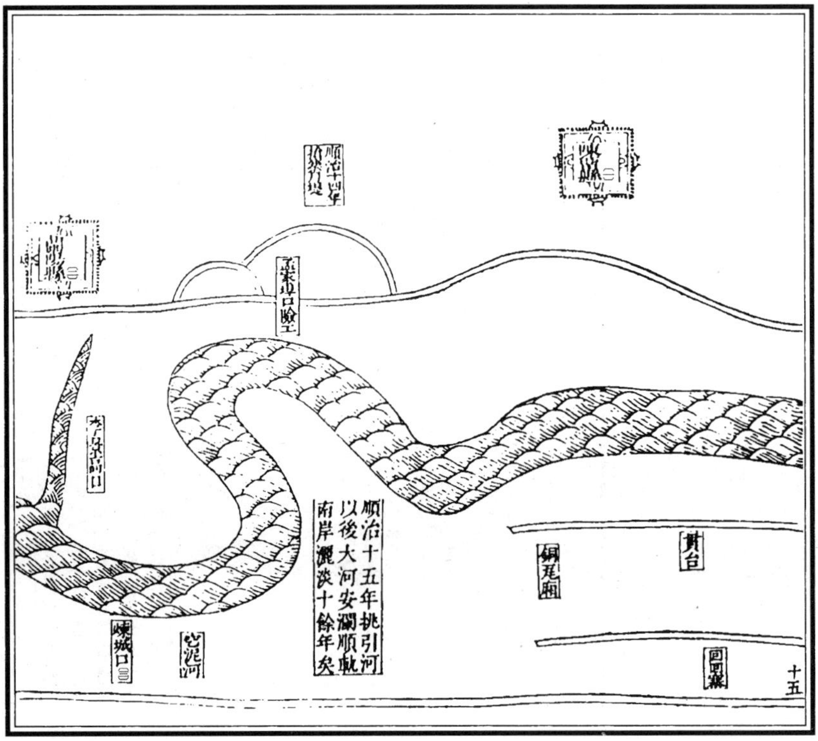

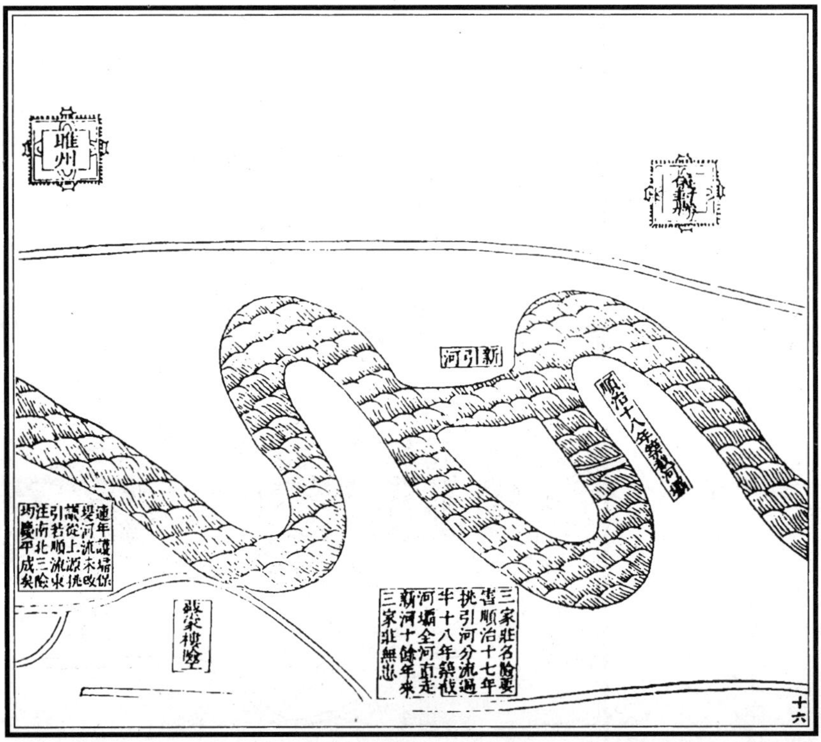

㈠ 當作『陳留縣』。據乾隆《大清一統志》卷一百四十九《開封府》補。

㈡ 當作『蘭陽縣』。據同右。

㈢ 當作『煉城口』。《行水金鑑》卷二十八《河水》即有『儀封縣乞泥河、煉城口、榮華樹』之載。

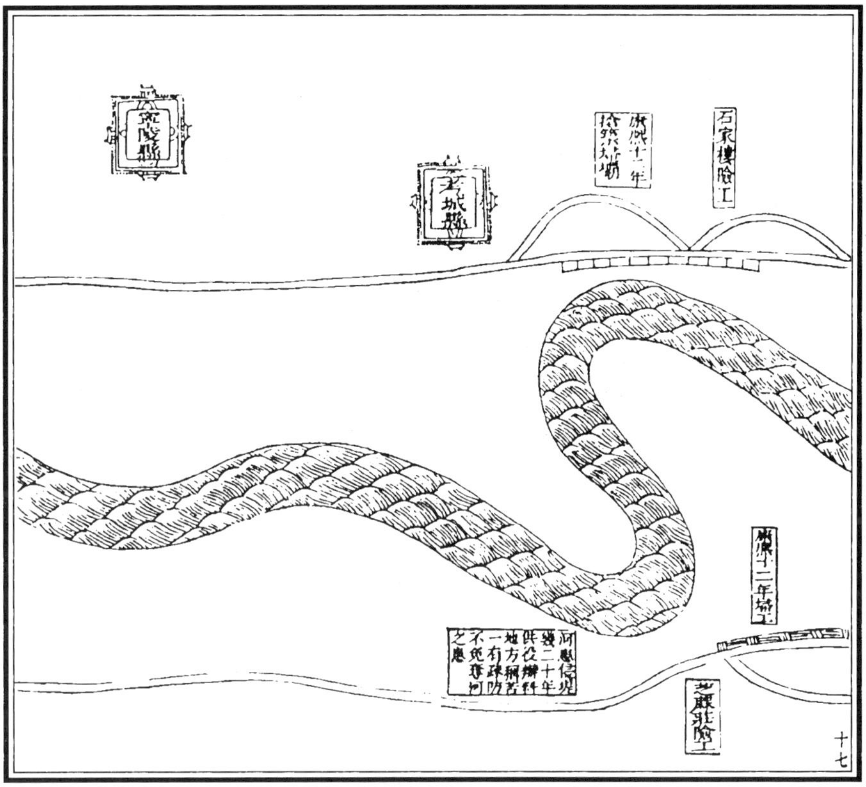
寧陵縣
考城縣
石家樓險工
芝麻莊險工
十七

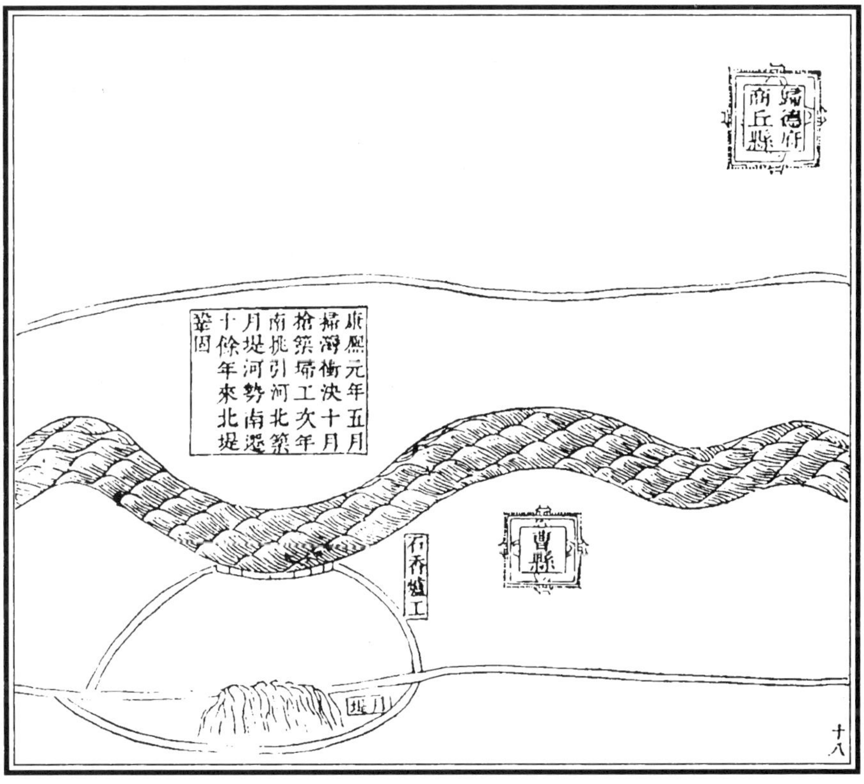
歸德府
商丘縣
康熙元年五月掃灣衝決十月搶築埽工次年南挑引河北築月堤河勢南遷十餘年來北堤鞏固
曹縣
石香爐工
月堤
十八

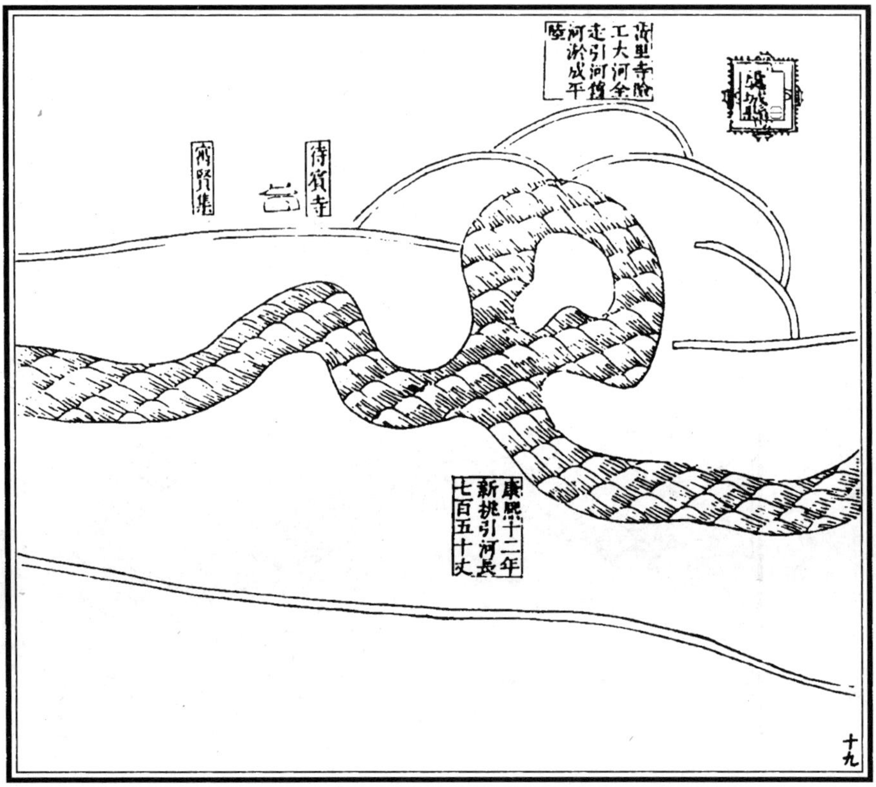

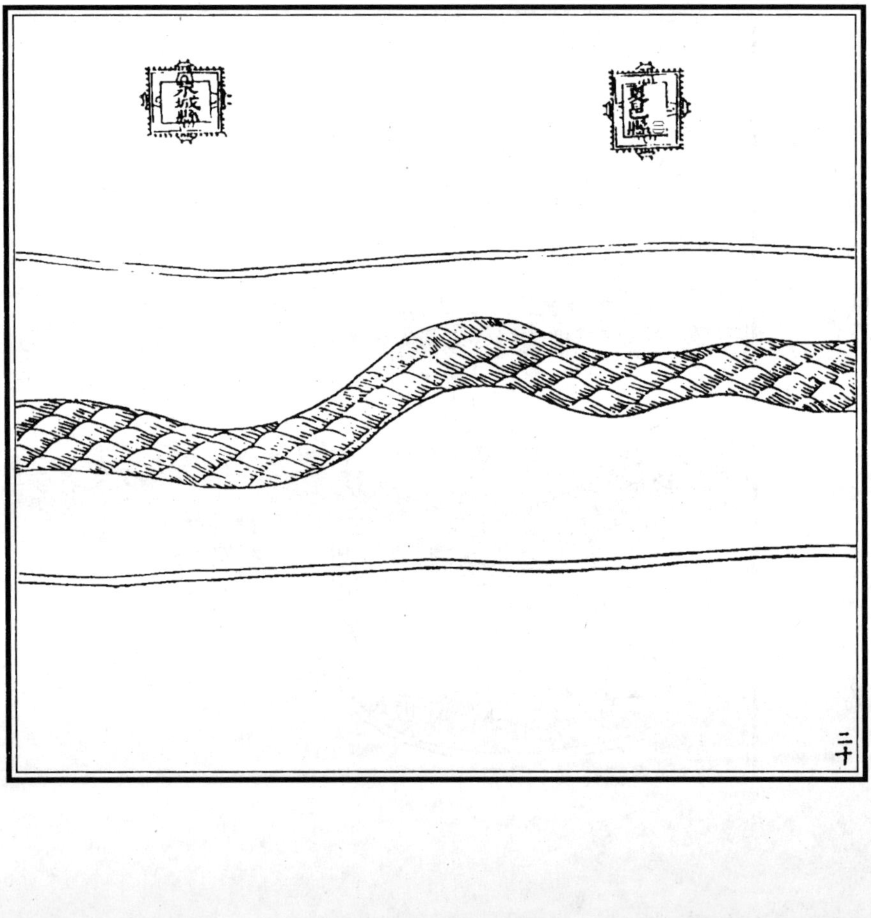

〔一〕當作『虞城縣』。據乾隆《大清一統志》卷一百五十四《歸德府》補。

〔二〕當作『夏邑縣』。據同右。

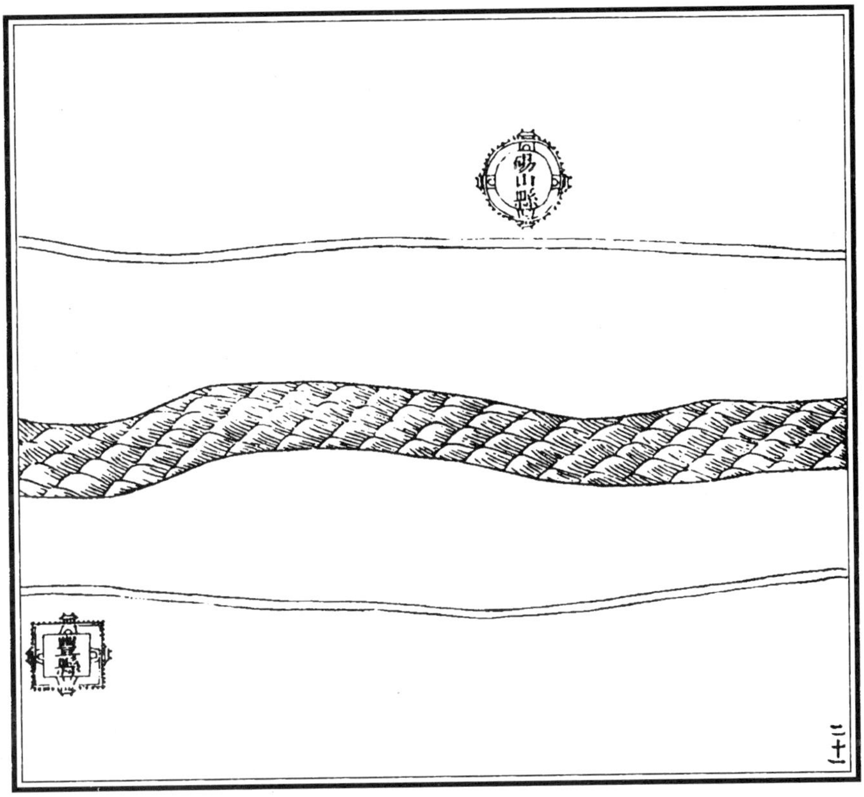

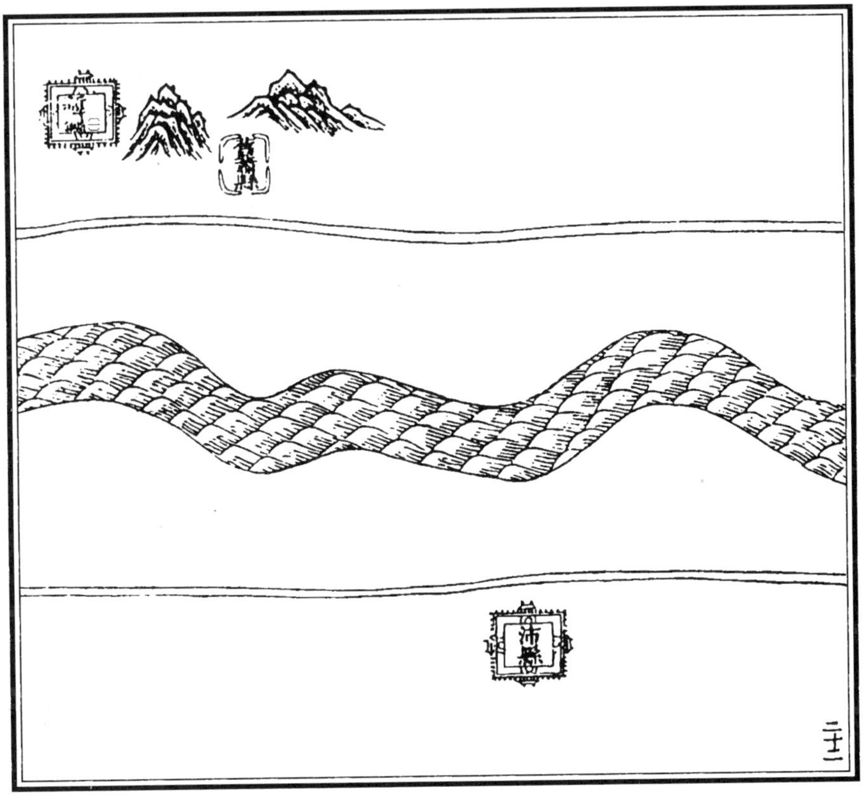

〔一〕當作『蕭縣』。據乾隆《大清一統志》卷六十九《徐州府》補。

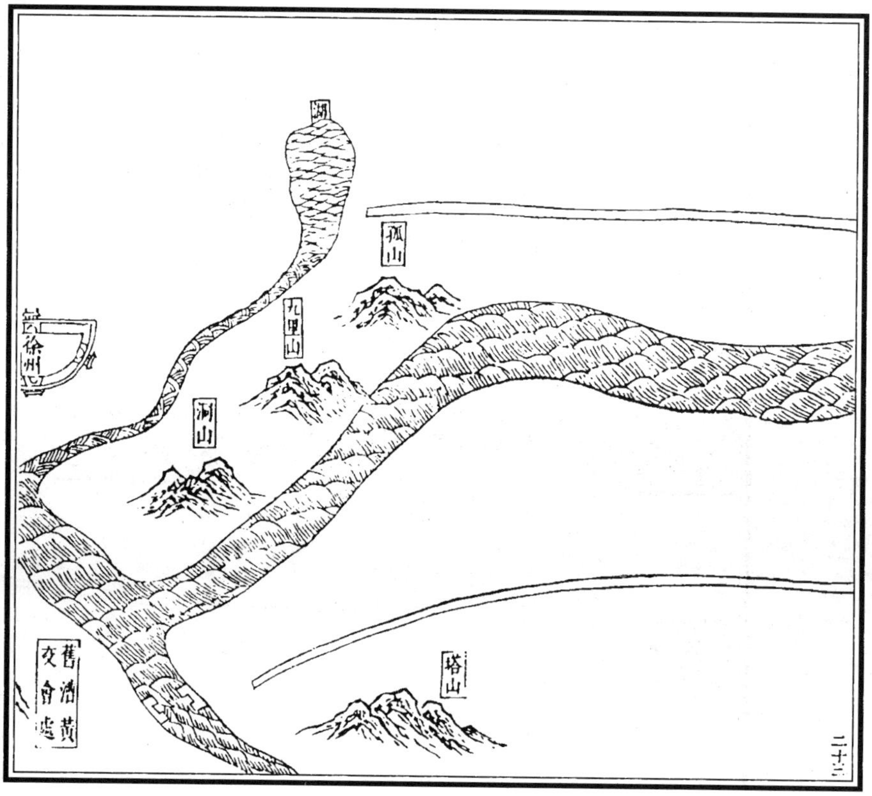
湖
孤山
九里山
徐州
洞山
舊清黃交會處
塔山
二十三

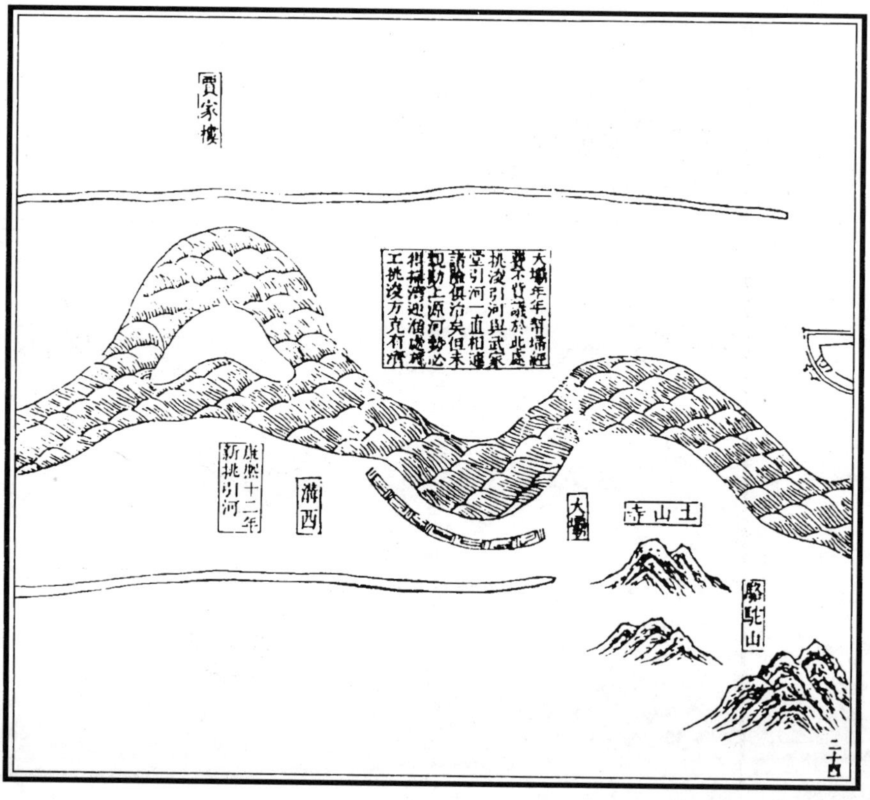
賈家樓
大壩年年衝堵經
費不貲議於此處
挑浚引河與武家
堂引河一直相連
請險俱消矣但未
親勘上源河勢必
從楊灣迎溜處施
工挑浚方克有濟
康熙十二年新挑引河
灣西
大壩
土山寺
駱駝山
二十四

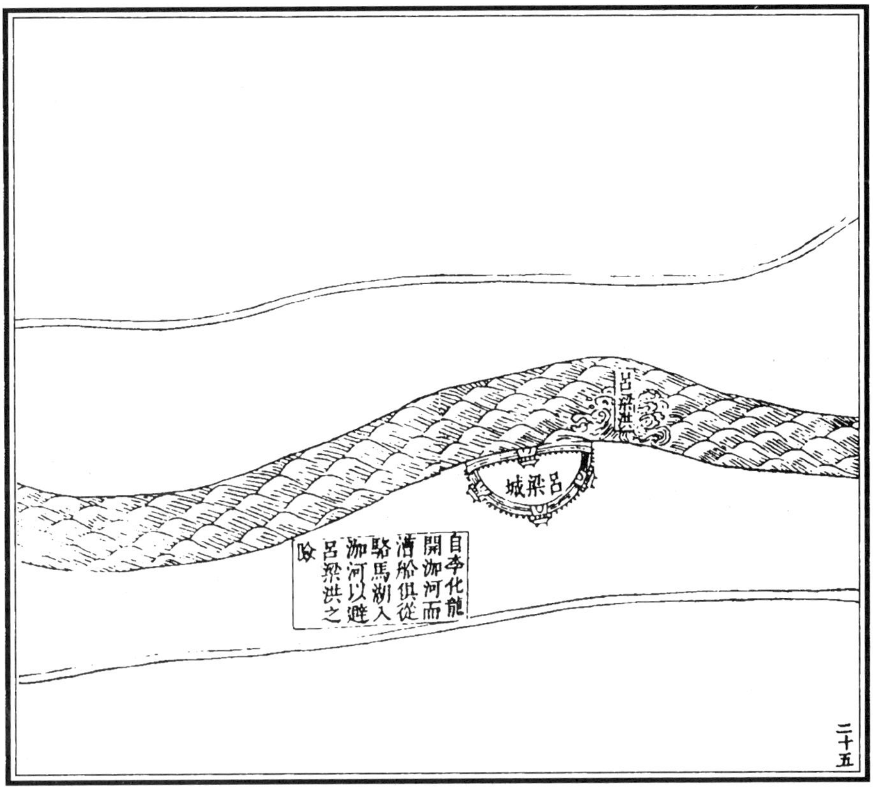

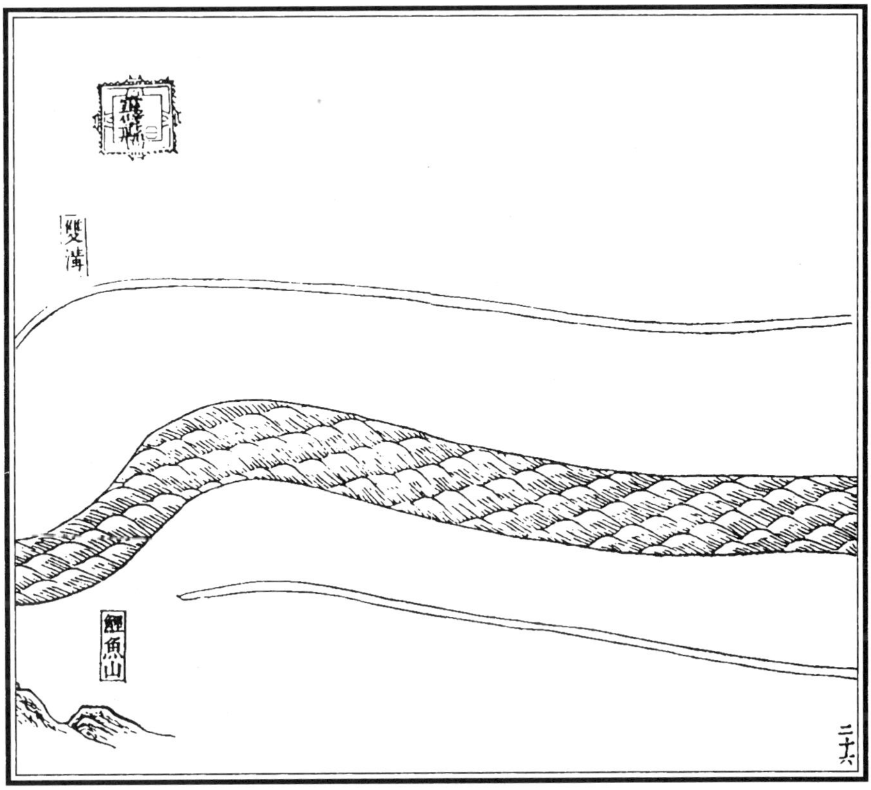

〔一〕當作『靈璧縣』。據乾隆《大清一統志》卷八十七《鳳陽府》補。

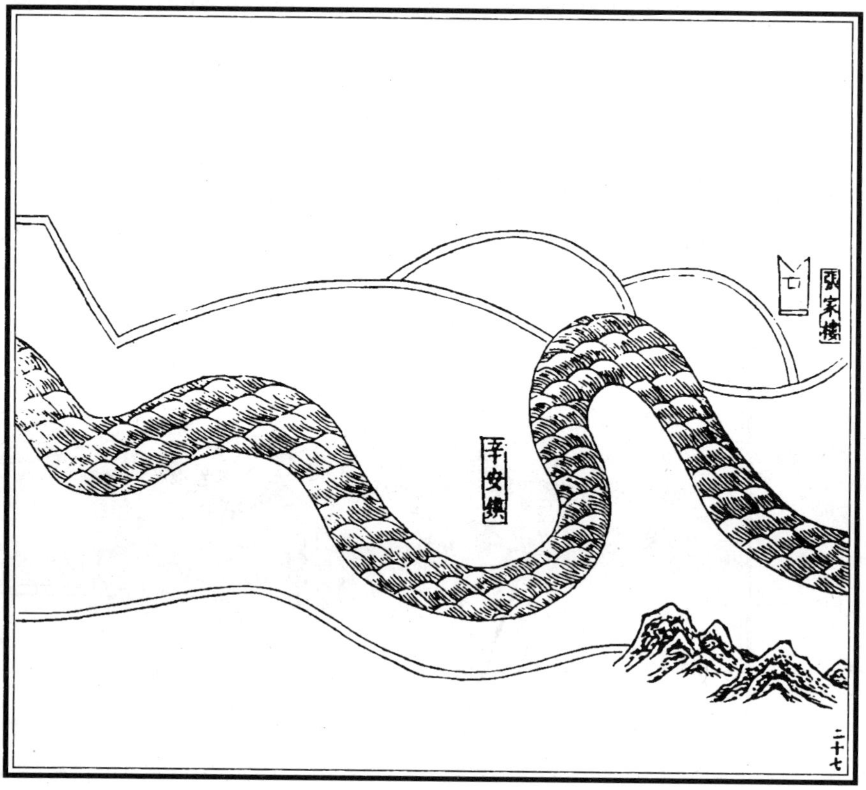
張家樓
辛安鎮
二十七

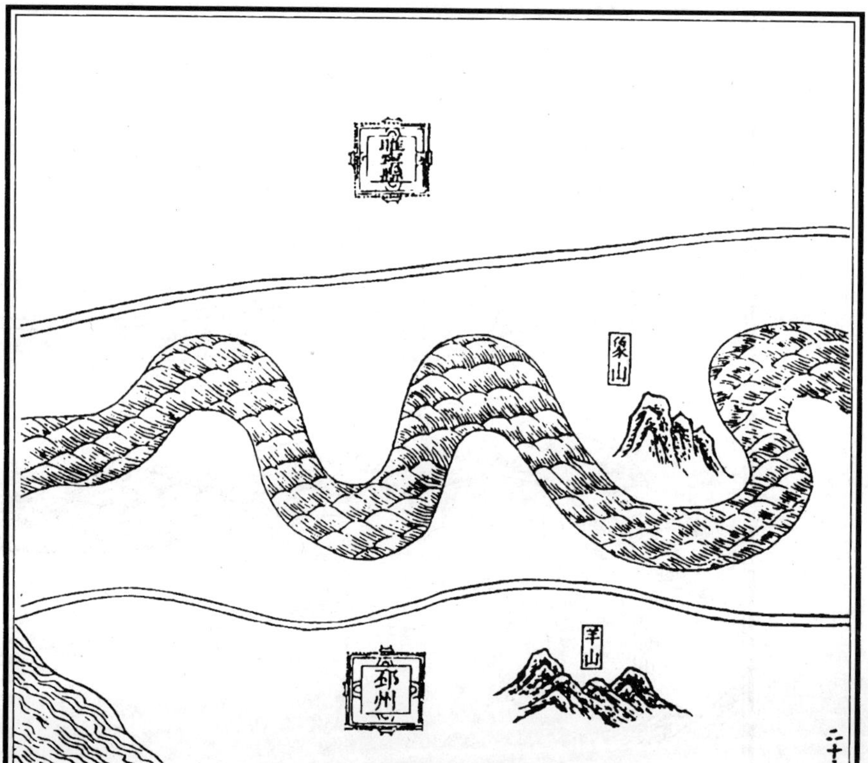
象山
羊山
邳州
二十八

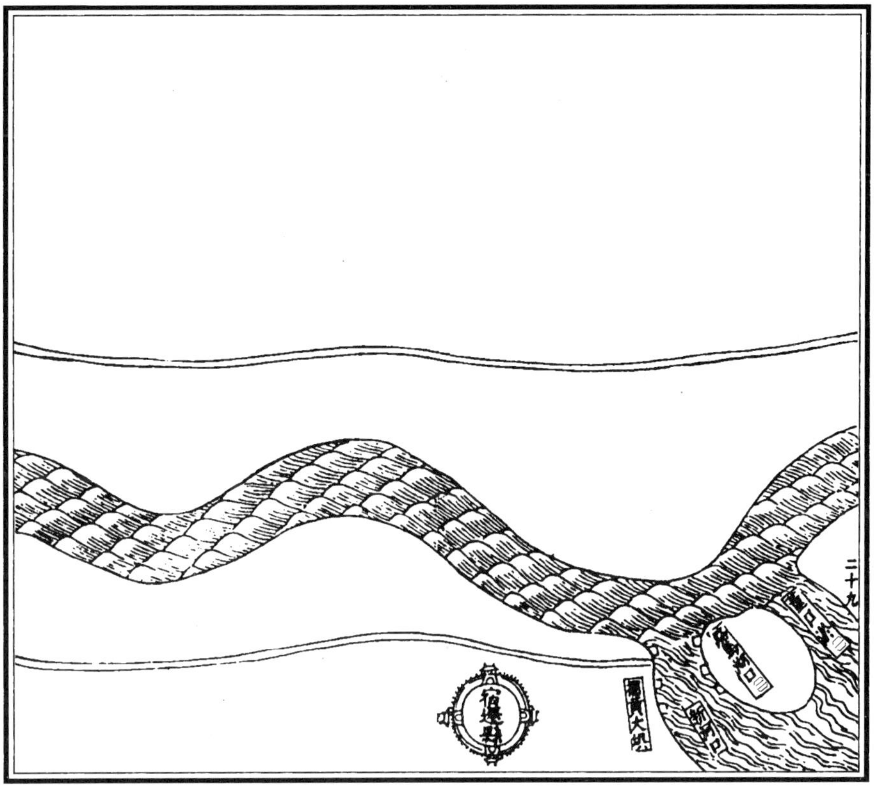

〔一〕當作『董口淤』。《行水金鑑》卷一百三十三《運河水》載：『康熙七年，董口淤，運道改由駱馬湖。』

〔二〕當作『駱馬』。據同右。

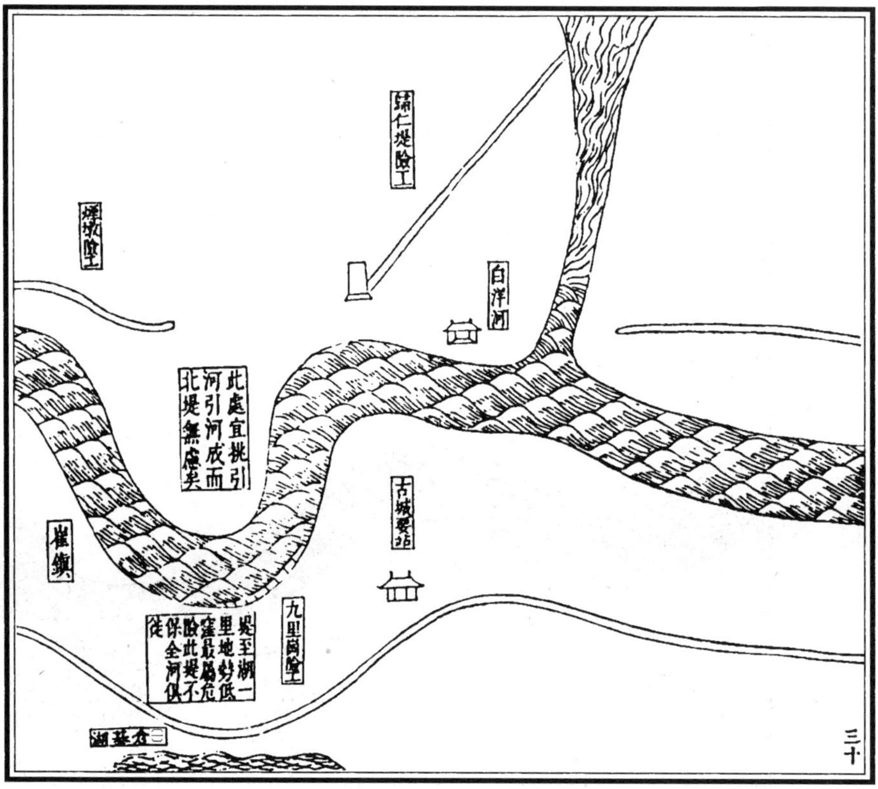

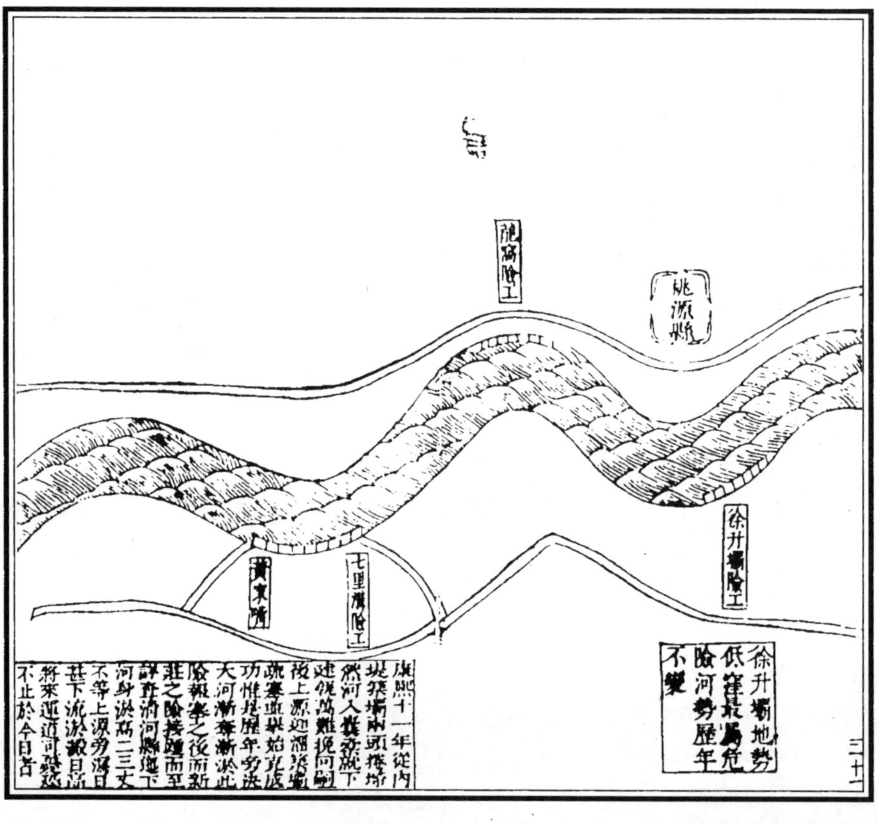

（一）當作『倉基湖』。乾隆《大清一統志》卷六十九《徐州府》載：『倉基湖，在宿遷縣東南三十里，週四十五里。』

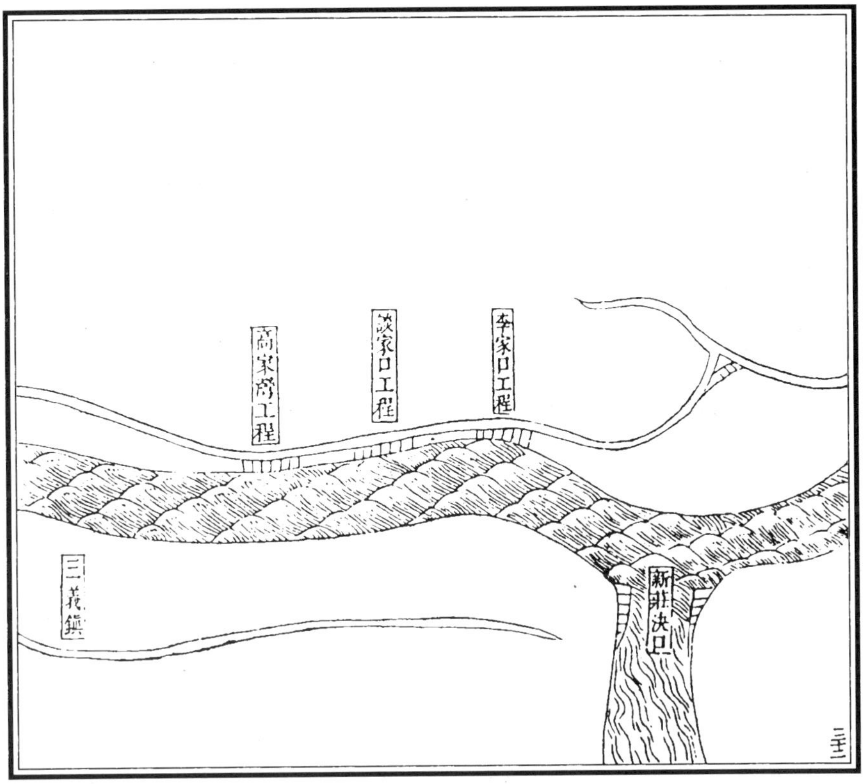
商家碼工程
談家口工程
李家口工程
三義鎮
新莊決口
三十二

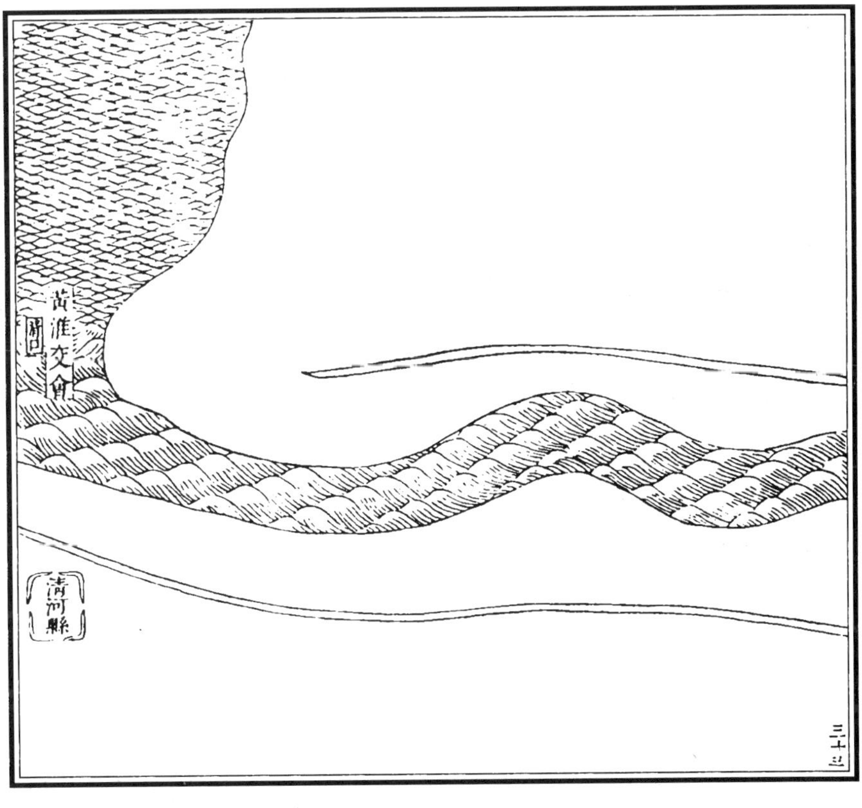
閘口
黄淮交會
清河縣
三十三

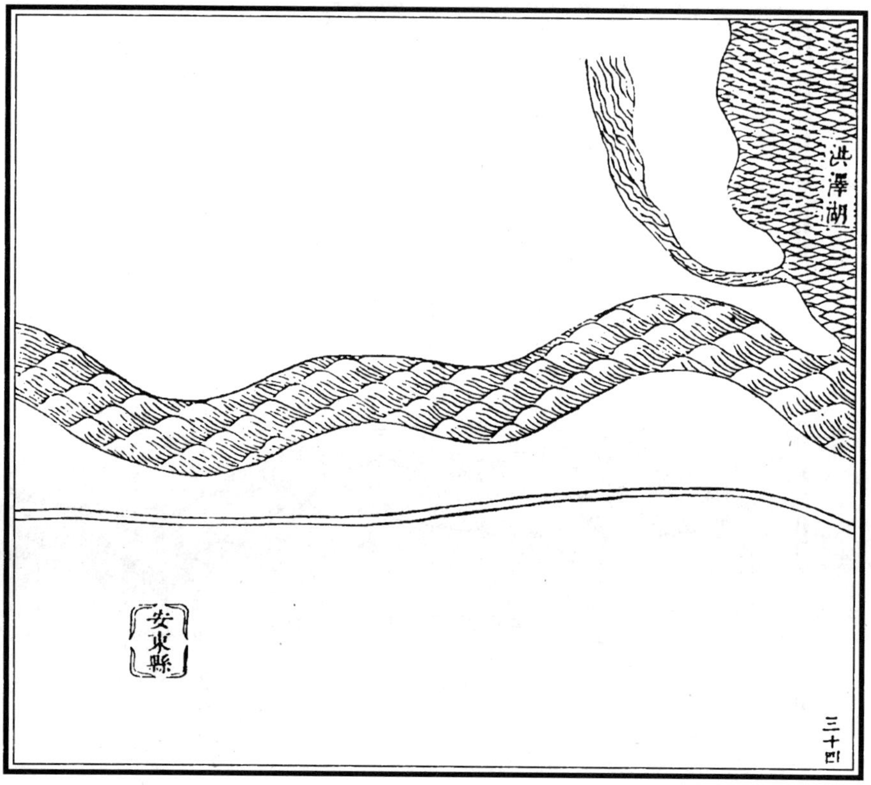
洪澤湖
安東縣
三十四

各套
海口
各套
雲梯關
三十五

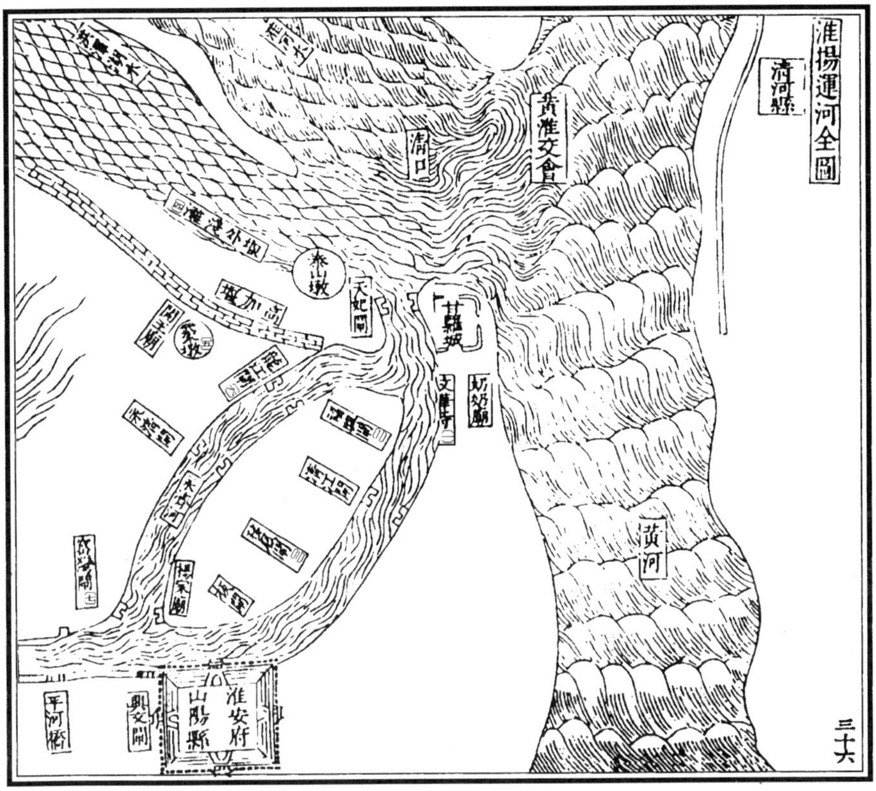

〔一〕『閘』字脫。乾隆《大清一統志》卷六十五《淮安府》載：『文華寺閘，在清河縣西南，舊永濟河口。』

〔二〕當作『福興閘』。乾隆《大清一統志》卷六十五《淮安府》載：『福興閘，在清河縣清江閘西五里。』

〔三〕據《兩河清彙》卷四《運河》，當作『移鳳閘』。

〔四〕據圖中『高加堰』，當作『堰外淺灘』。

〔五〕當作『武家墩』。《行水金鑑》卷六十四《淮水》載：『武家墩南去高堰十五里。』

〔六〕『龍江閘』，《行水金鑑》與《治河奏績書》作『龍汪閘』。《江南通志》卷六十作『龍汪閘』，卷五十九與卷一百八作『龍江閘』。

〔七〕據《明史》卷八四《黃河下》，當作『窑灣閘』。

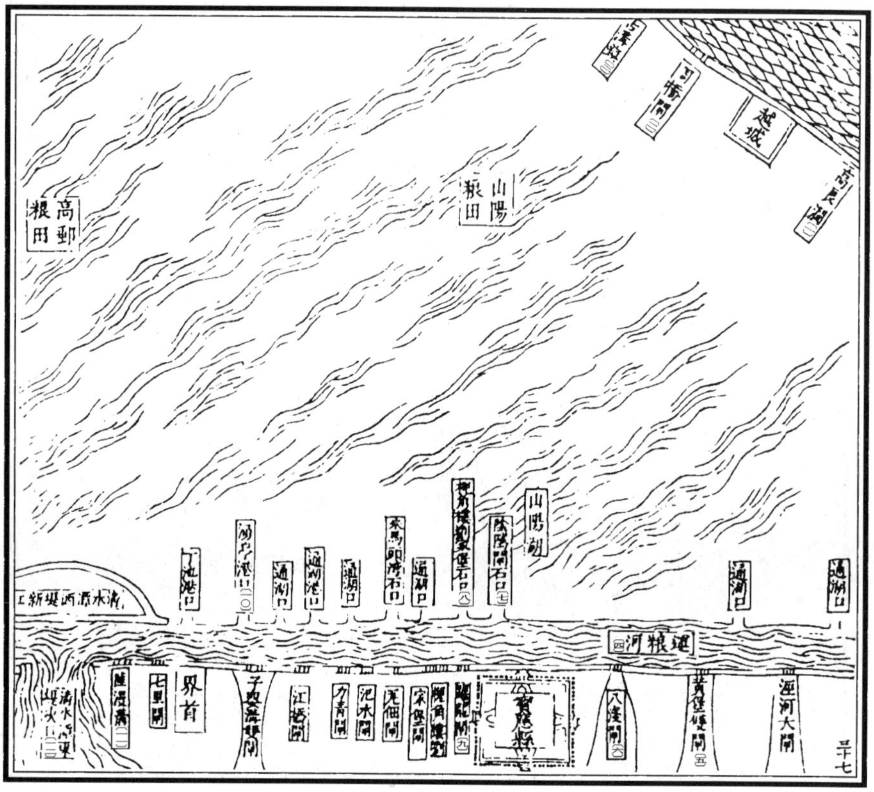

〔一〕當作『高良澗』。《行水金鑑》卷四十八《河水》載：『而下自清口武家墩，歷高家堰、高良澗以至周橋閘一帶殘缺之堤。』

〔二〕當作『周橋閘』。據同右。

〔三〕據《兩河清彙》卷四《運河》，當作『古溝鎮』。

〔四〕據下圖之『運粮河』，當作『運粮河』。

〔五〕『堡』當作『浦』。《欽定南巡盛典》卷八十《程塗》載：『大營起……七里，涇河閘。五里，係揚州府寶應縣界。一里，黃浦閘。』《兩河清彙》卷四《運河》載：『黃浦雙閘，山陽南五十里，爲揚州府寶應界，南至寶應三十里。』

〔六〕當作『八淺』。《欽定南巡盛典》卷八十《程塗》載：『大營起……一里，黃浦閘；四里，劉家潭；四里，八淺鎮；七里，三里溝；二里，寶應縣。』

〔七〕當作『陰隲閘』。《江南通志》卷十四《輿地志》有『陰隲河在寶應縣氾光湖西』之載。

〔八〕當作『槐角樓劉家堡石口』。《行水金鑑》卷一百二十四《運河水》載：『寶應氾光一湖，浩蕩無際，槐角樓一帶，據湖之中，其形如兜，兩翼向爲運道梗。』《行水金鑑》卷一百五與卷一百三十三均有『劉家堡』之名。

〔九〕當作『躍龍閘』。《行水金鑑》卷一百五十一《運河水》載，寶應縣有『躍龍鬫』。道光《重修寶應縣志》卷二《山川》載：『宋涇河在城中受躍龍鬫所入之水。』

〔一〇〕當作『湧亭』。

〔一一〕當作『陸漫溝』。《行水金鑑》卷一三五《運河水》有『隨即崩潰高郵之清水潭、陸漫溝』之載。另：『溝』疑當作『閘』。本書《黃河全圖》之三十七『陸漫溝』之前除『界首』、『寶應縣』外，爲諸閘之標識。《行水金鑑》卷六十五《淮水》與《兩河清彙》卷四《運河》均有『陸漫閘』之載。

〔一二〕據卷三《高郵漕堤西岸清水潭治河說》之圖說，『堤』下當作『決口』。

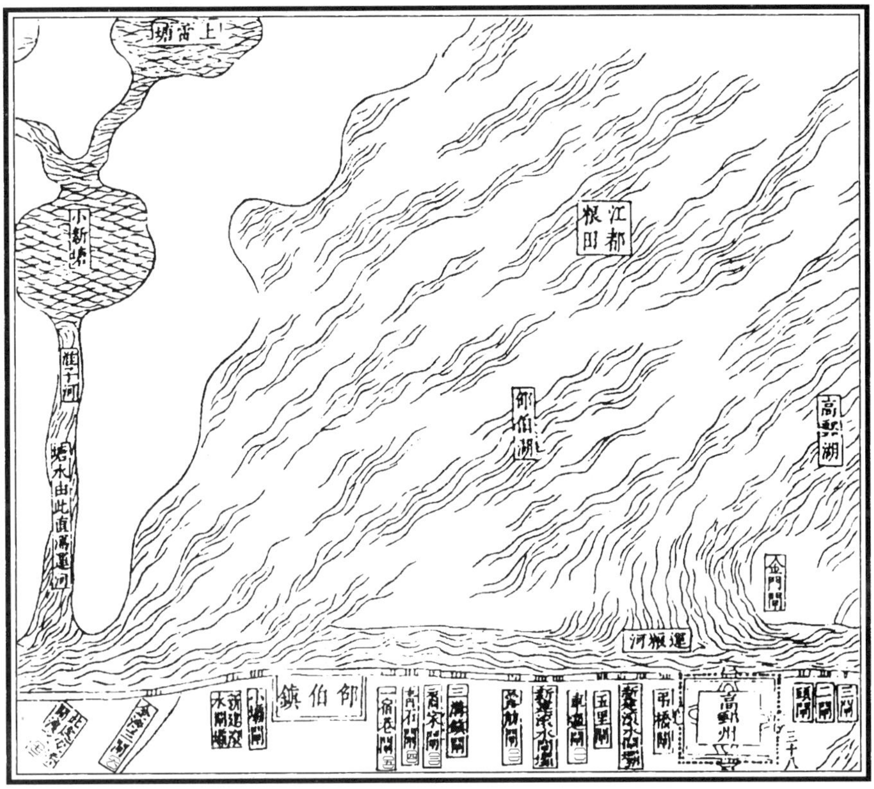

〔一〕據《兩河清彙》卷四《運河》，當作『車邏閘』。

〔二〕據《兩河清彙》卷四《運河》，當作『露觔閘』。

〔三〕據《兩河清彙》卷四《運河》，當作『商家閘』。

〔四〕『青石閘』，《兩河清彙》卷四《運河》作『青石港閘』。

〔五〕『一宿巷閘』，《兩河清彙》卷四《運河》作『二宿閘』。

〔六〕當作『金灣三閘』。《兩河清彙》卷四《運河》載：『復於江都縣邵伯鎮之南，鑿開漕堤，造金灣三閘，引水徑入芒稻河。』《治河奏績書》卷二《職官考》載：『江都縣運河東岸，上自高郵州界起，下至金灣三閘。』

〔七〕據同治十三年劉成忠刻本《河防芻議》，當作『此處宜添閘洩水』。

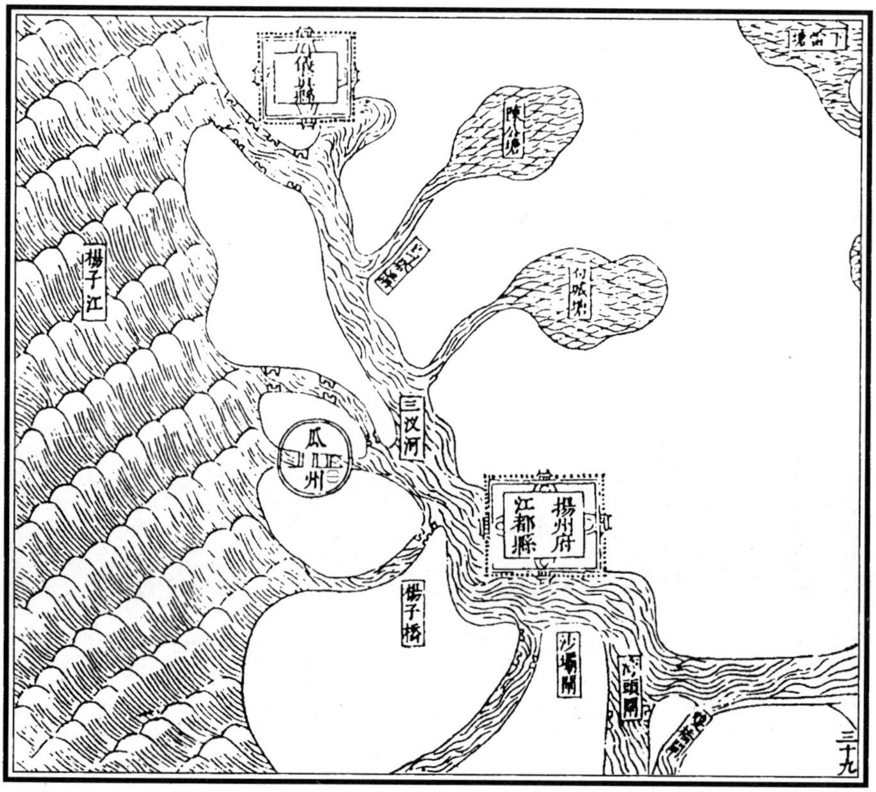

黃運兩河説

黃河發源，無關中原利害，今盡載全圖，備博覽也。

按：河源始於星宿海，凡屈曲九千餘里，而後歷秦、晋、豫，合涇、渭、漆、沮、丹、沁、伊、洛、瀍、澗諸名川之水，肆溢于中原曠衍之地，經豊、碭、徐、邳下宿遷，始爲運道。蟺蜿及至清口，會淮入于海。其詳具悉舊史及原圖中，不能備述。但河自開封、滎澤而下，變徙無常。如近日黃練集等處，南北桑海，倏然改觀。今圖並誌河患徙處及築塞劇工，以紀變也。運河自邳、宿以北，資洸、汶、沂、泗、山東諸泉，及衛河、潞河諸水，蓄水不深，撈濬爲易，故不具載全圖，止繪淮、揚迤帶要害險工，蓋今日治漕所急，在此不在彼爾。

〔一〕『州』當作『洲』。乾隆《大清一統志》卷六十七《揚州府》載：『瓜洲鎮，在江都縣南四十里江濱。』

卷二 圖說

河南淮揚圖說小序

國家歲漕四百萬石，自清河以北數百里，則資黄以濟運；清河至儀〔真〕數百里，則資淮以濟運。是黄與淮之大，有利於漕者也。然黄決于北，而運道有沙墊之虞；淮決於東，而漕堤有衝潰之患。是黄與淮之大，有害於漕者也。治河者欲袪其害，而又欲資其利，豈不難哉！

雅初任儀封令，于一邑之河雖悉，未及全郡也。繼任管河郡，倅于一郡之河雖悉，未及全省也。及任監司，於河南全省之河勢悉之矣，猶未及淮、揚也。至節奉總河，嵩檄委勘，荒度桃源上下大工，於是淮、黄南北兩岸情形，靡不目擊足遍，廣訊博訪，其于河性之變遷、河勢之險阻，益得熟悉周知。譬如行路者，歷一步，知一步之艱，非同揣摩臆度者。大抵治淮視治漕爲難，治黄視治淮爲難，治中流視濱河爲難，治決口視中流爲難，治北岸視南岸爲難，治北岸決口視南岸決口尤難。治之之法，莫善于因。禹之因者何？因其時以制宜，因其勢而利導之而已矣。治水也，順水之性，順之者，因之之謂也。淮清而黄濁，貴治之使合，而後清可以刷濁，因其清濁而合之也。淮弱而黄强，貴治之使均，而後弱可以敵强，因其强弱而均之也。中州之河趨下，桃、清之河趨上，下者宜埽，而上者宜隄，因其上下而埽之、堤之也。南岸之勢昂，而北岸之勢低，昂者猶可修于事後，而低者必先防于未然，因其昂與低而修之、防之也。夏秋水漲走灘，冬春水落趨灣，其灣也可以隄塞，其灘也可以挑引，因其灘與灣而塞之、引之也。故曰『三代所寶莫如因』，此以水治水、行所無事之智也。

從來河患，河南爲甚。而近日河爲漕患，惟桃、清、淮、揚最急。謹將河南經驗、河患險工並淮、揚親閱要害、治法分圖立説如左。雖曰『以圖御者，不能盡馬之情』，然使按圖而治，亦思過半矣。若神而明之，存乎其人，此又貴乎因時制宜、因勢利導，而非圖説之所能罄也。

鄭州南岸王家橋河患圖康熙十一、十二年

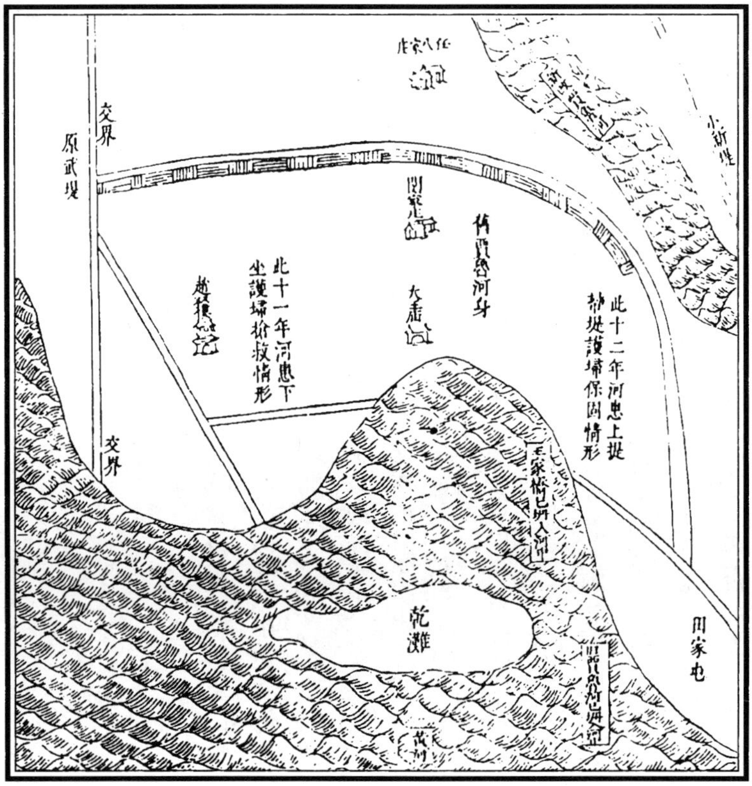

鄭州南岸王家橋治河説

按：中州黃河，南北兩堤岸濶者相距十有餘里，而窄者亦有八九里不等。大抵河勢從中流衍，自西而東，乃河之正位也。攷黃河自秦、晉入豫境，經懷、河兩府，地勢高阜，土脉堅固，又多山嶺約攔，所以河流受束，衝決常少。行至滎澤仁奠山以東，兩岸山盡，地濶土鬆，加以伊、洛、沁河諸水，河勢建瓴而下，汛溜衝激。如水汛向東南，則河勢直向東南趨射；如水汛向東北，則河勢直向東北衝刷。每當埽灣迎溜處所，兼之夏秋淫潦漲發，勢不能無衝潰，往往曲折坍塌至四五里、六七里不等。坍塌所至，逼近堤岸，堤岸一潰，蟻穴不塞，便成滔天，則議築議挑，相機防禦，自不容已。由是年年坍塌，歲歲修防，勞費無已時。此就中州黃河之大勢而總言之也。

今按圖立説，因病立方。河圖即河患，如人之抱病。立説即立法，如方劑之救人。圖圖如是，説説如是。此就鄭州河圖而論河勢。自滎澤以東二十里許，如田家屯，北距大河數里，康熙十一年春月，上源河勢倒射，東南漸次坍塌，逼近田家莊、藍家莊迤帶，直衝王家莊舊大堤，并賈魯河坍透，內無重堤可恃，河勢岌岌。雅任河道監司，相度河流，迤南約四里許，議築大月堤一道，約一千餘丈，集夫搶築，勒限竣工。而大河南徙不停，勢如倒峽，新堤萬

難捍禦，隨下護堤邊埽，上下二層，而河勢浸淫不已。又復多集人夫，晝夜搶救。十二年春夏，此處河勢上提，隨加幫〔堤〕。十一年所築迤西月堤、護埽，防危兩年，要害始得保固無虞。是役也，若非加倍築堤，遥遠收攝，又兼護埽層層，則大河南射，滔滔莫禦，恐開、歸、鳳、揚一帶竟成巨浸，大河將爲平陸，憂在漕運矣。此當日慘淡經營隄防成績，具在披圖閱説，一目瞭然者也。

原武縣南岸小潭溪河患圖 康熙元年

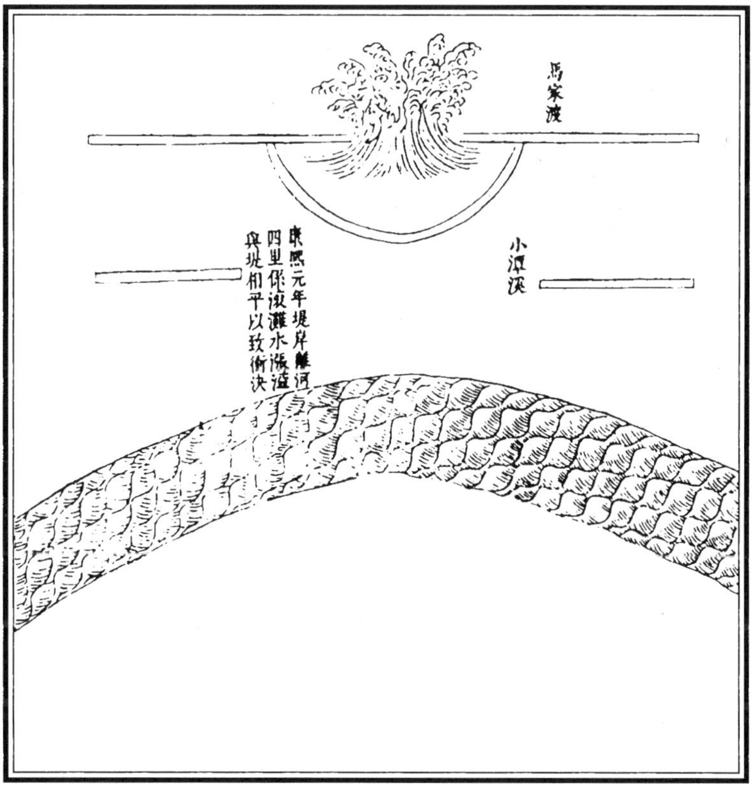

原武縣南岸小潭溪治河説

河流距南北兩堤遠近不等，而河患有輕重不同。大抵河行堤下者爲甚，近於堤者次之，遠於堤者又次之。按：原武南岸小潭溪。康熙元年，河患非常，河堤内外相平，小潭溪潰決，距大河四里之遥，而河勢正行，不屬旁射，不過滚灘河患耳。埽料湊手，十日之内可必報塞竣工。披圖立説，後值河患似此者，不必過爲張皇，可計日而定者也。

中牟縣南岸黄練集河患圖康熙元、二年

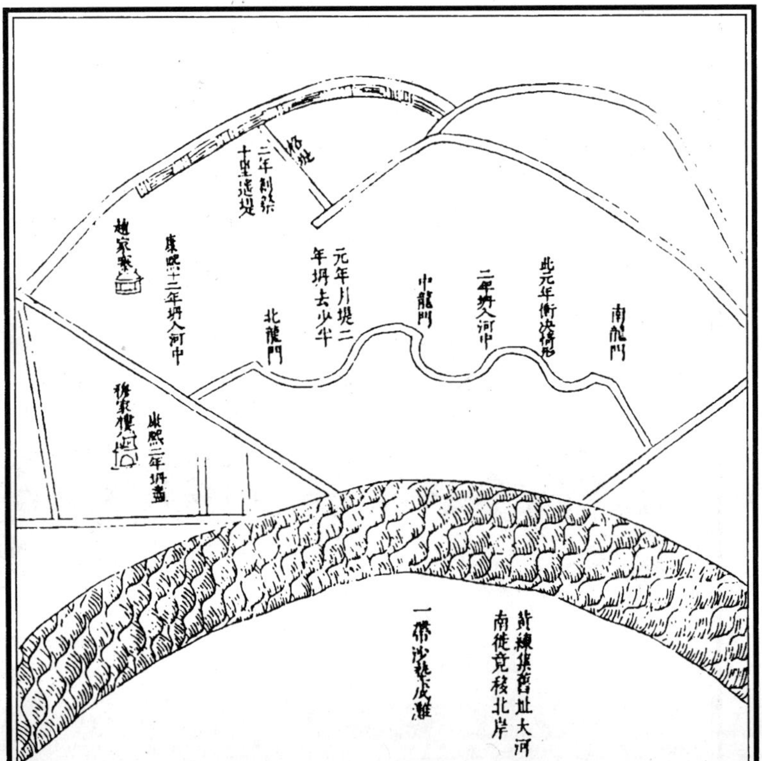

中牟縣南岸黃練集治河説

《河防一覽》載，中牟之黃練集，乃河南一大要害也。

今按：　黃練集南岸河圖，係康熙元年河患，由上源直射東南，坍塌不止，將黃練集衝刷殆盡，變爲大河，河勢汛激不停，遷徙東南，日甚一日。不一年間，南岸村莊坍入河中者凡四處，而黃練集南岸沙墊竟移爲北岸矣。前此數年，屢次築堤五道，俱經奔潰無遺。因相機搶築，遥堤延長十里，外護邊埽。康熙二年伏秋，飛漲衝突，岌岌節防，保固無虞，計當年所築遥堤基址，距黃練集十里有餘。若使近河築堤，則規模逼隘，水勢雖容，決裂之患，必所不免。惟是堤岸延長，包括全河，故不獨本年之河患可輕，迄今十有餘年，趙家寨迤北堤身坍透成河，而西南迤帶屹然如故。正潘季馴所云『堤欲遠，遠則（水）〔一〕有容，而〔水〕不能溢』者也。披閲此圖，見黃流遷徙，須臾桑田變成滄海，水之崩騰溯湃，爲害於人，亦可畏矣哉。

陽武縣北岸潭口寺上下河患圖　康熙十一、十二年

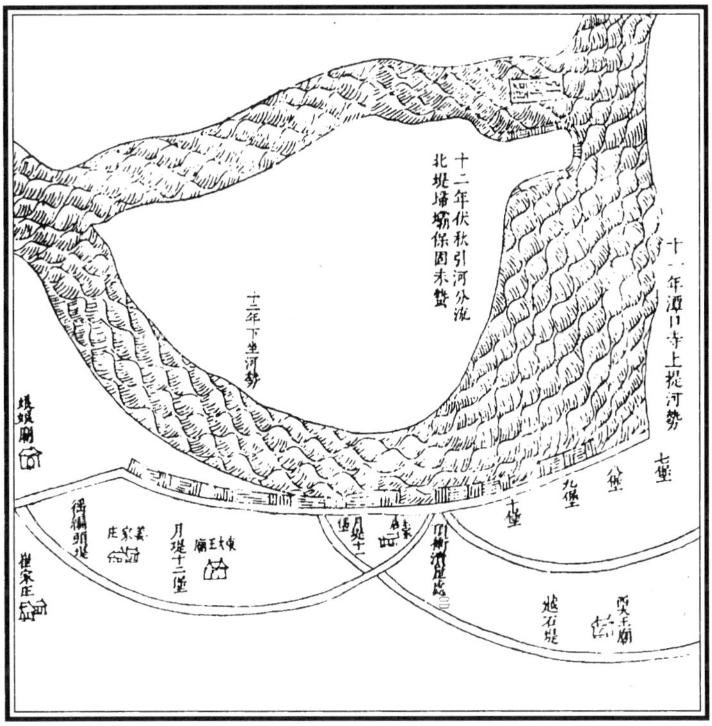

〔一〕『水』當在『而』下。據《河防一覽》卷七《兩河經略疏》載：『隄欲遠，遠則有容，而水不能溢。』

〔二〕據同治十三年劉成忠刻本《河防芻議》，當作『頂衝潰崖處』。

陽武縣北岸潭口寺上下治河說

按：陽武縣河圖，河勢遷徙，自南而北衝射北堤，此過潁在山之水，非其本性，或上提，或下坐，或從中衝激，年年幫築護埽不停。如康熙十一年，河勢上提，潭口寺一帶直當其衝。河勢猛刷堤根，下埽隨蟄隨套，又隨套隨蟄。原估埽個三層，因蟄陷無已，費至六七埽，纔得出水，堤身始免坍塌。所用物料，原估不敷，又需官柳、民柳，採辦搶救，幸保無虞。至十二年，河勢東徙，衝刷張家莊、王家莊、姜家莊一帶，衝激靡定，處處防危，需埽不貲，岌岌有噬臍無及之患。所幸者，十一年八月，雅先事而籌議，從上源南岸挑疏引河一道，亘長一千五百餘丈。十二年四月竣工，六月河水滔漲，西南烈風飈起，河勢汎溜，衝刷引河，並東北一帶沙麓刷去一百餘丈。引河既得分流，而引河東北又得狂風衝刷，河勢東徙，故北堤上下，衝激少平，埽個免蟄，又幸保伏秋無虞耳。但十三年歲修北岸，保堤猶不容已，而南岸引河頭南沙北徙，尤須相機開導，庶前功可永，後效可期者也。

封丘縣北岸西大王廟河患圖 順治十一、十二年

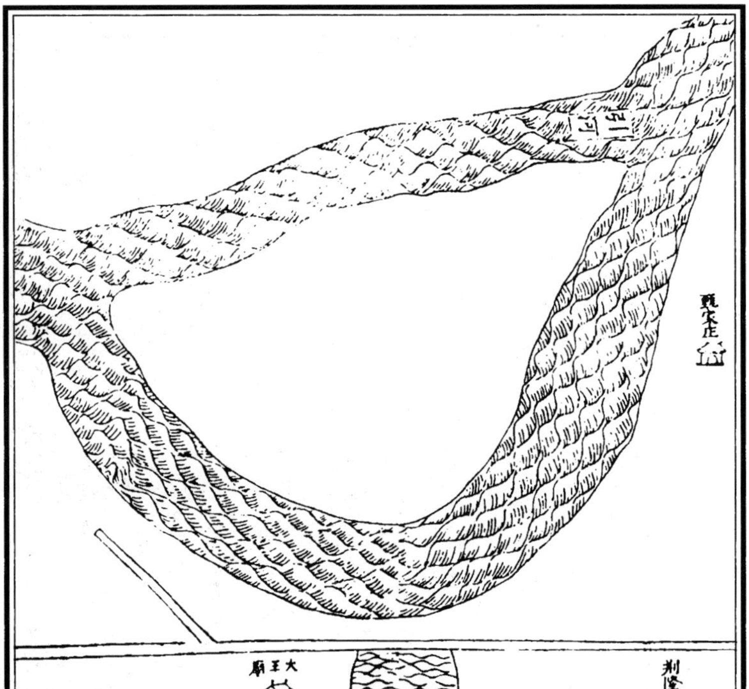

封丘縣北岸西大王廟治河説

中州河患，自我朝三十餘年來，惟封丘縣神馬大王廟決工難塞，塞後復潰，此第一河患也。詳考歷年河患，徵夫辦料，公私困憊，蓋以上源河流趨射東南，自順治七、八年間，河勢一變，趨射東北，大王廟一帶正當頂衝，上源既無轉折，下流又無故道，壅滯蕩激，北堤受傷，歷年河患，全坐于此。當時非不極力堵塞，祇以決口迤南無下流分瀉之路，隨塞隨決，莫能底績。遲至乙未年間，從決口迤南相度頂衝灣刷之處，開挑引河，河勢漸次分行，決工兩壩捲埽。引河既有所分，則決口之勢少殺，埽壩不至仍前衝淌，由是決口堵護漸窄，則南河流動漸深漸濶。南河既漸深濶，底決口日見功效，合尖報竣矣。

查決工累年未塞之由，徒恃護埽砥柱狂瀾，不能濟事。惟是引河分而收效捷，因勢利導，反敗爲功，此往事之明效大驗也。邇年，河勢漸近堤根，防禦之法，宜從大堤外壩之南迎水護埽，不使河汛衝刷堤根。所以然者，大堤之下，埽料累積，年久朽爛，倘河汛浸透，陡然衝動，全堤俱摇，而又內堤深潭，有建瓴之勢，一瀉汪洋。當年覆轍，可不鑒耶？愚以爲，先事之防，不可不熟爲之計也。

封丘縣北岸東大王廟河患圖 康熙十一年

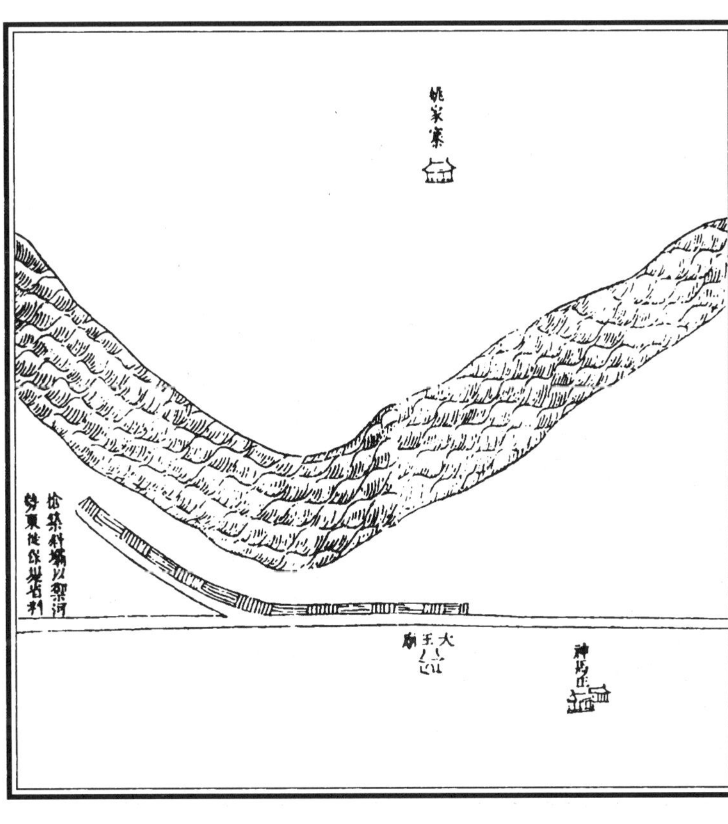

封丘縣北岸東大王廟治河説

按：康熙十一年，封丘東大王廟河勢係大掃灣，由上源西南直射東北，東大王廟迤東大堤直當衝激，汕刷不停，亟須護埽。但順堤而東，漸次汕潰，隨相機斜築大壩一道，護下邊埽，力資攩禦，使河勢不至東刷，而大河汛溜，斜趨東南而下，此本年夏末秋初之情形也。至八、九月間，河勢陡變上提，東大王廟迤西全河衝堤，晝夜下埽，始免潰決，此十一年封丘東大王廟河勢先自西而東，復自東而西之情形也。至十二年夏月以後，河勢又變下坐，距堤一二百丈不等。本年雖估計錢粮，並未動支，不知十三年後，河流遷徙又作何變態也。

祥符縣南岸黑堽河患圖 康熙十一年

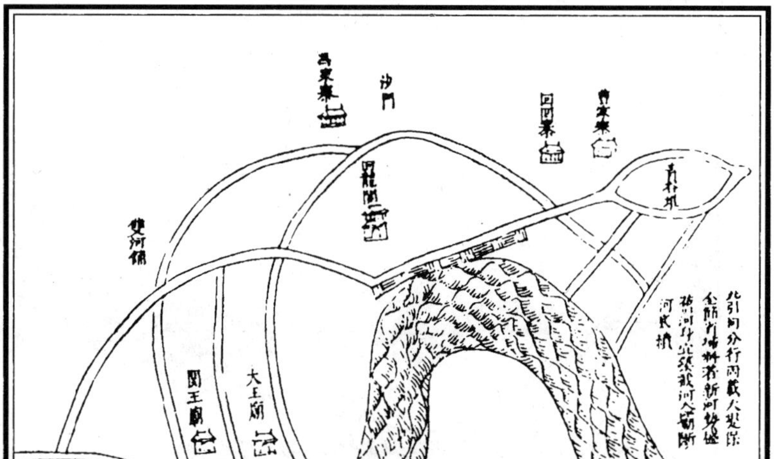

祥符縣南岸黑堤治河説

黃河不兩行，自古記之，故明總河潘季馴不議支河，謂舊河流急，而新河流緩，流緩必至沙停，沙停則河渠墊高，新河無用，此不過就淮屬上下一帶言之，而於豫屬地勢河情未盡親身閱歷，所以挑河殺勢之法，尚未諳悉曲盡其妙耳。

今按：祥符南岸黑堤一險，閱歷十載，全河大勢直衝大隄，有排山倒嶽之猛，驚心怵目，下埽防危，不遑寧處。且大隄坐落省城正西，相距不過三十里，一有不虞，則省城受衝，億萬生靈，沉竈産蛙，大可寒心。康熙十年，議從上源曲折之處挑挖引河。十一、十二兩年，得借引河，分流過半，不獨埽料節省甚多，而長堤亦得保固，此正順水之性，因勢利導，所謂運用之妙，存乎一心。劉大夏謂下流不可治，先治上流，正得此意。若必執河不兩行之説，則刻舟而求劍矣。但引河既開之後，大河淤淺，必築截河大壩斷流，使勢趨新河，否則水行故道，而新河復將淤塞，此引河之法，又不可不知也。

祥符縣南岸時和驛河患圖 康熙元年

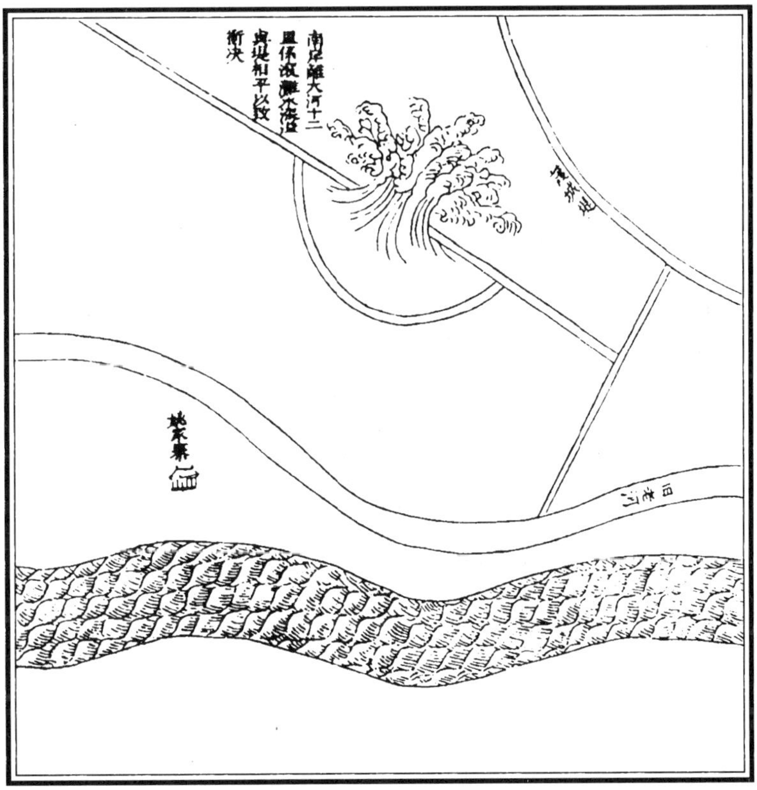

祥符縣南岸時和驛治河説

黃河遷徙不常，倏而南行，倏而北衍。雖河流移北，而南河舊渠尚存，突值漲發，出(漕)〔槽〕溢岸，洪波滔蕩，南北兩堤在在慎防，萬難緩視者也。如康熙元年，祥符時和驛堤岸潰決，驛距大河十里餘，係滚灘，水暴衝舊河，加以北風狂逞，凡堤勢少有曲折處，衝激易傷，致滋河患。披圖立説，勿以大河距遠爲可忽，而舊河淤墊不足慮也。然備料搶築，半月以內可以竣工耳。

祥符縣南岸槐疙疸河患圖順治十七年

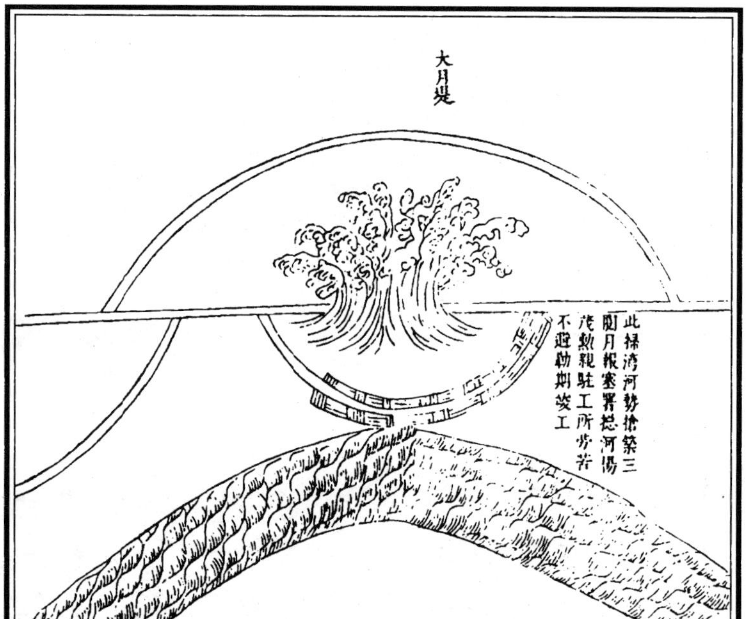

祥符縣南岸槐疙疸治河説

祥符南岸槐疙疸，《河防書》所載，亦名險要害也。順治十七年六月間，河流暴漲，因河勢掃灣迅猛衝潰[一]。七月中旬，河流一半分行，人力驟難争勝。至八月初旬，兩頭築壩、捲埽齊下。九月初三日報塞。復爲綢繆善後之計，從埽壩平蟄，晝夜搶護，始保無虞。適又值河水漲溢，堤外議築小月堤，增高加厚，外護邊埽，庶幾門户鎖鑰，而堂奥晏然。緣此處臨河掃灣，歷來屢罹河患，雖增築月堤可以重門禦暴，而頭堤爲當衝捍患之門户，一有浮漲，壅潰撞齧，勢必引賊入室，内堤潰決，亦不能保矣。司河者勿以重堤數道爲足恃，而遂置外堤於膜外也。

祥符縣南岸埽頭集河患圖康熙十二年

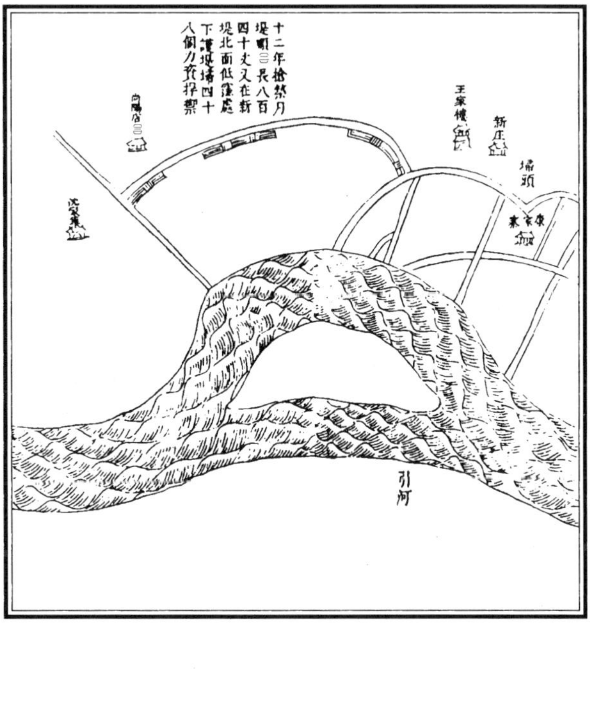

[一] 此句疑爲：『因河勢迅猛，掃灣衝潰』。

[二] 『堤』下當作『順』。《河南通志》卷十二《河防一》載：『滎澤南岸沿河大堤，自舊縣迤南堤頭起，至鄭州堤界止，順長十一里一百七十丈五尺。』

[三] 當作『尚陽』。乾隆《祥符縣志》卷六《建置》載：『尚陽店所管莊村，自尚陽店至蘭陽寨，共一十五處。』

祥符縣南岸埽頭集治河説

按：　祥符縣南岸埽頭河圖，康熙十二年春夏，全河之勢從西北衝射東南，直抵堤根。七、八月間，河勢蕩激，上提下坐，延長數里，坍近大堤，情形不測，未敢輕議埽工。周視詳度，自埽頭迤東，止有大堤一道，并無內堤可恃，既無鎖鑰之扃，又乏重門之閉，坍塌不停，禦暴無術。隨在內議估月堤一道，多集人夫，晝夜搶築，又恐新堤水浸，不堪捍禦，復下護堤邊埽，以防浸汕。此時大堤坍透，而在內堤埽鞏固，卒保無虞。未幾，十三年春月，河勢又變，南北兩股分流，摇摇靡定，杞人鰓鰓過計，非相機預防，恐憂方大耳。

祥符縣北岸貫台河患圖康熙十二年

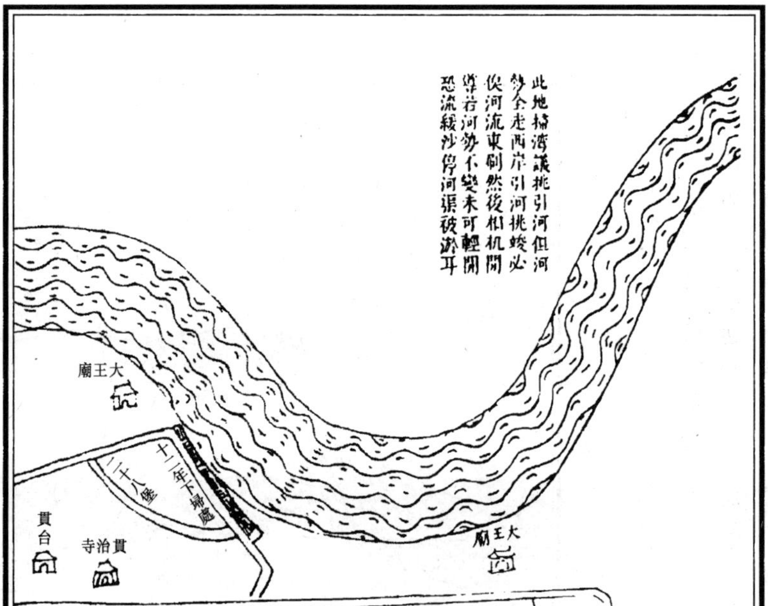

祥符縣北岸貫台治河説

〔凡河勢要害，南北頂衝爲甚，大埽灣次之，漫埽灣次之。〕[一]

〔按：祥符縣北岸貫台河圖，上源自南而北，東北迤帶堤岸正當首衝。康熙十二年，護埽蟄陷，極力救援，奈東北兩堤衝擊，河無轉折倒流之勢，未可輕議疏導，惟有慎守河堤，加幫護埽。但河勢一日不變，則河患一日可憂。倘堤岸一潰，全河俱奪，直衝濟寧上下運道，關係非常。竊計欲治此患，宜〕[二]相度上源東岸曲折迎溜處所，大闢河渠，深一丈二尺，中濶十五丈，上河頭濶二十五丈，下尾濶十三丈。一丈二尺之下，再挑多坑多溝。上河頭下唇挑漕，下埽三層，以約攔河勢。如法挑竣，須俟緊溜迅行東岸之時，河流暴漲，相機開導，滔滔東注，衝刷漸濶漸深，北岸河勢分殺，埽不蟄而河堤可恃以無恐矣。此挑河、開河機宜，必須一一中窾，若一經生手未諳之人，則引河難成，而開導乖錯，毫釐千里，真有未可易言者矣。

陳留縣南岸孟家埠口河患圖 順治十四年

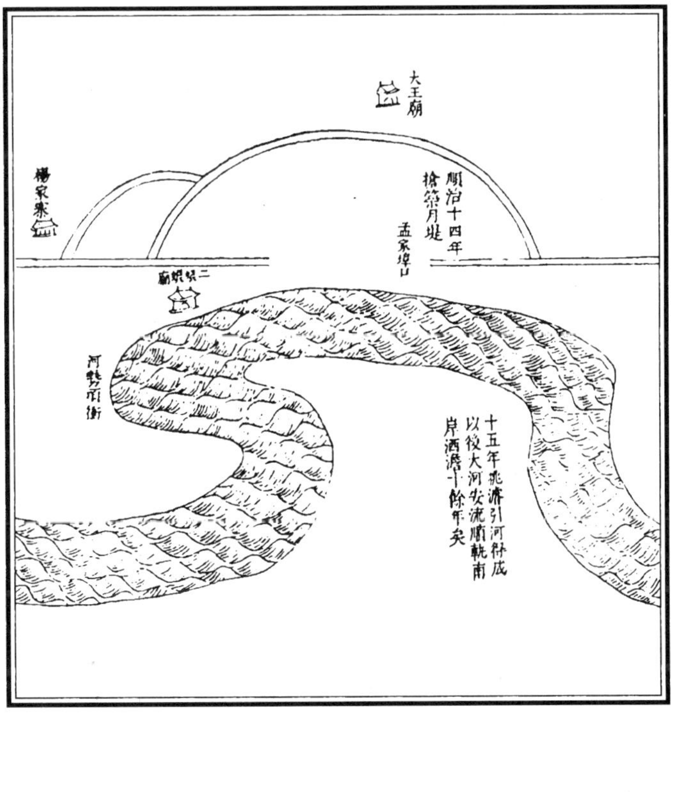

〔一〕〔二〕原缺，據《四庫全書存目叢書》本《河防芻議》補。兩個版本之文字稍有出入，故『宜』以下文字仍保留《續修四庫全書》本《河防芻議》原貌。

陳留縣南岸孟家埠口治河説

此順治十四年陳留縣南岸孟家埠口河圖也。從上源圈河衝刷，西岸坍塌臨河，此爲埽灣河勢。當年，監司誤議埽工，辦料搶下護堤，縻費無功，則河工之成敗，貴於虛懷博訪耳。從來河勢果係頂衝，方議下埽，所下之埽正迎其溜，雖水汛日猛，而埽箇安然如故。若河係埽灣，埽不迎河，則埽隨水淌，埽既淌瀉，土堤何以禦衝？計此一晝一夜，坍塌立盡，況值河流飛漲之時，一望汪洋，陳留、杞縣等邑滙爲巨浸矣。大抵埽灣河患，頭堤難固，必須内議月堤。如在内地勢高亢，須加風埽，以護新堤，使免坍刷。倘在内地勢低窪，頭堤坍透，河汛漲猛，建瓴而下，月堤亦難抵擋，必從月堤護沿邊埽，高六七尺不等，庶迅湧河勢不得肆其衝嚙矣。此埽灣河勢，與頂衝不同，而治之失法則敗，得法則成，斷然不爽者也。

卷三　圖説

儀封縣北岸三家庄西河患圖 順治十七、十八年

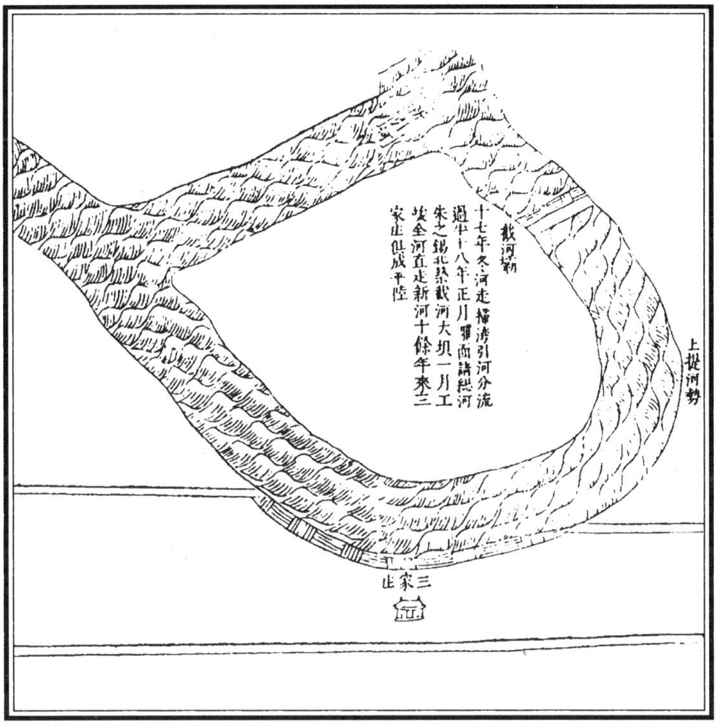

儀封縣北岸三家庄西治河説

順治十八年、康熙元年，河勢漸徙北岸，三家庄迤西衝刷爲甚。又從上源大掃灣處挑河導引，從來黄河夏月走灘，冬月行灣，三冬從掃灣流刷引河，直奪大河十分之七。雅陳於總河朱之錫，從中流搶築截河大堤，護埽禦衝，全河歸引，北河淤高，迄今一望平陸。

儀封縣北岸三家庄東河患圖 順治十四年

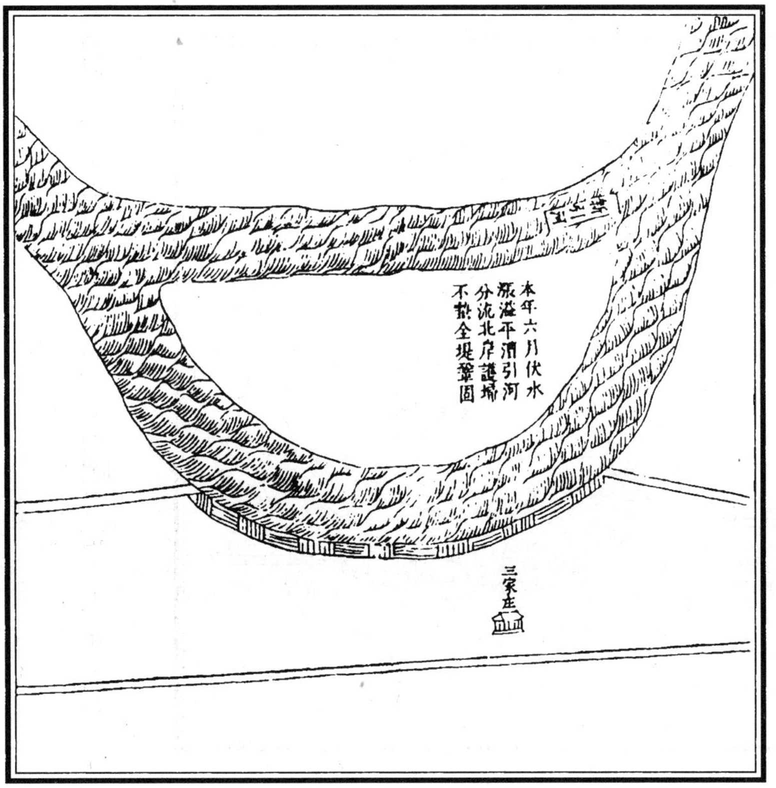

儀封縣北岸三家庄東治河説

按：　順治十四年，儀封縣北岸三家庄，河勢遷變，自南北衝，直射堤根。考三家庄河防所載，從古要害之地。今北射坍塌，自春迄秋，崩汕五里有餘。奔迅洶湧，勢若摧枯拉朽，可爲寒心。且堤北迤帶，又係曹縣舊溝，倘有疎防，建瓴莫禦，全河歸於決口。大河沙淤，日墊日高。大河必至斷流，而運道阻塞，民生昏墊，不可問矣。治之之法，照堤加幫高厚，外隨護埽層層，恐湍悍之勢，不可遏禦。從上源十里掃灣受衝處所，即當年行河之地，後來日徙日淤，河渠全塞。然實自西而東，河流歸宿必經之所。於此確勘施工，挑疏引河，亘長一千丈。六月，河水大漲，開導東行，竟分河流一半，所以北堤鞏固，埽箇無蟄，此三事並舉之工。雅作令時，責成一身，任無旁貸，而能慘澹經營，幸有成功者也。本年，廵撫亢得時薦舉考語以『明辨通敏之器，著規畫拮据之能，三家庄河工尤其顯績』。按圖立説，因謹記之。

儀封縣北岸蔡家樓河患圖康熙十二年

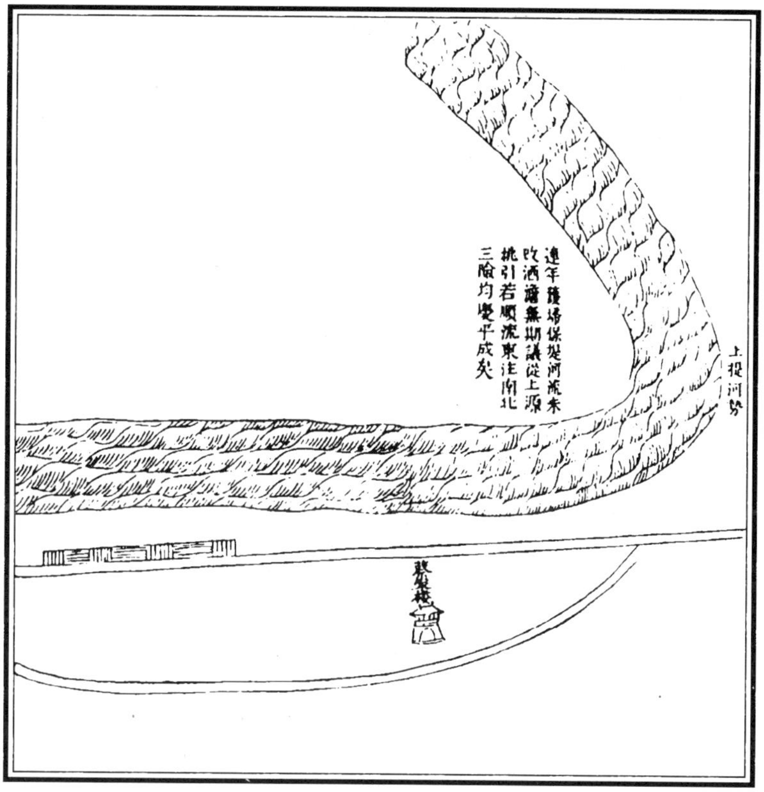

儀封縣北岸蔡家樓治河説

按：儀封縣北岸蔡家樓河圖，由上源東南而下，直衝西北，激射洶湧，堤岸護埽，隨套隨蟄，以河勢趨下，迅若建瓴，故難抵禦耳。溯其河患之由，則蔡家樓與考城之芝蔴庄，犬牙相錯，勢若連雞。玫二十年來，芝蔴庄歲苦河患，直射堤根，並無遷轉。比年河身上提，蔡家樓迤帶，一同受害，集夫辦料，月無停日，官民困憊，伊胡底止，引河分導，萬不容已。分導之法，詳具《芝蔴圖説》中，事同一體者也。

考城縣南岸石家樓河患圖 康熙十二年

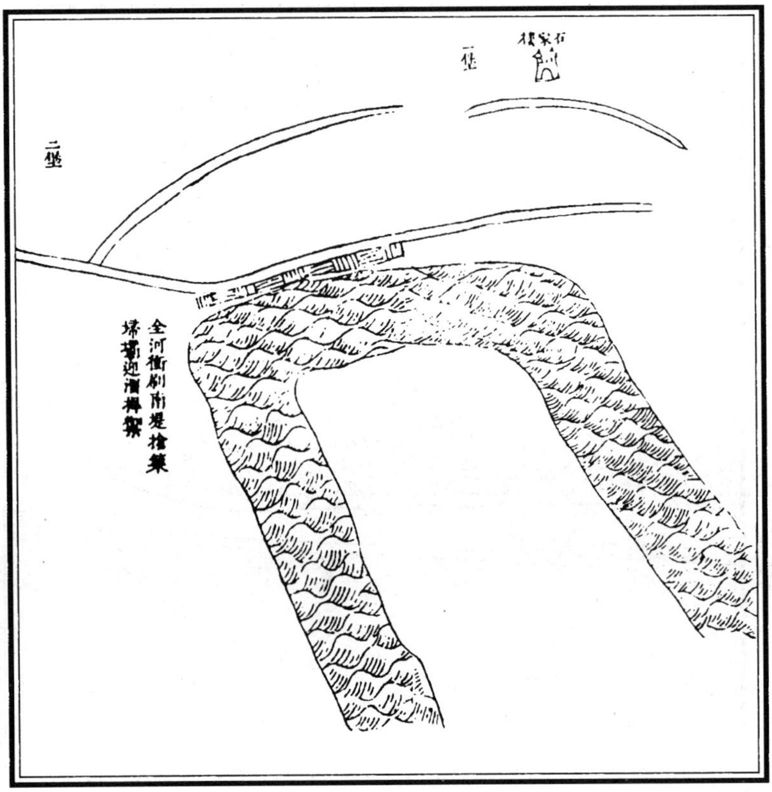

考城縣南岸石家樓治河説

考城南岸石家樓東，康熙拾貳年春夏之交，黄河上源陡然趨向東南，晝夜坍塌，勢若駿馬奔騰，河汛衝堤，倒流斜射，頭堤坍盡。相度形勢，從内堤第二層下迎水埽，以禦其衝。又於内築月堤，爲重門禦暴之計。幸堤岸保固，而河勢又漸離堤根，差可無虞。但河患仍在，倏離倏侵，未可忘戒備也。

按：河圖，考城南北兩險，亟宜並治。若專恃埽工，年年辦料，所需不貲，未免有難繼之憂。且恐河患又不止於今日者，是兩工爲考邑切膚之痛。再四籌維，築塞可(恃)〔用〕而不可恃〔一〕，則疏導難行，宜在必行者也。所議《芝蔴庄圖説》中，挑濬引河之舉，不專爲芝蔴庄計長久，並爲石家樓、蔡家樓計萬全。總之，新河得成，不但北岸洒淡，深慶平成，而上源既已掣入新河，將南河之勢亦可奪，沙墊日高，河不他徙，南北總滙中流矣。此治法似屬新創，實屬因勢利導，以捍劇工不易之良策，非臆説也。

〔一〕『恃』當作『用』。『築塞可恃而不可恃』之語不通。《行水金鑑》卷二十四《河水》載：『近時滾江龍之法，皆不可用。』『築塞』與『滾江龍』皆爲河工之法。據改。

考城縣北岸芝蔴庄河患圖康熙十一、十二年

考城縣北岸芝蔴庄治河説

宋任伯雨之言曰：『河流混濁，泥沙半之，久淤澱而決，或北而東，或東而北，此豈可以人力制哉[一]！』故黄河大勢，未有數年不變者。但因其所向，攔約利導之，使不至湧流横溢而已。

按：考城北岸芝蔴庄河圖，河流逼刷堤根，上提下坐，並適中衝激幾二十年，此河患首衝，最爲要害。歲月既久，從前估用經費既已不貲，長此安極？年來，相度南北上下河勢，南岸一帶地勢高亢，並無窪下之處，而河勢自南而北久失正位，恐將來北堤一有疎虞，全河俱徙，濟寧上下迤帶直當其衝，運道必淤，漕艘中阻，深切杞憂。治之之法，自北堤距南五六里許，現有大埽灣形勢處所，從此勘確，挑濬引河一道，自西而東，計長不過二千丈，必須疏導得法，勒期竣工，俟伏秋洪濤飛漲之時，河頭下唇挑漕下埽，以約攔水勢，河渠之内挑坑挑溝，任其跌蕩衝刷，新河自然漸奪過半，則引河以北大河身漸次流緩，隨相機搶築截河大堤，務使河流全歸新河，滔滔東蕩，庶北

[一] 據《行水金鑑》卷七《河水》載，任伯雨之言爲：『河流混濁，淤沙相半，流行既久，迤邐淤澱，久而必決者勢也，或北而東，或東而北，安可以人力制哉！』

岸可保無虞，此亦因其所向，利導而約攔之已耳。若謂工大費煩，艱于創舉，不知因循日久，爲費更大。誠有見於河勢之利害，而權其輕重，則費數年估計之錢粮，而可以弭數十年之河患，孰少孰多，孰得孰失，其較然可見者矣。

虞城縣南岸黄里寺等工河患圖　康熙十一、十二年

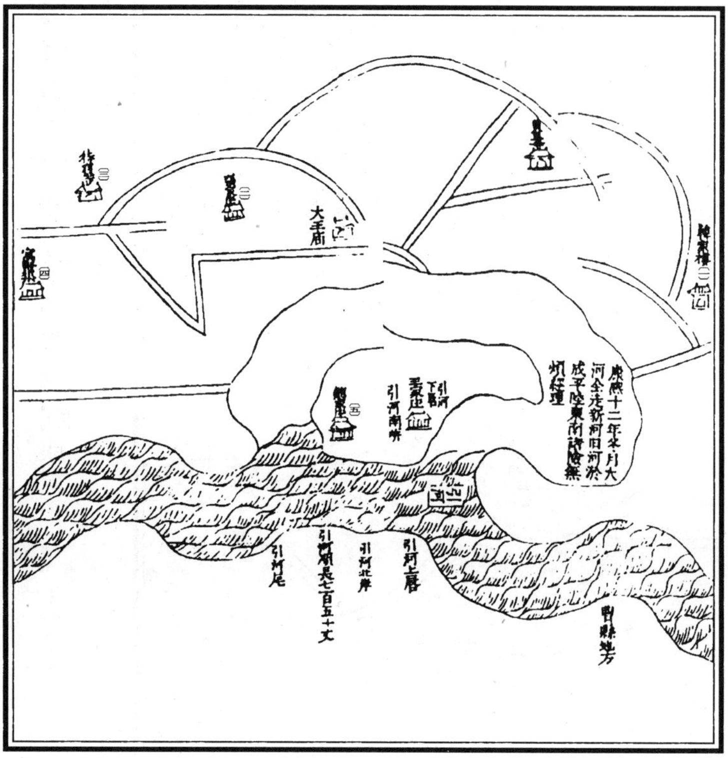

虞城縣南岸黄里寺等工治河説

虞城縣治距臨河堤岸僅五六里，康熙拾一年，河流全走南岸，黄里寺大堤坍透，内係月堤，晝夜築竣，幸地勢頗高，月堤無潰。若待賓寺河刷東南掃灣，曲折沸漲之勢，患切剥膚。幸上源引河開放，分流殺勢，南岸兩工獲保無虞耳。但河勢分行，南岸兩險綢繆難緩。十二年春月，確勘引河上源，水汛上提，引河口門衝刷不利，恐流緩沙停，新河淤高，大河仍走故道，則南岸兩工一有踈防，衝縣治而害民生，深切杞憂矣。議從水汛上提之處，迎溜挑挖，一一如法。伏秋大漲之時，洶湧建瓴之勢，滔滔東下，則新河日刷日深，兩岸日坍日濶，大河迤南河流漸緩，流緩

〔一〕當作『韓家樓』。《行水金鑑》卷五十七《河水》載，虞城縣臨河堤『第二段自土樓起，至韓家樓止，長三千一十五丈。……第三段自韓家樓起，至大王廟止，長一千二百二十丈。康熙二十四年幫修，坐落韓家樓東』。

〔二〕據同治十三年劉成忠刻本《河防芻議》，當作『張家莊』。

〔三〕據『治河説』之『若待賓寺河刷東南掃灣，曲折沸騰之勢，患切剥膚』，當作『待賓寺』。

〔四〕據卷一《黄河全圖》之十九，當作『寓賢集』。

〔五〕據同治十三年劉成忠刻本《河防芻議》，當作『鮑家莊』。

沙停，大河墊高，新河上下滙爲巨津矣。此上源引河既成，而東南兩工俱成平陸，不但修防節省繁費，而縣治屹然無患矣。引河之成，歷經兩歲，非因勢利導，相度中窾，底績未可易言也。惟是善後之計，已有成畫，地方憚于修舉，以目前清晏便謂無事，司河者尤須遠計之。

曹縣北岸石香爐河患圖 康熙元年

曹縣北岸石香爐治河説

此曹縣石香爐大埽灣河圖也。從來埽灣河勢，遇有潰決，緊溜奔刷，築塞之功，難以驟施，須待時而興。若河流正值盛漲，非人力可以争衡，一旦輕舉，鮮不僨轅者。此河決於五月，一時紳衿百姓因夏禾未登，秋麥未種，恨不即時堵塞，以救耕畂。採運物料，咄嗟立辦，耑待興舉。雅奉調至工，確勘上下情形，伏秋盛漲，不宜輕築，即幸築塞，亦必壅決。彼中紳士，力争搶築。迨決口合尖之時，外河壅漲，内堤處處傾危，果從新築壩工潰決數十丈。衆方信服前言，始議停工。然物料蕩費，已盡如許，金錢皆付之水濱矣。直至冬月，凌塊壅擠，晝夜搶埽，方克報塞。雅又於十一月親勘確議，北築重堤護埽，南挑引河分殺，然後河流南徙，北岸河患漸收平成。故必上識天時，俯察河勢，緩急遲速，皆合機宜，始獲奏績，非可以鹵莽滅裂，僥倖從事者也。

徐州南岸賈家樓河患圖康熙十二年

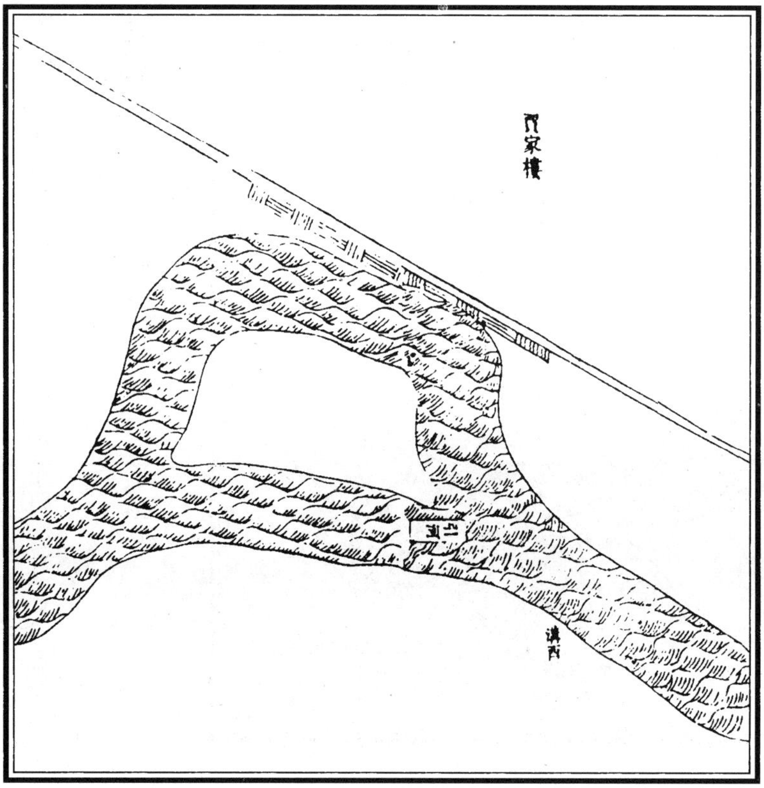

徐州南岸賈家樓治河説

康熙十二年十一月，雅奉調會勘淮屬北岸工程，事竣，由徐州賈家樓南岸一帶，周閱上下。河勢倒射東南，舊堤已坍，新堤雖已築竣，將來河患叵測，勢益南徙，不可捍禦。今雖從上源新挑引河，誠未雨綢繆之至計。但工竣之後，下唇之扃鍵須周，河渠之坑溝宜濬，而開導之時候更不可不審。若非時至伏秋，即平時河勢漲發，不過隨漲隨消，河頭豈可輕放？一不留心審察，鹵莽誤開，則偶漲之水未久即消，河汛無力，不能衝刷河身。力既不能衝刷，則流緩沙停，沙停河飽，新挑之河身深不過一丈一二尺，有不爲沙墊，盡棄前功者乎？司河者念工力之維艱，思濬導之匪易，毋後事而失時，亦毋欲速而僨績，斯河患可平，而劇工不悮矣。

桃源縣北岸九里堤河患圖 歷年河勢不變

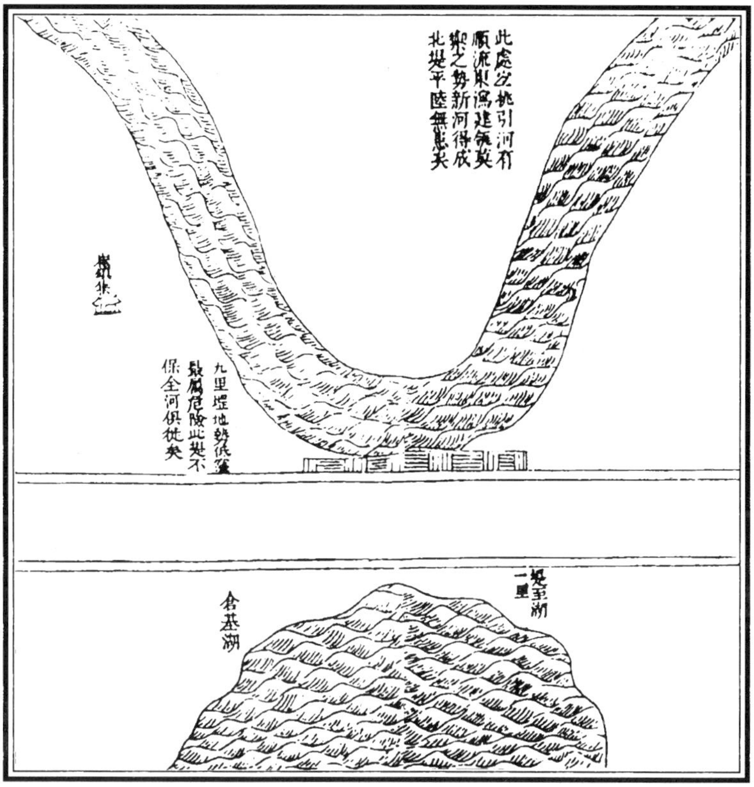

桃源縣北岸九里堤治河説

河流自西東行，水之性也。今崔鎮西九里堤河勢一變自南而北，再變自北而南，倒行逆流，決裂已極，長此不治，北堤衝激日甚，倘埽箇不固，堤岸壅潰，斷所不免。且堤內地勢低窪，外河迥高數尺，建瓴危險，殊切驚心。況南堤距倉基湖不過一里，一有疎防，全河射湖，汪洋溯湃，莫可收拾，桃清遂涸，斷流淤墊，竟成平陸矣。治之之法，相度上源曲折之處，可以挑濬施工，須深廣如法，待時開導。此河一成，不但九里堤一帶就下之勢保危爲安，且崔鎮集衝刷漸輕，庶免坍塌，而東南迤帶可無橫射之患，此工閲視最確圖真而説不泛也。

桃源縣北岸徐升壩河患圖歷年河勢不變

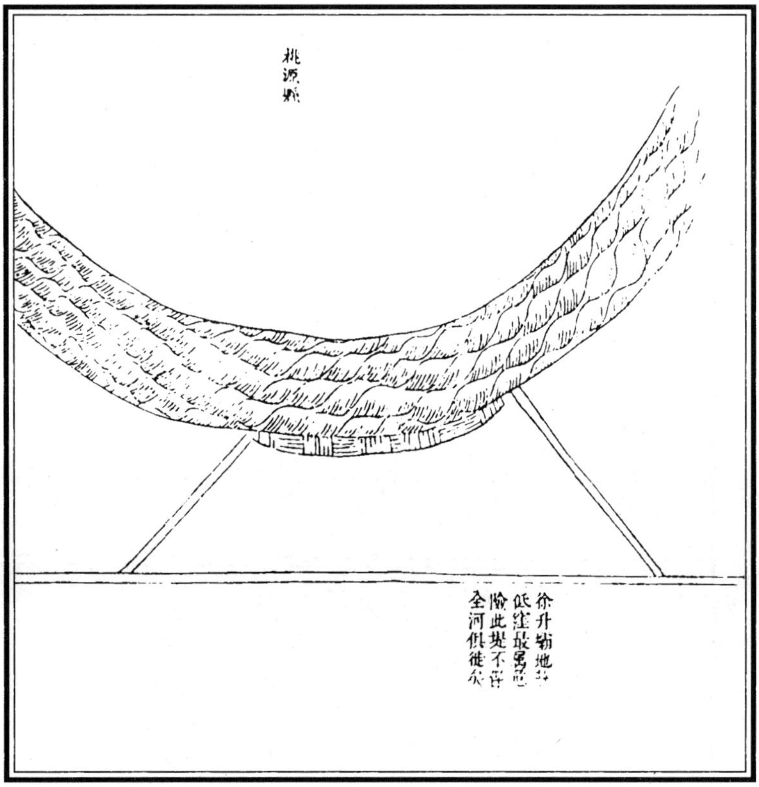

桃源縣北岸徐升壩治河説

凡兩岸臨河，地勢高亢，即有衝決，未易奪河。若濱河地勢低窪，河水平流之日，内外相較，河形已高，况當暴漲之候，河與堤平，則在外河形較堤以内之形勢高至七八尺，在在報險，防守爲難。如徐升壩地勢低窪，形似盆底，目前所恃，護埽禦堤。倘河勢下趨，埽陷不固，一綫之堤，安能禦全河衝擊之勢。且使決口成河，建瓴衝射，則舊河淤墊，可立而待矣。相度上源，並無曲折，不便輕易挑濬。爲今之計，惟於原堤增高加厚，備料充足有餘，可以無患，此下策也。若將來河勢遷徙，因勢疏築，又存乎其人耳。

桃源縣南岸龍窩河患圖歷年河勢不變

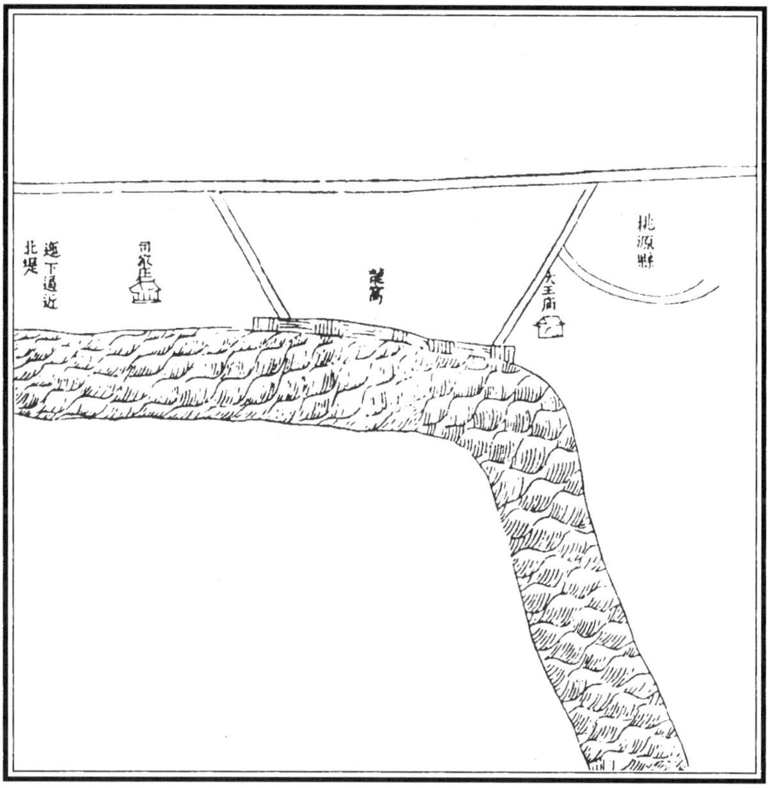

桃源縣南岸龍窩治河説

桃源迤東掃灣，河勢往反經過，閲歷已熟。大河直走南岸，勢難遷徙，年年護埽，洒淡無期。且下流七里溝、黄家嘴、新莊迤帶北堤河患，皆此（倒）〔掃〕[一]灣。河勢爲厲之階，總因河勢北徙，離堤逼近，而又河岸卑窪，每值漲溢，孤堤易傷。在今日治之之法，欲保北隄，須改河勢，欲改河勢，惟有相度上源曲折衝刷之處，因勢利導，以挽狂瀾。不然，河勢一日不變，則北岸一帶歲歲隄防，並無息肩之期矣。所謂治河，宜治其源。猶之除病，宜除其根。病根不除，雖暫愈而仍發。河源不治，雖暫塞而仍危。司河者其早計之，勿令噬臍靡及也。

[一]『倒』當作『掃』。據前文『桃源迤東掃灣』改。

桃源縣北岸七里溝河患圖康熙十一、十二年

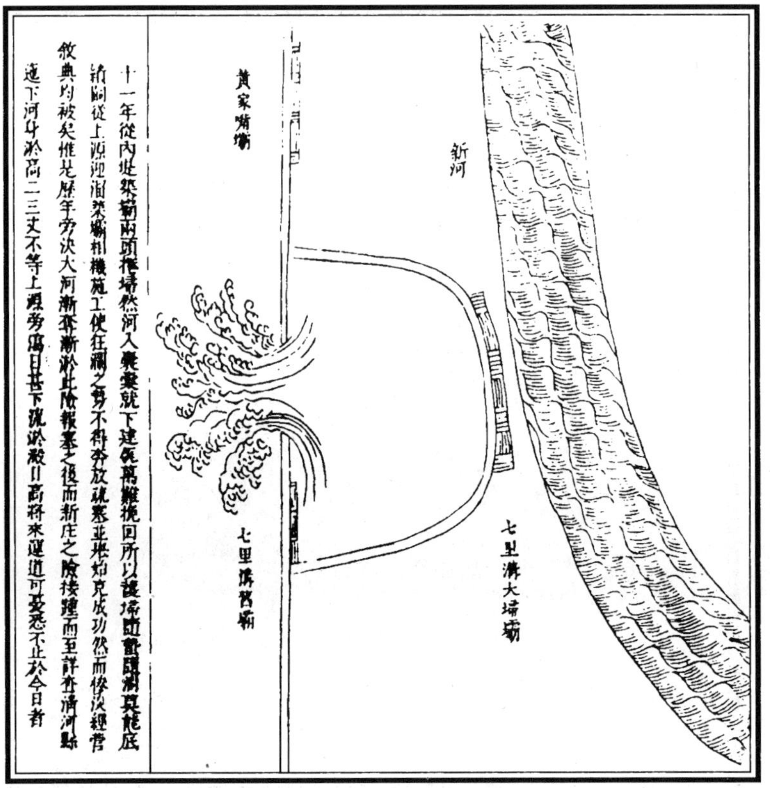

桃源縣北岸七里溝治河説

閱桃源七里溝圖中河勢。雅於康熙十一年春、夏暨冬月，三次詣工閱視。既熟治法，備陳末議中矣。今述其始末大略。此工掃灣河患與別工掃灣不同，蓋以河頭深入囊橐之中，勢難挽回。雅向總河王光裕婉陳停工之議，時值糧艘正行，帆檣鱗集，當事恐埽工一停，則河道淺阻，故毅然催督兩壩護埽。不知夏月全河泛漲，狂瀾怒奔，勢如倒峽，人力萬難爭衡，徒資瀠瀉。直至冬月，棄舊壩基，從外迎築，力避囊橐之險。壩基既得其勢，又慮全河灌注決口，乃從上源南挑引河，分殺水勢，使歸舊（漕）〔槽〕，然後囊橐之深潭漸淺漸縮，決口之衝勢漸緩漸淤，兩壩搶築，埽免蟄瀠，工始報竣。是役也，總河蒿目焦心，拮据兩載，寢食俱廢，脱非籌畫萬全，舍下流艱劇之地，爭上流迎溜之功，挑引得宜，疏塞並用，烏能奏此膚功，底於有績者乎！一時在事多員，概蒙敘典，雅以碌碌無能，重蒙總河特敘，過賜獎許，因圖説而并識於後，以見當事虛懷求治之切云。

高郵漕堤西岸清水潭河患圖

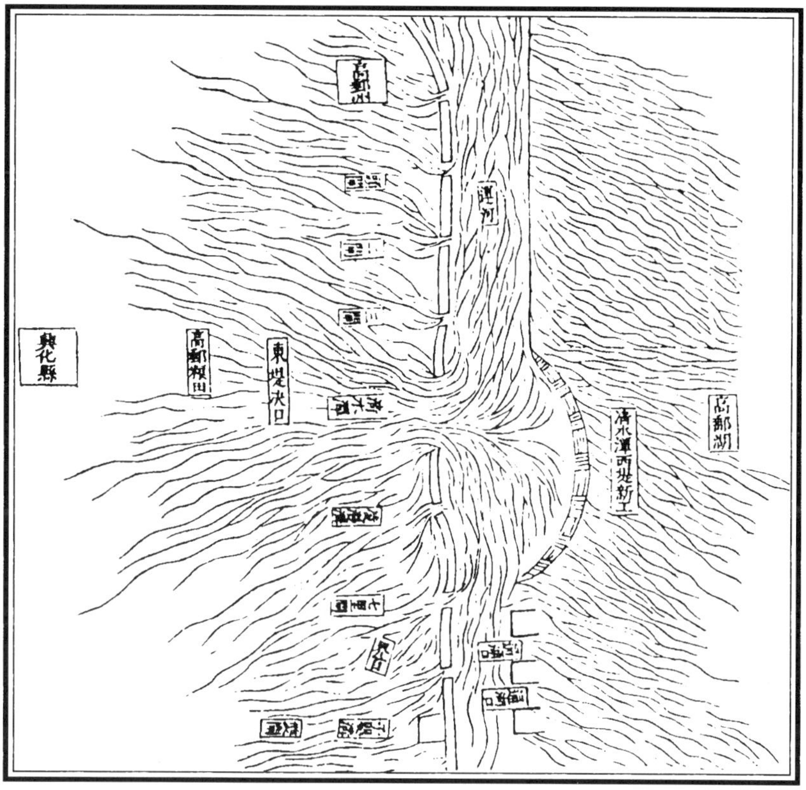

高郵漕堤西岸清水潭治河説

高郵清水潭係漕堤要害之地，誠名險也。昔年，此堤有潰，隨決隨塞。邇年，清水潭一工屢塞屢決，帑費無已。上竭公帑，下困民力，七邑渰没，竟成水國，向所謂財賦膏腴之産，皆變爲魚鱉昏墊之鄉矣。雅幾次臨工，周視一帶情形，田廬之淪溺，鴻雁之哀號，真有鄭圖難繪者。又於十三年三月間，艤舟清水潭，再三審勘。西堤新壩，築塞斷流，實已底績。其迤西上下，湖波浩瀚，一派汪洋，浸漬壩根，令人目駴心駭。且見埽工葦柳，纍積成岸，但葦草深入泥淖，不久浥爛。浥爛之後，新築之埽壩必復墊淤，罅隙浸灌，涓涓不息，便成江河，懷襄排決之害，勢所必致，而前功廢於一旦，豈不可慮哉！善後綢繆之策，總河久已遠慮及此。但以新工甫竣，若復驟議興舉，估費不貲，度支告匱，惟有仰屋攢眉而已。然此工因循不舉，後必噬臍無及，其費將有數倍於今日者。爲今要計，宜亟於新壩內增築石甃，以防外壩之坍塌，庶石工鞏固，而漕河免其汕刷。其運石遠近，甃砌高下，丈尺廣袤，工費多少，《河防書》成法具在，損益而變通之，是在司河者耳。

探清水潭頻決之由，實因淮水東洩，滙合五湖七十二河之水，以衝一線之漕堤，夫焉得不潰！故欲漕堤不決，必先塞上流之堰壩，使淮水不東，則全淮出清口，會黄入海，且其勢足以敵黃，而淮湖不從腰股分流，則漕堤之患漸輕，此治本之上策也。更有過計者，漕堤兩岸倍宜綢繆。擬於漕堤一帶要害多造石閘，每歲當淮水未漲之時，預行開放，使湖水先瀉，雖淮水驟至，亦不能爲害矣。再查原設閘座，如金灣、灣頭、芒稻等大小閘座，或照原閘宜濶宜深，或原閘不足，宜添宜建，務使水洩疏通，啓閉得時，力（保）〔避〕漕堤崩決，此尤永賴之長計也。今總河王光裕確酌機宜，漸次施工矣。

周橋閘翟壩河患圖

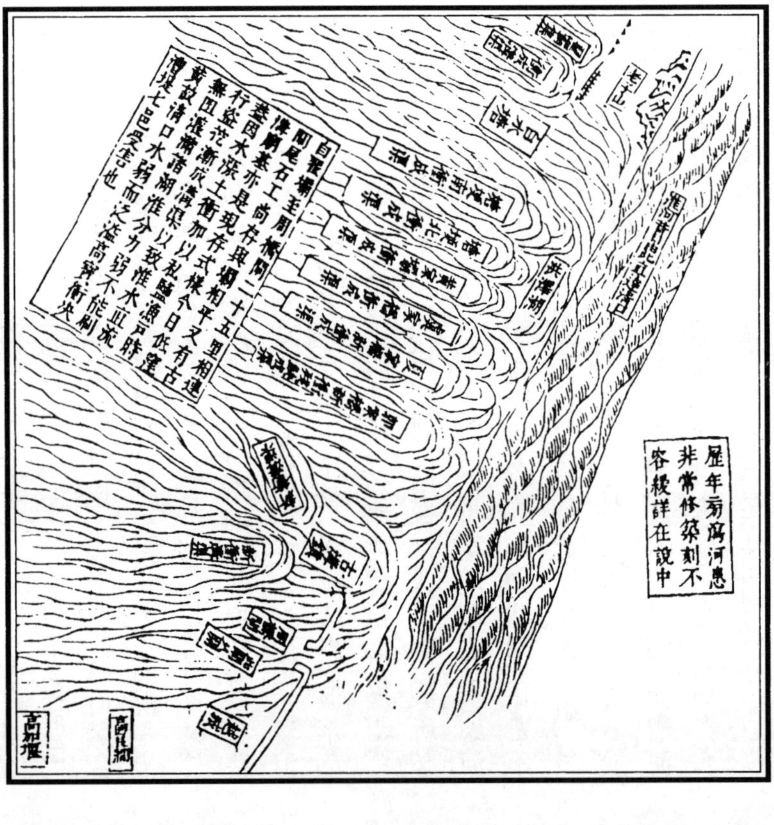

周橋閘翟壩治河説

治病者急，則治其標而不察其受病之本，雖目前小效，而病終不可得而愈也。治河者急，則治其決而不察其受決之由，雖一時報塞，而決終不可得而止也。今日淮、揚一帶，歲患水災，潰決漕堤，衝蕩田廬，上厪睿慮，議賑議蠲，屈指六七年來，糜費金錢何啻數百萬。前後河臣勞憊亦極矣，然河工屢塞屢決，平成無期，爲憂方大，則治其標而未治其本之故也。

考淮水由鳳、泗滙入洪澤湖，全勢皆出清口，此淮湖之故道也。湖東高加堰一帶，長堤捍禦淮湖之狂瀾，使不東瀉，無非欲攔約淮水，全注清口，使免黄强淮弱之憂。淮、黄會合，刷沙入海，不獨保障淮城，護衛漕堤，而高、寶、興、鹽七邑永無淪胥之患矣。年來，淮水洩於翟壩、古溝、周橋閘等處，淮從腰股分流，其會黄之力微弱，故黄水倒灌，淮湖沙壅水滯，清口淤塞。而伏秋淮水驟發，會五湖七十二河之水，以衝漕隄，而横溢於高、寶、興、鹽之七邑，迅如奔馬，高若建瓴，漕隄焉得不潰，高、寶七邑之民幾何其不爲魚鱉哉！爲治本之計，必修築翟壩一帶壩基，嚴禁周橋閘啓閉，使淮足敵黄，會黄歸海，則上源治而下流自無不治，此因勢利導而行所無事之智也。雅數年悉心博訪，矢志澄清，詳考輿圖，周度地勢，翟壩一帶，估工修築，萬難刻緩，雖曰工大費煩，度支匱絀，而水患頻仍，公帑民財委之逝波者，不知幾百萬，何如一勞永逸，以紓國計而奠民生，所裨豈小補哉！

卷四　條議

酌淮揚疏築之宜議

酌淮、揚上下疏築之宜，以利運道，以救民生也。淮、揚地勢，西高東下，江、海環其東南，淮、黄經其西北，而漕運行乎其中，田賦、鹽課出於其內，誠咽喉重地也。善治淮、揚之水者，在上流則塞之，使歸故道，不致中潰而來。在下流則濬之，使歸故道，得以順流而去，則水無不治矣。蓋黄河自西北而來，至清口出雲梯關入海。淮水自西南而來，至清口出雲梯關入海。二水並行，清以刷濁，水行河底，海口自深，則黄河南北兩岸自無潰決。此故道也，亦舊制也。

今淮水自高堰迤南翟壩、周橋閘一帶二十五里，潰洩高、寶諸湖，不惟不能衝射清口，且難免黄河倒灌，雲梯關上下淤墊，幾成平陸，遂使黄河上潰於邳、宿、桃、清，有黄家嘴、七里溝、新莊諸處之決，淮河下潰於高、寶、興、鹽，而有清水潭之決，以致一線漕堤，被其衝激，七邑民竈，聽其漂沉，國計民生，胥受其害，此上流宜塞而不塞之故也。山、寶、高、江諸州邑，地兼上下兩河，在漕堤西者爲上河，在漕堤東者爲下河，周遭數百里，西受天長七十餘河之水，秋水灌湖，減水小閘宣洩不及，所恃以疏導之者，上河則有涇河、黄浦、子嬰溝三大閘洩水，由廣洋、射陽湖入海，又有金灣閘洩水，由芒稻河入江。下河則有石䃮、天妃、草偃、白駒各閘口，從鹽場入海。後因涇河諸閘門改小，閘底增高，且又全不開放，以致水勢湧溢。芒稻河乃淮、揚之尾閭，下江最便，今閘口不過十丈，安能洩二三十里泛漲之水？石䃮諸閘久閉，涓滴不通，上口鯨吸不止，必患腹脹之病，潰漕堤而壞田舍，且以高、寶七邑爲壑矣。此下流當開而不開之故也。

今日欲疏塞並行，次第修舉，但恐經費不足，未能全復舊制。爲淮、揚計久安長治之策，則必築翟壩，閉周橋，展涇河、金灣諸閘，而又盡濬支河海口之舊路，使上流不開，下流不塞，而後可也。聞邇年總河王光裕於高郵迤南東堤新建滾水壩三座，宣洩有方，賴以濟運，兼以保堤，民甚利之。疏通之議，已有成效大驗，一切機宜，次第施行矣。

築桃清南岸大堤議

接築清口、桃源南岸大堤，以外捍黄流、内保淮水也。清口爲黄、淮交會之所，外係黄河舊身，内係淮湖故道，乃運道必經之處，最爲緊要。自淮湖南瀉，黄强躡淮，淤沙倒灌，清口内外俱成平陸。目今雖挑濬淮渠，使通流以拒黄水，但慮黄河漲溢，清口仍然淤塞，則其患在黄。且淮水漲漫，無堤攔護，亦必漫入黄河，仍然不歸清口正道，則其患又在淮，而清口之塞如故也。宜急於清口迤西議築長堤一道，與桃源築成之堤接連一體，堤岸内外要害之處，或加樁板，或議石工，以防汕刷，庶黄不得漫溢以淤淮，淮不得外溢以旁流，淮、黄二水，各安其所，會入清口下海，而運道通行無阻矣。此康熙十一年正月躬親閲視之末議也。

挑桃源七里溝上源引河議

挑桃源七里溝上源引河，以鞏北隄全河之勢也。黄流迅溜遷變不常，衝刷所及，或向東南則南堤受射，或向東北則北堤受侵。桃源迤東七里溝、黄家嘴上下數十里間，比年以來，衝決數次，堵塞未幾，旋即壅潰，總因河勢北徙，離堤逼近，而又河岸卑窪，每值漲溢，孤堤易傷，年來潰決之患全坐于此，而保固善後之策正不容緩。

爲今之計，欲保北堤，須殺河勢，欲殺河勢，須改引河。惟將引河相度上源龍窩掃灣之處，施工挑挖，則與北堤相離路遠，又與大河直接順流。流順則河水易瀉，堤遠則河水難衝，易瀉難衝，形勢得所矣。至所挑引河，口闊二十五丈，渠闊十五丈，深一丈二尺。又與一丈二尺下再挑多溝多坑，於冬春施工挑竣。俟伏秋河勢大漲之時，於河頭下唇下埽數箇，以約攔水勢，相機開導，有此層層坑溝，則就下之勢建瓴衝刷，怒濤跌蕩，日闊日深。引河潤深，則舊河必奪東北一帶，河勢自然淤淺，南河盛而北河衰。於是臨時酌度，搶築截河大壩，則北岸可以無事。倘大壩未便遽築，然南河既得分流，而北岸漸輕，河勢漸變，從此相機疏築，善後之機當得其宜矣。

昔大禹治河，惟以決排疏瀹，底平成之績。今欲黄流安瀾，舍大禹之法，其將安從？若曰『現今決口已塞，安事再闢引河？』不知治水猶之治病也。治病者必絶其根，病根未除，雖愈而仍發。治水必清其源，水源未減，雖塞而仍危。今北岸水勢趨射如故，一遇伏秋滔漲，豈得安然？前轍屢覆，昭然可鑒，不得不爲善後之良圖矣。此康熙十二年二月七里溝報塞之後末議也。

築古城至清河北岸遥堤議

築古城至清河北岸遥堤，以禦河流順軌也。切惟築堤禦河之制，近河者名曰縷堤，遠河者名曰遥堤。當河流之小發也，縷堤束之，可以無虞。及河流之大發也，縷堤不足以遏其勢，必賴遥堤以優容而節制之。蓋縷堤去河不遠，能束常流，而不能當狂瀾之湧溢。遥堤去河數里，河水盛漲，得以寬衍容蓄，不致激迫而衝潰。自古河流雖潰，終得保其安瀾者，以有此重堤故也。

今清河、桃源迤帶祇有单堤一道，而又逼近河涯，此不過縷堤規制耳。堤单則力量既孤，逼河則衝激特甚。以孤力而當激衝，每遇伏秋水漲，潰決在所不免，此黃家嘴上下歷年屢決數次，蓋坐此也。禦之之法，除見在堤岸酌行幫加外，急宜增築遥堤。向經總河估計，南北兩岸遥堤，自宿遷至清河止，工費浩大，議寢不行。今酌量緊要劇工，自古城至清河止，先築北岸遥堤，計地較近，計堤較少，工費可省過半。而黃家嘴迤帶險要，可恃以無恐。雖洪流大漲，縷堤不足恃，而遥堤可保無虞，此重門禦暴之至計，亦優容節制之良法。否則，專藉一線逼水之孤堤，而謂可僥倖無患，誠不能不鰓鰓慮其將來也。昔漢人賈讓有勿與河争地〔一〕，使『左右游波，寬緩不迫〔二〕』之言。明總河潘季馴亦云：『堤欲遠，遠則（水）有容，而〔水〕不能溢〔三〕』『夾河束水，窄狹尤甚，是速之使決耳。』二人之言，信而有徵，則築堤所以杜決，而築遥堤又所以固堤，誠治河之要着，萬不容緩矣。

歲防高加堰議

歲防高加堰，以固淮、揚也。高堰爲淮南之門户，昔人比之室家之有墻垣。以地勢言之，堰之地高數倍於寶應、高郵，而高、寶之地又高於興、泰。前人於此處築堰障水，而北使淮不南下，亦因勢利導，不得不爾。不然，淮一南下，以數丈之地勢灌千里之平原，則高、寶一帶俱成澤國，而淮南盡付波臣矣。按《郡志》，高堰爲漢陳登所築，明平江伯陳瑄復大葺之，實淮南之屏蔽，防固不可不嚴。但泗州巨商私販，北自河南，南至瓜、儀，取道清浦運河，有稽留税榷之苦，利於高堰直達，故往往造謗阻撓，謂高堰築則泗州水漲，不知泗州之地與淮南數州縣之地形相同，皆所謂釜底也。惟高堰築而淮出清口，會黃入海，然後泗州不倒灌，淮南無決堤。若高堰一決，則淮趨而東，黃躡其後，故清口塞而泗州水益聚。《河防一覽》言之極詳。昔潘季馴塞高堰，而泗水自落，是塞高堰而刷清口，正所以洩泗水也。此高堰歲修斷不可緩。

查康熙九年，御史徐越爲高堰關係最重一疏。內稱高堰年深日久，各處俱有朽壞，若不亟議修築，雨水漲發，

〔一〕『勿與河争地』，據《漢書》卷二十九《溝洫志》載，其原語爲：『且以大漢方制萬里，豈其與水争咫尺之地哉？』

〔二〕『左右游波，寬緩不迫』，據《漢書》卷二十九《溝洫志》載，其原語爲：『使秋水多，得有所休息，左右游波，寬緩而不迫。』

〔三〕據《河防一覽》卷七《兩河經略疏》載，潘季馴原語爲：『隄欲遠，遠則有容，而水不能溢。』

竊慮此堰難保。堰若失守，淮、揚數十州縣城郭廬舍，百萬生靈，俱屬波臣。運道梗廢，京師歲漕數百萬石，何道轉輸？誠防患于未然。今總河王光裕亟請估修石工，可以永賴。與末議歲修高堰，斷不可緩之意，俱先後同揆者也。

修護歸仁堤議

修護歸仁隄，以防淮北也。淮西南要地，在於高堰、翟壩、周橋一帶，而淮西北要害，則以歸仁隄爲最。蓋歸仁一隄，所以捍禦黃水、睢水、湖水，使不得南射泗州，并攻高堰，而又遏睢水、湖水，使之併入黃河，益助衝刷。若此隄不守，則黃水挾白鹿、邸家二湖之水灌入洪澤湖，淮、黃并漲，天長、盱、泗、高、寶諸湖皆成巨浸，高堰且不可恃，運道亦憂倒灌，又豈能刷沙出清口，由雲梯關入海哉？潘季馴《河防書》謂，歲宜撥夫修護，所築石隄舊壘尚存。今現在議修，誠淮西北第一險要，不可忽視者也。

寖濬海議

寖濬海之議，以節勞費也。自清口沙墊，淮、揚郡縣歲患胥溺。議者不察其本由於淮水東洩之故，以致淮弱黃强，清水不能刷沙，故清口淤塞，而歸咎於雲梯關海口弗濬，於是濬海之説紛紛矣。不知海水茫茫，一日兩潮，憑何挑濬？海無可濬之理，惟當導河以歸之海，則以水治水，即濬海之策也。然河又非可以人力導也。欲順其性，先懼其溢，繕治隄防，俾無旁決，則水由地中，沙隨水去，即導河之策也。故濬海之急務，必先塞決以導河，尤當固隄以導決。而欲隄之不決者，必真土而勿雜浮沙，高厚而勿惜鉅費，讓遠而勿與争地，斯隄於是乎可固也。考之《河防書》，潘季馴受事之日，桃源上下決口二十餘處，黃流旁洩，正河淤塞，清口、雲梯關上下俱成平陸。季馴躬親咨度相視，先塞決口，然後繕治諸隄，束河使歸故道，不久而沙刷河深，兩河復故，海口自闢，豈非塞決、固隄、濬河，即以濬海之明効大驗也乎！

謹閘禁之啓閉議

謹閘禁之啓閉，以防淤淺。故明平江伯陳瑄疏濬清江浦裡河，慮黃河灌入泥沙易淤，故設三閘以慎啓閉。後潘季馴《查復舊規》一疏，請修舉平江伯故事，復建清江、福興、新莊等閘，遞互啓閉，鎖鑰掌之漕撫，開放屬之分司。又慮水發之時，湍急難於啓閉，於閘外暫築土壩，以遏水頭，水退即去壩，用閘如故。每年三月初，運畢即行閉閘。惟遇鮮貢船隻，啓一閉二，官民船隻照舊車盤。至六月初旬始行築壩，此舊例也。蓋運渠卑隘，最易沙淤，淮地低窪，最易盈溢。惟節宣有度，則外河之水不得突入，運河之水不得盈（漕）〔槽〕，非惟清江板閘一帶堤岸易守，而寶應諸湖亦無衝決之虞。

今諸閘多圮廢不修，船隻往來，啓閉不時。惟亟做陳瑄、潘季馴之舊制，啓一閉二，单日放進，雙日放出，滿槽方放，放後即閉。時將入伏，即於通濟閘外填築軟壩，秋杪方啓，仍行申請。如當日勢豪阻撓，挐問枷號，職官參奏之例，始可嚴禁無阻。庶河身不致壅墊，田廬得免沮洳，其有裨於河漕非小也。

建減水石壩議

建減水石壩，以殺水勢，兼收水利也。大抵河患搶救機宜，其上着莫如從上源分挑引河，使決口水分勢弱，築塞可施，此一定之事理也。但上源須有迎溜頂衝之處，方可挑渠引河，一瀉滔滔。如上源無迎溜頂衝之處，挑濬難施，唯有建減水石壩，分決口之全流，兩壩搶築，可計日而竣，此亦一定之事理也。

考《河防書》所載，桃源、清河上下，設立崔鎮、徐升、季太等壩，蓋因下流清口相距三四十里，特築此壩，分殺漲溢之流，一使堤岸不致傷決，可以束水歸槽，迅利衝刷；一使下流少輕，庶免黄强淮弱，清口不致噴沙。其立法最善，遺意可師。若凡有決工處所難挑引河者，誠做而推廣行之。將見石壩既設，遇有滔漲，即開放分流，以之袪害竣工，全漕濟民，省夫省料，利賴匪細，且不獨此也。查中州以迄淮、徐沿河兩岸沙鹹不毛之地，所在皆有。若於其地相度，或數十頃，或數百頃，共建石壩一座，俟至伏水大漲，泥多水少之時，放水使行，不過數日之間，溢流減落，田土之沙者、鹹者，一經淤泥，肥潤至二三尺，遂使薄瘠之土變爲膏腴之田，民生有濟，國稅可充，其爲利賴亦非細也。但壩基須高於平地二尺有餘，以便分洩異漲之水。不宜與平地一般高下，反致減平槽之水也。其尺寸載在《河防書》，可考。而壩外須築小月堤一道，以便開塞。此皆相因事，宜不可忽略者。至於基址宜擇其地，河流宜相其勢，開引宜當其時，則又存乎料理之人，非其人則措置乖方，反或貽害。得其人則規畫精當，其始雖擾黎民之懼，其後終收非常之功，有利無害，斷斷不誣者也。

寢導沁入衞議

停導沁入衞，以息浮議也。凡創舉一端，必須謀酌萬全，有利無害，方可不惜小費，以成大功，不辭一勞，以圖永逸。若但摭浮議而遽欲勞民，規已便而委鄰于壑，則事之拂經難行者也。

據陽武縣詳稱，開掘一河，引沁入衛，直達天津，可以分殺黄河上源水勢，豫省無決防之慮，淮、徐減長河之納。且謂清流非同濁淤，疏濬至易。果如此言，誠天下之大利也，何憚六十里之挑挖，而不爲之興舉哉？唯是職周詣相度，有以見其大不然者。沁非清流，乃沙土至濁之流也。衛則漣漪而清矣。以清納濁，流緩沙停，必致淤澱，其不宜者一也。衛水安瀾性馴，沁水激蕩性悍，以悍入馴，必致衝潰，其不宜者二也。衛流兩岸相去不踰數丈，沁流面闊有一里之餘，以小受大，勢不能容，必且汎濫，其不宜者三也。沁河身高，衛河身低，故明嘉靖初年曾下水平線，其高下相懸遠甚，以高瀉下，勢猛力雄，必難收攝，其不宜者四也。設使猝然開通，非此告横潰，即彼告壅塞，將見未減黄河之毒，而衛河已受其殃，未蘇豫土、淮、徐之憂，而臨、德、張秋先蒙其害，湮没田廬，阻梗漕運，不過移南就北耳。初未見其有益無損也。

或云故明本欲開通兩河，特阻于衛藩封植之私而止。考之衛輝封藩，近在萬曆年間，其議開不便而寢。先在嘉靖初年，非由于衛藩阻之也。

又云丘文莊、劉天和曾有此議。考其説見于《〈大學衍義〉補》及《問水集》。此但文人紙上之空言，非任事親閲之確見。當時潘季馴已曾訾之于《河防榷書》中矣。況當親勘之時，新鄉紳衿百姓倉惶迫切，連名具控，唯恐不保身家，又豈能以一人之獨見，拂億兆之群情，則遽有事于非常之舉？相應仍其舊貫，行所無事可也。此任監司請停改沁之詳文也。

寢開宿遷議

寢開宿遷縣北新河，以固隄防也。天下創始之事，必權其利害，而計其始終。若有利而無害，或利多而害少，不妨舍其舊而新是圖。若利少而害多，或有害而無利，則不如仍舊貫之爲愈也。國家數百萬漕粮，資黄河濟運，由清口至宿遷董家口，曲折二百里許，是以修築兩堤，不憚勞費，以固隄防，其來久矣。但年來河勢變遷無常，河患頻仍不已。幸總河經年勞瘁，悉心博訪，議於宿遷自馬陵山以東，即係駱馬、縣東峙丘等湖，接連不斷，近湖之處舊有河形，若於此處開挑新河，修築縴道，由清河縣涉黄入海，不惟漕艘可免風波之險，而運道亦無衝決淺阻之虞。所以爲國計民生慮者，至周且至也。

雅奉委會勘，自宿遷縣駱馬湖、姜兒莊、砂礓嘴、馬陵山、縣東峙丘等湖至七里溝、九里崗、倉基湖、三義鎮等處。以上宿、桃、清三縣地方通共長二萬三千一百四十餘丈，挑河築堤，約估計銀六十餘萬兩。但此挑河築堤之處，南係黄流，北臨湖水，誠恐變徙無常，工程難以預料。雅上下荒度，反覆籌畫，有數端難以輕舉者。工大費煩，竣事無期，目前漕運急需河路，難言挑築者，一也。開河迤帶，逼近黃河，外堤潰決，勢必橫衝運堤，漕艘必阻，難言挑築者，二也。山水暴發，湖水盈溢，北堤被侵，狂風巨浪，汕刷不免，難言挑築者，三也。相勘地勢，南昂北低，一有疎防，建瓴莫禦，新堤莫保，運道必傷，難言挑築者，四也。黃河濟運，治黃爲急，則力有所分，勢難並舉，難言挑築者，五也。似此創新河，恐有難成之悔。工大而費繁，何如仍舊河力施幫築之工，事半而功倍耶？竊見桃、清上下迤帶，如新莊、七里溝、徐升壩、九里堽諸險要，有決口雖塞，尚宜防護者，有舊堤单薄，急宜幫築者。大抵岸低則水漲易溢，隄近則水勢易浸，堤身卑矮单薄，又復浮沙不堅，則孤堤易傷。年來河患全在于此。

爲今之計，惟宜加幫固隄保運。蓋禦黃全憑隄岸，其築之之法，隄身欲高以厚，隄基欲離河遠，而夯杵欲堅，用土宜取真淤。隄身高厚，始足以攔湍悍之流；隄基讓遠，始足以容浩瀚之勢。而且真土不浮，夯杵既實，則堅固足資擋禦。潘季馴謂『治河舍築堤無以者』，此也。故開新河不如固隄防之爲愈也。此康熙十三年冬月勘明議停之詳。

開贖罪之例議

塹開贖罪之例，以濟劇工也。黃、淮兩河屢決屢塞，需費不貲，險要工程，宜濬宜築，方興未已，歲修河銀不足。朝廷特開事例助工，尚不敷用。目下軍興孔亟，正項錢粮撥濟軍餉，正苦匱乏，豈能接濟河工！但運道民生，關係重大，河工一日不完，則河患一日不息。除見在事例照舊援納外，合無塹開贖罪之條，如犯流徒、徒配以下諸罪，部議作何裁酌，分別官民多寡，出銀若干兩，或量力幫助修築大小河工一處，准令贖罪，免其流徒等罪，事平後不爲例，是亦權宜濟急之一策也。

修築堡房議

修復堡房以慎防禦也。防河之要，全在于堤。有堤而無夫以守之，猶無堤也。有夫而無房以居之，猶無夫也。按《河防書》舊制，黃河兩岸長、月等堤并埽壩之處，先年每二里建堡房一間，僉堡老各地方一名，統領火夫十名巡守，以防河患，意甚周密，日久廢弛。堡房傾倒，人民星散，平時既不能先事預防，有事又不能即刻搶救。河患疎虞，亦坐此也。

據順治十七年部覆總河朱之錫疏稱，河南堡夫一項僅有八百餘名，止供瞭望，焉能捲埽築堤？以河南一省推之，恐山東、江南各省堡夫亦復寥寥。雖近來節年增補，亦未能復舊額。合無于河南、山東、江南各省河道兩岸新舊長、月等堤，查照舊制，如現有堡房者，修葺勿壞，其未有堡房或原有今壞者，仍舊二里建立堡房一間。每堡僉鄰近堡夫二名，每五堡僉勤能堡老一名。每年夏秋水漲之時，令堡老督率堡夫，晝夜往來巡守，管河官不時查點。遇有緊急衝刷，本堡鳴鑼，各堡老督率各夫前來接濟，併力堵塞，彼此應援，不得互相推諉。其堡老必擇鄉民中老成精勤者充役，仍免其差徭，其工食照例動支河工銀兩，按名給散。如此則防守有人，居止有地，而河堤可以永賴。縱有不虞，而即時修補，亦不至于大壞矣。

堤夫宜加撫綏議

守堤夫役宜加意撫綏也。堡夫住宿堤上，晝夜守瞭，苦役也。向例原有額設工食，并免本身襍差。優恤既加，方可責其防守。今各州縣沿河堡夫，較昔倍苦，既有風、雨、晝、夜防守之辛勤，又有芟、纜、柳、蔴課程之歲辦。且復搭蓋窩鋪、茅房，置備各項器具，所領工食無幾，不足充其應用。更有指名花費侵吞，或指上司過往，或稱上差酒飯，或經承需索常例，或衙官借題津送。種種科派，一年工食幾何，數端刮削已盡。且既賠補課程，草棲露宿于堤上，又復供應雜汎，左支右吾于門庭。倚工食則入手全無，應追呼則剥啄踵至。一身數役，勞憊不堪，若不拋產逃亡，必至棄堤不守，聞之真可痛心，言之真堪髮指者也。乞行嚴飭釐革，以後仍有此等前弊，官則揭參，吏則杖斃。庶堡夫得蒙優恤，而瞭望不至失守矣。此任監司詳請禁飭在案者。

預備埽料議

預積埽料，以備工作也。治河於既決之後，則難爲功。治之於未事之前，則易爲力。故治河不當在伏秋水漲之時，而當在十月秋防之後。蓋河流變遷無定，一遇河勢滔漲，堤岸安危争在呼吸之際。搶救防護，全賴捲埽，而捲埽物料，全資于稍草、樁、蔴、芟、纜也。平日物料充備，此時立救立護，隨取隨足，可以即時堵塞，不使衝決，(母)〔毋〕論運道民生，保全甚大。即以工程而言，綢繆未雨，弭患無形，其爲節省錢粮，亦不可勝計。若平日埽料不行預備，臨時危急，然後辦料，躭延時日，險急之工，必致誤事，涓涓不塞，已成江河，運道民生，胥受其害。而工程浩大，收拾艱難，役夫則動經數年，糜帑則輒至巨萬。如清水潭、七里溝兩處決口，其始決之時，工程微小，若埽料有餘，何難勒限告竣？祇因埽料缺少，不得不停工以竣，所以遲之又久，而日其一日也。

向來定例，辦料責之印官，不許遲誤工用，立法甚嚴。但必須河工動作，方行買辦，與其河勢臨危，張皇於題請辦料，而莫保其工，何如預貯在先，從容於緩急有備，而坐收其效。所宜亟請題允，每歲於十月間，必當踏勘明白兩河要害，自某處起至某處止，分別三等，何者爲首衝、次衝、又次衝，何者宜大修、小修、添修，合用人夫若干名，銀若干兩，椿、檾蔴、草等項若干數，於各險要處所設廠堆貯，務使頭年下埽爲次年之防，一年積料爲兩年之用。每歲十月辦料，正月興工。又於秋末冬初修守閒暇之日，督令隄夫採草，每日限以束數，每束限以觔數。大約每日可採五六十束，運至近堤高阜之處，蓋墊如法，勿爲雨淋，以致朽爛。設有急工，應手擋護，立時堵塞，其視急取遠求而停工束手以待者，不啻天壤矣。倘估定後突遇河患，勘工備料，不在此例也。

復塲廠舊制議

復塲廠舊制，以存惜物料也。凡物料堆積之處，必登記有人，則出入始無侵盜，看守有人，則儲備不致朽壞。查明時瀕河州縣，凡柳塲、草廠及茭、纜、蘆、蔴堆貯處所，額設廠書以司登記，廠夫以備看守，法至善也。近因裁扣工食，遂致廢役，不設塲廠，徒有其名，典守並無其人，則侵盜耗蠹之弊，何由究詰？惜小費而玩大工，豈所以預蓄儲備，爲鞏固隄防之至計乎？以後凡有緊要險工，廠中堆貯物料，必設廠書、廠夫各一名，令其登記看守。其工食每名每歲給銀七兩二錢，着落有工該州縣設處給發。其或數目不清，責在廠書；諸料毁壞，責在廠夫。如此則物料有備，緩急可資，以無患矣。

或曰堡夫可撥守也。詎知堡夫有汛防之責，未免顧此失彼。又曰衙役可撥管也。詎知衙役乃狡猾之徒，未免猫鼠同眠，皆屬不便。必係僉選身家之人，充此耑役，方可耑責成而杜諸弊耳。

嚴防守以備伏秋議

嚴防守之法，以備伏秋也。黄河伏秋漲漫，必處處防守，時時保固，始得無虞。舊例有『二守』『四防』之法：曰『官守』，曰『民守』；曰『晝防』，曰『夜防』，曰『風防』，曰『雨防』。

沿河堤岸，每遇水發之時，管河官一人不能周巡兩岸，必設官協守，分岸督巡。每堤三里一鋪，每鋪夫三十名，每夫分守堤一十八丈。每夫二名，於堤上共搭一窩鋪，仍立燈籠旗竿，以便傳遞巡視。管河官并協守職官不時稽查，督夫修理。恐各夫調用無常，每鋪三十名不足，再於附近鄰堤鄉村，每鋪添派鄉夫十名，水發上堤，水落省放，既可助工，又不妨農，是爲『官守』『民守』。

一、秋水漲發，急溜埽灣處所，堤岸未免刷損，若不即加修補，必致潰決。宜督守堤人夫，每日捲土牛、小埽聽用。但有刷損者，隨刷隨補，毋使崩卸。少暇則督令取土堆積堤上，以備不時之需，是爲『晝防』。

一、守堤人夫修補刷損，盡日不休，夜則勞倦，未免偷安，若不設法巡視，恐有失事。須立更牌，挨發傳遞，按舖稽查，以免遲悞，是爲『夜防』。

一、水發之時，多有大風猛浪，堤岸難免撞損，須督堤夫綑扎小埽備用，如遇風浪，用埽護衛，是爲『風防』。

一、守堤人夫每遇驟雨淋漓，若無雨具，必難存立，未免躲避人家，堤岸倘有刷損，何人看視？須督各夫豫置斗笠蓑衣禦雨之具，庶免疎虞，是爲『雨防』。

按：四者之中，『風防』尤所當慎。昔房村之決，風濤鼓擊不已。當時以巨舟數十障於決口，風濤遂静，然河堤千里，舟不及也。古有黄河『風防』之法，如遇水漲濤擊，下風堤岸，則以秫秸、粟藁及樹枝、草藁之類，束成綑把，浮下風之岸，而擊以繩，隨風高下，巨浪止能排擊綑把，且以柔物堅濤遇之，足殺其勢，堤且晏然，於內排擊弗及，丁夫却於堤外幫工，此『風防』之要訣也。

申盗決之罰議

申盗決之罰，以固隄防也。守堤之法，防盗決最爲緊要。蓋盗決有數端：有因坡水積聚，決以洩之者；有因地土磽瘠，決以淤之者；或仇家相傾，決而灌之者；或因水漲，危急鄰堤，官老伺便陰決以便防守者。至於漁利壟斷之人，或決以取魚，或盗以行舟。如高堰、清口一帶，河南、鳳、泗商販利於直達，往往由此避税。若不嚴爲禁防，則人夫風雨勞倦之際，最易疎虞。查《問刑條例》一欵，凡故決、盗決山東南旺湖、沛縣昭陽湖、蜀山湖、安山積水湖各堤岸，爲首之人發附近衛所，係軍調，發邊衛各充軍。宜申明此例，凡河堤、湖堤有私自盗行者，悉照盗決之例，一體治罪，庶奸人知警，而隄防可固矣。

估歲修工程議

估歲修工程，以節財用也。河工歲修，必預先估計險工要害，用工多少，而後可以從事。昔任監司時，曾覆勘開封南北兩岸。十一年歲修各工，緩急不一，前據估計，應用河夫九千七百二十四名。雅親勘相閲各工緩急情形，（如）南岸緊工〔如〕[一]鄭州王家橋，緩工如祥符黑崗、回回寨、槐疙疸，中牟辛家莊，陳留郝家寨，蘭陽韋家樓，儀封王家樓、鐘家莊，停估工程如中牟王家莊，陳留楊家橋、楊家莊，蘭陽蔡家樓。北岸緊工如祥符白石崗，陽武潭口寺，儀封石家樓，封丘大王廟，緩工如儀封蔡家樓、小宋狀元堤，祥符白石崗，封丘大王廟、于家店，停估工程如

[一]『如』當在『緊工』之後。據下文『北岸緊工如』『緩工如』。

儀封黄甫寺，祥符李七寨。各等工分别緩急，應減者酌減，應幫者加幫，逐細查勘，核減妥確，共計減估夫五千四百三十名。先于緊工處所分發修築，報竣再發修築緩工，俟後相其河勢緩急，再有可減，另行酌減。以一歲計之，五千四百餘名，以一省推之，各省如此。每歲可省數萬，是日計不足歲計有餘者也。故計工貴在核實，以汰浮冒、祛弊竇爲要務也。

稽查夫役議

在工夫役宜立稽查之法，以清盗源，以絶逃人也。河夫向係派之地畝，近始給銀僱募。但僱覔之夫，多係四方流民，兼有積棍包攬，既無身家之計，又無里甲可查，逃人竄跡，最易藏身。且一受僱役之資，無過群飲朋賭，頃刻花費。大工人夫動集數千，既多無賴之徒，愈生剽竊之計，所以臨河州縣屢有失事，揆厥所由，皆因河官但受夫數，不暇問其來歷，遂使沿河力役之區竟爲藏逃匿盗之所也。雅以爲，包攬流弊，關係盗源逃藪，剔弊釐夫，豈無深計長策？亟宜通行嚴飭所屬州縣，自後僱夫，俱僱本處里民應募赴工，不容棍徒兜攬頂替。如有本處里民不足必須僱覔者，須令差役、歇家各具甘結，一投管河廳，一發該州縣存案。又每夫給一小腰牌，牌上填寫姓名、年貌、住寓，現在某州某縣某里，以便稽查。仍令夫頭十名一結，一人爲非，衆人連坐，將見立法既嚴，則奸民知畏，稽查既密，則盗逃之源自清，而臨河地方官民皆得安堵矣。此任監司詳請飭禁在案者。

嚴核物料議

河工物料宜立法嚴核也。河防歲修，全在物料預備。而物料充足，又在稽核有方。往見印河等官視歲修爲奇貨，估計既定，冒銀入己，括取里遞草束、堡夫芟、纜、柳稍以充額數，因而書役舞弊作奸，至有賤開貴價，虚出實收，種種不一，皆由該印河官通同一體，無憑發覺故也。今議於歲修埽工錢粮繁重者，特委廉能官一二員，專管收支。工完之日，將捲築過埽壩收支、過物料數目，仍委府佐親赴工所，查驗明白，聽候司道徹底查核，造册呈送各衙門再加綜覈，庶幾錢粮可免冒破，物料不憂缺乏，而題銷亦確有實據矣。

剔報逃積弊議

嚴剔報逃積弊，以重河防也。河夫報逃之弊，積久相沿。查各屬河夫，上工有數日即逃者，有半月、一月而逃者。一經報逃，途路遠近不同，或十日、半月、二十餘日始據申解，躭延月日，遲悮工程，一也。做半月之工，索一月之銀，工半銀全，二也。解役通同攬頭，藐法打逃折銀，三也。甚有官吏包攬，因其報逃，重入輕給，四也。管工員役私賣，輕夫衆夫偏苦，以致逃避，五也。有此五弊，此報逃所以接踵不休，河夫到遲，工程曠缺。以後州縣河夫赴工之時，必須經承同赴工所督查。果有逃夫，隨時僱補。其攬頭、解役串通爲弊，印官嚴查，痛懲申究。若印官抗不遵行，經承不到工，解役、攬頭不嚴治，致使報逃之弊醞釀日甚，立將印官揭報。庶官役、夫頭皆凜然于法令之中，而報逃之弊自止矣。此康熙十一年條議詳行也。

飭沿河種柳議

飭行沿河種柳之法，以耑責成，以收實効也。黃河變遷，衝蕩靡定，捲埽護堤，需柳不貲，則栽柳關係重大，實爲河政要務。昔人種柳六法，詳載河書，茲不贅外。惟是種柳之令，申飭雖嚴，而奉行不力，止有中州一帶堤柳、園柳栽種成林，遇有大工，遠近取用足濟。但淮、揚、徐、兖等處黃運兩河堤旁寬濶，儘可栽植，而地方官全不留心，堤岸左右，一望濯濯。每遇大工，轉派河南採買運柳，在本地無柳捲埽，勢必需延時日，遲一日則河患益甚一日，決裂難以成功。而河南以本地之柳，供他省之用，既苦轉運之勞，又有脚價之費，是以種柳爲地方苦累，不如他省不種之爲愈也。揆厥所由，皆因申飭不力，責成不嚴，爲數過多，勸勞太緩，所以怠玩成習。切慮河患頻仍，用柳浩繁，不得不急爲變通，力行鼓勸。

舊例栽柳成活至三萬株者，三年紀録，合無再加。酌議如府、廳、州縣各官，歲前自十二月中旬栽植，本年九月中旬飭委道官查驗。成活足一萬五千株者，准紀録一次；成活至三萬株者，紀録二次；成活至六萬株者，加一級，每歲年終題報。如此所定額數較前倍減，所擬題請較前更速。此例一行，鼓勸有法，人心莫不樂於趨事。倘仍因循怠玩，每年九月道官查核，或成活不足額，或全不奉行者，立行揭報，分別參處。如此則沿河各官既凜於功令，敢不黽勉急公，慕於甄敍，自然踴躍任事。庶幾數年之內，到處成林。無論工程大小，附近採辦裝運甚便，不至躭延月日，決裂難收，省朝廷無限金錢，惜民間無窮力役，又無煩採買鄰封，俾民力不至重困，而運道不憂淺阻，地方得免昏墊，用力甚簡而收效極大，無過於種柳。故明萬曆年間，沿河種柳七十餘萬株，潘季馴查報種柳亦八十萬株。踵而行之，愈多愈善。柳最易生之物，不數年内即成大樹。若悠忽視之，日復一日，所謂『(七)〔三〕[一]年之艾，苟爲不畜，終身不得』者也。

〔一〕『七』當作『三』。《松陽講義》卷二《鬼神之爲德章》載：『所謂七年之病，求三年之艾，苟爲不畜，終身不得矣。』《陸子餘集》卷七《擬上備邊狀》亦載：『夫七年之病，求三年之艾，苟爲不畜，終身不得及。』據改。

北河宜遵成議

北河宜遵成議，以守畫一也。黃河自開封以南遷徙靡常，淮河受黃水之全，强弱不敵，國儲民命，皆係於此。故治河者，兩河爲最急，亦惟兩河爲最難，以勢變不測，人力難施，相機觀變，非可以成法拘執者也。故《治河圖説》惟黃淮兩河爲詳。若裏河人力易于撈濬，而山東運河一帶止用洸、汶、沂、泗諸泉之水足以濟之，無黃河澎湃横潰之勢，惟在守古人之成法，以時節宣，疏而導之，自可不勞而治。

按：《世法録》載，潘季馴《北河十議》曰：一守戴村壩、一守坎河口、一守馮何二壩、一挑濬汶河淤沙、一巡守五湖隄岸、一因時分合汶流、一先期挑濬月河、一築土壩以利接濟、一疏衛濟運、一疏濬泉源。北河治法盡備其中，詳載《河防書》，兹不具贅。使後之人遵而守之，可以勿失。若另作聰明，欲爲奇巧之計，則鑿矣。

息浮議以一事權議

息浮議，以一事權也。從來言事易而任事難，故議論多而成功少。矧河勢遷徙靡定，雖熟習其事者，猶恐朝夕之異，宜措置之殊方，而可以道旁之謀，揣摩遥度者乎？但人情不一，是非未必盡出於公。所見不同，議論未必皆得其當。如一堰也，淮人以爲當築，泗人以爲當廢。一壩也，鹾賈利於通行，民間利於閉塞，各執己見，互相是非，發言盈庭，誰執其咎？於是議事者喜同惡異，坐觀成敗而有餘，當局者任怨任勞，竭蹷胼胝而不足。故曰：『排河、淮非難，而排天下之異議爲難；合河、淮非難，而合天下之人情爲難。』昔晋富平津河橋成，武帝謂杜預曰：『非卿此橋不立。』預曰：『非陛下聖明不成。』潘季馴高家堰、崔鎮之役，屢有異議危言，以委任之專，故能成功，是在聖君賢相，擇材而委任之，毋爲浮言所阻，則事權一而平成可奏矣。

卷五　條議

首衝宜行疏導議

河流首衝宜行疏導之策也。凡治河之策，莫先於察地利、審水性，二者既明，然後趁天時、盡人事以治之，罔有不底績者。考河流自孟津、汜水而西，水勢受束，惟東自滎澤以下，河流漸肆，故衝激奔放之勢，在開屬州縣爲尤甚。但水之性順而導之則易爲力，逆而塞之則難爲功。大概河流當初冬以迄春三月之時，皆掃灣回溜，侵刷堤根，其水勢緩行之處，必淤澱沙灘。如水射北，則灘在南，射南則灘在北，此一定之形勢也。及至夏秋水發，河勢滔漲，從前侵刷之處竟成頂衝。當此之時，即築堤數道，斷不能免於衝決之患矣。治之之法，惟在責成道廳各官諳曉河勢者，相度時勢，凡當冬春水涸之時，估工集夫，先於灘洲壅墊之區挑挖引河一道，待夏秋水發，乘河流飛漲之勢，便可引流入渠，使首衝之勢稍減，隨於首衝之處就堤幫築，加埽攩護，自可免於潰決。雍前任儀封時，值三家莊河患，頂衝北堤，患切剥膚。因詳請飭舉，於北岸下埽築堤，於南岸十里挖河，隨幸得免於患。嗣是祥符之陳橋、陳留之孟家埠等處皆因儀封成效，處處挑河分流，以殺其勢，各於本年估計節省壹萬餘金，其後此之節省更不勝算，此已試之驗也。

塞決口以挽正流議

塞決口以挽正河之流也。黄河發源載在前史，自寧夏至延綏、山西兩（戒）〔界〕之間，兩岸皆高山大麓，石厚土堅，故無衝決之患。及過潼關，一入開封滎澤境內，兩岸無山，地衍沙多，河流漸肆，兼之沁河、伊、洛諸水皆趨於河，而河勢悍迅，衝塞淤決之患，在所不免。昔人謂『黄河無十年不變之局』，其勢然也。論黄河者，見其澎湃之勢，遷徙不常，遂謂『神水』。有謂河不可治者，有欲另開支河者，議論不一，不知黄河水少沙多，流急則泥沙並行，流緩則泥沙淤積，旁決則流緩，流緩則沙高，而有奪河之患，其勢至於阻運道而害民生，河決烏可不塞也。

嘗攷古今河決之患，漢瓠子最甚。當時丞相田蚡謂：『河決乃天事，未可以人力强塞〔一〕。』二十餘年治之不效。後武帝親臨，沉璧投馬，令將軍以下親負薪土，卒

〔一〕據《史記》卷二十九《河渠書》載，田蚡之原語爲：『江河之決皆天事，未易以人力爲彊塞，塞之未必應天。』

塞瓠子，是河未有不可塞者矣。但治之之法，或先疏而後塞，或先塞而後疏。昔劉大夏治張秋，決口濶九十餘丈，大夏行視之曰：『是下流未可治，（先）〔當〕㈠治上流。』發丁夫數萬，濬賈魯舊河、孫家渡諸河，導使南行，以殺其勢，而後沿河張秋兩岸築臺立表，實土下埽，決口既塞，繚以石隄，是以濬爲塞者也。潘季馴塞高家堰、黄浦口及崔鎮口大小二十九決，而沙刷水深，兩河歸正，海口大濶，是以塞爲濬者也。雅前後經歷險工，或先事預防，引河以分其勢，或臨時搶築，隄埽以塞其衝，屢有成効，詳具圖説。而要之，決口不可不塞，此斷斷不易之理也。

挑河事宜議

挑河事宜不可不詳也。從來河勢頂衝，離去故槽，過纇在山之水，原非本性。治之之法，唯是相度上流迎溜之處，預先挑挖引河，俟伏秋河流暴漲，急施開導，就下建瓴之勢，可以衝刷成河。新河既成，則河歸故道。彼下流頂衝之處，自將漸緩漸淤，而河患可息。前議中業抒大略，唯是就中機宜，仍須備細申飭。如河渠既成，河身之內又須另挑大坑五六個，闊三四丈，長四五丈，深五六尺。其河頭處所及河半中間，又須各挑横溝一道，並闊十丈，長三四丈，深五六尺。有此層層坑溝，則河水入渠之後，跌蕩衝激，有其壯往之力矣。再於新開河頭放水進口去處，用埽三四個，底埽高一丈，次埽八尺，再次六七尺，各長十丈。如河從西北向東南注射者，於河頭南岸下之，有此埽垛迎溜衝刷，則河流不至旁溢，而勢自約束，入於新渠矣。河勢入槽，而又有多坑多溝之衝跌，則河渠滔溜日深，兩岸開刷日闊，而何慮新河之不成，大河頂衝之不漸就淤平乎？新河得成，而所弭地方之大患，所省公家之帑金與民間之物力，不知幾許。此今日治河要着，攸賴誠不淺也。

開河估計工程議

開河宜估計定數，以覈工程也。凡平地創開一河，若不預度河身深淺廣狹之丈尺，與每夫每工約該浚若干之數目，則夫數之多寡與時日之久近茫無成算，冒濫延挨之弊，必所不免。今大略估算，每方廣一丈，用夫一日二工，可以開深一尺，挑濬泥水相半者，減十之五，全係水中撈取者，減十之七八。其或取土登岸，就而築堤者，亦以半折算焉。如此估定，按夫計日，按日課功，冒濫、延挨二弊俱不能施矣。

㈠『先』當作『當』。《明史》卷八十三《黄河上》載：『大夏行視之曰：「是下流未可治，當治上流。」』

疏鑿工煩議

疏鑿工煩，宜相度力行，以(趣)〔趨〕急工也。嘗讀賈讓治河三策，莫善于疏導，乃後人習用。其下策以堵塞爲歲修，而置挑河于不講者，凡以鑿河一着言之，似易而行之實難也。何以言之？河勢情形朝更夕變，目前所見，茫然莫定，一難也。一人獨任，衆議紛然，聚訟盈庭，道旁築舍，二難也。幸而衆議僉同，勒期挑竣，但河流轉於俄頃淤澱，争在須臾，前工莫追，當局沮氣，三難也。全估則多費國帑，不估則貽累小民，公私交病，勞怨莫辭，四難也。所以治河者不敢輕議疏鑿，蓋爲此也。然以實際言之，河患當頂衝之時，河流難轉，非疏鑿無以殺其勢，故欲施堵塞，必藉疏鑿開之於先，堵塞之功小，疏鑿之功大，堵塞可以救目前之急，而疏鑿可以貽永久之利，此挑疏之功，所以斷不可已，攸賴匪淺鮮矣。

挑浚河形議

挑浚河形須深淺得宜也。凡挑河之法，岸峭狹者易於崩墮，底平淺者易於淤墊。宜面闊底深，形如鍋様，庶中流常得濬刷，而兩岸不致坍塌。所挑之土，大約用以築堤，如不用堤，須運土於百餘丈外，庶免雨淋，轉入河內也。

築堤宜審地勢議

築堤之法，高低宜因地勢也。以地面言之，大約逼水者水勢迫隘，易致衝嚙，遠水者水有容蓄，可免崩潰。須離河岸或四五里，或六七里，許定基施工，庶可攩禦汛漲洪流。以堤形言之，堤之高卑務因地之低昂，但取頂面齊平爲準，毋徒概以丈尺若干爲量。蓋水性避高而趨下，平滿則溢，若使窪地之堤與高堤均其丈尺，則堤與地俱卑，而水至平滿之時，必從卑處潰溢矣。築堤者取平於頂，不取量于丈尺也。其取土之處，切忌傍堤挖取，致成河路，積水刷傷堤根。須去堤址三十步之外取之，乃無妨碍。若淤泥濘淖者，取其土晒，使稍乾用之，不宜棄而不用，亦不宜混加堤上，致夯杵無可施工也。

築堤尚宜護埽議

搶築新堤，尚宜護埽也。黄流遷徙無常，曲折衝刷，每有離去舊河至七八里、十餘里者。河勢既遷，則原舊堤岸漸次臨河。儻內無舊築等堤，水勢稍溢，遂成汎濫，則估計修築，勢不容緩。然修築之法，必須詳勘河流大勢，若距河太近，水勢衝激，易于毁壞，務期去河寬遠，以防侵刷，此其一也。至所築新堤，果其外尚有舊堤，堅固深厚，可以無用風埽。若舊堤不堅，旦晚坍透，則內所築之月堤，新土浮鬆，遇水即散，殊未可恃。故築堤之時，必須相河度勢，估埽護堤，乃克保全。凡埽長十丈，高不過六七尺，相地勢之高下，以爲埽料大小，如此則距河既遠，築堤又堅，即使外堤刷透，而在內新堤有埽護根，可以抵擋，不致侵潰矣。

築土宜核生熟議

計工宜核築土之生熟，以別堅否也。常見河官庸劣，驗堤不計土方。衆夫擡土，厚積浮面，縱加夯杵，勢必面實中鬆，精密之工不施，堅牢之效不著，無怪乎隨築而隨壞也。宜飭管河官，凡築土每厚一方，應分二層，每層五寸，加硪二遍，加杵二遍。濕土原潤，加以層層固築，堤工必堅，自此雖有河患，可恃以爲捍禦矣。

用土宜辨淤沙議

築堤用土宜辨淤沙也。凡沙土與淤土不同，沙土虛浮，遇水即散，遇風即飛；淤土沉實膠潤，築之即固。常見人夫取土，只圖就近省力，多取浮沙充數，以致所築之堤殊不堅實。倘遇河患，難可憑恃。宜飭管河官，凡取土須用淤土爲上，倘淤土附近難覓，或用兩和土，或黃土、黑土，二者雖次於淤土，然猶勝於浮沙。用土得當，加以夯杵，堤岸可恃以永固矣。

挑築宜避墳墓議

挑築宜避墳墓，以示澤枯之仁也。築隄有三禁：毋掘房基、毋劃膏腴、毋挖古塚。三者之中，古塚尤重。蓋房屋可以改造，膏腴尚可補償，獨古塚一動，將數千百年之骸骨一旦委諸泥沙，此神人之所憤怒，而仁人君子之所惻然不忍者也。善哉！萬恭之言曰：『治河以安生靈爲本，而安生靈以安死者爲先。』觀其所記，濟寧城南古墓一區，石室二間，巨石爲之，疑爲齊康公之墓，命以濬河土爲之塚。又有寧陽習發古塚市石，弃男女二骸骨節七十四事者，令有司理其首足肢骸，棺葬之，而以犯者抵死，可謂仁者之用心矣。嘗讀《大業開河記》，中以掘古塚致禍，可爲永鑒。故凡挑河築隄，皆宜嚴禁墳墓並樵採墓上樹木，皆當置之于法，治河者不可不留心也。

飭興水田議

飭興水田，以利民固本也。中州地方，患在黃河歲修無已。至於河南、河北內地之河，其名甚繁，爲害亦劇。

若得人經理修築，不獨可以除害，抑且可以興利，庶民力饒裕，河工諸務亦將藉之有裨。如懷、衛有太行沁、濟諸水，開、歸有汝、潁、洧、溱諸水，南、汝有滍、泌、蔡、息諸水。每到伏秋，霪霖濤漲，一望巨津，淹損禾苗，漂没廬舍，民生既在阽危，河工派料徵夫豈能有濟乎？若使飭督修築，可以克消水患，反收水利。昔魏史起爲鄴令，引漳水溉田，民詠樂利。漢召信臣爲南陽太守，設法灌田，每歲至二萬頃。

雅常經閲鄭州、滎澤、祥符、中牟等處，見賈魯一河兩岸田畝廣博，可作水田，由此推之，其爲可興之利，當不止此。似宜通飭監司，確查各屬内河故道，或係本地受害，或係鄰封受害，呈詳確估，照地出夫，動工修築。至於平窪近水之鄉，並可穿渠引灌，以收水田利賴，將見高下皆成沃壤，水旱不能爲災，民享利用。厚生之益，則趨事赴功，悦而忘勞矣。

革門頭派柳議

永革門頭派柳，以甦窮民之累也。查沿河埽工不准估計者，州縣相沿弊政。往往門頭派柳，以應急需。雖均係公家之役，而就中實有不均之嘆。蓋僅以門論，有田連阡陌而止稱一門者，有數椽棲身而亦稱一門者。若一概攤派，富者尚可勉辦，貧者萬難支撑。况乎採取之後，又須運送，富者車牛載拽，貧者肩背負挑，其遲速勞逸又復天淵。追呼孔急，竟有賣妻鬻子、棄土逃亡者。無怪河工之地致爲勞民之怨藪，傷財之厲階也。昔年叨任儀封，曾經將此弊詳請革除。但此一事也，貧民得甦其苦，豪富或撓其成，恐有掣州縣之肘，而不得竟其法者。伏乞嚴行申飭，以後沿河埽工除准題估者，照規發價買柳外，其不准估計者，照地畝之多寡，以計徵派之柳束。有地應差，雖或勞費，亦無甚怨。至于無地貧民，照門派柳之事，嚴加禁革，以甦偏苦，庶貧者得以安身，河工不爲怨厲之所矣。此康熙十一年叨任監司條議詳行也。

豁免坍塌錢糧議

豁免河決坍塌地方錢糧，以卹災傷也。黄河水性洶湧，遷變靡常，沿河地土一付波臣者，便成永荒，此何以故？蓋以河勢南徙則北出沙灘，北徙則南露沙麓，民實無可耕之地，而有包荒之累。前總河羅多備悉災民坍塌包荒之苦，曾經題請，部覆但准於退出灘地，補還在案，不知黄流退出灘地，與别處河流退出灘地者不同。别處河流間有坍塌，淤泥尚可佈種，若黄河退出灘地，則皆一片流沙，與石田不毛者無異。况所坍之處，地方分屬不同，人民里甲各别。有此縣之坍地而長在隔縣者，豈能異地而受廛？有此甲之坍地而長在别甲者，豈宜桃僵而李代？

彼之故産已付洪流，而正糧猶掛名下，此剜肉醫瘡之苦，真有鄭圖難繪者。

查各直省荒殘地土，有經督撫題請者，朝廷尚且允蠲。又查開墾荒地者，初議三年起科，後議六年，今奉上諭，又寬至十年矣。是朝廷於待墾之荒地，尚邀破格之弘仁，而此永不得種之河灘，反受無窮之賠累。況沿河築隄，挑土、濬河，地方皆蒙蠲免正雜差糧，而河衝災民，受害維均，獨不得邀一視之仁，此所以有向隅之哭也。合無行地方官親身踏勘，自河南至徐、兖、淮、揚等處，凡沿河地方實在坍塌現在納糧者，題請豁免，實浩蕩之弘恩也。如恐坍塌地方大虧國賦，或將坍地錢糧灘派本州縣均納，或量免三分之一，或有退出灘地果堪承種者，照墾荒之例召人耕種，十年後起科，亦可少甦民困，而災黎漸有起色矣。

酌動正項錢糧議

酌動正項錢糧，以佐劇工也。河工全賴人夫，人夫必資工食。向來河南夫役，皆係派之田畝，後因巡撫佟鳳彩題准，動河銀正項錢糧給發，真浩蕩之仁也。況有錢糧以爲工食，則小民自有子來之趨。有工食以時給發，則閭里可無科派之擾。民既免其咨怨，工亦易於督成。此從前河南動銀僱夫明驗也。今淮、揚地方，水患頻仍，在在告決，其工作更急於河南。淮、揚百姓，流離載道，歲歲罹災，其勞苦更甚於他省。比年屢邀皇仁，賜賑賜蠲，其顛連窮困之狀，已久在睿慈鑒照中矣。惟是僱役錢糧不足，則大工底績無期，河工一日不完，則民害一日不息。嗟此有限之孑遺，必至于或死或逃，而有限之金錢，又豈能常蠲常賑乎？目前蕩平，指日可期。合無竢王師底定之日，懇將淮、揚河夫工食仍准照河南之例，動用正項錢糧給發，使勒期竣工，則河患早平一日，即百姓早受一日之賜，而運道民生胥有攸賴矣。

酌土筐之制議

酌土筐適中之制，以惜民力也。河工之事多端，其中有最爲瑣細，而里民因之滋累，流棍緣以爲奸，不可不急爲酌定者。如築堤挑河，必須用筐擡土，但筐有大、小、中等不同。如河南地方，上號大筐擡土至二百四五十觔，二號筐擡土一百六七十觔，三號筐擡土一百一二十觔。大筐擡土，去工或一里餘，或半里餘，不過一日而力已竭矣。二號擡土，去工或一里之外，不過三日而力已竭矣。鄉民力不能勝，往往至於脱逃，既苦累民，亦且悞工。惟有酌用三號之筐，雖盛土比之大筐較寡，不知筐小則往來必頻，舉輕則筋力不乏，計筐雖少而計日轉多。推之江南各處，雖筐制大小不同，總以最輕者爲則，使里民肩運，人人可勝，將見赴工者衆而逃亡者少。其事雖微，亦體恤民隱，愛惜民力之一節也。

專久任以重責成議

專久任以重責成也。事必親歷而後明，尤必久習而後諳，凡事莫不皆然，而況治河之難與他事不同，非閱歷之久，足遍而目擊，未可以聰明臆見，懸揣而遥度者也。蓋河勢之遷徙無常，而防禦之工程不一。其間地勢有高卑，河身有險易，或掃灣頂衝之異形，或伏漲落槽之異候，以至遥堤、月堤、格堤、埽壩不一制，樁、草、繩、蔴、芟、纜、灰石不一用。故必上明天時，下悉地利，近稽人工，遠察物料，事事綜核，而後能勝任也。若按簿銓除，循資陞轉，則規避者視爲畏途，即任事者亦視爲傳舍。來者未必能知，知者又將復去。如此望其底績難矣。昔大禹治水，尚且十三年而後成，故明潘季馴三爲都御史，二十餘年，年七十餘而後竣事，誠重之也，誠難之也。欲治河工，必行久任之法。凡管河司道及同知、通判等官，果有諳悉機宜，著有勞績者，遇應陞之日，先與加銜管事，日久破格超遷。其有陞轉離任者，亦於就近遴補，取其濡染習熟，臨行新舊交代，令其傳告精詳。至於待異等者，一如待邊臣之例，由道而撫，由撫而督，由督而本兵不恡焉。如此則陞轉近而官日就於輕熟，超遷異而人益勇於功名。此《河防一覽》所載潘季馴及給事尹瑾疏中皆諄諄以久任，破格超遷爲言，乃古人之成議，不可不做而行者也。

責印官親防搶救議

責印官親防搶救，以備伏秋也。瀕河各工分派河廳佐貳之官，率夫修防，已有耑汛，不容旁諉。唯是伏秋水漲之時，怒濤洶湧，安危叵測，每有蟻穴之隙，而頃刻潰裂，至于滔天者。此時若徒委之河汛各官，而其地或非河汛各官駐劄之所，一時鞭長，呼應無及，將必坐待領潰，而莫之收拾矣。嘗攷《河防》一書，責之印官防守，極爲嚴切。目今大雨時行，河流滔漲，萬宜急防，請飭各屬該掌印官，如非道廳駐劄地方，倘值河勢緊急，險工可虞，該印官徑自撥派鄉夫，協同堡夫，動支物料，晝夜多方防禦，不必拘泥常例，關白道院而後行事，庶幾防守迅密，則隄岸鞏固，呼吸安危之際，可恃以無恐矣。倘曰印官自有土地、人民、賦税諸事，與夫集夫辦料耑責，無暇更顧堤工。詎知河堤一有疎虞，土地、人民俱付洪流，賦税從何催徵？夫料從何辦集？正屬印官切己之憂，且參處定例，復與河官一體相聯，又非可視爲膜外者。而況所防，不過伏秋暴漲之候，爲時無幾，頗與平日政事無相妨礙。各印官斷不得藉爲口實，致滋怠玩失守者也。此康熙十一年監司條議，詳請飭行。

河官宜駐河濱議

管河官宜移駐濱河要地，以重責成也。河官專以管河爲職，則行住坐臥，皆宜不離河岸。諸凡河工事機，觸目經心，隨時料理，方克盡其職掌。如黄河兩岸當春夏興工之時，督催力役，稽查影冒，此固必躬必親，不可假手之事。至伏秋水漲之時，諸如迎溜掃灣及逼近堤岸之區，呼吸變態，頃刻不測，尤當不論晝夜，率夫防守，則此官有事河工，實朝夕不可離河者。乃其衙舍仍駐郡縣城中，身既遠離河岸，聞見指麾，必有不周。在工夫役，既莫辨其勤惰虚實，稽誤工程所不待言。儻其汛地河決堤傷，而始往報于官，官即星言趨赴，而一綫之裂，將有俄頃潰溢，而緩不及事者。此其關係尤非小可，是河官不宜輕去堤岸，較然著明者也。請飭行各管河官，照原分汛地，擇于要害處所，建立衙舍，常川駐劄，躬率人夫力行『二守』『四防』之法。本官不得偷惰宴安，上司亦不得别項差委。庶稽察嚴明，修救迅速，要害工程自可未雨綢繆，及時修築，而官職無曠，河工有賴矣。所建衙舍，或拆用臨河古寺廢廟，或暫採葦茅搭蓋，亦可此任監司條議也。

河官不許委署議

河官不許委署他務，以專責成也。凡河工之壞，皆由平時疎忽，以致積漸侵頽。河流之勢，每有頃刻變遷，必須呼吸搶救，唯在管河官員專其職掌，寒暑晝夜，督率瞭視，靡有空隙，方克保其無虞，此當日專設河官之意，蓋有故也。乃有河官視己職爲閒曹，羡郡縣之熱鬧，多方營署，致使身分事冗，意不在工，往往料缺夫逃，堤坍水囓，全然不顧，一旦洪流潰決，貽害無窮。此皆委署他務，職掌不專之所致也。乞飭以後河任各官，止許專營本職，不許别圖他委，該司道府亦不得將河官别有詳委，分其職掌，庶本職耑而河工自有責成矣。此任監司條議詳行也。

酌敘歲修防守之官議

酌議優敘歲修防守之官，以示鼓勵也。有勞而不獎，則人不知勸。有過而不罰，則人不知儆。河官定例，修築黄河堤岸，如一年内衝決者，參處修築之官。二年後衝決者，參處防守之官。修築運河堤岸，三年内衝決者，參處修築之官。如過三年衝決者，參處防守之官。其處分之罰可謂嚴矣。黄河堵塞決口大工告成，加級優敘，其酬庸之典可謂厚矣。獨有一等勤勞職業之官，躬親版築，未雨綢繆，預先防守，使河無決，有決即塞，使決不爲災，其勞績較之于決後疏塞之大工，費省而功倍。但以形跡未彰，優敘不及。夫治之於事後者，加級優敘，而治之於事先者，紀録無聞乎！除臨河不係險要地方不議外，其管轄境内有險工要害，從來掃灣迎溜等處，管河官若能先事預防，保固無虞，節省錢粮者，亦比照衝決處分年分之例，自一年、二年至三年，河不衝決者，作何分别優敘，庶勸懲有法，而地方官争爲先事之防，河患亦可少息矣。

復每歲舉劾之例議

復每歲舉劾之例，以飭河防也。定例，直省督撫衙門統轄全省事務，所屬官員二年一次舉劾。康熙十二年，總河會同總漕具疏，陳請部院議覆，照督撫事例，二年一次，舉劾在案。獨是總河衙門與直省督撫不同，其舉劾之賢否，專論河工之勤惰。每年歲修，其間一歲之内，隄防有無修築，河流有無潰決，以至栽柳有無成活，皆須按年稽察，以定勸懲。若一歲工竣，一年舉劾不行，必待來年，則兹一歲之工程，各官之賢否，無所分别，人心何由思奮？河防何由振飭？且慮其日踵月接，玩愒成習，不獨將來河務恐有疎虞，而漕運竊憂淺阻。總河衙門原無盜案迯人之參罰，又無刑名吏治之考成。職掌止此一事，勸懲俱有成規，似宜查照舊例，仍復每年舉劾一次，庶一年有一年之考覈，成蹟分明，而歲修不誤，其有裨於河政、漕運、民生非小也。

改司爲道議

議改司爲道，以專地方責成也。竊惟軍國大計，在河與漕。而幹理河漕者，有司與道。查南河分司管理淮、揚漕河工程，中河分司管理邳、宿、桃、清黄河工程，兼收税課。昨康熙十一年，經總河題准，畫地責成，似乎責有攸歸，成功可期矣。但歷稽南河地方十餘年來，分司數官往往屢經參處，河工有悮。如清水潭潰決數載，渰没兩郡，桃、清上下隄岸衝決數次，阻運病民，豈盡司官人不稱職？亦以地方之責不專，遷代之期太速故也。

今兩河劇工告竣無期，而爲經久善後之計，惟在改司爲道，以責成功而已。何以言之？道員挨俸陞遷，積年在任，分司差滿輪换，計日即更，其久暫不同也。道員有統轄州縣之權，呼之即應。分司無箝束有司之柄，呼應不靈。其事任不同也。夫河、漕二者非他事可比，其誤與不誤，所争止在俄頃之間。趨赴稍遲，釀害莫救。而實與不實，所驗又在數年以後。責成不久，補苴皆虚，當其工程緊急，必呼地方之有司，使其争先而恐後，此惟道官能之，司官不能也。必呼地方之居民，使其子來而趨事，此惟道官能之，司官不能也。況乎道官在任年久，利害切身，其爲工也，必圖堅牢。司官差竣即回，視同傳舍，其爲工也，未必鞏固。即事相較，種種懸殊。

今淮屬有道，而揚屬無道。邳、宿、桃、清南岸有道，而北岸無道。譬之人身兩手，一手無力，則半體偏廢，彼有力之一手，安能提挈全身，而運動如意耶？是責成雖專，而欲功之全收，尚未可必也。合無并將南河分司、中河分司俱改道員，庶幾事權並重，而呼應皆靈。在任俱久，而責成皆實。以之趲漕，則逐步有人，而飛輓必捷。以之防河，則各隄有人，而修築自堅。較之用暫差之分司孑處河干，旋至即去者，其事功相去不同遠矣。或曰事戒紛更，法宜循舊。不知以一官易一官非紛更也，改前轍而期後效，何拘拘於循舊爲也？司銓政者其賜採擇焉。

要地印官宜擇議

沿河要害地方，正印官宜選擇也。朝廷設官，職掌雖分，而其爲地方爲百姓，則未有不同者也。向來管河，雖設有府、州、縣佐貳等官，分任佐理。而州縣正印官爲一方之長，漕運利害，民生休戚，尤其職掌所關，況河患衝決，常在俄頃呼吸之間，修築搶救，間不容髮，有遲之片刻，而蟻穴便成江河者。佐貳官雖有管河之責，而威令不行，召集人夫，或多阻撓，動用錢糧，非其經管，全賴正印官悉心料理，咄嗟可辦。蓋印官職掌守土，比閭之民，皆其撫馭，一號召間，即夫役也。帑藏之財，皆其典守，一措置間，即物料也。事權所在，呼應最靈。故沿河正印官視管河官關係尤重。若非慎選賢良敏幹之人，則彼視民瘼，全不關心，將河工置之膜外，又或材力不及，庸懦無能，煩劇非其所長，均之無補地方，有誤河政。

查管河道廳及州縣管河佐貳管官，俱准坐名題補，久有成例矣。而臨河要地州縣印官，亟須材能，責任匪輕。從來河工舉劾之例，雖印官與河官一體責成，而印官未與河官一例題補。往往人地相違，或至於潰工毀績，而後以彈章從事。去者轍覆於前車，來者未卜其勝任。雖河官竭力奔馳，而地方之民或呼應不靈，倉猝之間，辦料不及，安望有綢繆未雨之備，鞏金堤無恙之防乎？合無將淮、揚、開、歸等處，所屬有要害險工地方，遇有員缺，准令總河照例選補，庶劇工印官得人，而道廳各官亦得收臂指之効，其有補於河政非細故也。

治河以得人爲要議

治河以得人爲要也。自古有治人無治法，其人存則其政舉，天下無事不以得人爲難，而治河之人則尤難之難者也。蓋必有天下己溺之仁，而後可以舉民同患。有聰明特達之智，而後可以應變無方。有鞠躬盡瘁之忠，而後可以任勞不避。有一介不取之廉，而後可以臨財不苟。有獨立不懼之勇，而後可以衆非不顧數者。有一不備，未能勝任而愉快，故曰難也。

昔唐虞之世，工虞禮樂各有專司，而治水獨推神禹。且以神禹之智，尤必遲之十三年而後成功。人材各有所長，而事必以久練而後諳也。故明二百餘年間，治河獨推潘季馴。觀其歷事三朝，四奉璽書，周巡河上二十餘年，凡耳目之所狎，精神之所寄，俱若與河相忘者，如是而後成功。當日人材豈無出季馴右者？而詔起田間，謂其諳習河道，素有才望，特兹重任。誠以治河非諳習不可耳。今朝廷特命總河於所屬大小官員，果能盡心河務，即指實薦舉，下部核實，以備異日超遷之用，庶將來平成可奏，而治河收得人之効矣。

卷六　或問辯惑

治河治漕辯

或曰：『國家所重在漕，今圖説中詳於淮、黄，而略于漕，何也？』應之曰：『治黄、淮所以治漕也。蓋自清河以北桃、宿數百里間，所資以運漕者惟黄。清河以南山、寶數百里間，所資以運漕者惟淮。其間衝決淤阻，能爲運道梗塞者，亦惟淮與黄。年來黄決七里溝迤帶，淮決清水潭迤帶，爲害最急，故去其爲漕害者，則黄、淮治而漕亦無不治矣。若治運河之法與黄河異，黄河濁水隨挑隨淤，故人力難施，裡河清水愈濬愈深，故功効易見。但守前人撈濬之法，自可不患淺阻。今現在節年挑濬，故不必别言治漕也。』

『然則直隸、山東迤帶，河可不治乎？』曰：『畿輔輦轂之地，防守挑濬，人自不敢緩。從來河患，惟中州最多。若中州黄河疏築得法，河流順軌，自可不爲山左患。至臨清、汶、濟諸閘，河則有潘季馴「北河十議」。在此裡河舊制成法不變，但守而勿失可矣。』

河決運道無阻辯

或曰：『治河以濟漕，今桃、清迤帶，河雖屢決，而運道無阻，何必鰓鰓過計，欲開引河、築遥隄，若是憂之深而慮之遠耶？』應之曰：『此真眉睫之見，不顧其後，何能及遠者也。夫智者覩于未形，患至而爲之防，不若患未至而防之之爲愈也。况河患潰決，非屬未形，其勢豈容待其憂何容已乎？七八年以來，桃、宿上下告決頻仍，東衝西潰，旋塞旋決。幸三四年來，總河焦心勞思，躬閲鳩工，總漕飭漕護河，殫力共濟，運道始免阻塞，漕艘得以無悮。蓋捲埽、塞決爲救急之良法，莫善於此。然而爲經久之長圖，則未可恃。嘗屢奉總河委勘桃、清大工，周視相度。屢經桃、宿兩岸，稔知清口、雲梯關上下數百里，河身沙墊高至二丈、三丈不等，河渠全没。夫下壅則上潰，勢必横溢于桃、宿，上源不至。如故明萬曆年間，崔鎮決口數十處不止，黄既全奪，則清河以下竟成平陸，運道梗塞，尚可言哉？故今日黄決桃源諸處，淮決清水潭，與潘季馴當日形勢相類。二年之内，恐更有甚於今日者。非如季馴大創興舉，不足以弭患。或恐工程浩大，經費不支，不知國家一日不可廢漕，則一日不可廢黄，一日不可不治漕，則一日不可不治黄。及今爲之，猶可預備節省，若待臨渴掘井，則工不容已，而費更不億杞人之憂，不得不爲漕運、民生鰓鰓過計也。』

高寶迤帶閘河辯

或曰：『昔高加堰黃浦口之決，潘季馴但築高堰、塞黃浦口，而淮已會黃，由清口入海，淮、揚一帶田廬如故，禾黍盡登。今者既議築翟壩，閉周橋閘，塞清水潭，而又欲盡復涇河、子嬰溝、范公隄、石磋、白駒諸閘以入海，濬芒稻河以入江，不重費矣乎？』

應之曰：『築高堰、塞翟壩者，所以遏淮水之東行，使不中洩。開涇河諸閘、濬芒稻河者，所以防湖水之秋漲，使得下流。昔陳平江伯瑄慮五湖七十二河之水歲爲長隄患，故置數十減水閘於長隄之間，令丁夫時啓閉。湖溢則瀉之以利堤，湖落則閉之以利漕，法至善也。但減水閘止可以洩尋常盈溢之水，至伏秋霪潦，與天長、六合諸山之水陡發入湖，宣洩不及，故後人於興化建白駒、丁溪諸閘入海，江都開金灣、芒稻河入江，節宣有法，旱潦有備，斯漕運無阻而民田不至渰没。後因鹺司慮私販出入，禁閘勿啓，而隣閘居民不利于開，致各州縣官民人執一見，閘口日堙日塞，河路淤阻不行。一遇秋漲，湖水泛溢，涓滴注之支河，遡其出口，不過一二湖港，上口鯨吸不止，不得不患腹脹之病，潰漕隄而壞田舍，高、寶七邑且爲壑矣。故必考求前人置隄之意，只許浚深，不許增高。復陳恭襄平水閘之制，聽其宣洩，不待其羡溢而又濬海口及支河，使入海達江，此疏湖水之下流與塞淮水之上流並行而不可緩者也。如謂季馴當日何以不濬海口，考當日季馴議復五塘，謂民間承佃，必須償貸，及築隄建閘，所費不貲，又慮田高之民欲蓄，田窪之民欲洩，築隄之後，盜決必多，添官設夫，種種皆難措辦，故謂可緩亦非謂可已也。且當日鹽院條議，不欲開支河、濬海口。乃爲鹽場起見，似有阻格難行者。況其時議濬寶應月河，議守八淺隄，議歲防湖隄，并開芒稻、白塔二河，蓋鰓鰓以霪潦彌月，山水併發爲慮矣。爲政者苟利漕運、利民生則毅然舉行，豈能每人而悦之哉？今總河業將黃浦等閘，責成司道重建寬闊，芒稻河閘亦俱改建通江，涇河現議挑挖。惟邵伯至清江綿長三百餘里，建造石工，所費不貲，白駒等場，年久淤淺，工須有待。』

引河未之前聞辯

或曰：『引河之説，未之前聞，今行之而屢效，信獨得之秘，可謂發前人所未發矣，亦有行之而不效者乎？』

應之曰：『有之。凡引河必相其勢之轉灣急溜之處，始放河頭，又必河勢迅激不變，始可以衝刷淤沙，引歸新河。若河勢遷徙不定，或自西而忽東，或自南而忽北，忽自西南而東北，忽自西北而東南。倘挑濬之時，驟值其變遷，則河流既緩，而沙停河飽，故引河亦有成、有不成，相機應變，存乎其人，此又權不可以預設者也。』

中州埽多蟄陷辯

或曰：『中州一帶，遇有河患，下埽護堤，埽多蟄陷，何也？』應之曰：『無他，流急故也。黃河自崑崙轉折數千里，始自積石至龍門，抵潼關，至河南則伊、洛、渭、沁諸水合焉。水愈多，勢愈盛。三門(柝)〔析〕津以下，地皆浮沙，最易汕刷，奔放平壤，無崇山巨磯以防閑之，旁激奔潰，東衝西決，自漢迄今，河患未有不始自河南者，建瓴之勢則然也。遇有河患衝刷堤根，下埽護堤，水汛下趨，掏刷泥沙，愈刷愈深，而埽箇不固，自隨水淌瀉矣。此中州水勢湍急下趨，埽多蟄陷之故也。』

徐淮埽不蟄辯

或曰：『徐淮一帶，遇有河患，下埽護堤，而埽箇無蟄，與中州不同，何也？』應之曰：『河在中州，其汛溜最急，急則水勢下趨。河至徐淮，其汛溜較平，平則水勢上行。惟水勢上行，遇有河患，而水不下掏泥沙，下埽護堤，則埽箇有所憑麗，自無蟄陷矣。此徐淮河勢與中州不同，而埽箇不蟄，故與中州異也。』

頂衝外堤下埽辯

或曰：『頂衝河患，即有內隄重障，而必於外堤下埽，何也？』應之曰：『河汛直射隄根，坍刷莫禦，此頂衝之勢也。倘徒恃內隄重障，而不急防外堤，一時外堤坍盡，則水入堤內，兩堤夾束，而不勢難容，怒濤撞激，更難抵擋，內堤亦必潰決，滔滔之勢，必至於大潰而不可收拾矣。惟外堤護埽，以迎其溜，水汛不得衝刷堤根，則外堤既免坍刷，而內堤始得保固無虞耳。』

掃灣不下埽辯

或曰：『掃灣河勢不下埽護堤者，何也？』應之曰：『掃灣之勢，河汛自外行正溜，去堤根尚遠，即或水勢漲發，溢於堤內，盈至二三尺，迨一時水消，堤岸如故。縱有潰決，正河不得遽奪，則一月之餘可塞，遲亦不過兩月、三月可塞。倘不審河勢，下埽護堤，則埽不迎溜，必隨水淌瀉，徒費無益也。』

引河不易成辯

或曰：『引河之工，宜於中州，然每見引河已成，後竟報淤，何也？』應之曰：『挑引之工，後有被淤者，以善後之計未得也。即如河勢自西南而來，則引河下唇，直當其衝，汹湧之勢漸分，但下唇埽刷，無約攔水勢之力，河流走大河易，走引河難，走大河溜，走引河緩。流緩則沙停，沙停則河飽，不免淤墊矣。若使護埽下唇，約攔河勢，則河之入引也迅，迅則刷深，而沙不得停，日漸深廣，可以成河。故曰引河不易成，成河宜善後也。』

徐州以下分流辯

或曰：『徐州以下河患頻仍，阻運病民，則支河分流，以殺水勢，保固隄防，何如？』應之曰：『徐州以下遇有頂衝，堤岸潰決，特從上流埽灣處引河分導，庶決工易施則可耳。若因河患頻仍，議主分黃，則河不兩行，且土性堅勁，此通彼塞，此淺彼深，大河被淤，殊於運道有碍，是河勢分行斷乎不可也。』

中州何以分流辯

或曰：『徐州以下，不宜分流，然則中州引河，往往得成，何也？』應之曰：『中州土鬆，直從上源倒灣處挑引，建瓴之勢，日刷日深，日衝日濶。新河既已分流，大河既已淤淺，力築截河大壩，護埽禦衝，新河合流，以分之者合之也。』

黄河邳宿水緩辯

或曰：『黄河在河南水急，故決，至邳、宿以下，則水緩而亦屢報決，何也？』應之曰：『黄河湍悍之性，建瓴而下，其在邳、宿、桃、清與中州無異。且合睢水、白洋諸湖水，仝會於淮，其流焉得緩？但河在中州，其勢下趨，故急在下。水至邳、宿，其勢平行，故急在上。急在下所以蟄埽，而埽費者多。急在上所以衝堤，而堤易至于潰。此河勢在邳、宿與河南但有下趨、平行之分，而無緩急之異也。』

翟壩不宜築辯

或曰：『明季河臣潘季馴《河防》所記，翟壩一帶不宜高築，聽其河漲溢流，分殺水勢，以保高堰。』應之曰：『西南原壩高亢，不宜增築，此當年之地勢如是。數年以來，淮水旁洩，舊壩衝刷計濶二十餘里，淺深一二丈不等。自古溝至谷家橋、夏家橋、黄家壩一路，多有衝決，或爲溝渠，或成河路，既深且廣，非復舊日地勢。若復因循不塞，則高、寶一帶必至田産人民盡付波臣，而且清口無全淮之勢砥柱黄流，運道俱成平陸矣。翟壩等處，今昔地勢之不同，讀河書而不知變通，猶膠柱而鼓瑟，欲收底績之效，難矣。』

翟壩有害泗州辯

或曰：『翟壩一帶果行修築，則全淮未免壅漲，泗州、盱眙等處一望波濤，不幾以隣國爲壑哉？』應之曰：『泗之有淮患，猶黄之爲中州、邳、宿患，其勢一也。淮自桐柏挾汝、（潁）〔穎〕[一]、肥、濠等處七十二溪之水，至泗州下流龜山横截河中。譬之咽喉之間，湯飲驟下，吞吐不及，一時阨塞，故淮至泗州則湧，每歲伏秋皆然，自古及今無異。《河防書》載，宋臣歐陽修《先春亭記》云「暴莫大於淮」，蓋淮之爲暴于泗久矣，非因翟壩、周橋、高堰之開塞也。且康熙元年以前，翟壩、周橋未開，不聞泗州、盱眙之民盡付波流，況翟壩、周橋修而清口通，不惟不爲泗人之害，而反爲泗人之利乎？近年泗州、盱眙一帶之人，阻夫修築，乃奸民黠商之尤者，宜以盜決河防之律治之。』

『然則修築增高何如？』曰：『翟壩一帶，係天然減水壩，今日之成河雖不可不築也，而當年之原壩仍不可不復。若照高堰一帶平高，則東水過緊，恐高堰壅潰，滔滔東下，勢必淤清口而阻漕艘。此壩之修，磚石灰砌照高堰之堤量低一尺有餘，使漲水有所溢，以還天然之壩基而可矣。』

周橋不宜開辯

或曰：『周閘之設，其來已久，宜開而不宜閉，由是下流以濟漕，高堰一帶可免潰決。』應之曰：『古人設立閘座，以備宣洩。其閘底以石爲梁，閘上止留四尺水頭，如滚水壩之制，是以水大則洩，水小則止，因時啓閉。潘季馴重修，仍有石限其上，不許過船。後奸民利通客船漏税，夤謀建議將閘開深數倍，改石限爲閘板，以便私開私放，私收船税。繼因泗州大水當道，議開周橋洩之，衿民具呈到官。工部黄曰謹有《辯開周橋》一疏，事遂寢。當時謡云：「東去只宜開海口，西來切莫放周橋。若非當道仁人力，十萬生靈喪巨濤。」自是周橋不復輕開。近日翟壩既決，而周橋商賈船隻通行，遂將淮水東洩，而以二十餘里汪洋之水直衝漕河一線之長堤。清水潭之決，所自來也。夫高堰之與周橋一堤耳，特堰迤北而橋迤南者也。堰以内之水與橋以内之水相聯一淮耳，特堰地稍低而橋地稍高者也。若周橋可開，則高堰可不守。高堰必守，而周橋獨可開乎？無周橋是無高堰也。昔泗州之民

[一]『潁』當作『穎』。乾隆《大清一統志》卷八十九《穎州府》載：『穎水，自河南陳州府沈邱縣東流，入經阜陽縣北，又東南經穎上縣東南流入淮。』

嘗請於潘季馴，欲於周家橋至古溝數十里鑿渠通湖。季馴謂：「如（此）〔欲〕開鑿成河，淮水從此長流，〔則〕非特淮、（楊）〔揚〕被害，而清口亦（將）〔必〕復淤〔一〕。」正今日之左券也。』

雲梯關入海宜濬辯

或曰：『雲梯關爲入海之路，向來寬闊約叁貳百丈不等，今爲黄河沙淤，僅五六丈餘，可不濬乎？』應之曰：『海無可濬之理，前議已詳之矣。但須急塞上流決口，約束兩河，復歸正道，使水由地中，沙隨水刷，以水治水，海口不濬而自通。若以人力施之，誠未見其可也。』

曰：『上流幾處當治？』曰：『上流無處不當治，稍有一處旁溢，則水從中洩，沙必淤澱，河不順軌，不能衝刷入海矣。清口以上桃、宿諸決口，修築自不必言，其在安東境內則邢家口、二舖口，皆雲梯關要道，所當急爲修築，以束河流，而疏海口者也。』

黄家嘴決口不塞辯

或曰：『黄家嘴屢次報決，七里溝、新莊口諸處此塞彼決，徒費金錢，塞之無益，不如就決口開之，順水之性，則可不致他潰，何如？』應之曰：『此即萬曆年間崔鎮諸口之決，議者欲留決口之意也。不知決口不塞，則正河必奪桃、清之間，沙淤淺阻，將何以資運？若決可不塞，前人早已行之，潘季馴何以紛紛致辯？共塞決口大小一百三十餘而後成功也。』

『然則不開決口，亦復不治，任之何如？』曰：『漢李尋曾爲此言，欲因河自決，可勿塞，以觀其水勢所居，竢稍定自成川，然後因天心而圖之，必有成功。此耑言治河不必治漕猶可耳。今每歲四百萬糧艘，命脉所係，可任其所之衝決淤塞，付之不治而已乎？昔萬曆二十五年，河決黄堌口，總河楊一魁以河雖決，滂没民田無幾，而河水一半足以濟運，議不治。又二年，一魁入掌部事，尚書劉東星代之，亦守舊議。如此者三年，河益南徙，運道褰裳可涉，漕艘至京，往往後期，乃往事之明鑒，此皆浮議之當息者也。』

引沁入衛辯

或曰：『沁水分流六十里即通衛河，若導沁入衛，直達天津，使河有所分，其勢自殺，則豫省無決防之患，淮、徐減長河之納，可省歲修巨萬金錢，不亦善乎？』應之

〔一〕『此』當作『欲』，『流』下脱『則』，『楊』當作『揚』，『將』當作『必』。據《河防一覽》卷九《高堰請勘疏》改。

曰：『沁河經行懷慶府河内縣，出武涉下合黃河，與衛河相去甚遠，原無支流相通。先年沁水衝開木欒店等處，漂流民舍，渰没民田，爲害甚大。議者欲因衝決之道，而遂引之以入衛，不知沁大而衛小，勢既難容，沁濁而衛清，流必淤澱。且沁高而衛下，伏秋水漲，必致衝潰。當年沁河一決，臨清、東昌迤帶俱致淺澁，是不減黃河之害，而反爲運道之梗，未受沁水之益，而先爲衛河之災，城郭人民，俱患胥溺矣。凡舉事須有利而無害，利多害少，猶不爲之，況有害而無利乎？前議已悉，兹不再贅。』

駱馬湖開新河辯

或曰：『駱馬湖爲泇河運道咽喉，當日泇河之議，即潘季馴亦以爲不可開。至故明萬曆二十九年，李化龍三疏，始決開泇之計。以内河二百六十里之捷，避外河三百六十里之險，至今賴之。今欲於駱馬湖縣東峙丘等湖接連之處，別開新河，以利運道，可避黃河之險，豈非踵泇河之故事，一勞而永逸乎？』應之曰：『清河以北數百里，非黃不資運，常居敬所謂閘河出口，無處不與黃會，則無處不爲黃淤，雖欲避而不得也[一]。自化龍開泇之後，徐州運道已廢，二洪之險可避。故明崇禎八年，東河水淺，運復由徐。參議徐標於徐洪上流創開月河，與運河相連，運得無滯。國朝漕運因之。然運道雖東，而徐之治河仍無虚日者，蓋徐吕而下，濟運必賴於黃，故雖曰避黃，而其實歲歲治黃、歲歲治徐如故也。當時化龍亦自言：「河隄處處宜防。」御史駱騂曾亦言：「泇、黃兼濟，而泇不可常恃，且開泇之後，河何嘗不決？又何嘗不治黃，而謂可一勞永逸乎？」然則即使駱馬湖新河可開，亦仍不免治黃，已屬重費，而況新河未必可成，恐費且無益，故不如築堤治黃，仍舊貫之爲愈也。詳見前議中。』

運河不用黃河辯

或曰：『運河不用黃河之水，惟賴洸、汶、沂、泗足以濟之，此先儒之言也。其説謂自會通河至淮，一路隄防，只恐黃河之水衝入，爲漕河之害，今反欲用黃河之水而引之使來，是引賊入室，而以病爲藥也。今曷不決黃入海，而必欲資之爲用乎？』應之曰：『先儒此言，蓋欲黃河由禹故道，而謂山東汶水三分足以濟運，故爲不賴黃河之説耳。不知今日黃河日徙而南，禹之故道已不可復。閘水無源，泉流易散，而弱汶三分之水，焉能歷數百里之遠。且宿遷、桃源河身皆廣數百丈，深二三丈不等，汶河弱

[一] 據《河防一覽》卷十四《欽奉勅諭查理河漕疏》載，常居敬所云之原文爲：『閘河出口，無往而不會黃，則無往而不受淤，豈從濁河則淤，而出小浮橋則否耶？』

水能濟之乎？向來運道半賴黃河，潘季馴所謂「歲漕四百萬石，非藉黃不能浮舟」，此天所以默相，而預闢此河以助之者也。故漕運一歲不可廢，則黃河不可一歲不來。黃河不可一歲不來，則不可一歲不治。但資其利而避其害可耳。』

黃河穿支河辯

或曰：『曩時河自入海，猶爲瀕河州邑之害。今黃、淮合一，而黃自秦晋兩(戒)〔界〕，如涇、渭、沁、汴大小諸水復合焉，其潰也必矣。昔人欲分支河以殺其勢，譬如百人爲隊則力全，分而爲十則頓損，又分而爲一則全屈矣。何如？』應之曰：『黃河之性，合則力專而流急，故沙隨水刷而河日深。分則力散而流緩，故水滯沙停而河日淺。所以然者，黃流最濁，以斗計之，沙居其六，若至伏秋，則水居其二。以二升之水載八升之沙，非極迅溜必致停滯。若水分則勢緩，勢緩則沙停河飽。支河一開，正河必奪，河不兩行，自古記之矣。』

『然則引河何以可分乎？』曰：『引河者，因河決頂衝而爲之也。頂衝河決，乃過顙在山之勢，非其本性，故因其急溜，而利導以分殺之，使復歸于正而已矣。是分之乃所以合之也。』

治河能保不決辯

或曰：『河爲中原患久矣，歲歲修塞，所費無算。今如圖說，議引河，議築隄，事事如法，能保其不決乎？』應之曰：『河至開、滎以下，地曠土鬆，無洞庭、彭蠡以爲之滙，而伊、雒、渭、沁諸水復合之，其奔騰衝決，勢所不免。所謂黃河無十年不變之理也。禦河如禦寇，善治兵者不能必寇之不來，而恃我有以待之。善治水者，不能必河之不決，而恃我有以防之。是故寬立隄防，攔約水勢，而又因勢疏導，使不至于横溢，則河可以無決。即使偶決，而有備無患，旋決旋塞，可以刻期竣事，而束水歸漕，範我馳驅，亦不爲災矣。自宋迄明，河決之患歷歷可考。雖以潘季馴之治績，亦不能保河之不變。但歲修不廢，自可久而勿壞。故語治河于今日，但有補偏救(敝)〔弊〕之法，而無一勞永逸之功。如必好奇喜新，則宋人回河之議可爲永鑒矣。』

治河不出三策辯

或曰：『古今治河者，不出賈讓三策。其上策欲徙冀州之民當水衝者，放河使北入海；中策欲多穿漕渠，分殺水怒，開建水門，以資灌溉；若繕完故隄，增卑培薄，勞費無已，此最下策。今皆不出其上、中二策，而獨取其下策，何也？』應之曰：『時不同也。漢之時，專治河不治漕，且河去故道未遠，故放河之説尚可行。然數千年以來，終無有行者，地廣人繁，重遷民也。況今日河自西而東而南，已非當日之故道。即使故道可復，將越數省郡縣之人民、廬舍、田畝、墳墓而盡徙之乎？是河且泛濫于中國，而爲億萬生靈害也，其能之乎？或謂從河南銅瓦箱決之，使趨東海，勢若建瓴，則河南、徐、邳永絶河患。然而國家數百萬之漕粮賴之以轉輸，可令其中斷乎？或謂京畿瀕海，地多沃壤，西北水利一開，則漕運可省。即使漕運可省，而南北二千餘里河道血脉可以不通，上用織造、進貢船隻、郵傳往來、商賈貿易可盡廢乎？故昔日之河徙而北，今日之河徙而南，昔日之河惟欲去其害，今日之河兼欲資其利，此今昔時勢之不同也。至多穿漕渠之説，止可行之秦晋峽中上源河清之地。若河南則水少沙多，一灌田中，禾爲沙壓，盡成沮洳，何可耕乎？惟有寬立隄防，攔約水勢，使不至橫流肆溢，水由地中行，則防之乃所以宣之也。考之《禹貢》云：「九澤既陂，四海會同。」《傳》曰：「九州之澤，已有陂障而無決潰。」障即隄也。則禹之導水，亦用隄矣。賈讓之下策，乃今日之上策也。』

神河辯

或曰：『神河之説，信有之乎？』曰：『四瀆視諸侯，凡風雨山川，莫不有神以司之。漢武投璧，宋用太牢，國有常典，何可誣也？但君相之責，必盡人事，不可諉其事於天，而聽之於神。如漢瓠子之決，田蚡以爲天數，遲至二十年，武帝躬臨築塞，卒以成功。堯有九年之水，雖曰天數，非大禹乘四載，疏九河，八年於外，豈能地平天成？故治河者耑言人事，不言天與神。蓋修築隄防，勤劬濬導，人謀即是神謀，盡人事即所以合天心也。《詩》曰：「懷柔百神，及河喬嶽。」天子聖神有道，於神且懷柔之，惟是以死勤事，能禦大災，能捍大患，則祀之。此酬庸報功之典，有其舉之不可廢耳。』

張福王簡口堤辯

或曰：『高堰築而清口可通，張福、王簡口任其疏洩，何如？』應之曰：『清口爲黃、淮交會之所，須令全淮之水盡從此出，然後力能敵黃，不爲沙墊。昔人慮淮水從張福、王簡二口洩出，則淮水之勢分而力微，且黃强淮弱，則黃可以躡淮之後，而倒灌以病漕，故又築張、福二堤以防其決，使淮不外出，黃不內入，而清口之力始專。當日黃曰謹《辨開周橋》疏內亦有欲弛張福口堤者，曰謹辨之甚悉。但欲於張福堤極窪處所，建減水閘二座，黃漲，則下板以遏黃之內浸；淮漲，則起板以縱淮之外出；黃、淮並漲，則堅守數日，俟其消而節宣之。則淮水漸消，而泗水亦不患漲，其議可採也。』

桃源七里溝大工，關係漕運民生，事機重大。雅康熙十一年十二月奉總河委勘於工次，先上疏塞事宜八款，後又兩上緊要事宜，至再至三，總爲國儲民命，深切杞憂。幸荷總河虚懷信任，邀有成績，今并録於後。

初上疏築事宜

一、曰廣備物料。決口劇工，需料殷繁，宜多方積儲，庶免臨渴掘井之患。查決口尚濶四十餘丈，除樁、䌟、芟、纜等項，計工另備外，柳束須五十萬，蘆葦須三十萬，草須六七十萬，始克有濟。倘所備不如其數，工至合尖之時，捲埽套壓，停工待料，前工徙費，時去莫追矣。關係不小，急宜廣備，以收萬全之功。

一、曰酌用物料。辦運柳束，千萬艱難。若不設法撙節，無論工程緩急，一概鋪用，將來合口緊工之處，需柳反缺，悮工匪輕。目今決口尚寬，除底埽用柳外，其餘套埽儘可柳七葦三。如埽牛填墊埽眼，還可均用葦草，待進工至口門，僅寬二十餘丈之時，不但底埽用柳，套埽亦必需柳，然後將前此所省之柳，用之於此，庶閉口之工不至乏柳，捍禦有賴矣。

一、曰堅固堤壩。查新築埽工在外邊埽，僅止一層，力量单薄，不堪捍禦。須傍埽工，裏面創築戧堤一道，底濶八丈，高先做八尺。即外河水勢不免浸透，而內有戧堤保障，堤堅埽固，較之外加邊埽，功必倍之矣。

一、曰善挑濬之宜。所挑引河，規模狹淺，水勢難于建瓴，流緩沙停，斷斷不免，河流不分，勢必全河仍衝，決工無論，合尖甚難。即僥倖閉合，轉瞬漲發，衝激特甚，豈得無虞，殊切杞憂。急將引河之身挑濶一十五丈，深一丈二尺，庶乎河流可以分行，而築工乃得保固矣。

一、曰籌河頭之勢。河頭係河流進口之處，必口門倍加寬濶，方能引納河流。濶須二十丈，長十五丈，深一丈二尺，始爲得勢。狹則拒河于口外矣。再查河從西北向東南注射，須于河頭南岸下截河埽三四個，使河流不至旁溢，而勢得約束，入于新河。河勢入漕，衝刷有力，決口之勢自弱矣。

一、曰挑坑溝以引衝刷。河渠既寬既深，似可通流矣。但恐河流平衍，衝刷不迅，難免沙停水緩之虞。必須于渠身內另挑大坑五個，濶三丈，長三丈，深五尺。又挑横溝五道，並濶十丈，長三丈，深五尺。一溝一坑，相間施工，有此層層坑溝，則河水入渠，自然跌蕩衝激，河渠滔溜日深，兩岸開刷日濶，新河既成，則決口必然淤淺，得免蟄陷復潰之患矣。但坑溝內泥水難挑，須分築上埂，用戽淘運，便于挑掘。查挑過渠身寬十二丈，深五六尺矣。此時增濶三丈，以足十五丈之數，再挑深六尺，以足一丈二尺之數，約長不過一百丈。此一百丈之工，而有全渠之用，必照議力行，無惜小費，斷斷成河，決口閉合，可保無虞矣。

一、曰慎開導以乘時候。引河之開導有時，不宜早，亦不宜遲，必俟決口將閉，河水陡漲，新壩受敵，岌岌難保之際，即將新河頭立時開放，則河勢正在盛溢，其就下建瓴，自然滔滔莫禦，新河可一日而成，則築工可一勞永固，此乘時施工，因勢利導，間不容髮者也。

一、曰杜旁瀉以歸正流。南壩正當迎溜。查埽壩迤南，有舊溝一道，龍門將閉之時，壅水溯漲，則河勢直射臨壩，舊渠崩潰可虞。此處須嚴加鞏固，宜加護邊埽，厚築堤壩，以遏衝激旁潰，庶河勢得以全力注于新河，堤壩堅牢，得免意外之患矣。

以上八款，康熙十一年十二月初十日工次勘視確議。

再上緊要事宜

昨議引河河頭開闊二十丈，河身闊十五丈，深一丈二尺，於一丈二尺完工外，仍掘溝坑數道矣。但計此河其長不過百丈耳。查東南一帶河身淤成平陸者，約長數十餘里。今僅以百丈之河頭引納全河，節短勢蹙，猶慮河頭開放，所淤之舊河衝刷不動，如之奈何？乃或謂舊河淤平，尚屬新淤土嫩，可以衝刷似矣。所慮河頭開放太早，則全河大勢仍走決口，其勢極順，何以言之？蓋決口河身深二、三、四丈不等，而新挑引河，其深不敵決口一半，水性就下，豈有棄深而就淺者？將引河一開，而數十里之平淤端然如故，勢所必有。倘一淤淺，前工盡費，而決口新壩之衝激，何以抵擋？其前車不可鑒乎？

雅前條議中，於開放事宜極言萬不宜早，又復切切面陳憲臺，業已瞭然。今爲萬全之計，除一百丈急請照雅所議，刻日完工外，再於百丈外東南一帶，接挑二百丈，寬三丈，深六七尺，其二百丈内如前法再掘坑溝十四五個，以補接河身衝刷之勢，使之長往莫禦。及其開放時候，仍必采雅末議，俟決口不過四五丈，河流漲溢之時，然後開放引河，庶免淤淺之虞。若決口未到四五丈，萬不可先開，反引淤澱也。至將開口之際，必須先下截河埽三四個，約攔水勢，亦屬最爲緊要，皆宜預備。

又杜旁瀉一欵，關係甚重，若不及時照議綢繆，則決口漸窄，全河仍衝南壩，萬一所慮旁瀉之舊溝突然衝動，不但南壩衝激可慮，併取土地方，亦成河身矣。春月南壩之覆轍，昭昭可鑒也。此壩宜築高一丈二尺，寬十丈，外下邊埽，隨蟄隨套，庶可免于旁瀉之患耳。

查北壩之西，地勢頗低，計長不過十有餘丈，宜築一堤，底濶七丈，高八尺，頂濶二丈五尺，以補低窪，以防叵測。

前議大壩之内築戧堤一道，目今宜耑在北壩施工。蓋因北壩之内河水不深，易于建工。若南壩之内回溜水深，戧堤不宜驟舉也。又查南壩邊埽，不過一層，力量单薄，急宜再加一層，以防衝激，此皆萬不可緩者也。

以上數欵，十二月二十日途次再呈。

三上緊要事宜

前詳勘兩壩，北壩外護邊埽，內築戗堤，前已陳悉。但所築之埽壩，急須加高六七尺，壩之北頭耑用土築，而北壩之近龍門者，尤宜加埽。但所鋪之埽，止宜用葦草捲下，其柳梢不宜濫用耳。若使目前埽壩未蟄，漫不加工，及工至合尖之時，河勢盪激，埽壩必至蟄陷，一時搶築無及，則豫先綢繆施工，不容刻緩。

再思南壩所築，較之北壩漸高，目前可恃。唯是河勢衝射南壩，較之北壩尤甚，綢繆捍禦，倍宜周詳。壩之南半宜加土築，而近龍門合口之處，宜加套埽，亦如北壩，總用葦草捲護，上面再加土築可也。至于外加沿邊大埽，須並峙兩層，庶幾壩身鞏固，所費物料雖奢，然全河迎溜要害緊關，不可不萬分加意施工者耳。

前議引河頭挑濶二十丈，而河身濶深一切事宜，業已備陳矣。但河頭開放之機宜，尚有未盡者。切以臨時開掘河頭，口門宜在西北，上頭開掘十五丈，而臨截河埽四五丈不必開掘，何以言之？從二十丈之上頭開放，則河流入口有倒瀉之勢，湍悍衝刷，自濶自深，可以成河。倘從河頭截河埽處輕率錯開，則全河直衝截河埽壩，所慮旁瀉之舊溝難免衝透，將挑成之溝渠反不得全河直瀉之勢矣。是開放之機宜不可不審度慎重者也。

前議河頭東南下截河埽三四個，以約攔水勢矣。然下埽之法，尚未詳悉也。今思將開引河數日之前，先須掘槽長十四五丈，深一丈五尺，濶一丈四尺，鋪埽高一丈二尺。先將此埽推入槽內，打樁六七株，又鋪第二埽，高一丈，長與底埽同。鋪完推入槽內，正壓底埽，打樁五六株。若截河埽下，或河勢衝刷，埽個蟄陷，再急急鋪埽套壓。

又思截河埽個臨河頭，宜向西北，不宜向東北，何以言之？蓋埽頭向西北者，迎着河勢，使全河入于引河之內，衝盪有力。倘埽頭反向東北，如人之下唇反垂，不得收約攔水勢之功矣。此中機宜，毫釐千里，萬不可錯也。

又思兩壩進埽，晝夜無停，則正月二十間決口不過寬十餘丈耳。決口漸窄，則河勢必漸射引河河頭，並南壩所慮杜旁瀉舊溝河頭。兩處河頭，河勢皆在衝激，則引河頭之截河埽與杜旁瀉之護邊埽，俱宜于正月二十前掘槽下埽，萬不可遲，恐遲則河勢衝射，坍塌不止，倉猝難以施工，致悞大事，不可不鰓鰓過計，預先拮据者也。

以上前後芻議，雅親勘真確，切實敷陳，非同泛泛揣摹條議者比也。但從來有治人，無治法，所慮在工員役意見不同，閱歷生熟有別，或議論互異，在憲臺當自有特鑒，不爲浮說所搖，則河工幸甚，運道民生幸甚矣。

康熙十二年正月初八日三上事宜。

總河題補河廳疏

總督河道、提督軍務兵部尚書兼都察院右副都御史臣朱之錫題爲請補河官，以重河防事。

該臣看得治河一官，貴於諳習。臣前《慎重河工職守》一疏已經題明，伏奉俞旨，欽遵在案。况歷來河患，中州爲甚，乃臨省管河道、北河同知俱係新任，歸德通判亦伏經臣參處。臣正切杞憂，移會撫臣賈漢復從長酌議，而南河同知趙汝斌又以積勞病故矣。一道三廳悉更生手，無論來者果否勤敏，總未可知。即使凡百究心，亦必需之月日。河工水汛節序相催事幾之來，間不容髮，是何可以嘗試僥倖爲也？查原任儀封縣知縣崔維雅，任内修防，歷著成績，且新陞淮安府同知，以之改補南河同知，銜亦相當。臣恐所見不確，又經咨會撫臣，移伏僉同，合無請勑吏部，將維雅改補趙汝斌員缺。一轉移間，而素所通曉，較之茫無頭緒者，得失不啻徑庭矣。謹會同撫臣賈漢復合詞具題，伏乞勑部議覆施行。

順治十六年十月内具題奉旨：『吏部議奏。』

總河題補河道疏

總督河道、提督軍務兵部右侍郎兼都察院右副都御史加一級臣王光裕題爲循例請補河南管河道員，以重緊急河防事。

切照河南爲黃河上游，而管河道司全省河務。先事不周，則終年貽害。臨期失着，則補救彌難。臣於四月間履任，念切黃河止以淮、揚水患工程爲急，隨即南出勘工，然寸心無刻忘豫州也。臣於本年七月十三日，據河南按察使李士禎呈報，管河道僉事邵燈病故，於十八日准河南撫臣郎廷相會稿會題邵燈病故。除行河南布、按二司作速遴官署理，并查取邵燈病故印結及有無經手錢糧另報外，惟是河道一官，爲上原修防機宜關係，非得練習周詳，而又能挺身任事，熟諳河防者，未易勝任。臣於奉旨安輯浙海時，目擊寧波府知府崔維雅當兵馬雲屯之地，而調劑得宜，其歷任由儀封知縣、開封府南河同知，而陞方面者。臣心識其才，今河南河道員缺，正值伏秋黃漲之會，臣憂心如焚，不能飛越親督。因崔維雅兩任河南修防，歷著成効，若以之就近陞補相應職銜，誠爲駕輕就熟，則用素所諳練，較之初歷生手，茫無頭緒者，得失不啻天淵矣。臣從河道緊急修防起見，謹會同河撫臣郎廷相，循例合詞具題，伏乞勑部議覆施行。

奉旨：『該部議奏。』

督撫薦語

順治十二年十二月内，總河楊方興題爲請定督撫舉劾之例等事。

薦得儀封縣知縣崔維雅，夫柳獨能早完，錢糧絶無加耗，嚴明而積胥，知畏均平，而災黎頓甦。

順治十四年八月内，廵撫河南亢得時題爲請定督撫舉劾之例等事。

薦得儀封縣崔維雅，以明辨通敏之器，著規畫拮据之能，三家莊河工尤其顯績。

順治十四年冬月内，總河楊方興題爲封丘縣大王廟大工告成。

敘得儀封縣知縣崔維雅刻意捍黄，夫柳立辦。

部覆：『奉旨加一級。』

順治十六年八月内，總河朱之錫題爲請定督撫舉劾之例等事。

薦得儀封縣知縣崔維雅，剸裁無滯，鼓勵有方，挑引河而廻將倒之瀾，廣植柳而儲不時之用。

順治十八年〔十二〕〔一〕月内，總河朱之錫題爲請定督撫舉劾之例等事。

薦得開封府南河同知崔維雅，沿河之荒度必周，徵派之怨尤不避，至於搶救槐疙疸，露宿竣工，勤勞尤爲難泯。

康熙三年二月内，總河朱之錫題爲請定督撫舉劾之例等事。

薦得開封府南河同知崔維雅，沿河三百餘里，奔馳風雨，不費絲毫之帑，克平泛濫之災，勞績難泯。

康熙十二年八月内，總河王光裕題爲桃源七里溝大工告成。

特敘得分司季滿、張有傑、騶漢、納錫，管河道副使崔維雅、戴聖聰等，或出入於荒山險峻之地，採柳運料，心手俱瘁；或奔走於豫東淮徐之間，督柳催船，風雨忘勞；或終始在工，督催無懈，此皆材幹敏卓，勞苦倍常者。

部覆：『奉旨各加一級。』

整理人：吴小倫，歷史學博士，河南科技大學講師，已發表論文二十餘篇。

〔一〕月份缺，當作『十二』。據《四庫全書存目叢書》本《河防芻議》補。

河防疏略

〔清〕朱之錫 著

陳二峰 整理

整理說明

朱之錫（一六二二—一六六六年），字孟九，浙江義烏人。清順治三年（一六四六年）進士，歷任弘文院侍讀學士、吏部侍郎。順治十四年以兵部尚書銜出任河道總督。朱之錫治河盡瘁十年而薨于官，兆民戴之，遂事公爲河神。乾隆四十五年，追封爲『佑安助順永寧侯』。生前著有《河防疏略》一書，共二十卷。

朱之錫出身耕讀之家，幼穎異絶倫。稍長通經書，日課十餘藝，皆援筆立就。北游京師，以首科得薦，次年成進士，年僅二十四歲。史載朱之錫『居官清介，一切耳目玩好，無所尚。惟藏書數百卷，被服如儒生，布衣蔬食，泊如也。其接物則一本於誠，喜慍不形，遇僚屬如家人。凡所指授，必委曲詳盡，娓娓不倦』。病逝之時，濟寧州士庶巷哭不已，又匍匐聚哭于堂，如是者累月。盛德感人，時人咸謂近代稀有。

《河防疏略》一書詳細地記載了朱之錫出任河道總督時的一百篇奏疏，是集中反映朱之錫治河思想和治河實踐的重要文獻。時人評價朱之錫及其《河防疏略》曰：『行徑著在朝野，歌詠見諸人心，而其經畫之原具本奏議。』朱之錫治河之初，黄河决口頻發。順治十四、十五、十六、十七年，河道均有决口之患。朱之錫奔走南北，不辭辛勞，親赴工地勘驗。順治十五年，董口淤塞，朱之錫親勘工地。順治十六年春，親駐山陽蘇嘴一帶，五大險工化險爲夷，後又奔赴太行老堤。康熙元年，黄河秋汛，河決原武、蘭陽、祥符及曹縣石香爐。朱之錫除飭濟寧道方兆及堵築石香爐口門外，即馳河南，嚴督搶塞。史稱朱之錫『經營河上，什一在署，什九在外，兼以兩暘匆若，非旱憂淺，即潦憂沖。每當各工并急，則南北交馳，寢食俱廢。值盛暑，介馬暴烈日中。隆冬嚴寒，觸冒霜雪。誠所謂營不乘，暑不蓋，駸駸有古大臣風』。

在正確管理黄河、淮河、運河等問題上，《河防疏略》有許多獨到見解。如《陳明河南夫役疏》《酌議淮工夫役疏》《查議通惠河工疏》提議清理河南等地的夫役徵派方式。《慎重河工職守疏》要求釐正河官一年一易，不肯爲經久之圖之弊。更有《特請歲行舉劾疏》上請歲行舉劾之例，以勵官方，以重河事。每年除彈劾不力官員外，朱之錫又多次上奏《申明激勸大典疏》、特參庸劣等疏，對賢否各官分別題報，以昭勸誡。奏疏之中對河工弊端事宜分析深刻，處置嚴厲。在《嚴剔河工弊端疏》中，朱之錫提到對工程不實、器具不善等誤工之弊和尅減工食、豪强包占、賣富僉貧等病民之弊詳加體訪，嚴責各屬推官不時開報。重者題參，輕者究治。隱瞞不報者，注以劣考。

的有見地的建議。如山東兵差絡繹，最苦者無如縴夫，提議量給倉米，以蘇民困。濟寧地處南北孔道，無船更替，提議貼食米以絶差擾。奏請朝廷修建了南起台莊、北至臨清的多處調節水流的閘門，并上請嚴格控制船隻運載的重量和啓閉水閘的時間，使運河得以終年通航。

《河防疏略》還搜集和總結了治河護堤的經驗，如《特議建設柳園疏》。從《河防疏略》中可知朱之錫不僅提出了許多治河的改進措施，而且付諸實施，對整治河運，有不少建樹。《河防疏略》是研究順治、康熙年間黃河水患和黃河治理的第一手資料，爲後世學者所重。

《河防疏略》一書傳世僅有清康熙寒香館刻本一種版本，爲清會稽徐沁輯、監察御史李鄴園和寧國府知府孔貞來共同刊刻而成。此書刻成之後，杳無音訊。所幸黃河水利委員會水利科學研究院專家王湧泉先生，數年尋覓，終于一九七八年在復旦大學找到原刻本。後又有從天津圖書館發現的清康熙寒香館刻本。兩者被《續修四庫全書》和《四庫全書存目叢書》分別影印出版。兩個本子實爲一個版本，後者多孔貞來引言，但與前者相比多處影印不清晰，脱字較多。此次整理以《續修四庫全書》影印本爲底本，參照《四庫全書存目叢書》影印本，并據後者補孔貞來《引言》。

本書由陳二峰點校，李留文、蔣超、毛振培審稿。不當之處請批評指正。

整理者

目録

引言

朱少保逝世之三載，徐子埜公持侍御鄴園李公所刻少保疏略十卷視來，且道侍御言：謂公立朝至易簀二十餘年，行業著在朝野，咏歌見諸人心，而其經畫之原具本奏議。故其論事敷切不減賈太傅，指畫條晰類趙充國，忠質不繁過于宣公，且其敬慎愷悌之念溢于言表。今天下聞少保名者多矣，而不讀其書，是以名見少保而弗以實。使夫讀其書，想見其心事，宛然如覩少保之狀貌神明也者。故知刻少保之疏，始謂深酬少保，顧余力弗逮也，未能成全。子志宛陵守，素見知于少保。少保死，聞其常以未及酬爲恨，子弟趨而謀之，無弗成者。來于是唏嘘展卷，讀未竟，不覺涕泗之横溢也。猶憶己亥春河水泛濫，高堰諸險工就潰，居民呼吸魚鱉。來時佐漕淮浦，率隸役遠近數十里民人搶救塞决。公是時身雜版鍤，馳驅泥淖中，數日而民息始定。來于時始獲瞻拜公，蒙慰勞若家人。既而呼司河某者，切責其不職狀，械繫之。怒甚，欲竟沉河水以謝居民。會來等力請，謝非人力故，且其母老。公怒解，得釋，後卒又保全之如故。葢公之愛民，不遷怒者類如此。役竣，來以漕員得與薦列，故公疏有借箸董理之語，洵稱殊遇。淮浦離任城葢千里遠，吏未得時謁，每啟事，公必親自裁答，一歲間輒賜札勉勞者至再，自淮干以迄京口數年如一日，後來以不虞降職，控部題復。數載旅食，計公易簀之日，正來匍匐長安之時，恨未能走萬里慟哭，迄今寤寐音容猶如昨日，而乃瞻拜儀型于斷簡殘編間，豈不痛哉！公受世廟眷最隆，以哀慕致毁，未幾而卒，人兢傳跡類攀髯，信不謬。蚤歲雅好詩文，詞氣類西漢，以有鼎湖之痛，輒罷去舊稿，隨亦散失無存者。今計奏議二十卷，共百篇，首十卷爲侍御李公刻于浙上，以差竣未及終事，後十卷來續刻于宛陵。刻成載貯河署，以公之天下後世。倡之者李公，成之者徐子，來則黽勉步趨者矣。

時康熙歲紀戊申孟秋月上浣，舊屬闕里孔貞來頓首撰。

序一

古在庭之臣拜手颺言，面相俞咈。其後，吏事日煩，大臣得自陳請，連章累牘，求其坐而言、起可行者實難其人。若夫言有餘忠，盡瘁以死，則尤難之。宫保朱公之治河也，節鎮濟寧，余方督山左學。又嘗獲交公于京師最舊，以是知之為詳。又八年而聞公薨，為出涕。又三年，始見其奏議。蓋會稽徐埜公所手輯，侍御李公鄴園剞劂將半，吾郡太守孔公為之刻成，凡二十卷，屬余敘。嗚呼！公視河十年，數千里晏然，無甚昏墊。其功當在史册，其學行具見李侍御墓誌矣。以余觀之，殆有獨不可及者。總河以節鉞兼制文武，權重且專，吏以河為職者相望，寒暑風雨，役夫以萬計，猝有急則法重令嚴，不難霆震其吏，蟻視其民。于是，吏或不能堪而其役人之葬魚腹死饑疫者不可勝算。公先事僉謀，指臂心膂，如與子弟營家事，即不任職者論罷未聞其訶誶聲。故群吏感奮效死，雖勞不敢倦其馭。役夫則厚其廩給而咨嗟拊卹其勞苦，故其民荷鍤雲集，雖死不敢怨。黃河為患中國，自漢宋以來，耗金錢若填巨海，其間疏瀹塞防，古今異勢，要有天幸，即河防諸書所載成法未可膠執也。公詢討掌故，斟酌機宜，凡有敷奏，必期盡可施行，事已報可，則馳驟經營于泥淖畚鍤之間，故河淮要害幾潰決者四五，而未雨綢繆治之卒無患，然其精力亦已消亡矣。公初以館閣重臣特簡治河，恩賚備至，又解御衣寵其行，公是時已誓捐頂踵。及居太夫人憂，再疏請歸，不許。余往唁之，公泣曰：『荷天子異數，死不足塞責，如親喪何？』輒流涕失聲已。又顧謂余曰：『知君賢而不能薦，以是負子。』蓋先是治河督府得兼薦學使，後格于例故也。嗟乎，公亦何私于余哉！公之愛才卹下，惟恐不及，歲有舉劾而不以喜怒爲殿最，清約如儒生，而河帑節省多至四十六萬。公薨之日，兩河吏民無遠近皆號哭，至今驚相傳為河神，非公之盛德感人不及此。而天既嗇其年，又靳其嗣。嗟乎，悲哉！此有道仁人之所以惓惓其奏議也。徐埜公故從公游，經紀其後事，而孔公亦嘗以勞績受知于公，蓋皆不負公者，庶幾古人之義焉！若夫公之為人，則非以文辭自見者也。

康熙戊申七月，宛陵後學施閏章謹撰。

序二

民生並用五材，而操大利、大害之權者莫如水。古帝王平地成天，以治水爲首務，然後世之治水與上古異。當堯之時，所欲治者徧天下，而後世常在一隅。當堯之時，憂在泛濫，務洩其有餘，而後世兼以輓漕，恒病其不足。故大禹隨山刊木，不過由水之道，孟子謂之曰『行其所無事』。蓋江淮河漢各有源流，可容疏鑿。高高下下，因其自然而各遂其性。所以八年之後，工不再舉，一勞永逸而萬世賴之。自秦漢以還，至於今日，輓輸雖不同道，大率與黄河相出入，往往多築金隄盛水地上，有若仰盂櫛比爲防，鱗次啟閉，使不得驟洩，其爲法皆欲遏其就下之性而矯拂之。故董其事者左支右絀，恒無長策。稍有瑕釁，則潰決之禍中于不意。

朝廷興數百萬役，糜數十萬金錢，歲歲而治河不得休息，不過爲輓漕計。古云三十鍾而致一石，相權而論，寧非失策？追論古者，阡陌未開，溝洫猶在，列國各自爲食，不相假貸，柰何棄西北之利，徒仰給東南哉！然二千餘年於兹，雖逢不世出之君、非常之佐，欲以他策罷之，卒不可。

世祖章皇帝有憂之。博選廷臣，惟吏部右侍郎義烏朱公爲勝其任，於是以兵部尚書兼都察院右副都御史受命焉。蓋盡瘁十載而薨於官，兆民戴之，遂事公爲河神云。公蓋舉近代治河之家，若明之陳平江瑄、宋公禮、朱公衡、萬公恭、潘公季馴、楊公一魁之屬，所爲竭智畢能底績一時者，且兼收其長而計時就理，不使當宁憂勞，嘆宣房而歌瓠子，可不謂偉烈哉！轍之先大夫春軒公曾以冬官治吕梁洪，家夫子又以是官治張秋，世董厥職，聞治河之事最詳，且習計其地，蓋二千里而遥，非一人之車轍馬跡所能徧至。計其人自文武大小官司以至軍吏徒役不可勝算，非一人之視聽所能洞其情僞。計其器用，財賄巨而木石細，而竹柳以至畚鍤芻藁之屬亦不可勝算，非一人之心計所能籌其贏絀。又水性剽激，嘗變起倉卒間，雖有智巧材力，必難預防。是惟大禹千古稱之曰『神』，謂其精誠所格，不可以人之意計測也。公起自詞臣，年方過壯，乃能克奏膚功如此，使非神焉，烏能至是。考諸祀典，能平水土者祀之曰『社』，能播嘉穀者祀之曰『稷』。公之廟食於河，亦先王之制爾，豈得謂之荒誕哉！夫河之爲害，古今不同，而禦害之方亦因之遞變。公没而公之勛績昭昭在天壤間，必欲循其跡而施之。久之，又未必符合，至其精神志氣寓於經營惨澹之中者，則終古而不變也。

我鄉徐子埜公輯公奏議，精思較讐〔一〕，勒爲不朽之書，而山左李侍御鄴園、孔太守元起共謀剞劂，懸之國門，意在是歟。後之繼公任者得其意，而神明之，公雖没而公之所以治河者常不没也。《疏略》一編又豈賈讓之流所得而幾其萬一者哉！

康熙戊申孟冬，會稽後學姜希轍謹撰。

〔一〕『較讐』，同『校讎』。

刻《河防疏略》引

宫保梅麓朱公一代偉人，九年懋績，經營疏濬，不辭胼胝之勞，擘畫灌輸，既竭心思之力，遂致歿于王事。幸勿泯于公言，卹典有加，輿情克慰，功業垂諸史傳，本末載在誌銘。自膺綸綍之褒嘉，無俟草茅之論述，惟載道行遠之具。所重文章，而體國經野之謀，取徵奏議。後死之責，端有在於斯文不朽之圖，顧莫重於兹事，此沁之所以綴輯於倉皇之際，收録於殘闕之餘者也。謹奉遺編，每增隱痛，是皆瀝披心血，措施交格，于鬼神構運，冥思精感默通於帝座，故凡入告之語輙皆由衷之言，不激不隨，可誦可法。其自丁酉以至亥臘，實公親訂於生前。至若庚子以迄丙春，乃沁續鈔於亡後，雖聲華永爛，原不藉此邀名，幸（藁）〔藁〕沓猶存，何忍閟之没世。沁蒯緱窶食，不忘挂劍之心，馬策箠門，更切亡琴之慟，願登梨棗，用媿琬琰。苐綿力恐難于竣工，非鼎重不足以集事。亭前載酒，固多問字之侯芭，身後傳文，豈乏聞風之李漢？敢謀同志，敬質素心，不以此舉爲迂疎，庶望相成於道義，特申俚鄙，肅布丹誠。

稽山徐沁頓首具

崇祀録

兖州府濟寧州爲查議舉行祀典事。康熙拾年貳月初壹日，蒙總督河道提督軍務、兵部左侍郎兼都察院右副都御史加壹級羅憲票前事，照得前任總河部院朱經營九載，功著兩河，拮据靡遑，鞠躬盡瘁，而崇祀未行，殊爲闕典，合行查議爲此票，仰濟寧州官吏照票事理。即查該州南關外有報功祠，前部院朱似應置主入祠供奉，其崇祀名宦，開載憲綱，曾否舉行，仰即查明典例，確議具詳，慎勿違錯，取咎未便等因到州。

蒙此遵查濟寧州南關報功祠，前任部院朱未曾置主入祠供奉，亦未曾崇祀名宦，開載憲綱。覆查南關報功祠内儒學名宦祠内各神主有經具題入祠者，有詳請上臺入祠者，允後置立神主一座，用香燭、猪羊、旗吹，原任執事傘轎，神主請于轎上，旗吹執事前導入于祠内，崇祀名宦開載誌書。今前任部院朱功績顯著，利賴無窮，而崇報尚未舉行，實爲闕典，或候憲臺具題入祠上誌，或徑爲舉行。緣係查議事理，未敢擅便，擬合具文詳請，爲此備由開册具申。伏乞照詳施行，須至申者。

康熙拾年貳月貳拾叁日，知州廖有恒，總督河道、提督軍務、兵部左侍郎兼都察院右副都御史加壹級羅批：『仰山東提學道查議速報。』

兖州府濟寧州爲節鎮，重臣盡瘁，地方崇祀未行，公懇設主入祠以表前徽，以慰思慕事。據本州闔學生員姜兆嘉等、舊員劉秉忠等公呈前事，呈稱：竊惟載觀河洛膚功，自古猶存，遺愛甘棠，直道至今難泯。故永祀必垂於俎豆，而明德可薦其馨香。伏念清故進階資政大夫、總督河道提督軍務、太子少保、兵部尚書兼都察院右副都御史朱大宗師起家進士，文章應國運之鼎新，充選詞林，翰藻動宸衷之特眷，乃由銓貳旋命督河。先事綢繆，輓路之隄防既固，頻煩補救。天時之旱潦堪虞，誠由已溺而已飢，奚止不乘而不葢。河流順軌，節水衡莫計之金錢，里甲安恬，省閭左無窮之膏血，兵民不擾，市廛貿易相安。紀律維嚴，營伍侵漁盡絶。自縴夫苦累之疏上而民困得蘇，及捐俸賑濟之法行而歲荒有賴。持身清介，仁風既已覃敷，賦性慈祥，善政實難枚舉。顧披星帶月方介馬于河干，嗟殫力鎖形驟乘箕于天上。此真恩垂峴首争傳墮淚之碑，宜同廟食。灘堆永砥中流之柱，未昭祀典，曷慰輿情。伏乞俯鑒士心，洞察公論，申請各憲允祀報功，繼康惠之遺徽，並光俎豆，酹洸汶之清酌，堪配椒蘭。爲此，闔學連名上呈等情，公呈到州。

據此，又據本州五十四里鄉約里長孫光祖等呈，爲特表鞠躬盡瘁之勞臣，懇彰崇祀報功之盛典事。呈稱：竊照桐鄉之奉香火，自謂賢于子孫，畏壘之祝庚桑，蓋實深于思慕，未有口碑，猶騰道路，而俎豆尚缺蒸嘗者也。前任總河朱部院大老爺，忠孝性成，廉明夙著。自從抵任，經營河務，千里安瀾，徭役均平，公私利頼。其功德及于他省者，未遑槩舉。即如本州兵差絡繹最苦者，無如縴夫。俯念民艱，調劑得宜，以蘇民困者，此其一。濟當孔道，南北應付，無船更替，議貼食米以絶差擾者，此其二。凡駐州養馬各差，設法安插，閭閻安堵，以恤居民者，此其三。歲荒民流，亟議賑恤，招徠存活億萬生靈，以拯殘黎者，此其四。朱明量首告胡守法一案，肆害株連，詣神公鞫，昭雪無辜，以安良善者，此其五。至于夫沽實惠，市受平價，農安耕稼，境絶萑苻。善政流風，班班具在。痛遭薨逝，合州人民罷市，輟相扶老携幼匍匐慟哭，若失考妣。至今言及無不淚下，乃崇祀尚未舉行，思慕何由得展？伏乞轉申各憲，俯從民請，置立神主，迎奉報功，下慰輿情，上昭祀典，實爲恩便。爲此激切，合詞上呈等情，具呈到州。

據此，該知州廖有恒看得：前部院朱公八座，樞機九河，要劇星儀，嶽瀆亦既霖雨乎？王風勳著，鹽梅更復舟楫，夫帝載自侍從以歷少宰，文章動天子之顔，由河督而晋宫階。功業協鼎鏞之鑄，溯辭丹陛，坐鎮任城，南北馳驅，萬艘借輓輸之力，軍民調劑，群黎享安輯之休，新河開而漕弁歡呼，縴夫藉而役工歛福。條議損益，已無病於民生，節省帑金更有裨于國計。殫心勸賑，生活者億人，盡瘁鞠躬，捋荼者十載，厥功允茂，其澤靡涯。方巢麟閣以報殊勳，何意箕乘而遊冥域。誄忠之録，哀感宸衷插竹之悲，淚盈兆姓。嗚呼！斗山重望，不再遘于今兹；俎豆式儀，當垂休(干)(于)奕禩；孤忠照耀，已配食華川之陰；偉烈崔嵬，當尸祝泲水之上。是在憲臺俯從輿論，立主酬庸，以光鉅典者也。爲此，理合備由開册具申。伏乞照詳施行。須至申者。

康熙拾年貳月貳拾叁日，知州廖有恒，總督河道、提督軍務、兵部左侍郎兼都察院右副都御史加一級羅批：『前部院朱政績昭著，盡瘁河干。今據士民呈詞，愛戴不忘，尤徵公論，允宜置主入祠，以慰輿情。仰州作速舉行報繳。』

兖州府濟寧州爲節鎮重臣盡瘁等事，蒙總督河道、提督軍務、兵部左侍郎兼都察院右副都御史加壹級羅批：『據濟寧州申詳緣由前事，蒙批：前部院朱政績昭著，盡瘁河干。今據士民呈詞，愛戴不忘，尤徵公論，允宜置主入祠，以慰輿情。仰州作速舉行報繳等因。批行到州。』

蒙此，隨置立神主一座，上書『皇清進階資政大夫、總督河道、提督軍務、太子少保、兵部尚書兼都察院右副都御史朱公』。用香燭、猪羊、旗吹，原任執事傘轎神主，請于轎上，旗吹執事前導，擇於叁月貳拾柒日巳時入于南關報功祠内。訖。所有原蒙批、詳，擬合粘連申繳。爲此，理合具申。伏乞照驗施行。須至申者。

康熙拾年叁月貳拾捌日知州廖有恒

資政大夫總督河道提督軍務太子少保兵部尚書兼都察院右副都御史梅麓朱公墓誌銘

今上御極之五年春二月，山左撫軍周中丞以河臣盡瘁，訃聞於朝。一時中外僚友無不嗟悼，兩河之民皆悲號隕涕，其濟州士庶巷哭不已，則又匍匐聚哭於堂。如是者累月，盛德感人，咸以爲近代希有。儀曹循典禮上請予卹如例。是冬，以喪歸。閱明年，葬有日矣。其嗣餘徽以幽宫之石乞銘於予，予向理婺，夙承風義，而公開府，則又辱在照臨。今奉命視浙，適會襄事。予雖不文而獲操筆以述公之功德，固所願也。

謹按：公朱姓，諱之錫，字孟九，號梅麓。其先世，深州静安人。宋有諱珍華者，始遷浙，居義烏之聞義鄉。五傳而生肇。永樂間，以户科給事中出鎮江右。性特好梅，繞所居植之，故名爲隴頭里。又五傳而生秀。秀生天勤，是爲公祖。天勤生四子，長三鳳，即公父也。後俱覃恩並贈兵部尚書如公官，贈公娶沈太夫人。時事計然業，遊京師而生公。幼穎異絶倫，稍長通經書，日課十餘藝，皆援筆立就。當南歸，入邑庠，年甫十五。尋復北遊，以首科得薦。次年，成進士，充館選，年僅二十有四。是時，世祖章皇帝每幸舘，雖猝至，獨公肄業不輟，上嘉其勤。已隱然有公輔之望，故後由侍從佐銓，未幾，即命督河。上諭：『氣度端醇，才品勤敏』。其所受知者，由來深矣。故事，節鉞重臣皆由廷推，而公出自特簡，實異數云。公聞命，疏辭，不允，旋賜衣帽帶靴、鞍馬等物。召赴景山，天語眷篤。又解御衣賜之，恩寵甚渥。公感殊遇，出語家人曰：『陛辭之後，頂踵非復己有，臣誓當死報矣。』輒於丁酉孟冬受事，方夙夜奮勵以自効。居無何，會丁（大）〔太〕夫人憂。上命在任守制，再疏泣陳，温旨慰留，不得已墨縗視事。

公念朝廷歲治黄運，兩河轉輸東南漕百萬以實京儲，惟此一綫是賴。運河自宋康惠公疏會通以達屯氏，後劉公東星濬泇河，出夏陽，所資汶、泗、沂、洸，傍及諸泉，滙而成渠。少旱則源微，水涸舟膠而不行，故南自臺莊，北抵臨清，中建各鍤，啟閉節宣。顧此涓涓，與長江、大河迥異。舊制，淺船有定式，票米有定數，偏漕之禁綦嚴，今日益寖廢矣。而黄河建瓴萬里，趨中州，土疏水悍，自滎澤迄山陽境，南北兩岸垂四千里。伏秋驟漲，澒洞排突，其破重障如穿縞葭。而北岸猶爲運道要害，苟蟻穴不戒，即決曹、單東注，勢且奪河，清、桃、宿四百餘里漕且中斷，姑無論。故明徐有貞塞張秋，劉大夏塞荆隆，曾如春塞蒙墻，其役夫費帑不可億計。即本朝封丘之役，六年而始底績，動水衡幾百萬，近事可鑒也。

公凡爲修守綢繆計者，無不悉心擘畫以圖經久。如夫役、工程、錢糧、職守及諸弊端，中間興革損益皆商榷至當，一一條上，幾數十疏，俱覆議報可。於是河政焕然改觀，公奔走無寧時。

又以祥禫將届，疏請歸葬，世廟憫其至情，予假扶櫬歸籍。僅遴官攝其事，以速公至，真曠恩也。公於庚子季冬復任。明年春，世廟上賓。大行詔至，公日夕哭臨，幾不欲生。已復自念竭犬馬以報今上，即所以報先皇帝於地下也。殫力盡職，益勤於初。尋録勸賑功，晋宫銜。

公感兩朝恩寵，經營河上，什一在署，什九在外，兼以兩暘[一]勿若，非旱憂淺，即潦憂衝。每當各工並急，則南北交馳，寢食俱廢。值盛暑介馬暴烈日中，隆冬嚴寒觸冒霜雪，誠所謂勞不乘，暑不蓋，駸駸有古大臣風。以故首尾十年無大工巨役，數省之民獲免昏墊。公亦坐是日憊，欲乞身者屢矣，會事格不果。乙巳冬，督催空艘抵臨清，夕處兩牐間，風露浩浩，夜以繼日，不少休息。及東旋，形神顦顇。入春，復閱視大挑，奔馳東、臨、邳、宿間，積勞日甚。因繕疏請告，未拜發而公遽薨。是時，經紀後事，家無餘財。其歷年所節河帑甚裕，公在日不欲以餘羡邀功，至是督撫會疏陳公勤事狀，具言歲修額銀爲朝廷節省多至四十六萬有奇。即此一端可以槩其官守，此真公忠體國，鞠躬盡瘁者也。事下部議。嗚呼！公立身許國之誠，自此可以大白於天下、後世矣。

考公歷官丁亥夏，自庶吉士授弘文院編修。戊子，纂修六曹，章奏加一級。己丑，充會試同考官，歸省服闋。癸巳，復補前職。甲午歲，覃恩授儒林郎，公父母俱邀恩。是歲，世祖召試彩箋，公進詩以柳公權筆諫爲喻，上大喜，賜衣。轉侍讀學士，尋轉詹事府少詹事兼侍讀學士。乙未春，轉少詹事兼國史院侍講學士。是冬，轉詹事兼秘書院侍讀學士，奉旨纂修《資治通鑑》。丙申夏，轉弘文院學士，加一級。每出入扈從，御覽諸書皆公點乙校讐以進。丁酉夏，轉吏部右侍郎兼弘文院學士，奉命清理刑獄。尋授兵部尚書兼都察院右副都御史，總督河道提督軍務。辛丑春，加太子少保。壬寅，考滿，賜羊酒、文綺，命給誥身，進階資政大夫。

其治河也，戊戌冬，董口淤，公從石碑口迤南別開新河二百五十丈，接連大河以通飛輓。己亥春，駐山陽蘇嘴，五大險工叢弊一清。復太行老堤民修之制，各保廬聚。條議中州夫役，悉照十五年以前熟地分別遠近，漸次調用，人服其公。清釐曠盡銀兩，達部充餉。辛丑冬，清口至高郵三百里間悉成平陸，公集夫挑浚，疏請分給食米，故工鉅而人不勞。壬寅夏，曹縣石香爐工決，幾成大患，賴公駐工籌畫夫料，手口卒瘏。凡五閲月，塞決告成。其他險工，如王家道口、孝成集、槐疙疸、黄練集俱着有成効。而惠民莫如軫恤夫役。沛州路當了午，挽舟之夫動以萬計，僵臥於道者不可勝數。公具繂夫苦累一疏，備陳

[一]『兩暘』疑是『兩曜』。

其不堪者六，曲有調劑者四。上嘉其奏，下部議覆，民困少蘇。會歲祲，山左、中州、淮南道殣相望，公設法侶賑，全活者衆。奸民朱明量誣胡守法不逞事，株連數百十家，公親讞欵伏，良善獲安。其他慈祥惠養，固未易更僕數。

至公之立身清介，一切耳目玩好無所尚，惟藏書數千卷。被服如儒生，布衣蔬食，泊如也。其接物，則一本於誠，喜愠不形，遇僚屬如家人。凡所指授，必委曲詳盡，娓娓不勌。或因公事論劾，不少假借。每寓至仁於大法之中，聞者感泣。其禮賢下士，當世尤多之。而其發爲文章，淹貫史漢、唐宋諸家，條晰利害，燦若指掌。至於封事書牘，皆矢口如流，雖十吏遞供不給也。先是，公欲纂輯《河防》一書，續潘公季馴。後會世廟升遐，遂罷詩文，書稿隨手散軼，今僅存疏稿數十卷，未鋟。若公者，豈非天下之全德哉！

初，公垂髫出就童子試，其王父贈尚書公與俱夢神胡公大帝者來謁，公與具賔主禮甚驩。神諱則，字子式，宋端拱間登第，常典七州，更六路使者，奏免衢、婺丁身錢。歿後，婺人虔祀之。與公名位亦略相當。後官詞林，歸省。舟泊黃河，夜夢金龍神，授公巨鯉，鱗紋燦燦，復語公云『善善好好，異時當期，相見成禮』而出。時有曹孝廉文熷，以小舠隨公舟，亦夢水族鬼物數千百負公舟而行，詰朝相語爲異。今河上遠近爭傳公歿爲河神，雖荒誕未足深信，亦足以覘民心戴公之誠矣。雖然古名臣歿爲神者不少，槩見即如柳州羅池曼卿芙蓉城事，皆昭假非爽，況由前事推之於公，獨何疑乎？

公生於天啟癸亥十二月初七日子時，薨於康熙丙午年二月二十二日戌時，享年四十有四。元配沈氏處士□□女，早卒，累贈夫人。繼配沈氏，太學生邦禮女，累封夫人。女敬文，未字。公艱嗣，有遺姙，無不祝公有後。及乳爲女，今尚未晬。立從子餘徽爲後，用以克紹前徽云。卜以是年三月二十二日未時，奉窆公於方村之原。嗚呼！公已矣，公其即安於兹矣。

銘曰：　長河如帶，百川吞吐。灌輸東南，以實天府。於穆章皇疇咨，伯禹四載，克勤兩河，式舞績奏，平成化行。齊魯公能壽世而勿壽身，乃其壽者永昭令名。公能傳世而鮮傳經，究其傳者，衍於所生方村之原，鬱葱佳氣，生榮死哀，精靈長閟，信史足徵，具載斯志。

康熙六年歲次丁未季春上澣穀旦，賜進士第、朝議大夫、湖廣道監察御史加一級、巡視兩浙鹽課、前掌陝西浙江兩道、巡按山西、巡視西北兩城、刑部湖廣清吏司郎中加一級、山西司員外郎、廣東司主事、浙江金華府推官、充辛卯科鄉試同考官卓異賜衣、年家晚侍生李之芳頓首拜撰。

卷之一

驚聞新命疏

奏爲驚聞新命，揣分難勝，謹瀝誠控辭，懇祈鑒允，以無誤重任事。本月二十日准吏部咨，内開十九日欽奉上諭，諭吏部：『總河事務重大，必得其人，方能勝任。吏部右侍郎朱之錫，氣度端醇，才品勤敏，着陞兵部尚書兼都察院右副都御史，總督河道，提督軍務。寫勅與他，特諭。欽此。』臣捧讀驚惶，莫知攸措。伏念臣一介微賤，遭逢國恩，歷任詞林，躐躋銓貳。自惟叨冒逾涯，方夙夜惴惴，以覆餗爲懼，茲復特蒙寵命，畀以重任，晋以樞銜。顧臣何人，其能堪此，臣展轉思維人臣致身之義，惟君所命不敢辭難。且臣受皇上破格殊恩，即捐糜頂踵未足仰酬萬一焉，敢套辭？然量能受職，人臣之至誼。倖位素餐，人臣之大戒。總河一官，司數省之河渠，佐京師之輸輓。其間區畫機宜，争於呼吸。而吏治民生，錢糧兵馬，事務殷繁，責任重大，即在老成練達猶幾幾乎勝任爲難，而臣以未逮强仕之年，未經涉歷之務，冒昧祗承，報効之志雖殷，譾劣之才有限。萬一隕越貽戾，仰負殊恩，則屬臣一身者甚微而關於國事者甚鉅，此臣所以聞命惶駭，深思熟慮而不敢不據實披陳於君父之前也。伏乞皇上鑒臣愚誠，收回成命，别選真才授以斯職，庶重寄得人而臣亦得以循分圖報矣。臣無任悚息，待命之至。

順治十四年七月二十一日奏，二十四日奉旨：『卿以才品特簡河督，着即遵旨任事，不必遜辭。該部知道。』

恭請陛見疏

奏爲恭請陛見以展微誠事。臣於順治十四年七月十九日，由吏部右侍郎兼内翰林弘文院學士加一級欽奉上諭陞授今職，臣自惟才微任重，隨於二十一日具疏控辭。二十四日奉旨：『卿以才品特簡河督，着即遵旨任事，不必遜辭。該部知道。欽此。』臣捧讀之餘，益增愧懼，恪遵諭旨，不敢再瀆。竊念臣蒙皇上破格隆恩，真所謂不世之遇，臣雖至愚極陋，敢不誓効捐糜仰酬萬一。臣欽承新命，理合面恩。謹於七月二十九日報名鴻臚寺，本月初五日、十五日俱以齋戒，未得行禮。臣惟運道脩濬在於冬月水涸之時，料理預備刻不容緩。近閲《邸報》，見舊河臣楊方興特叅黄河南岸脩防失守官員一疏，内稱槐疙疸小長堤一處，漲溢漫没，孟家埠口一處，頂衝崩潰。臣責任攸關，每一念及，不遑寧處。雖舊河臣楊方興見在河干，率屬拮据，而臣既膺委任，何敢稽留？且臣筮仕以來，備員禁近，日侍天顔。今赴任出京，去天漸遠，犬馬之誠不勝戀戀。伏祈皇上勅定日期，允臣陛見，恭謝天恩。臣既得親承訓誨，服膺勿忘，而刻期起程，星馳趨任，亦可以免於遲誤之咎矣。臣無任誠懇，待命之至。

順治十四年八月十七日奏，二十二日奉旨：『着於二十四日陛見。該部知道。』

恭報到任日期疏

題爲恭報微臣到任日期，仰祈睿鑒事。竊臣謬蒙皇上知遇，佐銓四旬，遽膺重寄。受命之後，旋荷欽賜衣帽帶靴、鞍馬等物，邀被寵榮已逾涯分。九月初九日，臣啓行。届期，又奉旨召赴景山。仰蒙皇上解衣，曠典賚及微臣，而且温旨勤惓，期臣以報効勗。臣以振作，天高地厚，即粉骨碎身，何足云酧？臣撫躬自誓，惟此感激恩遇，祇服訓言一念，刻刻省惕，罔敢失墜而已。

臣至張灣，登舟即行。管河分司取具各堤口完毀文册開造前來。凡沿河經歷緊要處所，隨已登岸閲視，除面飭印河等官，督責淺夫，不時脩築。其應估計工程，務令詳行勘報，再憑酌奪，斷不容疎虞以病運，亦斷不令糜費以傷財也。

又照今歲大挑在即，必得嚴催回空星速南下，以便築壩興工。及該臣沿途接到部咨，俱關緊急事宜，不容姑待。節於未經接印之前，檄行各鎮道轉行該屬，責令遵照經理外，今於十月初二日在臨清州地方，准舊河臣楊方興咨差標下中軍副將楚進功、兖州府運河同知佟養鉅賫捧欽頒關防一顆，令旗、令牌六面、副，并書吏文卷等項移送到臣。臣謹望闕叩頭，逐一接受。於初八日，抵濟到任訖。至於河務，軍民利弊，非將現在事宜徹底審度，未敢輕率入告。容臣體察詳確，續行題請，仰候睿裁。所有到任日期，理合恭報。伏祈皇上睿鑒，施行。

順治十四年十月初九日題，二十一日奉覽：『卿奏到任日期，知道了。該部知道。』

特請歲行舉劾疏

題爲特請歲行舉劾之例，以勵官方，以重河道事。竊惟朝廷勵世磨鈍之術，莫要於賞罰。而臣奉命率屬，所以能令則必行，禁則必止者，亦惟此激揚之典足以鼓舞而震聳之耳。案查順治十一年十二月内，准吏部咨，爲請定督撫舉劾之例，以清吏治，以安民生事。奉有『督撫任滿一年，舉劾文武官一次，二年二次，三年三次，其中丁憂養病及降處休致的，俱不許舉劾』之旨。是每歲間，既恐有未録之勞，復恐有僭濫之失，可謂至詳且慎也。

順治十四年，河工告竣，前河臣楊方興以致仕，臣以新任，故俱未行舉劾。但思各督撫職掌吏治、民生、兵農、錢穀，皆督、撫、按共有司存者也。一切應舉、應劾，督臣之所未及，撫臣固得而行之。撫臣之所未及，按臣固得而行之。獨河道一事，除臣衙門之外，各督撫既非專司，公移考稽亦在所略。而且一歲之內，運河之冬春築濬，黃河之桃伏脩防，歲有常期。若間停舉劾，不惟各有司終歲勤劬遂成泯沒，前此闒茸竟致因循，而且無以昭示方來，非所以鼓奮興而策頑懦也。合無於舊工報竣之後，務將該年勤勞、玩誤各官，察驗的確，分別具題，以昭勸戒。庶功過大彰，人心競奮，裨益河道，良非淺鮮。但未經奉旨，所有十四年各官河工優劣，不敢冒昧瀆陳，倘蒙睿鑒俞允。伏乞勅部議覆，行臣遵奉施行。

順治十五年二月初二日題，本月十四日奉旨：『該部議奏。』

吏部覆前疏

題爲特請歲行舉劾等事。文選清吏司案呈，奉本部送吏科抄出，總督河道朱之錫題前事等因。奉旨：『該部議奏。欽此。』欽遵。抄部送司，相應議覆，案呈到部。該臣等議得：總河臣朱之錫疏稱原奉旨督撫任滿一年，舉劾文武官一次，二年二次，三年三次，其中丁憂養病及降處休致的，不許舉劾。今十四年河工告竣，前河臣楊方興以致仕，臣以新任，俱未行舉劾。請以舊工報竣之後，將該年勤勞、玩誤各官，分別具題，以昭勸戒等語。查河臣專司河道，原與直省督撫不同，相應勅下該督於每年歲脩告竣，即行舉劾。可也。奉旨：『依議行。』

丁艱疏

奏爲丁艱事。臣蒙特恩簡任督河，自分殫忠盡瘁，少圖報稱。乃臣器質淺薄，負荷不勝，臣母沈氏在任染病，醫藥罔效，今於本年二月初七日亥時棄世奄逝。臣號慟莫及，五內欲摧，伏念臣受命以來効職曾無分寸之勞，拊膺頓成風木之痛，公私內疚。雖苟延視息無地自容，茲應扶櫬回籍守制。念臣苫塊之餘，神情既多昏亂，呼應復恐不靈。伏祈皇上速簡新督，星馳受代，運道民生倚賴非淺。臣無任氣短，言塞哀切，祈懇之至。

順治十五年二月十一日奏，三月□□日奉旨：『河道關係重大，卿以才望特簡，着即在任守制，不必回籍。吏部知道。』

泣陳守制疏

奏爲君恩深重非常，臣情荼苦爲甚，謹據實泣陳，仰祈睿慈矜察事。臣緣丁母憂，于二月十一日奏請守制，今于三月二十日准吏部咨開：該臣奏爲丁艱事，奉旨：

『河道關係重大，卿以才望特簡，着即在任守制，不必回籍。吏部知道。欽此。』臣跪誦綸音，悲感交集。伏念臣一介疎賤，蒙皇上破格知遇，授以重任。而且曠恩異數，疊賚頻加。竊分此身，自頂放踵，粉爲微塵，不足上酧萬一。頃者積咎負愆，禍延臣母。哀痛摧裂之中，亦復自念仰承寵命，寸勞未効。跼天蹐地，無以自寬。况荷温綸，責以職守之鉅，重以褒寵之榮。臣非木石，敢不感激圖報，勉割私情！顧臣有萬分哀苦，不得不泣籲于皇上之前者。臣父母所生止臣一子，父故之後，臣母過傷成疾，間關就養。今故于任所，停柩在署，舉目傷心。若久未就窆，則臣母體魄不得即寧，固情之所不忍。若扶送歸籍，則別無親子可以執紼，又義之所難安。臣非不知以身許國，不得復顧其私，無奈所處之境有倍苦于恒情者。此所以展轉憂思，疾痛呼天而不能自已也。目今糧運過淮，銜尾北上，時入初夏，轉盼伏秋，臣在事一日，誠不敢一日坐誤，以干嚴譴。除謹一面巡歷河干，躬行閱視外，伏祈皇上憐臣苦衷，准臣扶櫬歸營窀穸，特簡新督交代管理。臣終制之後，即當星馳赴部，仰候驅使，不惟臣頂戴没齒，而臣母有知亦將銜結于地下矣。臣無任哀切，悚懼戰慄，待命之至。

順治十五年三月二十二日奏，四月初六日奉旨：『河務重大，知卿才堪總理，前已有旨慰留，着遵行，不必再有陳請。該部知道。』

糾叅河官私徵疏

題爲河官借名私徵，告發審有實據，謹特疏糾叅，以清河蠹，以甦商困事。臣于四月十三日乘舟閱河，逐程行至董口，竊見運河一路水勢充盈，糧運無阻，猶恐自春徂夏雨澤愆期，邳、宿境内河道無閘節宣，隨經面飭司廳印河各官預建草閘，以資利濟。

於二十四日至清江浦。據首狀人陳德首爲巡視按臨等事，内稱：扣利折夫，原係山清廳收貯，河工支銷。後因匱缺，改歸清江工部收納。于順治十二年九月十一日，廳書湯自己、王得初朦禀前任山清廳稱缺額銀三千餘兩，議起代補。每千石徵銀三兩，收至數月並未還項。積書王啓亭復稱缺額銀三千餘兩，串埠李甫等復又接櫃徵收，至今未止。又書牟得白不知爲何缺額，設立還項名色，每千石徵銀一兩五錢，目今現徵未止一項。運石原係王公堤裝運石塊，水脚出于埠頭，不出于商，共運水脚七百二十兩。因埠貧寒，總加于商，起名曰運石。自十四年十月到今未止此三項，錢糧徵商數萬，不知申報天臺若干，不知河工支銷若干，不知還庫若干，有起無止，商船途歎。被首王啓亭、朱秀宇、牟得白、劉瑞徵、李甫、郭盛、楊知証、陳時、張寵、汪輝、劉德、黄鼎泰等因到臣。

案查臣衙門錢糧止有扣利、折夫二項，近年已歸清江工部分司徵解，節經歲報在案。山清同知並無此三項應徵商稅，閲之不勝驚愕。隨傳南河分司楊西狩、淮海道霍炳拘集一干人犯公同嚴審，隨經各犯交到代補日收印簿二本、票八十五張、還項文案一卷、運石日收印簿一本，收銀數目歷歷可據。

該臣看得河工錢糧一收一放必經臣衙門詳批，聽臣衙門查覈。備查案卷，從無此項收支明目，而原任山清同知吴尚禮、見任同知劉文德借題河工官役，通同擅徵客税。在商旅止知爲河道額解，忍痛輸納，而不知臣衙門之並未與聞也。蠹國害商，莫此爲甚。除即將狀内人犯并卷簿等項覆加鈐印，發行淮海道會同南河分司招究。至于該屬河工，臣沿途稽核，怠玩員役，隨即懲取。且恐蠹弊尚不止此告發一端，臣仍飭該司道嚴行察報，以憑指叅外，所據首狀既經審有實處，相應特疏糾叅。伏乞勅部議覆，將吴尚禮、劉文德革職，并有名人犯，勅下該督撫按提問，究擬施行。

順治十五年五月初一日題，本月十六日奉旨：『吴尚禮、劉文德俱革了職，并本内有名人犯，着該廵按御史提問，究擬具疏。該部知道。』

題留營將疏

題爲營將資俸已深，仰祈勅部留任以重河防事。竊照濟寧爲運道咽喉，臣標兵馬分汛防河，南北三百餘里，一切糧船、貢船、銀鞘等船往來防護，日無停晷。而中軍一官提調兵馬，綜理錢糧，尤爲四營領袖，所關實重。且臣閲視黄、運兩河工程，外出之日居多，必得歷練營將洞悉地方河道情形，乃可任之，以收臂指之効。

查得臣標下署遊擊、管中軍副將兼管中營事楚進功，原籍遼東鐵嶺衛人，于順治元年隨前河臣楊方典到濟，歷任今職，勦賊、防河屢著功績。自順治十二年六月初三日到任，及今已歷俸三年，題薦十次，題敘加級一次。案查十二年四月《邸報》内該兵部覆直省督臣李蔭祖爲請留舊將以重任使一疏，内將都司僉書鄭伯真加銜照舊管督標後營遊擊事。今臣察楚進功歷俸既久，智勇優長，河防輕熟，正與前例相符合，無題請將本弁加銜照舊管事，庶營務得人而漕運地方俱有攸賴矣。相應具題。伏乞勅部議覆施行。

順治十五年五月十七日題，□月□□日奉旨：『兵部議奏。』

題叅營將疏

題爲兵丁規避潛逃，營將鈐束無術，謹據實題叅，以肅軍紀事。竊照營將爲一營綱領，必能鈐束士卒，紀律嚴明，斯平時有金湯之固，調發收臂指之功。自非然者而駕馭無方，人心弛玩，國家亦安賴此營將爲哉！臣自莅任以來，嚴飭將領，申明紀律，不啻再三。及將有閲工之役，仍預行嚴檄，諄諄告誡。不意于順治十五年五月十二日閲河回至邳州泇溝地方，據城守營都司馮如栢申報，該營兵丁聞言抽調，紛紛逃走等因到臣。

隨批行濟寧道確查。去後，臣即星馳還濟，一面出示勒限查點，一面取具該營兵丁保人親屬花名細册，着落挨拏。其有自行投歸者，仍令該營隨點隨報，然後潛逃各兵，陸續還伍。本月二十日，臣逐名點閲。據本年春季三月餉册内該營實在兵丁六百七十五名，内除四月内抽調過赴浙兵丁一百名，裁汰、病故、開除兵丁七名，見在兵丁三百八十一名，逃去復歸原伍兵丁一百四十三名，實逃兵丁四十四名。除該營中軍守備陳旺先經領押，赴調營兵見在臺莊未回，似應免議。

查得倡逃劉璽、閆應仕係該營千總李士良、把總戚鳴鸞哨下營兵。該臣當將李士良、戚鳴鸞併逃兵劉璽、閆應仕按法綑打，仍通行道（將）〔府〕州縣，嚴查未到逃兵。保人親屬挨拏務獲，以憑究懲外。但該營都司馮如栢，身爲將領，典守所關，既不能約束于前，復不能緝拏于後。使非臣曉諭，嚴緝衆兵，知所儆懼，則城守一營，幾成廢旅。濟寧，漕運咽喉，何等要衝，豈可令此庸懦劣弁一日姑容，貽悮重地哉！既經呈報查實，臣謹會同直省督臣張玄錫、山東撫臣耿焞、按臣繆正心合詞題条。伏乞勅部從重議處，施行。

順治十五年五月二十二日題，六月初四日奉旨：『馮如栢，着議處具奏。兵部知道。』

籲請終制疏

奏爲秋期河事已竣，臣母旅櫬未歸，謹冒昧籲恩，俯允終制，以伸子情事。順治十五年二月内，臣丁母沈氏艱，奉旨在任守制。臣烏鳥私情，不能自已，再具有君恩深重非常等事一疏，冒懇回籍守制，四月二十二日准吏部咨内開臣奏前事，奉旨：『河務重大，知卿才堪總理，前已有旨慰留，着遵行，不必再有陳請。該部知道。欽此。』臣跽誦温綸，上感慰留之異數，下迫哀苦之愚悰，展轉涕零，罔知所措。維時伏秋已近，糧運盛行，凛畏簡書，不敢更有陳瀆。數月來竭蹶河干，旱則憂淺，漲則憂衝，不惟不敢言哀，且幾忘此身之儼然縗絰矣。兹者河防運事，俱幸告終。簿書之暇，每一憑棺，慟心欲絶。伏念人之大倫，君親并重，且臣受皇上非常之恩，方懼末由圖報，何敢硜硜自執，屢瀆宸嚴！顧臣年齒方壯，計由祥而禫，彈指服闋。自後之捐軀盡瘁，或正有時。而送死大事，過此遂無所及。正昔人所謂報國之日長，報劉之日短者也。

查奪情諸臣，俱得扶柩歸窆，而舊臣亦有居喪一月之制。乃臣自二月至今，一日之案牘不停，空堂之旅櫬如故，是臣獨以忘本之身，上汙孝治之化，竊恐非皇上之所取于臣也。用是不避斧鉞，冒昧控陳。伏乞皇上俯念時屆深秋，河漕事畢，准臣扶櫬回籍，特簡新督星馳受事。所有未完積案，臣一面嚴催料理候代。臣歸營窀穸，比及禫除，即依限赴闕，則臣未盡之年，皆致身圖報之日矣。意切言荒，統祈恩宥。

順治十五年九月初十日題，本月二十二日奉旨：『河道重務，正資料理，卿仍遵前旨，勉留視事，不必再行陳請。該部知道。』

特叅怠玩官員疏

題爲特叅怠玩官員以重河防事。臣于本月初八日一接南河水汛，星馳南下，沿途續據司道水汛報文，已經再疏題報矣。爲照長河數千里，每遇漲發，在在堪憂。且洪流變遷，呼吸萬狀。臣東奔西馳，分身無術，所恃以協力分猷者，惟司道廳印各官是賴。

前任山清同知劉文德，人既闒茸，守更貪汙。臣于五月内已因私徵一案，特疏糾叅，奉旨提問文德。謝事之後，臣懼五險工程，伏秋已迫，修防孔亟，檄催差催，特發令旗、手檄督催，不翅嚴切，蓋皆通判董修己署山清河務任内事也。經管一日，即有一日之責。乃據淮海道呈稱埽工折陷，該廳竟無一報，典守之義謂何？外河主簿郝異彦自估工至今，皆其經管，水長埽折，亦不早報。該廳雖伏秋已過，淮黄並漲，以致太行老隄有柴溝、姚家蕩之決。事出異常，而其怠玩悞事之咎，又不特此已也。司道均有統轄之責。南河分司楊西狩，振飭既疎，隄防有悞，並應議處。而淮海道霍炳則委防估修五險大工，猶能于風雨之際率衆搶護，賴以保全。功過相權，似應酌從免議，以勸勤事者也。

山陽縣知縣張世鋘雖係新任，臣查本月初十日據南河分司初二日呈報漫決老堤，文内有先據河廳呈報，外河水漲，即檄山陽縣撥夫。去後，該縣猶未派夫赴工，本司無奈，會道商確，暫借隣近莊夫幇築等因。

該縣秦越河政，若不並處示懲，將來印官推諉，夫料不前，豈克有濟。况太行隄舊係民修民築，揆之民社之義亦難辭責。其柴溝姚家蕩決口，據司道原報，外有條隄，中泓未撤，仍嚴飭司道等官勒限補築。至一切裡外河工，臣坐督嚴催，分汛搶護，務保無虞外，所有怠玩各官，相應特疏題叅。伏乞勅部議處、施行。

順治十五年十月十五日題，十一月初一日奉旨：『這怠玩河防官員董修己等，着分別議處具奏。該部知道。』

卷之二

議覆河夫徵派疏

題爲河夫之徵派當更，遠近之地方宜酌，仰祈睿鑒勑部酌覆，以均偏累，以蘇民困事。順治十五年三月初九日，准工部咨開，都水清吏司案呈，奉本部送工科抄出，該本部覆河南巡按李御史題前事等因。順治十五年正月二十一日題，二月初五日奉旨：『工部議奏。欽此。』欽遵。于二月初六日抄出到部送司，奉此相應議覆，案呈到部。

該臣等看得河工繁興，向稱苦累。今按臣李及秀條議豫省各州縣夫役照附近熟地之多寡計畝派夫，酌遠河地方協濟者倍地僉夫，并因時制宜。事隸總河，臣部不便懸議，應請勑下總河臣會同豫撫詳議妥確，務求民便，據實具題，臣部以憑議覆。可也等因。

順治十五年二月二十五日題，二十六日奉旨：『依議行。欽此。』欽遵。抄出到部送司。奉此相應移咨，案呈到部。擬合就行，爲此合咨。貴部院煩爲查照，本部覆奉旨內事理，欽遵施行。

計粘抄一紙，巡按河南監察御史李及秀題爲河夫之徵派當更，遠近之地方宜酌，仰祈睿鑒勑部酌覆，以均偏累，以蘇民困事。竊惟河南之大政，首在河工。臣屢渡黃河，士民環馬而泣，僉云河夫重累，旦夕難支。臣初入地方，未得要領，不敢輕瀆宸聰，因行文管河道備（察）〔查〕派夫有無定額。

據河道徐必遠册報：（察）〔查〕得大工派夫，原以布政司則例，每熟地四十五頃，派夫一名。牌行各府，照各州縣熟地之多寡，派夫之多少。內有衝繁災苦縣分，每熟地九十頃，派夫一名。後因工大夫少，詳請各部院具題，加添倍夫，只合熟地二十二頃五十畝，派夫一名。即今歲脩工程，各州縣協濟夫數，不敢增減，仍照大工數目派催。至于有工縣分，不在此例等因。據此，臣復行文開封府，備（察）〔查〕有工縣分，作何徵派？

據開封府知府席式詳開：祥符縣所屬河北清河集堤工，每地四頃四十八畝，派夫一名。河南槐疙疸堤工，每地二頃八十六畝，派夫一名。陳留縣孟家埠口堤工，每地四頃，派夫一名。蘭陽縣，每地四頃三十七畝，派夫一名。儀封縣，每地一頃五十畝，派夫一名等因到臣。

該臣看得黃河爲患，自古皆然，從無一勞永逸之規，而有因時制宜之法。立法善則官不能行其私，奉行公則民得以忘其役。若不審百姓之筋力，不察地方之遠近，不斟酌河工之有無，止于循例而行，以勢相督，宜其筋力日盡，遠近皆勞，而河工之患爲甚酷也。

臣以爲今日之河工當更議者一，當酌議者二。如舊派夫以地四十五頃，而今派夫止地二十二頃五十畝，此一欸所當更議者也。蓋昔年荆隆甫塞，朱源繼潰，每年之間，用夫萬計。是以派夫加倍，僅坐地二十二頃五十畝。今稍稱安瀾，河工有限，豈可以河口潰決之日爲例乎？此一欸所當更議者也。

夫岸堤雖有一定之地方，而百姓有一定之筋力。今河南額課，每畝大率五分。若河夫一名，每年計用銀五十兩。如瀕河州縣，或每夫止坐地四頃，或止三頃，甚有止地一頃有奇。是河工之費，十倍于正項矣。襍項偶同于正項，民猶告困，而反十倍焉，民何以支？況河患關乎通省，原非一縣之力所可禦。若不通長較算，惟本縣之民是責，如河道詳稱各府州縣皆地二十二頃五十畝派夫一名者，安所用之乎？

臣聞近河百姓，有棄其家而逃者矣。夫使小民無安土重遷之情，此其心可憫，此其勢可虞也。臣愚以爲近河地方，亟當酌議。每夫一名，應坐地若干頃。至于逾額，則議所以協濟之。而後近河之工，可以相繼，此其所當酌議者，一也。至于南陽一帶，去河工數百里，離河益遠，則僱覓益難。據河道開報各州縣協濟夫數，不敢增減，是與附近河工地方，一同按畝計夫，又豈爲情理之平乎？臣愚以爲遠河地方，併當酌議。每夫一名，應坐地若干頃，須加倍于附近州縣。非河有大工，不得輕派。而後遠河之地，可以相安，此其所當酌議者，二也。以上三欸，皆河工不平之數，均當更定，以蘇民困。臣非不知河道自有專轄，臣言之似爲越俎，然通省利害之所關，臣目擊既真，敢不據實入告。如果臣言不謬，伏祈勅部行河督、河撫兩臣通長確議奏請睿鑒下部議覆施行。移咨到臣，隨經移會河南撫院并行布政司管河道查議，速報去後。

今據河南布政司徐來麟呈稱：准管河道牒呈，准布政司照會，本年八月二十八日蒙總河朱部院批，據本司呈准管河道牒呈，酌地方遠近，照畝派夫緣由到司。

准此該本司查得管河道所議河夫，按州縣地方之遠近，熟地之多寡，酌量均派大役名數，似應妥便。今將原來印冊轉報照詳，蒙批。該司詳議，關係會題，必須先將按院原疏，質之見行事例，逐節剖説明白，然後就中參酌，講求良法。既不悖條陳本指，又不得永遠通行，乃可據以入告。

如原疏河工有限，豈可以潰決之日爲例一欸。見在是否仍以潰決之日爲例，或塞決止是一工，歲修處處皆險，不得不以之爲例乎？抑或塞決時，除隣省尚有協濟外，本省各府無不派到。今歲修止派近府協濟，原不盡及遠府乎？

又原疏通長較算，酌議協濟一欸。協濟之法，見在是否通行，見在作何議派？如何工程，應議協濟。如何工程，不便協濟，亦未説明。

又原疏遠河之地，一同按畝計夫，未爲情理之平一欵。見在果否一同按畝計夫，或遠河州縣，原未盡派，抑或先近後遠。近府已派之外，再有大工，然後間一及之。雖按畝是同，而勞逸原未始無間乎？

今據開封府議，每地十五頃，定夫一名。有工縣分，害既切體，勢等燃眉，自難與他州縣同日而語。但按院疏內，方以每夫一名，止坐地二十二頃五十畝，存乎見多。今者十五頃之議，未嘗不當。然疏內所謂四十五頃、二十二頃五十畝，原係協濟州縣派夫之數，始終未經破明。多寡之間，不反嫌于舛戾而難通乎？抑近縣非不欲多合地畝，但以河患無常，一工用夫多至千餘，勢不能減。本縣愈窄，協濟愈遠，緩急既未必得濟，而騷動全省，反非長便乎。至于去河百里，加地五頃，以漸而增。近者既與二十二頃之數，所爭無幾。遠者或每年盡派，或派與不派，原以工之多寡爲準，詳內亦不可不道破也。又如近縣地畝，夫數已足，而河患忽生，垂危之河勢，晷刻難待。遠府之人夫，倉猝難齊，勢不得不仍派近縣，亟圖搶救。詳內云候協濟夫到日期扣足，將本縣夫先放，是矣。但不知即于十五頃內，再行跨派。如原地一百五十頃，止應派夫十名，已經派在別工矣。今新工再跨十名，即將先所派十名，以十五日准作一月乎？若是，則先派之工倘係土方，亦可扣日先放，責令後到協濟之夫，代爲計日補完乎，或別有派法乎？詳內未免枝蔓，而窾綮之處，尚欠明晰。仰該司會同管河道再一更正速詳，以憑會題。仍候撫院詳行該司覆議，詳文限九月初八日內到院，不得再遲等因到司。蒙此，擬合移會到道。

准此查先于順治十五年三月十七日，准布政司照會前事等因。又准本司照會，蒙河南賈撫院憲牌。順治十五年三月初十日，准工部咨同前事到道。

准此隨牌行開封、歸德二府會同各河廳確議歲修各處險要工程，應用人夫，遠者作何派取，近者作何調用，照依所屬熟地，從長計議。務期均平，永爲定例。

續據開封府呈稱：蒙此隨遵依關會南北兩河廳酌議間，今該開封府知府席式、南河捕同知趙汝斌、北河捕同知張爾翮公同會議得如舊派夫以地四十五頃，而今派夫止地二十二頃，所當更議一欵。查河工大小，原無定局。夫數多少，亦無定額。如先年大工，先每夫坐地四十五頃，後復坐地二十二頃，即無定額之已事也。今歲修工程，各處或有或無，或大或小，或一處數處，用夫多寡，原無定額。及分派之時，自宜隨時增減，各照所派之夫數，以坐地數，不得以二十二頃爲成例。可也。

又近河地方當逐一酌議，每夫一名應坐地若干一欵。查每歲工程近河州縣，望協太奢，而遠河州縣，稱苦無已，詳籲紛紛，徒滋觀望。先定近河之民力，後議協濟之多少，經久無弊，計無善于此者。今議得近河州縣，連年雖頂衝防築，力已稱匱，然就近取用，猶爲稱便。合無每地十五頃，酌定夫一名。如祥符縣熟地一萬四百九頃六十九畝，應坐夫六百九十四名。陳留縣熟地一千四百九十七頃八十三畝，應坐夫一百名。中牟縣熟地五千三百五十七頃九十七畝，應坐夫三百五十七名。陽武縣熟地六千八百八十一頃一十四畝，應坐夫四百五十九名。原武縣熟地二千一百二十二頃二十畝，應坐夫一百四十一名。封丘縣熟地二千一十四頃三畝，應坐夫一百三十四名。蘭陽縣熟地二千八百九頃七十七畝，應坐夫一百八十七名。儀封縣熟地五千二百四十七頃二十八畝，應坐夫三百五十名。鄭州熟地一千二百一十八頃三十四畝，應坐夫八十一名。滎澤縣熟地一千三十四頃六十七畝，應坐夫六十九名。凡遇有工程，先儘該縣夫數取用，或有不足，始照數分協。可也。

又遠河地方，並當酌議，非有大工，不得輕派一欵。查遠河之地派夫，誠苦于近地。但近河之民力有限，而河工之估計無常。即如歲脩小工，不得輕派遠地。然以數除之，小工計之，其用夫已有倍于大工，或有過于大工者矣。合無每遇工程，除些小不行遠派外，或有數處工程並興，計夫至數千者，亦當酌量分派，以甦近民。至于每夫一名，坐地若干頃，臨時酌量協夫之多寡以爲派數，是在憲臺恭酌，職等未敢擅專等情。

據此，又據歸德府呈稱：蒙此，隨移牒河捕廳確議。去後，今准本府河捕通判高璧牒呈：查得商丘王家壩工起于十四年八月初十日，鹿、柘協濟考城王家道口工。始因河患緊急，原蒙前道撥用大工夫役，于十三四年修築埽個始獲萬全，各夫于歲前撤放。本年照例睢寧協修，于十五年三月初七日上工。虞城歡堌寺工永、夏協修，十二年正月十七日上工。六州縣之分協三縣，此舊例也。如遇工大，遵照隣封協濟事例派取。工中者，遵照通省協脩事便派取。工小者，遵照本府協脩事例調用。至于徵派夫役，必照依熟地之多寡，方爲均平。但各州縣之地畝赤歷册籍在彼，應聽本府酌派等因到府。

准此該歸德府知府丘正策看得治河需夫，力役之征，古所不廢。惟奉行不善，分派無制，致遠近權衡之間，多寡低昂之際，俱失其平，而民力俱不堪命矣。仰蒙本院更徵派酌遠近一疏，誠均累蘇困之切務，當事者所當亟爲變通也。夫歸德乃全省一隅，幅員未廣，距河俱未甚遠。工力雖不及荆隆口之浩繁，然頂衝之險，則有王家道口、王家大壩、歡堌寺、黄堌壩、土樓等，數處之接所屬除荒不除免，熟地止共計四萬四千一百九十九頃三畝零。至計畝派夫，若准以布政司則例每熟地四十五頃派夫一名，僅供派夫九百八十二名，則儉于地而夫不足。今准以二十二頃五十畝派夫一名，共計夫一千九百六十四名。但夫從地出，地之多寡不一，夫之遠近難齊。且水性起伏不常，夫役工作有限，亦惟量緩急而分别調用，即可無偏累不均之歎矣。噫！此一議也，較之前派二千七百五十之名，數又額減其少半。竊惟經管者，有不足之慮。苐夫宜責實，不在多。工宜責速，不容緩。若夫不實而祇以虛冒備數，工不速而徒以怠緩悠遲，則多者不過反開一包攬銷折之利徑，貽害可勝言乎？此愚昧之見，未敢自信。謹按地畝實數起例分派實夫，俟憲裁可否後，仍責令遵照總河部院題定之例，繕造花名文册另報，以示垂久。可也等情，各詳議到道。

據此，該本道看得河工之用夫也，有塞決之工，有歲修之工。塞決之工自大，其用夫也自多。查前明塞河有用夫至二十五萬與十二萬有奇不等者，石碑在總河衙門，曾經前總河部院以墨刻送部，可考也。朝惟大王廟決工稱大，然用夫不過二萬，所以人少工遲，而錢糧愈費，百姓用愈困也。自大王廟塞工告成，水歸舊道，南北兩岸，頂衝處所，不得不估計，不得不修防。是歲修之工，用夫宜若可少，以工多，幾處合少成多，故用夫似多而實實各有估計，原册在部可查，未嘗如大工時用夫之多也。

查十四年歲修之工：滎澤堤工用夫五百五十名，陽武潭口寺用夫五百名，封丘大王廟用夫五百名，祥符河清集用夫一千二百名，槐疙疸用夫一千名，陳留孟家埠口用夫三千三百名，蘭陽劉家樓用夫二百八十四名，儀封三家庄用夫一千四百名，考城王家道口用夫一千七百七十三名，商兵王家壩用夫一千名，合之纔用夫一萬一千五百零七名耳。然中有工完解散者，日子多寡不等，非一年到頭久役之工也。

先是奉按院憲查一派夫。各州縣有無定數，前册登荅大工派夫，原以布政司則例每熟地四十五頃派夫一名，牌行各府照各州縣熟地之多寡，派夫之多少。內有衝繁災苦縣分，每熟地九十頃派夫一名。後因工大夫少，詳請各部院具題加添倍夫，只合熟地二十二頃五十畝派夫一名。即今歲修工程各州縣協濟夫數不敢增減，仍照大工數目派催者，謂派夫照熟地之多寡有前總河部院所行派夫之規，可准其徵夫也。遵其成法，不敢有私意軒輊。其間，非謂准是派夫之多寡，亦如原派原倍夫盡起而役之也。其有工縣分，不在此例者。謂河勢變幻無常，多寡不一，難以意見測度，亦難以方圓自畫。如近河縣分，非不知當加軫念也，頂衝成于數日，不多調本縣之夫，安得有呼立應？是一定之法，須兼通融而乃濟也。如遠府非大工，不得調用似也。河所經由爲患，祇在開、歸二府。較之，開封尤甚。地土有限，人夫因之，中工本省協濟，業奉俞旨遵行在案。若一省之內，中工不協，歷年只聽本府自爲奔命，大工又何以動隣省之協濟乎？是勞逸之均，必合省計之而乃得也。

今奉旨行總撫兩部院酌議，隨轉行府廳去後。今據開封府與河廳會議臨河縣分以十五頃派夫一名，本道謂宜自臨河縣分推而遠之，去河百里者加地五頃以次二百里外再加五頃，由是三百、四百、五百、六百、七百、八百、九百率以五頃爲增減，至九百里而豫土之極遠者盡是矣。其派夫一名者，計一周歲爲率，以日計算足十二月爲一名。其調用先儘近河州縣，夫數不足，乃按次調用。如向者各縣報府，府轉報按院之夫中，有一夫應一月即完一年之役者，有應數日即完一年之役者，百姓之心以爲工短易忘其苦。各隨其地畝之多少，爲力役之久暫。縣官因其所欲以示輪番，非若大工自歲首至年終之夫也。率以各縣自派之數，浮報按院。

及行查，俱云十四年地畝與十五年地畝多寡不同。又行查各縣回文，可據者也謹就原疏三欵逐欵登答。

原疏第一欵所當更議者，此爲歲修用夫言之也。朱源寨、大王廟兩工塞決，除隣省尚有協濟，本省各府無不派夫之處。舊派夫以地四十五頃，後又加添倍夫，止地二十二頃五十畝，悉係塞決用夫之例。大王廟工完，各工歲修多係頂衝，處處皆險，每用人夫、廳印官，先酌計用夫多少，本道復加減裁。如工程稍大，用夫必多，則照中工之例擇其本省附近府屬協濟，原非騷動全省。如工小用夫必少，兼之縣小民稀，一縣之力不能禦，必照小工之例，擇其本府所屬近河州縣派夫協濟，亦未騷動全府。總未嘗如塞決之工，無不派夫之處也。今已議定十五頃一名，去河百里加地五頃，以漸而增，與遠河地方加倍于附近州縣無異。但河患從無定局，隨年估計，量工計夫，先近後遠，原以工之多寡爲準，原非每年盡派，亦難定必於不派。惟是因時制宜，似已妥便，伏候憲裁。

第二欵所當酌議者，此爲近河縣分言之也。每縣浮報夫數前已言明，有一月完一年之工者，謂之一名。有數日完一年之工者，亦謂之一名是也。不然近河地土一頃值五十兩者最少，信如一頃有奇，亦派夫一名。地之所值，尚且不及，何以行差之外又能應夫？夫河長千里，歲修處多，合計則見多，分用則見少。疏內通長較算，酌議協濟，緣先奉有大工、中工、小工之例，非中工不敢議協外府，非大工又不敢議協隣省。見在協濟之法，俱依題定事例。先儘附近州縣，原非一例盡派。見今歲修工程，中有應議協濟者，亦有不便協濟者。如十四年陽武潭口寺一工，止用夫五百名，該縣較之他邑頗大，自然不便議協。如十五年祥符縣魁星樓一工、黑罡一工、清河集常家寨一工，該縣居開封府屬之首，素稱大邑。但工多危險，用夫既繁，不得不議協濟。然歲修雖有協濟，兼河勢陡變，勢在垂危，晷刻難待。若候遠處夫到，勢必悮事。派夫頃數既定，嗣後以日計算。如臨河縣分，應照地畝頃數派夫若干，一時先行搶救，則有十五頃之內再行跨派，候協濟夫到日期扣足。按夫計日，如跨夫一倍，以十五日准作一月。將本縣人夫先放土方，各照築過多少領銀，其餘土方，使協濟之夫代爲補完，以示禮恤。可也。伏候憲裁。

第三欵所當酌議者，此爲遠府協濟言也。查中工本省協濟，遵奉在案。南陽等府自大王廟大工告竣之後，從未派取所屬人夫。惟十四年因陳留孟家埠口堤岸衝決，估議創築大遥堤一道。是時，開封派夫已繁，遵照中工之例，詳請各部院具題派取河南、南陽、汝寧三府屬協濟，原夫一千一百六十名除去倍夫止用原夫，合力通作，連逃、曠共七月而工畢。此外遠河州縣，原非但有工程一同按畝計夫，槩行起派。今議漸遠漸加，以後酌量工之緩急大小，次第調用與否。可也。伏候憲裁。

以上三欵，僅就按院條議爲之斟酌，因細詢前明萬曆、天啓年間河未嘗不決，每歲不無工程。葢昔時人口既繁，僱工自賤，以力自食，日得二分三分，于願已足。今民間農忙之日，僱工一日至二錢有餘，河工之苦倍于農家。土方有限，召募無人，僱夫不易。

昨年以來，派夫皆委之府官，以其知州縣大小、地畝、荒熟，且使府縣相近，易于稽察派夫之弊。本道惟就其集到河干，照原估各處，查發着工，嚴核管工河官，清其隱占包折，懲其偷安買閒，有逃曠則行拘提，工告完則速解放而已。應給土方銀兩，貯于杞庫，印領隨到隨爲批發。其酌量河勢，通融緩急，商遠近，均煩簡，既不忍偏苦民力，又不敢坐悮河工。種種苦情，自有洞鑒。其有工用夫之處，節年嚴禁，屢次申飭管夫河官，再行嚴諭，剔蠹除奸，有犯無恕，寧嚴不寬而已。緣係詳議河夫事理，今將查取各府屬州縣熟地數目，離河道路遠近坐定人夫清册三本等因到司。

准此該本司覆查看得管河道遵照本部院發下詳文，逐欵覆加叅酌妥確，分晰更正，無容再議，惟祈憲裁等因到臣。

該臣看得河道修防，全藉夫役，而其從事泥塗之中，無間風雨之候。畏勞稱苦，人情固然。奈黃流變遷不常，伏秋泛漲，歲有期會。夫多則修築易完，夫少則遲緩貽誤，用夫故不得不多。夫近則利害切己，一呼可應。夫遠則鳩集既難，逃散拘提，又費時日。故用夫又不得不近也。惟是有工縣分，偏累難支，所以前河臣楊方興題定小工隣縣協濟，中工隣府協濟，大工隣省協濟。奉有俞旨，見在遵行。論修防則塞決時，河患止此一處。今者全河由軌，節節皆險，工非不多。論夫役則塞決時，河南通省之外，尚有北直、山東協濟。今者止照中工、小工之例，且有年計、月計、日計之不同，夫數較少。今按臣李及秀條議分別遠近酌定夫數，所以爲恤民生，均勞逸，計意甚善也。

據布政司會同管河道詳稱臨河縣分以熟地十五頃派夫一名，去河百里者加地五頃，自二百里以至九百里，俱准此數，漸遠漸加，額數既定。凡有工程，先儘本縣夫數調用，不足者照舊。小工隣縣、中工隣府協濟，惟照工程多寡，期于足用而止。至于河勢驟改，危在呼吸，近處夫數已自無餘，若候遠府解到人夫，勢必誤事，勞民費財，不啻數倍。自當就近通融跨派，亟圖撲救，俟遠府夫到，即行放免。又不便膠柱鼓瑟，以貽事後之悔也。若所屬官吏，有侵欺工食，以至包估逊曠諸弊，應究懲者嚴行究懲，應參處者該司道據實揭報，以憑題參。相應一併請旨申飭司道等官一體恪遵，既經司道呈詳前來，臣謹會同河南撫臣賈漢復合詞具題。伏乞勅部議覆、施行。

順治十五年十一月初七日題，本月十九日奉旨：『工部確議，具奏。』

工部覆前疏

題爲河夫之徵派當更等事。都水清吏司案呈，奉本部送工科抄出總督河道朱之錫題前事等因，奉旨：『工部確議，具奏。欽此。』欽遵。抄出到部送司，奉此相應議覆，案呈到部。該臣等案查河南按臣李及秀先以河工苦累條議該省州縣計畝派夫，酌遠河地方協濟者倍地僉夫。臣部以事隸河臣請勅總河臣會同豫撫詳議妥確具題，奉旨遵行去後。今據總河臣朱之錫會同河南撫臣賈漢復疏稱夫多工易完成而以小工、中工分別地方遠近，照地派夫協濟，具題前來。案查前任總河臣楊方興于九年十月內題爲河工日繁等事一疏，內稱民夫既不敢私派矣。查河南一省僅設鄉徭堡夫八百七十二名，止供看堤之用。每年歲修并動大工，俱係計銀募夫。又于十三年六月內，又題爲遵諭陳言等事，議以小工本府協濟，中工本省協濟，大工鄰省協濟。各等因，具題在案。查前任總河臣議以按地募夫，今總河臣議以照地（募夫）〔派夫〕〔一〕前後疏覆參差不一。又查十五年九月內，本部右侍郎張縉彦題爲河工國之大政等事一疏，已經奉旨咨行，與此事同。一體相應請勅下總河會同豫撫從長詳議妥確，務期上不誤公，下不累民。一併具題，以便臣部議覆。可也。奉旨：『依議行。』

新河完工疏

題爲呈報新河完工事。順治十五年十一月二十九日，據中河分司李縉明、淮徐道李世洽會詳，據淮安府分管邳宿河務同知孫裔昌呈，據宿遷縣報稱：黃水漲發，董口淤塞。今于大王廟東議挑新河一道，原勘長四百丈，因天寒時迫，隨舍遠就近，接舊河淺水頭，計挑長二百五十丈，口闊三四丈，底闊二丈五尺三丈，深七八尺各不等。又蒙總河部院暨本司并夏鎮分司顧大申、淮徐道李世洽親臨工所，督同卑職及沂營防漕遊擊史尚仁、宿遷知縣王如春并各州縣河官，分工率夫，晝夜開挑，于本月二十七日完工。訖。除築隄建壩，一切善後事宜，另議詳報外，今將前由呈報到司等因。

〔一〕據卷九改。

據此，該司道會看得董口淤澱，關係運道，議論紛紛，幾成道旁。幸蒙本部院按臨，蒿目持籌，一意主持，改挑新河。司道各官大小群工，躬聽方略。于十一月十五日興工，至本月二十七日完工，不過旬日，俱已報竣。其舊河淺水頭，亦已多方疏導，一律深通。兵糧船隻，揚帆直下。除善後事宜見奉本部院牌行勘議，俟議妥另詳外，合將完工緣由，擬合呈報等因到臣。

該臣看得清黃交接，淤墊不免。自前明以來，由大小溜溝改而爲梁，山北改而爲茶城，改而爲張孤，山東改而爲鎮口。至開泇之後，則又由直河而陳溝，而泇、黃並用，遷徙不一，濁流爲害，自昔而然矣。今董口會黃之處，經行未久，黃水暴發，倒灌易淤。所恃者外水消落，內水衝出，旋淤旋通耳。不意今歲秋後，黃水倍漲，漫堤越壩，淤塞甚遠。臣赴淮之日，即預慮運水漸微，嚴行司道聽印各官盡築運河東岸缺口，以備衝刷。而究竟淤高水弱，人力莫施。

嗣據司道呈詳，議于舊渠迤東另挑四百丈以接上流，臣復行親勘，且恐天寒水凍，湖水易涸，運事可虞。即于十五日立刻分工調夫挑開，多方鼓舞，幸于二十七日放水通流。共計開過新河二百五十丈，口濶三四丈，底濶二丈五尺三丈，深七八尺不等。見今湖心大壩已行閉塞，兵糧船隻盡由新河南下。至于善後事宜，臣已備列单目，行該司道勘議，興舉，併用過錢糧統俟司道另詳到日再疏具題外，所有新河完工緣由，理合題報。伏乞睿鑒，勅部施行。

順治十五年十二月初九日題，本月二十二日奉旨：

『工部知道。』

特叅貪蠹官吏疏

題爲特叅貪蠹官吏以肅河政事。竊照治河之役，夫工料物動以千百計。派募人夫，築隄捲埽，日夜力作，勞苦萬狀。計工受直，糊口尚艱。至于採辦諸料，額定官價，本廉運費，況復數倍。是國家爲運道民生計，不得不勞民，不得不費財者，勢也。苟奉行者凛遵禁令，河帑絕虛糜之金錢，小民免分外之科歛，則雖勞費之中，仍不失撙節撫恤之意。奈何不肖官吏，愍不畏法，恣意侵漁。如臣所訪山陽河工及淮海道、淮安府署河廳等揭報，山陽縣主簿郝異彥、山清廳外河經承楊世芳等種種奸弊，真民生之隱痛，河政之大憝也。謹據實列欵，爲我皇上陳之。

計開：

山陽縣外河主簿郝異彥侵詐贓欵。

一、四工椿手八十名，每名每日應給工食銀五分，本官指稱使費每月扣銀二兩四錢，八個月共扣銀十九兩二錢。椿手趙禮、徐方，衙書顧汝秀等証。

一、管工義民四名，本官勒詐每名使費銀八兩，共得銀三十二兩，與廳書楊秀宇分肥。劉元武、楊國華、李守業、馬欽証。

一、五工經收柳枝，本官串同積書楊世芳等，虛出收管，暗自包折。約計折柳一萬餘捆，每捆折銀一二錢不等，共得銀一千餘兩，與吳中珩、吳行敏、趙之欽分肥。王允捷証。

一、五工估計纜匠工食銀一百八十兩，該署河廳事董通判入廠親查，乃派募夫撕纜，未用纜匠。前項工食，本官與楊世芳、吳中珩、吳行敏分肥。廠夫陳焦褚、趙周吳証。

山清廳外河經承楊世芳等扣尅贓欵。

一、楊世芳、吳行敏、趙之欽支放五工樁手工食，計八個月。每月扣索常例銀十五兩，共索銀一百二十兩，三人瓜分。樁手蘇隆宇等証。

一、楊世芳等支放五工募夫一千名，每名日給工食銀六分。每月索常例銀八兩，共索銀六十四兩，三人瓜分。五工火頭証。

一、楊世芳等給發各州縣買埽柴銀二千兩，每百扣銀五兩，共尅銀一百兩，與吳中珩、吳行敏三人瓜分。牟元等及柴户朱潤、陳應兆証。

一、吳行敏等給發各州縣買䕯蔴、紅草銀一千餘兩，每百兩扣銀三兩，共尅銀三十兩。經手、快手楊林等証。

一、楊世芳、吳行敏支發買樁木銀三千餘兩，每百兩索常例銀二三兩不等，計索銀六七十兩。木商陳立宇証。

以上官吏或依倚爲奸，或盤踞肆虐。莫大者河政竟作可居之奇，莫苦者河夫反同几上之肉。雖幺麿微賤不足以辱白簡，而病民妨河所關實鉅，誠不容不從重究擬，以釐夙弊而儆積偷者也。除臣一面檄行淮海道收禁究審外，相應具疏題參。伏乞勑下該撫、按將郝異彥革職提問，並廳蠹楊世芳等一并追擬施行。

順治十五年十二月十七日題，十六年正月十二日奉旨：『郝異彥，着革了職。并本內有名蠹犯，着該撫按提問，追擬具奏。該部知道。』

卷之三

兩河利害甚鉅疏

題爲兩河利害甚鉅，脩防物力維艱，謹就見行事例酌議增損，以襄重計，以裨實政事。竊照黃河建瓴萬里，及入河南以下土壤既鬆，群流奔滙，泛溢之害，無代無之。元以前河猶從北入海，其間議塞、議防，官窮於智計，民困於徵徭者，載在史册，難以縷數。迨至前明，用河資運，夫有歲編，銀有額設，戒忽之法，非不周也。乃二百餘年之間，被大害、興大役者猶至五十餘。見當時所稱治水能臣，如徐有貞塞張秋，役夫五萬八千；劉大夏塞荆隆口，用軍民夫十二萬餘；潘季馴先後行河，役夫俱至八九萬。甚至曾如春、曹時聘蒙墻之役，連年役夫，俱以三十萬計。所請帑金，亦復不貲。河之悍激湍流，未易以人力勝，蓋其性然也。

我朝因明之舊，數百萬京儲仰給東南。黃河自滎澤以至山陽，南北兩岸垂四千里，苟蟻穴不戒，漕且中斷。則凡所以籌河者，豈能與前明有異？臣自蒙恩受事，稽之故籍，問之水濱。前明經營遺蹟數十年來，廢弛已甚。如太行遥堤政，宋任伯甫所謂寬立隄防、約攔水勢者，治河要策，無以出此，而竟以工鉅帑詘議寢。至于運河自通惠至董口、清口，至江共計二千餘里，防淤、防淺，舊時規制，僅存十五。以臣職掌論之，何事不宜修復？然今者司農告匱，民力凋敝，無論舉贏未易，即斤斤歲修常例，河帑缺額，漸苦捉襟。臣早夜焦思，實有不能一刻即寧者。爲今之計，亦惟是内酌盈虚，外權緩急，隨時補苴，期不失爲治標之策而已。除應有急修工程，俟司道勘報，容臣酌議具題外，今據見行事例有宜稍加損益，以裨河政萬分一者，共得十事。一曰陳明河南夫役。一曰酌議淮工夫役。一曰查議通惠河工。一曰特議建設柳園。一曰嚴剔河工弊端。一曰釐覈曠盡銀兩。一曰慎重河工職守。一曰申明河官專責。一曰申明激勸大典。一曰酌議撥補夫食。各爲一疏，仰請睿鑒。如果臣言可採，伏乞勅部議覆，行臣遵奉施行。至各疏内，事關條議，不無字多逾格，統祈鑒宥。

順治十六年正月初八日題，二月初六日奉旨：『工部知道。』

陳明河南夫役疏

題爲陳明河南夫役事。竊照黃河經由河南地界，南岸自滎澤縣堤界起，至虞城縣界止，計六百四十里。北岸自武（涉）〔陟〕縣堤界起，至考城縣界止，計三百四十餘里。山東之境，僅北岸歷曹、單二縣，計二百里。每歲修守固有成例，但查曹、單額設夫數除裁減抽兵外，尚有徭夫一千三百零八名，看堤舖夫一百八十六名。河南開、歸等府止見在堡夫八百餘名，臣檄查該省河屬舊籍皆已散失無攷，僅檢得前河臣翁大立疏草內開河南黄河夫役每年五百里內，七十三州縣編做工河夫一萬五千七百六十二名半，每名做工三個月，工食銀三兩，共計工食銀四萬七千二百八十七兩五錢。五百里外，三十五州縣編徵銀河夫一萬一千六十一名，每名徵銀三兩，共計銀三萬三千一百八十三兩，聽候辦料及僱夫支用。若臨河二十六州縣，又於均徭內編僉堡夫一千一百五十七名看守堤壩船厰等役，每名工食銀一十二兩，共計銀一萬三千八十四兩。又檢得前河臣潘季馴《河防書》內開：河南、山東自遥堤成後，無復衝決者，夫力多也。今徐北至單縣界，見脩堤壩長一百五十餘里，而夫役止七百餘名，是每里僅四五名耳，其何能濟？夫以百餘里之堤，猶以七百名爲少，河南兩堤所云夫多者，又可類推矣。隆、萬年間，該省歲修夫數大概如此，不知何時更變。五百里內亦止一例徵銀，計通省歲額共八萬八千餘兩。

本朝來除荒缺額不及三萬，此外止察出新增銀一千有奇，河工歲修仍沿明季之制，每年估計準工鳩夫，計夫給食。堤工以土方論，埽工以日期論。在官曰『募』，其實在民不得不計畝而派。總以河夫之役倍苦，日給之食本廉，若憑空號召，縱懸金市門，誰則肯應？若欲槩從民間平價，則河帑雖裕，勢亦不敷。據萬曆時《黄河全書》內河臣劉士忠有云『貧者不肯應募，富者論地派夫』，即翁大立疏內既稱河夫每名工食銀三兩，而亦不免曰編者。是募夫之法又必兼派而行，不特今時爲然也。

若以黄河已決爲有事，歲修爲安瀾，衡量夫數則前河臣曾如春、曹時聘蒙墻之役，兩請帑金至二百萬，用夫三十萬者，一決口也。去歲雷家集、柴溝、姚家蕩用夫不過數百名者，亦一決口也。由前言之則積數十年歲修而有餘，由後言之則苐較歲修，工且不足，是又未可執一而論。即所云『安瀾』之義，正以爲河本湍激，未至横流，謂之曰『安』。然其湍激之性，固無分於已決、未決也。伏秋之漲，數里之岸，呼吸而至。一當埽灣迎溜之所，非埽護之，縱有重障，如穿縞葭，其防之也。一里之堤，非三萬餘工不成。高一丈，長十丈之埽，非千人、數百人不任推挽。今歲之堤，歷再歲而風雨之所淋，卸車道獾穴之所毁蝕，高者已卑，厚者已薄。加以濁流無定，倏南倏北，縷堤不支。棄而守月，月堤之內不得不又議土工。是故，朝廷設官無不以愛民節財爲職，獨治河一事，以勞民者保民，費財者經國。歲修之制，載在勑書。豈不欲與民休息哉？河之所在，勢固無如何耳。見在河南夫數，屢經諸臣條陳，未免以夫多爲疑。臣惟該省瘡痍，雖經新復，洪流寧異昔時？今雖不必遠照隆萬舊例，若徒一意減縮，勢必馴致坐斃之患。

案查臣於去年十一月内題覆河南按臣李及秀河夫之徵派當更一疏，據司道府廳僉議通省夫數，已經部覆，行臣會同河南撫臣覆議，奉有俞旨。但臣職掌所關，河道情形，得於目擊。夫役規則，亦屬司存。任其責而不究事體原委，與事體有干典守而緘默不以入告，皆溺職也。除前疏容臣會同河南撫臣賈漢復覆議具題，另候部覆外，所有河道夫役事宜，覆議疏内，不便備述，謹特專疏陳明。伏乞睿鑒，勅部施行。

順治十六年正月初八日題，二月初六日奉旨：『工部議奏。』

工部覆前疏

題爲陳明河南夫役事。都水清吏司案呈，奉本部送工科抄出總督河道朱之錫題前事等因，奉旨：『工部議奏。欽此。』欽遵。抄出到部，送司。奉此相應議覆，案呈到部。該臣等看得總河臣朱之錫疏稱河南隆、萬年間，歲修夫數不知何時更變，一例徵銀。本朝仍沿季年之制，估計準工鳩夫，計夫給食。在官曰募，其實在民，不得不計畝而派。見在河南夫數，屢經諸臣條陳，未免以夫多爲疑。若徒一意減縮，勢必馴致坐斃之患等因，具題前來。應俟總河臣會同河南撫臣覆議李及秀條議之疏到日，再行另議。可也。奉旨：『依議。』

酌議淮工夫役疏

題爲酌議淮工夫役事。竊照江、淮、河、濟謂之四瀆，自明迄今，挽河資運，會淮注海，是以一淮而受兩瀆之全。故桃源之上，但一黄河爲害。清河之下，内則淮、湖宣洩維艱，外則黄、淮相濟爲暴，每遇泛濫，其患尤烈。查得前代《南河志》《河防一覽》内載淮揚一帶，自平江伯陳瑄經理之後，萬曆三年河決崔鎮而北，淮決高堰而東，運道梗阻，民生昏墊。特遣河臣潘季馴大行葺理，請帑六十萬金，分委管工自司道而下，共一百八十餘員，徵調傜募等夫八萬名，經營數載，兩河之流始還故道。未幾，而十四年外河范家口、天妃壩又以決溢告矣。二十一年以後，商堰、裏河連歲報決，河臣楊一魁又有分黄導淮減水各閘等工。天啓元年，高堰並裏、外兩河一時共決十餘處。自後漫決，時有難以悉述。計今距潘季馴時，又將七十餘載，如淮湖高堰、外河南岸、柳浦灣堤、桃清兩岸遥堤、崔鎮四減水壩，日漸月累，風雨剥蝕，廢弛過半。即楊一魁所開分水黄壩新河，亦久淤塞。

本朝來河決上流，南河賴以無事。自順治十三年，全黄歸故之後，去歲水患已見端倪矣。夫疇昔之戒毖甚周，猶不免昏墊之害。今日之河、淮如故，乃欲安敝壞之餘，其萬萬無幸，固不待智者而知也。但欲議工作，須先計錢糧。頃者司農告匱，搜括爲難，無論請太府之金，爲未雨之策，未敢輕出。而歲額河銀昔時二十有七萬，本朝除荒、缺額、裁減、歸併，僅十七萬有奇。又於此內撥出九千餘兩，解司充餉。加之，通惠河道從不取給河帑者，連年撥解，動至數萬，常例歲修已不勝捉襟露肘之苦矣。

臣去歲在淮，即與司道多方商榷，雖不能如前人大舉，若高堰塌卸，損動石堤，不下數里，五險埽工，太行老堤三工，似皆難緩。五險遥堤、宫家營引河，尚在勘議。

查得蘇建堤工在前明時民修、官修，屢經更變。我朝初年，猶官出料物，山陽、高郵、寶應、興化、泰州、鹽城、泰興七州縣協濟人夫，赴工修築，河帑所費亦自無幾。自順治九年，該省按臣有題改之議，始設募夫，歲計工食銀一萬四千四百兩，勘估料物不在此數。至于太行老堤，民築民修，司道報文確確可據。良以前明河帑之設，總爲運道起見。山清黄河南岸自草灣以下，關民生爲多，關運道爲少，朝廷爲民賦計，百姓固亦自爲身家計也。國家愛養民力，損上益下，恩非不渥。然今者帑詘工繁，使盡照估計支給河銀，則黄、運兩河各數千里，顧此失彼。萬一運道梗阻，所憂又恐不止淮揚一隅耳。爲今之計，除五險埽工照舊募夫，仍以餘力幫堤高堰石工，酌量估計。其太行老堤，似應仍責山陽莊民。若更有應舉工程，時迫夫少，山陽獨立難支，合無暫派下流七州縣民夫，分工報竣，或照舊自修，或酌給食米。事關地方力役，除臣見在移咨漕撫臣亢得時會議，按臣俟入境日移會外，但恐光陰如駛，轉盼桃花水汛。容臣議確具題，一面通行司道，起派儹做。庶國計民生可恃無虞，而運道河帑亦賴以兼濟矣。相應具題。伏乞睿鑒，勅部議覆、施行。

順治十六年正月初八日題，二月初五日奉旨：『工部議奏。』

工部覆前疏

題爲酌議淮工夫役事。都水清吏司案呈，奉本部送工科抄出總督河道朱之錫題前事等因，奉旨：『工部議奏。欽此。』欽遵。抄出到部，送司。奉此相應議覆，案呈到部。該臣等看得總河臣朱之錫疏稱淮揚一帶，黄河自十三年全黄歸故之後，去歲水患已見至太行老堤。山清黄河南岸自草灣以下，關民生爲多，關運道爲少。除五險埽土照舊募夫，高堰石工酌量估計外，太行老堤似應仍責山陽莊民。若時迫夫少，暫派下流七州縣等因，具題前來。查五險、高堰工，原係歲修者，似應照舊勘估修築。其太行老堤民修、官修，屢經更變，相應請勅總河臣會同漕撫按臣，從長商酌，務期上不悮公，下不累民。速行具題，以便另議。可也。奉旨：『依議。』

查議通惠河工疏

題爲查議通惠河工事。據通惠河分司盛治、通密道杜溱會詳，蒙臣憲牌，爲酌定畫一，經久之策，以重河防事。查河防諸書，通惠河道浮沙峻水，多淺易衝。是以前明於所屬州縣設有額夫，每歲夏月挑淺，春月築堤。此外止將本司河銀辦積樁草，不聞頻頻估計別請錢糧。本部院衙門從未經管，原無案卷可稽。但查本朝九年以前額夫濬築之外，亦不聞別有估計。九年以後，歲甚一歲，而動支錢糧，始行總河衙門補解。今經部議，歸併本部院，於河銀内通融支發。合計通屬目今錢糧已減除昔年之半，此項工程反增益。先年所無，勢有必窮，安得不徹底計議，以圖經久？合行查議爲此牌，仰通惠河分司照牌事理。

即便會同通密道，查前明每歲修濬，某年某年止用額夫修築，某年某年曾經估計，做何工程，動銀若干作何支給。見今地畝圈佔州縣僉派額夫給發工食與前是否相同，河道原與向時無殊，工程何以頓增數倍？自後作何整頓，可使費省工堅，錢糧可繼，糧運不阻，可以永遠通行。逐一查議妥確，會詳報院，以憑酌奪。毋得含糊塞責，取咎未便等因到司道。蒙此，隨即公同會議，間復移覇州道併議去後，未准會覆。今又蒙本部院憲檄，爲二催酌定畫一經久之策以重河防事，催同前因，不便再緩。

該本司道會查看得前明修濬並無估計，動支銀兩，皆州縣衛所額設。人夫而爲役，不足則從便調集軍民夫以繼之。今則衛所夫裁，軍民夫不聽調，僅州縣額夫而已。濬淺猶不足，築堤更所難。是以前差通惠河始有題留新河夫銀與葦漁課銀，新舊合計八千餘兩，總名歲修，以資一年濬築，未常稱匱。

自九年以後，連年洪水爲害，水勢瀰漫，動則溢(漕)〔槽〕一二尺，遍地汪洋，決堤殺稼，漂没糧艘，灾生叵測。非特通惠爲然，即覇、薊兩道屬邑數百年老堤盡爲衝決，估修動四部錢糧數萬計，此皆昔之所未見、未聞，而近年斯疊告者也。今通惠一堤之潰，動則數百丈尺，用則數千餘金，工費盈縮懸殊，端啓于此。

若今歲本司道莅任來發水不甚洶湧，則堤岸即無甚衝決，錢糧亦無甚用度，撥濟即無所復煩矣。蒙本部院以經久之圖酌議，除見在修築并行廳縣復估者無容再議。嗣後，沿河堤岸稍有殘缺可虞者，責令廳印河官不時查勘，工小者乘額夫挑濬之隙，詳請調撥，及時修補。如夫力不敷，動支歲修。一面報估，一面興築，免致盪漾。寬闊工完，覈實准與報銷。遇伏水泛漲之時，仍責印河官撥派額夫，晝夜看守，遇急搶救。違慢疎誤，罪坐廳縣官。若口岸走洩，水利有碍漕運者，始詳估歲修築塞。如係漫水，于漕運無碍，止淤滿漢地土者，印河官查明申報司道，仍力爲風勸。凡有地土于此，各令照地派夫，併力幫修。庶沿河一帶係民産者，人自爲守。關漕運者，官各爲衛。則公帑可省，而河防永固。從此，工程歲修可支，不煩別請。要在題明嚴飭，或亦永遠可行之一策耳。司道會議僉同不知有當于經久之計否？擬合呈詳等因到臣。

該臣看得通惠運道二百餘里，水峻易衝，流沙易阻，故前明設有州縣額夫八百三十名，于條編內日給工食銀三分有零。通州等衛軍夫八百零一名，於月米屯地內支給工食。自二月上工，九月終止。辦料則有樁草、柳栽兩項，不足則動新河夫銀，共約計銀三千餘兩。每年濬淺、築堤、夫料之數取給於此，未嘗稱詘，歲終彙報。臣衙門一爲奏繳，無所事詳估撥解也。

本朝來樁草、柳栽、新河夫銀、存留該差如故，州縣額夫因地畝圈佔，條編不足，派真定等府州縣，協解抵補。軍衛裁革，額夫無出，議撥葦魚課銀五千餘兩充數。

九年以前，照例歲修，亦未經別有撥濟。九年以後，屢有工費，俱行河帑補還。緣該屬地佔民稀，募夫日給銀八分，較之別屬派募民自貼費者價值加倍。去歲遂估至數萬金，黃、運數千里均屬朝廷運道。以黃河較之，利害不啻萬萬，帑詘費增，顧此失彼，在所不免。況新經部議，歸併臣衙門，責成該屬管理，敢不計議萬全，以圖經久。

臣惟運河與黃河之變遷不常者不同，該屬料銀及州縣額夫較前明既無所缺。既衛夫被裁，募價稍昂，見有葦、漁課銀一項，若能通融節省，諒不過增益數千金，已滿衛夫之額。據該司回稱，亦云從此歲修可支，不煩別請，此固非懸斷之説也。但臣所屬河道，南北延長，勢不能親履通州閱視，萬一詳估數多，不從則往返稽延，或恐貽誤。從之，則爲浮爲實，臣且難信，又無論捉襟之必不能應也。

查該司以前歲報册估計土方，俱係募夫。其州縣額夫八百三十名，雖曰濬淺，豈八個月內日日淺阻，不暇他顧？不然則既領協銀幫修守護，亦皆額夫分內事也。總之道印等官秦越河政，分司催呼不靈，逃曠居多，虛名無實耳。臣前准部咨已經部議，行臣嚴責管河司道各官，題估修防，奉有俞旨，合無定議。除該司項下額夫錢糧外，臣每歲於河道銀內撥解六千兩，司道責成廳印等官，嚴督額夫挑濬、修築，應估工程，據實估計。印官領銀集夫辦料，司道親行查勘，工竣報銷。推諉誤事，照例題參。每年節省，仍貯司庫，以備通融支用，毋致浮冒多估。另請借解若係地土漫水，無關漕運者，例不輕動河銀，應聽地方有司竭力風勸，照地幫修。庶黃、運兩河不致偏枯，而臣亦得免于束手矣。如果臣言不謬，伏乞睿鑒勅部議覆，嚴飭司道廳印等官一體遵奉施行。

順治十六年正月初八日題，二月十一日奉旨：『工部議奏。』

工部覆前疏

題爲查議通惠河工事。都水清吏司案呈，奉本部送工科抄出總督河道朱之錫題前事等因，奉旨：『工部議奏。欽此。』欽遵。抄出到部，送司。奉此相應議覆，案呈到部。該臣等看得總河臣朱之錫疏稱通惠河除該司項下額夫錢糧外，每歲于河道銀內撥解六千兩，司道責成廳印等官，嚴督額夫挑濬修築。印官領銀集夫辦料，司道親行查勘，工竣報銷等因，具題前來。臣等查通惠河所管河道，臣部去年照例題併總河。今臣等議得每歲若撥解銀六千兩，但工程有大小之不同，則銀兩有多寡之不一，似難允從。奉旨：『依議。』

特議建設柳園疏

題爲特議建設柳園事。竊照黃河悍激湍流，勢若奔馬，禦險塞決，非埽罔功。每捲一埽，用柳動以千百束計，千里長堤歲用柳料數且不貲。況伏秋河勢陡變，埽料在手，咄嗟之頃轉危爲安，可以免塞決之費。即萬一有決，埽料在手，旋決旋塞，不致正流且淤，旁口日豁，可以免塞大決之費。故必使生植之數常有餘于採辦之數，然後可以源源相繼。不然而樹藝不廣，猝然有急，無術點金。縱有不（渴）〔竭〕之金錢，無窮之人力，亦不免束手坐困耳。觀於瓠子之歌有云『河伯許兮薪不屬』，是可見栽柳一事，竹頭木屑，似乎瑣細，而其實乃治河者之第一義也。

案查前河臣楊方興暨臣前後題請責成印官各於河干按汛栽柳，分別多寡，照例勸懲。俱經部覆，奉有俞旨。一年以來，報栽無幾。除臣再行嚴飭外，惟是黃河一帶遼遠偏僻，夫役偷安，澆灌難遍，臣等亦未能遍覆長堤，爲虛、爲實，尚未可知。臣竊以爲尤宜責令黃河經行各州縣印官，於瀕河處所各置柳園數區，或取之荒地，或就近民田量給官價。每園安置徭堡夫數名，布種澆灌，既便責成。而道廳等亦可以親詣稽察，秋冬驗明，行以勸懲之例。將見數年之後遍地成林，不但有濟河工，而河帑亦可少節，民力亦可少甦矣。

再照官給柳價，每束五分。雖不爲少，但一工用柳多至數萬，既非市販之物，又重以轉運之難，斷非一二人所能辦。故屢經部覆，照例令印官責成里甲均採、均運。奉旨通行已久，今惟嚴行申飭，照地均買。有柳之家，聽其轉售。如有包攬、指索、扣剋、准折等弊，司道等官力行揭報到臣，以憑參究，毋狥毋縱。河道民生兼濬之策，無以易此。如果臣言可採，伏乞勅部議覆、施行。

順治十六年正月初八日題，二月初三日奉旨：『該部議奏。』

工部覆前疏

題爲特議建設柳園事。都水清吏司案呈，奉本部送，工科抄出總督河道朱之錫題前事等因，奉旨：『該部議奏。欽此。』欽遵。抄出到部，送司。奉此相應議覆，案呈到部。該臣等看得總河臣朱之錫疏稱黄河一帶瀕河處所，各置柳園數區，安置傜堡夫數名，布種澆灌。數年之後，遍地成林，河工有濟，河帑亦可少節，民力亦可少甦。又稱官給柳價，每束五分。但一工多至數萬，非一二人所能辦。惟嚴行申飭，照地均買。有柳之家，聽其轉售等因，具題前來。查柳稍河工必需，今議置園栽種以備急需，此係總河臣職掌，相應如議。向後應分别多寡，照例勸懲。至于用柳多，若照地均買，恐爲民累。前科臣陳台孫具有夫柳爲河工大弊等事一疏，已經臣部題覆，請勑總河臣從長確議，具題在案。應俟議妥具奏之日，再行另議。可也。奉旨：『依議。』

嚴剔河工弊端疏

題爲嚴剔河工弊端事。臣惟天下之事，一事立則一弊生，錢穀有錢穀之弊，刑名有刑名之弊，河工大矣，豈能獨無？要在有犯必懲，而斷不能因去弊之故輒議變法，併以誤河，如語所云因噎廢食也。臣歷任一載，詳加體訪，約有數端。一曰工程。有石工，有土工，有埽工，有椿笆工。工力不到，法式非宜，一弊也。料物虛浮，徒事粉飾，一弊也。一曰器具。有方船、活閘、刮板、戽斗、鐵鏟、鐵钁、布棿、竹筐、鐵舀、杏葉杓、鐵簸箕、五齒鐵扒、鐵杵、木夯、石硪、雲梯等項。儲備不預，徒手莫施，一弊也。製作潦草不堪適用，一弊也。之二者是皆誤工者也。一曰夫役。有廠夫、堡夫、溜夫、堤夫、泉夫、閘夫、淺夫、舖夫，或食條編，或食河銀，有募夫食，估計河銀。尅減工食，一弊也。奸豪包佔，一弊也。賣富僉貧，一弊也。賄囑私逃，一弊也。一曰料物。有椿木、柳梢、甎石、草柴、蘆檾、灰鐵、糯米、桐油等項。交收掯索，一弊也。扣減價值，一弊也。折乾肥私，一弊也。盜用官物，一弊也。之二者是皆誤工而兼以病民者也。然有在官、在衙蠹地棍之不同，除屢經禁飭外，臣以爲在官者宜責司道府廳互相覺察，據實報臣，以憑題叅，不得曰河道不預我事，故行推諉。如隱諱不報，别有發覺，即查歲終原開賢否，各官中間考語如有大相悖謬者，治以徇庇之罪。在衙蠹地棍者一如蠹訪之例，責成各屬推官不時開報。重者題叅，輕者究治。一歲之内全無察報，註以劣考。庶奸弊可除，而河工克濟，是則勞民費財中撙節撫恤之一道也。如果臣言不謬，伏乞勑部議覆，行臣遵奉施行。

順治十六年正月初八日題，二月初七日奉旨：『這所奏河工弊端，着詳議具奏。工部知道。』

工部覆前疏

題爲嚴剔河工弊端事。都水清吏司案呈，奉本部送工科抄出總督河道朱之錫題前事等因，奉旨：『這所奏河工弊端，着詳議具奏。工部知道。欽此。』欽遵。抄出到部，送司。奉此相應議覆，案呈到部。該臣等議得河工弊端，所覆一在清釐，一嚴責成。今據稱種種弊端誤工而因病民，相應在官責司道府廳，在衙蠹地棍責各屬推官。倘全無察報，即註以下考。均應如議。仍請勑下總河臣嚴行司道各印官，力行剔釐，不得虚應故事。如有前弊，立行指名題參，以憑從重議處。可也。奉旨：『是。依議行。』

卷之四

釐覆曠盡銀兩疏

題爲釐覆曠盡銀兩事。竊照額設人夫，或司挑濬，或司啟閉，或築堤，推埽泅水於狂風大雪之時，負土於炎日飛塵之下，天下力役之苦，未有甚於此者。日給工食銀三分，一人之口尚不能糊，終年力作，即間有休暇，亦免與追曠，以示優恤，未爲不可。但人情玩愒，勤少怠多，使逃曠而坐享稟餼之人，則勤者徒勞，怠者自逸，反非所以示鼓舞也。故每年有曠盡一項，前河臣楊方興題請隨歲報册奏繳，於河工内動支開銷，奉旨遵行在案。

然臣猶竊有慮者，黄、運兩河延長遼遠，萬一不肖官吏秦越河道，或那解别項，或侵入私囊，臣問之則曰做工夫，問之則曰扣曠。煢煢小民無由控訴，當此河帑空虚之日，而使有用金錢民損而官不受其益，誠可惜也。除臣嚴加體訪得實，即行指叅外，但懲之於後不若嚴之於先，臣請自今爲始，責令各管河廳官置立循環，每幅首行書某州縣額夫若干名，工食若干。中界爲三十格，每日一格，内書夫幾名，某所做工，有無逃曠。後行書應扣曠盡總數，工多曠少，曠少工多。每月造送司道，查明有無實工，具文轉報。歲終仍將所屬扣過銀數如歲修例，造册二本到臣。臣將原册一存衙門稽查，一報工部。至於天時陰雨，非關規避，允宜免扣，節勞示勸。再照此項原係給過銀内扣出，自無拖欠在民之理。州縣印官季終即行起解河庫。如有歲終不完者，非係那借，即是侵欺，容臣查明題叅。不惟可以少裨河帑，而工程亦不敢虚餙誤事矣。如果臣言不謬，伏乞勅部議覆施行。

順治十六年正月初八日題，二月初六日奉旨：『工部議奏。』

工部覆前疏

題爲釐覆曠盡銀兩事。都水清吏司案呈，奉本部送工科抄出總督河道朱之錫題前事等因，奉旨：『工部議奏。欽此。』欽遵。抄出到部，送司。奉此相應議覆，案呈到部。該臣看得總河臣朱之錫疏稱曠盡一項錢糧，萬一不肖官吏，或那解别項，或侵入私囊，誠可惜也。請自今始置立循環，每造送司道，歲終造册報部，扣銀季終即行起解河庫等因，具題前來。查置立循環，事屬稽覆侵隱，有裨河帑，相應如議。可也。奉旨：『依議。』

慎重河工職守疏

題爲慎重河工職守事。竊照總河一官，所轄黄、運兩河，不下四千餘里，豈能分身一一親理。所恃以共濟者，司道廳印耳。而道印各官，又未必能一意辦河，則司廳專官尤其要也。是必預選而後綢繆可以無誤。葢因材器使，用人所亟，而獨治河之事，非澹泊無以耐風雨之勞，非精細無以察防護之理，非慈斷兼行無以盡群夫之力，非勇往直前無以應倉猝之機。若徒事繩尺以爲無過，去之無名，留之有害，事後議懲，悔已晚矣，故非預選不可。然人之才略可信，操守難信，人事可期，意外難期，預選固未易也。但爲河道起見，何敢逆爲過計，改轍貽誤，惟有白簡從之耳。

預選之法有二：

一曰薦用。除道印各官，不係專司者不敢薦用外，伏讀勑書内開稱若所屬大小官員，果能盡心河務，即指實薦舉擢用。又查前河臣楊方興於順治十年十一月内題爲就近請補廳官，毋誤黄、運兩河事，請以鉅野縣知縣佟養鉅補運河同知，定陶縣知縣張鍾英補黄河同知，俱經部覆，奉旨俞允，似應題請照例遵行者也。

一曰儲材。凡有河官懸缺，吏部陞補之日，准於臣曾經歲終題薦過官員内，照其本等職級循序陞轉，庶始終練達，駕輕就熟，而河防有恃，似應題請酌議者也。又必諳習，而後幹濟可以圖成。葢不學能知，賢哲所難，而況治河之事，水性之變遷不常，修防之方略異致，器具物料之瑣屑百出，夫役錢粮之盈縮多端。若姑俟體訪而後施行，機變之來呼吸不及，事後補救損已多矣。故非諳習不可。然人之喜遷轉而惡淹滯，則畏其留，憚勞怨而圖安便，則幸其去，諳習亦未易也。

但爲河道起見，何敢代爲私計，信賞必罰，惟有功罪分明耳。諳習之法有二：

一曰久任。除道印各官，不係專司管河廳官，俸滿爲期，不便更議外。查工部題覆前河臣楊方興爲請復河差三年，舊例以收實效事，内稱：總河臣疏稱河道事宜，必須久任諳練以觀其成，非三年鮮濟。誠從河政起見，既經具題前來，中河一差相應改復三年更换等因。奉有俞旨，欽遵在案。

查各河差俱以三年爲滿，惟通惠一差一年更代。但邇來通惠河道地凪，經圈錢粮甚費，籌畫人夫，更難整齊，若一年一易，毋論初任，頭緒不知，甫得通曉而報代之期又至，功効難集，且恐傳舍視之，誰肯爲數年經久之圖者？工作不堅，錢粮益費，亦有可慮。合無准照各河差例，改爲三年，運道河帑不無裨益，似應題請酌議者也。

一曰交代。河防職掌，刻難乏人，員缺代署，不惟利害不切。即驟然經管，省解不易，難免誤事。除分司例應交代，毋容更議。

查前河臣潘季馴《河防書》開稱：徐州、海防二道爲河湖喫緊之區，山東、河南二道爲黄河要害之地，四道憲職併其所轄府州縣佐貳管河官，如遇陞調去任等項，與同管河分司一例守候交代。又稱新舊交代，以河上事體轉相傳告等因。今除不係專司各道，不便更議外，其河南管河道併各省府州縣管河佐貳官合無查照往例，陞調降用，俱令候代。離任仍將任内修防事宜備開清册，傳告新官。違者容臣指參。庶綜理周密，便於責成，似應題請酌議者也。

以上四欵，要在相濟而行，則人材可以不匱，而河道亦可以無虞矣。如果臣言不謬，伏乞睿鑒，勑部議覆施行。

順治十六年正月初八日題，二月初四日奉旨：『該部議奏。』

吏部覆前疏

題爲慎重河工職守事。文選清吏司案呈，奉本部送，吏科抄出，工科外抄總督河道朱之錫題前事等因，奉旨：『該部議奏。欽此。』欽遵。抄部送司，相應議覆，案呈到部。除河差久任一欵，應聽工部查議外，該臣等議得河臣朱之錫疏稱其薦用一欵，内稱除道印各官，不係專司者不敢薦用外，伏讀勑書内開所屬大小官員，果能盡心河務，即指實薦舉推用，似應題請照例遵行等語。查得臣部于十年十二月内覆河臣楊方興就近請補廳官，毋誤黄、運兩河事一疏，以鉅野知縣佟養鉅補運河同知，定陶縣知縣張鍾英補黄河同知，奉旨依議在案。如河臣所屬河官，有能盡心河務者，相應照例題請，勑下臣部議覆。請旨補用儲材一欵，内稱凡有河官員缺，吏部陞補之日，准于臣曾經歲終題薦過官員内，照其本等職級，循序陞轉等語。查河官缺員若止于河臣薦舉過官員内陞轉，恐俸序職級未必盡合，相應仍照舊行。又稱河南管河道并各省府州縣管河佐貳官，合無查照往例陞調降用，俱令候代離任。仍將任内修防事宜，備開清册傳告新官。違者指參等語。相應如其所請。以後河南管河道并各省州縣管河佐貳官有陞調降用者，俱令候代離任。仍將任内修防事宜，造册交代。可也。奉旨：『依議。』

工部覆前疏

題爲慎重河工職守事。都水清吏司案呈，奉本部送工科抄出總督河道朱之錫題事等因，奉旨：『該部議奏。欽此。』欽遵。抄出到部，送司。奉此相應議覆，案呈到部。該臣等看得總河臣朱之錫疏稱通惠河道地畝經圈，錢粮甚費。若一年一易，誰肯爲經久之圖。合無准照各河差例，改爲三年等因，具題前來。查各處河差俱係三年，其通惠河于十二年六月内因滿、漢官同差，惟滿、漢官奉公更調，不便久任，故題照關差一年之例。再查先差分司已經報滿，似應更換。嗣後，新差官員亦應照舊例，三年更替。可也。奉旨：『依議。』

申明河官專責疏

題爲申明河官專責事。竊惟天下之事，刑名錢穀，皆可以理斷臆決，文移辦治。獨河道一事，非足到眼到，則形勢之委曲，工程之堅瑕，鮮不有錯施而誤事者。查先臣潘季馴修築淮工，調委附近司道八員分管，且申飭各官總有應理公務，止許工上幹辦。此可見經理河事，斷非身親不可，而況乎分内職業，又何暇舍己而耘人也。況運河當旱涸之際，黃流在暴漲之時，一二河官遠者所轄，不下千里，州縣佐貳汛内河道，亦不下百里，刻刻往來，尚不免顧此失彼。若更有他營，豈能無誤？

案查前河臣楊方興題請申飭河官不許別委，已經奉有俞旨。但事久易弛，上司差遣，必係急事，河官自恐取罪，勢又不敢强辭，甚至有寧誤本職而黽勉從事者。河漕關係甚重，誠不得不逆爲過計。仰請天語特賜申飭，若河官奉委，即自行具報到臣。庶萬一因之貽誤，責有所歸。河官不報，即坐以營求差委之罪。

又照按臣考察，事關大典，豈容苟免？但恐值河道多故，時郡城相距河干道路必遠。若河官不在，竟以修防付之老人夫役，臨流頓足，何濟於事？合無容令該轄同事道府，代爲申明，俟河事稍定，准赴補考，庶責成耑而河防得以有恃矣。如果臣言不謬，伏乞睿鑒，敕部議覆施行。

順治十六年正月初八日題，二月初五日奉旨：『該部議奏。』

工部覆前疏

題爲申明河官耑責事。都水清吏司案呈，奉本部送工科抄出總督河道朱之錫題前事等因，奉旨：『該部議奏。欽此。』欽遵。抄出到部，送司。奉此相應議覆，案呈到部。該臣等看得總河臣朱之錫疏稱一二河官遠者所轄，不下千里，州縣佐貳亦不下百里，刻刻往來，不免顧此失彼。若有他營，豈能無誤？若河官奉委，即行具報到臣。不報，坐以營求差委之罪。又稱按臣考察，恐值河道多故，容道府代爲申明，准赴補考等因，條議前來。查河官專司河道，不應再委他事。嗣後，河官奉委，即行具報總河衙門。與夫考察離汛及代申補考事宜，均應如議。可也。奉旨：『依議。』

申明激勸大典疏

題爲申明激勸大典事。順治十五年四月初七日，准吏部咨，爲特請歲行舉劾之例，以勵官方，以重河道事。

文選清吏司案呈，奉本部送吏科抄出，該本部覆河道朱總督題前事等因。順治十五年二月十四日，奉旨：『該部議奏。欽此。』欽遵。抄出到部，送司。相應議覆，案呈到部。該臣等議得總河朱之錫疏稱原奉旨督撫任滿一年，舉劾文武官一次，二年二次，三年三次。其中丁憂、養病及降處、休致的，不許舉劾。今十四年，河工告竣。前河臣楊方興以致仕，臣以新任，俱未行舉劾。請以舊工報竣之後，將該年勤勞、玩誤各官，分別具題，以昭勸戒等語。

查河臣專司河道，原與直省督撫不同，相應勑下該督，於每年歲修告竣，即行舉劾。可也。理合具覆，恭候命下臣部，遵奉施行等因。

順治十五年三月十九日，奉旨：『依議行。欽此。』欽遵。抄部送司，相應行咨，案呈到部，移咨到臣，正在欽遵行。

查十四年河工勤怠各官，繼因督撫年終舉劾，奉旨停止。未經申請，不敢冒昧具題。

臣竊惟吏治之事，皆可安坐而理，獨行河一官奔走泥塗，不暇停踵。憂涸則倉皇于炎日之下，防漲則竭蹶于風雨之中，較之別官，最爲勞苦。蓋非此，不足以言稱職也。況與民休息則河工必墮，先事綢繆則民怨易生。怠玩有司博姑息之虛名，文偷安之積習，甚且反詬河官爲厲民、爲多事。而肯於任事者，亦且灰心沮氣，徼倖苟安矣。

又臣河道所轄司道文武各官，如築堤、估埽、挑濬河泉、節宣閘座、鳩夫辦料、僨運防河等事，經理勞績，皆別衙門所不盡預聞。使非有以鼓舞而策勵之，則勤者徒勤而怠者亦終安於怠事，後議懲誤，亦不小。

查吏部覆臣原疏內開河臣專司河道，原與直省督撫不同，歲修告竣，即行舉劾，奉有俞旨。今十五年，河工又已報竣。竊恐賞罰久廢，後効難期，合無仍遵前旨，容臣照河道衙門舊例，于歲終之後，通將河屬各官確查，賢否勤怠，分別舉刺，以示勸懲。庶人心競奮，而黄、運兩河群力畢舉矣。

再照州縣管河佐貳等官，官職雖微，關係頗巨，勞苦尤深，誤事獨重。其罰而盡職，不酬其勞，亦非所以示均平也。似應量擇其尤，另疏薦録，寧嚴勿濫。如有貪濫不職，一體題參，是亦鞭策人材之一端也。如果臣言可採，伏乞勑部議覆，行臣遵奉施行。

順治十六年正月初八日題，二月初五日奉旨：『該部議奏。』

工部覆前疏

題爲申明激勸大典事。都水清吏司案呈，奉本部送工科抄出總督河道朱之錫題前事等因，奉旨：『該部議奏。欽此。』欽遵。抄出到部，送司。奉此相應議覆，案呈到部。該臣等看得總河臣朱之錫疏稱：查吏部覆臣原疏內開河臣專司河道，原與直省督撫不同，歲修告竣，即行舉劾。繼因督撫年終舉劾，奉旨停止。今十五年，河工又已報竣。竊恐賞罰久廢，後劾難期，合無仍照河道衙門舊例，于歲終將所屬各官確查，賢否勤怠，分別舉刺，以示勸懲。又稱管河佐貳等官，官職雖微，關係頗巨，似應量擇其尤，另疏薦録等因，具題前來。查河道雖與臣部職掌相關，而舉劾河官事隸吏部，相應請勑吏部議覆。可也。

奉旨：『依議。』

吏部覆前疏

題爲申明激勸大典事。文選、考功清吏司案呈，奉本部送吏科抄出，工科外抄總督河道朱之錫題前事等因，奉旨：『該部議奏。欽此。』欽遵。抄部送司，相應議覆，案呈到部。該臣等議得：總河臣朱之錫疏稱前吏部覆臣特請歲行舉劾之例一疏，內勑下該督每年歲修告竣，即行舉劾，奉有依議行之旨。繼因督撫年終舉劾，奉旨停止，不敢冒昧具題。今十五年，河工又已報竣，合無仍遵前旨，容臣照例分別舉刺，以示勸懲。再照管河佐貳等官亦應量擇其尤，另疏薦録。至貪婪不職，一體題參等語。查十五年九月臣部覆漕督亢得時請明漕竣舉劾之例一疏，內議總漕衙門似難與督撫事例同論，相應仍舊舉劾，奉有依議之旨。查河臣專司河道，原就本年濬築之勤惰，別其臧否。若概停舉劾，則管河之官無以勸懲，亦不便與督撫事例同論，相應如其所請，照舊舉行。至管河佐貳等官，官職雖微，其河工之責成頗巨。如有勤勞盡職者，應行薦舉，寧嚴毋濫。其貪婪不職者，聽河臣一體題參。可也。

奉旨：『依議。』

酌議撥補夫食疏

題爲酌議撥補夫食事。案查前河臣楊方興於順治十四年六月內，准户部移咨，內開爲察議蠲荒錢糧事。山東清吏司案呈，奉本部送户科抄出總河部院楊方興題前事等因。順治十四年四月十三日題，本月二十五日奉旨：『該部察議，具奏。欽此。』欽遵。抄出到部，送司。奉此相應議覆，案呈到部。

該臣等看得河夫、驛站官俸役食等項。臣部於十二年題明訂正賦役疏內存留各欵，除荒缺額，查有續報開荒地土，新增人丁、銀兩，先補存留，後補起運。奉有俞旨，欽遵在案。

又經題覆山東撫臣耿焞題爲察議蠲荒疏，內除驛站已將續報，丁地銀內每年動補十一萬兩，其河夫官俸等項，未分某項缺額銀若干，復經請勑，逐欵分晰某項應補銀若干，造册報部，以便酌補去後。

今總河臣疏開：除官俸役食等項聽撫臣咨部外，其河夫工食銀、除荒缺額銀四萬八千二百八十四兩零，內訂正《賦役全書》，將裁剩銀先補過二萬二千三百三十八兩零外，尚缺額銀二萬五千九百四十六兩零。今將續報新增丁地銀内，抵補一萬五千七百四十六兩零，又將續報招墾屯地銀内，抵補一萬一百九十九兩零，題請前來。

既經總河臣查明細數，分晰抵補，似應准其所請。仍將每年終給散過河夫工食數目，造册報部覈銷。可也。相應具覆，恭候命下臣部，轉行遵奉施行等因。順治十四年五月十四日題，本月十五日奉旨：『依議。欽此。』欽遵。抄出到部等因，移咨前河臣，備經遵行在案。

該臣看得河道修濬關係糧運，山東濟南、兖州、東昌三府設有泉、閘、淺、溜等夫，例于條鞭内日給工食銀三分零。因各州縣除荒數多，夫食不足，前河臣楊方興於三年五月内具疏，請復原額夫食。奉旨：河夫工食照原額徵給。後因十二、十三兩年，一槩除荒，復經題請部覆。除將裁剩銀補過外，尚有缺額銀兩，將續報新增丁地、續報招墾屯地兩項銀内抵補。既經河臣查明，應准所請，奉有俞旨。但查布政司原撥各項，多係窵遠隔府銀兩，各府緩急不關，易致逋欠。且距各夫本境或千里，或數百里，窮夫勢不能裹糧赴領，必須解交司庫，缺額州縣領出給夫。衙門隔絶，上下易壅，一經輾轉而消耗之弊難保盡無。又或官胥已經領出，群夫無自而知。枵腹從事，不免逃散。貽誤糧運，所關非小。

今山東地畝奉旨清丈賦役，經制似應畫一，以垂久遠。臣愚竊謂凡本州縣夫食，仍聽本州縣增出地畝補給。如猶不足額，即于本府内鄰近州縣撥補，解府轉發，較之藩司支領差易。其原撥隔府銀兩，任其解司充抵別項。在官既自無損項欵，正復不淆而貧夫沾惠，糧運亦藉以飛輓矣。如果臣言不謬，伏乞勅部議覆施行。

順治十六年正月初八日題，二月初十日奉旨：『該部議奏。』

户部覆前疏

題爲酌議撥補夫食事。山東清吏司案呈，奉本部送户科抄出總督河道朱之錫題前事等因，奉旨：『該部議奏。欽此。』欽遵。抄出到部，送司。奉此相應議覆，案呈到部。該臣等查得濟、兖、東等府屬河夫工食，前因除荒缺額，該總河楊方興于十四年五月内，題請臣部隨將新增丁地并招墾屯地二項銀兩，准其照數撥補，奉有俞旨，欽遵在案。今河臣朱之錫疏稱本州縣夫食仍聽本州縣增出地畝内銀補給，如猶不足，即于本府屬鄰近州縣撥補，解府轉發。其原撥隔府銀兩，任其解司充抵別項等因前來。查得各州縣起解各部項下錢糧原有定額，不便紛更，且賦役久經訂正，仍應照舊行。可也。奉旨：『依議。』

河道關係甚重疏

題爲河道關係甚重，地方責任維均，仰祈天語特飭，以圖共濟，以保無虞事。竊照黄、運兩河接連數省，撫臣身任地方，境内河道固亦職守所在，惟是全河須審其源流，而各省或限于封畛，故設總河一官以統其成，日久相沿，遂失舊治。撫臣初避越俎之迹，浸成秦越之分。長河數千里，總河以眇然一身控制其間，鞭長不及，且調集夫料，事體參差，未免貽誤。

查前明《南河志》部覆佘汝爲條陳河道一疏，内開總河固爲治河之臣，廵撫亦兼河道之責，事體既各相關，利害似難獨任。據題將河南、山東、鳳陽廵撫各地方，各分信地，共任其責。有功並録，有罪並議。誠有見治河非一手一足之力，故爲此議，相應依擬等因。

蓋專任分理，統係王臣，孤掌之難鳴，誠不若衆擎之易舉也。臣猥以疎庸，濫竽河事，日夕惴惴，惟恐隕越以玷任使。綢繆荒度，不敢自後，而獨不能不鰓鰓過計者，河防利害争于呼吸。如去歲十月内，南河泛溢，自淮至濟相距八百餘里，司道臨急而具報，臣聞報而南馳，程途來往，已踰旬日。猶幸漕撫臣亢得時就近任事，徵夫趍料，搶護支持。臣及抵淮，次第補葺。

又彼時霜降已過，故别汛稍平，臣得以專督淮上。若伏秋漲發，長河一帶，急則俱急，臣分身無策，萬一夫料急需，司道各官拘泥文移，躭延害事，爲憂非小。臣於前月北閲運河，回濟即遵旨閲視淮工裏、外兩河。緣去冬重創之後，堤岸受傷，危如壘卵，何期淮屬自二月來霪雨連旬，工作難措，未及桃花汛候已告盈溢。

時入伏秋，其險必且甚于去冬，憂心如灼。除一面嚴檄司道等官上緊償修，並移漕撫臣協力催督，共濟修防外，但黄河各工，如江南之桃、睢、邳、徐，山東之曹、單，河南之開、歸兩府，在在戒心，臣勢難株守一工，顧此失彼。仰祈天語特勅各該地方撫臣，查照往例，平時共事綢繆，臨急從宜搶救。臣任全河，撫臣任境内，不惟節節周防，長河有事，而釐察吏弊，體恤民隱，亦可以互勷不逮，所裨河政非淺鮮也。伏乞睿鑒，勅部議覆施行。

順治十六年三月初八日題，本月二十二日奉旨：『該部議奏。』

卷之五

據實題明疏

題爲據實題明事。據河南管河道徐必遠呈稱：順治十六年二月初六日，據開封府南河同知趙汝斌呈稱：中牟縣黄練集莊西、陽武縣范家莊後、陳留縣孟家埠口遥堤補築風拍工程。該縣申稱本縣備夫自做，不計錢糧。今催修間，奉有按臺憲示，爲嚴飭河工以惕積弊，以甦大累事。示仰管河等官知悉，各于該管堤口不時往來巡察，務要身到眼到，因勢導流，以期杜患於未然，其上也。若偶有驟決，立時一面堵塞，一面修築。應用河夫、柳梢，據實動支，額設錢糧，照數給發。不許濫派民間一夫、一束併買免那移，偏累小民，以及虚冒錢糧，朋侵國帑。有一於此，定將該管官參拏等因。

自宜恪遵憲示，各縣不敢派夫修築。從來修工在此春融之時，轉盻伏水發漲，雖有夫役，無濟于事，失此未雨綢繆之計。倘臨時倉卒之變，噬臍何及？今三縣將欲修之，恐違按臺憲令。將欲停之，又恐誤河工大事。此三工者，最爲險急，萬不容緩者也。理合呈請本道，速爲酌奪示下，以便遵行等情到道。

據此，該本道看得修築河工，估計錢糧，募夫辦料，其來舊矣。至于小可工程，不便動用河帑，該縣勸諭聽從居民自行修築，在民則爲自保身家田廬之計，在官則省估計奏銷之煩，亦舊例也。前據南河廳呈報中牟縣有幫築黄練集之堤工，陽武縣有加幫范家莊後之月堤，陳留縣有修補孟家埠口風拍裂卸之遥堤，此三處均係修補。些小工程不便妄求協濟，輕動錢糧，各情愿乘此農隙，于河水未發之前，自爲修補，以圖萬全。今奉按院憲示，嚴飭不許濫用民間一夫、一束，各官無不恪遵。但修補小工，欲動錢糧，恐于冒糜之費。欲用民夫，又違憲禁之條，真事出兩難。今據該廳呈詳前來，不得不具詳轉請，合候憲裁酌奪。若不預期詳明，倘河水漲發，萬有疎虞，典守之責，咎將誰諉？擬合具由呈請等因到臣。

該臣隨即據詳移會河南撫、按兩院，内開照得河工那移、偏累、虚冒、侵欺等弊，誤工蠹國，此本部院所深恨而痛惡者，屢經申飭，諄諄惟恐耳目隔遠，釐剔未易。伏讀貴院大示，禁飭及此，具仞舟誼。至於因勢導流，杜患未然，原是治河良策。但挽轉溜頭，止有挑挖引河一法。而此項工程，從來動工不准估計錢糧，葢恐水性難定，引河雖挑而水過復淤，導不易導，有非人力所能强必者。故防護危險，尤以築堤下埽爲急着。歲修定制，其來甚久。至于決後堵塞，則考之前明有費數十萬人力，積數年工程而不克奏績者。漕運中梗，百計圖維。前楊部院塞大王廟決口，亦于通屬歲額外請内帑金錢百餘萬，事後用力不啻百倍。洪流漲發，排山倒海，或決而南，或決而北，皆于國家運道有妨。本部院碌碌菲才，謬肩鉅任，晝夜憂惶，所藉于貴院共事疆圉，左提右挈者，實殷且切。

案查順治五年三月内准工部咨，爲酌議上下均便之策，以鞏河防事，内開看得河道修築工程，每歲所費不貲，今河臣計議河工重大，動用錢糧興工外，其小可工程及狼窩、車道、殘缺等處，令附近居民填塞，此爲國民兩利之議。既經河臣奏議，相應覆請，恭候命下臣部，轉行總河衙門通行申飭等因，奉有俞旨。

蓋河長千里，頂衝掃灣，築長堤，捲（掃）〔埽〕箇，例俱估計錢糧。該省每歲額銀，除荒徵熟僅存三分之一，支給不敷，多撥外解。前明額夫之制，又復久廢。故些小工程，責成附近居民不時補葺，用力有限而公私獲以交賴。准照部咨，歷年通行在案。即見行所估各工，引河土工，夫採物料，多有不計錢糧者，原係開明疏内河防舊章，四防二守亦有官守、民守之例。仍恐各印官觀望輟作，管河各官又不敢照舊嚴催，萬一黃河有誤，運河亦阻。光陰轉瞬，事屬可憂。相應移會，煩爲嚴飭道府州縣，如有小可工程，照舊勸諭附近居民，乘時補葺，運道、民生咸荷台庇等因，移會去後。

續准河南撫臣賈漢復回咨，内稱：准此爲照，中州頻年河患，修補築濬，勞民實甚。貴院蒞任之初，首禁私派夫料，蘇民困，釐弊竇，計無越此。但查總河部院移咨，因修築工程，每歲所費不貲。有河工重大，動支錢糧興工。其小可工程及狼窩、車道、殘缺處所，令附近居民填塞。奉有俞旨，遵行已久。今若照依來咨，再爲申飭，是與貴院禁止有悖。倘如不行，又恐各屬停工不修，過此農暇，後來致有衝決，關係運道，不惟各屬借爲口實，而民生日益勞困。想貴院早有石畫，計出兩便，希惟裁示畫一，申飭庶無參差之虞矣等因。已經移會按院，候有移覆，另行申飭外，擬合咨覆等因到臣。

又准河南按臣李粹然手本，回稱：准此爲照，河工之急，本按所知也。河工之弊，亦本按所聞也。幸藉貴部院籌畫精詳，剔釐嚴切，本按無不佩服。惟是河夫、柳梢，素爲中州大累。而所以致其累者，皆因庶司之奉行不善也。如派夫之弊，名曰照地均輸，而實則以一府之派，派之一縣。甲縣買免，復派乙縣，轉展那移，謂之流派。如折夫之弊，名曰計工定夫，而實則力役之人十無八九，巧以炊爨，雜遣爲題，不惟侵没應領之夫價，而每名反勒索幫銀七八兩不等，謂之折乾。加之幫貼如包攬之弊，僱夫有包僱之人，採柳有包買之家。不經其手，則有夫不用，有柳不收。通同官役，出入皆其操縱，致朝廷額費金錢，小民不沾實惠，謂之攬頭，即稱河棍。如侵冒之弊，各該管總領河銀，非抑勒其時，則短少其數，致使小民畏不敢領。稽之則曰節存，任之則飽橐腹。更有堡夫之苦。當日設立堡夫，原爲瞭望水勢，給有工食以養之。今則强行坐派，并勒以栽柳等差。每堡夫一名，費至七八十兩，貽累無窮，此本按得之親訪者如此。夫中州凋瘵之餘，凡額徵、新徵、供兵喂馬等項，業已力盡筋疲，若河夫柳梢之弊，不稍爲蘇息，將必散四方而填溝壑，有不忍言者矣。節據河道開銷之詳，動稱節省多金，本按非不樂於有此，而竊恐以尅之小民者邀爲己功，殊非朝廷惠民之至意。

又據該道册報開有未領河銀一萬四千餘兩，業經票行催領等情。煢煢小民方以工資不足糊口，柳價不足採辦爲苦，豈有役過應得之物，久置弗取之理？是非抑勒之明證乎？此本按據之詳册者。又如此凡河官作弊，或有司不肖，全在河道之綜核。種種積弊，該道不知不言，是曠職也。知而不言，是扶同也。將何以爲該道解乎？本按有禁飭之示，所以盡剔蠹之職掌，仍俟再訪得實，必會同貴部院入告，非敢于越俎而問也。

至于派夫之禁，適以部科有見給工食之條議，本按所禁在濫派耳。若大修、小修，動銀、不動銀，自有一定之例，應聽貴部院主裁。乃該道申文中改濫派爲派用，而且曰咎將誰諉，是以本按有巧卸玩工之咎，陰開私派之端之批，而亦非有阻于河工也。貴部院犀照之下，諒當垂鑒，急工蠹弊，自是並行而不悖者也。今准前因，相應回復等因到臣。

又據河南管河道徐必達呈稱凛奉嚴檄，方在行。查如河庫批發一節，從來並無遲閣。如本日投，次日批領，再無遲延第二日者，三年來如一日也。就十五年工程總計應用，當出庫銀四萬七千有零，當按院取庫册之時，尚存一萬四千有餘。册投于二月初九日，自二月初十日按院行後，至三月二十日共四十日。又批領過銀一萬，存庫不過四千之數，則可見未嘗少有抑勒矣。合一省計之，有八府。合開、歸計之，有開之三十四屬，歸之九屬。道里之遥，各府縣豈能一呼畢集耶？催領之票屢下，彼自就便爲緩急，豈批發者使之然歟？且河工錢糧若干，估計之時漫然俱聽領出，如應估一萬，即發一萬方爲愛民，倘河勢一轉，物料不用，人夫當放，工作當停，潑水難收，又何以爲奏銷之地？若復追之民間，恐騷擾之弊，又當糾參矣。

故凡奉本部院批興工辦料之後，陸續批發。工完銀盡者有之，工完銀未盡領者于本部院批准題銷之後，槩發催票。催其盡領，悉令出庫，方爲掌管錢糧之職分等情。據此，除臣已經查取，各印官領狀覈驗去後。該臣看得河道修防，全藉夫料。民間勞怨，固任事者所不得辭也。而惟是奉行不善，道廳印河各官不啻數百計，下而至于經承、皂快、里總、火頭又不啻數千計，人情巧僞，弊所必有。此臣嚴剔河工弊端一疏，所以有在官者司道府廳據實揭參，在衙蠹地棍者各屬推官察報究治之請。臣于二月內遵旨閲視淮工，不期霪雨連月，工作浩繁。而太行堤二百餘里，自議禁民修之後，歷年以來民不願聞，官不敢問。淮揚七州邑國計民生，止寄命於一綫土埂。臣嘔心血口，各庄民始漸次趨事。然長河千里，在在懸心，又未即能分身別顧。先據河南管河道詳開河南按臣禁示，要其剔釐之志，原與臣同，而愚民無知，遂妄生觀望。隨經移會撫、按兩臣，申飭各官題估工程。上緊儹修小可工程，仍遵前河臣楊方興題奉俞旨，風勸居民乘時補葺，並時發令旗，飭催管河道。大梁、睢陳兩道，未事綢繆，庶免貽誤在案。績淮按臣移覆手本，内開河工諸弊，自應叅究，但未據揭報指實。查臣於十六年二月内，先經行取各官賢否。又淮部覆嚴剔河工弊端，前疏現在通行，俱未據有造報。今淮按臣移會，復經移咨河南撫臣，就近確查，併備行司道府廳各官嚴查去後。應俟查報到臣，據實甄別，具題者也。所有移行過督催工程，查取賢否緣由，相應題明。伏乞睿鑒，施行。

順治十六年閏三月初八日題，本月二十一日奉旨：『工部知道。』

議覆淮工夫役疏

題爲酌議淮工夫役事。本年三月十六日，准工部咨開，都水清吏司案呈，奉本部送工科抄出，該本部覆河道朱總督題前事等因。順治十六年正月初八日題，二月初五日奉旨：『工部議奏。欽此。』欽遵。于二月初七日抄出到部，送司。奉此相應議覆，案呈到部。該臣等看得總河臣朱之錫疏稱淮揚一帶黃河，自順治十三年全黃歸故之後，去歲水患已見。太行老堤山清黃河南岸，自草灣以下，關民生爲多，關運道爲少。除五險埽工照舊募夫，高堰石工酌量估計外，太行老堤似應仍責山陽莊民。若時迫夫少，暫派下流七州縣等因，具題前來。

查五險、高堰等工，原係歲修者，似應照舊勘估修築。其太行老堤民修、官修，屢經更變，相應請勑總河臣會同漕撫、按臣從長商酌，務期上不誤公，下不累民。速行具題，以便另議。可也等因。順治十六年二月二十七日題，二十八日奉旨：『依議。欽此。』欽遵。抄出到部，移咨到臣。准此隨經移會撫、按兩院，并行司道查議去後。

今據南河分司楊西狩、淮海道霍炳會勘得：山陽黃河南岸太行老堤，延袤三百里，則關乎民生居多。稽考前明以長堤修繕維艱，公帑金錢有限，而朝廷爲國賦計，百姓亦爲田廬計，於是令印官出漕米，使百姓各領之。照領米之村，分派堤工丈尺，自築自修，該縣印籍以爲憑。歷年以來，雖鼎革之後，無異説也。迨後荆隆口決，黃河北徙，淮安水勢微弱，民無昏墊之苦，前按院奏御史遂有停止民夫之請。夫民心未有不好逸惡勞者，因循八、九年而民無一簣之土，官無督責之令，獾洞雨淋，堤已坍卸。至十三年，全黃南下，水歸故道。如去冬大水泛漲，以數載坍卸之堤，遇波濤洶涌之際，柴溝、姚家蕩一時並決，則今歲之議修急也。舊例既係民修，仍當按原籍分派之鄉村而責成之，亦情理之無待再計矣。

若夫老堤之內，有蘇建新淤馬邏五工，實當黃流直射之墟，稱名爲五大險工。雖隸山陽境內，而下流之害及於揚屬寶、泰諸邑者，更倍於山陽也。故前明曾派七州縣協濟夫料，正權其利害，酌其輕重，勢不得不然耳。亦以本朝初年，河決上流，淮安水勢平定。前部院題定在山陽募夫千名，五工分派，儘足畚鍤。乃十三年，黃河南下，水歸故道，五工之險，非夫多料廣不能支持。而山陽一縣，實難于一千之外重加力役之征。如今歲當大水泛漲之後，堤岸僅存一綫，見在五工齊舉，似仍當照舊例派下流七州縣協濟者也。不特今歲爲然也，以後如照常歲修，則止用山陽募夫一千名，若遇大水泛漲，或搶修，或大修，時迫夫少，仍照原定額數取協濟於下流七州縣，永著爲定例可耳。至於量給食米，則各州縣官別爲設處，或令民間自相貼併。當此河庫空虛，似萬難議之公帑者也等因。

又據該司道會詳呈稱：蒙本部院批，據司道呈詳高、寶、興、鹽、泰州、泰興六州縣循照往例，協濟夫役緣由，蒙批。據詳外河危險，山陽出夫已多，下流六州縣利害切膚，義難秦越相視，已如詳檄行矣。仰差的役守催赴工，應給食米，酌妥報奪。蒙此又經備行淮安府分管山清河務同知賈雲龍查議去後，今據該廳呈詳到道。據此，該司道會看得高、寶、興、鹽、泰州、泰興六州縣往年協濟山陽縣外河五工夫役，其工食原係各州縣自備。蓋因保此五險，實所以自保田廬而自爲身家計也。況有舊例，仍應祇遵，無庸再議也。但各夫服勞欽工，距家遥遠，或各州縣供億愆期，或服役日久勤勞可恤，似應預儲食米，不時賞賚。雖不在常例之中，亦寓賑於役，本部院格外賞勸之仁也。既經該廳查例具詳前來，相應轉詳等因呈詳到臣。

該臣看得山陽縣黃河南岸，草灣迤東太行老堤，延長幾三百里，原在運道之下，故係本縣民築民修，而新溝、建義等五大險工，即(大)〔太〕行堤內頂衝掃灣之處，下流六邑協濟修防，各保身家，歷來久矣。自順治九年，淮揚按臣題免鄉夫，止於五險各設募夫二百名，以供歲修。一帶長堤，廢弛不問。去年秋末冬初，河流漲溢，處處漫塌。雖經搶救無虞，然補缺加高幫厚，工程浩繁，河帑勢不能給。除太行老堤該縣已照例催莊鎮鄉夫興工，將次告竣外，至五險各止募夫二百名，工多夫少，萬不克濟。山陽王公堤、高家堰、裏河各工並舉，出夫已多，難以再派。據司道呈詳，已調下流高、寶、鹽城、泰州、泰興五州縣各照舊例出夫四百名，興化縣出夫三百名，分發五工，幫臺推埽，協力儹做。但各夫盤費，原係自備，猶恐運給衍期。臣暨司道公議，量犒食米，稍資乏絕，寓賑於役。此又仰體我皇上優卹煢黎至意，出於舊例之外者也。俟工完之日，用過米數，造册報銷。嗣後，太行老堤應責分定莊民自行補葺，無庸贅議。至五險工，每年照常歲修，止用募夫一千名。若遇河勢危急，工程浩大，方調下流人夫協做，工完即放，永著爲例。既經司道會詳前來，臣謹會同漕撫督臣亢得時、淮揚按臣馬騰陞合詞具題。伏乞勑部議覆，施行。

順治十六年四月初九日題，本月二十六日奉旨：『工部議奏。』

工部覆前疏

題爲酌議淮工夫役事。都水清吏司案呈，奉本部送工科抄出總督河道朱之錫題前事等因，奉旨：『工部議奏。欽此。』欽遵。抄出到部送司，奉此相應議覆，案呈到部。該臣等案查本年正月内，據總河臣朱之錫疏稱太行老堤山清黄河南岸，自草灣以下，關民生爲多，運道爲少，五險堤工照舊募夫。太行老堤似應仍責山陽莊民。若時迫夫少，暫派下流七州縣等因，具題。臣部請勑總河臣會同漕撫按臣，從長商酌，具題。奉旨咨行去後。

今據總河臣會同漕撫臣亢得時、按臣馬騰陞疏稱太行老堤該縣照例催夫興工，將次告竣。至五險工多夫少，已調高、寶等六州縣出夫協做，量犒食米。其太行老堤應責莊民自行補葺，五險歲修照常募夫。若遇河勢危急，工程浩大，方調下流人夫協濟，工完即放，永著爲例等因，會題前來。

臣等議得山清黄河南岸民生攸關，其太行老堤莊民補葺，五險堤工遇有緊急，方始調夫協濟。既經諸臣酌妥會題，相應如議。仍請勑下總河臣會同撫按嚴飭司道印官，從公僉派，不得苦累窮民。如有此弊，即指名題參，以憑從重議處。可也。奉旨：『依議行。』

覆淮黄關係甚鉅疏

題爲淮黄河工關係甚鉅，宜詳察形勢，以護國課，以奠民生事。順治十五年十二月十七日准，工部咨開，都水清吏司案呈，奉本部送工科抄出河南道監察御史何可化題前事，内開切念河決之爲患非輕，治河之爲工甚重。黄水安瀾則萬姓受平康之福，堤堰衝決則國賦增度支之憂。是黄淮一帶堤口向來動費朝廷數百萬金錢，實耗百姓無限膏血。爲河臣者所宜爲軍國至計，從長籌畫，則百年一勞永逸之良策，不可不急講也。

臣先任浙江，曾經淮黄地方，留心體訪，頗得其槩。今於《邸報》見總河臣朱之錫并漕臣亢得時等疏，屢報水勢堤岸突決，城池浸没，一方漂陷，若是乎岌岌矣。然但言一時之事，而不及前後也；但言衝決之地，而不言形勢也。臣請以所聞奏。夫淮、泗之來，自泗州入於陂射等湖，北折於清口，而黄水合流矣。自邵伯而北，歷高郵、寶應、山陽、安東皆受湖患。而城低於堤者丈有四尺，其西爲高家堰、高良澗二堤，以障水勢。而水過大則浮漫而行，至淮(陽)〔揚〕城外西堤，皆沙土。即歲有修補，終不能固，勢必多爲旁瀉之路而後可，則治湖之形勢不可不詳也。又黄河自清口合淮迄東而至五險，爲堤曲折，僅百里，其寬者不過四五丈耳，而河路之狹僅四五百步。夫黄水在河南一帶即狹者亦經五六里，今以里餘之地收兩河之水，雖神禹不能善其後也。

又山陽以東有堤，其來久遠，名曰太荒，長亘蜒蜿僅三百里，在前朝出自民間地頭，夫每歲增補高厚焉。自御史秦世禎題准官築以寬民力，而歲修亦無定額，則官民修築之利害不可不講也。又險堤而外爲鹽城等縣，直達江都，每歲鹽課百四十萬取給於此。若五險堤岸一決則鹽城盡被渰没，且非一歲興工可便補塞。國家幾百萬金錢，不可不重爲慮也。況險工一決，遭漂溺者七州縣，房田墳墓盡壞於洪波，民命且不可測，況租税耶？則五險、太荒諸堤，不可不防患于未然，救災於未事也。請勑下河臣親到淮揚，審量形勢，湖水若何而蓄，若何而洩，黄河東下何以收其流，何以殺其勢。查前朝之故事，量今日之情形，不病國，不損民，悉心經畫，以圖久安，漕儲力役均有賴焉。謹獻蒭蕘末議，伏祈勑部議覆施行等因。

順治十五年十一月初八日題，本月十三日奉旨：『據奏淮黄堤工，關係地方鹽課，着詳議具奏。工部知道。欽此。』欽遵。於十一月十五日抄出到部，送司。奉此相應議覆，案呈到部。

該臣等看得臺臣何可化疏稱：淮泗之水，入陂射等湖，高郵等處皆受湖患。黄河自清口合淮，迤東寬者不過四五丈。太荒長堤歲修漫無定額，官民修築之利害當講。又鹽課百萬，取給於此，請勑河臣悉心經畫，以圖久安等因，具題前來。查得淮、黄兩河堤岸，關係淮揚七邑民生，而鹽課租税尤今日所最急需者，臺臣何可化條議前來，應請勑總河臣親赴淮揚，審度地方形勢，湖水應如何蓄洩，黄水東下窄狹處所，應何以收流殺勢，以及五險、太荒堤工，應如何修築，逐一審勘詳確，務求有利於國，無妨于民，經久可行。酌議妥確題覆，以便臣部另議。可也等因。順治十五年十二月初四日題，初六日奉旨：『依議行。欽此。』欽遵。抄出到部，送司。奉此相應移咨，案呈到部，移咨到臣，備行司道勘議詳報去後。

今據南河分司楊西狩、淮海道霍炳、揚州道高光夔會詳呈稱蒙此隨行淮揚二河廳查勘詳報。續據淮安府分管山清河務同知賈雲龍、揚州管河通判王撫民呈稱蒙此轉行各州縣勘報到職，該卑職覆行勘明，擬合呈詳等因到司。據此，該司道會看得淮揚之治河也，較他處不同，在揚屬運道與湖水相連，在淮屬運道係淮、黄交流，淮河自西而來，至泗州入諸湖，出清口達於黄河，以資利涉。是以治河、治漕，必並行而不相悖，方於國計民生兩有裨益。

敢以淮黃之勢言之，夫黃强淮弱，黃濁淮清，二瀆同至於清口滙合，東由安東雲梯關以入海，此從來不易之勢也。但黃流濁河易致沙淤，必（籍）〔藉〕淮流蕩滌方不致梗運病民。先年嘗有分黃、導淮之議。分黃者，於桃源縣迤南黃家嘴闢一支河，使其從旁分洩，以殺强黃之勢。導淮者，導引淮流歸于海，以通運道。故淮水偶有暴漲，於南設有高良澗、周家橋二閘，以備宣洩。溢入寶應、高郵諸湖，相聯澎湃。各建閘座，挑挖河渠，累築堤岸，捍禦衝決。由邵伯金家灣入芒稻河，可從瓜、儀注江，或通廟灣歸海，此蓄洩湖水之法，外此再無庸於旁瀉矣。

至於雲梯關之灌口，固爲黃、淮會流，一路寬廣。歸海之處，每遇河流泛漲，無處分殺。必從清河上四十五里，仍挑黃家嘴，經清河至安東五港口，東流入海，分殺暴漲之勢，不致南下，而清口得免。黃强抵淮，阻運之患，至新溝等五險工亦可稍免全河洶湧衝漫之虞，誠爲保運安民長策。奈河長二百四十里，淤澱年久，工繁費鉅，難以輕舉。應俟年豐物阜，另議舉行。

其太行老堤，山陽境内延袤三百里，原係民修民守。自秦按院題免鄉夫之後，數年未修。又值去歲洪流衝漫，處處坍塌，卑薄不堪捍禦。業蒙本部院具題，已經司道會議，查照舊例，仍按原籍責成鄉民分修，另詳在案。再照此堤之内，五險工下流關切淮、揚、高、寶等七州縣，鹽課亦攸係之，歲歲修防，勢難緩怠。若得有引水一支流，旁瀉以減正河之勢，以免直射之衝，誠保五險之要。着苐查蘇建北岸宫家營地方舊有引水一河，久經淤塞，每有興濬議，皆未果。葢緣引河必使深廣同於正河，方能借勢而下。況黃河諺稱神河濶數百丈，底深水溜，不惟挑濬匪易。借使如式，寧能保其不旋挑而旋淤乎？亦惟有廣積夫料，加意修防，以收補偏救弊之功，舍此無他奇也。司道在河言河，管見如此，擬合呈詳等因到臣。

該臣看得淮揚郡屬地處卑下，滙爲諸湖，淮、黃由之，歸墟江海於焉。受注客水時，至一望汪洋。如綫之堤，曾不足以禦稽天之浸，則疏洩固在所亟亟也。爰自前明挽河資運，閱數百載變故，即費數百載經管。今其遺跡非不具在，然舊貫固有可仍，而時宜又有不得不審者。臣請條晰而備陳之。

淮水自西南來，趨東北。黃水自西來，横截於清口外。淮之支流由清口折而南注通江者，所謂運河也。淮之正流會黃並驅東下入海者，所謂黃河也。伏秋之間，淮、黃交漲，淮被黃遏，周旋而不得出清口，以上滙而爲洪澤等湖，則高堰危。故堰南有高良澗、周家橋兩閘洩水東入高、寶、白馬等湖。高、寶湖東通連運河，南從瓜、儀入江。而地勢微昂，宣洩不及則運堤危。故運河東岸有涇河、子嬰、金灣等閘洩水東下，射陽、廣洋等湖入海，有灣頭閘，有芒稻河洩水南入於江，此運河及諸湖之形勢也。

堤閘舊制，今皆見存，間有歲久圮壞者，應行酌量估計，以時修葺者也。

淮、黄交會，由清口而東，濁流湍悍，衝潰易告。查前明萬曆年間，曾於桃源縣黄河北岸挑黄壩新河二百四十里，分黄一支，由五港口歸海，以導淮保運，即以殺南岸河患。但淤澱已久，工役繁鉅，興復實難。又崇禎年間，塞蘇嘴、建義兩決口，曾挑宫家營引河十里，暫殺水勢。未幾，仍淤。葢河不兩行，既恐徒費，況今歲淮工坌集，亦有未易並舉者。姑俟民力稍裕，另行酌議。至於現今河身濶者數里，狹者亦不下數百丈，兩堤去河尚有陸地，水長則及堤址，水落則復河渠。洪流衝蕩，不啻奔馬，豈俟人力開鑿收流之議？似無庸贅。此黄河之形勢也。

總之太行老堤實淮揚七州邑一大保障，自前朝來原係莊民自修，而中間頂衝埽灣諸險工，亦有鹽城各縣出夫協濟之例。順治九年間，黄河北決，淮屬士民燕雀怡堂具控，按臣遂爲題免，沮格廢弛。去歲冬漲，幾成大害，此臺臣何可化特以力役爲言，葢實有見於往例之不當廢耳。除裹外兩河堤埽各工仍應照例每歲勘確詳估題修，其太行、五險堤修築事宜，臣近於淮工夫役疏内已經會議題明。應候部覆前疏，請旨遵行，以垂永久。可也。既經司道具詳前來，臣復親勘無異，相應具題。伏乞勅部議覆、施行。

順治十六年五月初一日題，本月二十五日奉旨：『工部知道。』

工部覆前疏

題爲淮黄河工關係等事。都水清吏司案呈，奉本部送工科抄出總督河道朱之錫題前事等因，奉旨：『工部知道。欽此。』欽遵。抄出到部，送司。奉此相應議覆，案呈到部。該臣等案查臺臣何可化於順治十五年十一月内疏稱：淮泗之水入陂射等湖，高寶等處皆受湖患。黄河合淮迤東，寛者不過四五丈。太荒老堤歲修漫無定額，請勅總河臣悉心經畫等因，具題。業經臣部請勅總河臣親赴淮揚，審度形勢，湖水應如何蓄洩？黄水東下，應何以收流殺勢？太荒堤工，應如何修築？逐一酌議妥確，題覆。奉旨咨行去後。

今據總河臣朱之錫疏稱：淮揚郡屬，淮、黄因之歸墟江海於焉。受注則疏洩，固在所亟亟也。運河、諸湖、堤閘舊制見存，間有圮壞者，應行酌量修葺。黄壩新河，興復實難。宫家營引河，俟民力稍裕，另行酌議。清口而東，濶者數里，狹者亦不下數百丈，洪流衝蕩，不啻奔馬，收流之議，似無庸贅。裹外兩河，照例每歲確估題修。其太行、五險修築事宜，近丁淮工夫役疏内題明，應俟部覆請旨遵行等因，具題前來。

臣等議得淮、黄、諸湖，水有消長不　。堤閘舊制既存，應行修覆。仍請勅下總河臣嚴飭司、道、廳等官，湖水相機蓄洩，堤岸及時估修，毋俟臨危搶救，有誤運道民生。至于太行老堤、五險堤工修築事宜，已經臣部於本年五月內覆明總河臣酌議淮工等事一疏，奉有依議行之旨，遵行在案。其黄壩新河等處，既經總河臣覆明，無庸再議。可也。奉旨：『是。依議。』

卷之六

弁旗不法疏

題爲弁旗不法，大變異常事。據北河分司葉獻章、東兖道潘超先會詳前事，呈稱：本年四月二十五日，准臨鎮右營駐防安山遊擊朱文舉手本，内稱竊照本職駐防安山，專司護漕，屢奉上行催儹糧運，刻期抵通，時不容緩。本年四月二十四日，有江西新安并杭州等衛船隻，齊到安山閘上，停泊不行，任意逍遥。本職親至閘口，見水湧板，即令啟板前行。不期運官張學賢等不容督催，率領旗丁、水手千餘，各執棍棒，蜂擁圍住，將職徧身打傷，衣服盡行扯碎，復將本營跟役范保綁拿上船，弔打不放。

本日又據安山閘官王國昌報稱：有南來建陽、新安等衛重運船三幫，已時抵閘，水有十八捺，至未時，刁肆不過閘口。卑職恐誤國家重務，催伊開船。不容分説，旗丁、水手，棍石交加，將閘夫張標等三名撻帶重傷等情。似此無法無天，情似叛逆。但本營以國儲重大，不便相持，合當會報。請祈貴道煩爲轉文各部院，亟行剪究，以正法紀等情。移會到道。准此隨行捕河廳確查。續據該廳查覆到道。據此爲照，催儹漕船，不許時刻停泊，屢奉嚴旨，隨到隨催。出境文武，均有責成。今江西新安衛運官張學賢、旗甲吴程韓等船二十一隻，建陽衛旗甲于克惟趕幫船六隻，杭州衛運糧守備郭鎮威、旗甲丁三傑等船六十八隻，不惟不服督催，更且恃衆毆傷營弁，若不呈請嚴法究處，恐將來毆辱督催官員，又不止此矣。既據該廳呈報前來，擬合呈報等因。

據此，該臣看得漕糧重務，沿河催儹，屢奉嚴綸。臣先於閱河之日，面諭文武各官，惕以功令。又復檄催、差催，罔敢刻懈。董口至臨千餘里河道，源高委卑，專恃閘座，啟一閉二，爲之節宣。苟一閘停延，不惟阻壓後幫，即閘下，亦不免待水以濟。雖臣預飭所屬疏壅濬淺，殫竭人力，今歲雨澤甚稀，猶幸深通無阻，然亢旱已久，正昔人所云『理閘如理財，惜水如惜金』之日也。

據報江西新安衛運官張學賢、旗甲吴程韓等船二十一隻，建陽衛趕幫旗甲于克惟船六隻，杭州衛運糧守備郭鎮威、旗甲丁三傑等船六十八隻，停泊安山閘上，積水已至盈(漕)〔槽〕，猶然任意逗遛不進。遊擊朱文舉分汛安山，奉旨催儹，乃其責任。輙敢恃衆不服，擁毆職官，藐法誤漕，是其目中尚知有三尺哉？非嚴加懲處，無以爲效尤者之戒。除臣復檄行東兖道嚴催北上外，所有抗催弁丁，相應據實題叅。伏乞勑部從重議處，施行。

順治十六年五月初三日題，本月二十五日奉旨：『據叅運官張學賢等，擅毆職官，藐法誤漕，好生可惡，着該巡按御史嚴提究擬，具奏。該部知道。』

題明河銀支放成例疏

題爲題明河銀支放成例事。竊臣蒙恩拔擢，謬典河漕，遠考河患之變遷，近憂河帑之匱詘，蒿目怵心，實有不敢一刻姑息、市恩以自取焦爛之悔者。故蒞任以來，無日不以任怨急公諄免各屬，而惟是因私叢弊，法難寬假。凡見聞所得，臣俱經不時題叅。至於十五年歲終舉劾，臣申明激勸大典，前疏於本年三月內部覆，奉旨必俟通行造報，甄別具題，已于閏三月內據實題明在案。但所屬遼濶，開送未齊，容臣彙查舉刺外。本年五月二十九日接《邸報》，河南按臣李粹然有河銀朦混等事一疏。除徐必遠奉有『嚴察議處』之旨，相應靜聽部覆。但內開有管河道徐必遠于二月初八日投按臣册內開十五年工程未領銀一萬四千餘兩，業經票行催領等語，關臣職掌，有不得不自一剖明者。

夫黃河工程，初時勘度大勢，估計銀數。築做之時，又不得不相機以盈縮其間。故十五年劉家樓工估銀二千七百六十兩，後以引河挑成，遥堤停築，不敢開銷。魁星樓工估銀一萬九千六百四十三兩，後亦以引河挑成，止開銷銀三千一百一十一兩。河性無定，呼吸異形，應估固不得不估，可省又不敢不省。故估計之後，聽該道轉行該府均派夫料，各州縣官應領之銀，聽其酌量陸續支領。有先支者，有續支者，有找支者。錢糧干係在臣，惟期其支發以實册領分明，亦不便專亟亟焉。催銀出庫，以致報銷之時，雖欲覈減而不可得也。況歷來工程，或本年銷，或次年春銷，夏銷不等。甚且一估可支兩年，則隔年而始銷者。查十五年河南共計十工，十五年十二月、十六年正月僅奏銷過二工，其餘俱在本年二月二十七日，三月初九日、二十七日，閏三月十五日先後題銷。臣于此時方將嚴覈以圖撙節，而又安得先以盡數出庫督之耶？且不但十五年也，內祥符縣清河集、商丘縣王家壩二工，皆係十四年估計，于今春報完。自于今春清覈，此在十五年春尚不敢責之盡數出庫，而況十四年乎！又黑堽口一工，今尚未行報銷，是本年估計謂爲本年工程，而其實先後遲速，原有不可限以一例者。

至臣稽查之法，所據者，月則有月報，季則有循環，歲復有歲報，管收除在，歷歷難紊。查十四年歲報內有支十二、十三年銀二萬二百三十六兩，十三年歲報內有支十二年銀八千三百五十八兩。自十二年以上，亦皆有本年支頭年銀，開除數目，節年奏報册在部，可一一覆查也。

在按臣見謂十六年二月初旬，尚有估計十五年工銀正在催領，似屬過期，固爲恤民起見。在臣則非不知恤民，而急河工，慎河帑，典守所在，勢又不得不長慮兼顧也。

臣前據實題明，疏内已備述按臣移會手本。四月初十日，又接按臣河銀朦混揭帖，皆有十五年河銀愆期一事。如非例所應然，臣聞之既稔，豈肯尚爲一刻姑縱而不即糾參者？不但恐與歷年歲報自成相左，且恐向後鑒爲覆車，寧敢過發，不敢過存。出庫之銀，歸集不易，河帑之不清方甚耳。現今所屬道廳印河等官賢否，臣嚴檄藩臬各司道，據實開送，至再至三。如或有誤，臣以自干狗庇之譴者，臣自應一體題參。但河銀出納，綱領攸存，臣既未便雷同自誤。倘緘默不言，又恐以溺職取罪。謹將支放成例，據實題明，伏乞睿鑒施行。

順治十六年六月初四日題，本月二十七日奉旨：『該部議奏。』

工部覆前疏

題爲題明河銀支放成例事。都水清吏司案呈，本部送工科抄出總督河道朱之錫題前事等因，奉旨：『該部議奏。欽此。』欽遵。抄出到部，送司。奉此相應議覆，案呈到部。該臣等案查本年四月内河南按臣李粹然題爲河銀朦混異常等事一疏，稱河道徐必遠于二月初八日，投臣一册，内開存貯十五年未領河銀一萬四千餘兩，已經臣部請敕總河臣會同河南撫臣，備查河庫夫料銀兩，曾否俱經發完，尚有未發若干，有無措勒情弊，奉旨遵行在案。今據總河臣朱之錫疏稱十五年河南共計十工，十五年十二月、十六年正月僅奏銷過二工，其餘俱在本年二月二十七日及三月閏三月先後題銷。臣于此時方將嚴覈以圖（樽）〔撙〕節，安得先以盡數出庫督之耶？在按臣見謂似屬過期，在臣典守所在，勢又不得不長慮兼顧等因，具題前來。仍請敕下總河臣會同河南撫臣，速將河道徐必遠未發十五年河銀一萬四千餘兩，有無措勒，逐一查明，據實具題，以憑議覆。奉旨：『依議。速行。』

免換官兵船隻疏

題爲緊急軍務事。順治十六年五月二十九日，據濟寧道楊奇烈呈前事，内稱：本年五月二十五日蒙本部院憲牌，本月二十五日准總漕亢部院咨開，准二省郎部院咨，准操撫蔣部院咨，准總督湖廣李部院咨，准羅大將軍咨照得本府奉旨班師回京，大兵至沅州，盡由水路前行。其辰州、常德、澧州等處，必須多備船隻，伺候應用。至荆州喂養四十日，官兵口糧、餉銀及馬匹草料、槽鍘、鍋桶等項，早爲備辦。其營房預行料理修葺，以使勞苦官兵一到休息。事關軍務，合行預知，備咨前來，煩爲查照，速賜嚴飭所屬官員預先料理等因。

准此除駐楚喂養馬匹，需用粮料等項，另行備辦外，惟是羅大將軍遠進黔陽，兵士勞苦，今由水路班師，需船甚多，已經本部院會同撫部并按院嚴檄各道府，協將封備共一千二百隻，伺候坐用。

但查往例送至江南，照數更换。今大兵回京期迫，勢難緩待，相應移會等因。又准湖廣廵撫張部院咨同前事，併咨前來。

准此爲照，羅大將軍奉旨班師回京，由水路北旋，需船一千二百隻。往例送至江寧更换，自應通省酌派。貴部院全省提衡，仰祈主裁，酌派撫屬若干，明白賜示，以便轉行道府，循照封覔，以濟兵需等因到部院。

准此爲照，大兵回京用船甚多，事屬急需，誠難緩誤。自當照例通省均派，應請貴部院檄行所屬，備船四百隻，合三撫屬共合一千二百之數，俱解赴省。責成驛傳、江寧二道收管，分發大兵乘坐，仍令江寧道覔船一百隻以備不敷。

又大將軍暨固山、章京等官，必需座船更换，本部院令江南驛傳道預備座船二十隻，併池太、揚州、淮海、常鎮、蘇松五道各備座船二隻，共合三十隻，以供更换。

但查向來各屬解省船隻，多有賣放及中途脱逃及致臨期輒以不堪混解，躭阻大兵，甚爲誤事。應于撫屬各府中選風力能幹佐貳二員，耑委分頭催覔，各押船二百隻來省料理，可杜遲誤之弊。完日准與獎勵，以勸勤勞等因到部院。准此除行各該道照數封備，業經選委淮安府清軍船政文同知押赴江寧投交料理外，但查往例送至濟寧，照數更换。今大兵回京期迫，勢難緩待，相應咨會。爲此合咨，煩爲查照，速賜嚴飭所屬道府，協將封備共一千二百隻并座船三十隻，以供更换，勿致臨期緩誤。仍希覆示施行等因。准此擬合就行，爲此牌仰本道照依咨牌事理。即例親詣河干，不拘官民船隻，封備大樣、中樣，照依派註數目編成字號，灣泊月河，聽候官兵船到更换應用。事關軍需，毋得刻緩，致(干)〔于〕功令未便等因。蒙此，又于本月二十六日，蒙本院催票同前事。

又蒙本部院批，據濟寧州申詳前事等因，備行到州。蒙此爲照，羅大將軍自黔班師，由水路回京，需用大船一千二百餘隻。卑職捧讀憲檄，驚愕無措。但羅大將軍需船一千二百餘隻，自楚而至江南更换，自江南而至濟寧更换，固屬勞逸適均之策。但河道之大小，與船隻之有無，勢有不同，又難一槩而責成也。夫楚省與江南素稱澤國，跨三江而帶五湖，人人以水爲家，以船爲業，其商賈貿易大都以船爲生也。故船泊如蟻，帆影蔽日，雖用巨艦數千隻，指顧之間，可以立集。若夫濟寧不過彈丸之區，所管河道南北七十里，不過咫尺之地，豈可與彭蠡、江淮同日而語哉？雖有往來船隻，不過重運糧艘，鞭催不暇，豈容片刻停留？顧欲彈丸之區，咫尺之水，而備如許之船，誠萬萬所不能也。卷查往例，亦有大兵經過乘坐大船數百隻自北來者，俱乘回空糧船自南來者，俱係按船貼給食米，隨到隨行，並無更换之例。但事關緊急軍務，若不預行請明，恐致臨期失誤，貽戾匪輕。雖卑職無足惜，所關于地方不小也。合無申祈憲奪，俯念無米之炊，實難封備。急行題請，准照舊例貼併，庶軍機不誤矣等因。蒙批，仰濟寧道嚴飭該州一面多方封備，該道一面確查往例速報。蒙此，隨行濟寧州多方封備，并查往例速報本道，以憑轉報去後。

今于二十八日，據該州申稱：蒙此卑州遵照憲文，親赴河干，搜貼船隻。查卑州所管運河僅七十餘里，見今重運如織，客船時難停泊。即今沿河一帶，或係重運糧艘，或係龍衣差船，並無商賈民船可以封貼。卑州極目焦思，雖日夜株守河干，終屬無益。歷查前案，凡係緊急軍務船抵濟寧，無船更换，或量行貼併，隨到隨行，此往例也。

案查順治十四年三月初七日一件爲軍務事，定遠大將軍世子凱旋，座船十三隻並無更换。又十四年十一月二十八日一件軍務事，駐防湖廣阿大人班師回京，座船一百七十隻，並無船應付北上。訖。又十五年二月二十六日土固山班師回京，座船四百四十六隻，無船應付北上。訖。又十五年六月二十八日一件移會事，梅勒吴章京座船十一隻，並無更换。又十六年四月初一日一件軍務事，回京押馬章京座船五十一隻，並無更换貼併食米應付。訖。細檢前案，凡係無船更换，俱係貼併食米。濟寧咫尺河道，即用數隻，一時無船，亦難更换，况用大船一千二百隻，從何得來？往例具在，擬合據實回報。

再照南來大將軍需用縴夫甚多，若俟探明催備而驛遞額夫有限，動銀僱覓亦艱，合無申祈憲臺嚴檄各屬，預行發銀僱覓協濟。庶臨時軍機無誤，而卑州亦免慢誤之咎矣等因，申詳到道。

據此，該本道看得濟寧一區，雖臨河濱，爲南北舟車要道，然不過信宿停泊，即揚帆攸往，實非會聚之所。豈若吴楚淮揚民生澤國，非船則裹足難前，捆載無術。襟江帶湖，極目千里，一值需用船隻，片檄號召可以鱗集，猶每有不足之虞。今以彈丸濟地，如帶漕河而欲與吴楚一同勞逸，即驅官役晝夜株守河干，徒有蒿目椎心，亦勢難猝辦。

今羅大將軍班師回京，需用船隻計一千二百餘隻。在楚則有荆、襄、蘄、黄、武漢諸郡截江距湖，上下共備。在江南則有蘇、松、常、鎮、江、太、淮揚，上下共備。如濟寧地方，一經江淮一帶備船供應，即無片帆隻艘北上，是江淮備船之檄文方行，而濟寧之舟楫先絶。况濟郡所轄之河道，南北計程僅七十餘里，乃以矢目立到之地，而與江淮相供應，又不啻天淵。是以該州一奉備船之檄，即驚惶無措，而有爰查往例貼併食米之懇也。茀遡查往例則悉以原船貼併食米，隨到隨行，又皆歷歷可稽。今據該州申詳前來，合無請乞憲臺軫念濟地非聚船之處，俯賜咨部代爲具題，察照往例。此後如大兵乘坐船隻至濟，該州照依原船水手名數貼併食米，以速遄往。庶該州免無米之炊，而于軍需亦無誤矣等因，呈詳到臣。

除需用縴夫，臣移會撫按兩臣併另行飛檄沿河各道查探前途事例，星速預備外，該臣看得班師大兵需船一千二百隻，座船三十隻，准漕臣亢得時移咨，至濟更換。臣即飛檄濟寧各道，分投封備，復嚴檄接催去後。但山東漕河止盈盈一綫，惟有空重兵差船隻，往來其間。原非官商舟楫停泊、卸裝、攬載之所，與江南澤國帆檣輻輳者實未可同日而語也。且查往例，節次大兵經濟，俱因無船更替，量給食米，應付前進。茲大兵凱旋，臣念軍需重大，督催恐後，惟是各官殫竭心力，止能搜其所有，不能强以所無。據該道詳稱，請照往例貼併食米，庶不致臨期有誤。除仍嚴檄各道，倚力封貼，以備缺損外，臣灼見事勢，復與撫臣許文秀面相商確，委應循照舊例，以無誤急需。事關軍務，不敢不據詳入告。臣謹會同山東撫臣許文秀、按臣程衡合詞具題。伏乞勅部議覆、施行。

順治十六年六月初四日題，本月二十五日奉旨：『該部議奏。』

兵部覆前疏

題爲緊急軍務事。車駕清吏司案呈，奉本部送兵科抄出總督河道朱之錫題前事等因，奉旨：『該部議奏。欽此。』欽遵。抄出到部，送司。奉此相應議覆，案呈到部。該臣等看得總河臣朱之錫疏稱羅大將軍班師大兵，需船一千二百隻，座船三十隻。漕臣亢得時移咨至濟更換。山東漕河，惟有空重兵差船隻往來，原非官商舟楫停泊、卸裝、攬載之所，與江南帆檣輻輳者不同。節次大兵經濟，因無船更替，量給倉米，應付前進。請照例貼併食米等因。查更換官兵船隻，歷年自有，已行定例。今據疏稱濟寧無船更替，按船貼併食米，既係往例，應請勅該督照例酌給，無誤軍行。可也。奉旨：『依儀行。』

運河漫溢疏

題爲山水泛漲，運河漫溢事。順治十六年五月二十二日，據南旺分司劉元琬呈稱：本年五月二十日據滋陽縣申，據泉夫劉光遠稟稱本月十五日未時，泗河山水泛漲，壩上水高五尺，將五閘門盡行衝開。黑風口下板草塞嚴固，沂河水有六分，後水未定等情。申報到司。擬合呈報等因。

據此，又據該司呈：據東平州管河判官王統呈報本月十五日酉時，陶泰等山山水泛漲，汶河水陡長六尺，現今督夫看守土壩等情。據此，又據本官報稱本月十七日戌時，又復長水一丈二尺，現今督夫擡土加高等情。又據，本官報稱本月十六日子時，陶泰等山山水泛漲，汶河水復長七尺，連前共長水一丈九尺各等情。呈報到司。據此，除一面嚴飭該州印河官率領人夫，將坎河口土壩積土加高，晝夜護守外，擬合呈報等因。

又據該司揭報：據魚臺縣管河主簿張名榜報稱本月十八日晚至十九日卯時，河水共長五尺六寸。本管堤岸，高者與水相平，矮者漫堤過水。現今嚴督分派汛地，築叠子堤，晝夜築守外，理合禀報。據此，又據汶上縣管河主簿趙應乾報稱本月十六日戌時，大雨至十七日午時，山水泛漲，自汶河上源流入漕河，復長水五尺二寸。上源各水口，俱分派各夫巡守外，理合禀報各等情。據此，理合轉報等因。

又據濟寧道楊奇烈呈稱：據濟寧州管河州判王心介呈報五月十六日起至二十日止，泗河、運河、白馬河山水大發，陡漲丈餘。師家莊以下，狂瀾橫溢，堤岸坍陷，人夫防護力無所施等情。報道。理合呈報等因。

又據淮徐道李世洽呈稱：據邳宿同知孫裔昌呈稱五月十六日未時，探得運河因霪雨連綿，山水涌出，漲發異常，兩岸高者水與岸平，低者溢出岸上，見今有漲無消。呈報到道。理合轉報等因。

又據邳宿同知孫裔昌呈稱：本月二十一日，據宿遷縣主簿沈時達呈稱切照連因天雨半月有餘，黃、運兩河，水勢並發，運河山水更盛。自五月十五日起至二十日水頭約一丈有餘，其湖心大壩石碑口一帶堤岸平漫，鄭家溝洩水不及一分，歸駱馬湖黄水雖大，比清水稍弱。運河、清水直射至黄河南岸董口，並無妨礙。據此，理合轉報等因。

又據濟寧道楊奇烈呈稱：五月二十七日，據兖州府運河同知佟養鉅揭，據魚臺縣申，據管河主簿張名榜報稱切照本管河道最屬窪下，自本月十五日、十七日霪雨異常，連日不止，河水泛漲，由滕縣地方絞股泉出水洶湧，入漕逆流北上，河水陡漲四尺。有邢莊閘迤下丘家大壩，馬家口迤下王家大壩，滿家口迤下徐家大壩三處，俱屬危險要地。卑職晝夜往來，督率管下人夫，加意築防。不意十八、十九二日又有白馬河水陡長，上下水勢相抵，甚是洶湧。又兼夜間狂風大作，將南陽迤東，自減水單閘至邢莊閘迤上一帶堤岸漫没等情。據此，卑職前目覩水勢三處，叠發洶湧異常，又兼霪雨連綿，覆加狂風大作，實人力所莫能挽也。一面嚴督官夫晝夜培墊外，呈報到道。理合揭報等因。

又據濟寧州揭稱五月二十八日，准本州管河判官王心介牒，稱據師家莊閘官孫士誠報稱本月二十七日子時起至寅時，河内洪水大發，又復陡漲三尺四五寸不等，且地勢低窪，又兼山水湖水澎湃而下，波浪掀天，復將兩岸閘背盡行漫没，一派汪洋等情到職。查勘得此水正在泛漲之際，甚是急溜洶湧。除一面行令本官摘撥人夫在于險要處所搶護外，理合揭報等因。

又據南旺分司劉元琬稟稱昨奉憲諭，本司即馳赴師家莊，閱視閘門并過水形勢，督催運艘前進。據運官朱知良稟稱閘門水勢洶湧，不敢挽拽。萬有疎虞，未便。本司嚴諭，糧運原有程限，豈可任意停泊。緣天色已昏，不便打船。次早隨喚運官朱知良設法生纜，東岸用淺夫二百名，西岸用軍縴三百名，本司親督快役，催趕挽拽。其頭船方收拾過閘，適差官賫捧令旗憲牌到閘。仰藉憲臺威靈，衆船始齊挽拽，挨序前進各等因到臣。

該臣看得運河一綫漕渠，受諸泉之滙注，非有支河可以旁洩，故稍旱則苦涸，連雨則又苦于溢。伏秋水發，堤岸受傷，無歲無之。臣于孟夏自淮旋濟，正值天道亢暘，嚴督沿河南北司道各官，料理重運。五月初旬之後，既幸得雨。而伏秋已届，正擬星赴河南閱視各工，不意霪雨連綿，山泉四湧，河湖交溢。甫接水長六尺報文，俄而驟至一丈二尺，又俄而驟至一丈九尺，高者平堤，低者漫溢，且甚而有没及閘背者。雖船過天井閘者已多，而濟寧以南餘船正係上水，縴挽維艱。除先經嚴督官夫，晝夜搶護，仍多調淺、溜等夫，以助挽拽。臣復親詣督察外，俟水勢略定，即馳河南徧行勘閱。所有司道各官呈報運河水汛，相應具題。伏乞睿鑒施行。

順治十六年六月初四日題，本月二十六日奉旨：『該部知道。』

特糾抗誤河工印官疏

題爲特糾抗誤河工印官，以保河防事。據河南管河道徐必遠呈爲緊急河工事，蒙總河朱部院憲票，據開封府揭帖，内開臨（頴）〔潁〕縣夫一百九十五名，屢催未到等因到部院。據此，查得各工人夫，管河道於二月内發銀，該府分發，各州縣募夫，赴工儹做。延今三閱月，屢催該縣，尚無一夫到工。藐玩誤事，莫此爲甚！若處處如此，則河工盡被大誤矣。合行查究，爲此票仰河南管河道查照節催事理，即將臨（頴）〔潁〕縣抗違，不行解夫，致誤河工情由查明，并該縣印官職名具文報院，以憑題參施行等因。

蒙此，查得河工歲修用夫興築，何等關係，本道於本年二月内呈請各部院預動河庫銀兩，發給開封府，分發所屬州縣募夫去後。各屬先後不等，陸續解夫到工築做。惟獨臨（頴）〔潁〕縣知縣熊啟艮十六年行府照該縣熟地，原派歲修祥符常家寨河夫一百九十五名，屢次行催，全無一名到工。鄢陵縣知縣經起鵬十六年行府照該縣熟地，原派歲修祥符陳家寨堤工夫二百四十一名，屢次行催，於五月十三日解到一半，夫一百二十一名。南河廳點查到工夫一百名，於一半之中又少夫二十一名。似此兩縣藐工抗夫，憲臺若不嚴懲儆惕，向後處處效尤，貽誤河工，豈渺小哉！今將抗違河夫印官職名，擬合開揭，具文呈送等因到臣。

該臣看得治河一事，全恃夫力。各省俱設有額夫，獨河南自額夫廢後，每年歲修按工估計，每築堤一方，給銀一錢。而挑引河，推埽箇，力作之勞，其實浮于土工數倍。臣非不知民之稱苦也，但河患關國計民生。黃河安則運道通而民亦享其利，黃河危則運道梗而民且受其害。故自前朝來，力役之徵，相沿已久。

今十六年歲修，開封府屬應用人夫聽該道轉行開封府酌量均募。葢河患既在該府，而州縣之大小，民力之豐瘠，該府知之，自稔必無偏枯。此又與鄰府協濟尚費講求者，不可同日語也。且歷年工食，俱按土方給銀，緣今歲議論不一。據該道詳，預動銀四千六百餘兩，發開封府，聽各州縣支領。每夫議預給銀一兩，以資餱糧，餘仍嗣後清覈。乃臨潁縣募夫一百九十五名，鄢陵縣募夫二百四十一名，節查報工揭帖，俱開未到。臣復經屢檄嚴催，延至五月鄢陵縣始解夫一半一百二十一名，及到工又止一百名。臨潁縣仍然一名不到。時迫伏秋，臣刻刻驚憂，如當大敵，而臨潁縣知縣熊啟艮、鄢陵縣知縣經起鵬任呼不應，視若贅疣。度其意不過曰抗不出夫，自不失爲愛民也。州縣各官孰不欲博愛民之名者，使人人如此，夫役不前，河事安措？無論橫流泛濫，民憂其魚而漕河中斷，數百萬儲糈將遵何路以供軍國之資哉！既經查取職名前來，相應特疏糾參。伏乞勅部議處、施行。

順治十六年六月初六日題，本月二十六日奉旨：

『熊啟艮、經起鵬俱着議處，具奏。該部知道。』

卷之七

特叅藐玩道臣疏

題爲揚清尤先激濁，開報屢催不前，特叅藐玩道臣，以昭懲儆事。竊惟河工一事，原爲任怨之府，故玩公避怨者，臣之所不取。而營私斂怨者，亦臣之所不容貸也。臣河屬遼濶，各官劣迹，或得之於文移，或得之於告發。此外則惟藩臬道廳等官之開報是據。

十五年歲終舉劾，臣以河南河工最繁，屢檄該省行取劣員，全無一人開報。夫因河政以累民者，事非得已。雖怨讟屢至，自不足恤。如果藉端自潤，貽玷官箴，而亦縱焉。不問其何以愜公論，而慰輿情乎？倘曰實無其人，則府廳印河指不勝屈，豈盡一一曾史？而況別有發覺者，又正不乏乎？管河道徐必遠尤屬專司，各官曰無劣員，該道亦曰無劣員。則其平日之覺察甚疎，不待問而知也。相應議處，以爲來兹者戒。

其餘藩臬道廳等官，皆有廉察之責。事關河政，本臣專職。乃各官視若贅疣，呼之徒急，應之愈緩。且有揭送別衙門而全不以片紙隻字呈報及臣者，除屢經申飭察取外，倘仍前抗玩，臣自以白簡繼之，不敢少爲寬假也。賢否事關大典，所有泄玩道臣，謹特疏糾叅。伏乞敕部嚴加議處、施行。

順治十六年六月十六日題，七月初四日奉旨：『徐必遠着議處，具奏。該部知道。』

甄別司道疏

題爲申明激勸大典事。順治十六年閏三月初五日，准吏部咨開，文選考功清吏司案呈，奉本部送吏科抄出，該本部覆河道總督朱之錫題前事等因。順治十六年二月初五日奉旨：『該部議奏。欽此。』欽遵。抄出到部，送司。相應議覆，案呈到部。該臣等議得總河朱之錫疏稱前吏部覆臣特請歲行舉劾之例一疏，內敕下該督每年歲修告竣，即行舉劾，奉有依議之旨。繼因督撫年終舉劾，奉旨停止，不敢冒昧具題。今十五年河工又已報竣，合無仍遵前旨，容臣照例分別舉刺，以示勸懲。再照管河佐貳等官亦應量擇其尤，另疏薦録。至貪婪不職，一體題叅等語。查十五年九月臣部覆漕督亢得時請明漕竣舉劾之例一疏，內議總漕衙門似難與督撫事例同論，相應仍舊舉劾，奉有依議之旨。今河臣專司河道，原就本年濬築之勤惰，別其臧否。若槩停舉劾，則管河之官無以勸懲，亦不便與督撫事例同論，相應如其所請，照舊舉行。至管河佐貳等官，官職雖微，其河工之責成頗巨。如有勤勞盡職者，應行薦舉，寧嚴毋濫。其貪婪不職者，聽河臣一體題叅。可也。理合具覆，恭候命下臣部，遵奉施行等因。順治十六年三月十五日奉旨：『依議。欽此。』欽遵。抄出到部等因到臣。准此爲照。順治十五年歲修告竣，臣隨行文各省，查取賢否去後。今據冊報前來，臣又細加簡覈，較之舊額，寧嚴毋濫。總期于修明河政有裨勸懲而已，其他非臣所敢泛及也。所有應薦、應劾司道，謹臚列爲我皇上陳之。

計開：

應薦司道官八員。

夏鎮分司工部郎中顧大申湛識運，以精心弘才敷爲實政，堤韓莊而帑金無纖毫之損，城夏鎮而運道有屏翰之資，省試以時曠冒爲之盡絶。先勞罔懈，廢墜無所不興。

南旺分司工部主事劉元琬，珪璋之品，盤錯之材。疏導泉源，涓滴悉歸。轉運節宣，水利舳艫，咸藉灌輸。野宿而督大挑，乘時而葺，橋閘斑斑可紀。

中河分司工部主事李縉明，立志忠誠，禔躬勤慎，輻輳兩河之名險，奔馳千里之長途。即董口挑河一節，濡跡泥淖之中，課工風雨之下，成勞尤自難泯。

山東布政司左布政史記功，藴經濟之才，貞紀綱之度。按期而給防漕之餉，士馬飽騰。督屬而均力役之徵，編徭畫一。無忝諸司，領袖允資，共濟舟航。

淮海道僉事霍炳，才猷練達，志向高明，勞瘁弗辭。克障懷襄之勢，剔蠹攸藉無遺銖兩之奸。處繁劇而專力修防，嚴督催而兼行節愛。

分巡大梁道副使沈荃，風裁振俗，學行超群，惠及窮夫，沿河多撫綏之譽。才堪劇任，一道有循卓之稱。築堤賴以鳩僝植柳，資其勸相。

濟寧道副使楊奇烈，鎮静不浮，嚴明有斷，兗爲伏莽之境，緝弭多方。濟當要會之衝，供需立辦。至于繕堤挑淺，儹運催空，勞績尤著。

淮徐道僉事李世洽，驚敏得于天資，厝施濟以經術。緝盜而渠凶就獲，均徭而偏累頓甦。兩河之轍跡時勤，盈庭之獄訟無滯。

以上司道均應薦揚，以昭鼓勸者也。

應劾道官一員。

天津道副使張道湜，本官所轄，天津迤南河道，緣十五年五月内雨澤愆期，來源微澁。臣於時督同分司在臨清一帶，築壩疏壅。該屬東光、南皮等縣，本官足迹不到，撈濬無人。及臣專委分司坐守，迫催糧艘，始獲漸次北進。廳印等官先俱經臣叅處在案，本官分轄所寄，漫不關心，何辭溺職？此一官者，相應照玩誤例議處者也。

伏乞皇上勑部，再加覆覈。如果臣言不謬，將顧大申等酌量敘録，張道湜照例議處，所裨河道非淺鮮矣。

順治十六年八月初四日題，本月二十七日奉旨：『吏部知道。』

舉劾有司疏

題爲申明激勸大典事。順治十六年閏三月初五日，准吏部咨開，文選考功清吏司案呈，奉本部送吏科抄出，該本部覆河道總督朱之錫題前事等因。順治十六年二月初五日奉旨：『該部議奏。欽此。』欽遵。抄出到部，送司。相應議覆，案呈到部。該臣等議得總河朱之錫疏稱前吏部覆臣特請歲行舉劾之例一疏，内勑下該督每年歲修告竣，即行舉劾，舉有依議行之旨。繼因督撫年終舉劾，奉旨停止，不敢冒昧具題。今十五年河工又已報竣，合無仍遵前旨，容臣照例分別舉刺，以示勸懲。再照管河佐貳等官，亦應量擇其尤，另疏薦録。至貪婪不職，一體題參等語。查十五年九月，臣部覆漕督亢得時請明漕竣舉劾之例一疏，内議總漕衙門似難與督撫事例同論，相應仍舊舉劾，奉有依議之旨。今河臣專司河道，原就本年濬築之勤惰，别其臧否。若概停舉劾，則管河之官無以勸懲，亦不便與督撫事例同論，相應如其所請，照舊舉行。至管河佐貳等官，官職雖微，其河工之責成頗巨。如有勤勞盡職者，應行薦舉，寧嚴毋濫。其貪婪不職者，聽河臣一體題參。可也。理合具覆，恭候命下臣部，遵奉施行等因。順治十六年三月十五日奉旨：『依議。欽此。』欽遵。抄出到部，移咨到臣，准此爲照。順治十五年歲修告竣，除司道另疏甄别外，臣隨牌行各司道，將所屬印河等官，造報賢否去後。今據各司道册報前來，臣又細加覆覈，於河道無關者，即他政超群，不敢濫入薦額。於河道有裨者，雖他事難料，不忍遽没成勞。較之舊例，寧嚴無濫。至于敗檢溺職，照揭參處。所有應薦有司十六員，應劾有司四員，謹臚列爲我皇上陳之。

計開：

應薦有司一十六員。

兖州府運河同知佟養鉅，識歷久而彌精，才四應而不匱，儹運則片帆無阻，修河則餘力不遺，卓然河吏之冠。

開封府北河同知張爾翮，竭蹶防數百里之河，功難忘於曲徙咄嗟。禦雷家集之變，帑不費於纖毫。

開封府南河同知趙汝斌，周防而甘心盡瘁，視河事寧啻謀家，遇險而極力爭衡，轉危機頓成順軌。

淮安府徐屬同知魏裔魯，英敏絶倫，慈和協衆。荒度周而綢繆獨預，堤埽鞏而汎濫皆馴。

淮安府邳宿同知孫裔昌，防淤淺以疏運，治堤埽以禦衝，精神幾竭於兩河，憂瘁靡遑于片晷。

兖州府推官趙開雍，案理平徭，蔀屋鮮偏枯之累，法嚴祛蠹，河濵讋盤踞之奸。

淮安府推官俞有章，剔釐河弊，有摘奸發伏之才。協贊急工，効捍患禦災之力。

高郵州知州吴之俊，老成者其度，振作者其才，當河湖並漲之秋，著捍禦安流之績。

封丘縣知縣佘縉，學識通明，操修雅飭，荒邑依之若慈母，大工頼以爲長城。

儀封縣知縣崔維雅，剸裁無滯，鼓勵有方，挑引河而回將倒之瀾，廣植柳而儲不時之用。

尉氏縣知縣高桂，調夫則咄嗟，而應輸料則輻輳而前。倜儻既見，通才安詳，尤徵定力。

沛縣知縣郭維新，英明集事，愷悌宜民，夫料之輸委獨先，河漕之疏通可恃。

嶧縣知縣黄甲第，以凋疲之衆，當衝劇之區，撫循與督責，兼行民隱並河工兩賴。

曲阜縣知縣孔徹，淳孝友宜，家恪勤敷。治覈工食則群夫果腹，疏泉源則衆派湧流。

嘉祥縣知縣張柟，撫字存心，先勞涖政，夫食嚴漏卮之弊，河工勤徹土之謀。

祥符縣知縣劉朝宗，清河集危險驟生，一呼而人夫立集，搶救時變遷無定，屢應而柳料不窮。

以上有司均應薦揚，以昭鼓勸者也。

應劾有司四員。

歸德府管河通判高璧劣蹟：

一、本官該管商、虞、考等處河夫一千餘名，每月每一火頭索常例銀三錢，每月約得銀三十餘兩，交書辦趙名標、門子姚顯收訖。夫頭張清宇、總甲槐詳、吴國春証。

一、本官擅收納紙，書辦黄應召等五十名指稱公費，每一名納銀三兩，共得銀一百餘兩。黄應召并董玉所証。

一、本官所轄看堤堡夫五十名，每名工食銀七兩五錢，支發未明，堡夫含怨。陳天録、王友鳳証。

一、本官指劉家樓、芝蔴莊二渡口，每月差聶快手趙瑞乾赴渡口索常例錢數十串。焦小堂、劉士吉等証。

新鄭縣知縣馮嗣京劣蹟：

一、本官指河夫雜項爲名，於本年内每畝地攤派細徵銀三分，共四百頃，通追得銀一千二百兩。聽信蠹書趙碧侵扣，指稱存留。仍不給散，致閃貧夫大怨。派銀總書戴明乾審証。

一、本官於本年内差快役張祥之領募夫工銀五十六兩，聽信蠹書趙碧扣侵，措抑毫末給發。領役張祥之並夫頭等証。

一、本官聽信兵書沈光燦指稱協濟名色加徵馬銀一百兩，縱役侵肥。公直趙天真等証。

此二官者，應照貪例革職提問者也。

朝城縣知縣惠光先劣蹟：

一、本官年近六旬，性多執拗，往往偏護衙役，不能與地方相安。

一、本官凡派河夫，富豪之家從不應役，偏累貧民。

一月一换，百姓每苦僉報之擾。

此一官者，應照不謹例議處者也。

許州知州汪潛劣蹟：

一、本官賦性悠忽，凡奉到公文，不即察行，悉置高閣。至河患益屬漠視，緩急無賴。

一、本官近得目疾，每登堂理事，動輒呼張爲李，以致胥役藐玩，事多廢弛。

一、本官起解河夫，止以空文搪塞，並未逐名點查。故夫多不到，貽誤工程。

此一官者，應照不及例議處者也。

伏乞勅部再加覆覈，如果臣言不謬，將佟養鉅等酌量敘録，高璧等分别議處。庶勸懲聿彰，河事有賴矣。

順治十六年八月初四日題，本月二十七日奉旨：『吏部知道。』

舉劾佐貳疏

題爲申明激勸大典事。順治十六年閏三月初五日，准吏部咨開，文選考功清吏司案呈，奉本部送吏科抄出，該本部覆河道總督朱之錫題前事等因。順治十六年二月初五日奉旨：『該部議奏。欽此。』欽遵。抄出到部，送司。相應議覆，案呈到部。該臣等議得總河朱之錫疏稱前吏部覆臣特請歲行舉劾之例一疏，內勑下該督每年歲修告竣，即行舉劾，奉有依議行之旨。繼因督撫年終舉劾，奉旨停止，不敢冒昧具題。今十五年河工又已報竣，合無仍遵前旨，容臣照例分别舉刺，以示勸懲。再照管河佐貳等官，亦應量擇其尤，另疏薦録。至貪婪不職，一體題參等語。

查十五年九月，臣部覆漕督亢得時請明漕竣舉劾之例一疏，內議總漕衙門似難與督撫事例同論，相應仍舊舉劾，奉有依議之旨。今河臣專司河道，原就本年濬築之勤惰，别其臧否。若概停舉劾，則管河之官無以勸懲，亦不便與督撫事例同論。相應如其所請，照舊舉行。至管河佐貳等官，官職雖微，其河工之責成頗巨。如有勤勞盡職者，應行薦舉，寧嚴毋濫。其貪婪不職者，聽河臣一體題參。可也。理合具覆，恭候命下臣部遵奉施行等因。順治十六年三月十五日奉旨：『依議。欽此。』欽遵。抄出到部，移咨到臣，准此爲照。

十五年歲修告竣，除司道有司另疏甄别外，臣隨牌行各司道將所屬州縣佐貳官，查造賢否去後。今據各司道册報前來，臣細加覆檢。據照原開册揭，分别舉劾。論官職，雖屬么麼，計勸懲頗有關係，正不敢以其微員而忽之也。所有應薦佐貳官六員，應劾佐貳官六員，謹照例臚列開坐上聞。

計開：

應薦佐貳官六員。

濟寧州同知范有明，委管修濬，供應兵差，成勞丕著。

祥符縣縣丞顧玉鉉，拮据河干，既勞且苦。

中牟縣縣丞張行生，小心供職，殫力河防。

商丘縣主簿葉世秀，董率群夫，勤勞可録。

陽穀縣主簿石璿，修濬得宜，克勝厥任。

寶應縣主簿褚建，修築隄防，不辭勞勩。

以上佐貳，相應薦揚，以備優録者也。

應劾佐貳官六員。

陳留縣縣丞鄭明時劣蹟：

一、本省於十四年分管遥堤修築夫八百餘名，内有火頭、夫頭、杵夫等一百六十餘名，謂之輕頭。本官聽信積書李一中、蠹役班從禹等，每派輕頭一名索銀二三錢不等，共得銀四十餘兩，官役分肥。李一中、班從禹審証。

一、本官管南北兩岸堡夫一十二名，每季行禮銀一兩二錢。堡夫賈一龍証。

單縣主簿任熙劣蹟：

一、本官管徭夫三百餘名，派定六牌，每牌扣夫頭錢一千文，與總甲高進才等分肥。委總王國用、謝祥審証。

一、本官堤夫内派水汛六名，及報水時，仍令散夫打報，坐占本年水汛半年工食，與書辦王景、皂頭曾惟一分肥。張堯、尹覺宇、周文科等証。

一、本縣額設舖夫三十九名守堤，本官聽信夫頭党君用借言查點失悞，每名索常例銀二錢，約得七兩八錢，與党君用分肥。柴光顯証。

此二官者，應照貪例革職提問者也。

虞城縣主簿馮曉，本官言貌猥鄙，約束無術，以致夫譁莫禁。且賦性慵惰，時入伏秋，猶然偷安私署，闒（茸）〔茸〕已極，誤工可虞。

嶧縣縣丞鄭國英，本官挂名河員，潛蹤衙舍，履任七載，寸長無録。質以河務，茫然不知。

儀封縣主簿楊復，本官神衰才短，董率無能，該管河勢變遷，束手憂惶。復盲　目。雖履任無幾，河事殷煩，豈可姑容貽悞。

此三官者，應照不及例議處者也。

徐州下河州判劉應斌，本官年逾六旬，步履艱難，屢以病告。河防劇務，非暮氣所能黽勉。

此一官者，應照年老例議處者也。

伏乞勅部，覆加查覈。如果臣言不謬，將范有明等酌量敘録，鄭明時等分別議處，庶功罪明而人心益知所勸戒矣。

順治十六年八月初四日題，本月二十七日奉旨：『該部知道。』

卷之八

題參失誤縴夫各官疏

題爲緊急軍務事。據兗東道劉世傑呈稱：照得本道自七月初八等日節蒙河、撫、按三院憲牌，准兵部咨，俱同前事。照得大兵南進，所用縴夫數目，本部屢經咨劄，該撫道飛檄所屬經過地方照數預備。今大兵星夜前往，所需船隻并應用縴夫相應亟催，嚴行該道府督率該地方官親詣河干，查點明確，如數預備。不許推諉驛官，致滋貽誤，聽本部差去圖郎中取討，即照數應付。若本驛縴夫不足，該道府即撥附近隣邑州縣協濟。如有遲延短少，本部郎中即行指名報部，定以違悞軍機，該地方官并道府一併參處等因到院。准此合行亟催，爲此牌仰本道即便轉行沿河地方各官，如數預備，不許推諉驛官。若驛夫不足，即撥臨近州縣協濟。如有遲悞，揭報參處等因。

蒙此，查得大兵船隻需夫甚多，經過本道所屬嶧縣之萬家驛，僅止額夫三百名，萬難足用。即飛檄該府并飭附近滕縣與嶧縣遵照協濟外，至本月十七日辰時，蒙督撫部院憲牌，據德州申稱兵部圖郎中于十三日辰時已到德州，口稱大兵船隻于十五日可到，縴夫需用一萬等因。蒙此，查得兵船需夫一萬，無論萬家驛驛夫不足，即附近之滕、嶧二縣亦難催備。隨將前奉各院憲行催備南來凱旋羅大將軍兵船縴夫共一萬名，嚴催備用。

查得沂州計夫二千名，郯城二千名，滕縣一千七百名，嶧縣一千七百名，費縣一千一百名，鄒縣一千五百名，共足一萬名。一面申呈各院，即一面差役守催，仍勒限齊集，本道親詣點。查接替職世傑即於本月二十三日自沂州起身，至卞莊催查沂、郯、費三縣夫役，而三縣人夫一名未到。至晚到蘭陵，係沂、郯、費三縣適中之地，查各縣夫役仍然未到，止有沂州知州田生玉在蘭陵點查夫役，尚未齊備。隨差役分頭接催，本道在蘭陵守候。

二十五日酉時，忽據嶧縣申稱：蒙本道憲票，仰縣官吏即將前備夫一千七百名，該縣照數點齊，不許短少一名，限二十五日齊集馬蘭屯伺候，本道點查接替等因。蒙此，該卑職隨於本月二十四日即親詣馬蘭屯，除點查萬家驛驛夫八十名外，其協濟萬家驛派備民夫照數查點，到夫一千三百零七名，其未到人夫，嚴責各役拘拏。間於本月二十五日候本道按臨馬蘭屯查點縴夫，而本日午刻兵船即抵臺莊，卑職將前點過人夫親督臺莊接替。因馬蘭屯至臺莊二十餘里，途路逃避者有之，及卑職覆查，僅存現夫一千五十名。及散夫時內有老幼不堪人夫五十名，前站逐去，止交現夫一千名。卑縣仍親謁領兵大元帥定南達將軍備陳嶧苦，心甚惻然，具有嶧縣到夫一千名，甘結收去。其各州縣協濟人夫並未解到，而兵船續至，立待需夫。探得憲臺按臨蘭陵點夫，目穿疾呼，一時難至。卑職手足莫措，懇乞憲臺飛檄協濟州縣，刻將應備人夫，照數點足，星夜趲赴臺莊接替，以濟軍機等情。

據此，本道即单騎至馬蘭屯。據本道催夫快手王天錫報稱，大將軍船已過臺莊，止有兵船。隨後續過，所有續到夫役，隨到隨替，兵船並無停泊等情。據此，本道即駐臨河之石佛寺，嚴催各縣夫役接替。

間二十六日寅時，據費縣申稱：蒙本道憲票，仰縣備夫一千一百名，卑職於二十三日點過縴夫六百名，委捕官押發前行，停宿南鄉中村，聽候查點。忽接捕官差役具報於二十四日晚二更已盡，突然鼓譟，四起連衝吶喊，闔村男婦驚竄。嗣後於二十五日天明，捕官查點縴夫，已逃去二百三十七名。卑職於二十五日親至中村，隨據本處鄉民里老呈報吶喊驚竄緣由到職。據此，事出變異，關係地方，細查俱係南山一帶撫民倡造訛言，率衆逃走。方今應付甚急，豈容短少夫役？卑職急欲回縣料理，再派又恐未派者騷動，而在途者潰散，事勢窮促，叅處臨頭。除一面招徠補救外，爲此激切痛哭陳情，懇乞鑒燭前情，宏開生路等情。

據此，二十六日未時，又據滕縣申稱：蒙本道憲票，仰縣官吏即將前備夫一千七百名，該縣照數點齊，馬蘭屯伺候，本道點查接替等因。蒙此遵行，已照數催備，於七月二十日點查，止拘到夫九百四十名。差役押赴臨城，委縣丞陳斌再行查點。不意無知小民誤聽訛傳，乘夜逃去，夫六百六十名止存夫二百八十名。卑職二十六日押赴臺莊，交正紅旗明甲、暗甲一喇氣收去夫三十八名，鑲藍旗明甲、暗甲哈申得去夫四十三名，鑲白旗明甲、暗甲得兒杜收去夫九十九名，正白旗收去夫三十二名，鑲紅旗收去夫一十九名，共收去夫二百三十一名。尚存老弱大四十九名未收，各旗逐去，緣係軍機重務，擬合據實申報等情。

據此，又據費縣禀報：卑職於本月二十三日點發夫六百名，委典史裴爾玉押解至中村地方，離城一百二十里。又於本月二十四日點到夫五百名，卑職同縣丞林弘先親督至中村。不料於本月二十四、五兩夜，突遭撫民倡造訛言，以致各夫吶喊鼓譟，迯竄西南山去。除已經申報外，尚存夫二百餘名。縣丞典史押至項城，卑職匍匐前來，至蘭陵叩訴憲臺。詎料滿兵稍夫，盡行驚散，事干民變，併係失誤。卑職同縣丞典史星夜回縣，安撫百姓，固守城池，無憑押解等情。

據此，又據沂州申稱：蒙本道憲票，仰州官吏即將前縴夫二千名，押至馬蘭屯交替。遵於本月二十四日，在州點夫二千名，卑職親押解至蘭陵集。忽聞費縣撫民假造訛言，以致費縣縴夫隨吶喊鼓譟，迯竄山內。卑州夫役聽此訛言即迯回一千二百一十七名，其餘縴夫卑州同羅滕司巡檢王振烈督押至臺莊，逐名復點，尚存縴夫七百八十三名，送入關王廟內，聽候接替。即時一齊吶喊，衆夫盡皆迯走，卑職無憑押解，情願甘罪，理合回報。據此，查得各兵船於二十七日過盡，俱南下去訖，具文呈報。

間於二十八日，又據郯城縣申稱：卑縣派備縴夫二千名，即差役催齊一千四百名，於本月二十五日，委糧官范士鎔先押赴馬蘭屯，卑職隨同差官甄守志星赴蘭陵投見。續據糧衙范士鎔禀稱押夫自重坊集起身，行至途中，忽造謡言，不是縴夫，係提去當兵，疑畏觀望不前。職見情形，勸諭催督。二十六日已至邳境連峰山，各夫齊住，吃飯不走。職同道廳差役尾後傳催，意欲宿黃池公，次早便赴投道文工房。又復回親催，依舊不行。各夫齊變，四起吶喊。糾合走回，押差攔阻，衙皂周運隆被捉毒毆，竟無統紀，併後到續發人夫，蜂擁迯回。天時昏暮，勢難追拏，事關大變，合先具禀各等情到道。

據此，看得征南兵船需夫一萬，本道遵奉憲行不敢推諉驛官，即如數撥派州縣協濟。檄行守催，不啻舌敝頴秃。親詣點查，不啻民勞身瘁。不意臨期接替，惟嶧縣交夫千名，滕縣交夫僅二百三十一名，其餘人夫同沂州、費縣、郯城各申稱已催備押解中途，因訛言迯散。至鄒縣距河千較遠，人夫未到，雖曰兵行神速，未嘗時刻停泊。愚民驚迯，難以羈縻前往，而接替未及。沂州守申言甘罪，而本道又何敢爲之諱言也？又何敢自爲求寛也？相應據實呈明，職世傑同守令各官候憲臺分別叅處。至越過濟、沛縴夫，或批行查明，〔貴〕〔責〕令夫役不到之州縣，照數補其夫價，一以償越站之勞，一以懲奸玩之罪。是在憲臺裁行等因。

據此，又據濟寧道楊奇烈禀稱：昨送大兵南下縴夫，不意沛縣夏鎮、臺莊並未替换，竟將濟屬縴夫俱打過站，已回者不過一半。前職奇烈已行濟屬協夫州縣查報，又行沿河地方加意收留，報道酬賞，迄今尚無確數回復。今聞各夫竟打越過宿遷地方，但宿遷至南陽遠經數百里，亦有迯回者。路遠餓死、打死、淹死，沿河不絶，聞之不覺悽慘。除將越站及死夫夫數另行查報外，若不禀請憲臺拯救，則未回之夫斷難生還，而將來之供應何賴等因。

據此，又據濟寧州申稱：蒙本府分派濟寧州備夫三千名，鉅野縣協夫一千一百名，鄆城縣協夫一千一百名，嘉祥縣協夫八百名。蒙此，又蒙本府批，據卑州申請北來大兵應用縴夫一萬緣由。蒙批前奉濟寧道憲行，已於本月十七日調魚臺、金鄉、單縣縴夫赴該州，併站協送泗亭驛矣。仰候飛檄三，縣齊赴接替繳等因，俱行到州。蒙此，查得預備縴夫，共有六縣協應矣。卑州遵照派定數目，星夜僱夫三千名，分外多僱夫五百名，以備不足之用。至七月二十三日，北來大元帥抵濟，卑州之夫供應有餘，其六縣協應之夫到與未到，卑州不敢過而問焉。於七月二十五日過濟訖。至今八月初六日，已逾旬日，卑州遍查所僱縴夫歸來者不過一半。查自濟寧至泗亭驛，不過二百里，往返不過四五日。今逾旬日不返，則前途無夫接替可知矣。以致各夫枵腹挽縴，竟無稅足之處，其中保無傷亡者乎？痛念煢煢赤子，何以堪命？誠鄭圖不能繪貢，淚不能乾者。除一面遵奉憲文，細行清查，多差船隻，載運糧爨，星夜往南，接救縴夫外，擬合先行申報各等因到臣。

該臣看得南進大兵，萬分緊急，每站需用船夫一萬名，俱出沿河州縣。臣會同撫按節發令箭，嚴催山東各道，預集河干，照站接替。查兵船於七月二十二日晚至濟，據濟寧道報稱用夫八千一百二十二名，挽拽南下訖。及旬日之後，歸者尚復寥寥，該道及濟寧州屢有呈禀，意其必係前途越送。臣正在嚴檄確查間，據兗東道劉世傑詳稱該驛驛夫見在八十名，其餘俱派嶧縣、費縣、滕縣、沂州、郯州、鄒縣等州縣協濟。不期催到人夫，臨期疑畏不前，夫數衆多，一呼盡散，以致接替不及，自甘衆處。臣惟軍機至急，急則不暇兩全。縴夫至苦，苦則不容偏累，乃兗東州縣催督無方，紛紛逃避，致令濟寧縴夫越境代僵。雖兵船順流幸而無滯，而其失誤之罪，終不能爲各官解也。查該道所屬惟嶧縣知縣黄甲第備夫一千零五十名，滕縣知縣吴起鳳除逃去外僅存夫二百八十名，其沂州知州田生玉、郯城縣知縣張翼、費縣知縣程九萬各夫俱經逃散，鄒縣知縣周嗣昌緣距河較遠，夫亦未到。除濟寧越站各夫，臣已一面行州差撥船隻，載運糧爨，前迎賑救去後。所有兗東道劉世傑併訪屬州縣失誤各官，相應題請勅部分別議處。至於此後縴夫，應行商酌事宜，容臣移會撫按另議具題外，臣謹會同撫臣許及秀、按臣程衡合詞密題。伏乞勅部議覆、施行。

順治十六年八月十一日題，□月□□日奉旨〔一〕……

議恤縴夫苦累疏

題爲縴夫苦累已極，亟議變通，以昭皇仁，以恤民隱事。臣自涖任之後，沿河士民無不以縴夫疾苦號泣控愬，各道呈詳有稱陸路屢蒙裁減，河干日議加增，民生敝壞，不可收拾。應貼水手食米爲便者，有稱以有限殘民受無限艱苦，逆水量給鄉夫，順水止給水手口糧者，有稱民應一夫猶如赴湯蹈火，情願每名縴夫出銀三錢，以貼船家盤費者。臣未嘗不深思熟慮，疾首痛心。然又仰體國家軍行重事，既不能停免不用，又苦無策兩全，以故未敢輕率入告。

查順治八年内，部覆直隸總督張存仁縴夫甚爲民累

〔一〕『旨』下有脱字若干。

一疏，內開經過船隻應用縴夫，責成該驛應付等語。十四年內，部覆山東巡按繆正心沿河民困于役一疏，內開頭號、二號、三號等船上水下水縴夫數目，如有騷擾等情，指名題參等語。十五年內，部覆順天巡按董國興民夫苦累難堪一疏，內開調防大兵，乘坐回空糧船，止照本船水手給米，果不足用，該驛僱覓，不許捉派民夫等語。是沿河民隱固已上徹宸鑒，而部臣博採條奏計，所以甦恤之者亦既甚周矣。

然議者必曰凌虐需索，據實指參。惟是兵船以百十計，跟役水手即不下數千，煢煢小民，隻身充夫，偶然同事之人亦皆漠無關切，縱使飲痛以死，父兄妻子望眼徒穿，凶犯爲誰，既莫考其姓名，又孰代爲質証？況一家數口，死者已矣，生者謀食不給，勢不能再捨餘生出身對簿。爲有司者，亦將何所據而爲之伸雪冤抑乎？

議者又必曰該驛僱見，毋派民夫。惟是每驛設夫，或數十名，至多或二三百名。前差未回，後差復到，尚然不給。一至兵船，需夫少者數千，甚而至於近萬，無論驛遞。錢糧有限，船多人雜，苦緒萬端。州縣官按里派捉，猶且裹足不前。今日驛官僱覓，豈能濟事？是名雖少變而縴夫受病之實，究竟何逭於萬一乎？

此二者，皆言之甚美而行之實難者也。

夫百姓力役公家，分所應爾。苟行之得法，不過用民數日牽挽之力，何得言勞？奈何乘船者非不恪遵禮法，而駕船水手率多無賴。或倚恃氣焰，或挑撥兵丁凌虐鄉愚，恣行魚肉，以致沿河州縣皮骨僅存，其苦有非一言盡者。臣請得條述而縷陳之。

一曰守候之苦。沿河驛站，大約相去百里之間。如用夫數千，除本州縣外，仍須隣封協濟。十餘日前，縶縶成群，封鎖古廟，臥眠飲食不得自由。餱糧幾何，又將垂盡。其不堪者一。

一曰趕縴之苦。每船之夫，繩索相連，傴僂邪許，無分晝夜，饑不得食，勞不得休，船上之人，方且輪番持棍，任情鞭撻，至於折肢體喪殘生者，在在有之。其不堪者二。

一曰越站之苦。各夫筋力有限，盤費有限，萬一前路縴夫未集，竟將舊夫打過，饑餓困憊，殘喘如絲，幸而得歸，乞食無所。其不堪者三。

一曰順水之苦。黃、運兩河，水勢建瓴，順流直下，夫雖疾驅不及船速，反曳縴索隨後奔追，涉水而行，一夫失足，衆夫隨之，撈救無人，竟委魚腹。其不堪者四。

一曰攘奪之苦。縴夫跋涉遠道，攜帶衣糧以備往返。間有水手跟役，恃强勒取。以困頓之餘生，加饑寒之迫體，其不爲溝中之瘠者幾何？其不堪者五。

一曰强帶之苦。前途驛夫更換已足，復有狠毒船棍，擅留舊夫，勒其銀錢，資其氣力。或盛夏而幽之船底，或風雨而驅之當先，踰越數站，歸者無幾。其不堪者六。

此皆臣得於訪聞與據之詳册之大槩也。雖未必節次皆然，然間一有之則是驅無罪之民就必死之地。此在地方豐寧尚且上軫睿懷多方體恤，而况沿河一帶當此災傷之餘，加以馬匹經行、軍需徵辦偏累已多。若縴夫一節，再不少爲斟酌，無論百姓視爲畏途，將來鞭朴徒加，終不易集。且恐窮迫無聊，逃亡奔竄，其可憂又有甚者。臣前是尚不敢有所瀆陳，今者軍興旁午，爲臣子者恨不能荷戟前驅，奮身効力，何敢妄爲姑息之請。獨是臣駐劄河干，灼見時執萬不容已，倘緘默不言則是臣仰負皇上如傷之仁而坐誤地方也，臣罪滋大。故雖計無所出而不敢不以上聞耳。今於未便更張之中，曲爲調劑之術，謬抒蠡見，約有四端。

一者數目宜節。官兵登船之日，頭號船約載若干人，用夫若干。二號、三號船各約載若干人，用夫若干。一面即將人數、船數造册報部，庶不致乘坐太濫。省一船即可省一船之夫，且以裝載多寡分别船之大小，而冒稱大船，藉端多索之弊亦可少絶，民困亦得因之少蘇矣。

一者稽察宜嚴。官兵用船，或自一隻以至百隻，不妨即以先後次第編爲號數，各記船户、頭舵姓名，造册報部。每船十隻，責成一頭領官專司巡察。換夫之時，州縣照依號數以次給散，各船户出一收夫小单存照，而每船縴夫之内僉立夫頭一二名照管本縴。如有死亡攘奪等弊，查問夫頭，行提船户嚴加根究，庶幾紛紜揉雜之中，事後猶可查攷萬一，而人情略知顧忌矣。

一者水勢宜酌。逆水上行，必藉縴挽之力。至於順流，船行甚易。况各船原有水手，除上水定數給夫，下水則厚加津貼，以資食用，似於船户亦屬便益。若恐站銀不足，則東兖道潘超先每名縴夫量貼盤費之詳，亦由民間情願可否，聽從其便，再行酌議。如是則南來北往，河流維均而夫力減半，亦可以少示休養矣。

一者緩急宜分。緊急大兵與尋常换班者，自是不同，似應臨期酌定，無論上水、下水一槩給夫，以速軍務。若其餘緩差，仍應遵照部覆順天巡按董國興疏議，乘坐回空止照本船水手縴夫名數日給食米，不許派捉民夫萬一。自南北上乘坐民船，下水止行給米，上水酌議減用，另聽部議。庶沿河有司遵行畫一，而軍機民隱兩有所賴矣。

臣愚昧所及，瞽論如此，是否有濟萬一。倘廟堂之上，更有良畫，可以兩全，是又地方無疆之福也。事關地方疾苦情形，臣謹會同山東巡撫臣許及秀、巡按臣程衡合詞具題。如果臣言可採，伏乞皇上睿鑒，勑部議覆施行。冒昧敷陳，字稍逾格，統祈恩宥。

順治十六年八月二十一日題，九月十七日奉旨：『該部詳議，具奏。』

兵部覆前疏

題爲縴夫苦累已極等事。車駕清吏司案呈，奉本部送兵科抄出總督河道朱之錫題前事等因，奉旨：『該部詳議，具奏。欽此。』欽遵。抄出到部，送司。奉此相應議覆，案呈到部。該臣等議得總河臣朱之錫疏稱縴夫苦累六欵并陳救苦四議。其數目宜節一欵，內稱官兵登船之日，頭號、二號、三號等船，各約載若干，人用夫若干名等語。查大兵出征，乘坐船隻并應用縴夫數目，向係臣部、户部酌量軍行緩急，差官前往分發船隻縴夫。今該督議定數前來，應照臣部前覆直省督臣李蔭祖題定頭號船坐六十人，二號船坐四十五人，三號船坐三十人之例遵行，仍令地方官造册報部，以憑稽察，不得以小充大，藉端濫索。其稽察宜嚴一欵，內稱船隻以先後次第編爲號數，各記船户、頭舵姓名造册報部。每船十隻責成一頭領官，專司巡察。換夫之時，州縣照依號數以次給散，各船户出一收夫小单存照等語。查軍行自有八旗，船論旗先後按次序行，不便編號造册。至稱死亡搶奪等弊，應責成治河各道差的當員役巡察，酌立夫頭照管本縴。如有持棍趕縴搶奪，强帶越站，以致死亡者，該地方官即恨究行凶船户及被害姓名，立時呈報該撫按，即指名題叅，以憑從重處治。其水勢宜酌，緩急宜分二欵，內稱逆水上行必借縴挽，順流船行甚易。上水定數給夫，下水厚加津貼。又稱緊急大兵與尋常換班不同，無論上水、下水，一槩給夫，以速軍務等語。查大兵遇有緊急征勦，自應如議給夫，其餘駐防換班官兵等項需用船隻，不係緊急軍務者，仍照臣部覆順天按臣董國興題定例，止用本船水手照例給米。至大兵自南回北乘坐民船，止用該驛額設驛夫，無容另議津貼。奉旨：『依議。』

題補南河同知疏

題爲請補河官以重河防事。順治十六年八月二十五日，該臣咨會河南撫臣賈漢復爲移商題補河官，以收駕輕之效，以免坐誤之虞事。照得河性湍悍，衝潰時聞，葢排山倒海之勢，不可以人力争者有之矣。未有人力不盡，而能晏然無事者也。然河防之理，原係專家，故非久歷不能深知，非深知不能取效。况歷來河患，惟中州爲尤甚，則爲官擇人，尤萬萬所宜致慎者。

查河南緊要河官，總其事者爲河道，次則北河同知，尤爲關係。今管河道徐必遠已經議處，北河同知張爾翮又報陞任，而臨河一二印官新任尤多。夫道官係新手，猶日有廳官分任之也。廳官係新手，猶日有道官指畫之也。今則悉行更換，初任印官更復茫無頭緒。先事荒度，臨期搶修，此皆有安危争於呼吸之勢，而竟無一人可以倚賴。及至事後補救，所費工程，豈止什佰已也。但北河同知張爾翮已陞府正，難以議留。

查得儀封縣知縣崔維雅，修防三家莊工，鼓勵有方，情形洞悉。揆之往事，似堪任以北河同知之職。且新陞淮安府同知，官秩亦復相慶，但彼中官評，貴部院耳目最近，知之更詳。題留一事，干係綦重。本部院未敢專主，可否會題，相應移商，爲此合咨貴部院，煩爲查照。如崔維雅堪以題補，即賜移示，以便會同具題。庶駕輕就熟，責效可期。較之生手嘗試者，得失判然矣。移咨去後，隨准回稱：爲照承大咨，因北河同知缺員，議將儀封陞任知縣崔維雅題補此缺，并詢及本官官評。本部院查此官在任栽柳修河，催科辦賦，任久勞深，幹濟才也。今以之題補北河同知，誠如貴部院所謂駕輕就熟，責效可期。但事關河務，應候貴部院繕疏主稿會題者也。相應回覆等因到臣。

該臣看得治河一官貴於諳習，臣前慎重河工職守一疏，已經題明，覆奉俞旨，欽遵在案。況歷來河患，中州爲甚，乃該省管河道、北河同知俱係新任，歸德通判亦復經臣叅處，臣正切杞憂。移會撫臣賈漢覆從長酌議，而南河同知趙汝斌又以積勞病故告矣。一道三廳悉更生手，無論來者果否勤敏，總未可知。即使凡百究心，亦必需之月日。河工水汛，節序相催，事機之來，間不容髮，是何可以嘗試僥倖爲也。

查原任儀封縣知縣崔維雅，任內修防，歷著成績，且新任淮安府同知，以之改補南河同知，銜亦相當。臣恐所見不確，又經咨會撫臣，移覆僉同，合無請勅吏部將崔維雅改補趙汝斌員缺。一轉移間而素所通曉，較之茫無頭緒者，得失不啻徑庭矣。臣謹會同河南撫臣賈漢復，合詞具題。伏乞勅部議覆、施行。

順治十六年九月十六日題，本月二十八日奉旨：

『吏部議奏。』

吏部覆前疏

題爲請補河官以重河防事。文選清吏司案呈，奉本部送吏科抄出總督河道朱之錫題前事等因，奉旨：『吏部議奏。欽此。』欽遵。抄部送司，相應議覆，案呈到部。該臣等議得河道總督朱之錫疏稱治河之官，貴於諳習。歷來河患，中州特甚，乃該省河道、北河同知俱更生手，而南河同知趙汝斌又以積勞病故。查原任儀封知縣崔維雅，任內修防，歷著成績，新陞淮安同知，以之改補南河同知，銜亦相當等語。查崔維雅於十六年三月內已陞淮安同知，今河臣既將崔維雅請補開封府同知，銜品相當，會同撫臣具題前來，相應如其所請，崔維雅准改河南開封府同知。其淮安府同知員缺，另行選補。可也。奉旨：

『依議。』

卷之九

覆河夫徵派當更疏

題爲河夫之徵派當更，遠近之地方宜酌，仰祈睿鑒，勅部酌覆，以均偏累，以蘇民困事。順治十五年十二月二十二日，准工部咨開，都水清吏司案呈，奉本部送工科抄出該本部覆總河朱部院題前事等因。順治十五年十一月初四日題，本月十九日奉旨：『工部確議，具奏。欽此。』欽遵。於十一月二十一日抄出到部，送司。奉此相應議覆，案呈到部。該臣等案查河南按臣李及秀先以河工苦累，條議該省州縣計畝派夫，酌遠河地方協濟者，倍地僉夫。臣部以事隸河臣，請勅總河臣會同豫撫詳議妥確具題，奉旨遵行去後。

今據總河臣朱之錫會同河南撫臣賈漢復疏稱夫多工易完成，而以小工、中工分別地方遠近，照地派夫協濟，具題前來。案查前任總河臣楊方興于順治九年十月內題爲河工日繁等事一疏，內稱民夫既不敢私派矣。查河南一省僅設鄉、徭、堡夫八百七十二名，止供看堤之用。每年歲修并動大工，俱係計銀募夫。又于順治十三年六月內，又題爲遵諭陳言等事，議以小工本府協濟，中工本省協濟，大工隣省協濟各等因，具題在案。

查前任總河臣議以按地募夫，今總河臣議以照地派夫，前後疏覆，參差不一。又查十五年九月內，本部右侍郎張縉彥題爲河工國之大政等事一疏，已經奉旨咨行，與此事同，一體相應請勅下總河臣會同豫撫從長詳議妥確，務期上不悞公，下不累民，一併具題，以便臣部議覆。可也等因。順治十五年十二月初八日題，初十日奉旨：『依議行。欽此。』欽遵。抄出到部，移咨到臣，會同河南撫院并行布政司管河道會議詳報去後。

今據河南布政司桑芸呈稱：蒙此，隨將抄疏牌行臨河開封、歸德二府，會同河廳詳議去後，續准管河道牒呈議詳緣由到司。准此該本司查得萬曆四十八年會計估册內開河南通省原額徵銀調夫一百七處，共夫一萬七千九百四十名。內四百里外徵銀州縣四十四處，共夫八千九百三十八名，每名徵銀五兩四錢，共徵銀四萬八千二百六十五兩二錢，買料應用。四百里內解夫州縣，除河內、武陟二縣河夫三百三十二名，留修沁河外，六十一處共夫八千六百七十名，每名工食銀三兩六錢，該銀三萬一千二百一十二兩，解貯開、歸二府庫，支給與臨河各縣幫築土方，防守捲埽，招募夫役，工食應用，此前朝萬曆年間事也。

額夫可以徵銀，額銀亦可以徵夫，此一定之理。惟今豫省當荒殘之後，僱覔難以得人，河銀當除荒之後，現徵僅將三萬。查各工始之有估計，工完有奏銷，是各工之細帳也。每歲有歲報，是各工之總帳也。豈有徵銀之外，又復派夫之理？無論上臺不准行，該道不敢出，即府縣亦何肯奉行耶？良由豫自流賊殘壞之餘，生齒寥落，培養未復。若不照地論夫，而縣出印領，領銀給散，雖招募終年不得一夫。河工無夫，是棄河與河聽其爲决，爲徒則可。若欲修防估計，一定少且不足，而况於無夫乎？且無縣官印領，事後又何以奏銷乎？其原無重派也。如此，至募夫按四十五頃募夫一名，此原任總河所經題請。

以當日原疏有募之字樣，謂之募也。可後經按院條議，欲分酌遠近，則增減多少，總此豫中之熟地，遠者議增，近者不得不議減。故議臨河十五頃，遠一百里者加五頃，漸遠漸加，經府廳印河勘議呈詳。

以當日原疏有派之字樣，謂之派也。可募與派均是，此百姓出此人夫，領此土方雜工銀兩，所謂異名同實者也。如堡夫終歲動動，工食淡薄，止可供看水填墊之用，與小工本府，中工隣府，大工外省協濟，皆向經題請成例者，是無煩再議者矣。

今經府廳確議前來，該本司覆查看得河務非身輕其事，未可意爲懸揣。本司職司錢穀，離河窵遠，且河務乃河道專責也。既經該道及府廳查明前來，爲此除呈撫院照詳外，今將前項緣由，理合具呈。

照詳蒙批派、募二字，現行未常非募，亦即未常非派，名異實同，顯然易見，無庸費辭矣。至十五頃派夫一名，漸遠漸加之議，質之前按院條陳，分別遠近，按地僉夫，舍此似更無別法。但未免膠柱，本部院是以有就近通融之請，今經部覆再議。

案查該道十五年歲修各府夫數册，河南、南陽、汝寧等府原未調及。開封自爲一例，正該府所謂就近取用，猶爲稱便者是也。歸德府自爲一例，又該府所謂派數減少，經管不足者是也。河北彰、衛、懷三府又自爲一例，此又開封府廳所稱遠河州縣，徒滋觀望者是也。或亦其勢有不得不然者，就中可否，叅酌仰司會同管河道再一酌議，併臨期急工，應否通變明白具詳。限文到五日内送院，勿遲，仍録撫院批語報查等因，批詳到司。

蒙此本司遵依批駁情節，移會管河道，逐細叅看詳議去後。今准該道牒呈到司，該本司查得豫省河患，惟臨河開、歸二府受害爲最。是以開封府議先儘有工縣分人夫調用，不足則議協濟。

若就十五年工論，河南、汝寧、南陽原未調用。查十四年間因大工畢役，此三府人休息已經一年，曾調協陳留孟家埠，當日詳文内原顯准照大工原夫之數調用，故十五年不復調也。十五年調懷慶、彰德、衛輝協濟祥符魁星樓者，大工畢役，已休息三年。魁星樓頂衝如不能救，河北先受其害，故調河北三府，當日詳文内原題准照大工派夫，熟地四十五頃之數調用十分之七，誠以開封瀕河，就近爲便，不得不多用。而隔府遠來，不得不體恤耳。開封所稱就近取用，與河南、河北權宜不同，皆未嘗先定爲一例。而自事後論之，若似乎自爲一例也。其歸德向來所行事例，睢寧協考城，鹿、柘協商丘，永、夏協虞城。嗣後，派數既定，如河工足用則已，不足則本府協濟之外，亦如開封議協隣府，則無經管不足之慮也。

夫黃河自昔稱爲神河，局外視之，若歲修，若决工，若下埽，若築堤壩，似乎皆可以人意爲之。身在事中，黃河千里水勢，排山倒海，各州縣呼應不靈，安危争在頃刻。比及人夫湊集，申詳得報而事之不測，已不可知。乃欲一一奉成法以集夫，使絲毫不紊，皆未登埽臨河之論而已。勢之不得不然。一語本部院非親歷河工，安所得深悉其苦如此？且立法不難，行法爲難。立法之時，至公、至溥、至詳、至慎，何得爲難？所以難者，推行之際易生扞格，衆欲撓之一二三，有司豈能行之？是行之之難，難在有人扞格，非立法不善也。故曰行之難也。行之既難而曰立法不善，思更法以善之，即百易法未見其可耳。

如河夫之弊，多起於有司奉行之不均，使勢豪有力者坐收土之利，而多以力役委窮民，窮民地少差重，家貧力单，不能不吃啞苦，不能無怨。是不均之怨，非盡役之於河之怨也。特以役從河起，故歸怨無着，不得不然，其實皆不均之怨也。近如通許縣及尉氏等縣夫不逃而樂趨事，細詢之，皆縣官調理得法，不專苦窮民之所致也。然後知古語『有治人，無治法』之爲不易之論也。若使有司人人如通許縣及尉氏，則何法之不可行？故行法之人能直致法於人，而不用權術、不假通變者，上古之世或然也。至於後世行法能行者，與婉轉能行者，未有不以權術通變，與之推移者也。

故曰立法之意也，明其意，是能使勢豪有力不之撓，而無所扞格者也。故十五頃遞遠遞加之例，臨河府縣皆以爲可行而無弊者，獨惜乎安於四十五頃之例，恐扞格易生，怵於預擬之虚數而不肯信爲可行耳。設虚設之數，既定准量本年應用人夫多少，近處足用，何事於遠？本府足用，何事於隣府？即不得已而動用隣府，亦必酌用十分之幾，豈漫然乎？法一然後心一，心一然後動而有功。因派夫之説既盡，故援立法、更法之意以明之。

本司總司會計河務，隔手不得細知其詳，大約近屬可以濟燃眉，而遠屬未免反汲西江咄嗟。應急自然近勞遠逸。若近屬有司再奉行，失調愈滋，況瘁惟在道，府就近飭覈。如管河道所議頗爲周晰，惟祈本部院批示，以便遵行等因。

又據管河道徐必遠呈：爲酌議夫役事，詳稱蒙總河朱部院憲牌前事。查大王廟塞决，除山東北直協濟外，河南本府用夫一萬一千一十五名。初時四十五頃一名，止是一半，及後不足又加一倍，故爲二十二頃五十畝一名，此不過大王廟一工用夫之數，且通省平攤亦似乎？從來塞決大工，乃有此例。自難執此，以例歲修，即據大王廟塞決，係十年至十三年事也。雖當時一處受害，餘險悉平。然此外仍有十年原武、祥符、封丘、蘭陽、考城五縣估計歲修，十一年陽武、祥符、蘭陽、考城、商丘、虞城六縣估計歲修，十二年陽武、祥符、考城三縣估計歲修。所用人夫，又自不在大王廟工數內。若更以餘工論之，則十三年以前亦尚有不止於二十二頃五十畝一名者。

查十五年歲修用夫九千餘名，併十四年王家壩接工一千名，不但無北直、山東協濟，併河南、汝寧、南陽等府亦未派到。即彰、衛、懷三府協濟，亦計地七八十頃始派一名。前按院未經詳察河工，則誤以多爲少，河夫則誤以少爲多，至於本府利害切已，隔府呼應不靈。歲修用夫，不得不詳近略遠者，勢也。前按院又以爲河患關乎通省，不應專責本縣，應照遠近派定協濟，此爲開、歸兩府紓困而言也。本府既已從減，遠府又不便調，勢必取嬴於彰、衛、懷三府。前議十五頃派夫一名，去河百里加地五頃，除河、汝、南等府州虛設外，計夫不過一萬零九百六十五名。據翁總河疏草五百里內，編做工夫一萬五千七百六十二名半。又據萬曆年間歲修舊册，四百里內調夫九千零二名，以今揆昔，適若相符。況勞逸稍均，開、歸人情未嘗不樂。而彰、衛、懷三府士民則見以爲十五年用夫數少，一旦議溢，又紛紛然怨讟四起矣。不知此議起於前按院條陳一疏，而派定之額遇有工程，先近後遠，用與不用，尚未可知也。但閭閻之間，筋力自吝，照工調夫，夫足則止。在當局原一本於大工，而協濟州縣不調者，較十五年太逸，調者較十五年未免偏勞。同是一府，又且自分秦越，本部院謬出一見，參酌其間。除塞決大工派及數省，往例歷歷，難以預定。每年歲修合無仍照五百里，或四百里內編夫之例。開、歸兩府以十五頃一名，百里漸加，著爲成規。其五百里內，如彰、衛、懷等隣府，將前定夫數分爲三分。初調僅用三分之一，盡五百里而止，則於十五年歲修數亦相同。萬一不足，然後又從近而遠調第二分。至調及二分，似亦未必歲以爲常。如此，則在隔府協濟州縣，既無偏勞、偏逸之歎。而十五頃漸加之說，開、歸兩府則全役之，隔府則分役之，又不失本屬、隣屬之差。至於臨期急工，仍照十五年例，就近調用，事畢即放。又不得膠柱鼓瑟，以貽焦爛之憂者也。未識有當於豫省諸父老之意否？該道照牌事理，即會各府印官公同酌議，各出己見，共定良圖。若各府事難一例，別有可商，不妨明白聲說，慎勿詭隨避怨，亦勿偏執招尤。可也。勉之，勉之。蒙此，隨行開、歸等八府并汝州各印官公同各河廳及各州縣酌議去後。

續據開封、歸德等府并各河廳州縣各議詳到道。據此，該本道看得勞民動衆，大役之工，莫如塞決，其次即是歲修。然塞决之時，衆情方怵於利害，而呼應可借以靈通。又塞决之後，疑爲一勞永逸，可以晏安高臥，而不知河勢變遷不常，頂衝不救，即是大决。所以歲修一着，乃治病未然之策。徼倖無虞，每稱多事。一旦開决，患貽數省。晏安之鴆毒易懷，而其亡之苞桑易忽也。故議歲修之夫，較塞决之夫，尤爲艱難。兹承憲臺計慮，除塞决大工派及數省，往例歷歷，難以預定。每年歲修，仍照五百里，或四百里編夫之例，爲之酌往。准今如開封一府近河各縣，以十五頃一名，從而百里漸加一例也。歸德舊例，鹿、柘協商丘，永、夏協虞城，睢寧協考城。有急搶救，合屬量出人夫，公同協濟，人心倍齊，似應仍其舊例，不必更改而已。善者或准照開封十五頃一名，漸遠漸加五頃，則畫一而可遵，又一例也。開歸既定各府協濟，五百里內如彰、衛、懷等隣府將前定夫數分爲三分調用，使隔府本屬無偏勞、偏逸之嘆，甚善也。其憲行內未及詳河、汝、南等府州人夫者，應是未查十四年曾經調用修築孟家埠口遥堤也。嗣後，河南三府一州應如彰、衛、懷等府一例分調。可也。

至於臨期急工，事出倉猝，遠夫不能一呼立應，仍照十五年例就近調用，事畢即放。又在隨時權變而已，乃本道更有説焉。豫之河北、河南，惟衛輝與南陽兩郡，衝荒瘠薄爲甚，衛輝尤時有喂馬、住兵之苦，或於衝途所經之地，即有調募，亦必重加減少，以均勞苦，示體恤。是又在臨時奉行者之斟酌損益，使不致爲民累。可也。如此則於憲行所謂詳近略遠之中，即有均平增減，經權常變，難以一例者似爲得之。今據各府州縣各出己見，酌議不一。有稱憲裁已定，候示遵行者。有稱地方衝繁供億，殘苦妄冀求減者。有稱離河窵遠，照夫出銀，均出於熟地之內者。出銀之説，萬萬不可開端，以來鑠金之口。然人夫雖定，遇有工程先近後遠，用與不用，臨時相度，亦必取裁。本部院批允，然後下檄各州縣派募，庶幾無弊之政歟。今經各府州詳議前來，相應呈詳各等因到臣。

該臣看得河南按臣李及秀條議三欵，皆係未經親歷情形，詳考事例之論。臣前據司道詳議具覆，止求無碍職掌，不復屑屑置辨。但疑以傳疑，漸有跬步難行者，不得不備細一剖明之。

據按臣原疏第一欵云：『河工有限，豈可以潰决之日爲例？』臣查順治九年以前，每年塞决，每年仍有歲修，難以悉數。至於大王廟决工，自十年起至十三年止，除山東、北直協濟外，本省用夫初時計地四十五頃派夫一名，共夫五千名。及後不足，又加一倍。故爲二十二頃五十畝一名，共計地畝夫併衛所丁夫一萬一千餘名。此不過大王廟一工用夫之數，雖當時一處受害，餘險差平。然此外十年仍有祥符廻龍廟原估、續估黑堽時和驛、原武趙家莊，封丘蘿蔔鄭家莊等處，蘭陽王家樓、板廠，考城芝蔴莊歲修各工，用夫一萬三千餘名。十一年仍有祥符陳家寨、陽武慕家樓、商丘夏家樓、虞城歡堌寺、土樓、考城王家道口原估、續估，武陟金圪塔歲修各工，共用夫七千七百餘名。十二年仍有祥符守公寨、回回寨、陳橋等處，陽武潭口寺、封丘中（欒）〔灤〕城、蘭陽板廠、考城王家道口、武陟傅村等處，共用夫七千三百餘名。十三年仍有祥符黑堽、清河集、陽武潭口寺，蘭陽板廠，商丘王家壩、夏家樓、虞城黃堌壩、土樓、考城王家道口歲修各工，共用夫一萬一千四百餘名。以上歲修各夫，又自不在大王廟工數內，歷年奏銷册在部，可一一覆查也。是塞決者，乃外省協濟。本省二十二頃五十畝一名，通省平攤之。夫歲修者，乃開、歸兩府，又不止於二十二頃五十畝一名之夫。十三年以後，止照歲修例用夫塞決一項，原自不用，多與少迥殊，且不但用夫塞大王廟工，通省派柳，尚有外省協濟。十三年以後即本省河南、河北等府車運亦未派及，勞與逸迥殊。自七年至十三年，塞朱源寨、大王廟兩決工，本省每年額徵河銀歲修支用外，尚請部發銀十八萬兩，搜括各省河庫銀五十一萬兩。十三年以後，雖該省河銀除荒徵熟僅僅三分之一，然刻意撙節，即外省撥協幸亦無幾，費與省又自迥殊。按臣不但誤以夫少爲多，而且誤以塞決例歲修，其相去何啻徑庭也。

第二欵云：『河患關乎通省，當議協濟。』臣查自十年至十三年除塞決大工用通省平攤夫外，各縣歲修止於開、歸兩府內，自相協濟及決工已塞。十三年六月內前河臣楊方興因河工需柳無窮，本境物力有限，酌定均協，題請小工本府協濟，中工本省協濟，大工鄰省協濟。十三年以後，歲修用夫，遂准此爲例。開、歸二府夫力不足中工，間調隣府。是協濟之法，未嘗不行，但不似塞決時，一槩全役耳。而按臣誤以爲惟本縣之民是責。

第三欵云：『遠地近地不同，按畝計夫未爲情理之平。』臣查塞決一項，遠近平攤歲修一項，先近後遠，截然兩事。十四年歲修，除開、歸兩府仍照歷年歲修例用夫外，因陳留縣孟家埠估築遥堤，夫力不足，故照四十五頃例調河、南、汝三府協濟，未嘗調及彰、衛、懷也。十五年歲修，除開、歸兩府仍照歷年歲修例用夫外，因祥符縣魁星樓頂衝甚急，夫力不足，故調彰、衛、懷三府協濟，未嘗調及河、南、汝也。即彰、衛、懷三府計地七十餘頃始出夫一名，且並非四十五頃一名也。是開、歸兩府每歲用夫，而隣府則間一議調。開、歸兩府二十餘頃不止一名，而隣府或四十五頃一名，或四十五頃尚不及　名。近勞遠逸，原無不均，而按臣又誤以爲遠近一例。大河患無常形，故用夫亦無定額，總在道府各官相工程之多寡，因州縣之盈虛，酌議請詳，期於無誤河，無偏累而已。乃按臣以爲徵派當更，遠近宜酌。下屬奉行惟謹，遂議熟地十五頃坐夫一名，去河百里加地五頃，以次而增，共計夫一萬二千五百八十九名。

臣查嘉靖年間河臣翁大立疏草，內開黃河夫役每年五百里内，編做工河夫一萬五千七百六十二名半。又查萬曆四十八年歲修册，河南四百里内，解夫九千零二名，以今揆昔，亦若相符。又查我朝歷年開、歸兩府歲修用夫，或未必一一盡合，然大槩原不相遠。至於隣府協濟，或有過於四十五頃始派一名者，距河太遠從減，固宜亦有不及四十五頃即派一名者，酌工調夫，足用即止。今歲所調來歲暫停，自亦不致有偏累不均之嘆。臣故據以具題，然較之前此未免拘泥，誠恐有誤急工，臣是以復有就近通融之請。是此一萬二千五百八十九名夫數，乃通省地畝虚額，用多用少，總未可知。而傳聞之誤，又且以爲每歲全役矣。

至於派、募二字，臣曾行查祥符縣民間種地傭工價值，每日供飯食外，有五六分者。農忙之時，每日供飯食外，有至一錢五分者。河工每土一方工銀一錢，每夫三四日築土一方，計每日得銀不過三分。而搬草、搬柳、挑土、清槽、鋪芟、釘橛、留纜、扶梯、挑引河、推埽箇謂之雜工，皆取給於此。夫雜工少者，不敢估銀。雜工多者，每歲不過約估。工食一月，計銀一兩五錢。伏秋未畢，又不敢盡數全放。較之民間工價，原自懸絶，不但舍派無所爲募，即民間出夫富者，必係僱倩中人之家，亦必一人出力，衆人助財。傭資低昂，不得不聽其便，即俗所爲私幫云者。固非官所得而强，亦併非官所得而禁也。若以爲官價何不從厚，則時歉民稀，無論河帑雖裕，亦斷斷不能悉照平值。況該省河銀原額九萬兩，今除荒徵熟僅存三萬兩。現在歲估尚且不敷，倘率意言增議加派則不可請，部發又不能，臣亦何敢輕有變更耶？

故前河臣楊方興疏稱照地募夫，亦此地畝出夫，做此土方、雜工，領此銀兩。臣疏稱按地派夫，亦此地畝出夫，做此土方、雜工，領此銀兩。特前河臣疏中硃語以河帑不敷立論，故其詞曰募，然部覆仍不能不用照地字樣，是可見未嘗離派以爲募也。臣疏因按臣原疏硃語以徵派當更立論，故其詞曰派，然臣疏中原有工食字樣，是可見未嘗離募以爲派也。

查各州縣民役有銀差、力差二項，若第云募也，則各府解銀開、歸兩府有工州縣，于工所募夫足矣。今考懷慶府嘉靖年間誌書，内開河夫一千六百七十五名，乃在力差項下，是又可見在昔時，亦原未嘗不派也。夫徭役不均，民間大病。倘出於爲私，則派字在所必禁。若果因公而行，則派正所以爲均也。何必諱，而又安可諱耶？臣復准部咨從長詳議，採之衆論，參以虚懷，除塞決大工。

查前明有派及四省用夫至十四萬、三十萬不等者，因事應變，難以預定外，至於每年歲修工程，查每地十五頃坐夫一名。此議原起於開封府，而管河道推而廣之，又定爲去河百里加地五頃之額。開封所屬險工原多，此該府詳内所以云就近取用，猶爲稱便也，相應仍照前議。歸德府所屬歲修工程歷年舊例，鹿、柘協商丘，永、夏協虞城，睢寧協考城，較之開屬人心頗齊，但工多地少，此該府詳內所以云額減少半，慮有不足也。今照開封一例定額，如果不足用，聽該府酌照歷年出夫例，自相協濟。倘舊例仍有不足，然後調及隣府。

至於彰、衛、懷、河、南、汝等六府、汝州一州，前明五百里內，編夫舊制，已難盡復。即以協濟大王廟工原夫、倍夫準之近者，固與二十二頃五十畝一名相合，遠者則有過於四十五頃始派一名者。遠者較開、歸兩府夫數甚減，自不待言，即近者亦間一調用，較開、歸兩府每歲于役者不同。然人情狃於目前，隣府之分別甚明，將來之更休不計，相應將五百里內，前定夫數分爲三分，除本府夫足自不輕調外，若需用協濟則先調一分，自百里起至五百里止，再不足用，然後調第二分。如今歲調至二百里止，來歲即從三百里接調。如此則開、歸既不苦於偏累，隣府似亦不失等差。其五百里外者距河雖遠，然有塞決大工，必至通省攤派。倘邀天之幸，止是協濟、歲修，則數年之間始一調用，以稍寬近河民力，似亦非過。倘如該道所云內有駐兵喂馬處所，酌減均勞，是則在該道府之臨期詳奪也。萬一倉猝急工，自應仍照往例，就近調用，又不得膠柱，以貽事後之悔者也。此不過姑就現在籌畫調停，欲爲經久之計，必須如山東曹、單兩縣，黃河例設立徭夫數千名，每年自二月起至十月止，月給工食若干，以供各工調用。此外，再有工程，相機派募堤工，則按土給銀，搶埽則計日給食，庶可杜絶紛紜。但該省額銀現苦不敷，臣久已行查新增銀兩，必俟額銀充足，然後另議更定耳。

乃臣更有請者，運道不可不通則黃河不得不治，黃河不可不治則民力不得不勞。邇來議論參差，有司望風泄玩，百姓藉口抗撓。竊恐危機當前，疾呼不應，雖一二河官椎胸頓足，終亦何濟？此尤祈皇上軫念國家根本，重以天語，嚴飭地方司道等官，無避怨勞，共襄王事。庶河官不苦空拳之搏，而臣亦無憂孤掌之鳴耳。通省河務，瑣雜難盡，語涉絮煩，仰祈恩宥。臣謹會同河南撫臣賈漢復合詞具題，伏乞勅部議覆施行。

順治十六年十月二十五日題，十二月十二日奉旨：『該部議奏。』

工部覆前疏

題爲河夫之徵派當更等事。都水清吏司案呈，奉本部送工科抄出總督河道朱之錫題前事等因，奉旨：『該部議奏。欽此。』欽遵。抄出到部，送司。奉此相應議覆，案呈到部。該臣等案查總河臣朱之錫於順治十五年十一月內會同河南撫臣賈漢復，題覆河南前任按臣李及秀條議，臣部查得前任總河臣楊方興議以按地募夫，今總河臣議以照地派夫，前後疏覆參差不一。又查十五年九月內臣部右侍郎張縉彥題爲河工國之大政等事一疏，已經奉旨咨行，與此事同，一體請勅總河臣會同豫撫從長詳議，一併具題。奉旨遵行去後。今據總河臣朱之錫疏稱開封歲修，每地十五頃坐夫一名，去河百里加地五頃，相應仍照前議。歸德歲修，今照開封一例。如果不足，聽該府酌照歷年協濟。至於彰、衛、懷、河、南、汝六府、汝州一州，將五百里內，前定夫數分爲三分調用。其五百里外，然有塞決大工，必至通省攤派，止是歲修數年之間始一調用，稍寬民力。近議內有駐兵養馬處所，酌量均勞。在該道府，臨期詳奪等因，具題前來。查得前任按臣李及秀條議三欵，既經總河臣會同河南撫臣酌妥，除決衝大工外，至于歲修分爲三分，數年之間始一輪流調用，庶民有餘力，勞逸得均。內有駐兵養馬處所，臨期另行詳奪，相應如議，永爲定例。仍請勅下總河臣與河南撫臣嚴飭道府，嗣後遇有修築照此酌調。如未調之先，有司于額數之外，擅行加派，該督撫指名衆處。可也。奉旨：『是。依議。嚴飭行。』

哀懇歸塟疏

奏爲微臣祥禫已近，臣母窀穸未營，哀懇睿慈俯允歸塟，以廣孝治事。順治十五年九月內，該臣爲伏秋已畢，母櫬未歸，具有秋期，河事已竣等事一疏，冒昧控陳，乞恩守制。順治十五年十月初七日，准吏部咨，內開臣奏前事，奉旨：『河道重務，正資料理。卿仍遵前旨勉留視事，不必再行陳請。該部知道。欽此。』伏念臣猥以踈庸，謬膺簡拔，自痛罹母喪以來，屢荷温綸，勉以職業之弘鉅，重以褒寵之光榮，是乃臣子千載之遇。

撫躬循省，即使萬念俱捐，一身盡瘁，猶且莫能報塞，何敢輒以烏鳥私情屢行陳瀆？顧臣墨縗任事，倏已兩秋，泣思臣母易簀之際，執手嗚咽，猶拳拳以塟事爲念。乃今孑然旅櫬，尚停官署，愾音容之如在哀體，魄之未安，中夜興懷，實有無地可以自容者。今者衰杖悽愴之中，倘不獲以一縷蟻，誠上回天聽，過此以往則祥禫之期轉盼而及，益不敢冒昧瑣聒。臣之叩心灑血，不但情不容已，抑亦時不可失矣。

我皇上嘉與作忠在延諸臣，凡有以遷塟乞假請者，無不蒙恩俞允。乃臣獨覥然忘本，自外于錫類之仁，竊恐特達之鑒未酬，斁倫之誅莫逭，此尤臣之所跼天蹐地不能刻釋者也。用是敢不避煩瀆，披瀝至情。仰祈我皇上憐臣萬苦哀衷，及今河事方竣，特簡新督受代總理，容臣躬扶母櫬，回籍治喪。事畢之後，即當星馳赴闕。且臣得以循例陳乞邀榮祭塟，了此一願，則犬馬餘生，自不敢不勉圖鞭策，服勤終身，以上答高厚于萬一也。臣無任懇切，待命之至。

順治十六年十一月初四日題，十二月初十日奉旨：『覽卿奏，具悉至情。特准暫假數月，扶櫬回籍。事竣仍作速赴任料理，不必請代河務。着遣官暫署。應署官職名，速開具奏。該部知道。』

卷之十

覆河水貽害靡常疏

題爲河水之貽害靡常，綢繆之先事宜周，請旨嚴飭以固河防，以濟漕運事。順治十五年四月初一日，准工部咨開，工科抄出。該本部題臣等竊惟國家大計，專借漕運，而漕運轉輸，實賴黄運兩河。如河道堤岸堅固高厚，雖值泛濫之時，水勢順流而下，上不悮漕，下不勞民。如一處有决，全河俱壞，貽害誠非渺小。近如大王廟决口，費朝廷百萬金錢，竭三省無窮民力，拮据四載，始得告竣。揆厥所由，良以管河司道州縣印官漫不躬行勘驗修防，以致衝决屢報也。及至衝决之後，方行修築，工浩而費繁，曷若未决之先預爲捍禦用省而功易。合無請勅總河臣嚴檄管河司道及州縣印官，凡屬臨河地方趁此河水未發之際，親詣河干，逐一查勘。有堤岸低薄者加工幫築，有夯杵虚浮者再行培固，務期堅久。如有奉行不力，虚應塞責，總河臣即指名題參，臣部從重議處。嗣後，修完各工，如復衝决者，小則勒令賠修，大則嚴行參處。每遇歲終，仍與錢糧一例考成。如果修築得法，悠久無虞，題准紀録。如是則賞罰嚴而人知警，漕運、民生兩有攸賴矣。臣等職掌所關，應行嚴飭。仰祈睿鑒，勅部遵奉施行等因。順治十五年三月十八日題，十九日奉旨：『是。依議。嚴飭行。欽此。』欽遵。抄出到部，相應移咨。爲此合咨貴部院，煩爲查照，本部題奉旨内事理，欽遵施行等因到臣。備行各司道，轉行各府州縣遵行去後。今據司道文崇熹等各造送順治十五年分修過河工到臣。

該臣看得治河一事，原無一勞永逸之功，止有補偏救弊之策。故歲修之制，自明迄今，數百年來莫之能改。部議修過各工，每遇歲終與錢糧一例考成，以之激勵諸司，其法誠善。但黄、運兩河，情形不同，修防亦異。即同一黄河，同一運河，而南北延亘各不下數千里。天時之旱潦，地利之險平，河形之廣狹，水勢之趨舍，亦有未便一例而論者。治河者，權衡緩急，極力經營，總期於防禦。伏秋運事無阻，非若各屬錢糧俱有一定分數，可以一一按其完欠，分别等差也。

至於築堤一節，丈尺如式，夯杵堅固，固爲不易之論。查運河臨水爲堤，通連泉湖，水發瀰漫。補葺工程，每歲不免。黄河洚洞，洪流變遷莫測，頂衝迎溜，不得不歲歲捲埽以資捍禦。若土堤止可約攔漲水，河身倒灣則有創築之堤，風雨剥蝕則有加幫之堤。即或单薄未甚，增培可緩，而一歲之中，車道、狼窩，在所必有。一或不謹，便成大患，亦斷無有不事加修而可以歷年保固者。故現在之堅瑕，可以勘驗而得。如曰悠久與否，無論非可預定，且恐泥而弗察，反不免廢弛貽誤耳。除十五年做過工程另造清册，隨歲報一併達部外，其怠誤疎防官員，臣不時既已糾叅，歲終舉劾。臣申明激勸大典一疏，已准部覆，奉有俞旨，遵行在案。紀録考成，似難重移甄叙者也。相應具題，伏乞勅部施行。

順治十六年十二月初四日題，本月二十一日奉旨：『工部知道。』

亟議賑恤招徠疏

題爲亟議賑恤招徠，以廣皇仁，以固邦本事。據兖西道黄廷獻呈，蒙臣憲牌，爲查議賑恤招徠，以戢盜源事。照得饑寒易起盜萌，弭患先事撫恤。今歲水災延廣，麥禾失收，流離載道，就粟他方。逃人禁例森嚴，一離鄉井，莫肯容留。托足無所，未免相率爲盜。不但道殣堪哀，抑且流禍叵測。居民上者豈忍坐視，思惟救荒良策，在本土惟有賑恤，在流民惟有招徠。但饑民數多，綿力有限，非廣行勸賑，鮮克有濟。

查《邸報》道府等官以至紳衿士庶捐賑及格，俱有題叙之例，而招收流民，亦有直省總督題定舊案。本部院未准部行，無例可據，相應查議。爲此牌仰本道照牌事理，即查原奉部文，地方各官以至紳衿士庶捐米賑恤，從優叙録全案，并直省部院題定招撫流離登記籍貫，總行原籍稽查，以免逃人貽累之行，一併檢出録送，仍妥議詳。〔本〕院一面張示曉諭，廣行勸賑，設法招徠。一面聽候具題，以便事後優叙。文到限二日内，即行回覆，毋得遲違未便等因到道。

蒙此，該本道看得今歲水災所及，江南、河南、山東咸被其患。雖經各省院臺題請蠲恤，而散亡覓食，日接見聞。昨本道自曹抵濟，見沿路流民，敝車羸畜，扶老携幼，絡繹相繼，寒饑之色，所不忍見。本道叨蒙憲檄，查議賑恤除將原行事例抄録呈覽外，謹再援考條例，叅以管見。伏候憲裁，擬合呈詳。

一、責成被災州縣，各賑該境人民。照得州縣被災，雖有分數之别，而貧下小民自是十分之厄。故無論所災分數不同，而小民艱食本處，既無賑貸，不得不轉向他處。昨經詢其往止何處，悉茫然未有所歸，只是沿途問人，米麥賤處，便去逃生。夫臣子奉命涖土，流亡入境，不爲安插，固爲獲罪。然使各處不並行賑恤，而止一二處行之，則望風投止者日衆。即各處並行，而奉行不力，止一二處傳聞得法，則投止者亦日衆。倘以三省之流亡，奔聚一二處，該處之物力有限，安能濟之？則容之無術，驅之不可，其害又不可勝言也。

目今各處流亡，既難逼遣別徙，務宜就所至處，急行安插。一面速乞憲檄，山東、河南、江南各被災州縣速速實加賑恤。倘此後賑恤得法，然後照欵議查草簿。户丁不損及流亡能復業者，許爲題請優叙。其致丁口再有流亡至別州縣，而別州縣以安插報聞者，此即不能賑恤之明驗也，亦憑查叅。庶各州縣並行實心賑恤，在小民免流亡之苦而各境亦無壅集之虞矣。

一、州縣畫境分任，責成賑恤實事。照得各州縣大小不同，然以闔境而槩之，一令恐力不能周，勢不得不旁寄胥役。胥役之賢者，固幾何也。合無將各州縣四境，量其大小，分畫幾區，守令及教官、佐貳分任其事，其守令仍總司出納。若州縣幅員遼闊，本州縣職官不足遍者，則該州縣申請道府擇隣近廉幹教佐充之，具列職名報院。庶地近則易周，任專則交勵也。受差之日，州縣即捐備紙張，發給該員。該員即詣所畫鄉集，置立草簿二扇，不得責取鄉社造報，致生弊端。

其一簿備寫某社某里某集民人若干户，男婦若干名、口，及查應賑真正貧户男婦幾名、口，期於隱弊悉清，不得捏報冒賑。并現今已來流亡若干，係某縣鄉貫，一一註明。本人名下，開列某村、集。末該員仍將本區內流來户口籍貫，彙揭該州縣，以便按籍關查，以防逃人冒匿之弊。

其一簿傳集該地鄉約、里長、公直、耆民公相勸勉。其大村好義士民願捐賑者，即籍其數於簿，照後欵議以行賞激。其户稍殷實而不肯捐賑者，亦難强之。該員及鄉保人等委曲開譬，許或量借斗斛，以貸災民。所貸之數，亦籍於簿。若有土災民，期令下年收成償本。其無土者，或令傭賃耕作，以爲抵償。如收成之後，有違期負賴不肯償者，許赴該州縣稟理，按簿追償。

至於小村貧落，勢無捐借。及來流移男婦原是無土浮客，該員即照草簿列揭該州縣，速即發所捐儲米麥，一一分賑，於簿註記明白。其或春作之時，無土浮客願受田土者，即將抛荒各土，不論有主、無主，該州縣設法議給牛種，便其墾播。此又於恤災而寓開荒之一道也。

各員務於受差之日，即行逐一查登草簿，即將草簿繳道，道加鈐印，呈院鑒覽，不必別謄細册。院加批號，仍發該道，該道據之不時介馬循行勞問，稽察勤緩，待賑恤事竣再加抽點。如所畫區内各户口安堵無損，即是賑恤得法，請賜題叙。其有怠玩致簿籍百姓流亡別境者，分別懲記。若受委諸員有不實心任事，及才不克副者，該道府及該印官有所見聞，務即申報，立行罷委，請加懲處，另擇廉幹以終其事。

一、總計道轄捐賑，周恤道轄户口。照得本邑被災，固宜本邑捐賑，第本邑之鄉紳有無不齊，即有捐矣，亦不能必其數之多寡，抑或以該邑之職官定其梗概。而一邑之官，固亦無幾，倘被災嗷嗷，流亡纍纍，而所捐不應，所賑事終難濟。本道竊謂各該州縣勿止自計，宜就分轄各道通融周恤。如本道所轄九屬，今被災者曹州曹縣而已，乃曹縣距河南一衣帶水，流民來者雜遝，米麥價湧，故災未及十分而已有十分之實矣。

昨覽該縣申詳：設糜而凜凜以難繼爲憂，如使道轄各屬盡行捐賑，而總以救轄内之災，黎事定照例題叙。庶當事者，不致興嗟無繼。夫普天同王土之義，況隣疆切恤患之仁，二三士大夫諒有同心耳。至於官紳勸賑，已有通行事例，惟在遵照勸諭，舉而行之。然本道採之衆議，更有卑卑之説，如劣等降黜生員，除行檢有礙，不便復列宫墻。如有一時文義荒疎致於駁放者，許令捐米官斛百石，六等改青五等，改附其廪、增、附生，許行學道記名科考録，送秋試。至於民人捐賑有至官斛二三十石，及四五十石者，官亦給扁示獎。其殷實子弟能輸米二三十石者，彙名移送學道，遇歲考童子試日，竟行收考，免其府縣録送。凡此三端，似屬平易近民，而亦捐賑之一助也。

一、積儲難敷，賑恤别項請暫動支。照得救災如救焚，若俟捐賑畢輸而方行收恤，則旦夕死損，何以待命？雖經有部議，各州縣積穀原以備賑，會議通行在案。但各州縣秋冬所積，固自無幾，合無請允倉積例准動支。而外，尚有一時難措者，即查别項動以充賑。俟捐賑輸日，分别補還，庶議定而事可立見也。計呈抄録原案四件等因。又據濟寧道楊奇烈呈同前事，又據兖東道劉世傑呈爲煢黎續命無術等事，各等因詳報到臣。

該臣看得今歲山東、江南、河南三省悉被水災，廬舍傾頽，麥禾漂蕩，所在見告俱經各撫、按臣節次題報矣。臣屢據各道屬詳文，各境災民有掘草子，剥樹皮，暫延殘喘者，有扶老携幼，僅負一鍋，挈家他適者。甚至兖東道劉世傑詳内有云：據嶧縣知縣黄甲第申稱有逃荒百姓一家四口，行至嶧縣地方，止存一釜，换餅十五枚。彼此不足療饑，夫妻反目，其夫棄妻而去，妻遂不顧子女，縊死於樹。夫去復回，見之慘傷，又將子女撲死，仰天大慟而絶。臣閲詳至此，不覺痛心隕涕。伏惟我皇上懷保斯民，捐帑金以賑饑，設粥廠以濟乏，昆介微生，悉厪宵旰。臣承宣山左，乃坐視顛連不能拯救萬一，以仰昭朝廷德意，職守之謂何？但救荒之策，惟有賑恤饑餓、安集流亡兩端。而州縣之積穀有限，仳離之赤子無窮，則賑濟之難。流寓之雜處既繁，逃人之踪跡莫辨，則安集之難。

臣查順治十一年六月内，欽奉恩詔内：『一貧民失業，流離各地方，官有能賑恤全活五百人以上者，覈實紀録。千人以上者，即與題請加級。其有鄉宦富民尚義，出粟全活貧民百人以上者，該地方官覈實具奏，分别旌勸。欽此。』又查得十二年十一月内，吏、兵二部題覆彙報捐賑職名等事各疏，内地方官董天機等，貢監生員劉起蛟等，武弁甘應祥等，捐賑及格，俱經奉有俞旨，分别旌勸在案。又查得十一年五月内，部覆科臣魏裔介流民死傷堪憫等事一疏，内開凡有流民至彼每五名或三名，取具互結存案。及撫字得宜，特許分别題薦，以示鼓舞，亦經奉旨遵行。

皇仁所及，何異起溝中之餘而予以更生之樂也。今歲商羊肆虐視昔尤甚，嗟此遺孑，引領恩澤不啻雲霓。成例具在，敢祈皇上特賜申飭地方各官遵照十一年恩詔，併部覆科臣魏裔介條陳原議，極力舉行。事竣之日，容臣與撫按諸臣覈實具題。

行以勸懲之法，既有重賞以鼓於前，復有嚴罰以繩於後。將見三省官民踴躍急公，各勤乃事，不但數百萬生靈皆蒙皇上再造之仁而全，土著以足賦税，收失業，以弭盗源。所裨政，非小也。山東按臣程衡適當巡行兖屬，見此異災，與臣蒿目共商，檄行各道查議。今據兖西等道黄廷獻等呈覆前來，除臣一面備抄原案通行所屬，勸諭鼓舞，設法力行外，臣謹會同江南漕撫臣蔡士英、淮揚按臣馬騰陞、河南撫臣賈漢復、按臣李粹然、山東撫臣許及秀、按臣程衡合詞具題。伏乞勅部議覆施行。

順治十六年十二月十六日題，十七年正月初十日奉旨：『該部知道。』

循例請卹疏

奏爲微臣恭謝特恩，併循典例籲懇賜卹，以光泉壤事。順治十六年十二月二十四日，准吏部咨，内開該臣奏爲微臣祥禫已近，臣母窀穸未營等事，奉旨：『覽卿奏，具悉至情。特准暫假數月，扶櫬回籍。事竣仍作速赴任料理，不必請代河務。着遣官暫署。應署官職名，速開具奏。該部知道。欽此。』臣當即恭設香案，望闕叩頭謝恩訖。

伏念臣濫寄行河兩載以來，偶邀天幸，獲免覆餗，實皆仰賴皇上如天之福。撫躬自問，安有寸長可紀？乃謬被温綸褒子洊及茲者，復蒙特賜准假回籍治喪。臣考周雅四牡之什，嘗以不遑將母慰勞臣下，論者侈爲盛事。而臣仰荷高厚既錫以顯親之榮，復教以報本之義。方之詩傳，所載不啻過之頂踵，幾何其足云。報惟有自矢終身服膺皇上作忠之訓，勿之敢失而已。

除河屬應行事宜，一面嚴催料理，仍親督司道稽覈，大挑務濟新運，候署官到日起行外，臣查得《會典》一欵：凡文官三品以上，其各父母妻必曾授本等封，俱照例祭葬。又一欵：凡文官二品、三品，共實歷三年以上者，雖未考三品滿，父母准以三品祭葬。又一欵：凡四品以上官其父母曾授本等封贈者，先後病故，祭得因後并及其先等因。

臣於十一年十一月内蒙恩陞詹事府少詹，事兼弘文院侍講學士，係從三品，歷陞今職。至十五年二月，共計歷二品、三品俸三年零二個月。又於十四年三月内恭遇恩詔，三品以上封贈二代，臣母沈氏幸於生前叨逢封典。

臣父三鳳於七年内逝世，亦得邀恩推贈，似皆與《會典》祭葬之例相符。臣自維冒忝，已覺逾涯，而國家孝治天下，彝典特隆，輒敢循例陳乞。伏懇勅部查議上請。倘蒙寵靈之澤，下逮幽扃，不但臣終天藉慰，而臣父、臣母魂魄有知，亦且啣結不朽，生生世世頂戴殊恩於無既矣。臣無任懇祈，感悚之至。

順治十六年十二月二十六日奏，十七年□月□□日奉旨：『該部察例，具奏。』

覆河堤關係甚鉅疏

題爲河堤關係甚鉅，請旨嚴飭以計久遠事。順治十六年八月十三日，准工部咨前事，内開都水清吏司案呈，奉本部送工科抄出，該本部題臣等查得黃、運兩河，歲修工程，先據總河臣估計具題，臣部覆明修築及後工完之日造册奏銷。臣部止據其册，開修過工程之大小，用過物料之多寡，查覈題銷。至其修築之果否堅固，高濶丈尺有無合數，工程物料有無潦草冒破，此在司道等官之實力奉行，尤總河臣所當親爲勘驗者。但河道歲修每年動費河銀數萬餘兩，如其修築堅固則民力不徒勞而錢糧亦不虛費，堤可悠久，運道民生可無後患。若司道廳印等官督修不力，報竣未幾而復報蟄陷衝決，皆由工力未到，夯杵之不堅也。如此，工程不惟費帑勞民，抑且誤運貽害。相應請勅總河臣嚴行司道廳印等官，嗣後修築務期親行督率工堅料實，不得潦草塞責。工完之日，各官各具修築堅固，可堪久遠，印結同工料文册一併具題，以憑稽考覈銷。如有修築未幾即行壞決，將經管司道河印各官題叅，從重議處。不得僅議革職，戴罪督修，可圖開復。

至於工程竣日，總河臣無暇查勘，奏銷之後，或廵歷所至，查有潦草冒破者，許即據實題叅，不得狥情容隱。如是，立法既嚴則各官用心於上，夫役盡力於下，堤可經久而歲修亦可少省矣。臣等職掌所關，應行嚴飭。仰祈睿鑒，勅部遵奉施行等因。順治十六年八月初二日題，初三日奉旨：『是。依議。嚴飭行。欽此。』欽遵。抄出到部，備咨到臣。准此隨檄行各該司道查議去後。

今據通惠河分司文崇熹、通薊道武攀龍等及各司道會詳到臣。該臣看得報銷工程，取具司道等官，久遠印結，是誠慎重河防至意。但查歲修之制，原以防一歲之伏秋，濟本年之運事。自前明迄今，數百年來，歲銷歲估未嘗間輟，然且塞決之役，屢歲見告。今一旦限以久遠，則是今歲所估，來歲宜停。河官之設，徭夫額銀之編，不幾贅而無當乎？河道情形難以更僕，臣姑言其大槩。如黃河各險埽工，皆以衝掃所在，非堤可支，不得不歲捲草柳以資捍禦，此賈魯所云惟柔爲能制剛也。然而經歷伏秋，腐浥蟄陷，斷斷難免。若大溜不改，及或改而在上，在下苟一歲不估，未有不立見潰壞者也。至土堤止可約攔漲水，或单薄加修，或水勢漸逼，必得棄舍舊堤，退後另築，以待水至。夯杵堅實，固是堤工要義，但以後日疎密全責築堤者，任其功過則又不可。夫堤成之後，高濶丈尺，巡歷所至，如式勘量。日復一日，風濤拍撞，霪雨坍卸，姑且勿論。即據一歲之中，車道成軌，狼窩穴隙，在所必有，徑寸不戒，便可成患。故有題明堡夫居民填墊舊例，此又本年所司勤隋之故，而乃令前人預立結狀，誰則敢任？倘不亟議更正，則窒礙難行。不惟開人諉卸之端，且恐將來任事者銷不敢銷，估不便估，徒有督責之名而反成廢弛之實。

河事決裂，可勝言哉！除先准部咨已經一面移覆臣，復一面通行查議。節經各司道呈詳，所據指陳形勢，皆得之身親閱歷，事理灼然。臣職掌所在，何敢緘默？以後歲修工程，相應照舊估銷，倘經管各官內有冒破者，揭報糾參，請旨提問。怠玩者，據事論劾，照例處分。功令赫然，無容少爲寬假。至於所轄漫決，咎固難辭。但塞決之工，全在急速。若臨事更易，停延漸久，收拾愈難。查各司道勅書皆有遇漲衝決與春漲之前，先塞決口等語。此可見治河者原難使水從人，惟有以人應水，似應照舊責成督修，以無誤河防大計者也。事關河漕得失，不敢不詳酌具題。伏乞皇上睿鑒，勅部議覆施行。

順治十七年正月十二日題，二月二十三日奉旨：『工部議奏。』

治河必資夫力疏

題爲治河必資夫力，各屬玩誤可虞，特懇天語嚴飭，以保運道事。竊照黄、運兩河，上關轉輸血脉，與夫從來舊制歲修不容不勤，用夫不容不備。以至河勢變遷間不容髮，或綢繆先事，或搶護臨期，種種情狀，已經屢疏題明。至於各屬原有額夫照例于役，萬一工繁事迫，各司道導照勅書並部覆，奉旨在案。

調募赴工，事畢遣放，其或工程頗簡，民力宜甦。如徐州長夫、嶧縣徭夫等項，已據司道詳議，酌行減半輪應，停役工銀作曠扣庫。萬一仍須全役之時，即行照額僉足。河南河夫臣已會同撫按具題，悉照十五年以前熟地，分別遠近。所定虛額，開、歸兩府每歲全役，五百里內隣府分爲三分，漸次調用，五百里外隣府數年一調。及其有真正駐兵喂馬處所，該縣具詳到府，查確轉詳，管河道會同該轄守、巡兩道酌妥量減。若河勢驟改，別工各夫不便盡撤，近屬既無可調，遠屬調又無及，必得於定額外就近通融跨派，然後可免事後之悔。已准部覆如議，永爲定例。

他如小可工程，車道、狼窩，難以盡估者，部覆前河臣楊方興題爲酌議上下均便之策，以鞏河防事一疏，各令附近居民境內堡夫，乘時補葺，俱各奉有俞旨，節次通行各屬在案。但邇來姑息之議日多，觀望之情滋起，河屬各官掣肘難行，有非一端可盡。夫無米不能爲炊，空拳不能格鬭，此必然之理也。河官責任在躬，惟恐一覆難收，方恨不得重門以待暴，投鞭以斷流，而局外者絶不知誤河之爲害。徒自見恤民之爲名，以省夫爲循良，以急公爲苛刻。不思民固朝廷之民，河亦朝廷之河，無故而勞民則所重在民，不得已而治河則所重又在河。人情好逸惡勞，雖大聲疾呼，尚不免秦越相視。今臣方望之以保河之功，而人反責之以佚民之説。然則爲河官者將勞其民以保河之爲盡職乎？抑佚其民以誤河者之爲盡職乎？長此不已，竊恐百姓藉口遷延，莫肯効力。河官戒心瞻顧，不敢督催，馴至大弊極壞，而後追咎誤夫者之失，計亦何及哉！臣仰受皇上非常之恩，謬當重寄。今又叨蒙特假扶（襯）（櫬）歸葺，兩河情形一寢一食，亦不敢刻置膜外。閱歷所及，何敢緘默不言？伏乞皇上天語，特賜申飭地方各官共殫公忠，保全運道。所屬印官違例抗夫，容臣衙門據實特參，從重議處。庶全漕血脉無憂梗阻，而直省地方亦藉以免淪胥之患，則勞民之利上固在國而下亦未嘗不在民也。伏乞睿鑒，勅部施行。

順治十七年二月二十四日題，三月二十四日奉旨：『該部議奏。』

工部覆前疏

題爲治河必資夫力等事。都水清吏司案呈，奉本部送工科抄出，該本部覆總督河道朱之錫題前事等因，奉旨：『該部議奏。欽此。』欽遵。抄出到部，送司。奉此相應議覆，案呈到部。該臣等案查河南河工夫役，先該總河臣朱之錫於順治十六年十月内題覆，原任臣部右侍郎張縉彦題爲河工國之大政等事，與河南前任按臣李及秀題爲河夫之徵派當更等事二疏，議以開、歸二府歲修夫役，分別地方遠近，照地加派。彰、衛、懷、河、南、汝六府、汝州一州，將五百里内分爲三分調用，其五百里外止是歲修數年之間始一輪流調用。内有駐兵喂馬處所，臨期詳奪。業經臣部於十二月内題覆如議，永爲定例，奉旨咨行在案。

今據總河臣朱之錫疏稱邇來姑息之議日多，觀望之情滋起，河屬各官掣肘難行，有非一端可盡。竊恐百姓藉口河官不能督催，至大弊極壞而後追咎誤夫，計亦何及。伏乞皇上天語，特賜申飭地方各官共殫公忠，保全運道等因，具題前來。相應請勅總河臣與河南撫臣嚴行司道府聽印河等官，凡係歲修與河勢驟改，應用夫役，悉照臣部題覆二疏事宜，速行僉派赴工，公同修築。如有州縣違例抗夫，及司道因循狥縱，督催不力，以致耽延誤事者，河、撫二臣即行指名題參，以憑從重議處。若黄流如常，無衝决害患，各地方有司不得於題定歲修額夫之外，擅行加派。如有多派情弊，該河撫即行題參。可也。奉旨：『是。依議嚴行。』

卷之十一

扶櫬回籍日期疏

奏爲微臣祥禫已近，臣母窀穸未營，哀懇睿慈，俯允歸葬，以廣孝治事。順治十七年正月十九日，准吏部咨開，文選清吏司案呈，奉本部送吏科抄出，該本部覆河道總督朱之錫奏前事等因。順治十六年十二月初十日奉旨：『覽卿奏，具悉至情，特准暫假數月，扶櫬回籍。事竣仍作速赴任料理，不必請代河務。着遣官暫署。應署官職名，速開具奏。該部知道。欽此。』欽遵。抄出到部，送司。相應議覆，案呈到部。該本部題覆等因。順治十六年十二月二十四日奉旨：『楊茂勳着前往暫署河務。欽此。』欽遵。抄出到部，移咨到臣。

該臣一面催督大挑，一面料理積案。至于每歲修防伏秋工程，例在春月覈銷估計。臣嚴催各屬，凡有送到詳册，照例覆覈具題，不敢延緩。其有未經送到者，節序相催，時不可失。應聽署河臣楊茂勳到任，陸續銷估。今署河臣已於十七年二月二十五日抵濟，除臣原領到坐名勅書一道，照舊遵藏外，所有欽給關防一顆、令旗牌六面、副并文卷、書吏、員役等項，專差標下中軍副將兼管中營事楚進功、濟寧州知州陳翼鷴於二月二十五日賫送署河臣楊茂勳接受管理。至於各屬河工，險要修防事宜，並錢糧夫料，歷年成例自當備細傳告，以仰副皇上軫重河漕至意。臣扶送母櫬定於二月二十九日解纜南行，抵家之後，營葬事畢，即當遵旨回任。臣謹恭設香案望闕叩頭，犬馬微誠不勝戀戀。所有交代日期，理合奏報。伏乞睿鑒施行。

順治十七年二月二十五日題，三月□□日奉旨：『該部知道。』

祭葬事畢謝恩疏

奏爲微臣父母蒙恩祭葬，事畢恭陳謝悃事。臣遵旨躬扶母櫬回籍治喪，接閱《邸報》，禮部覆臣，陳乞卹典，前疏奉旨：『朱三鳳沈氏，着與祭一壇，造墳安葬。欽此。』該臣於本年七月內，領到金華府遵給造墳銀四百兩。八月內，已經合葬。又該署金衢嚴分守道事、金華府知府臣孫丕承於九月初六日躬赴臣寓宣諭並祭臣父三鳳、臣母沈氏。訖。隨當恭設香案，望闕叩頭謝恩外，伏念臣猥以謭劣，起自寒微，主眷虛膺，實切負乘於衾影，親恩未答，徒悲風木於庭闈。乃者烏鳥微悰，目昧陳籲，仰蒙皇上鑒照不遺，曲垂矜憫，特貰曠官之罰，俾伸襄事之情。曠典奇遭，古今僅見，而涓埃之報莫展，覆載之施洊加臣父三鳳、母沈氏。龍章既邀錫命之榮，馬鬣更荷匪頒之賜。酒肴芬苾，疑承甘露於九天。綸綍輝煌，恍照春陽於夜壑。荒原茂草並有光榮，白叟黃童咸知感泣。

在國家教忠有本，或不嫌令典之從優，而臣子揣分知盈，能無愧洪慈之罔極，總使頂踵可竭，終虞高厚難酬。自是臣累代高曾，人人願效乎結草，一門子姓世世永矢乎傾葵。況此生没齒之年，敢自墮捐軀之節。除臣一面遵旨束裝定於十月初二日啓行赴任，俟受事後，另疏恭報。茲恭承恩卹，理合具疏陳謝。臣引領闕廷，無任銜戴銘鏤，萬感萬叩之至。

順治十七年九月初七日奏，十月□□日奉旨：『覽卿奏謝。知道了。該部知道。』

恭報受事日期疏

題爲恭報微臣到任受事日期，仰祈睿鑒事。先該臣籲恩葬母，具有微臣祥禫已近等事一疏，奉旨：『覽卿奏，具悉至情。特准暫假數月，扶櫬回籍。事竣仍作速赴任料理，不必請代河務。着遣官暫署。應署官職名，速開具奏。該部知道。欽此。』嗣於本年二月内與署河臣楊茂勳交代，扶櫬南行治喪。事竣不敢稽延，隨於十月初旬遵旨北發，十二月初三日抵濟。准署河臣苗澄咨差標下署中軍事左營遊擊吴良棟、濟寧州知州陳翼鶚齎捧欽頒關防一顆，令旗令牌六面、副，并書吏、文卷等項移送到臣。臣謹望闕叩頭，逐一接受管理。訖。竊臣以至庸之才肩至重之任，拜命數載，止於循分自効，實無尺寸建竪，可以上副特達之知茲者。恪遵成旨，仍總河務。閱歷之後，益惴惴焉隕越是懼。仰惟皇上之訓諭，懃懇赫若箴銘。皇上之恩遇，殷隆淪於肌骨。臣亦惟刻刻服膺，黽勉盡瘁，以庶幾竭犬馬之愚，効萬一之報而已。除衙門應行事宜容臣次第料理外，所有到任受事日期，理合恭報。伏祈睿鑒施行。

順治十七年十二月初六日題，本月□□日奉旨：『該部知道。』

迅催道臣赴豫疏

題爲河事躭延日久，道臣到任無期，懇祈勅部迅催赴豫，以保運道事。竊照河道修防，俱有節序，先事不周則終年貽害，臨期失着則補救彌難。況刑名錢穀，地方責任大小一體，而獨治河之事夫料藉之各屬，過誤專在河員，以故其餘道府各官痛癢不關，意見相掣。急者徒急而緩者自緩，非得練習之才，刻刻綢繆。而又能挺身任事，勞怨不辭，以支撑于衆口紛紜之際未易勝任而愉快也。

查河南管河道一官，乃通省要領，自徐必遠被論去任，未幾盛治又以病辭。去夏至今，皆係代庖，近則據兩司詳批，行南河同知兼理，事權未免不一，呼應終是不靈。臣閲十七年十一月内《邸報》，前缺已推寧紹道荆世爵陞補。即使旦夕抵豫而其人之才否未卜，河之肯綮未詳，猶不免有玩愒之虞。乃道路相隔，杳爾無音，轉盼桃伏，難免貽悮。除臣一面咨催外，但恐寧紹現係用兵重地，萬一未即離任，懸缺以待，整頓何期？仰祈勅部嚴限本官，星速赴豫任事。庶監司不致久曠，修守賴以責成。所關河政非細故也，伏乞睿鑒，勅部施行。

順治十八年□月□□日題，□月□□日奉旨：『荆世爵，着速催赴任。吏部知道。』

恭謝天恩疏

奏爲恭謝天恩事。該臣於本年四月二十八日，准吏部咨，爲各屬勸賑事竣，官民捐助難泯，謹據册題報事。文選清吏司案呈，奉本部送吏科抄出，該本部覆，户部題覆漕運總督蔡士英題前事等因。順治十八年四月初五日奉旨：『是。朱之錫着加太子少保，蔡士英着加兵部尚書兼都察院左副都御史，仍照舊管事。餘依議。欽此。』欽遵。移咨到臣，該臣恭設香案望闕叩頭謝恩外，伏念臣草茅一介，洊被國恩，荷蒙先帝拔擢，總理河務，才微任重，瘝曠已多。兹復以遵旨賑卹，仰荷皇上録及葑菲，特頒寵命，晋秩宫階，以臣子當盡之常徼國家異數之典，省循非據，不勝悚惶。惟有夙夜黽勉，益勵匪躬，以無負高厚於萬一而已。臣無任感銘，踴躍之至。

順治十八年□月□□日題，□月□□日奉旨[一]……

親勘王家道口工程疏

題爲(佑)〔估〕計考城王家道口十八年歲修工程、錢糧事。該臣於順治十七年十二月内復任，適當運河小挑之期，嚴催各屬絶流興工，仍親詣閘河逐節勘視。一面通查十七年伏秋以後黄河水汛各案，并調附近司廳等官面訊情形，備行該司道親詣勘估，造册具詳。臣酌量緩急，分别批允駁正。一面於三月十五日由山東、河南以至江南、淮、徐所屬各州縣黄河兩岸，查閲各工，直抵揚州方回。

于四月十九日行至高郵州，接准工部咨，爲估計考城王家道口十八年歲修工程、錢糧事。都水清吏司案呈，奉本部送工科抄出，該本部覆河道朱總督題前事等因。順治十八年二月初五日題，三月十二日奉旨：『工部議奏。

[一]『旨』下有脱字若干。

欽此。』欽遵。於三月十三日抄出到部，送司。奉此相應議覆，案呈到部。

該臣等看得總河臣朱之錫疏稱考城縣王家道口，頂衝直射，堤岸坍塌，危險可虞。題估料價土方銀一萬一千二百二十兩六錢四分，苐估計工程，務須該道親行赴工，勘估工料，始無冒破。

案查本工十七年歲修止估銀四千四百四兩零，今十八年估至一萬一千二百二十兩六錢四分，雖所用工料其中有多寡不同，但止憑縣册開報，恐有虛冒，相應再行查覈。仍請勅下總河臣一面及時先行領銀修築，一面嚴檄該道親赴本工勘驗，遂一確減估計，據實具題，以憑議覆。可也等因。

順治十八年三月二十七日題，三十日奉旨：『河道設立總督，原宜總覈屬官，稽察工程，俾無冒濫。今王家道口一工，估銀一萬一千二百餘兩，較十七年歲修估銀太多。朱之錫未經詳覈，止憑縣册，輒爾草率具題，豈是委任總督之意，大不合理。仍着朱之錫親赴本工勘驗，另行確估具奏。欽此。』欽遵。抄出到部，移咨到臣。

臣跪誦嚴綸，不勝悚惕，隨由清河縣登陸，馳赴考城縣王家道口工所，率同管河道荆世爵及歸德府府廳各官，覆加勘度本工。西頭第一段長一百三十丈，大河竟從南來直衝北壩，套壓難緩。第二段長一百一十丈，去年大溜北掃，埽個蟄陷，舊壩去堤原濶十丈，塌去六丈，幸加埽搪護無虞。臣查署河臣楊茂勳於十七年七月內具有彙報黃河水汛一疏，已經報明在案。第三段長一百四十丈，內九十丈係初估生工，去年塌去堤下土壩六七丈不等，曾採民柳下埽搶護。第四段生工長八十丈，去歲崖岸坍去四、五、六丈不等，今離堤餘岸不及丈許。自此以東，河勢方折而南去，委因河溜斜射，東北二段以下逼堤漸近。堤內地形既窪，又多衝決故道，倘使潰囓而出，則全河北徙，收拾不易。誠不得不備埽防禦，以保萬全。總之黃河萬里建瓴，勢如奔馬，倏漲倏落，呼吸變遷。所以險工原無一定之形，估費亦無一定之數。

臣歷查河南歲修舊案，不但隔年之例不能盡同，即一歲以內亦有未可預必者。如祥符縣魁星樓一工，節年不估，十五年因河勢陡變，估銀一萬九千餘兩。後以引河挑成，止報銷銀三千一百餘兩。又陽武縣潭口寺一工，十三年估銀一萬二百餘兩。本年清明之後，水發埽蟄，又續估銀九千六百餘兩。即王家道口一工，十三年因全河歸故，估銀一萬四千三百餘兩。十四年估銀九千九百餘兩，十五、十六、十七三年估數亦多寡不等。工小則省，工大則增。

臣固不敢任其糜費，以耗河帑。然亦何敢過事撙節，以致工料不敷，倉猝無備，悞運道而妨大計哉！至于不肖官吏倘有侵冒，臣查訪得實，定行題參，斷不敢少爲姑息也。所有本工估計埽個銀兩數目，先據該道原册已經送部，相應仍飭道廳等官照舊預備修築外，臣謹將遵旨勘驗情形，據實具題。伏乞勑部議覆、施行。

順治十八年五月十七日題，六月二十五日奉旨：『工部覈議，具奏。』

工部覆前疏

題爲估計考城王家道口十八年歲修工程、錢糧事。都水清吏司案呈，奉本部送工科抄出，該本部覆總督河道朱之錫題前事等因，奉旨：『工部覈議，具奏。欽此。』欽遵。抄出到部，送司。奉此相應議覆，案呈到部。該臣等案查考城縣王家道口十八年歲修工程，先據總河臣朱之錫題估料價、土方銀一萬一千二百二十兩六錢四分。隨該臣部查得估計工程，務須該道親行赴工勘驗工料，始無冒破。但止憑縣册開報，恐有虛冒，仍請勑下總河臣一面先行領銀修築，一面嚴檄該道親赴本工勘驗，具題。奉旨咨行去後。

今據總河臣朱之錫疏稱臣跪誦嚴綸，不勝悚惕，隨由清河縣登陸，馳赴考城縣王家道口工所，率同管河道荆世爵及歸德府廳各官，覆加勘度本工。一段大河直衝北壩，套壓難緩。二段大溜北埽，搪護無虞。三段、四段委因河溜斜射東北，不得不備埽防禦，以保萬全。臣歷查河南歲修舊案，如祥符縣魁星樓、陽武縣潭口寺及王家道口等工，十三、四、五等年，估數亦多寡不等。工小則省，工大則增。臣固不敢任其糜費，以耗河帑。然亦何敢過事撙節，以致工料不敷。所有本工估計埽個銀兩數目，仍飭道廳照舊預備修築。謹將遵旨勘驗情形，據實具題等因前來。

查得王家道口工程，既經總河臣朱之錫率同道府各官親勘，與前無異，所估工料係約估之數，應有餘剩。仍請勑下總河臣朱之錫責令該道嚴加撙節，俟工完之日，造册奏銷。倘有不肖官吏侵冒者，立行指名題參，以憑從重議處。可也。奉旨：『依議。』

特參怠玩有司疏

題爲特參怠玩有司，以飭河政事。竊照河官督理工程，印官辦集夫料，此係歷來成例，屢經前河臣楊方興題明在案。查邳州南岸水玉堡一工，去歲因舊堤塌斷，估築月堤一道，離河二百餘丈。伏秋之後，河從地底漸漸南侵地陷，作河新堤亦與之俱塌。水長漫岸，必致橫溢四出。又該州董家堂一工，北近州城，河勢漸逼，署河臣苗澄曾據官民條陳，有遷城避河之請。見在奉旨查議兩工危急，勢同壘卵。而五工頭、青墩營兩工，亦俱關運道通塞。爲印官者不知宜當如急切拯溺救焚，詎意該州署事徐州州同王大臣視同秦越，漫不經心。水玉堡睢寧縣協築工二百四十丈，百計催呼，幸而報竣。而該州分內河道人夫寥寥，反致延緩董家堂諸工。捲埽需料，原派買柳枝六萬餘束，本官催比無術，臣于四月過邳，尚止完過三分之一，以致河官屢次告急，無米難炊。轉盻伏秋，倘有衝決，貽誤運道民生，干係非小。除臣嚴檄淮徐道督飭催集夫料立濟急工外，所有本官怠悞河工，相應特疏糾參。伏乞勅部，從重議處施行。

順治十八年□月□□日題，□月□□日奉旨〔一〕……

特參闒茸司官疏

題爲特參闒茸司官，亟請勅部另差，以重河防事。竊照南河所屬，外河則有王公堤、天妃壩、五大險工以及太行老堤兩岸數百里要害，內河則有天妃閘以至瓜（州）〔洲〕閘四百里運道。而巨湖相連，一望瀰漫，南江、東海尤爲萬水歸墟之地。中間督察寮屬，區畫修防，責綦重矣。且遠在東南，距濟千里，所恃以協力分猷者，實惟該司是賴。乃南河分司陳天清奉行文移，率致沉閣。及至嚴催送到，又多含糊草率，屢費批駁，道途往返，動經月餘。臣頃者南巡，見其語言遲鈍，神情寬緩。詢以河務，肯綮之間，亦復茫然。河工何事？南河何地？即使精明奮迅，尚恐拮据，不遑而可容才力不振之人因循貽誤哉！臣目擊既真，相應具疏題參。仰請勅部照例議處，并請勅下工部速差別員，勒限赴任，庶綜理得人而河工不致廢墜矣。伏乞勅部議覆、施行。

順治十八年六月□□日題，本月二十六日奉旨：『陳天清着議奏。該部知道。』

恭報督催糧運疏

題爲恭報微臣出巡臨德，督催糧運事。竊照重運船隻，關係軍國急需，節節嚴催，難容刻緩。臣於正、二月間，料理小挑臨濟一帶，悉經身親勘閱。其閘河以北，原難絶流，亦經屢檄撈濬，及多置木閘以備亢暘。嗣于三月中旬，巡歷黄河，先在途次慮恐濟北各船逗遛濡滯，特委標下中軍副將白璧賫捧令旗，自濟至津督同司道廳印等官，逐程鞭驅，仰副節次嚴催之旨。

臣於五月間回署，料理銷估各案。查據濟寧州天井閘報於五月二十五日，止已催過重運糧船三千一百零四隻，節次北上。訖。復據臨清鎮揭報於五月十三日，止已催過德州境糧船一千七百五十六隻，節次北上。訖。河水多者十餘捺，少者亦不下漕規六捺之限，船糧俱各通行無阻。何期本月二十五日據北河分司呈稱江西吉安、九江等幫船大載重，吃水至十二捺，見在臨清閘外阻壓後

〔一〕『旨』下有脱字若干。

運。今已催有剝船，自應嚴催前進。但天道久旱，衛河亦漸消落。本司一面呈報，一面開放蜀山湖水接濟等因到臣。

臣惟臨清口外河身既涸，來源甚微，旱熯已久，運事所關憂心如炙。當即差官守催衛河分司查勘衛河上源，導引接濟。又差官守催北河司道隨宜疏濬，并安設水閘，集船起剝。仍特委泉閘分司駐督南旺，暫閉柳林南閘數日，使汶水全注于北，以濟口外重船。臣拜疏之後，即於本日星赴臨、德，親行查督，務期設法疏通，無誤飛輓。所有外河水勢及催過重運船隻情形，容臣另疏報聞外，謹將出巡儹運日期具疏題報。伏乞睿鑒、施行。

順治十八年□月□□日題，□月□□日奉旨〔一〕……

辭理刑名疏

題爲題明事。順治十八年六月初六日，准吏部咨開，考功清吏司案呈，奉本部送吏科抄出，該本部題前事。內開查臣部事件，有奉旨行各巡按查覆者，正在行都察院轉行間，該院爲遵諭陳言一疏，停止按差，請旨將巡按自理事務交付撫臣。其臣部見今咨院者，盡行發回，相應題明，將一應勅巡按事務，改咨該撫。其經該撫題參賍欵各官，奉旨提問者，相應咨行該督審擬。可也等因。順治十八年五月十八日奉旨：『依議。欽此。』欽遵。抄部送司，相應移咨知照，案呈到部，移咨到臣。

該臣看得臣衙門所轄黄、運兩河，除浙江止有錢糧外，其干係河道修防者，北直、河南、山東、江南各不下數千里。旱則懼淺，漲則憂衝，竭蹶道路之日多，而寧處衙門之日少。一應公文，遠出既難盡携，投遞亦無定所。況當奔馳之餘，案牘停積，拮据靡遑。原與地方總督不同，兹准部咨撫臣題參各官，應行該督審擬。查奉旨察議各案，臣衙門間有奉行者，臣固不敢諉卸，但審擬刑名文牘浩繁，批駁往返。即山東境內臣以終歲奔走之身，冒昧承辦，顧此失彼，尚恐不免。若再加以隔省，鞭長不及，不惟有稽欽件，萬一河防運務，因之躭延，則軍國所關實不得不鰓鰓過計也。臣謹據實題明，伏乞睿鑒，勅部議覆施行。

順治十八年六月□□日題，七月初八日奉旨：『該部議奏。』

吏部覆前疏

題爲題明事。該本部覆，考功清吏司案呈，奉本部送吏科抄出河道總督朱之錫題前事等因，奉旨：『該部議奏。欽此。』欽遵。抄部送司，相應議覆，案呈到部。議得

〔一〕『旨』下有脱字若干。

總河臣朱之錫疏稱臣所轄黄、運兩河，其干係河道修防，北直、河南、山東、江南各不下數千里，竭蹶道路之日多，寧處衙門之日少。一應公文案牘停積，拮据靡遑。若再加以隔省，鞭長不及，不惟有稽欽件，且河防運務因之躭延等語。案查本年六月内奉有『巡按既裁，巡撫糸奏，應令何衙門、何官審擬』之上諭，隨該九卿科道會議，將河南、山東巡撫糸奏事件，責成河道總督擬議，奉有依議之旨在案，不便更改，仍應遵前旨奉行。可也。奉旨：『依議。』

卷之十二

呈報清口倒灌疏

題爲呈報淮弱黄强，清口倒灌事。順治十八年閏七月初二日，准總漕臣蔡士英咨稱：照得滇旋大兵已抵江寧，今據河官報稱運口於七月二十九日興工築壩，恐大兵不日雲集，除咨會二省郎部院，將築壩緣由，轉移統兵大人，星速前進外，第此官兵已經在滇駐防五載，值今回旋，跋涉萬里，歸心如箭，迫欲前進，合咨煩爲裁酌。或飭令司道河官一面齊備料物，收拾興工，仍留過船缺口，俟兵船一過築完，似覺兩便等因到臣。

該臣看得清口黄流倒灌，并檄行司道勘議築壩緣由，前已經臣題報在案。續據司道廳官呈稱築壩一節，非奉俞旨，兵馬船隻不能禁其往來等因。該臣一面批行估計興工，復慮南來滇省兵船屈指可到。此壩一築，誠恐秋漲未過兵船經臨外河，既無船更换，而軍行又未可以久待，事在兩難。臣隨於七月二十六日一面咨達工部，一面星赴清口與總漕臣商酌，具題。行至桃源縣，隨准總漕臣咨稱應俟兵船過後築完。

臣於閏七月初二日抵口，勘得黄水盛漲，淮水已退回十八里。據司廳禀報濁流由口外通齊閘南行至高郵，約有二百餘里。築壩日遲一日則沙灌日多一日，而各船雲集，萬難久停淮干，勢又未便築斷。除臣一面嚴督司道等官多集夫料，立將高堰、高良澗、周家橋淮水南洩閘口築塞完固，使淮盡數東注，并多製濬淺器具，以待水至。協力疏導，刷沙濟運。但恐上源久旱，淮水微盛，不能預必，容臣續行題報。至於口壩工程，仍留過船金門。雖無救於淤灌，而兵船過後勘議挑濬，固亦有不容不築者。統俟該司道詳估到臣，覈確另題外，謹將勘過運口情形，并與總漕臣蔡士英會商築壩緣由，據實題報，伏乞睿鑒施行。

順治十八年□月□□日題，□月□□日奉旨[一]……

呈報水勢疏

題爲呈報水勢事。順治十八年閏七月初七日，據邳宿河務同知張四維揭稱：本月初六日蒙中河分司信票，照得秋黄盛漲，董口倒灌，淤至三壩，目覩心寒。除一面行令該縣辦料築壩修防外，仰廳速赴董口嚴督，併力修

〔一〕『旨』下有脱字若干。

築，務保萬全等因。蒙此卑職即刻赴董口料理，俟疏通之日，另文再報等因到臣。臣隨飛檄嚴飭司道廳印各官料理去後。

續於本月初十日，據中河分司劉世豸呈稱：本月初五日據宿遷縣主簿杜榮春揭報，黃水自初四日起至初五日巳時止，陡漲一尺二寸，黃水内灌。本司星夜飛奔，至二鼓時，方到董口，立見黃流愈漲，洶湧異常，黃强清弱，倒灌已逾二壩。本司慮恐淤澱，立行廳印分頭催辦物料，督率官夫捲埽堵塞，頭壩已於初八日閉合龍門。訖。俟黃水消落，開壩放水。所有董口閉壩日期，合先吾報等因到臣。

該臣看得清口者，乃黃淮交會之所，而董口則清與黃交會地也。伏秋以來，黃漲非常，各屬隄防在在告急。而今歲山東、河南一帶亢旱日久，水勢微弱。黃流帶沙而行，一經灌入，水落淤停，即成中梗。臣坐督淮干，閉塞周橋等閘，本月初六日已報完工。而數日内黃水更漲二尺有餘，反將淮水阻回二十五里。臣方憂心如燔，而董口忽又有淤灌之報。除清口見在黃流内注，舟楫通行，候黃勢消落，酌議挑濬。臣誠恐董口沙灌漸遠，疏通不易，一面嚴檄該司道築壩攔黃。據報，已於初八日閉合龍門。訖。但黃水長落無定，惟在相機啓閉，保護全漕。至於南來兵船，屈指將到。臣思董口築斷運河之水，下無出路，勢必傍攻湖壩，東趨駱馬湖而與黃河之漲水合。兵船倘至，自當權宜開導，以濟北上。臣仍一面星赴督勘外，所有董口築壩緣由，既經該司廳呈報前來，相應題報。伏乞睿鑒、施行。

順治十八年□月□□日題，□月□□日奉旨(一)……

清口閉壩疏

題爲呈報淮弱黃强，清口倒灌事。該臣移咨總漕臣蔡士英咨開，順治十八年閏七月初八日，准總漕部院咨，准鳳撫部院咨開。滇旋兵船先到江寧者，的於初七日北上。未到江寧者，尚無定期等因。准此案照清口築壩前准咨，商留缺以待兵船，是以暫停工役。但南來兵船已自江寧起行者，固可計日而待。其未到江寧者，尚無定期。若前船一過即築，又恐後船繼至未免亦誤軍行。貴部院誼切同舟，諒有確畫，相應移商。或前船一過即築，或俟兵船過完，然後築壩。照依順治十年淮揚大挑之例，估計挑濬，統俟定議，以便轉行勘估預備，軍漕兩利等因，移咨去後。

又該臣移咨，内開案照清口黃流内灌，亟宜築壩遏黃，特以滇省大兵前船已抵江寧，指日經臨，未便久候，不

(一)『旨』下有脱字若干。

得已暫停工役。但在後兵船茫然無期，而黄水日灌漸遠，沙淤漸多，淮揚河道三百餘里，將來疏通維艱。日今黄水更漲，内灌愈急。運道重大，本部院晝夜憂懸，不得不鰓鰓過計。除檄司道勘議築壩通詳外，合再移商等因，移咨去後。

續於閏七月二十六日，准總漕臣蔡士英咨稱，准總河部院咨前事等因爲照。見過南來兵船乃移駐貴州之兵，其雲南大師尚未聞有到省日期，築壩一事恐難久待等因。

准此，又據淮海道張尚呈稱：會同山清河務同知賈雲龍、西河船政同知孔貞來公赴總漕蔡部院，蒙諭照舊調撥五工、高堰、清河徭、募等夫，并查應用各料。先着孔同知在口料理築壩，又慮築壩之後，回空俱無去路。訪得先年築壩時，空運糧船曾由周家橋閘投高郵湖入運河，隨令山清同知親由周家橋閘起至高郵湖出口一帶探度，果否通行，以憑開閘。至運河淤淺處所，俟勘明并估計大挑，另文呈報等因到臣。

該臣看得清口倒灌，并築壩留缺，以待兵船，已經臣前後題報在案。嗣以董口報淤，臣星赴督勘，目擊黄水有長無消，因思清口雖往年亦有黄灌不過暫溢之水，隨發隨退，尚不免大費工力。今歲淮流既微而黄漲非常，爲時甚久。若不急行築斷，則沙淤日積，挑濬愈難，是以與總漕臣蔡士英會同商酌，今准咨稱雲南後發兵船抵淮無期。據司道呈報現在料理築閉，且云訪之宿老，先年築壩之時，回空船隻曾於周家橋由湖入運。已據一面查勘，倘果可行船，更屬妥便。即或水勢無常而運道重大，閉壩攔黄，萬難再待。至築壩之後，乘時大挑，以濟新運，皆目前急着，不容刻緩者也。臣現今奉旨候同欽遣部臣踏勘河工，除一面嚴檄司道等官勘估大挑，俟詳到之日，覆覈具題。仍委臣標右營遊擊張順賁捧令旗赴淮督催外，所有清口閉壩緣由，相應具疏題報。伏乞睿鑒、施行。

順治十八年□月□□日題，□月□□日奉旨〔一〕……

覆河夫第一苦累疏

題爲河夫第一苦累，屢議終無實着，謹據末議，仰請睿鑒事。順治十七年二月二十日，准工部咨，都水清吏司案呈，奉本部送工科抄出，該本部覆河南巡按李粹然題前事等因。順治十六年十二月十六日題，十七年正月十二日奉旨：『該部議奏。欽此。』欽遵。於正月十四日抄出到部，送司。奉此相應議覆，案呈到部。除自首地畝、漕米、鹽引、草豆等項，應聽該部議覆外，該臣等案查河南河工夫役，總河臣朱之錫於順治十六年十月内題覆河南前任按臣李及秀題爲河夫之徵派當更等事一疏，與臣部右

〔一〕『旨』下有脱字若干。

侍郎張縉彦題爲河工國之大政等事一疏，會同該省撫按，詳酌地方遠近，照地坐派，漸遠漸加，分爲三分。數年之間始一輪流調用，業經臣部於十二月内題覆如議，永爲定例，奉旨遵行在案。

今按臣李粹然條議六事，内稱河夫之均派酌調，立法稽查，定期更替，以及修濬内河四欵，俱臣與河撫諸臣可以酌妥徑行，非請旨不敢擅專者。則衝途免夫與首地免派二事等因，具題前來。查得極衝極疲，州縣駐兵養馬處所，總河臣前覆二疏，俱載有酌量均勞，在該道府臨期詳奪酌減之語。今以衝途州縣與自首地畝、夫役俱各免派，相應請勅總河臣會同河南撫按詳酌具題，以憑議覆。可也等因。順治十七年二月初七日題，初八日奉旨：『依議行。欽此。』欽遵。抄出到部，移咨到臣，備行河南布、按二司并管河道逐一查議去後。

今據河南布政使徐化成呈稱：蒙此，遵即移會管河道，會查確議，嗣准管理河南清軍、驛傳、帶管河道事。按察司僉事陳士本牒呈：查看得修防河工，人夫首在要務。稽查往例，小工本府協濟，中工本省協濟，大工隣省協濟，遵行已久。然黄河利害，惟開、歸二府爲最。凡遇堤岸卑薄，河流衝刷，預估修築，多照小工事例，派調本府夫役。近河人民實屬偏苦，蒙前任李按院題爲河夫之徵派當更等事一疏，嗣後修築河工，僉派夫役，酌地方遠近，熟地多寡，照地坐派，漸遠漸加，永爲定例，奉旨遵行在案。至於駐兵養馬處所，亦有臨期量減之議。今蒙李按院疏開，衝途州縣與自首地畝河夫，亟應全免。

查得通省自首地畝，正供既且難辦，河夫並無僉派，止照舊例行糧，熟地起夫。再查十七年歲修各工共計用夫一萬三百八十九名，行據開封等八府并汝州照依地方遠近，途路衝繁酌派去後。内開封府屬祥府、陳留、杞縣、延津四縣，該府册開次衝，俱十減其二。新鄭、鄭州、滎澤、許州、臨(潁)〔穎〕、襄城、郾城、禹州八州縣，該府册開極衝，俱十減其三。彰德府屬安陽、磁州、湯陰三州縣，該府册開極衝，俱全免。訖。衛輝府屬汲縣、新鄉，該府册開供兵養馬衝途，俱全免。訖。懷慶府屬河内等六縣，該府册開駐兵養馬，俱量減三分之一。南陽府屬南陽、新野、裕州、葉縣、南召五州縣，該府詳稱饑饉災傷衝途，俱全免。訖。汝寧府屬確山、西平、遂平、信陽四州縣，該府册開極衝，俱當減三分之一。以上八府一州除供兵養馬、饑饉災傷衝途州縣減派外，止實派夫九千七百九十五名，較之本年歲修各工原估夫數尚少夫五百九十四名，無可再派。惟是酌量工程緩急，通融修築，以畢河工。既據各該府查議應減、應派夫數前來，似無偏苦，擬合移會等因。准此查來文所議，與原數未符，復駁移管河道覆議去後。

今准帶管河道陳僉事牒呈：查得李按院疏開衝途州縣與自首地畝、河夫亟應全免，固屬體恤衝苦至意。再查總、撫兩部院原行内有衝途州縣與自首地畝應否免派之語，所以各府詳議有全免者，有十減其二，有量減三分之一者，想其中衛途州縣或先衝而後稍僻，則該府因時制宜，權變酌議。其衛輝府册開汲、新二縣係衝途全免。淇、輝、獲胙四縣一例開報，該府並無豁出。至懷慶府亦係自行酌減，俱非本道所擬擅定者。今准貴司復查極衝州縣應該全免，因何開寫減派夫數？似與原疏有悖。且一事而兩議，不便通詳，誠乃慮之至悉。但經各府自議前來，本道難以更張。且查前詳業經呈報各部院，批詳在案，似難另議擬合回覆等因到司。

准此該本司會看得兩河地方年來水旱頻仍，灾傷疊告，加以供億繁難，苦累至甚。非加意撫恤，休息無期。前疏既悉，無容贅矣。惟是自首地畝刈穫原未有年，一時兩課並徵，必至捉襟而肘露。倘民力不贍，復就拋荒，當事者安得不爲過計乎？是以前李按院具題寬免，誠屬至論，故議之者或應緩之於三年，俟之於五載，俾物力稍裕，仍照例均派，斯爲當耳。

至衝途如磁州、安陽、湯陰、淇縣、汲縣、新鄉、滎澤、鄭州、新鄭、禹州、襄城、葉縣、裕州、南陽、新野、許州、臨（頴）〔潁〕、郾城、西平、遂平、確山、信陽等二十餘州縣，兵馬駐牧，往來絡繹，方苦供應之不暇，豈能復肆力於築防？故各府或議之於全免，或十減其三，或三分而減一。雖因時揆度，然非畫一，尚未盡善，相應照依前疏，一例免派。總計其夫之多寡，改派於偏僻州縣。庶勞逸得均，而河工無悞也。

再如懷慶府屬量免三分之一。彰德、衛輝、南陽三府詳以所屬非衝州縣，各以協濟繁難，嘵嘵稱苦，原疏未載，似未便議及。但查懷慶、彰、衛乃駐兵輪牧之區，供辦糧料草束，即各府僻邑協濟，在所不免。嗣後，駐兵養馬處所協濟供應州縣，或可免其三分之一，以示體恤。特因府詳而併及之，是否有當，統祈憲臺會酌具題等因呈詳。署總河臣苗澄批詳衝邑免夫，應查某州縣實係駐兵養馬與頂衝、次衝地方，從長酌議畫一，以均勞逸。

其自首地畝必須議定年分，亦照例均派，俱勿作游移之語。至於協濟州縣不便槩援此例，仰司作速議妥確詳，立等會題，仍候撫、按兩院詳行繳批。行去後，未據回詳前來。該臣於順治十八年正月初八日復經檄行查催，內開照得河防疏虞則梗塞運道，夫役失悞則貽患河防，利害相因，事非小可。前准工部咨爲前李按院具題河夫第一苦累等事，內開自首地畝與衝途州縣駐兵養馬免夫緣由，檄行該司道會議已久，乃州縣已私自便，鮮有急公。司道利害不關，只知討好，以致紛紛聚訟。訖無成議，屢據回詳，其間參差難解者不止一端。

如自首地畝一項，本部院前題覆河夫徵派當更一疏，通省共定成熟地畝夫數一萬二千一百八十九名，此在十五年以前，賈撫院題報開墾自首地畝事。在十五年以後，又十六年七月內據布政司詳爲河工偏累事，內開首墾地畝暫免雜差緣由，本部院隨批如議，新首地畝准暫免派夫，以寬民力。是現在河夫，原未派及自首地畝，况地方雜差不止河夫一項，遲則俱遲，早則俱早，何必專專在於河夫？較量三年五載，此難解者一也。

前題夫數，既在未報首地之先。昨據彰德府詳內臨漳縣溷稱原有自首地若干頃，再減河夫八名。林縣溷稱自首地該夫二十七名，應再減派。武安縣溷稱自首地該免六名，待十年後再派。涉縣溷稱自首地該免二名。若係首地，十四年何故報作成熟？明係乘機溷賴，此其目中尚知有憲法乎？此難解者二也。

本部院前題河夫徵派疏，內原云真正駐兵養馬州縣，方准免派，每年不過一處、兩處。若止云衝途則各有各差，該司道乃不能於本差內酌僻濟衝，自爲調劑。至河工乃軍國第一要務，反專意抹殺此項，以償別項徭役之苦，此難解者三也。

且止是兵馬經由大道，同一極衝，不應復有等差。乃開封府屬自開十減其二、十減其三，懷慶府屬、汝寧府屬自開量減三分之一，彰德府屬、衛輝府屬、南陽府屬則竟稱俱全免。訖。明係急公，有司酌量刪減泄玩，州縣借口要求，而該司道亦止憑其自説自免，並無一語從中剖决。即據上年歲修較之原估夫數已少五百九十四名，無可再派，萬一河工再增，豈河官有遣神役鬼之法，能爲朝廷保河？且該司詳內云改派於偏僻州縣，不知有何偏僻州縣肯爲若等李代桃僵，不費口舌，慨然應役乎？此難解者四也。

前李按院條陳，不過亦據懶於出夫州縣任意申詳，採掇具題，部覆以原非定議，故復行本部院與撫、按兩院再行詳酌。所難任怨，非難。市恩免者雖免，必使出夫者心服。萬一工多人少，再議增夫，又必使額外加添，代爲應役者心服，然後可。而該司移會河道文內有云應該全免，因何開寫減派，似與原疏有悖。信如此説則當日部覆竟應依允，而又有此悉詳酌議覆，不幾多贅乎？此難解者五也。

原疏內二十二州縣十七年未經全減，夫數已苦不足。此外，州縣復又藉口協濟，紛紛抗夫。年來供應繁劇，該司道不得不爲均調。既爲均調則各州縣甘苦必至不甚相遠，况協濟乃該司所派，軍需益多，派協益廣。州縣盡數協濟，亦將盡數減免河夫乎？此難解者六也。

有司之抗玩已甚，同舟之振刷無聞，必待河官束手，河事僨轅，且無論數百萬儲糈，倘致中梗，可爲寒心。即如大王廟塞決請動內帑數十萬，通省於歲修外，解夫運柳勞擾數載。彼時猶得告衝繁，求減免否。本部院重擔在身，不得不矢口傾臆，大聲疾呼。爲此牌仰司道即便會同細察，全牌將河夫第一苦累疏內免夫緣由，悉心參酌。自首地畝不止河夫一項，雜差應否俟別項徭役通行科派之日，然後一體僉夫。真正駐兵養馬州縣是否每次不過駐劄一州一縣，境内每年不過一次、兩次，必須於次年内開明某年月日某起，大兵在某州縣養馬若干日，應出夫役，方准全免。

其李按院疏内衝途二十二州縣或量免十分之幾。此外，不得借口協濟，次衝溷申抗誤。如或異時先衝後僻，仍聽該府查確報奪，一面議妥通詳具題，一面嚴飭醉夢州縣遵照該管衙門起調夫役，如期解工。如有仍前藐玩，別申求免及遲誤缺少者，立刻報參。經承拿解處死，仍查批發管河道。

據彰德府詳内各州縣既係未報首地，之前派定夫數如何溷稱内有首地應免等語，明白報奪。其有量減人夫，據該司詳稱該派偏僻州縣，應派何州、何縣并議確報，檄行去後，復又屢檄嚴催。今於本年五月二十二日，據該司呈稱： 蒙此遵依，隨行所屬確查去後，今據開封、彰德、衛輝、汝寧等府覆議各詳到道。據此，該署管河道南河同知崔維雅看得中州苦累，原在養兵養馬，而兩河積苦尤在徵夫、辦料，是供兵者固煩煢民之脂膏，而治河者亦竭地方之筋力，均是苦海，誰是樂郊？須彼此通融，庶衆擎易舉。若曰『我供兵者也，應免河夫』，誰爲同舟共濟。又曰『我臨河者也，應免供餉』，勢必呼庚可虞。即云衝途孔道，驛騷煩苦，不堪重僉夫役。但河工正在煩劇，而夫數又必加額，累至僻途，念僻途何堪重困耶？稱苦稱難，盡在兩河。如云極重當返，彌至偏苦難支，事干國計民生，豈合左右分袒？惟於萬不得已之中，少加參酌調停之法。除自首地畝已經三載，俟來年照例派夫外，查安陽、汲縣、新鄉、襄城四縣，果上年真正駐兵養馬，下年夫役應議全免。若本年未經供兵養馬，次年照額均僉，著爲定例。查滎澤縣大兵往返過渡，動皆數日。每年所過，不啻數十次，較駐兵養馬更苦，夫役應議破格豁免。如湯陰、淇縣、磁州、鄭州、新鄭、禹州、葉縣、裕州、南陽、新野、許州、臨(頴)〔潁〕、郾城、西平、遂平、確山、信陽州等，查係極衝州縣，夫役酌減十分之三。如祥符、陳留、杞縣、延津、長葛等，查係次衝縣分，夫役酌減十分之一。至胙城、獲嘉等縣係協濟縣分，不便援例議免。總之，減一分亦獲一分輕便。但河夫約減千餘而興工急須長計，惟是酌量工程緩急通融修築，以畢河工。如河勢平緩，工程無多，止用開、歸二府夫役修築，自不輕調外。若需用協濟，將五百里内三分，中先調一分，如不足用然後調取二分。如此則開、歸既不苦於偏累，隣府似亦不失等差。其五百里外者，距河雖遠，然有塞決大工，必至通省、隣省攤派。倘邀天之幸，止是協濟歲修則二三年之間始一調用。如遇大工，夫役不敷，臨期再行通計。可也。除呈總河部院蒙批，仰移布政使速詳，以憑具題等因，詳批到道。

蒙此，擬合移會，請煩查照酌轉等因，牒呈到司。准此該本司會看得豫省夙號天中，衝繁實倍他省，而最苦者無如駐兵養馬與夫河夫辦料之役也。況連年水旱，薦臻致空匱，流離備至其極，是以蒙李按院題請議寬，其爲斯民之計不得不從長斟酌，以期適宜。既經管河道酌議具覆，擬合轉呈等因，呈詳到臣。

該臣票開安、汲、新、襄等四縣，如本年未曾駐兵養馬，是否或照極衝、次衝之例，或原不係衝途務要，據實聲説，免致不均，復行妥議去後。

今據該道呈稱該本道看得安陽、汲縣、新鄉、襄城四縣原係衝疲之邑，上年俱經駐兵養馬，夫役已議全免。若本年不曾駐兵養馬，夫役應比照極衝之例，酌量除免三分，示以體恤。擬合呈詳等因到臣。

該臣看得黃、運兩河，乃軍國重計所關，運道不可一日不通，則黃河不可一日不治。民力雖勞，勢固有不得以姑息之見而貽阻墊之憂者。河南夫役屢經部覆行臣會同撫按臣通長計議，臣已於河夫之徵派當更等事疏內議定歲修工程，俱照熟地每十五頃募夫一名，離河遠者各以百里爲率，加地減夫。節奉俞旨，遵行在案。倘有真正駐兵養馬，極衝極疲州縣，司道原議臨期詳請酌減，而按臣疏稱宜有一定之例，臣准部咨行據司道從公參酌。據云嗣後安陽、汲縣、新鄉、襄城四縣，如果駐兵養馬者，次年夫役准與全免。滎澤縣雖從無大兵駐歇，然係渡河要地，相應十免其六。其餘極衝，如湯陰、淇縣、磁州、鄭州、新鄭、禹州、葉縣、裕州、南陽、新野、許州、臨(穎)〔潁〕、郾城、西平、遂平、確山、信陽等州縣，併安陽、汲縣、新鄉、襄城四縣，未經駐兵養馬年分，俱量免十分之三。次衝如祥符、陳留、杞縣、延津、長葛等縣，量免十分之一。如此則河工庶不致於坐誤，而民力亦可因之少均。至於自首地畝各屬，誠恐本年行差，所以紛紛申控。今司道議照三年起科例，俟康熙元年方行派募，其於恤私急公之義，庶爲兩得，似應允從。既經司道會議前來，臣謹會同河南撫臣彭有義合詞具題。伏乞勅部議覆、施行。

順治十八年九月初六日題，本月二十日奉旨：『該部議奏。』

工部覆前疏

題爲河夫第一苦累等事。都水清吏司案呈，奉本部送工科抄出，該本部覆總督河道朱之錫題前事等因，奉旨：『該部議奏。欽此。』欽遵。於九月二十一日抄出到部。該臣等案查河南前任按臣李粹然於順治十六年十二月内，條議河南河工夫役，將衝途與首地免派，隨經臣部請勅總河臣會同河南撫按詳酌具題，奉旨咨行去後。

今據總河臣朱之錫會同河南撫臣彭有義疏稱：嗣後，安陽等四縣，如果駐兵養馬，次年夫役准與全免。滎澤縣係渡河要地，相應十免其六。其極衝如湯陰、安、汲、新、襄等州縣，未經駐兵養馬年分，俱量免十分之三。次衝如祥符等縣，量免十分之一。至於自首地畆議照三年起科例，俟康熙元年方行派募等因，具題前來。

查得河工夫役，既經總河、巡撫分別衝、緩州縣酌免分數，相應如議。至於自首地畆以前開墾者照三年起科例，令於康熙元年爲始。可也。奉旨：『依議。』

卷之十三

覆河防利弊六欵疏

題爲恭陳河防利弊以備採擇事。順治十七年十一月十三日，准工部咨開，都水清吏司案呈，奉本部送工科抄出，該本部覆山西道試監察御史余縉題前事等因。順治十七年九月二十二日題，十月初三日奉旨：『工部議奏。欽此。』欽遵。於十月初五日抄出到部，送司。奉此相應議覆，案呈到部。該臣等案查河南河工先經總河臣朱之錫題爲特議建設柳園事，又河南前任按臣李及秀題爲河夫之徵派當更等事，又臣部前任右侍郎張縉彦題爲河工國之大政等事，又河南前任按臣李粹然題爲瀝陳堡夫之劇累等事，俱經臣部題覆，奉旨遵行在案。

今據臺臣余縉以疏鑿宜講，採青宜禁，濵河居民宜卹，遠郡夫役宜免，堤柳護視宜勤，場廠舊制宜復六欵條議前來。查得條議數欵，關係河道。但應興應革，臣部難以懸議，相應請勅總河臣會同河南撫臣，查照疏開各欵逐一詳酌妥確，據實具題，以憑議覆。可也等因。順治十七年十月二十三日題，本月二十五日奉旨：『依議行。欽此。』欽遵。抄出到部，送司。奉此相應移咨，案呈到部，移咨署河臣苗澄。准此隨經備行河南布政司管河道查議去後。

該臣復又屢檄嚴催，嗣據布政使徐化成、署管河道南河同知崔維雅會詳前事，呈稱：查看得黄河一役，歲費數萬金錢，曾不得一勞永逸之計，非綢繆之未善，誠水性之靡常耳。然非局中之人身親經歷，必不能懸揣臆度。今奉覆議御史余縉條陳六欵，轉行治河府縣各官，詳加酌議，深得河防肯綮，相應逐欵會議，仰祈轉覆用裨河工者也。

一、疏鑿之政宜講也。會議得水性洶湧，伏秋之交，其勢更甚。是以所築堤岸，雖極堅固，每多坍塌之慮。今議於水勢平緩之際，早爲相度河形，預爲開濬，分爲支流，導其衝激之勢，然後下埽修築，則成功爲易，而議估亦可因之節省也。

一、採青之獘宜禁也。會議得捲埽柳枝，向照歲修工程按地派柳，令民自運，給以價值。原不用河夫恣行砍伐，因而啓其詐端，以致果木殘毁。復有看守撥運之累，相應復其民運舊例，則詐騙諸弊不禁而自戢矣。倘有潰决、堵塞、意外險工，隨時權宜又不在於此議也。

一、濵河之居民宜卹也。會議得近河居民貧苦之狀，原疏甚悉，其雜差似可豁免，以示存卹。至堡夫課程一項，奉有瀝陳堡夫之劇累等事一案，見今查造工食足額缺額酌補，文册應俟部議定奪。至於採運劈柴，久已奉行，禁革無容再議。

一、遠郡之夫役宜免也。會議得歲修河工，應用夫役，業經前按院李御史題定照地畝之多寡，計程途之遠近僉派。近又奉有按院劉御史特疏另議應聽部覆定奪。可也。

一、堤柳之護視宜勤也。會議得沿堤植柳，勤加培養。既可以備捲埽之用，而根株盤繞，更可以鞏固堤根，此誠不易之良法。嗣後，應令管河廳官時加廵察，專責各縣丞簿督率堡夫，於無柳之處多加栽植，有柳之處常川守護，務令長成無俾折損。可也。

一、塲廠之舊制宜復也。會議得濵河州縣舊有柳塲、草廠及蔴芠、蘆纜堆積之處，設立廠書、廠夫以司登記出入。看守之役，今日久廢弛，漸成侵盜耗蠹之弊，相應照舊設立，以資蓄備，以濟急用。可也等因到臣。

該臣復行查議去後，今據管河道荆世爵呈：蒙總河部院憲票前事，內開仰道即便，轉行南、北、歸三河廳，查照前項條議，復加酌妥。如第一欵，挑挖引河，原係挽其頂衝，令就徑直。如云分爲支流，則河不兩行，尚非確論，況歷年工程有挑引河者，有不挑引河者，若止云成工爲易，何不概挑引河？其間引河雖挑，河之行否，是否可必？或險工形勢，如何者可挑，如何者不可挑？是否有別。抑或挑河之工小則易行，大則難舉，仍須分説明白。第二欵，採青既有許多不便，自應極力禁革。至於意外險工，隨時權宜。其險工難以暫待與派買未能遽齊緣由，尚欠了然。第六欵，歷年看守物料，作何責成？設立廠書、廠夫，是否不致擾民？或近河州縣一概增設，或佔有埽工州縣，然後於估册內造入工食。但萬一工停，餘剩物料責誰看守？抑或廠書即以收料衙官、書手充役，廠夫即以本縣河夫充役，是否長便，亦應通長酌妥，逐一詳看。限文到五日內詳報，以憑具題，不必轉行州縣，致躭時日，速速等因。

蒙此，隨行南、北、歸三河廳確議去後。嗣據覆議前來，該本道覆看得挑濬引河，無非改曲求直，挽南北之頂衝，以固埽堤耳。如議挑者，須當度其地理形勢，如曲折淘灣坍塌，似乎易成，集大挑挖，導水順流，保其堤埽無虞，而事半功倍，此引河應挑者。若形勢頂衝，無有曲折，直射坍塌，力不能挽，工則難舉，惟下埽幫堤、堵護，保其不測，此引河不應挑者。但引河挑成，則大河改流與否，難以預必。在放引河之際，水勢徑趨，愈衝愈濶，以奪全河之水，可除衝塌之患矣。如開引河之時，水勢平緩，不復再漲，致沙淤塞，任其勞勩，疏鑿亦爲無益也。總之，黄河變遷，通塞靡定，惟在相機酌調耳。

採青之獘宜禁。但採諸民間，莫若照地派運，不惟省砍伐之擾，且免偏苦之歎。至於衝決大工搶救，一時不得不在附近採取，以救燃眉，似難拘於此例。

埽廠之舊例宜復。埽料錢糧關係甚重，非廠書、廠夫監守收支，憑何責成？濵河州縣自應一體設置，以便督責。其工食應查舊額支給，廠書即以河官書手充役，廠夫即以河夫充役，至餘剩物料即責成該書、該夫看守。既有工食，自宜常川伺候，似屬妥便等因到臣。

臣查廠書、廠夫一欵，尚欠妥便，復行票議。今據該道呈，蒙總河部院憲票前事，仰道即查廠書、廠夫工食原額若干，出於何項？既係河書、河夫，又議支給廠役工食，是否重支？應否另選殷實充役，即刻議妥回報，立等。繕疏具題，毋遲速速等因。

蒙此，該本道覆查得廠書、廠夫工食，原有舊額。就近調查祥符縣條鞭錢糧確數文册，内開廠書每名原額工食銀七兩二錢，廠夫每名原額工食銀六兩。廠書、廠夫久已奉裁，止除荒徵熟解交河庫，以備河工支用。今議以河官、書手充應廠書，其河官書手自有本身應得工食。於河夫内選充廠夫，則河夫既免其修築工程，自非重役，亦不必額外另給工食，糜費河帑。惟每年於河夫正身内，揀選平素守法、殷實無碍者，取具里長保結，充應廠役，則廠存物料責成廠書、廠夫似爲妥便等因到臣。

該臣看得河患惟河南爲甚，而修防之嚴密，夫料之繁多，較之他省尤費區畫。此臺臣余縉所以據其前任封丘閱歷於塞决大工者，是之敷奏而有河防六欵之議也。臣轉行司道屢加詳議。據查得疏鑿之政宜講一欵，河溜所衝，無堅不克。雖重堤累埽，而坍塌蟄陷，補救不遑，故莫善於挑引河一着。但形勢不同，引河有可挑不可挑之異。水性難定，挑引河又有得成不得成之異。是又在司河者相機設防，期不致於潰决成害耳。採青之獘宜禁一欵，歲修柳料，均派均運，原不專事採青，已經臣於夫柳爲河工大獘等事、敬陳河工管見等事疏内詳議，具題部覆，奉有俞旨在案。

但歲修之工，可以先期估派，陸續催交。至於河勢驟變，搶塞决工，事機之來，争在呼吸。若俱俟一一分派，運到而後舉事，則險者必潰，已潰者必致不易收拾。連年如塞雷家集决口、槐疙疸决口皆於境内亟採曠地堤路柳枝，不動錢糧，幸而告塞。已事昭然，似又不便膠執一端，坐成貽悮。惟是嚴禁河夫殘毁園圃果木及借端索詐，有犯重究，不致擾民。可也。

濵河之居民宜卹一欵。查兩岸堡夫率皆取之傍河居民，既已効力河干，何堪復充别役？所有本身門夫雜差，似應量與豁免，以示體卹。至於劈柴一項，嚴禁已久，併堡夫應辦課程俱經前撫臣賈漢復於瀝陳堡夫之劇累等事疏内查明，具題部覆，奉旨在案，相應仍照部咨通飭遵行者也。

遠郡之夫役宜免一欵。河夫苦役，凡人之情未有不好逸而惡勞者。但塞决大工尚不免調及各省，每年歲修夫數雖少，遠地既曰宜卹，近者又曰河患原關通省，不宜偏累近地之民。前按臣李及秀條陳疏內，固已曾言之矣。況臣前覆按臣李粹然河夫之徵派當更等事一疏，河南一省原係分別遠近，照地出夫。其在五百里外者，仍議間年始一調用，未嘗不曲示寬卹。至云免僉河夫，派以供兵喂馬等役，則差徭各有分隸，遠近未必相當，彼此紛紜，似屬不便。現今按臣劉源濬復有免夫解銀之議，容臣會同撫臣另議具題，以聽部覆。可也。

堤柳之護視宜勤一欵。河防之法，全資柳料。若樹藝不繁，即使錢糧不乏，人力衆多，亦終於束手無策耳。查部覆前河臣楊方興遵諭敬陳河道錢糧一疏，內開河干一帶，有栽柳三萬株及二萬、一萬株者，分別叙録。有栽柳不及三千株并全不栽者，分別叅處。總河臣題報臣部具覆，請勅吏部查照勸懲，奉有俞旨。

臣前者特議建設柳園一疏，濵河州縣各置柳園數處，栽植柳株。秋冬驗明，行以勸懲之例，亦准部覆，奉旨在案。但作何叙録，未有定議。廳印各官合無定例，有能自置柳園栽至二萬株以上者，許將柳園地名、栽過柳株呈報該道，務於秋冬之時驗明成活確數，具結報臣，准與具題紀録。其動支官價，置買柳園者，務至三萬株，方准紀録。如有怠於栽植及柳株枯損不行補栽者，指名題叅，分別議處。庶勸懲明而鼓勵争先，修防有賴，是亦節帑甦民之一大端也。

場廠之舊制宜復一欵。建廠貯料，仍設廠書以資登記，設廠夫以資看守，原係舊例。特緣工食除荒裁革已久，今議廠書即於河官書手內選充，廠夫即於河夫正身內殷實守法者選充，工食不必別議，而責成既切，稽覈自是倍嚴矣。

既經該司道詳議前來，臣覆詳酌妥確，謹會同撫臣彭有義合詞具題。伏乞勅部議覆、施行。

順治十八年十月初十日題，本月二十九日奉旨：『工部知道。』

再舉申明激勸大典疏

題爲申明激勸大典事。順治十八年八月二十一日，准吏部咨開，文選清吏司案呈，奉本部送吏科抄出，該本部會覆總督河道朱之錫題前事等因。順治十八年閏七月初五日奉旨：『依議。欽此。』欽遵。抄出到部送司，相應會同議覆。該吏部都察院謹遵旨會議得總督河道統轄五省，屬員頗多，與巡撫止轄一省者不同，令每年河工告竣，所薦官員議定額數，應薦差出部司方面共五員，有司十員，佐貳四員。若逾定額，不係管轄之官，聽部院叅處。所薦之官不准註册。如在定額之內，俱准註册。奉旨之後，行令該督照新題定例薦舉。可也。理合具覆，恭候命下轉行遵奉施行等因。順治十八年八月初六日奉旨：

『依議。本內漢字首行遺落「等衙門」字，着添補。飭行。欽此。』欽遵。抄出到部，移咨到臣。准此案照河屬歲修例應甄別，節經題明，奉有俞旨。

今順治十七年河防告竣，臣隨檄行各屬造報賢否去後。據各司道冊報前來，臣復嚴加檢覈。苟於河道無關，即他政可稱不敢濫登薦格。果於河道有裨，雖他事難料，不忍遽没成勞，謹遵定數彙列薦剡，以昭鼓勸。至於闒茸溺職，照揭叅處。所有應薦官十九員，應劾官五員，謹臚列爲我皇上陳之。

計開：

應薦部司方面官五員。

北河分司工部主事楊毓蘭，築堤疏淺，區畫奔馳，不遺餘力。重運經臨，多方驅儹。二千餘里之內，片帆無阻，可稱勤勞之最。係東兗道張弘後開報。

河南左布政使徐化成，督徵河銀，催辦夫料，殫力奉行。各屬諉玩之習，爲之一變。河防重計，深賴劻勷。係河南按察使范廷元開報。

濟寧道僉事方兆及，濟地當南北要衝，鳩工儹運，銳意興釐，河漕有賴而軍務絡繹供億不窮，尤足徵其幹濟。係山東布政使周天裔開報。

大名道僉事許熙宇，督疏衛流而運渠克濟，捐置營械而漕汛有資。至所屬河銀，尤能先期嚴催，盡數完解。係北河分司楊毓蘭開報。

懷慶府知府彭清典，修堤植柳，克勤河政。而樁木一項，通省各工取辦懷屬，更能如期督解，可爲急公表率。係河南管河道荆世爵開報。

應薦有司十員。

開封府南河同知崔維雅，瀕河之荒度必周，鳩役之怨勞不避。至於搶救槐疙疸，露宿竣工，勤勞尤爲難泯。係河南布政使徐化成開報。

開封府北河同知王鑚，區畫修防，精詳慎毖。而率先群夫，甘苦與共，洵云心力俱勞。係河南管河道荆世爵開報。

揚州府船政同知孔貞來，分置淮浦王公堤、清河口、高家堰，俱屬運道要害，借箸董理，任事維勤，成勞歷歷可紀。係揚州道杜漺開報。

兗州府張秋捕河通判吕振之，疏瀹深通，漕艘賴以飛輓。鎮城一帶，督理繕葺，亦覺焕然改觀。係東兗道張弘俊開報。

揚州府管河通判趙鼎新，河漕水利，修舉廢墜，無不悉心擘畫，而艱瘁不辭，尤見任事之勇。係揚州道杜漺開報。

河南府推官黄綬，除弊懲奸，河蠹斂迹。夫食編徭，尤能加意稽覈，溷冒悉清。係河南布政使徐化成開報。

揚州府推官王士禎，清釐河餉，嚴剔蠹胥，一切河工號件，無不先勞從事，而品隲尤能詳慎。係揚州道杜漺開報。

寶應縣知縣王仝春，徵調有方，漕河利賴。復能究心水利，誠河干之能吏也。係揚州府推官王士禎開報。

偃師縣知縣遲煊，夫無逋逃，工無曠缺，河銀柳料更能輸解如期。係河南布政使徐化成開報。

魚臺縣知縣徐之鶴，運道界兩湖之中，不動帑金而備椿固堤，克濟牽輓。係濟寧道方兆及開報。

應薦佐貳四員。

兗州府經歷宋濬，委督挑河，勤勞克著。係兗州府知府王全忠開報。

商丘縣縣丞陳士性，堵塞決工，盡心底績。係睢陳道柯士芳開報。

館陶縣主簿楊振，率夫濬河，克勤乃職。係北河分司楊毓蘭開報。

考城縣典史李蘭馨，委收柳料，勤慎急公。係管河道荆世爵開報。

以上各官所當薦揚，以備叙録者也。

應劾官五員。

西華縣知縣王鎮寰。

一、本官怠玩成性，該縣原派協濟儀封柳梢六千七百餘束，二三月提催，藐玩不前。延至六月中，始陸續運到。

一、本官馭下無法，該縣協濟祥符、封丘北岸河夫共七十八名，五月中旬始到工所。屢次報逃，催提不應，如聾如聵。係河南布政使徐化成揭報。

豐縣知縣陳祖焕。

一、本官年將衰邁，吏治廢弛，河工急需，呼應罔効。

一、本官領過本年料銀及十七年未完料價共四百二十八兩零，應辦柳三萬六千九百三十五束，屢次嚴催，尚欠柳一萬六千八百餘束未完。係淮徐道項錫胤揭報。

鄒縣縣丞吴正。

一、本官足跡不至泉所，該管淵源、柳青、三角灣等泉土淤草塞，幾爲平地，亦竟不知。

一、本官曠廢職掌，節經申飭，從無隻字回報。

一、本官泉流入泗之處，聽士民争疏、争塞，既不報明，亦無管攝，視若他人之事。係南旺分司張有光揭報。

堂邑縣主簿王道行。

一、本官所轄河道，並不關心，以致挑河之時，各夫偷安，工程多誤。

一、本官性躭懶惰，委靡不振，詢以工程丈尺、該管夫數，茫然不知。係北河分司楊毓蘭揭報。

儀封縣主簿龔光美。

一、本官景逼桑榆，血氣已衰，繁苦之地難以勝任。係河南管河道荆世爵揭報。

以上各官，所當分别議處者也。

伏乞勅部，再加覆覈。如果臣言不謬，將楊毓蘭等酌量叙録，王鎮寰等分别議處。庶勸懲聿彰，河事有賴矣。

順治十八年十一月□□日題，本月十七日奉旨：『吏部知道。』

遵例考滿疏

奏爲遵例考滿事。照得内外各官，歷俸三年，俱令考滿，先經吏部題准，欽遵在案。

該臣現年四十歲，浙江義烏縣人，叨中丙戌科進士，洊歷中秘，繼濫佐銓。順治十四年七月十九日，欽奉上諭，陞兵部尚書兼都察院右副都御史總督河道提督軍務。十月初八日到任，十五年二月初七日丁母憂，奉旨在任守制。十六年七月内，吏部爲搶修險工告竣等事一疏，因遺落『料值』等字，部覆罰俸三個月，奉旨着免罰俸。十六年十二月内，該臣奏爲微臣祥禫已近等事，奉旨特准暫假，扶櫬歸葬，臣隨於十七年二月二十五日交代離任。十七年四月内，吏部爲欽奉上諭事一疏，甄别督撫，奉旨照舊供職。又爲申報坍塌城垣等事一疏，因捐助城工，奉旨紀録一次。嗣臣於十七年五月内服闋，十二月初三日遵旨復任。十八年四月内，吏部爲各屬勸賑事竣等事一疏，因賑濟饑民，奉旨加太子少保。五月内吏部爲奏銷睢寧等事一疏，因土方數目互異，奉旨罰俸六個月。十一月内吏部爲遵旨自行回奏事一疏，因察議楊西狩一案不明，部議罰俸一年，削去紀録一次，免其罰俸。奉旨依議，欽遵在案。

自順治十四年十月初八日起，至十七年二月二十五日止，連閏共二十九個月零十七日。又於十七年十二月初三日起，至康熙元年正月十七日止，連閏共十四個月零十三日，除罰俸六個月不算外，前後通計實歷過正二品俸三年零二個月，例應考滿。伏念臣駑鈍凡材，謬荷世祖皇帝破格知遇，畀以總河重任。雖切奮報之志，終深短綆之慚，數載以來，日夕惴惴，暵乾則淺阻是患，漲潦又衝潰是虞，苐勉效補偏救弊之圖，實莫解勞民傷財之戾。雖仰賴國家如天之福，洪流獲免於泛濫，漕艘未至於後期，總皆儌倖使然，安有寸長足録？況考功有議，猶蒙宥過之慈，循分無奇，特加晋秩之寵。受恩徒深而涓涘莫效，歷時愈久而愆咎彌增，此臣於黜幽大典誠有寤寐省循，難以自恕者也。至臣居憂日月尤屬尸素，但既係蒙恩食俸，三年考績原有定期，謹循例具疏，仰塵睿鑒。伏乞勅部嚴加考覈，特行罷斥，以爲溺職者戒。臣無任惶悚，待命之至。

康熙元年二月□□日題，本月十六日奉旨：『朱之錫着復職，應得恩典，察例具奏。』

吏部覆前疏

題爲遵例考滿事。該本部覆，考功清吏司案呈，奉本部送吏科抄出該河道總督朱之錫題前事等因，奉旨：『朱之錫着復職，應得恩典，察例具奏。欽此。』欽遵。抄出到部。查得順治十三年十月內，四川廵撫李國英三年考滿，奉旨加太子太保，廕一子入監讀書。又查順治十八年八月內，奉旨三品以上官員考滿，照滿官例給與應得誥命、緞疋、羊、酒。其廕子入監，着停止。今河道總督朱之錫奉有『着復職，應得恩典，察例具奉』之旨，應照例賜羊、酒，給與應得誥命，表、裏各三疋。察本官見係太子少保、兵部尚書，應否加銜，出自上裁。奉旨：『朱之錫賜羊、酒，給與應得誥命，表、裏各三疋。』

卷之十四

呈報石香爐决工疏

題爲呈報河勢坍塌情形事。康熙元年五月初七日，據兗西道魏紹芳呈：據兗州府管理黄河同知倪綿祖呈稱：曹縣境内黄河石香爐一工，大溜北倒，竟成頂衝。去歲五月内，將潭坑南面新大堤坍塌，勢如剥膚。卑職遵蒙屢檄，嚴督該縣多方設辦，於大堤内備堤，繆家莊前二次共下過埽九十箇。又將備護二堤加幫高厚，先經完工，呈報在案。

嗣蒙本道率同卑職等相度形勢，雖備堤東北有護堤一道，然不能包過南面河頭，且備護二堤止能防出（漕）〔槽〕泛水，不能禦其從底掃刷。議於安家莊後創築大月堤一道，計長八百丈。後正在督夫儹築，河勢忽又上提，仍不能包過河頭。於月堤南頭又續估堤工六百丈，前後估工共長一千四百丈，調集曹州金、單等縣并懸額夫築做，未敢請動錢糧。嗣以工大夫少具詳，允集鄉夫一千名，畫地分工，多方勸勞，晝夜儹做，幸於四月二十日告竣。訖。不意南岸生灘洪流盡走潭坑之内，套灣距備堤僅二十九丈，自四月十二日起，至二十七日止，先後共坍去二十七丈，節次揭報在案。

緣蒙總河部院檄催設備埽料，將新堤、護埽備堤裡面加幫，派撥防守等因。卑職隨於新堤東頭一段長五百丈，地勢低窪喫緊之處，估護埽一層計一百箇。業蒙詳允捲下，併在備堤幫築防守間，於四月二十八日卯時起，至二十九日丑時止，又塌進一丈五尺，將去年備堤南面護埽塌去五箇，并堤坍去五尺。卑職督同人夫在於新堤，星夜下埽備護。忽於五月初一日巳時起，至申時止，黄水陡長五尺五寸。又酉時起至初二日辰時止，又長三尺，共長八尺五寸，將備堤坍斷，水入新築月堤之内。卑職率夫於新堤根加套埽箇，并多編風埽。奈水湧聚比堤高尺餘，於新堤東頭漫開水口一十八丈，將口間新下埽坍去，幸而水口現深止八九尺。但恐變遷難定，除現今星夜集夫二千餘名，分散採柳，竭力堵塞外，卑職自去冬至今身親畚鍤，拖泥帶水，設辦物料，兼工搶築，未敢時刻少懈。委係水從堤底搜塌，又兼高過漫水，實非人力可争，相應據實飛報等因。又據曹縣申同前事各等因到道。

據此，該本道看得曹縣石香爐南岸生灘，逼水直射套灣備堤，坍塌已近。本道親詣勘度，恐不能保，隨於後面估築月堤以包全勢。不避勞怨，糾集鄉夫，晝夜儹工，四月甫成。而備堤搜塌愈急，復經遵檄下埽搶護，不意水長八尺五寸，刷透備堤。新堤之内，積水高出，遂致浸漫水口十八丈。本道即刻单騎馳赴石香爐，親督下埽，刻期堵塞不致遲悮外，所有漫决緣由相應飛報等因到臣。

該臣看得曹縣黄河石香爐一工，大溜北衝，坍塌日急。臣屢經嚴檄，一面幫護外堤，一面搶築内堤一千四百丈，並預捲埽箇以防水至，不啻諄且切矣。據報新堤甫經告竣，設辦樁柳，捲下護埽而水汛驟長，外堤河頭已從地底攻刷，衝至新堤，以致漫决。雖洪流暴漲，洶湧難支，而經管之黄河同知倪綿祖、曹縣知縣陳澄心、主簿陳方併督催之。兖西道魏紹芳職守攸存疎虞之咎，臣實不能爲之寬也。除臣現今馳赴勘閲，仍嚴飭各官星夜堵築外，相應照例題叅。伏乞勅部，分别議處施行。

康熙元年五月□□日題，本月□□日奉旨：『倪綿祖等議處，具奏。該部知道。』

董口閉壩疏

題爲呈報水勢事。康熙元年五月十三日，據淮徐道項錫胤呈：據淮安府分管邳、宿河務同知張四維揭報董口黄水泛漲，侵口倒灌，見在進埽、閉壩緣由到道。據此，除一面行令該廳嚴督印河各官齊集人夫物料，相機捲埽堵禦，以防沙淤外，本道慮恐躭延，隨即单騎星赴董口料理，擬合呈報等因。又據中河分司劉世豸呈：據宿遷縣主簿杜榮春揭報，本月初一日，黄水漲五寸，一夜復漲一尺五寸。又兼西南風揚波回溜，侵口倒灌，隨率夫星速搶做，下過馬頭埽四箇，見在進埽、閉壩等情到司。該本司星馳至董口，帶領河官并埽手逐段探量，頭壩内水深五捺二壩以上，水深六捺三壩以上，水深七八捺不等，率夫晝夜進埽，已於初四日閉合龍門。訖。俟黄水稍落，相機開壩另報外，擬合呈報各等因到臣。

該臣看得黄運交滙之區，黄强清弱，濁沙倒灌，斷所不免。今歲運河以去年久旱，來源未免細微，猶幸多方疏導，船行無阻。不意黄流漲發甚早，董口先於四月初五日據報倒灌，築壩已完。隨于初七日黄落清勝，壩幸衝開，臣復嚴檄另築預備，以防再漲去後。

而南河司道亦報黄灌清口，時長時消，臣既恐黄落淤塞運河，而彼係順流，與董口形勢不同。時當糧艘盛行，若一築斷則沙停壩外，亦費疏通，非可屢啓屢閉，事屬兩難。臣一面嚴檄司道酌量濬防，一面尅期南巡。而曹縣黄河忽有漫决之報，臣復兼程西馳。

今於工所復據該司道報稱五月初一日，董口黄水又漲，已於初四日閉壩。訖。雖口外糧艘不無姑待，然不築壩暫遏，則濁沙浸入，立成淤澱。即欲勉强行船，亦不可得，此固有不得不然者也。臣現在山東曹縣勘閲黄河，除先經差官守催，南河司道勘計清口形勢，併一面嚴飭中河司道各官，駐守董口，相機開築，務期設法濟運外，所有董口閉壩緣由，相應題報。伏乞睿鑒施行。

康熙元年五月□□日題，本月□□日奉旨：『該部知道。』

曹工黃水陡漲疏

題爲黃水陡漲，衝埽侵堤，萬分危急事。康熙元年五月十八日，據兗西道魏紹芳呈：據兗州府管理黃河同知倪綿祖呈稱曹縣石香爐新堤衝漫決口，量寬十八丈，已經呈報在案。卑職晝夜督率官夫下埽堵塞，奈原備護埽物料有限，雖設法採辦，難以足用。幸蒙本部院、本道親蒞嚴督，夫車物料漸集。查自五月初二日起，至十五日止，西壩共下過沉水廂邊肚埽三十八箇，東壩共下過沉水廂邊肚埽二十三箇，止剩金門八丈，水勢平緩。又恐龍門一閉，水積，金堤莫支。正議沿堤捲埽，於本月十五日，大河水長二尺，堤根俱有漫水。卑職慮恐衝埽傷堤，隨於兩壩捲埽套壓，并於新堤套護編立風埽。間忽於十六日丑時，黃水又漲二尺有餘，急溜洶湧，將西壩邊埽衝去三箇，壩工平蟄，幸而退後，套埽方能保守。其東壩原係水勢直趨之處，又兼水至護堤灣，回溜夾攻，極力套壓，竟不能保，致將埽箇盡行衝去。目今新堤一帶前，水落露灘之區，俱係水浸。見在逐節分汛，晝夜防守，并有水滲之處，立刻填塞外。但決口已成，大溜不惟急切，未能期效。竊恐龍門愈窄，水勢愈急，新堤又生別患。除一面於東壩亟下裹頭埽箇，使堤不坍塌。西壩加埽套壓，保守壩基。仍須將新堤一千四百丈已下埽者急行加埽，未下埽者作速搶下。沿堤有備，然後於決口相機進埽，方爲萬全之計。但應用物料浩繁，雖該縣柳束採取，尚稱不乏，而各料猶需買辦。且本縣夫少力疲，實難濟事。伏乞本道轉詳總河部院，照例請派，協濟夫車，量行估計。俾夫料畢集，兼工儹做，方克奏功。若專指該縣夫料，顧彼失此，終恐貽誤。況伏秋立至，危在旦夕，倘致新堤再潰，外無抵搪，洪流散漫，奪河妨運。卑職等固不足惜，其所關於國計民生匪淺鮮矣。事干萬分緊急，相應激切呈請等因到道。

該本道先據石香爐報決，隨即单騎赴工，相視決口，水勢平漫，壩頭已護，逐日坐駐工所，督催下埽。忽於十五、十六兩日，水長四尺有餘，衝射金門，排山倒海。本道暨廳印官督率官夫，極力套壓。無奈水勢愈漲，搜刷壩根，底埽摇動，西壩幸而保全，東壩悉被衝去。探量金門水已深不可測，萬分洶猛，智力俱窮，此固本部院所躬親目擊者。爲今之計，惟有添夫集料，應護者護，應套者套，應再加幫者盡數加幫。惟是曹縣獨力難支，除另具詳請，照別省小工之例，於隣近州縣量派協濟。并應用物料俟守催該廳酌估另詳外，本道惟有拮据盡瘁，督率廳印等官，晝夜堵防，以庶幾人定勝天而已。所有黃水復漲情由，相應呈報等因到臣。

該臣看得曹縣石香爐黃河潰決，道廳印河各官均屬疎虞，臣已據報繕疏題叅在案。隨於本月初十日，馳至工所，查勘決口，兩壩已經護埽，水勢雖微，然時迫伏秋，漲發不測。臣憂心如灼，當督飭道廳等官加夫措料，晝夜儧工。十五日，據該廳稟稱決口金門止剩八丈。乃十五、十六兩日之間，水汛果長，急流洶猛，衝掃護埽，漸濶漸深。臣目擊心駭，一面督令退後褁護，一面亟圖保護全堤、閉塞決口之計。據該道詳稱需用夫料，該縣獨力難支，議照別省小工、隣縣協濟之例，酌調濟急，誠屬萬不容已。猶幸境内柳株不乏，尚可採用。但東省黃河連年工簡，較之河南習經塞決，工多夫衆，可以移緩就急者，勢甚懸絶，誠恐夫料不湊，因循日久，收拾愈難。除臣已經檄行該道轉行該廳所轄六州縣量協夫車，採運柳料，次第築做。如有怠玩從事者，容臣叅奏議處。其工程料物一應數目，另俟詳到題報。目今河南、江南各屬，黃河處處告急。但此工重大，臣必駐守督催，漸有頭緒，方敢星馳沿河勘督。除督飭兗西道，廳料理決口，其河南附近險工，臣仍往來查勘，併分頭嚴檄司、道、廳印官親駐河干，加意防守外，所有石香爐黃水復漲，量調夫車協濟緣由，既經該道呈詳前來，相應題報。伏乞睿鑒、施行。

康熙元年五月二十三日題六月十六日奉旨：『工部知道。』

特叅河南南岸疎防各官疏

題爲特叅河南南岸疎防官員事。康熙元年六月初三日，據河南管河道荆世爵呈爲申報黃河水汛飛溢情形事。本年六月初二日申時，據開封府南河同知崔維雅揭報：六月初一日未時，據祥符縣稟據本縣軍河縣丞趙德弘報稱本月初一日丑時，南岸步李寨並劉家店大河，黃流飛漲，兩處倒灣，連前共漲水一丈一尺，兩處漫堤而過，各有丈餘。查步李寨離大河二十里，劉家店離大河十八里等情到縣。卑職隨即親詣河干，督差快役，催夫千有餘名，辦柳者辦柳，運土者運土，極力搶救。大約五日内，易於報完等情。據此，卑職日來查問沿堤堡老、水手人等，咸云『今歲河患非常，二十年來不曾再見』。據沿河報險，如中牟黃練集，河流與遥堤相平。蘭陽縣梁家埠口河勢激刷，堤岸危急。祥符縣辛莊河流激射，與堤相平，一覽臺河，勢與堤無分高下。槐疙疸時時報急，職沿堤查催，申飭印河官加意嚴防。甚而步李寨並劉家店河勢倒灣，飛漲至一丈餘，漫溢堤頭兩處，距大河二十里、十八里不等。目今全力搶救，務期數日報完，斷不敢時刻遲延。俟搶救完固，另容申報外，今將南岸危急情形，並一時溢堤河患等情到道。

本道单騎親詣搶救外，理合呈報等因。據此，續於本月十七日據該道呈稱，遵蒙嚴檄，隨即轉督廳印各官上緊堵築，并查取各官職名去後。

續據南河同知崔維雅呈稱：　查看步李寨，原係昔年衝潰過舊埽壩，已經二十餘年。今黃流飛漲，又兼地勢低窪，埽朽蟄伏。漫堤而過，寬有三丈餘，水深有二三尺不等。卑職督催埽料、夫役搶救兩晝夜，於本月初三日築完，已經揭報。訖。劉家店係縷水小堤，東北湖波無際，西北一帶地勢頗高，水漲丈餘，倒灣傾聚線堤，豈能支持？溢決寬有四丈餘，水深有三四尺不等。自初四日，督催埽料、人夫搶救兩晝夜，於本月初六日築完，已經揭報。訖。目今兩工俱在壩上，築做月堤，堤外酌加邊埽、風埽，以防水汛，約計五六日內，俱報竣。今將河勢情形，並印河官職名，擬合呈報等情到道。

該本道查看得祥符南岸步李寨，原係二十年前衝潰過舊埽壩，年久埽朽。今值黃水暴發，浸泡蟄伏，漫決過堤，寬有三丈餘，水深二三尺不等。至於劉家店，原係縷水小堤，西北一帶地勢頗高，東北湖波無際，水漲丈餘，倒灣傾聚，縷堤一決，寬有四丈餘，水深三四尺不等。二處丑夜溢決，人力難施，廳印河官疎防之咎，固爲難辭。幸而未成河患，三五日內旋即堵塞完固。今將决口寬深並疎防各官職名，擬合呈報。計開：　南河同知崔維雅，祥符縣知縣馬絳、張軍河，縣丞趙德弘。

據此，又於六月十九日，據該道揭據南河同知崔維雅報稱，本年六月十四日亥時據中牟縣報稱：　大河堆圈黃練集，遥堤坍斷，大河水漲二尺。卑職駐守堤岸見全河向堤內傾瀉，情形危急。隨率官夫在月堤殚力防禦，理合揭報到道。本道一面即刻馳赴，督率廳印河官埽手、夫役，相機在於月堤加意防禦外，理合揭報等因。

據此，又於本日據該道揭稱黃練集河勢堆圈，坍塌危險，萬分緊急。本道於十五日親詣星夜赴彼，查勘搶救。十六日午時，行至萬勝集。據該廳揭稱，六月十五日未時據中牟縣揭報黃練集河水陡漲五尺，洶湧異常，水流堆擁，比南月堤還高一尺，勢如排山倒海，將月堤東頭王家莊東潰陷處所，約寬有五六丈，人力莫救。南岸水已漫流，隨急督夫擡土搶救，奈水漲不停，堤頂過水等情到職。卑職率印河官并總河部院差官許世芳、管河道委官白碧，晝地分汛。在月堤頭督催人夫，燈籠火把，沿岸防禦。奈全河傾瀉滔天，水溢南堤，擡土暫禦，西激東撞，勢難抵攩。從王家莊東月堤下，翻花水湧，備極堵塞，壅潰堤開月堤西頭一段，長四十餘丈。較之兩邊堤岸地勢原窪，今水高堤一尺。卑職同印官等，督催人夫上面搶築加高。但黃水飛漲一夜，至辰刻漲至五六尺，漫堤流過，人力已竭，呼天莫應。俟水勢消落，相機綢繆。異常河患，理合飛報等情到道。除星馳赴工外，俟查勘情形另報等因。

據此，又於六月二十日，據該道揭報：　本月十五日定更時分，黃練集、王家莊東南月堤又潰一處，約寬有三四丈。除一面督令廳印河官集夫辦料，俟水漸消，興工上緊堵塞等因。

據此，該臣查據文內原估埽箇，曾否捲下，併衝決日期，各官職名開報含糊，當即嚴行查報去後。

今於本月二十四日據該道呈：據該廳呈稱查得元年原估月堤一千一百丈，不計錢糧，所計邊埽八十五箇，備護月堤原應遥堤河勢侵埽，臨時相機酌下埽箇，是以遥堤未潰之先，在內月堤不敢輕下邊埽，蹈糜費之咎。不意於六月初十日戌時，河勢忽變，堆圈埽灣，坍塌異常。至十四日共塌去四十餘丈，逼近遥堤。隨行塌斷，刻刻危險。卑職突值危急河患，率印河各官在月堤分汛防禦，看兩頭地勢窪處，捲下護埽十三箇。但十五日辰刻，河水陡漲五尺，全勢傾注，止有進路，並無去路。南月堤一處漫溢，東月堤兩處潰陷，人力已竭，勢難抵擋。幸至十九日，河勢漸走北岸。二十二日，卑職親看遥堤刷斷處所，漸漸搭沙南堤口，河流淤淺。東南堤口，水溝淺窄。東北堤口，水溝亦深不過三尺，月堤內外俱露沙灘。俟七月中旬後，秋水少定，次第築修，工完之日，另行呈報。今蒙行查，一一據實回報等情到道。

據此，該本道查看得黃練集河勢危險，本道屢行嚴飭廳印河官幫築捲下，期保萬全。因河勢北流，不敢輕糜錢糧，奈黃流頃變暴發，洶湧異常，有非人力所能勝者。然典守攸在，職與廳印河官，均難辭責。所有疎防職名：開封府南河同知崔維雅、中牟縣知縣朱之翼、管河縣丞惠文彥一併開報。除一面嚴督星夜集夫辦料，上緊堵塞外，但慮秋水漲發，難以定限，俟水勢稍定，極力築修工完，另行呈報等因到臣。

該臣看得伏秋黃水長落不常，臣預料今歲節序較早。又因河防水候，驗之春汛水長一寸則伏秋約長一尺。先據北河同知報稱清明水長二尺，臣節次嚴飭各屬司道等官，一應估修各工，務期及早築堤，相機捲埽。并境內兩岸舊堤，力行風雨晝夜四防、官民二守之法。倘河勢驟變，仍隨機搶護，以保無虞，不啻嚴切再三矣。乃臣於曹縣工所初三日忽接河南祥符縣步李寨、劉家店初一日漫決之報，適同時接據中河分司呈報邳州張家灣攻透重堤，黃水逆流，灌入清水舊河，已逼護城堤下。此處北岸緊隣迦河，倘有疎虞，恐阻運道。臣一面將曹工事宜備開单目，特發令旗守催道廳并調運河同知赴工協同料理，一面移咨河南督撫臣就近督飭，仍行管河道廳等官刻期堵塞，并查取決口確實情形、各官職名去後。而臣隨即策騎南下，途次復接宿遷直河遥堤坍塌，清黃相抵報文，臣心膽欲碎，兼程抵邳，幸司道在工謹守城堤，未致北潰。仍立飭添夫集料，多方防救，并搶築直河小月堤一道，以免黃水侵運。復發令旗守催司道駐工，相機督理。

臣仍自邳回曹并赴河南助閱，行至徐州，據河南道廳揭報，步李寨、劉家店兩工已於初三、初六日幸而堵築。

及至定陶，而黃練集十五日決口之報又至矣。臣於二十三日抵汴，查步李寨、劉家店漲水全耗，兩口俱已堵完，但加築護口月堤，工尚未竣。至於黃練集一工，所估埽箇，據稱前則以遥堤之外，河勢未坍，新堤未行捲護。繼於數日之間，河流環掃，遥堤塌陷。搶護新堤，則已無及。雖河變汛速，然審度綢繆之謂何？道廳印河各官疎防之咎，均屬難逭。查步李寨、劉家店兩工，經管印河官則祥符縣知縣馬絳、張軍河，縣丞趙德弘。黃練集一工，經管印河官則中牟縣知縣朱之翼、管河縣丞惠文彦，經管廳官則開封府南河同知崔維雅。而管河道荆世爵則實有督催之責者也。除臣一面嚴飭各官償築祥符月堤，并籌計夫柳堵塞黃練集決口。其黃練集原估埽料見存數目，臣已一面確覈，并勘過決口情形，容臣另疏具題外，所有疎防各官，相應題叅。伏乞勑部分别議處、施行。

康熙元年六月二十六日題，七月二十日奉旨：『馬絳、張等，着議處，具奏。該部知道。』

續報黃練集決口情形疏

題爲續報親勘黃練集決口情形事。案照黃練集新堤潰決，已經特疏報叅在案。臣一面確查并督率道府廳縣各官詣工逐一探閱。嗣據管河道荆世爵呈：據開封府南河同知崔維雅呈稱黃練集河勢六月十五日以前，全河傾注堆圈，埽灣坍塌，遥堤刷斷，洶湧滔天，月堤一處溢流，兩處潰陷。至十九日以後，大溜北開，決口漸搭淤沙。今議口門外水溝，相機鋪埽牛上面築月堤，底八丈，頂四丈，高一丈二尺。所用柳草芟纜，係夫採辦椿蔴車輛，本縣自備，不計錢糧。其月堤原估存廠物料，如用，應在月堤内捲下邊埽，完日報銷。如不用，留下所估計，決口不敢支用等因到道。

據此，本道覆查得黃練集堆圈，埽灣坍塌，遥堤刷斷。水至月堤，飛漲泛濫，月堤溢潰。幸大溜開走北岸，決口漸搭淤沙。口門外，鋪捲埽牛築坐月堤，需用料物，採辦設備。原估物料，仍於月堤捲護，完日開銷。如或不用，另行估用等因到臣。

該臣看得今歲黃河湧漲，歷年罕有，南北兩岸，無不幾幾乎堤。甚有搶築子堤，幸而捍禦者。而河南北岸如陽武之姜家莊，祥符之廠門、前貫臺，考城之王家道口、孝城集，或俄頃變遷，震撼無定。或立透重障，僅保内堤。此皆北趨天津故道，尺寸疎虞，便成大患。臣兩月以來，蓋無日不魂驚膽墮也。至若黃練集新堤潰決，道廳各官職守攸存，自難辭咎。而以全河論之，幸在南岸，復處上流漲水，旁分北岸阽危，猶得藉以少殺。乃臣所慮者，黃練集大河自去歲南侵，坍斷老堤、月堤、牛角堤，估築遥堤。未幾而坍塌漸近，復於堤後亟築月堤。五月以前屢據呈報河勢平定，忽於六月初十日後數日之間塌斷遥堤，而新堤遂不克守。夫以全河倒灣之勢潰溢，而南塞决之工斷非容易，及臣登舟親探遥堤之外，忽成檻限，大溜反徙北岸攻刷，東下月堤，决口漸已搭沙，此實仰賴國家洪福，有非人謀所可計料者也。

臣已行令道廳各官調集額夫，採辦草柳等料，勒限築塞，刻期可竣，無庸另行估計。至於本工原估護根草埽八十五箇，前據報已下十三箇，現在月堤其未用埽料，若秋水漸綿，仍行節存，據實報銷，留爲下年估用。可也。除一面嚴督興工外，所有勘過情形，相應題報，伏乞睿鑒施行。

康熙元年七月初九日題，八月初五日奉旨：『工部議奏。』

工部覆前疏

題爲續報親勘黄練集决口情形事。工科抄出，該本部覆總督河道朱之錫題前事等因，奉旨：『工部議奏。欽此。』欽遵。於八月初六日抄出到部，該臣等看得總河臣朱之錫疏稱黄練集新堤潰决，臣登舟親探大溜，反從北岸，决口漸已搭沙。行令道廳各官集夫，勒限築塞，刻期可竣。至於本工原估(旱)〔草〕埽八十五箇，已下十三箇，現在月堤其未用埽料，若秋水漸綿，仍行節存，留爲下年估用等因，具題前來。相應仍請勅下總河臣嚴飭各官，勒限築塞。其本工未用埽料，應於工完之日，造册報查。可也。奉旨：『依議行。』

水患延袤數省疏

題爲水患延袤數省，分理河務需人，特請嚴飭責成，以圖共濟事。竊照今歲陽侯肆虐，自夏徂冬，北直、河南、山東、江南無時無地不以巨浸，稽天懷襄洚洞之勢，頻呼疊告。臣數月以來，雖焦脣繭足，差檄四馳，而無如百川交漲，人力之經營已瘁，天河之汎濫無休。猶幸河南新潰各堤，分頭督責，已經補築。尚有武陟沁河之下封村、中牟黄河之黄練集二處，雖塞工易施，必須夫料輻輳，晝夜兼工，方可尅期底績。且南北兩岸頃經秋水創殘之後，河身改徙，新險倍增。來歲之防，急宜預計。各府廳官固係分内職掌，而管河道荆世爵已經降調，呼應不靈，深恐貽誤。除臣仍嚴飭該道勉力振作，料理候代。但河道遼濶，事緒繁多，地方監司原有責任。臣復行河北道吴柱、分守大梁道王來用、新任睢陳道蔡含靈同心協力，各將所轄境内河道勘度，鳩僝期於克濟。倘有疎誤，一體題參。

至山東石香爐一工，臣駐工數月，督集夫柳，漸有成緒。不期八月異常水勢，已成之埽，套壓層層。東埽復變頂衝，隨護隨蟄，無有底止。費料已屬不貲，且溜射决口一日數變，淺處皆深。工程料物全藉廳官董理，而原任黄河同知倪綿祖經臣題參，復緣别案解任。雖已檄行該道遴委單縣知縣韓第代署，臣復多方鼓勵，頗著成勞。然事屬兼攝，未免分營。所尤難者，該管道官所轄不過數縣，夫柳各項不得不取之附近協濟。該道緣事關隔屬，未免威令難行，而州縣印官又以徵夫問料無非斂怨任勞之事。其間急公如歸德府知府宋國榮、商丘縣知縣劉之驥督採小柳三十萬，源源濟工。署豐縣事沛縣知縣郭維新採運大柳五萬，咄嗟而辦，固亦不乏其人。然抗玩推諉，一夫不出，如滕縣知縣李含蕋者，不一而足。容臣另疏甄叙勸懲外。

近又江南一帶桃、宿、淮、揚，所在漫溢。臣一面頒發令旗，嚴督該司道赴工搶修，所有水勢情形一面勘確另報。第臣欲坐守曹工，則長河千里，顧此失彼。若舍之而南，又恐飭催無人，夫料渙散。萬一坐失三冬，轉盼桃汛，不特收拾倍難，必致前功盡棄。此臣不得不鰓鰓過慮者也。今一切應添夫料，臣已規畫粗定，合無仰請皇上軫念河工重計，無論隔省、隔屬，附近協濟曹縣夫料州縣，暫許該道徑自詳明移行提催。如有抗玩，揭報叅處。庶事有責成，人心悚惕，決工告竣有期，而臣分身南廵，亦得免於却顧之懼矣。伏乞勅下工部議覆、施行。

康熙元年十月十六日題，十一月初一日奉旨：『該部議奏。』

工部覆前疏

題爲水患延袤數省等事。工科抄出，該本部覆總督河道朱之錫題前事等因，奉旨：『該部議奏。欽此。』欽遵。抄出到部，該臣等看得總河臣朱之錫疏稱今歲自夏徂冬，北直、河南、山東、江南無地不以巨浸疊告。但河道遼濶，事緒繁多，臣復行河北道吳柱、大梁道王來用、睢陳道蔡含靈同心協力，期於克濟。至山東石香爐一工，全藉廳官董理，原任同知倪綿祖别案解任，雖已檄行該道遴委單縣知縣韓第代署，然事屬兼攝，未免分營，所尤難者。夫柳取之附近協濟，該道緣事關隔屬，未免威令難行。今一切應添夫料，無論隔省、隔屬協濟曹縣夫柳州縣，暫許該道徑自提催。如有抗玩，揭報叅處等因，具題前來。河務緊急，所有各州縣協濟曹縣夫料，暫許該道提催完工可也。奉旨：『依議。』

卷之十五

特參抗玩有司疏

題爲特參抗玩有司，以儆效尤，以濟急公事。案准工部覆臣題爲黄水陡漲，衝埽侵堤，萬分危急事一疏，内開應請勅臣嚴飭各官，照例量協夫車採運柳料，速行堵築。如有各官怠玩違誤，即行指名題參，以憑從重議處等因。奉旨：『依議行。』欽遵。通飭在案。

查石香爐一工，臣專駐督催，漸有成緒。不期秋水異漲，極力套護，兩壩僅全，急溜深洪，較前加倍，應添柳料。除兖屬附近州縣外，其餘道路稍遠，車運艱難，不得已於隣省接壤州縣採運濟急。而道廳各官估探決口，尚須捲下大埽三百有餘。時日廹促，即日下二埽，猶恐歲終，不能底績。奈在工之夫，除搬運柳草、芟繩、椿橛各項，雜役煩多，推埽壓土，日不暇給。且乘此水定，議挑引河，特行兖州府於兖屬未派運柳州縣調夫協濟。不意催提將近一月，杳無一夫到工。而滕縣知縣李含蕋計遣奸里王化遠投呈求免，臣已量加責飭。該縣又復抗申堅執，一夫不出。若人人效尤，則決工停延，無時得竣。轉盼桃汛，雖百倍人力猶恐未易收拾也。除仍嚴飭該府，勒限催解。倘有違玩，續疏題參。所有該縣抗誤急工緣由，相應特參。伏乞勅部從重議處，施行。

康熙元年十月□□日題，十一月初一日奉旨：『李含蕋着從重議處具奏。該部知道。』

酌估曹工疏

題爲決工水勢倍劇，物力措處維艱，請祈速賜酌估，以無誤堵塞事。據兖西道魏紹芳呈：據署兖州府黄河同知事單縣知縣韓第呈，據曹縣申准管河主簿陳方牒稱石香爐黄河大溜，改徙北流，衝潰新月堤，初計止寬十八丈。彼時星夜督夫採辦埽料，極力堵禦，工程將竣。不期五月十五日水長衝刷，漸濶漸深，退後裂頭，屢被衝失。爾時相度大勢約估大柳一百六十萬，中椿、芟纜、草束、留橛隨採隨用。大椿木、綮蔴用價辦買。其柳束已蒙總河部院分派兖屬，勸諭輸運。除捲護合壩外，一面於七月十五日興工，至八月十三日兩壩共下過埽工六十餘丈，謂可計日成工。不意八月内秋水暴發，洶湧異常，一切物料已下之埽復被蟄陷，將到工柳草幾爲漂没，東西築成壩臺，又費套壓。實計水口尚有九十六丈，較之六月深更兩倍，需料愈多。伏乞轉詳，請加物料，以便儹工等情到縣。准此該本縣覆勘無異，相應申詳等情到職。

據此，該卑職查得曹縣石香爐決口前於五月初間始決之際，僅寬一十八丈。蒙總河部院同本道并前任倪同知晝夜堵塞，止剩龍門八丈未經塞合。忽於五月十五、十六兩日，黃水復漲，較前倍甚，口愈掃而愈寬，底愈刷而愈深。極力搶救，西埽幸而保固。然日日套壓廂埽，未嘗停手。至東埽屢經退後褁護，無奈水勢滔天，漲發不定。彼時就近採用柳二十餘萬，隨下隨被衝激蟄陷，一時智巧俱困，人力難施。一面調夫修築月堤，一面採辦物料相機興舉。

隨蒙總河部院酌派曹縣柳三十萬束，曹州柳二十萬束，單縣柳二十萬束，定陶縣柳六萬五千束，城武縣柳三萬束。又慮不足敷用，復行兗州府除派過五州縣外，於未派二十二州縣共派採柳八十萬，通共柳一百五十九萬五千束。其草芟、中樁、留橛、野草爲數不貲，俱撥夫採辦調車起運，不計錢糧。止大樁本地附近不產，勢必取諸西河。又檾蔴需用甚多，非同柳枝荒草隨地可採，不得不酌行買辦二□分派，嚴行催解。至七月初間，蒙總河部院同本道率領職等逐一探測，水勢少平，人力可施。且意今夏伏水洪大，加倍往年，秋水斷無甚於伏水之理。

又蒙總河部院逐廠查勘各州縣所解柳束，已到工者六十餘萬，樁橛、草芟等料雖未如數察審，河勢似足接濟。復念兗州府所派各州縣柳八十萬，道路太遠，車運甚難，不能濟急，行令免解。惟鉅野縣柳梢尚多，且去工附近，派採六萬。又於附近河南商丘縣勸諭協採柳十五萬，約略足用。

隨示在工各官，於十五日催工堵築，次第進埽。不意八月十五日，河水驟長。又兼十七、十八以至二十七日，霪雨如注，大河白浪滔天，風狂漾湧，其汪洋澎湃之勢較五月再漲之水更數倍矣。蒙總河部院躬親指揮本道率領卑職等，冒雨衝風，督夫搶護，相機套壓，兩埽於萬難救護之中，幸保無虞。更所苦者，大溜盡注東埽，危在頂衝，且回流倒刷甚急，又將東埽廢堤頭盡數衝坍，全河傾瀉，不但堵塞決口，而東埽又生數十丈。頂衝之工，此時若不速加套護，則從前之工俱棄。東埽一去，西埽亦屬廢工，故不得不於廢堤頭日夜套埽。然所辦塞決之柳，尚虞不足，奚堪當正埽之外，又費如許物料乎？至今尚日有蟄陷，竟無底止。東埽並廢，堤頭共下過正面廂邊肚套埽一百三十四箇，計工長二十三丈。西埽下過正面廂邊肚套埽一百零一箇，計工長四十一丈。共下過埽二百三十五箇，共用過柳二十五萬五千一百五十三束，并本地樁橛、芟草俱不計錢糧。又前後通共調曹州曹縣、單縣並兗州府運河廳、捕河廳，東昌府河務廳，江南徐屬廳額募夫共一萬一千六百一十四名，晝夜搶救堵築西埽及加幫修築月堤。自五月起至九月止，除停工不計外，共用工一百五十日，俱不計錢糧。若照漕規計算，節省已數萬金，止用過價買西河大樁一百六十四根，檾蔴十二萬七千零六十三觔，是皆總河部院及本道多方督催，各屬急公恐後。而職等仰體焦勞，雖晝夜拮据，艱苦備經，亦皆職分，當爲無容瑣瑣自述也。現今决口九十六丈，自經大水之後，内少淺者二三丈，深者甚有四五丈不等。而五丈之下尚屬淤陷，竊龍門愈窄，水勢愈急。今之五丈深者，臨期又未知淺深若何也。且東埽蟄陷無休，埽後回溜又急，是塞决之物料或尚可程，而護埽之物料更自難定也。

今卑職隨同總河部院暨本道并曹縣知縣陳澄心、主簿陳方就現前决口估計，共寬九十六丈，内深水約計應用長八丈，高一丈五尺。四埽出水者長四十丈，稍深水約計應用長八丈，高一丈。三埽出水者五十六丈，連廂邊共用沉水埽三百五十四箇，并廂護廢堤頭連前下埽用過通共該大柳一百七十二萬七千一百五十三束，内除前派過採運柳一百萬零五千，尚欠柳七十二萬二千一百五十三束。

因查嘉祥、鄆城二縣猶在三百里内，且境内柳梢尚多，解運猶易，相應於嘉祥縣量採運柳三萬，鄆城縣採運柳五萬。又蒙總河部院於附近江南省屬豐、碭二縣派採柳共九萬。又河南省屬夏、虞、儀、考四縣共派採運柳十四萬，現在檄催採運，陸續交工，共計派過柳一百三十一萬五千束，尚少柳四十一萬二千一百五十三束，草九十三萬九千五百六十一束，芟十五萬八千四百二十一套，樁二千五百一十根，留橛六千一百三十四根，檾蔴五十四萬九千八百八十三觔。以上除柳梢、芟草本地，大、中、次中樁，留橛俱係採辦，不計錢糧。並本省運柳不給運脚外，内有隣省協採柳三十八萬，雖莫非王事而事屬隔省解運，未免稱苦，倘催呼不前，無以責成。今議每束量給脚價銀一分五釐，共該銀五千七百兩。西河大樁木五百九十六根，每根價銀三錢，共該銀一百七十八兩八錢。檾蔴五十四萬九千八百八十三觔，每觔量給價銀一分五釐，共該銀八千二百四十八兩二錢四分五釐。以上運脚樁檾價值共銀一萬四千一百二十七兩零四分五釐。至於尚少柳四十一萬二千一百五十三束，查附近州縣柳梢俱已採盡，委難再派。其河南各工歲修物料，時值報銷，或有廠存餘剩。仰懇轉詳總河部院酌查借調，覓船起運，塞决完日，造册彙銷。倘仍不足，另議派調。

再查在工夫役，或出自地畝，或酌調額夫，俱有本等工食，不計錢糧。所有樁埽夫晝夜用工，良屬苦役。雖未可循照別工事例，亦應量給工食。查樁夫一百名，每名日給工食銀一錢，計三箇月完工，該銀九百兩。埽夫一百一十七名，每名日給工食銀七分，計三箇月完工，該銀七百二十七兩一錢。樁埽夫工食共銀一千六百二十七兩一錢。

以上運脚樁檾價值并樁埽夫工食通共銀一萬五千七百六十四兩一錢四分五釐，伏乞本道速賜轉詳總河部院，候一面確覈具題，一面批允動支曹庫銀兩，分派置買樁檾運脚并給樁埽夫食用。庶事有責成，夫料畢集而決工可計日告成矣。

卑職更有請者，各屬未完并新估派借柳束，若果爾急公於十一月內齊到工所塞口，可以刻期告竣。如怠玩愆期，恐來歲二月解凍水發，龍門未合，又不得不停工以待，深有所未便也。至謀事固存乎人，而天時原不可測。時當冬令，倘遇陰雨連綿，風雪交加，船車難前，用工維艱，又非卑職所敢預定也。擬合呈詳等情，具詳到道。

據此，該本道看得曹縣石香爐始決一十八丈，隨即督催採柳，捲堵止剩龍門八丈。忽於五月十五六日，水復驟發，衝没東壩，工力難施，以至漸刷漸寬。彼時相度形勢，計非大埽長樁萬難期効，一面請調人夫，一面分派採辦置買樁檾，漸次粗備，於七月內相機進埽，彌月方幸底績有期。不意八月中旬，異常水勢較前數倍，兼之狂風驟雨，怒浪衝激。東蟄西陷，加以廢堤爲害，埽護套壓於萬難救援之中，護保兩壩無虞，而所備柳料則已費去二十五萬有餘矣。及今探量決口，尚寬九十六丈，水勢深淺不等，約計用埽三百五十四箇。應用物料除柳、草、芟、橛、本地中樁、額募人夫，通不計錢糧外，而大樁、檾蔴二項必須價買。至隣省採柳，又與本省不同。若非量給運脚，無以責成，恐反遲誤。埽樁人夫晝夜勞苦，亦必照例酌給工食，乃可責成効力。據估銀一萬五千七百六十四兩一錢四分五釐，本道再四審度，幾經籌計，不得不然，實亦萬不容已之役也。然不動錢糧設處辦集者，所省已不下數十萬金矣。至欠柳四十一萬二千一百五十三束，近地既無可採，遠處又難猝至。據議於豫省各工就近借用，此亦變通之策也。伏乞本部院軫念決口重務，時日迫促，速賜具題批示下道，轉行廳印，動支曹庫河銀辦給接濟。庶不致臨期停待，有誤決工。更有請者，各官徵夫辦料，課督畚鍤，無非任勞任怨之事。若不立勸懲之法，以鼓勵人心，誠恐少有因循，必致愆期。合無請乞本部院特賜題明，於工完之日，將勸輸柳料并在工勤勞急工者，一體叙録。倘有抗玩、膜視、懈惰、偷安者，立行叅處。則勤者益加黽勉，而惰者亦知儆惕奮勵以効驅策，而工程底績有期矣等因，册詳到臣。

該臣看得曹縣石香爐決口前此採辦堵塞，止餘八丈。忽於五月十五日河汛復長，洪流湧射，多方搶護，僅全西壩、東壩，屢經退後挖槽裹護，俱被衝失。時因伏秋已迫，漲溢無常，形勢尚在未定，工力總屬徒施。計惟有多積料物，俟水勢少平，乘時合作。臣嚴飭道廳各官一面措集夫柳，守護新堤，一面於附近州縣採運柳、草、芟、橛并預辦樁檾各料，迨至七月終旬事緒漸就，遂督官夫次第進埽。不意八月之內，烈風霪雨，秋漲倍甚。不但兩壩已成之工竭力套壓，始幸保固。而大溜北倒東壩，又變頂衝，壩後復受回溜，三面環攻，隨護隨蟄，費料不貲。

該道廳等官於九月二十日，逐細探估，除前下過埽二百三十五箇，現在決口較之七月之前，淺者已深，深者更倍，約仍應用埽三百五十四箇。臣於九月末旬，自豫回工，復經督同親勘，委與報估情形無異。一應本省所辦柳梢、野草、中樁、芟橛就近採運，並酌額夫鄉夫通不計錢糧外，但檾蔴無從採取。大樁産自河南，必得動銀置買，樁手、埽夫習藝謀生，晝夜勞苦，勢須酌給工食，并隣省採柳量給運價共估工料銀一萬五千七百六十四兩一錢四分五釐。若隣省各官倘果鼓勸有法，其間車運價銀尚可酌量從省，惟是黄河南岸柳束船户挽渡，日久無食，多致逃散，不得不於此數之内，每束酌抽給銀四釐，以資僱覓水手之費。查此工實係大工設辦夫料，爲數甚多，估費原不及十分之一。臣一面批行具題，一面分頭催辦并佈置周詳嚴督官夫晝夜進埽。嗣於十月十九日，渡河南巡，仍又逐節測探，大溜歸河漸多，沙澱向之深者又復變而成淺，其工程錢糧并借動物料似更有可以撙節者。總之臨期相機贏縮，俟工完查覈，據實奏銷。但鳩集夫料，催調車船，綜理收支，課督工作，事既煩重，更極艱辛，全賴奉行及調委各官同心協力勞怨不辭，乃能共濟急工，尅期底績。誠恐無以勸懲未免易生趨避，合無容臣循照往例於工完日，查果効有勤勞題請叙録，其或怠玩貽誤從重指叅，庶群力畢收而決工可以早竣矣。既經該道呈詳前來，相應具題。伏乞勅部議覆，施行。

康熙元年十一月初八日題，本月二十五日奉旨：『工部議奏。』

工部覆前疏

題爲決工水勢倍劇等事。工科抄出，該本部覆總督河道朱之錫題前事等因，奉旨：『工部議奏。欽此。』欽遵。抄出到部。該臣等看得總河臣朱之錫疏稱曹縣石香爐決口前此堵塞止餘八丈，不意八月之内秋漲倍甚，大溜北倒，隨護隨蟄，一應柳草、中樁就近採運，不計錢糧外。但檾蔴、大樁必得動銀置買，并工食運價共估工料價銀一萬五千七百六十四兩一錢四分零。看大溜歸河，深者成淺，所用物料似更有可以撙節者，應令總河臣嚴加撙節，工完覈實具題，以憑覈銷。至於調委各官無以勸懲易生趨避，於工完日，查果効有勤勞題請叙録，怠玩者指叅。如其所請，其本地方專管各官應不准叙録。可也。奉旨：『依議。』

三舉申明激勸大典疏

題爲申明激勸大典事。案照順治十八年八月二十一日，准吏部咨開，文選清吏司案呈，奉本部送吏科抄出，該本部會覆河道朱總督題前事等因，順治十八年閏七月初五日奉旨：『依議。欽此。』欽遵。抄出到部送司，相應會同議覆。該吏部、都察院謹遵旨會議得總督河道統轄五省，屬員頗多，與巡撫止轄一省者不同。今每年河工告竣，所薦官員議定額數，應薦差出部司方面共五員，有司十員，佐貳四員。若逾定額不係管轄之官，聽部院叅處，所薦之官不准註册。如在定額之内，俱准註册。奉旨之後，行令該督照新題定例薦舉。可也。理合具覆，恭候命下，轉行遵奉施行等因。順治十八年八月初六日奉旨：『依議。本内漢字首行遺落「等衙門」，着添補飭行。欽此。』欽遵。抄出到部，移咨到臣，遵行在案。爲照河屬歲修例應甄别，節經題明，奉有俞旨。查順治十八年河防告竣，臣先經檄行各屬造報賢否去後。節據各司道册報前來，臣復嚴加檢覈。惟以本年之内，著有勞績克濟修防者，列之薦剡，以昭鼓勸。苟於河政無裨，雖别善可稱，他端難料，皆臣所不敢贅及也。至若溺職各官，除聞見所及陸續題叅外，兹亦查據揭報，照例叅處。所有應薦官十九員，應劾官四員，謹臚列爲我皇上陳之。

計開：

應薦司道官五員。

通惠分司工部主事壽以仁，疏淺築堤，綢繆克慎。受事以來，潰溢竟自絶。閘輓輸亦復無阻，而督徵河項積逋更爲一清。係通薊道相有度開報。

漕儲道叅政黄廷獻，數千里河漕殫力督催，抵通特早。京口大挑一節，奮身獨任，不費帑金而旬日之間空重利涉，成勞尤自難泯。係江南右布政使孫代開報。

淮徐道叅政項錫胤，南黄北泇，諸險交凑，區畫既中肯綮，奔馳不憚勤勞，而且戢盗安民，催漕剔蠹，犂然可紀。係中河分司劉世豸開報。

東兖道叅政張弘俊，挑濬河渠，督催輓運，繕修城郭，安輯流離，靡不本諸精詳，出以勤敏，監司中之(表)〔率〕者。係山東左布政使周天裔開報。

河南驛傳道叅政萬永祚，駐劄河濵，承委協理三家莊險工，勘驗堤埽，督飭官夫，不辭勞怨。至於挑濬引河，捐貲鼓犒，尤足爲同舟之勸。係河南左布政使徐化成開報。

應薦有司十員。

歸德府知府宋國榮，郡屬隄防，督飭維謹。承比王家道口，柳料如期運解，河患賴以無虞。係管河道荆世爵開報。

開封府同知韓齊范，代攝府篆，議額夫則不辭怨讟，派柳料則共服均平，澹操實心，一時僅見。係守梁道王來用開報。

兖州府泇河通判胡一璉，疏濬漕渠，節宣閘座，靡不勤慎從事，南北空重飛輓無停。係夏鎮分司李禧熊開報。

兖州府推官余國柱，綜覈夫徭，剔釐河蠹，包占之弊一清，而河務官評更能詳慎不苟。係濟寧道方兆及開報。

淮安府推官俞有章，淮城各工繁劇，摘奸儆惰，久著成勞。至支給大挑銀兩，窮夫尤沾實惠。係署淮海道杜潡開報。

曹州知州毋配坤，編徭既鮮偏累，工食盡絶漏巵，故能奉行徵調，趨赴争先，可稱急公能吏。係兖州府推官余國柱開報。

單縣知縣韓第，隄防河道，栽植柳株，繕葺城隍，清理夫役，事事修舉，未易材也。係兖州府推官余國柱開報。

商丘縣知縣劉之驥，加意河防，先勞從事，增修堤壩，廣儲柳料，未估帑金，險工恃以無恐。係管河道荆世爵開報。

封丘縣知縣屠粹忠，大工河勢，變遷無定，鳩辦既能早集，董率每必躬親，足稱勤慎。係管河道荆世爵開報。

安東縣知縣夏時正，課督栽柳，所在成林。每遇隣封急工，徵夫問料，獨能先期協濟。係淮安府推官俞有章開報。

應薦佐貳四員。

濟寧州同知潘得榮，供兵辦河，才優績著。係濟寧道方兆及開報。

鄭州判官王世噩，築堤維勤，樹柳得法。係管河道荆世爵開報。

徐州下河判官王允讚，黽勉河防，具徵實效。係淮徐道項錫胤開報。

封丘縣縣丞錢交叟，委管工程，勤勞任事。係管河道荆世爵開報。

以上各官所當薦揚，以備叙録者也。

應劾官四員。

鄢陵縣知縣黄雲鶴。

一、本官怠玩成性，十八年派柳一萬三千餘束，一任道催，藐視不應。

一、本官十八年應解協濟額夫二百四十一名，迯去一半，屢次催提，全不拿解。係管河道荆世爵開報。

中牟縣縣丞惠文彦。

一、本官遇黄練集河患，危急泄泄，從事廳印官催呼徒急，頑鈍不靈。

一、本官職司河務，情形緩急，全然不省，每每失報水汛。係南河同知崔維雅揭報。

商丘縣主簿鄭圖南。

一、本官專管河工，遇當春夏水汛之期，高坐私署，竟不察視。

一、本官鈐束無能，一任河夫偷安怠惰，屢經察飭。係管河道荆世爵開報。

以上三官，所當照例議處者也。

蘭陽縣署管河務教諭郭益善。

一、本官詐索該縣北岸堡夫八十名，每名銀一錢五分，共銀十二兩。又詐南岸堡夫銀一兩零。堡夫劉尚節、徐思、王珩等証。

一、本官乘堡夫支領工食銀兩，二次扣銀六兩。河書商景輅証。係管河道荆世爵開報。此一官者，所當照例查究者也。

伏乞勅部，再加覆覈。如果臣言不謬，將壽以仁等酌量叙録，黄雲鶴等分别議處。庶勸懲聿彰，河事有賴矣。

康熙元年十二月□□日題，本月二十五日奉旨：『吏部知道。』

呈報石香爐塞决疏

題爲呈報石香爐決口閉合日期事。據兖西道魏紹芳呈稱蒙臣票爲欽工萬分緊急，嚴飭料理，共效同舟，尅期底績事。照得石香爐決口幾奪全河，雖幸各官晝夜駐工修守，保全兩壩。但現存口門猶有九十餘丈，若不乘此三冬併工閉合，轉盼春汛，便有不可收拾之勢。一應調用各官，酌派夫料，本部院規畫粗定。但長河千里，處處告急，刻下復擬南巡，誠恐各屬怠玩，已經特疏具題。責成該道，毋論隔省、隔屬，俱聽徑自關行提調。所有應行事宜，相應逐欵開列，合行嚴飭，爲此票仰兖西道照票事理。即便振起精神，嚴行催督，協濟州縣所有應出夫車、柳料各項，勒定限期，星夜解運。倘有抗誤，揭報到院，立行叅處。並督官夫晝夜進埽，務於歲内報完。在事各官，事竣之後，仍聽該道分别造報甄叙勸懲。該道責任攸關，縱有裁併之議，必俟决口塞合，方許離任。如或因循觀望，致誤歲内限期，即遵部奉前旨從重指叅，斷不寬假，慎毋自誤等因。

蒙此，本道遵依，隨照单開五十六欵，應出夫車、柳料等項州縣分頭差人嚴催，并移會江南、河南及本省各道協催外，本道專駐河干，晝夜督夫下埽，决口告竣。今於十一月十七日合龍門。訖。且以本職自奉本部院嚴檄之日河口九十餘丈，水深者五丈餘，或四丈，或二三丈不等。不出一月之内，而龍門閉合。雖曰各官勤劬，人夫効力，埽料駢至所致，實賴朝廷洪福，本部院至誠感格，因而河伯效靈，是以成功若斯之速也。除將河工應行事宜移送濟寧道督理外，所有各官勞苦埽料數目，另容清册詳請本部院裁度。可也。擬合先行呈報等因。

又據兖州府管理運河同知王有容、署兖州府黄河同知事單縣知縣韓第、兖州府管理泇河通判胡一璉各將閉合龍門日期呈報到臣。

該臣看得石香爐一工自五月初旬報決，臣即駐宿河干，嚴督搶塞。無奈水勢方盛，褁頭大埽屢被衝失。於是一面幫築全堤，一面催辦各料。定於七月十五日，兩壩進埽，漸有頭緒。不期秋分以後，漲水非常，全河入決口者以十之八。臣徬徨憂廹，日則廢箸，夜則遶床，葢未嘗一刻敢自寧處也。猶幸官夫鼓勸，於風雨晦冥之中套壓搶救，兩壩保全，得以廣集夫料，晝夜兼工。據報，已於十一月十七日閉合龍門。訖。初計決口寛至一百六十丈，淺者丈餘，深者甚至四五丈不等。如此大役，未幾告成，此皆朝廷洪福，運道生民之厚幸也。而在工各官，酷暑隆冬，任勞任怨，半載苦績，要亦有不可泯者。除善後事宜，臣已備行道廳悉心勘畫，併用過物料錢糧及督工辦料各官，通俟覈明另題外，所有石香爐口閉塞龍門日期，既經各道廳呈報前來，相應題報，伏乞睿鑒施行。

康熙元年十二月十五日題，本月二十八日奉旨：『工部知道。』

卷之十六

特叅庸劣廳官疏

題爲特叅庸劣廳官以重河防事。竊照山清河道西有高堰、裏河，東有王公堤、天妃壩、太行堤五大險工，上關國計，下係民生。設有山清同知一官，分署此地，責綦重矣。况該屬自去歲洪水非常，雖一時搶救，幸未成患。然創殘之後，工作倍繁，除應估工程屢催估修外，至高堰浪窩損缺，例有額夫不時填補。太行老堤二百餘里舊堤卑薄，原應民夫分界加幫，臣嚴檄申飭不啻再四。乃山清同知林廷萊歷任將及一載，河務尚爾茫然，今時將仲夏前項工程尚無頭緒。伏秋轉瞬，漲發有期，該廳專駐淮滸，一味因循，既無籌畫之能，復鮮督催之術。河防重計，又安賴此廳官爲哉？况該廳管理河帑，出納攸關，亦斷非若此泄泄弛玩之人所能勝任而愉快也。除山陽各工，臣一面頒發令旗，檄調南河分司移駐督理外，所有庸劣廳官相應特疏題叅。伏乞勅部議處，施行。

康熙二年四月二十四日題，五月初八日奉旨：『林廷萊着議處，具奏。該部知道。』

覆秋水氾濫異常疏

題爲秋水氾濫異常，各官告急接踵，微臣目擊情形，謹據實報聞，仰祈睿鑒事。康熙元年十一月二十四日，准工部咨，工科抄出，該本部覆漕運林總督題前事等因。康熙元年九月二十二日題，十月十四日奉旨：『該部議奏。欽此。』欽遵。於十月十五日抄出到部，該臣等看得總漕林起龍疏稱秋雨連綿，黄、淮交漲，洪水狂發，堤岸衝決。除嚴加申飭，令其加緊堵築，並咨總河臣備料搶修外，仰祈勅下河臣轉行所屬印河各官，一遇危急險工，需用物料，准其備辦。搶修事後開銷等因，具題前來。查得淮、徐一帶水汛，先據總河臣朱之錫具疏題報，已經臣部題覆遵行在案，相應仍請勅下總河臣嚴飭司道等官，親駐河干，相機搶救。如遇危急處所，一面動支錢糧修造，一面將應用錢糧確估具題。至疏稱季家堤等處衝決，其決口速行堵塞，仍查明具題。可也等因。康熙元年十一月初四日題，初六日奉旨：『是。依議行。欽此。』欽遵。抄出到部，移咨到臣，隨行淮揚司道相機搶修，查明具報去後。

續據中河分司劉世豸、署淮海道事淮徐道項錫胤會詳，內稱遵依率廳河官上下查勘，去歲徐屬城堤、郭家嘴、小店三險，俱奉估修工程。值秋水盈溢，皆修築如式，已具詳册請銷。至靈璧縣睢寧之清水口、武官營、孟家灣，邳州之董家堂、五工頭、青墩營、孫家灣、張家莊、郭家灣及宿遷之直河，去歲滔天之水處處危險，在在告急。本司住立風雨，率夫搶救，俱保無虞。除題估工程已經呈詳報銷外，水落之後，原無衝决，間有殘缺處所，已修補一律，並未動用錢糧。

若季家堤，即桃源之季太壩也。查桃源北岸，明季隆萬以前原無堤防，自崔鎮决而黄河北徙，隨致運道淤塞。前總河潘部院題築遥堤，自古城起至清河止，一萬八千四百一十丈，而河歸故道，與淮水交滙。又慮淮揚勢處窪下，南河諸湖之水會歸達淮。每至伏秋，淮、黄交漲，黄遏清流，不得東出。湍激之勢，泛濫衝潰，一傾瀉於高澗周橋，再澎湃於高堰，又湧注於通濟閘，則高、寶、淮城與淮屬之漕堤民生甚爲可虞。故審時度勢於遥堤之内，建設崔鎮、徐昇、季太、三義四壩，既洩瀑漲之水，又無奪河之患。且東流入海，皆有故道可尋。當時遥堤既建而必岌岌築壩者，以淮揚一帶，所關至重且大也。

查萬曆七年十月内，科道會勘得遥堤既建，水歸正(漕)〔槽〕，田廬可免水患。但恐異常之漲，河水盈溢，故復設此減水壩於遥堤之中，以便分殺且無衝潰遥堤之患。季太、徐昇、三義三壩之義皆同，而俱設北岸者，以其從灌口入海也。又於順治十六年間蒙本部院票，查四壩應修築月堤緣由，該前任分司李縉明、淮海道霍炳會呈修築石壩，非一時可以興舉，合無先築月堤以爲目下救濟急着。隨於十七年間，爲淮屬黄河異常水患事，蒙本部院具題，部覆在案。去歲水漲，仍由故道入海，原非决口。隨蒙本部院行查，已於元年十月二十九等日將季太等壩，次第築完呈報。訖。

但查四壩水發，聽其宣洩，水落仍歸正(漕)〔槽〕，相沿已久。今一旦堵塞，恐難免潰溢之患。欲照舊修復，不惟帑藏不敷，辦運維艱則工大費繁，又非旦夕可以責效。今據廳縣詳稱，該縣士民夏則大等議改建涵洞四座，每座金門濶六尺，高八尺，其應用樁石磚灰等項，該縣設處不計錢糧。查涵洞之制，廣狹雖不及石壩，但使修築堅實，不爲草率。再查一帶遥堤，有单薄淺缺幫築高厚，而洞口緩流亦可分殺瀑漲，亦不致瀰漫渰没。全河之勢，上源既減，即下而清口又免壅聚逞怒之害，安上全下，不費公帑，民自修築。況工少易成，雖因陋就簡，名異而實同也等因。

又據南河分司吴煒、署淮海道事淮徐道項錫胤、揚州道杜潄會詳，據淮安府分管山清河務同知林廷萊回稱，查得康熙元年自春至秋，黄、淮并漲，水勢洶湧，日甚一日。各工告險，處處皆同。卑職所轄山、清二縣境内河道工程，陡遇秋深洪水，違時泛漲，異常危險，在在堪虞。間有坍塌處所，卑職同司道露宿河干，晝夜設法搪護，保固無虞。并無衝決，亦未動用官帑等因。

又據揚州府管河通判周道東回稱，看得江都縣境內閘座修造年久，昨被洪水衝汕，今已設法修築，未動錢糧。又高郵州城南缺口，俱係土堤，從未估修。因去歲洪水泛漲，高過堤岸，以致衝卸，當即設法築完，亦未動用錢糧。案查各堤岸係從來未經估修之處，奉本司責令該州縣起派人夫，加幫填築，並無動用錢糧等因，各報到司。

據此，該司道會看得客歲淮、黃并張，黃、運兩河堤岸，閘座，處處危險。至秋洪水陡發，淮揚竟成澤國，一望汪洋，無可收拾。該司道督同廳印河官駐宿河干，晝夜防護，設法搶救，保固無虞，並未動用錢糧。今蒙前因，擬合回報各等因到臣。

該臣看得去歲百川交漲，秋分以後，其勢溢甚。臣往來奔馳，未常停踵，仍分發差檄，責成司道等官多方搶救。幸徐、邳、淮、揚歲修各工保固無虞，見在查覈奏銷。其有堤岸殘缺，俱已修補一律。而高、江缺口乃從未估修之處，亦皆鼓勸搶築，並未估計錢糧。臣仍於續報淮揚水汛疏內查明，另行具題外。至總漕臣林起龍疏內所稱季家堤等處決口，查宿遷古城以下，於前明萬曆年間始築遥堤一萬八千四百一十丈，至清河縣大河口止，仍於桃源縣境內連造崔鎮、徐昇、季太、三義四壩，宣洩漲水。既以保固遥堤，而先分黃怒，亦可少減下流水患。順治十六年，黃水漲溢，曾由此壩旁分入海。嗣准部咨，行查臣行據司道以壩基雖存，舊石俱毀，興復未易，止議暫築月堤，水溢聽其分殺，水消仍行補修。該臣具題部覆，奉旨依議在案。去歲水勢較前倍盛，是以復由各壩入海，非係決口水勢消落。隨該司道集夫補築，臣亦於續報淮揚水汛疏內題明矣。第恐以前人洩水舊壩，一槩堵塞，反滋後患，復行司道從長酌議。據稱姑循輿論，改建涵洞四座，應用各料該縣設處，不計錢糧。臣已批行司道嚴督建修，至於修復舊壩，俟民力稍充，另行酌估。既經司道會議詳報前來，相應具題。伏乞勅部議覆，施行。

康熙二年五月初五日題，本月二十日奉旨：『工部知道。』

工部覆前疏

題爲秋水氾濫異常等事。工科抄出，該本部覆總督河道朱之錫題前事等因，奉旨：『工部知道。欽此。』欽遵。於五月二十一日抄出到部，該臣等案查，先據總漕臣林起龍疏報淮揚水汛內稱季家堤等處衝決，隨經臣部請勅總河臣將決口速行堵塞，仍查明具題等因，行文在案。今據總河臣朱之錫疏稱季家堤等處決口，查宿遷古城以下，於萬曆年間始築遥堤，內建崔鎮等四壩宣洩漲水。去歲水勢較前倍盛，是以復由各壩入海，非係決口。第恐前人洩水舊壩，一槩堵塞，反滋後患。據議改建涵洞四座，應用各料該縣設處，不計錢糧。臣已批行司道嚴督建修等因，具題前來。查季家堤等處，既經總河臣稱係舊壩，原非決口，此案相應註銷。至於改建涵洞，相應如議。可也。奉旨：『依議。』

題補山清同知疏

題爲循例請補管河廳官，以重運道民生事。竊照治河一事，節序相催，既不可以刻廢。修防異致，又未可以漫嘗。故管河廳官必於就近有司選擇題補，然後可以倚辦分猷，無誤重計。臣於順治十六年正月內，曾具有慎重河工職守事一疏。該吏部議覆，內開河臣疏稱薦用一欵，內稱除道印各官不係專司者，不敢薦用外，伏讀勑書內開所屬大小官員，果能盡心河務，即指實薦舉擢用，似應題請照例遵行等語。查得臣部於順治十年十二月內覆河臣楊方興就近請補廳官，毋誤黄、運兩河事一疏，以鉅野知縣佟養鉅補運河同知，定陶知縣張鍾英補黄河同知，奉旨依議在案。如河臣所屬河官有能盡心河務者，相應照例題請勑下臣部議覆，請旨補用。奉旨：『依議。欽此。』欽遵。移咨到臣在案。

今照淮安府屬山清河道，東有太行老堤五大險工，西有高堰，北有王公堤、天妃壩等工，是皆歷來名險要害。既關漕運咽喉，而七邑生民、兩淮鹽課，無不於此焉攸寄。原任山清同知林廷萊庸劣因循，臣已特疏題參，奉旨議處。所遺員缺，若專候部選，不但生手未諳，且赴任無期，懸缺以待，未免貽誤。臣與總漕、鳳撫二臣互相商確，查得寶應縣知縣王仝春，由拔貢於順治十一年六月內授職，本年十月內到任，才幹勤敏，頗著成勞。臣於十七年歲終舉劾，曾經題薦。河工既所素曉，歷俸又稱最深，以之就近題補，則朝拜命而夕受，事有裨運道民生，良非淺鮮。臣謹會同總漕臣林起龍、鳳撫臣張尚賢合詞循例具題。伏乞勑部議覆、施行。

康熙二年六月十三日題，本月二十六日奉旨：『吏部議奏。』

吏部覆前疏

題爲循例請補管河廳官，以重運道、民生事。文選清吏司案呈，奉本部送吏科抄出，該本部覆河道總督朱之錫題前事等因，奉旨：『吏部議奏。欽此。』欽遵。抄出到部。該臣等查得順治十六年三月內臣部覆河臣朱之錫慎重河工職守一疏，內如河臣所屬河官，有能盡心河務者，相應題請勑下臣部議覆，請旨補用，奉有依議之旨，欽遵在案。查淮安府屬山清同知林廷萊員缺，臣部於二年六月內推陞四川順慶府通判秦生鏡。今河臣朱之錫會同總漕林起龍、鳳撫張尚賢以寶應知縣王仝春才幹勤敏，頗著成勞，擬陞山清同知前來。查王仝春於十一年十月十一日到任，迄今歷俸連閏八年十一箇月有餘，任內有薦二次，紀録六次，應如所請陞補。寶應縣任内錢糧查無拖欠，方許赴新任。其陞補同知秦生境已經奉旨相應扣憑，另行籤補。可也。奉旨：『依議。』

題叙石香爐勤勞各官疏

題爲决工水勢倍劇，物力措處維艱，請祈速賜酌估，以無誤堵塞事。康熙元年十二月二十六日，准工部咨，工科抄出，該本部覆河道朱總督題前事等因。康熙元年十一月初八日題，本月二十五日奉旨：『工部議奏。欽此。』欽遵。於十一月二十六日抄出到部，該臣等看得總河臣朱之錫疏稱曹縣石香爐决口前此堵塞止餘八丈，不意八月之内秋漲倍甚，大溜北倒，隨護隨蟄。一應柳草、中椿就近採運，不計錢糧外，但檾蔴、大椿必得動銀置買，併工食運價共估工料價銀一萬五千七百六十四兩一錢四分零。看大溜歸河，深者成淺，所用物料似更有可以撙節者，應令總河臣嚴加撙節，工完覈實具題，以憑覈銷。至於調委各官無以勸懲，易生趨避，於工完日，查果效有勤勞題請叙録，怠玩者指叅。如其所請，其本地方專管各官，應不准叙録。可也等因。康熙元年十二月十三日題，十五日奉旨：『依議。欽此。』欽遵。抄出到部，移咨到臣。除抗誤人夫滕縣知縣李含蒞先經特疏指叅，併工程錢糧另疏奏銷外，今據濟寧道方兆及備將勤勞文武各官，造册呈詳到臣。

該臣看得黃河塞决，僅以區區人力爭衡於怒濤洶浪之中，風雨奔馳，實爲艱苦。故順治四年塞流通，八年塞汴口，十四年塞大王廟，俱有分别題叙之例。蓋非特以酬其既往，正以爲不如是則將來緩急無以作任事之氣而收底績之功耳。曹縣石香爐一工，决口寬至一百六十丈，大溜北徙，幾奪全河。夫料繁多，頭緒錯出，臣調委各官晝夜經營，備極勞瘁。前於估工疏内曾經題請容俟工完叙録，以示鼓勵。部覆奉旨依議在案。賴國家景福，决口甚大，水勢倍常，而河帑之所費無多，龍門之告成甚速。在事各官殫心協力，克效勤勞，實有未可盡泯者。

今據該道開報到臣，除兗西道魏紹芳，曹縣知縣陳澄心、主簿陳方原係該管併濟寧道方兆及署黃河同知事單縣知縣韓第均有分内責成，未敢叙列外，查有應叙者，運河同知王有容。黃河工程原非專職本官，一經承委，露宿河干，酷暑祈寒，不辭勞怨。催運柳料而源源不匱，調度官夫而井井有條。自始歷終，堵塞之功，可稱獨最。其餘文武各官奔走分任，實繁有人。臣其嚴其慎，不敢濫及，止擇其勤勞尤著者共八人，遵照舊例開列具題，聽部查叙。至各州縣協濟採柳六十六萬餘束，計算漕規值銀頗多，州縣各官急公之績，均有足尚，應否一體叙録，統候部議，相應具題。伏乞勅部議覆、施行。

計開：

徐州營副將周貴，南岸柳束渡運艱難，本官覓解中船一百隻，深賴濟急。

兗州府經歷宋濬，經收柳束百萬有餘，備極勞勩。

商丘縣縣丞陳士性，親督人夫採運柳枝，淪溺不避。

臣標左營千總陳鑄，守催劉家口車船，裝運柳束，保全東壩。

臣標中營千總楊璠，催辦懷慶府大椿，尅期運工，接濟不匱。

漕標効用官孫應禎，總漕臣特委催採豐、碭兩縣柳束，完解獨先。

東平州吏目李蘭馨，經支柳束，數目清楚，暑雨忘勞。

沛縣主簿黄志，督採椿橛，不下數千，緩急無誤。

曹州知州毋配坤，協濟大柳十三萬五千四百九十束，照依漕規每束值價銀五分，共值價銀六千七百七十四兩五錢。

單縣知縣韓第，協濟大柳九萬七千三百八十八束，照依漕規每束值價銀五分，共值價銀四千八百六十九兩四錢。

定陶縣知縣馬之瑛，協濟大柳六萬五千束，照依漕規每束值價銀五分，共值價銀三千二百五十兩。

鉅野縣知縣耿禎，協濟大柳三萬五千九百零三束，照依漕規每束值價銀五分，共值價銀一千七百九十五兩一錢五分。

嘉祥縣知縣方學舜，協濟大柳一萬三百四十九束，照依漕規每束值價銀五分，共值價銀五百一十七兩四錢五分。

鄆城縣署印濟寧州同知潘得榮，協濟大柳一萬五千束，照依漕規每束值價銀五分，共值價銀七百五十兩。

城武縣知縣王素臣，協濟大柳二萬八千一百六十束，照依漕規每束值價銀五分，共值價銀一千四百零八兩。

河南商丘縣知縣劉之驥，協濟大柳十五萬束，照依漕規每束值價銀五分，共值價銀七千五百兩。

夏邑縣知縣張光烈，協濟大柳三萬四千三百八十四束，照依漕規每束值價銀五分，共值價銀一千七百一十九兩二錢。

考城縣知縣趙日采，協濟大柳三萬束，照依漕規每束值價銀五分，共值價銀一千五百兩。

江南署豐縣印沛縣知縣郭維新，協濟大柳四萬八千八百六十四束，照依漕規每束值價銀五分，共值價銀二千四百四十三兩二錢。

碭山縣知縣林雲鑲，協濟大柳一萬六千四百三束，照依漕規每束值價銀五分，共值價銀八百二十兩一錢五分。

康熙二年六月十五日題，七月初一日奉旨：『該部知道。』

覆續報淮揚水汛疏

題爲續報淮揚水汛事。康熙二年二月初七日，准工部咨，工科抄出，該本部覆河道朱總督題前事等因。康熙元年十二月十五日題，本月二十八日奉旨：『工部知道。欽此。』欽遵。於正月初四日抄出到部，該臣等看得總河臣朱之錫疏稱缺口六處已經築完，今歲百川交漲，所在汪洋，淮揚以澤國而當此洪水，危急之勢更非尋常。臣於十月十九日，星馳南下，沿河一一親勘，堤岸閘座多被衝殘。除臣嚴行司道各官詳加勘度預計修築外，所有勘過淮揚水勢情形，相應題報等因前來。查得缺口六處，雖稱築完，係何年做過工程，有無需用錢糧，係何官做過者，並未說及。又堤岸閘座多被衝殘，某處係某年做過，現今某處需用錢糧若干，未經題估，徑行司道各官勘度預計修築，殊屬不合，相應請敕總河臣逐一查明，具題再議。可也等因。康熙二年正月二十七日題，二十九日奉旨：『依議。欽此。』欽遵。抄出到部，移咨到臣，備行該司道確查去後。

今據南河分司吴煒、揚州道杜淶會詳，據揚州府管河通判周道東呈，據高郵州申稱查得城南五里壩、八里舖地方，坍卸缺工五處，俱係年久土岸，從未估修。因去歲淮、黃交漲，高過堤岸，不時西風大作，根脚酥軟，以致漫卸。當該前任吴知州督同河官，設法築完，未動官帑，擬合回報。

又據江都縣回稱該卑縣查得境内露觔、頭淺減水二閘，一座造自順治六年，迄今一十五載。因元年分被洪水衝汕，隨該前任熊知縣督同翁主簿設法修築完固，並未請動錢糧。擬合回報各等因到職。據此，擬合轉報等因到司。

據此，該司道會看得客秋淮、黃併漲，堤岸閘座無不受傷，民舍田廬皆爲澤國，一望汪洋，難以收拾。該本司督同廳印河官駐宿河干，率領額夫晝夜防護，當經設法搶修，保固無虞，并未動用錢糧。照蒙前因，擬合具詳，轉報等因到臣。

該臣看得去歲水勢異漲，南北湖河，内外交攻，不特土堤、埽箇悉被衝蟄，即磚石厓岸亦無一處不漫激欹卸。臣往來奔馳，分檄責成司道等官，拮据搶救，幸未成患。而揚屬一線漕堤，兩面巨浸，兼之地勢窪下，雖東堤一帶洩水閘洞盡皆開通，無如水頭日長，西風大作，沿堤而過，除先經搪禦外，水落之後，仍有缺口六處，旋即補築。臣隨具疏題報，嗣准部咨，復行司道確查。

據稱高郵州城南五里壩、八里舖地方缺口五處，係年久土岸，從未估修。江都縣露觔、頭淺減水二閘，係順治六年修過，年久衝汕缺口一處，俱經該州縣印官多方鼓勸，設備料物修築完固，並未動用錢糧。至堤岸閘座多被創殘，豫東、江南所在而然，非止一處，臣閱歷所及，少有損動，隨即飭行修補。但歲修工程，每於秋冬猶必通行勘估，況當大創之後。來年之計，更宜早籌。臣是以嚴檄司道各官勘度預計，免致後時。其間設處夫料工程，臣即批行價修，無煩題估。倘需用錢糧繁多，自必據册具題，仍於工完覈實奏銷，此俱現行事例。

雖修防機宜，原無一定，臣未敢膠執成見，貽誤重計，而事干錢糧，必嚴必慎，自亦不敢容其紊越也。除本年歲修各工，仍俟司道估計詳册至日，次第具題外，所有查明揚屬缺口六處，并堤岸閘座未動錢糧緣由，相應具題。伏乞勅部議覆，施行。

康熙元年十二月十五日題，本月二十八日奉旨：『工部知道。』

題補北河同知疏

題爲循例請補管河廳官，以裨修防重計事。准河南督臣劉清泰咨爲咨商事，准總河部院咨開，照得開封府黃河南北兩岸，均屬險要。而北岸關係運道，尤爲喫緊。一切修防，惟廳官是賴。今北河同知王鑽已經陞任，所遺員缺若候部推，不但才品難料，且恐赴任無期，貽誤匪細。必得明敏練達，曾經料理河工之官，方克有濟。又必須俸序相當，身無詿誤，方可就近題補，刻期受事。本部院遠在東省，見聞未周，督撫部院駐節伊邇，藻鑑尤確，相應咨商，煩爲查照。希賜酌定某官堪副此選，察其履歷、俸序，無有妨碍者，咨復過院，以便會題施行等因到部院。准此爲照，總河部院藻鑑衡空，更以虛衷采訪，本部院自當悉心相告，以副來問也。

今查開封府推官于紀龍，負才明達，遇事勤劬。當去歲天雨連綿，河水大發，本官曾隨撫院查河，即暑雨不憚，更能於緊要修防處所指授中窾，不辭勞瘁，本官勤敏之才於斯見矣。且奉委查河於河工機宜利獘，素諳胸中，以之補授此缺，則人地似乎相當。可否題補，惟總河、部院酌裁行之。可也。相應咨覆等因到臣。又准河南撫臣張自德咨開，准總河部院咨同前事，准此爲照。北河要缺，應補河員，既承總河部院虛己下商，敢不悉心籌畫，據實選舉，以仰副總河部院爲地擇人之至意哉！

今查開封府推官于紀龍，人既勤劬，才復明敏。去年六月内隨本院查河，至步李寨、劉家店等處，非惟不避風雨，不憚勞瘁，尤能於修守搶救處指授中窾，波濤泥濘中催督靡懈。至於八月十四後，雨大河發，水與杞縣堤平，本院力督官民躬冒風雨防守幫築者十五六晝夜，人皆疲倦不堪，惟本官日夜周張，始終如一。則杞之不致淪没者，得本官之力居多。且本官四載司理，數委查河，所以於河上機宜知之最悉，河工利獘知之最詳。若以此官改補此缺，品秩既以相當，時事不致稽誤，人地之宜未有宜於此者也。至應否題補，是在總河、部院裁酌。擬合咨覆等因到臣。

該臣看得管河廳官選擇題補，臣於順治十六年正月内具有慎重河工職守一疏，該吏部覆，奉俞旨備經遵行在案。頃臣接閱《邸報》，開封府北河同知王鑽已經陞任，員缺尚懸。竊惟黃河大勢，湍悍奔放，中州爲甚。而北岸數百里稍有疏虞，即關運道通塞，一切修防尤非其他河官可比，非得明敏諳練之人，斷未易以任臂指而緩急克濟也。誠恐專候部選，不但赴任無期，抑且才具難料，河工重計貽悞可虞。臣移咨該省督、撫二臣，詳慎商確。查有開封府推官于紀龍，才幹素優，任事勤敏。去歲黃水異漲之時，曾經在工協同修守，深悉河務。據本官已陞建寧府同知，尚未離任，以之就近題請留補，品秩既已相當，人地亦復允愜。所有建寧員缺，另聽銓除。雖北河同知一官，最稱勞苦，然臣等爲官擇人，不暇計其私便也。臣謹會同督臣劉清泰、撫臣張自德合詞循例具題。伏乞敕部議覆、施行。

康熙二年八月初三日題，本月二十六日奉旨：『吏部議奏。』

吏部覆前疏

題爲循例請補管河廳官，以裨修防重計事。文選清吏司案呈，奉本部送吏科抄出，該本部覆河道總督朱之錫題前事等因，奉旨：『吏部議奏。欽此。』欽遵。抄出到部，該臣等查得順治十六年三月内，臣部覆河臣朱之錫慎重河工職守一疏，内如河臣所屬河官有能盡心河務者，相應題請勅下臣部議覆，請旨補用，奉有依議之旨，欽遵在案。查開封府推官于紀龍，已陞福建建寧府同知。開封府屬北河同知王鑽員缺，已經陞浙江杭州府錢塘縣知縣慕天顏。但該督疏稱開封府推官于紀龍，才幹素優，任事勤敏。去歲黃水異漲之時，曾經在工協同修守，深悉河務。相應如其所請。已陞北河同知慕天顏改爲建寧府同知，于紀龍改爲北河同知。俟命下之日，另行給憑。可也。奉旨：『依議。』

卷之十七

敬陳河漕事宜疏

題爲敬陳河漕事宜，以速飛輓大計事。竊惟我朝奠鼎燕京，轉漕東南，上供玉食，下給百官、六軍之需。運河一綫，悉仍明舊則，凡所以利涉者自不得不一循舊章修明而謹守之也。順治十三年以前，河道多故，糧運率遲。自十四年迄今，仰賴朝廷洪福，幸漸免涷阻之患矣。第有一二規制，或自明季相沿，或有日久弛廢，尚須急爲講求者，臣謹徵考故籍，爲我皇上陳之。

一曰閘座。運河臺莊以南，臨清以北，原無閘座節宣，每遇旱乾尤易淺閣者，姑且勿論。其臺莊以北，臨清以南，將及千里之内，惟恃山東諸泉之水，從石罅泥穴中尺疏丈導，會流於南旺河渠分濟南北。而南旺南距臺莊高一百二十尺，北距臨清高九十尺，其間或數十里置一閘，或數里置一閘，必上啓下閉，互相灌輸，方可浮運。春夏之交，雨澤愆期，源枯流細，更必倍費守候以漸積水，然後盈(漕)〔槽〕。否則，建瓴之勢一瀉無餘，舟膠而不可行也。查《會典》一欵：凡運糧及解送官物並官員軍民商賈等船到閘，務積水至六七板方許開放。若公差，内外官員人等乘坐馬快船或站船緊急公務，就於所在驛分給與馬驢過去，不許違例開閘，進貢緊要不在此例。又一欵：凡閘惟進鮮船隻隨到隨開，其餘務待積水。若豪强擅開走洩水利及閘開不依幫次争鬭者，聽閘官拿送管閘並巡河官究問。因而閣壞船隻、損失進貢物件及漂流官糧並傷人者，各依律例從重問罪，干礙豪勢，官員叅奏究治。而且附搭黄馬快船有禁，貢鮮船隻夾帶有禁，令甲森嚴，歷歷可攷。即順治十三年十二月内工部題覆巡漕臣侯于唐申嚴閘座等事一疏，内開閘座啓閉，原關糧運，務照舊例。首先糧艘次及官商等因，亦經奉有依議嚴飭行之旨，奈邇來官差船隻只顧一己速行之私，罔念朝廷京儲之重，每到閘口輒聽船役喝令啓板，么麽官夫稍有違拗則捶楚繼之。積水既洩，閘内糧船不免淺閣，即使洩而復蓄，亦不免加倍躭延。甚或有隨帶貨船須水浮送，則上閘應閉而不聽閉，下閘當開而不容開，年來争競之端，實由於此。如是而欲責糧運之速行無滯，是何異於却步而求其前也。除臣屢示禁飭，本年四月内具有據報題叅一疏，並將搶閘緣由題請議飭外，但往來滿、漢官差絡繹如織，河水非易，舊典空存，未免由而不察。仰懇睿鑒特賜嚴飭，容臣衙門仍照舊例刊刻紅牌，竪立各閘，除緊急兵船暫應讓行外，其餘官差船隻一體遵守，隨漕起放。如有逼勒官夫開閘，搶越洩水悮運者，應拿究者照例問發，聽叅奏者據實指叅，庶人心知警而漕法不廢。此所宜講者一也。

一曰船式。重運自過淮後，經由黄、運兩河，抵通交納。黄河逆水溜急，運河源流細微，必須船米輕便一律，然後可啣尾速輓，是以漕船名曰淺船。各省漕糧共計四百萬石，各衛所淺船舊額共計一萬二千餘隻。查《會典》所開淺船頭稍底棧，俱有定式。龍口梁濶不過一丈，深不過四尺。内隆慶四年一欵：如糧船過淮驗烙之時，查有船不如式者，該管官員不分軍職，有司一體叅奏。又一欵：將江北、南京等積年損壞缺船，行督糧道照依湖廣、江西二省船式，就於瓜、儀設廠打造，約載正耗米可五百石，務要底平艙濶，入水不深。又漕運議单一欵：漕司及各該巡撫等官備查各總下漕船若干，原缺若干，補造若干，現少若干，嚴督各糧儲道催行該廠補造足額，不許仍前僱覓民船及將損壞者補數派搭本幫，以致船重難行。如不足額，照例叅奏。即治河書内亦有闡河運船載正米不得過四百石，入水深不得過六拿。六拿者，三尺也。故船力勝米力，水力勝船力。若不務足船而徒搭運以省船，河力安能運船，而漕大困矣。歸罪無源之河，何益哉等語。此皆先年已試之法，有可考據者也。邇來惟江南、山東、河南船式米數不異往制，江西、湖廣、浙江漕船梁頭濶至一丈六七尺，深至七八尺不等，空船入水已四五捺，且又船數不足，往往倍載票糧，入水多至十捺以外。如式船糧經過黄、運兩河，不難相連而進。而一遇重船，在黄河則合幫人夫逐船倒縴始得過溜，在運河則守板蓄水，集船起剝，倍費日時。一程間斷，積而數程相距必遠，在後船隻固被阻壓。即前船之在下閘者緣上閘候水，封閉過時，無水下注，亦不得不停橈以待。兩河之水勢猶昨而今昔之船米迥殊，雖沿河各官凛遵功令，百計催趲，亦豈能別有異術，使之飛渡哉！除臣已會同總漕臣檄行各省糧道備，查該省漕船因何打造不如淺式，又因何缺船倍載，不行補造，某衛某所額船若干，現缺若干，今應作何補造，議妥通詳，以憑覈奪外。但比年以來，重運回空較之十三年以前爲期雖早，而該省船隻屢因體式過重，阻礙全漕，江西一省尤多違例。若不從長酌議，誠恐將來必致貽悮，合無請勅該部查議，飭行各省糧道遵照舊例漸次補造，以備輓運。庶舊制可復而全漕無阻。此所宜講者二也。

河漕事宜雖不止此，而此二者實運事遲速之大關鍵也。至於言新運者，每責成於回空之早，然又必自受兑開幫，以至過淮一一如期，然後抵通上倉，無所不早。查《會典》開載：重運抵通完糧，屢經酌議。初則九月爲期，嗣始移於六月。即據最後一條：大約自淮以北仍有三月水程而其間必先於冬兑冬開，二月過淮之限，預爲嚴切者。此可以見由先及後，遲早相因之故矣。況回空各船苟不至凍阻，歲前自亦不難到次，是又在該省之受兑開幫，力圖振作無致後時耳。時已深秋，轉盻新運。如果臣言可採，伏乞勅部速議，具覆施行。再照前議雖有兩欵總屬趲運，一事不敢分列各疏，煩瀆宸聰，統祈睿鑒。

康熙二年九月十九日題，十月初七日奉旨：『該部議奏。』

工部覆前疏

題爲敬陳河漕事宜，以速飛輓大計事。工科抄出，該本部覆總督河道朱之錫題前事等因，奉旨：『該部議奏。欽此。』欽遵。於十月初八日抄出到部，除船式一欵應聽該部查議外，該臣等看得總河臣朱之錫疏稱臺莊以北，臨清以南，惟恃諸泉之水會流南旺，邇來官差船隻罔念朝廷京儲之重，每到閘口喝令啓板，積水既洩，糧船不免淺擱。但往來滿漢官差絡繹如織，河水非易，舊典空存，未免由而不察。仰懇睿鑒特賜嚴飭，容臣仍照舊例刊刻紅牌豎立各閘，除緊急兵船暫應讓行外，其餘官差船隻一體遵守，隨漕起放。如有逼勒官夫開閘，搶越洩水悞運者，應拿究者照例問發，應叅奏者據實指叅。庶人心知警，而漕法不廢等因，具題前來。臣等議得凡奉旨急差與緊急兵船暫應讓行外，其餘船隻應如總河臣所請，立牌嚴禁。如有不遵，許總河臣據實指叅。可也。奉旨：『已有旨了。』

户部覆前疏

題爲敬陳河漕事宜等事。該臣等查得總河朱之錫條議運河往來船隻遵守，隨漕啓放，不許搶閘洩水悞運等語，已經工部覆明外。其船式一欵，據工部題稱應聽該部查議前來。查十七年六月臣部覆前任倉塲楊義題爲漕糧利弊多端等事一疏，內糧船之額式宜稽一欵，查漕船每隻裝米四百五十石，不許違式大造等因，奉旨遵行在案。今總河朱之錫題稱各省漕船打造不如式并船數不足，糧米倍載緣由，相應再請勅總漕各該撫嚴檄漕糧各道，務須依式打造，其不足船隻務期補造足數。如有違式大造，於過淮之日驗實指叅，以憑議處。可也。奉旨：『依議。』

請復河差三年舊例疏

題爲敬陳河差三年舊例，請勅議復，以重河防，以收實效事。康熙二年十月二十二日，准工部咨，爲掣差事，工科抄出，該本部題，臣等案查夏鎮分司主事李禧熊於順治十七年八月初一日到任起，扣至康熙二年六月二十九日止，連閏三年，任滿。又衛河分司主事田本沛於順治十七年八月十五日到任起，扣至康熙二年七月十四日止，連閏三年，差滿。以上二差，俱應差官更替。因臣部以前乏員，未經掣題。今臣等置籤糊名，掣得都水司主事郭諫管理夏鎮，虞衡司員外郎賈雲龍管理衛河，俱前往與先差各官交代，所有應領勅書、精微批、勘合、火牌、移文，各該衙門照例撰給。

再查臣部河差以前俱係三年爲滿，今六部司官輪流，陞轉不便，仍定三年。除中河、通惠二差，臣部已經題改一年外，其北河、南河、南旺、夏鎮、衛河、南河五差應照中河、通惠二差之例，俱以一年更替。可也。相應一併題明等因。康熙二年十月初六日題，初八日奉旨：『依議。欽此。』欽遵。抄出到部，移咨到臣。臣查《河防一覽》書內故明河臣潘季馴題爲申明修守事宜，以圖永賴事，部覆欵開：一、久任部臣以精練習。前件看得河工最巨，治河最難，其司道各官非久於其任，精於其業，鮮克有成者。今河臣潘季馴灼知其故，申議久任之法，特以中、南兩河郎中爲請，而又舉見任郎中羅用敬、沈修賢能，令歷任九年，方行優擢。葢兩河之地甚要，側倚辦甚殷，且見任郎中既稱得人，是誠不可數易者，合無悉如所議。今後二河郎中員缺，勅下吏部，即於工部主事，查有曾經分司河上及歷俸稍淺者，遴選推補。俟後查果職業克修容，令歷俸九年，方爲破格遷擢。其南河郎中羅用敬、中河郎中沈修俸資已及六年，相應比照陳瑛事例，俟其九年考滿，方與優叙。如有異績，即於京堂缺內推用。葢必有超遷，然後可以行久任，此又法之相須者也。

又查故明給事中尹敬題爲河工告成，敷陳善後事宜，以圖永利事，內開一重久任以便責成。照得事理必閱歷而後熟，施爲必諳練而後精，凡一職一事之寄皆然也。況河道之職關係最重，議論最多，中間地形之險要，水勢之緩急，工程之難易，經費之盈縮，或黎民懼而晏然，或薪積安而厝火，或在載籍爲美談而實乖於至理，或在往代爲良畫而不宜於今時。使非久於其任者當之，則作聰明者涉穿鑿，闒大較者昧設施。葢涉歷有未諳，故臨事多眩瞀耳。先年屢經題准久任，然非定立章程，甄別淑慝，則賢且勞者反淹滯而不才者得苟安，非所以勸勤勞而懲惰逸也。合無今後自司道以至府州縣管河諸臣俱令久任，俾令熟知河務，諳練機宜，修守有方，隄防無失。如累歲賢勞著有成效者，遇三、六年考滿，准與加陞職銜，令其照舊管事。待其資俸最久，績效最著，然後破格超遷。其有遷轉離任者，則必就近遴補。如管河郎中有缺，即以管理泉閘等主事中選補。管河守巡有缺，即於附近守巡各道中選補。一則濡染久而端委相諳，一則交承速而職事無曠。又必令其新舊交代，新者不至，舊者不行，不惟人存政舉，緩急有資，且使舊政告新，傳受有法，其爲河道裨益非淺鮮也。至於才志庸劣，不堪負荷者，則聽總理憲臣不時奏請更易，不必拘年終考覈，因循姑息，致誤地方。庶幾人思任事而規避不生，事有責成而鉅工可保矣。此皆載在舊章，慎重其事者也。

即我朝定鼎之後，亦於順治十四年六月初三日准工部咨爲請復河差三年舊例，以收實效事。都水清吏司案呈，奉本部送工科抄出，該本部覆總督河道楊方興題前事，内稱：竊照黄運兩河，上關國計，下係民生，工部專差司官三年一换，誠慎重其事也。查水性有順逆，河流有分合，地勢有險要，隄形有高卑。某處迎溜，作何捲築以當其衝。某處掃灣，作何幫護以防其汕。至於酌調官夫，置辦器具，儲蓄物料，栽插柳株，一切瑣屑事宜種種皆須幹濟。若非久於其任，精於其業，鮮克有成者，此明河臣潘季馴疏中語意也。季馴治河二十餘年，知之真，故言之切。而三年一换，季馴猶恐不能觀其成，又有六年、九年之請，尤慎重其事也。中河分司前因滿、漢司官並差，不便互異，故將三年之差改爲一年之差。但司官初到地方，河道情形未悉，茫然無措，必須經歷歲月，稍知頭緒，尚未諳練而瓜期又至矣。方且料理交代文册不暇，安有餘力餘心而治河乎？即有極危極險、應修應濬之工，不得不付之後官。及後官一到，便可卸肩，又何暇計河道之深通、堤岸之完固耶？前諉之後而後復諉之後，河政漸弛漸壞，若至不可收拾而思舊例，時已晚矣。今滿司既裁，漢司方任，懇乞皇上軫念河漕重務，將分司三年舊例准復，庶河工收久任之效而國計民生兩有攸賴矣等因。順治十四年四月二十五日，奉旨：『工部議奏。欽此。』欽遵。於四月二十七日抄出到部，送司。奉此相應議覆，案呈到部。

該臣等案查臣部河差舊係三年一换，後因河道而兼税課者，滿、漢並差，不便互異，題改一年。今總河臣疏稱滿司既裁，河道事宜必須久任諳練以觀其成，非三年鮮濟。誠從河政起見，既經具題前來，則中河一差，相應仍復三年更换。其勅書臣部，移文該衙門换給。可也等因。本年五月十二日，奉旨：『依議。欽此。』欽遵。抄出到部，移咨遵行在案。

臣又於順治十六年正月内題爲慎重河工職守事一疏，部覆内看得總河臣朱之錫疏稱通惠河道，地畆經圈，錢糧甚費，若一年一易，誰肯爲經久之圖，合無准照各河差例，改爲三年等因，具題前來。查各處河差俱係三年，其通惠河於順治十二年六月内因滿、漢官同差，惟滿官奉公更調不便久任，故題照關差一年之例。再查先差分司已經報滿，似應更换。嗣後，新差官員亦應照舊例三年更替。可也等因。順治十六年二月二十二日題，二十三日奉旨：『依議。欽此。』欽遵。抄出到部，移咨遵行在案。

該臣看得黄運兩河，上關轉漕通塞，而民生安危亦於此焉。攸寄其間，修防之方略異，致節序之流轉相催。即使明敏之官亦必得身親歷練，然後當機應變，施措咸宜，無貽事後之悔。以故前明河臣潘季馴有管河分司三年一换，猶恐不能觀成，請以六年、九年爲滿。而科臣尹瑾復以管河司道等官，遇三、六年考滿加銜，照舊管事，准與破格超遷之議。此皆昔日慎重其事。以爲不若此，誠不足以專責成而期實效，載在河防刻書之中，歷歷可攷也。即我朝前河臣楊方興於順治十四年四月内，亦具有請復河差三年舊例等事一疏，臣於順治十六年正月内復具有慎重河工職守事一疏，俱經部覆，奉有俞旨，遵行在案。

今因六部司官輪流陞轉，又兼滿漢並差，議將管河分司亦改爲一年更替之例，敢不欽遵成命？第河工關係既重，水性變遷，争在呼吸，又與他事不同。若一年一换，初則生手未諳，茫然無措。及至稍知頭緒而差期已滿，年復一年，豈免貽悮？合無仰請皇上軫念兩河重計，或將兼管鈔務所差滿官一年一换，其管河分司漢官仍遵前旨三年一换，差内暫停遷轉，俟其回部考覈之後，准與叙陞。既於新例無礙，而國計民生可以收駕輕就熟之效，所裨河政非淺鮮也。臣職掌所關，不敢緘默，謹持疏冒陳。伏乞睿鑒，勅部議覆施行。

康熙二年十一月初二日題，本月十四日奉旨：『該部議奏。』

工部覆前疏

題爲敬陳河差三年舊例等事。工科抄出，該本部覆總督河道朱之錫題前事等因，奉旨：『該部議奏。欽此。』欽遵。於十一月十五日抄出到部。該臣等看得總河臣朱之錫疏稱前河臣楊方興具有請復河差三年之疏，與臣具有慎重河工之疏各題在案。今因六部司官輪流陞轉，又兼滿漢並差將管河分司改爲一年。第河工關係既重，請將管河分司仍前三年一换等因，具題前來。臣等案查臣部河差原係三年一换，先因中河、通惠二差已題定一年，是以臣部具題併將北河、南旺、夏鎮、衛河、南河五差請俱改爲一年，俱奉有依議之旨，欽遵在案。河臣所請，不便允從，相應仍照前旨遵行。可也。奉旨：『這河差滿漢官，俱着三年更换。』

四舉申明激勸大典疏

題爲申明激勸大典事。案照順治十八年八月二十一日，准吏部咨開，文選清吏司案呈，奉本部送吏科抄出，該本部會覆河道朱總督題前事等因。順治十八年閏七月初五日奉旨：『依議。欽此。』欽遵。抄出到部送司，相應會同議覆。該吏部、都察院謹遵旨會議得：總督河道統轄五省，屬員頗多，與巡撫止轄一省者不同。今每年河工告竣，所薦官員議定額數，應薦差出部司方面共五員，有司十員，佐貳四員。若逾定額，不係管轄之官，聽部院叅處所薦之官，不准註册。如在定額之内，俱准註册。奉旨之後，行令該督照新題定例薦舉。可也。理合具覆，恭候命下，轉行遵奉施行等因。順治十八年八月初六日奉旨：『依議。本内漢字首行遺落「等衙門」，着添補飭行。欽此。』欽遵。抄出到部，移咨到臣，遵行在案。爲照河屬歲修例，應甄別，節經題明，奉有俞旨。

查康熙元年，河防告竣，臣先經檄行各屬造報賢否去後。節據各司道造報前來，臣復嚴加檢覈，惟以本年之内，著有成績，克濟河防者，遵照額例，列之薦剡。蓋河工重大，夫料繁鉅，其間調度催集，非此無以鼓勸。兼之，本年黄水異漲，奔馳搶救，各官勤勞尤所難泯。至或别善可稱，他端難料，苟於河政無裨者，皆臣所不敢贅及也。其溺職各官，除聞見所及，已經陸續題參外，兹亦查據揭報分别參處。所有應薦、應劾官員謹臚列，爲我皇上陳之。

計開：

應薦司道官五員。

南旺分司工部員外王澧，搜泉源於曠邈之區，督挑濬於風雪之際。南陽花家淺一帶，黄運交侵，修治縴道，重運賴以無停。係濟寧道方兆及開報。

夏鎮分司工部主事李禧熊，疏濬河渠，節宣閘座，調濟夫徭，靡不駕輕就熟。而接建鎮城崇墉，底績成勞，尤自可紀。係淮徐道項錫胤開報。

山東左布政使周天裔，防河兵餉解發如期，飽騰克賴。石香爐夫柳浩繁，殫力督催，大工速竣，尤覘勖勸之効。係署按察使王紀開報。

河南左布政使徐化成，該省按地出夫，僉派均平，剔釐嚴密，以故黄流四溢之秋，輸將輻輳，昏墊即寧，允稱共濟。係署按察使萬永祚開報。

河南分守河北道參議吴柱，黄、沁交漲，晝夜河干。而且鳩夫辦料，鼓勸有方，故能不費公帑，克平巨患，誠地方之屏翰也。係左布政使徐化成開報。

應薦有司官十員。

開封府知府武永成，開屬險工最繁，本年水患尤烈。解夫運柳，奉行督催，無不咄嗟立應，可稱急公能吏。係署按察使萬永祚開報。

兖州府運河同知王有容，明敏之才，足堪四應，董役則百廢具興，儹運則片帆無阻，承委塞決，勞績尤多。係濟寧道方兆及開報。

開封府南河同知崔維雅，沿河三百餘里，奔馳風雨，拮据工料，不費絲毫之帑，克平泛濫之災，勞苦難泯。係左布政使徐化成開報。

鎮江府推官王養晦，京口爲運者咽喉，奉行挑淺，派夫督工，勇往任事，尅期之間，空重利涉。係漕儲道王廷獻開報。

兖州府推官余國柱，石香爐望青採柳百餘萬，親歷工廠，警勵各屬，且申嚴科擾之禁，民不知累。係左布政使周天裔開報。

濟寧州知州李順昌，需椿料則設備有餘，散夫食則侵漁盡絶，且水陸之衝，供億兵差，勤勞尤著。係濟寧道方兆及開報。

定陶縣知縣馬之瑛，徭役均平，夫工無曠。石香爐解柳之外，助椿、助車、助募夫無不一呼即應。係兖州府推官余國柱開報。

東阿縣知縣劉沛先，築壩挑淺，不時躬歷河工，董工給食，夫沾實惠，踴躍争先。係北河分司高恒豫開報。

山陽縣知縣朱禹錫，高堰及裏、外兩河，無月不親行董覈，河有實工，夫無冒食，有司中之實心任事者。係淮安府推官俞有章開報。

中牟縣知縣朱之翼，鼓勸災黎，設辦樁檾諸料，露宿堤上，晝夜忘勞，故不逾時而狂瀾順軌。係開封府知府武永成開報。

應薦佐貳官四員。

歸德府經歷沈成士，委防河汛，勞瘁不辭。係歸德府知府宋國榮開報。

東平州判官王統，濬淺防壩，克盡勤勞。係北河分司高恒豫開報。

曹縣縣丞張世弘，承委催料，輸解如期。係兖州府推官余國柱開報。

夏津縣主簿朱國材，督夫勤勞，挑河如式。係北河分司高恒豫開報。

以上各官所當薦揚，以備叙録者也。

應劾官四員。

鄒縣知縣孟醇。

一、本官玩視河務，該縣原額泉夫四十四名，應支工食二百八十八兩，原有設立照票預散，各夫收執，各將每年領過銀數據實登填。今調查該縣元年照票，俱係一手填寫，朦混顯然，窮夫安賴？現在發審。

一、本官將該縣泉夫帶閏銀九兩六錢於元年無閏年分混開支給，侵冒情弊，不問可知，册票並據。係南旺分司王澧開報。

山陽縣裡河主簿周繼文。

一、本官於順治十六、十七兩年，新正各夫投卯索詐，叩見節儀，每年得銀三兩六錢，共銀七兩二錢，後因各夫稱苦，方行中止。淺夫郭義熊龍等証。

一、本官於順治十七年六月内因經河西地方居民張木匠等六家栽花種菜，指稱挖堤，詐得叩頭銀一兩。有蕭瑞甫不曾與銀，本官責伊十五板。地方樊應証。

一、本官查勘裡河涵洞開閉，勒索洞頭陋規，自順治十六年至康熙元年，計四年共得銀二兩二錢。地方樊應洞頭高三証。係各夫告發，經淮安府推官俞有章審實申報。

以上二官，所當發審追擬者也。

歸德府通判李先魁。

一、本官疎玩成性，任事既久，呈詳河務尚多茫昧。

一、本官每當水漲之期，輒以有病請假，深恐貽悞。

一、本官祭河賽神，留女旦梅五車陪酒暢飲，士民指笑。係河南左布政使徐化成開報。

滎澤縣主簿黄乘乾。

一、本官賦性怠惰，在工夫役不能稽察，督催一任，偷安曠廢。

一、本官職任管河，凡河工大小，水勢險緩，物料出入，茫無所曉。係河南左布政使徐化成開報。

以上二官，所當分別議處者也。

伏乞勅部，再加覆覈。如果臣言不謬，將王澧等酌量叙禄，孟醇等勅下審擬，李先魁等分別議處。庶勸懲聿彰，河事有賴矣。

康熙二年十一月二十九日題，十二月十七日奉旨：『吏部知道。』

特叅怠玩廳官疏

題爲特叅怠玩廳官，以重防河大計事。康熙三年五月初三日據中河分司金達喇漢包元辰呈稱：蒙臣票開照得邳宿河務同知張四維前據該司轉詳告養，及查本官莅任三載有餘，未經考滿，似屬規避之情，復經行司嚴查去後。近見該司文移中有該廳怠玩，各項稽遲，萬呼不應之語。黄、運兩河，關係何等重大，如此怠玩之官，安望倚辦？但無詳開指實，未便入告，合行查取，爲此票仰中河分司照票事理。即查張同知怠玩稽遲事件，開明密揭，封固報院，以憑題叅。俟另檄行司查議妥員委署，毋得狥庇，貽誤河工，大有未便，蒙此該本司遵依。查得河工歲修夫料錢糧俱係題報事件，必由河廳轉文到司，據查明白，轉詳本部院裁酌具題。

近因邳宿河務同知張四維先在河工料理，催辦頗勤。自康熙二年十一月間被盗之後，母老受驚，本官即動思歸之念，一切河務未免懈弛，以致呼應不靈。即釐覈曠盡銀兩一案，順治十六、十七、十八三年銀册，節蒙本部院差官守催急如星火。本司晝夜焦思，自康熙三年正月起至四月十五日止，屢次嚴催該廳，並不造册呈報。隨分投提取印河官，經承本司不得不自行造送。又奉本部院檄行栽植堤園柳株，本司於去歲十二月二十二日備行各河廳嚴催栽補去後。各廳俱已報完造册在案，該廳尚無隻字回覆。又康熙二年歲報於三年正月十七日，行廳查造，今已四月將終，該廳並不遵式造報。本司將取到州縣文册查明改造，發廳用印。以上各項，皆係緊要事件，錢糧重務，豈容遲悮？

目今邳、宿、睢、桃，黄、運兩河，各工修防甚殷，本司所恃者廳官專司所轄料理。今該廳既告終養，督催諸事廢弛。今蒙行查，敢不備細呈報等因到臣。該臣看得邳、宿一帶，黄、運兩河工程，國計民生，關係綦重。而董口尤爲運道咽喉，黄水漲消無常，修防濬築一惟廳官是賴。邳、宿河務同知張四維自順治十七年九月内莅任以來，拮据河干，頗盡勤瘁。至去冬被盗行刼，衰母受驚，本官遂萌歸志，具詳告養。臣批行司道查例取結，仍飭以加意料理，毋致弛誤。嗣據該司開報該廳稽遲事件，不一而足。雖其養親志切，然未經謝事輒多玩弛，則其始勤終怠之咎，臣誠不能爲之姑息也。除一面批行該司道查議妥員委署外，所有本官怠玩緣由，相應題參。伏乞勅部議處，所遺員缺速令銓補施行。

康熙三年五月初九日題，本月二十五日奉旨：『張四維着議處具奏。該部知道。』

卷之十八

議覆請裁無益河官疏

題爲請裁無益河官，以省冗費事。康熙三年閏六月初九日，准工部咨，工科抄出，該本部覆，工科左給事中徐惺題前事等因。康熙三年五月二十四日題，本月三十日奉旨：『該部議奏。欽此。』欽遵。於五月三十日抄出到部，該臣等看得科臣徐惺疏稱夏鎮工部一差，所管河道不過百里，從無沙淤淺澁之患。每年額設徭淺夫工食銀五千餘兩，且民間私貼不知凡幾。又所管閘座北有濟寧分司，南有吕梁分司，何難兼攝？况有徐屬同知、泇河通判、沛縣主簿三官分管其地，合無將夏鎮一差，勅部議裁。或責成濟寧吕梁部司分攝，或責成州縣官專司其事等因，具題前來。查得科臣所議徭夫淺夫工食，有無民間私貼，其夏鎮分司應否可裁？臣部難以懸議，相應請勅總河臣查照科臣疏内事宜，叅酌妥確具題，以憑議覆。可也等因。康熙三年六月十九日題，本月二十一日奉旨：『依議。欽此。』欽遵。抄出到部，移咨到臣。准此隨經備行山東兖東道、江南淮海道並中河南旺夏鎮三分司查議去後。續據各司道詳覆到臣。

該臣看得設官分職，各有專司，無益於公家者，自不可徒留以滋擾費，有關於國計者亦未可輕去以悮將來，皆不得不慎爲審處者也。科臣條議裁併夏鎮一差，誠爲節省起見。第查該司一署設立有年，所轄滕、嶧、沛三縣河道二百餘里，專爲漕輓重計。全以人力鑿石成渠，惟藉上源諸泉之水滙流濟運，少旱則涓流易涸，水發則淤沙噴湧，時挑時塞，工力艱繁。中間閘座十有一處，地形陡峻，有若建瓴，止賴啓閉得宜，遞相灌注。弁丁之逗遛，過船之橈梗，端緒錯出，非所司者調劑其間，求其飛輓無阻，不可得也。至於閘座傾圮，湖流蓄洩，修堤度綷，隨事施工，又皆不容刻廢者。且濟寧以南，宿遷以北五百餘里，官司衙署離河窵遠，是以昔日特設分司駐劄夏陽，提調南北河道。無故，似乎修防易辦。其如水旱不齊，無歲不有。方且分身不暇，患乎官少，若果他司事簡，或者不妨就近兼理。而南之吕梁分司，所轄黄、運兩河，途長工險。北之濟寧分司又專督泉源閘座，畫地分理。本管工程尚費竭蹶，又焉能再爲遠攝，致有顧此失彼之虞乎？

今司道查議僉同，臣復詳酌，事勢似應仍舊之爲便也。其餘河員亦無冗濫可裁，除夫役更番情由，科臣仍有專疏條議，另查題覆外，至於所用各州縣夫役原係按地公派，每日官給工食銀三分。如遇年歲荒歉，餬口不足，民間自爲幫貼。或有正身不能應役，以及散户不齊而轉僱他人代應者，傭資低昂，一聽民便，原非官爲徵派也。既經各司道呈詳前來，相應具題，伏祈勅部議覆施行。

康熙三年十月初九日題，本月二十三日奉旨：『該部知道。』

工部覆前疏

題爲請裁無益河官，以省冗費事。工科抄出，該本部覆總督河道朱之錫題前事等因，奉旨：『該部知道。』欽此。』欽遵。抄出到部，該臣等案查先經科臣徐惺條議裁併夏鎮工部一差及夫食銀兩有無民間私貼等因。臣部議覆夫食銀兩有無民間私貼，其夏鎮分司應否可裁，請勅總河臣確查具題，咨行在案。今總河臣疏稱該司所轄河道專爲漕運重計，是以特設分司駐劄夏陽，提調南北河道。而南之吕梁分司，北之濟寧分司，本管工程尚費竭蹶，焉能再爲遠攝，似應仍舊爲便。至於各州縣夫役按地公派，每日給銀三分。如歲荒，餬口不足，民間自爲幫貼。或有轉僱代應，傭資低昂，一聽民便，原非官爲徵派等因，具題前來。查裁併夏鎮分司并幫貼情由，既經總河臣查明，俱無庸查議。可也。奉旨：『依議。』

兵船回空艛至疏

題爲兵船回空艛至，閘河勢難兼行，請勅酌議暫爲通融，以無悮新運事。竊照閘河自臺莊以北，臨清以南，將及千里，原因輓漕重計，人力開鑿成渠，裒會衆泉分注南北，得雨則泉盈流湧，少旱則涓滴如金。故閘河河身從來窄狹，中窪旁坡，原難兩舟並溯。且南旺爲運河之脊，南北地形陡峻勢等，建瓴中間，設閘不下五十座，全賴遞互節宣以資利涉。每年重運往北，回空往南，各有程限。始於新運克濟，以故運河之啓閉有法，偏漕有禁，惟首以漕船爲急，而餘船皆在次也。至若軍行緊急，原難拘泥故常，但兵船數少則暫停待過，爲期非久亦無大悮。

查臣任内歷年以來，經過兵船每起不過數百隻，未有奉撤回京，凱旋復命，舳艫相接，與南下回空輻輳，一時如目前之多者。

今歲東省久旱，董口清黄不敵，例應築壩攔禦。臣前接司道報文，據因兵船經過開通稍早，未免倒灌。又清口淮水力微，黄水過盛，亦被濁沙淤澱，隨於九月初四日親馳勘督。又慮在北回空，或爲過往船隻閉閘稽滯，萬一兵船入閘，南下愈艱，更計兩口撈濬尚需時日。臣一面各發令旗，嚴檄司道等官駐工料理，一面亟亟北返，逐節分差併疊飭沿河文武各官，乘茲蘇州兵船未到之時，晝夜催赶。倘得先過臺莊，庶彼此並行兩無相礙。旬餘以來，已幸回空五千餘船，俱進臨清閘口。至十月初七日過濟者，計已及三千隻，較之歷年船數相等，固不爲遲。

惟是寧海將軍臣祖永杰統領防蘇回京兵船一千五百餘隻，據已陸續南出清口，今又將入董口矣。董口至閘不過二百里，回空南下正在此時，倘兵船一入臺莊，即使悉係輕舟計，非半月不能過盡。若各船之内再有體式重大入水較深者，又不得不挨船逐閘守板蓄水，曠日需時，更難預料。況湖廣凱旋兵船，臣准南來咨文，據稱約計需船亦不下一千五百隻，已至江寧，指日將到閘河一帶，回空魚貫。今欲一時並進，勢既萬萬不能。若停橈以待，無論凍阻難免。即使臨濟以南天日融和，而數千兵船屈指月餘尚難盡出，北閘回空各船又安能乘此歲内出口入黄，赴次受兑而副新運之限乎？先經臣與總漕臣林起龍再四商確，既不敢阻滯官兵，又未可貽悮運事，攢眉相對，憂心如焚。臣惟兵船、糧運均關國家重務，不得已而權衡於兩者之間。空回一遲便難補救，兵船少緩尚可通融。合無仰請睿鑒，特准兵船暫讓回空先行出閘，併別項差船共體國計，不致閉閘阻隔。大約不過數旬之期，臺莊以北回空近三千般可以盡數南下。來年新運既免貽悮而回空過後河道疏通，軍行亦不致有所阻碍矣。除臣一面親赴董口，與寧海將軍臣祖永杰面商外，謹會同總漕臣林起龍合詞具題，貼黄難盡。伏乞睿賜全覽，勑部速議，具覆施行。

康熙三年十月十二日題，□月□日奉旨[一]……

議覆更番河夫疏

題爲請更番河夫以節國計事。康熙三年閏六月初九日，准工部咨，工科抄出，該本部覆工科左給事中徐惺題前事等因。康熙三年五月二十四日題，本月三十日奉旨：『該部議奏。欽此。』欽遵。於五月三十日抄出到部。該臣等看得科臣徐惺疏稱運河額設夫食錢糧，每名歲食銀十兩八錢，而此項夫食各州縣派自地畝正户僱募，每名又不下一二十兩。請嗣後各州縣額夫鬮爲上、下兩班，其不上班者報曠解部。倘有衝决大工，兩班併力從事。每年可節省數萬金錢，即減小民二十萬僱募等因，具題前來。

查得河工夫役俱係總河專職，今議分爲兩班，臣部難以懸議，相應請勑總河臣查照科臣疏内事宜逐一酌量妥確具題，以憑議覆。可也等因。康熙三年六月十九日題，本月二十一日奉旨：『依議。欽此。』欽遵。抄出到部，移咨到臣。當即備行董口以北，天津以南各該司道酌議

[一]『旨』下有脱字若干。

妥確詳報去後。續據中河、南河、夏鎮、南旺、北河各分司及沿河各道詳覆到臣。

該臣看得運河自董口至天津延長二千餘里，額設夫役，除議抽、議減，并橋、閘夫晝夜啓閉，打放空重船隻，絶流之日仍同淺夫用工，無容再議外，實在徭、淺等夫五千九百七十八名。今科臣條議分爲兩班，誠爲上省帑金，下寬民力起見，臣遵即檄行司道妥議。據稱南北地勢不一，工程修濬亦殊，人夫多寡原各因河道險易而設，其間有湖河相聯水没縴道者，有清黄相接淤漲不常者，甚有地形窪下，水勢陡峻，一派流沙，隨水噴湧者。故旱則患淺，潦則易漲，惟賴此額夫終歲畚鍤，隨時挑濬築護以濟漕運。倘遇河道多故，即全夫着役，尚往往有不足之憂。其間或偶有停曠，即將應支夫食扣存，報解該印河官按季設有循環登記查覈。該司道仍於每歲造册報臣，臣即將原册彙送工部。先於順治十六年曾經題明在案，原無容其乘機私扣者也。

今議分爲兩班，夫力減少，捉襟見肘，勢必廢弛。雖曰遇有急工不妨臨時全調，但天時水旱，無歲不有，夫役徵集，倉卒難齊。萬一燃眉當前，呼應不及，誠有如科臣所云一旦有事躭誤重計者，不容不慎也。況兖郡州縣之夫，經臣再四籌度，别其繁簡，除扣曠之外，工少年分仍有議扣停曠兩月者，其餘撙節之計，亦可謂纖悉靡遺矣。至於分班之議，臣前因夏鎮司屬嶧縣地荒民逃，臨河衝苦，所有原額夫數曾於順治十六年内，檄行該司道分爲兩班，少從寬恤，扣曠已久。但嶧夫既虧，該管河道已患夫少，又非徐、滕州縣所可援以爲例，概從減削者也。除兖屬内州縣及嶧縣停曠月分分班夫數，照扣曠銀外，若其餘州縣概議分班，恐誤運事，相應照舊，仍飭該司道嚴加查覈。倘有工程減少，人夫逃曠者，據實開報，扣存曠銀以實河帑。如有借名私扣官役侵肥者，揭報到臣，從重參處。可也。既經各該司道呈詳前來，相應具題。伏乞勅部議覆施行。

康熙三年十一月初六日題，本月二十八日奉旨：『工部知道。』

工部覆前疏

題爲請更番河夫以節國計事。工科抄出，該本部覆總督河道朱之錫題前事等因，奉旨：『工部知道。欽此。』欽遵。抄出到部。該臣等案查科臣徐惺條議河夫，釐爲上下兩班，其不上班者報曠解部。倘有衝決大工，兩班併力從事等因。臣部請勅總河臣酌量妥確具題在案。今總河臣朱之錫疏稱除兖州府所屬州縣及嶧縣停曠月分，分班夫數，照扣曠銀外，若其餘州縣槩議分班，恐悞運事，相應照舊。倘有人夫逃曠，據實開報等因，具題前來。查更番河夫，既經總河臣查明，難以更張，應如所議。其人夫逃走扣曠等項，相應請勅總河臣年終造册題報。可也。奉旨：『依議。』

五舉申明激勸大典疏

題爲申明激勸大典事。案照順治十八年八月二十一日，准吏部次開，文選清吏司案呈，奉本部送吏科抄出，該本部會覆河道朱總督題前事等因。順治十八年閏七月初五日奉旨：『依議。欽此。』欽遵。抄出到部送司，相因會同議覆。該吏部、都察院謹遵旨會議得：總督河道，統轄五省，屬員頗多，與巡撫止轄一省者不同。今每年河工告竣，所薦官員議定額數，應薦差出部，司方面共五員，有司十員，佐貳四員。若逾定額，不係管轄之官，聽部院參處，所薦之官不准註册。如在定額之內，俱准註册。奉旨之後，行令該督照新題定例薦舉。可也。理合具覆，恭候命下轉行遵奉施行等因。順治十八年八月初六日奉旨：『依議。本内漢字首行遺落「等衙門」，着添補飭行。欽此。』欽遵。抄出到部，移咨到臣，遵行在案。爲照河屬歲修例，應甄别，節經題明，奉有俞旨。

查康熙二年，河防告竣，臣先經檄行各屬造報賢否去後。節據各司道册報前來，臣復嚴加檢覈，惟就本年之内，著有成績，克濟河防者，遵照定額列之薦剡。苟於河政無裨，雖或别政可稱，他端難料，皆臣所不敢贅。至滿官雖無開薦舊例，但中河分司前因決口一案，曾經部覆一體處分，註誤既難獨寛，成勞自宜並録，故敢一併開列。其溺職各官，除聞見所及陸續題參外，兹亦查據揭報，分别參處。所有應薦、應劾官員，謹臚列爲我皇上陳之。

計開：

應薦司道官五員。

中河分司户部郎中金達喇漢，奔馳於黄、運兩河之間，酷暑嚴寒，備經勞苦。武官營河勢南徙，協同督率，寢處河上，不費帑金而險工速竣。係淮海道佟國禎開報。

中河分司户部員外郎包元辰，防徐、邳、睢、桃黄河之衝，治邳、宿運道之淺，上下五百餘里，分任宣勞，克殫心力，故能使狂瀾底績，輸輓無停。係淮海道佟國禎開報。

南河分司兵部郎中吴煒，淮屬歲修高堰五大險工，稽督維嚴，堅完可恃，而開挑芒稻月河二百餘丈，疏濬逕河閘下四十餘里，幫築高、寶、江東堤二百餘里，皆其成勣之難泯者。係驛鹽揚州道羅森開報。

北河分司工部主事高恒豫，拆修磚閘，費省工堅，堪垂永賴。且督大挑而晝夜兼工，禦水患而勸輸竣役，勞績班班可紀。係東昌道楊陛開報。

江南驛鹽揚州道參政羅森，高寶、江儀一帶，查閲所至，整頓無遺。挑濬射陽湖大工，受事月餘，即能嚴催底績，誠共濟之弘才也。係江南布政司崔澄開報。

應薦有司官十員。

河南開封府知府武永成，開屬夫柳最稱繁劇，秉公僉派，極力督催修防，恃以有濟，司郡中翹楚也。係大梁道王來用開報。

江南鎮江府知府錢升，徒陽河道沙停易淺，不煩催飭而能督屬鳩夫，先期勞濬，空重經臨無阻。係布政司崔澄開報。

山東兗州府黃河同知黃尊光，修守曹、單堤工，往來拮据，不辭勞瘁。石香爐挑濬引河，俾全河順軌，節省殊多。係濟寧道方兆及開報。

河南開封府推官今陞開封府北河同知于紀龍，當黃流洶湧之日，協同守護，寢食不遑。而於河工蠹弊留心釐剔，洵爲治河之選。係開封府知府武永成開報。

山東兗州府泇河通判房星焕，督大挑於風雪之時，趲重運於炎日之下，殫力驅馳而啓閉節宣，尤能苦心調劑。係兗東道周文華開報。

山東濟南府推官錢志進，濟屬爲諸源所滙，奉行督飭。案牘無留，夫食絶漏巵之奸，泉工有子來之效。係分守濟南道閻廷謨開報。

江南揚州府推官王士禎，委盤河庫，綜覈精詳。至於提搶救之夫，嚴包折之禁，玩愒之風，爲之一振。係驛鹽揚州道羅森開報。

山東兗州府濟寧州知州李順昌，濟地兵差絡繹，拮据支應，歷著成勞。督挑天井閘河，捐資鼓勸，群夫更樂爲用。係濟寧道方兆及開報。

河南歸德府寧陵縣知縣遲炤，夫役均平，協修考城險工，絶鮮逃曠。應辦柳料，更復完解獨先。係歸德府知府宋國榮開報。

山東兗州府汶上縣知縣汪震元，南旺大挑，駐工督催，全漕攸賴。修築上流李家等口，設辦樁木，尤見急工之績。係南旺分司王澧開報。

應薦佐貳官四員。

山東兗州府照磨楊如楫，委督大挑，克効勤劬。係濟寧道方兆及開報。

江南淮安府山陽縣主簿顧士棟，修堤栽柳，具徵勞績。係南河分司吴煒開報。

江南揚州府寶應縣主簿袁坦，防堤濬淺，河政聿修。係揚州府推官王士禎開報。

河南開封府祥符縣主簿康文禮，拮据險工，勤於乃職。係開封府知府武永成開報。

以上各官所當照例薦揚，以備叙録者也。

應劾官四員。

河南長葛縣知縣何勝光。

一、本官玩視河工，柳稍任催不前，遲至水後始行上納，無濟急工。

一、本官智識昏暗，坐堂審事，一任兩造喧譁，竟日不能判決。

一、本官年力衰邁，動履維艱，離司民社。係河南布政使徐化成開報。

河南閿鄉縣知縣栗弘猷。

一、本官漠視河政，耳目不靈，一任催呼，竟置不理。

一、本官額夫三十九名，不委的役押解，盡行逃去。屢次催提，延至三月之後始解夫十七名。奉行怠玩，貽誤堤工。係河南管河道劉澍開報。

江南豐縣主簿袁國器。

一、本官年力已衰，暮氣難振。

一、本官承催柳料，屢賫催提，急工無賴。係中河分司金達喇漢、包元辰開報。

河南商丘縣主簿錢櫟。

一、本官年逼桑榆，耳目不靈。在廠收授柳梢，全無頭緒，以致百姓久候，責有怨聲。

一、本官所管上工河夫二百四十名，一任逃躲，漫無稽查。

一、本官河工緩急，估計埽料，茫無調度。係歸德府知府宋國榮開報。

以上各官，所當照例分別議處者也。

伏乞敕部，再加覆覈。如果臣言不謬，將金達喇漢等酌量叙録，何勝光等分別議處。庶勸懲聿彰，河事有賴矣。

康熙四年二月□□日題，三月二十六日奉旨[一]……

糧運關係甚鉅疏

題爲糧運關係甚鉅，天道亢旱可虞，特請申明漕禁，以全輓輸重計事。竊照閘河一帶原因漕輓重計，人力開鑿，裒滙衆泉，分濟南北。得雨則泉流常潤，湖櫃可收。久旱則泉脉先枯，湖身日涸。且南旺爲運河之脊，南至臺莊，北至臨清，地勢窪下，全賴上下四十餘閘，遞相灌輸。否則一洩無餘，舟膠而不可行矣。原與長江大河天然利涉者不可同日而語也。以故運河之水止以六捺爲限，故《明會典》所載漕船有定式，載米有定數，取其入水不深，易於浮送，而於各閘偏漕之禁，尤諄諄三致意焉。且云公差内外官員人等，乘坐馬快船，或站船緊急公務，就於所在驛分給與馬驢過去，不許違例開閘。

我朝順治十三年十二月内，亦經工部題覆巡漕臣侯于唐申嚴閘座等事一疏，内開閘坐啓閉原關糧運，務照舊例，首先糧艘，次及官商等因，奉有依議嚴飭行之旨，欽遵在案。總緣天時地利不得不然，故權衡事勢而勒爲禁例，有如此也。況從來瀕河地方春雨常少，舊例惟恃伏秋時雨盛行，收入湖櫃，接濟下年新運。奈東省自去歲以來，乾旱異常，境内各山滴水未發。雖竭力支持舊漕，幸而告竣。然山泉之小者多枯，人者已弱，湖水之舊者盡放，新者無收。臣日夕憂懸，未敢寧處，屢經檄行司道廳印等官倍集鄉夫，加挑河身，多設閘壩，搜剔泉源，疏通會河，務

[一]『旨』下有脱字若干。

使一勺無遺，盡爲漕用。但恐雨澤仍屯，來源既纖，人力雖竭，難與天争，實有不得不鰓鰓過計者。

查臣於康熙二年九月内具有敬陳河漕等事一疏，内船式一事，已經部覆，奉旨頃閲邸抄。復經倉場臣白色純等條奏，現行會議。然如式打造，尚屬遠圖。目今急籌，尤在儺剥。除一面移咨倉場、總漕臣會商，不敢瑣陳外，至於閘禁一事，已經工部題覆，未奉俞旨。復經兵部覆議，内開奉旨差遣及赴任官員船隻仍令糧船讓路放過。在諸臣固因王事起見，但官差各船原聽隨漕啓放，未嘗竟阻行程。且所難者，不在讓路，而在閘板内之涓涓水利耳。若閘禁全弛，官差船隻絡繹不絶，雖仰體國計，固不乏人其間心急行程，惟圖便一己之私，不復顧京儲之重。往往到閘勒催啓板，積水無存，閘内糧船必致淺擱。甚有裝載重艦，需水浮送，船役假藉聚集，多人分守。各閘上閘之應閉者强之使開，洩水下注，則重運之在上者阻矣。下閘之應開者强之使閉，留水待船，則重運之在下者又阻矣。當此天旱源派之日，即使恪守漕規，毫無紊越，猶恐輓輸維艱。若再視爲末務，則涓滴幾何，節宣盡廢，而欲其汎舟飛渡，豈可得哉！臣以爲公差緊急雖不能盡由陸路，不妨差船、漕船兩相照應，至於赴任官員南來北往，無日無之，果使遵照水程，即隨漕而進，何致誤限？倘志存叱馭，則河路紆回，原未禁其從陸，似又不可不盡臣誼以全國計也。仰懇皇上軫念漕運重務，天語涣頒，特賜申飭，除緊急差船兩相照應，遇便讓行外，其餘船隻務遵禁例，隨漕前進，毋容船役擁聚，閘上强勒啓閉，阻誤糧艘。如有故違，照例叅究。仍容臣刊刻榜示，豎立各閘。庶人心有常目之儆，而漕事無廢墮之憂，所裨軍國非淺鮮也。貼黃難盡，伏乞睿賜全覽，勅部議覆施行。

康熙四年二月十二日題，本月二十九日奉旨：『據奏，東省自去歲乾旱異常，山泉之小者多枯，大者已溺，湖水之舊者盡放，新者無收，應差賢能官二員往看。應差官員，吏部速開具奏。』

卷之十九

請禱泰山疏

題爲天道亢旱太久，汶水來源益微，謹循例請禱泰山異沛甘霖，以利漕運事。據南旺分司王澧、北河分司高恒豫、濟寧道方兆及會呈，據兖州府運河同知王有容呈稱：閘河原非江河之水，惟賴涓滴泉流滙注濟運。自去夏至今天道亢旱，雨雪未施，泉枯河涸，雖竭盡人事，無奈來源水微。又值兵船重運相繼前進，倘天再不雨，實可憂慮，理合預呈等因，轉報到臣。

據此，案查臣於順治十六年五月十三日，准禮部咨爲運河淺涸，糧艘濡滯，敬循往例，請禱甘霖，以資利涉事，內開該工部覆巡倉御史范平題前事。該臣等議得漕運盛行之時，臨濟等處全藉泉水充盈，庶漕艘易於輸輓。今久亢泉乾，相應請勑總河臣嚴督司道各官，多方導蓄。凡有淤淺處所，力行挑濬，無誤漕務。如有因循怠忽，即指名題參，以憑從重議處。至於祈禱泰嶽，事隸禮部，請勑禮部議覆。可也。順治十六年四月二十六日題，本月二十七日奉旨：『是。依議行。欽此。』欽遵。於五月初一日抄出到部送司。

（察）〔查〕得順治十四年四月內，總督河道楊方興疏請祈雨於泰山，恭備香帛，祈禱致祭。本部題覆，遣官一員往送香帛，着該督楊方興祈禱致祭等因在案，相應具題，案呈到部。

該臣等議得漕運關係重大，應如范平所請，照例臣部恭備香帛，差官速往。該督朱之錫俟欽頒香帛到日，即虔誠詣泰山祈禱致祭，謹題請旨。順治十六年五月初四日題，初五日奉旨：『依議。欽此。』欽遵。移咨在案。

又查順治十七年五月初三日，准禮部咨爲亢暘不雨，泉流微細，謹循例請禱泰山，異沛甘霖，以全漕運，以甦民生事，祠祭清吏司案呈，奉本部送禮科抄出。該本部題覆暫署河務吏部右侍郎楊茂勳題前事緣由，於順治十七年四月初六日題，本月十九日奉旨：『該部議奏。欽此。』欽遵。於四月二十日抄出到部，送司。相應議覆，案呈到部。該臣等議得漕運關係重大，應如楊茂勳所請，行太常寺恭備香帛，臣部差官速往。其該督楊茂勳應俟欽頒香帛到日，即虔詣泰山祈禱致祭，謹題請旨。順治十七年四月二十五日題，本月二十六日奉旨：『依議。欽此。』欽遵。抄出到部，移咨在案。

今該臣看得運河自臨清以至董口將及千里，地勢高亢，不通江河。所賴以濟運者惟藉諸泉之水，南北分流。

故必挑濬節宣，設法利涉，尤必得天雨及時，然後泉源暢達，河閘充盈，獲免膠滯之患，此固天時人事交相須而不可或缺者也。去歲，東省自夏徂秋膏雨久屯，汶水源流已極微細。臣恐漕河淺澁，嚴督司道廳印等官或築壩加挑，或水中撈濬，疏通泉穴，撙放湖水，竭力支持，舊漕幸而告竣。詎意閱歷三冬，曾無寸雪。入春以來，又復風霾不休，亢暘更甚，泉流逾竭，河水日微，從來乾旱未有如此之久者。臣晝夜焦思，寢食俱廢，現在率屬祈禱并屢檄司道等官備集鄉夫，加挑河身，多設閘壩，搜剔泉源，疏導會河，務期通行外。目今開壩伊始，寧海將軍臣祖永杰回京兵船一千五百餘隻，內多重滯江船，尚未過濟，江西舊運尾漕以及江浙新運船糧絡繹北上。若天時再旱不雨則舟行艱難，實爲可慮。臣查順治十四、十六、十七年俱有祈禱泰山併請欽頒香帛，覆奉俞旨甘霖應禱之案，臣謹循例上請。伏乞皇上容臣躬詣泰嶽虔禱併祈欽頒香帛，昭告明禋。仰賴皇上至德格天甘澍立沛，庶運道民生均邀鴻造而臣亦可以少逭不職於萬一矣。

康熙四年二月十五日題，本月□□日奉旨〔一〕……

重運鱗抵臺莊疏

題爲重運鱗抵臺莊，逐閘蓄水前進，謹具疏題報，仰祈睿鑒事。竊照運河於康熙四年二月初一日挑完開壩之後，緣東省久旱，源流微細，挨閘灌塘。至初十日水汛，始抵南陽，迤南兵船開行北上。及至過完南旺，又須借水北注。而南來重運糧船因上源水微閉板，下流未免愈艱。臣馳赴泇河以及董口一帶料理儹運，於二月二十八日具題在案。所有董口以北，臺莊以南原無石閘，臣嚴督司道等官添建草閘，蓄水浮運，併各處覓船起剥內江西舊運尾漕船大倍載，吃水十有餘捺，一時難行，反成阻壓。臣隨牌諭江西糧船暫讓新漕先進，俟船到起剥，相機北上。續又准總漕臣林起龍咨商，亦稱催進董口重船不下二千餘艘。若欲挨幫遞剥，誠恐江右漕船體重，吃水必深，值此一綫微流，一船淺閣，後船俱阻。莫若將江右重運令其暫停徐進，俟河流稍盈，飛催北上。先將新運各幫剥儹前發，庶不致彼此坐誤等因到臣。與臣前行僉同當經咨覆，并檄中河司道廳官照行外，嗣因欽頒香帛到濟，臣即前詣泰山祈雨。復又恭接恩詔，隨照例謄黃，頒行所屬。

間據東昌府管河通判楊興祖揭報兵船已於三月二十七日俱出臨清口閘北上，臣即檄行各該司道營汛等官將濟寧前、後，東昌，濮州，東平等衛所五幫俱係領兑，東省糧船并徐州、壽州二衛新漕及江西舊運，荊州衛船糧，前此不能前進者一面蓄水儹行。又屢次嚴檄南北各司道等

〔一〕『旨』下有脱字若干。

官督率額夫再加撈濬，凡於人事可盡者務期設法疏通，不遺餘力外，臣復自濟往南迎催重運據進過董口，新漕船糧俱已催抵臺莊閘下啣尾，守板蓄水。自三月二十七日起至四月十二日，已進過臺莊閘內者，淮安、大河、邳州、高郵、泰州、鹽城、通州、興化、武平、洪塘、六安、廬州各衛所共船四百四十三隻。但天旱水微，在常時積水止須一二日者，今則非三五日不能盈（漕）〔槽〕放閘。並其餘幫船見在挨次守板，蓄水前進，此亦事勢所不得不然者耳。今淮安衛糧船五十七隻，見抵濟寧，在臨清口北，衛水尚盈可以接濟。至若濟北臨南一帶，別無支流，惟恃諸泉涓涓分注之水，歸漕浮運。今雨澤未沛，來源日微，各閘積水愈爲艱澁，臣一面赴北料理查督外，謹將南來重運挨次蓄水前進情形，相應題報，伏乞睿鑒施行。

康熙四年四月二十一日題，五月十二日奉旨：『該部知道。』

特叅庸劣廳官疏

題爲特叅庸劣廳官以重河防事。切照河南歸屬黃河南岸則有考城石家樓、商丘蔚家窪、虞城羅家口、牛頭灣、歡堌寺等處，在在危險。而北岸考城之王家道口、孝城集、楊家莊、廻龍廟、崔家壩等處，則更關係運道，河勢頂衝不一而足。所恃以時加荒度，悉心籌維，督率印河官夫先事預備，遇急搶救。至切近而有專責者，莫此管河廳官若矣。臣於五月中旬，見運河水發，糧艘通行，即星弛豫省勘閱南北兩岸各工。乃歸德府通判李達質本庸愚，才復椎魯，蒞任已近一載，詢以河道情形、修防事宜，猶自茫然。臣前此屢檄飭催，不啻諄切。今時伏已屆，該管工程尚無頭緒，況王家道口河勢上提，生工漸漸內塌，埽壩蟄陷，不止崔家壩舊堤已經塌斷。雖後有重堤，臨河皆近且堤內地形低窪，倘有意外，建瓴之勢，干係非小。本官經理無術，呼應不靈，若藉以修防，鮮有不誤事者。臣見在督飭管河道僉事劉澍、睢陳道僉事蔡舍靈、歸德府知府宋國榮採辦物料，調集人夫，相機儧修，并行道府遴委幹員暫攝料理外。所有庸劣廳官，相應特疏題叅，伏乞勅部議處施行。

康熙四年六月十二日題，本月二十七日奉旨：『李達着議處，具奏。該部知道。』

題留河差各分司疏

題爲請旨事。康熙四年三月初一日，准工部咨開，工科抄出，該本部題前事，內開查各省抽税事務，俱交地方官，凡各差事務，相應題明。案查通惠河、中河此二差，係修築河道兼抽税。清江廠一差，每年打造漕船，亦兼抽税。此三差原係臣部各差漢官一員管理，後因添設滿官輸差。六部官員，又北河、衛河、夏鎮、南旺、南河此五差，差臣部漢官各一員，專管修理黃河、運糧二河道堤岸等處，無抽税。除通惠河、中河、清江廠三差税務交與地方官不議外，此八差造船、修理河道堤岸等務，應交與地方官。

又寶源局原差漢官，自順治三年添差滿官料理，料理事務收受各省解到銅觔，監鑄銅錢。此係在京，不便交與地方官，仍照先定例，臣部官員一年一次換差。又街道一差原差漢官一員，康熙三年奉遵旨臣部具題，差滿漢官各二員管理，管理事務督治疏濬街道溝渠，不便交與地方官，仍照先定例，差臣部官員一年一次換差。又琉璃黑窑原有漢官一員，太監一名，順治九年臣部具題，專設壯達者而機、陳應德，康熙元年臣部具題裁去陳應德，臣部滿漢設官數内一年一次換差料理，料理事務監督燒造黃瓦磚料等項，亦不便交與地方官，將臣部能幹官，或滿洲官，或漢軍官一員并漢官一員，一年一次換差。

又古北口一差自順治十六年差滿漢官各一員，抽分採伐木植炭斤本色。今各省抽税事務俱交地方官，此古北口抽税事務亦應交與地方官，相應勅下該督撫歸併何衙門抽税、造船、修理河道堤岸，永撥何等官員管理，作速定議，具題。其現在差官員差滿者，將印交與督撫，歸併事務，撥出永設官員之間，暫委官署管歸併事務，永設官員定妥之日，行文該衙門換給印信。可也。

康熙四年二月初八日題，初十日奉旨：『依議。欽此。』欽遵。抄出到部，移咨到臣。隨經移咨直隸、山東、河南、江南各督撫，并檄行各該直省司道即將通惠河、中河、北河、衛河、夏鎮、南旺、南河各分司所管修理黃運河道堤岸、泉源閘座等務，永撥何等官員管理。及清江分司經徵河道錢糧，應歸併何衙門徵收，作速定議。通詳去後。

又於康熙四年四月二十九日，准工部咨，爲遵諭陳言直隸關税裁併之難，敬抒末見，懇祈勅部酌議事，工科抄出，該本部覆，直隸巡撫王登聯題前事等因。康熙四年三月十五日題，本月二十三日奉旨：『該部確議，具奏。欽此。』欽遵。於三月二十四日抄出到部。該臣等案查河道一差，先經臣部題爲請旨事一疏，令各該督撫定議永撥何等官員管理，作速具題在案。

今該撫所題關差事理，除天津衛、崇文門等差已經户部題覆奉旨外，其疏稱通惠河一差專管修理河道、閘座、堤岸。查通州、蘇州道原有河道之責，併之亦覺妥便等語。查該撫雖稱通惠河一差併之通州、蘇州道，亦覺妥便。但河道原係總河專責，應俟總河題到之日一併議覆。可也。康熙四年四月十四日題，十六日奉旨：『依議。欽此。』欽遵。抄出到部，移咨到臣。又經備行各該直省司道，并批駁從長酌議去後。續據各司道呈詳到臣。

該臣看得管河分司差部差，議亦交與地方官，應永撥何等官員管理，奉旨行臣定議具題。臣隨移會各直省督撫併檄各該司道確議去後。

查臣河道所轄北河、南河、中河、南旺、夏鎮、通惠、衛河共七分司，而中河則兼收河道鈔石，清江則不管河道，惟兼收由閘等五項河道錢糧者也。其北河、南旺、夏鎮三差，山東藩司則詳稱河道泉閘地里遼遠，必皆親身料理。今欲併歸各道，則東省自裁道缺之後，率一道而任兩道之事，苦於無官。可撥大名道兼轄運河，止清河懸二十餘里，則詳稱以印河分其責，通判總共成。天津道則詳稱北河所轄河間境內河道，該道督率，於上通判專理，於下通惠一差。通薊道則詳稱築堤、濬淺、修閘俱係分司爲政，該道不過從旁協理。若欲歸併兼攝，安能以百務紛糾之身，顧此失彼。霸易道則詳稱永、東、香三縣離纛途遥，不能躬親料理，見在條議請歸通薊道。三縣河務應歸何官，並聽裁奪。

南河、中河二差，江南藩司則詳稱河道工程各歸原管府佐管理，督催稽覈則責之淮、揚二道。而中河所收鈔石錢糧歸之淮海道兼攝，夏鎮分司事隸兩省，其在江南者亦照中、南二司之例。至於清江徵收河道錢糧，扣利折夫，歸之山清同知。出閘梁頭石價，歸之淮安府。淮海道則詳稱淮徐河道延袤千里，管河府佐原管修防，舍此別無可併之官。若以中河、南河、夏鎮三司之事萃於該道一身，反致顧此失彼。驛揚道則詳稱揚屬河道據該府議稱除通判之外，別無可議。議及本道，本道既司通省驛傳，又兼揚州道務，萬難分身。若議歸府正，事權稍重。衛河一差，河身雖由直隸地方，歷來無甚工作。大名道則詳稱仍隸府佐州縣，河南藩司初則詳稱或歸河北守道，或歸管河道，繼則詳稱或留分司專董。

各司道詳議參差，訖無定論。其云難以歸併者，則以事體重大，不敢以一時臆見，貽誤河漕。其云歸併河廳而監司兼理則仍舊貫者，又以地方各官無可議撥，不得不姑爲此遷就之論，以覆此欽件也。

臣惟黄、運兩河泉源閘座一切事宜，皆須一一身到、足到、眼到，不比刑名錢穀之事，可以理斷臆決，文移辦治者也。天時不齊，非水則旱。或綢繆機先，或補苴事後，或張皇於風雨倉遽之際，或調劑於左方右圓之間，往往數武之地竭千百人之拮据而不足，河勢變幻，呼吸安危。夫料工程紛紜繁雜，司廳等官平時猶可次第措施，當急尚且分身無術，故既設廳官董率於下，然必特差司員，重以專勑。分汛提調而尤恐跋疐難周，復該本地監司兼任其責，凡以重河防而保此一綫運道也。北河河道南北千有餘里，中經閘座三十餘處。中河所轄黄、運兩河，而董口尤運道咽喉，清黄交接，濁流易灌。南河處於淮、黄、江、湖之間，東西南北相距窵遠。天妃閘口每多沙淤爲患。南旺泉源三百餘處，雖在濟、兗郡屬，近者或出道隅，遠者幽居僻壤。夏鎮地屬兩省，鑿石通漕，形勢陡絶，節宣閘座，尤費經營。通惠浮沙易淺，峻水易衝，塞决之役，歷歲時有。惟衛河舊係衛輝府通判專司，工程原簡，後緣地方盜洩水利，前河臣楊方興特請設立分司，以重其事。

各分司職掌載在勑書，難以殫述。若云歸併府佐，則府佐原有管河之責，是乃裁革分司，非爲撥官管理。况徵夫問料，地方官民視爲苦局，皆不樂聞。府佐職微權輕，上下掣肘，呼應不靈，鮮不貽誤。至於地方監司錢糧、差徭、户口、田土、盜賊、詞訟，以至供應兵差，緝解逃人，職務繁劇，一端難竟。河屬修防，資其協助，固不可少。若責以終年累月往來奔馳，駐守河上，揆之事勢萬萬不能。况分司畫理源流之上下相濟，夫料之緩急通融，又與各道界壤逈不相同。若應合而分，則一閘座也，上流以爲應閉，下流以爲應啓。一額夫也，在此則欲求多，在彼又復患少。不但紛競日多，必致牽掣誤事。

更當巡道既裁之後，如山東曹縣黄河，東阿、陽穀等縣運河，改併濟寧道兼管，是一濟道而兼兖西道之任矣。又如江南揚州道運河改併通省驛傳道兼管，今又兼攝揚關榷税，是一道而兼揚關、揚道兩司道之任矣。淮徐道黄、運兩河改併淮海道兼管，今又兼攝板閘、淮倉、清江榷税，是一道而已兼數司道之任矣。各關税務猶可坐理，若增一泉汛河汛，道里相距率皆數百里而遥，百務繽紛，此身羈紲渺渺水濵，欲其不跫然足音不可得也。又况自廳而至道，自道而至臣衙署益遠，公移往返，道路紆回，坐誤事機。又有不可縷悉者，故臣屬之設有司廳於沿河各境，猶身之有臂，臂之有指也。

今若專任末寮之佐貳，而以事繁地遠，紙上兼攝之監司承接其間，黄、運兩河各不下二千餘里，臣衙門以一身總理，倚辦無人，急此而遺彼，顧東則失西，異時者萬一貽誤運道，收拾艱難，爲憂方大，是安得不爲之長慮却顧哉！

臣查康熙元年十二月内，該吏部題爲河水泛决等事一疏，奉有『河務重要，應否設專官料理，着再議具奏』之旨。又工部題爲敬陳河差三年舊例等事，奉有『這河差，滿、漢官俱着三年更换』之旨。是河務之難，非專官無以責成，非久任無以奏效，久在我皇上睿照之中，特以議撤關差同屬分司行臣酌議。

臣身親閲歷，所見既真，敢不仰體軍國重計其詳、其慎。除中河沙石應照司議歸併淮海道兼攝，清江所管河道由閘，梁頭、石價三項司詳，仍照往例歸淮安府，相應如議。苐扣利、折夫二項，議併山清同知，則該廳經管河務，不便兼理，應歸該府一併經收。衛河分司一差，工程原簡，所有疏濬捌刀泉與禁防盜洩水利事宜，責成河北道及衛輝府通判經管，其經由直隸者責成大名道及大名府通判經管，似屬妥便。其北河、南河、中河、南旺、夏鎮、通惠六差職務繁鉅，原與榷税不同，地方無官可以永撥專管，相應會請特留，以重河防，以保運道者也。

臣又查部臣疏内有督治修濬街道溝渠，不便交與地方官，仍照定例差臣部官員等語。河漕重務不在街道之下，此於此例，亦屬允符。如恐各部輪差曠廢職務，合無亦照往例，於工部差遣。至於中河、通惠滿臣分司原因榷税兼差，今税務既已改撥，應否留撤，均聽部議，仰請睿裁。臣謹會同直省總督臣朱昌祚、江南總督臣郎廷佐、總漕臣林起龍、直隸撫臣王登聯、山東撫臣周有德、河南撫臣張自德、鳳陽撫臣張尚賢合詞具題。

查此案，臣於康熙四年三月初一日，准到部咨，扣至八月初一日限滿，臣因往南親催重運併勘閱淮揚河工，道路奔馳，是以逾限十七日，理合一併題明。再照疏内情節繁多，貼黄難盡，所有臣具陳看語。伏乞睿賜全覽，勅部議覆施行。

康熙四年八月十六日題，九月初三日奉旨：『該部議奏。』

工部覆前疏

題爲請旨事。工科抄出，該本部覆，總督河道朱之錫題前事等因，奉旨：『該部議奏。欽此。』欽遵。抄出到部。該臣等案查先經臣部具題徵抽税務交與地方官，其造船修理河道堤岸等務亦應交與地方官，應請勅下該督撫歸併何衙門，永撥何等官員管理，作速定議具題，奉旨行文在案。今總河臣朱之錫會同各省督撫具題前來，除清江廠造船事務，總漕臣見在具題，應行另議外，查疏稱中河鈔石歸併淮海道兼攝，清江廠所管河道由閘、梁頭、石價，并扣利、折夫五項，俱歸併淮安府。又衛河分司一差，工程原簡，所有禁防盗，洩水利事宜，責成河北道及衛輝府通判經管，其經由直隸者責成大名道及大名府通判經管，似屬妥便，相應如議。其北河、南河、中河、南旺、夏鎮、通惠六河差，職司黄、運兩河，泉源閘座，各司尚且分身無術。若云歸併，各道又有兼攝榷税，河務繁鉅原與榷税不同，萬難交與地方官管理。合無亦照往例於工部差遣，亦應如議。嗣後仍照舊例專遣臣部漢官管理，至於通惠河税務應歸併何衙門，請勅該督確議具題，以憑再議。可也。奉旨：『依議。』

閘河啓閉有時疏

題爲閘河啓閉有時，空重原非淺阻，謹據實陳明，仰祈睿鑒事。臣於康熙四年十一月十八日接閲邸抄，見總漕臣林起龍題爲南兑需船甚急等事一疏，内開臨清州板閘外西河嘴南以及顧家墳、梁家鄉等閘，處處涸淺，閘閘淤澁，南北空、重漕艘俱爲遲滯等因，奉旨：『據奏臨清州等閘，處處涸淺，閘閘淤塞，重運膠滯，回空壓阻。漕糧關係重大，該管各官不行加緊疏濬，設法催儧，殊爲不合。着嚴察速議，具奏。該部知道。欽此。』

除聽候部覆外，臣惟運河所憂在淺，每歲春月，例應築壩大挑。而沙隨水至，水落沙留。遇有淺滯，又復隨時撈濬。臣勘督飭催，不遺餘力。如果有怠玩從事者自不惜以白簡嚴繩，其後何敢少爲寬假！第閘河情形，原與現成江河迥異，其間錙細曲折一端難竟。臣姑言其大略，即如上自南旺以至臨清四百餘里地勢建瓴，止是一脉水源，歷二十一閘層次灌輸而後下接衛河。惟當霪雨漲溢，方可通漕行舟，每歲之間不過數日耳。此外則必須閉板浮送，下閘閉而上閘啓，水微之時亦可使深下閘啓而上閘閉，水旺之日亦不免淺，故必船米一律啓閉隨漕，而後船行無遲速之異。又重運北上，極宜常閉，不宜輕啓。回空南下，極宜勸啓，不宜久閉。故必過淮、過董如限而後無相值、相妨之慮。此雖神禹復出，亦不能別有智巧出其範圍也。

今歲三春迄於孟夏，天旱源微，臣督司道等官南北疏通，設法積水，終覺艱澁。及五月得雨之後，於七月十二日止，南漕過濟者共四千四百三十八隻，然重運少遲，回空自是不能甚早。臣方昕夕徬徨，不意尾船八百餘隻，五月末旬淮、黃交漲，淮郡之天妃閘水高溜湧，致碍打放。總漕臣林起龍就近駐督，臣復親馳勘視。六月末旬，水勢少平，多人牽挽，倍費時日。嗣於八月二十四日過董，於九月初五日過濟。臣慮南旺以北別無支流，運河之水原以六捺爲限，尾船之後又有江漕二百餘隻，船大倍載，必致阻壓。專委標營副將譚捷元尾催，仍諭以設法起剝。幸即於九月二十三日，盡數過臨北上。較之歷年，自濟過臨之期原無遲滯，但是時北來空艘陸續抵臨，重運在上閉板蓄水，下閘之水已洩，上閘之水未來，回空停待自是不免。若欲洩水浮空，又致淺阻，重運是欲速而反遲矣。惟是時序入冬，河冰凝結，回空亦不容緩。臣於十月初一日兼程至臨，幸重船出口既久，袍船、兵船適已相繼北去。因思河内既無別船回空，用水有限，臣復申明上諭嚴禁阻擾通行，各閘勤啓少閉，接濟下流。又值今歲氣候早寒，十月十四日以後漸有浮冰，臣復節節分布，預備船隻、器具，晝夜敲送。

查總漕臣題報過淮船五千一百八十七隻，除前已過空船外，於十月初五日起至十一月初七日止，除僱募及各項事故外，又過臨船三千七百八十五隻，共過臨舊船三百一十四隻，康熙四年分新船五千一百六十六隻，二項共船五千四百八十隻。十一月十八日止，除不應過濟及各項事故外，共過濟五千三百一十五隻。

自濟以南，臣亦專委標員星夜催儹，首尾相銜，赴淮甚速。何乃臨營將弁見謂今歲運事少遲，回空必阻，預爲卸過之計，紛紛以無水呈報。總漕臣念切新運既准提督臣楊捷移咨催呼之情，不能不急。今觀東昌府河汛兵目之報原有重運抵汛上無來水等語，臨清右營文内亦有九江等船木大載重，起剝出口，回空船隻必俟重艘放盡始得進閘等語。夫船式閘禁與過淮、過董之限固有一定漕規，然天時、人事不齊，難以拘泥。則又在河汛各官以人役水，隨宜疏通，期於克竣，歲運而止。至於啓閉不常，蓄洩無定，一日之間遞有深淺。若不窮源究委，而止以暫時情形爲河上，罪戾則安在，而非指摘之端乎？

臣查順治十二年以前，回空多於次歲陸續過濟。順治十三年大工塞合以後，回空或四千餘隻，或五千餘隻，多在十一月中旬下旬過濟，而此後零船不與焉。總漕臣疏內顧家墳、梁家鄉、西河嘴等處皆在東昌臨清境內，今歲旱澇相仍，臣督南北文武各官竭蹶鞭催，心力俱殫，幸而仰賴國家洪福，重運過東臨而北，今已卸完回空，過東臨而南，今盡過濟，此可見因重運而積水，因倍載而起剥，皆運河不得不然之勢。而五月內題報過淮各船，究獲於萬難拮据之中，挽遲爲速，則河之未嘗淺阻，固有不待繁詞而灼然易見者矣。臣身親閱歷，彼時情形，實實如此。職掌所關，不得不具疏題明。仰祈睿鑒，情節繁多，貼黄難盡，統乞睿賜全覽，勑部施行。

康熙四年十一月二十一日題，十二月初三日奉旨：『該部知道。』

户部覆前疏

題爲閘河啓閉等事。雲南清吏司案呈，奉本部送户科抄出，本部題覆總河朱之錫題前事等因，奉旨：『該部知道。欽此。』欽遵。於本日抄出到部。該臣等查得總河朱之錫疏稱每歲春月，例應築壩大挑。而沙隨水至，水落沙留。遇有淺滯，又復隨時撈濬。今歲旱澇相仍，臣督南北文武各官竭蹶鞭催，心力俱殫，幸賴國家洪福，重運漕船於九月二十三日盡數過臨北上，空回船隻今盡過濟。星夜催儹，赴淮甚速，原非淺阻等因，具題前來。查回空船隻既稱盡數過濟，相應請勑總河即嚴督沿河文武各官，將回空船隻速催赴次，再請勑總漕查明回空漕船過淮月日，速行具題，以憑再議。可也。奉旨：『依議。』

卷之二十

恭報重運糧船過臨疏

題爲恭報重運糧船過臨事。康熙四年十一月二十日，准户部咨開，雲南清吏司案呈，奉本部送户科抄出，總河朱之錫題前事等因。康熙四年十月初十日題，本月二十五日奉旨：『户部知道。欽此。』欽遵。抄出到部，奉批司查説堂送司。奉此查得總河朱之錫題報康熙四年起運三年分實在漕糧船五千六百七十六隻，俱於九月二十三日盡數催過臨清口閘北上訖等因前來。查過臨船隻既經總河具題，無庸再議。其回空船隻，應仍咨總河查明幫次，題報。可也等因。呈堂，奉批照行送司，奉此相應移咨案呈到部，移咨到臣。准此該臣查得重運北上，例皆前跟後接，挨幫而行，無容紊越。及至抵通卸糧，回空南下，原無次序。其人手器具齊備，撑駕捷速之船則先進閘河。而無蓬少人及滲漏破壞船隻，間有零星續進口閘者，歲歲皆然。

查今年南漕重運，總漕臣林起龍六次題報過淮船，至康熙四年五月二十四日止，共五千一百八十七隻，内除失風事故併僱募不回空外。今查據北河分司高恒豫呈報，自康熙四年七月初一日濟寧衛前幫運官王天錫下旗丁楊自起船進臨清口閘起，至十一月初七日横海衛運官吴士龍下旗丁張鳳等船止，共新、舊糧運回空五千四百八十隻，内除東昌、濮州、東平、濟寧等衛所例不過濟及各項事故外，至十一月十八日止，共過濟船五千三百一十五隻。續於十一月二十日二十九日十二月初八日止，又過濟雜幫零船二十三隻。通共過濟船五千三百三十八隻，内舊船三百一十四隻，康熙四年新船五千二十四隻，俱經節節鞭催，晝夜敲送南下。訖。

止有横海衛破漏船一隻，今據張秋通判馬光遠報稱，據壽張主簿馬之驌呈報，此船原係十一月二十六日入東阿縣境，旗丁外水久已逃盡，上蓋門窓俱無，艙内漬水，率夫隨岸隨滿，又令木匠補艙。今行至壽張縣境，雖極力敲拽，奈舊灰縫漬水不止，現令匠役補艙。但目下南旺大挑，卑職不得不率夫南上赴工，恐難兩顧等情，轉報前來。所有臨清以南，濟寧以北，除此一船之外，並無片帆隻艘矣。

臣查舊例内開運糧程限，江南限正月以裡過淮，五月上倉。湖廣、江西、浙江限二月過淮，六月上倉。果能如期則回空，八月、九月可以過淮，方克副冬兑冬開之限。一向江南船糧自開幫起，至四五月陸續過淮方畢，是則八月、九月方得上倉，回空必至十一、十二月方得過淮南下。且江西船糧遲至六、七等月過淮，十月、十一月方得上倉。斯時北河天寒較南倍早，安得不爲凍阻。

今歲江西船糧續於五月二十九日、六月初五等日，七月二十二日共過淮尾漕船二百三十隻，此係不在總漕臣原題數內。甚有遲至八月尚未過淮者，重運且不免於凍阻矣。查總漕臣原有特參江省遲漕等事一疏，題參在案。而此船過淮之日，又值黃、淮交漲，天妃閘水峻被阻。臣嚴督驅儹於八月二十四日進完董口，即於九月初五日過濟，於二十三日過完臨清。查與董口至臨定限並無遲滯。臣慮恐時將小雪，不但回空凍阻，即重運亦難抵通。可否將最後之船截留天津等處，兵糧或令關剝迎幫起卸，母船就彼發回。庶或歲內得以幾幸赶入臨清口閘，猶可敲冰催送。

先於八月十八日，備咨倉場部臣商酌去後。續准回咨，內開若後到津之船，誠恐沍寒永合。或令坐糧廳盡撥關剝到津，迎幫起卸，母船就彼發回。或令天津鎮道，酌留五年分兵餉三萬餘石之外。或擇地寄囤，俟春融撥運到通。庶可使母船得速南下等因在案。

嗣據天津鎮總兵官克德咨呈，內稱據左營中軍守備李廷斌報稱尾漕自十月初四日辰時起，九江衛前幫運官高夢龍等九幫至初五日巳時盡入安陵汛，本官親督北上，按汛接催。於十一日起至十四日止，陸續盡抵津關起卸，續准坐糧廳於十月十七日辰時卸完。九江、袞州、贛州三幫本鎮隨差城守營中軍守備翟仁錫執令箭督押，交王慶坨營接催去訖。又於十八日申時准坐糧廳卸完鉛山、永新二幫，本鎮又令城守營千總張朝瑞執令箭督押，交王慶坨營接催去訖。又准於二十日將新安、荆州、撫州、江寧四幫盡數卸完，本鎮隨又差城守營遊擊尤順行親押回空交王慶坨營接催去訖。惟有江寧衛運官胡拱璧下幫船四十五隻，據拱璧禀稱本幫軍船四十隻，剝船一隻外，自備民船四隻，其軍船應遵南下，民船四隻例不回空，禀明留津，變價以備來歲起運之費等情。除此四船之外，其赶幫各船盡數離津南下矣。俟出鎮屬營汛另文再報。

再查河北尚有上元幫空船十九隻，儀真幫空船十隻及無主空破船三隻，時下北河已凍，前船尚未抵津。即彼處防官竭力敲催，倖入鎮屬，已仲冬矣。則五百里迂長漕汛，河冰愈堅，縱使設法敲催，何能一時出汛？萬一凍阻，非鎮屬催儹不力，乃前船抵津時日遲悞之所致也。俟前船催入鎮屬營汛之日，另文再報。事關呈報尾漕卸完、入汛回營日期事理，相應呈報等因到臣。

臣又行天津鎮道德州道將逐程嚴催，敲冰拽送之檄殆無虛日。續據天津鎮總兵官克德咨呈，內稱鎮屬漕汛四營，除在津起卸之九江等衛所九幫空船業已督催出汛，今查右營磚河堡南凍阻無主破爛空船二隻，左營薛家窩汛凍阻空船三隻，安陵汛凍阻空船共十四隻，皆緣各船出北河而入，城守營汛已逾小雪，爲時最遲。復因無主各船更需兵夫挽拽，兼汛地迂長五百餘里，一時不能驟出，致於十一月初二日陡然河冰凍合揸灣。現在嚴令晝夜敲冰，俟兩營敲催出汛之日，另文再報等因。

又據德州并德州營開報贛州等衛空船二百一十六隻於十月二十八等日入境，漕河已凍，挨汛敲冰。今到德州衛第十屯、第三屯，尚未出境。又雙廻溜迤南凍阻，江寧右衛等幫船二十隻係吴橋縣地方。臣查德州衛吴橋一帶凍阻空船，内有江西尾漕，贛州、袁州、九江、永新、荆州、廣信、撫州、新安各幫并江寧右衛後幫共船二百隻。重運原在六七月過淮，較之二月過淮之限已逾四五月矣。江西糧道業經總漕臣以違漕特叅，雖亟亟北上抵津寄囤，而發回之時，河冰即以凍結，計時論限，勢所必然。臣現在嚴飭該汛文武各官嚴催抵口，大壩一開，即行星夜南下。

至於總漕臣原題南漕過淮船共五千一百八十七隻，今運臨、南、徐屬并本年續過江省舊運，回空共進臨清口閘船五千四百八十隻，俱已接續赴次。而惟是德州吴橋境内有凍阻上元後等衛零星雜船三十六隻，并天津鎮前報左右營汛凍阻船，内有上元等衛零船十隻，俱係五月過淮數内之船，抵通卸完。不知因何不隨大幫一同南下，零星落後，以致凍阻難前。其中情節未據逐細報明，臣已備行津、德兩汛各官查落後緣由另題外，兹准部文回空船隻咨臣查明，幫次題報。謹將大幫過臨、過濟南下船數、日期及津、德兩處各官呈報凍阻船數，敲冰前進情由，理合一併題報。伏乞睿鑒，勅部施行。

康熙四年十二月□□日題，□月□□日奉旨〔一〕……

回奏南兑需船疏

題爲南兑需船甚急，北河淺阻堪虞，仰懇天語嚴勅濬儹，以速新運，以裕國儲事。康熙四年十二月初四日，准户部咨，雲南清吏司案呈，奉本部送户科抄出，本部覆總漕林起龍題前事等因。康熙四年十月二十日題，十一月十一日奉旨：『據奏臨清州等閘，處處涸淺，閘閘淤塞，重運膠滯，回空壓阻。漕糧關係重大，該管各官不行加緊疏濬，設法催儹，殊爲不合。着嚴察速議，具奏。該部知道。欽此。』欽遵。於本日抄出到部。

該臣等查得總漕林起龍疏稱各屬漕米已經徵貯水次，日盼丁船受兑。查天津道揭報回空船隻已有三千二百四十九隻，迄今過淮空船僅有九百餘隻。今准山東提督楊捷移報臨清等閘，處處涸淺，閘閘淤塞，漕船俱爲遲阻。伏乞皇上勅下河督併沿河督撫諸臣合力疏濬，星夜催儹等因。奉旨：『據奏臨清州等閘，處處涸淺，閘閘淤

〔一〕『旨』下有脱字若干。

塞，重運膠滯，回空壓阻。漕糧關係重大，該管各官不行加緊疏濬，設法催儧，殊爲不合。着嚴察速議，具奏。該部知道。』除河淺不行疏濬以致糧船淤塞，應聽工部查議外。查漕船關係國家重務，自應星夜催儧。今稱河閘涸淺淤塞，漕船遲阻，總河朱之錫專管河道，因何不行疏濬，以致漕船阻滯，殊爲不合。相應請勅總河速行明白回奏，并請勅沿河督撫，嚴檄汛地大小各官，合力速將回空船隻星夜催儧南下，毋誤新運。可也等因。康熙四年十一月十八日題，本月二十日奉旨：『依議。欽此。』欽遵。抄出到部送司，奉此相應移咨案呈到部，移咨到臣。

臣猥以庸菲，謬肩兩河重任。黄河巨浸，每患其衝，運河涓流，又患其淺。且天時水旱，往來不齊，臣實蚤負滋懼，亦惟是殫竭心力，憂勞拮据，罔敢刻懈，以庶幾補塞萬一。乃今年運事艱難，倍於往昔。總漕臣林起龍念切新漕，誠恐河水淺涸，回空不前，疏請勅臣併工挑濬疏導。蒙我皇上不即譴責，特允部議，行臣回奏。臣感激天慈，敢不據實披陳以聽睿察乎？

竊惟閘河情形，上閘啓而下閘閉，則淺者可深。下閘啓而上閘閉，則深者頓淺。故船有定式，米有定數，啓閉有隨漕之規。蓋以來源本微，尾閭易洩，原非現成江河可比。今歲春夏天旱源微，臣督司道等官設法疏通，終覺艱澁。及五月得雨之後，於七月十二日止，南漕過濟者共四千四百三十八隻。然重運少遲，回空自是不能甚早。臣方憂惕靡寧，不意五月末旬淮、黄交漲，尾船八百餘隻，天妃閘水高溜湧，致碍打放。尾船之後，又有咨報六七月過淮江漕二百餘隻，迨至六月末旬水勢少平，始獲陸續多方牽挽。嗣於八月二十四日過董，於九月初五日過濟。南旺以北別無支流，而江漕又皆船大倍載，較之如式淺船，積水須多，費時必倍。臣恐其阻壓，專委標營副將譚捷元尾催，仍諭以設法起剥。幸即於九月二十三日盡數過臨，查與歷年自濟過臨之期，原無遲滯。但是時北來空艘陸續抵臨，重運在上，閉閘蓄水。下閘之水已洩，上閘之水未來，空船暫待，自是不免。惟是時序入冬，回空亦不容緩。臣於十月初一日兼程至臨，幸重船先已出口，袍船、兵船亦皆相繼北上。因念河内專行回空，用水有限，通行南旺以北各閘，止下閘板四五塊，勤啓少閉，接濟下流。又值今歲結冰更早，臣復飭催預備船隻、器具，節節敲送。除江西尾漕過淮原遲，併津、德落後零船，另疏題明外。

查總漕臣題報過淮五千一百八十七隻，於十一月初七日止。除僱募及各項事故外，過臨舊船併康熙四年分新船共五千四百八十隻，於十一月十八日止。除東兗水次及各項事故外，共過濟船五千三百一十五隻，至十二月初八日止。續過濟雜幫零船二十三隻，共過濟舊船三百一十四隻，康熙四年新船五千二十四隻，通共新、舊船五千三百三十八隻，於十二月十二日止。除徐、邳水次不應出口及各項事故外，據宿遷縣報到已出董口舊船三百零六隻，康熙四年分新船四千八百三十五隻，二項共船五千一百四十一隻。

又據臣差官仙養志禀稱志蒙差往董口，催儹回空，晝夜無停，至十二月十二日止，共出口新運空船四千八百三十五隻，口內並無空船。隨於十三日自董口一路迎回至黄林莊、韓莊止，只有江寧左等衛空船五隻，逐汛交割南下。其韓莊至濟並無南船，方敢回濟銷差等情。

臣查出口船數與過濟不符。據邳宿同知解機回稱新運回空至十二月十二日止，共出口船四千八百三十五隻，外有火燬撞沉船五隻。又兑邳州糧米在泇口船二隻，其餘各衛買補民船俱隨大幫出口，例來不報。再查舊運回空至十月初七日止，共出口船三百六隻，外有南昌衛民船八隻，俱隨大幫出口，例不入回空之數。總漕臣疏稱天津道揭報回空過津三千二百四十九隻，過淮僅有九百餘隻，今臨清以南，濟寧以北，四百餘里之內止有南漕船一隻，并所指顧家墳、梁家卿、西河嘴等處，皆在東昌臨清境內。原因漏損停泊壽張縣境。其過臨大幫，應赴南兑各船五千三百三十八隻，盡已過濟南下，並無阻滯。則東臨河道原無淤淺，固已顯然易見矣。臣前者接閲邸抄，緣職掌所關，不敢緘默，已具有閘河啓閉有時等事一疏，備陳原委。兹奉旨回奏，謹將前疏內確實情形，併過臨、過濟、過董回空船數、日期逐一開列，具奏。仰祈睿鑒，伏乞勅部議覆、施行。

康熙四年十二月□□日題，……旨〔一〕……

題補揚河通判疏

題爲循例請補管河廳官，以裨修防事。據濟寧道方兆及呈稱蒙臣票爲行查事，仰道即將濟寧州州同潘得榮出身、履歷、歷俸年月日期，任內薦録幾次，見在有無詿誤各案，檢閲節年册卷，備細查明，具文報院，以憑查奪，毋得遲悮，取咎未便等因。蒙此，隨行兖州府查取去後。

今據該府申，據濟寧州申稱查得州同潘得榮年二十八歲，係鑲白旗李顯桂固山陳謨佐領下。於順治八年十一月內本固山咨送國子監肄業。順治十年十二月內禮部考中，咨送吏部考選，咨送户部歷事，即委管太平倉事務。於順治十四年十一月內咨送吏部，考定州同。於順治十八年六月內選授今職，本年八月初八日到任。至康熙四年九月初八日連閏，共計四年兩箇月。任先蒙總河朱部院委看運河廳印務題薦一次。又於康熙元年四月內，本府轉詳委署嘉祥縣印務。署篆未久，所徵錢糧無幾，隨經交代明白。又於康熙三年十二月內，本府轉詳委署滋陽

〔一〕『旨』前後皆有脱字若干。

縣印務。任內經徵錢糧，俱經造册申報外，其餘盡行蠲免，並無未完等項錢糧，亦無東人註誤及盜賊緝案。任內薦一次，加二級，紀録八次，獎一次，俱經在案。再查自順治十八年至康熙三年止，任內經徵本州漕糧及鹽課鹽引，盡行通完。案查署事鄆城，爲密題請旨事，緝拏于七案內罰俸三箇月，並無違碍，允稱盡職。今蒙查取，擬合具文申報。

據此，又據嘉祥縣申稱蒙此查得潘州同原署嘉祥縣印務任內並無未完錢糧，亦無未結緝盜之案。今蒙行查，擬合具文回報。

據此，又據鄆城縣申稱查得潘州同蒙委署鄆城縣印務自康熙元年九月二十六日到任起，至康熙三年二月十四日離任止，凡任內錢糧除康熙元年分所遺新丁銀七十兩八錢一分零，臨米脚價銀三十兩六錢八分零，係前任周知縣任內未經徵完，並二年分新丁銀七十兩八錢一分零，自奉布政司册報之後，俱經卑職代徵起解外，其餘俱已完足，亦無奉有緝盜未結之案。今蒙前因，擬合回報各等情到府。

據此，該本府知府彭繩祖查得濟寧州州同潘得榮屢經委署，任內並無未完錢糧，亦無未結盜案。又據各州縣查明前來，擬合據實詳報等因到道。

據此，該本道復查得濟寧州州同潘得榮屢經委署，任內並無未完錢糧，亦無未結盜案。茲據該府查明前來，相應呈報等因到臣。

該臣看得管河廳官選擇題補，歷經奉旨遵行在案。揚屬河道乃四瀆歸墟之地，兼之本境湖面數百里，一派汪洋，宣洩隄防，事任綦重。原任通判周道東以病休致，其任內有無未完錢糧、盜案，臣已行司道查明，業經另疏具題。

查該屬高、寶、江三州縣一帶，湖堤垂三百里。去歲因颶風湖嘯，衝殘甚多，非得勤敏練達之人亟爲乘時修築。轉盼桃汛，水勢再發，收拾愈難，誠有不可時刻緩者。今署事同知秦尚忠，復以別案革職，而揚屬附近各官皆有錢糧、緝捕之責，仍多罣誤，難以議補。若專候部選，又恐到任無期，不免坐誤。臣查得濟寧州州同潘得榮諳曉河務，屬經臣委督大挑決口，素著成効，堪以委辦。且本官俸序已深，節經薦紀加級，銜缺既屬相當，任內復無罣碍。以之題補前缺，旬日之間，即可受事，庶修防有藉而急工無誤，所裨良非淺也。臣謹循例具題，伏乞勅部議覆施行。

康熙五年正月□□日[一]，二月□□日奉旨：『吏部議奏。』

[一]『日』下疑脱『題』。

查覆楚省漕船疏

題爲楚省漕船盡在運河守淺，新協江運無船轉應，仰請題明，以免遲悮之咎事。康熙四年八月二十八日，准户部咨，雲南清吏司案呈，奉本部送户科抄出，本部題覆湖廣巡撫劉兆麒題前事等因。康熙四年六月二十九日題，七月二十九日奉旨：『該部速議，具奏。欽此。』欽遵。於本日抄出到部。該臣等查得楚撫劉兆麒疏稱楚省協濟江西漕船，自康熙二年、三年并康熙四年正月盡數發協，至今並無片帆回空，恐悮新運，請勅部亟行總河諸官星速催儹等因，具題前來。

查楚省康熙二、三年回空船隻，並無片帆到彼，皆因沿河大小各官催儹不力之故。漕糧關係重大，豈容遲悮。相應請勅總河總漕一面嚴檄沿河各官星速催儹外，其康熙二年、三年船隻於何處延挨，應將催儹不力汛地各官指名題叅，以憑議處。併請勅江西巡撫俟楚船回日，將新運糧米通融撥兑速開，依限抵通。再請勅楚撫將在楚滿料船四十八隻，何以未經配造船隻，先將錢糧用過，每年報部開銷，應速行令造册送部，以憑查覈。將此船四十八隻，責令該道依限發協江西，速濟新運。如違限期，即指名叅處。可也等因。康熙四年八月初八日題，本月初十日奉旨：『依議。欽此。』欽遵。抄出到部，送司。奉此案呈到部，移咨到臣，准此隨行沿河鎮道廳將各官查催去後，續據濟寧道方兆及等呈報到臣。

該臣看得江西省至淮共計水程二千零四十里，自淮至張灣共計水程二千三百九十里，逆溜縴挽，閘河守板積水更與淮南不同。故江西重運舊例定於二月過淮，然後歲内可以回次受兑。近來湖廣協運江西糧船，多在七、八、九月過淮，甚有冬月方過淮者。無論北河天氣倍寒，結冰更早，回空必致守凍，即重運北上已不免於凍阻矣。

湖廣撫臣劉兆麒疏稱：楚省協濟江西漕船，自康熙二年、三年并康熙四年正月盡數發協，並無片帆回空，恐悮新運。部覆請勅臣與總漕臣嚴檄沿河各官星速催儹，其康熙二年、三年船隻於何處延挨，將催儹不力各官指名叅處等因。奉旨咨行到臣，遵即嚴督查催去後。續據各該鎮道等官皆稱凡遇回空過汛，隨即催儹南下，並無在境延挨，孰肯容其停泊，自干功令。

臣復檢查節次文揭，除康熙二年楚省糧船黄州等衛原於四、五、六月内并七月初十日過淮者，即於二年内回空南下。訖。又岳州衛於九月過淮者，回空亦於三年六月内南下已久。其康熙三年楚省糧船有武昌左衛淺船五十三隻，係五月内過淮者，抵通回空，即於三年十一月内催出董口南下外。至於荆州、武昌、黄州、德安等五衛所回空船一百一十九隻，并江西吉安等衛所船二百八隻，重運原係七、八、九、十等月陸續過淮，更有冬月過淮，康熙四年正、二月方進董口者。其三年進口之船，來非其時，正值回空盛行，又湊遇各路兵船同時北上。閘河之內，原難兩舟並進。在於邳宿境內暫讓兵船，回空過畢，時已冰凍。及至四年二月開壩之後，因上源閉板，借水北注。臣於三月內親馳邳境目擊江、廣船大倍載，恐致阻壓全漕。一面牌行如式各船乘便開行，一面覓船剥儹江漕，嚴催前進。臣曾於重運鱗抵臺莊等事疏內，題明在案。嗣於五月之後，俱各陸續過濟抵灣，回空各船已於九月內相次南下，各有入境、出境日期可查。總因重運來遲，回空自難如期，飛協新運，實非沿河各官催儹不力之故。既經各鎮道回報前來，臣復查明無異，相應具題。再照此案，扣至正月二十七日限滿，臣因北赴臨清，南赴董口，查督大挑工程，至二月初一日方得回濟繕疏，是以逾限二十四日，理合一併題明。伏乞睿鑒，勅部議覆施行。

康熙五年二月二十日題，□月□□日奉旨(一)……

患疾日深疏已繕尚未拜發

奏爲微臣患疾日深，重任益虞蚉負，籲懇天恩特准解任調理，以無誤河漕事。竊臣一介庸菲，猥荷世祖皇帝拔擢，俾總兩河，復蒙我皇上格外殊遇，寵加宮秩，濫竽重寄，十載於兹矣。積咎彌多，受恩愈重，夙夜省循，雖捐糜頂踵，尚未足仰酬萬分之一。何意蒲柳之姿，天禀本弱，兼之才力譾薄，綆短汲深。每當天時水旱，南北奔馳，憂悸內積，久感怔忡病症。自去春來，心火上炎，跳動不止，飲食減少，恍惚多驚。終夜之間，臥起三、四，不能成寐。及後閱歷夏秋，前病日劇，偶於八月二十五日由虞城督工回署，檢閱各屬公文，痰火上衝，忽然眩暈。傳醫馬伯龍投以薑湯硃砂等劑，移時方定，此皆本處官役所聞見而共知者。時方決工緊急，空重盛行，黽勉辦埋，不敢輒以私情瀆陳，自干規避之罪。迨至今歲正月初四日，北赴臨清勘閱大挑。回濟之後，又於二十一日南閱夏鎮八閘、邳宿一帶，加以感冒痰嗽，過服發散之劑。迄今月餘，寒疾雖退而頭暈非常，心胸躁動，批覧少久則耳鳴目緊，眩瞀難支，兩膝以下寒冷作酸，至不可忍。歷傳醫生馬伯龍、鄭國柱等診視調治，皆云血氣內損，非得歲月靜息，未易痊復。

臣思人臣以身許國，雖鞠躬盡瘁，義所應爾，狗馬疾病，何足上瀆宸聰，但河道事務關係國計民生，何等重大。河工形勢，變遷百出，錢糧夫料，頭緒紛紜，何等繁劇。在臣駑鈍之質，平時猶懼僨轅，當兹精神耗竭之餘，若因循緘默，日復一日，則所係軀命者雖微，有關軍國者甚鉅。萬一隕越貽誤，臣罪滋大，此臣所以輾轉思維而不得不披瀝於君父之前者也。

(一)『旨』下有脫字若干。

查山東總督臣祖澤溥、河南總督臣劉清泰俱以患病疏請調治，蒙恩俞允。臣謹援例冒昧籲陳，伏乞皇上軫念河漕重寄，臣抱痾之身難以勝任，特准解任調治，勑部速推新督接管受事，則臣未隕之年皆皇上再造之賜也。臣不勝懇切籲恩之至。

整理人：　陳二峰，南陽師範學院歷史文化學院副教授，著有《衝突與融合：　清代河南官民合作的文化理路》等論文十餘篇。

〔清〕薛鳳祚　撰

兩河清彙

李留文　整理

整理説明

《兩河清彙》，清初薛鳳祚撰，是關于黄河、運河治理的專著，成書于康熙前期。明清兩代以黄濟運，而狂傲不羈的黄河不但淹没田舍、泛濫成灾，也常常淤塞運道、阻斷漕運。黄河、運河的治理已經成爲關係國計民生的重大社會問題。因此，康熙皇帝把治河、漕運作爲同三藩并列的國家大政。《兩河清彙》就是在這種背景下成書的。

薛鳳祚，字儀甫，山東淄川人，《清史稿》有傳。他出生于一個書香門第，其父薛近洙是明萬曆年間的進士。薛鳳祚早年從鹿繼善、孫奇峰等學者學習陸王心學。後從魏文魁學習天文曆算。順治中赴南京從法國傳教士穆尼閣游，『儘傳其術』。《四庫全書》收入其《天學會通》及其所譯穆尼閣之《天步真原》。他因此成爲天文曆算領域的翹楚，與王錫闡齊名，有『南王北薛』之稱。清代著名曆算學家梅文鼎評價説：『近代知中西曆法而有特解者，南則王寅旭（錫闡）、楊子宣，北則薛儀甫，特當爲之表率。』薛鳳祚涉獵廣泛，不但在天文曆算領域，而且在樂律、地理等方面都有很深的造詣。康熙十五年受河道總督王光裕之邀，從其治理河道。其間，他廣泛參考治河文獻，詳究兩河利病而著成此書。

《兩河清彙》無序、跋，卷首有黄河、運河河圖，之後分八卷。卷一至卷四記運河，詳述運河流程，河湖、泉水、職官、夫役以及治運實例，卷四末附有《海運纂要》；卷五至卷八記黄河，其中卷五、卷六記述黄河源流、黄河兩岸職官、夫役、歷代治河實例；卷七文字輯録自明代潘季馴《河議辯惑》、清代崔維雅《河防芻議》兩書；卷八爲薛鳳祚總結的治河理論。

統觀全書，有以下兩個重要特點：

第一，黄運并列，以保證漕運爲旨歸。全書共八卷，運河、黄河各占四卷。作者將黄河、運河并列寫入一書，其實正好反映了作者寫作此書的目的，那就是保證漕運安全。明清兩代，以黄濟運，治漕必先治河，河運密不可分。所以作者無論寫運河，還是寫黄河，主要都是在爲漕運的通暢、安全考慮。書中不厭其煩地羅列運河沿綫河湖、泉水，旗幟鮮明地反對黄河河道北徙，重點叙述黄運交匯處的河道及其治理，都是在爲漕運出謀劃策。

第二，厚今薄古，推崇潘季馴的治河理論，反對賈讓的治河策略。漢代賈讓提出治河三策，以遷徙下游居民爲黄河讓道爲上策，以築堤束水、防河潰敗爲下策。此方略自漢代提出後，備受後代推崇。但薛鳳祚堅決反對，認爲賈讓治河三策中的上策、中策均不可行，只有下策，即築堤束水才是最有效、最可行的治河方略。宋代歐陽修提出『黃河故道不可復』的定論，薛鳳祚明確反對。他極力推崇的是明代潘季馴和他『束水攻沙』的治河理論。這其實也是從漕運的角度考慮，運道靠河水補充，黃河一旦改道，『國儲四百萬石安適乎？』所以必須加固堤防，防止黃河改道。如此，束水攻沙就是最好的選擇了。所以，他才會在書中大力倡導縷堤、遥堤、格堤、滚水壩等一整套治河技術。

至于本書的不足，《四庫全書》在本書《提要》中，批評了薛鳳祚在第四卷末附録《海運纂要》的做法，認爲『迂謬而遠于事情，遂爲白璧之微瑕』。但其實，海運并非不可以復，對薛鳳祚的批評正反映了批評者的狹隘。今天看來，薛鳳祚不惜筆墨，叙述膠萊河及海運行程，不但爲後人保留了元代以降的海運史料，而且體現了他開放的胸襟和求索的精神。不過，本書確實存在一些地理知識方面的錯誤。比如卷首兩河河圖中，將河源星宿海同蒲昌海連爲一體，作爲黃河之源。蒲昌海即羅布泊，在今新疆，漢代認爲是黃河之源。到元代發現星宿海，人們才真正找到黃河之源。而作者將漢代的知識和元代的知識混爲一體，反映了其地理知識的缺陷。又如，他將本屬衛輝府的獲嘉縣歸入彰德府，反映了同樣的問題。

《兩河清彙》收入《四庫全書·史部·地理類》河渠之屬，四庫本成爲今天僅見的版本。點校以此爲底本，參考《明史》《清史稿》等正史的河渠志及《河防一覽》等書籍，以明其正誤。

本書由李留文點校，陳二峰、蔣超、黎沛虹審稿。不當之處請批評指正。

整理者

目録

卷八　黄河(四)……三八六

提要

臣等謹案：《兩河清彙》八卷，國朝薛鳳祚撰。鳳祚，字儀甫，益都人，受算術於西洋穆尼閣，以天文名家，國初言歷法者推為獨絶。梅文鼎《勿菴歷算書記》所謂『青州之學』也。而亦究心於地理，故詳究兩河利病以著是書。卷首列黄河、運河兩圖；一卷至四卷為運河修築形勢，北自昌平、通州，南至浙江等處，河湖、泉水諸目皆詳載之；五卷、六卷則專記黄河，職官、夫役、道里之數及歷代至本朝治河成績；七卷則緝録前明潘季馴《河防辨惑》、國朝崔〔維〕雅《芻議或問》二書；八卷則鳳祚所自著也，曰芻論，曰修守事宜，曰河防緒言，曰河防永賴。書中援據今古，於河防得失疏證頗明。惟海運一篇，欲訪元運故道，與漕河並行，蓋猶祖邱濬之舊説，則迂謬而遠於事情，遂為白璧之微瑕，無是可矣。

乾隆四十六年十一月恭校上

黄運河圖

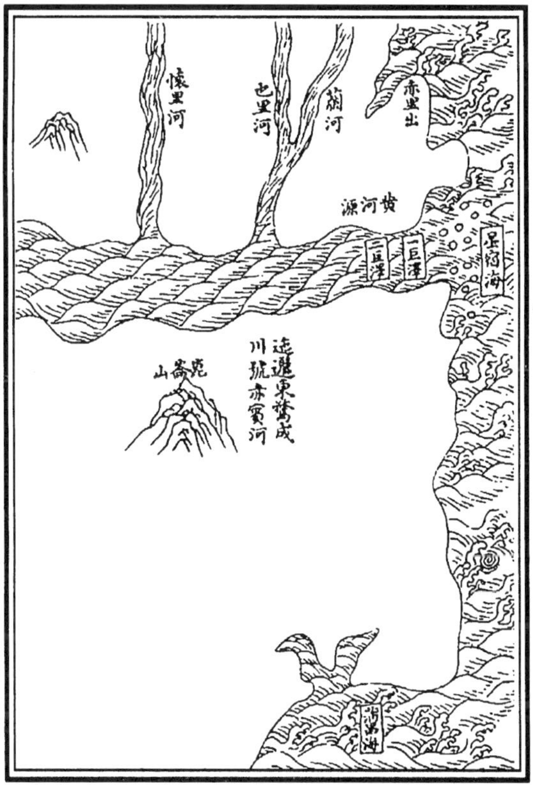

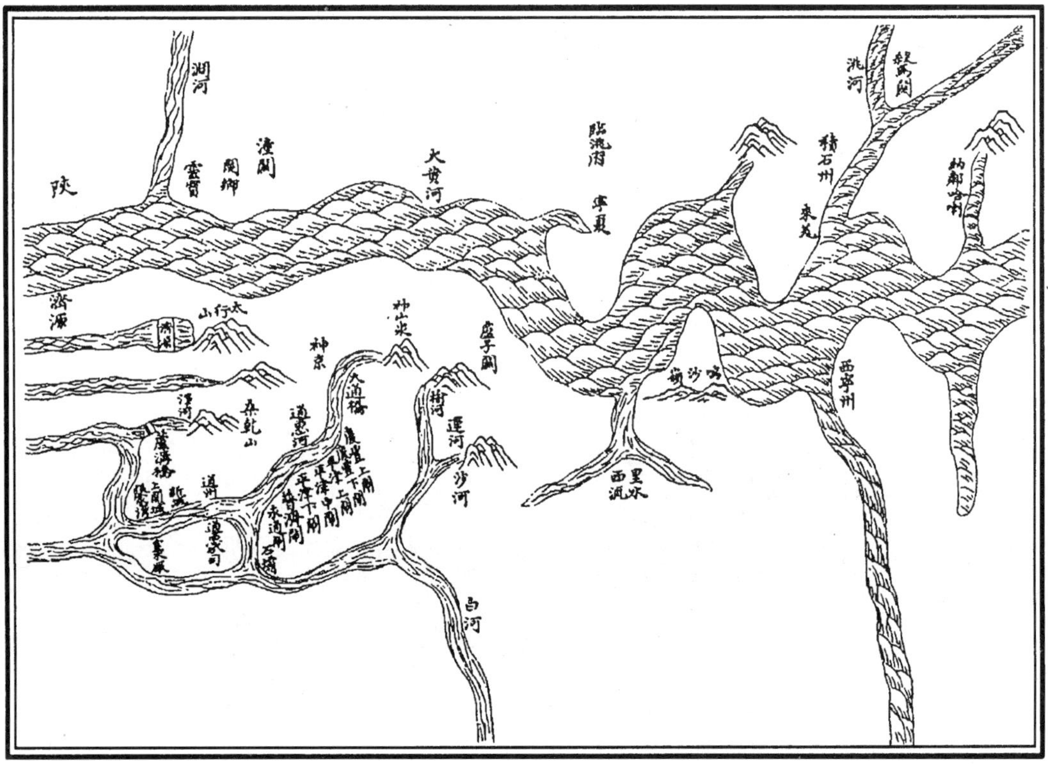

湖河
潼關
閿鄉
靈寶
陝
大黄河
臨洮府
寧夏
洮河
積石州
河州
西寧州
黑水
西流
沙河
運河
濟源
太行山
神京
通惠河
大通橋
盧溝橋
通州
永通閘
白河

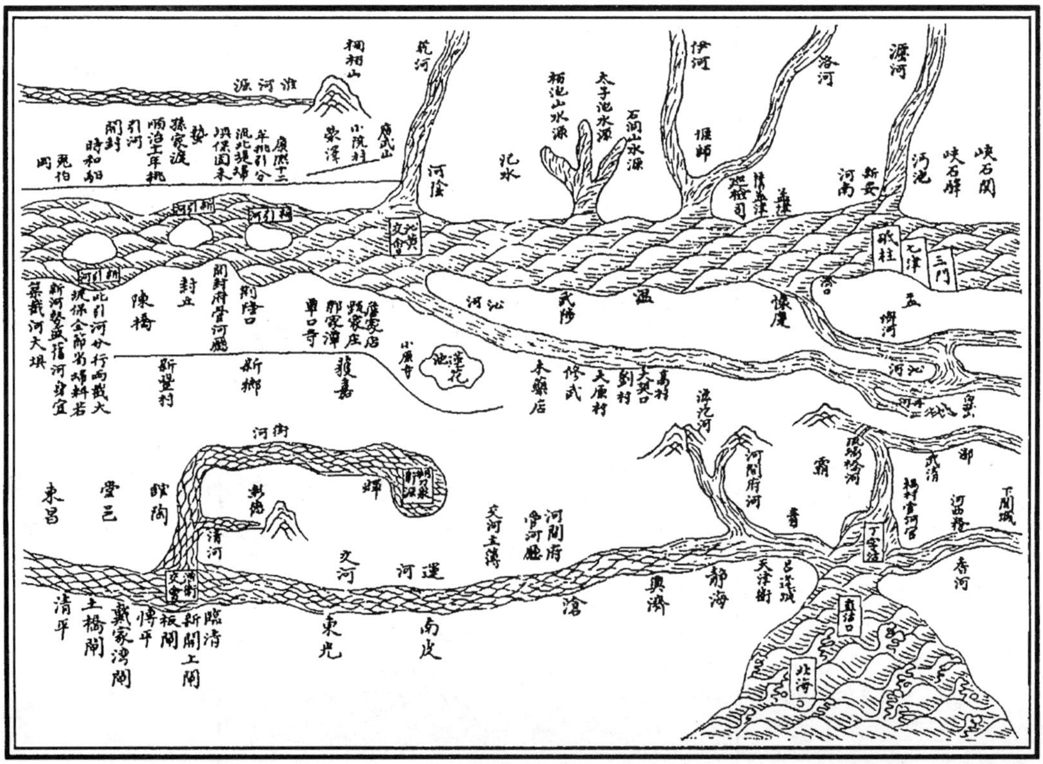

伊河
洛河
澠河
偃師
孟津
峽石關
新安
河南
河陰
汜水
廣武山
滎澤
沁河
武陟
温
懷慶
三門
砥柱
陳橋
封丘
新鄉
獲嘉
修武
木欒店
滹沱河
河間府
霸
靜海
天津衛
北海
臨清
清河
清平
東昌
堂邑
館陶
東光
南皮
滄
興濟
交河
運河

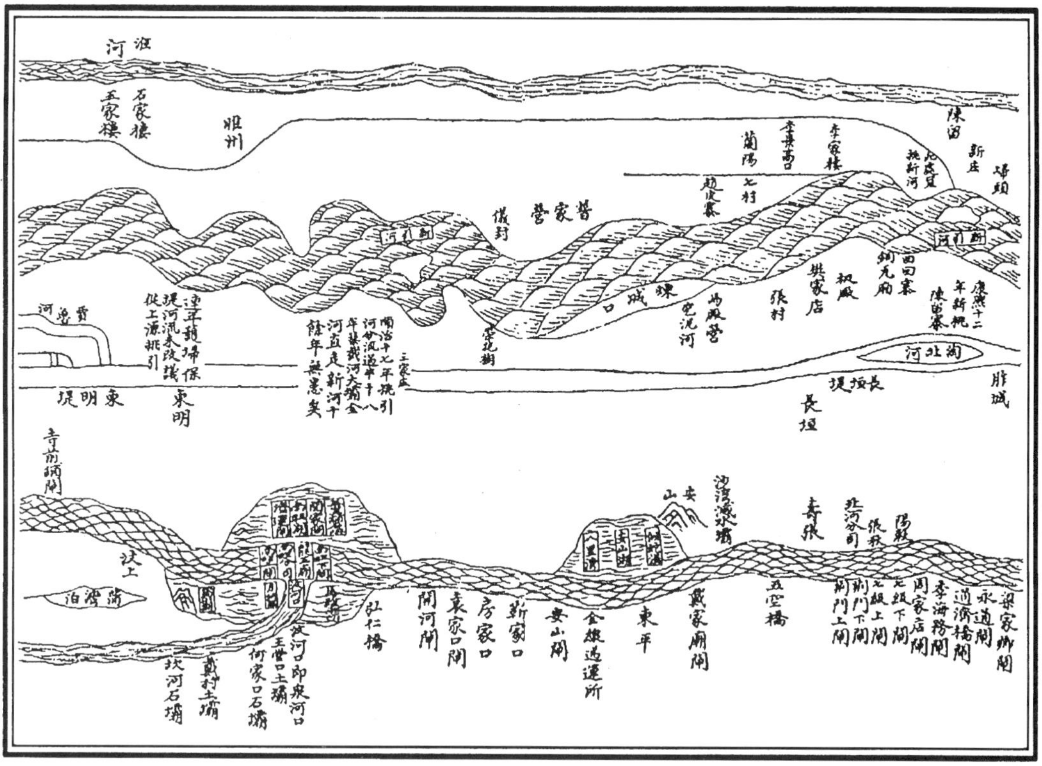
淮河
石家樓
王家樓
睢州
陳留
新庄
蘭陽
儀封
督家營
東明
東明堤
長垣
長垣堤
胙城
安山
壽張
東平
戴家廟閘
五空橋
安山閘
新家口
房家口
袁家口閘
開河閘
弘仁橋
永通閘
梁家鄉閘

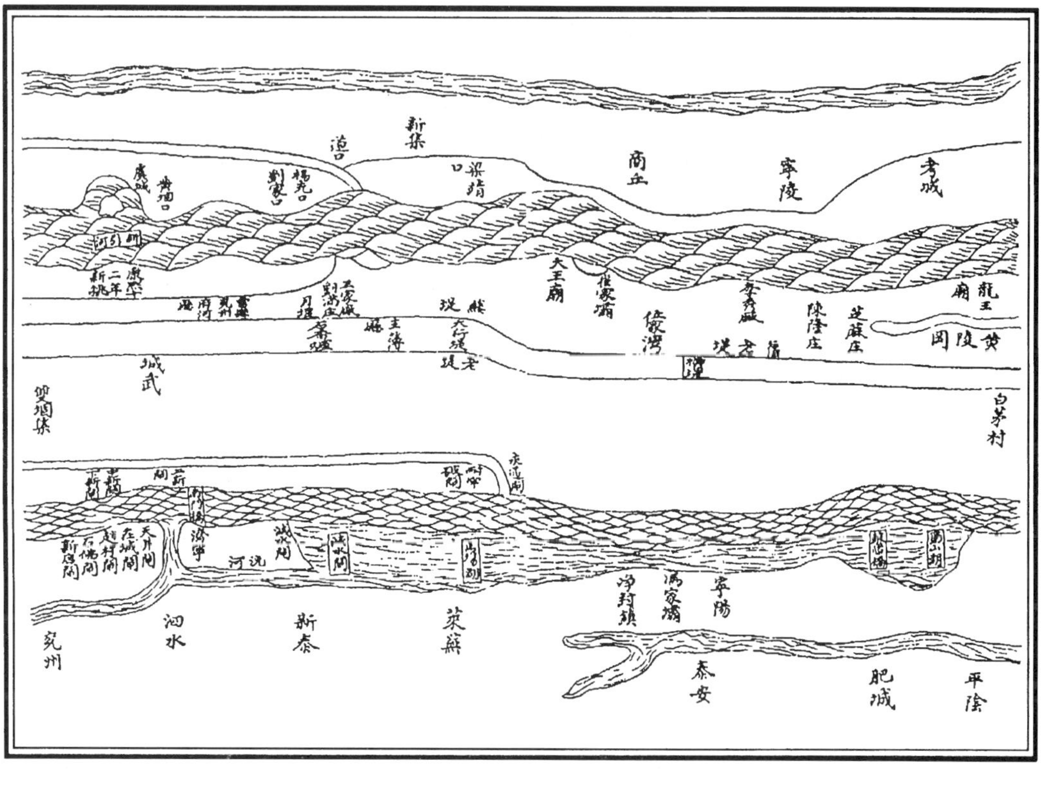
新集
商丘
寧陵
考城
梁靖口
劉家口
大王廟
黃陵岡
白茅村
武城
兗州
泗水
新泰
萊蕪
泰安
肥城
平陰
寧陽
天井閘
在城閘

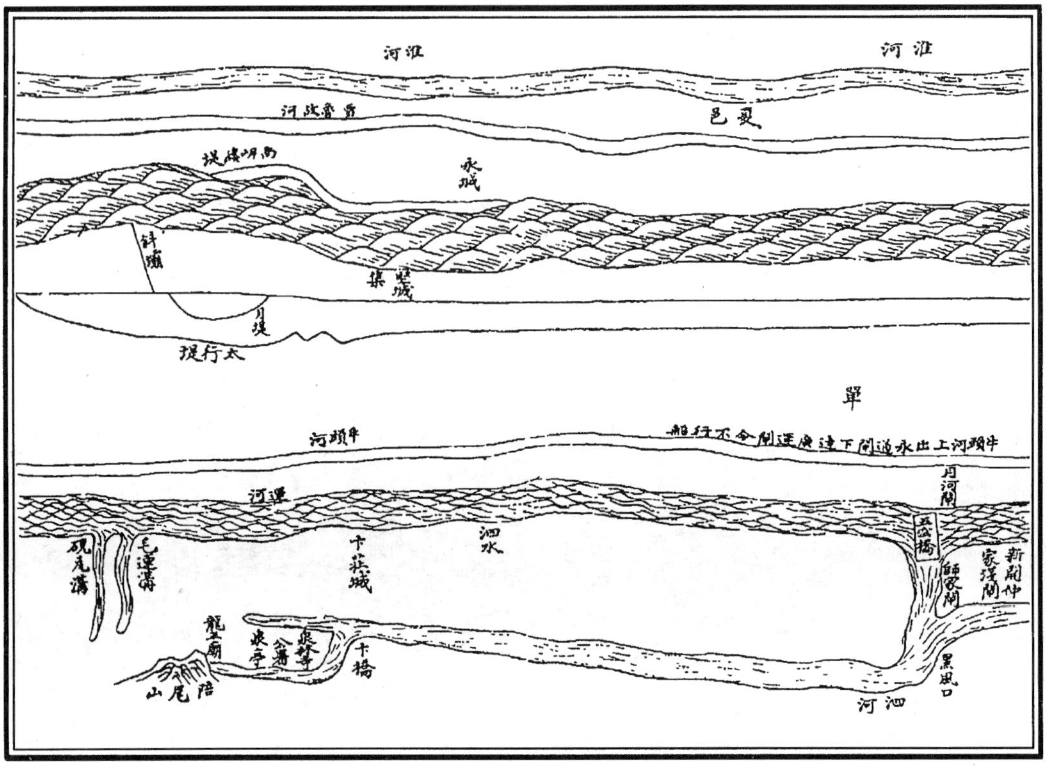
淮河
淮河
賈魯故河
夏邑
永城
太行隄
月隄
單
牛頭河
運河
泗水
卞莊城
毛運溝
硯瓦溝
龍王廟
卞橋
陪尾山
泗河
黑風口
五空橋
月河閘
新閘
仲家淺閘
師家閘

趙家圈
碭山
豐
沛
飛雲橋
滕
南陽閘
利建閘
谷亭閘
魚台
谷亭
廣運河
運河
夏鎮閘
楊庄閘
滕縣主簿
三河口
沙河
支河
朱梅閘
尹家湖

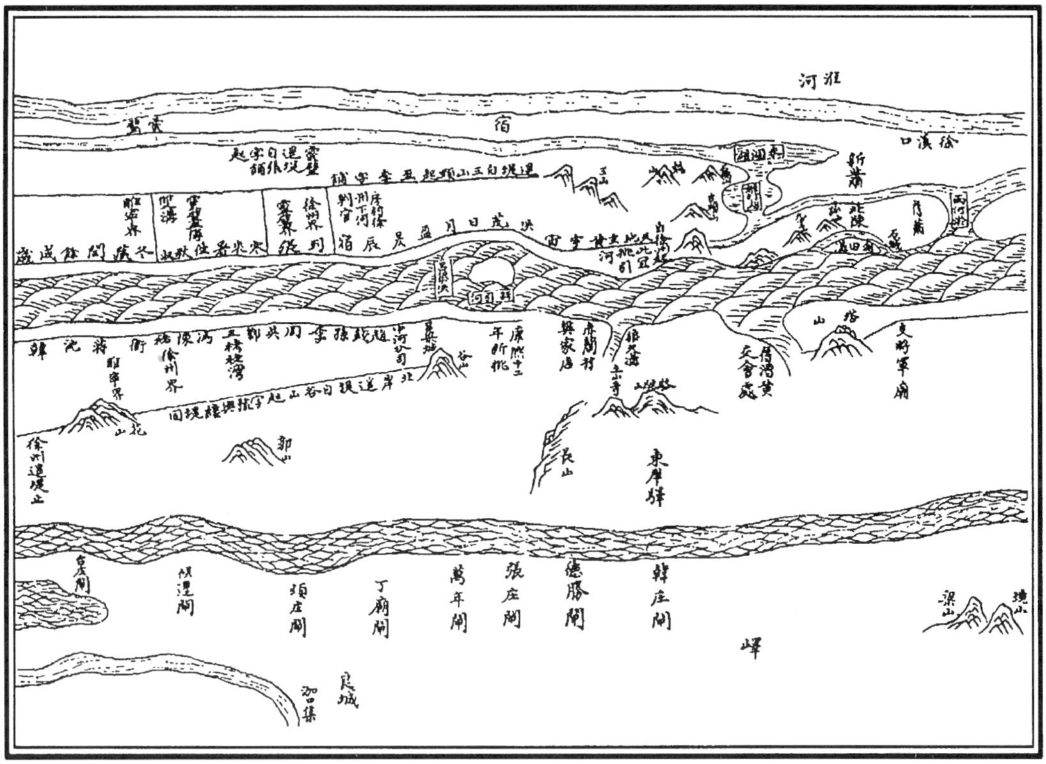

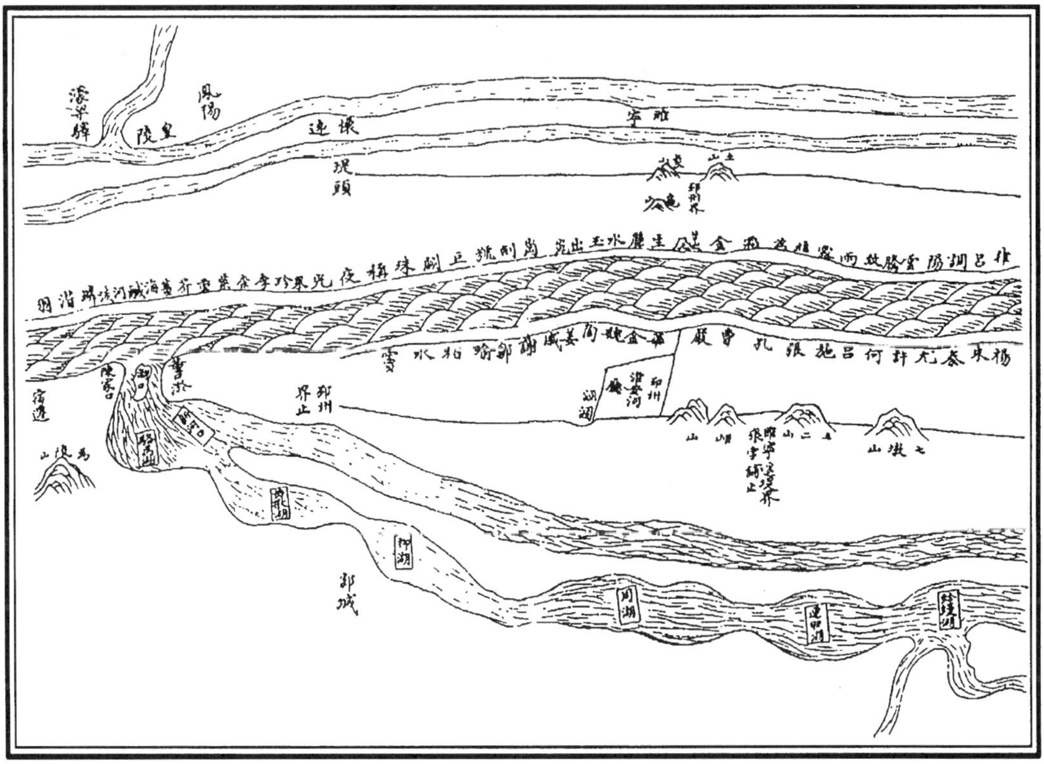

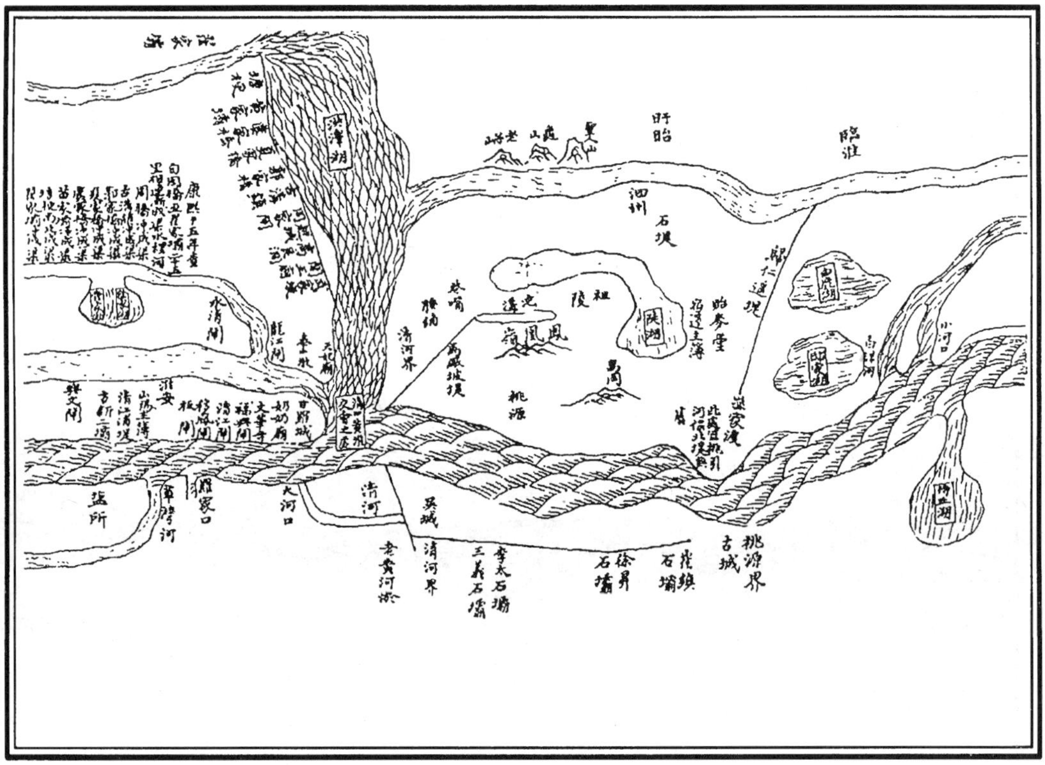
洪澤湖
盱眙
臨淮
泗州
清河
大河口
鹽所
吳城
清河界
桃源界
古城

山陽湖
高郵湖
天長
揚州
泰興
如皋
通
泰
興化
鹽城
海口
安東
顏家河

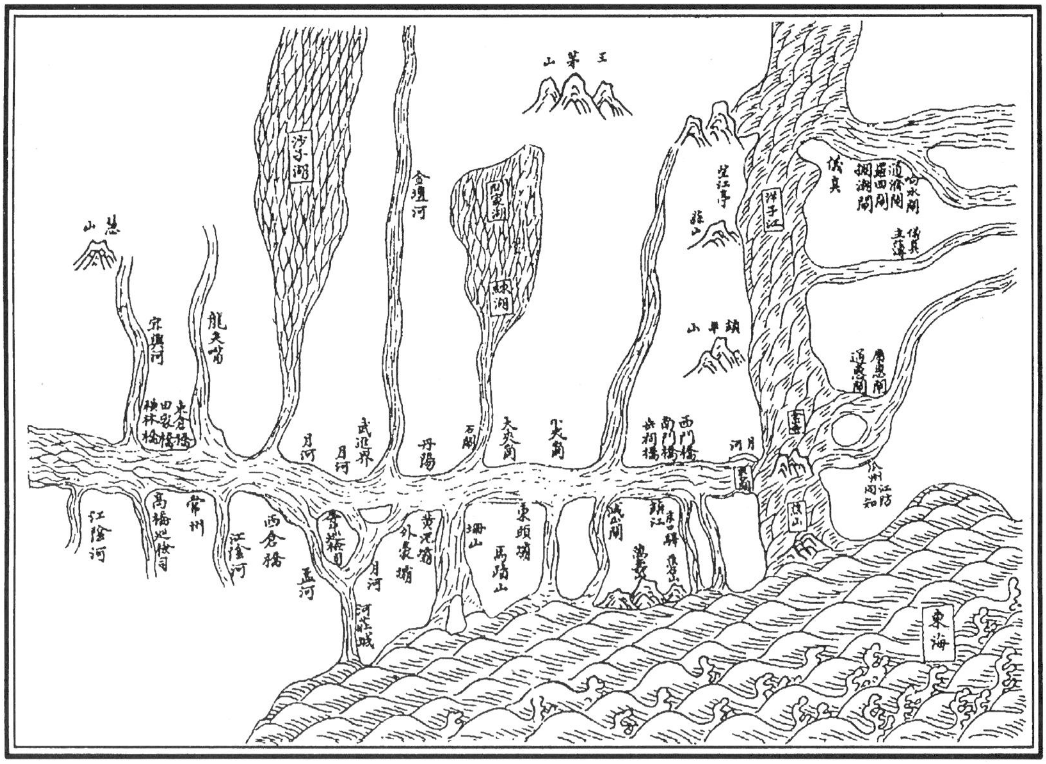
王茅山
沙子湖
金壇河
練湖
洋子江
常州
西倉橋
江陰河
丹陽
東海

太湖
石湖
寶帶橋
寒山寺
錫山
吳江
垂虹亭
蘇州府
虎丘山
大橋
青山第一閘
吳淞江
沙湖

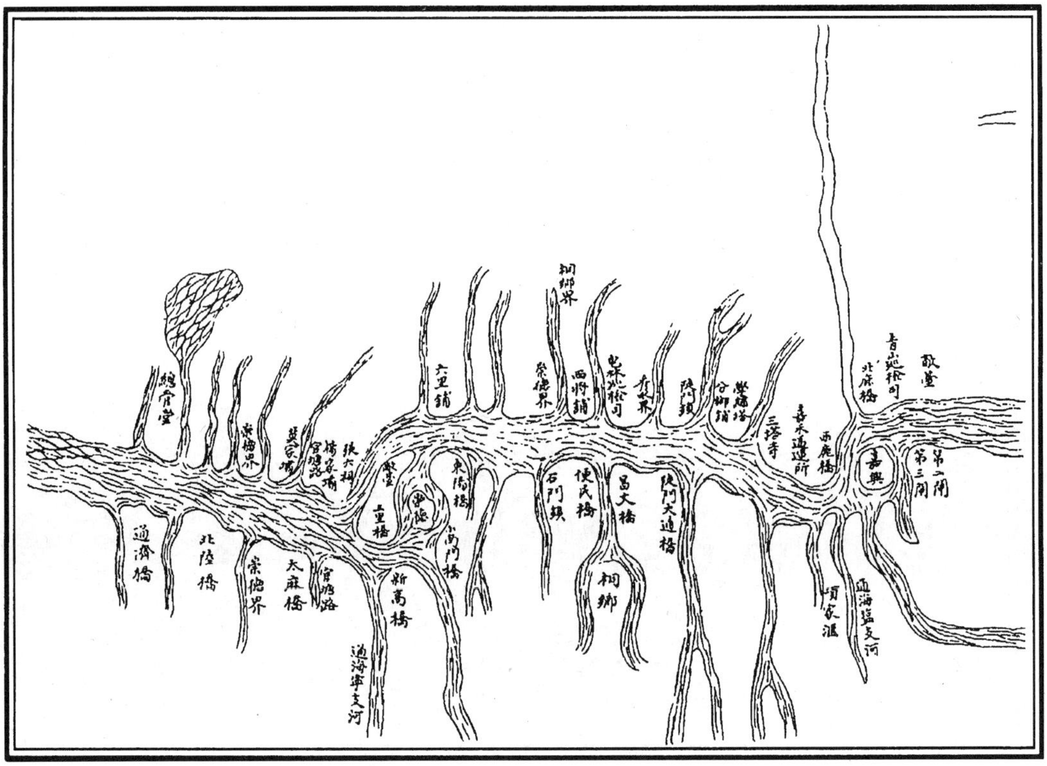

總管堂
崇德界
官塘路
通濟橋
北陸橋
崇德界
太麻橋
官塘路
新高橋
通海寧支河
六里鋪
桐鄉界
崇德界
西將鋪
石門鎮
便民橋
呂大橋
桐鄉
陡門大通橋
三塔寺
西鹿橋
嘉興
第二閘
第三閘
敵臺
通海鹽支河

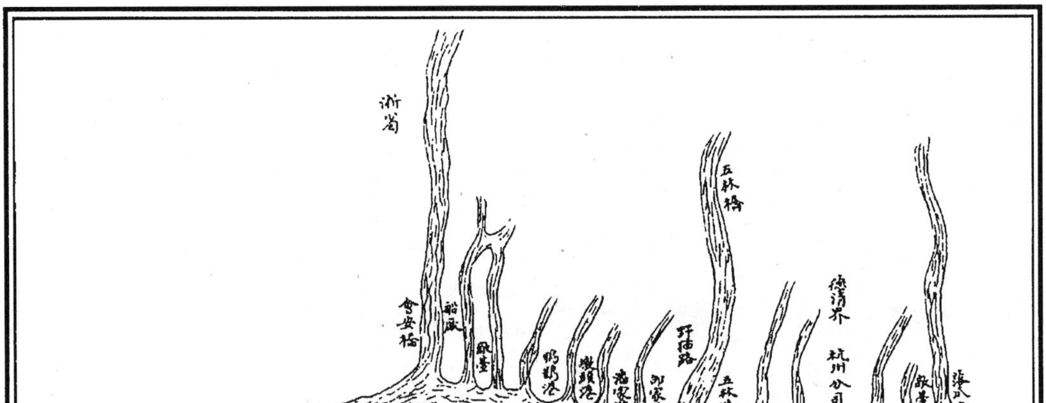

浙省
會安橋
五林橋
德清界
杭州分司
五林港
通濟橋
碑亭
北新橋
北新關
錢塘倉
仁和倉
官塘路
宋狗墩
敵臺
傅家庄
塘棲鎮

卷一　運河〔一〕[一]

運河修守事宜

通惠河分司所轄渾河，東流至張家灣入白河，俱係流沙淤淺。遇夏秋水漲，督率沿河州縣官、夫役，兩岸晝夜巡邏。

運河兩岸工程，遇有衝決，該地方官估計，由河廳送司，呈送總河，大者題請錢糧舉修，工小者動支本衙門河庫銀兩鳩築。

凡淺，原設各衛軍夫，今俱裁。有淺，動本司歲修銀兩覔夫，有淺則挑，無則止。工部給發巡環，按季填報，年終申總河咨銷。

北河分司所轄閘河，例有大挑、小挑之役。每至歲杪，回空過盡，築壩絶流，正月初旬動工，二月中旬報完。今改定二月初一日開堤。

南旺臨清河道，例應間年一大挑。

南旺分司所轄泉源，每於大挑、小挑之後，巡勘諸泉，使其通流，直達汶、泗諸河，入漕濟運。

南旺、安山二湖，每遇山水漲發，開通各口斗門，一以殺水勢，保全運堤，一以撒[二]泥沙，免澱河腹。

蜀山、馬踏二湖，每遇大、小挑之時，將汶河築壩絶流，使水分入兩湖，督夫挑濬。仍開汶河，南北通流，又將月河口堵塞。遇天旱水微，南北相機開放，接濟運舟。

馬厰湖遇天旱水微，開通安居等水門，相機節宣。

獨山、昭陽二湖相機節宣。

以上諸湖，或蓄水，或殺水，俱督廳印河官嚴防，以濟運道。

夏鎮分司所轄嶧縣中有彭口朱姬莊要害，每小挑當年，大挑間年。邳州泇河八閘更有大泛口等處要害，其内高亢之處，砂礓淤泥，疏鑿不易，額例一年小挑，三年大挑。

河道内有東邵壩，攔前水入豸裡溝。其南又有豸裡溝(提)〔堤〕攔薛水入張莊湖。王家口堤攔薛水，由東滄橋入赤山湖。薛河口石壩攔出口浮沙。

泇河水口左有微山湖相連，赤山湖、吕孟湖、張莊湖、右昭陽各湖二百餘里，蓄水濟運，於彭口十字河置有三洞閘，欲河水内盈，放水射沙入湖。韓莊閘有湖口壩，河水内涸，啟板放水，入河濟運。

〔一〕標題序號爲整理者所加。餘同。
〔二〕『撒』，語義不通，疑爲『撤』。

河道每年小挑，間年大挑。小挑則泇河百里，大挑則滕、嶧、沛通長二百餘里。額夫不足，幫以覔夫，每歲終則修過工程報銷。

中河分司〔所轄〕邳州泇河原借山水濟運，每歲溜沙淤墊，有黃道人橋等淺，春正閉水口覔夫挑濬，計土方給銀，二月初一日開壩行運。宿遷縣駱馬湖口清黃交會，運道咽喉，新開挑新河，外口建築草壩，務相時啟閉，以便運行。

黃河每歲估修之例

每歲冬末春初，沿河廳印河官公同沿堤查勘，除河流安瀾離遠者不議外，如河勢頂冲，臨河堤防不能與水敵者，應行議埽，以俟伏秋水發相機堵禦。再視河，如日侵刷，其堤低薄朽壞者當估另幫，萬一河勢頂冲危險，即前堤修築，又不足恃，查後有舊堤一並估修，如無舊堤，議築新堤，務保無虞。至於河勢灣曲，淘刷無所底止，除修築堤埽外，仍於堤岸相河頭上流議挑新河，分引水勢，全河之水盡入新河，可保無虞。查估用埽料，除堡夫課程及夫採葦茭(欖)〔纜〕橛石不計錢糧外，如用不敷，始估動用河銀，呈請題估，工竣核算報銷。

堤夫防守課程之例

每堤夫二名，在堤修蓋堡房。春月在堤兩旁栽植柳株，夏秋水發，晝夜在堤防守修補，探報水汛漲落，冬月辦納課程，每歲栽柳一百株，茭三十套，(欖)〔纜〕三十條，麻十觔，交納貯廠，備河上用。

黃運兩河額設夫議

黃、運兩河，各有額設夫役，以供修濬。而各夫工食，每歲每名或十二兩，或十兩八錢，或七兩二錢，或五六兩不等，其坐支於河庫者詳明批給，其額派於條鞭者有司道給發，而類報者有州縣徵完而徑給者，各不等，例不載於奏繳册内。查裁停一項，因河道變遷，夫役不用，係在故明時河臣即已裁革。占役一項，係各衙門人役坐占夫食，自前河臣到任後裁革者也。曠工一項，是未役逃曠夫食，並各月小盡逐年扣出者也。其裁停銀兩，原有定數，曠工銀兩，實夫多則曠工銀少，實夫少則曠工銀多，須按工查核，每年有此項而無定額。占役銀兩，自順治三年題准，四年為始，工食一一還夫，夫役名名著工。四年以後則無此項矣。止將裁停、曠工二項每年另造一册，隨歲報奏繳。經前河臣楊方興題明，兩河事宜因地因時，紛雜細碎，難以枚舉，今略明一二，餘俱詳載於州縣及河湖閘本縣之下及本節事宜之内。

卷二　運河〔一〕

運河形勢

通惠河，京師至通州四十里。

運河又名惠通河，通州至浙江三千七百餘里。自金元明都燕，去江南極遠，而百司庶府之繁，衛士編民之衆，無不仰給於江南。始，元都水監郭守敬開通惠河，明尚書宋禮開惠通河。迨我皇清一統寰宇，因其舊而加葺治。江南之粟至天府者，歲且四百萬石。舟無沉阻之慮，國有儲蓄之富，真千載良法也。敢備誌焉。

京師至張家灣，資通惠河、白河之水。

張家灣至天津衛，資潞河、白河、桑乾河諸水。

天津至臨清，漕衛交會，資運河及彰、衛之水。

臨清至泉河口，資汶、泗之水。即泰山、萊蕪、徂徠諸泉也。然汶河由南旺南北分流，至濟寧，故天旱泉河水每苦不足云。

至魚臺縣折而南，會伽河，資蛤蚧湖、駱馬湖諸湖之水。

宿遷至淮安，資黄河以出淮河。

淮安至瓜、儀，則南資天長諸山所瀦高寶諸湖之水，西資清口所入淮、黄二河之水，俱由瓜、儀出江，故裡河之水淺深亦視湖河之盈縮焉。

瓜、儀至上江、湖廣、江西、廣西諸省及江寧等府，則資長江之水。

京口至丹陽而泉絶，則資京口所入江湖之水，水之盈涸視湖之大小，故裡河每患淺澁云。

常州則資宜、溧諸山之水。

蘇州至浙江，則資苕、霅諸溪之水。

運河總部職官州縣及河另載於州縣之下

總督河道部堂兼都御史，節制五省，駐劄濟寧。

通惠河分司，部差三年一代，駐劄通州。本司所轄通惠河，自昌平州入内府，由大通橋至通州，又會白河至天津衛入運河，凡三百六十里。

通永道兼轄：

河間府管河通判，駐劄楊村。

北河分司，部差三年一代，駐劄張秋。本司所轄河道，北自直隸河間府静海縣稍直口起，南至山東兖州府魚臺縣邢莊閘止，長一千八百二十里一百八十步。

整飭天津道兼轄：

河間府管河通判，駐劄東光縣泊頭。河道北自稍直口起，南至鄭家口止，長八百二十九里。

分巡濟東道兼轄：

分巡東兗道兼轄：

東昌府管河通判，駐劄本府。所屬河道北自直隸河間府吳橋縣德州衛降民鋪起，南至兗州府陽穀縣界官窑口止，長五百六十一里，西南至直隸元城縣一百八十里。

兗州府管河通判，駐劄張秋鎮，所屬河道北自陽穀縣界官窑口起，南至東平州南界靳家口止，長一百五十五里。

濟寧道兼轄：　本道所轄運河泉湖與北河、南旺二分司同。

南旺分司，部差三年一代，駐劄南旺。本司所屬有泉十七州縣，除乾枯七泉、不能濟運四泉外，實在泉四百二十三處，泉壩夫四百七十六名，又蒙陰縣覔僱夫十六名。

兗州府運河同知，駐劄濟寧，所屬河道自東平州靳家口起，南至滕縣辛莊交界止，長二百七十五里。

夏鎮分司，部差三年一代，駐劄夏鎮。本司所屬，除黃河外，運河、泇河自山東魚臺縣王家口起，為直隸蒲縣河道，至山東滕縣劉昌莊為山東嶧縣界吳家橋，又自吳家橋起至江南邳州界黃莊止，共二百零八里。

江南淮徐道兼轄：

淮安府徐屬河務同知，駐劄徐州。　江南(浦)〔沛〕縣泇河自山東魚臺縣王家口，經本縣至山東滕縣劉昌莊止，長四十八里。

山東東兗道兼轄：

兗州府管理泇河通判，駐劄戚城。　山東滕縣泇河起江南沛縣劉昌莊，經本縣至嶧縣吳家橋止，長五十里。自吳家橋起，至江南沛縣黃林莊止，長一百一十里。

中河分司，部差三年一代，駐劄呂梁。　本司所轄，除黃河外，運河即泇河，自江南邳州黃林莊起，至駱馬湖口止，長一百九十里。

江南淮徐道兼轄：

淮安府南岸徐桃宿屬河務同知，駐劄〔一〕……。內除黃河外，所屬泇河起邳州黃林莊，至宿遷縣止，長一百二十里。

淮安府北岸宿清河務同知，駐劄宿遷縣，除黃河外，順濟河上接邳州界石窑灣起，下至駱馬湖口止，長七十里。　桃源縣運河自宿遷縣界古城起，至清河縣界駱馬營止。　清河縣運河起宿遷縣駱馬營，至運河口止，長二十五里，又自運河口起，至王家營止，長三十里，又自王家營起，至娘子廟止，長四十里，共長九十五里。

南河分司，部差三年一代，駐劄高郵州。　南河之域北至清口，南至瓜州，東至海門，東北至安東，所屬淮安、揚

〔一〕『駐劄』後脫字。

州、高郵、寶應、江都、儀真及山陽、清河、泗州、盱眙、通泰、泰興、興化、如皋、海門，萬曆五年別設中河郎中，始定今制。

淮揚道兼轄：

淮安府清河縣清口驛起，至揚州府儀真、瓜州，凡四百五十五里。

山清河務同知，駐劄甘羅城，除黄河外，運河自清河界季家淺起，至寶應界黄浦止，計一百一十里。東岸由興文閘，澗河由射陽湖廟灣，計一百八十里。涇河下至鹽城縣界，五十里。兩岸新江至武家墩，計三十五里。西路自清河縣七里墩起，至武墩大壩口，計七里，又自武家墩石壩口起，至高堰石工盡頭止，計四十五里，又自石工盡起，至周家橋止，計四十里，又西至塘埂盱眙縣界止，計二十里。

揚州府管河通判，駐劄揚州，運河所屬江、寶、高、儀四州縣，北自黄浦起，南至瓜州止，計三百二十五里。

揚州府江防同知，駐劄瓜州三岔河總路，徵收河餉。

江南蘇、松、常、鎮督〔糧〕道。

各府水利通判。

浙江督糧道。

運河第一節

通惠河，自京師達通州。元世祖至元二十九年開通惠河，以郭守敬領督水監事，逾年工畢。自是免都民陸運之勞，公私便之。帝自上都還過積水潭，見舳艫蔽水，大悦，賜名惠通。

州縣職官、河閘：

通惠河分司所轄，自昌平州至天津衛入運河，凡三百六十里。

通永道兼轄：

順天府昌平州、通州，左衛上馬頭淺凡二，高家灣淺凡十，右衛季兒等淺凡四。

河：

通惠河原出昌平州神仙泉，會馬眼諸泉，經都城入内府，南出御河橋，東行由大通橋至通州，與白河會，總名潞河。

白河出順天府密雲縣霧靈山，南流至都城北，會沙河、榆河，至張家灣通惠河，會桑乾河，至天津，同運河入海。

閘：

大通橋閘、慶豐上閘、慶豐下閘、平津上閘、平津中閘、平津下閘、普濟閘、永通閘。

運河第二節

起通州，歷天津衛至景州，入山東德州，至臨清州漕衛交會。元世祖至元二十六年，壽張縣尹韓仲暉等言：開河以通運，起項城縣安山渠，西南由壽張，西北至東昌，又西北至臨清，引汶水以達運河，長二百五十餘里，中建閘三十有一，以時蓄洩，河成賜名惠通。洪武二十四年，河決原武，漫過安山湖，而運河遂淤。永樂初，濟寧同知潘叔正因州夫遞運之難，請開惠通河。命尚書宋禮發丁夫十餘萬疏鑿，以復故道。又用老人白英所言，開袁家口以下二十里，達南旺湖。又命侍郎金純自金龍口開黃河故道，分水下達魚臺縣，以益漕河。十三年，乃罷海運。

州縣職官、河道夫役：

通惠河分司所轄河道，自昌平州入內府，由大通橋至通州，會白河，至天津衛入運河，凡三百八十里。

通永道兼轄：

直隸順天府通州知州、管河州同。河道自葦子廠起，至白阜圈止，共十六淺，長七十六里，淺夫一百零二名，僉派民夫二百五十二名，寶坻縣協濟夫一百名。

河間府管河通判，駐劄楊村。

香河縣知縣、管河典史，所屬蔣家灣淺凡六。河道自李家淺起，至謝家淺止，共七淺，長二十二里，淺夫一百名。

武（陟）〔清〕[一]縣知縣、管河主簿，所屬三里屯淺凡四，旱溝等淺凡十一。河道自野鷄淺起，至丁字沽淺止，共十九淺，長一百一十七里，淺夫二百二十八名，香河縣協濟夫五十五名，永清縣協濟夫三十三名，寶坻縣協濟夫三十名，東安縣協濟夫一百三十二名。東岸舊有武城總委一員，今裁。以楊村管河廳帶管，無夫役，每動河銀召募。

天津衛

北河分司，駐劄山東兖州府張秋鎮。本司所轄河道北自河間府靜海縣稍直口起，南至山東兖州府魚臺縣邢家莊閘止，長一千八百二十里一百八十步。

整飭天津道兼轄：

河間府靜海縣知縣、管河主簿，所屬釣臺等淺凡九。河道北自稍直口起，南至钓臺淺止，長一百四十里，淺夫六十名。

順天府霸州知州、管河主簿，所屬蘇家等淺一。河道北自蘇家口起，南至馮家口止，長三里，淺夫六名。

天津衛管河千總，所屬蔡家口等淺凡十二。河道北自潑張淺起，南至蔡家淺止，長六十里，淺夫一百名。

河間府青縣知縣、管河主簿，所屬磚河口驛等淺凡六。河道北自新莊淺起，南至磚河淺，凡長一百六十里。又歸併興濟縣所屬安都寨等淺凡七。河道北自八里堂起，南至官堵寨止，長五十里，共長二百二十七里。

[一]『武陟』誤，武陟遠在河南懷慶府。此處應爲『武清』。

天津左衛管河千總，所屬留佛住等淺凡二十四。河道北自張家口淺起，南至流佛寺淺止，長七十里，淺夫一百名。

滄州知州、管河判官，所屬磚河南口等淺凡五。河道北自朱家墳淺起，南至磚河淺止，長四十里，淺夫六十名。

天津右衛管河千總，所屬楊家口等淺凡十。河道北自馮家口淺起，南至楊家淺止，長二十里，淺夫五十名。

南皮縣知縣、管河主簿，所屬徐家堰淺凡五。河道北自馮家口起，至北下口淺止，長五十里，淺夫四十名。

交河縣知縣、管河主簿，所屬李家灣等淺凡五。河道北自白洋橋淺起，南至楊家圈止，長七十里，淺夫四十五名。

河間衛管河千總。河道五里，淺夫十名。

瀋陽衛管河千總。河道一里，淺夫一名。

河間府管河通判，駐劄東光縣泊頭鎮。河道北自稍直口起，南至鄭家口止，長八百二十九里。

東光縣知縣、管河主簿，所屬狼十壹口等淺凡七。河道北自十二里口起，南至連窩止，長六十里，淺夫八十一名。

吳橋縣知縣、管河典史，所屬白草窪口等淺凡十。河自連窩淺起，南至白草窪淺止，長六十里，淺夫九十名。

景州知州、管河州判，所屬羅家口等淺凡四。河道北自狼家口起，南至羅家口淺止，長二十四里，淺夫三十五名。

故城縣知縣、管河典史，所屬鄭家口等淺凡三。河道北自孟家灣起，南至鄭家口止，長六十里，攙錯山東德州境内淺夫三十名。

查此外無河道接管處，至德州衛西岸纔是南境。

北河分司

分廵濟東道兼轄：

分廵東兖道兼轄：

山東東昌府管河通判，所屬河道，北自直隸河間府吳橋縣界德州衛降民鋪起，南至兖州府陽穀縣聊城官窑口止，長五百六十里，西南至元城縣界一百八十里。

山東德州衛管河千總，所屬張家等淺凡八。河道北自吳橋界降民鋪起，南至德州劉官屯止，長七十里，軍夫一百名。

德州左衛管河千總，所屬鄭家口等淺凡十。河道二里，在德州境内，軍夫二十名。

德州知州、管河判官，所屬上下十八里等淺凡六。河道自本衛八里堂起，至西岸故城縣、東岸恩縣新窖止，長四十五里，淺夫六十名。

恩縣知縣、管河主簿，所屬白馬廟等淺凡五。河道北自德州界曹家口起，南至西岸故城縣界、東岸武城縣白馬廟止，長七十里，淺鋪夫五十三名。

武城縣知縣、管河縣丞，所屬桑園口等淺凡二十六。

河道北自恩縣界方遷鋪起，南至東岸夏津縣界、西岸清河縣桑園鋪止，長一百五十里，淺鋪夫一百四十六名。

夏津縣知縣、管河主簿，所屬趙貨郎口等淺凡八。河道北自武城界橫河鋪起，至東岸臨清州皮家圈，上與清河縣對岸，長四十里，淺鋪夫五十一名。

清河縣知縣、管河典史，所屬二哥營等淺凡八。河道上自武城界賈家口起，下至臨清界二哥營止，與夏津對岸，長四十里，淺夫四十七名。

館陶縣〔知縣〕、管河主簿。河道上自臨清界尖塚起，下至大明府亢城界遷民鋪止，長一百二十里，淺鋪夫六十一名。

臨清州漕衛交會。

運河自通州至山東臨清州，所經海、河、閘、湖：

海：

丁字沽、直沽海口。

河：

桑乾河出自桑乾山，又名渾河，經蘆溝橋分為二：一至張家灣會運河，一至丁字沽會運河入海。

琉璃橋河出西山，會通惠河，同運河入海。雄河自安州經雄縣南，合易水，達直沽，保安州境曹河、徐河、石橋河、一畝泉河、滋河、沙河、雅兒河、廣河諸泉皆至安州合流，為易水，即琉璃橋河。

滹沱河出大鐵山，自代郡鹵城縣東流，經獻縣城南十一里單家橋，至清縣南岔河口，同運河入海。

潞河至通州，而與運河合，勢並南流，楊村以北通會之勢峻若建瓴。白河之流壅沙易阻，夏秋水漲則懼其潫，冬春水涸則虞其澀，浮沙之地既難建閘，以備宣洩，惟有疏濬之功，殊為喫緊。萬曆十五年初，設管河通判，專駐楊村，其為修防計得矣。但查沿河兩堤如搬繒口、火燒屯、通濟廠、東耍兒渡口、王家樓、華家口、閻家口、綿花市、猪市口、觀音堂、蔡家口、桃花口以上堤岸坍塌卑薄，最為險要，水發即決，近河州縣渰没為患，漕艘飄蕩，人甚危之。管河官宜每歲冬間辦積椿草，春初水發，將前堤加幫高厚，真土實料，不得以雜沙塞責，糧運將至，設法疏濬，或築束水小壩，使衝刷深廣，俾漕船無膠滯之虞，民業免沮洳之害，司河者宜殫心焉。

衛河源出河南衛輝府輝縣朔刀泉，即百泉也，經衛輝府新鄉等處，合淇、彰二水，逾館陶，至臨清入漕河。

漳河出彰德府，至衛輝府入漕河。板閘之下全賴衛水濟運，夏秋之交，糧運盛行，每患淺澀，蓋因輝縣源頭定有仁、義、禮、智、信五閘，壅泉溉灌民田，以致水不下流，殊妨國計。分巡東昌管河道每歲糧運北行，當呈報總河衙門，移文河南管河道速將五閘封閉，俾水盡歸運河濟運。其餘月分或水勢充盈，仍聽便，庶公私兩不相妨，而運艘不滯矣。

漕河衛河交會之處，衛濁而盛，漕清而弱。當伏秋，衛河泛漲，浸入漕河，恒致淤淺，故設三年大挑之法。後設板閘，如衛漲之時，即將板閘下板，如遇貢鮮船隻，令磚閘與板閘更番啟閉，乃嚴禁不許通漕啟放，則衛流倒灌者少，大挑亦自省力。

先期挑濬月河。南旺舊例，兩年一大挑，築壩斷流，不通舟楫，今開月河，官民稱便。欲挑正河，先挑月河，一時兩役並興，夫多苦累，時迫則工必略，工略則河必淤。自今定本年挑正河為大挑，次年挑月河為小挑，以後著為定規，庶舟楫往返，既不阻於遲緩，夫役用工，亦不病於煩難矣。

築土壩以利接濟。閘河地亢，衛河地窪，臨清板閘口正閘與衛兩河交會之處，每歲三四月間雨少泉澀，閘河既減，衛河又消，高下陡峻，勢若建瓴，每一啟閘放船，無幾水即盡耗，舟多阻滯。宜於閘百丈之外用椿草設築土壩一座，水流金門，安置活板，如閘制然，將啟板，先閉活閘，則外有所障，水勢稍緩，而千運艘出口，易於打放。衛水大發，即行拆卸，歲一行之，費無幾何，亦權宜之要術也。

卷三　運河〔三〕

漕河第三節

自山東東昌府臨清州起，至江南淮安府宿遷縣止，分四段，一段臨清州漕河會衛河，一段濟寧州漕河會泉河，一段江南邳州漕河會泇河，一段宿遷縣漕河會黄河。

州縣職官、河道夫役：

臨清州知州、管河州判，所屬潘家橋等淺凡十一。河道東岸自夏津縣、西岸清河縣界下杖鋪起，南至清平縣界潘家橋止，長四十里，衛河西南至館陶縣尖鋪止，長六十里，淺鋪橋溜夫一百六十六名。新開上閘兼管南板閘閘官，淺夫七十七名。

清平縣知縣、管河主簿，所屬魏家灣等淺凡九。河道北自臨清界潘家橋起，南至博平縣界魏家灣止，長三十九里，淺鋪夫九十四名。戴家灣閘閘官、閘夫三十九名。

德州左衛千總拈分南河一道，坐清平縣境内。

博平縣知縣、管河典史，所屬梭堤等淺凡六。河道北自清平縣朱家鋪起，至聊城縣梭堤鋪止，長三十五里，與堂邑縣對岸，淺夫八十一名。

堂邑縣知縣、管河主簿，所屬梁家鄉等淺凡十。河道北自清平縣界西岸起，南至聊城縣界南梁家鄉鋪止，長三十五里，與清平縣對岸淺鋪溜夫一百零二名。

聊城縣知縣、管河主簿，所屬官窰口等淺凡二十三。河道北自堂邑縣吕家灣起，南至兖州府陽穀縣官窰口止，長六十五里，淺鋪溜夫一百九十四名。永通閘閘官、閘夫二十八名。通濟橋閘閘官係周家店閘官兼管，閘夫二十八名，周家店閘閘官、閘夫二十八名。

平山衛管河千總，所屬淺凡五。河道三里，在聊城境内，軍夫十五名。

陽穀縣知縣、管河主簿，所屬鋪驛灣等淺凡十一。河道自聊城縣南界官窰口起，南至東阿縣北界北灣鋪止，長六十里，淺鋪橋夫一百四十二名。七級上、下閘閘官、閘夫四十七名。阿城上、下閘閘官、閘夫四十六名。荆門上、下閘閘官、閘夫四十七名。

東阿縣知縣、管河主簿，壽張縣主簿兼管所屬沙灣等淺凡八。河道北自陽穀縣南界北灣鋪起，南至壽張縣北界沙堤鋪止，長五十里，淺鋪夫一百一十七名。

壽張縣知縣、管河主簿，所屬戴家閘等淺凡五。河道北自東阿縣沙堤鋪起，南至東平州戴家廟止，長二十里，淺鋪閘夫五十八名。

東平州知州、管河主簿，所屬靳家等淺凡十二。河道北自壽張縣界戴家廟起，南至汶上縣北界靳家口止，長六十里，淺鋪夫一百五十六名。安山閘閘官、閘夫二十八名。戴家廟閘閘官、閘夫二十八名。靳家閘閘官、閘夫二十八名。

東平所管河千總，所屬河道十二里，在東平州境内，軍夫十四名。

汶上縣知縣、管河主簿，所屬界首等淺凡十四。河道北自東平州靳家口起，南至嘉祥縣孫村界止，長五十六里一百八十步，淺、鋪夫三百零四名。袁家口閘閘官、閘夫二十六名。開河閘閘官、閘夫二十六名。南旺下閘閘官、閘夫一十八名。南旺上閘閘官係下閘閘官兼管，閘溜夫一十八名。寺前鋪閘閘官、閘溜夫六十八名。

嘉祥縣知縣，管河主簿。河道北自汶上縣孫村界起，南至鉅野縣長溝界止，長十六里，淺鋪夫五十七名，内有僉鉅野夫二十五名，例隨鉅野河官用工。通濟閘閘官、閘夫七十五名。

鉅野縣知縣、管河主簿。河道北自嘉祥縣寺前鋪，南至濟寧衛交界止，長二十五里，淺鋪夫一百八十六名。通濟閘閘官、閘濇夫七十五名。

濟寧衛管河千總，所屬曹井橋等淺凡五。河道北自鉅野縣曹井橋起，南至濟寧州五里營止，長十八里，淺、鋪、軍、閘夫一百三十名。

濟寧州知州、管河判官，所屬硯瓦溝等淺凡十一。河道北自濟寧衛界起，南至魚臺縣界止，長七十五里，淺、鋪夫二百四十六名。天井閘閘官、溜橋閘夫一百零九名。在城閘閘官、閘溜夫八十　名，帶管下新閘閘夫四名。趙村閘閘官、閘溜夫七十五名。石佛閘閘官、閘溜夫七十四名。新店閘閘官、閘溜夫七十四名。新閘閘官係仲家淺閘閘官兼管，溜夫七十四名。仲家淺閘閘官、閘溜夫三十六名。師家莊閘閘官係仲家淺閘官兼管，閘溜夫四十九名。魯家閘廢，由月河行船。閘夫二十五名隨淺夫用工。棗林閘閘官、閘夫二十四名。

魚臺縣知縣，管河主簿。河道北自濟寧州棗林閘起，南至滕縣新莊橋界止，長八十五里。南陽閘閘官、閘夫三十二名，壩夫四十六名。邢莊閘閘官、閘夫二十四名，溜夫四十七名。

江南沛縣知縣、管河主簿。河道北自魚臺縣王家口起，南至滕縣界劉昌庄止，長五十里。朱梅閘閘官、閘夫三十名。楊莊閘閘官、閘夫三十名。夏鎮閘閘官、閘夫四十名。

山東滕縣知縣、管河主簿。河道泇河北自沛縣劉昌起，至嶧縣界吴家橋止，長五十里。壩夫一百四十一名，三洞閘無銀無夫。嶧縣南五十里，新河入泇河。

嶧縣知縣、管河主簿。河道泇河上白滕縣界吴家橋起，下至江南邳州黄林莊止，長一百一十里，設八閘，減水閘無夫役，徭夫二百三十一名。韓莊閘閘官、閘夫三十名。夏鎮閘至韓莊閘九十里。德勝閘係韓莊閘閘官兼管，閘夫三十名。張莊閘閘官、閘夫三十名。萬年閘係張莊閘閘官兼管，閘夫三十名。丁廟閘閘官、閘夫三十名。頓莊閘閘官係丁廟閘閘官兼管，閘夫三十名。侯遷閘閘官、閘夫三十名。韓莊閘至臺莊閘八十里。臺莊閘閘官係侯遷閘閘官兼管，閘夫三十名。

江南邳州知州、管河判官。河道泇河上自黃林莊起，下至宿遷縣碓灣止，長一百二十里，有各淺淺夫一百三十七名，徭夫二百六十九名。臺莊閘至猫兒窩七十里。黃道人橋、汶河口、楊家淺、徐塘、吴家溝、吴江，以上各淺[一]。

宿遷縣知縣、管河主簿。河道：　泇河上自(確)〔碓〕灣起，下至駱馬湖止，長七十里。黃河上自駱馬湖口起，下至桃源縣界古城止，長六十二里。猫兒窩至駱馬湖七十里。駱馬湖至宿遷縣十里。駱馬湖口清黃交會，運道咽喉，原由董口行運，計自康熙七年改由駱馬湖。九年，開挑新河外口，建築草壩，相時啟閉，以便運行。

山東臨清州至江南淮安府宿遷縣所經湖、河、泉、閘：

安山湖，萬曆十九年修土堤，共長四千三百二十丈，又於似蛇溝、八里灣建閘二座，以便蓄洩，可為濟漕永利。

汶上縣南旺湖，萬曆十七年開濬，湖中渠道南、西、北三面舊堤長一萬二千六百丈。添南面子堤，長七千一百八十八丈，又於五里鋪建石壩一座，長五丈，以便蓄洩濟運。汶上縣西房家口係南旺湖之尾閭，此口稍卑，汶水就西而下，每決房家口，而傷運河之堤，南旺之水則涸矣。今築石壩，平時任其南逝，水漲瀉之西，良得策也。每歲伏秋，管河官不時巡視，少有圮壞，即便修砌。馬踏、蜀山二湖在分水口之東，其南曰蜀山，北曰馬踏，水納汶水，為蓄水濟運之湖。

汶上縣馬踏湖，萬曆十七年修築土堤，自宏仁橋起，至禹王廟止，共長三千三百一十三丈，以便存蓄濟運。

運河南旺湖北蜀山湖，萬曆十七年修築舊土堤，自馮家壩起，至蘇魯橋止，共長三千五百八十丈。其馮家壩係蜀山湖之門户，地卑而易洩，故築壩以障之，蓄可益運，泛不病民。蘇魯橋至田家樓，原係收水門户，栽植豐界高柳。

濟寧州馬廠湖，在運河之北，為蓄水濟運之湖，泗河分流之由府河，自濟寧城北入湖，又有洸河下源之水亦由濟寧城北入湖。

馬廠湖，萬曆十七年修築東面新舊堤，共長一千六百二十丈。泰安州[二]。

[一]『以上各淺』四字似衍文，或其後脱佚文字。無從考。

[二]馬廠湖隸濟寧，獨山、昭陽二湖隸滕縣，均去泰安較遠。此間出現『泰安州』三字，未知何意。

魚臺縣南陽之南，左曰獨山湖，右曰昭陽湖，獨山為蓄水濟運之湖，昭陽為役水保堤之湖。獨山湖、昭陽湖，滕縣。

各湖堤岸。漕艘全借於溝渠，而漕渠每資於水櫃，五湖者，水之櫃也。止因舊堤浸廢，界地不明，民乘乾旱，越界私種，盡為禾黍之塲。先是，兵部郎王原建土堤，可稱濟漕永利。萬曆十六年，都給事常會督河潘修築堅固，斗門、閘壩悉已完備，當嚴禁射利之徒希圖耕種盜決之弊，嚴令管河官週圍巡閱，責令守湖人役投遞甘結，庶河務餙而水力無滲洩之患矣。

萬曆三十年，開泇河，避黄河三百餘里之險，資泇河諸湖：蚧蟃湖、連旺湖，睢寧縣北滕縣南；柳湖、周湖，邳州北嶧縣南；黄墩湖、駱馬湖，宿遷縣西北。

南旺湖在汶上縣西南，漕河縱貫其中，湖界為二，東湖廣衍倍於西湖，北接馬踏、武莊波湖以及安山，南接馬塲坡湖以及昭陽諸湖，相屬綿亘數百里，徐、兗、東平、汶上諸郡邑環列其左右，即古大野澤也。大野既資洙、泗、濟水而成，而泗通於淮，濟通於汶，淮通於沂，汶通於洸，而泗之上源又自大野而通於濟，是大江以北中原諸水縱横交絡，皆與大野相連。而當時入貢之道，青之浮汶，兗之浮濟，徐與楊之浮淮、泗，皆與大野相闗，大野在古已為運道之要會矣。各湖水高於河殆六七尺，春夏水涸，每借水以濟漕。若遇旱，各湖原設水車三百六十具，即令車水以濟漕。

河：

泉河即汶河，一出萊蕪原山之陰，一出本縣寨子村，一出泰山之陽仙臺嶺，三水俱名汶，至静封鎮合流，至寧陽縣又分為二。

汶水分流，一自東平州戴村壩西南流，至汶上縣會白馬河、鵝河，凡八十里。南北流號為分龍口，入運河。

三水既合流，而又分流，其東又一汶河，同沂水入淮。汶水凡四。

因時分合。汶流南旺分水，地形最高，所謂水脊也。決諸南則南流，決諸北則北流，惟吾所用何如耳。當春秋粮運勝行之時，正汶水微弱之際，分流則不足，合流則有餘，宜效輪番法，如運艘淺於濟寧之間，則閉南旺北閘，令汶盡南流，以灌茶城，即鎮口閘也。如運艘淺於東昌之間，則閉南旺南閘，令汶盡北流，以灌臨清。當其南也，更發南濱諸湖水佐之，當其北也，更發濱北諸湖水佐之，泉湖兼注，南北合流，即遇旱暵，克有濟矣。

守戴村壩。汶水自陶泰而來，就塩河，由博興車濆入海。自宋司空築壩戴村，蜒蜿九里，屹如天成，迴狂瀾而逆，西入惠通河，方得濟運。此壩係全河屏障，絕汶水入塩河之路，令入惠通河。先年設夫，增土植柳，防護周密，歲久防弛，以漸卑薄，萬一乘瑕復歸故道，不無可慮。宜令東平州汶上管河官督夫培土植柳，悉如舊制，此係運河第一喫緊關鍵，慎不可忽。

挑濬汶河淤沙。汶河口石壩固為完固，但可以洩水而不可以通河，日久淤停，沙填河飽，則能致水漲漫，或嘴橫射沙灣，則能逼水冲決。宜督管河官乘暇集夫挑濬，使水不東逼，徑直南趨，誠為保全石壩要務，是在司河者先事而加之意耳。汶水分流，自寧陽縣堽城壩西南流，合泗、沂二水，凡一百餘里，至濟寧州南天井閘入運河。

坎河口係汶水洩入塩河之處，遏之不能，縱之河竭。萬曆十七年築滚水石壩一座，長六十丈。水漲任其外洩，水平仍復内蓄濟漕。濟水源頭〔一〕。

守坎河石壩。坎河口與戴村無異，蓋戴村既築之後，水無歲久，復冲此口，泉水決入塩河，運河每（至）〔致〕淺涸。萬曆十六年，都給事中常會同撫按題請築壩，總河潘於十七年又築石壩一道，水漲而湖河無泛濫之患，水平而漕渠無淺涸之虞，利害甚重，防守當嚴，必每歲六月初旬即令東平州管河官駐劄堤上，備料集夫，相機捍禦，九月初旬始得徹守，著為定例，永保萬全，司河者宜加慎焉。

洸河自寧陽北西南流，循縣西又南，至高要橋會寧陽諸泉，經濟寧城東與泗水會於天井閘，入運河。

泗河出泗水縣東陪尾山，四泉並發，循西流過卞莊城，始合為一，西流至兗州府東，又轉南流，經橫河與曲阜縣沂水合，今導之以濟運，乃於兗州門外作金口閘，遏令東入府城，轉而南流，會洸河入濟寧州天井閘。

沂河有二源，出曲阜縣尼山，西南流，與泗水合，分為二股，一西流金口閘，入天井閘，入運河；　一會泗水下師家閘，入運河。

沙河内改，開殺水大支河一道，入趙溝等泉，會獨山湖。又於新童紙房口各開支河一道，創鑿赶牛溝壩以為障禦，距薛河石壩半里。皇輔壩遏沙水上流，由支河會趙溝泉入南陽湖。翟家壩收沙水餘流，入甄家窪。頌家壩收沙水餘流，出尹家湖飲馬池。懽城壩收沙水餘流，入點魚泉。沙河壩專為防禦沙水。

薛河即孟嘗君封地。薛河石壩距東邵壩五里，王家樓壩遏薛水上流，由支河至豸裡溝，豸裡溝壩遏薛水中流，由支河徑入呂孟湖，出地浜溝入運河。

泇河，嶧縣南五十里新河，俗名中心溝，源出茅山，後復受泉水，下流為彭河，又東會丞水入泇河，舊名泇溝。萬曆三十一年總河李化龍上疏言：『前河臣所開泇河遺迹，濬之可避黃河三百餘里之險。』乃開泇河，挑郗山前，經接劉同知所開新渠，濬舊工八十七里，新工八十二里，用銀二十萬兩而工成。於是運艘通行，昔稱過洪，今稱過淮，為已至漕運賴之。天啟六年總河李從心開駱馬湖、成湖，在宿遷縣西築堤遏山東沂水入之，令出清江浦，粮船

〔一〕在此出現『濟水源頭』四字，似與上下文無聯繫，未知何意。

由此入泇河。

泉：

分水龍王廟起，至宿遷縣泉黄交會。

東平州坎河石壩起： 坎河泉、冷和泉、高家泉、灰泉、扒頭泉、王老溝泉、大黄泉、二黄泉、三眼泉、源泉、郝家泉、徐家莊泉、坡河泉、小王泉、單眼泉、净泉、芦泉、勝水泉、席橋泉、徐家泉、安圈泉、高家泉、吴家泉、餴饎泉、安宅泉、鐵鈎泉、獨山泉、口頭泉、卷耳泉、冽泉、大城泉、浮汶泉、雙明泉、半畆泉、張貨郎泉。

以上共三十五泉，屬東平州，由汶河九十等里入南旺運道，戴村石壩一座，泉壩夫七十八名。

汶上縣： 濼澢泉、鷄爪泉、龍鬭泉、趙家泉、馬莊泉、薛家溝泉、老源頭泉。

以上七泉屬汶上縣，由汶河四十等里入南旺運道，壩夫四十三名。

平陰縣： 柳溝泉、泊頭泉。

以上二泉屬平陰縣，由蘇橋入衝魚河，會汶河七十餘里入南旺運河。 乾枯一泉。 泉夫十名。

肥城縣： 開河泉、拖車泉、聖會泉、馬房泉、震澤泉、引兑泉、王家泉、吴家泉、臧家泉、陶朱泉、董家泉、塩河泉、青泉。

以上十三泉，不能濟運一泉，屬肥城縣，由汶河一百八十等里入南旺運河，泉夫三十五名。

泰安州： 廣生泉、馬黄溝泉、胡家港泉、胡港溝泉、吴家溝泉、龍王泉、坤温泉、陷灣泉、金星泉、良甫泉、報恩泉、狗跑泉、馬蹄泉、靈慮泉、臭泉、東顔謝泉、水磨泉、皮狐泉、雲潭泉、滄浪泉、上泉、白玉崖泉、濁河泉、科溝泉、張家泉、香城泉、惠泉、搬倒井泉、北流泉、順河泉、板橋泉、鳳凰泉、水泉、新查出泉、龍灣泉、明堂泉、坡里泉、風雨泉、凉泉、梁家莊泉、水坡泉、梁于溝泉、木頭溝泉、馬兒溝泉、范家灣泉、石線泉、鯉魚溝泉、皂泥溝泉、周家灣泉、神温泉、鐵佛堂泉、龍堂泉、東柳泉、西柳泉、小柳泉、鬬泉、大興橋泉、黑虎泉、海旺泉、力溝泉、羊舍泉、清泉、西顔謝泉、新興泉、真溝泉、韓家莊泉。

以上六十五泉，有水者六十三處，二泉乾枯，屬（太）〔泰〕安州。 又新查出二泉，由汶河二百五十等里入南旺運河，泉夫一百二十一名。

寧陽縣： 柳泉、古城泉、羅星泉、金馬莊泉、新電泉、日淵泉、古泉、魯姑泉、蛇蜒泉、三里灣泉、張家泉、濼澢泉、井泉、龍魚泉、龍港溝泉。

以上十五泉屬寧陽縣，蛇蜒等八泉由漕河、洸河一百八十等里入天井閘運道； 魯姑等七泉五十等里入汶河南旺運道，泉夫九十八名。

堽城壩一座，壩夫一名。

萊蕪縣： 小龍灣泉、大龍灣泉、半壁莊泉、烏江岸泉、黑龍泉、李家灣泉、朱家灣泉、淥馬河泉、北海眼泉、垂楊泉、坡草泉、星坡泉、西碧泉、牛王泉、雙龍泉、龍興泉、蓮花泉、老龍泉、湖眼泉、凉坡泉、海眼泉、郭娘泉、西夾溝泉、盧家莊泉、雪家莊泉、韓家莊泉、牛錦泉、趙家泉、沙灣泉、青楊港泉、鎮里泉、賀家溝泉、夾溝泉、朋山泉、水河泉、坡里泉、魚池泉、新興泉、張家灣泉、清泥溝泉、王家溝泉、助沙泉、清橋泉、連珠泉。

以上四十四泉屬萊蕪縣，由汶河四百四十等里入南旺運道，泉夫九十名。

新泰縣：黃水灣泉、名灣泉、紅河泉、崖頭泉、和莊泉、哨泉、路踏泉、靈踏泉、劉杜泉、古河泉、北鮑泉、名公泉、里橋泉、西都泉、北流泉、魏家泉、周家泉、劉都泉、張家灣泉、公家莊泉、周家舊泉、西周新泉、南師泉、柳溝泉、杏山泉、賈周泉、萬歲泉、大峪泉、孫村泉、（鈎）〔鈞〕魚臺泉、金溝泉、高峪泉、北陳泉、南陳泉。

以上三十四泉，乾枯二泉，屬新泰縣，由汶河四百三十等里入南旺運道，泉夫七十五名。

濟寧州：浣筆泉、馬陵泉、拖基泉、蘆溝泉。

以上四泉，屬濟寧州，三里不等入棗林閘運道，泉夫九名。

滋陽縣：紙房新泉、驛後新泉、下蔣翊泉、上蔣翊泉、負坄泉、西北新泉、東北新泉、古溝新泉、闕黨泉、惠泉、炤星泉、元對泉、三義泉、既濟泉。

以上十四泉，屬滋陽縣，由濟河六十等里入天井閘運道，金口石壩一座。濟河淺、洸河淺。泉壩淺夫三十六名。

鄒縣：三角泉、程家莊泉、陳家溝泉、黃港溝泉、柳青泉、淵源泉、勝水泉、白莊泉、白馬泉、孟母泉、鱔眼泉、岡山泉、馬山泉、新泉、屯頭泉。

以上十五泉，乾枯一泉，屬鄒縣，由白河七十等里入魯橋運道，泉夫二十四名。

曲阜縣：近温泉、浴沂泉、埠下泉、映安泉、青泥泉、曲溝泉、吴公泉、濯纓泉、連珠泉、黑虎泉、變巧泉、新安泉、城北新泉、温泉、通沂泉、文獻泉、茶泉、洙泗河泉、城南新泉、新泉、曲水詠歸泉、雙泉、逵泉、近逵泉、柳青泉、車輞泉、兩觀泉、横溝泉。

以上二十八泉，屬曲阜縣，横溝等七泉會泗至金口閘入運道，餘二十一泉會劉河經濟河九十等里入天井閘運道，泉夫二十六名。

泗水縣：魏莊泉、三角灣泉、西岩石縫泉、蘆城泉、大黃溝泉、岳陵泉、大王溝泉、小王溝泉、大鮑村泉、小鮑村泉、膏澤泉、七里溝泉、東岩石縫泉、醴橋泉、小黃陰泉、黃陰泉、泉亭真珠等五泉、黿陰泉、黿尾泉、黿眼泉、黃花泉、天井泉、醴前泉、趙家泉、石井泉、杜家泉、合德泉、大來泉、里老溝泉、醴泉、蓮花泉、蔣家泉、龍澤泉、曹家泉、小黃溝泉、柳音響水泉、嶮出小泉、變巧泉、卞橋泉、卞莊泉、吴家泉、琵琶泉、潘波泉、新開泉、潘波新泉、新開二泉、新甘露泉、西甘露泉、甘露泉、奎聚泉、馬莊泉、璧溝泉、石竇泉、三臺泉、馬跑泉、三水泉、繁星泉、紅石泉、涓涓泉、白石泉、石液泉、雙石縫泉、瑪泉、石甃泉、雙精泉、洄勝泉、留恩泉、西奎眼泉、新開二泉、城南珍珠泉、激雪泉、跑突泉、濤靡泉、黑虎泉。陪尾山四泉源。

以上七十九泉屬泗水縣，由泗河經濟河一百四十等里入天井閘運道，泉夫六十名。

魚臺縣：中溢泉、高家西泉、高家東泉、何家源泉、聖母池泉、陳家泉、河頭泉、黃良泉、聖裔泉、滕家泉、陸小泉、勝水泉、有本泉、廟前泉、平山泉、東龍泉、小龍泉、古泉、西龍聖泉、連家潭泉。

以上二十泉屬魚臺縣，黃良等七泉十八等里入南陽閘運道，西龍八泉並新泉五處二十五里由獨山湖入利建閘運道，泉夫十一名。南陽壩。

滕縣：三里泉、七里泉、趵突泉、三山泉、雨水泉、燦星泉、驛莊泉、趙溝泉、絞溝泉、大烏泉、荊溝泉、温水泉、劉家溝泉、北石橋泉、南石橋泉、西荊溝泉、大勝泉、五花泉、蕋珠泉、雙勝泉、魏庄泉、黄溝泉、龍灣泉、大沸泉、小沸泉、雙泉、三界灣泉、馬蹄泉、白山泉、黄家泉、玉花泉。

以上三十一泉屬滕縣，荊溝等八泉五十等里入獨山湖，黃溝等二十三泉五十等里入微山湖，共泉夫二十九名。

嶧縣：搬井泉、許由泉、温水泉、龍王泉、許池泉、侯孟泉、牛山泉、石室泉、巫山泉、滄浪泉。

以上十泉屬嶧縣，許池等七泉一百七十二里入乾溝閘，許由等三泉三十等里入微山湖，轉入留城閘運河。

蒙陰縣：葛溝泉、海眼泉、卞莊泉、官橋泉。

以上四泉屬蒙〔陰〕縣。

山東泉源出濟、兖二府一十七州縣，共四百二十七泉，而乾枯六泉，不入運河者一泉，分為五派以濟運。

新泰、萊蕪、泰安、肥城、東平、平陰、汶上、蒙陰之西泉，寧陽之北泉，九州縣之泉俱入南旺分流，其功最多，關係最重，是為分水派也，分水派在南旺所閘。

泗水、曲阜、滋陽、寧陽迤南四縣之泉，俱入濟寧，關係亦大，是為天井派也，天井閘在濟寧州。

鄒縣、濟寧、魚臺、嶧縣之西，曲阜之北，五州縣之泉俱入魯橋，是為魯橋派也，魯橋在濟寧州南。

滕縣諸泉近入獨山、吕孟等湖，以達新河，是為新河派也，獨山湖在滕縣南。

沂水、蒙陰諸泉與嶧縣許池泉俱入邳州，是為邳州派也。

酌其緩急則分水，天井、魯橋之派均屬漕河命脉。每歲春夏渴流必竭。萬曆十六年漕渠乾涸，百計疏濬，卒無涓滴之流，至閏六月初旬大雨連朝，諸泉俱湧，河渠遂盈，則地利未嘗不係於天時也。至於山東砂磧頗多，汶河每為淤塈，須於大挑之際，一併挑濬，使泉流無阻。司河者誌之。

泇河

萬曆三十二年甲辰，總河都御史李化龍濬泇河。以李家巷〔一〕為泇所從入，議挑郗山前，逕接劉同知所開新渠。覆覈泇口以南濬黃泥灣及泥河之議，棄王市以下三十里之泇河，逕以王市取直，向柳林直浦亭西南至王莊，向黑墩張北直季家集，南至深處，以避連旺、周柳四湖之險，再由嵎頭引水，經駱馬湖北岸至於宿遷縣，以盡避黃河之險，通計挑河建閘壩凡工費二十萬八千八百兩有奇。以二百六十里之泇河避三百三十里之黃河，玆舉用湖避黃，鑿嶺避湖，而運道實賴之矣。

運道既盡趨泇，徐邳人情不便，使客亦苦郵驛之遥。總河疏請耑用泇以通運，兼用河以回空，言泇伏秋多沙淤，當如南旺例，於寒沍暫塞，以大修治，計以每年三月開泇壩，九月塞之；　九月開吕壩，次年二月塞之。

新開泇河所經壩、河、泉、湖，前多散見，玆另開出。

壩：

彭家口壩以遏許由三山、龍灣諸泉之水，由彭口出者。

拖泥溝壩以遏許池、滄浪諸泉之水，由大汔口出者。

新柳園，一在韓庄閘，一在德勝閘，一在泥溝。　彭口壩、草廠、韓庄廠。

河：

薛河出勝寶諸山，為西江會諸泉，經昌虞，南瀦為刀潭，由奚公山新開支河，迤而南，白河入泇。

白河源在南明河，出嶧縣黑風口諸山，西經梁奚公山西南，經白山入泇。

泥溝河源出白馬山，西南過沙溝，入吕孟湖。

西泇河出嶧縣東北抱犢山，東南流，與東泇會，又南合武河入泗，謂之泇河。

泉：

黃溝泉入泇河、許由泉、温水泉、三山泉、龍灣泉。

以上四泉彭口壩。

奉聖泉、黑龍泉、野溝泉、劉家泉、海眼泉、馬跑泉。

以上六泉出徐州城北，入泇河。

滄浪泉、稍穀泉、許池泉、珍珠泉、金花泉、鍋泉、節泉、灰泉。

以上建壩，以濟下廟閘為承水，故嶧為舊承水。

龍王泉、牛山泉、後孟山泉、巫山泉。

湖：

蚢蟃湖、連旺湖，睢寧縣北滕縣南。

柳湖、周湖，邳州之北嶧縣南。

黃墩湖、駱馬湖，宿遷西北。

〔一〕《明史·河渠三》作『李家港』。

卷四　運河〔四〕

漕河第四節

自淮安府宿遷縣起，至鎮江府止，清口漕河會黄、淮河，入淮揚裏河，至瓜儀過江。

職官、夫役、河道、湖閘：

宿遷縣： 河道自駱馬湖起，至古城桃源縣界止，長六十二里。駱馬湖十里至縣，又四十里至白洋河，又十二里至古城。

桃源縣： 黄河河道上自宿遷縣古城起，下至駱馬營清河界止，長七十三里。古城四十八里至桃源縣，桃源二十五里至駱馬營清河界止。

桃源縣知縣、管河主簿。

清河縣： 河道西自桃源界駱馬營起，東至運河口二十五里，又自運河口起，至山陽界李家淺止，八里。自運河起，至文華寺迤東山陽界七里墩止，計七里。

工程： 甘羅城東水壩、文華寺、奶奶廟、天妃廟。

清河縣知縣、管河主簿。新莊閘閘官閘夫三十名，淺夫二十五名，徭夫八十一名，沭陽縣協濟夫三十五名。

高堰以下四段，不係河道，自七里溝石墩起，至石工盡止，四十五里，額夫二百四十名。

洪澤湖後因工繁，每歲估修添募夫二百六十名。高良〔湖〕〔澗〕、越城、周橋閘、古溝鎮。自周橋閘起，至塘埂，盱眙縣界止，二十里，奉文依舊填平，不許增高一寸。

山〔楊〕〔陽〕縣外河募夫一千，裡河淺夫一百二十名，黄河淺夫八十五名，高堰淺夫二百四十名，龍王閘閘夫二百三十三名。

工程： 裡河兩岸高堰一帶石工，清江越河閘。

太皇老堤，自吴城起，至清口止，長三千三百三十四丈。

山陽縣知縣、裏河主簿、外河主簿、高堰大使。河道自清河界季家淺起，至寶應界黄浦止，長一百一十里。

山陽縣至寶應縣八里，武城閘、高良澗閘、周家橋閘。以上高堰大使管轄。西北洪澤湖一道。

龍江口、清江口。福興閘、山陽西四十里。清江閘、軍餉户部，船正户部，山陽北三十里。移鳳閘、板閘。抽分户部，山陽北十里。

淮安府山陽縣西闗，管家湖。秀麗所鍾，郡之勝地。

沙河即運河，起清河，至山陽，六十里。

澗河，即菊花溝，在山陽運河之下，西接運河閘河之水，東通射陽湖入海之路。西門水闗通城河，與文閘水遶南門城河。龍王閘接城河，遶舊城東門外。龍江閘入澗河，由射陽入海。楊家廟窑灣閘。旱路西北至高家堰，通泗州、盱眙，以上俱係裡河，主簿管轄。

平河橋，山陽南四十里。

涇河大閘，山陽縣〔一〕四十里，東入射陽湖。

黃浦雙閘，山陽南五十里，為揚州府寶應界，南至寶應三十里。

汎光湖。

揚州府寶應縣。子嬰溝等淺凡十。河道自寶應北黃(河)〔浦〕界起，至寶應南界首鎮止，長八十里。寶應縣至高郵州一百二十里。自黃浦閘起，二十五里至北宏濟閘，三十里至瓦佃閘，二十里至界首鎮。

工程：黃浦。

寶應縣知縣、管河主簿，淺夫一百一十五名。

白馬湖、廣洋湖。

東岸下河自子嬰雙閘起，至臨澤四十里，臨澤至興化縣六十里。運河東。

白龍潭，寶應縣西一百二十里，雲山之上，周迴五十丈，深二丈餘。運河西。

章河，寶應南六十里，東北入廣洋湖。

寶應南界界首鎮，河道六十里至高郵州。

界首南四十里，清水潭三閘、二閘、頭閘，至高郵州。

界首南四十五里，茆塘港支河引高寶湖入邵伯湖，下金家灣，入芒稻河，入江，北自泥甸橋，南至七里閘止，計七里，又至陸漫閘，計十三里，又至高郵南金門閘，四十里，沿堤開設減水閘。

閘河舊為運鹽河，在高郵，下河東抵興化縣，西抵運河堤岸，俗稱東河，東岸自減水閘支河起，至興化縣止，計一百二十里。下河。

高郵州王琴等淺凡十二。河道至江都縣一百二十里。

高郵州知州、管河州判，淺夫一百三十三名。

工程：清水潭東西南墈一帶石工。

五里閘、車邏閘、露觔閘、三溝鎮閘、裔家閘、青石港閘、二宿閘，以上在邵伯北。小墈閘、金灣閘、雙橋閘、沙墈閘以上在江都縣，減水閘在外。

州南三十里張家溝巡檢司。

州南三十里鋪高郵南界。

州南六十里邵伯鎮。

甓社湖，州西三十里，常見大珠，其光燭天。

邵伯越河、邵伯湖、白茅湖。

以上雷塘接小午塘，為槐子河，直洩運河，宜添減水閘。

茅塘湖支河，西接盱、泗諸山之水，東通邵伯金家灣，

〔一〕『山陽縣』之下疑脱一表示方位的字。

下芒稻河。

南四十〔里〕至灣頭，江都北十五里，即茱萸灣； 東至泰州九十里，東通海陵、如皋、通州、海門、泰興，其支派通於諸塲，故名塩河； 又南十五里，至揚州府。

揚州府江都縣河道，至儀真七十五里，至瓜州四十里。

江都縣知縣、管河主簿，淺夫一百二十名。

其一，縣南十五里至揚子橋，二水分流，二十里至儀真界石人頭，又四十里至儀真江際。

其一，楊子橋東南流，又二十五里，至儀真縣瓜州攔潮閘江口。

儀真縣北三十里，槐子河自陳公塘接句城塘，引水入運河。

儀真縣知縣、管河典史，淺夫二十七名，麻綿港等淺凡三。

清江等四閘閘官一員，閘夫一百五十四名。

瓜州江防同知。

瓜州閘官，閘夫一百零五名。

漕河四節事宜：

防青口淤澁。清口乃黄淮交會之處，運道必經之所，稍淺阻便非利涉。但欲其通利，須令全淮之水盡由此出，則力能敵黄，不為沙壂。偶遇黄水先發，淮水尚微，河沙淤上，不免淺阻，然黄退淮行，深復如故，不為害也。往往高堰潰決，淮從東行，黄亦隨之，而清口遂為平陸。今高堰築矣，獨慮清河對岸王家口等處淮水過盛，從此決出，則清河之力微矣。故於清河縣南岸築堤一千一百八十丈，今又接築張福堤四百四十餘丈，以防其決。工若緩，關係甚大，已題奉明旨，責差印官專力看守。更有一事，猶宜稽察： 清口之上口堰河南鳳、泗等處，商販船隻最利由此直達，每為盜決，尤宜防之。

歲守通濟閘外大壩。舊日通濟閘逼近外河，河形淺直，水勢洶湧，不便啟閉，而朱家口一帶堤岸尤為難守。今移閘於甘羅城旁，改河於西南隅，而於舊閘內半里許築攔水大壩一道，置朱家口於度外，似為得策矣。但大壩最為喫緊，萬一傾圮，則新河與舊河之水併瀉入閘，勢必不支。每歲四月初旬須專委能員，撥夫六十餘名，量備椿草守之，不可忽也。

嚴禁閘河口啟閉。諸閘之設，平江伯陳瑄時殊有深意，蓋節宣有度，則外河之水不得突入，運河之水不得盈漕，非惟清河一帶板閘堤岸易守，而寶應諸湖亦緩此一派急流矣。故啟閉之法非嚴不可。如啟通濟閘，則福、清二閘必不可啟，啟福興閘，則通、清二閘必不可啟，河水常平，船行自易，单日放進，雙日放出，滿(漕)〔槽〕方放，放後即閉。時將入伏，即於通濟閘外填築一軟壩，秋(秒)〔杪〕方啟，其於河道關係非小也。

寶應縣西四十里有白馬湖，其當湖心而東，即所謂八淺堤也。往歲堤決，湖水奔溢，建瓴而下，舟楫過者少遇西風，輒沉溺不可救。其決處濶八十餘丈，深二丈五尺，而水勢湍急，莫可名狀，雖不惜費，寧能與水角力哉？屢築無功，覆轍可監也。乃議從湖心淺處先築西堤一道，以捍其外，仍於河之南北築壩二道，暫令運舟越湖而行，堤壩成則八淺正，決瀦水不流可捧土而塞之矣。是築西堤者，正所以塞東決也。但東決雖塞，西堤必不可棄，必須歲加修築，仍密植檞柳、茭葦之屬，使其能當波浪，則東堤不守而自固矣。此當於冬初寶應縣管河掌印官料理者也。

寶應縣月河，自黃浦至三官廟前，長二十里，水多旁潰入湖，是以流緩沙停。新閘一帶淺阻為梗，今加築西土堤一道，長三千六百三十五丈，以束漕水，可省挑濬之費，須責役看守，栽植茭柳，加意培護，歲修之工不可緩也。

附山寶等州縣水利：

天常、六合、五河虹縣等處山水七十餘澗，滙於山陽之洪澤湖，清口當其沖。若歲遇黃水潰決而南，復沖射直下，阻其入海之勢，而逼之南奔，漕河淺狹不能容受，遂從淮之高良澗、周橋、楊家廟、文華寺等處泛濫於寶應之白馬湖，入甓社湖，即高郵城西之珠湖也，又南則為高郵之南湖也，江都縣之黃子、赤岸諸湖。以上州縣皆受水地方，非洩水地方，直至瓜儀入江，方為全河，尾閭來水無窮，去水有限，瓜儀閘座口面幾何？豈足容淮、泗諸湖之水哉！前賢熟察形勢，一開涇河，一開子嬰（河）〔溝〕，皆由射陽湖入海，以疏高寶之上流。復於江都縣邵伯鎮之南鑿開漕堤，造金灣三閘，引水徑入芒稻河，東南入江。造徹底通江閘三座，計六門，濶十一丈。一疏高寶之下流，法至備也，而今皆不能然。

山陽縣南去百里之內，涇河閘分水直入射陽湖。歲久失修，遇水崩決，前奉河憲檄，督催修理，又被侵占盜種者賄買經承，將閘改小，假公濟私，閘基增高，洩水無多，當秋夏水漲，又啟不數板，開不數日，旋築月壩，堅閉經年，全無實用，此當速改造者也。

寶應縣界首鎮之北，子嬰雙閘分水直入射陽湖。今修建承行者尅減工料，樁短灰少，閘底石不齊縫，不敢全開放，少有滲漏損傷，隨即填泥下埽，歲歲如此，亦僅存閘之名耳。此當速改造者也。

至於射陽湖更有當速濬者。數年來居民苦於水患，因下流不通，紛紛求開海口，而海口之在泰州興化鹽城界內者，如丁溪場、白駒場、劉莊場、神臺場四口，現開原無阻塞，至於山陽境內之廟灣海口亦空濶毫無阻礙，而水不趨下者，考之傳記，詢之士人，乃知射陽一湖全然淤墊，水不東注，根原在此。為今之計，重濬射陽湖，真有不可一日再緩者。湖在鹽城西一百四十里，西接寶應縣界，西北接山陽縣界，縈迴三百餘里，嘉隆以來河乃大淤，萬曆七年重濬，水患稍息，至崇禎四年，淮北蘇家嘴、柳浦灣、新溝，建儀口並決，黃流灌注，三年水退，而射陽湖幾化為平陸矣。然湖形尚在，疏鑿不難。今約略大概分為三段，其上一段自寶應、鹽城界射陽鎮起，至安豐鎮止，約二十五里。自安豐鎮至山陽東作地方止，約十六七里。自東作至涇口止，約五里。以上係泥水相雜之工。自東作至鹽城界清溝止，約二十里，係泥沙旱工。此處湖面舊三十六丈濶，今止存三四丈，或七八丈耳，宜疏濶如舊。自清溝至南馬駱地方，約十五六里，此處亦宜鑿之使寬，則下流通暢，由此入山陽之軋東溝，由溝入濛瀧喻口，由口則入廟灣，則入於海矣。中一段、西一段亦皆有入海之路。以上決水入海之路。

芒稻河閘則天啟六年遂為奸徒占塞蠱惑。先年鹽監拆閘改造，徑將閘底增高，水雖通行，勢甚平緩，較之舊閘所洩河水曾不及十分之一二，閘存實（费）〔廢〕。考芒稻河閘，舊名滾水閘，先用丈杆試探，漕河應存水若干，便足行漕，再用丈竿試探，運鹽河應存水若干尺，便足行鹽，然後在於芒稻河造閘，基址之上打一水平，做造閘底。如遇水小，則水存留於閘底之下，遇水大，則水滾出於閘底之上。當日之為行漕、運鹽計，固甚詳也。今年歲既久，漕河之身頗多淤墊。至於鹽河，西自灣頭，東達如皋，兩岸高沙猶易頹塞。前朝歲有挑河銀兩，皆從鹽引起派，今多年不濬，則河底淤高，惟閉水行鹽，則民田盡没，以當會集司、府、州、道、廳、縣與司河衙門公同踏勘，仍用丈竿探水淺深，另打水平，即以水平為閘底，凡閘外攔河土壩盡徹之。如是而長河水道斷無不通矣。以上決水入江之路。二者之外，又有入海直徑之路。

開姜家堰。六州縣之水雖以廟灣為尾閭，而轉折六百餘里，方能入海。若直走直洩，不勞工作，必急開姜家堰為至便。此閘在鹽城西北，離城二十餘里，舊有海口，自岡門鎮十八里至（燈瀛）〔登瀛〕橋，從天妃廟下新洋港入海。原係洩水故道，祇因侵種者營私，逐年填塞，遂至滴水不通，致六邑腴田盡沉水底矣。

開石䃮海口。在鹽城之東南，內地高於海數丈，宜洩諸水比姜家堰又為直捷。該縣惑於風水之說，堅築實填，令滴水不通，六州縣之水全無出路，所以數十年受陸泥之害也。

以上二口皆不甚用力，水可入海，尤當急講也。

淮陽七邑水利圖說七邑失名

寶應縣南涇河、黃浦、子嬰三閘，其下俱有大河，兩旁俱係高岸，東水入海，遇漕河水發，從此直趨射陽湖入海，非若高江地方開閘，既不通江，又難到海，盤旋於民田之間六百餘里，為害無窮者比也。今子嬰雙閘深濶極為得法，涇河、黃浦亦宜如子嬰之制，立雙閘深濶，發水不難直洩矣。近來借口通湖水淺，查得對閘四堤頗多通湖港口，源源而來，豈（夏）〔憂〕淺涸哉。

金灣閘通湖近江，為漕河洩水捷徑。原議八閘十六門，今止三閘六門，閘下新河原濶四十丈，今止挑二十餘丈，二者皆宜開通如舊。

芒稻河洩水入江最捷，二壩止濶十餘丈，又閘高於河底，今宜另修添一閘三門，改底下深五尺，則湖水奮迅入江。

白塔河洩水與芒稻河同。今改築為壩，亦宜另開濶底深如芒稻河。

運鹽河舊例三年一挑，商人照引派夫。今定制廢弛，河身淤淺，不務挑河，止欲蓄水，遂將芒稻河增設閘板，每逢水發，開放掣肘，此冲漕堰、滂民田所由來也。誠申舊制，三年一挑，則河底日深，有水行鹽，則河閘可常開矣。

串腸河乃七邑洩水入海之路，商灶行鹽要津。例皆三年一挑，今久不挑，河底壂高，以致七邑出水無路，田沉水底。其於溪龍、開港、白駒、牛灣河俱洩水要路。因串腸河不通，亦皆淤塞，又海港等河洩水入海，今皆淤，並宜開復。

鹽城舊官河接廣洋入湖，積水流入石䃮、天妃二口，但因上流積水低窪，此河淺狹，輒易斷流，故高寶諸邑田在水中，而此河先已枯竭，鹽城阻開二口，意實為此。今宜濬深此河至七八尺，濶二十丈，使高寶之水盡由此直洩石䃮、天妃二口，而鹽城四十里膏田得通水路，不憂旱涸，則開浚二口自不阻撓矣。二口之外到新洋港，原自深濶，後因二口堵塞，以致潮壅沙淤。迨二口開放，水到（局）〔渠〕成自復深廣矣。

康熙七年，刑、户二部會同河漕部院查勘，詢問土人，果係出水舊路，估動河銀四千八百六十兩開挑，因彼時塞凍，開挑未完工，中止。

運河第五節

起鎮江府京口閘，通常州、蘇州、松江及浙江運道。

職官：　江南蘇松常鎮督粮道，浙江督粮道。

州縣：

鎮江府丹徒縣水利通判。

丹徒縣知縣、水利典史。

丹陽縣知縣、水利典史。

丹徒、丹陽二縣運河，例應十年大挑，五年小挑，三年撈浚，復因乾旱湖迅不通，漕船淺阻，有不滿年分詳挑之議。

常州府武進縣水利通判。

武進縣知縣、水利主簿。

無錫縣知縣、水利主簿。

常州府並無阻滯漕船，並無額夫及動用錢粮。

蘇州府吴縣、長州縣。水利通判。

吴縣知縣、水利典史。

長州縣知縣、水利典史。

吴江縣知縣、水利典史。

浙江嘉興府： 嘉興縣、秀水縣、桐鄉縣、崇德即石門。縣、德清縣。

浙江杭州府： 錢塘縣、仁和縣。

以上各縣知縣、各縣管河官。

運河五節河、湖、閘：

京口閘南行丹徒、丹陽等處，原無水源，借江為源，潮長則開京口閘，以放舟，潮退則下板以蓄水。

鎮江府南四十五里丹徒鎮減水閘，設以減運河之水，然亢旱之時，每日潮長入漕，亦可濟運，潮退戽之，亦燃眉之小濟也。

丹陽小夾岡、大夾岡，係鑿山通道，雨水淋漓，易致壅淤，其每患淺澁者，黄泥壩、吕城閘、尹公橋等處但宜每歲打壩挑濬。

丹陽西北開家湖、練湖。

丹陽迤北，運渠借江潮通運，潮大則盈，潮小則涸。惟有練湖一區可以引導，但亦無泉源，夏秋淫雨聚會成湖，遇亢旱漕涸湖亦乾矣。 湖水入漕，勢皆東流，於漕渠無益矣。

鎮江府至丹陽九十里。

丹陽縣南七里橋金壇河，溧陽、高淳等處水由此河出，可以濟運。

丹陽縣南犇牛閘巡檢司為丹陽縣、武進縣通江潮，作木閘蓄水，栅口陵口淺。

丹陽縣南沙子湖運河、武進縣北江陰河東倉橋一帶，每歲撈濬。

丹陽縣至常州府武進縣九十五里。

高橋巡檢司，宜興縣九里河之水出濟運道，宜、溧粮船由此河出。

常州府至無錫縣九十里，錫山驛前淺。

無錫縣錫山驛望亭巡檢司為武進、常州二縣之界。

無錫縣至蘇州府九十里。

滸墅鈔關，滸墅關分。 部差。 滸墅鈔關南花園村橋、東風橋。

蘇州府東南馬路橋，常屬運粮由此河。

蘇州府渡僧橋，若偶遇水淺，由石橋進至花園村楓橋出入運河。

永寧橋南通沙湖，崑山、太倉、嘉定粮船由此河。

夾浦橋係吴松江並三湖十八蕩，其流會出，水勢犇騰，橋故屢建屢圮，今設官渡船。 夾浦橋外為黄天蕩、金鷄堰諸水。

蘇州府至吴江縣四十一里，吴江縣臨洞庭山、太湖、松陵驛。 自三里橋至驛前甚淺。

吴江縣至平望驛四十五里。 平望驛前甚淺，每年加工疏濬，松江府及浙江各府運舟由此出。 平望驛至浙江嘉興府秀水縣四十五里。 苕霅二水成河，湖州府粮運由此河出平望驛，至蘇州。金橋鋪通嘉善縣支河及平湖縣支河。

嘉興府北青山巡檢司，青山第一閘、青山第二閘、青山第三閘。嘉興府通海鹽支河。石門鎮，秀水縣、桐鄉縣界。嘉興府至崇德縣九十里。崇德縣河道，遶城約長二千六百餘丈，人煙湊集，瓦礫抛擲，易於壅淤，每加撈濬。

崇德縣南彭城橋約四百五十餘丈，每患淺澁，宜歲加工疏濬。

崇德縣至塘棲鎮四十五里。

官塘路，崇德縣、德清縣界。

塘棲鎮至北新關四十五里。

杭州分司至杭州府十里。

浙江省運河之水發源於天目山，出臨安、餘杭，經德清、海寧、崇德、桐鄉、秀水、嘉興以達於江南吴江縣，或遇亢旱，宜時加挑濬。

浙江運河止用鄉夫挑濬，並無額夫及動用錢粮。

附漕河鮮船非時啟閉進閘：

總漕都御史潘疏稱：　清江福興、新莊等閘俱要以時啟閘，不得開放無度，以致泥沙灌入，有碍運道。每嘗至六月初旬運舟馬船即鮮船。過盡，伏水將發，即於通濟閘外暫築土壩，以遏横流，一應官民船隻俱暫行盤壩出入，至九月初旬開。又題鰣魚鮮船定限五月初發行，定限過淮，楊梅等船定從便。將南京馬快空船於未築壩之先預撥過淮，停泊壩外，以俟船剥，則上貢既無後時之虞，國計有先事之備矣。

衛河

衛河至山東臨清州始入運河，不係運道，今詳於後。

衛河州縣河夫役：附淇水沁水。

南河管河道轄：

河南衛輝府：　衛輝府通判所屬輝、新、汲、獲、淇五縣。

輝縣知縣、管河主簿。衛河自朔刀泉起，至（柳）〔新〕鄉縣合河止，長三十里。有留修衛河人夫，按季疏濬。自朔刀泉起，仁、義、禮、智、信五閘，春夏閉塞，運完聽從民便。衛河自新鄉縣起，至汲縣界止，長六十里。有留修人夫，按季疏濬。

汲縣知縣、管河縣丞。衛河自汲縣界起，至直隸大名府濬縣雙鵝頭止，長一百四十五里。

直隸大名道轄：

大名府濬縣知縣、管河官。以後并無額設夫役。衛河自雙鵝頭起，至五隆固止，長一百七十五里。

河南管河道轄：

河南彰德府湯陰縣知縣、管河典史。衛河自濬縣老鸛嘴起，至北固城村九十里入直隸内黄縣界止。

直隸大名道轄：

直隸滑縣知縣、管河官。衛河北自灘口起，至韓西口止，長九里。

内黄縣知縣、管河官。衛河自草坡村起，至張兒莊止，長一百二十五里。

大名縣知縣、管河官。衛河自張兒莊起，至曹家道口止，長九十六里。

大名府管河通判。

元城縣知縣、管河主簿。衛河自趙家店起，至善樂當止，長七十三里。衛河至臨清州入運河。

河南管河道轄：

衛輝府淇縣知縣、管河縣丞。淇水入衛河。

懷慶府管河通判。

河内縣知縣、管河縣丞。大丹（湖）〔河〕由山西至本縣石斗門下入小（舟）〔丹〕河，抵武陟縣界，長四十九里。沁河衛遶城郭，遇水勢漲發，迎溜處有石堤並土堤，共六里半，有公直二名，堡夫六名，分汛管守。沁河湍悍，渾濁亞於黄河，去衛河不過六十里，恐其入漕為害，導至武陟縣入黄河。

武陟縣知縣、管河縣丞。沁河自本境入黄河，設堡夫四十名。

修武縣知縣、管河縣丞。小丹河自武陟縣來，東至獲嘉縣界止，長四十里。（彰德）〔衛輝〕[一]府獲嘉縣知縣、管河縣丞。小丹河自宋橋起，至三橋坡止，長四十五里。

膠萊河論杜志攀原撰

膠萊運河入有二處，舊曰石落港，新曰丁家工。元人從石落港入者，借大沽河水導之，而南又借海潮之水還之，而北水勢浹洽，負舟有力，無乃大沽河駛流淤沙填港，石落港青石峻峭磕舟，惟是司空劉公把浪廟前開丁家工，借海潮逆入二十里，至陳家閘，避沽且避沙，洵稱寧波焉。大約河面以六丈濶為度，底以四丈寬為度，水以五尺深為度，故石稱銖計，備列於左：

丁家工河，面底如式，無水宜濬六尺深。河自東南來，凡歷二十里，忽折而北流，至陳家村閘。

陳家村閘廢基存，河面河底俱過式，水深二尺，宜濬四尺深。河自此如曲尺，形折而西行，泊冂水、王家村水、陸家村水、都泊水、周家口水自南來入河，泊口水、劉家村水、杜家村水、八岔溝水、袁家口水、尹家口水、蕭家村水、三元廟水、小沽河自北來入河，小沽河口宜建水門，凡歷三十里，始至吴家口閘，平度界也。

吴家口閘廢基存，河面、河底俱過式，水深一尺，凡歷

[一]『彰德府獲嘉縣』誤，獲嘉縣應屬衛輝府。

二十里始至談家村，宜疏五尺深，談家村歷十里，至分水嶺，河面河底俱過式，無水宜濬六尺深，劉家村水、孫家口水、孫家莊水、程家口水、談家莊水、朱家莊水、泊水、張家溝水自南來入河，馬家村水、賈家溝水、泊口水、劉家莊水、白沙河水自北來入河。嶺西下九尺許至窩鋪閘分水嶺，形如龜背，純土非石，白沙河從北而來，南穿河之左腋入河。河自此東西分流，船自麻灣口到嶺，當是逆流而上，自嶺到海倉，當又順流而下。司里來《膠河議》謂高於南北海者六尺，崔白東《海運編》云高南北海三十丈，全河之工惟此處大費調停，宜用保嗇法促其閘以蓄之，嶺東談家村須添閘與窩鋪相望可也。

窩鋪閘留八分，河面過式，河底僅丈餘，水深一尺，宜修五尺深，張魯河下名船路溝水宜作水門，闞王廟水、劉家溝水、膠河口水、泊口水、祭溝水、紙張口水、泊水岔水自南來入河，硝場河水、萬家口水、泊口水、崕口水、泊水、牟家君水、亭口水自北來入河，凡歷二十五里，始至亭口閘，河身至此，自東折而西北行。

亭口閘尚餘强半，河面過式，河底僅二丈，水深一尺，宜修五尺深，泊口水、楚家莊水、泊口水、王家莊水、王家溝水、泊溝水、雙黃溝水、泊口水自南來入河，董家莊水、對泉溝水、鯉魚泉水、泊口水、周家莊水、山莊溝水、梨園溝水、程家溝水、金家莊水自北來入河，凡歷三十里，始至周家閘。

周家閘閘廢基存，河面過式，河底僅丈餘，水深二尺。宜修四尺，白塔溝水、泊口水、李家莊水、曹家溝水、袁家集水、楚莊水、黃泥泉水自南來入河，泊口水、勒岔溝水、泊口水、温家口水自北來入河，凡歷三十里，始至玉皇廟閘。

玉皇閘閘廢基存，河面河底俱過式，水深二尺，宜疏四尺，河身至此又西北行，劉家溝水、石橋溝水自西來入河，飲牛溝水、王和溝水、胡家溝水、東坡溝水、孫家村水、泊口水自東來入河，凡歷三十里，始至楊家圈閘。

楊家圈閘廢基存，河身至此又折而正北行，河面河底俱過式，水深四尺，宜修五尺，張家莊水、劉家莊水、馬家村水、媒河水自西來入河，李家村水、郝家溝水、城子河水、高望山來家河水、塔而溝水自東來入河，凡歷三十里，始至新河閘。

新河閘什存其七，河面河底俱過式，水深五六尺不等，宜修一丈，梭箭溝水自西來入河，董莊泊水、苗兒溝泊水、姚家溝水、泊口二水自東來入河，凡歷二十五里，始至姚家莊，河身至此折而西行，是世所傳海倉沙嶺閣舟梗運者也。海倉三老迎曰：塗飾好事者淘沙，移之河岸，潮風迅掃，岸沙歸河，遂相傳曰：此沙龜也，日修夜長，信若斯言。亘古迄今，則沙與泰岳爭高矣。每歲七、八月間，天津糴船艤新河岸，河水三分，借潮七分，乘潮出入，直達大洋，沙乃為祟耶。凡歷三十里，至海倉龍王昭顯廟。元人重修碑云：　三日出河，風帆順利，咸神之庥，修河人阿都温、運粮萬户某、千户某某等，兹又沙不為祟之驗乎？河身至此，又折而北行，又二里，共前三十里，至海倉閘。

海倉閘閘廢基存，河面河底俱過式，潮退水深三尺，司李來謂宜移閘於姚家莊，此不易之論也。窩落水自東來入河，旋河水自西來入河；　又東北七里曰蛤蜊廠，岸高一丈二尺，水深七尺；　又東北七里曰斗溝口，岸高八九尺不等，水深五尺，俱宜灣船；　又東北十五里水深八九尺不等。凡歷二十七里，河入海。

總計河身二百八十六里，溯自口南，窮至口北，大約司李來云：　建閘以蓄水，乘潮以避沙。兩言而全河之功括盡無遺矣。

膠萊河自江南達天津，取途甚捷，古人有行之者。近時勘議，如《河防一覽》等書，皆云難行，恐出一時意見不同，如泇河之初云難行，至萬曆三十年總河李改避性義嶺而南，遂為漕河三百餘里永利。事之不可執一如此，此卷係西秦杜樵南編次，頗為詳備，附録以備參考。

海運纂要

淮安海運、福建海運

運河通利，而海運之險誠可以已。然國朝奉天等處距海甚近，且海運所經登州至旅順僅一大程，附録以備採擇。

海運

史稱唐由海道轉東吴粳稻以及燕京，此海運之始。

元世祖至元十九年十二月，始海運。其初，朝廷粮運仰給江南者，一自浙西涉江入淮，由黄河逆流至中(欒)〔灤〕，陸運至淇門，入運河，達京師。一自膠萊河入海，勞費無成。伯顔平宋，用朱清、張瑄等言，造平底船六十艘，運江南粮四萬六千餘石，由海道入京，時創行海洋，沿山求嶼，風信失時，逾年始至，朝廷未知其利。二十年，復由海運。

成宗大德五年，畿内歲饑，增海運為一百二十萬石。八年，又增海運為一百四十五萬石。

武宗至大四年，增海運至三百萬石。

明洪武三十年海運粮七十萬石，給遼東軍餉。

永樂初年，海運七十萬石至北京。十三年會通河成，方罷海運。

邱濬曰：　考《元史·食貨誌》論海運云：『民無輓輸之勞，國有儲蓄之富，以為一代良法。』又云：『海運視漕河之數所得蓋多。』作《元史》者皆習見海運之利，所言非無徵者。竊以為自古漕運所從之道有三：　曰陸、曰河、曰海。河運視陸運之費十省三四，海運視陸運之費十省七八。蓋河漕雖免陸行，而用人牽輓如故，海運雖有漂溺之患，而省牽挽之勞，較其利害蓋相當。今漕河通利，歲運充積，故無資於海運也。然善謀國者恒於未事之先，而為意外之虞，今於國家無事之時，尋元運故道，別通海運一路，與漕河並行，使人習知海道，以防漕渠阻滯，是亦思患預防之先計也。

海道

海運自淮安而東，引登萊，泊天津，中多島嶼，可以避風，又且高而多石，故北海地淺，取其廣遠以致速，為此標記島嶼以避其險。

計程限

第一程。淮安府開船至八套口，共計三百餘里，係河道，為一大程。

第二程。自八套口至鶯遊山，約二百四十里，用東南風，一日為一大程。如風不便，九十里可投五丈河，又西北一百餘里可投狹口灣泊，可容船五百餘隻。

第三程。鶯遊山起東北遠望琅琊山，前投齊堂島灣泊，約四百里，用西南風，一日可到，為一大程。島西向泥灘三里，可容船百餘隻。如船多，島東北三十里有龍口，可泊船二百餘隻。中間所過水面，東北島落口約一百九十里，可容船十餘隻；又至夾倉口二十里，可容船二十隻，迴避望海石；又東至石田海口三十里，可容船六七隻，迴避石臼欄、胡家欄，曲伏桃花欄。又東至龍王口四十里，可容船三十隻，迴避黃石欄；又東至龍潭二十里，可容船百餘隻；又東至木瓜島二十里，迴避胡家山。以上堪泊五處，迴避七處，俱用西南風，避西北風，其餘滴水口、沙灣口二處係西南徑過僻路，遇急亦可泊舟。

第四程。自齊堂島等處開船，正東由膠州靈山島東北遠望勞山，前投福島灣泊，共約二百餘里，用西南順風，半日可到，為一大程。此島方圓二十里，西南有泥灘二里半，可泊船六七十隻。如船多，島西五十里董家灣闊大，可泊船三百餘隻。中間所過水面，回古鎮海口可容船三百餘隻，在東北四十里，迴避海子嘴；又東至靈山島五十里，西南嘴可容船二十隻，迴避東北、正北風，島東北鼓樓圈容船十餘隻，迴避正北、西北風，此處雖可容船，不宜久住；（有）〔又〕東北至唐島六十里，可泊二百餘隻，避東北、正北風，迴避露明石；又東至小清島五十里，可容船三十隻，避正北、東北風；又東董家灣六十里，迴避捉馬嘴。以上堪泊五處，迴避三處，俱用西南風，避西北風、正北風、東北風。

第五程。自福島開船，東二里，迴避老君石，遠望田橫島，約一百五十里，用西南順風，半日可到。島方圓三十里，可容船二百餘隻。如船多，島東北十里有潤落灣，容船二百餘隻。中間所過水面，東北由小營島六十里，可容船十餘隻，係背路，遇急亦可泊船。

第六程。自田橫島，由青黃島遠望槎山，前投玄真島灣泊，約四百餘里，用西南順風，一日可到。島西長五里，遇北風泊南面，遇東風泊北面，可容船百餘隻。東北岸下水底三孤石，旁多隐石，該迴避。如船多，島迆西五里朱家圈，可容船百餘隻； 又西五里宋家圈，與草島前可容船五六十隻。中間所過水面，東二十里，澗落灣容二百餘隻； 又東至楊家溝三十里，可容船三十餘隻； 又東至十里，迴避劉家嶺； 又東至草島嘴，可容船三十餘隻； 又東至十里，迴避劉家嶺； 又東至草島嘴三十里，可容船五六十隻； 又東至青島三十里，西圈可容船十餘隻； 又東至黄島三十里，西南灘可容船十餘隻； 又東北至宮家島三十里，可容船三四十隻； 又東徑過蘇島、王室玄真島、朱家等圈一百五十里，迴避朱家圈西柳鋪與沙嘴玄真島西嘴與島東岸三孤石。以上灣泊六處，迴避五處，其餘行村寨、馬公島與河家馬頭、乳山寨、上港口及靖海衛、北張濠島皆是背路，遇急亦可泊舟，迴避靖海排權石、裏島娘娘廟嘴。

第七程。自玄真島開船，稍放洋行，東轉杵島嘴，北過城山頭，西北望威海山頭，投劉家島灣泊，一百四十餘里，用南風為順風，一日可到。容船六七十隻。如船多，島迆西十里威海東門口教場頭塢島口可容船三四百隻。中間所遇水面，東至鏌鋣島西頭季家圈三十餘里，可容船三四十隻，避東北、東南風，南三里，迴避樊石； 又東三里，鹿島可容船一二十隻，避北風與東風； 又東七八里，迴避凹屋港； 又東十五里，迴避黑石島； 又北十餘里，迴避楊家墳； 又北二里，迴避鵝狼鴟石； 又西北四十餘里，養魚池可容船二百餘隻，避東風與東北風； 又東北二十里餘黄埠嘴，可容船二百隻，避東北與北風； 又東南一里，迴避成山頭； 又東七八里，迴避殿東頭； 此二處稍險，須放洋遠避。過此轉西三十餘里，駱駝口圈裏東岸下可容船七八十隻，避東北風； 又西三里李叢嘴，可容船二三十隻，避西北風； 又西十五里，柳夼〔一〕海口可容船五六十隻，避西北、東北風，西七八里，迴避東鷄嘴島與鵝鳴相連水底礁石； 又西直至劉公島一百里，迴避島東南礁石嘴； 又西七里黄泥崖，可容船一二三十隻； 又西六七里沙嘴兒，可容船二三十隻，俱避東北、正北風； 又西二里小黄島口，可容船三十隻，避四面風； 又西十里衛東面口、教場頭塢口灣船四百隻，避西北風。以上泊船十處，迴避十處，其餘寧津所西北箇山海口、尋山所西南青魚灘、家雞汪皆是背路，如急，亦可泊船。

第八程。自劉公島開船，西北十餘里，迴避王家嘴，又西十餘里，迴避靖子嘴，又西十餘里，迴避小杵島、遠遠嘴，西南遠望芝罘島灣，共約二百餘里，用東風、東北風為順風，一日可到。島東西長二十里，東頭迴避勝子嘴，又西大口、婆婆口可容船百餘隻，避東北、西北風，又西二里，迴避宅巢。如船多，島迆東三十餘里崆峒島前可容船

〔一〕『夼』，《字彙》：『以冉切，音「琰」。上大下小、本廣末狹爲「夼」。』

二三十隻，迴避東南沙港； 又北三里夾島，可容六七十隻，避北風。中間所過水面迤西一百四十里，養馬島東柄上老雅港可容船三四十隻，避西北風，又島西頭迴避煉石嘴，又轉島龍王廟前，可容船二三百隻，避西北、東北、正北風； 又西北五十里，係崆峒島，又西三十里，係芝罘島。以上堪泊四處，迴避六處。

第九程。自芝罘島開船，西六十里過龍洞，直西遠望長山島，西投沙門島灣泊，共約一百八十里，用東南風，一日可到。島東南汪周圍二十里，可容船百餘隻，避西北、正北、東北風。如船多，島迤闕六十里，新河海口可容船五六十隻，口外不宜住船，口内避四面風。中間所過水面西六十里，八角嘴可容船六七十隻，避西北、正北風； 又西五里，迴避龍洞嘴； 又西正十里，迴避四石； 又一二里，入劉家汪海口，可容船百餘隻，避四面風； 又西二十里，迴避灣子口東北沙港； 又西二十里，迴避抹直口金嘴礁石； 又西三里入新河海口，迴避觀音嘴石； 西北四十里，迴避長山島東南嘴沙港； 又西十里，係沙門島。以上灣泊三處，迴避六處。

第十程。自沙門島開船，西南遠望三山島，約二百餘里，用東風為順風，半日可到。島南面黑港，可容船三四十隻，避北風。中間所過水面南三十里，迴避大石欄； 又西六十里，桑島前面，可容船五六十隻，避東北、西北、正北風，迴避島東北二處礁石； 又西四十里峙屺島，迴避島東、西、北三處礁石，島南宋港可容船四五十隻； 又西四十五里，迴避羊欄礁石； 又西十五里，係三山島。以上灣泊二處，迴避四處。

第十一程。自三山島開船，過芙蓉島，直西投大清河口灣泊，共約四百餘里，用東風與東北風為順風，一日可到。容船五百餘隻，避北風、東北風。中間所過水面〔西〕五十餘里〔一〕芙蓉島，迴避東沙港，轉西南面可容船四五十隻，避東北風； 又西五十里，迴避海倉口椿木閘石； 又西一百一十里，係洱河口，外有沙嶺，船難進； 又西四十餘里，係小清河口，船難進。以上灣泊二處，迴避三處，還有三處小河，不堪泊船。

第十二程。自大清河開船投大溝河，約一百六十餘里，用西南風，一日可到。容船一百餘隻，如風不便，六十里投洚水，可容船二百餘隻，又至大沙河三十里，可容船一百五十隻，稍北岸有沙岡，當迴避。以上泊船三處，迴避一處。

第十三程。自大溝河開船，投（火）〔大〕沽河灣泊，約二百餘里，可容船二百隻。如風不便，七十里投乞溝河，容船二百餘隻，俱無迴避，其桑句河窄小，不堪船泊。

共以上自淮安府起，至張家灣止，共計水程三千四百

〔一〕『五十餘里』之前脱一表示方位的詞，據《圖書編》卷五十六補『西』字。

五十里。

計福建海道程限

福建布政司水波門船廠，要水手船護送，其神仙壁、碧水屋山島有賊，開洋至三岔河口，一二日至古山寺，送香燭，防東南颶作，潮過平息，至望錤港娘娘廟前，一日至長樂港口，一日至民遠鎮巡檢司，一日總埠頭港，一日至福左等衛，要水手送。一日至五虎廟燒福，一日至五虎門，開洋望東北行，正東便是裡衣山，正北是定海千户所，東南是福清縣鹽塲，一日至王家峪海島泊，一日至高山巡檢司西洋山口泊，一日至福寧縣帮娘娘廟前泊，一日至金鄉衛，要水手送。一日松門衛，一日至温州平陽縣平陽巡檢司，海門至鳳凰山、銅盆山，防東南颶作，晚收[一]中界山泊，一日至盤石衛，見霧在中界山正北島，待南風行，晚收北門千户所，要捕魚小列船送。待南風，行過利洋鷄籠山候潮，至松門港松門衛東港泊，候潮，至台州海門衛東洋山泊，離温州望北行，到桃青十户所聖門口泊，開洋至大佛頭山、屏風山至健跳千户所長亭巡檢司，要水手魚船送。又至羅漢堂山，到石浦千户所東闞泊，要水手送。至定海衛，始换金鄉盤石水手送。離石浦港石門，過銅瓦山後洋半邊山黨公爵溪千户所，望北行，至青門山亂石礁洋，至前倉千户所雙臍港騎頭巡檢司，過至大松千户所家門山、招寶山，進定海港定海衛南門，要稍水船送。燒總福開洋，望北行至遮口山、黄公洋、列港千户所、海寧衛東山，望北行，若至茶山，低了金山衛東海灘松江府上寧縣海套水淺，望東南行，晚泊船候潮，過洋山、大七山、小七山、太倉寶塔，望東北行。

[一] 從語義上講，疑爲『投』字。

卷五　黃河〔一〕

黄河源

漢張騫使西域，唐薛元鼎使吐蕃，皆求河源，得其概略。然其時外國未盡臣服，不能直抵其處而究其極也。元有天下，薄海内外，人迹所及，皆（直）〔置〕驛傳，驛使往來如行國中。至元十七年，命都實為招討使，佩金虎符往求河源。都實受命，至河洲之東六十里寧河驛，西南六十里有山曰殺馬關，林麓窮隘，舉足浸高，行一日至嶺，舉足愈高，四閲月始抵河源。是冬還，並圖其（域，傅）〔城、傳〕[一]位置以聞。其後，翰林學士潘昂霄得其説，撰為《河源誌》，臨川朱思本又得帝師所藏梵字圖書，而以華言譯之。二家互有詳略，今取二家之書，考定其説。

吐蕃朵甘思西鄙有泉百餘泓，沮洳涣散，弗可逼視，方濶七八十里，履高山下望，燦若列星，以故名火敦腦兒，譯言星宿海也。

河源在中州西南，直（泗）〔四〕川馬湖蠻部之正西三千餘里，雲南麗江宣撫司之西北一千五百餘里，帝師撒思加地之西南二千餘里。

群流奔輳，近五七里，滙二巨澤，名阿剌腦兒，自西而東，連屬吞噬，行一日，迤邐東鶩成川，名赤賓河。

又行二三日，水西南來，名赤里出，入與赤賓河合。

又三四日，水南來，名忽闌河，東南來名也里朮水，與赤賓河合。忽闌河源出自南山，其地大山峻嶺，綿亘千里，水流五百餘里，注也里朮河，也里朮河亦出自南山，西北流五百餘里，入黄河，其流浸大，始名黄河，然水猶淺，人可涉。

又一二日，岐為八九股，名也（終）〔孫〕斡倫，譯言九渡，通廣五七里，可渡馬。又四五日，水渾濁，土人抱革囊騎過，聚落糾木斡象舟傅髦革以濟，僅容兩人，自是兩山夾束，廣濶一里、二里、半里，其深叵測。

自渾河東北二百餘里，與懷裏火秃河合。秃河源出西北，偏西八百餘里入黄河。

又東北流一百餘里，過麻哈地，又正北流一百餘里，乃折而西北流二百餘里，又折而正北流一百餘里，又折而東流，過崑崙山下，番名亦耳麻不剌其山。

崑崙山高峻非常，腹及頂皆雪，冬夏不消，山麓綿亘五百餘里，河隨山足東流。

河行崑崙南半日，又四五日至地名濶及、濶提，濶及、

〔一〕『域』『傅』，《元史》《南村輟耕録》均作『城』『傳』，即城池、驛傳。

潤提二地相屬，與亦西八思今河合。思今源出鐵豹嶺北，正北流五百餘里入黃河。又三日地名哈刺別里赤兒，四達之衝也，多寇盜，有官兵鎮之，近北三日，河水過之。崑崙以西，人簡少，多出〔一〕山南，山皆不穹峻，水益散漫。其山東益高，地漸下，岸至狹隘，有狐可一躍而過之處。

行五六日，有水西南來，名細隣哈剌。譯言細黃河，自白狗嶺之北流五百餘里，入黃河。

又兩日，水南來，名乞兒馬出，二水合流入河。乞兒馬出源出威茂州之西、岷山之北，水北流即古當州境，正北流四百餘里，折而西北流，又五百餘里，入黃河。

黃河自乞兒馬出河與黃河合之後，又西北流，與鵬梭河合。鵬梭源出鵬梭山西北，正北流七百餘里入黃河。

折而西北流，三百餘里，又折而東北流，過西寧州、貴德州馬嶺，凡八百餘里，與邈水合。邈水源自唐宿軍谷，正北流五百餘里，過三巴站入黃河。

（歸）〔貴〕德州地名必赤里，始有州治，官府隸吐蕃等處宣慰司州。

又東北流，過土橋站、古積石州、來羌縣、城廓州、構米站，界都城凡五百餘里，過河州與野麗河合。野麗源自西傾山之北，東北流五百餘里入黃河。

河自發源至漢地，南北澗溪細流旁貫，莫知紀極。山皆草石，至積石方林木暢盛，世言河九曲，彼地有三曲。

又東北流一百餘里，過踏白城、銀川站，與湟水浩亹河合。湟水源自祁連山，東北流一千餘里，入浩亹河。浩亹河源自刪丹州之南，刪丹州東南流七百餘里，入湟水，二水合，入黃河。

又東北一百餘里，與洮河合。洮河源出草撒嶺，東北流過臨洮府，凡八百餘里，入黃河。

北流過蒙古地，八百餘里，過豐州西受降城。

折而正東流，過蒙古地古天德軍、中受降城、東受降城，凡七百餘里。

折而正南流，過大同路雲內州、東勝州，與黑河合。黑河自魚陽嶺之南西流五百餘里，入黃河。

正南流，過保德州、葭州及興州境，又過臨州，凡一千餘里，與吃那河合。吃那河源自古當州，東南流過陝西綏德，凡七百里，入黃河。

又南流三百里，與延安河合。延安〔河〕源自陝西蘆子關亂山中，南流三百餘里，過延安府，折而正東流三百里，入黃河。

又南流三百里與汾河合。汾河源自河東朔武州之南亂山中，西南流過營州、冀寧路汾州、霍州、晉寧路絳州，又西流至龍門，凡一千二百餘里，入黃河。

又南流二百里，過河中府，過潼關，與渭河合。渭河

〔一〕『出』，《南村輟耕録》卷二十二《黃河源》作『處』，似應以此爲是。

出西傾山，東流一千五百里，入黃河。

潼關與太行大山綿亘，水勢不可復南，乃折而東流。

河源東北流，所歷皆西番地，至(闌)〔蘭〕州，凡四千五百餘里，始入中國，又東北流過蒙古地，凡二千五百餘里，始入河東境內，又南流至河中，一千八百餘里，通計九千餘里，始東流平地。

黃河出星宿海，行九千餘里，至潼關始出大山，落平地，又東南二千餘里而歸海，合一萬二千餘里，之間千溪萬派，㶁湃湍激，難可名狀，今分南岸、北岸以別之，觀者可易覽云。

黃河總部職官州縣及河官另載於州縣之下

總督河道部堂兼都御史，節制五省，駐劄濟寧。

河南分巡通省河道，駐劄省城。所屬開封、歸德、彰德、衛輝、懷慶、河南、南陽、汝寧八府，汝州一州。

開封府管南河同知，駐劄荆隆口。管河南岸滎澤、鄭州、原武、陽武、中牟、祥符、陳留、蘭陽、儀封九州縣，四百八十三里半。

開封府管北河同知，駐劄陳橋鎮。管河北岸武陟縣界起滎澤、原武、陽武、封丘、祥符、陳留、蘭陽、儀封八縣，至山東曹縣界止，共三百一十里。

歸德府河捕通判，駐劄本府。管河南北兩岸，南自儀封堤界起，經考城、商丘、虞城三縣至江南碭山堤界止，共一百五十六里；　北自儀封堤界起，經考城芝蔴莊、王家道口、劉通集至山東曹縣堤界止，長三十里。

山東分巡濟寧道，駐劄濟寧。所屬黃河上自曹縣界起，下經單縣至碭山界。

管理黃河兖州府總捕同知，駐劄曹縣。轄曹、單二縣，管河北岸西起河南考城界，入曹縣，經單縣，東至江南山陽縣止，長二百里。

中河分司，部差三年一代，駐劄吕梁。所屬黃河自山東單縣起，至江南安東縣新開河五港口止。

淮徐道，駐劄徐州。轄徐、靈、邳、宿、睢、桃、蕭、沛、豐、碭十州縣。

淮安府徐屬河務同知，駐劄徐州。轄豐、沛、蕭、碭、徐州。分汛：　南岸自徐州界起，至靈璧界止，長一百一十里，北岸自單縣界起，下至徐州七里溝止，長二百七十五里。

淮安府邳宿河務同知，駐劄邳州。轄靈璧、睢寧、邳州。分汛：　南岸上自徐州界起，歷靈璧、睢寧至宿遷界，共一百二十九里，北岸上自半山寺起，下至直河鎮止，長六十里，其内運泇河，上自黃林莊起，下至宿遷窑灣止，長一百二十里。

淮安府宿桃管河同知，管南岸，轄宿遷、桃源縣。分汛：　黃河南岸上自邳州界起，下至清河界止，歷宿、桃二縣，共二百零五里。

淮安府管桃、山、清北岸同知，駐劄〔二〕……。轄宿遷、桃源、清河、山陽。分汛：北岸上自直河鎮起，下至桃源縣止，共一百二十里，其内順濟河上接邳州界，下至駱馬湖口止，共七十里。

添設淮安府歸仁堤同知，駐劄歸仁。

淮揚道，駐劄揚州。轄黄河山陽、清河、安東三縣。

淮安府山、清河務同知，駐劄淮安府。分汛上：自清河縣黄河，下至新河周門海口止，其運河上自清河縣李家淺起，至寶應縣黄浦止，共三百一十里。

添設淮安府清安同知，駐劄安東縣。

添設淮安府高堰同知，駐劄〔三〕……。

黄河南岸

南岸過潼關經河南府閿鄉縣、靈寶縣，澗水自南來入河。

陝州北岸濟源縣。經峽石關、三門七津。澠池縣河中抵柱北岸孟縣，瀍水南來入河。

河南府北邙山至孟津縣，北岸懷慶府河内縣。舊孟津巡檢司。

偃師縣洛河、伊河自南來入河。

洛水出陝西冢嶺山，伊水出陝西熊耳山，相合入黄河。黑石關至鞏縣北岸温縣東北池等三水並流入河。河北岸武陟縣。

河南管河道轄：

開封府南河同知，駐劄本府荊隆口。管黄河南岸滎澤、鄭州、原武、陽武、中牟、祥符、陳留、蘭陽、儀封九州縣。

開封府滎澤縣。北岸獲嘉縣。

滎澤縣知縣、管河主簿。

黄河南岸防河長堤西自本縣小院村起，經梨園村、蘸家莊、楊家嘴、郝村，東至鄭州堤界止，長一十二里，堡房十一座，鄉堡夫一十二名。南岸逼近省城，最為喫緊，如滎澤之小院村、孫家渡，中牟縣之黄煉集，祥符縣之瓦子坡、槐疙疸、劉獸醫口、陶家店、張家灣、時和驛、兔伯堽、埽頭集，陳留縣之王家樓，蘭陽縣之趙皮寨，儀封縣之李景高口、普家營，商丘縣之楊先口，俱為要害。正統十三年，河決張家渡，全河從此南徙。弘治二年，河復決，累開累塞。萬曆十八年，增築遥堤一道，長五百八十六丈。

鄭州北岸西北新鄉縣，河北岸原武縣，北岸東北陽武縣。小陳橋、判官村、黄煉集、施家寨。

鄭州知州、管河判官。黄河南岸長堤西自滎澤界起，經本州小陳橋，東至原武界止，長一里半，無額設堡夫，堡

〔二〕後有脱字。

〔三〕後有脱字，未知高堰同知駐劄何處。

房三(坐)〔座〕。

原武縣縣治在河北，職官見北岸。黃河南岸長堤西自鄭州界起，經本縣馬家渡、小陳橋、判官村，東至陽武堤界止，長四十里，鄉堡夫四十名，堡房二十座。黃煉集一帶止有單堤一道，尤恐不支，萬曆十八年增築遥堤一道，長六百丈。

陽武縣縣治在河北，職官見北岸。黃河南岸長堤西自原武堤界起，經本縣申家莊、穆家莊，東至中牟縣堤界止，長十八里，鄉堡夫十八名，堡房九座。

中牟縣北岸東北陽武縣，北岸西北原武縣。槐疙疸、青孤堆、李仲英寨、陶家店、時和驛。

中牟縣知縣、管河縣丞。黃河南岸長堤西自陽武界起，經本縣小渾溪、新莊、原墩寺、朱姑村，東至祥符界止，長三十八里，鄉堡夫四十八名，堡房十九座。劉獸醫口埽壩逼臨河濱，水漲則上，勢必難守。萬曆十七年築遥堤一道，長二千七百三十二丈，每歲守月、遥二堤，縱漫浸壩，亦可無虞。陶家口，洪武二十四年河決陽武縣，由陳、潁入灌陶家口，係險要處所，宜壩埽，正當直射，萬曆十八年增築遥堤一道，長一千八百七十一丈。張家灣、時和驛逼近省城，沖刷甚急，慮恐堤岸難守，萬曆十八年增築遥堤一道，長一千五百丈。

開封府祥符縣河北岸西北封丘縣，河北岸東北直隸東明縣。兔伯岡。

祥符縣知縣、管河縣丞。黃河南岸長堤西自中牟堤界起，經本縣瓦子坡、劉獸醫口、平城店、張家灣、黃金壩、董盆寺、埽頭集，東至陳留堤界止，長一百七十三里，徭堡夫一百七十三名，鄉堡夫八名，堡房八十六座。兔伯堽至埽頭一帶，止有單堤一道，尤恐沖潰，黃水奔走鳳泗，與李景高口為患相同。萬曆十八年增築遥堤一道，長二千九百三十丈。隆慶六年，所築縷堤自祥符縣起，至直隸碭山縣止。崇禎十六年流賊李自成決黃河，開封府潦没，明宗室士民及田廬一空。

陳留縣北岸西北封丘縣，北岸東北直隸東明縣。李家樓。

陳留縣知縣、管河縣丞。黃河南岸長堤西自祥符堤界起，經本縣胡家堂，東至蘭陽堤界止，長十八里，鄉堡夫二十四名，堡房十二座。

蘭陽縣北岸西北封丘縣東北東明縣。七村、趙皮寨、李景高、普家營。

蘭陽縣知縣、管河縣丞。黃河南岸長堤西自陳留界起，經本縣七村堤東至儀封堤界止，長七十八里，鄉堡夫二十五名，徭編夫十五名，堡房二十座。嘉靖七年開趙皮寨白河一帶，分殺水勢。嘉靖十三年河復決趙皮寨入淮，水色忽白，夏邑縣泰丘、回村等集沖數口，轉行東北，流經蕭縣，仍出徐州小浮橋，下濟二洪。嘉靖十九年，河決野鷄岡，由渦河入淮，二洪告涸，開濬李景高口支河，引水出徐州濟洪，閱二年亦淤。

萬曆十七年河決李景高口，沖葛月堤入睢陳故道，尋即塞之。十八年，自趙皮寨起，至本口，創築遥堤一道，長二千三百五十九丈。

儀封縣北岸東北直隸東明縣，北岸西北封丘縣。 石家樓、王家寨。

儀封縣知縣、管河主簿。 黄河南岸長堤西自蘭陽堤界起，經本縣薛家口、時家樓，東至考城堤界止，長九十六里，堤夫六十六名，堡房三十三座。 儀封縣東北護城堤起，至石家樓止，長五十八里。

歸德府河捕通判，管黄河南岸、北岸考城、商丘、虞城三縣，防河長堤二道，南岸一百五十六里，北堤見北岸。王家集起，至考城縣護城堤，一十七里二百四十步。

考城縣北岸東北兖州府曹縣，北岸西北直隸東明縣。

考城縣知縣、管河主簿。 黄河南岸長堤，西自儀封界起，經本縣顏家集，東至商丘堤界止，長六十里，堤夫六十名，招選附近居民，無工食，亦無課程。

歸德府商丘縣北岸東北兖州府曹縣，北岸西北直隸東明縣。 梁靖口、新集、丁家道口、揚先口、劉家口、馬牧集。 丁家道口為賈魯河故道。

歸德府商丘縣知縣、管河主簿。 黄河南岸長堤西自考城界起，經本縣蘇家林、蔚家堂、夏家樓，東至虞城堤界止，長四十二里，額夫四十二名，堡房十八座。 黄河故道自丁家道口由馬牧集、趙家圈、蓟關出徐州，勢若建瓴，上下順利。嘉靖三十六年北徙，一變而為溜溝，再變為濁河，又變為秦溝，今由胡佃溝北陳後出濁河，經行陸地，漫散不能深刷成渠，來流艱阻，奔潰河南、山東，徐邳受害不免。

虞城縣北岸東北山東兖州府城武縣。 黄堌口。

虞城縣知縣、管河主簿。 黄河南岸長堤西自商丘界起，經本縣劉家口、羅家口，東至碭山界止，長五十四里，堤夫額内抽二十七名，分為五十四名守堤，堡房二十七座。

中河分司駐劄吕梁。

淮徐道兼轄：

淮安府徐屬河務同知轄徐州豐、沛、蕭、碭。

江南碭山縣北岸魚臺縣，東北豐縣，北岸西北單縣。 趙家圈、徐溪口。

碭山縣知縣、管河主簿。 黄河上自虞、單縣界起，下至豐、蕭縣界止，縷堤一道，長六十里，額設夫一百名。 河北岸單縣，南岸虞城。 隆慶六年，自河南祥符縣起創築縷堤，至直隸碭山縣止。 碭山舊縷堤原因旁堤取土，以致堤根成河，每上流劉霄等口漫溢，則致灌堤，壅激沖撞，縷堤坐此不支。 今棄此堤於不用，而另幇近年所築月堤，已為得策，又恐縷堤決則月堤亦危，且碭山居豐、沛上遊，碭堤乃豐、沛外户，外户失守則堂奥隨之。 故復倣黄河順水壩之意，於單、碭接界處築斜長大堤一道，長千餘丈，使上流漫溢之水循壩徑歸大河，不得迫縷堤以危月堤，試有成效。宜加意此壩，冬春撥夫幇培，伏秋倍夫防守，此保全碭山、豐、沛一帶隄防關鍵也。

豐縣：

豐縣知縣、管河〔一〕。南岸長堤上自碭山界起，下至沛縣界止，長四十八里，遊夫五十名。

蕭縣新遷。北岸東北呂梁城，北岸西北沛縣。石城、胡佃溝、北陳、孤山、九里山、洞山。

蕭縣西永涸湖、姬村湖。

蕭縣知縣、管河主簿。黄河南岸上自豐、碭界起，下至徐州界止，長六十里，縷堤上自趙家固起，下至蕭縣兩河口，單龍莊止，長七十五里。

沛縣在河北，職官見北岸。(大)〔太〕行堤自豐縣界起，至本縣西門止，長三十三里。縷堤自豐縣華山起，至徐州魏家莊，長二十七里。

徐州北岸東北呂梁城，北岸西北(浦)〔沛〕縣。石佛山、臺頭山、魁山、三山、房村。

徐州知州、管河判官二員。南岸上自徐州界起，下至靈璧界止，長一百一十里，城堤遊夫一百四十名，徐州堤夫九十名，碭山遊夫九十名。險工：賈家嘴、小店、邢家莊、賈家樓。南岸小村險工一道，關係民生，春初估計歲修。徐州創鑿魁山支河一道。南岸徐州遙堤起天字號，歷地、玄、黃、日、月、盈、昃、辰、宿、列、張、寒、來字號，靈璧界止。

徐州上河判官、下河判官在北岸。南岸縷堤自魁山七里溝藕北起，下至靈璧界止，長六十四里。遙堤自黄家鋪至劉家鋪，長四十五里，趙家鋪至褚家鋪，長三十六里。城堤上自韓家山起，至魁山止，長十二里，内有郭家嘴險工一道，關係城池民命，城堤夫一百四十名。

房村徐州下河判官管黄河上自七里溝起，下至來字堡靈璧界止，長七十三里。房村格堤。南岸遥堤起徐州三山頭至李字號，宿遷縣。計長二萬八千五百五十八丈八尺，所編字號與縷堤同。前此，南岸常決，房村曲頭集等處民間田地一望成湖，而正河坐此淤墊，以致水發則舟行市中，民棲山頭，蓋由縷堤束水太急，必難免於冲潰。自南岸遥堤築成，範圍寬廣，縱遇泛漲，水勢淺緩，易于防守。防禦之法，格堤最妙。蓋縷堤既不可恃，萬一決縷而入横流，遇格堤而止，可免泛濫，水退歸(漕)〔槽〕，淤留地高，最為便利。

中河分司

淮徐道兼轄：

淮安府邳宿同知轄靈璧、睢寧、邳州。

鳳陽府靈璧縣北岸東北邳州，北岸西北呂梁城。單口、雙口。

〔一〕『管河』之後似脱『主簿』兩字。

靈璧縣知縣、管河主簿。黄河上自徐州界栲栳灣起，下至睢寧界止，長十五里，南岸堤工張、寒、來、暑、往八堡係本縣額設淺夫幫築，淺夫三十名。南岸遥堤自靈璧界暑字號起，歷往、秋、收、冬字堡靈璧縣止。單口格堤暑字號鋪。此處縷堤正當黄流之衝，河狹水急，必不可守，今棄縷守遥，水漲任其至遥以適瀠洄之性，水退仍歸正河以免分奪之患。

雙口遥堤。收字號鋪。

淮安府睢寧縣北岸邳州。馬家淺、辛安、土山、象山、龜山、羊山。

睢寧縣知縣。黄河上自靈璧曲頭集起，下至邳州羊山止，長六十四里，淺夫三百一十二名，又宿州協濟夫六名，虹縣協濟夫六名。工程：清水口、王家堡。南岸遥堤睢寧縣藏字號起，金字號睢寧縣止。武家營、朱家營、孟家灣等處險工歷年修築。康熙十年又估築遥〔堤〕，自田家莊起，長八千八百二十八丈。馬家淺格堤、成字號鋪。辛安格堤。雲字號鋪。

邳州黄河南岸上自睢寧縣起，下至宿遷界止，長六十里。

邳州在河北，職官見北岸。南岸堤工係睢寧地方，内有水、玉二堡，于順治十五年大溜南冲邳、睢二州縣，築月堤一道，康熙十年又築遥堤一道，雙溝棄縷守遥，固為得策，但恐漲水直至峰山，未免分流。今于邳州對河羊山、龜山、土山相接處創築格堤，長四百八十丈，縱有順堤之水，遇格即返，仍歸正（漕）〔槽〕，自無奪河之患。此堤雖係睢寧地方，然邳州不遠，專責該州掌印管河官時加督閲，培築之工勿怠勿忽。羊山格堤在生字號鋪。宿遷縣界宿遷在河北岸。起珍字號鋪，至羽字號鋪止。此處新設宿桃管河南岸淮安府同知，駐劄宿遷。

中河分司

淮徐道兼轄：

宿遷縣東小河口，睢水、白洋河來入黄河，宿遷東四十里。

宿遷縣在河北，職官見北岸。黄河南岸自邳州界起，至桃源界止，長一百二十里，工程有彭家堡、宋衣城。南岸遥堤自睢寧古堆頭起，至白洋桃源界止，長一萬二千六百丈。睢水出蕭縣南，經永澗姬村等湖，歷宿州、靈璧、睢寧，及各泉行潦之水，名小河口會流，又岐為白洋河，皆入黄河。

中河分司

淮徐道兼轄：

新設淮安府管歸仁堤同知，駐劄歸仁。歸仁遥堤長七千六百八十二丈八尺。前此，黄河泛漲，每倒灌入小河口白洋河，並挾諸湖之水决歸仁堤，直射泗州，正河愈奪。自築長堤横截之後，堤内田地悉皆乾出，流民盡歸耕作，鳳泗免冲潰之虞。歸仁堤所以捍禦黄水、睢水、湖水，使不得南射泗州，並攻高堰，而又遏睢水、湖水使之併入黃河，蓋築〔一〕冲刷，關係最為重大。每歲三月間，即當播〔撥〕洪夫三百餘名，協同本堤夫併力修護。堤下宜密栽茭柳，以〔塘〕〔搪〕風浪，其水浸堤根，〔利〕〔稍〕深處即預下護埽一二層，椿笆敧朽者務逐一掘換填築。內四鋪以至九鋪尤為危險，工宜倍之。每歲冬、春宜多運椿檾繩草，分貯各鋪，其管河主簿督令專駐本堤，以便督率。前歲議築石壩，以工力不足，僅成二千一百丈，尚餘二千九百丈，若得全完，幫護之工可免矣。然其橐籥，則又在小河口之謹塞，蓋小河通則睢水徑入黃河，而歸仁之水減半。其藩籬則又在耿車、時兒灘一帶之堤，蓋此堤高厚堅固，則睢水不能浸入埠子等湖，而小河常通矣。故上自高車，下至時灘，皆當接築長堤，歲加修守，且密栽茭柳以護之。蓋修守此堤，即所以修守歸仁也，況小河常通，則靈、睢、宿遷積水得泄，而沮洳漸成膏腴，舟行徑直，免犯湖險，而小民便於販易，其為地方利非淺鮮也。司河者宜加意促成之。

孫家灣、烟墩。

桃源縣北岸東北清河縣，北岸西北宿遷縣。馬廠坡、腰鋪、烟墩險工。王簡、張福堤。

桃源縣知縣、管河主簿、添設同知主簿各一員。黃河上自宿遷古城起，至清河駱家營止，長八十五里，南岸烟墩、龍窩二險工及李家口、談家灣、高家灣、陸家壩。南岸遥堤自烟墩舊大王廟起，至馬廠坡止，長七千二百九十六丈，淺夫七十三名。桃源縣地方有馬埸坡橫堤，長七百四十六丈，蓋慮黃水大漲則從此入淮，而淮為之淤；淮水大漲則從此洩出，而清口流弱。故特築橫堤一道以遏之，使黃不得入，淮不得出，最為緊關，宜慎修之。桃源河南岸有諸決口，自馬廠坡南奔入淮，而北岸又決崔鎮等口，故正河淤墊，今北面既築遥堤，而南面因馬廠坡一帶高崗，橫築斜堤一道，兩堤夾挾，自無奪河之患。

中河分司

淮楊道兼轄：

淮安府管山清河務同知，駐劄本府。清河，黃河南岸西自桃源界吴城起，東至運河口，二十五里；又自運河口起，至山陽界李家淺止，八里；又自運口起，至文華寺迤東七里墩山陽界止，計七里。

清河縣治在河南，職官見南岸。王簡、張福堤在清河南岸，淮水從此二口洩入黃河，致分淮水之力，而清口淤淺，且黃水泛漲亦能倒灌入淮，今築堤捍之，淮無所出，黃無所入，而清口之力專矣。淮河口通濟閘、河北岸清河縣。新莊閘，漕運咽喉，閘官一員，夫三十名。河南岸天妃壩石工、惠濟祠後椿草工係官工。

甘羅城。

〔一〕《河防一覽》卷三同文作『益助』。

清江浦堤。西橋裡壩係當直射之處，且逼近淮城，最為險要，今砌西橋石工九十八丈，裡壩石工一百餘丈。

中河分司

淮揚道兼轄：

淮安府新設管河山、盱同知。

淮安府山陽縣徐家壩、柳浦灣廠、盧浦、羊寨、各套、廟灣。

山陽縣知縣、管外河主簿。黄河南岸自清河界李家淺起，至北沙止，三百一十里。内極險則有王家堤石工、新溝建儀蘸嘴淤工、馬邏五大樁埽險工，又條堤内之顔家河、真武廟原係官修，又潘家溜、塞周、艾口、張蒯賈三溜、茭清、七溝、侍家塢、四堡溝、北沙等口，原係民修。

柳浦灣廠。

馬邏巡司。

羊寨巡司。

歲守淮城。北岸遥堤清江浦起，由柳浦灣至高嶺止，共堤一萬六千九十一丈，近又加至戴百户營止，共堤八千一百五十六丈，向來置之若棄，萬曆十三年范家口一決，淮城幾為魚鱉，工費不貲，復還故物。今設大使一員，夫五百名，專守一帶堤岸。乃淮安城北外捍殊為喫緊，如有汕刷，隨宜修補。倘遇大有損動，此於堤内有産之家量起夫役，相幫修築。伏秋之時，選撥省祭陰醫等官，畫地分守，仍須預備樁草、繩葦之類，各安置要害處，所以待不時之需。每歲冬春之交，即預行申飭山陽縣，自今河由草灣，正河俱淤，殊不足慮，然河性不常，一旦忽歸正道，修守之法仍須誌之。

守徐家壩。清河以下，黄淮二瀆交流注海，越五十里一大折，於淮郡之西橋，又三十餘里一人折於徐家壩，其冲激怒號之勢無異西橋，前此治者屢壩屢壞，為與水争尺寸地耳。今議棄舊址，只營月壩，去水稍遠，令無湍流，外護樁埽，用實壩基，事省功倍，良得築也。每歲派撥官夫，預備物料，伏秋將届，專責山陽縣令督管河主簿不時巡視，少有圮壞，輒先綜理，年復如斯，斯永賴之。

卷六　黃河〔二〕

黃河北岸

北岸過潼關至懷慶府河内縣，濟水北來入河。濟水出濟源縣，河南岸陝州。經孟（津）〔縣〕〔一〕南岸東南澠池縣。至懷慶府河内縣入黃河。南岸孟津縣。

武陟縣東，沁河北來入河。

沁河發源于沁州綿山，穿（大）〔太〕行達濟源縣，至懷慶府武陟縣與黃河合。其湍急之勢較黃河益甚，而武陟縣東岸之蓮花池金屹壋最其冲射要害之處也。萬曆十五年，沁從此决，新鄉、獲嘉一帶俱為池沼。每年堵築埽壩，勞費不貲，且壩為商民輳集之處，烟爨不下千餘，倚堤為命，今議甃石四百三十五丈，隨守隨脩，限以三年告成，此堤一成，永久可恃，而議者畏難，尚未興舉，其北岸大樊村亦係埽灣要害，幇堤捲埽，均在司河者留意焉。

詹家店，萬曆十六年創接堤四百八十五丈五尺，沁水入河之後，北岸逼近漕河，關係運道，最為緊要。如滎澤縣之甄家莊、郭家潭，陽武縣之脾沙堽，原武縣之庙王口，封丘縣之于家店、中灤城、荆家口，祥符縣之黃陵岡、陳橋、貫臺、馬家口、陳留寨，蘭陽縣之銅瓦廂、板廠、樊家莊、張村集、馬坊營，儀真縣之岔泥河、煉城口、榮花樹、三家莊，考城縣之陳隆莊、芝麻莊、孝城口係為要害。

河南管河道轄：

開封府北河同知，駐陳橋鎮，專管北岸滎澤、原武、陽武、封丘、祥符、陳留、蘭陽、儀封八縣防河，長堤三百一十一里。

滎澤縣治在河南岸，職官見南岸。黃河北岸長堤西自武陟界起，東至原武界止，長八里，堤夫六名，堡房三座。廟王口係埽灣去處，恐縷堤難支，萬曆十八年增築遥堤一道，長一千一百五十五丈。

原武縣南岸鄭州。（賣）〔買〕家（賽）〔寨〕。

原武縣知縣、管河主簿。北岸長堤西自滎澤界起，經本縣廟王口、胡村鋪，東至陽武界止，長五十里，堤夫三十二名，徭夫十六名，堡房十四座。買家寨萬曆十八年創築月堤一道，長九百丈。

陽武縣南岸西南中牟縣，南岸東南開封府。脾沙崗、中灤城。

陽武縣知縣、管河主簿。北岸西自原武界起，經本縣潭口寺、脾沙岡，東至封丘界止，長四十里，堤夫二十四

〔一〕『津』應爲『縣』，因濟水源自濟源縣，經孟縣、河内、温縣南入河，而孟津在河南岸。另，孟縣南非澠池縣。

名，徭夫十二名，堡房十六座。脾沙岡，隆慶元年築壩，係埽灣去處，每歲須下埽捲築。于家店、荆隆口、中灤城三處相連，最為險要，每歲捲埽固壩，覔土加堤防守。荆隆口，弘治二年河决，冲張秋，萬曆十五年又决，長、東二縣幾致泥溺，遂塞。十七年創築遥堤一道，長二千九十丈。

封丘縣南岸東南開封府，南岸西南中牟縣。陳橋集、貫臺、馬家口、陳留寨、銅瓦廂、板廠、樊家店、張村集。

封丘縣知縣、管河主簿。北岸長堤南自陽武界起，經本縣于家店、荆隆口，東至祥符界止，長四十里，堤夫五十名，徭夫二十六名，堡房二十九座。

祥符縣治在河南，職官見河南岸。北岸長堤西自封丘界起，經本縣陳橋集、馬家口、回回寨，東至陳留界止，長五十八里，堤夫五十六名，堡房二十八座。

陳留縣治在河南，職官見河南岸。北岸長堤西自祥符界起，東至蘭陽界止，長二里，堡夫四名，堡房二座。

直隸大名府屬長垣、東明二縣，舊有長堤一道，延亘一百三十里，東至山東曹縣白茅堤，西至河南封丘縣新豐村止，堤外即有淘北河一道，相傳即黄河故道也。萬曆十五年，河由河南封丘縣荆隆口决，水挾淘北河冲决本堤之大社口，兩邑昏墊，該工都科給事中常會同撫按題修築完，然堤外有月堤三壩，名曰三尖口、吴家口、劉家口，在長垣，利在洩水，不肯閉塞，在東明，懼其受滸，堅欲堵截，兩相掣肘，雖有壩名，終屬虚應。即今長垣專設府佐駐守杜盛集，而又畫界分理，長垣縣管九十七里，東明縣管三十三里，建舖設夫，以時修守，堤既固矣，三壩有無不足較也。夫壩之有無，係于長堤，而堤之利害，全在荆隆一帶，故添設開封府同知，專駐劄荆隆，雖衛河南實衛長、東二縣也。總之，荆隆堅守則長堤無事，長堤無事則三壩不用，二縣之民永帖衽席，此探本窮源之論，不可不知也。長、東河官須時時偵探，荆隆口堤岸少有冲汕，即申總河施行。

陳留寨、銅瓦廂舊係冲擊去處，每歲幇築防守。

蘭陽縣治在河南岸，職官見南岸。北岸長堤西自陳留界起，經銅瓦廂、板廠、商家營、馬家營，東至儀封界止，長四十九里，堤夫四十四名，徭夫三十六名，堡房四十座。

直隸大名府長垣縣。南岸西南蘭陽縣，南岸東南儀封縣。

杜盛集大名府管河廳。

馬房營河南岸蘭陽縣。係埽灣去處，猶恐縷堤難支，今於背後創築月堤一道，縷堤改為月壩，每歲慎加修防。

儀封縣治在河南，職官見南岸。北岸長堤西自（蕭）〔蘭〕陽界起，本縣扼泥河、小宋集、三家庄，東至考城界止，長六十四里，堤夫五十二名，徭夫三十六名，原額蘭陽撥儀封煉城口徭夫二十六名，堡房五十二座。煉城口河南岸東南儀封縣。埽壩最為喫緊，每歲宜下廂邊埽護之。榮花樹河南岸儀封縣。埽壩長一千二百六十丈，係迎溜去處，每歲加工修守。王家莊河南岸西南儀封縣。埽壩正當河身，已被沖塌，萬曆十八年退裡預築埽壩一道。

河南管河道轄：

歸德府河捕通判，除南岸外，管河北岸三十二里，管考城縣。

歸德府考城縣治在河南岸，職官見南岸。北岸長堤西自儀封界起，經考城縣芝蔴庄、王家道口、流連集，東至山東曹縣界止，長三十二里，徭夫五十名，堡房十六座。

黃陵岡南岸西南睢州，南岸東南考城縣。陵岡堤決趨張秋，二年塞之，每歲加工修守黃陵岡賈魯舊岸。

芝蔴庄、陳隆口南岸考城縣。二處埽壩相連，埽刷甚急，每歲慎加防守。

李秀口，南岸寧陵縣。考城縣。

位家灣南岸歸德府商丘縣。大王廟。

武家壩。曹縣西。隆慶六年築壩，係迎溜去處，最關緊要，萬一有失，則金鄉等邑悉成沮洳，且遺患於運河，宜歲加修守。萬曆十七年武家壩外忽成淤灘，此亦一時之幸，未可恃以為安也。

山東濟寧管河道轄：

兗州府管河同知兼總捕務，駐劄曹縣。

曹縣南岸西南商丘縣，南岸東南虞城縣。牛市屯、王家廠、劉滿莊、月堤、王家壩、雙堤、牛頭河。

曹縣知縣，管河主簿。北岸上自河南考城縣起，經青倴集、縷水堤、月堤、遥堤等，下至單縣界止，長一百零二里。夫役：曹縣三百六十四，曹州一百二十六，定陶八十，金鄉二百八十四，城武二百三十二，徭堡夫六百七十六名，曹州民夫三百五十，曹縣民夫六百，單縣三百，金鄉三百，城武三百二十，定陶二百三十。民夫候農隙量起，不給工食。

王家壩。正德七年築，北大壩自位家灣起，至雙堌集，長八十里，後接長三十里。王家壩亦係緊要，歲加修守，萬一有失，則城武、金鄉數邑悉成沮洳。曹縣西河南岸丁家道口，賈魯舊河。嘉靖二十六年河決曹縣，（衞）〔衝〕谷亭運道。

曹、單二縣（大）〔太〕行堤。康熙十年河決牛市屯，遂築塞外口。康熙三十年，開引河一道，水盡歸漕。

單縣南岸東夏邑縣，南岸西永城縣。堅城集、叚家口。

單縣知縣，管河主簿。北岸上自曹縣界起，下至程朱、王口、朱家樓、闞家莊、孟家樓江南碭山界止，長六十八里，單縣、金鄉、城武徭堡夫七百七十九名。

江南碭山縣治在河南，職官見南岸。碭山縣北岸縷堤上自單縣界起，下至豐縣界止，長四千八百六十丈，計二十七里。碭山縷堤衝擊不支，另築月堤一道，又慮縷決月危，且居豐、沛上流，碭山失守，豐、沛亦虞，故復于單、碭接界處斜築堤一道，長千餘丈，使上流循壩歸河，不得迫縷危月，最為喫緊，歲修勿緩。嘉靖二十二年，河趨東北叚家口，分六股：大溜溝、小溜溝、秦溝、濁河、烟〔胭〕

脂溝，飛雲橋，俱由運河至徐州入洪，又分一股，由碭山堅城集下郭貫樓，散五小股：龍溝、母河、梁樓溝、湖佃溝，亦從小浮橋入洪，已而皆入濁河。清水河月堤隸豐縣，每被浸刷。萬曆十七年又添築月堤一道，長二千五百丈，每歲加修勿怠。邵家壩。萬曆六年所築，遏斷秦溝舊路，最為喫緊，又接築數百丈，今復幫築高厚，歲修之功必不容已。

江南豐縣南岸西南碭山縣，南岸東南蕭縣。華山、戚山。北岸縷堤上自碭山界起，下至沛縣界止，長四十八里，內（大）〔太〕行堤上自單縣界起，下至沛縣界止，長五十里。

豐縣知縣、管河主簿。額設遊夫五十名，豐縣邵家大壩乃斷絕秦溝舊路，最為喫緊，今已倍幫高厚，又接長數百丈，每歲宜謂徐北堤夫赴此加修加守，若日後夫役錢糧有餘，再於華山續築大壩，直至樓子集，將秦溝、濁河二口俱斷，則全勝之築也。但壩須高大，斜向東南，勿令兜水，乃可經久，姑識之以俟將來。嘉靖六年，河決曹縣、城武縣楊家口、梁靖口、吳士舉等處冲入雞臺。嘉靖九年，河由單縣侯家林決塌場口，冲谷亭。十一年、十二年水俱不至，十三年廟道口淤塞。嘉靖四十六年，河決沛縣二、三等鋪，冲入運河，亦由湖陵城口入湖城。本年九月，馬家橋堤成，障水南趨，至冬，沛縣斷流。

沛縣南岸西南碭山縣，南岸東南蕭縣。飛雲橋、郭貫樓、支將軍廟、舊茶城口、塔山、鎮口閘。漕黃交會。

沛縣知縣、管河主簿。北岸（大）〔太〕行堤上自豐縣界起，下至本縣西門外頭堡止，計三十三里。縷堤上自豐縣華山界起，下至徐州位家莊止，長二十七里。

蕭縣北岸上自豐碭界起，下至徐州界止，長七十五里。

蕭縣知縣、管河主簿。額設徭夫一百名。

鎮口閘，徐州上河管河判官管。舊運黃河上自鎮口閘起，下至徐州洪七里溝止，長三十七里。鎮口、古洪二閘以東多傍山麓，以西一里平曠，濁河紅流更無隄防，黃水出岸横截閘河，腹心受病。故於塔山支河接築縷堤九百四十二丈，而牛角灣係茶城運河舊渠，又築壩一道，東接塔山，西接長堤，計二里許，以遏黃流旁入。但壩地原係河身，下多積沙，創築卑薄，連歲失守，肘腋為患，已於本壩之南自舊縷堤支將軍廟起，東接塔山，增築長堤七百餘丈，頗得重門禦暴之意。冬春之際多加幫護，伏秋之時晝夜防守，預辦椿草以備不虞。夏鎮第一要害宜殫心力勿忽。

正德四年，河決沛縣飛雲橋，入運河。嘉靖八年，飛雲橋水北徙魚臺谷亭，舟行閘面。嘉靖四十四年，黃水異常，郭貫樓淤平，全河溢行泛濫。自沙河至徐州，全河俱入北股。至曹縣塘林集以下，向北分二股，南一股繞沛縣戚山、楊家集入秦溝入徐；北一股繞豐縣、華山向東北，由三教堂出飛雲橋，分十三股至湖陵城口，散漫湖坡，達徐。隆慶六年，創築縷水長堤，捍之水不北浸。萬曆六年，築邵家大壩，遏之南徙。迄今由濁河至鎮口，會運河，並流達徐。隆慶六年，所築縷堤，萬曆八年大加幫築高厚。十八年，又復加幫，係運河關鍵，以後須歲加修守。萬曆十七年，塔山東南築堤九百餘丈。萬曆十八年，塔山西北築堤七百餘丈。

徐州在河南，職官見南岸。黃河上自蕭縣起，下至靈璧縣止，長一百四十五里。北岸縷堤自獅子山起，至土山寺，計十二里。長山堤十五里。花、谷、黑山三堤各長三里。北岸長樊大壩險工一道，關係運道，全河直射，每歲春初估計其事，宜與城堤同，城堤見南岸。額設夫一百五十三名，本州境内狼矢溝、吴家堂、韓壩等工亦係埽灣要害，額設堤夫九十名、徐州代沛縣出入，將沛縣之夫抵徐州之夫，故名换夫。長夫三百六十名，停役一半，實在一百八十名，宿州協濟夫十五名。北岸小浮橋、駱駝山、東岸驛、土山寺、長山、狼矢溝、赤蘭村、樊家店、塔山、塘臍溝[一]、吕梁城、谷山、梼榜灣、郭山、伽河、花山、龐家山、七墩山、蚧蠓湖、上二山、岠山。

磨臍溝減水壩。徐州東岸南去十餘里有狼矢溝，又東去十五里有磨臍溝。每歲黃水漲發，則從狼矢溝直下至磨臍溝洩出赤龍潭，經蚧蠓諸湖、駱馬湖，出宿遷董、陳二溝。嘉靖年間全河俱從此出，而兩洪正河俱為之奪。萬曆七年已于本溝築遥堤一道，但地形甚卑，水入囊底，隨復冲決，遂議築減水石壩一座，余郎中親往視之，不可而止。今此議尚存，總河潘躬率中河沈郎中往視之，地形較之河口卑數丈，黃水暴漲之時，必至逾堤漫流，豈肯循軌入壩？今議于長、塔二山新築堤，中建石壩一座，長三十丈，水漲則洩，水退歸（漕）〔槽〕，自無奪河之患矣。但壩西與徐州居民甚不利，此恐有盜決之患，須特設一老人，常用看守，庶可久耳。

小浮橋故道。今淤，伏秋大漲，僅出三分之一。

徐州洪石岩。今已削平，建迴瀾亭于其上。

吕梁城中河分司東南靈璧縣

北岸遥堤字號鋪，徐州界起：趙、錢、孫、李、周、吴、鄭、王、馮、陳、褚、衛、蔣、睢寧界起。沈、韓、楊、朱、秦、尤、許、何、吕、施、張、曹、嚴、華。邳州界。

江南鳳陽府靈璧縣。西北吕梁城。

靈璧縣知縣、管河主簿。黃河北岸上自徐州梼榜灣起，下至睢寧界止，長一十五里。

淮安府睢寧縣在河南，職官見河南岸。黃河北岸上自靈璧界起，下至象山止，長六十四里。

中河分司

淮徐道兼轄：

淮安府邳、宿河務同知，駐劄邳州。

邳州、南岸睢寧縣。周湖、柳湖、直河、黃（墎）〔墩〕湖、駱馬湖、董家溝、陳家溝。

[一]『塘臍溝』疑爲『磨臍溝』，下文多次提及『磨臍溝』。

邳州知州、管河判官。北岸黃河上自睢寧界平山起，下至宿遷界直河止，長六十里，迦河界。見迦河。北岸董家堂五工，頭、二處迎溜頂冲，每歲春初估計，動支河銀，辦築工完，具結題銷。

青墩營，康熙六年，築月堤一道，二千二百丈，十年又築遙堤四千六百一十七丈。

邳州東南六十里原有直河，以宣泄蒙沂諸山之水，近因濁流倒灌，直河遂淤，諸山水俱迤邐由駱馬湖經董、陳二溝以出，入大河。水勢紆迴，則近邳田地常被淹浸，湖波淼渺，則候風舟楫遲滯艱危，不特直河居民失市廛之利已也，昔已開復通行而迤裏閣家集等口乃原係駱馬湖故道，築長堤遏水，此堤之堅瑕乃直河所視以通塞者，須水發之時，嚴行防守，不令復入駱馬湖，庶直河可保不淤也，此與耿車時灘之堤同一關捩，在司河者加之意耳。

北岸遙堤金魏陶姜戚謝鄒喻栢水竇字號。

自直河至古城，因河外諸湖藉以容蓄泛漲之水，湖外高岡，乃天然遙堤，故不議築。

中河分司

淮徐道兼轄：

新設北岸淮安府管宿、桃、山、清河務同知，駐宿遷縣。

宿遷縣南岸西南鳳陽府，南岸東南虹縣。

宿遷縣知縣、管河主簿。北岸上自邳州直河起，下至桃源古城界止，長二百一十里。順濟河見迦河。北岸古城險工，每歲春初估修。宿遷縣遙堤，北岸自邳州起，至桃源界止，長一萬八千八百九十丈。宿遷縣前高謝羅口水勢冲刷，堤岸單薄危險，見經估修。淺夫二百三十名。

桃源縣在河南岸。古城、崔鎮、石壩。徐昇、石壩。（李大）〔季太〕[一]、石壩。三義、石壩。吴城、七里溝、黃家嘴、新莊口。

桃源縣治在河南，職官見南岸。北岸上自桃源古城起下（里）〔至〕清河駱家營止，長八十里，淺夫七十三名。北岸遙堤自桃源古城起，至清河界止，長一萬四千三百四十七丈。南、北兩岸遙堤既築，水歸正河，田廬可免水患，但恐異常之漲，河水盈溢，或至橫決，故設減水壩於遙堤之中，以便分殺，且無衝決遙堤之患。徐昇、季太、三義三壩之意皆然，而俱設於北岸者，以其從灌口入海之順也。原有崔鎮、徐昇、季太、三義四壩，為洩水之區，今皆冲没，見具題築。

清河縣南岸王簡、張福堤，南岸東南清江浦，又東南淮安府。灣河、赤晏廟、顏家河。

清河縣知縣、管河主簿。黃河上自桃源駱馬營起，至運河二十五里；又自運河口起，至王家營三十里；又自王家營起，至娘子莊四十里，共九十里。北岸吴城起，至四

〔一〕『李大』，《河防一覽》《行水金鑑》《清史稿·河渠志一》均作『季太』。以下徑改。

鋪溝止，内有險工，儒學門前至龍王廟止，縣西起至吴城止，遥堤三千三百三十七丈，龍王廟至四溝工係民修，（遥）〔徭〕夫三百一名。

草灣河，嘉靖三十二年開衝，時通時塞，萬曆十七年後大通，奪正河十分之七，今又移草灣之東，至頭鋪乃歸正河。

山陽縣治在河南岸，職官見河南岸。北岸自清河四堡溝起，至永豐店安東界止，長三里。工係民修。

安東縣　雲梯關、河南岸盧浦。各套、廟灣海口、縣東南。五港口。在縣北新河一路。

中河分司

淮揚道兼轄：

淮安府清安管河同知，駐劄安東縣。

安東縣知縣、管河主簿。黄河北岸自清河四鋪口起，至廟灣止，二百五十里。新開黄河北岸上自清河界娘子莊起，下至五港海口止。康熙三年，河沖便益門，四年，茆良口、駱家口、張家口、二鋪口河決，水勢横流。十年，總河王堵塞茆良口、張家口、駱家口，尚有二鋪口、邢家口，見議挑築。

歷代治河

漢武帝元光三年春，河北徙，從頓丘東南流。夏，復決濮陽瓠子，注鉅野，通淮、泗，汎郡十六。

元帝永光五年冬，河決。初武帝既塞宣房，後復決于館陶，分為屯氏河，東北入海，廣深與大河等，故因其自然，不堤塞也。是歲，河決清河靈鳴犢口，而屯氏河絶。

成帝河平元年，河決平原，流入濟南千乘，以王延世為河堤使者，治決河。杜欽薦王延世為河堤使者，延世以竹絡，長四丈，大九圍，盛以小石，兩船夾載而下，三十六日功成，賜爵關内侯，黄金百斤。

成帝綏和二年，求能濬川疏河者。待詔賈讓奏言：治河有上中下三策。徙冀州之民當水冲者，決黎陽遮害亭，放河使北流入海，出數年治河之費以業所徙之民，使神、人各安其所，而不相奸。且以大漢方制萬里，豈與河爭尺寸地哉？此功一立，河定民安，千載無患，故為上策。若乃多穿漕渠于冀州，使民得以溉田，分殺水怒，雖非聖法，然亦救敗術也，故謂之中策。若乃繕完故堤，增卑培薄，費勞無已，數逢其害，是為下策。謹按：賈讓之論多非策，後人有稱述之者，恐貽誤來世，集中屢有駁正。

東漢明帝永平十二年，河汴決壞。有薦樂浪王景能治河者。四月，詔發卒數十萬，遣景與謁者王吴修治。自滎陽東至千乘海口千餘里，十里立一水門，令相洄注，無復潰漏之患，雖簡省役費，然猶以百億計焉。自明帝及魏晉六朝至唐開元數百餘年，數書連雨大水，而河無横決之患，其功大矣。

唐昭宗乾寧三年四月，河漲，將毁滑州，朱全忠決為二河，夾城而東，為害滋甚。

後唐同光二年七月，唐發兵塞決河。先是，梁于楊劉決河以限晉兵，累年為曹、濮害，至是塞之，未幾復壞。

宋太祖乾德五年，帝以河堤屢決，分遣使行視，發畿甸丁夫繕治。自是，歲以為常，皆以正月首事，季春而畢。

開寶五年霖雨不止，河堤又決。詔縉紳多士，草澤之中有素習河渠之書、深知疏導之策，許詣闕上書，朕當親覽，勉副詢求，當示甄異。

太宗太平興國八年五月，河決滑州，泛澶、濮、曹、濟，東南流至彭城界入于淮。

真宗咸平三年五月，河決鄆州，浮鉅野，入淮泗。

大中祥符四年九月，河棣州屢塞屢決，民苦久役而終憂水患，六年，乃徙州于陽信之八方寺。

天禧六年六月，滑州河溢，歷澶、濮、（漕）〔曹〕、鄆，注梁山泊，又合清水古汴渠，東入于淮。

天禧五年正月，知滑州陳堯佐恐西北小壞，城無外禦，築大堤于城為護，復鑿橫木，下高木數條置水旁，以護岸，謂之木龍，當時賴焉。有詔嘉獎。

明道二年，徙朝城于社婆村，廢鄆州、淄州之二鎮以避水。

神宗熙寧十年，河大決于澶州，流段絶，河道南徙，東滙于梁山張澤濼，分為二派，一合南清河入于淮，一合北清河入于海。丘文莊曰：　此黃河入（海）〔淮〕之始。

徽宗大觀元年，河決，陷鉅鹿縣，冀州河溢，壞信都、南宮兩縣。

元成宗大德元年秋，河決杞縣浦口，塞之。明年復決，塞河之役無歲無之。是後水北，復入故道。

順帝至正四年五月，大雨二十餘日，黃河暴溢，水深二丈，北決白茅堤，又北決金堤，濱河郡縣濟寧、虞城、碭山、魚臺、金鄉、豐、沛、定陶、楚丘、武城以至曹州等處皆罹水患，止浸安山湖，沿入會通運河，濟南間將壞兩漕司鹽場。至正十一年四月，詔賈魯治之，發汴梁、大名府十三路民十萬人，廬州等戍軍二萬人。是月二十二日，鳩工，九月工成，舟楫通行。賈魯河記云：　翰林學士歐陽（懸）〔玄〕曰：　司馬遷、班固記《河渠》《溝洫》，僅載治水之道，不言其方，後世任斯事者無所考則。今從賈魯訪問方略，又詢過客，質史牘，作《至正河防記》，使來世罷河患者按而求之，可得其法。

治河一也，有疏，有塞，有濬，三者異焉。釃河之流，因而導之，謂之疏；　去河之淤，因而深之，謂之濬；　抑河之暴，因而扼之，謂之塞。疏濬之別有四：　曰生地，曰故道，曰河身，曰減水河。生地有直有紆，因直而鑿之，可就故道。故道有高有卑，高者平之以趨卑，高卑相就，則高不壅，卑不（豬）〔瀦〕，不慮夫壅生潰，豬生堙也。河身者，水雖通行，身有廣狹。狹難受水，水溢悍，故狹者以計闢之；　廣難為岸，岸善崩，故廣者以計禦之。減水河者，水放曠則以制其狂，水隳突則以殺其怒。

治堤一也，有創築、修築、補築之名。有治水堤，有截河堤，有護岸堤，有縷水堤，有石船堤。

治埽一也，有岸埽、水埽，有龍尾埽、攔頭、馬頭等埽。其為埽臺及推捲、牽制、埋掛之法，有用土、用石、用鐵、用草、用木、用(找)〔杙〕、(周)〔用〕絙之方。

塞河一也，有缺口，有豁口，有龍口。缺口者已成川，豁口者舊常為水所豁，水退則口下于堤，水漲則溢出於口。龍口者，水之所會，自新河入故道之處也。

此外不能悉書，因其用功之次第而就述于其下焉。

其濬故道深廣不等，通長二百八十里百五十四步而强，功始自白茅，長百八十里。繼自黃陵岡至南白茅，闢生地十里。口初受，廣百八十步，深二丈有二尺，以下停廣百步，高下不等，相折深二丈及泉。曰停、曰折者，用古筭法，因此推彼，知其勢之低昂，相準折而取勻停也。南白茅至劉庄村，接入故道十里，通折墾廣八十步，深九尺。劉莊至專固百有二里二百八十步，通折停廣六十步，深五尺。專固至黃固墾生地八里，面廣百步，底廣九十步，高下相折，深丈有五尺。黃固至哈只口，長五十一里八十步，相折停廣墾十步，深五尺。又濬凹里減水河，通長九十八里百五十四步。凹里村缺河口生地長三里四十步，面廣六十步，底廣四十步，深一丈四尺。自凹里生地以下舊河身至張贊店，長八十二里五十四步，上三十六里，墾廣二十步，深五尺，中三十五里，墾廣二十八步，深五尺，下十里二百四十步，墾廣二十六步，深五尺。張贊店至楊青村接入故道，墾生地十有三里六十步，面廣六十步，底廣四十步，深一丈四尺。

其塞專固缺口，修堤三重，並補築凹里減水河南岸豁口，通長二十里三百十有七步。其創築河口前第一重西堤，南北長三百三十步，面廣二十五步，底廣三十三步，樹置樁橛實以土牛草葦，雜稍相兼，高丈有三尺，堤前置龍尾大埽。言龍尾者，伐大樹連稍繫之堤旁，隨水上下，以破囓岸浪者也。築第二重正堤並補兩端舊堤，通長十有一里三百步。缺口正堤長四里。兩岸相接，舊堤置樁堵閉河身，長百四十五步，用土牛、葦草、稍土相兼修築，底廣三十步，修高二丈。其岸上土工修築者，長三里二百一十五步有奇，高廣不等，通高一丈五尺。補築舊堤者，長七里三十步，表裏培薄七步，增卑六尺，計高一丈。築第三重東後堤并修接舊堤，高廣不等，通長八里。補築凹里減水河南岸豁口四處，置樁木，草土相兼，長四十七步。

于是堤塞黃陵全河，水沖及岸上修堤長六十六里百三十八步。其修大堤制水〔一〕者二，長十有四里七十步。其西復作大堤制水者一，長十有二里百三十步。內創築岸上土

〔一〕《元史·河渠三》『制水』作『刺水』。下同。

堤，西北起李八宅西堤，東南至舊河岸，長十里百五十步，顛廣四步，趾廣三丈，高丈有五尺。仍築舊河岸至入水堤，長四百三十步，趾廣三十步，顛殺其六之一，修接入水。

兩岸埽堤並行。作西埽者，夏人水工，徵自靈武；作東埽者，漢人水工，徵自近畿。其法：以竹絡實以小石，每埽不等，以蒲葦綿腰索（經）〔徑〕寸許者縱鋪，廣可一二十步，長可二三十步。又以曳埽索綯（經）〔徑〕三寸或四寸、長二百餘尺者橫鋪之，相間。復以竹葦麻檾大索長三百尺者為管心索，就繫綿腰索之端於其上，以草數千束，多至萬餘匀布厚鋪於綿腰索之上，橐而納之，丁夫數千以足踏實，推捲稍高，則以水工二人立其上，而衆人同聲力舉，用大小推梯推捲成埽，高下長短不等。大者高二丈，小者不下丈餘。又用大索，或呼為腰索，轉致[一]操管心索，順埽臺立踏，或掛之臺中鐵猫大橛之上，以漸縋之下水。埽後掘地為渠，陷管心索于渠中，以散草厚覆，築之以土，其上復以土牛、雜草、小埽稍土，多寡厚薄，先後隨宜。修築埽臺，務使索制上下縝密堅壯，互為犄角，埽不動摇。日力不足，夜以繼之。積累既畢，復施前法，捲埽以壓先下之埽，量水淺深，制埽厚薄，疊之多至四埽而止。兩埽之間，置竹絡，或三丈，圍四五尺，實以小石、土牛，既滿，繫之竹纜，其兩旁並埽，密下大椿，就以竹絡，上大竹腰索，繫于椿上。東西兩埽及其中絡之上，以草土等物築為埽臺，約長五十步，或百步，再下埽即以竹索或麻索長八百尺或五百尺者一二，雜厮其餘管心索之間，候埽入水之後，其餘管心索如前埋掛，隨以管心長索置遠五七十步之外，或鐵猫，或大椿之上，曳而係之，通管束累日所下之埽，再以草土等物通修成堤。又以龍尾大埽密掛于護堤大椿，分析水勢。其堤長二百七十步，北廣四十二步，中廣五十五步，南廣四十二步，自顛至趾通高二丈八尺。

其截河大堤高廣不等，長十有九里百七十七步。其黄陵北岸者長十里四十步。築岸上土堤，西北起于東北故堤，東南至河口，長七里九十七步，顛廣六步，趾倍之而强二步，高丈有五尺，接修入水。施土牛、小埽、稍草、雜土，多寡厚薄隨宜以修疊，及下竹絡，安大椿，繫龍尾埽，如前兩堤法。唯修疊埽臺，增用白闌、小石。并埽上及前游修埽堤一，長百餘步，直抵龍口。稍北，攔頭三埽並行，埽大堤廣與刺水二堤同，通前列四埽，間以竹絡，成一大堤，長二百八十步，北廣百一十步，其顛至水面高丈有五尺，水面至澤腹高二丈五尺，通高三丈五尺。中流廣八十步，其顛至水面高丈有五尺，水面至澤腹高五丈五尺，通高七丈。

并創築縷水橫堤一，東起北截河大堤，西抵西刺水大

[一] 查《元史·河渠三》，『轉致』後有『河濱，選健丁』數字，接下來是『操管心索』。

堤。又一堤東起中刺水大堤，西抵西刺水大堤，通長二里四十二步，亦顛廣四步，趾三之，高丈有二尺。修黃陵南岸，長九里百六十步，内創岸上堤，東北起新補白茅故堤，西南至舊河口，高廣不等，長八里二百五十步。

乃入水作石船大堤。蓋由是秋八月二十九日乙巳故道河流，先所修北岸西、中刺水及截河三堤猶短，約水尚少，力未足恃。決河勢大，南北廣四百餘步，中流深三丈餘，益以秋漲，水多故河十之八。兩河争流，近故河口，水刷岸北行，洄漩湍激，難以下埽。且埽行或遲，恐水盡湧入決河，因淤故河，前功遂隳。賈魯乃精思障水入故河之方，以九月七日癸丑，逆流排大船二十七艘，前後連以大桅，或長椿，用大麻索、竹絙絞縛綴為方舟。又用大麻索、竹絙周船身繳繞上下，令牢不可破，乃以鐵猫於上流硾之水中。又以竹絙絶長七八百尺者繫兩岸大橛上，每絙或硾二舟，或三舟，使不得下，船腹略鋪散草，滿貯小石，以合子板釘合之，復以埽密布合子板，上或二重，或三重，以大麻索合之急，復縛横木三道于頭桅，皆以索維之，用竹編笆夾以(单)〔草〕石，立之桅前，約長丈餘，名曰水簾桅。復以木楮柱，使簾不偃仆。然後選水工便捷者，各船各二人，執斧鑿立船首尾，岸上槌鼓為號，鼓鳴，一時齊鑿，須臾，船穴水入，並沉遏河。水怒溢，故河水暴增，即重更水簾，令後復布小埽土牛白闌長稍，雜以草土，以物隨宜填垜以繼之。石船下詣實地，出水基趾漸高，復捲大埽以壓之。前船勢略定，尋用前法沉餘船以竟後工。昏曉百刻，役夫番休，甚勞，無少間斷。船堤之後，草埽三道并舉，中置竹絡，盛石，并埽置椿，繫纜，四埽及絡，一如修北截水堤之法。第一中流水深數丈，用物之多，施工之大，數倍他堤。船堤距北岸纔三四十步，勢迫(束)〔東〕[一]河流峻，若自天降，深淺叵測。于是先卷下大埽約高二丈者四五，始出水面。修至河中一二十步，用工尤艱。薄龍門，喧豗猛疾，勢撼埽基，陷裂欹傾，俄遠故所，觀者變色，衆議騰沸，以為難合。然勢不得已，魯神色不動，機解捷出，進官吏工徒十餘萬人，日加獎諭，辭旨懇切，衆皆感激赴工。十一月十一日，龍口遂合，決口絶流，故道復通。又於堤前通捲攔頭埽合一道，多者或三或四，前埽出水，管心大索繫前埽，硾後攔頭埽之後，後埽管心大索亦繫小埽前，攔頭埽之前，後先羈縻，以錮其勢。又於所交索上及兩埽之間，壓以小石、白闌、土牛，草土相半，厚薄多寡相勢措置。

埽堤之後，自南岸後修一堤，抵已閉之龍口，長二百七十步。船堤四道成堤，用農家塲圃之具曰轆軸者，穴石立木，如比櫛，埋前埽之旁，每步置一轆軸，以横木貫其後，又穴石，以(經)〔徑〕二寸餘麻索貫之，繫横木上，密掛

[一] 據《元史》卷六十六《河渠三》改。

龍尾大埽，使夏秋潦水、冬春淩簰不得肆力于岸。此堤抵北岸截河大堤，長二百七十步，南廣百二十步，顛至水面高丈有七尺，水面至澤腹高四丈二尺。中流廣八十步，顛至水面高丈有五尺，水面至澤腹高五丈五尺，通高七丈。仍治南岸護堤埽一道，通長百三十步。南岸護岸馬頭埽三道，通長九十五步。修築北岸堤防，高廣不等，通長二百五十四里七十一步。白茅河口至板城補築舊堤，長二十五里二百八十五步。曹州板城至英賢村等處高廣不等，長一百三十三里二百步。稍岡至碭山縣增培舊堤，長八十五里二十步。歸德府哈只口至徐州路三百餘里，修完缺口一百七處，高廣不等，積修計三里三百五十六步。亦思剌店縷水月堤高廣不等，長六里三十步。

其用物之繁，椿木大者二萬七千，榆柳雜稍六十六萬六千，帶稍連根株者三千六百，藁枯葦蒲雜草以束計者七百七十三萬五千有奇，竹竿六十二萬五千，葦席十有七萬二千，小石二千艘，繩索大小不等五萬七千，所沉大船百有二十，鐵纜三十有二，鐵猫三百三十有四，竹篦以斤計者十有五萬，硾石三千塊，鐵鑽萬四千二百有奇，大釘三萬三千二百三十有二。其餘若木龍、蠶椽木、麥稭、扶椿、鐵(又)〔叉〕、鐵吊、枝麻、搭火鉤、汲水、貯水等具皆有成數。官吏俸給、軍民衣糧、工錢、醫藥、祭祀、賑恤、驛置馬乘及運竹木、沉船、渡船、下椿等工，鐵、石、竹、木、繩索等匠傭貲，兼以和買民地，為河併應用雜物等價，通計中統鈔百八十四萬五千六百三十六錠有奇。

魯嘗有言：『水工之功，視土工之功為難，中流之功視河濱之功為難，決河口視中流又難，北岸之功視南岸為難。用物之效，草雖至柔，柔能押水，水積之生泥，泥與草並，方重如錠。然維持夾輔纜索之功實多。』

是役也，君相知魯習知河事，推心委任，魯能竭其心思智計之巧，乘其精神膽氣之壯，不惜劬勞，不畏譏評，以報君相知人之明，故悉書之使後人有所考證也。

此見魯治河，亦是修復故道，黃河自此不復北徙，功不可泯。至嘉靖三十九年河從上源潰決，此河遂淤。二十六年春，黃河北徙，自東明、曹、濮下及濟寧，民皆被害。

明太祖洪武元年，河決曹州，從雙河口入魚臺，大將軍徐達開塌場口，入于泗以通運，時運河未開。二十年，河決開封城，自安遠門入，淹没官民廨宇甚多。二十四年，河決原武，經開封城北五里，又南行至項城，經潁州、潁上，東至壽州正陽鎮，全入于淮，而故道遂淤。三十年，河溢開封，南徙入陳州。

永樂九年，河決。工部主史藺芳言：『緣河築岸埽座止用蒲繩泥草，故不能堅久。用木編成大囤，實以小石，横木貫之，入水築堤，可固。』從之。河塞，擢芳工部侍郎。

弘治六年，河決黃陵岡，命都御史劉大夏治之。大夏遂自張秋決口視潰決之源，以西至河南廣武山涔涸之歸以北至臨清。衛河地勢事宜既悉，然以時當夏半，水勢方盛，又漕舟鱗壅口南，因相與議曰：治河之道，通漕為急，乃于決口西岸鑿月河三里許，屬之舊河，以通漕舟，舟既通，又議黃陵岡在張秋之上，而荆隆等口又黃陵岡潰決之源，築塞固有緩急，然治水之法不可不先以殺其勢，遂鑿滎陽孫家渡口河道七十餘里，濬祥符四府營淤河二十餘里，以達淮，濬賈魯舊河四十餘里，由曹縣糧進口出徐州運河。支流既分，水勢漸殺，而於是乃謂築塞諸口。其自黃陵岡已上，凡地屬河南者悉用河南兵民夫匠，即以其方面官分統。臣大夏往來總督之，博采群議，晝夜計思，殆忘寢食，故官屬夫匠悉用命。築臺捲埽，齊心畢力，遂獲成功。初，河南諸口之塞，惟黃陵岡屢合屢決，為最難，既塞之後，特築堤三道以護之，高各七丈，厚半之。又築長堤荆隆口東西各二百餘里，黃陵岡東西各三百餘里，直抵徐州，俾河恒南行故道，而下流張秋可無潰決之患矣。是役也，用夫匠五萬八千名有奇，柴草一千二百萬束有奇，竹木大小一萬二百根有奇，鐵生熟一萬九百斤有奇，麻三十二萬斤有奇，其興功以弘治甲寅十月，次年二月而畢。

正德四年九月，河決曹縣楊家口，奔流曹、單二縣，達古蹟王子口，直抵徐、沛，舟楫通行，遂成大河。五年二月，起工修治，至五月中，雨漲，埽臺衝蕩，不克完合。八年七月，河決曹縣以西娘娘廟口、孫家口二處，從曹縣城北東行，而曹、單居民被害益甚。是年，驟雨漲，娘娘廟口以北五里焦家口衝決，曹縣以北、城武以南居民田廬盡被漂没。

嘉靖六年，河決曹、單、城武楊家口、梁靖口、吴士舉莊，衝鷄鳴臺。七年，河決，淤廟道口三十餘里河道，都御史盛應期奏開趙皮寨白河一帶，分殺水勢。八年，飛雲橋之水北徙魚臺谷亭，舟行閘面。九年，河決塌場口，衝谷亭，水經三年不去。十三年，又淤廟道口，都御史劉天和役夫一十四萬濬之。是年，河決趙皮寨入淮。本年，忽自河南夏邑縣大丘、回村等集衝數口，轉向東北流，經蕭縣出徐州小浮橋，下濟二洪，趙皮寨等亦塞。十九年，河決野鷄岡，由渦河經亳州入淮，二洪大涸。兵部侍郎王以旂開李景高支河一道，引水入徐濟洪，役丁夫七萬有奇，八日而成，尋淤。二十六年，決曹縣，冲谷亭，運河下淤。三十二年，決房村，約淤三十里，都御史曾鈞役丁夫五萬六千有奇，濬之。三十七年，新集淤。七月，忽向東北冲成大河，而新集河由曹縣循夏邑丁家道口、司家道口出蕭縣薊門，由小浮橋入洪。七月，淤，凡二百五十餘里，趨東北叚家口，析為六股，曰大溜溝、小溜溝、秦溝、濁河、〔烟〕〔胭〕脂溝、飛雲橋，俱由運河至徐洪。又分一股，由碭山堅城集，下郭、貫樓，又析五小股，為龍溝、母河、梁樓溝、楊氏溝、胡店溝，亦由小浮橋會徐洪河，分為十一派，遂淤。然分多則勢弱，勢弱則并淤之機也。四十四年七月，河果大淤，全河南遶沛縣戚山入秦溝，北遶豐縣華山漫入秦溝，接大小溜溝，泛濫入運河，至胡陵城口漫散湖坡，從沙河至二洪。八月，工部尚書朱衡乃請開都御史盛應期原議新河，自南陽至留城，僉都御史潘季訓請接濬留城舊河，併力挑濬，八閱月而成。

隆慶四年七月，黄河决睢寧縣曲頭集、王家口、馬家淺等處，運道沙墊一百餘里，俱為平陸，淤重儲船九百餘隻。河臣潘季馴築塞諸決河，水仍歸正道，儲船乃出。

隆慶以來，高家堰大潰，淮水東趨，決黄浦、八淺而興鹽高寶諸邑匯為巨浸。淮城水困，民不聊生。黄河亦決崔鎮等處，而桃、清河塞，運道梗阻者數年。萬曆六年，命潘季馴總督河漕，築高家堰六十餘里，歸仁集堤四十餘里，柳浦灣堤東三十餘里，西四十餘里；塞崔鎮等決一百三十餘處，徐、睢、邳、宿、桃、清兩岸築遥堤共長五萬六千四百三十餘丈，馬厰城堤七百四十餘丈，防河外決；築碭山大壩、豐縣邵家大壩各一道，約水不得北徙，築徐、沛、豐、碭縷堤一百四十餘里，砌八淺、寶應湖石堤共長一千五百七十餘丈，建崔鎮、徐昇等四減水壩，修復淮安新舊閘，遷通濟閘於淮安，甘羅城南河患遂息。

萬曆三十一年，河決歸德。命都御史曾挑濬開新河。而初開之處深廣，地勢迤邐而南，反淺而狹。議者私憂之，下流反淺，何以能行！況所決河廣八十餘丈，而新開僅三十丈，勢必不能容，泛溢之患在所不免。而一董役者奏記督府，若河流既廻，勢若雷電，藉其自然之勢以衝之，何患淺者之不深乎！督府大以為然，遂下令放水，不知黄河濁下皆淤沙，流勢稍緩，下已淤過半矣，一方水漲，魚臺、單縣、豐、沛之(門)〔間〕皆罹水患。

天啓四年，河決魁山堤，潰徐州城，平地水深丈餘。

崇禎十六年，逆賊李自成決河水灌汴城，明宗室士民皆被淹沒，時大亂未治。

本朝治河

黄河南北情形，必目擊、足遍、廣訊、博訪，如行路者歷一步知一步之艱，非揣摩臆度者可幾也。蓋常熟察水之情與天之時、地之利，大抵中州之河趨下，桃清之河趨上，下者宜埽，上者可隄。南岸之勢昂，北岸之勢低，昂者猶可修于事後，低者必先防于未然，夏秋水漲走灘，冬春水落趨灣，其灣也，可以隄塞，其灘也，可以挑引，皆所以順水之性也，苟拂其性，雖有聖智，寧能與水角力哉！

順治七年，封丘縣馬神大王廟決工難塞，塞後復潰，此近歲第一河患也。河勢趨射東北，大王廟一帶，正當頂冲。當時非不極力堵塞，以決口迤南無下流分瀉之路，隨塞隨決。遲至乙未年從口迤南相度頂冲灣刷之處開引河，河勢漸次分行，決口兩壩捲埽不至仍前冲淌，由是引河日漸深濶，決口合尖報竣矣。

順治十四年，陳留縣南岸孟家埠口從上源圈河冲刷，西岸坍塌。此為埽灣河勢，監司誤議埽工辦料，搶下護堤，糜費無功，則河功之成敗，貴于虛懷博訪耳。若河勢果係頂冲，方議下埽，所下之埽正迎其溜，雖水汛日猛，而埽個安然無恙。若河係埽灣，埽不迎河，則埽隨水淌，計一晝夜坍塌立盡。埽灣河患，頭堤難固，須内議月堤，如在内地勢高亢，須加風埽以護新堤，使免坍刷。倘在内地勢低窪，月堤亦難折擋，須從月堤護緣邊埽六、七尺不等，遮迅湧河勢，不得肆其冲潰矣。此埽灣河勢與頂冲不同，而治之得法則成，失法則敗者也。

順治十四年，儀封三家庄東河患。河勢變遷，自南北冲，直射堤根。治之之法，照堤加幫高厚，外隨加護埽層層，又從上源受冲處挑引河一千餘丈，所以北堤得固，此三事並舉之工。

順治十八年，儀封縣北岸三家庄西河患。從上源大埽灣處挑引河。從來河夏月走灘，冬月走灣，三冬從埽壩流刷引河，直奪大河十分之七，又于中流築截河大埽，全河歸引北河，今為平陸。

康熙元年，曹縣北岸石香爐河患。本年五月河水大漲，埽灣冲決，旋塞旋開，至十一月始得埽築完固。次年，北築重堤、護埽，南挑引河，河患乃息。從來埽灣河勢潰決，緊溜奔刷，築之功難於驟施，須待時而興工。若輕舉，鮮有不壞者。爾時方五月，彼中紳士百姓力爭搶築，待決口合尖之時，外門壅漲，内堤處處傾危，果從新壩潰決數十丈，衆方信前言，停工，然物料蕩費已盡。直至冬月，晝夜搶築，始克完功。

康熙十一年，祥符縣南岸黑堽河患。開引河分行兩載，大堤保全十二年，南岸埽頭集河勢從西北直射東南，岸近大堤，集人夫搶築月堤，又下護堤、邊埽，又挑引河，得保無虞。

康熙十一年，陽武縣北岸潭口寺河勢上堤，潭口寺一帶直當其冲，河勢猛刷堤根，下埽隨蟄隨套，又隨套隨蟄，原估埽個三層，加至六七層，纔得出水，堤身始免坍塌。至十二年，河勢東徙，張家莊、王家莊、姜家莊一帶冲激靡定，處處防危，需埽不貲，幸河道崔某先于上源挑引河一道，長二千五百餘丈，至六月，河水滔漲，西南烈風飈起，引河始得分流，北堤上下冲激少平，幸保無虞。但十三年歲修，北岸猶不可已，而南岸引河頭南沙北徙，猶須相機開導。

康熙十二年，考城縣芝麻莊河患。其北堤距南五六里，有大埽灣形勢，可挑引河。儀封縣北岸蔡家樓、考城縣南岸石家樓當挑引河，亦與芝麻莊同。

康熙十二年，徐州南岸賈家樓上源新挑引河。

桃源縣北岸九里堽，河流自西東流，其性也。今崔鎮西九里堽河勢一變，自南而北，又變自北而南，倒行逆流，決裂已極，且堤内地勢低下，外河高數尺，建瓴危險，殊切驚心。治法：上流曲折之處可以挑濬，施工深廣如法，待時開導，此河成可保無虞，且東南崔鎮一帶亦免衝射之患矣。

桃源縣南岸龍窩，大河直走南岸，勢難遷徙，且下流七里溝、黄家嘴、新莊一帶北堤河患皆此倒灣河勢，為厲之階。總因河勢北徙，離堤逼近，而又河岸卑窪，孤堤易傷。今欲保北堤，須改河勢，欲改河勢，惟相度上源曲折冲刷之處，因勢利導，以挽狂瀾。不然，河勢一日不變，則北岸一帶歲歲隄防並無息肩之期矣。

卷七　黃河〔三〕

河議辨惑

河神

或有問於愚曰：河有神乎？愚應之曰：『有。』問者曰：『化不可測之謂神。河決而東，神舍西矣，河決而南，神舍北矣，神之所舍，孰能治之？』愚曰：『神非他，即水之性也。水性無分於東西，而有分於上下，西上而東下，則神不欲決而西，北上而南下，則神不欲決而北。間有決者，必其流緩而沙墊，是過顙在山之類也。挽上而歸下，挽其所不欲而歸于其所欲，乃所以奉神，非治神也。孟子曰：禹之治水，水之道也，道即神也。聰明正直之謂神，豈有神而不道者乎？故語決為神者，愚夫俗子之言，慵臣慢吏推委之詞也。』問者曰：『彼言天者，非與？』愚曰：『治亂之機，天實司之，而天人未嘗不相須也。堯之時泛濫於中國，天未厭亂，故人力未至而水逆行也。使禹治之，然後人得平土而居之，人力至而天心順之也。如必以決委之天數，既治則曰玄符効靈，一切任天之便，而人力無所施焉，是堯可以無憂，禹可以不治也。歸天歸神，誤事最大，故愚不敢不首白之也。』

故道

或有問於愚曰：『宋歐陽文忠公云：「黃河已棄之故道，自古難復。」而公之見舍復故道之外，無有也。無乃不可乎？』愚應之曰：『修之言，未試之言也。且但云難復，非不可復也。愚嘗考之史曰：漢元光中河決瓠子，注鉅野，後二十餘年，武帝自臨決河，沉璧投馬，群臣負薪塞之，復禹舊跡，而梁楚之地無水災矣。夫禹舊跡非故道乎？堙淤二十餘載，而一塞決即復通之，何云故道不可復乎？且即以神禹治水言之，九河曰疏，濟漯曰瀹，汝漢曰決，淮泗曰排。傳者曰：疏，通也，瀹亦疏通之意，排決皆去其壅塞也，故未嘗有開鑿之說。故孟子謂之行所無事，而他日告公都子者，有曰：禹掘地而注之海，傳者恐人以掘為疑，即解之曰：決地以去壅塞也。蓋天地開闢之初，即有百川四瀆，原自朝宗於海，高卑上下，脉絡貫通，原不假於人力。歲久湮淤，至堯時泛濫之極，禹不過審其高卑上下之勢，去其壅塞湮淤之處，以復天地之故道耳。故未嘗創掘一河也。吾人知識不逮神禹遠甚，乃欲舍故道而另鑿一河，可乎？禹無踰矣，即如賈魯治河，亦以復故道為主，傳記可考也。且近來徐、邳之間，屢塞屢通，如以故道為不可復，則徐、邳久為陸矣。藉令欲棄故道而鑿新河，無論其無所也，即使得便宜之地而鑿之，人力能使濶百丈以至三百丈、深三四丈以及五六丈如故河乎？即使能之，將置黄河於何地乎？如不可置黄河，何擇於新故？故則淤，新則不淤，吾不得而知也。盡信書不如無書，修言不足信也。』

沙墊

或有問於愚曰：『沙墊底高之説何如？』愚應之曰：『河底甚深，沙墊則高，理所有也。然以之論於旁決之時則可，非所論於河水歸（漕）〔槽〕之後也。蓋旁決則水去沙停，其底自高，歸（漕）〔槽〕則沙隨水刷，自難墊底。但沙最易停，亦易刷，即一河之中，溜頭趨處則深，平緩處則淺，此淺彼深，總不出我範圍。此挽水歸（漕）〔槽〕之策，必不可緩，而欲挽水者，非塞決築隄不可也。宋蘇文忠吕梁詩云：「坐觀入市巷，閭井吏民走。盡餘王尊歲，寒霜重水歸。」壑但見屋，瓦留沙痕，則此時黄河之水固嘗入市，而河流之沙高於屋矣。自宋迄今，墊而疏，疏而墊者不知其幾，豈可以此而遂欲棄故河哉？故沙墊底高者，乃故道難復之根，而故道難復者，乃别尋他道之根，此説最為膏肓之疾，治河者宜審之。』

挑濬海口

或有問於愚曰：『河以海為壑，自海嘯之後，沙塞其口，以致上流遲滯，必須疏濬，或别尋一路，另鑿海口之為得也。』愚應之曰：『海嘯之説，未之前聞，但縱有沙塞，使兩河之水順軌東下，水行沙刷，海能逆之不通乎？蓋上決而後下壅，非下壅而後上決也。愚嘗親往海口閲視，寬者十四五里，最窄者五六百丈，茫茫萬頃，此身若浮，早暮兩潮，疏濬者何處駐足？若欲另鑿一口，不知何等人力遂能使之深廣如舊。假令鑿之易矣，又安保其海之不復嘯，嘯之不復塞乎？舊則塞，新鑿者則不塞，非愚之所詳也。』

草灣河

或有問於愚曰：『河由草灣入海，何如？』愚應之曰：『河由淮城北西橋地方入海，此故也。嘉靖三十年間河忽衝開草灣，而西橋正河遂塞，連都御史塞之不得，未幾自塞，河復歸故道。今於萬曆十六年河水仍歸草灣，而故河復淤，淮城之民恃以安枕矣。查得草灣六十里至赤晏廟，復歸正河，似亦無碍，但正河之面三百餘丈，草灣濶僅三分之一，譬之咽喉狹小，吞嚥不及則徐邳之水消洩未免遲滯，此則可慮耳。今欲挽歸正河，人力亦可施者，而清江浦一帶居民方恃正河之塞為安，人情難於重拂，而以水勢度之，二三年間恐當復歸正河，姑俟之可也。』

防河非障河

或有問於愚曰：『賈讓有云：土之有川，猶人之有口也，治土而防其川，猶之兒啼而塞其口，故禹之治水以導，而今治水以障，何也？無乃止兒啼而塞其口乎？』愚應之曰：『昔白圭逆水之性，以隣國為壑，是謂之障。若順水之性，隄以防溢，則謂之防。防之者，乃所以導之也。河水盛漲之時，無隄則必旁溢，旁溢則必泛濫而不循軌，豈能以海為壑耶！故隄之者，欲其不溢，而循軌以入於海也。譬之嬰兒之口，旁潰一瘫，久之成漏，湯液旁出不能下咽，聲氣旁泄不能成音，久之不治身且（稿）〔槁〕矣，何有於口！故河以海為口，障旁決而使之歸於海者，正所以宣其口也。再考之禹貢云：「九澤既陂，四海會同。」傳曰：九州之澤已有陂障而無決潰，四海之水無不會同而各有所歸，則禹之導水，何嘗不以導水，何嘗不以隄哉！不知考耳。』問者曰：『隄以防水似矣，水高隄高，不將隆隄於天乎？』愚曰：『若謂隄之外即水耶？隄外為岸，岸下為河。平時水不及岸，隄若贅疣，伏秋異常之水始出岸而及隄，然或三日，或五日，或七日，或旬日，即復落歸於漕，愚隄成之後逾十年矣，未嘗有分寸之加？何須隆之於天也。』

賈讓策河

或有問於愚曰：『賈讓有云：今行上策，徙冀州之民當水衝者，治隄歲費且萬萬，出數年治河之費以業所徙之民，且以大漢方制萬里，豈其與水爭尺寸之地哉？此策可施於今否？』愚應之曰：『民可徙，歲運國儲四百萬石將安適乎？』問者曰：『決可行也。』愚曰：『崔鎮故事可考也，此決最大，越三四年而深丈餘者，僅去口一二十丈，間稍入坡内，止深一二尺矣。盖住址陸地，非若沙淤可刷，散漫無歸之水，源無漕渠可容，且樹椿基磉，在在有之，運艘僥倖由此者，往往觸敗，豈可恃為運道！且運艘經行之處，雖裏河，亦欲築堤以便索挽，乃可令之由決乎！』『然則賈讓中策所謂據堅地，作石堤，開水門，旱則開東方下門溉冀州，水則開西方高門分河流，何如？』愚曰：『河流不常，與水門每不相值，或併水門而淤漫之，且所溉之地亦一再歲而高矣，後將何如哉？矧旱則河水已淺，難於分溉，潦固可泄，而西方地高，水安可往？丘文莊謂：古今無出此策，夫乃身未經歷耳。劉中丞《問水集》中言之甚詳，盖名言也。惟宋任伯雨曰：河流混濁，與沙相半，流行既久，迤邐淤澱，久而決者，勢也。為今之策，止宜寬立堤防，約攔水勢，使不大段湧流耳。此即愚近築遥堤之意也。故治河者必無一勞永逸之功，惟有救偏補弊之策，不可有喜新炫奇之智，惟當收安常處順之休，毋持求全之心苛責於最難之事，毋以束濕之見强制乎叵測之流，毋厭已試之規，遂惑於道聽之說，循兩河之故道，守先哲之成規，便是行所無事。舍此他圖，即孟子所謂惡其鑿矣。』

開支河

或有問於愚曰：『黄淮原為二瀆，今合而為一矣，而自崑崙，千溪萬派，如涇、渭、沁、汴諸河與山東諸泉復合之，又何怪其溢也！為今之計，莫若多穿支河以殺其勢，何如？』愚應之曰：『黄河最濁，以斗計之，沙居其六，若至伏秋，則水居其二矣。以二升之水，載八升之沙，非極汛流必致停滯，若水分則勢緩而沙停，沙停則河塞。河不兩行，自古記之。支河一開，正河必奪，故草灣開而西橋故道遂淤，崔鎮決而桃清以下遂塞，崔家口決而秦溝遂為平陸，近事固可鑒也。』問者曰：『禹疏九河，何如？』愚曰：『九河非禹所鑿，特疏之耳。蓋九河乃黄河必經之地，勢不能避，故仍疏之。而禹仍合之，同為逆河入於海，其意蓋可想也。』『然則如賈讓所云，多穿漕渠，使民得以溉田，分殺水怒，可乎？』愚曰：『此法行於上源河清之處或可，若蘭州以下，水少沙多，一灌田中禾為沙壓，尚可食乎？』『然則淮清其可分矣。』愚曰：『引淮而西，其勢必與黄會，引淮而東，則與決高堰而病淮揚無異也。蓋河水經行之處，未有不病民者，向有欲自盱眙鑿通天長、六合出瓜、埠入江者，無論中亘山麓必不可開，而天長、六合之民非我赤子哉？且所藉以敵黄而刷清口者，全淮也。淮水中潰，清口必塞，運艘將從何處經行？弗之思耳。』

疏築濬三法

或有問於愚曰：『治河之法凡三，疏、築、濬是也。濬者，挑去其沙之謂也，疏之不可，奚不以濬而惟以築乎？』愚應之曰：『河底深者六七丈，淺者三四丈，濶者一二里，隘者一百七八十丈，沙飽其中，不知其幾千萬斛，即以十里計之，不知用夫若干萬名，為工若干月日，所挑之沙不知安頓何處。縱使其能挑而盡也，隄之不築，水復旁溢，則沙復停塞，可勝挑乎？以水刷沙？如湯沃雪，刷之云難，挑之云易，何其愚，何其拘也！』問者曰：『昔人方舟之法不可行乎？』愚曰：『湍溜之中，舟難維繫，而如飴之流，遇坎復盈，何窮已耶？此但可施於閘河，而非所論於黄河也。』

黄淮分合

或有問於愚曰：『淮不敵黄，故決高堰避而東也，今子復合之，無乃非策乎？』愚應之曰：『《禹貢》云：導淮自桐柏，東會于泗、沂，東入于海。按泗、沂即山東汶河諸水也，歷徐、邳至清口，而與淮會。自宋神宗十年七月黄河大決于澶州，北流斷絶，河遂南徙，合泗、沂而與淮會矣。自神宗迄今六百餘年，淮、黄合流無恙，乃今遂有避黄之説耶？夫淮避黄而東矣，而黄亦尋決崔鎮，亦豈避淮而北乎？蓋高堰決而後淮水東，崔鎮決而後黄水北，隄決而水分，非水合而隄決也。』問者曰：『茲固然矣，數年以來，兩河分流，小潦即溢，今復合之，溢將奈何？』愚曰：『水分則勢緩，勢緩則沙停，沙停則河飽，尺寸之水皆由沙而止見其高。水合則勢猛，勢猛則沙刷，沙刷則河深，尋丈之水皆由河底止見其卑。築隄束水，以水攻沙，水不奔溢於兩旁，則必直刷乎河底，一定之理，必然之勢，此合之所以愈于分也。』

慮河再決

或有問於愚曰：『河既隄矣，可保不復決乎？復決可無患乎？』愚應之曰：『縱決亦何害哉？蓋河之奪也，非以一決即能奪之，決而不治，正河之流日緩則沙日高，沙日高則決日多，河始奪耳。今之治者偶見一決，鑿者便欲棄故覓新，懦者輒自委之天數，議論紛起，年復一年，幾何而不至奪河哉！今有遥隄以障其狂，有減水壩以殺其怒，必不至如往時多決。縱使偶有一決，水退復塞，還漕循軌可以日計，何患哉？往事無論矣，即如萬曆十五年河南劉獸醫等隄共決十餘處，淮安河決范家口、天妃壩二處，上厪夫宵旰，特遣科臣督築，築後即成安流，此其明徵矣。故治河者惟以定議，論闢紛更，為主河決未足深慮也。』

縷堤遥堤

或有問於愚曰：『隄以遥言，何也？』愚應之曰：『縷隄即近河濱，束水太急，怒濤湍溜，必至傷隄。遥隄離河頗遠，或一里餘，或二三里。伏秋暴漲之時，難保水不至隄，然出岸之水必淺，既遠且淺，其勢必緩，緩則隄自易保也。』或曰：『然則縷可棄乎？』愚曰：『誠不能為有無也。宿遷而下，原無縷隄，未嘗為遥病也。假令盡削縷隄，伏秋黃水出岸，淤留岸高，積之數年，水雖漲，不能出岸矣。第已成之業，不忍言棄，而如雙溝、辛安等處，縷隄之內頗有居民，安土重遷，姑行司道官諭民，五月移住遥隄，九月仍歸故址，從否固難强之，然至危急之時，彼亦不得不以遥堤為家也。』問者曰：『縷不去則兩堤相夾，中間積潦之水，或縷堤決入，黃河何處宣泄？』愚曰：『水歸（漕）〔槽〕無難也，縱有積潦，秋冬之間，特開一缺放之，旋即填補，亦易易耳。若有格堤處所，積水順堤直下，仍歸大河，猶不足慮矣。』

築遥堤不同

或有問於愚曰：『遥堤之築是矣，而直河至古城一帶何以不築？』愚應之曰：『此地俱隸宿遷，內有落馬、侍丘等湖，湖外高岡繯繞，乃天然遥堤也。黃水暴漲則灌入諸湖，黃水消落則諸湖之水隨之而出，已經題覆如後，不敢贅也。』問者曰：『桃、清二縣之北，亦有諸湖聯絡，何以築之？』愚曰：『湖與宿同，而湖外皆係窪地，水從五港灌口出海，故崔鎮一決而桃、清遂涸，此則與宿異耳。』問者曰：『止築北岸，而南岸自馬廠坡而下何以不築？』愚曰：『此處岸外即係淮河，勢能敵黃，黃水泛濫未免灌入，黃落仍歸故渠，不能奪河，故不築也。』

減水壩

或有問於愚曰：『兩堤並峙，重門禦暴，又何需於減水壩也？與其多費以築減水之壩，寧若留決之為愈乎？且與支河何異也？』愚應之曰：『防之不可不周，慮之不可不深。異常暴漲之水則任其宣泄，少殺河伯之怒，則堤可保也。決口虛沙水衝則深，故掣全河之水以奪河，壩面有石，水不能汕，故止減盈溢之水，水落則河身如故也。俱建於北岸者，欲其從灌口入海也。』問者曰：『今四壩何以不洩水也？無怪乎議者之欲毀也。』愚曰：『初創之時，伏秋水洩，喧聲若雷，日久河深，深則可容異常之水，何嘗不洩？特不常也。且所謂減水壩者，減其盈溢之水也，不溢則已，何必減為？留之以待異常之水可也。慮縷隄束水大急，恐有奔潰也，遂創遙隄以廣容納，又慮遙堤涓滴不洩，恐有嚙刷也，創建滾水壩以便宣洩。崔鎮、徐昇、(李)〔季〕太等壩皆因地勢卑下，使水易趨，原以防異常之漲，非以減平(漕)〔槽〕之水也。數年以來，束水歸(漕)〔槽〕，河身漸深，水不盈壩，堤不被衝，此正河道之利矣。議者欲將三壩折落，用心良苦，識量未得。崔鎮壩石頂去地僅二尺八寸，視遙隄低七尺，徐昇壩石頂去地僅二尺五寸，視遙堤低七尺三寸，季太壩石頂去地僅二尺，視遙堤低八尺，三壩臨水，河岸離水而各八九尺、一丈不等，較之三壩各高三四尺不等，是河岸甚高，石壩原低，每遇伏秋，水高於岸，即從各壩滾出，其不得出壩者，乃不得出岸者也。欲分水勢，壩可折矣，一帶河岸可盡削耶。據鄉民畢九皋、馮吉、趙倫等訴稱，壩外水鄉漸成膏腴，逃徙之民近方歸業，若欲將壩改折二層，是為無壩，先年河從此決，又可虞矣。酌之勢，仍舊為便。』

築高家堰

或有問於愚曰：『高家堰之築，淮揚甚以為便，而泗州人苦其停蓄淮水，何也？』愚應之曰：『此非知水者之言也。夫高堰居淮安之西南隅，去郡城四十里而近，堰東為山陽縣之西北鄉，地稱膏腴，堰西為阜陵、泥墩、范家諸湖，西南為洪澤湖，淮水自鳳、泗來合諸湖之水，出清口，會黃河，經安東縣出雲梯關以達於海，此自禹迄今故道然也。堰距湖尚存陸地里許，而淮水盛發輒及堰。秦周以前無考矣，史稱漢陳登築堰禦淮，至平江伯陳瑄復大葺之，淮揚恃以為安者二百餘年。歲久剝蝕，而私販者利其直達，以免關津盤詰，往往盜決之。至隆慶四年，大潰，淮湖之水洚洞東注，合白馬、氾光諸湖，決黃浦、八淺而出，揚、高、寶、興、鹽諸邑匯為巨浸。每歲四、五月間，淮陰畚土塞城門，穴竇出入，而城中街衢尚可舟也。淮既東，黃水亦躡其後，濁流西泝，清口遂堙，而決水行地，宣洩不及，清口之半，不免停注，上源而鳳陽、壽、泗間亦成巨浸矣。故此堰為兩河關鍵，不止為淮河堤防也。愚戊寅之夏詢之泗人曰：鳳、泗之水畜於高堰未決之前乎？抑既決之後也？僉曰：高堰決而後畜也。清口塞於高堰未決之前乎？抑既決之後也？僉曰：高堰決而後塞也。愚曰：堰決而塞，築則必通，堰決而畜，築則必陸，堰成而清口自利，清口利而鳳泗水下，愚何疑乎！遂鋭意董諸臣築之，二月決工告竣，而清口遂闢，七月隄工告成，而清〔口〕深闊如故，八月河水大退，高堰外水及堤址者僅一百五十丈餘，皆乾地。再詢泗州之水盡已歸（漕）〔槽〕，膏腴可耕，而泗州人士始謂高堰之當築矣。』問者曰：『然則每歲伏秋，泗水何復漲也？』愚曰：『淮水發源於河南之桐栢山，挾汝、汜，控潁、肥、濠等處七十二溪之水，至泗州下流，龜山横截河中，故至泗則湧，譬之咽喉之間，湯飲驟下，吞吐不及，一時扼塞，其勢然者。且淮漲於泗，即黃漲於河南徐、邳也，每歲伏秋皆然，自古及今無異。泗州水困黃遏淮矣，河南徐邳水困，又誰遏之乎？蓋兩水發有先後，各有消長，泗人見牛未見羊耳。再查萬曆六年以前，黃決崔鎮而北，淮決高堰而東，兩河風馬牛不相及矣，而泗州之告水灾者，無歲無之，即其時也，亦豈有黃遏之乎？』

越城周家壩

或有問於愚曰：『高堰之築是矣，而南有越城，並周家橋，淮水暴漲，從此溢入白馬湖，寶應縣湖水遂溢，此於高堰之決何異？』愚應之曰：『愚與司道勘議，已確籌之熟矣。其不同者有三，而其必不可築者一。夫高堰地形甚卑，至越城稍亢，越城迤南則又亢，故高堰決則全淮之水内灌，冬春不止；若越城、周家橋則大漲乃溢，水消仍為陸地，每歲漲不過兩次，每溢不滿再旬，其不同一也。高堰逼近淮城，淮水東注，不免溢盈，漕渠圍遶城廓；若周家橋之水，即入白馬諸湖，容受有地，而淮城晏然，其不同二也。淮水從高堰出則黃河濁流必遡流而上，而清口遂淤；今周家橋止通漫溢之水，而淮流之出清口者如故，其不同三也，當淮河暴漲之時，正欲藉此以殺其勢，即黃河之減水壩也，若併築之則非惟高堰之水增溢難守，即鳳、泗亦不免加漲矣。』『然則即於周家橋疏鑿成河，以殺淮河之勢，何如？』愚曰：『漫溢之水不多，為時不久，故諸湖尚可容受，若疏鑿成河，則必能奪淮河之大勢，而淤塞清口、泛溢淮揚之患又不免矣。況私鹽商舶由此直達，寧不壞鹺政而虧清江板閘之税耶？』

罪河

或有問於愚曰：『向來河堤之決，人皆歸罪於河之猖獗，隄不能障，有之乎？』愚應之曰：『河勢自無不猖獗者，譬之狂酋狡賊環城而攻，惟在守城者加之意耳。往事無論矣，即如近歲范家口之堤，汕刷者十八，管河官置之若棄，人以告者輒重笞之，能無決乎？決後官夫避罪，輒委之於河，而河之罪不可解矣。是豈河之罪哉？』

二洪怪石

或有問於愚曰：『昔年徐、吕二洪怪石嶙峋，上浮水面，湍激之聲如雷，舟觸之必敗。今皆無聲，得非沙掩其上而然乎？』愚應之曰：『二洪本體甚高，沙能掩之，是無徐州矣。徐洪於嘉靖二十年為主事陳穆所鑿，吕梁洪於嘉靖二十三年為主事陳洪範所鑿，巉巖突屹之石一切削而平之，剷而卑之，今河中之迴瀾亭即洪基也。又安望其有聲耶？皆有碑志可考，不必辨也。』

徐城低下

或有問於愚曰：『徐州城當伏秋水發之時，河高於地，以至城中雨水難洩，人甚苦之，奈何？』愚應之曰：『此不特徐州為然也，濱河州縣皆有之。如鳳陽之泗州、河南之虞城等縣皆然，至如河南省城則河面高於地面丈餘矣，一城之命懸於護城一隄，謹謹修守而已。城中積水惟有車戽之法，而土人頗不慣此，墊土增高亦是良策。而填築工費不貲，官街衙舍尚可努力為之，小民未必能辦，若欲為長久之計，則惟有比照宿遷城事例，而士民安土重遷，未必樂從。查得徐南地勢頗窪，開濬一渠，縱之由符離集出小河口，亦一策也。或曰黃河舊由新集經蕭縣薊門出小浮橋，河水尚未至此，今由石城出濁河，皆係民間稑地，原非河身，來源既高，故下流河底亦高耳。』曰：『否，否，自宋熙寧十年黃河南徙，會淮水，即高於地矣。故蘇軾守徐時有「入市巷閭井，屋瓦留沙痕」之說，且河南來源未之有改，而河流之高於省地者又何故哉？此其河勢地形高卑原自如此，亦難强圖。訝徐州者，若知河南省城形勢，或自息喙矣。今從開渠之議，積水盡洩。崇禎末年，闖逆決此口，闔城全没。安土重遷，寧不深可悲哉。』

清江堤岸

或有問於愚曰：『清江浦一線之隄，廣者不過三四十丈，窄者僅二十餘丈，兩河掃汕能無慮乎？』愚應之曰：『陳平江開鑿清江浦一帶，通河濟運，所留堤址原只如此。』問者曰：『何以徵之？』愚曰：『不觀車盤、伍壩乎？伍壩去河僅二十餘丈，進船水溝每為濁流所淤，常事撈濬。如更廣也，何以能車盤乎？河由草灣，清江浦淤沙稍遠，船遂不能進矣。此正陳平江之妙用也。又不觀之惠濟祠前之石堤乎？乃宣德年間之所築也。其廣亦不滿二十丈，此古跡也，豈亦剥削而然哉？且各處遥、縷堤面廣不過二丈餘，尚欲恃以為固，矧於二十丈者，乃云不能守乎？若每歲埽護之工及磯嘴壩之築則不可少耳。』

賈魯舊河

或有問於愚曰：『開復新集舊河之議何如？』愚應之曰：『此全河之利也。查得黃河故道，自虞城以下、蕭縣以上，夏邑以北，碭山以南，由新集歷丁家道口、馬牧集、韓家道口、司家道口、牛黃堌、趙家圈至蕭縣薊門，出小浮橋，此賈魯所復故道，誠永賴之策也。後因河南水患頗急，另開一道，出小河口，意欲分殺水勢，而不知河不兩行，本河漸淤，至嘉靖三十七年河遂北徙，忽東忽西，靡有定向，行水之處，即係民間住址稑地，水不能刷衝不成（漕）〔槽〕，雖一望茫然，而深不及丈，梁樓溝、北陳等處不及二尺，今大勢盡趨濁河，小浮橋不過十之一二矣。夫黃河並合萬餘里間，千溪萬派之水，漰湃旱激，勢若奔馬，陡然遇淺，形如檻限，其性必怒，奔潰決裂之禍愚恐不在徐邳，而在河南、山東耳。水從上源決出，則運道必至淺阻。嘉靖二十年間，河決亳州，而二洪乾涸，往事固可鑒也。且濁河漫溢，坡水皆由地面，徐州以下之渠不能着底衝刷，以致河水易盈，隄防甚為艱苦，尤可慮也。愚於萬曆六年具疏請復，而河南、山東當事之臣頗畏勞費，會疏請止。夫欲復此河，非百萬金不可，委非細故。然與其葺籬於亡羊之後，似不若徹土於未雨之前也。姑志之以為後日左券。』

故道

或有問於愚曰：『故道當循是矣，然禹時河由大伾、鉅鹿入北海，今入南海矣，豈故道乎？』愚應之曰：『河自宋神宗十年大決於澶州，合南清河而入於淮。南清河者，即泗、沂之故道，黃河經行五百餘年矣，謂之非禹故道則可，謂之非黃河之故道則不可。如必欲復禹故道，則歲漕四百萬石將安適乎？膠柱而鼓瑟矣。』

睢河

或有問於愚曰：『濬睢河以為通運旁行一道，且不殺河流也，其說何如？』愚應之曰：『考之《括地志》云：睢水首受浚儀縣浪蕩渠水，東經取慮縣入泗，過沛。浚儀、取慮二縣皆隸河南。《漕河圖志》云：宿遷縣小河，在本縣東南十里，源自開封府。黃河來流，經歸德州、虹縣、宿州至睢寧縣，東南流六十餘里至小河口，以入漕河。蓋《括地志》所載，乃黃河入北海之時，故止云睢水，而不及黃河。《漕河圖志》所載乃黃河南徙之後，故直指黃河來流也。《淮安志》云：小河在宿遷東南十里，以其淺狹，故名。查得弘治六年，侍郎白昂曾導水，自歸德小壩地方經睢寧至宿遷小河口入漕河，此因河決河南之金龍口，衝張秋，勢甚危急，故濬此河以殺水勢耳。然不久遂淤，蓋河不兩行，徐、邳之河與小河必無並行者。今自徐溪口迤北直至永城縣一帶俱成平陸，復之亦頗不難，但恐此河一開，則徐、邳必塞，若徐、邳不塞，則此河必復為平陸，且均一濁流也。在徐、邳大河則淤，在新復之小河則不淤，恐無是理也。況小河口而南至清河縣，尚有二百三十餘里，假如近歲河決崔鎮，桃清為塞，不知南來運艘將從何路達睢河也。』問者曰：『止濬雙溝、永堌湖一帶，使艘從九里溝出小浮橋。倘徐、邳正河淤塞，此不通而彼通，可無阻也。』愚曰：『此河源甚淺狹，且湖水常盈，濬工難施。若正河淤塞，黃水盡從此河，則泛溢無歸，非特牽挽無路，而經行於樹樁基磉之間，必至觸敗，與由決河何異也！若正河不塞，而此河僅分支流，則經由正河可也，何必去安就險為哉？』

沁河濟運

或有問於愚曰：『改沁入衛以殺黃河之勢，何如？』愚應之曰：『黃可殺也，衛不可益也。移此與彼不可也。衛漳暴漲，元、魏二縣田地每被渰沒，民已不堪，況可益以沁乎？且衛水固濁，而沁水尤甚，以濁益濁，臨、德一帶必至湮塞，不可也。又《問水集》有引沁至長垣界，經張秋出永通閘，入運濟旱語，亦未知沁之濁也，一溝之渠，寧能當此濁流乎？沁可引，黃亦可引矣。』

五塘濟運

或有問於愚曰：『五塘蓄水濟運，先年設有堤岸，今皆圮矣，不可復舉乎？』愚應之曰：『予初至之時，亦嘗銳意求復，反復行勘，查得小新塘與雷公上下二塘相接，西去揚州郡城十餘里，水由淮子河入漕河。句城塘西去揚郡幾三十里，水徑奔儀真，由響水閘出江。四塘皆隸江都縣，唐長史李襲譽所築也。陳公塘隸儀真縣，其水亦奔響水閘出江，漢廣陵太守陳公所築也。句城、陳公二塘地形高阜，水俱無源，惟藉雨積，小新、上下雷公二塘受觀音閣後及上方寺後並本地高田所下之水，而局面窄小，蓄水無多，故漢唐二臣築塘積水以為溉田之計，非以資運也。今若慮漕渠淺涸，借此水以濟之，則應任其直下，不宜築塘以障其流。且冬春運河水淺，彼先涸矣，若慮湖水漲漫，借此塘以障之，則諸水皆從揚、儀徑奔出江，與諸湖了不干涉也。』

堤壩之工

或有問於愚曰：『禹以治河稱神，而自夏及商，為年不甚久遠，而盤庚遂有播遷之患，至周定王五年以後，則或南或北，遷徙不常，而爾欲以區區隄壩之工，遂為長久之策乎？且自河南而上，秦晉之間，何嘗有隄哉？任之而已。』愚應之曰：『成功不難，守成為難。使禹之成業世世守之，盤庚不必遷也，周定王以後，河必不南徙也。人亡歲久，王迹熄而文獻無徵，故業毀而意見雜出，又何怪乎河之無常也！至於秦晉之間，則更有說山多土堅，水難嚙也，地亢而曠，運不資也。河南為城郭所拘，徐、邳為運道所藉，隄而束之，勢不得已也。世世守之，世世此河也，歲久人亡，道謀滋起，愚不得而知也。』

或問凡九條

或問：『引河之説，未之前聞，今行之而屢效，可謂發前人所未發矣。亦有行之而不效者乎？』應之曰：『有之。凡引河，必相其勢之轉灣急流之處，始放河頭，又必河勢迅激不變，殆可以衝刷淤沙，引歸新河。若勢遷徙不定，或自西而忽東，或自南而忽北，忽自西北而東北，忽自西北而東南，倘挑濬之時驟值其變遷，則河流既緩，而沙停河飽，故引河亦有成有不成，相機應變，此又權不可以預設者也。』

或曰：『中州一帶，遇有所患，下埽護堤，埽個多蟄。徐淮一帶，遇有河患，下埽護堤，而埽個無蟄，與中州不同，何也？』應之曰：『河在中州，其迅溜最急，急則水勢下趨，淘刷泥沙，逾刷逾深，而埽個不固，自隨水淌矣。河在徐淮，其汛溜較平，平則水勢上行，水不下淘泥沙，下埽護堤，則埽個有所憑麗，自無蟄患矣。此徐淮河勢與中州不同，而埽個之勢故與中州異也。』

或曰：『頂衝河患既有内堤重障，而必於外堤下埽，何也？』應之曰：『河汛直射堤根，坍刷莫禦，此（預）〔頂〕衝之勢也。倘徒恃内限重障，而不急防外堤，一時外堤坍盡，則水入堤内，而堤夾束而水勢難容，怒濤撞激，更難汛擋，内堤亦必潰決，滔滔之勢必至於大潰，而不可收拾矣。惟外堤護埽以迎其溜，水汛不得衝刷堤根，則外堤既免坍刷，而内堤始得保固無虞耳。』

或曰：『埽灣河勢不下埽護堤者，何也？』應之曰：『埽灣之河，汛自外行，正溜去堤根尚遠，即或水勢漲發，溢於堤内，盈至三四尺，迨一時水消，堤岸如故。縱有潰決，正河不得遽奪，則一月之餘可塞，遲亦不過兩月、三月可塞，倘不審河勢下埽護堤，則埽不迎溜，必隨水淌瀉，徒費無益也。』

或曰：『引河之工宜於中州，然每見引河已成，後竟報淤，何也？』應之曰：『挑引之工，後有被淤者，以善後之計未得也。即如河勢自西南而來，則引河下唇直當東北其衝，洶湧之勢漸分，但恐下唇塌刷，無約攔水勢之力。河流走大河易，走引河難，走大河溜，走引河緩，流緩沙停不免淤墊矣。若使護埽下唇足以約攔河勢，則河之入引也迅，迅則刷深，而沙不停，日漸深廣，可以成河，故曰：引河不易成，成河宜善後也。』

或曰：『徐州以下不宜分流，然則中州引河往往得成，何也？』應之曰：『中州土鬆，直從上源倒灣處挑引，建瓴之勢，日刷日深，日衝日濶，新河既已分流，大河既已淤淺，力築截河大壩，護埽禦衝，新河合流以分之者，合之也。』

或曰：『黄河在河南水急，故決，至邳宿以下則水緩，而亦屢報決，何也？』應之曰：『黄河湍悍之性，建瓴而下，其在邳、宿、桃、清與中州無異，且合睢水、白洋諸湖水，同會於淮，其流焉得緩？但河在中州，其勢下趨，故急在下，水至邳、宿，其勢平行，故急在上。急在下所以蟄埽，而埽費者多，急在上所以衝堤，而堤易至于潰。此河勢在邳宿與河南，但有下趨平行之分，而無緩急之異也。』

或曰：『明季河臣潘季馴河防所記，翟壩一帶不宜高築，聽其河漲溢流，分殺水勢，以保高堰，何如？』應之曰：『西南原壩高亢，不宜增築，此當年之地勢如是。數年以來，淮水旁洩，舊壩衝刷，計濶二十五里，淺深一二丈不等。自古溝由谷家橋、夏家橋、黄家壩一路，多有衝決，或為溝渠，或成河路，既深且廣，非復舊日地勢。若復因循不塞，則高寶一帶必至田產人民盡付巨波，而且清口無全淮之勢，砥柱黄流運道俱成平陸矣。』『然則修築增高，何如？』曰：『翟壩一帶係天然減水壩。今日之成河雖不可不築也，而當年之原壩仍不可不復。若照高堰一帶平高，則東水過緊，恐高堰壅潰，滔滔東下，勢必淤清口而阻漕艘。此壩之修，磚石灰砌，照高堰之堤量低一尺有餘，使漲水有所溢，以還天然之壩基而可矣。』

或曰：『雲梯關為入海之路，其上流幾處當治？』曰：『上流無處不當治。稍有一處旁溢，則水從中洩，沙必淤澱，河不順軌，不能衝刷入海矣。清口以上，桃、宿諸決口修築自不必言，其在安東境内則邢家口、二舖口皆雲梯關要道，所當急為修築，以束河流，而疏海口者也。』

桃源機宜

桃源七里溝大工關係漕運民生，事機重大。雅康熙十一年十二月奉總河委勘，於工次先上疏塞事宜八欵，後又兩上緊要事宜，至再至三，總為國儲民命深切杞憂，幸荷總河虛懷信任，邀有成績，今並録於後。

初上疏塞事宜

一曰廣備物料。決口勦工，需料殷繁，宜多方積儲，庶免臨渴掘井之患。查決口尚濶四十餘丈，除樁橥芟纜等項計工另備外，柳束須五十萬，蘆葦須三十萬，草須六七十萬，始克有濟。倘所備不如其數，工至合尖之時，捲埽套壓，停工待料，前工徒費，時去莫追矣。急宜廣備以收萬全之功。

一曰酌用物料。辦運柳束，千萬艱難，若不設法撙節，無論工程緩急一槩鋪用，將來合口緊工之處，需柳反缺，悮工匪輕。目今決口尚寬，除底埽用柳外，其餘套埽儘可柳七葦三，如埽牛填墊，埽眼還可均用葦草。待進工至口門僅寬二十餘丈之時，不但底埽用柳，套埽亦必需柳，然後將此所省之柳用之於此，庶閉口之工捍禦有賴矣。

一曰堅固堤埽。查新築埽工，在外邊埽僅止一層，力量單薄，不堪捍禦，須備埽工，裡面創築戧堤一道，底濶八丈，高先做八尺，即外河水勢不免浸透，而内戧堤保障，堤堅埽固，較之外加邊埽，功必倍之矣。

一曰善挑濬之宜。所挑引河，規模狹淺，水勢難于建瓴，流緩沙停，斷斷不免，河流不分，勢必全河仍衝，決工無論，合尖甚難，即僥倖閉合，轉瞬漲發，衝激特甚，豈得無虞？殊切杞憂，急將引河之身挑濶一十五丈二尺，庶乎河流可以分行，而築功乃得保固矣。

一曰籌河頭之勢。河頭係河流進口之處，必口門倍加寬濶，方能引納河流；濶須二十丈，長十五丈，深一丈二尺，始為得勢，狹則拒河于口外矣。再查河從西北向東南注射，須于河頭南岸下截河埽三四個，使河流不至旁溢，而勢得約束，入于新河。河勢入(漕)〔槽〕，衝刷有力，決口之勢自弱矣。

一曰挑坑溝以引衝刷。河渠既寬深似可通流矣，但恐河流平衍，衝刷不迅，難免沙停水緩之虞。必須于渠身内另挑大坑五個，濶三丈，長三丈，深五尺，又挑横溝五道，並濶十丈，長三丈，深五尺，一溝一坑，相間施工。有此層層坑溝，則河水入渠自然趺蕩衝激，河渠滔滔日深，兩岸開刷日濶，新河既成，則決口必然淤淺，得免蟄陷復潰之患矣。但坑溝内泥水難挑，須分築土埂，用戽淘運，便于挑掘。查挑過渠身，寬十二丈，深五六尺矣，此時增濶三丈以足十五丈之數，再挑深六尺以足一丈二尺之數，約長不過一百丈，此一百丈之工而有全渠之用，必照議力行，無惜小費，斷斷成河，決口閉合，可保無虞矣。

一曰慎開導以乘時候。引河之開導有時，不宜早，亦不宜遲，必候決口將閉，河水陡漲，新壩受敵，岌岌難保之際，即將新河頭立時開放，則河勢正在盛溢，其就下建瓴自然滔滔莫禦，新河可一日而成，則築功可一勞永固。此乘時施工，因勢利導，間不容髪者也。

一曰杜旁瀉以歸正流。南壩正當迎溜，查埽壩迤南有舊溝一道，龍門將閉之時，壅水溯漲，則河勢直射臨壩，舊渠崩潰可虞。此處須嚴加鞏固，宜加護邊埽，厚築堤壩以遏衝激旁潰，庶河勢得以全力注于新河，堤壩堅牢，得免意外之患矣。

再上緊要事宜

昨議引河河頭開濶二十丈，河身濶十五丈，深一丈二尺，於一丈二尺完工外，仍掘溝坑數道矣。但計此河其長不過百丈耳，查東南一帶河身淤成平陸者約長數十餘里，今僅以百丈之河頭引約全河，節短勢蹙，猶慮河頭開放，所淤之舊河衝刷不動，如之奈何？乃或謂舊河淤平，尚屬新淤，土嫩可以衝刷似矣。所慮河頭開放太早，則全河之勢仍走決口，其勢極順。何以言之？蓋決口河身深二三四丈不等，而新挑引河其深不敵決口一半，水性就下，豈有棄深而就淺者？將引河一開，而數十里之平淤端然如故，勢所必有，倘一淤淺，前工盡費，而決口新壩之衝激何以抵擋？其前車不可鑒乎？雅前條議中於開放事宜極言萬不宜早，又復切切面陳憲臺，業已瞭然，全為萬全之計，除一百丈急請照雅所議刻日完工外，再於百丈外東南一帶接挑二百丈、寬三丈、深六七尺，其二百丈內如前法再掘溝坑十四五個，以補接河身衝刷之勢，使之長往莫禦，及其開放時候，仍必采雅所議，俟決口不過四五丈，河流漲溢之時，然後開放引河，庶免淤淺之虞，若決口未到四五丈，萬不可先開，反引淤澱也。至將開口之際，必須先下截河埽三四個，約攔水勢，亦屬最為緊要，皆宜預備。

又杜旁瀉一欵，關係甚重，若不及時照議綢繆，則決口漸窄，全河仍衝南壩，萬一所慮旁瀉之舊溝突然衝動，不但南壩衝激可慮，併取土地方亦成河身矣。春月南壩之覆轍昭昭可鑒也。此壩宜築高一丈二尺，寬十丈，外下邊埽，隨蟄隨套，庶可免于旁瀉之患耳。

查北壩之西，地勢頗低，計長不過十有餘丈，宜築一堤，底濶七丈，高八尺，頂濶二丈五尺，以補低窪，以防叵測。

前議大壩之內築戧堤一道，目今宜專在北壩施工。蓋以北壩之內，河水不深，易于建工，若南壩之內回流水深，戧堤不宜驟舉也。又查南壩邊埽不過一層，力量單薄，急宜再加一層，以防衝激。此皆萬不可緩者也。

以上數欵十二月二十日途次再呈。

三上緊要事宜

前詳勘兩壩，北壩外護邊埽內築戧堤前已陳悉，但所築之埽壩急須加高六七尺，壩之北頭專用土築，而北壩之近龍門者尤宜加埽。但所鋪之埽止宜用葦草捲下，其柳梢不宜濫用耳。若使目前埽壩未蟄，漫不加工，及工至合尖之時，河勢盪激，埽壩必全蟄陷，一時搶築無及，則預先綢繆施工，不容刻緩。再思南壩所築，較之北壩漸高，目前可恃，惟是河勢衝射南壩較之北壩尤甚，綢繆捍禦，倍宜周詳。壩之南半宜加土築，而近龍門合口之處宜加套埽，亦如北壩，總用葦草捲護，上面再加土築可也。至於外加沿邊大埽，須並峙兩層，庶幾壩身鞏固，所費物料雖奢，然全河迎溜要害緊關，不可不萬分加意。

前議引河頭挑濶二十丈，而河身濶深，切事宜業已備陳矣。但河頭開放之機宜尚有未盡者。切以臨時開掘，河頭口門宜在西北上頭開掘十五丈，而臨截河埽四五丈，不必開掘，何以言之？從二十丈之上頭開放，則河流入口有倒瀉之勢，湍悍衝刷，自濶自深，可以成河。倘從河頭截河埽處輕率錯開，則全河直衝截河埽壩，所慮旁瀉之舊溝難免衝透，將挑成之溝渠反不得全河直瀉之勢矣。是開放之機宜不可不審度慎重者也。

前議河頭東南下截河埽三四個以約攔水勢矣，然下埽之法尚未詳悉也。今思將開引河數日之前，先須掘槽長十四五丈，深一丈五尺，濶一丈四尺，鋪埽高一丈二尺，先將此埽推入槽内，打樁六七株，又鋪第二埽高一丈，長與底埽同，鋪完推入槽内，正壓底埽，打樁五六株，若截河埽下，或河勢衝刷，埽個蟄陷，再急鋪埽套壓。

又思截河埽個臨河頭宜向西北，不宜向東北。何以言之？蓋埽頭向西北者，迎着河勢，使全河入于引河之内，衝盪有力。倘埽頭反向東北，如人之下唇反垂，不得收約攔水勢之功。此中機宜，萬不可錯也。又思兩壩進埽，晝夜無停，則正月二十間決口不過寛十餘丈耳，決口漸窄，則河勢必漸射，引河河頭並南壩所慮杜旁瀉舊溝河頭兩處，河頭河勢皆在衝激，則引河頭之截河埽與杜旁瀉之護邊埽，俱宜于正月二十前掘槽下埽，萬不可遲，恐遲則河勢衝射坍塌，不止倉猝難以施工，致悮大事，不可不緦緦過計，預先拮据者也。

以先前後芻議，雅親勘真確，切實敷陳，非同泛泛揣摹條議者比也。但從來有治人無治法，所慮在仕員役意見不同，閱歷生熟有别，或議論互異，在憲臺當自有特鑒，不為浮説所摇，則河工幸甚，運道民生幸甚矣。

康熙十二年正月初八日三上事宜。

新河

寢開宿遷縣北新河以固隄防

天下創始之事，必權其利害而計其始終。若有利而無害，或利多而害少，不妨舍其舊而新是圖，若利少而害多，或有害而無利，則不如仍舊貫之為愈也。

國家數百萬漕糧資黄河濟運，由清口至宿遷董家口，曲折二百里許，是以修築兩堤，不憚勞費以固堤防，其來久矣。但年來河勢變遷無常，河患頻仍不已，幸總河經年勞瘁，悉心博訪，議於宿遷白馬陵山以東，即係駱馬縣東峙丘等湖接連不斷，近湖之處，舊有河形，若于此處開挑新河，修築縴道，由清河縣涉黄入海，不惟漕艘可免風波之險，而運道亦無衝決淺阻之虞，所以為國計民生慮者，至周且至也。雅奉委會勘，自宿遷縣駱馬湖、姜兒庄、砂礓嘴、馬陵山、縣東峙丘等湖至七里溝、九里崗、倉基湖、三義鎮等處，以上宿、桃、清三縣地方通共長二萬三千一百四十餘丈，挑河築堤，約估計銀六十餘萬兩，但此挑河築堤之處，南係黄流，北臨湖水，誠恐變徙無常，工程難以預料。雅上下荒度，反覆籌畫，有數端難以輕舉者：工大費煩，竣事無期，目前漕運急需河路，難言挑築者一也。開河迤帶逼近黄河，外堤潰決，勢必横衝運堤，漕艘必阻，難言挑築者二也。山水暴發，湖水盈溢，北堤被侵，狂風巨浪，汕刷不免，難言挑築者三也。相勘地勢，南昂北低，一有疎防，建瓴莫禦，新堤莫保，運道必傷，難言挑築者四也。黄河濟運，治黄為急，則力有所分，勢難並舉，難言挑築者五也。似此創新河，恐有難成之悔，工大而費繁，何如仍舊河，力施幇築之工，事半而功倍耶。竊見桃、清上下迤帶，如新庄、七里溝、徐升壩、九里堽諸險要，有決口雖塞尚宜防護者，有舊堤單薄急宜幇築。大抵岸低則水漲易溢，堤近則水勢易浸，堤身卑矮單薄，又復浮沙不堅，則孤堤易傷，年來河患全在于此。為今之計，惟宜加封固隄保運。盖禦黄全憑堤岸，其築之之法：隄身欲高以厚，隄基欲離河遠，而夯杵欲堅，用土宜取直。於隄身高厚始足以攔湍悍之流，隄基讓遠始足以容浩瀚之勢，而且直土不浮，夯杵既實，則堅固足資擋禦。潘季馴謂治河舍築堤無以者，此也。故開新河不若固堤防之為愈也。此康熙十三年冬月勘明議停之詳。

卷八　黃河〔四〕

芻論

治河以得人為要論

自古有治人無治法，天下事皆以得人為難，而治河為尤難。必有人溺己溺之心，而又有應變無方之才，有盡瘁鞠躬之忠，而又有一介不苟之操，至于衆咻不恤，任怨不辭，又非有特立不移之定力不可也。遠年無論已，近明二百餘年，河工獨推潘印川季馴。觀其歷事三朝二十餘年，多底定之功，而立言垂論，皆足為後世法，誠得人也。圖治者不求才于異代，誠能于在廷諸臣廣詢博采，求其能盡心河務者充總河之選，推心任之，得其人則政舉，何患不慶平成之勲哉？至于分任督課，則分司及道員職也，其需才猷敏鍊，勞怨不辭，尤不可不慎擇者。而其職任，則分司不如道員，道員有總轄州縣之權，呼應即靈，而分司之事權不同也，道員雖亦挨奉升遷，然可以久任成功，分司之差滿輪換，計日即更者，不能也。今淮屬有道，揚屬無道，邳、徐、桃、清南岸有道，北岸無道，所當急議者也。至于有司以及佐貳各有專任責成，而責成河官不如責成印官，印官職掌守土，比閭之民皆其撫馭，一號召間即夫役也，帑藏之財皆其典守，一措置間皆物料也。而河官不能也。今管河道廳以及佐貳皆有成例，得以坐名題補，其臨河要地，州縣往往人地不宜，迨有毀蹟而後以彈章從事，則何益哉。至于其平居令河官常駐要地，不許委署他務，搶修令印官親赴工次，不得安居私署，亦河工責成之要務也。上下皆得人，而又嚴每歲舉劾之典，申久任課蹟之令，賢否勤惰，勸懲有法，心何由不思奮，防務何由不振飭哉。

歲辦物料

河工之役，大抵初決之時工程微小，若（掃）〔埽〕料有餘，何難勒限告竣！祇因（掃）〔埽〕料缺，不得不停工以候，所以遲之又久，而日甚一日，役夫則動至數千，糜帑則動至巨萬。當于每歲十月踏勘明白，兩河要害，分別首冲、次冲又次冲，何者為大修、小修、添修，所用人夫樁橛柴草等項若干數目，於各險工之下設廠堆貯，設有急工，應時擋護堵塞，其視急取遠求、停工以待者霄壤矣。

若險工要害，預備物料，若能先事預防，保固無虞。至於一年、二年者，亦照堵塞冲決之工，一例優敘，更激勵人心之大權要術也。

河流首冲宜行疏導

河流當冬春之時，皆掃灣回溜，冲刷堤根。其水勢緩流之處，必淤澱沙灘，如水射北，則灘在南，水射南，則灘在北，此一定之形勢也。及伏秋水發，從來冲刷之處竟成頂冲，當此之時，即築堤數道，斷不免于潰決矣。諳曉河勢者相度時勢，凡當春秋水涸之時，于淤灘壅澱之處挑控引河，待伏秋水發，乘其湧漲之勢，即可引流入渠，使頂冲之勢少減，隨於頂冲之處就堤幫築，加埽擋護，自可免于潰決。如儀封之王家庄、祥符之陳橋、陳留之孟家埠，皆其類也。挑引河開放事宜，詳本朝治河篇。

治河疏塞先後之宜

今之治河，以堤築為上策，但治之河有先疏而後塞者，有以塞為濬者。昔劉忠宣治張秋決河，濶九十餘丈，行視之，曰：是下流未可治，先治上流。發丁夫數萬疏賈魯舊河、孫家渡諸河道，使南流以殺其勢，後于沿河張秋兩岸築臺立表，實土下埽，決口既塞，繚以(后)〔石〕堤，此以濬為塞者也。潘印川塞高堰、黄浦、崔鎮等口，大小二十九決，而沙刷水深，兩河歸正，海口自開，此以塞為濬者也。豫省河臣經理前後諸險工，或先事豫防，開引河以分其勢，或臨時搶築堤埽以塞其冲，能有成效，可為善師古人之意者矣。

接築桃、清南岸大堤

清口為黄淮交會之處，雖挑濬淮渠使通流以拒黄水，但慮黄流漲溢，清口迤西全無堤岸，勢必黄水漫入，清口淤塞。宜于清口迤西築長堤一道，與桃源築成之堤接連一體，或椿板，或議石工，以防汕刷，庶二水不得漫溢旁流，各安其所，同歸海矣。

開七里溝引河以鞏北堤

桃源縣迤東七里溝、黄家嘴上下數十里，比年以來，決凡數次，堵塞未幾，旋復壅潰，總因河勢北徙，離堤偪近，而又河地卑下，每值漲溢，孤堤易傷，潰決之患全在於此。今幸堵塞善後之計，當殺河勢，欲殺河勢，當挑引河，相度上源龍灣之處，施工挑挖，則與北堤離遠，遠則河水難冲。又引河直截順流，則河水易瀉，形勢得所矣。至所挑引河，口濶二十五丈，渠濶十五丈，深一丈二尺，又于一丈二尺之下再挑多坑溝，伏秋水漲開放，又下唇及截河大壩一一如法。河勢漸變，從此相機疏築，善後之機，當得其宜矣。

築石城至清河北岸遥堤

桃源迤帶衹有單堤一道，而又逼近河岸，堤單則力孤，逼河則冲激特甚，伏秋漲決在所不免。向經估計，南北兩河岸遥堤，自宿遷至清河，工費浩大。今酌量緊要劇工，自古城至清河，先築北岸遥堤，計地較近，工費少省，而黄家嘴一帶險要可恃無恐，此重門禦暴之意，亦復容節制之良法也。

建減水壩以殺水勢

搶築河患莫如挑引河，然須上源有迎溜頂冲之處，不然則挑濬難施，惟有建減水壩，分決口之全流，兩壩搶築可計日而施。考《河防書》所載徐升、季太等壩，盖因下流清口相距三四十里，特築此壩以分殺逆流之勢，立法最善。若後有決口之處，雖挑引河者倣其意而推廣之，將見石壩既設，遇有滔漲即開放分流，利賴非細。且不特此也，中州以逮淮、徐，兩岸不茅之地或數十頃，或數百頃，建一石壩，沙鹹之地數日之間立成膏腴，其利賴亦非細也。但築基須高于平地二尺餘，以便洩異漲之水。

存恤夫役

守堤夫役原有額設工食，並免本身雜差，優恤既加，方可責其防守。今各夫既有風雨晝夜防守之辛勤，又有芟攬柳麻課程之歲辦，且夫搭盖茅房，修理器具，工食無幾，不足供其應用。更有指名花費侵吞，或稱上司過往，或稱上差酒飯，或經丞需索常例，或衙官借題津送，一年工食幾何？數端刮削已盡。且既暗補課程，草棲露宿，于堤上又復供應雜汛，左支右舞于門庭，一身數役，勞憊不堪，拋産逃亡，棄堤不守，勢所必有，此言之真可痛心，聞之真堪髮指者也。嚴禁釐革，寧容少貸？

河夫逃亡

河夫逃亡之弊，積久相沿。其上工或數日，半月，一月，即報逃亡。報逃申解，躭延時日，遲誤工程，或做半月之工而索一月之餉，或解役通同攬頭打逃折銀，甚有官吏包攬，因而報逃，重入輕出，又或管工人員私賣輕夫，衆夫偏累，以致逃亡。有此弊端，所以報逃接踵不休。嚴剔釐革，不特夫役無累，而河工之功成有望矣。

修守事宜

一、築堤

凡黄河堤必遠築，大約離岸須三二里，庶容蓄寬廣，可免決齧，切勿逼水以致易決。堤之高卑因地勢而低昂之，先用水平打量，毋一槩以若干丈尺為凖。務取真正老土，每高五寸，即夯杵三二遍，若有淤泥與老土同第，須取起晒凉，候稍乾方加夯杵。其取土宜遠，切忌傍隄挖取，以致成河，積水刷損隄根。驗隄之法，用鐵錐筒探之，或間一掘試。隄式貴坡，切忌陡峻，如根六丈，頂止須二丈，俾馬可上下，故謂之走馬隄。計工費，凡創築者，每方、廣一丈，高一尺為一方，計四工。土近者每工銀三分，最近者二分，土遠者四分。如隄根六丈，頂二丈，須通融作四丈折筭，此計土論方之法也。如幫隄則先計舊隄若干，今增高濶各若干，亦以前法折算。

方法

假令徐州玄、黃二舖月隄計長八百五十丈，根濶五丈，頂濶一丈四尺，並之減半，得三丈二尺，高一丈二尺，以乘三丈二尺，得每丈計三十八方四分，以乘八百五十丈，共三萬二千六百四十方。每方四工，計工一十三萬五百六十。該銀三千九百一十六兩八錢。如難築，每方量加二三工不等。

一、塞決

凡隄初決時，急將兩頭下埽包聚，官夫晝夜看守，稍待水勢平緩，即從兩頭接築。如水勢洶湧，頭裹不住，即於本堤退後數丈，挖槽下埽，如裹頭之法，刷至彼必住矣。皆謂截頭裹也。如又不住，即於上首築逼水大壩一道，分水勢，射對岸，使回溜衝周正河，則塞工可施矣。塞將完時，水口漸窄，水勢溢湧，又有合口之難，須用頭細尾粗之埽，名曰鼠頭埽，俾上水口濶，下水口收，庶不致衮失，而塞工易就也。埽以土勝為主，埽臺須要卧羊坡，以便推挽，揪頭繩須要緊扯，以防下游，又須時時打鬆，令其深下。仍覔慣會泅水之人入水探驗，底埽着地，方下簽樁，須要酌中埽，埽釘着方為堅固，倘有數寸空懸，無有不敗事者。如寒天，或水急不能泅水，即看揪頭寬鬆，便是着地之驗。繫繩留橛，令人專守，略有走動，便須另下一橛。橛頭上填記第幾埽，揪頭滚肚明白，以便點查收放，埽面出水未高，寧加一小埽，不可多用土牛，推埽時易動故也。此等事須要勇往直前，俗諺謂之∶搶築稍稍逗遛，必有後悔。以上數端，苟不詳密，勞費罔功，輒疑鬼怪，甚可嗤也。

物料工費萬曆十五年，總院照時值裁定，以下皆同。

如用大埽，長五丈高六七尺者，用草六百束，每束重十斤，價銀二釐，該銀一兩二錢。柳稍一百二十束，每束重二十斤，價銀一分，該銀一兩二錢。如無柳稍，以葦代之。草繩六十套，每套四十二條，每條長二丈四尺，價銀三分，該銀一兩八錢。樁木五根，每根銀一錢，該銀五錢。(楸)〔揪〕頭、滚肚繩四條，其用檾二百五十斤，每斤價銀五釐，該銀一兩二錢五分。

每大埽一個，約共該料價銀五兩九錢五分。

中埽並土牛工料以次遞減，挑土夫工遠近不等，難以預定，臨時酌給。

謹按：物力豐勝時，價值如此，今且四五倍之，民力重困，須依時價遞加。

一、築順水壩

順水壩，俗名雞嘴，又名馬頭，專為喫緊迎溜處所(如)〔築〕。本隄水刷洶湧，雖有邊埽，難以久恃，必須將本隄首築順水壩一道，長十數丈，或五六丈，一丈之壩，可逼水遠去數丈，隄根自成淤灘，而下首之隄俱固矣。安埽之法：　上水廂邊宜出，將裏頭埽藏入在內，下水埽宜退，藏入裏頭埽內，庶水不得揭動埽也。如築長六丈，濶四丈，高一丈，用埽兩面廂邊，每邊用埽二行，裏頭二行，中間填土，每行用埽三層，共計用中埽十八個，每個長五丈三尺，用草四百束，柳稍八十束，草繩四十條，排椿簽椿共用椿木四根，人夫二十五工，共用捲埽堤夫四百五十工，運土隄夫二百工。共用草七千二百束，該銀一十四兩四錢，柳稍或葦一千四百四十束，該銀一十四兩四錢，草繩七百二十套，該銀二十一兩六錢，椿木七十二根，該銀七兩二錢，行繩十二條，每條重四十斤，共用檾四百八十斤，該銀二兩四錢，約共該銀六十兩。如無柳稍，以葦代之。人夫俱不議工食。

一、下護根乾埽

凡隄係掃灣，須預下乾埽以衛堤根。此埽須土多料少，簽椿必用長壯，入地稍深，庶不坍蟄。

如下長三丈、高三尺埽一個，用草一百六十束，該銀三錢二分，柳稍四十束，該銀四錢，草繩十二套，該銀六錢，椿木三根，該銀三錢，量用檾作行繩，用堤夫二十工，不議工食。每埽一個，約共該料價銀一兩六錢二分。

一、造滚水石壩即減水壩。

為伏秋水發盈（漕）〔槽〕，恐勢大漫堤，設此分殺水勢，稍消即歸正（漕）〔槽〕。故建壩必擇要害卑窪去處，堅實地基，先下地釘椿，鋸平，下龍骨木，仍用石楂楏、鐵楏楏縫，方鋪底石，壘砌雁翅，宜長宜坡，跌水宜長，迎水宜短，俱用立石。攔門椿數層，其地釘椿，須劄鷹架，用懸硪釘下。石縫須用糯汁和灰縫，使水不入。

如石壩一座，壩身連雁翅共長三十尺，壩身根濶一丈五尺，收頂一丈二尺，高一尺五寸，迎水濶五尺，跌水石濶二丈四尺，四雁翅各斜長二丈五尺，高九尺，用粗細石計長一千三百九十餘丈，並地釘椿、龍骨木、鐵錠、鐵鎖、煤灰、木炭、石灰、糯米、檾麻及各匠工食約共該銀一千九百餘兩，其運石、擡石、搬料、夫船並官夫廩糧工食臨期酌給。

一、建石閘

建閘節水，必擇堅地。開基先挖固工塘，有水即車乾方下地釘椿，將椿頭鋸平，楏縫，上用龍骨木，地平板鋪底，用灰麻艌過，方砌底石。仍于迎水用立石一行，攔門椿二行，跌水用立石二行，攔門椿八行。如地平板鋪完，功過半矣。自金門起，兩面疊砌完，方鋪海漫、雁翅。

金門長二丈七尺，兩邊轉角至雁翅，各長五丈，共用石三千一百尺，閘底海漫、攔水、跌水共用石九百尺，二項共用石四千尺，並鐵錠、鐵鎖、鐵鍋、天橋環、地釘椿、龍骨木、地平板、萬年（坊）〔枋〕、閘板、絞關、閘耳、絞軸、托橋、木石灰、香油、蔴麻、柴炭等項及各匠工食，約共該銀三千兩有奇，其官夫廪糧工食臨期酌給。

一、建涵洞

建涵洞以洩積水，其址亦擇堅實，方可下釘樁砌石。水多，則建二孔，少則一孔。

如涵洞一座，口濶一丈五尺，身長二丈，中立石墻一堵，亦長二丈，寬五尺，分為二孔，每孔寬五尺，兩邊四雁翅，各一丈五尺，共用石二百丈，並地釘樁、鐵錠、石灰、板木並各匠工食，約該銀一百八十餘兩，其夫役工食臨期酌給。

一、建車船壩

先築基堅實，埋大木于下，以草土覆之，時灌水其上，令軟滑不傷船。壩東、西用將軍柱各四柱，上横施天盤木各二，下施石窩各二，中置轉軸木各二根，每根為竅二，貫以絞關木，繫(蔑)〔篾〕纜于船，縛于軸，執絞關木環軸而推之。

一、挑河

凡挑河，面宜濶，底宜深，如鍋底樣。庶中流常深，且岸不坍塌，如不用隄，須將土運于百餘尺外，以免淋入河内。

凡創開河者，每方廣一丈，每夫日開深一尺為一工。挑濬泥水相半者，減十分之五，全係水中撈取者，減十之七八，取土登岸，就而築隄者，亦以半折算焉。

一、閘河偶淺急疏之法

凡閘河淺處，如水溜在中，須兩岸築丁頭壩以束之。水溜在傍，將淺邊順築束水長壩以逼之。水由壩中，其勢自急，中溜自深。

如淺處不多，或排板插下泥内，逼水湧刷。或排小船，用杏葉杓挖濬。必不得已，則用樁草製活閘節水，亦一策也。

一、栽柳護堤

臥柳、長柳須相兼栽植。臥柳須用核桃大者入地二尺餘，出地二三寸許，柳去堤址約二三尺，密栽，俾枝葉搪禦風浪。長柳須距隄五六尺許，既可捍水，且每歲有大枝可供埽料。俱宜于冬春之交，津液含蓄之時栽之，仍須時常澆灌，長柳宜用棘刺圍護，以防盗採畜囓。

一、栽茭葦草子護隄

凡隄臨水者，須於隄下密栽蘆葦，或茭草，俱掘連根叢株，先用引橛錐窟，深數寸，然後栽入，計濶丈許，將來衍茁愈蕃，即有風不能鼓浪，此護臨水隄之要法也。隄根至面，再採草子密覆。

一、伏秋修守四防

一曰晝防。隄岸每遇黄水大發，急溜埽灣處所未免刷損，若不即行補修，則埽灣之堤愈漸坍塌，必致潰決。宜督守隄人夫每日捲土牛、小埽聽用。但有刷損者，隨刷隨補，毋使崩卸，少暇則督令取土，堆積隄上，若子隄然，以備不時之需，是為晝防。

二曰夜防。守堤人夫每遇水發之時，修補刷損隄工，盡日無暇，夜則勞倦，未免睡熟。若不設法巡視，恐寅夜無防，未免失事。須置立五更牌面，分發南北兩岸協守官並管工委官，照更挨發各鋪傳遞。如天字鋪發一更牌，至二更時，前牌未到，日字鋪即差人挨查係何鋪積遲，即時拿究，餘鋪倣此。隄岸不斷人行，庶可無誤巡守，是為夜防。

三曰風防。水發之時，多有大風猛浪，隄岸難免撞損，若不防之于微，久則坍薄潰決矣。須督隄夫綑札龍尾小埽，擺列隄面，如遇風浪大作，將前埽用繩樁懸繫，附隄水面，縱有風浪隨起隨落，足以護衛。是為風防。

四曰雨防。守隄人夫每遇驟雨淋漓，若無雨具，必難存立，未免各投人家，或鋪舍暫避。隄岸倘有刷掃，何人看視？須督各鋪夫役，每名各置斗笠簑衣，遇有大雨，各夫穿戴，隄面擺立，時時巡視，乃無疎虞。是為雨防。

一、伏秋修守二守

一曰官守。黃河盛漲，管河官一人不能周巡兩岸，須添委一協守職官，分岸巡督。每堤三里原設鋪一座，每鋪夫三十名，計每夫分守隄一十八丈，宜責每夫二名共一段，於隄面之上共搭一窩鋪，仍置燈籠一個，遇夜在彼棲止，以便傳遞更牌。巡視仍畫地分委省義等官，日則督夫修補，夜則稽查更牌，管河官並協守職官時常催督巡視，庶防守無傾刻懈弛，而隄岸可保無事矣。

二曰民守。每鋪三里，雖已派夫三十名，足以修守。恐各夫調用無常，仍須預備。宜照往年舊規，於附近臨隄鄉村，每鋪各添派鄉夫十名，水發上堤，與同鋪夫併力協守，水落即省放回家，量時去留，不妨農業，不惟隄岸有賴，而附隄之民亦得各保田廬矣。

一、竪立旗杆、燈籠以示防守

各鋪相離頗遠，倘一鋪有警，別鋪不聞，有誤救護。須令隄老每鋪竪立旗杆一根，黃旗一面，上書某字鋪三字，燈籠一個，晝則懸旗，夜則掛燈，以便瞻望。仍置銅鑼一面，以便轉報。一鋪有警，鳴鑼為號，臨鋪夫老挨次傳報，各鋪夫老併力齊赴有警處所，即時救護，首尾相顧，通力合作，庶保萬全。

一、防盜決

守隄之法，隄防盜決最為喫緊。蓋盜決有數端，坡水稍積，決而洩之，一也。地土磽薄，決而淤之，二也。仇家相傾，決而灌之，三也。至於伏秋水漲，處處危急，隣隄官老陰伺便處，盜而洩之，諸隄皆失保守四也。巡警稍怠，或乘風雨之時，或乘酣睡之處，即被下手矣。防禦者不可不知。

一、議涵洞

涵洞洩水，本是無妨，但須明設石閘，以嚴啓閉。若暗開隄址，草木蒙叢，便難覺察。萬曆八年，奸民私囑管河主簿，將南岸遥隄暗開涵洞數座。十七年，伏水暴漲，單家口水從涵洞洩出，勢甚洶湧，一鼓而開，遂成大決，此可謂明鑑矣。司河者知之。

一、歲辦物料

河防全在歲修，歲修全在物料，而州縣河官視為奇貨，歲估既定，冒銀入己，括取里遞草束、河夫，攀折柳稍，遮掩一二，便為了事。近日徐州判官彭鶴、靈璧主簿元仲賢之事可鑒也。今議于十一月間司道官估計停當，各掌印官領銀收買，法固善矣。又須特委廉能職官一二員，專管收支，工完之日，將捲築過埽壩、收支過物料數目開報總河衙門查考，庶幾事有責成，而錢糧無冒破矣。又冬初修守稍暇，即督夫于漫坡中採取野草，每束十斤者每夫每日可採四十束，積至百萬，可省千金，裨益非小。草料既備，埽護必周，衝決之患可免。即脱有不測，而物料在手，計日可塞，何致延閣糜費，此河道第一喫緊工夫也。

一、水汛

立春之後，東風解凍，河邊人候水初至，凡一寸則夏秋當至一尺，頗為信驗，謂之信水。二月、三月，桃花始開，冰泮雨積，川流猥集，波瀾盛長，謂之桃花水。春末蕪菁華開，謂之菜華水。四月壠麥結秀，擢芒變色，謂之麥黄水。五月瓜實延蔓，謂之瓜蔓水。朔野之地，深山窮谷，冰堅晚泮，逮乎盛夏，消釋方盡，而沃蕩山石，水帶礬腥，併流於河，故六月中旬之水謂之礬山水。七月菽豆方秀，謂之豆華水。八月荻薍華，謂之荻苗水。九月以重陽紀節，謂之登高水。十月水落安流，復其故道，謂之復槽水。十一月、十二月，斷水雜流，乘寒復結，謂之蹙凌水。此外非時暴漲，謂之客水。皆當督夫巡守，而伏秋水勢最盛，非他時比，故防者晝夜不可少懈云。

分督河工

凡修建大工，工程浩大，道里遥遠，若非多官分理，畫地責成，不免顧此失彼。今以萬曆六年戊寅總院防河自徐州以下至儀真分撥一案為例，遇有興作，依此為法。

徐州自吕梁洪，至邳州直河止，一帶遥堤七十里，該海防道總管。

自桃源縣古城以下，遥堤六十里，并塞界内缺口及陵城滚水壩一座，該淮北分司總管。

自桃源縣界至清河獾墩止，遥隄六十里，並塞界内缺口及安娘城滚水壩一座，該管河道總管。

徐州玄、黄二鋪月隄並靈、睢界内遥堤五十餘里，及崔鎮口滚水壩一座，該徐州道總管。

自睢寧界内遥堤四十餘里，并築歸仁集堤三十五里，該潁州道總管。

修復淮安板閘至新莊閘共四閘，修復裡河兩堤并新城北一帶幇築新舊堤及塞黄沛口，該水利道總管。

管高家堰中段，塞天妃閘、朱家口，開復通濟閘，修築趙家口迤西堤岸，修復仁義等五壩，該管河郎中總管。

築寶應一帶土石堤，并建減水閘，及挑濬揚州至儀真一帶河道，該南河分司管。

以上司道八員，均分八大工。每司道一員督府佐二員，計用府佐一十六員，每府佐一員，分督州縣佐貳首領、陰、醫、省祭官十員，共用一百六十員，聽總督河道於所屬地方掄才吊取。如員數不足，及各官間有經手要務妨占者，河臣於附近省分有司內查幹濟素著者具奏調用。

河防緒言

河行地脉所宜

朱子曰：黃河是地中大血脉，來朝則國家阜寧，洩去則耗敗，自然之理。

朱子曰：元豐間河北流，自後中原多事，後來南流，北方多事，而世説潤百里，平時無所考證。

皇清順治七年，河決而北，由千乘等處舊河故道入海。一時魚米充盈，一切古道舊渠悉成長流。數百里內，民間磽瘠墨地不宜五穀者皆得倍收，可想上古河在北方豐勝氣象。

河防永賴

黃河之為患久矣，至于今日，無歲不治，生民之膏血幾盡，筋力幾盡。有道于此，能令河永不決，即暫決亦無大害，不久復歸大河，誠斯世斯民之大幸也。常細求黃河之性，並古來治河之成法，皆云：無一勞永逸之功，惟有補偏救弊之法。又云：世世守之，世世此河也。於此窮究，其必然之理，與其必可能之事，則此補偏救弊之內，即有久安長治之策，釐為數種，俟有心世道者採擇焉。

河決之由

凡河患先從決口，而決口奪河非遽奪也，決而不治，河之流日緩，墊沙日高，河始改從決口耳。有遥堤以適其性而範其狂，有減水壩以洩其勢而殺其怒，當不至如往日之常決。縱一偶決，水退塞令還槽，循軌可以日計，不足患也。

查理舊置遥堤

遥隄範圍寬廣，泛溢之水偶至堤下，或高數尺，亦無即決之理，近河士民皆云：河決多係新堤，舊堤少有決者。此今人用心不如古人之驗也。堤之足以防河也，審矣！人不知遥堤一線，實司國計民生之大命，崖崖置之若棄車馬之所踐躪，風雨之所剥蝕，卑薄有不及往日之半者，今當細細查驗，增高增厚，仍以鐵錐筒驗試，不許有一寸鬆懈，而堤之決者鮮矣。遥堤不潰，即河偶泛溢，亦不為害，國計民生或少得休息乎。堤係沙土，則不必論堅瑕，皆當改築，蓋沙能漏水，漏水則易潰，鐵錐筒驗試，遇之即行添補。

或以為無事之時，多此工費。而河工經制，原有每歲修補之例，但當求其實用，不可以虛應塞責耳。且思古人築行堤，動幾百里，修補之工，百不一二，而云勞乎？且黃河一潰，內帑之出，民間之耗，而工至十萬、幾十萬，修補之費，特其微末，而云費乎？

柳堤

堤内植柳，古有其制，以禦溜水衝刷之患，誠良法也。然人但知柳之足以護堤，而不知柳之自足為堤，不知柳之為堤，較土之為堤其費不及百之一二，而其為用更勝于土之為堤也。今濱河遥堤所在不闕，遥堤内五尺，密栽柳一行，每里一千零八十尺，每五尺一柳，計用柳枝十束，值銀四錢，又横植十行，值銀四兩，二千里河堤止用銀八千兩，又另成一遥堤矣。二三年之間，決水偶至，遥堤經此柳堤以為之障，斷無能破遥堤之理。遇有水溜迅激之處，斷樹留根，横植水旁，即龍尾埽也，斜置多用即磯嘴、馬蹄等埽也。所費甚省，而成功甚速，非萬世永賴之業乎？

十年之計種樹，遇有埽決，取之不盡，濱河舟載，或可棧制，其便更甚。

初行恐柳栽難求，可令近堤有力之家助其採辦； 至於工費，則不可省。

守堤責成

土堤不可無守，而柳堤更不可不守。往歲栽植護堤之柳，今安在乎？皆以守看無人，稽查廢法，而斧斤牛羊淩没至盡耳。舊制，每遥隄三里，用夫三十名看守，遇伏秋，又益以附近民夫十名。今專力責成，其三十人管一舖三里者，恐途遠，耳目難及，宜一里所用人十名，中立一甲長，工食倍之，其九人通融管一里。更於附近置田十數畝，為其永業，令其即家於此。若嫌孤零，即二三甲同住亦可。柳堤之守看修植悉司之，數年後，少有柴薪桑條之例，亦付之，則柳成而堤固，而河患永除，非萬世永賴之業乎？

格堤

遥堤之固，至此永免冲潰，而又有不可少者，則格堤是也。河至遥堤，不歸本河亦可慮也，今各處各有横堤斜行，迤邐入河，河之泛溢遥堤内者，遇格即止，仍歸大河，若擇無横堤處所，處處添置栽柳，置守一如大堤，永絶河患，非永賴之業乎！

重學

河工惟築堤，築決為上策，勤勞民力，至不容已矣。而堤塞之工，尚有可從省易者，今有重學一法，畚土之器以機發之，遈遈一人可當三四人，至易而簡，遇有興工，如用丁夫十萬，止用四五萬而足，民力國計並有裨益，曰土車，曰石夯，曰石杵，每器各置一式，為觀者一笑。

整理人：　李留文，中國古代史專業博士，畢業于北京師範大學歷史系，現爲鄭州航空工業管理學院副教授，發表有《明清河南漕糧探析》等研究成果。

〔清〕靳輔　原著　崔應階　增補

治河方略

楊亮　李金松　整理

整理説明

靳輔（一六三三—一六九二年），字紫垣，漢軍鑲黃旗人，祖籍山東歷城。清順治時，官内閣中書。康熙時，遷内閣學士，後出任安徽巡撫。康熙十六年（一六七七年）至三十一年（一六九二年）間，先後任河道總督十餘年，康熙帝對其評價甚高，是我國著名的治河能臣。有《靳文襄公奏疏》《治河方略》等著作傳世。

康熙十六年（一六七七年）靳輔任河道總督時，正是黃、淮交敝，漕運梗阻之時。經過他十餘年的治理，黃、淮故道次第修復，漕運大通，治績卓著。康熙二十年（一六八一年）冬，康熙帝南巡閲工時，贊其治河有功，面諭靳輔：『俟河道告成之日，纂述治河書，以垂永久。』康熙二十八年（一六八九年），靳輔完成《治河書》（又稱《治河奏績書》）進獻。此書有四庫全書本、廬江劉氏遠碧樓抄本，均爲四卷。乾隆三十二年（一七六七年），崔應階將原書重編次序，分爲十卷，改名《靳文襄公治河方略》，是爲乾隆刊本。該本内容除靳輔原著及崔應階增補各圖外，還附載了張靄生追述陳潢原意的《河防述言》《河防摘要》兩卷。嘉慶四年（一七九九年），靳輔五世孫靳文鈞又據乾隆本重刊翻印，除删去崔序、凡例外，内容無變化。一九三七年中國水利工程學會在編印『中國水利珍本叢書』時，據乾隆本排印出版，僅印正文，無《河防述言》及《河防摘要》。

《治河方略》是繼明代潘季馴所著《河防一覽》之後，又一部研究治黃的重要文獻，共約十二萬字。卷首録聖諭四道，進書疏一道，又《黃河圖》《黃河舊險工圖》《黃河新險工圖》《衆水歸淮圖》《運河圖》《淮南諸河圖》《五水濟運圖》各一幅；卷一至卷三《治紀》；卷四《川瀆考》《泉考》《湖考》《漕運考》；卷五《河決考》《河道考》；卷六至卷七《奏疏》；卷八《名論》；卷九附陳潢《河防述言》；卷十附陳潢《河防摘要》。故靳輔所著實爲八卷。

此書主要内容包括靳輔當時治理黃、淮、運河的方針和任務，以及根據他十餘年的治河實踐，對疏浚河道、修險工、塞決口、築堤防、建閘壩、整治運河等的原則和方法所作的詳細叙述；對黃河及其主要支流以及南河諸湖、南北運河、當時河道情況等做了翔實的考證；對修壩、搶險、鑲埽、堵塞支河、堵漏等方法，做了具體介紹；還對以往治河的『名論』，也加以評述。其精要之處，在《治紀》一門。《治紀上》論黃、淮二河得以復故的原因，各舉例論述了首嚴處分、改增官守、設立河營、挑浚引河、開闢海口、塞決先後、量水減泄、防守險工、堅築河堤、堵口諸要，就水築堤、栽植柳株、酌用蘆葦、運載土方。採辦料物、土方則例等工作流程。《治紀中》主要議論各處要害，如高家堰、永安河、南運口、皂河、中河、黄淮全勢、黄淮交濟、南岸遥堤、北岸水利、蕭碭南河、邳州水患、駱馬湖口、下河形勢、王公堤、黄河三砂、歲修永計、閘壩涵洞、論賈讓治河奏、論賈魯治河等。《治紀下》則論堤工、河工、物料。由此可以看出，清代治河已比明代有了很大的進展。

《治河方略》對當時黄、淮大勢，治理方略以及河防修守及修堤搶險等的具體方法論述具體，并附有崔應階增補的黄、淮、運河形勢圖，沿河湖泊圖，南北運河圖等。清人俞調元言：『凡防守之要，修築之法，古人之成見，悉具於此。自明潘司空《河防一覽》外，未有能逮者也。』其言當之。故此書長期以來被治河者奉爲金科玉律，至今仍不失爲研究治黄工作的重要文獻。

本次點校以國家圖書館藏乾隆本爲底本，并利用相關文獻進行參校。本書由楊亮、李金松點校并相互初審，牛建强、黎沛虹審稿。不當之處請批評指正。

整理者

目録

序

自古治河無善策，且昔之治河，治河而已。自明以來，治河兼以治漕，較之昔人更不易也。嘗考馬遷書《河渠》、班固志《溝洫》，僅載治水之道，不言其方。至元賈魯治河，歐陽圭齋乃就魯問方略及詢過客、質吏牘，作《至正河防記》，其疏決濬導、埽岸堤工之法略備。及明萬曆時，潘印川司空之書出，後之治河者奉以為金科玉律矣。間嘗論之，古人事事勝於今人，惟治曆治水，今人往往備於古人。蓋變幻日出不窮，監於成憲，踵事而增，既能兼古人之長，又能補古人之所未備也。我聖祖仁皇帝如天之度，明哲之資，驅策一世之賢豪，知人善任，亘古未有，而一時名臣亦應運而起。方靳文襄公之治河也，正值河政大弊之後，即一日而上八疏，莫不洞中肯綮，全河之勢朗若列眉。當是時，群議蝟起，嘖有煩言，公幾不終，賴聖天子乾綱獨斷，深信不疑，用奏成功，於今為烈。且特命著書，以垂永久。君臣魚水之歡，雖古之明良，何以過焉！惜其書东有專梓，雖附見於《行水金鑑》之中，然散漫而無要領，割裂而無次第。余久蒞東土，黄、運二河並在封內；又或承乏河務，於河渠，一家言，亦復時時究心。購得文襄原本，反覆周颯，其詞則簡明直捷，其法則精密周匝，以視《河防一覽》，不覺後来居上矣。遂以暇日博求副本，互相參伍，删其繁冗，揭其精要。或有今昔異勢、因時變遷者，間採圖志以附於篇。卷帙不多，流行亦易，付之剞劂，以廣其傳。後人能讀公之書，知公之意而不泥公之法，又何患治河無良策也！

乾隆三十二年丁亥皋月朔日，撫東使者楚鄂崔應階序。

凡例

一、《治河方略》，原名《治河書》。據王漁洋所撰《墓誌》，云十二卷，今得其家藏本，止八卷。目凡十一：先圖，次『川瀆』，次『諸泉』，次『諸湖』，次『漕運』，次『河決』，次『河道』，次『治紀』，次『章奏』，次『名論』，次『律例』。然其精要，盡在『治紀』，今以『治紀』爲第一，圖則列之卷首，删『律例』一門。依雍正五年上諭，更名《治河方略》。

一、原圖頗略，如運河則不詳諸閘；黃河全圖乃始於閿鄉，即文襄當時進本周竹岡所畫者，亦僅始龍門。蓋康熙四十三年四月，使臣拉席及蘇山逸始出湟中塞訪求河源，歷蕃帳七十七處，計程三千三百里。文襄自不及見矣。今並補之。至《衆水歸淮圖》《五水濟運圖》，皆原本所無也。

一、河性不常，或昨險而今平，或朝平而夕險，故詳著現在之險工而别爲圖，以備參考，使讀是書者庶不致泥古以律今，膠柱而調瑟也。

一、文襄之績，詳於南河，故碭山以上堤工並缺，今採山東、河南《通志》以補之。

一、泉之爲功，以灌溉，以濟運，此自然之美利也。然有時而通，有時而塞，關乎人功之修廢。按今《通志》所列之泉，是書不載者正多，故悉採以附於後，並詳其所在之處，疏而濬之，使永久不廢，則良有司之責矣。凡有正補之處，以『按』字别之。

一、『治紀』之内，原書又有『職官』『兵役』『錢糧』三門，然此隨時沿革，不可爲典要，竟删去。『章奏』别有刊本，似不必重出，然如前後八疏，此文襄治河之綱紀也，故節録爲二卷。

一、文襄勤勞王事，不避嫌怨，又得益友陳天一先生以爲之助。至達宸聰，覲《義友竭忠》一疏，賔主遇合，亦千古一時也。其《河防述言》及《河防摘要》亦附於『名論』之後，以垂不朽。

卷首

聖諭

康熙四十六年，奉聖祖仁皇帝特諭吏部： 朕廑念河防，屢行親閱，凡自昔河道之源流，及歷來治河之得失，按圖考蹟，靡不周知。粤從明末寇氛，決黄灌汴，而洪流横溢，歲久不治。迄於本朝，在河諸臣皆未能殫心修築，以致康熙十四五年間黄、淮交敝，海口漸淤，河事幾於大壞。朕乃特命靳輔爲河道總督。靳輔自受事以來，斟酌事宜，相度形勢，興建堤（埧）〔垻〕，廣疏引河，排衆議而不撓，竭精勤以自効，於是黄、淮故道次第修復，而漕運大通。其一切經理之法具在，雖嗣後河臣互有損益，而規模措置莫能異也。至於創開中河，以避黄河一百八十里波濤之險，因而漕輓安流，商民利濟，其有功於運道民生，至遠且大。朕每蒞河干，徧加咨訪，沿淮一路，軍民感頌靳輔治績者，衆口如一，久而不衰。夫人臣有大建樹於國家者，獎勳酬庸，宜從優渥。雖賜卹易名，已循彝典，尚應特予褒敘，賁以殊恩。靳輔著加贈太子太保，仍給世職拜他喇布勒哈番，用彰朝廷追美勞臣之典，爲矢忠宣力者勸。欽此。

雍正五年，奉世宗憲皇帝特諭： 朕閲《治河方略》，始知原任總河靳輔，昔年修築河防，勞績懋著，欲加恩卹，以獎勳庸。據該部奏稱，康熙四十六年，聖祖仁皇帝曾加特恩，加贈宫保，給與世職。今著再加贈工部尚書，致祭一次，以副朕優奬昔日功勳之至意。欽此。

雍正七年，奉世宗憲皇帝上諭： 歷來河道總督如靳輔、齊蘇勒二人，實能爲國宣勞，乂安百姓，合於有功民社。祀典之例，著尹繼善等就近相度地方，爲靳輔、齊蘇勒合建祠宇，令有司春、秋祭祀，以副朕優奬功勳之至意。欽此。

雍正八年，奉世宗憲皇帝上諭： 洪惟太祖、太宗創業垂統，厥有一德，佐命之良。世祖撫綏萬邦，實多奮庸熙載之彦。迨我聖祖臨御六十餘年，其間良臣碩輔，後先相望。據朕所深知者，舉其一二，如大學士公圖海、公賴塔，大學士張英，尚書顧八代、馬爾漢、趙申喬，河道總督靳輔、齊蘇勒，總督楊宗仁，巡撫陳璸等，持躬正直，奉職公忠。或垂節鉞之勳，或勵冰霜之操。俯仰無愧，爲朝野所共欽； 終始不渝，無瑕疵之可指。似此等靖共爾位，不愧古大臣之風者，正不乏人，既樹羽儀於一世，宜隆俎豆於千秋。且使世世爲臣者觀感奮發，知所慕效，群以臯夔稷契，共相期待，則明良喜起之盛，朕於斯有厚望焉。著於京城内白馬關帝廟之旁，選擇吉地，特建廟宇，命名賢良祠，春、秋以時展祀，其應入祠之員，著內閣會同該部確查本朝滿漢文武大臣才德著聞、完名全節者，詳慎開列，具奏請旨。將來繼起之臣，亦併得沾被恩光，永爲盛典。欽此。

恭進書疏

原任河道總督臣靳輔謹奏：爲奉旨纂述《治河書》成，恭呈御覽。仰祈聖恩，欽賜書名、書序，以志平成，以垂永久事。竊臣一介庸賤，蒙皇上拔置總河，指授方略，終始保全，十有餘年，以得兩河復故。此皆皇上聖德格天，神謀應地，以故上蒼協順，河伯效靈也。康熙二十三年冬，皇上南巡閱工，臣面蒙聖諭；俟河道告成之日，纂述一書，垂之永久。臣祇遵之下，因彼時河道尚未全竣，未遑纂述。今年春正月，復蒙聖駕南巡，遍閱皂河、中河、運口、高堰諸工。二月某日，隨荷特恩，以河工似有成效，復還臣所有銜級。臣於清江浦旅寓，望闕叩頭謝恩外，隨於本月某日拜本恭謝天恩，其前奉旨纂書一事，俟交代畢後，即行纂述，情由再經附奏。今臣交代已畢，於某月某日回京，晝夜校緝，歷將十餘年來聖諭天言，詳加訂繹，彙成一書，條分八則，總皆以發明聖略精微之旨之一二耳。伏祈皇上俯賜觀覽，錫之鴻名，榮之御序，俾世世臣民長知我皇上疇咨儆予之聖心，平地成天之睿算。於以率由罔外，庶運道民生，得蒙萬世永賴之休矣。臣無任惶恐翹企，謹循例奉表進書，伏祈睿鑒施行。

恭進治河書表

原任總督河道提督軍務兵部尚書兼都察院右副都御史臣靳輔恭承聖旨，纂述《治河書》成，謹奉表上進者。臣輔誠惶誠恐，稽首頓首上言：伏以殷憂啟聖，皇作極而洪澤生；惟德動天，帝日咨而平成奏。敬述儆予之命，垂爲敷土之經。已獲成編，爰呈御覽。恭惟皇帝陛下，陰陽定位，上下同流，凜不顯於昊天，亦臨亦保；視如傷於赤子，猶溺猶飢。一怒赫斯，授鉞於明堂之上；三方有截，獻俘於清廟之中。梯山航海之邦，請游庠序；春露秋霜之宇，罔不尊親。方颺九敘之歌，寧使一行之泪。念彼黃、淮二水，汎瀾者千七百年；近迨隆、萬兩朝，負薪者二十餘載。始開宅土，旋見滔天。豈少勞臣？莫收成效。內府則金錢已匱，分黃之說方張；西山則木石無多，泛海之謀間起。議論多而成功少，變故極而主見淆。本自拙於人爲，終乃諉之天數。百年一轍，兆姓其咨。聖人之大德曰剛，聖人之大用曰哲。拔臣於旅進備員之內，發帑於軍興旁午之時。知臣愚足稟成，頻申之妙略；察臣驅輕任事，深戒之小心；諒臣孤則易搖，屢寬之文法；憫臣勢將召怨，曲賜之保全。昔潘季馴功被當時，四任而再黜。念微臣輔才非踰等，一命而十年。蓋聖心惟念切救民，誠救民，故宥過無大。在微臣但志期報國，誠報國縱冒戾何辭。矧復不惜萬乘之尊，南巡至再；不間九重之隔，旅告重申。河嶽增光，魚龍失據。彼蒼格茲如保，河伯變其不仁。用荷齊天，安茲二瀆。高家堰鼉鳴徙穴，清水潭龍首成渠。南運、北運交移，皂河、中河繼闢。揚帆數里，即渡洪河；引纜千檣，便登天府。啓軍國萬年之慶，蘇東南半壁之勞。咸仰天工，敢忘帝力。顧猶上盱往古，下念來茲。謂宣房瓠子之辭，徒傳勞苦；竹絡金堤之績，莫紀施張。猶恐後世之無徵，特俾微臣之有作。臣久承休命，追溯神謨，嗟胼胝之未遑；頻年按部，慶懷柔之得頌。此日投閑，恪遵諭誥之文，附以修防之蹟。行其無事，天子之旨約而該；治之多方，河臣之職煩以瑣。條分八則，彙次一編。伏願河海常清，圖書再出。冠之天序，煥乎其有文章；錫以鴻名，倬彼昭於雲漢。庶垂之奕葉，如聞咨儆之聲；告之後人，永作隨刊之鑑。臣輔無任瞻天仰聖，激切屏營之至，謹奉表隨進以聞。

康熙二十八年某月某日，原任總督河道提督軍務兵部尚書兼都察院右副都御史臣靳輔上表。

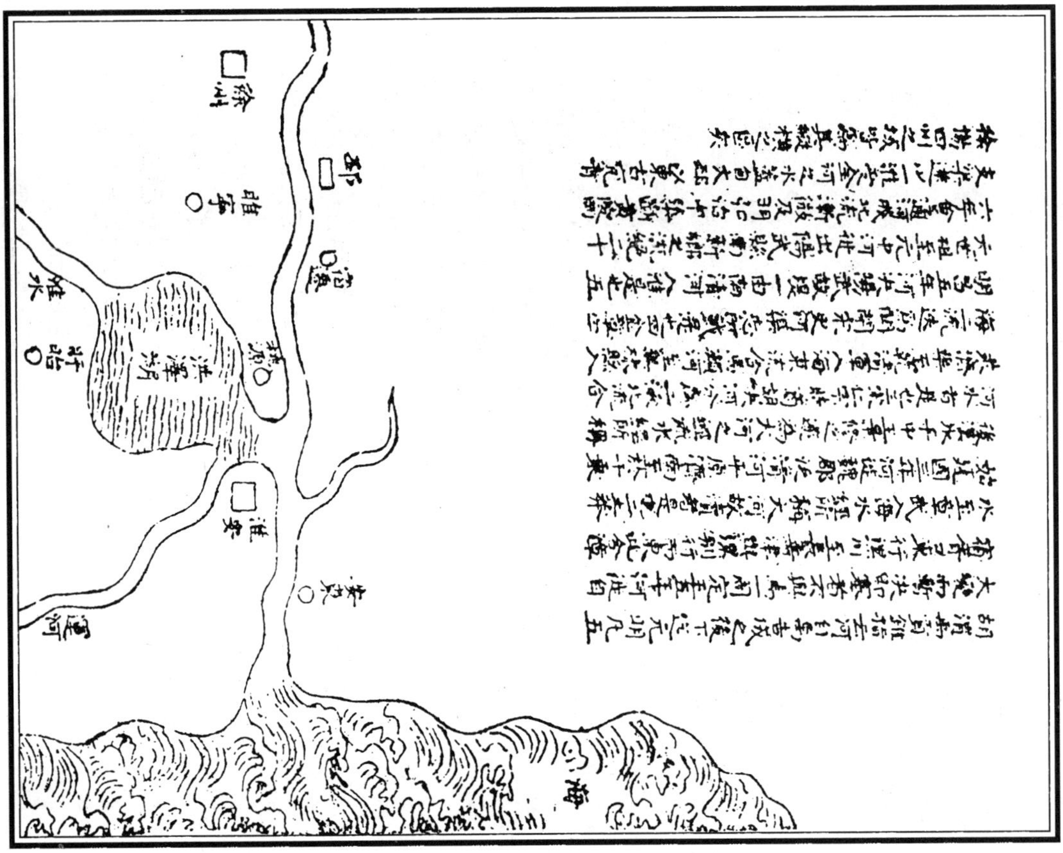

黃河圖

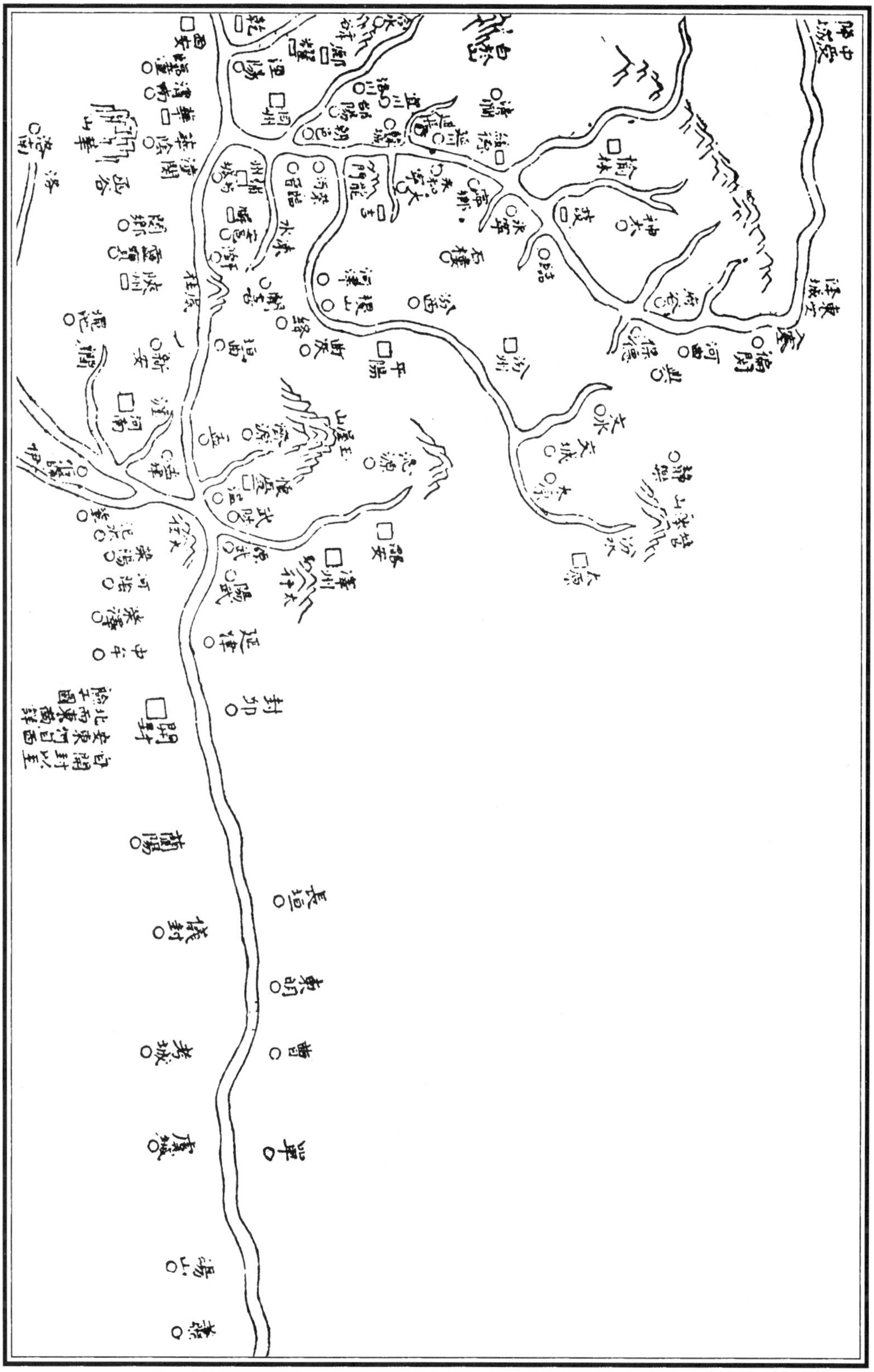

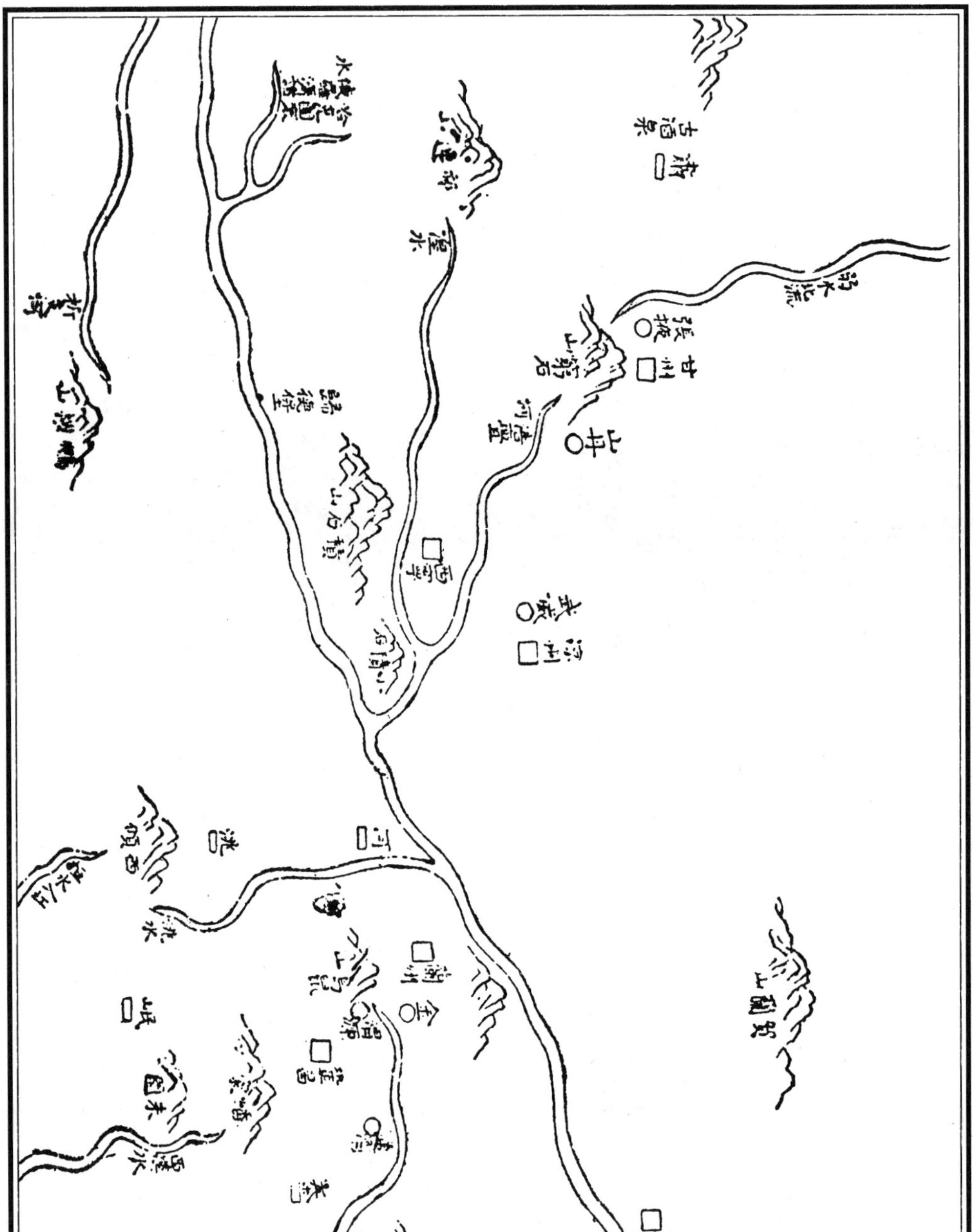

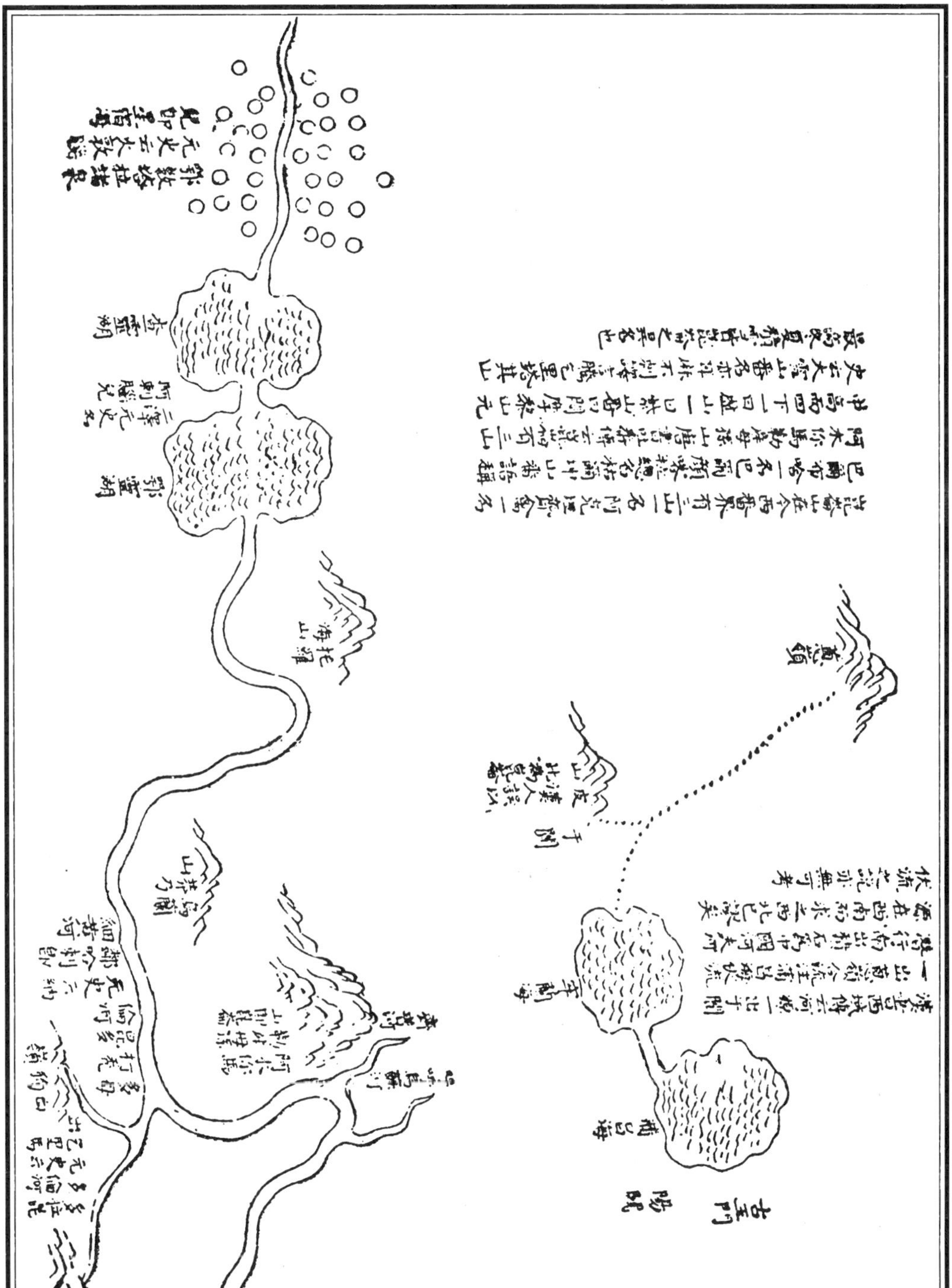

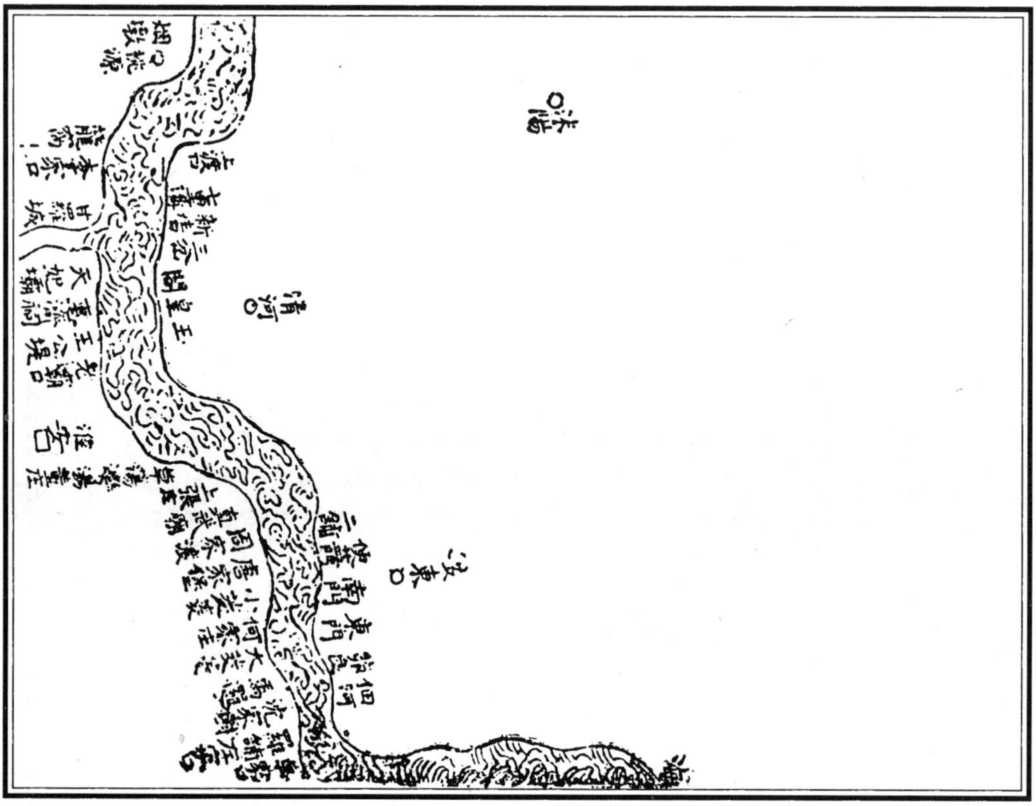

黃河舊險工圖

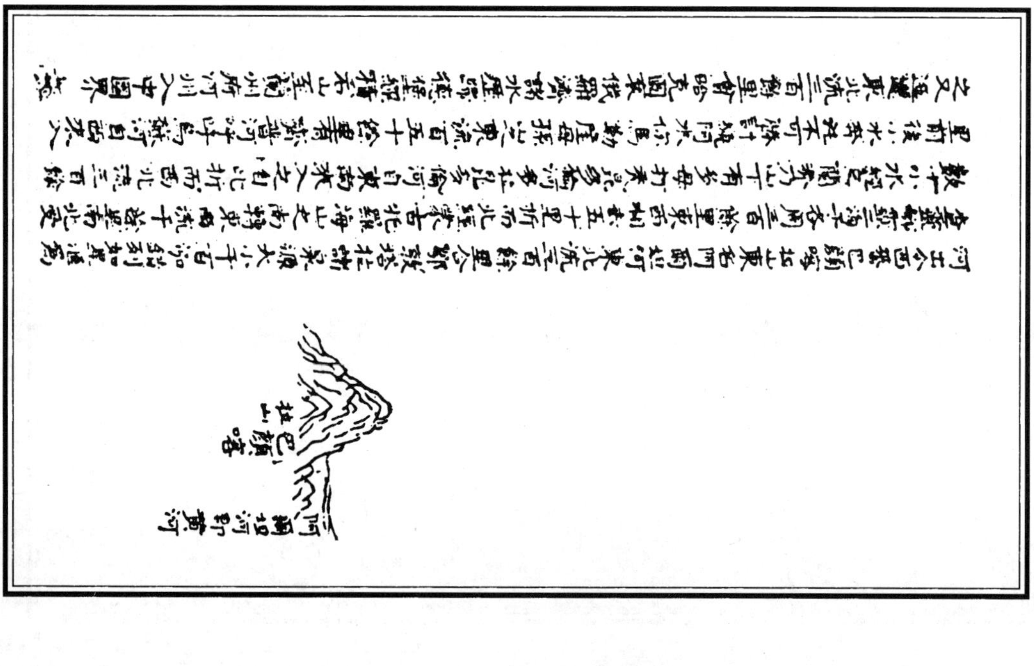

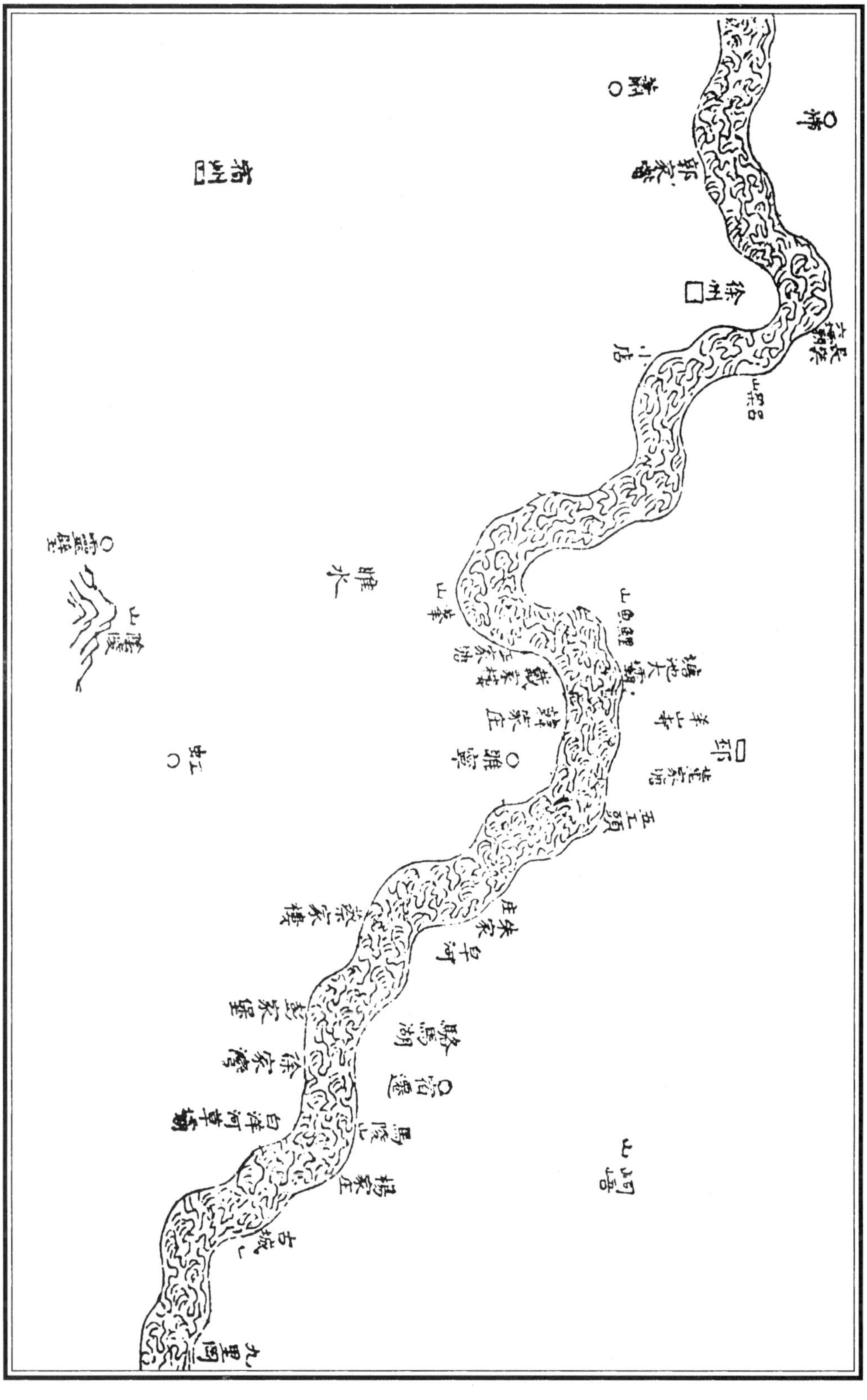

徐州
小店
睢水
邳州
駱馬湖
九里岡

黃河新險工圖

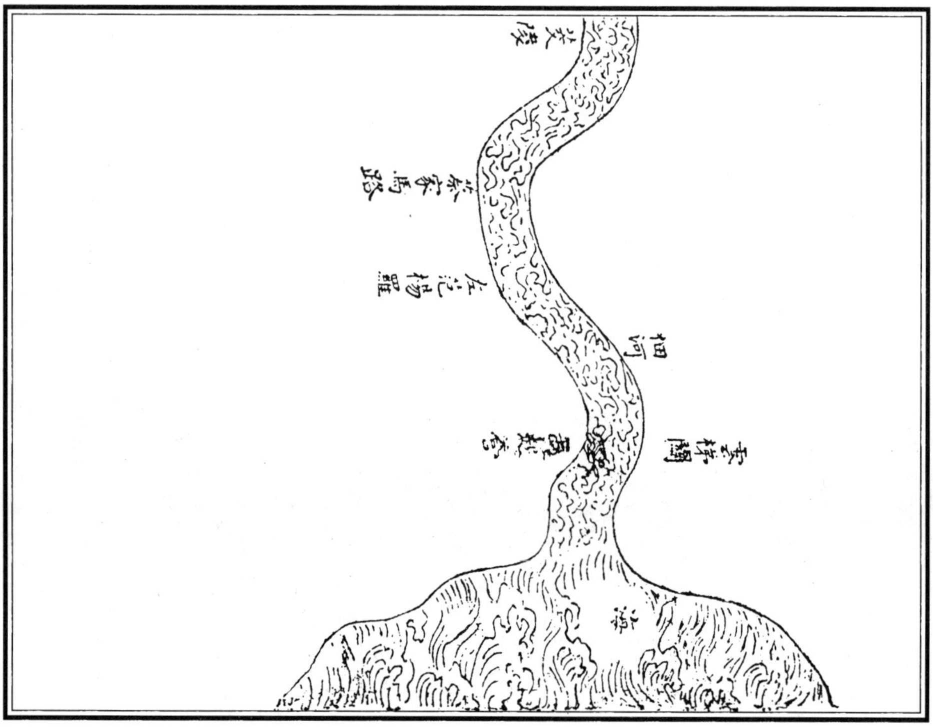

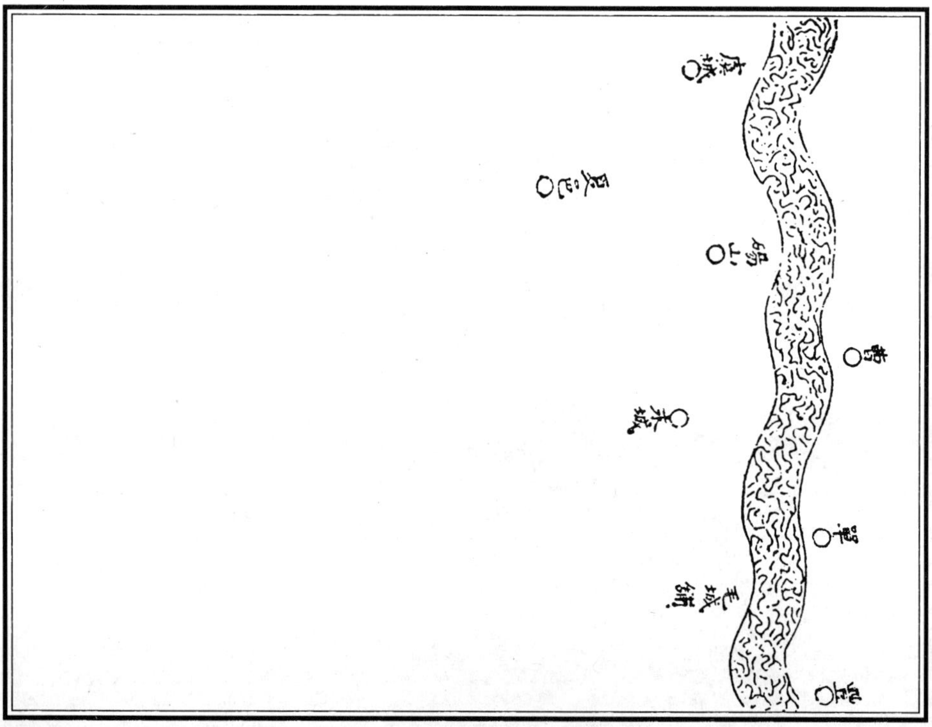

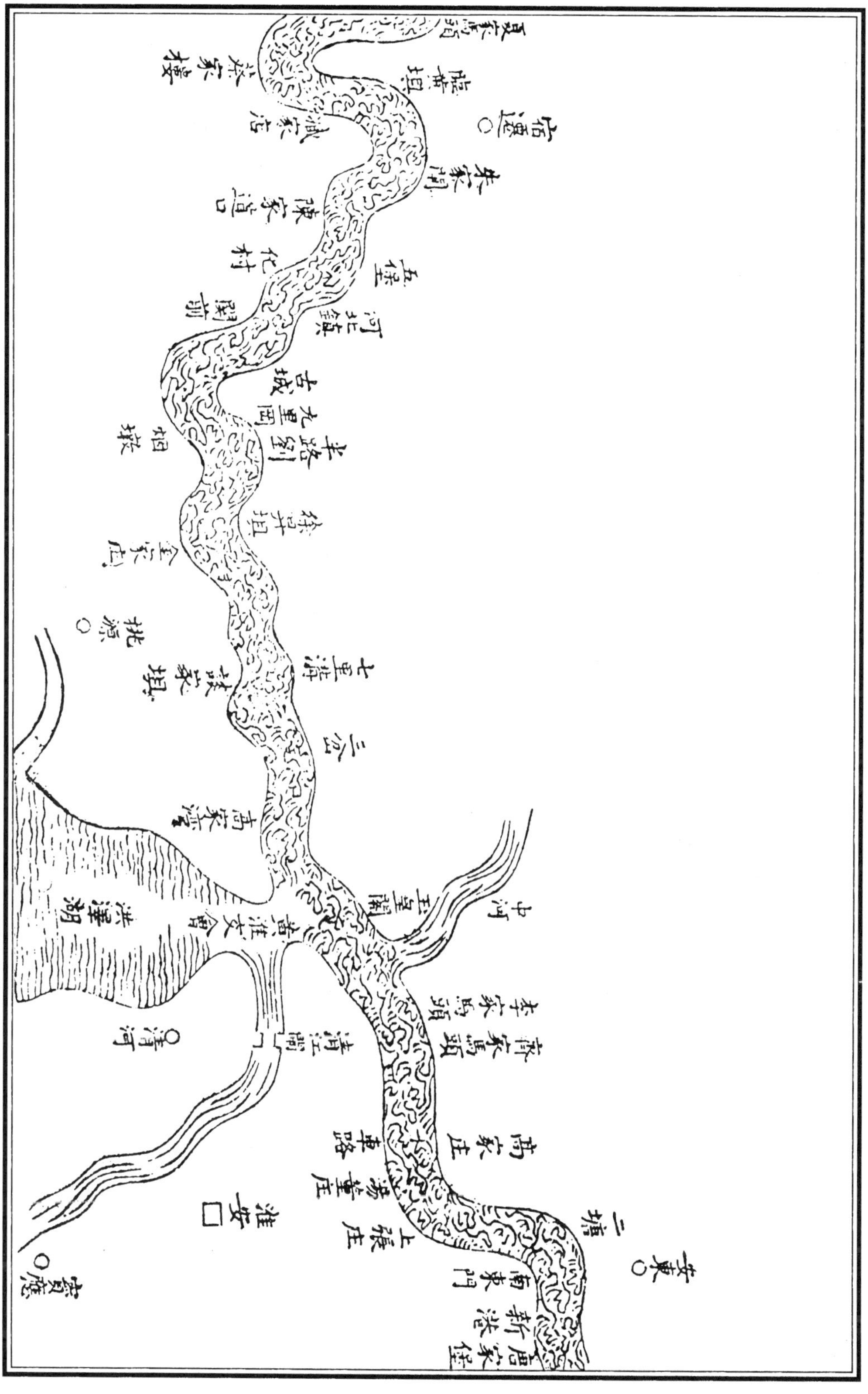
宿遷
古城
桃源
七里溝
三岔
中河
黃淮交會
洪澤湖
清河
清江閘
淮安
安東
寶應

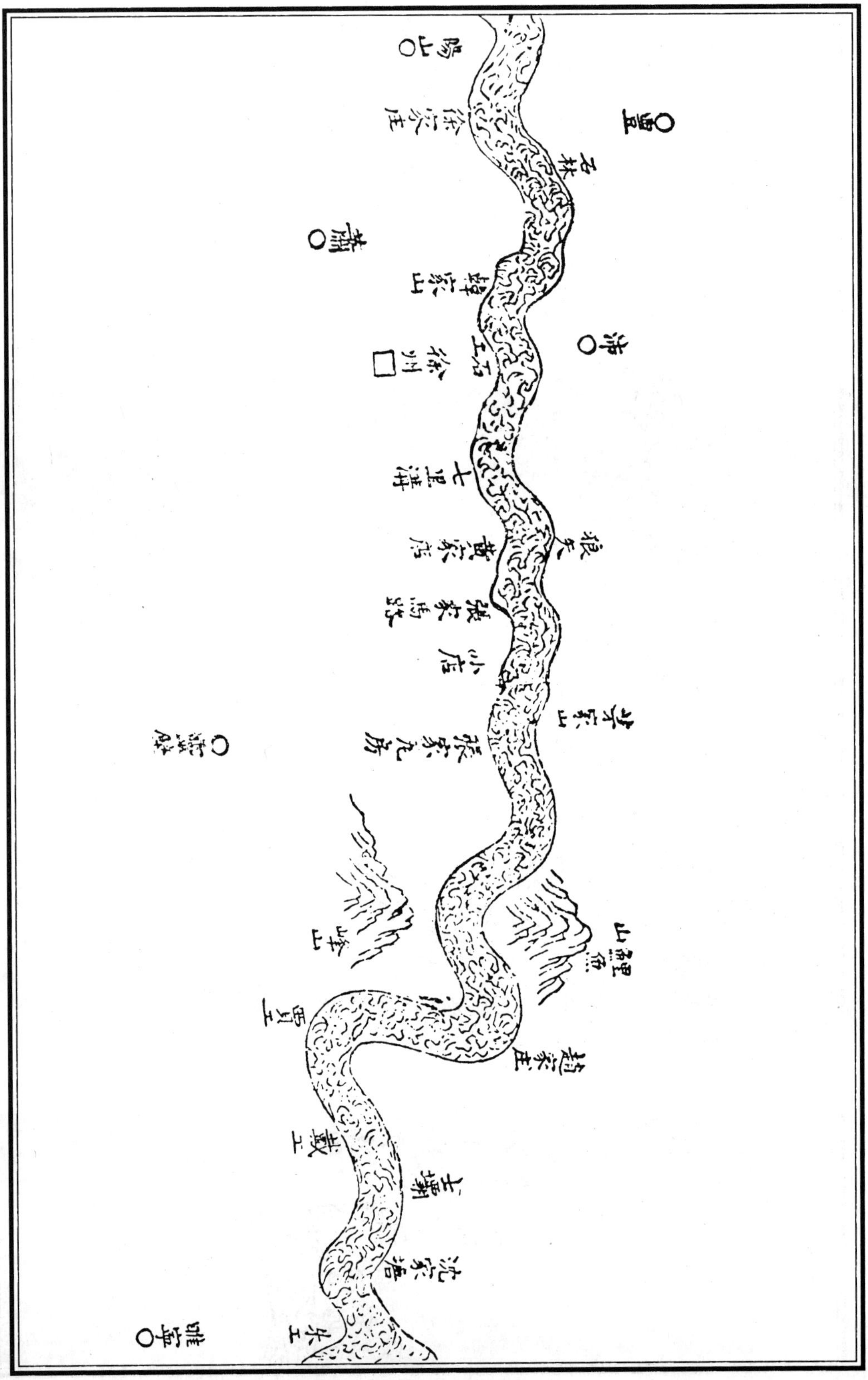
碭山
徐家庄
豐
石林
蕭
韓家山
沛
徐州
石工
七里溝
黄家店
張家馬路
小店
鯉魚山
趙家庄
沈家塘
睢寧

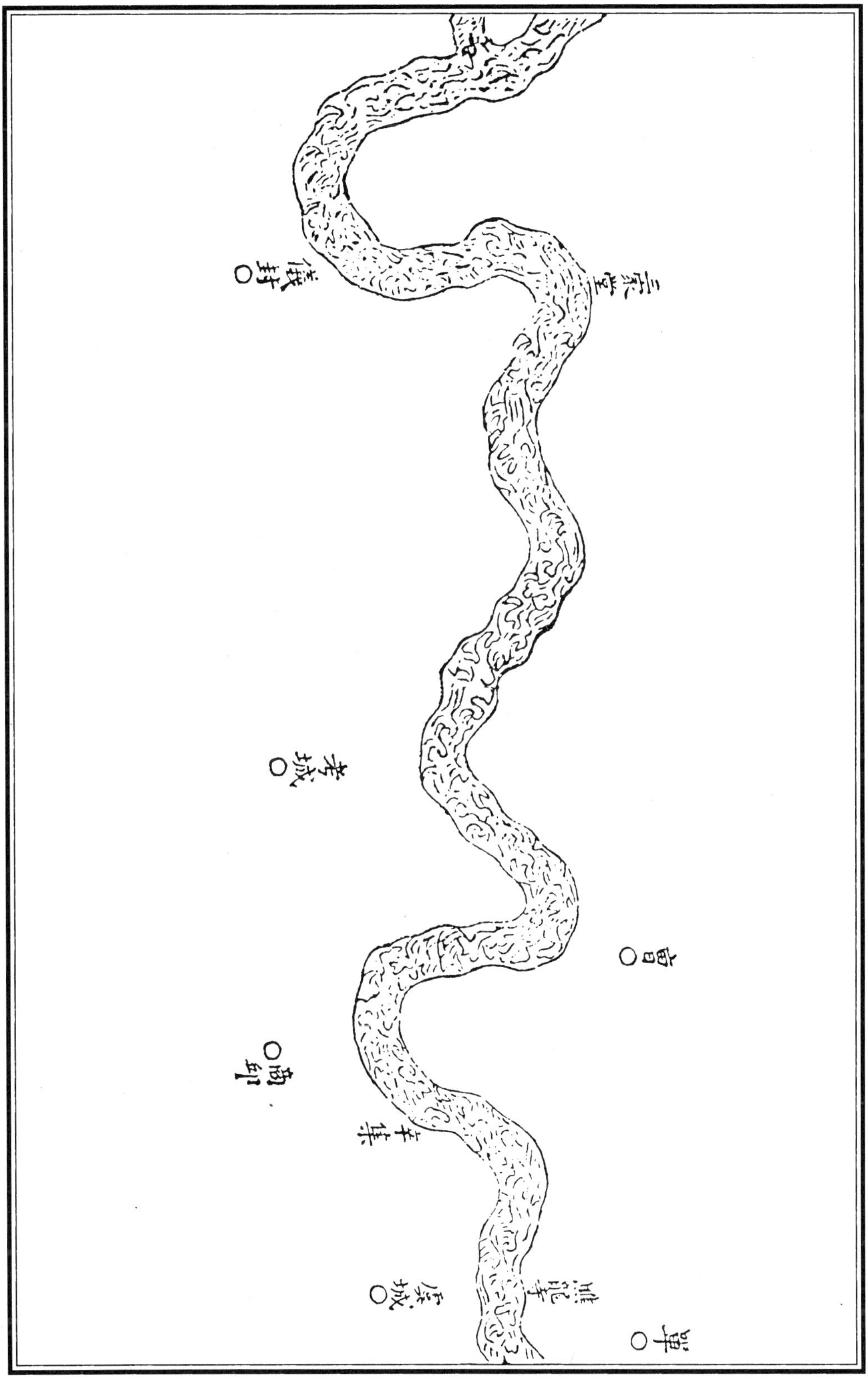

蘭封
考城
曹
商邱
辛集
虞城
單

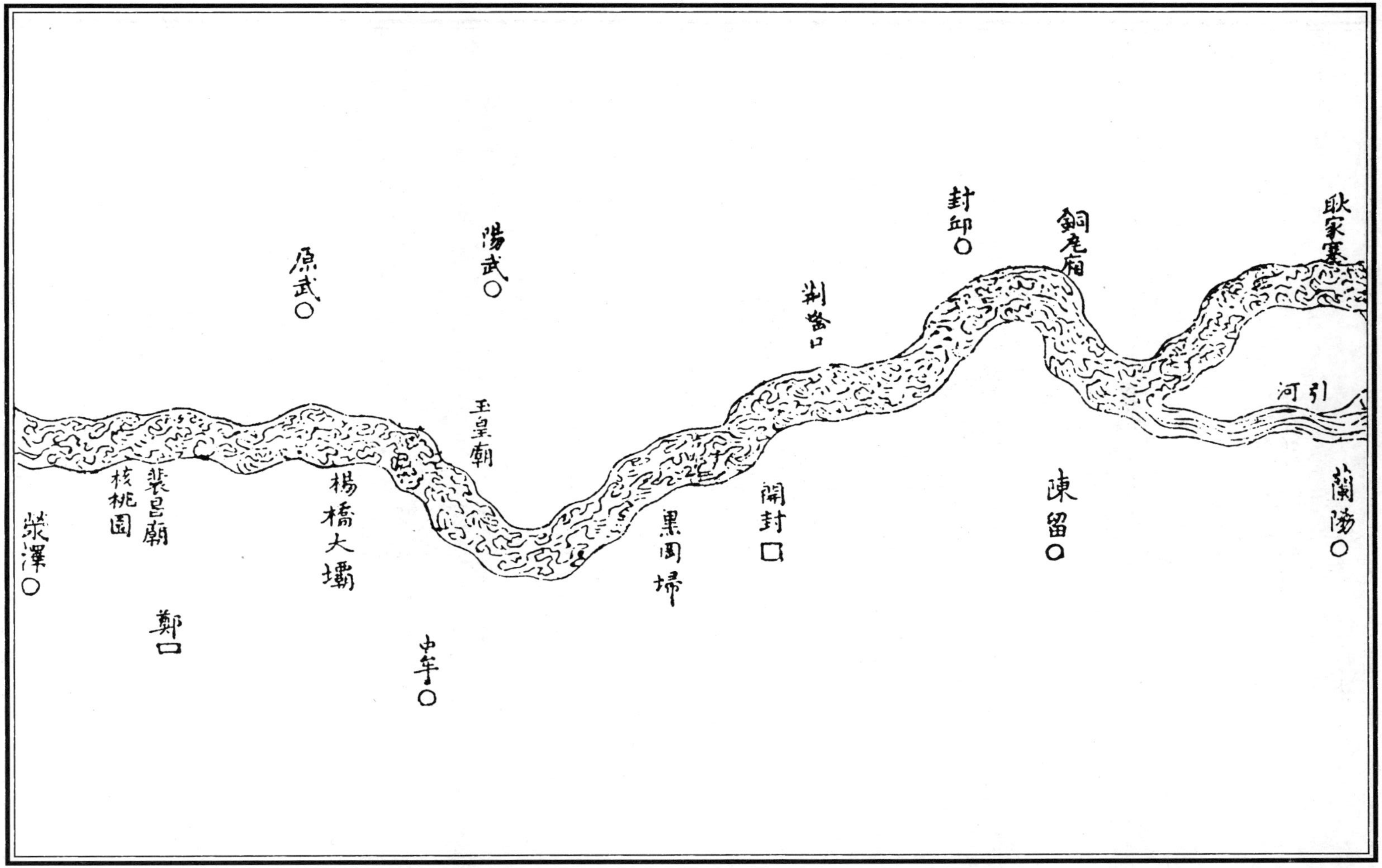
滎澤
核桃園
鄭
楊橋大壩
中牟
原武
陽武
玉皇廟
黑岡埽
開封
封邱
銅瓦廂
陳留
蘭陽
引河

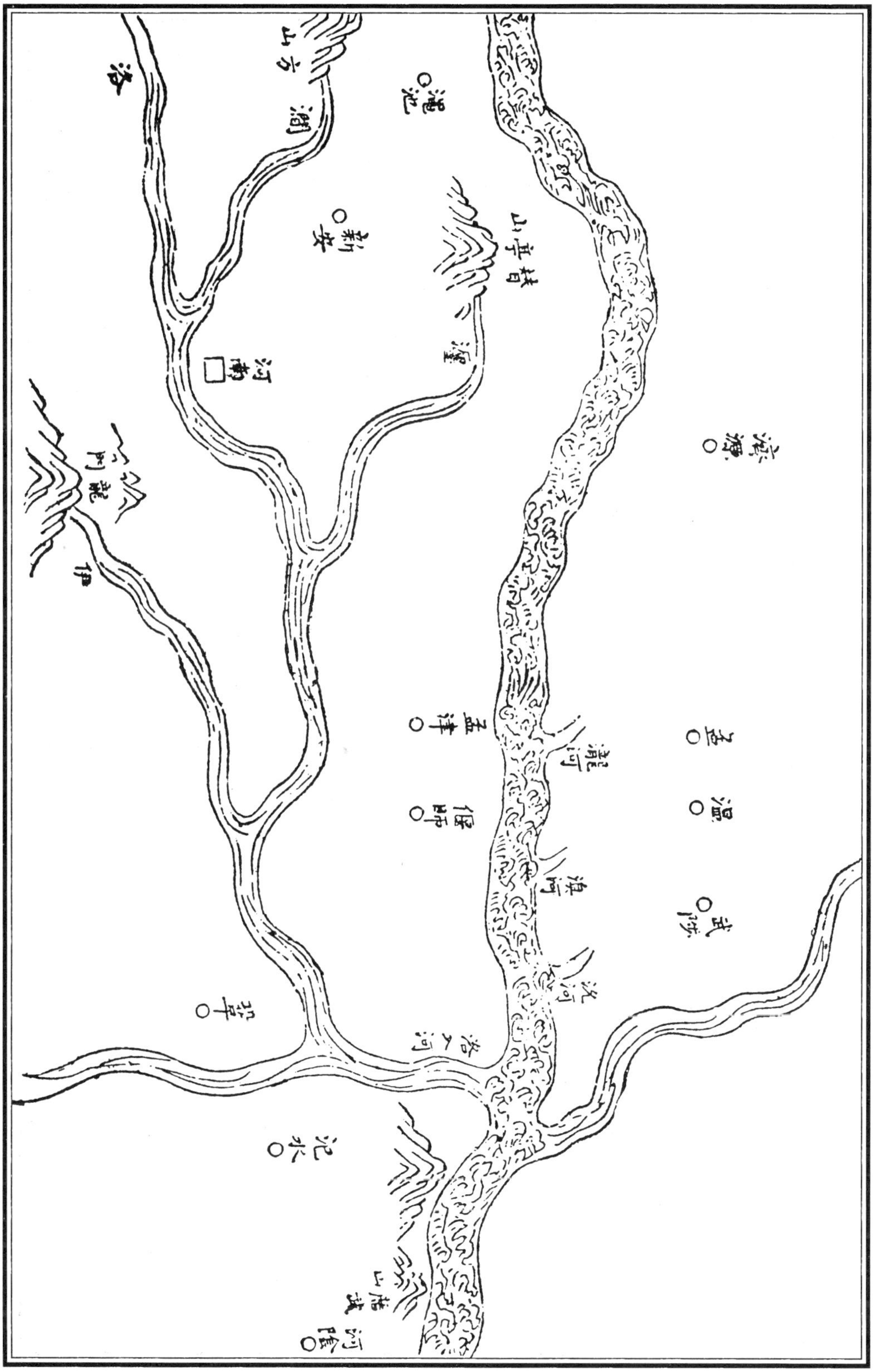
洛
澠池
澗
新安
瀍
河南
龍門
伊
濟源
孟津
孟縣
溫
偃師
武陟
沁河
洛入河
鞏
汜水
河陰

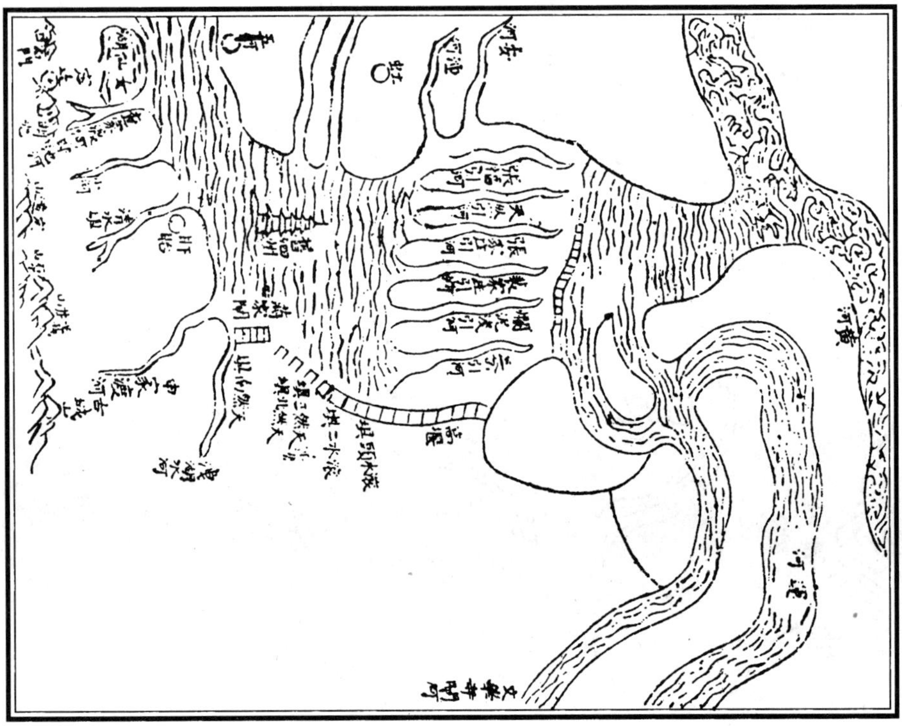

衆水歸淮圖

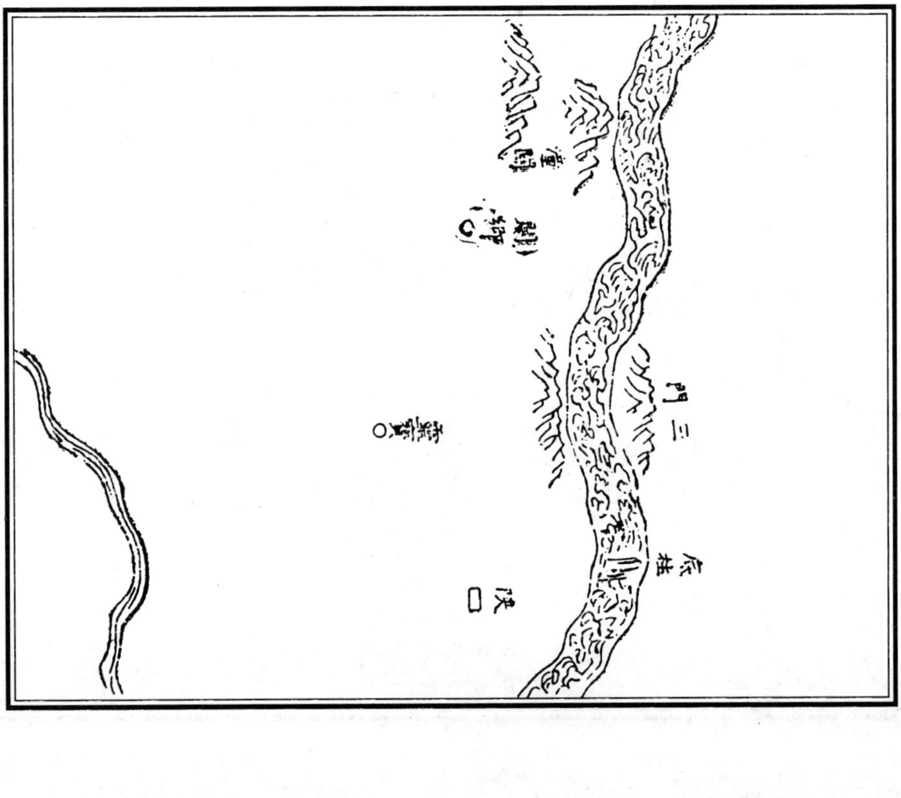

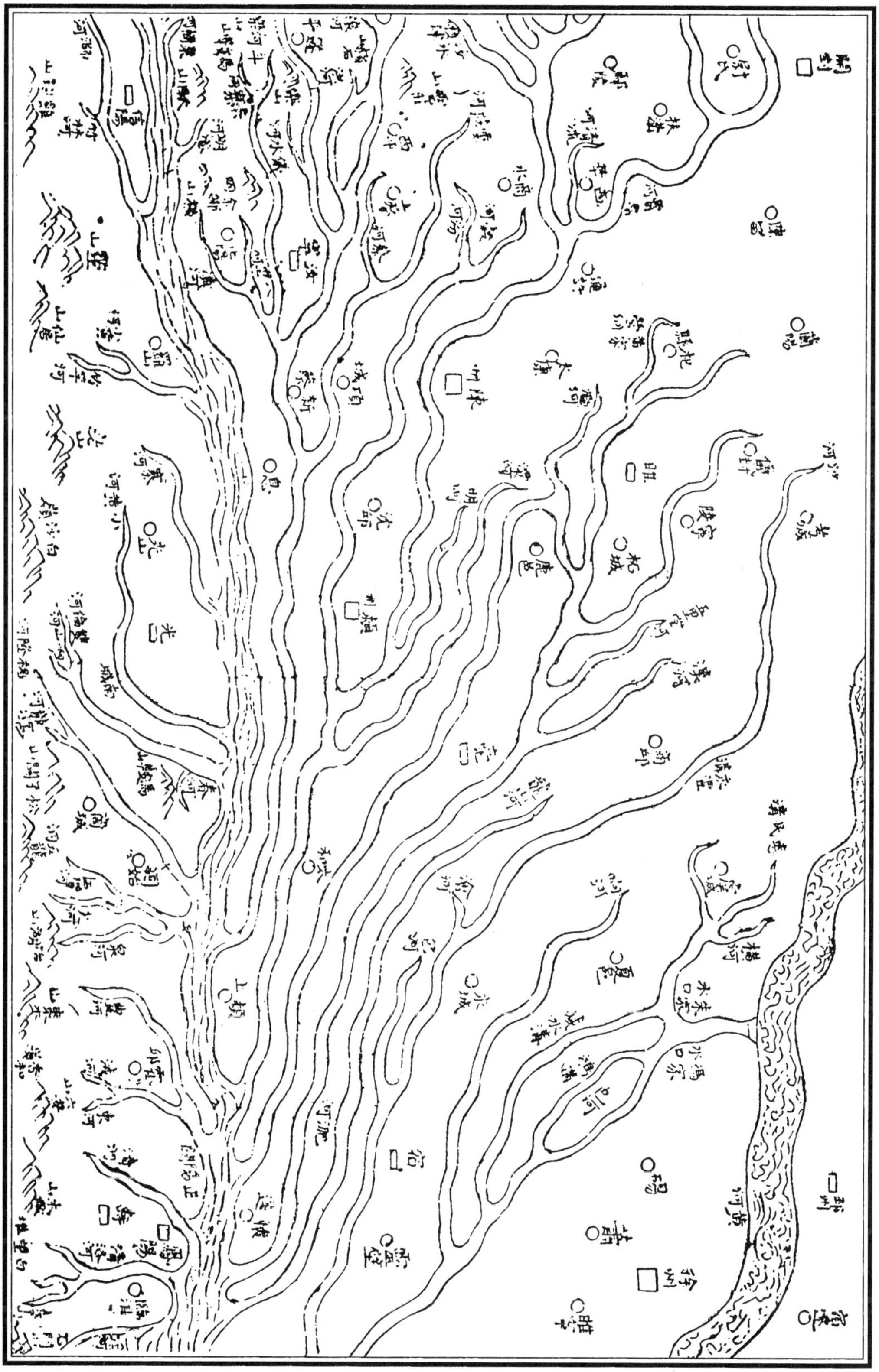

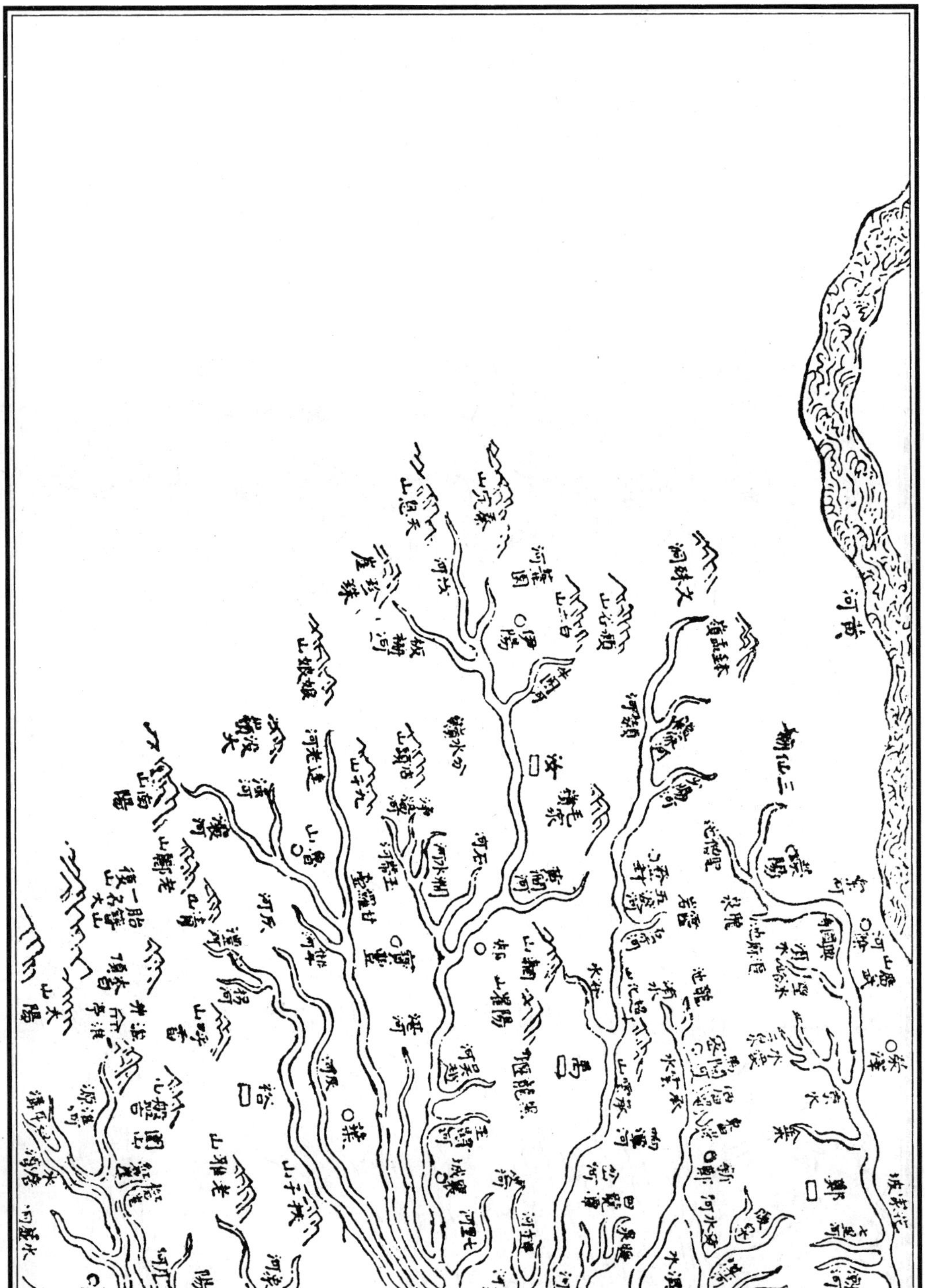

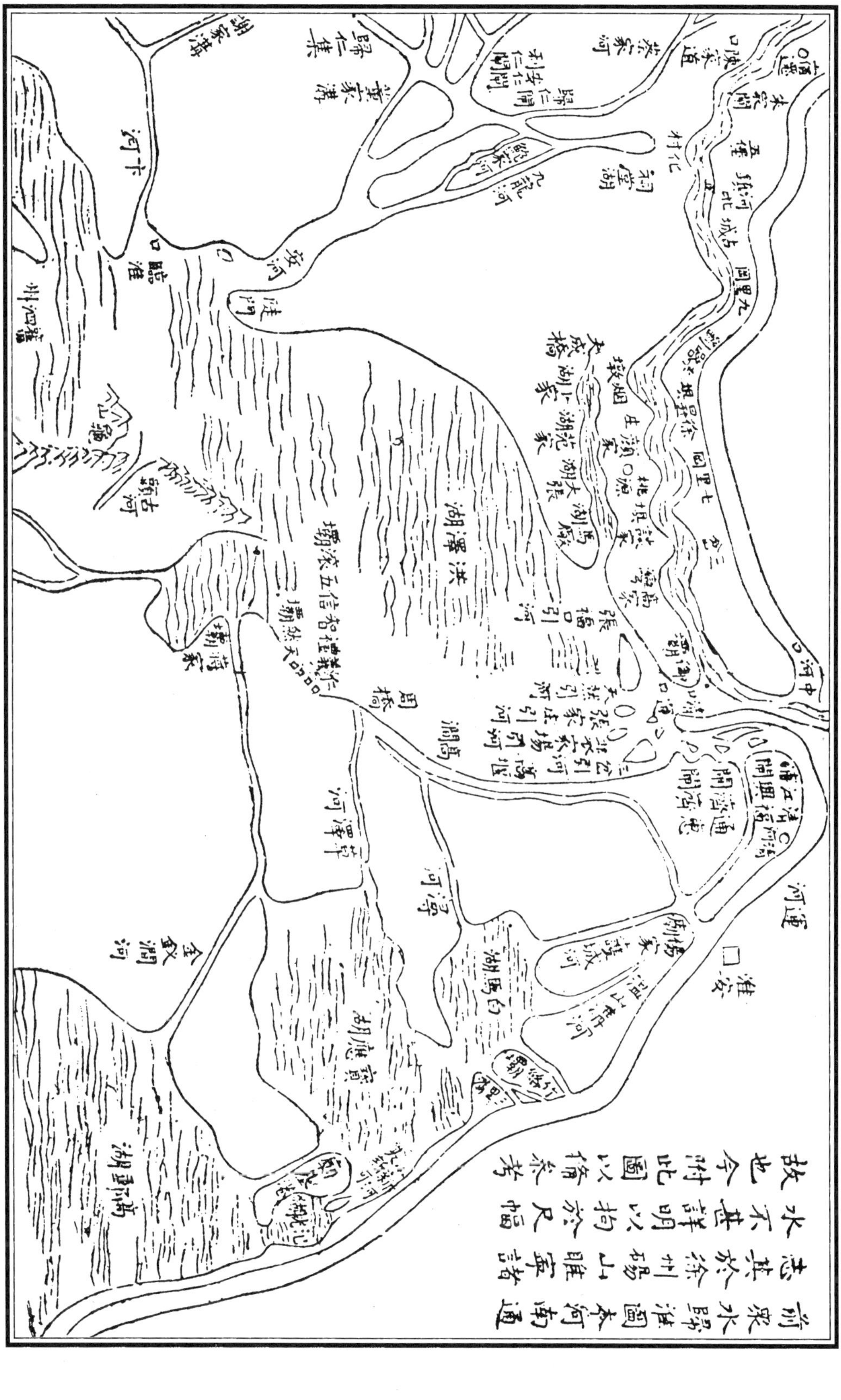
前衆水歸淮圖本河南通
志其於徐州碭山睢寧諸
水不甚詳明以拘於尺幅
故也今附此圖以備參考
運河
淮安
洪澤湖
高郵湖
寶應湖
白馬湖
臨淮
下河
中河口
九里岡
七里岡
仁義禮智信五滾壩
天然壩
周橋
高澗
草澤河
歸仁集
葉家溝
祠堂湖
九龍河
古河
金鈙澗河

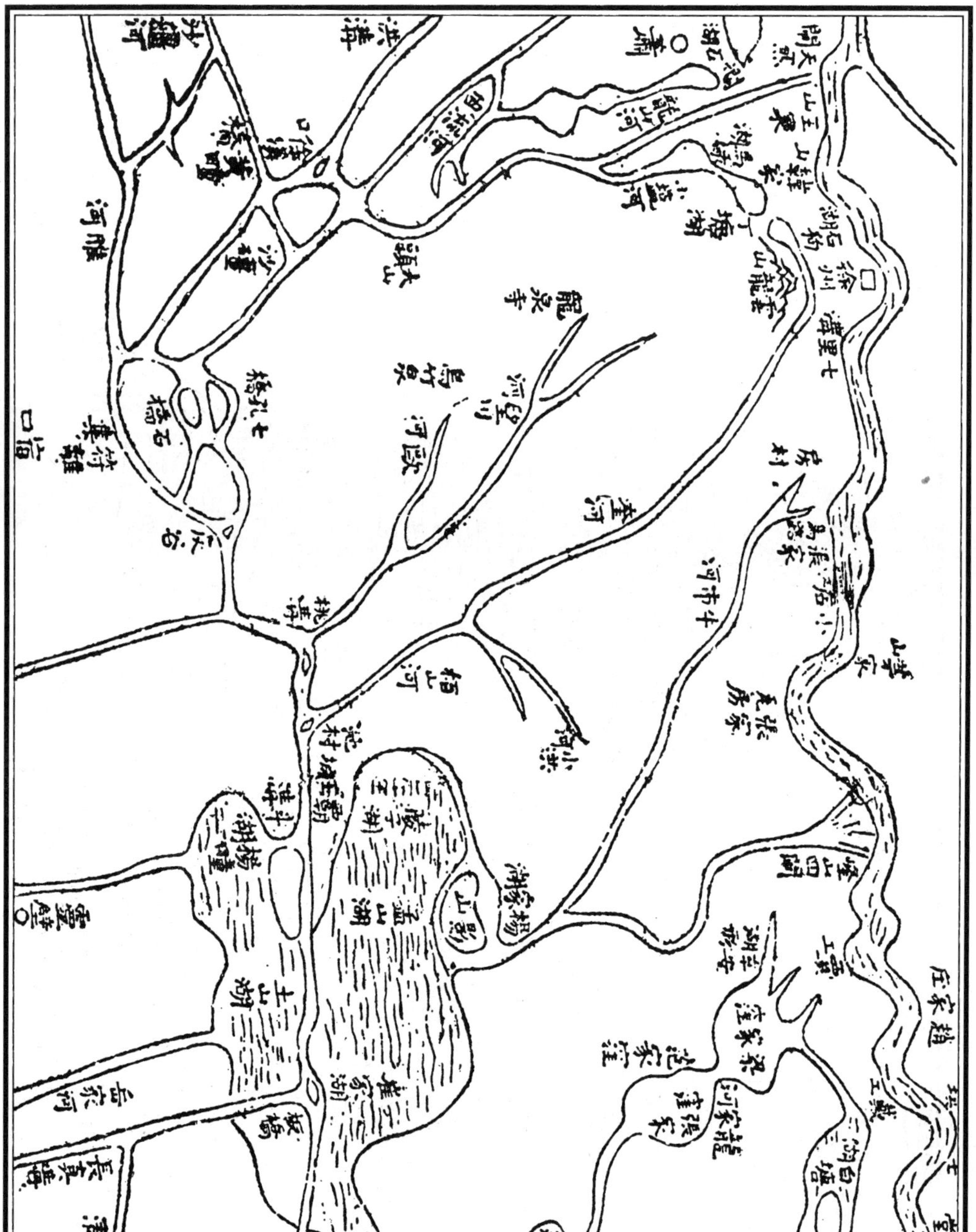
徐州
七里溝
龍泉寺
土山湖
板橋
白塘湖
沈家湖
沈家河
石狗湖
房村

運河圖

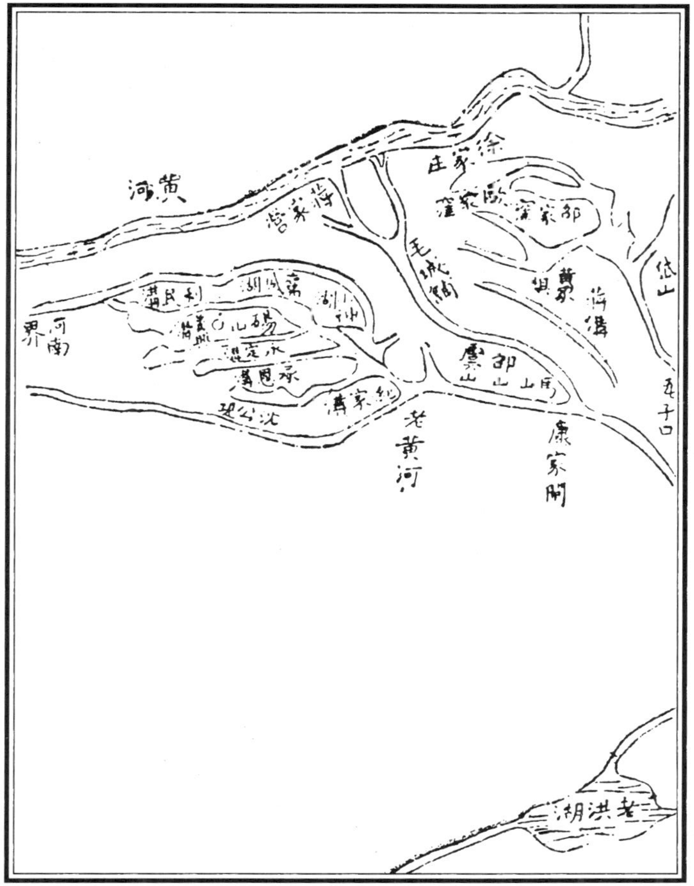

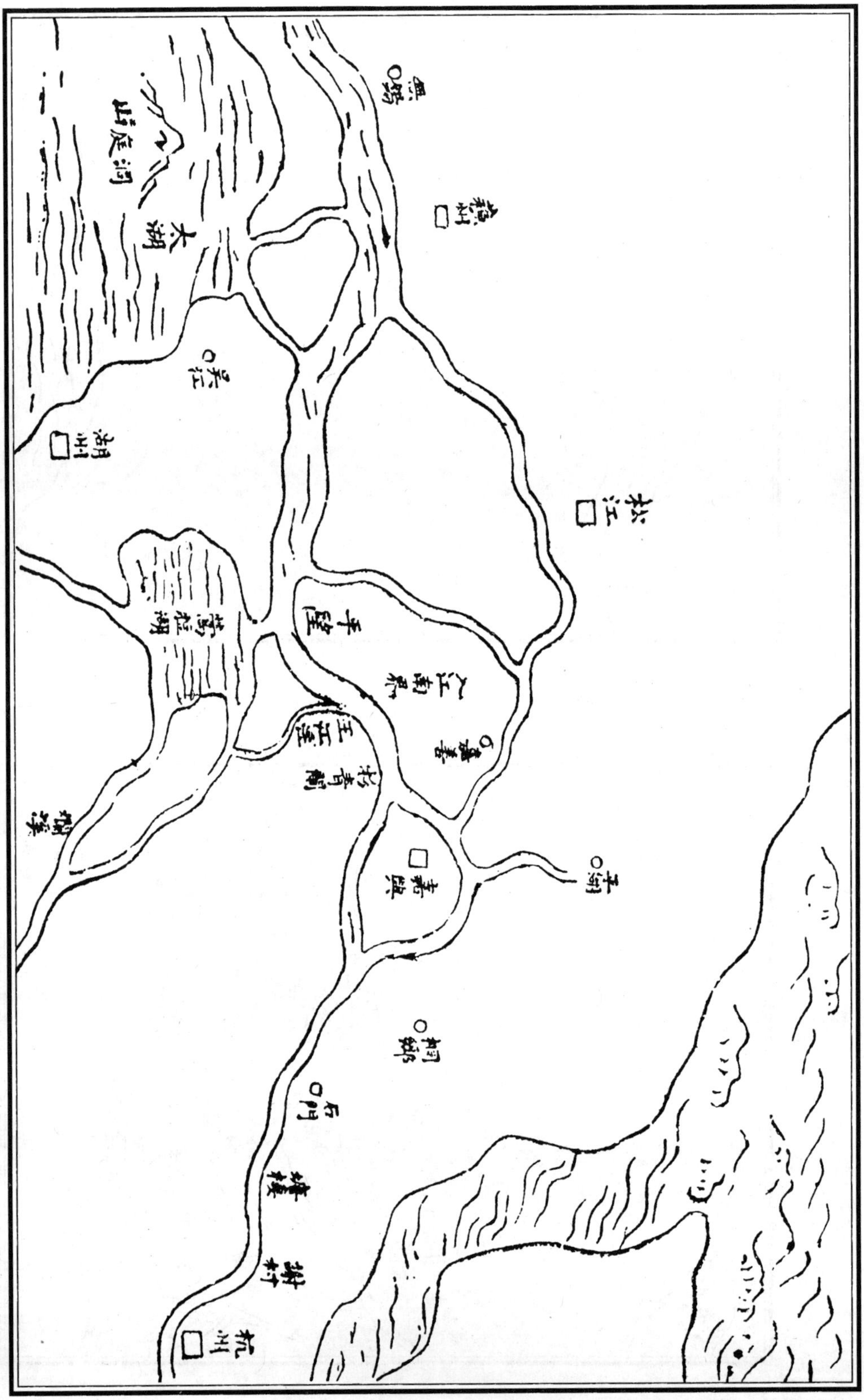
太湖
吳江
湖州
松江
平望
嘉興
石門
杭州

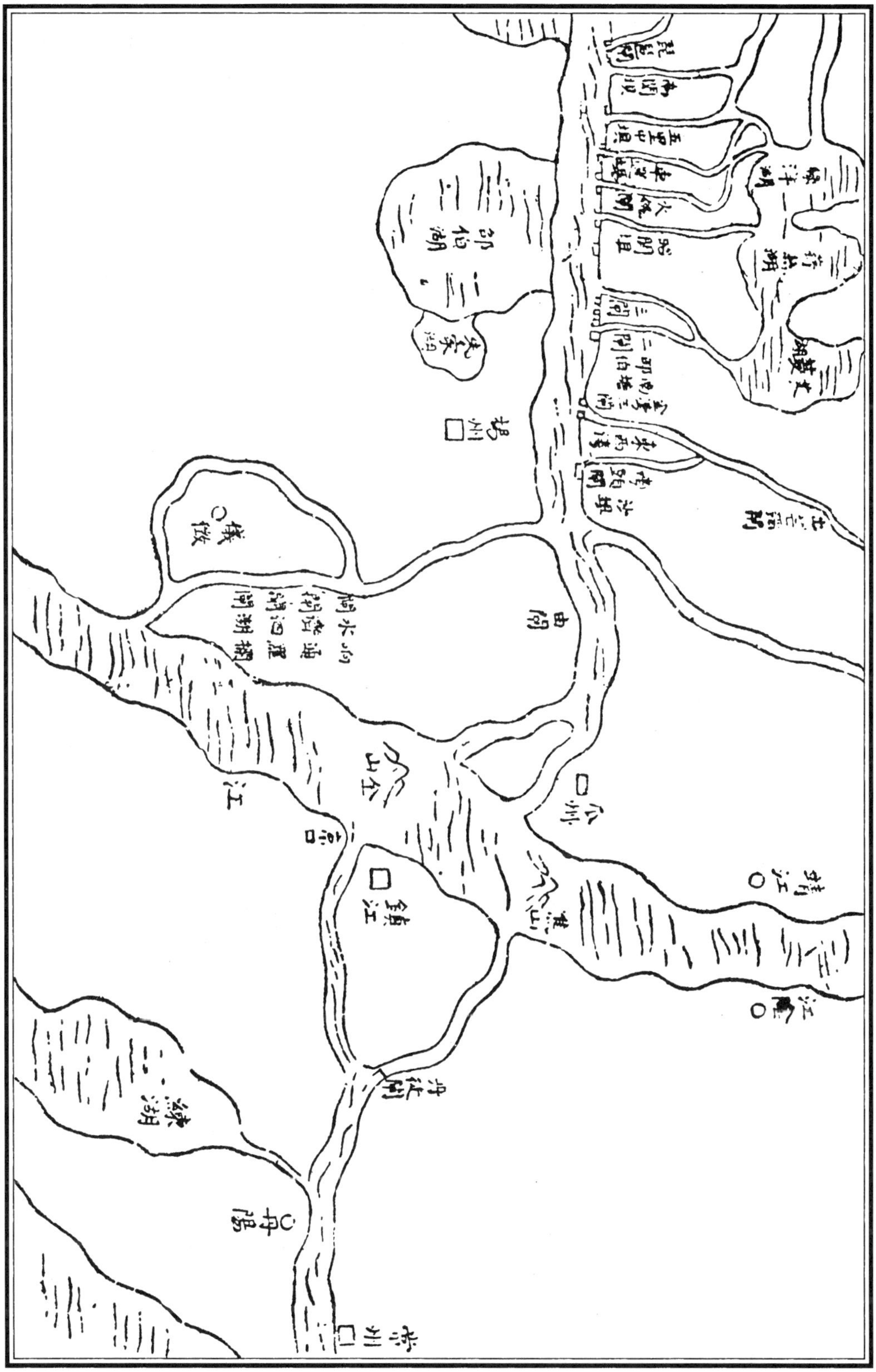

邵伯湖
揚州
儀徵
瓜州
金山
焦山
鎮江
京口
丹徒閘
練湖
丹陽
常州
靖江
江陰
江

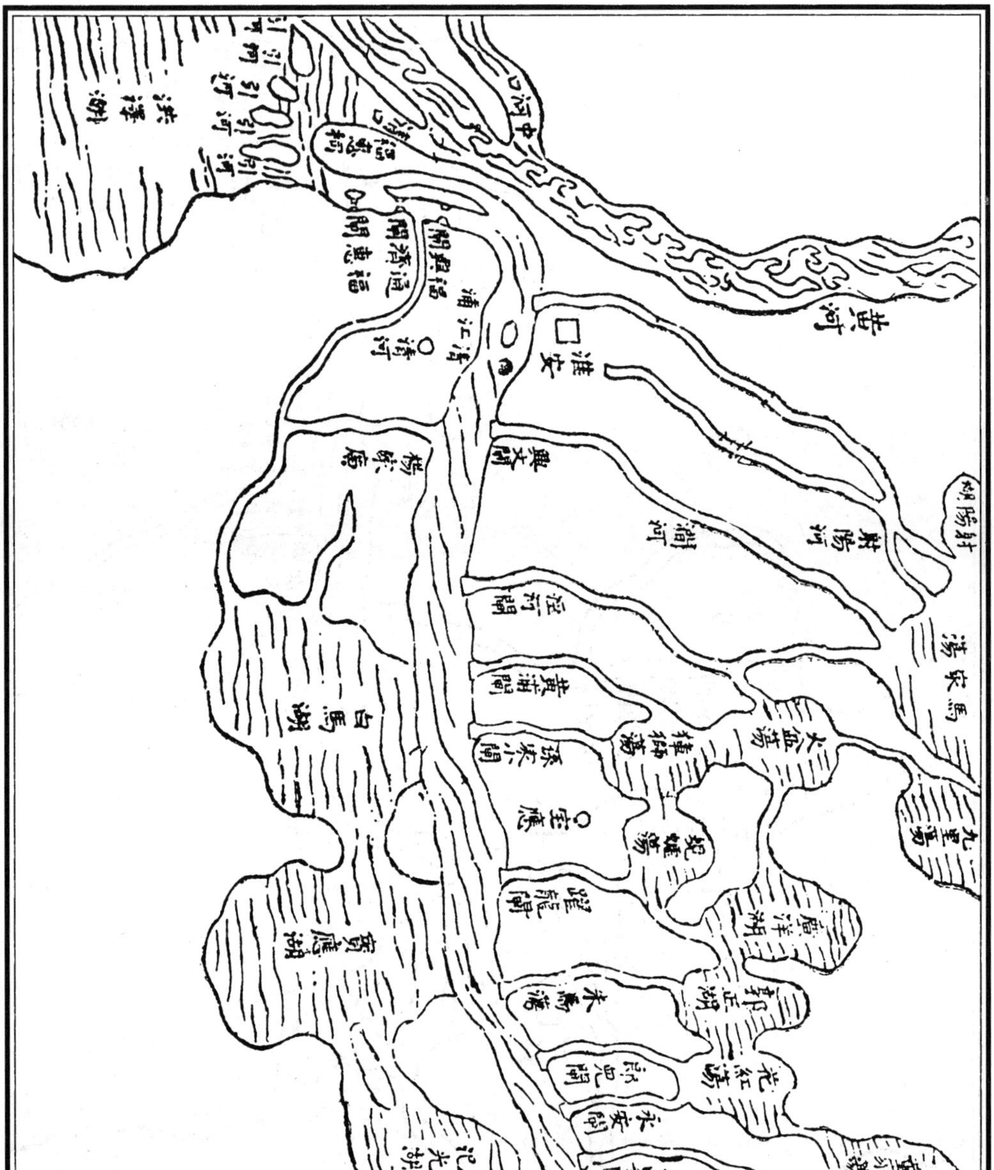

黃河
淮安
清河
清江浦
洪澤湖
射陽湖
射陽河
白馬湖
寶應
寶應湖
汜光湖
高郵湖
高郵
涇河閘
黃浦閘
永安閘
子嬰閘
界首閘

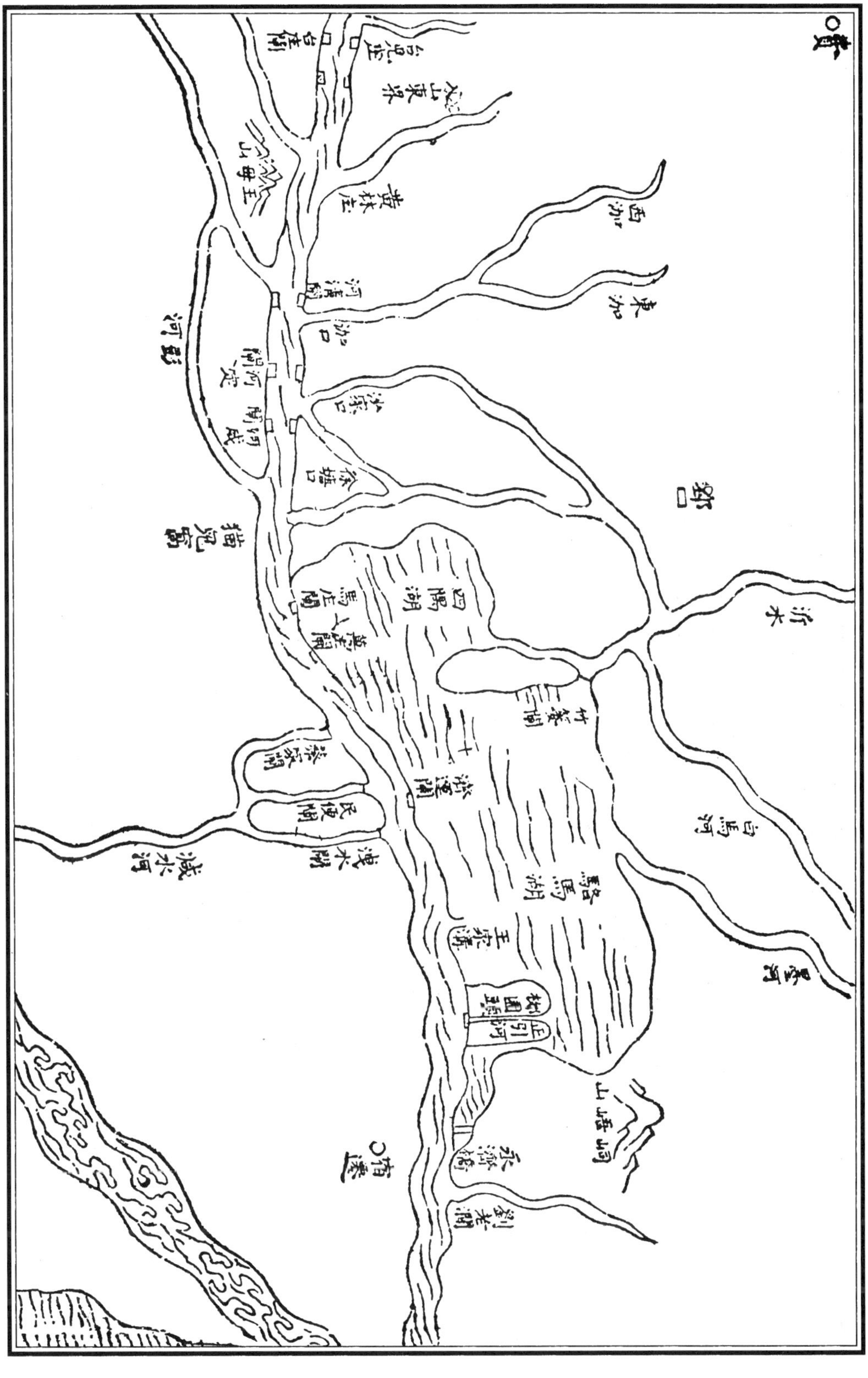
黄河
台庄閘
台兒庄
王母山
黄林庄
河清閘
西泇
東泇
泇口
河定閘
河成閘
邳州
猫兒窩
馬庄閘
沂水
民便閘
減水閘
減水河
駱馬湖
白馬河
引河
宿遷
永濟橋
劉老澗

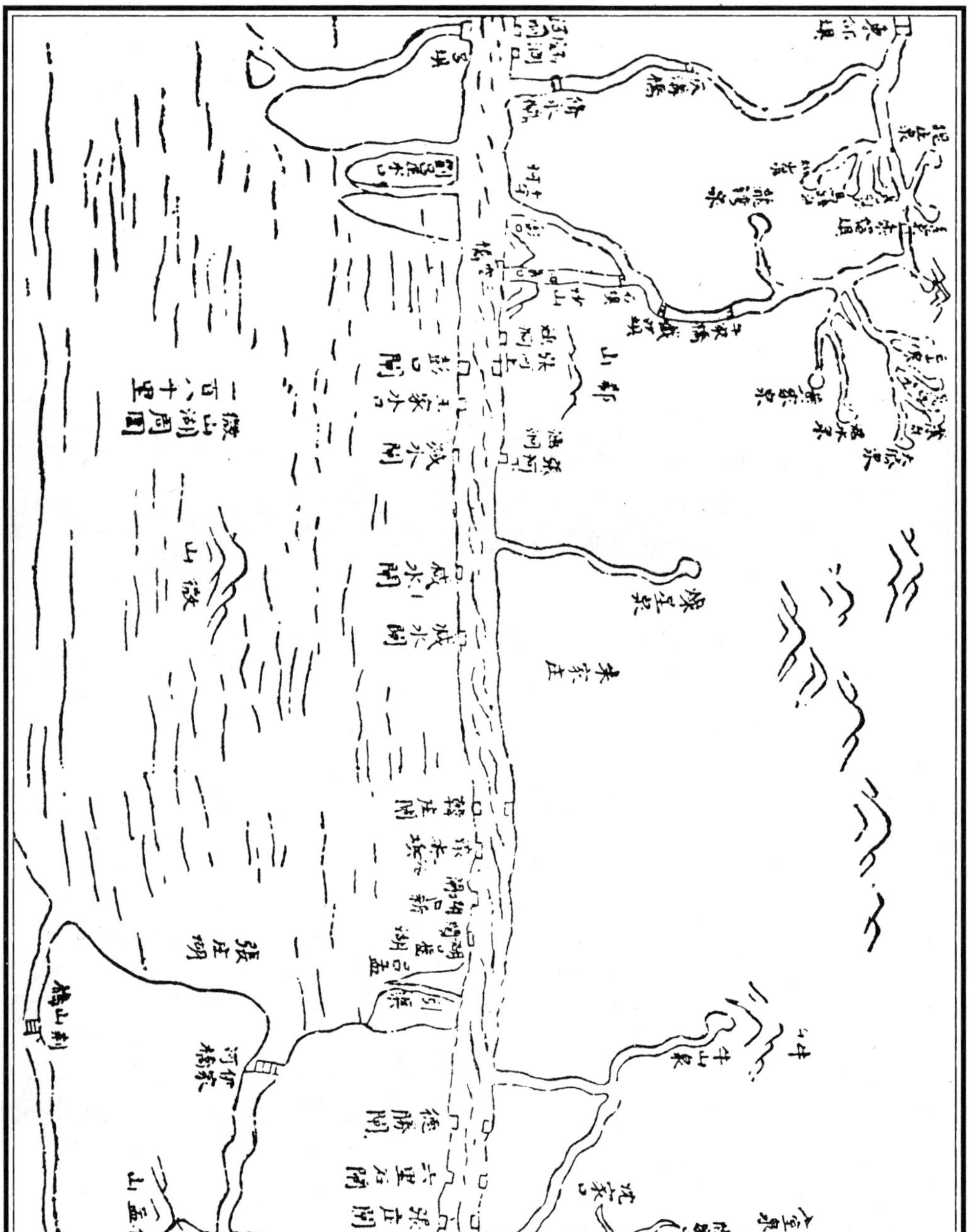

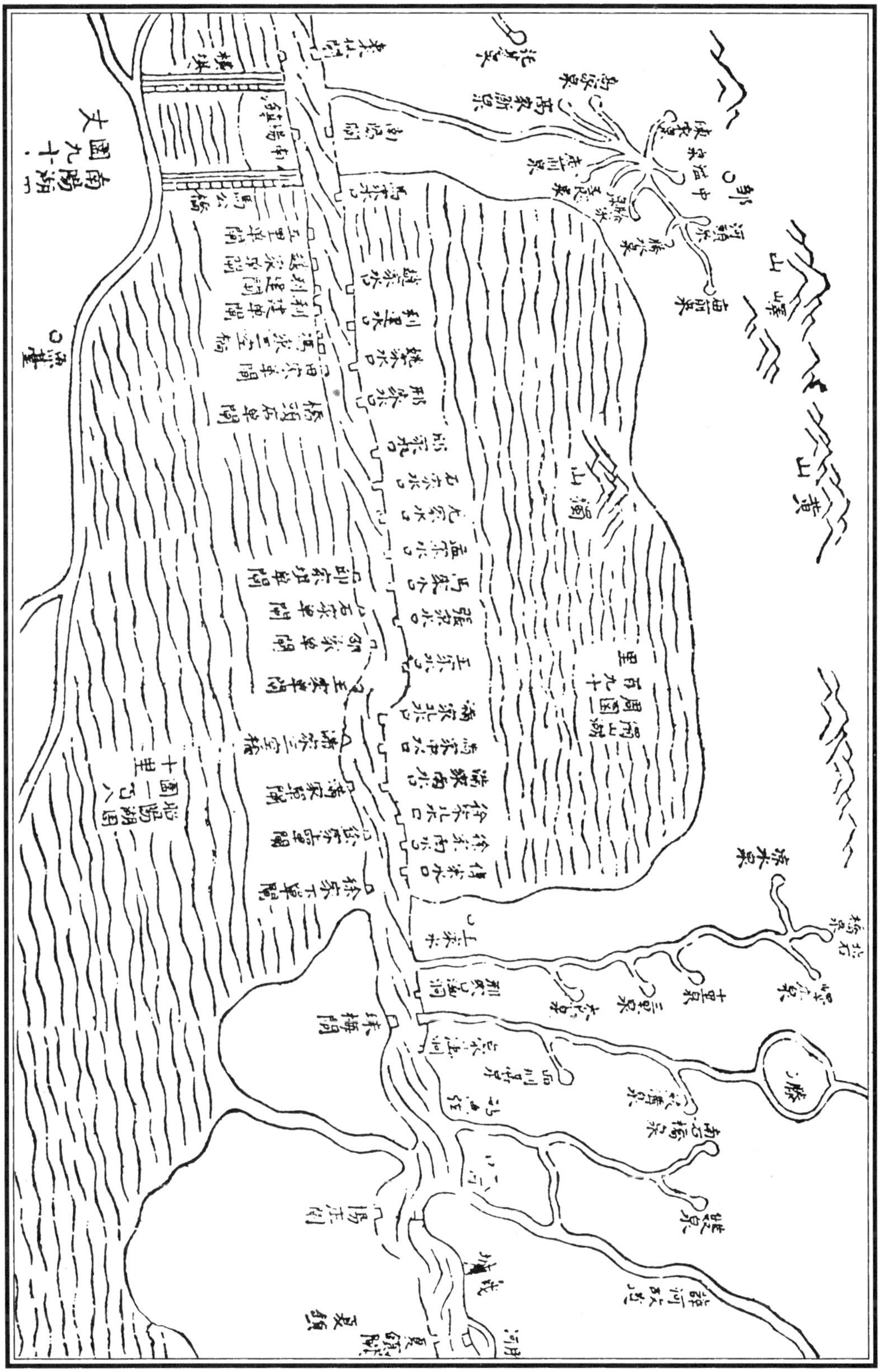

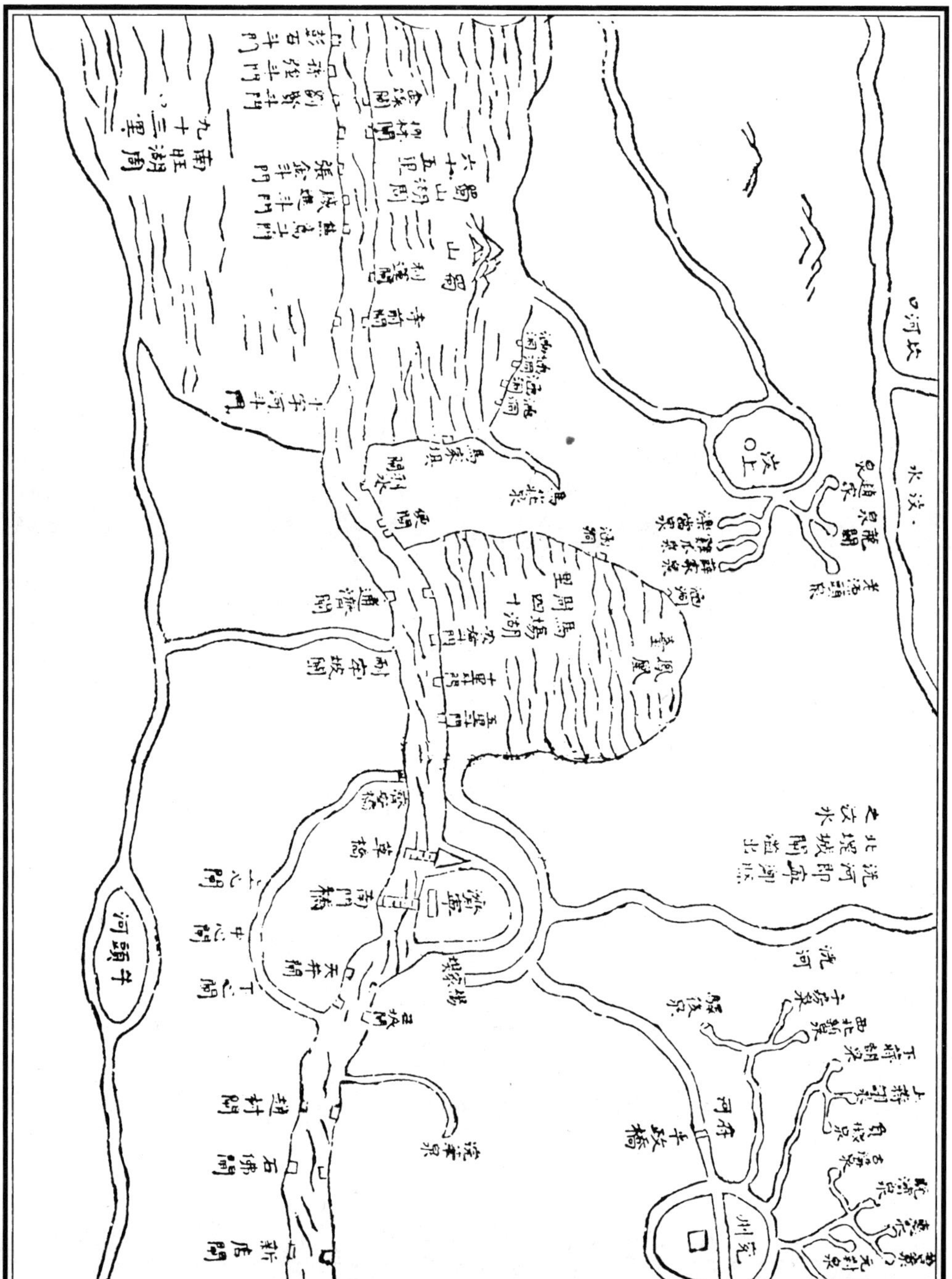
汶上
兗州
濟寧
牛頭河
金鄉
泗河
沂水
汶水

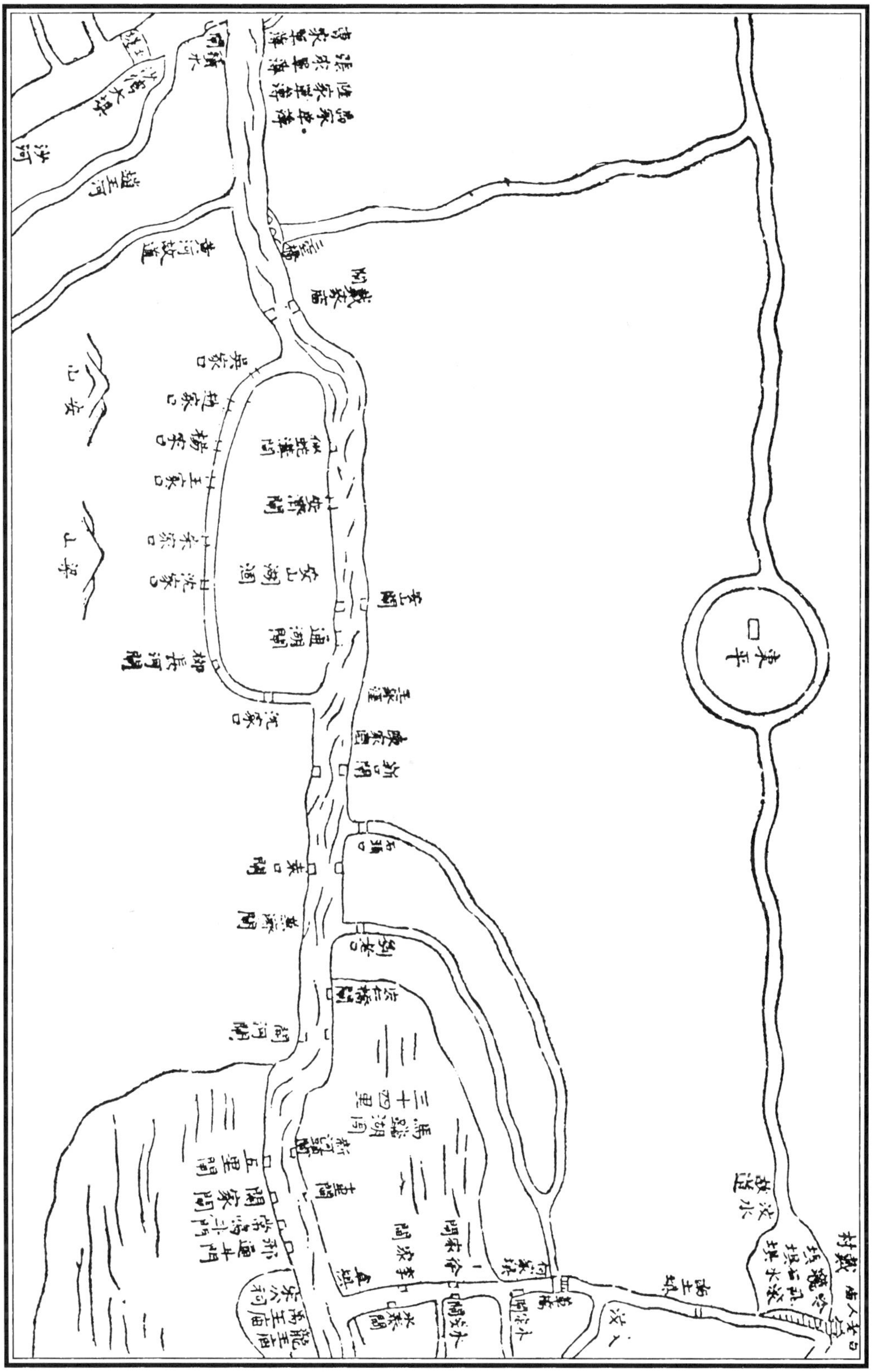

東平
安山湖
安山
梁山
沙河
黃河故道
汶水

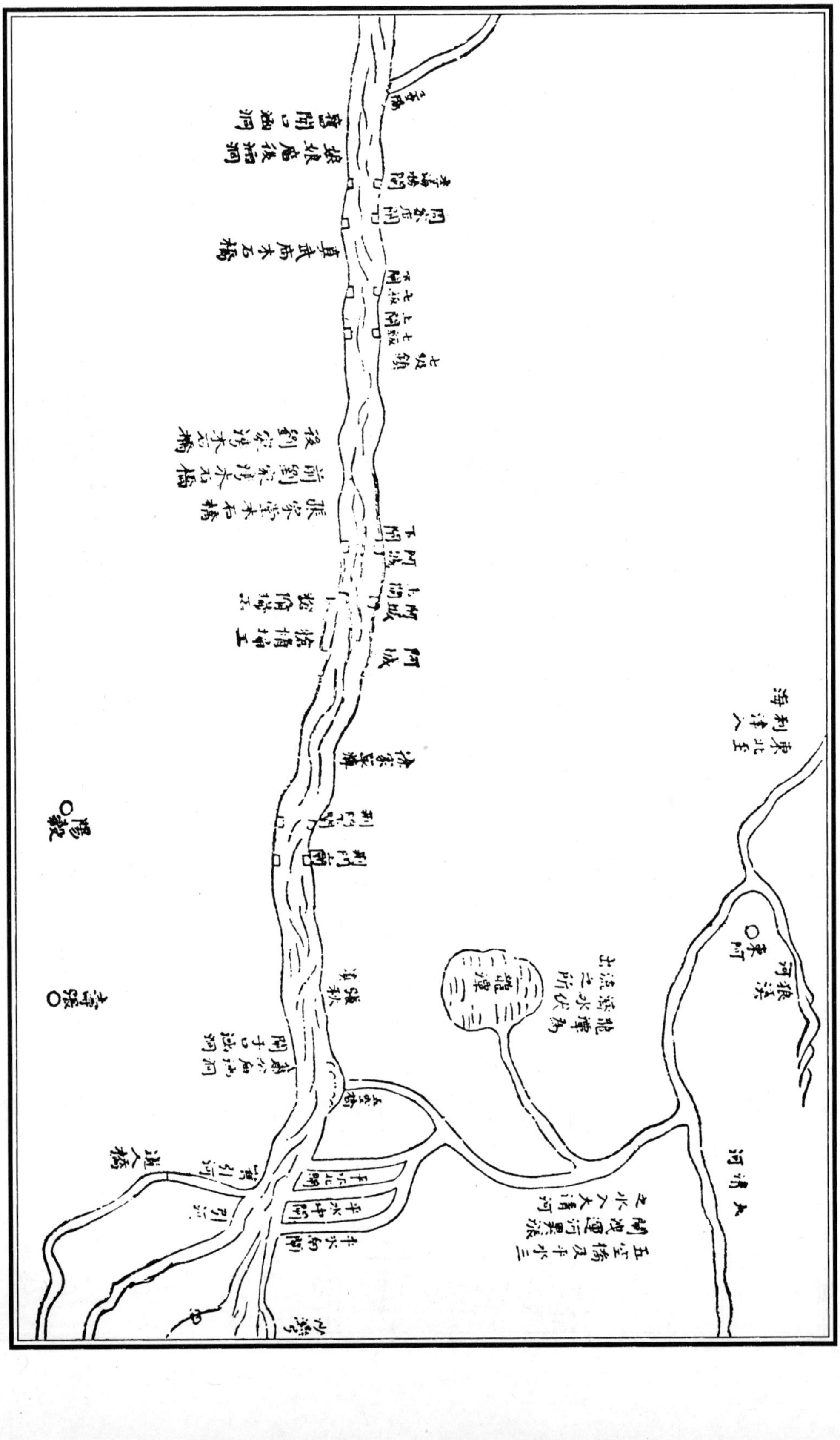

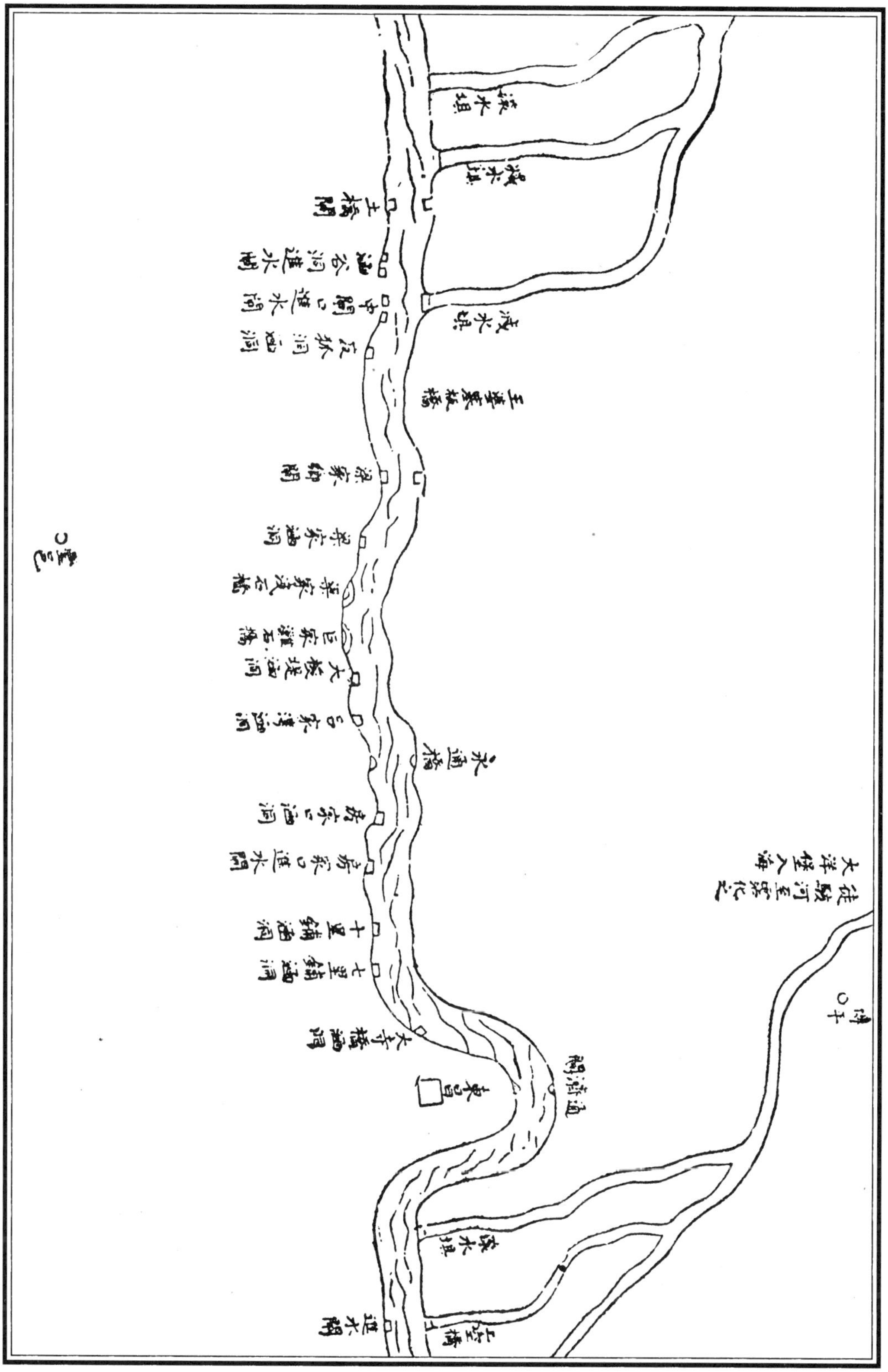

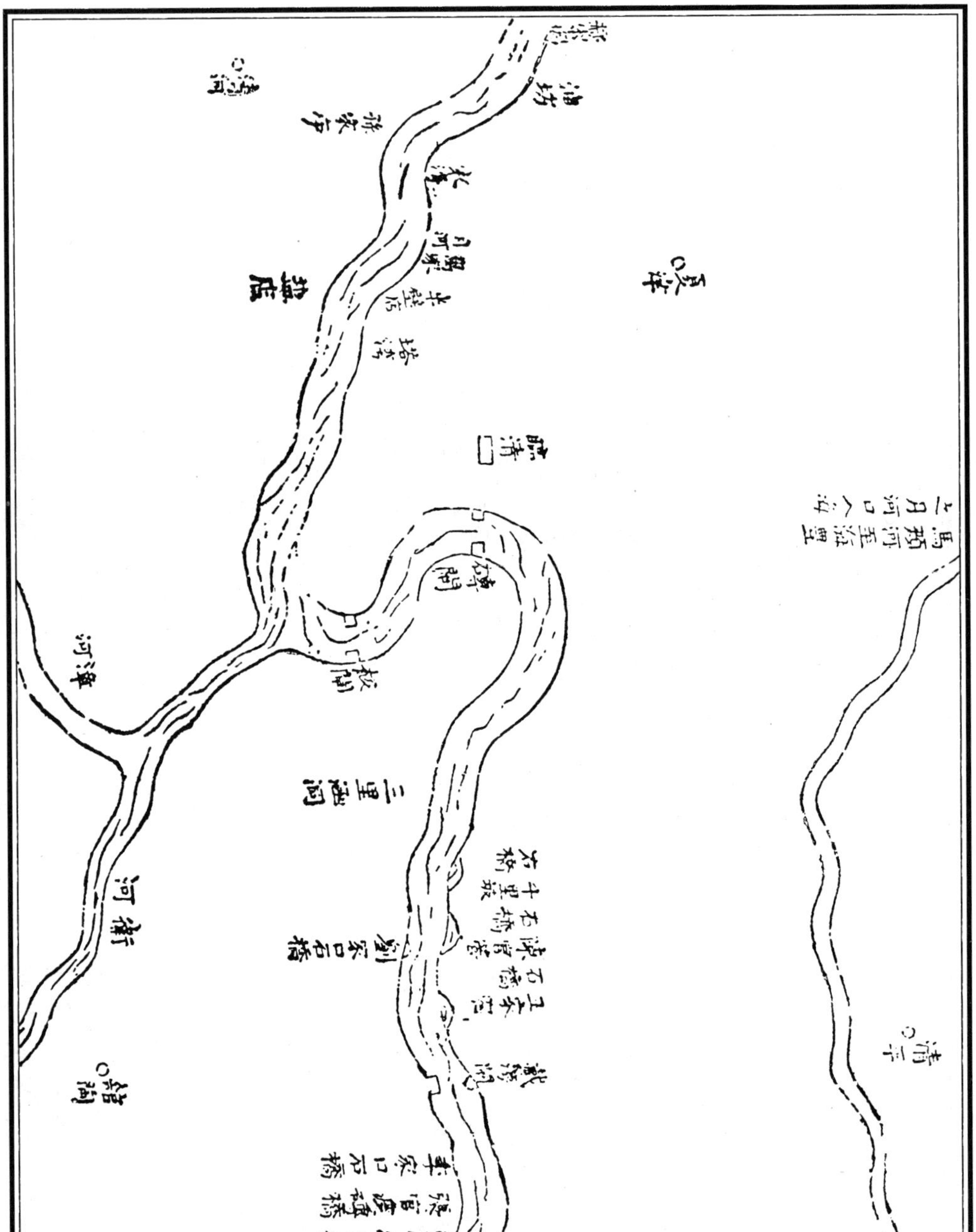

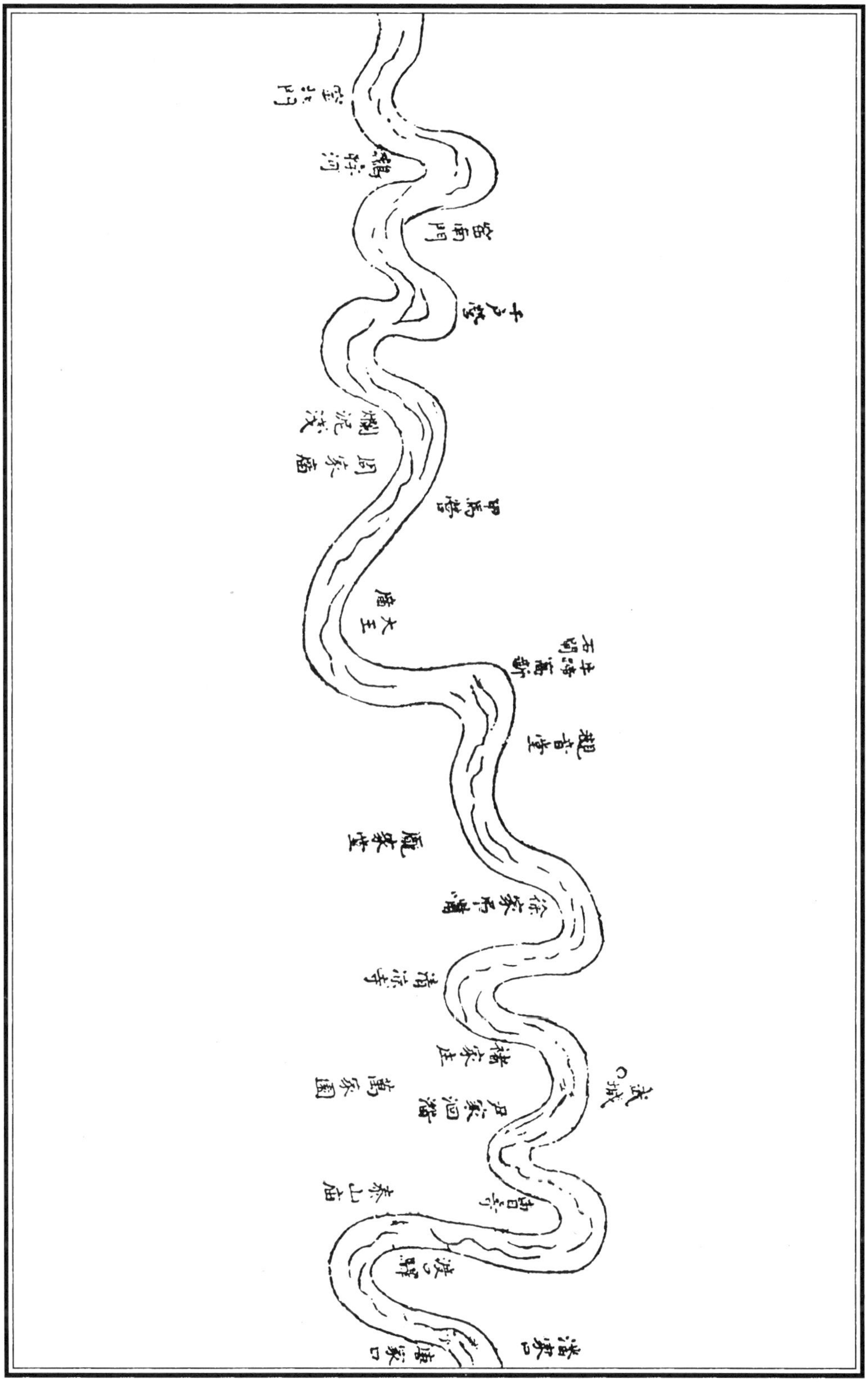
觀音堂
大王廟
周家廟
清涼寺
褚家庄
萬家園
泰山廟

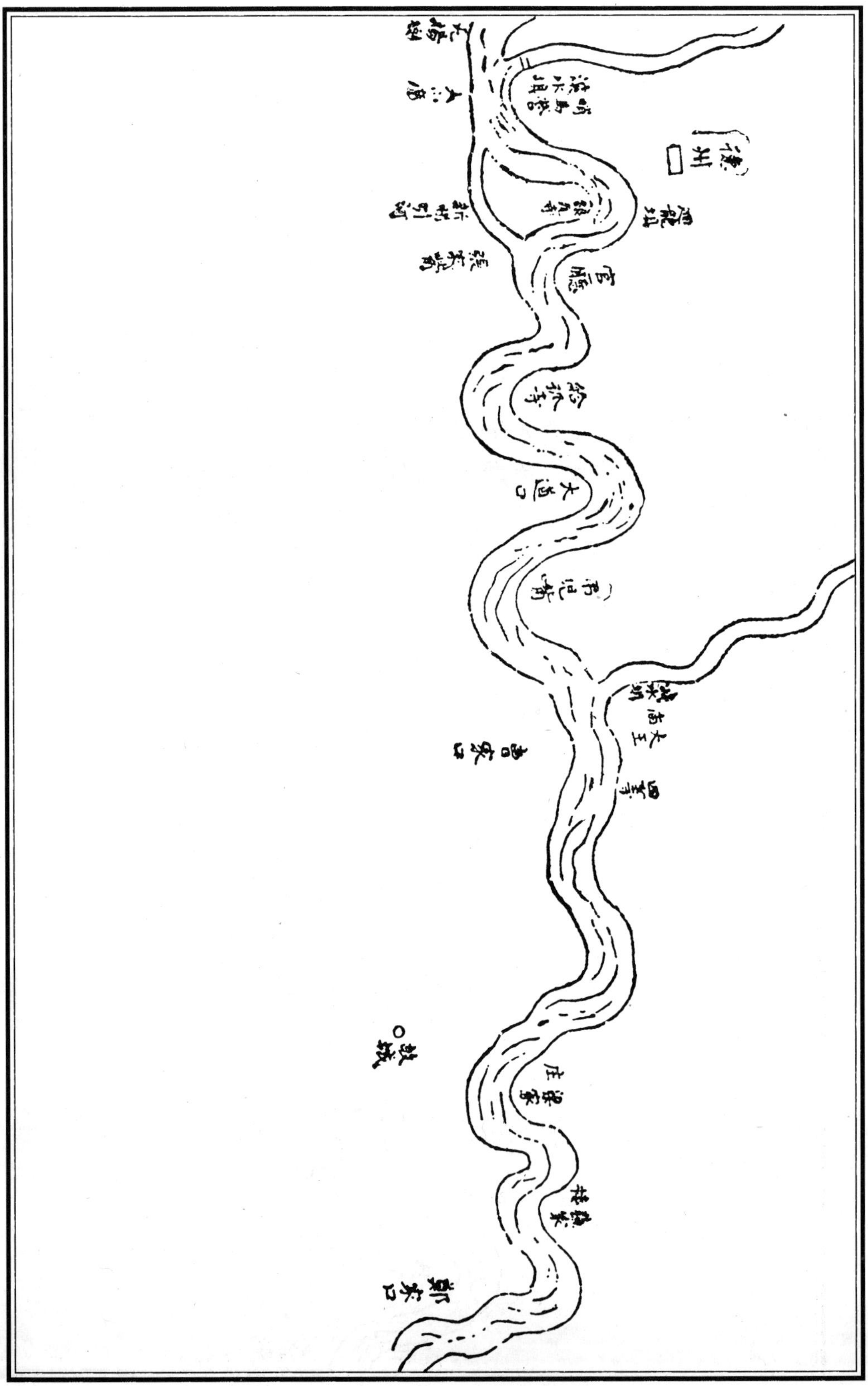
德州
故城
鄭家口

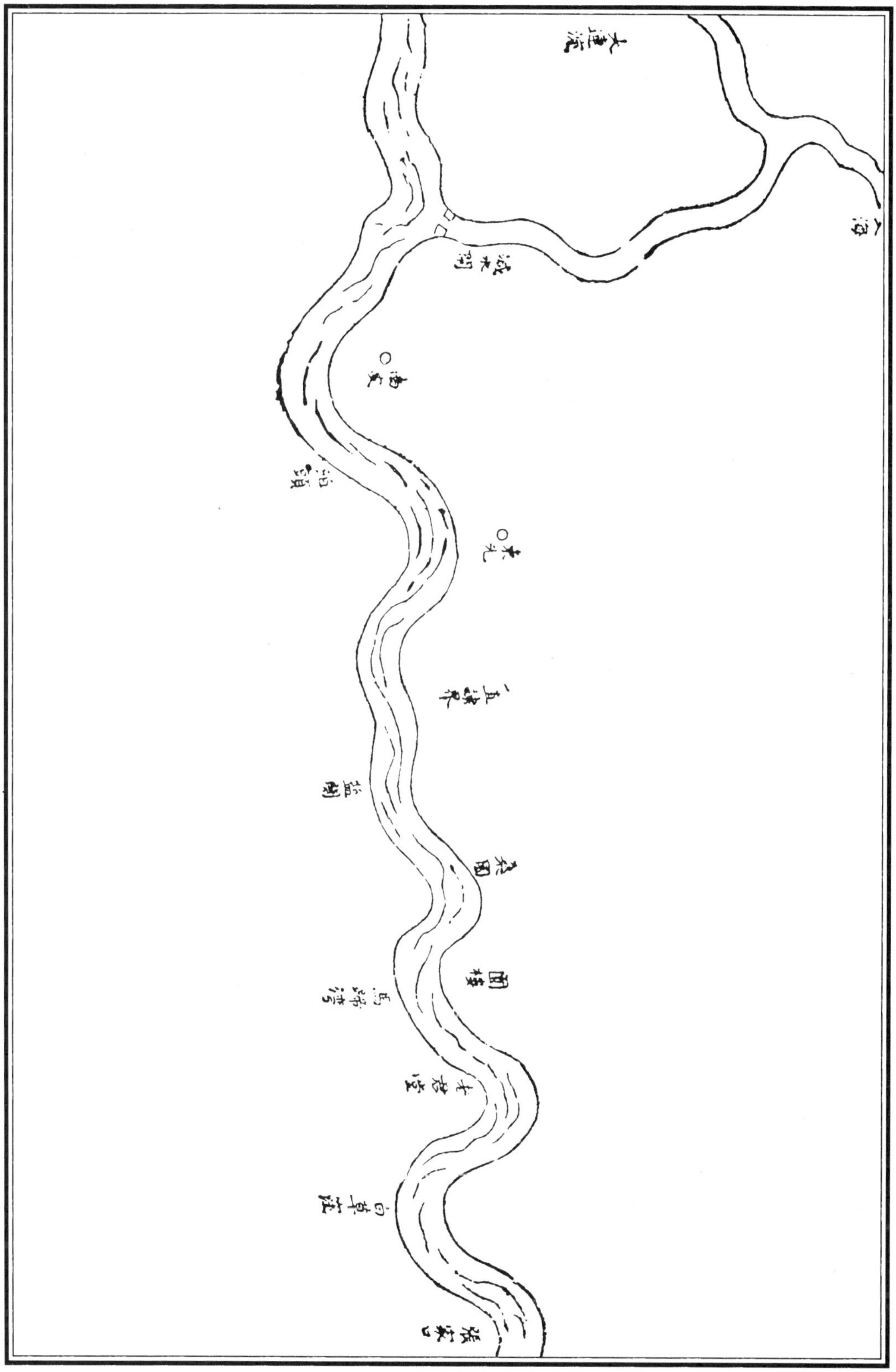
入海
減水閘
沽頭
桑園
張家口

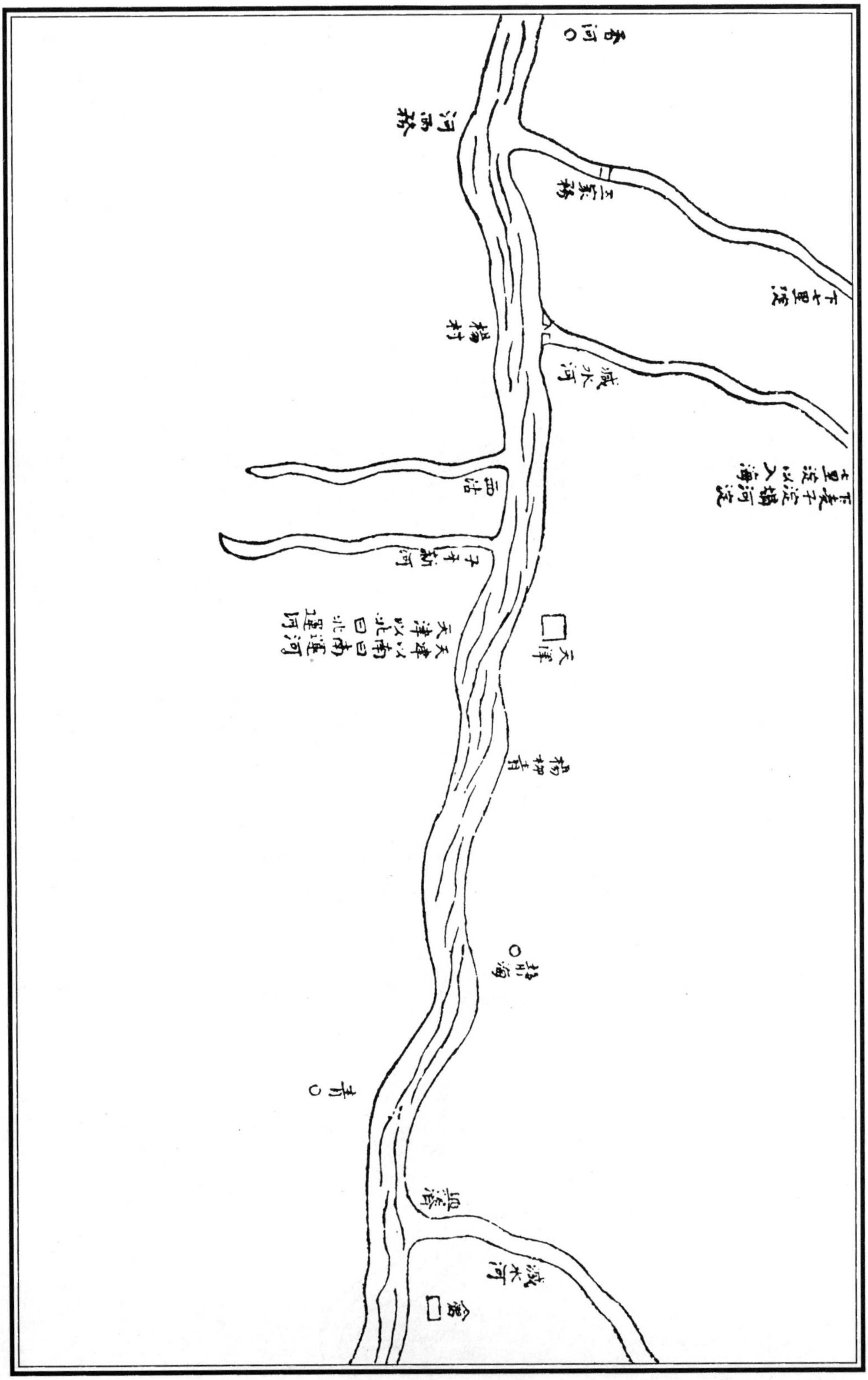
天津
天津以南曰南運河
天津以北曰北運河
楊柳青
靜海
減水河

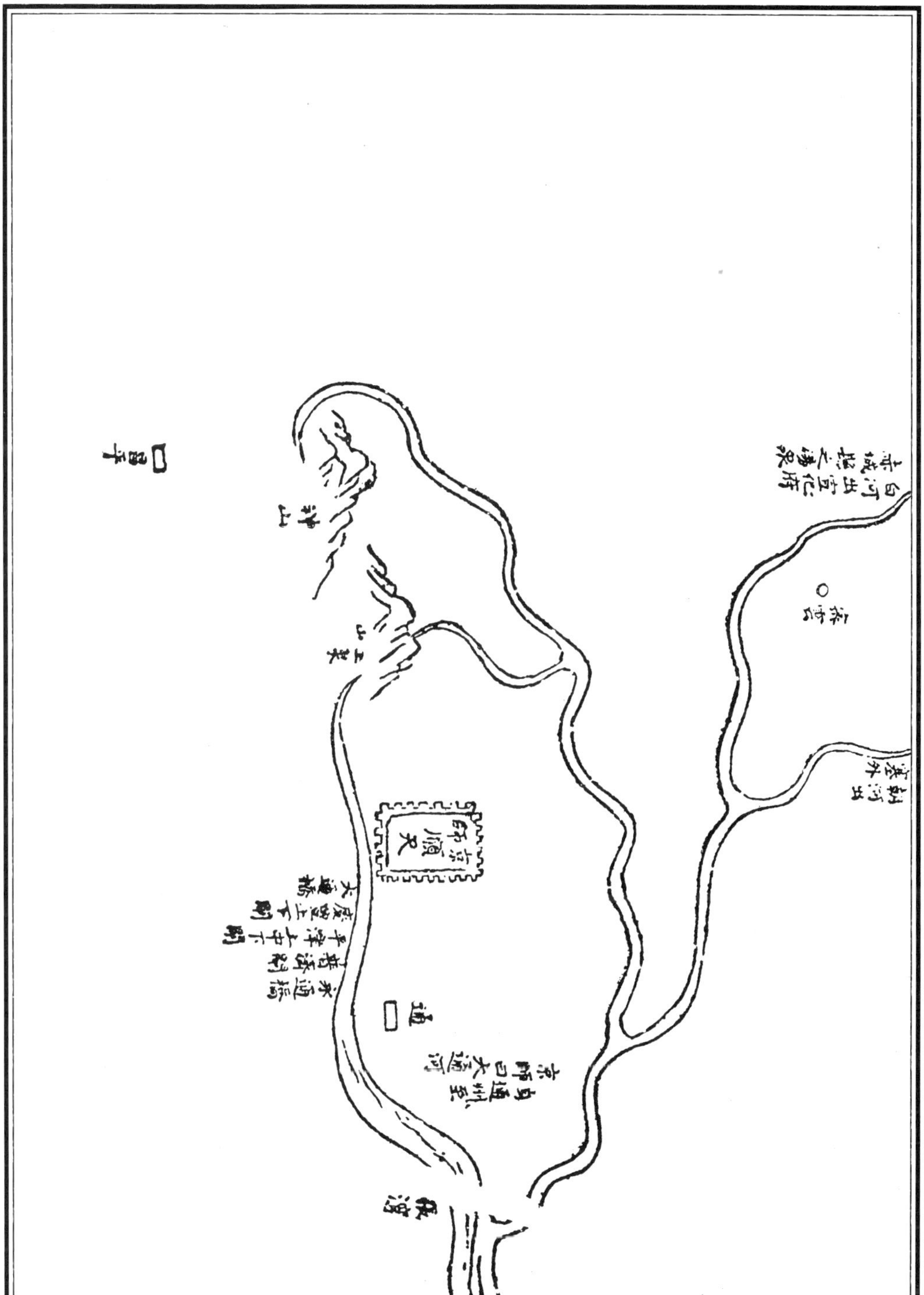
神山
京師
順天
通

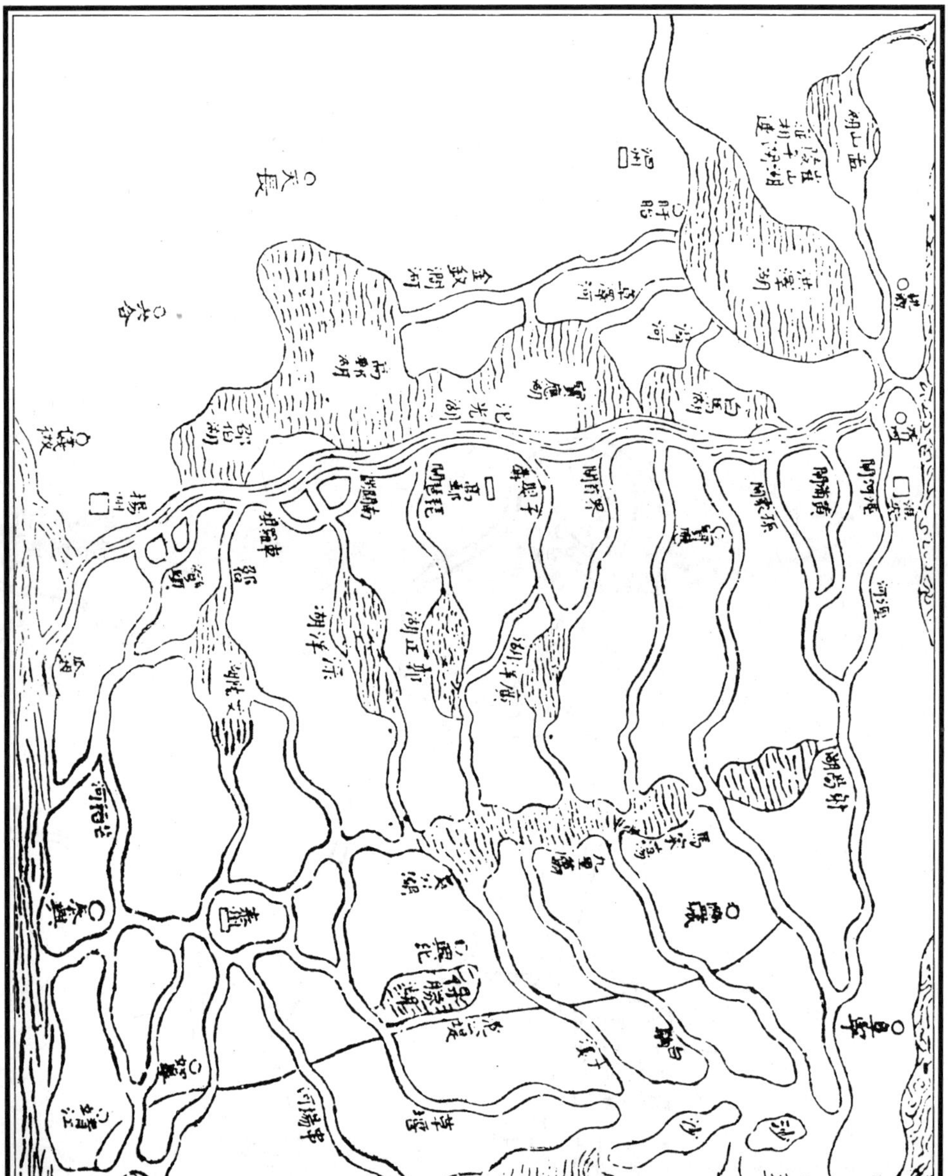

淮南諸河圖

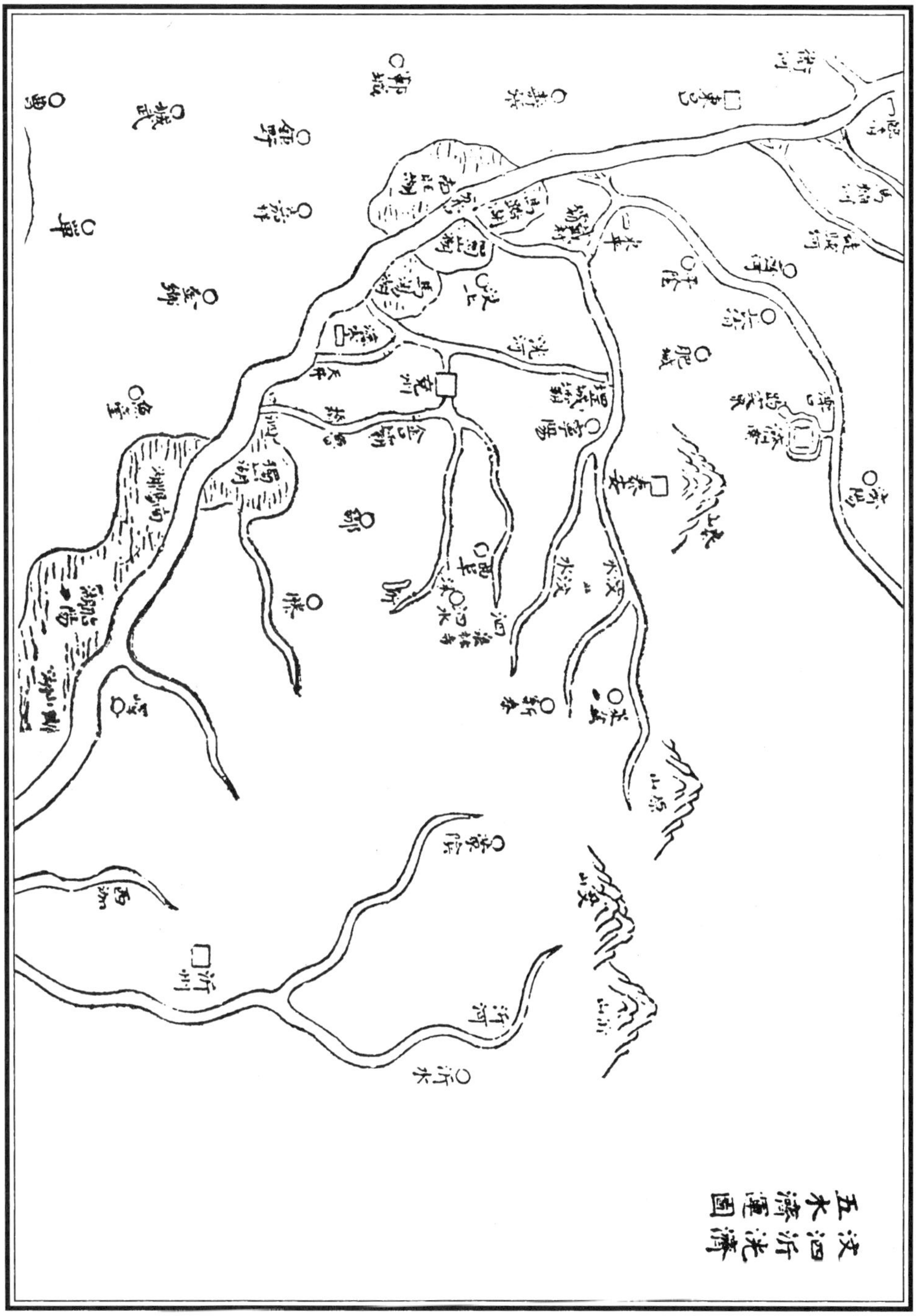

五水濟運圖

卷一

治紀上

自禹之後，治水之人多矣，而不詳其所治之法。詳所治之法者，蓋自歐陽玄《至正河防記》始也。夫治水，非徒法也。因乎地形，察乎水勢，而加之以精思神用焉。然規矩備而婁之明，輸之巧，不更加乎？《河防一覽》備矣。臣不才，督河十有餘年，治防事宜，不能希附前人。然河流變遷，運道改易，宜於今者，或不必膠於古，故凡見之施行者，亦不敢不録而存之，以備後此芻蕘之採，其繁且大者，辭不厭詳焉。

大興經理

凡大工之興，先審其全勢。全勢既審，必以全力爲之。未有畏其大且難，而曰吾姑以紓目前之急已也。康熙十六年以前，淮潰於東，黃決於北，運涸於中，而半壁淮南與雲梯海口且滄桑互易。此時若不將兩河上下之全勢統行規畫，源流並治，疏塞俱施，而但爲補苴旦夕之謀，勢必潰敗決裂而不可收拾。臣受事之始，正值軍興旁午，籌餉維艱，而《經理河工八疏》所計工程極大，請帑至數百萬計，廷臣不無其難其慎。而我皇上睿謀獨斷，不惜大費，悉准施行，此兩河之得以復故也。

首嚴處分

天下事莫不成于明作而敗于因循，但人情當積疲之後，委靡不振，無論賢、不肖，皆狃以爲固。然非有以大震動之，則賢者無以勸，而不肖者無以懼。自兩河失故十有餘年，夙弊相沿，廢弛日甚，司道委之府佐，府佐委之州縣，州縣委之佐雜，而府州縣之正印則袖手旁觀。辦物料則累月經年，計夫役則有名無實，覈工程則苟且支吾，懲不勝懲，雖河臣亦無如之何。康熙十六年，題請嗣後凡黃運堤岸修築，各定年限，其汛地沖決及催夫不發、辦料不前、推卸遲誤，並不行轉催，不行確查，具題之上司，增定新例，較昔彌嚴。其薦舉大計等典，凡有河地方之道、府、州、縣正印、佐貳等官，俱將河工一併考成。從此人知儆惕，舉千數百里之大工，屈指限期，以告竣焉。

改增官守

兩河襟帶數千里，全在大小群有司贊襄戮力。必使人如臂指，而後其令行；必使人無觀望，而後其心一；必使人知懲勸；而後其力殫。往時河官之制，設分司四員，以部郎領其事，三年一易，以爲常。夫部郎之親民也，視郡邑有間，舉事率多格滯，且以年之有限也，往往履任之初，皆迂疎；及車輕路熟，又以瓜期去，故請撤部郎而歸之監司、郡丞。蓋監司、郡丞之於郡邑，呼吸一氣，事易集，且可遴選其諳練者以名聞，又綿其歲月，責其成功，是以吏習民安，而政克舉。然大工龐雜，又非數郡丞可理，故又分設監理、分理者，畫疆任責，俾各專其事，展其長以課其殿最而黜陟行焉，而河功無不効力之員矣。

設立河營

舊制：沿河堤岸，額設河夫以供修防之役。然有司按籍簽點，必假手於吏胥，由吏胥而及之鄉長、里甲，大都冒張虛數，臨時倩應老弱，故名存實亡，而功以墮也。今改設河兵八營，營領以守備遞爲千、把總，一以軍政部署之，令其亡故除補，有報逐日，力作有程，各畫疆而守，計工而作，視其勤惰而賞罰行焉。有事則東西併力，彼此相援；無事則索綯藝柳，巡視狐貛窟穴，較額夫舊制有條而不紊，有實而可覈矣。然守弁惟以督率興作爲務，至於錢糧出入、稽查商確，非文職不可，故有一備，即有一廳員監之，然後文武相資而事易集焉。

挑濬引河

塞決之方，必先殺其勢，平其怒，而後人力得施焉。則莫如引河之善也。引河之用有三：一曰分流以緩衝也。河一決則全流盡趨決口，奔騰激蕩，椿埽無所施，應於對岸上流別開一河以引之，則決口緩矣。一曰預浚以迎溜也。河身既淤爲平陸，即異日黃流歸故，必漲溢而他潰，故必預開一渠以迎之，務使水至歸渠，遂其湍迅之勢，則刷沙有力，而後無旁出之虞。一曰挽險以保隄也。河性猛烈，方其順流而下也，則藉其猛以刷沙，當其橫突而至也，則挾其猛以崩岸，故當其倏忽激射之時，宜酌左右之中，急開一渠，以挽所冲之溜頭，引入中流，以奪其勢，而後危堤可保，故曰其用有三也。至於度土地高卑之數，以定挑挖之淺深，驗土性淤鬆之殊，以酌渠路之去取，又在任事者之盡心焉。

挑河之法，固宜相土地之淤鬆以施浚，然亦有本無鬆土，不得不於淤處挑挖者。後水到之時，不比浮沙易刷，此等水中之淤，最難施力，必須初開之時，分外加深乃可。

開闢海口

雲梯關者，不知名自何時，乃黃、淮二瀆所由以入海者也。往時關外即海，自宋神宗十年，黃河南徙，距今僅七百年，而關外洲灘遠至一百二十里，大抵日淤一寸。海濱父老言：更歷千年，便可策馬而上雲臺山。理容有之。此皆黃河出海之餘沙也。自河道內潰，會同之勢弱，下流不能暢注出海，而海口之沙，日淤海口，日淤而上流愈壅，以致漫決頻仍，內訌而不之止。故凡議河事者，莫不力言挑濬，而不知其勢有必不可者，何也？挑浚之口最狹淺，亦須寬至里、深及丈，方可通流，以土方之算，授工計萬夫，三日之力，不及里之一分。且漸近海濱，人難駐足，加以滔天之潮汐，一日再至，不特隨浚隨淤，尤恐內水未及出而潮水先從之而入矣。夫海口之高，皆因關外原屬坪廠漫灘，以故出關之水亦隨地散淌，散淌則無力，無力則沙停耳。《禹貢》紀河之入海曰『同爲逆河，入於海』。夫河也，而以逆名，海湧而上，河流而下，兩相敵而後入，故逆也。既播之爲九，又曷爲而同之？不同則力不一，力不一則不能逆海而入也。《禹貢》，聖人之書，其言不可易也。又考《河防一覽》，潘季馴有言曰：『海無可浚之理，惟有導河以歸之海。然河非可以人力導，惟有善治隄防，俾無旁溢，則水由地中，沙隨水去也。』季馴近世之能臣，其言固不當易也。今日之雲梯關外，是即今日之逆河也。而不隄以求其同，不同以求其入海也，得乎？爰是自清口以下至雲梯關三百餘里，挑引河以導其流，于關外兩岸築堤一萬八千餘丈，凡出關散淌之水，咸逼束于中，涓滴不得外溢，從此二瀆就軌，一往急湍，冲沙有力，海口之壅積，不浚而自闢矣。

塞決先後

河水當泛濫奔溢之時，其決口必非一處，或大或小，或上或下，議塞者莫不先大而後小，先上而後下，而不知其理有不然者。蓋大口難塞，非踰旬累月不能竣。迨大口工竣，而小口又復汕刷而成大，雖用裹頭套護之法，第能使之不潤，不能使之不深，然亦未有中泓既深而兩端不塌陷者。則是所塞之工，處處皆大口矣。夫大口既寬潤，至於成河止矣，必不至更刷而大，急將諸小口盡行堵塞，而後以全力施之大者。至於先下而後上，從事乎其所易，其理亦然。截其尾，毋攖其鋒，下口既截，而後以全力施其上，或挑引河，或築攔水壩，或中流築越壩，審勢置宜，而大者、小者當亦無有不受治者矣。

量水減洩

至柔莫如水，然苟不得其平，則雖天下之至剛者，不能禦平水之法。奈何？曰量入爲出而已。今使上流河身至寬至深，而下流河身不敵其半，或更減而半之，勢必懷山襄陵，而潰決之患生。夫河面窄狹之處，或城鎮山岡不可開闢，我則於其上下流相度地形，多建滾水閘壩及涵洞，放入通水之溝渠，以測土方之法，移而測水，務使所洩之數，適稱所溢之數，則其怒平矣。至其下，或復寬潤如故，又恐其力弱而流緩，流緩而沙停，則仍引上流所洩之水，歸之正河，以一其力。如是則雖以洪河之浩瀚，而盈虛消長之權，操之自我，不難擇便利而疏導之矣。

防守險工

防河之要，惟有守險工而已。黄河之易決，莫如中州。其地土鬆而沙多，每一坍陷，輒至數百丈，然其地寬曠，不與水争地，其築堤甚遠，至近者亦三五里。此堤不守，復築一堤以守之，河流去堤身既遠，則游波寬緩，亦不能深入，勢必復引而他去，而淤灘仍爲平陸。故雖險而易守也。江南自徐、邳而下，大抵皆城郭室廬，村鎮繁庶，不得不晝地戒嚴，亦其勢然矣。守險之方有三：一曰埽，二曰逼水垻，三曰引河。三者之用，各有其宜。當風抵溜，其埽必柳七而草三，何也？柳多則重而入底，然無草則又疎而漏，故必骨以柳而肉以草也。禦冰凌之埽，必丁頭而無横，何也？冰堅鋒利，横下埽則小擦而靡，大磕必折也。然埽灣之處，則丁頭埽；又兜溜而易冲，必用順埽，魚鱗櫛比而下之，然後可以攩溜而固堤。至十分危急，搜根刷底，上提而下坐，埽不能禦，則急於上流築逼水垻，回其溜而注之對岸，或一二三道。若止一道，恐河流(捍)〔悍〕烈，垻一摧而堤即不可救也。若開引河，則其費甚鉅，又必酌地形而爲之。若正河之身迤而曲，如弓之背，引河之身徑而直，如弓之弦，則河流自必舍弓背而趨弓弦，險可立平。若曲折、遠近不甚相懸，河雖開，無益也。諸如此者，殆如禦敵，然埽之用，是固其城垣者也；垻之用，捍之於郊外者也；引河之用，援師至近，開營而延敵者也。夫吾既修其内備，而外又或捍之、或延之，敵雖强，未有不遷怒而改圖者，保險之法盡矣。

附黄河各險工

自徐、邳以至海口，千有餘里，險工甚多。有昔險而今平者，亦有昔平而今險者。蓋河道變遷，冲刷不常之所致也。前代河患在北，其險多在開封、大名、河間、東兖〔一〕間。今河患在南，開封所屬，惟滎澤、北門一險，當歲加埽土以防之。東省惟曹縣、傅家集一險，向挑引河一道，尚未成，此河一成，便可變險爲平。若江南則自徐、邳以下，險工不可屈指。今舉其最者凡四十有六，詳記之，冀後此司河事者加之意焉。

碭山縣，兩岸堤俱無險工。

蕭縣，兩岸俱無險工。

徐州，南岸險工三：曰郭家嘴，乃治西南護城堤盡處；曰楊家窪，在長樊大垻南，地勢最卑難守；曰小店莊，在楊家窪東。其北岸險工曰長樊大垻。

邳州之境，盡於北岸，險工四：曰塘池大垻；曰洋山寺；曰董家堂，州既去舊制，移建城南堤，其南里許即董家堂，乃剥膚之虞也；曰五工頭，在治東南。

〔一〕大名、河間、東光地理相近，『東兖』疑爲『東光』之誤。

睢寧之境，盡於南岸，險工三：一曰王家堂，一曰戴家樓，一曰羊山寺。自鯉魚、峰山兩崖中建瓴而下，南北衝突三處，皆頂衝也。

宿遷，南岸險工四：一曰蔡家樓，一曰彭家堡，一曰徐家灣，一曰白洋河草壩。北岸險工三：一曰朱家堂；一曰楊家莊大壩，並逼水壩；一曰古城。諸險之中，朱家堂逼近運河，尤爲險要。

桃源，南岸大險工三：曰烟墩，曰龍窩，曰李家口。北岸險工五：曰九里岡，曰上渡口，曰七里溝雞嘴壩，曰新莊口，曰三岔。

清河，南岸險工三：曰甘羅城，天妃壩，惠濟祠。此處最當頂冲，雖係石工，而殘圮過半，內即運河，所係最大。北岸險工一，曰玉皇閣，即縣治之南堤也。大抵宿、桃、清三邑，無山岡之阻，地土疎曠，其河流激駛，與他境不同，防之者尤當加意。

山陽之險，俱在南岸，險工最多，凡十有二：曰王公堤，乃第一大險工也，別有論說；曰老壩口，曰草灣，曰湯董莊，曰顔家河、上張莊，曰真武廟，曰周家渡，曰唐家堡，曰小茭陵，曰何家莊，曰大茭陵，曰馬邏、沈家園、羅舖、左家口，至卓家口二十里。

安東之險，俱在北岸，險工凡六：曰二舖，曰便益門，曰南門，曰東門，曰茆良口，曰佃湖。此各險雖與海近，無大害，然民社土田之係則同。

按：河性衝突遷徙無常，昔日之險工，質之現在，而不必盡合，難以枚舉。今以舊圖、新圖並列之卷首，使覽者叅觀而自得之，此不贅述。

堅築河堤

防河之法，首在於隄。然堤太逼則易決，遠則有容而水不能溢，故險要之處、縷堤之外，又築遥堤以備異漲。堤稍瑕即潰，與無堤同。必選擇淤土，每覆土一尺，即夯硪三回，築畢用鐵錐杵孔，沃以水，水不滲漏爲度。然亦有純淤土而滲漏者，則其土必太堅，錐不易入，其捍水尤有力。且土必龜折爲驗。堤之高卑，因地勢而低昂之，用水平打量，毋一概以丈尺爲憑，以水面爲準。築堤之法，陟則易圮，如堤根六丈，頂止二丈，俾馬可上下堤面，及根必多種茸草以蓋之。蓋草能柔水性，能庇雨淋，而坦坡又可殺風浪之怒也。其取土宜於十五丈之外，切忌傍堤空取以致積水成河，刷損堤根。然取土有遠近難易之辨，故其工值之多寡，視其遠近難易而增減之。又土方之數，有虛實上下之辨，故其工值之多寡，復視其虛實上下而差等之。堤成之後，必密栽柳葦茭草，使其茁衍叢布，根株糾結，則雖遇飈風大作，總不能鼓浪衝突，此護堤之最要策也。

堵口諸要

河決之始，如用埽(裏)〔裹〕頭以防汕刷，築逼水壩，開引河，簽樁必須深釘入底，以防懸空悞事。《河防一覽》所載備矣。至於沉繫埽箇，全在揪頭繩索，其力尤重于樁，必須多而壯。埽必重而後沉，當柳七而草三，填土之後，儻埽工之外，忽起翻花大浪，急須於堤內下埽填土，晝夜壓截。其翻花浪起于數十丈之內，猶易，若起百丈之外，則危矣。其堤工若但坍陷而平下，猶可填土加埽，若一懸空則危矣。若內外傾欹，亦不可救，此《河防》所不載，堵決者不可不知也。

就水築堤

於水中築堤取土，最遠或至數十里外，工費不貲者。當用水中取土之法，其法先定堤基，隨用船裝遠土於水中，築成圍埂，其埂出水二尺，中濶三十丈，長五十丈。圍埂既成，用草料防護，隨將埂內之水車乾，然後于離堤基十五丈之外，啟土挑至堤基之上，密加夯硪，築成大堤。其堤如應，頂寬二丈，底寬十丈，高一丈六尺，每堤一丈用土九十六方。連船裝築埂之上並戽水防埂，一切夫工、器具、料物以及陰雨食米等項，每方約需銀二錢六分，較之尋常就遠取土之費，約省過半。

栽植柳株 劉天和《六柳說》附

凡沿河種柳，自明平江伯陳瑄始也。其根株足以護堤身，枝條足以供捲埽，清陰足以蔭繂夫，柳之功大矣。然種柳不得其法，則護堤之用微，且成活者少。惟明臣劉天和《六柳說》曲盡其妙，當倣其法行之。統計每年歲修，需柳不下一百萬束。自康熙二十年勸令各官種柳，已得若干株。自二十六年以來，所用之柳半取諸此。再行各營弁，凡春初防守稍暇之時，每丁計地，各課種柳若干，不過三年，沿河成林，一有不測，捲埽搶防，不煩砍運於他處，即以本汛之柳，供本汛之工，力省而功易集，所益非小也。

六柳說

余行中州，歷觀隄岸，絕無極堅者。且附堤少盤結繁密之草，與南方大異，爲之憂虞，乃審思備詢，而施植柳六法：一曰臥柳。凡春初築堤，每用土一層，即於堤內外邊箱，各橫鋪如錢如指柳枝一層，每一小尺許一枝，毋太稀疏。土內橫鋪二小尺餘，上面止留二小寸，毋過長。自堤根直栽至頂，不許間少。二曰低柳。凡舊堤及新堤，不係栽柳時月修築者，俱候春初用小引橛於堤內外，自根至頂，俱栽柳如錢如指大者，縱橫各一小尺許，即栽一株，亦入土二小尺許，土面亦祇留二小寸。三曰編柳。凡近河數里緊要去處，不分新舊堤岸，俱用柳樁，如雞子大，四小尺長者，用引橛先從堤根密栽一層，六七寸一株，入土三小尺，土面留一尺許。却將小柳臥栽一層，亦內留二尺，外留二三寸。却用柳條將柳樁編高五寸，如編籬法，內用土築實平滿。又臥栽小柳一層，又用柳條編高五寸，于內用土築實平滿。如此二次，即與先栽一尺柳樁平矣。却於上退回五寸，仍用引橛密栽柳樁一層，亦栽臥柳、編柳各二次，亦用土築實平滿。如堤高一丈，則依此栽十層，即平矣。以上三法皆專爲固護堤岸，蓋將來內則根株固結，外則枝葉綢繆，名爲活龍尾埽，雖風浪衝激，可保無虞，而枝梢之利亦不可勝用矣。北方雨少草稀，歷閱舊堤，有築已數年而草猶未茂者，切不可輕忽前法。運河、黃河通用可也。四曰深柳。前三法祗可護堤，以防漲溢之水，如倒岸衝堤之水亦難矣。凡近河及河勢將衝之處，堤岸雖遠，俱宜急栽深柳。將所造長四尺、長八尺、長一丈二尺數等鐵裹引橛，自短而長，以次釘穴俾深，然後將勁直帶梢柳枝，如根梢俱大者爲上，否則不拘大小，惟取長直，但下如雞子，上儘枝梢，長如式者皆可用，連皮栽入，即用稀泥灌滿穴道，毋令動搖。上儘枝梢，或數枝全留，切不可单少。其出土長短不拘，亦須二三尺以上。每縱橫五尺，即栽一株，仍視河勢緩急，多栽則十餘層，少則四五層。數年之後，下則根株固結，入土愈深；上則枝梢長茂，將來河水衝嚙，亦可障禦。或因之外編巨柳長樁，內實梢草埽土，不猶愈于臨水下埽，以繩繫岸，以樁釘土，隨下隨沖，勞費無極者乎！五曰漫柳。凡坡水漫流之處，難以築堤，惟沿河兩岸，密栽低小檉柳數十層，俗名隨河柳。不畏渰没，每遇水漲既退，則泥沙委積，即可高尺餘或數寸許。隨淤隨漲，每年數次，數年之後，不假人力，自成巨堤矣。如沿河居民各分地界，築一二尺餘縷水小堤，上栽檉柳，尤易淤積成高。一二年間，堤內即可種麥，用功甚省，而爲效甚大。黃河用之。六曰高柳。照常於堤內外，用高大柳樁，成行栽植，不可稀少。黃河用之。運河則於堤面栽植，以便牽挽。

酌用蘆葦

護堤塞決之用，莫善於埽。捲埽之用，惟草柳二者而已。蓋柳遇水即生，草入水而腐爲土，性既宜之，且又費甚省而採易辦也。柳隨地可種；草近則取之湖塘，遠則取之海濱。湖塘所出之蘆葦，不如海濱所出者之堅實長大，每一束抵二三束之用，但以其地遠，採辦稍艱。若抵冲塞决，非此不可，酌其工程之緩急而用之可也。

運載土方

浚河築堤之遲速，一視運土之遲速而已。初以人力有限，以驢代之，然終莫若車運之便也。夫驢之力雖勝於人，然芻秣之費，喂養之勞，倒斃之患，合而較之，殆不得當矣。車之製，當用獨輪小車，蓋挑土之處，大抵原隰高低，溝坑斷續，雙輪則不行，且小則往來捷而不滯也。一車所載，可得土二百斤，每日二夫，一車之所運，可抵三夫之運。較之於驢，則省芻秣喂養倒斃之累；較之於人，又無召募逃亡及陰雨坐食之害。且設遇農工興作之時，工程方亟，而夫役不繼，則車之利尤大矣。計一車之工本，不及五錢。河例，每夫工食一日四分，不過出十二夫之工食，用之經年，可得三百六十夫之用矣。

採辦料物

水土之工，物料最難。雖上有經畫之總理，下有諳練之屬員，與子來之兵役，而所需不急，以至萬夫束手以待，其悞事非淺鮮也。然物料非難，採辦爲難。往時河工舊例：一曰官辦，所需之物，行文于各出產之地方有司，給價買解；一曰商辦，聽各商人赴工領銀，送料交官。夫地方官有司，必假手於胥吏，由胥吏而及之各行户，層層剥蝕，至料户或分文不給。及運料到工，而所專管之官，貪婪不職者，更復式外苛求，不肯即收，小民不堪其命，此官辦之害也。工料之大，莫如椿木，而商人領價，大都真僞相半。其真商領銀入己，分派各小行，其值必虧；僞者實無資本，夤緣冒領，花費拖欠，此商辦之害也。至於大工急於星火，而文檄追比，催督不前，常至四五年，種種悞工，則一也。臣涖事以來，稔悉此弊，再三斟酌，終無至當之策。若竟委之在工各官，恐破冒多；若專委之胥役，又恐勢輕而無濟。惟有擇員而任，以鼓勵懲勸之爲稍愈耳。除歲修物料不多，不必差員，其大工物料，若葦草緞麻之屬，當委之鄰近各邑佐貳，彼既與工近，習知在工所需之物，必不敢欺且淹；其椿木之屬，當精選廉幹之府佐貳，專行買解。所辦之木，果堅大如式，價值不浮，又往來迅速，克濟大工者，工竣題請優叙，否者請黜亦如之，庶幾人知自勵，採辦不前之弊或可免矣。

土方則例

土以方一丈、高一尺爲一方。然有上方、下方之別焉，有專挑、兼築之分焉。至挑河又有起土淺深之不同焉，築堤亦有運土主客之不同焉，其土方工值更有人力强弱之不同焉。以江南而論，自邳州、睢寧縣起，至碭山縣止，每築堤一方，給銀一錢四分；自宿遷縣起，至山陽縣止，并揚屬各州縣，每一方增銀一分。此題定之例也。

主土者，就近挑挖之土，以所築之堤爲準者也。取土之法最忌逼堤，蓋逼堤則堤址卑窪，便有積水傷堤之患，故必離堤十五丈之外取之。取起之土挑至堤基之上，用大石夯硪之，或以七寸爲一層，夯至五寸。或以一尺爲一層，夯至七寸。然後再上一層土，如前法夯之。務要自底至頂，層層夯硪打就，則徹底堅固，可免滲水之患。每堤高一尺，兩面坦坡，必須築寬六尺。如高一丈之堤，應築寬六尺之堤底，再加堤身、頂底各寬二丈，共計頂寬二丈，底寬八丈，高一丈。用勾股法科之，每丈計築成上方土五十方，每方一錢五分，應給銀七兩五錢也。

客土者，迤遠挑運之土，以所起之土爲準者也。如此處必須築堤，而沿堤基俱係積水湖蕩，畚鍤難施，勢必別處取土，用船裝運。高、寶定例，以五十大籮爲一方，每籮約重二百餘斤，每方約重一萬斤。連搬運上船工銀六分，運至工所又工銀八，分由船而運至堤上又工銀五分，堤基之上再加硪，夫夯硪又須工銀二分。通計虚土一方，共費銀二錢一分，止築成上方堅實堤土七分也。

專挑者，止挑去河身之土，而不係築堤者也。所挑之土，必離河邊四五丈地面，方許卸棄。若就近竟卸，一經淋(兩)〔雨〕，仍復淌入河内矣。其挑河工價，以所挑河之淺深爲準。凡挑三四尺深者，每方給銀六分；五六尺深者，加一分；七八尺深者、九尺一丈深者、一丈一二尺深者、一丈三四尺深者，遞加一分至一錢一分止。蓋六尺深以上之河，無翻塘戽水之勞，不過每方六七分而止；其挑深七尺者，未免有水，一丈以外，泉水愈多，故給銀遞加。若黄河之内流沙陷足，施工最難，必須設法挑挖。大抵每方遞加一分，七八尺深者，給銀九分；至一丈三四尺深者，給銀一錢二分。然又當審工程之難易，如人夫易募、雨水不多、地高泉涸之處，尚可省一分也。

兼築者，即用挑河之土，以築防河之堤也。如所挑之河有必須築堤者，其所挑之土必須卸于應築堤基之上，照依前式，徹底夯硪成堤。如此則一舉而堤河成。每挑土一方，照挑河工銀外，另加攤土夯硪銀二分。此挑河兼築堤，作下方工價科算，以河工挑成爲準者也。更有雖挑河而重在築堤者，每上方土一方，給銀一錢六七分不等，此以堤工築成爲準者也。總之視工程之難易而斟酌之。

上方、下方者，以築成堤工之實土爲上方，土塘所取之鬆土爲下方也。然一堤之中，亦自有上方、下方之别。如築堤一丈，則以平地自一尺起至五尺爲下方，自六尺至一丈爲上方；如築堤一丈二尺，則以一尺至六尺爲下方，七尺至丈二爲上方。蓋築堤之法，愈高則愈難，故必先爲斟酌難易，而等差其工價，庶鋪底者不致以易工而多取值，收頂者不致以難工而寡取值。則勞逸之勢雖殊，而高下之值則均也。然土方工價，雖題有定額，亦不過舉大概而言。若築堤高至一丈四五尺，自不得泥一定之例，況取土更有遠近之不同，甚至紮簰鋪路，遠取稀泥于污淖之中而成堤者，其工價不啻加倍，有至三錢餘一方者，更難執一而論。是在司其事者，相地勢之高卑遠近而變通之可也。

卷二

治紀中

高家堰 題明經理河工第三疏內事宜

洪澤（河）〔湖〕在山陽之西南，北距大河，東俯高寶諸壑，淮水遠自豫省，復挾汝、潁、溵、渦、汴群川之水，滙而入焉，潆洄激蕩，唯下之是趨，而其地東北爲下，趨而北則出清口而達于海，趨而東則高寶諸壑滔天，而淮揚之民其魚矣。

漢末陳登爲廣陵守，大興水利，首建高堰，障其東而使之北，淮南千餘里，地無沮洳，後世治水者，皆守其舊而不變。自唐以來，南北通運，至宋，黄又徙而南，湖日寬廣成巨浸，而是堰之所係愈重。慶曆間，一修于發運使張倫。明初，再修于平江伯陳瑄。至萬曆間，河臣潘季馴復大修之，且砌以石者三千餘丈，愈鞏固焉。

顧西南一帶，自周橋至翟壩三十里，空之而弗堤，曰此處地形稍亢，天然減水壩也。但當時湖底深而能納，雖不築堤，湖水常低于岸面，惟遇霪潦異漲，始漫溢而出。故季馴又曰：『周橋漫溢之水，爲時不久，諸湖尚可容受也。』迨黄流倒灌之後，湖底墊高，湖水亦因之而高，況決口九道，淌刷成河，地形愈陷。以愈高之湖，放愈陷之地，于是此三十里稍亢之區，昔所稱漫溢不久者，今且終歲滔天，東注而不止。不特清口之力分無以敵黄，而淮且反引黄水以俱東，二瀆交騰，高、寶諸湖盈科而不受。此清水潭所以大決而不可塞，而下河七邑遂同溟渤也。

臣奉命大修，將諸決盡塞。自清口至周橋，九十里舊堤，悉增築高厚，並將周橋至翟壩三十里舊無堤之處，亦創建之。蓋今日之地形水勢，與明萬曆間大異，即使季馴而在今日，亦未有不堤者也。然仍留減水壩者六處，計二百丈。壩之而弗堤，何也？湖水之高于黄水者，常五六尺，若一任其建瓴而出，則所蓄無幾，一逢亢旱，上源微細，既不足以濟運，更恐黄水之乘其弱而入。故爛泥淺一帶湖灘，昔人稱之爲門限，今不使盡闢，欲清水常留其有餘。然設遇大雨連旬，洪波驟溢，清口一道之所出，不勝數百里全湖之漲，不有以減之，勢必尋隙而四潰。故趨下之勢必堤以防之，不虞之溢復壩以減之，然後節宣有度，旱不至于阻運，而潦不至于傷堤也。雖然，洪澤周圍三百餘里，合阜陵、泥墩、萬家諸湖而爲一，又上受全淮之委，空濛浩瀚。每西風一起，怒濤山湧，而以一線之長堤捍之，浪頭之所及，土崩石卸，雖歲歲增高培薄，終不能禦。

竊思水，柔物也，惟激之則怒，苟順之自平。順之之法，莫如坦坡。乃多運土于堤外，每堤高一尺，填坦坡八尺，如堤高一丈，即填坦坡八丈，以填出水面爲準，務令迤斜以漸高，俾來不拒，而去不留。是年秋，黃水大漲，奇風猛浪，倍異尋常。而汹湧之勢，一遇坦坡，而其怒自平，惟有隨波上下，而無所逞其衝突，始知坦坡之力反有倍蓰于石工者。故障淮以會黃者，功在堤；　而保堤以障淮者，功在坦坡也。惟是填積坦坡以來，垂及十載，風濤之所汕刷，平鋪卸去，離堤已四五十丈矣。若用帑填積，既所費不貲，又工程難見。應每年督河兵歲夫，逐漸加工，立爲定制。每歲堤工一丈，填土二方，務使所增之數，適稱所耗之數，則善矣。久而久之，離堤百丈之內，必漸墊而高，因叢植柳蘆茭草之屬，俟其根株交結，茂盛蔓延，則雖狂風動地，雪浪排空，不能越百餘丈之茂林深草而潰堤矣。

永安河 即清水潭

清水潭之決，歷楊茂勳、羅多、王光裕三河臣經營堵塞，十有餘年，前後費帑金五十餘萬。隨築隨圮，終難底績。其故何也？蓋高、寶諸湖，西南受泗、盱、天、六諸山溪澗之水，西北又值高堰大潰，黃、淮東注，南北交匯，汹湧滔天，方以下河爲壑，而清水潭尤屬卑窪，其勢莫禦，一難也。

屢塞屢決，其勢愈盛，寬至三百餘丈，深至七八丈，旋瀾飛沫，如雷如電，一遇風飈乍起，輒怒濤山湧，漕艘商船至此者，皆徘徊而不敢進。雖有椿杙，人力無所施。二難也。

捲埽築堤，全藉真正老土，然後工程堅固，可以永久。而決口地方，前後左右數百里內，非一望汪洋，即蘆洲沮洳之區，無從取土。三難也。

康熙十五年，尚書冀如錫等勘閱，所司估帑五十七萬，而夫、柳仍派之民間，猶未敢必其成功。臣受事後，周行閱視，曰是未可治也。清水潭以高、寶諸湖爲上源，諸湖西南所受泗、盱、天、六之水，本等之水也；　西北所受高堰，東潰黃、淮之水，無妄之水也。本等者不可去，但去其無妄者，而上流建瓴之水，其力必大殺，而後決可塞也。于是先堵高堰，凡三十四決口，築堤建壩，令全淮盡出清口，然後專力以圖清水潭。但決口既深濶異常，若徒下埽填土，則隨下隨溜，以有限之金錢，委無窮之巨壑，是復蹈前人之轍也。

竊思決口不患其寬也，而患其深。然決口雖深，而決之上下五六十丈之外未嘗加深，其法當避深就淺，于決口上下退離五六十丈爲偃月形，抱決口兩端而築之。計所築之堤，其長必數倍于決口，然較其淺深，必減七八九倍不止。況湖底平坦，則椿埽易施；　湖面寬緩，則冲淌無患。因命于決口之上測之，果深不過六七尺也。然工程既大，老土難得，乃移咨漕督，令大江以南回空漕艘隨便帶老土若干方，赴工交納，選廉能官司之，計方給價。大抵梁王城之土居半，蓋其土性膠而凝，絶勝他處之土。然去工所六百餘里，非回空莫能運也。于是立標授工，就湖内越築之，中下埽筒，内釘排樁，外填坦坡。身宿工次，調度董率。築成西堤一道，長九百二十一丈五尺；東堤一道，長六百零五丈；更挑繞西越河一道，長八百四十丈。凡一百八十有五日而工竣，改清水潭曰永安新河。連夫、柳爲費九萬兩有奇，省帑金四十八萬餘兩。至今十餘年，屹然鞏固，運艘民船，永絶漂溺之苦焉。

南運口

大江以南，各省漕運，自瓜、儀而北，凡四百五十餘里，至清江浦天妃閘，以入黄河。此明臣平江伯陳瑄之所開也。萬曆年間，河臣潘季馴以天妃閘直接黄河，故不免内灌，因移運口于新莊閘，以納清而避黄。後亦以天妃名之，非其故矣。然其口距黄、淮交會之處，不過二百丈，黄水仍復内灌，運河墊高，年年挑浚無已。兼以兩河會合，瀠洄激蕩，重運出口，牽挽者每艘常七八百人，或至千人。鳴金合噪，窮日之力，出口不過二三十艘。而濁流奔赴，直至高、寶城下，河水俱黄，民居至澄汲而飲。于是建閘置壩，申啟閉之條，嚴旨刻石，除重運回空及貢鮮船隻放行外，即閉壩攔黄。凡官民商艇，俱令盤壩往來。夫閉壩之制，不獨不便於民，且空重往來之時，仍不能必黄流之不入，乃不得已之圖，非不易之策也。蓋因當時太山墩一帶，及七里墩外，皆淼然巨浸，舍新莊閘之外，別無彼善於此之地。地形水勢，實限之以不得不然耳。

自黄河倒灌以來，西北自白洋河、于家岡一帶，直接泗州，東北自吴城、張福口一帶，直至武家墩，卑窪者悉變爲高厚。其清口以内，裴家場、帥家莊、爛泥淺周圍數十里，凡墊成平陸之處，臣挑引河四道，淮水仍出清口，是則黄流之灌在當時誠大爲運河之害，而在今則頗受其利矣。何也？清口兩岸墊高，天然成堤，黄、淮不得交漫。一利也。太山墩上下洪濤盡涸，而運河之地形，愈加完固，制閘建壩，可以惟我之所擇。二利也。清口之内，横亘灘洲，淮盛則湖水滔滔北注，淮弱則湖水常有所蓄以濟運，而不至于盡洩。即黄漲内乘，亦限於灘洲而不得縱，不久而淮水盛長，即便抵回。三利也。

因而譬之：清口，全淮之口也；洪澤湖，其腹；所挑裴家場、帥家莊、爛泥淺諸河，則其咽喉；而新莊閘河岸，則其唇吻也。夫以黄河之悍烈，而運口出於唇吻之間，宜其淺露而無庇，徑直而受灌，濟運之清淮，反爲濁黄之所抵而不得入也。于是酌議拜疏，移運口於爛泥淺之上，自新莊閘之西南，挑河一道至太平壩；又自文華寺永濟河頭起，挑河一道，引而南，經七里閘，復轉而西南，亦接之太平壩，俱達爛泥淺之引河。内則兩渠並行，互爲月河，以舒急溜而備不虞；外則河渠離黄水交滙之處不下四五里又有裴家場、帥家莊二水，乘高迅注，以爲之外捍。而爛泥淺一河分其十之二以濟運，仍挾其十之八以射黄。

運艘之出清口，譬若從咽喉而直吐，即伏秋暴漲，黄水不特不能内灌運河，並難抵運口，間遇東北風大作，累日不止，濁流乘之，而風廻溜駛，不旬日而停沙一刷無遺矣。是以邇年以來，重運過淮，揚帆直上，如歷坦途，運河永無淤墊之虞，淮民歲省挑浚之苦矣。雖然，旱潦不常，湖水設有時而淺涸，諸引河勢不能暢注而俱出，則寧使裴家場之水斷流，而爛泥淺一道，務須挑浚深寬以佐運，毋或緩此而顧彼。此則意外之虞，亦不得不預爲之籌者也。

皂河

明萬曆三十一年，總河李化龍開泇河行運，自夏鎮達於直河口，不由徐、吕二洪，避黄河之險者三百里，漕運利之。後直河口塞，改行董口，及董口復淤，遂取道于駱馬湖，由汪洋湖面西北行四十里，始得溝河。又二十餘里，至窑灣口而接泇。第駱馬湖，本窪田也，因明季黄河漫溢，停積而成湖。夏秋水發，不碍行舟，至冬春水涸，其淺處不流束楚。且水面遼濶，縴纜無所施，每重運入口，即役兵夫數萬，于湖中撈浚，浮送北上，而所撈之渠，不旋踵而汩没于風浪之中。年年畚鍤，宿邑騷然苦之。況黄河復故，雨潦各有所歸，湖水必致日涸，且撈浚無所施，實漕運咽喉之大虞矣。

查宿邑西北四十里皂河集，其地溝渠斷續，有舊淤河形一道。若挑新浚舊，因而通之，可以上接泇河之委，而下達于黄。但啟土于沮洳之地，爲力甚艱。又南患黄河之逼，北虞山左群山之水，不有隄防，不可以行運。乃揆測規畫，即取水中之土，以築水中之堤，南起皂河口，北達温家溝，水深之處，挑水旱工共二千四百丈，兩岸築堤四千八百丈。凡邳、宿兩州縣舊河内，一切漫流旁洩决口三十餘處，盡行築塞。又起自温溝，歷窑灣，至邳境猫兒窩，計四十里，從無堤岸，每山泉暴漲，即一望滔天，復兩岸築堤二萬七千丈。然猫兒窩一帶，爲徐、兖諸水之所注，納水太盛，則堤必傷，故建減水大壩三座以洩之。至如猫兒窩以上，地亢土堅，則空之而弗堤。又猫兒窩以西，至唐宋山三千餘丈，乃霪霖暴漲之所從出入者，則堤之。蓋自皂河而上者，無不治矣。

惟是下口直截黄河，遇伏秋暴漲，不無内灌之虞。于是復加斟酌，相得皂河迤東二十餘里張家莊，其地形卑于皂河口二尺餘，而黄河上下水勢，大抵每里高低一寸，自皂河至張家莊二十餘里，黄水更低二尺餘，内外水面，高低相準。乃復挑支河一道，自皂河歷龍岡岔路口，達之張家莊出口。蓋前此皂河出口，如丁字形，黄水自西而東，皂河水自北而南，兩溜相抵而不相比。且黄强清弱，故易灌。今張家莊之出口，如人字形，黄水與張家莊之水，俱自西而東，兩溜相比而不相抵，況又以皂河地高之水，下注于二十餘里地卑之出口，其迅流更足以抵黄也。由是上則東省河流，滔滔奔注，常束本等之水于(漕)〔槽〕中，而洩暴漲之水于埧外，下則運口常通，永無淤塞之慮矣。

張莊運口爲皂河之尾閭，東通駱馬湖甚近。若不閉，則皂河之水與湖水必半從此入黄，中河之水必弱矣。春初重運難行；閉之，則夏秋水發，又恐内漲傷堤。應將張莊口築塞，于其東建分水閘二座以減之。猶恐異常霪潦，如康熙十九年、二十四年之水，洶湧漫溢。今河臣王新命倣東省坎河口埧之制，堆積亂石爲埧，誠爲深慮。然尚虞宣洩不及，當再建一平水大埧，策方萬全。但湖口一帶，沙土鬆浮，須于宿遷治西馬陵山址土堅處爲之，更自張莊順現行之河，開複河一道，經駱馬湖，東至馬陵山，接中河以行運，而置現行之湖，以爲月河洩水之地，則往來船隻，行不經埧，可無掣舟之患，兼以遠黄而備不虞。此亦善後之計，勿以爲過慮而忽之也。

皂河運道，自窰灣至吴家溝十餘里，東西堤相去二三百丈，地極卑下，水一出岸，即浩瀚滔天。每東北風起，西堤冲塌殆盡，而西堤内外，皆湖河沮洳，無從取土，修築甚難。又河形彎曲，一里數折，縴挽者苦之。蓋當時因大工屢興，請帑已數百萬，又正值軍興旁午，故力圖節省，但循河形而挑築，以寬束河流故也。今應于冬春之後，埧窰灣口以上，放水東入駱馬湖，使涸出河底，凡河道彎曲處，皆挑而直之。即以所挑之土，填築岸堤，移西堤引近東堤，俾兩岸相去不過五六十丈，則河形漸束，堤工無風浪之虞，且重運飛輓亦易前矣。

中河

百川莫險于黄河，然南北通運以來，浮黄河而達者，凡五百餘里。議者莫不以爲治河即所以治漕，一似乎舍河别無所謂漕也。雖然，水性避高而就下，地爲之不可逆也；運道避險而就安，人爲之，所慮者，爲之或不當耳。有明一代，治河莫善于泇河之績。然其議倡始于隆慶年間都御史翁大立，而傅希摯繼之，再歷舒應龍、劉東星兩河臣，屢興屢阻。迨至萬曆三十一年，河臣李化龍實始通漕，卒避黄河三百里之險，至今賴之。嗣後直河口塞，董口淤，駱馬湖又淺澁不行，臣因有開皂河之請，而泇河之尾閭復通。然自清口以達張莊運口，河道尚長二百里，重運泝黄而上，僱覔縴夫，艘不下二三十輩，蟻行蚊負，日不過數里，每艘費至四五十金。遲者或至兩月有竒，方能進口，而漂失沉溺，往往不免。蓋風濤激駛，固非人力所能勝也。

康熙二十五年題覆詞臣張鴻烈聖心愛民已極案内，加築北岸遥堤。後復加籌酌，若于遥、縷二堤之内，再挑中河一道，上接張莊運口，并駱馬湖之清水，下歷桃、清、山、安入平旺河以達于海，而于清口對岸清河縣西仲家莊建大石閘一座，既可以洩山左諸山之水，而運道從此通行，避黃河之險溜，行有縴之穩途，大利也。乃決計題請，奉命興工，至二十七年正月而工竣。連年重運，一出清口，即截黃而北，由仲家閘進中河以入皂河，風濤無阻，縴拽有路，又避黃河之險二百里。抵通之期，較歷年先一月不止。回空船隻，亦無守凍之虞。在國家歲免漂失漕米之患，在各運大則無沉溺之危，小則省縴夫之費。蓋自吴開邗溝，隋開御河，歷唐、宋、元、明，漕東南以濟西北者，無不仰藉黃河以爲灌輸。欲去其害，又欲收其利，故治河愈難。至康熙二十七年，而運道之歷黃河者僅七里矣。或議于中河北岸，宿、桃境内，建減水壩數座以洩漲者，臣曰不可。蓋中河之水，但患其弱而不患其强，若北岸遥堤減壩一建，則清水弱而黃必有内灌之憂，河身立淤矣。今當大工屢興之後，錢糧未敷，未敢輕議。若工帑稍充，再將遥堤加修高厚，更于中河之北，挑重河一道，即以挑河之土築成重堤，于西寧、錫成兩橋之間，建閘一座，既以分洩東省之異漲，又以灌溉宿、桃、清等七州縣之田畝。即遇黃淮並漲，亦可分洩入中河，以併出平旺歸海，真永賴之策。而臣初議挑中河之舉，原議如是，故有中河之名也。又運艘自清口入仲家莊閘，雖曰截流而北，然逆流而西者居多。若于清河治東陶家莊，再建一閘，重運則由陶莊而入，回空則由仲莊而出，則俱順流矣。且兩閘並建，用備不虞，尤爲萬全，統志之，以俟來者。

或曰潘季馴專築堤以束水，然獨宿遷北岸不築堤，今既欲修遥堤，又築重堤，不亦異乎？曰：束水歸（漕）〔槽〕，乃季馴終身治河之要旨，實亦萬世不易之至言也。然其言曰：宿遷北岸，有馬陵山及倉基、侍邱等湖之限，此皆天然遥堤，故獨空之而勿堤。若今日之地形水勢，則大不然。黃河之底，與黃河之岸，較之明萬曆時，既高數丈。而倉基、侍邱等湖，又皆淤爲平陸，無尺寸瀦水之地。河水一或出（漕）〔槽〕漫岸，不有堤防，必建瓴而四決。故臣獨以修遥堤而築重堤爲必不可緩也。

黃淮全勢

川之善潰莫如黃。蟻穴之漏，不終日而滔天，故防河最難。然有決而害小，有決而害大，沿河兩岸數千里，無在不當防，尤必審其害之孰大孰小，而經略施焉。

決之害，北岸爲大，何也？南亢而北下也。且開封南岸，從汴河可以達淮，歸德、徐、邳而下，其地山陵，其堤歸仁，其湖靈芝、孟山、洪澤，其去無路，久之而亦必復其故，又與運道無係也。然同一北岸，而其害又有大小之不同。若上自閿鄉，下迄滎澤六百里，大抵山多而土堅，不甚潰決，不具論。至安東以下，雖北岸，然與海近，不遠漫；徐、邳北岸即潰決，而岡阜四合，盤紆東下，貫皂河入駱馬而並歸中河。曹、單潰決，或由魚臺上下以入運，或滙荆山口、彭家河以入運，皆無奪河之患。若宿、桃、清河北岸，一有潰決，則運道首阻，而自海、沭以南，馬陵迤左，周圍千里，渺然巨浸矣。開封北岸，一有潰決，則延津、長垣、東明、曹州，三直省附近各邑胥溺，近則注張秋，由鹽河而入海，遠則直趨東昌、德州而赴溟渤，而濟寧上下無運道矣。且開封之境，地皆浮沙，河流迅駛，一經潰決，如奔馬掣電，瞬息數百丈，工程必大，而下埽更難。故前代河決之患，此地常十居八九。

自明臣劉大夏築太行堤，西起黑羊山，東至曹州以及豐、沛，高厚堅固，北岸恃以無恐。歲久不修，風雨之飄零，車馬之蹂躪，殘缺過半。臣任事十年，屬以江南大工屢興，未遑及也。宿、桃、清河境內，無山岡阻滯，其河流之迅駛亦如之，故其害之大亦略等。國初封邱荆隆口、大王廟之決，前河臣楊方興塞之，工六七年而始竣，費帑者八十萬。近則宿遷楊家莊之塞，亦二十二萬。若蕭家渡一工，止旁決非頂衝，然猶費帑十萬兩有奇。而徐家灣因在南岸，費僅三萬。徐州花山之役，則以馬陵山之阻，駱馬湖之滙，費一萬餘而已。故曰決之害北岸爲大，而北岸之害莫大于開封及宿、桃、清一帶，而曹、單次之，徐、邳又次之。若安東以下，非所憂也。然此則就黄言黄，未嘗統兩河南北之大勢而言也。

夫黄自滎澤以至雲梯關海口，兩岸堤工三千二百里，潰決之害，人人知之。淮自桐柏而至泗、盱境八百里，自清口至海三百餘里，上下千一百里，所隄防者止一高堰，而堰之固不固，未有能知其利與害者。知之者曰：『淮地最下，平水者謂淮城睥睨與湖面等，堰不固，則淮其沼，而高、寶七邑其魚也。』此知其一而未知其二者也。又有知之者曰：『堰不固，則淮水東注，黄且躡淮之後，而清口必淤；黄失長淮之援，無以刷沙，而海口亦必淤也。』此知其二而未知其全者也。

夫河決於上者，必淤於下，而淤於下者又必決於上，此一定之理。下口俱淤，勢必以漸而決於上，從此而桃、宿潰，邳、徐潰，單、曹、開封潰，奔騰四溢，東省諸山泉亦阻塞而不得暢，泛溢之勢，更挾黄水而愈漲。而運道民生，不可復問矣。故高堰一堤，全淮係之，全黄亦係之，非特淮、揚二郡與運口之害已也，此兩河南北之大勢也。然則如之何？而可北固開封之障，增卑培薄；中慎宿、桃、清之守，幫築中河兩岸之堤；南謹高堰之守，歲填坦坡，以保之。苟大者無虞，則其他堤岸但遵四防二守之制，即有潰決，亦隨決隨塞，可跂足而治之矣。

黄淮交濟

黄、淮二瀆，敵也。然黄强之時多，淮强之時少，强則易潰，而河不兩行，可減而不可分；弱則易奪，而自泗、盱以東，淮無他河之會，惟即以黄濟淮，使强者不獨强，則二瀆交得其平，而會同之勢成。此減水各閘壩之最爲得也。黄河莫窄于徐州，其至寬者，莫能過百丈。一遇秋伏大漲，奔騰激蕩，必有冲突他潰之憂。淮水北出清口，每患爲黃河之所抵，淮少弱，即不免乘虛而內灌。康熙二十三年冬，皇上南巡閱工，親臨清河運口。蒙上諭今年黃水倒灌運口，須酌一至妥之策，俾永遠無虞。欽遵之下，再三規畫，思善後利運之圖，惟有殺黃以濟淮；而殺黃濟淮之策，無如閘壩善；建置閘壩之地，又無如徐州上下善。乃經營相度，于黃河南岸碭山毛城鋪，徐州王家山、十八里屯，睢寧峰山、龍虎山等處，爲減水閘壩共九座。其因山根岡址，鑿爲天然閘者，居其七。既以殺黃，且使所過水各隨地勢，由睢溪口、靈芝、孟山等湖以入洪澤而助淮。如遇淮漲而黃消，則淮自足以敵黃，而閘壩亦無可過之水。如遇淮消而黃漲，則九閘壩所過之水分流而並至，即借黃助淮以禦黃，而淮之消者亦漲。儻更遇黃、淮俱漲，則彼此之勢略等，有中河以洩黃，周橋六壩以洩淮，亦不至偏强爲害矣。

夫減水莫善于閘壩，但建于運河則易，建于黃河則難。何也？黃河兩岸，俱係浮沙，其基既不固，加以水勢之排蕩，溜頭之緊駛，率不越歲而頹圮。今因天然之岡址，鑿天然之閘座，雖驚濤動地，終不能迸山根而敗之，真千載之利也！雖然，黃善淤，自古記之。引黃入湖，數年後，洪澤湖且淤而爲平陸，奈何？曰：不然。夫黃流急則挾沙而行，緩則停遏。閘壩之水，其流必緩，又越數百里，歷諸湖而入，安能淤洪澤爲平陸？蓋大與宿、桃、清三邑南岸潰決逼近而能墊湖者，不可同日語也。不惟是也，靈芝諸湖等處，地最卑窪，誠使黃水數年一過，流清而停濁，久之亦當如宿遷之侍邱、倉基，安東之碩項等湖，沮洳悉變爲沃壤，其利又不特殺黃助淮而已也。

夫猶是黃也，閘壩未建之先，清口河流，黃常强而淮弱；自建有閘壩，即遇異漲，而上下六百里，遞互灌輸，回環平準。一似黃不得淮，即上無以洩其怒，而下無以佐其勢；淮不得黃，則孤獨無援，而勢不敵。二瀆相須，齊驅而東騖，化讎敵而爲好合，是直以黃、淮爲秦、晉，而以各閘壩爲齎修也。

或曰：各閘壩之水，數十年後，誠不難淤靈芝諸湖爲沃壤，更數十年後，將復誰淤耶？且諸湖淤則助淮之水路絶，淮又將誰助耶？

曰：不然。各閘壩雖建，必異漲方過水，黃雖彊，非異漲亦不能灌淮。誠異漲耶，各閘壩減水入湖，黃之强即淮之强矣。夫黃已復故，更數十年後，黃底愈深，水由地中行，各閘壩尚安有可減之水？不惟是也，黃底愈深而洪澤湖底不加深，則黃與淮高卑懸絶，淮雖弱而建瓴之勢自足以敵黃，又奚求助之有？

或又曰：歸仁一堤專以遏睢、黃之水，使不得入洪澤而潰高堰也。今反引黃以入湖，則不如弗堤。

曰：明代以泗州祖陵之故，歸仁一堤修防最要。使黃消則遏睢入黃以刷沙，黃漲則以防不測。今黃身日高，歸仁堤頂卑于河岸五尺，即使黄消數尺，亦不能遏睢入黄；設一遇黄漲，則建瓴而入湖，在此堤不過一門限沙耳，安能禦哉？况近者湖爲黄淤，容水甚淺，力不足以注清口而敵黄，故即以黄敵黄，是即兵家所云因糧於敵者是也。然將來河流順軌，則河底必日深。不過十數年，此數垻者亦終歸于不用。然則今日之黄、淮交濟者，亦惟其時而已，何可泥也！

南岸遥堤

中州黄河兩岸，築堤多者至四五重。江南境内宿遷以下，北岸則縷堤之内，復築遥堤，南岸則否。蓋以南亢北下，南有湖、淮之限，不致奪河，而北易奪故耳。然自徐州南岸，歷靈、睢、宿、桃至清口、裴家場，約五百里，除諸湖、淮水外，别無分流之河。睢河雖通流，窄隘不能多受，碭、徐、邳、睢一帶，垻閘所減之水，率漫灘四溢，民田悉被渰没。夫前此大興經理之日，正值河道壞極之時，惟奪河阻運是懼，故隄防北岸，不遺餘力，而南岸未遑及之。

今兩河復故，五六年無潰决之苦，則綢繆善後，更當爲大害去而大利興之圖。南岸遥堤一工，其利有四：黄患不測，作重門之障，一也；束散漫之水，滙湖入黄，沮洳涸而爲沃壤，二也；引黄入淤，歲久加高，即岸成堤，不煩再築，三也；挑土築堤，即開成小河一道，伏秋保險，運料便易，四也。統計此堤，約長八九萬丈，自房村至峰山，有子、縷二堤。今應將子堤爲縷堤，而以縷堤爲遥堤。自峰山至宿遷便民閘，舊有遥、越堤，皆須量爲加修。至吴城亦有見在之堤，不煩另築。然此堤所束者，徐州以下之水，而蕭、碭以上，隔于山岡，尚未有所束者也。再于毛城鋪起，築堤一道，至王家山止，以東徐州以西，碭山以東，并十八里屯二閘之水，使悉由鹽河歸睢溪口入靈芝等湖，歷歸仁堤以滙于洪澤湖，則自碭山以及清河縣境七百里，别無霪潦之虞矣。

北岸水利

淮境黄河之北二百里，爲沭河，即《周禮・職方氏》所志『青州，其澤沂、沭也』。沂源于蒙陰，沭源于臨朐沂山，並南流。沂經馬陵山西入運。沭經馬陵山東至郯城，貫山而西，世傳大禹所鑿，由海州漣河入海。其所經行地，較沂爲長，而其流則較微焉。沭自入淮境，廹于山，折而左，大抵與黄河南北並駕而東，以望洋者也。約計二河相夾之地，周可千里，凡宿、桃、清、沭、山、安、海、贛各邑民田皆在其中。向受黄之患，一望汪洋。今黄已歸故，尚苦東省諸山水，及不時霪潦無歸，而其中舊有之河湖渠蕩，久淤于黄，故旱則又無通川瀦水之灌溉，每年正賦猶苦無出焉。臣于中河之北，已擬有重河、重堤之議。若重河已成，于北堤每二十里建涵洞一座，即于洞口開通河一道，自南而北，通之于沭。東西三百里，計置洞十五座，開通河十五道。其沭河狹淺之處，再闢而浚之，俾其縱横貫注，宣洩有路。此工一成，滂則大小相承，河洞互引，民田無濟漫之憂；旱則溝洫可蓄，車戽得施。不過數年，此周圍千里沮洳之地，當一變而盡爲水田秔稻之鄉，其饒且與江浙之蘇、松、嘉、湖等郡埒矣。

蕭碭南河

睢、靈迤西之境，土地曠衍，無通行大河，睢溪亦微。雖有靈芝、孟山等澤，爲衆水之滙，然皆漫涣滲漬而入。故民田率成沮洳，歸郡等處商賈至淮者，又苦水道之阻塞。蓋商與民交病焉。按碭、蕭南境，有故决河一道，今雖淤漫，而舊跡可尋。若疏其淺，浚其塞，開成大河，由碭山東南出符離橋，直達靈芝等湖，至歸仁堤。酌地形高下，或南由泗境入洪澤，或北由桃境入洪澤，或歷歸仁堤之便民閘入遥堤内，從白洋河南出裴家場。其間有無舊堤，或加修，或創築，即以挑河之土築之。此河一成，則歸郡一帶，行潦各有所歸，而民田盡出久淤之地，其利十倍。且商旅通行，市集亦日興，不過數年，變塗泥而爲樂國，無難也。雖于河道無係，而于以通商惠民，其利顧不大哉！

邳州水患

邳州，古下邳也。地形最卑，南瀕黄河，時受水患。西北金鄉、魚臺十數邑之水，滙入微山湖，湖不能容，則又南溢而入邳。蓋自明迄今，稱澤國者二百年矣。然地形雖卑，但使外無溢入之水，内有流通之河，則澤不能鍾，而久淤之土，其桑麻秔稻之利，必有反勝于高鄉者。今黄河北岸，自鎮口閘東至于皂河口，又自北而西抵于唐宋山，皆已築堤。然自大谷山以迨鎮口各閘壩减洩之水，及微山湖溢出之流，並徐州、豐、沛之行潦，南北交注，水患如故。計猫兒窩迤西，彭家河至荆山口約長一百三十里，頗通舟楫，但稍淺窄，冬春常涸。又近荆山口、有伏石一帶，約長二三百丈，尤淺狹，今可開鑿寬數丈，深四五尺，令冬春亦可通流。其外河道，一律加浚，兩岸無山之處，即以所挑之土堤之，再加修猫兒窩以上運河西堤，高之厚之，則歷年久濟之地，必盡涸之爲樹藝之區矣。然運河北受濟、兖之委，西受彭河之流，而沂州、郯城諸山泉，半赴駱馬湖，又半散漫趨徐塘口入運。夫以一綫運河，而納三面之水，伏秋異漲，勢不至於普溢而潰决不止也。其徐塘口必須開河一道，以納沂、郯之餘波，使循運河而東，南至駱馬湖口入中河，于以保運而洩濟，其功亦不少也。

駱馬湖口

自中河達皂河一帶運道，除修堤建閘壩及重河、重堤之外，遂無復遺慮乎？曰：有。内河之水，雖高于外河，然河水之消長無常，今使清、黄並漲，清自足以敵黄。設遇黄漲而清消，則駱馬湖口尚可爲慮，何也？中、皂二河，經行上下二百數十里，雖皆近黃，然猶外黃而內地；外堤雖兩面皆水，然清水有直湍而無橫突。獨湖口則外黃而內湖，以一線之堤，而當兩面橫突之水，勢必不支。先事而圖善後之策，惟有築逼水垻之法。計自湖口而東，至宿治十餘里，乃馬陵山址也。凡黃河之溜大抵一折輒二三百丈，今于湖口之西築一逼水垻，使廻其溜而南向，南向而不得逞，必怒極而復北，則已五六百丈矣。再于湖口之東三百丈又築一垻，以使之再南而北。其下復如之。計河屢折之所向，且及于邑城，而馬陵山址，皆岡土砂石，黃水雖悍，亦不能嚙山址而崩陷之。保固湖口之法，無有善於此者也。

下河形勢

淮以南，揚以北，周圍千百里，澤國也，運河貫其中，東西二堤夾之。西堤以西爲上河，澤之所鍾，舊有（氾洸）〔氾光〕、白馬、甓社、邵伯等十七湖；東堤以東爲下河，澤之所鍾，舊有射陽、廣洋、喜雀、淥洋、淤溪等三十六湖。上河西南，接滁、泗、天長諸山，危岡斷隴，起伏相續，地形爲高，水之所從發也。下河東北，與海爲隣，地形爲卑，水之所洩也。兩河均受水患，而下河尤烈。何也？上河西南受滁、泗、天長諸山溪之水，東注之下河，下河受之。下河西受上河所注滔滔無窮之水，東注之海而海不受。非不受也，海岸高而朝宗之路塞，故昔人譬之釜底也。然查下河以東，山陽則有廟灣，鹽城則有天妃、石䃥，興化則有丁溪、白駒，寶應則有朦朧、喻口，其他鹽場村鎮，小渠不可悉記，皆所以通湖水之出海者也。沿海一帶，長堤起於廟灣，蜿蜒三百餘里，曰范公堤，宋臣范仲淹所築，以障海潮之入湖者也。沿范堤之旁，南北有河一道，曰串場河，淮南諸商借以運引鹽之往來也。運河東堤中八十里曰平津堰，明初設立三十三淺，淺有淺夫，使之不時撈浚。運鹽之堤曰東河塘，明初分爲十塘，塘有塘夫，使之隨時修築。統計下河之地，不下三十萬頃，爲田者十之四，爲湖者十之六。當時堤堅固，疏浚得宜，故水旱皆無慮也。

王公堤

治河之事，莫難於保險。開、歸以下，地土寬廣，堤多者至四五重，無甚險。徐、邳而下，迄至雲梯關，險工櫛比，綫至五十。然要未有如王公堤之所係者大、而所保者難也。是堤建於陳瑄，至今幾三百年，未有失事，《河防》或問亦有慮及此者。潘季馴曰：平常之堤，止寬二丈，尚欲恃以禦河，況二十丈乎？雖然，世有荷甑而行者，或墮地而不顧，今設有千金之璧，則美錦什襲，重櫝而藏之，尤必謹其牡鑰，慎其掌人者，何也？寶之者至，則所以守之者自不得輕也。諸險工即有失，小則淹没民田，大則恐其奪河，如是而已。王公堤一綫石工，內捍運河，外抵黃、淮二瀆之冲，爲四百萬國儲咽喉地。一有所失，不特其上烟火萬家俱爲魚鱉，而自清浦以至高、寶一帶遂無運道，清水潭必至再決，下河周圍千里必盡陸沉。是時，雖更費數百萬金錢，竭數年之民力，恐未易竣工。如今日也，夫千金之璧，猶必措之於萬無一失之地而後安，而況上關國計，下係民生如此其重，而可恃以大概無害置之乎？然此一堤最難保護，若開引河則地形未便，其曲折可開處甚遠，非捐帑四五十萬不能，惟有歲修石工，排樁固址，一有坍陷，便行補葺，而于上流層次築逼水垻二三重以護之，一則擋溜以禦冲，一則廻湍以聚沙，使其日漸壅墊。若石工之外得淤灘一二十丈，則堤址愈固，永無冲決之虞。夫智者防患於未形，而防之則力省而功易集，凡險皆然，而況於險中之險所係尤大者乎？

按：王公堤自海神廟至老壩口，長五百九十五丈，明萬曆初漕督王宗沐創築以禦河患，民爲立廟，此云建於陳瑄，恐誤。

黃河三砂

河之有限砂，如人之患噎，小噎則傷氣，大噎則傷食，故雖痛癢不形，而治之不可不預也。自河流順軌以來，河底日深，然尚有礓砂三處爲河之梗，不可不及暇而圖之。三砂者：桃源之古城、清河之曹家窑、安東之蓮花庵也。然三砂之中，古城砂不甚崇隆，水涸時尚深丈許；蓮花庵近海且河流日漸南刷，更一二十年，必仍從蘇家嘴正流，可與砂不相值；惟曹家窑砂最巨，横亘者一二百丈，每冬春水落時，去水面不過一二尺，夫河流迅疾，一遇限砂，則廻瀾旋洑，從底而起，舟行甚險，且河流爲之不快。但去之甚難，雖乘冬春水落，用釘耙鐵鈀等具鏟削，終難施力，計惟有于其南岸測伏砂斷絶之處，另開越河里許，引河流，使之避砂而行坦，所開之河，不過深一丈，寬五六丈，聽河流自行汕刷。此等工程，當於春初河防稍暇時，調河兵挑浚，不煩募役也。夫此砂既無大害，又非運道經行之地，然設遇亢旱之歲，河水淺涸，一值限砂之阻勢，必流緩而(砂)〔沙〕[一]停，此亦淤積之一漸，苟有妨于河，雖小毋忽可也。

歲修永計 帮丁二難附

昔人四防二守之制，皆以保堤也。然使歲修無法，則塌圮相尋，與無防無守同。今營兵之設，僅足以巡查隄防，及運料、下樁、捲埽、栽柳之用。至於歲修加築，其勢有不能者，何也？汛遠而堤長也。計自碭山以下，黃、運兩岸，及歸仁高堰至海口一帶，縷、遥、月、格等堤，統共四十五萬四千丈，而河兵僅七千二百名。計丈分修，每兵當歲修六十六丈有奇。堤高一丈，頂寬倍之，增卑培薄，各

[一]《治河奏績書》卷四作『流緩而停沙』。此處指泥沙而非砂礓。據改。

堅土五寸，須下土七寸，以土方計之，每丈須土二方一分。是每兵常役之外，又當歲挑築下土一百四十五方二分也。豈能也哉？臣前以河兵不足供歲修，擬令每兵許其召募帮丁四名，或其子弟家屬，每丁給以堤內空地，俾耕種其中以自食，而課其歲修。已經題請，未及奉行。然臣深思河道善後之圖，惟有歲修以保堤，而帮丁一議，實與河兵之設，表裏爲用者也。蓋易夫役而設營兵，無召募往來之淹滯，無逃亡之慮，無僱倩老弱之弊。若帮丁之設，則其利有八：堤工高厚，永無潰决，其利一；授田力役，貧民有歸，其利二；堤近民居，風雨可守，其利三；群聚樂業，兵無逃竄，其利四；猝有河患，不煩召募，其利五；室廬相望，寇盗無警，其利六；深耕易耨，狐兔絶踪，其利七；刈穫所餘，藁（桔）〔秸〕充盈，其利八也。

或難之曰：每兵一名，帮丁四名，驟增丁二萬八千八百名，河岸安得如許閒田？若查隱占，則良民擾；若給額田，則正賦虧。何可行也？

曰：不然。黄河兩岸，二千數百里，自十六年以前，非一望汪洋，即沮洳葦莽，此身所目覩者也。今兩河復故，淤灘盡出，置之不問。則棄地若聽民私種，亦無益于國。將計畝起科，而灘岸之田，其糧甚微，不過數釐至二分，極矣！增丁二萬八千八百名，每丁授田十五畝，應田四千三百餘頃，所納正賦從重科輸，不過八九千金耳。今即減八九千金正賦之額田，而歲得二萬八千八百名丁夫之用，以保四十五萬四千丈之堤，歲加高厚，永無意外之虞，運道常通，民無災害，其爲利孰多而孰少？而况賦未必畝二分，所授不必盡額田也。

難之者曰：河臣，怨府也。督撫爲朝廷養民，而河臣勞之；督撫爲朝廷理財，而河臣糜之。故從來河臣得謗最多，得禍最易也。今既設河兵，又設帮丁，分田授宇，在河岸二千數百里之境，其中隱佔必多，一經畫地，怨讟滋作。且兵民並居，勢必生釁，將來挑土修堤，圍塲植柳，鬩鬭訐告從此而起，在督撫必左民而右兵，嫌猜内積，挑搆外作，小則河屬諸員受其禍，大則彼此交叅，而河員不得一日安其位。夫爲河堤圖萬全，而先置其身于不自全之地，何如循常守故用帑歲修之無釁而無毁耶？

臣應之曰：不然。河臣與督撫，皆天子大臣也。河臣司水土以保運安民，督撫諸臣司政教以養民理財，職雖不同，同于爲國也。夫今百姓之得以耕種貢賦、降邱宅土者，何也？皆以兩河歸故，堤岸堅固，而無潰决也。五代漢臣王章有言：『無毛錐，則財賦安從而出？』督撫即爲國養民理財，自當返念民之何以得養，而財之何以得理，必不爲一二奸民喋喋而市恩邀釁，上失體國之忠，下失寅恭之義也。今使堤岸不固，潰决一生，則千里滔天，室廬爲魚鱉之居，膏腴皆荇藻之産。彼正賦之額田，且不能保而有之，尚得隱佔夫非所固有也哉！且帮丁之法一行，亦必會同督撫，檄行地方有司，公同經理，立石分界，而後撥給，非冒昧爲之也。如果有民田近堤者，亦可以空處閒田，互相換易，其家屬有願爲帮丁者，即除其額田應納之糧，亦無不可也。夫朝廷設歲修之河帑，非不知循常守故爲無釁無毀之良圖，但汛遠堤長，將來河患久弭，人情怠玩，既忘當日之艱危，司河者或意在惜帑，狃于補苴旦夕之計，設或變生慮外，即有費數百萬之金錢，竭數年之民力，尚恐不能奏功也。其如運道民生何？夫河道重任也，必圖其大而毋惜其小，必計其遠而毋籌其近，必忘私體國，而毋沽名市恩，以便其私圖。否則碌碌者皆足以任之，夫豈聖天子疇咨而命之旨哉？

閘壩涵洞

閘之底，深于岸，其寬不過二丈四尺至三丈而止。壩之寬，爲丈者可以百，而其底則與岸平。若洞之徑僅三尺而已。其減水之用，大小不同，而其爲減則一也。夫束水莫如堤，然堤有常，水之消長無常也。故堤以束之，又爲閘壩涵洞以減之，而後堤可保也。今使上流河身，其廣數里，而下流河身，或爲山岡郡邑所逼限，其廣也，僅得其半，更或僅得其十之一二，勢必滂薄奔駛，怒極而思逞。加以伏秋暴漲，非時霪雨，其不至於敗壞城郭，漂蕩室廬，溺人民而渰田畝者幾希矣。今於黃河兩岸，及運河上下高堰一帶，凡遇河道險隘及水勢激蕩之處，相度地形，建置閘壩涵洞共若干座，其詳分載各考下。務令隨地分洩，上既有以殺之于未溢之先，下復有以消之于將溢之際。故自建閘壩以來，各堤得以保固而無冲決也。乃不知河道者，與懷怨而尋釁者，嘖有煩言。夫閘壩高卑，各有規畫，原以洩異漲，非所以洩平（漕）〔槽〕之水。且以堤禦河，以閘壩保堤，誠使河不他潰，則河底日深；河底日深，則河水亦日低，行且置閘壩于不用矣。即黃河土鬆而水悍，不無損傷修葺之費，然較之堤工漲潰，普面漫溢，敗壞城郭，漂蕩室廬，溺人民而渰田畝，塞決挑淤，經年累月，爲費不貲，其利害之大小何如乎？不惟是也，耕種之區，資減水而得灌溉，窪下之地，借減黃而得以淤高，久之而磽瘠沮洳，且悉變而爲沃壤，一事而數利興。故既有堤堰，必不可無閘壩涵洞也。

涵洞之用有三：一減水，二淤窪，三溉田，固矣。然神而明之，更以之擋水，以之衛閘，其用微妙，非久于河者不知也。夫閘壩所過之水，大抵伏秋異漲，澎湃之勢，既足以撼閘之基；傾跌之力，又足以陷閘之底。而我以涵洞之水透入閘後，使之旋瀾湧波，以護其基而承其底，則閘反若有所憑以固，而澎湃之勢平，傾跌之力衰矣。其於壩也亦然。顧置洞必與堤內，地面相等，前所建涵洞，正值河身墊高之時，故所置皆高。今河底日深，前所建涵洞，非夏秋水發之時，不復過水，必須因河底之高下而高之下之，方得涵洞之用焉。

論賈讓治河奏

賈讓三策，名臣邱濬謂古今治河無出此策，而詆其謬者亦有之：是二者皆過也。夫論古人者，必論其世，毋泥其所言；平其心，毋逞其所快，然後吾之論爲不易之論，而天下服之。蓋讓之策，乃專爲西漢之世黎陽、東郡、白馬間數受河患而言，未嘗全爲治河立論也。考黎陽即今濬縣，東郡、白馬即今滑縣。冀州之民當水冲者，即濬、滑二境之民貪近河肥饒，沿金堤而作室廬者，非統言冀州全境之民也。繕完故堤，增卑培薄爲下策者，即濬、滑二邑曲防遏水，使百里之間河再西而三東之堤，非專謂堤防爲下策也。

夫河一折即一衝，衝即成險。彼時百里之間而河凡五衝，其患安得不烈？故讓欲徙其當衝之民，廢其曲防之堤，而别爲徑直之石堤三百里，東河以北入海耳。夫讓欲東河而仍用堤，用堤而必以石，而至於三百里，彼之倚堤以治河也，亦至矣。後世不考其時，不詳其地，或欲遵而行之，或欲辭而闢之，不亦過乎？

或曰：昔者潘季馴嘗辨之矣。然則潘之言非歟？

曰：何可盡非也。其上策徙冀州之民，辨之曰：民可徙，四百萬之歲運將安適乎？蓋漢不行運而明行運，然未嘗以之闢讓也。其中策多張水門，旱開東方溉冀州，澇開西方放河流，辨之曰：澇固可洩，而西方地高，水安可往？蓋既傍西山作堤，則東卑而西亢，可知其言皆是也。至若曰：河流不常，與水門每不相值，或併水門淤漫之。夫讓所謂水門，即今之閘垻涵洞也。河流雖不常，能淤漫然。即季馴治河，何以不廢閘垻涵洞乎？

又曰：旱則河亦淺，無以分溉。則又不然。蓋讓所云溉，亦止言冀州石堤三百里間耳。黄河挾萬里之源，合秦、晋、豫三州之水而至冀，安得冀州一旱而河即淺？此一時逞快之論，非通論也。又辨甘州以下濁流不能溉田，亦不可以闢讓，今平心而論之，若所云疆里土田，必遺川澤之分，使秋水得有所休息，左右游波，寬緩而不迫，誠萬世之至言，無古今之分、南北之異者也。其他言則宜於古者，未必宜於今，宜於北者，未必宜於南，何也？前世土滿而人稀，民易徙，後世當水冲者，往往通都大邑，其可徙乎？濬、滑以上，西薄大山，地堅而多石，故能據堅地作石堤。今自開、歸以至海口，惟徐、邳近山岡，餘皆浮沙曠土，地安得堅？石安從取？雖三里亦不能，況三百里乎？且季馴嘗言河南土最鬆，禹導河止經河南一郡，故當時之水不甚濁。今河南、開、歸，河全經之，又距禹三千餘年，流日久，土日鬆，故水愈濁。由此言之，西漢去今千七百年，距禹猶未遠，又河未南徙，則其水亦未必如今日之濁，或尚可因渠而溉田，亦未可知。若今則但能開涵洞引黄以淤窪，已善矣，安能通渠而引溉哉！然則爲今之策，亦惟有擇老土築堅堤以束河，使不他徙；　建閘垻置涵洞以保堤，使不內潰而已。舍此之外，別無奇謀異見矣。故曰：　讓之三策，自爲西漢黎陽、東郡、白馬間言，未嘗全爲治河立論也。鑒於古而不膠於古，不亦善乎！

又

自《禹貢》而後言治河者，始於賈讓之三策，今人皆盛稱之。然即讓之言有不能概行於讓之時者，何也？地形水勢，隨處不同，讓所言乃據黎陽、東郡百里間之情形而言，使移而行之徐、兗、中州之境，則已有大謬不然者，而況欲舉千七百年以前之論而行之於千七百年以後之河道，則亦天下之愚人而已矣！

夫治河以衛民也，徙民非細事也。在上世土滿人稀，故殷避河患，至五遷其國都而不以爲難，後世人民稠庶，今日開，歸以至徐、邳而下，皆通邑大都，萬無可徙之理。蓋當時黃河從黎陽、東郡間，北流入海，其地東薄金堤，西逼大山，惟此二邑之中百餘里間爲必經之地，而民貪其近河沃饒，競作室廬，居住其間，又近山多石，互爲石堤，更相抵遏，東河於其中，所謂百里之內再西三東者是也。

夫河自底柱以東，其勢方洶湃，而思逞而咽喉之路，頓值廹束如此，是以抑於北則潰而南。瓠子一決，而汎郡十六，注鉅野，通淮、泗；　東郡一決，而灌四郡三十二縣，居地十五萬頃，凡西漢二百年間河患皆在此二邑間，雖使大禹復生於此，亦未有不徙民而放河北流者，安得不以爲上策哉？况所謂當水冲者，亦不過金堤左右及環內黃堤與東郡，白馬，故大堤之居民户多，不過以千數計耳。豈若今時一大村落鎮市，動以萬計乎？今不察時勢，動言賈讓上策在徙冀州之民。考西漢冀州該今直隸、山西二地，其民當不下數千萬户，使讓果如徙其民，不知處斯民于何地？兼山西處太行之右，與河全不相涉，不知讓亦何事而欲盡徙之？雖猖狂失志者亦不爲此言，而讓乃以爲上策，且千七百年以來，亦遂無非之者，何也？蓋今人亦但順口讀其書，曰其上策當徙冀州之民，遂互相傳說，而忘其下猶有『當水冲者』四字故也；　且即記有『當水冲者』一言而忘其但即濬、滑二邑曲防居住之民故也。請得而斷之曰：　賈讓徙民在西漢之時，在黎陽、東郡之地，真上策也。若時非西漢，地非黎陽、東郡，豈特非上策，是謂無策。至若隄防者治河之要務，自西漢以迨元明，治河之臣未有不用隄防而能導河使行者，近代潘季馴最稱治河能臣，而其終身所守，惟是『築堤以束水，束水以刷沙』二語耳。而今之空談局外者，輒曰此賈讓所謂下策也。夫使讓誠以築堤爲下策，則前不當云『據堅地作石堤』矣；　使讓誠以築堤爲下策，則必用疏用浚，又不當云爲築『非穿地也，但爲東方一堤北行三百餘里入漳水』矣。詳讓所言，則其築堤以束水之旨，實與季馴同也。蓋隄防之言，乃大概之言，施之得其當則爲束水以導河，施之失其當則爲壅土以遏河，齊作堤以遏河之入海而自利，此曲防之堤也；趙、魏作堤以遏河，此防患之堤也，皆非以束水導河也。故葵丘之會曰『無曲防，白圭爲堤，障水以注鄰國』。則孟子闢之。故讓以爲隄防之作，近起戰國，蓋疾其以隄防爲民害耳。今若不問隄防之是與非，而但以隄防爲是，則是葵丘之載，書可無戒，而白圭之功，果愈於禹也！若但以隄防爲非，則是太原、岳陽可無脩而九澤可無陂也。今黄河自滎澤而東，水常高於地，開封河面且高於内地者丈餘，掘地既不能，築堤又以爲下策而不事，汎濫無束之河，何從而入海哉？蓋西漢之世，文辭朴略，不甚分疏，使人意會，今人亦但順讀其書曰繕完故堤，增卑培薄，勞費無已，數逢其患，此最下策。遂趁口傳説而忘其所謂故堤者，乃即百里之間再西三東，濬、滑二邑之民曲防遏水之堤也。

今使於雲梯關一帶築南北堤一道，堵絶河流，人從而非之曰：治河而防其川，猶止兒啼而塞其口。吾忿然而與之争曰：隄防，治河之要務耳。安得而非之，不亦大可笑乎哉？亦請得而斷之曰：濬、滑二邑，百里之間，再西三東之故堤，真下策，而讓所議，起淇口至漳水石堤三百里，放河入海之堤，真上策也。若其中策，多開漕渠，張水門，旱開東方溉冀州，潦開西方放河流。潘季馴雖嘗辨之，然雖千七百年其地形既不知何如，其河流清濁可溉與否，即季馴所言，已自有前後不同者，不敢妄爲論也。

又

賈讓治河三策，潘季馴嘗論之矣，惜其論之未暢，且上策徙民一議，但曰：『民可徙，四百萬之國儲將安適乎？』又曰：『宋元以前，未行漕之時，賈讓不與水争地，誠爲上策。』其言亦未盡也。今試即徙民言之。攷西漢冀州部所統甚廣，又河自龍門底柱，東北入海，若衛輝、大名、彰德一帶，何處非當水冲者？約計其民，當不下數千萬户。蓋聞治河以安民，未聞徙民以避河也。即欲徙民，吾不知讓將徙此數千百萬之民於何地也！且河流不常，倏東倏西，倏南倏北，使河東北入冀，吾徙冀州之民以避之；儻河更東而冲兖，南而徐而豫，吾亦將盡徙兖之民、徐豫之民而避之乎？使河患果必不可治，當水冲之民，孰肯知陷溺而不避？亦必將不待命而自徙，又何待讓之策之也哉？故曰讓之策可言而不可行者也。

夫河流既不常，即今日徙民以避之，放河北流，不過數十年百年，未有不徙者。在大禹神功之所治，僅四百年，而商已五遷其國都以避河患。至周定王時，河已南徙，安得一徙冀州之民，放河入海，便千載無患？果爾，則是讓之知反過于禹也耶？至于多開漕渠，便民灌溉，變瘠鹵爲沃壤，誠善策也。然開渠之説，止可行于運河之清水，不可行于黄河之濁流。蓋清水弱而易引，濁流强而難禦也。惟有堅築徑二三尺小石涵洞以通其流，而近則又畏河之沖，必須于數里之外爲之。然河善淤，自古記之。通河引灌，雖極卑窪之地，一過而平，再過而高，不出數年，且深谷爲陵。若歲歲開挑，出自國則爲費不貲，出自民則民力勢有所不能。故即不惜帑金，多爲涵洞，其利無過五六年，得僅償費耳，安得曰興利除害支數百歲耶？

夫河自滎澤而東，勢愈大而土愈鬆，一遇伏秋，出（漕）〔槽〕泛溢，若無隄防束之于兩崖之中，以駛其流而刷其沙，彼安肯滔滔順軌，惟海之是趨？故自有此河，即有此隄防之制，以輔相天地之不及。何以徵之？大禹，千古治河之聖人也；《禹貢》，千古治河之聖經也。禹治冀州，首曰『既載壺口，治梁及岐』；次即曰『既修太原，至于岳陽』。蔡氏注：『曰修，因緜之功而修之。』蓋當時緜築堤以障帝都，其功未成，故禹因而修之，其後功成。又紀之曰：『九澤既陂。』蔡氏註曰：『陂，陂障，亦堤也。』又又今濬縣尚有緜堤。然則隄防之作，實始于唐虞之時，而讓乃以爲近始戰國，謂之下策，不亦誕耶？蓋古人傳世之言，有可言而亦可行者，如陸贄之奏議，元稹之均田圖是也。有言之甚可聽，而行之必不能者，賈讓之論治河是也。

夫讓之三策，已乖之千七百年，無有非之者。明丘濬至稱之爲『古今治河無出此策』，今臣獨創論而闢之，世必競起而駁臣之謬，且嗤臣之妄者。第治河，大事也，深恐後世之耳食者，不察其失，而前人以悞後人，後之人又復以之悞後之人，故不得不悉舉而指摘之。雖然，其所云『疆理土田，必遺川澤之分，使秋水得有所休息，左右游波，寬緩而不迫』數語，則善矣。

論賈魯治河

昔賈魯治河，用沉舟之法，人皆稱之。明萬曆間僉事俞汝爲奏議，以爲塞決簡便之用無如此者。臣竊嘗疑之，夫河底淺深坦陷不一，惟草柳性柔，一經壓擠，則周遭充滿，故塞決必用埽。今以至平之舟底，而沉之深淺坦陷不一之湍流，則埽根透溜之患，必有不俟終日而見者。若沉舟之後，仍用埽工繼之，則所費不貲，何如專用埽之便而省？然以魯之才，其成功如是，必非孟浪姑試之人。因於《至正河防記》，沉思尋繹者累日，恍然知魯之沉舟，蓋以代埧而逼水，非以塞決而合龍也。蓋彼時故河業已通流，但決河勢大，水流多於故河十之八；又適當秋漲洄漩湍急，埽不能下；又其上逼水三堤，短弱而勢不支，恐埽行一遲，水盡湧決，決則故河復淤，前功盡墮。因急沉舟爲埧以逼之，所謂搶救也。故前則曰，魯乃精思障水入故河之方，後則曰，船堤之後，草埽三道並舉，此並舉之三道，乃加築前短弱之三堤也。迨至船埽四堤并就，河埶南流，然後塞決耳。不然，魯於九月七日沉舟，而龍口之合，何以直至十一月十一日耶？

雖然，臣以魯於是役也，有三忌焉。魯自受命以及回朝僅逾半載，昏曉百刻，役夫分番，無少間斷，不恤民力，一也；築堤塞決，正值伏秋，用功於河流暴漲之候，不審天時，二也；廢農冒暑，聚十數萬軍民於一路，不念國家隱憂，三也。蓋魯惟上恃其君相之信任，下恃其强敏果敢之才氣，力排群議，犯三忌以成功，蓋以治河則有餘，以之體國則不足。《元史》因『石人一眼』之事，竟坐以亡元之罪，則過矣。夫『石人一眼』之謡，是亦大澤中篝火狐鳴之類，殆韓山童、李芝蔴等所爲耳。然則元之亡即不因魯，毋乃火將然而投之燧耶？

卷三

治紀下

堤工

賈魯治河，有疏，有濬，有塞，潘季馴曰：『治河惟有築堤束水，以水刷沙，此外別無奇謀異策。』此亦專爲治黃河言耳。若清水淤泥礓砂之地，冲之不開，刷之不深，安能舍疏濬而專言塞乎？然疏濬之功十之二三，堤之功則得十之七八矣。故堤爲要焉。

江南碭山縣黃河南岸，上自河南虞城縣界起，下至蕭縣界止，計長一萬四千三百九十三丈七尺，内毛城鋪減水壩閘各一座。

蕭縣黃河南岸，上自碭山縣界起，下至徐州界王家山西止，計長一萬一千四百八十九丈八尺。又東鎮口格堤一道長八百六十四丈五尺，以束毛城鋪減壩之水，並上流各處行潦，由小神河入睢河。

徐州黃河南岸，上自蕭縣界起，下至靈璧縣界止，計長二萬一千二百一十八丈五尺。内護城堤石工五百一十二丈六尺。又郭家嘴至韓家山舊堤一道，長八百二十一丈。

碭山縣黃河北岸，上自山東單縣界起，下至豐縣界止，縷堤通計長一萬零四百四十丈八尺。

豐縣黃河北岸，上自碭山縣界起，下至徐州工界止，堤長二千一百二十二丈。

徐州黃河北岸，上自豐縣界起，下至李道華樓止，堤長七百三十丈四尺；又大谷山、蘇家山一堤，四百四十七丈五寸。李道華樓以下至大谷山九十里，地勢稍亢，無堤，恐毛城鋪、大谷二處減水閘壩不足洩水，空此以洩異漲。又自陟山起至子房山止一堤，計長一千三百十五丈。又上自獅子山起，下至長樊大壩西頭止，計長二千七百十五丈。外長樊大壩遥堤，長一千六百八十九丈。又上自長樊大壩堤東起，下至王家山東止，舊縷堤一千一百二十丈。又北岸花山遥堤至邳州界止，長一千六百六十四丈。

花山决口堤工，自麗家山起，至廟山止，凡十里。初築時，其高且厚也，倍於各處堤工，然其地形原屬最卑。又其土沙多而淤少，其圮敗之速也，較之各堤亦倍之。兼以歷歲漸久，尤恐暴漲難禦，必須加築二三尺。雖境内岡埠蜿蜒無奪河之患，而淹浸民田當亦不少，不可不爲未雨之綢繆也。

靈璧縣南岸，上自徐州界起，下至睢寧縣界止，計長三千九百七十一丈。

睢寧縣南岸，上自靈璧縣界起，下至宿遷縣界止，計長一萬六千六百七十六丈零二尺。內戴家樓險工埽臺，長三百丈月隄五百九十三丈。韓家莊險工埽臺，五百二十一丈五尺。月堤，一千一百十丈。武官營月堤，八百九十丈。王家堂險工埽臺。按：此下當有缺文。

邳州北岸，上自徐州界起，下至宿遷縣界止，計長九千四百七十九丈九尺。外自徐州界起，接廟山，自綿山起，接拐山堤，四百二十丈。又羊山寺西寺南遥格堤長六百四十二丈。又董家堂險工埽臺五百七十四丈。木社店格堤九十八丈。五工頭險工堤二百一丈。運河西北唐宋山格堤三千五十丈。運河東西堤八千二百三十九丈二尺五寸。

邳州窪下猫兒窩，地勢甚高，北來諸水直灌州城，內湖外河及邳、宿兩州縣各堤俱難保，故築唐宋山格堤以攔之。猫兒窩斜對爲彭家河，凡豐、碭、沛、徐及東省州縣北岸之水，俱由此河入運。伏秋暴漲，運河難容，故築猫兒窩、萬家庄、馬庄集減水壩三座以洩之，使東入駱馬湖。

宿遷縣黄河南岸，上自睢寧縣界起，下至白洋河止，計長一萬一千二百六十二丈七尺。又白洋河磯嘴壩九十丈格堤七十八丈。墩郎廟、彭家堡、遥月堤三道，共一千六百零九丈。徐家灣遥堤一千零九丈。

宿遷縣黄河北岸，上自邳州界直河起，下至皂河止。又自西門吴家墩起，下至古城桃源縣界止，堤一萬三百十一丈九尺。又朱家堂護壩堤五千六十二丈五尺。西挑水壩中挑水壩及格堤共五百三十五丈。楊家庄埽工一百六十二丈。蕭家渡埽工九十四丈。宿遷縣運河東西兩堤上自邳州窰灣起，下至張庄口止，共一萬七千五百十七丈。零攔馬河橋壩七座，三百七十丈。

宿遷、桃源、清河、山陽、安東五縣中河北岸堤一道，上自張庄運口起，下至安東平旺河止，共計堤工六萬二千六百四十五丈。內中河南堤七千七百九十八丈，餘又宿遷、清河、安東三縣護城堤三千四百六十五丈。

宿、虹兩縣黄河南岸歸仁堤，長六千三百二十五丈六尺。

桃源南岸，上自宿遷白洋河界起，下至清河縣界止，計長一萬六千五十三丈二尺。外烟墩挑水壩一百零一丈。

桃源縣黄河北岸，上自宿遷縣界起，下至清河縣界止，計長一萬四千六百五十一丈九尺。又上渡口及七里溝兩挑水壩，共二百七十八丈五尺。二岔月堤五百五十丈。

清河縣黄河南岸，上自桃源界起縷堤一道，下至裴家塲河西止，長二千八百八十九丈。遥堤一道，下至張福口止，長三千二十八丈。甘羅城椿埽工二百十五丈二尺。天妃壩磚石工三百三十四丈。又自惠濟祠起，至山陽止縷堤，長八百三十九丈三尺。又桃清界格堤一道，三百四十三丈。又運口東南攔湖横堤三道，共長八百六十七丈四尺。

清河縣黄河北岸，上自桃源縣界起，下至山陽縣界止，計長八千五百八十三丈。内王家營大減壩一座，長一百丈。

山陽縣黄河南岸，上自清河縣界起，下至雲梯關止，計長三萬二千三十五丈五尺。内王公堤石工五百九十五丈一尺。又自雲梯關起，至海口七巨港迤西盡頭止，計長一萬二百六十一丈三尺。

山陽縣黄河北岸，上自清河縣界起，下至安東縣界止，共長三千六百零六丈八尺。又上自雲梯關安東界起，下至六套迤東止，長八千一百四十二丈五尺。安東縣黄河北岸，上自山陽縣界起，下至雲梯關山陽縣界止，計長二萬三千三百十一丈。

山陽、盱眙兩縣河堰，北自山陽縣武家墩起，歷高家堰、高良澗、周家橋、古溝、唐（梗）〔埂〕至盱眙縣之翟家壩止，計長一萬五千六百四十四丈六尺。内石工五千四百五十一丈五尺，椿工六千二百二十八丈九尺，土工三千九百六十四丈二尺。

山陽縣運河西岸，上自清河縣界起，歷鳳陽廠減水壩，下至寶應界止，計長一萬三千七百五十九丈四尺。

山陽縣運河東岸，上自清河縣界起，下至寶應縣界止，計長一萬三千八百八十九丈四尺。

寶應縣運河東岸，上自山陽縣界起，歷子嬰溝減水壩，至高郵州界止，計長一萬一千九百十一丈四尺。子嬰溝壩長十二丈。

寶應縣運河西岸，上自山陽縣界起，下至高郵州界止，計長一萬一千八百一十八丈一尺。

高郵州運河東岸，上自寶應縣界起，下至江都縣界止，計長一萬二千八百七十七丈。内減水壩六座。

高郵州運河西岸，上自寶應縣界起，下至本州私鹽港石工盡頭止，除七百六十丈無堤外，計長八千一百四十六丈。下俱湖灘高地，無堤。

江都縣運河東岸，上自高郵州界起，下至金灣三閘北頭止，計長五千一百九十七丈。内減水壩一座。

江都縣運河西岸，上自露筋廟起，至三溝閘石工盡頭止，計長二千六百十五丈此下無堤。

附録河南山東堤工 按：二省堤工，原書並缺，今據《通志》採録以補之。

河南滎澤縣黄河南岸大堤，上自舊縣迤南堤頭起，下至鄭州界止，計長二千一百五十丈五尺。

鄭州黄河南岸大堤，上自滎澤縣界起，下至陽武縣界止，計長六千三百九十八丈。

陽武縣黄河南岸大堤，上自鄭州界起，下至中牟縣界止，計長八百八十丈。

中牟縣黃河南岸，大堤上自陽武縣界起，下至祥符縣界止，計長九千四百五十八丈五尺。又北司家口堤，長七百六十五丈。

祥符縣黃河南岸大堤，上自中牟縣界起，下至陳留縣界止，計長一萬五千五百九十三丈。又新舊月堤，長一萬六千八百五十五丈。

陳留縣黃河南岸，大堤上自祥符縣界起，下至蘭陽縣界止，長三千四百五十三丈。又月堤長七百丈。

蘭陽縣黃河南岸大堤，上自陳留縣界起，下至儀封縣界止，計長四千八百零三丈。又月堤長一千零七十二丈。

儀封縣黃河南岸大堤，上自蘭陽縣界起，下至考城縣界止，計長九千八百七十三丈。又月堤長一千三百六十九丈。

考城縣黃河南岸大堤，上自儀封縣起，下至商邱縣界止，計長一萬零八百丈。

商邱縣黃河南岸大堤，上自考城縣界起，下至虞城縣界止，計長七千五百六十丈。

虞城縣黃河南岸大堤，上自商邱縣界起，下至江南碭山縣界止，計長一萬二千零六十丈。

武陟縣黃河北岸大堤，上自沁縣堤頭起，下至滎澤縣界止，計長五千八百六十丈。又秦家廠北壩尾堤、格堤并南壩尾堤，計長三千三百七十九丈。又馬營口堤，長二千六百九十七丈。

滎澤縣黃河北岸大堤，上自武陟縣界起，下至原武縣界止，計長一千四百四十丈。

原武縣黃河北岸大堤，上自滎澤縣界起，下至陽武縣界止，計長九千丈。

陽武縣黃河北岸大堤，上自原武縣界起，下至封邱縣界止，計長七千二百丈。又月石橫堤長一百丈。又金馬隆橫堤長七百四十丈。

封邱縣黃河北岸大堤，上自陽武縣界起，下至祥符縣界止，計長七千二百丈。

祥符縣黃河北岸大堤，上自封邱縣界起，下至陳留縣界止，計長一萬零四百四十丈。又埽壩月堤長一千零四十三丈。

陳留縣黃河北岸大堤，上自祥符縣界起，下至蘭陽縣界止，計長三百六十丈。

蘭陽縣黃河北岸大堤，上自陳留縣界起，下至儀封縣界止，長八千八百二十丈。撐橫月堤共長五千六百八十二丈。

儀封縣黃河北岸大堤，上自蘭陽縣界起，下至山東曹縣界止，計長一萬零八十丈。又月堤共長四千零五十三丈。

山東曹縣黃河北岸大堤，上自河南儀封縣界起，下至單縣界止，計長二萬七千九百二十六丈一尺二寸。又遥月格堤，共長三萬二千一百四十五丈。

單縣黄河北岸大堤，上自曹縣界起，下至江南碭山縣界止，計長一萬二千二百八十六丈五尺。又月格各堤，共長六千九百二十一丈五尺。

太行堤

堤自河南武陟縣起，歷山東曹、單二縣，至江南碭山縣止。

武陟縣境内太行堤，長七千四百六十五丈八尺。

獲嘉縣境内太行堤，長五千五百四十九丈。

新鄉縣境内太行堤，長一萬零九百七丈八尺。

延津縣境内太行堤，長七百五十一丈。

又歸併胙城太行堤，長一萬二千四十一丈。

滑縣境内太行堤，長二千五百九十丈。

曹縣境内太行堤，長一萬九千零八十丈。

單縣境内太行堤，長一萬二千八百丈。

河工

清河縣南岸運河，自新建大墩開起，東行一百七十六丈。又開爲兩道：一由東北歷七里閘折而開由西北至文華寺，歸入惠濟祠旁舊運河，計長一千五百五十八丈一尺。一道徑開由西北歸入攔河壩迤北甘羅城東門外舊運河，計長四百一十丈。又自攔河壩歷新庄閘、文華寺至山陽縣界止，計長一千三百一十七丈八尺。俱即以挑河之土分運兩岸築成堤工。

清河縣清口引河凡四道，武家墩沿堤史家刣一道，爛泥淺一道，帥家庄一道，裴家場一道，共長六千餘丈。今爛泥淺、裴家場二道，愈加冲刷寬深，俱成大河。宿、桃、清、山、安五縣中，河西自張庄口起，東至平旺河海口止，長計三百餘里，歷宿遷、桃源、清河、山陽、安東五縣境。自清河縣仲家庄閘以上爲運河行運，自仲家庄閘以下洩東省諸泉霪潦，及黄異漲。

宿遷縣皂河，上自温家溝起，下至皂河。又歷龍岡岔頭口，達張庄口止，計長四十里。上通泇河，下接中河。

山陽縣高堰運料小河，南自周橋起，北至武家墩止，計長四十里。高堰一堤長百餘里，西障洪澤湖，東護淮揚，歲修之工爲工最鉅，運料必船隻，往年由清口入湖。給工，風濤漂没者不可勝計，故開此河以便運料。

山陽縣南岸運料小河，西自草灣柳園頭起，東至海口止，計長二百里。

閘壩涵洞工

防水之工，莫大於堤，然水之消長不時，過障之虞，其溢也，閘壩以減之，然閘壩之爲費也鉅，非最要，弗建也。次之以涵洞，其減之用微矣，然其爲減一也。保堤之道，三者略備，他或平疇繡錯，河潤是需，或下土沮洳，停淤成沃，功亦大矣哉。

黃河南岸

碭山縣毛城舖減水壩一座，毛城舖減水閘一座，此二閘壩水俱減入小神湖，歷靈芝、孟山等湖，從歸仁堤、五堡減壩、便民閘滙洪澤湖助淮。

徐州王家山天然減水閘一座。十八里天然減水閘二座。

此三閘水俱減入馬廠湖，經永固湖，歸靈芝孟山等湖，由歸仁堤減壩入洪澤湖助淮。

睢寧縣峰山龍虎山天然減水閘四座。

此四閘水俱減入馬淺湖由靈芝、孟山等湖，越歸仁堤減壩入洪澤湖助淮。

自徐州界房村起，至睢寧縣賈家灣止，三十里，地勢甚卑。而張、寒二堡尤窪，下形兆灣，築堤輒圮，蓋地窪則水積，形兆則囊水，而風濤難禦也。因於瀕河高處築子堤一道，直接峰山以暫捍漫溢，而於子堤之內大堤之外開小河一道，於清涼寺建涵洞數連以引黃，計十年之後，窪地皆可淤高，此後堤工既易築亦易保矣。然涵洞雖建，必須兵夫常川看守，修其圮敗，通其壅積，以放黃入淤，否則洞亦空建。或以此地去河十數里，可無大虞，然地卑易冲，民田交錯，司河者能無慮乎？

宿遷縣歸仁堤便民閘一座。五堡閘一座。

此二閘水俱減入洪澤湖助淮。

桃源縣龍窩涵洞三座，建以淤窪。

山陽縣柳園頭閘一座。

所減水由運料小河沿縷堤出雲梯關、掌家港，注黃入海，耑爲各險工運料而建。

黃河北岸

徐州大谷山減水壩一座。蘇家山天然減水壩一座。鎮口閘一座。

此二壩一閘，水俱減由荆山口出彭家河口，會入北運河。

邳州羊山寺涵洞十二座。青墩營涵洞十座。直河涵洞二座。張家庄涵洞十座。奶奶廟涵洞十二座。

以上各涵洞俱建以淤窪。

宿遷縣攔馬河減水壩六座。朱家庄減水壩一座。此壩因淤窪而設，若蕭家渡、楊家庄、七里溝、新庄口諸卑窪處悉淤高此壩，可以不用。

各壩水俱減入中河。

清河縣仲家庄閘一座。若於清河治東，陶家庄再建一閘，使重運進東閘，回空出西閘，則往來俱順流，且兩閘並建，設淤淺，挑挖亦可閉一而啟一也。王家營大埧一座。

二閘壩水俱減入中河，由平旺河入海。

山陽縣高家堰。武家墩減水壩一座。武家墩涵洞一座。高良澗減水壩一座。小黃庄涵洞一座。周橋涵洞一座。古溝減水壩一座。茆家園減水壩一座。夏家橋減水壩一座。唐埂北減水壩一座。唐埂中減水壩一座。唐埂南減水壩一座。

以上高堰各閘壩涵洞所洩之水，俱從高、寶諸湖出，高、寶各減壩入下河。

南運河

清河縣太平閘一座，金門寬二丈一尺，所以約全淮之水，止令爛泥淺一水，分十之二由此閘以進運河。今宜移置新庄閘運道由草壩出入。太平閘涵洞七里閘一座，與新庄閘南北並行，以備挑淺而平水勢。

山陽縣鳳陽廠減水石壩一座，壩門寬八丈四尺，壩長十八丈，較龍注閘頂並各堤頂約低五尺，耑爲分龍注閘上流水勢以保清江浦讓淮安城而建。所減之水由運料新河歷楊家廟入山陽運河。狀元墩涵洞。楊家廟單家口涵洞五十座。

寶應縣北弘濟閘一座。南弘濟閘一座。子嬰溝減水壩一座，長十二丈，洩水之地六丈，所減之水由子嬰溝入下河。永平閘壩二座，所減之水俱入下河。

高郵州東岸減水壩一座，洩水之地長四十丈。壩底高於高郵城。南磚壩底二尺有奇，止以洩異漲，所洩之水入下河，每年六月初一日開放。東岸南關減水磚壩一座，洩水之地計長四十八丈二尺，所洩之水亦入下河，每年六月初一日開放。東岸五里壩減水石壩一座，洩水之地寬十一丈，底低於磚壩者二尺有奇，每年四月初一日開放。東岸八里舖減水石壩一座，洩水之地計長十丈六尺，底低於磚壩者二尺有奇，每年四月初一日開放。東岸柏家墩減水磚壩一座，洩水之地計長五十一丈四尺，每年六月初一日開放。東岸車邏減水石壩一座，洩水之地計長十一丈，每年四月初一日開放。

江都縣東岸鰍魚減水壩一座，洩水之地計長十一丈，所洩之水亦入下河。東岸金灣三閘壩一座，其水減入人字河，歸芒稻河入江。

高、寶諸湖下於洪澤湖，而運河又下於高、寶諸湖。諸湖自西南受滁、泗、天長之水，由下河入海，故東堤舊有閘座涵洞以洩之。而西北周橋六壩洩下之水亦由諸湖以入下河，故臣復於舊閘壩涵洞之外。增建改建減水壩八座，以向來原有之閘壩涵洞抵洩運河，下注及天、泗等處山溪之水，而以新建八壩抵洩，周橋六壩之水而後因入爲出，節宣有度，旱不至於涸運，澇不至於傷堤也。

北運河

邳州猫兒窩減水壩一座，減入駱馬湖，會歸中河。

馬庄集減水壩一座。萬家庄減水壩一座。二壩水俱減入駱馬湖，會歸中河。

宿遷縣兎車頭涵洞。張八庄涵洞。晁家溝涵洞。皂河石磡一座。

物料

淮揚歲修埽

按：工程每年必須修理者名爲歲修工程。

高一丈，每丈用料一萬斤。眼柴十草二十束。大纜六十八條。小纜一百五十五條。蔴一千五十斤。橛四十根。樁十根。

高九尺，每丈用料八千一百斤。眼柴八草十六束。大纜六十條。小纜一百三十條。蔴一千四十五斤。橛四十根。樁十根。

高八尺，每丈用料六千三百八十斤。眼柴六草十二束。大纜六十條。小纜一百零五條。蔴一千四十斤。橛三十根。樁十根。

高七尺，每丈用料四千九百斤。眼柴五草十束。大纜五十條。小纜八十四條。蔴一千三十五斤。橛三十根。樁十根。

高六尺，每丈用料三千六百斤。眼柴四草八束。大纜四十條。小纜七十二條。蔴一千三十斤。橛二十根。樁十根。

高五尺，每丈用料二千五百斤。眼柴三草六束。大纜三十條。小纜五十三條。蔴一千二十五斤。橛二十根。樁十根。

搶修埽

頂衝埽灣及風暴打壞浪窩之處，隨時補救，名爲搶修。

高一丈，每丈一萬零五百斤。

高九尺，每丈八千五白斤。

高八尺，每丈六千七百斤。

高七尺，每丈五千一百五十斤。

高六尺，每丈三千八百斤。

高五尺，每丈二千六百五十斤。

高四尺，每丈一千七百斤。

大纜二十條。小纜三十六條。樁十根，一木二截。

高三尺，每丈九百五十斤。小纜二十四條。樁十根一木三截。

高二尺，每丈四百二十斤。小纜十六條。樁十根，一木三截。

高尺五，每丈二百三十五斤。

丁頭草鑲浪窩

深一尺：寬一丈，三百斤。寬一丈一尺，三百三十斤。寬一丈二尺，三百六十斤。寬一丈三尺，三百九十斤。寬一丈四尺，四百二十斤。寬一丈五尺，四百五十斤。寬一丈六尺，四百八十斤。寬一丈七尺，五百一十斤。寬一丈八尺，五百四十斤。寬一丈九尺，五百七十斤。寬二丈，六百斤。寬二丈一尺，六百三十斤。

深一尺五寸：寬一丈，四百五十斤。寬一丈一尺，四百九十五斤。寬一丈二尺，五百四十斤。寬一丈三尺，五百八十五斤。寬一丈四尺，六百三十斤。寬一丈五尺，六百七十五斤。寬一丈六尺，七百二十斤。寬一丈七尺，七百六十五斤。寬一丈八尺，八百一十斤。寬一丈九尺，八百五十五斤。寬二丈，九百斤。寬二丈一尺，九百四十五斤。

深二尺：寬一丈，六百斤。寬一丈一尺，六百六十斤。寬一丈二尺，七百二十斤。寬一丈三尺，七百八十斤。寬一丈四尺，八百四十斤。寬一丈五尺，九百斤。寬一丈六尺，九百六十斤。寬一丈七尺，一千零二十斤。寬一丈八尺，一千零八十斤。寬一丈九尺，一千一百四十斤。寬二丈，一千二百斤。寬二丈一尺，一千二百六十斤。

深二尺五寸：寬一丈，七百五十斤。寬一丈一尺，八百二十五斤。寬一丈二尺，九百斤。寬一丈三尺，九百七十五斤。寬一丈四尺，一千零五十斤。寬一丈五尺，一千一百二十五斤。寬一丈六尺，一千二百斤。寬一丈七尺，一千二百七十五斤。寬一丈八尺，一千三百五十斤。寬一丈九尺，一千四百二十五斤。寬二丈，一千五百斤。寬二丈一尺，一千五百七十五斤。

深三尺：寬一丈，九百斤。寬一丈一尺，九百九十斤。寬一丈二尺，一千零八十斤。寬一丈三尺，一千一百七十斤。寬一丈四尺，一千二百六十斤。寬一丈五尺，一千三百五十斤。寬一丈六尺，一千四百四十斤。寬一丈七尺，一千五百三十斤。寬一丈八尺，一千六百二十斤。寬一丈九尺，一千七百零十斤。寬二丈，一千八百斤。寬二丈一尺，一千八百九十斤。

深三尺五寸：寬一丈，一千斤。寬一丈一尺，一千一百五十五斤。寬一丈二尺，一千二百六十斤。寬一丈三尺，一千三百六十五斤。寬一丈四尺，一千四百七十斤。寬一丈五尺，一千五百七十五斤。寬一丈六尺，一千六百八十斤。寬一丈七尺，一千七百八十五斤。寬一丈八尺，一千八百九十斤。寬一丈九尺，一千九百九十五斤。寬二丈，二千一百斤。寬二丈一尺，二千二百零五斤。

深四尺：寬一丈，一千二百斤。寬一丈一尺，一千三百二十斤。寬一丈二尺，一千四百四十斤。寬一丈三尺，一千五百六十斤。寬一丈四尺，一千六百八十斤。寬一丈五尺，一千八百斤。寬一丈六尺，一千九百二十斤。寬一丈七尺，二千零四十斤。寬一丈八尺，二千一百六十斤。寬一丈九尺，二千二百八十斤。寬二丈，二千四百斤。寬二丈一尺，二千五百二十斤。

深四尺五寸：寬一丈，一千三百斤。寬一丈一尺，一千四百八十五斤。寬一丈二尺，一千六百二十斤。寬一丈三尺，一千七百五十五斤。寬一丈四尺，一千八百九十斤。寬一丈五尺，二千零二十五斤。寬一丈六尺，二千一百六十斤。寬一丈七尺，二千二百九十五斤。寬一丈八尺，二千四百三十斤。寬一丈九尺，二千五百六十五斤。寬二丈，二千七百斤。寬二丈一尺，二千八百三十五斤。

深五尺：寬一丈，一千五百斤。寬一丈一尺，一千六百五十斤。寬一丈二尺，一千八百斤。寬一丈三尺，一千九百五十斤。寬一丈四尺，二千一百斤。寬一丈五尺，二千二百五十斤。寬一丈六尺，二千四百斤。寬一丈七尺，二千五百五十斤。寬一丈八尺，二千七百斤。寬一丈九尺，二千八百五十斤。寬二丈，三千斤。寬二丈一尺，三千一百五十斤。

宿、桃木價：尺一木，一錢四分。尺二木，一錢八分。尺三木，二錢叁分。尺四木，三錢一分五釐。尺五木，四錢零五釐。尺六木，四錢五分五釐。尺七木，五錢三分。尺八木，六錢七分。尺九木，八錢三分。二尺木，九錢八分。

邳、睢木價：尺三木，二錢七分。餘與宿、桃價同。

徐屬木價：尺三木，二錢七分。尺五木，四錢二分五釐。尺六木，四錢七分。餘與宿、桃價同。

高、寶木價：一尺木，九分二釐。尺一木，一錢零九釐。尺二木，一錢二分六釐。尺三木，一錢四分三釐。尺四木，一錢六分。尺五木，一錢七分七釐。尺六木，二錢五分五釐。尺七木，三錢三分二釐。尺八木，三錢九分一釐。尺九木，四錢六分八釐。二尺木，五錢四分四釐。二尺一木，六錢二分二釐。二尺二木，七錢二分四釐。二尺三木，七錢八分四釐。二尺四木，八錢六分八釐。二尺五木，九錢五分四釐。

江都木價：一尺木，九分。尺一木，一錢零七釐。尺二木，一錢二分四釐。尺三木，一錢四分一釐。尺四木，一錢五分八釐。尺五木，一錢七分五釐。尺六木，二錢五分三釐。尺七木，三錢三分。尺八木，三錢八分九釐。尺九木，四錢六分六釐。二尺木，五錢四分二釐。二尺一木，六錢三分一釐。二尺二木，七錢一分一釐。二尺三木，七錢八分四釐。二尺四木，八錢六分八釐。二尺五木，九錢五分四釐。

山清木價：一尺木，一錢一分。尺一木，一錢四分。尺二木，一錢八分。尺三木，二錢三分。尺四木，二錢七分。尺五木，三錢四分。尺六木，四錢三分。尺七木，五錢三分。尺八木，六錢七分。尺九木，八錢三分。二尺木，九錢八分。二尺一木，一兩二錢一分。二尺二木，一兩四錢七分。二尺三木，一兩七錢三分。二尺四木，二兩零二分。二尺五木，二兩三錢二分。二尺六木，二兩七錢。二尺七木，三兩一錢二分。二尺八木，三兩五錢七分。二尺九木，四兩零五分。三尺木，四兩五錢六分。三尺一木，五兩一錢。三尺二木，五兩六錢七分。三尺三木，六兩二錢七分。三尺四木，六兩九錢。三尺五木，七兩五錢六分。三尺六木，八兩二錢五分。三尺七木，八兩九錢七分。三尺八木，九錢七錢二分。三尺九木，十兩零五錢。四尺木，十一兩三錢一分。四尺一木，十二兩一錢五分。四尺二木，十三兩零二分。四尺三木，十三兩九錢二分。四尺四木，十四兩八錢五分。四尺五木，十五兩八錢一分。四尺六木，十六兩八錢。四尺七木，十七兩八錢二分。四尺八木，十八兩八錢七分。四尺九木，十九兩九錢五分。五尺木，二十一兩零六分。

徐屬廳各色物料價：雜草每束六斤，價銀三釐。葦每束一十斤，價銀一分。蒜蔴一斤，價銀一分六釐。草繩每套九斤，價銀一分。

邳、睢廳各色物料價：草每束六斤，價銀二釐六毫。餘與徐屬價同。

揚河廳各色物料價：紅草每束二十五斤，價銀一分五釐。稻草每束二十五斤，價銀一分二釐五毫。江柴每束百斤，價銀八分。黃蔴每斤，價銀一分二釐。白蔴每斤，價銀一分八釐。石灰每擔，價銀二錢。糯米每石，價銀一兩。纜柴每擔，價銀一錢。稻草緶每條五斤，價銀二釐五毫。每砌舊石一丈，工銀三分。每砌磚百塊，工銀三分。每灰一擔，用糯米五升。每磚一塊，用石灰二升。每砌磚一丈，用石灰□□。釘每斤，價銀三分。煤炭一石，價銀三錢。每磚一塊，價銀一分三釐。灰篩一面，價銀二分。灰籮一隻，價銀五分。木匠、石匠每名食米一升五合。

山盱、山安、山清三廳各色物料價：埽柴每束三十斤，價銀二分二釐。紅草每束十斤，價銀六釐。纜柴每束三十斤，價銀二分七釐。蒜蔴每斤，價銀一分四釐四毫。劉淳蕩柴山陽産柴每束三十斤，價銀一分七毫。劉淳採運各工紅草每束十斤，價銀三釐。槝樟葉每百斤，價銀五錢三分九釐二毫六絲。石灰每擔，價銀一錢四分四釐。芬草每斤，價銀三釐。釘每斤，價銀三分。蘆蓆每片，價銀一分。灰篩每面，價銀四分。木掀每把，價銀六分。（埽）〔掃〕箒每把，價銀六釐。

宿、桃二廳各色物料價：草每束六斤，價銀二釐六毫。餘與徐屬價同。

山、盱廳各減壩：大河磚每塊銀一分六釐。單料面石每丈銀九錢五分。料半青面石每丈銀一兩四錢二分五釐。石灰每石銀一錢四分四釐。石匠鑿錠眼每個給銀五釐。每石一丈，不論雙单料半牽，用石灰一石。石匠鑿光石連砌每面石一丈，給銀一錢五分。鍋眼每個銀三釐。每磚一塊用灰升半。釘每斤銀三分。生鐵錠每斤銀一分四釐。熟鐵鍋每斤銀五分。竹篾每斤銀一分二釐。黃麻每斤銀二分。醬每斤銀一分五釐。硪肘每付銀八分。煤炭每石銀三錢五分。油灰每斤銀一分。桐油每斤銀五分五釐。真火灰每石銀二錢八分八釐。

山、清外河廳減壩：楊桃藤每斤銀六釐。做三和土每方用火灰三十石，黃土一百筐，楊桃藤六十斤。餘料與山、盱廳同。

宿、桃大工料價：雙料青面石每丈銀一兩八錢。大磚每塊銀一分二釐。石灰每石銀一錢六分。熬汁荒柴每石銀二分。生鐵錠每斤銀一分四釐。鐵鍋每斤銀五分。釘每斤銀三分。擡石鐵繩每條重十五斤，價銀七錢五分。檀木撬（摃）〔槓〕每根銀七分。鐵掀每把銀一錢。木掀每把銀六分。（埽）〔掃〕箒每把銀一分五釐。煤炭每石銀三錢五分。牽鑽皮條銀一分。雲硪每架銀三錢五分。鍋鐵每斤銀一分五釐。竹篾每斤銀一分二釐。黃麻每斤銀二分。黑煤每斤銀四分。礬紅每斤銀五分。水膠每斤銀八分。椿手每工銀五分。竹笆每片用匠一工。蘆笆每四片用匠一工。簽椿八根用匠一工。

高、寶大工料價：石灰每石銀二錢。僱船運磚每塊銀三釐。僱船運石每单料一丈銀一錢二分。鐵撬每斤銀四分。煤炭每石銀四錢。石匠鏨砌石塊不論雙单料半，每丈給銀八分。竹（摃）〔槓〕每條銀二分。山竹每根銀三分。灰篩每面銀二分。灰籮每隻銀五分。

修造大柳船：三年小修，銀二十兩。五年大修，銀三十兩。八年拆造，銀五十兩。

大浚船：三年小修，銀八兩。五年大修，銀一十二兩。八年拆造，銀十八兩。中浚船減十之一五。小浚船減十分之一。

未到年限損壞，着船頭賠修。如遇真正暴風漂没，本船頭賠十分之三，通帮賠十分之七。

呂梁王家山採下石塊。按：以下十二行，《行水金鑑》及原本俱無。浚船運至宿遷交卸，每丈銀一錢四分。大谷城交卸，每丈銀一錢六分。清江王家營交卸，每丈銀二錢四分。大谷山採下石塊。浚船運至宿遷交卸，每丈銀一錢七分。大谷城交卸，每丈銀一錢九分。王家營交卸，每丈銀二錢七分。呂梁王家山採運石塊。柳船……按：此下有缺文。

閘式

牆高三丈，用一尺二寸寬，一尺二寸厚雙料石，二十五層。

五層用裏石七路，四層六路，四層五路，四層四路，四層三路，四層二路。

兩牆共長□□□□，用牆石九百丈。

裏石一千九百八十丈。俱用一尺五寸寬，一尺二寸厚。

河塼七萬九千二百塊。一尺二寸長，五寸寬，二寸厚。

頂牆石馬牙樁一千八百，改用尺五木六百株。一木三截，每丈用樁三路，每路二十段，後又添一路，共四路。

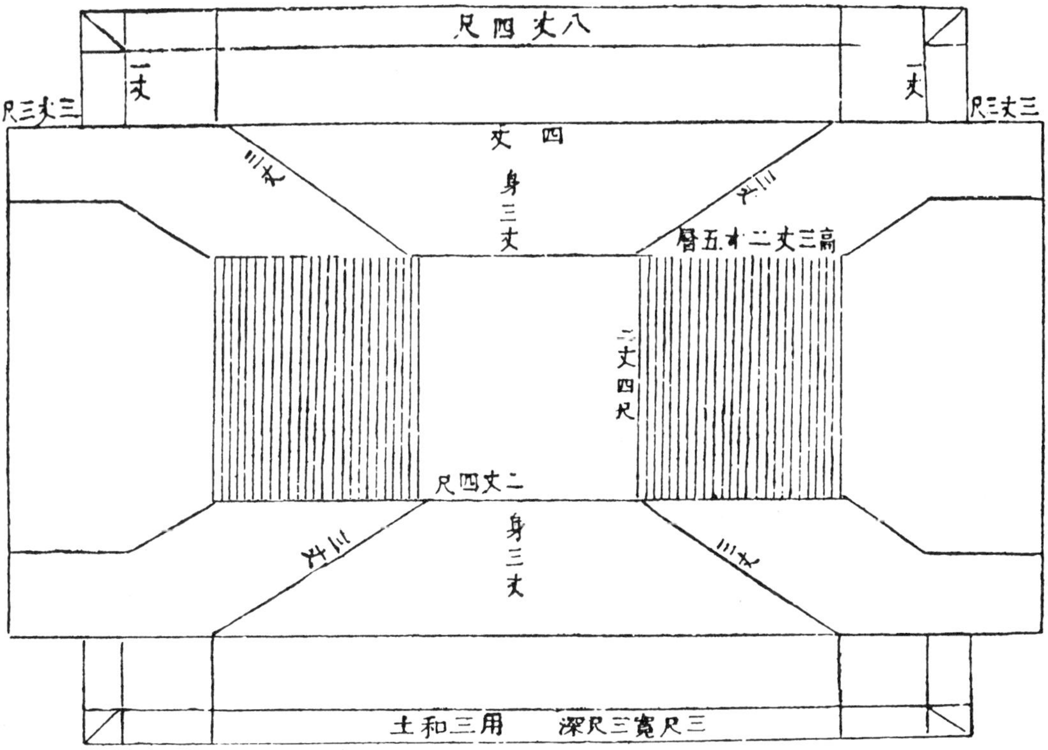

頂裏石梅花樁三千九百六十段，尺四五，木九百九十株。一木四截，每丈用梅花樁十一路，每路十二段。

底石六百十四丈六尺八寸。九寸厚，一尺二寸寬，料半每丈用梅花樁十八段。

頂底石梅花樁一萬一千零六十四段，一尺三四木，二千七百六十六株。一木四截。

火灰三千四百九十四石六斗八升。每石一丈，用灰一石。

糯米二百零九石六斗八升。每灰一石，用糯米六升。

熬汁柴六千二百九十束。每束三十斤。

前後鎖口共用三和土二十二方。三尺深，三尺寬。

鐵鋦一千八百個。每個重一斤。

鐵錠一千八百四十四個。每個重四斤。

熟鐵條九根，共六千三百斤。每斤四分。

天然閘：　砂磧一方，四錢。单料一丈，五錢。碎石一方。九錢五分。雙料一丈，一兩。鑿光五面見線石，每丈一錢五分。

卷四

川瀆考

黃河

《禹貢》『導河自積石』，不言河源荒遠，在所略也。考《山海經》《漢書·西域志》、唐史及元《河源記》所論河源，參差不同。世傳《山海經》出于伯益所作，當洪水懷襄之時，禹方八年三過其門而不入，益佐禹隨山烈焚，何暇越五萬里而至崑崙？縻歲月於水害不經之地，張騫雖身遍諸國，惝怳閱歷，本非耑使；薛元鼎奉使吐番，訪河源得之于悶磨黎山。然漢唐之時，外國未盡臣服，道未盡通往者，不無紆廻艱阻，安能直抵其處而準其流行之曲折、道里之遠近乎？惟元薄海內外，罔不臣服，置郵乘傳，如行國中。至元中，命招討使都實佩金虎符往求河源，訪得之，其言當屬可據。第以非貢道，民咨所係，録其大槩，不盡述下，若自河東以迨河陽，弗敢略也，自滎澤以迨入海，勿敢略也，並加詳焉。

吐番朶甘思西鄙有泉百餘泓，名火墩腦兒，譯言星宿海也，直中國西南四川馬湖蠻部三千餘里，雲南麗江宣撫司西北一千五百餘里，大概更北流以入中國。其源不甚巨，自東行合赤賓河亦里出河、忽蘭河、也里木河諸流，始有黃河之名。然水猶清，人可涉也。又東行，北向轉而西緣崑崙之北。又東北流至積石，河州洮水自南來注之，至蘭州正東，行出寧夏鎮南，東行即東勝州。自發源至漢地，南北澗溪，細流旁貫，莫知紀極。朱思本曰：『河北流過豐州西，受降城，折正東，流過中東二受降城，凡七百餘里。而正南過雲內州、東勝州，合黑河又南流，折過保德州、葭州、興州、臨州，凡一千餘里。』

以上皆本《河源記》而稍略之。

河自過東勝州稍折而西南，流入河東、河曲、陝西府谷界。稍西南又正南流，凡千餘里，下龍門。山西河津縣與陝西韓(州)〔城〕縣[一]交界。又南流，汾水自太原静樂東北來注之。又南，渭水自鞏昌合涇水西來注之。又南至朝邑，洛水自甘泉西北來注之。又南抵華陰、潼關，折而東流，經閿鄉、靈寶至陝州，穿三門山。即《禹貢》砥柱山。又東過新安、洛陽、孟津至鞏縣北，洛水會瀍、澗、伊諸水西南來注之。又東過鞏、孟，濟水自陽城北來注之。又東過成皋、大邳山，汜水南來注之。又東過滎陽絶蒗蕩渠。一名浚儀渠，即《禹貢》

〔一〕《治河奏績書》卷一作『韓城縣』。據改。

「溢爲滎」者是也。又東至河陰、武陟，沁水自潞澤北來注之。

以上猶《禹貢》故道也。

又東行，其陰爲滎澤、鄭州、中牟、祥符、陳留、蘭陽、儀封諸邑，其陽則爲原武、陽武、封邱三邑，及祥符、蘭陽、儀封北境入山東曹、單等邑。又稍東南，入歸德境，過考城、商邱入江南界。經碭山、豐縣、蕭縣、徐州、靈璧以北，出於邳、睢之間。復正東流，過宿遷治南。又過桃源治之北。又東至清河南數里，淮水出清口西南來會之。乃過山陽治北，從安東治南，東北流至雲梯關，入於海。

黃河經流數千里，百川之會，不可殫詳，詳其最大者曰汾，曰渭，曰洛，曰濟，曰沁。

汾水

汾水出静樂縣管涔山，東南流過太原縣，合晋水；又西南過文水縣，合文水；又南過絳州，折而西至滎澤縣，入於河。

渭水

渭水出渭源縣南谷山，東流過鳥鼠同穴山，至寶雞納汧水；又东至咸陽，納灃、鎬水；又東過涇陽屬涇汭；東至朝邑，會漆沮；至華陰，入於河。

洛水

洛水出陝西商州之冢嶺山，東流至熊耳，又東北至新安，與澗水會，澗水出澠池。又東至偃師，與瀍水會，瀍水出穀城北替亭。又東至洛陽，會於伊，伊水出盧氏悶頓嶺。又東北至鞏縣，同入於河。

濟水

按：鄭元慶云：「『濟』古文作『泲』，《說文》：從水，從𠂔。注云：兖州之泲，從水，從齊。注云：出常山房子縣贊皇山，則此當作『泲』，但自來相傳，不敢改易。」

濟水出陽城縣王屋山，初名沇水，東西二源，至濟源縣合流，始名爲濟，東南流至河内温縣，當鞏縣北入於河。

濟水至王莽時，下流已涸。然今大小清河及濟、兖間諸泉，實皆濟瀆脉絡，蓋濟性勁疾，常伏流地中，間過山岡，石根壅遏，即噴薄上溢而爲泉，非真涸也。

按：黃子鴻曰：『以《水經注》《元和志》《寰宇記》諸書考之，濟水最南，漯水在中，河水最北。今者小清河所經，自歷城以東，如章邱、鄒平、長山、新城、高苑、博興、樂安諸縣，皆古濟水所行。而大清河所經，自歷城以上至東阿，固皆濟水故道，而自歷城東北如濟陽、齊東、青城諸縣，則皆古漯水所行。蒲臺以北則故河所經。蓋宋時常行漯瀆，及河徙，則大清河兼行河、濟二瀆，其小清河所行，則濟水故道也。』

沁水

沁水出沁源縣羊頭山世靡谷，南流至陽城縣，與獲澤水合。又南與丹水合。又東過武陟。又東南至滎澤縣北，入於河。

淮水

淮水出南陽胎簪山，自桐栢而東至光、息境，汝水合溮水西北來注之。又東至霍邱、壽州，潁水合溱、洧之水西北來注之。又東與淝水會。又北與濠水會。又東歷盱眙、泗州。又東至清河境，入洪澤湖，北出清口，會黃河入於海。

漕之患莫大於黃，其次莫如淮。曰汴，曰汝，皆淮之所受也，故列淮而從之以汴、汝。

汴水

汴水出河南(榮)〔滎〕陽縣西三皇山。《一統志》『出大周山』，疑即三皇山。山上有二廣武城，相去百餘步，汴水自兩城間小澗中流出，東經開封府城內，合京、索、須、鄭四水，東南至中牟縣，入黃河。今不入河，自朱仙鎮入渦水，同入於海。

汝水

汝水出魯陽縣之大孟山黃栢谷，東北流歷上蔡、西平、汝陽之西南，入於淮。

黃淮以北諸名川，即不與黃、淮會而漕實賴之者，其所係與黃、淮並，曰泗，曰沂，曰汶，曰衛，曰洸，曰大清河，曰小清河，曰白河。

泗水

泗水源出泗水縣陪尾山，四泉並發，故曰泗。循西南流，過卞莊城，合爲一。西流至兖州府城東，轉南流經橫河，與曲阜沂水合，元導之以濟、運，於兖州府東門外作金口閘，遏令東入府城。又轉南流，會洸河以入濟寧天井閘。初，泗合沂南汎爲患，隋薛曹於二水交流處作石堰遏之，令西流陂澤，盡爲良田。元修薛堰，爲滚水石垻以引泗水入濟寧，金口閘之建始此，明因之。金口閘有三洞，夏秋水潦開閘洩水，南流會沂水，由港里河入師家庄閘河，冬春水微，閉閘遏水，入府城，出濟寧。

沂水

沂水源有二：一出曲阜尼山，西南流與泗水合，分爲二支，一西流金口閘，入天井，一南流，會泗入師家庄河者也。其一出沂水縣，會蒙陰、沂水諸泉，合流至邳州入淮者也。明挑泇河邳州之沂，導由駱馬湖出董、陳二溝，入河。至國朝，今上康熙二十年開皁河，二十六年復開中河，二沂水入中河濟運。

汶水

汶水有三源：一出泰山陽仙臺嶺，一出萊蕪原山陽，一出萊蕪寨子村，俱名汶。會泰山諸泉至静村鎮合流，謂之大汶口。轉西南至泰安州，與小汶河合流，至寧陽西北分爲二：其一爲元人所改，由堽城南流，别爲洸水；其一由堽城西流，會坎河諸泉，入大清河，由東阿北至利津入海，此故道也。明永樂中開會通河，乃於寧陽之北築堽城壩以遏入洸之流，於坎河之西築戴村壩以遏入海之路，使盡出運河，一自東平戴村鎮西南流至汶上縣，會白馬河鵞河，凡八十里，北流號爲分水口，六分北流，四分南流；一自寧陽縣堽城壩西南流，合泗、沂二水，凡一百餘里，至濟寧州，舊自州南天井閘東合分水南流之汶。本朝初，改從州北三十里，由馬塲湖入漕。

衛水附漳水

衛河源出河南輝縣蘇門山百門泉，東北流，西引滏、洹、淇三水，經新鄉濬縣、館陶。又北凡千里，至臨清，與會通河合。又北經德州、滄州等處，千有餘里，至青縣南岔河口，受滹沱之水，合流而北至静海、天津直沽，會白河同入於海，即漢時之屯氏河。隋時永濟渠亦名御河。漳水舊至館陶，入衛，萬曆初，漳北徙，由魏縣曲周下滏陽河，北流不循衛河濟運。

按：《山東通志》：『自漳水入滏，而館陶之流絶。』國朝順治九年，漳水自廣平縣逕元城縣之賈家庄，直注邱縣，分爲二道：一從縣西逕廣宗縣，入滹沱；一從縣東逕青縣北入運河。康熙三十六年，漳水又至館陶，與衛合，北流漸微。四十七年，北流盡塞，全入於衛。

洸水

洸水源自寧陽縣北三十里堽城之西，南流縣西三里許。又南流三十里，至高吴橋，會寧陽縣諸泉、漕河水。又六十里，經濟寧城東隅與泗合，入濟寧天井閘。《河考》云：『洸、汶之支流也。』元人於堽城之左作斗門遏汶水，以益泗、漕，洸之名始此。明永樂中，築壩以遏汶水入洸之流，而洸河幾絶，獨堽城之南官庄河入洸，其源微而流不長。成化間復爲堽城石閘，稍分汶之支以益之，遂西南流至濟寧南門，會沂、泗二水入於漕。

《水經》：『泗水過高平縣，洸水從西北來注之。』則洸水之名非始於元也。酈道元註：『洸水者，洙水也。』然其註洙水又曰：『洙水之南，洸水注之。』則又洙自洙，而洸自洸也。

大清河

大清河乃汶水，從張秋分流，會齊東南諸山泉溝澤，經長清、齊河、歷城，會濼水由利津入海。

小清河

小清河一名濼水，發源濟南趵突諸泉，滙大明湖，會巨合水、漯水，經鄒平至博興車馬瀆入海。

按：古濼水自華不注山西北入大清河，僞齊劉豫乃導之東行，爲小清河。後河道漸淤，其水復自華不注東北入大清河，而小清河所受止鄒平而下滸山泊河，白條溝、鄭黄溝、孝婦河、(鳥)〔烏〕河諸流而已。

白河

白河在通州，其源出塞北，經密雲縣，合榆、渾諸河，凡三百六十里，至直沽入海。源遠流迅，水始散漫，河皆溜沙，夏秋暴漲，最易冲決，沿河設鋪，舍置夫甲，專管挑濬。

泉考

自徐、邳以北，川莫大於汶、泗、沂，然其源皆微，不得不以衆泉爲源，因乎地，導之以人。苟有濟於運，雖與河瀆班可也。爰各隨其所從入而區別之，有五派焉，計州邑一十有八，泉二百四十有四。

一分水派 凡九州縣

凡發源新泰、萊蕪、泰安并肥城、東平、汶上以及蒙陰之西、寧陽之北等泉會流，至南旺而分，皆名曰汶河。

爲分水派

蒙陰縣舊泉二，今廢。按《通志》，今有。官橋泉按《通志》，在縣西七十里。卞家莊泉《志》作『卞橋泉』，在縣北一百五里。

按：《山東通志》增多二泉：海眼泉在縣北一百一十里，與萊蕪海眼泉同源。葛溝泉在縣北百五十里。

新泰縣舊泉十三，新泉四。南師泉在縣東北十五里。張家泉在縣南十里。孫村泉在縣西南十五里。西都泉在縣南二十里。古河泉在縣西南二十里。劉杜泉在縣西南四十里。靈查泉在縣西南七十里。和莊泉在縣西北五十里。崖頭泉在縣西北三十五里。西周泉在縣西北八里。公家泉在縣西南八里。北鮑泉在縣東南十里。南陳泉在縣東北十五里。以上舊泉。明公泉《志》作名在縣東南三里。北流泉在縣西南二十五里。萬松泉在縣西南三十里。名灣泉在縣西南四十里。以上新泉。

按：《通志》增多一十九泉：太公泉在縣東北三十里。北陳泉在縣東南十里。路踏泉在縣東北三十里。魏家泉在縣東北三十里。高峪泉在縣北三十里。新西周泉在縣西北十五里。杏山泉在縣西南十里。金溝泉並在縣西北十里。公家莊泉在縣西南八里。賈周泉在縣西南十里。劉都泉在縣西二十里。周家泉在縣西北三十五里。構溝泉在縣西三十里。紅河泉在縣西南五十里。釣魚臺泉在縣西南五十里。大峪泉在縣東南二十里。柳溝泉在縣南二十里。澇陂泉即里橋泉在縣西南二十里。黄水灣泉在縣西南四十里。

萊蕪縣舊泉十一，新濬溝渠五。半（璧）〔壁〕店泉在縣西三十五里，三泉南流入汶。王家溝泉在縣西二十八里。牛王泉在縣西南二十里。郭娘泉在縣西南十四里。鎮里泉在縣西北二十八里。烏江泉在縣北二十五里。小龍灣泉在縣東北五十五里。鵬山泉在縣東北二十一里。趙家庄泉在縣東二十四里。蓮花池泉在縣東南二十五里。湖眼泉在縣東南三十里。以上舊泉。小龍灣　青楊港《志》『青揚港泉』，在縣西南三十里。坡羊灣　渌馬河　青泥溝《志》『青泥溝泉』，在縣東三十里。以上新（渠）〔泉〕。

按：《通志》增多三十五泉：李家灣泉在縣西北五十八里。凉坡泉　薛家莊泉並在縣北六十里。黑龍泉在縣西北六十一里。老龍泉在縣西北六十二里。魚池泉在縣西北四十五里。星坡泉在縣西北六十里。大龍泉在縣西北五十里。北夾溝泉　水河泉並在縣北三十三里。沙灣泉在縣西北三十四里。助沙泉　新興泉並在縣西北三十五里。海眼泉　連珠泉並在縣東南六十里。斜里泉在縣東二十四里。坡里泉在縣東南五十里。朱家灣泉在縣東南二十七里。張家灣泉在縣東南二十六里。濾馬河泉在縣東三里。大龍灣泉在縣東北四十里。垂楊泉在縣北二十七里。北海眼泉　廣潤泉並在縣北二十五里。西碧泉　青橋泉並在縣西北二十五里。龍興泉在縣西北十五里。坡草泉在縣西南五里。片錦泉　靈泉　櫻桃園泉並在縣南十四里。王家溝泉在縣西二十八里。西夾溝泉在縣西三十四里。盧家莊泉在縣西南二十里。賀家灣泉在城西南四十里。

泰安州舊泉三十五，新泉三，附河四。張家泉在縣南八里。木頭溝泉在縣南十二里。龍灣泉在縣南二十五里。梁家庄泉在縣南三十里。馬兒溝泉在縣東南三十里。風雨泉在縣東三十里。周家灣泉在縣東二十五里。鐵佛寺泉在縣東三十里。清泉在縣東三十里。范家泉　鯉魚溝泉並在縣東五十里。皂泥溝泉在縣東十五里。板橋灣泉在縣東六十里。北滚泉　順河泉並在縣東六十里。濁河泉在縣東南一百里。斜溝泉在縣東南一百二十二里。羊舍泉在縣東南一百里。力溝泉在縣東南一百里。東西二柳泉《志》作『東柳泉』『西柳泉』，在縣東南一百里。水波泉《志》作『水坡泉』，在縣東一百里。龍堂泉在縣南七十里。顏謝泉《通志》無。上泉　馬蹄泉　臭泉並在縣西南五十里。溯港溝泉在縣西南五十五里。水磨泉在縣西南六十里。馬黄溝泉在縣西南九十里。龍王泉在縣西南一百里。胡家港泉在縣南六十里。陷灣泉在縣西南六十里。狗跑泉　報恩泉並在縣西南六十里。以上舊泉。神泉在縣東南一百里。韓家庄泉在縣南一百里。梁子溝泉在縣南三十里。以上新泉。渿河　泮河　漕河　梳洗河

按：《通志》增多二十八泉：『范家泉』作『范家灣泉』。『馬黄泉』作『馬黄溝泉』。雲潭泉在縣東五十里。大興橋泉在縣東六十里。鳳凰泉在縣東四十里。坡里泉在縣東北六十里。會泉一作『惠泉』。扳倒井泉並在縣東六十里。明堂泉在縣東北四十里。滄浪溝泉在縣南五十里。金星泉在縣西南一里。廣生泉在縣西北二里。吴山溝泉在縣東南四十里。白土崖泉在縣南七十里。水泉在縣東南八十里。新興泉　皮狐泉並在縣東南九十里。良甫泉在縣南八十里。香城泉在縣南七十里。真溝泉　鬪泉並

在縣東南一百里。小柳泉　黑虎泉　海旺泉　海潤泉　石縫泉在縣東南一百里。靈應泉　泰應泉並在縣西南九十里。坤温泉　涼泉並在縣西南一百里。

肥城縣舊泉五，新泉四。王家泉　吴家泉　臧家泉並在縣西南九十里。鹹河泉在縣西南五十里。清泉在縣東南四十里。以上舊泉。董家泉在縣西南六十里。開河泉在縣西南四十里。馬房泉在縣西南五十里。拖車泉在縣西南五十里。以上新泉。

按：《通志》增多三泉：聖惠泉一作『聖會』。震澤泉　引兑泉並在縣西南四十里。

平陰縣舊泉一。柳溝泉在縣東南三十五里。

東平州舊泉九，新泉八，附壩一。坎河口泉《志》作『坎河泉』，在州東五十里。鐵鈎嘴泉在州東五十里。安圈泉在州東北五十里。張貨郎泉在州東五十里。吴家泉在州東五十五里。蓆橋泉在州東五十里。王老溝泉在州東五十里。獨山泉在州東五十里。杷頭泉在州東四十里。以上舊泉。净泉　源泉　洌泉在州東四十里。大黄泉　小黄泉《志》作『二黄泉』，在州東五十里。蘆泉《志》無。灰泉《志》無。徐家庄泉《志》作『徐家泉』，在州東五十里。以上新泉。戴村壩長五里十三步，横遏汶水，西南流，由黑馬溝盡出南旺鵞河口，入會通河，南北分流。孫泉　遊龍泉　神瀵泉　湧泉兹在州東五十五里。小王泉　郝家泉在州東五十里。冷河泉　口頭泉　浮汶泉　大成泉　三眼泉　勝水泉　卷耳泉　餴饎泉　安宅泉　半畝泉　雙明泉　單眼泉　高家莊泉　高嘉泉並在州東五十里。戴村壩長五里十三步，横遏汶水。

按：《通志》增多二十一泉：

汶上縣舊泉二，新泉二，泊一，附廠一。龍鬭泉　濼澢泉並在縣東北五十五里。以上舊泉。雞爪泉在縣東北五十里。馬庄泉在縣東南十八里。以上新泉。蒲灣泊周二十里，西南流七里至金龍口入汶。戴村壩廠。

按：《通志》增多三泉：老源頭泉　薛家溝泉　趙家橋泉並在縣東北五十里。

寧陽縣舊泉四。龍港溝泉《志》作龍港泉，在縣東北五十里。龍魚泉在縣東北六十里。魯姑泉在縣西北二十五里。濼當泉《志》『當』作『澢』，在縣西北三十五里。

一天井派凡四縣

凡泗水之泗河，曲阜之沂河，二水合流，由金口遏入黑風口，經兖城，會滋陽諸泉以出濟寧，並寧陽蛇眼等泉入於漕河，會於堽城之洸河，亦出濟寧以濟運者，爲天井派。

寧陽縣舊泉八，附垻一，河一，閘一。蛇眼泉在縣城北門外。古泉在縣北一里。三里溝泉在縣東北一里。井泉在縣城東門外。張家泉　柳泉在縣西十里。古城泉在縣南十二里。金馬莊泉在縣東十五里。以上入天井派。堽城石壩在青州村縣北三十里。元濟倅畢輔國、都水少監馬之貞常築此垻，在舊堽城遏汶水以入洸。成化十三年，主事張盛改建於此，長一百二十丈，寬一丈七尺，爲水門七。洸河在縣北三十里，導汶水由縣西四里南經高吴僑，會漕河及濟河，轉入濟寧天井閘。

洸河東西二閘俱在縣西四里許洸河兩岸之間。嘉靖中，因洸水久涸，柳泉南入洸者悉爲積沙所滲，乃於城西導柳泉，横過洸河，東西立閘以節宣之，使其南會蛇眼、張家等泉，轉入漕河。

按：今《泉圖》，柳泉、金馬莊泉無。

按：《通志》增多三泉：曰淵泉在縣城北門外。新電泉在縣東北二十五里。羅星泉在縣東北三十五里。

泗水縣舊泉三十，新泉十四，附公署一。趵突泉　珍珠泉　淘糜泉　黑虎泉皆出陪尾山泉林寺左，波浪翻湧，爲山東諸泉之冠。西北流出卞莊橋，遂爲泗河。繁星泉　白石泉新。蓮花泉新，並在寺東龍王廟前。新開泉新。響水泉即柳音泉。紅石泉新，並在寺南。甘露舊泉在龍王廟西南。卞莊泉在寺西南。三台泉新，在寺西南。湧珠泉在寺南。石露泉新，即潘坡新泉。甘露新泉新，在龍王廟西南。奎聚泉新，在寺南。琵琶泉新，在寺南。潘波新舊二泉在寺西南。黄陰泉即大小黄陰泉，在縣東。吴家泉在縣東北四十五里。黄溝泉即大小黄溝泉，在縣東北三十八里。岳陵泉在縣東北十七里。杜家泉在縣東十九里。石井泉新，在縣東二十里。蔣家泉在縣東十七里。曹家泉在縣東十五里。趙家泉在縣西十四里。東岩石縫泉在縣東十二里，旁有天津、地震二小泉。黿陰泉　黿尾泉新。黿眼泉並在縣東十里。合德泉新，在縣東十二里。里澇溝泉新，《志》作『里老溝泉』，在縣東十八里。鮑村泉《志》分大小鮑村泉，在縣東十里。珍珠泉在縣東四里。石河泉在縣北五里。璧溝泉在縣西十五里。大小玉溝二泉在縣西二里。蘆城泉　西巖石縫泉並在縣西南二十五里。三角泉《志》作『三角灣泉』，在縣西三十五里。泉林公署在泉林之左。

按：《通志》增多三十五泉：雪花泉在泉林寺内。雙晴泉在寺東。淘米泉　三水泉　醴橋泉　涓涓泉　西奎聚泉　湧珠泉並在寺南潘坡泉即驪珠泉。膏湧泉　瑪泉　留思泉　石竇泉　石液泉　雙石縫泉　石甃泉並在寺西南。卞橋泉在寺西卞橋東。變巧泉在縣東北三十八里。馬莊泉在縣西北三十里。馬跑泉在縣西北二十五里。魏莊泉在縣西北二十七里。激雪泉在縣東五十里。黄花泉　四勝泉在縣西十四里。泰來泉　龍澤泉　東蔭小泉　西蔭小泉並在縣東五十里。南珍珠泉　醴泉　醴前泉並在縣東南四里。七里溝泉在縣西三里。西蔭小泉　珠澤泉並在縣西二里。盧城泉在縣西南二十五里。

曲阜縣舊泉十七。青泥泉在縣東南十里。温泉在縣東南八里。連珠泉在縣東南八里。逵泉　車輞泉　柳青泉　雙泉　茶泉並在縣東南三里許。曲溝泉在縣東二里。濯纓泉　曲水詠歸泉以上二泉在縣南三里許。潺聲泉《志》無，或云即浴沂泉，《圖》作『浴沂潺聲泉』。埠下泉　横溝泉在縣東北十五里許。新安泉在縣西三十里。變巧泉在縣西北十八里。新泉

按：《通志》增多十泉：映安泉在縣西北三十里。城北新泉在縣北三十里。近逵泉　兩觀泉　洙泗泉　浴沂泉並在縣東南三里許。文獻泉在縣城東二步許。城南新泉在縣南一里許。近温泉　黑虎泉並在縣東南八里許。

滋陽縣舊泉四，新泉三，附垻一，淺十五，閘三。東北新泉　闕黨泉並在縣北一里許。負瑕泉　上蔣詡泉新。下蔣詡泉　西

北新泉並在縣西北半里。古溝泉新。在縣北一里。金口壩在兗州府東門外，遏泗水由黑風口會洸以濟天井閘。洸河十淺　濟河五淺　金口閘在壩西北引沂、泗以入洸。土婁閘在府西十里。杏林閘在府西十三里。

按：《通志》增多七泉：三義泉　元對泉　照星泉　惠泉　既濟泉並在縣北一里。紙房泉　驛後新泉並在縣西北半里。

一魯橋派凡四州縣

凡沂之下流，通乎港里河鄒之諸泉，入於白馬河，并濟、魚二州縣等泉，各出魯橋等處，以入運者爲魯橋派。

曲阜縣舊泉一。蜈蚣泉在縣南二十里。

鄒縣舊泉九，新泉二，附閘二，河二。鱔眼泉在縣北三十里。孟母泉在縣北二十五里。陳家溝泉　白馬泉並在縣北二十里。岡山泉在縣北二十里。白莊泉在縣南三十里。三角灣泉在縣西南八十里。柳青泉在縣西南七十五里。淵源泉在縣西南七十里。以上舊泉。黄港溝泉在縣西十八里。程家莊泉在縣北二十里。以上新泉。小閘在縣西南五十里，横絶泗水河，以蓄漕河上下之水。港里積水閘縣東北即泗沂故道。蓼河縣北三十里，流入白馬河。白馬河與蓼河同發源九龍山，合流至港里入魯橋。

按：《通志》增多三泉：馬山泉在縣北三十里。新泉在縣西北三十里。屯頭泉在縣北二十里。

濟寧州舊泉三，附閘四。蘆溝泉在州東南七十里。托基泉在東南五十里。馬陵泉在州東南六十里。片玉閘在盧溝泉中源。碎玉閘在托基泉中源。宫村閘州東北二十里。吴泰閘州東北四十五里俱在濟河。

魚臺縣舊泉二，新泉六，附閘一。黄良泉舊泉。廟前泉舊泉。俱舊泉。勝家泉　河頭泉　高家東泉　高家西泉　陳家泉　中溢泉以上八泉並在縣東北四十里。陽城閘今廢。

按：《通志》增多七泉：倣石泉　何家灣泉並在縣東北九十里。聖裔泉　小龍泉　有本泉　六一泉並在縣東北六十里。勝水泉在縣東北四十里。

一新河派即沙河派，凡三縣

凡鄒、滕、嶧、魚諸泉，或分入沙河，或出沽頭，或出留城閘，統與沙河相近，故曰沙河派。今多會於昭陽湖及王家口等處支河，故又作新河派。

魚臺縣舊泉三，新泉三。東龍泉　平山泉並在縣東北九十里。西龍泉在縣東北六十里。古泉新，《志》無。廉家溝泉新，在縣東北九十里。聖母泉新，在縣東北六十里。

滕縣舊泉十五，新泉三，附閘二，坝五。北石橋泉在縣北十里。三里橋泉在縣北三里。大烏泉在縣西北三十五里。絞溝泉在縣南二十五里。趙溝泉在縣南八里。荆溝泉在縣東南二十五里。劉家溝泉新，在縣南六里。趵突泉在縣東十五里。南石橋泉在縣東南四十里。玉花泉　魏庄泉新，二泉並在縣東南三十五里。三山泉在縣東南四十里。黄溝泉在縣東南七十里。白山泉新，在縣南七十里。

温水泉在縣南七十里。黄家泉在縣東南七十里。三界灣泉在縣南。龍灣泉在縣南七十里。皇輔壩在沙河店，遏沙水，上流由支河會趙溝泉，蓄南陽湖。頌嘉壩南收沙水餘流，使出尹家窪印馬池。王家口壩在薛城東南，遏薛水上流，由支河至豸里溝。豸里溝壩在百中橋，遏薛水中流，由支河入吕孟湖以出地浜溝。東邵壩在薛城西，收薛水餘流，使出支河出佃户屯。留城閘　佃户屯減水閘

按：《通志》增多一十三泉：吕蒙泉在縣南一百八十里。燦星泉在縣南九十里。大勝泉　菈珠泉　雙勝泉並在縣東南四十里。馬蹄泉在縣南七十里。雙泉在縣南四十里。五花泉在縣東十五里。大沸泉　小沸泉並在縣東十二里。七里橋泉在縣北十里。凉水泉　嶧莊泉並在縣西北二十五里。

嶧縣舊泉二。許由泉在縣北四十里。温水泉在縣西北五十里。

按：《通志》增多七泉：巫山泉在縣東南四十五里。滄浪泉在縣北六十里。石室泉在縣西北八里。牛山泉在縣西三十里。龍王泉在縣西南二十里。侯孟泉在縣西南五十里。扳倒井泉在縣西北六十里。

一邳州派凡三縣

沂水、蒙陰之泉以至嶧縣之許池泉，會沂、泗二河西下古邳入淮者，曰邳州派。

嶧縣泉一。許池泉在縣西北十里。

蒙陰縣舊泉二，新泉一，今廢。伏牛谷泉舊。泉河泉舊。順德泉新。

按：《通志》三泉無。

沂水縣舊泉十，今廢。上泉　龍王堂泉　雪王臺泉　小水泉　大泉盆泉　井泉　芙蓉泉　灰泉　單家泉

蒙陰、沂水等泉，自明山東巡撫徐源，以黄河之水經流徐、吕二洪，可不資於泉，故暫廢之。然今運河自中河以北，盡資源泉之水，終當逐處查勘，開濬以濟運矣。

附新濬泉渠按：此當是文襄時所新濬者，可以補志乘之所缺。

新泰縣，助水河渠十七道：敖山河渠　西周莊溝渠　沈村庄溝渠　羊村莊河渠　堰頭河渠　上王庄河渠　宫山嶺溝渠　張公溝渠　和庄村河渠　羊柳河渠　碗窑頭庄溝渠　羊柳東溝渠　未莊村溝渠　劉村集河渠　敖陽河渠　釣魚臺溝渠　西都村溝渠

萊蕪縣，泉源四十七處：海眼泉　雪家庄泉　外河泉　魚池泉　新興泉　郭娘二泉至三十泉　烏江二泉　三泉　鵬山二泉　三泉　湖眼二泉至十泉

泰安州，泉源二十一處：

陷灣新泉　小清泉　周家灣二泉　北滚二泉　三泉　會泉　小柳泉　濁河二泉　三泉　梁子二泉　馬兒二泉至五泉　水磨二泉　狗跑二泉　馬黄二泉　三泉

肥城縣，泉源四十處：助水河渠一道　鹽河二泉至

七泉　董家二泉至四泉　減家二泉至四泉　吴家二泉至八泉　王家二泉至八泉　開河二泉至五泉　馬房二泉　托車二泉至五泉　清二泉至六泉　灰包溝渠

東平州，泉源三十二處：助水河渠二道　獨山二泉　扒頭二泉至六泉　席橋二泉至十一泉　王老二泉至五泉　張胡二泉〔至〕三泉　吴家二泉至五泉　安圈二泉至六泉　鐵鈎二泉　獨山河渠　劉家所河渠

汶上縣，泉源四處：龍鬭二泉　趙家泉　二泉　三泉

寧陽縣，泉源一百四十六處：魚姑二泉至四泉　濼當二泉至七泉　龍港二泉至二十八泉　小河一泉至二十一泉　龍魚二泉至三十泉　黄家一泉至三十二泉　蛇眼二泉至五泉　三里溝二泉至八泉　張家二泉至八泉　金馬二泉　三泉　新柳二泉至八泉　小古泉

泗水縣，泉源十二處：潘波水泉　黄陰小泉　鮑村小泉　玉溝第三泉　新開第二泉　天井泉　醴泉　醴前泉大小二泉　七里溝泉　馬跑泉　馬莊泉　魏莊泉

曲阜縣，泉源三處：鄒村泉　文水泉　柳庄泉

滋陽縣，泉源二處：小新泉　負瑕二泉

鄒縣，泉源三十處：程家二泉至四泉　勝水泉　馬山泉　岡山二泉至九泉　鱔眼二泉　三泉　白馬二泉　陳家二泉　孟母二泉至六泉　柳青二泉　三角二泉至八泉

濟寧州，小泉三處：馬陵二泉至四泉

滕縣，泉源十一處：劉溝二泉　趵突二泉　大烏二泉　北石橋二泉　絞溝二泉　南石橋二泉　玉花二泉至四泉　三山二泉　黄家二泉

嶧縣，泉源九處：搬井泉　龍王泉　許池二泉至五泉　許由二泉　三泉　温水二泉

湖考

泉者，川之源；湖者，川之滙。苟有係於漕，不可略也。然濟、沛以上之湖，常苦其涸，淮、揚以下之湖，常苦其盈，則以地形高下之不同也。高者易涸，務蓄之使積；下者易溢，務通之使平。則有利於運而無害於運矣。

南旺湖

南旺湖在汶上縣西三十里，宋時與梁山濼水滙而爲一，周圍三百餘里。明代周圍九十三里，漕渠貫其中，湖分爲二，東湖廣衍，倍於西，跨汶南北，南曰蜀山，北曰馬踏。三湖其初則一湖也，全形北高而南下。萬曆間，周圍築堤凡一萬九千七百八十八丈零，北接馬踏湖，西北接安山湖，南接馬塲以及昭陽諸湖，綿亘數百里，於五水櫃之中（前代以南旺、安山等五湖爲水櫃。）最當要會。測其地形，與任城太白樓岑齊，南北通運之脊也。西湖環築堤岸一萬五

千六百餘丈，既開大渠與堤並長，湖內復縱橫穿小渠二十餘道，聯絡引水入漕。東湖以東地勢漸高，無煩防遏，止植柳竪石以封界。南至長溝、小河口、蘇魯橋，北至田家樓，受水之處亦堤而渠之，視西湖工又倍之。今湖身日淤彌望，民田舊制，不可復問矣。

馬踏湖

馬踏湖西與南旺湖相通，周圍三十四里有奇，其東北低，缺處長十里餘，築堤一道束水不使洩，西岸有滚水壩，漕河亘其西，汶河堤在其南。

蜀山湖

蜀山湖即南旺東湖也。周圍六十五里，中有小山如螺浮水中，舊有堤，自馮家壩起，至蘇魯橋止，長三千五百八十丈，自橋西至田家樓止，原係收水門户，栽柳封界。

馬塲湖

馬塲湖在濟寧北十里，蜀山湖之南，漕河經其西。《舊志》：周圍四十里，三分，其東西堤共長一千六百二十丈，西北受水之處，植高柳封界，內斗門三座。

安山湖

安山湖在東平州治西十五里，繞安民山下。山在州西南三十五里。《舊志》：周圍一百餘里。自明中葉，許民佃種百里湖，地盡爲麥田。然其低窪之區，自東北通湖閘起，歷西北至天禄庄，轉西南至王禹庄，又東南至青孤堆，復東北接通湖閘，周圍三十八里，湖形尚存。尚書朱衡四圍築堤以蓄水，但湖形如盆碟，高下不甚相懸，湖水隨風蕩漾，西北風則流入東南燥地，未及濟運，消耗過半。其西北地形稍卑，水勢散漫，東南地名八里灣，放水之地，並建石閘，其堤長四千三百二十丈，舊稱自南旺下至衛河四百餘里，其間全賴安山一湖以濟運。今自湖淤之後，一望平陸，録之以備參考。

南陽湖

南陽湖在魚臺縣東三十里，周圍約四五十里，運河經其中，水至深者五六尺，淺者二三尺，東湖俱茭荷，西湖率叢生馬藺草與蒲葦而已。

昭陽湖

昭陽湖在沛縣東八里。《齊乘》云：山陽湖俗曰刁陽。山東滕、鄒二縣水咸滙於此，下與薛水合。自金溝口達於泗湖，東長七里，南闊一里，西十一里，北四里，周圍二十九里有奇。永樂八年，湖口建石閘。嘉靖四十四年，黃河北溢，湖湮。又創開新河，去此尚遠。

微山湖

微山湖界滕、嶧、徐、沛之中，周圍百餘里，凡鄆城、嘉祥、鉅野、魚臺、金鄉、城武、曹州、定陶、壽張、陽穀、曹、單各州縣之水，皆南注之，兗、徐間一巨浸也。然查河渠各志，並不載。《沛志》有微山而無湖，惟河圖內有之，豈當時尚未成巨浸故歟？

駱馬湖

駱馬湖在宿遷縣西北十里，廣七八里，袤三十餘里，上受沂水之委，下出董、陳二溝，以入黄河。明季嘗由此湖行運以入泇。康熙十八年以前，亦曾通漕，自開皂河，不行此湖。

洪澤湖

洪澤湖在山陽西南九十里，自東北而西南，迤邐滂湃於山、清、桃、泗、天長、高、寶之間。考之文獻，此湖往代三之二皆民田，有泥墩、阜陵、萬家諸湖。自黄河潰決，全淮壅注，不得暢流入海，漫衍四及諸湖，合而爲一，遂爲淮、鳳間一巨浸。今其中猶有洪澤村，寥寥民居數十，浮沉於洪濤之中而已。其廣袤約數百里，西北堤曰歸仁，所以障黄河、睢河及靈芝諸湖之水北入；東南堰曰高堰，所以障淮流之東出，務使之全注清口以會黄入海也。

高寶諸湖

淮以南爲湖蕩者，無慮數十，其廣袤各有疆畔。今則千里一壑，蓋其地處東南下流，西受天、合、泗、盱七十二山溪之水，加以高堰所洩淮水餘波，建瓴下注，其東薄海數百里，皆高、寶、興、鹽、通、泰、江都七屬民田。又皆中窪而四高，測其水面與海面無甚低昂，雖有廟灣、天妃、石𥗽五港諸海口分洩，而所洩不敵所納者十之二三，浸淫泛溢，勢同溟渤，南北運道，僅以一線長堤引而咽喉之矣。考之舊志，運河以西有白馬、氾光、甓社等十七湖，今俱不可辨，槩而名之曰寶應湖。又南曰界首湖。又南曰高郵湖、邵伯湖。南北三百里而弱，東西百里而强，運河以東凡三十六湖，今亦不可辨。記其最要者，北曰射陽湖，在寶應湖東六十里，《志》稱東西三百里，延亘於山、寶、鹽城之間，凡山、寶之水，自涇河、澗河來者，俱由射陽湖出喻口白沙以入海。今則漸淤，與所載異。南曰廣洋湖、得勝湖、喜鵲湖，昔不甚著，今一望瀰漫，無有涯際，凡江高上下之水，皆入諸湖出海州、安東以達於海。

海口附

淮南、淮北沿海俱有海口，如海州則有東海口，安東則有雲梯關、惠家港，山陽則有廟灣，鹽城則有天妃、石礎，沭河分流及新開中河之水，由北鹵五港出灌口，其各鹽場村鎮小渠入海者，難以悉記。然核其正派，則安東雲梯關實黃河〔一〕二瀆入海故道也。萬曆二十三年，總督楊一魁因黃强淮弱，清口沙墊，淮水反挾湖水以浸盱、泗，因開挑黃壩新河，分黃由桃源黃家嘴下五港口入海。然新河雖開，河流亦僅十之二三，未幾，仍塞。其餘諸湖水入海，如淮安、興文等處閘洞之水，則由澗河；武家墩之水，則由涇河，俱入射陽湖。高良澗、周橋之水，一由岔河下涇河，一由阜子湖、寶應湖下子嬰溝，入廣洋湖。而射陽、廣陽二湖則東趨廟灣入海。高、寶、興、鹽等處下河之水，則滙由興化、丁溪等五塲入海。若有驟溢，則有鹽城、石礎海口爲之分洩，淮北、海州、東鹽正口，向雖稱淤，而旁口更闊，亦奔流無滯。

江口附

考江口向自瓜、儀達清口，與黃淮會。今黃身日高，奪淮阻江，惟漕河爲通江正脉，其餘支流如高、邵等湖，受淮、泗散漫之水，又由邵伯金家灣下運鹽河，入芒稻河達江。江都灣頭亦下運鹽河流，海陵諸處，亦有由白塔河滚水壩達江者，揚州以南下揚子橋，俱分流入江，而盈溢暴漲之水，在於分疏下流，如芒稻等河疏之不使狹阻可也。

漕運考

漕河

自黃、淮兩瀆以迨衆泉澤，鉅細不一，而皆資乎漕。然河非能自爲漕也，人事盡而地利生焉。考漢唐以歷元明，至我朝，而漕事始盡善，則因革變通之故，亦可思矣，以故詳列諸川澤，而次之以漕焉。

全漕運道，自浙江迄張家灣，凡三千七百餘里。由浙至蘇則資天目、苕、霅諸溪之水；常州則資宜、溧諸山之水；至丹陽而山水絶，則資京口所入江潮之水。水之盈縮，視潮之大小，故裏河每患淺澁。自瓜儀至淮安，則南資高寶諸湖之水，西資清口所入淮河之水，俱由瓜儀出江，故裏河之深淺，亦視兩河之盈縮焉。自清口至直河，則資黃河之水，自直口至濟寧，資汶、泗、沂、洸之水。

自康熙二十年，於黃河北岸駱馬湖口開皂河一道四十餘里，接泇河。二十六年，又於清河縣之西黃河北岸開中河一道，廣九丈至七丈不等，深丈餘，長三百餘里，通運

〔一〕『河』疑爲『淮』。

道者一百八十里，繞出宿遷治北，直接皁河口。凡重運一出清口，即截黃河而北，徑入清河縣西仲家閘，由中河歷皁河而進八閘，以達濟寧，皆資汶、泗、沂、洸之水並山東之諸泉，不藉黃河。

自濟寧至臨清則資汶河之水，即泰安、萊蕪、徂徠諸泉也。從南旺分流，南流至濟寧天井閘，會泗、沂、洸三水濟運，北流至臨清，以會衛河。然天旱泉微，每苦不足。自臨清至天津則資衛河之水，由直沽入海。而自天津至張家灣，則資潞河、白河、渾、榆諸水矣。通州以上，則資大通河之水以達京師。

漕河南盡瓜、儀，北通燕冀，其間自昌平州神山泉等水由西山貫都城，過大通橋東，至通州入白河者，大通河也。自通州而南至直沽，會衛河入海者，白水也。自臨清而北至直沽，會白河入海者，衛水也。自汶上縣南旺分水河口，其分而北流經張秋至臨清，以會衛河；又分而南流至濟寧州城東北，以出天井閘，上會泗、沂、洸三水者，汶水也。自濟寧州城東北以上，會流而來，出天井閘與汶水合，南流至南陽，出夏鎮入泇河、皁河、中河，以出仲家庄閘者，泗、沂、洸並山東諸泉也。自仲庄閘絶流五里入清口者，黃河也。自清口通淮南至瓜、儀者，淮湖諸水也。

大通河

大通河即通（會）〔惠〕河，發源昌平州白浮村神山泉，過榆河，會一畝馬眼玉泉，滙於積水潭。即七里濼。濼，一作濼。東越都城，由大通橋而東五十里，自通州入白河，凡一百六十四里。元郭守敬所鑿也。又以白河、榆河諸水合流，亦名潞河。每十里爲一閘。明初，諸閘猶有存者，然不以轉運，河流漸淤。嘉靖六年自大通橋至通州石壩，大加修浚，設慶豐等五閘，置官夫以時蓄洩，造剥船，置布袋，責經紀領之，僱役遞輸，以達都下。國朝因之。

會通河

會通河即元運河，自濟寧至臨清是也。元初，轉漕自浙西入江淮，由黃河逆流至中灤登陸，至淇門，復由御河登舟以達於燕京。至元二十年，江淮水運不通，自濟寧開河達東平之安民山，凡百五十里。北自奉符爲牐，以導汶水入洸，東北自兗州爲牐，以遏泗、沂二水，亦會於洸，以出濟寧之會源牐。分流南北，其西北流者，至安民山，入清濟故瀆，經東阿至利津入海。其後海口沙壅，又從東阿轉陸二百里抵臨清以下御河。二十六年，復自安山西南開河，由壽張西北至臨清，徑達御漳，凡二百五十里，是名會通河。會源牐以南爲逆，以北爲順，南接豐沛，北迄天津，凡一千五百餘里，推挽之勞免焉。洪武二十四年，河決原武，漫過安山湖，會通漸淤。永樂九年，疏鑿元人故道，於東平戴村築壩遏汶水，使西流，盡出南旺，四分往南接濟徐、呂，六分往北達臨清。自臨清抵徐州，七百餘里間，全資汶、泗、沂、洸諸水接運，總曰閘河。舊閘四十有三，後增建二十餘，而減水通河諸閘不與焉。然河源之最微者，莫如會通，黄水冲之則隨而他奔，而漕不行，故壩以障其入；源微而支分，則流愈小，而漕亦不行，故壩以障其出；流駛而不積，則涸，故閉閘以須其盈，〔盈〕而啟之，以次而進，漕乃可通。潦溢而不洩，必潰於是，有減水壩，溢則減河以入湖，涸則放湖以入河，於是有水櫃。櫃者，蓄也，湖之別名也。而壅水爲埭，謂之堰。沙淤之處，謂之淺。淺有舖，舖有夫，以時挑濬焉。

泇河

按：泇水有二：東泇出沂州西北箕山，西泇出嶧縣抱犢山，二水合流，東南入泗。

運道諸水之開，莫善於泇河，既避黄河之險，又資泉湖之利。第經營之始，濬舊開新，塹山剗石，引泗合沂，以通運。厥初孔艱，自隆慶間都御史翁大立倡議開之。萬曆初，都御史傅希摯繼之，屢議屢止。二十一年，汶、泗泛溢，堤隤運阻，總河舒應龍挑韓庄中心溝，通彭河水道以入黄，而泇口始闢。二十五年，河決黄堌，二洪告涸，總河劉東星尋韓庄故道，鑿良城、侯遷、頓庄及挑萬庄，由黄泥灣至宿遷董家溝以試行運，而泇流始通。三十一年，因河決沛縣，由昭陽湖穿夏鎮，横冲運道，總河李化龍尋舒、劉舊績，主事梅守相爲陳泇河利運狀，乃題請開泇行運，起夏鎮以迄邳州直河口，長二百六十餘里，避黄河之險三百餘里，其間開李家港以避河淤，開王市〔一〕田家口以遠湖險，中鑿郄山以展河渠，建韓庄、臺庄、侯遷、頓庄、丁廟、萬年、張庄、德勝等八閘，以節宣水利，而泇之運始行。其後總河曹時聘復大加展拓，建垻遏沙，修堤度縴，置郵驛，設兵巡，增河官，立公署，而泇爲坦途。

徐吕二洪

徐州洪在徐州，吕梁洪在徐州東南六十里，俱最險。自泇河通運，各省糧船俱不過洪，惟徐、壽二衞兑徐、蕭、碭三州縣過洪，而洪亦不爲害矣。

淮安運河

高家堰在淮安西南隅，漢陳登所築。永樂間築堤堰，上以防淮水東(浸)〔侵〕，又自府北開河，南接清口，曰清江浦，乃運船由江入淮之道。萬曆年間，復築高堰，用石包砌，起新庄至越城，長二萬八百七十餘丈。於府城南運河旁自窰灣、楊家澗歷武家墩開新河一道，長四十五里，曰永濟河。置三閘以備清江浦之險。又建清江浦外河石堤、西橋西堤以禦淮水之冲。明末國初，河道淤墊，黄流逆灌，全淮南潰，屢塞屢決，至康熙十五年，大決，自武家

〔一〕『王市』，《治河奏績書》卷一作『三市』。

墩以至高良澗決口三十六處，成河九道，清水潭決口至三百丈，運道阻塞十六年。臣奉命督河，自清口以下直出雲梯關外，並開引河以導入海之勢，盡塞諸決，創築周橋、翟壩堤工三十里，大挑山清高寶江五州縣之南運河，增築兩岸堤，塞清水潭，更名其地曰永安河。創改南運河之運口於三汊河。又大挑爛泥淺、裴家場等處，皆成大河，隨地遠近建減水壩以洩暴漲。於是淮水盡出清口，會黃入海，運道無阻。

高寶運河

自山陽以迨邵伯，運道所經諸湖，皆石堤，運船觸堤，往往敗溺。弘治三年，於高郵湖迤東開新河以避險，曰康濟河，兩岸甃以石。嘉靖五年，於氾光湖東旁舊堤開新河三十里，遂棄康濟河。又寶應縣至界首，凡有溝河通注於海者，造平水閘十座。十年，又自寶應湖東築月堤二十一里。萬曆五年，淮水由黃浦口決入，石堤多壞。七年，修築改建減水閘四座，加高石閘九座，自是寶應諸湖堤岸相接。十二年，於石堤之東傍堤開新河三十餘里，以避槐角樓一帶之險，曰弘濟河。

瓜儀運河

儀徵、瓜洲，運道咽喉。宋時儀徵嘗建三閘。洪武中即其地築壩。弘治元年，始建東關、羅泗二閘。十二年，復濱江建(欄)〔攔〕潮閘，潮長放船，潮退盤壩。萬曆四年，於朱輝巷鑰匙河、清江等處各開河以便停泊。瓜洲江口舊有土壩，重船盤壩艱難。隆慶六年，自時家洲以達花園港，開渠六里餘，建瓜洲、通江閘二座。萬曆四年，於瓜洲開港塢以泊運船。

丹陽運河

常州至丹陽，河道淤淺，歲勞開浚。正統初，巡撫周忱於武進奔牛、吕城設壩閘，俾漕舟由京口出江。景泰間，壩閘漸頹，水道淤淺，有議從蔡涇、孟瀆出江者，因廹海洋，舟多覆溺，仍從故道增置五閘。

浙江運河

浙江運河發源於天目，出臨安、餘杭，經德清、海寧、石門、桐鄉、秀水、嘉興以達於江南吴江縣。或遇天旱，則石門縣之石門鎮以至松老橋，桐鄉縣之皂林，秀水縣之陡門等處，沙瓦石礫，壅滯淺澁，每歲必加挑浚。

卷五

河決考 諸因勢利濬事實大者，間亦録之。

夏

禹治洪水，導河積石，至於龍門，今山西河津縣陝西韓城縣兩岸相界。南至於華陰，今陝西華陰縣。東至於底柱，今河南陝州之三門山。又東至於孟津，今河南府孟津縣。東過洛汭，今鞏縣。至於大伾，今大名府濬縣有大伾山，一名黎陽山，註即《禹貢》大伾山。《河防一覽》註在今汜水縣，即故成臯。兩存，備考。北過洚水，今冀州北枯洚渠，一曰潰水，亦曰漳水。至於大陸，今邢州鉅鹿，澤名也。又北播爲九河，齊桓公塞九河以廣民田居，故舘陶、貝邱、廣川、信都、東光、河間以東，城池舊跡猶存。今在河間府滄州、南皮、東光、獻縣、慶雲、平原、海豐等處。同爲逆河，入於海。由今寧津、吴橋、南皮諸處東入海。此大禹導河之故道也。

商

成湯遷亳。皇甫謐曰：亳，今穀熟縣，蒙爲北亳，即武亳，湯受命之地。穀熟爲南亳，湯所都偃師爲西亳，盤庚所徙。《尚書·立政》所謂『三亳』也。或云考城爲北亳，穀熟爲南亳，偃師爲西亳。穀熟故縣在歸德府東南四十里。

仲丁遷囂。亦曰敖，今開封府鄭州、滎陽縣。

河亶甲遷相。今大名府内黄縣。又彰德府西北五里洹水南岸有亶甲城，云古相都，未知孰是。

祖乙遷邢遷耿。邢，今順德府邢臺縣。耿，今平陽府河津縣。

盤庚遷殷。《尚書註》圮於河水也，殷即西亳。

此河決之始也。夫成湯至盤庚，不過三百餘年，而六遷其國都，則當時大河南北決已屢矣。況古昔土曠人稀，又文字簡略，苟害不及於都邑，方册弗載，則此外必更有不及紀者。世謂自大禹隨刊以來，凡千七百年無水患，殆亦未之考也。

周

定王五年河徙砱礫。按：胡渭云：當作礫溪口。

此河失故道之始也。

漢

文帝十二年，河決酸棗，東潰金隄。今延津、滎陽諸縣至清豐、鄆、濮，達於安平，綿亘千里皆是。

武帝建元三年，河溢平原。今德州。元光三年，河徙從頓邱，今開州清豐。東南流，夏復決濮陽、今濮州。瓠子，今開州西南十五里。注鉅野，通淮泗，汎郡十六。此河通淮之始也。

元帝永光五年冬十二月，河決清河靈鳴犢口。今高唐州南三十五里。按師古曰：『清河之靈縣鳴犢河口也』。初，武帝既塞宣房，仍導河北行二渠，復禹舊跡。後復決於館陶，分爲屯氏河，今衛河。東北入海，廣深與大河等，故因其自然，不隄塞也。是歲河決而屯氏河絶。禹厮二渠以引河，一出貝邱西南二折，一則漯川是也。成帝建始四年夏四月，河決東郡金隄，灌四郡三十二縣，水居地十五萬餘頃，壞官亭廬舍且四萬所。以王延世爲河隄使者，延世以竹絡長四丈，大九圍，盛以小石，兩船夾載而下之，三十六日隄成。改元河平。河平三年秋八月，河復決平原，流入濟南千乘，千乘海口在今青州樂安縣。所壞敗者半建始時，復遣延世作治，六月乃成。

鴻嘉三年，鐫底柱石没水中，不能去，水愈怒。明年秋，渤海、清河、信都河水溢灌縣邑三十一，敗官亭民舍四萬餘所。

綏和二年，求能浚川治河者，待詔賈讓言治河三策。

新莽三年，河決魏郡，泛清河以東數郡。

東漢

明帝永平十二年，詔王景修汴渠堤。自滎陽東至千乘海口千餘里，每十里立一水門，令更相洄注，無復潰漏之患。明年，汴渠成，河、汴分流，復其故迹。

隋

煬帝大業元年，開通濟渠。自西苑引穀洛水達於河，復自板渚引河歷滎澤入汴，自大梁之東引汴入泗，以達於淮。又開邗溝入江。四年，發北河諸郡男女百餘萬，開永濟渠，引沁水南達於河，北通涿郡，名曰御河。六年冬，穿江南河，自京口至餘杭八百餘里，廣十餘丈。今江浙運河也。

唐

中宗嗣聖十年，周武氏長壽二年。河決棣州。

元宗開元十年，河決博州。今東昌。十四年，河決魏州。今冀州。十五年，河決冀州，懷、衛、滑、汴、濮俱溢。

昭宗乾寧三年夏四月，河漲滑州，朱全忠決爲二河，夾城而東，爲害滋甚。

後唐

莊宗同光二年，塞決河。先是梁攻楊劉，今東阿楊劉鎮。決河水以限晉兵，所決河歲爲曹、濮患，發汴、滑兵塞之，未幾復壞。

晉

高祖天福二年，河決鄆州。今鄆城縣。四年決博州。六年決滑州。十一年，河決臨黃、觀城二縣。

出帝開運元年，河決滑州，侵汴、曹、單、濮、鄆。三年七月，河決楊劉，西入莘縣，廣四十里，自朝城北流。

漢

隱帝乾祐元年五月，河決魚池。在滑縣。三年六月，河決鄭州。

周

太祖廣順二年十二月，河決鄭州、滑州。

世宗顯德元年，河決東平楊劉口，築隄自陽穀抵張秋遏之，然河決不復故道，分爲赤河。二年，疏汴水。初，汴水自唐末潰決，自埇橋東南悉爲汙澤，世宗欲擊唐，命因故堤疏導之，東至泗上。四年，疏汴水入五丈河，自是齊魯舟楫皆達於大梁。五丈河在滎陽縣南三十五里大周山下，京水自滎陽踰汴東北注河，通山東之漕，其廣五丈，故名。五年，浚汴口，導河流達於淮。春三月，汴渠成，於是江淮舟楫始通。即歸德至泗州河。六年，導汴水入於蔡水，以通陳潁之漕。又浚五丈渠，東過曹、濟梁山泊以通青、鄆之漕。梁山泊在東平州西四十里。

宋

太祖建隆元年，導閔河自新鄭與蔡水合，貫京師，南歷陳、潁，達壽春，以通淮右，於是以汴城西南爲閔河，東南爲蔡河。閔河即惠民河，今黃河自汴梁西南歷陳、潁至壽州正陽鎮入淮，即宋閔河故道。按：宋都汴漕運之路有四：東南之粟自淮入汴，陝西之粟自三門白波轉黃河入汴，陳蔡一路之粟自閔河至京，京東之粟自廣濟河至京，四河惟汴最大，閔河其一也。二年，浚五丈渠，自都城北歷曹、濟及鄆，以通東方之漕。乾德二年，赤河決東平之竹村。三年秋，大雨河決，陽武、澶、鄆河亦決。四年八月，滑州河決。開寶四年，河決澶淵，泛數州。五年，決陽武、濮陽。

太宗太平興國二年秋七月，河決温縣、滎澤、頓邱。八年五月，河大決滑州韓村，泛澶、濮、曹、濟，東南流至彭城界入淮。此河入淮之始也。九年春，滑州河決。雍熙三年，開沙河，自楚州至淮陰凡六十里，以避淮水之險，舟行便之。端拱元年，開荊南漕河，自荊南城東至獅子口入漢江，以通荊峽之漕。淳化四年十月，河決澶州，陷北城，壞廬舍七千餘區，乃於迎陽鑿汴渠水入黎陽大河，以防暴漲。黎陽，今濬縣。

真宗咸平三年五月，赤河決鄆州王陵埽，浮鉅野，入淮泗。徙鄆州城於東南十里。

景德元年，澶州河決。大中祥符元年，尉氏縣惠民河決。三年十月，河中府白浮圖村河水決溢。九月，棣州河決通利軍。五年，河決棣州。六年，以棣州屢苦河患，詔徙州城於陽信之八方寺。七年，河決澶州。天禧三年六月，滑州河潰漫州城，歷澶、濮、曹、鄆注梁山泊。又合清水、古汴渠東入於淮，州邑罹患者三十二。

仁宗天聖六年六月，河決澶州。明道二年，徙大名之朝城縣於社婆村，廢鄆州之王橋渡、淄川之臨河鎮以避水。景祐元年，河決澶州橫壠埽。慶曆八年，河決澶州商胡埽。皇祐元年，河合永濟渠注乾寧軍。二年，河決館陶縣郭固。四年，塞郭固，河勢猶壅，殿中丞李仲昌請自澶州商胡開六塔渠入横壠故道，以披其勢。至和二年，穿六塔渠。嘉祐元年，塞商胡河，北流入六塔河，不能容，是夕復決。五年，都轉使韓贄言：四界首，古大河所經，宜浚二股渠，分河流入赤金河以紓决溢之患。遂鑿二股河，工成，並五股河浚之。

神宗熙寧元年，河決棗强，北注瀛。二年，浚二股河以導河，東流商胡河，北流稍塞。四年七月，北京新堤第四、第五埽決，漂溺館陶、永濟、清陽以北，下屬恩、冀，貫御河奔冲爲一。按：宋以大名爲北京。五年，開修二股河成，深十一丈，廣四百尺，入於河，决口亦塞。六年，於北京第四、第五埽等處開修直河，使大河還二股故道。八年，開濬王供埽，引大河注之御河，以通江淮漕運。十年五月，河決滎澤，自開直河水勢增漲。七月大決於澶淵曹村，澶淵北流斷絶，河道南徙，東滙於梁山張澤濼，分爲二派，一合南清河，入於淮，一合北清河，入於海，灌郡四十五，濮、齊、鄆、徐尤甚。

明臣邱濬曰：此黄河入淮之始。按《史記》，漢武帝元光三年，河決瓠子，注鉅野，通淮泗，時已通淮。至宋太宗太平興國八年，河決滑州，東南流至彭城界入淮。真宗咸平三年，決鄆州，浮鉅野，入淮泗。天禧三年，決滑州，歷澶、濮、曹、鄆，注梁山泊。又合清、汴東入於淮。然則河之入淮舊矣，不自熙寧十年始也。

元豐元年四月，曹村埽決口塞，改名曰靈平。五月，新堤成，閉口斷流，河復歸北。三年七月，澶州孫村陳埽及小吴、大吴埽決。四年四月，澶州小吴埽復大決，自澶注入御河。都水監丞李立之言：河自乾寧軍至劈地口入海，宜自大名至瀛州分立東西堤五十九埽，從之。大抵熙寧專欲導河東流，閉北流，然卒無成功。五年六月，河溢北京内黄埽。七月，決大吴埽堤，以紓靈平下埽危急。八月，河決原武埽，溢入利津陽武溝、刀馬河，入梁山濼。六年，開龜山裏河以達於淮。初，熙寧四年，自淮陰至洪澤已開新河，獨洪澤以上至清汴尚患風濤之險，至是，發運使羅拯、蔣之奇請自洪澤以上鑿龜山、蛇(涌)〔浦〕、左肋裏河，取淮爲源，不置堰牐，以免風濤。七年七月，河溢元城埽，決橫隄破。八年十月，河決大名小張口。

哲宗元祐四年，置修河司。時安燾、文彦博、吕大防力主東流，曰：大河北流，失中國之險。蘇轍、范純仁、胡宗愈、王存等力言不可，以爲勢必不能，不聽。元符二年六月，河決内黄口，東流斷絶。二年，河決蘇村。徽宗大觀元年，河決鉅鹿，又溢信都、南宫。三年，河溢冀州、信都，又決清河埽。崇寧元年冬，開臨清壩子口決，北京恩、冀、滄州永順軍積水，入御河枯源。二年秋，黄河漲入御河，行流侵大名府館陶縣，敗廬舍，役民治之，三月堤成，工始畢，漲水復壞之。政和四年，都水使孟昌齡獻言：河自大伾山東而來，直大伾山之西回，而南復折北，則又直大伾之東，曾不十餘里，而地形水勢束迫相直，若引使穿大伾東北二山，分兩股而過合於下流，因三山爲址繫浮梁，歲省費數百倍，可寬河朔諸路之憂。從之。巨濼成，詔自居山至大伾山浮橋屬濬州者名天成橋，自大伾山至汶子山浮橋屬滑州者名榮光橋。

金

南渡後，兩河盡入金境，金設官置屬以主其事。沿河上下凡二十五埽，六在河南，十九在河北，皆從都水監廉舉總統。埽兵萬二千人，歲用薪百一十一萬三千餘束，草百八十三萬七百餘束，椿杙之木不與焉。

世宗大定八年，河決李固渡，水潰曹州城，分流於單州之境。十一年，河決王村，南京孟、衛州界多被其害。十七年，河決白溝。二十年，河決衛州及延津京東埽，瀰漫至於歸德府。二十六年，河決衛州堤，壞其城。二十九年，河溢於曹州小堤之北。

章宗明昌五年，河決陽武故堤，灌封邱，而東又自開封北衛州決而入渦河。

元

世祖至元九年，衛輝新鄉縣河決。二十三年，河決河南，漂郡縣十五，役民二十餘萬塞之。二十五年，汴梁路陽城縣諸處河決二十二所。二十六年，於須城縣今廢，在東平州東南。安山西南開河引汶水達臨清之御河，凡二百五十餘里，建牐三十一度，高低遠近以節蓄洩。役工二百五十一萬有奇，六閲月竣工，賜名會通河。二十七年，修濬會通河，易牐以石，至泰定二年竣。二十九年，開通惠河，以郭守敬領之，丞相以下皆親操畚鍤爲之倡導。昌平縣白浮村神山水過雙塔榆河，引一畝、玉泉諸水入城，滙於積水潭，從東折而南入舊河，每十里置一牐，以時蓄洩。

成宗大德元年秋七月，河決杞縣蒲口，塞之。明年，復決，其後水北入復故道。二年秋七月，大雨河決，漂歸德屬縣。三年五月，河決蒲口兒等處，浸歸德府數郡。

武宗至大二年秋七月，河決歸德、封邱。

仁宗皇慶二年，河決陳、亳、睢三州，開封、陳留等縣。延祐元年，以大船入會通河，餘船碍不得行，於金溝、沽頭兩閘中增置二隘閘，臨清置一隘閘，各闊一丈，止許一百五十料船得入。其後民造長船八九十尺者皆五六百料，比至閘內，不得回轉，又阻餘船。又於隘口下約八十步河北立二石，中間相離五六十尺，如舟至，量長如式，方許入閘。七年七月，河決滎澤、開封二縣。

泰定帝二年五月，河溢汴梁。三年，河決陽武，漂民居萬六千五百餘家，已復壞樂利堤。

文宗至順元年六月，河決曹州濟陰縣。

順帝至正二年，河決封邱。又開金口河，今京城南三里河十里，河至烟墩巷入渾河，即金口河也。於都城外開渠置牐，引金口渾河之水東流達通州，以通舟楫。後卒以渾河水急沖決，無成。四年五月，大雨二十餘日，黃河暴溢，平地水深二丈許。北決白茅堤，又決金堤，瀕河郡邑濟寧、單州、虞城、碭山、金鄉、魚臺、豐、沛、定陶、楚邱、城武以至曹州，東明、鉅野、鄆城、嘉祥、汶上、任城等處，皆罹水患。北侵安山，延入會通運河，延袤濟南、河間。五年，河決濟陰，漂官舍民居殆盡。十一年四月，命賈魯以工部尚書爲總治河防使，發汴梁大名十有三路民十五萬，又廬州等戍十有八翼軍二萬人，供役一切，大小軍民咸稟節度。是月，興工。十一月，水土工畢，堤成，河復故道，東滙於淮，又東入於海。二十六年二月，黃河北徙，先是河決大小疏口，達於清河爲患，至是復北，徙自東明、曹、濮，下及濟寧，皆被其害。

明

太祖洪武元年，河決曹州雙魚口，流入魚臺。大將軍徐達開塌場口，在魚臺縣東南。入於泗，以通運。時戴村未壩，汶由坎河注海，故引河入塌場以濟之。七年，河決開封。二十三年，河決鳳池，逕夏邑、永城。二十四年，河決原武黑陽山東，經開封北五里，又南至項城經潁州潁上，東至壽州正陽鎮，全入於淮而故道遂淤。《北河（記）〔紀〕》云：決黑陽山，由舊曹縣、鄆城兩河口漫過安山湖，而會通淤，乃自濟寧陸運至德州入河。此黃全入淮之始也。

成祖永樂九年，以濟寧州同知潘叔正言，命尚書宋禮、都督周長等發丁夫十六萬五千濬元會通河，開新河，自汶上縣袁家口。左徙二十里，至壽張之沙灣接舊河。又用汶上老人白英計，於東平州東六十里戴村舊汶河口築壩遏汶，使西南流出南旺，四分往南，以達徐、沛，六分往北，以達臨清。自分水至臨清地，降九十尺，爲閘十有七，而達於漳、御。南至沽頭，地降百有十六尺，爲閘二十有一，而達於淮。凡九閱月而成。侍郎金純從汴城金龍口下達塌場口築堤導河，經二洪南入淮漕，事定爲罷，海運至今賴之。十年，浚宋故沙河，平江伯陳瑄訪淮安耆老漕河故渠，得宋轉運使喬維岳所開之故沙河而疏濬之，沿河置閘焉。

英宗正統三年，開通濟河。去通州南二百里，在河西務二里許。十二年，河決滎陽，自開封城北經曹、濮，北沖張秋，潰沙灣東堤，以達於海。又東南經陳留，自亳入渦口。又經蒙城至懷遠，東北入淮。命侍郎王永和治之，弗績。景帝景泰三年，命尚書石璞侍郎趙榮相繼治之。明年五月，復遣石璞往，旋塞旋決。十月，命都御史徐有貞治沙灣決口，塞之，乃於開封金龍口、銅瓦廂等處開渠二十里，引河水以濟運。天順六年，河決開封。

憲宗成化年間，開濟寧西河，自耐牢坡至塌場口，長九十里，汶水入焉。改耐牢坡閘名永通。

孝宗弘治二年，河決原武，支流爲三：一決封邱金龍口，漫祥符，下曹、濮，沖張秋長堤；一出中牟，下尉氏；一泛濫蘭陽、儀封、考城、歸德至宿州。命侍郎白昂治之。塞金龍口，築陽武長堤，防中牟之決。於滎澤開渠導河，自中牟、尉氏舊河由陳、潁至壽州，達於淮。濬宿州古汴河以達泗，自歸德州小壩地方經睢寧至宿遷，入漕。上築長堤，下修減水閘。又修月河十餘，塞決口三十六，由是河入淮〔一〕，汴入睢，睢入泗，泗入淮以達海。又築渠堰於徐、兖、瀛之間，以殺河勢。五年，復決金龍口，由黃龍岡北趨張秋，絶運河而東掠汶入海。六年，又決張秋鎮東堤，東入於海。命都御史劉大夏、平江伯陳鋭役丁夫十二萬，乃先疏祥符、滎澤上流，於西岸鑿月河三里許，屬之舊河，使通漕不與河争道。乃鑿（榮）〔滎〕澤縣孫家渡，開新河七十餘里，導水南行，由中牟至潁州，東入於淮。一濬祥符四府營淤河二十餘里，由陳留至歸德分爲二派入淮。一由宿遷小河入淮，一由亳州渦河入淮。又疏賈魯舊河四十餘里，由曹縣梁靖口出徐州運河。支流既分，水勢漸殺，乃於黃陵岡東西築兩長堤蹙水南下，由徐淮故道自武陵屬之碭、沛，凡三百六十里，曰太行隄。於金龍口之東西築兩長堤，自于家店及銅瓦廂東橋抵小宋渠，凡百六十里，曰新堤。又以兩堤遼遠，河或失守，於舊決口南里許爲減水壩，廣袤各十五丈。又爲竇五以時通之，自春徂夏，張秋之決塞，由是黃河東流經歸德、徐州達於淮，賜張秋鎮名曰安平。始河自清河縣入淮，大夏治之，自宿遷小河口入淮，則北三百里矣。已又北三百里至徐州小浮橋入淮。

武宗正德四年，河決曹、單，趨沛直抵飛雲橋，舟楫通行，遂成大河。八年，復決黃陵岡。又決曹縣以西，從縣東北行曹、單以北，城武以南盡漂没。其後十二年，復決，城武縣没焉。

世宗嘉靖五年，河溢没豐縣，城徙華山避之。六年，河決曹、單、城武楊家口、梁靖口、吴士舉莊，沖雞鳴臺，運大阻。七年，河決徐、沛，淤廟道口三十餘里。以盛應期爲河道都御史，奏開趙皮寨白河一帶導之。南由亳、泗，歸宿入淮，以分殺水勢，别於昭陽湖東岸開新河百四十里，以通漕舟。報可。興役垂成，罷役革應期職。八年，飛雲橋河流北徙魚臺谷亭，水三年不去。十二年冬，河決亳、泗、歸、宿等處，自濟寧南至徐、沛數百里運道淤。十三年，又淤廟道口。是年，又決趙皮寨入淮。本年復自河

〔一〕『淮』疑爲『汴』。

南夏邑縣大邱回村等集冲數口轉向東北，流經蕭縣，出徐州小浮橋，下濟二洪，趙皮寨尋亦塞。十九年，河決野雞岡，由渦河經亳州入淮，二洪大涸。兵部侍郎王以旂兼都御史治之，開李景高支河一道，引水出徐濟洪，尋復淤。二十六年，決曹縣冲谷亭。三十一年，大水，衞河決，秋河決，房村至曲頭集凡決四處，淤四十餘里。三十二年，河決房村，約淤三十里。三十七年，河北徙新集淤。七月，向東北冲成大河，而新集河由曹縣循夏邑丁家道、司家道出蕭縣薊門，由小浮橋入徐洪，淤凡二百五十餘里。趨東北叚家口，析爲六股，曰大溜溝、小溜溝、泰溝、濁河、胭脂溝、飛雲橋，俱由運河。至徐洪又分一股，由碭山堅城集下郭貫樓。又析五小股，爲龍溝、母河、梁樓溝、楊氏溝、胡店溝，亦由小浮橋會徐洪。河共分爲十一流，河南、山東、徐、邳皆苦之。四十四年五月，河大淤全河。南遶沛縣戚山入秦溝，北遶豐縣華山漫入秦溝，接大小溜溝泛濫入運河，至胡陵城口漫散湖坡，從沙河至二洪。八月，户部尚書朱衡請開盛應期原議新河，自南陽至留城。明年，僉都御史潘季馴繼請接濬留城舊河，并力挑濬，乃先築馬家橋東堤五十餘里遏河，使出飛雲橋，盡入於溝，乃開新河，即盛應期所開而未成者。自南陽至留城一百四十一里，疏舊渠，起留城至境山五十三里，鑿王家口導薛河入赤山湖，鑿黄甫引沙河入獨山湖。凡爲支河八，旱則濟運，潦則洩之。昭陽湖是名夏鎮。八閱月而成，漕舟通河，南北支流并入秦溝，河患始息。四十五年，河復決沛縣，冲運河。尚書朱衡、都御史潘季馴自南陽至留城開新河一百四十一里，自留城至境山濬舊河五十三里。又築留城至境山東堤五十餘里，遏水歸秦溝。

穆宗隆慶元年，河南冲濁河雞爪溝，從徐洪入。既而新河之三河口復淤。尚書朱衡請開支河殺薛、沙二水之勢，置閘增堤，外御濁流，内引溝泉灌注其内。按：三河口在滕縣西南五十里，上源薛河、沙河、赶牛溝三水俱會於此，故名。三年，南直、山東、河南河俱大漲。秋復海嘯徐、邳、豐、沛一望無際。自清河抵淮安城西，淤者三十餘里，決方、信二壩出海，平地水深丈餘。寶應河堤崩壞。山東莒、郯諸處水溢，從沂河、直河入邳州。都御史翁大立奏開鴻溝廢渠。初，沽沛舊河湮塞，朱衡奏開新河，北舊河徙東三十里。然新河餘流舊河積水，猶侵昭陽湖，至是大立，請開此渠，自西昭陽中以達鴻溝，自鴻溝以達李家口，自李家口以達回回墓，而東出留城閘。河長六十餘里，滕、沛、利之鴻溝廢渠，在新河以西、昭陽以東，乃往年沙、薛二水從此以入舊河者，自舊河淤而此渠亦半淤，故廢，今所開即此。四年七月，河決邳、睢，由曲頭集、王家口、馬家淺等口出小河口，東由曹家等口注峒山等湖，運道淤墊一百餘里，俱爲平陸，睢寧潦没。翁大立議開伽河，尋議復舊伽河之議始此。河臣潘季馴築塞諸決。明年，河仍歸故道。時郎中張純請築遥堤，尋以浩費報罷。遥堤之議始此。五年，河決雙溝。先是，河漲徐州，上下茶城至呂梁，兩崖束山不得下，又不得決，至是，乃自雙溝而下。北決油房、曹家、青羊諸口，南決闞家、曲頭集、馬家淺、閻家、張擺渡、王家、房家、白糧淺諸口，凡十一支幹流遂微，乃淤自匙頭灣八十里。六年春，河決邳州，運道阻。乃詔工部尚書朱衡與總河都御史萬恭覆視。以泇口限嶺阻石，竟報罷，一意治徐、邳。自茶城至邳州、宿遷，高築兩堤。宿遷至清口盡塞決口，以防黃河之決而出。自茶城秦溝口至豐、沛、曹、單接縷水舊堤，以防黃河之決，而入二處，告竣。沛縣窑子頭至秦溝口復築堤禦之。四月，兩堤成。北堤起磨臍溝，迄邳州之直河，南堤起離林舖，迄宿遷之小河口，各延袤三百七十里，河流乃安。

神宗萬曆二年，河壅海口，決房村。三年，議開泇河，不果。八月，河從崔鎮北決，淮水從高家堰東決。清水潭等處，徐、邳以下至淮南北，漂没千里。五年，時淮、泗水溢，潰高家堰，黃河灌入清口，挾淮、泗，愈泛濫淮揚間。命吳桂芳以工部尚書總理河漕治之。六年三月，復起潘季馴爲右都御史兼工部侍郎，總督河漕。先是，隆慶年間高家堰大潰，淮水東趨，決黃浦八淺，而興、鹽、高、寶諸邑瀰爲巨浸，淮城重困。黃河亦決崔鎮等處，而桃、清河塞運道梗阻者數年。季馴既任，乃築歸仁集四十餘里。又築高家堰，起武家墩，經大小澗至阜寧湖六十餘里，以捍淮東侵。又築堤起清江浦，沿鉢池山，迄柳浦灣迤東，東西共四十餘里。以制河南溢，塞崔鎮等決一百三十餘處。徐、睢、邳、宿、桃、清兩岸築遥堤，共長五萬六千四百三十餘丈。馬厰坡堤七百四十餘丈，自徐至淮六百餘里，兩堤蜿蜒相望，使兩河不得外決。築碭山大壩、豐縣邵家大壩各一道，約水不得北徙。築徐、沛、豐、碭縷堤一百四十餘里，砌八淺寶應湖口堤，共長一千五百七十餘丈。建崔鎮、徐昇等四減水壩，修復淮安新舊閘壩，遷東濟閘於淮安甘羅城南，以納淮水，故道盡復，海口不濬而通。十三年，修寶應越河工成，賜名弘濟。寶應有氾光湖最險，明初平江伯陳瑄築石堤於湖之東，蓄水通運，上有所受，而下無所洩，後決爲八淺，瀰爲穴潭，興鹽諸塲皆没。淮水又間泛，周家橋漫入，汪洋無際。總漕李世達會同巡按、巡鹽，御史等公議於石隄之東開越河以避其險，工成。河身一千七百七十六丈，凡爲石閘三，減水閘二，爲堤九千二百四十丈，石隄三千三十六丈，行隄五千三百九十丈，費帑二十餘萬。十五年，黃河漫流，自開封、封邱及東明、長垣多冲決。十六年四月，起原任刑部尚書潘季馴爲右都御史，總督河道。季馴以鐫職爲民，言官交薦之，至是凡四治河矣。季馴請置閘嚴啟閉，許之。十九年秋八月，河決山陽，江都、邵伯等處湖水泛溢，特設河御史一員督理。九月，泗州大水，淮水高於城。總督河道潘季馴上言：『水性不可拂，河防不可弛，地形不可强，治理不可鑿，故道必不可失，濁流必不可分。』二十三年，泗水溢，總河楊一魁請分黄導淮。二十四年，開桃源黄壩新河自黄嘴至五港灌口止，分洩黄水入海，以抑黄，强導淮，闢清口沙七里，建武家墩涇河閘洩淮水，由永濟河達涇河，下射陽湖入海。又建高良澗減水石閘、子嬰溝周家橋減水石閘，洩淮水，一由岔河下涇河，一由草子湖、寶應湖下子嬰溝，俱通廣洋湖入海。猶恐宣洩不及，南注各湖爲患，又挑高郵茆塘港通邵伯湖，開金家灣下芒稻河入江。二十五年，河大決單縣之黄堌口，溢於河南之夏邑、永城界，經宿州之浮離橋出宿遷新河口入大河，半由徐州入舊河濟運，而二洪告涸，總河楊一魁大挑李吉口以挽黄流。二十六年六月，以侍郎劉東星兼都御史，總理漕河。東星請開趙渠。次年告成。又次年，築邵伯湖。又次年，議開泇河。泇河在滕、嶧之間，受沂、汶下流，南通淮海，屢議屢阻，東星決議贊成，會病卒。三十一年四月，以李化龍爲工部尚書，總理河道。化龍徧行淮、徐、泗、鳳間，得前河臣所開泇河遺跡，上疏請開泇河，乃濬舊渠八十七里，新開八十二里，費帑二十餘萬。運艘通行，并避二洪之險，至今賴之。

熹宗天啟六年五月，總河李從心開陳溝、駱馬湖新河，成。自馬頰口起，下至陳瑶溝止，計程六十七里。

懷宗崇禎四年秋，決新溝，長三百五十丈，自淮郡而南瀰漫千里，高、寶、興、泰被禍尤甚。五年，復決建義。南決口長一百四十四丈，北決口長二百三十三丈。揚、淮民不聊生，鐫司河者級勒限修復。時漲溜方甚，通判陳國鑑就建義之上流挑引水河以殺其勢。三月河成通流，稍稍分洩，南決始塞。北決口椿埽不能透底，於上流築壩，先設雞嘴一座，引水北向，而後人得施工，至六年冬工竣。十五年九月，流賊李自成久圍開封，城中食盡不支。巡撫高名衡與推官黄澍啟周王掘河灌賊，許之。夜掘朱家寨大堤，河水奔入，城圮，溺宗民數十萬，賊淹者亦萬人。次年二月，命侍郎周堪賡治決口，踰月工完。

國朝

世祖章皇帝順治二年，河決考城劉通口。七年，河決封邱荆隆口。九年，河決封邱大王廟。又決邳州。十四年，河決祥符槐疙疸。十五年，河決山陽柴溝、姚家蕩。十七年，河決虞城羅家口。

今上康熙元年，河決曹縣石香爐。又決武陟大村。又決中牟黄練集。二年，河決武官營口。四年，河決虞城、永城、夏邑。又決安東茆良口。七年，河決桃源黄家嘴。又決江都運河崇灣堤。九年，河決曹縣牛市屯。又決洪澤湖、高家堰、武家墩。又決清河運河窑灣、文華寺，高郵運河之茶庵、清水潭，江都運河之東堤四淺。十年，河決桃源陳家樓。又決七里溝。十一年，復決清水潭。十二年，河決桃源新庄口。又決洪澤湖高良澗。又決清水潭。十四年，河決徐州潘家堂、宿遷蔡家樓。又決江都邵伯運河。十五年，河決宿遷白洋河、于家岡，又決清河張家庄、王家營，安東邢家口、二舖口，山陽羅家口、夏家口、吕家口、洪家口、竇家口，并決山陽運河之山東廠净土庵。又決武家墩板工一處，高家堰石工七處，高良澗板工二十六處，清水潭塞而復決。又決高郵城南小口三十餘處，并江都大潭灣四淺，竹林寺邵伯等處。十六年，命安徽巡撫靳輔總督河道。其年秋，河決楊家庄二百餘丈。十八年，河決山陽運河之戚家橋，堤工塞之。二十一年，河決宿遷徐家灣。又決蕭家渡，塞之。是年，大修各堤工告竣。

河道考

河南省南岸

閿鄉縣，臨黃河，西自陝西潼關界，東至靈寶縣界。河道計長九十里，河身寬十里，深二三丈不等。

靈寶縣，距黃河一十里。西起閿鄉縣，東至陝州界。河道計長七十里，河身寬五里，深二三丈不等。

陝州，臨黃河，西起靈寶縣，東至澠池縣界。河道計長一百二十里，河身寬四里，深一二丈不等。

澠池縣，距黃河一百二十里。西起陝州界，東至新安縣界。河道計長一百二十里，河身寬二里，深二三丈不等。

新安縣，距黃河七十里。西起澠池縣界，東至孟津縣界。河道計長七十里，河身寬五十八丈，深三四丈不等。

孟津縣，距黃河六里。西起新安縣界，東至汜水縣界。河道計長三十五里，河身上寬十里，迤下寬五里，深三丈不等。

汜水縣，距黃河二十里。西起孟津縣界，東至河陰縣界。河道計長四十里，河身寬十里，深一丈五尺。

河陰縣，距黃河十五里。西起汜水縣界，東至滎澤縣界。河道計長三十里。

滎澤縣，距黃河八十一丈。西起河陰縣界，東至鄭州界。河道計長二十二里。

鄭州，距黃河三十五里。西起滎澤縣界，東至原武縣界。河道計長六里，河身寬四里，深一丈八尺。

中牟縣，距黃河四十里。西起鄭州原武交界，東四十里至本縣黃練集，又三十八里至陽武縣大薛庄。河身寬十里，深一丈五尺。

又賈魯河由祥符縣朱仙鎮入於南河，河身寬七里，深二丈，迤北寬八里，深一丈五尺。

祥符縣，距黃河二十里。西起中牟陽武縣界，東至陳留縣界。河道計長一百九十八里，河身寬八里，深一丈五尺，迤下寬三四里，深三四丈不等。

陳留縣，距黃河六十里。西起祥符縣界，東至蘭陽縣界。河道計長十一里。

蘭陽縣，距黄河十五里。西起陳留縣界，東至儀封縣界。河道計長四十里，河身寬一里，深二丈。

儀封縣，距黄河十六里。西起蘭陽縣界，東至考城縣界。河道計長六十六里，河身寬二里，深一丈二尺。

考城縣，距黄河七里。西起儀封縣界，東至商邱縣界。河道計長六十里，河身寬三百五六十丈不等，深二丈四五尺不等。

商邱縣，距黄河四十里。西起考城縣界，東至虞城縣界。河道計長四十二里，河身寬一里至二里不等，深二三丈不等。

虞城縣，距黄河十五里。西起商邱縣界，東至本縣滕家灣，下接山東單縣界。河道計長五十四里，河身寬一百五六十丈至二百丈不等，深二丈餘尺。

河南省北岸

濟源縣，南距黄河四十里。西北起本縣董寨村，東南至孟縣渡口寨入大黄河。河道計長一百八十里。

孟縣，南距黄河二十四里。西起渡口寨，東至温縣。河道計長五十五里。

温縣，距黄河四里。西起孟縣界，東至武陟縣界。河道計長三十五里。

武陟縣，距黄河十五里。西起温縣界，東至滎澤縣界。河道計長七十五里。

原武縣，距黄河二十里。西起武陟縣界，東至陽武縣界。河道計長五十五里。

陽武縣，距黄河二十里。西起原武縣界，東至封邱縣界荆隆口。河道計長四十五里。

封邱縣，距黄河二十里。西起陽武縣界，東至祥符縣界母寺地方。河道計長十一里。

自母寺東五十六里至陳留縣小賽村，又二里至蘭陽縣銅瓦廂，又四十四里至儀封(錮)〔堌〕陽集，又六十六里至考城縣芝麻庄，又十八里接山東省曹縣界。

山東省北岸

曹縣，南距黄河四十餘里。西起儀封縣界，東至單縣界。河道計長一百五十里。

單縣，距黄河四十里。西起曹縣界，東至碭山縣界。河道計長六十里。

江南省南岸

碭山縣，距黄河八里。西起虞城縣界，東至蕭縣界。河道計長一百二十里，河身寬一二里不等。

蕭縣，距黄河四十里。西起碭山縣界，東至徐州界。河道計長五十里，河身寬一二里不等。

徐州，臨河。西起蕭縣界，東至靈璧縣界。河道計長一百十里，河身寬一二里、半里不等。

靈璧縣，距黃河一百餘里。西起徐州界，東至睢寧縣界。河道計長三十里，河身寬一二里不等。

睢寧縣，距黃河四十里。西起靈璧縣界，東至宿遷縣界。河道計長一百二十里，河身寬一二里、半里不等。

宿遷縣境，西起睢寧縣界，東至桃源縣界。河道計長八十里，河身寬一二里不等。按：此下脱『桃源縣』，而里數、河身未詳，姑從闕疑。

清河縣境，西起桃源縣界，東至山陽縣界。河道計長三十餘里，河身寬一二里、半里不等。

山陽縣，距黃河三十里。西起清河縣界，東至海口。河道計長三百四十餘里，河身寬一二里至七八里不等。

江南省北岸

碭山縣，西起單縣界，東至豐縣界，河道計長一百二十里。

豐縣，距黃河七十里。西起碭山縣界，越蕭縣東至徐州大谷山止。河道計長百餘里，地高亢無堤。

徐州，西起大谷山，東至邳州界。河道計長一百一十餘里，內有堤四十餘里，餘俱山岡。

邳州，臨河。西起徐州界，東至宿遷界。河道計長九十餘里。

宿遷縣，臨河。西起邳州界，東至桃源縣界。河道計長一百里。

桃源縣，西起宿遷縣界，東至清河縣界。河道計長八十里。

清河縣，臨河。西起桃源縣界，東至安東縣界。河道計長七十里。按：今縣治□〔一〕河南岸清江浦。

安東縣，臨河。西起清河縣界，東至雲梯關。河道計長一百八十里。

山陽縣，西起雲梯關，東至海口。河道計長一百餘里。

〔一〕原稿漫漶，疑爲『移』。

卷六

奏疏上

河道敝壞已極疏

題爲河道敝壞已極修治刻不容遲，臣謹先陳淤塞之原，并因勢利導之策，分疏具題，仰祈皇上睿鑒，速賜允行，以通運道，以足額賦，以拯昏墊民生，以保見在田土事。竊臣本駑駘陋質，荷蒙皇上殊恩，由安徽巡撫奉職六載，寸善無聞，乃皇上不以臣爲庸劣，反加優擢，陞爲河道總督。臣拜命以來，夙夜兢兢，既感且懼。感者感皇上知遇隆恩，臣雖肝膽塗地，無以圖報於萬一；懼者懼臣才庸體弱，惟恐不足當兹重任，有負皇上簡拔之盛心也。是以臣朝夕孜孜，惟虞隕越。計自四月初六於宿遷到任之後，雖會同欽差侍郎臣折爾肯等，察審河務，會勘雲臺山等事。一面即徧歷河干，廣諮博詢，求賢才之碩畫，訪諳練之老成。毋論紳士兵民，以及工匠夫役人等。凡有一言可取、一事可行者，臣莫不虚心採擇，以期得當。歷今兩月有餘，竭盡臣之耳目心思，備稽當日所以敝壞之緣由，力求今日所應補救之次第。大抵治河之道，必當審其全局，將河道、運道爲一體，徹首尾而合治之，而後可無弊也。蓋運道之阻塞，由河道之變遷；而河道之變遷，總緣向來之議治河者，多盡力於漕艘經行之地。若於其他決口，則以爲無關運道，而緩視之。殊不知黄河之治否，繫數省之安危。即或無關運道，亦斷無聽其冲決而不爲修治之理。矧決口既多，則水勢分而河流緩。流緩則沙停，沙停則底墊，以致河道日壞，而運道因之日梗。是以原委相關之處，斷不容於岐視也。今若不察全局之情形事勢，而因循故事，漫爲施工，則堵東必西決，堵南必北決，徒費時日，徒糜錢糧，而終歸無益。豈惟無益，將河患日深，而莫可救藥矣。何也？黄河之水，從來裹沙而行，水合則流急，而沙隨水去；水分則流緩，而水漫沙停。沙隨水去，則河身日深，而百川皆有所歸；沙停水漫，則河底日高，而旁溢無所底止。故黄河之水，全賴各處清水併力助刷，始能奔趨歸海，而無滯也。查今日河患之所以日深者，皆因順治十六年至康熙六七年間，所冲之歸仁堤、古溝、翟家壩、王家營、二鋪口、邢家口等各處決口，不即堵塞之所致也。蓋歸仁一堤，原以障睢水，并永堌、邸家、白鹿諸湖之水，不使侵淮，且令由小河口、白洋河二處入河，助黄刷沙者也。自順治十六年歸仁堤冲潰之後，睢、湖諸水悉由決口侵淮，不復入黄刷沙，以致黄水反從小河口、白洋河二處，逆灌停沙，積漸於成陸地。至康熙六七年間，各處大水，黃、淮並漲。黃漲，而王家營、二舖口、邢家口等處冲潰矣！淮漲，而古溝、翟家壩等處冲潰矣！王家營、二舖口、邢家口等處冲潰之後，黃河之水由決口四漫者，多而由雲梯關外入海者少；古溝、翟家壩等處冲潰之後，淮河之水由高寶諸湖，直射運河，冲決清水潭，下滲高江等七州縣之田者多，而赴清口會黃入海者少。河、淮兩水俱從他處分洩，不復併力刷沙，以致流緩沙停，海口積墊，日漸淤高，從此由遠至近，由外至內，河沙無日不停，河底無日不墊，海口淤而雲梯關亦淤，雲梯關淤而清江浦清口并淤矣！迨至康熙十五年間，各處又復大水，黃、淮又復並漲，清口以下之河身既高，不能奔趨歸海，而睢、湖諸水又合淮水并力東激，以故除古溝、翟家壩等原冲九處之外，又將高良澗板工冲決口大小二十六處，高家堰石工冲決口大小七處。諸水盡由各決口直注運河，加冲清水潭、三淺等處各決口，下淹七州縣之田，而涓滴不出清口。黃水又乘高四潰，冲決于家崗等處，又復灌入瀾泥淺，將武家墩板工冲開五十丈，入故明所開之廢河，歷楊家廟，會合淮水，直奔清水潭。其武家墩上流刷成大河，寬一二百丈不等，又分一股入洪澤湖，由高家堰石工決口會淮，并歸清水潭。而於各舊決口之處，則又浸淫四漫，較之以前，勢愈分洩，以致下流更淤，而河身高墊，更不可言矣！查自清江浦至海口，約長三百里。向日黃河水面，在清江浦石工之下，今則石工與地平矣！向日河身深二三四丈不等，今則深者不過八九尺，淺者僅二三尺矣！黃河淤，運河亦淤。今淮安城堞卑於河底矣！運河淤，清口與瀾泥淺盡淤，今洪澤湖底漸成平陸矣！况尤有堪慮者。目今現在之河身既已墊高，若此而黃流裹沙之水，則自西北萬里而來，晝夜不息，一至徐、邳、宿、桃等處，即便緩弱散漫。臣目見河沙無日不加積，河身無日不加高。若此之時，不及早大爲修治，則不特洪澤湖漸成陸地，將見南而運河、東而清江浦以下，淤沙日甚，必至三面壅遏，而黃流無去路矣！夫以萬里遠來，浩浩滔天之水，竟至無路可去，則勢必冲突內潰，而河南、山東二省，恐俱有淪胥及溺之憂。彼時雖費千萬金錢，亦難刻期補救。臣是以謂今日敝壞已極，修治刻不可緩也。但既經修治，則必使無旋修旋圮之虞，更必使有可行可久之道，始爲有當。臣逐細籌酌，其間修舉情形，有必當師古者，有必當酌今者，有須分別先後者，有須一時並舉者。總以因勢利導，隨時制宜爲主。臣謹竭臣之愚，備採衆論，而詳加斟酌，將應行事，宜分爲八疏，條列具題，貼黃難盡。伏祈皇上全覽，勅部速議允行，庶已淹之田可耕，見在之地可保，運道可通，額課可復，其於國計民瘼，誠均有攸賴矣！

經理河工第一疏 挑清浦至海口

題爲敬陳經理河工事宜第一疏事。臣惟河道壞至今日，已稱至極，修治之不可緩，盡人而知之矣！然事勢有順逆，施工有次序，必須分別先後之宜，而後可斟酌興舉也。臣竊見今日治河之最宜先者，無過於挑清江浦以下，歷雲梯關至海口一帶河身之土，以築兩岸之堤也。查清江浦以下河身，原闊一二里至四五里者，今則止寬一二十丈；原深二三丈至五六丈者，今則止深數尺。當日之大溜寬河，今皆淤成陸地，已經十年矣！茲欲令黃、淮之水盡從故道入海，必須開其去路，導之使行，蓋築堤堵決，用水刷沙，雖爲治河不易之策，然河身淤土有新久之不同。三年以内之新淤外，雖板土，而其中淤泥未乾，衝刷最易。五年以前之久淤，其間淤泥已乾，與板沙結成一塊，衝刷甚難，故必須設法疏濬也。今自清江浦至海口一帶，河身之淤既經十載，如不從萬全立議，而槩以治新淤之法治之，恐決口盡堵，黃、淮齊下之際，因河身淺窄，一時衝刷不開，又生他變，則臣一身受溺職之罪，固不足惜，其如已費錢糧，將來之國賦，有虧民生之昏墊何哉？況用水刷沙，即曰不必挑濬，而束水歸（漕）〔槽〕，則又必須築堤。既築堤矣，與其取土於他處，何如取土於河身？寓濬於築，而爲一舉兩得之計也。今臣擬於河身兩旁近水之處，離水三丈下鍬掘土，各挑引水河一道，面闊八丈，底闊二丈，深一丈二尺，以待黃、淮之下注。蓋黃、淮下注之時，中央既有一二十丈舊有之河，左右又各有八丈新鑿之河，其所存兩旁之地，雖屬堅土，而薄僅三丈。一經三面之夾攻，順流之冲洗，不待多時，即可盡行刷去，將舊有并新鑿之河，俱合而爲一矣！又兩旁既各挑深一丈二尺，則中央河身自可刷至二丈之外。河至深　一丈，寬四十丈，便不窄淺，從此日洗日刷，日深日寬，自可免意外之變，而漸復當時之舊矣！其所濬丈尺，計每地　丈，掘土六十方。即以挑築兩岸之堤，堤底闊七丈，面闊三丈，高一丈二尺，每丈亦用土六十方。再查工部尚書臣冀如錫等條奏，内開堤底以八丈爲度，面以五丈爲準，高以一丈五尺爲憑等語，計每堤一丈，應用土九十七方半，誠爲防河至堅之策。今臣所議高潤之數俱減每堤一丈，止科用土六十方者，蓋以物力艱難，姑暫從減省擬議，俾其足以抵當河水而止；仍俟物力稍寬之時，再行量撥人夫，協同議設守堤之兵，加高加厚，務仍如部臣等條議丈尺之數可也。至部臣等原疏内開南岸自白洋河至雲梯關止，北岸自清河縣至雲梯關止，務須一律修築等語，俱應照議興築。查白洋河至雲梯關，約長三百三十里；清河縣至雲梯關，約長二百里。以每里一百八十丈科之，共約長九萬五千四百丈。每丈用土六十方，共計用土五百七十二萬四千方。其九萬五千四百丈之内，有原未有堤者，有原有堤而今全無土者，有原有堤而今更狹窪缺少、須增填者，有堤根存土高一二尺至六七尺不等、寬二四尺至一丈五六尺不等者。合有無多寡牽算，約存舊土高三尺、寬八尺，每堤一丈計，約存舊土二方四分，通共約存舊土二十二萬八千九百六十方，實須增土五百四十九萬五千四十方。至於取土之處，雖以離水三丈爲度，然河身有在中央者，有折流在河南岸及北岸者。遠近不齊，必須隨地科算。總之離堤三十丈之內，不許取土。其三十丈以外取土者，每土一方，用夫三工；一百二十丈以外取土者，每土一方，用夫四工；二百四十丈以外取土者，每土一方，用夫五工。合遠近而牽算之，大約每土一方，用夫四工。兩岸之堤，共用土五百四十九萬五千四十方，應用夫二千一百九十八萬一百六十工。每工照例給銀四分，通共需銀八十七萬九千二百六兩四錢。又自雲梯關以至海口，尚有百里之遥。除近海二十里潮大土濕之處，無容置議外，其餘八十里之河身情形，俱與雲梯關內無異。若不量加挑濬以導之，量築堤岸以束之，則黃、淮合流出關之際，河身既窄而淺，兩旁又堅而厚，大水驟至，不能承受歸（漕）〔槽〕，勢必四處漫溢。雖關外漫溢，與運道、民生無涉。然一經漫溢，則正河之流必緩，流緩則沙必停；沙停則底必墊。關外之底既墊，則關內之底必淤，不過數年，當復見今日之患矣！臣聞治水者必始自下流。下流疏通，則上流自不飽漲。故臣又切切以雲梯關外爲重，而力請築堤束水，用保萬全，不敢泄泄從事，以貽後此之大害也。惟是近海之堤，止期足以束水，不必過於高厚。堤底止須寬五丈，面亦須寬三丈，高止須六尺，亦一體照取河心之土築之。兩岸共堤一百六十里計，長二萬八千八百丈。每丈用土二十四方，計用土六十九萬一千二百方，用夫二百七十六萬四千八百工。每工照例給銀四分，通共需銀一十一萬五百九十二兩。二共需銀九十八萬九千七百九十八兩四錢。其需用人夫，共計二千四百七十餘萬工，應限二百日完工，計每日需夫十二萬三千七百餘名。念淮揚附近民人尚須供臣後疏挑濬帮堤堵決等各工之用，斷不能更有許多夫前來應募。臣查康熙九年，前河臣羅多興修黃河各工，除調用各處泉淺等夫外，曾經令山東、江南鄰郡地方，協募赴工在案。今此工之大，數倍於前，不得不循例而行。臣擬令江南之鳳陽府屬募夫一萬五千名，江寧府屬募夫一萬名，蘇、常二府屬各募夫八千名，正、太二府屬各募夫四千名，徐州并屬募夫五千名，滁、和二州并屬各募夫二千名，山東兗州府屬募夫一萬四千名，濟南府屬募夫九千名，東昌、青州二府屬各募夫五千名，河南開封府屬募夫一萬三千名，歸德府屬募夫八千名。尚少夫一萬一千七百餘名，應於淮屬之邳、海、睢、宿、贛、沭六州縣地方召募。其募夫之法，應令各該府、州，就所屬州、縣之大小近便，酌量派募，務募二十歲以外、四十歲以內精壯强健之夫赴工，常川供役，不許以老弱塞責。及往來更換，以致曠悮工程，即於該府屬首領州縣佐貳雜職等官內，遴選能幹之員，專管驗募。限部文行到，該省半月之內，募齊人夫，各帶土車、鍬擔等器，飛星押赴工所，董率料理，依限挑築。至於地廣夫多，其間恐有偷安苟且情弊，必須畫段驗丈之法以釐之。其法容臣預督各監理官，量取土之遠近，按工畫段。每用夫五千工爲一段，編定字號，插牌標識。其中有原係平地者，有已經缺窪須填者，有存舊堤之土多寡不等者，并堤段长短丈尺之數，逐一書明標識之，上仍立簿一本，一體登記，交各監理官收存。各監理官即按各州縣協募人夫多寡之數，照工撥給堤段，令其如式挑築。臣仍親臨工所，用部臣冀如錫等條議鐵杵築隙、盛水不漏之法，不時查驗，以別其夯杵之堅否。臣更請立勸懲之典，以鼓舞而警策之。凡各州縣協募人夫，有老弱病廢及姦猾逃逸一名至五名免議外，六名至二十名者，各該州縣官罰俸半年；所委專管官罰俸一年。二十一名至五十名者，州縣官罰俸一年，專管官降一級調用；五十一名至一百名者，州縣官降一級留任，專管官降二級調用；一百名以上者，州縣官降一級調用，專管官革職。其所築堤段如有一處夯杵不堅、盛水即漏，并底面丈尺雖合，而面上兩旁低窪有一二丈者，將專管官降一級調用；兩處夯杵不堅、盛水即漏，并底面丈尺雖合，而面上兩旁低窪有三四丈者，將專管官降二級調用；三處以上夯杵不堅、盛水即漏，并底面丈尺雖合，而面上兩旁低窪至五丈以上者，將專管官革職。如所募之夫盡皆壯健，並無一人逃逸，所築之堤隨驗俱堅，堤面兩旁豐滿，處處合式者，該州縣官不論俸滿即陞。專管官如係正途，照依應陞之缺，加二級即陞；如非正途，俱准照正途註册，一體加二級即陞。更請責成道府州并監理各官，如各該道府州所屬有一官議處者，將該道、府、州罰俸半年；兩官議處者，將該道、府、州罰俸一年；三四官議處者，將該道、府、州降一級調用；五六官以上議處者，將該道、府、州降二級調用。所屬委官，督工勤幹，築堤堅固如式，依期早竣者，將該道、府、州亦不論俸滿即陞。其各監理官除募夫一項與伊無涉不議外，凡伊所管各州、縣委官之內，有因夯杵不堅、築堤不豐滿，一員議處者，將監理官罰俸一年；二三員議處者，將監理官降一級調用；四五員議處者，將監理官降二級調用；六員以上議處者，將監理官革職。如議處、議敘相同者，准與抵算；如監理官揭參者，准免連坐。若並無議處，止有議敘者，將監理官照依原任應陞之缺，加二級從優即陞。如此，則各官俱知勉勵，可無闒茸貽悮之虞矣！伏候睿裁。

經理河工第二疏 挑濬清口

題爲敬陳經理河工事宜第二疏事。竊照臣請挑清江浦至海口一帶河身之土，以築兩岸之堤，乃先治下流、以導黃淮歸海之計也。然下流雖治，而上有淤墊之處，不行及早疏通，則高家堰一帶決口雖堵，淮水直下之時，難免阻滯散漫之慮。查洪澤湖下流，自高家堰以西至清口，約長二十里。原係汪洋巨浸，爲全淮會黃之所。自淮流東決、黃水內灌之後，將此一帶湖身，漸漸淤成平陸。向之汪洋巨浸者，今止存寬十餘丈、深五六尺至一二丈不等之小河一道矣！查工部尚書冀如錫等條議內開清口一帶沙淤之處，速行挑浚等語，然淤沙萬頃，挑浚甚難。臣再四思維，惟有倣照挑浚清江浦以下河身之意，於小河兩旁離水二十丈之地，各挑引水河一道，俾其分頭沖洗，庶可漸漸刷開。至於挑清江浦引水河，臣止擬離河身三丈。而此處議離河身二十丈者，蓋清江浦以下，係十年久淤之堅土，而此乃三年以內之新淤。臣曾掘土試驗浮面一層，板土深有二尺，下則係淤泥一尺許。淤泥之下，又屬板土；板土之下，又屬淤泥。掘深六尺有奇，而尚不能到當日之湖底。且面層板土雖極堅硬，而第二層板土因在淤泥之下，反潤而鬆。故雖離河身二十丈之遠，而易於沖刷，不久便可合而爲一也。惟是此處淤沙既易沖刷，而臣亦議開引水河者，蓋臣目擊面層板土之堅硬，恐一時沖刷不開，又於他處生變，亦未可定。因思此番工程，錢糧人力，無不浩繁。若一處計慮未周，恐有差之毫釐失之千里之悔。是以不敢不略議導引之策，以圖萬全耳！其所挑引水河，應面寬六丈、底寬三丈、深五尺。每淤地一丈，掘土二十方，遠傾於引水河六十丈之外。兩岸共計七千二百丈，共掘土一十四萬四千方。每方用夫三工，共用夫四十三萬二千工。照例每工給銀四分，共需銀一萬七千二百八十兩。此工一治，庶淮河下注之時，可以沖闢淤泥，徑奔清口，會黃刷沙，而無阻滯散漫之虞矣！伏候睿裁。

經理河工第三疏 高堰坦坡

題爲敬陳經理河工事宜第三疏事。臣惟淮河之下流既已疏治，則水可直行，而會黃刷沙矣！但臨湖一帶，除現在原沖各決口外，其餘堤岸，無不殘缺單薄，危險堪虞。若竟堵決口而不先修殘堤，俾極堅固，則水將尋隙地奔放，勢必堵者方堵，而決者又決，豈非徒費錢糧、徒勞民力耶？此帮修堤岸，又斷不容緩者也。查工部尚書臣冀如錫等條奏疏內，原有石工，定要加高三尺；殘薄之堤，一律修葺；高良澗一帶土堤，必照修築高堰之法，一律寬闊等語，所議極爲周匝。惟是部臣等之議，專爲堅固起見，而臣身膺治河之職，當錢糧絀乏之際，不得不反覆籌維，力求節省也。大抵堤以攔水，祇期修築得法，使水不能沖倒而止，似不必拘拘於石工、埽工、板工。蓋石工之費，數倍於板。若將高良澗五千二百餘丈，板工盡改爲石，費實浩繁。即或石仍石，而板仍板。現據山盱同知多宏安估計，加高帮闊工料册內，開自七里墩至周橋閘共長一萬一千五百餘丈，應用石埽、板工，并修一帶殘缺段口，共需銀三十九萬五千五百餘兩。臣就該同知所估石埽、板工之册，而核算之，並無浮濫，則其費亦非小也。況板工一項，皆係以樁攔板，以板束土，用之平日，尚有不能耐久之慮，若遇大水，乘風一擊而土鬆，再沖而土卸矣！勞民傷財，將何底止？臣再四思維，因見淮、湖、運河等處，板工易於損壞，即石工之傾圮者，亦不可勝數。惟見堤下係坦白平坡者，則雖遇大水，不致冲塌。蓋水性至柔，而乘風則剛，其板石諸工，率皆陡峻，故怒濤撞激，易於崩冲。若遇坦坡，則水之來也，不過平漫而上；其退也，亦不過順縮而下。堤制水而不能抗水，故雖大水乘風，止於隨高逐低，而無怒激之勢。水既無怒激之勢，故自無冲崩之虞。此乃以柔制剛之道，誠理勢所必然者。今欲求費省工堅，惟有帮修坦坡之法，可爲久遠衛堤之策也。其法於堤外近湖之處，挑土帮築坦坡。每堤高一尺，應築坦坡五尺。若高一丈之堤，則坦坡應寬五丈。即有舊存樁木，亦聽其埋於土內，以爲堤骨。一律夯杵，務期堅實。密布草根草子於其上，俟其茂長，則土益堅。堤土既堅，而又有草護。再行設兵看守之法，禁止民人之樵採，驅逐牛畜之蹂躪，則坦坡自可永久無虞。坦坡無虞，則本堤更屬萬全矣！至於高家堰一帶石工，亦宜照此帮築坦坡，將石工併埋土內，更爲至堅至穩之著也！查自運河西岸，歷七里墩、武家墩、高家堰、高良澗，至周橋閘北，止共長一萬二千八百餘丈。內有三千八百餘丈，可以竟築坦坡。其餘約九千丈堤根見被水佔必須先於離堤一丈之處，密下排樁，多用板纜，以蒲包包土填出水面，然後用蘆柴細一尺高小埽鑲邊，內加散土，用力夯杵，築成坦坡一丈，俟全淮下注，則堤外之水，自即退去。水退之後，再行挑土，帮修到底，并將排樁盡埋土內，至此一帶堤身，向來原窄，面不過二丈有奇，底不過三丈有奇。自上年冲塌淋卸之後，處處單殘，石工堤面猶有寬二丈者，板工堤面寬者不過丈餘，窄者僅有二三尺。今本應悉照部臣等所議，加高加寬丈尺之數。但取土遠，挑運萬難。其加寬之處，姑以二丈五尺爲準。俟水退土出，亦再令守堤之兵，逐漸帮築。今查高家堰、高良澗一帶，板石諸工，原高約有七尺，應如議再加三尺，共高一丈。堤底外寬五丈，內寬一丈，連本堤二丈五，尺共寬八丈五尺，堤面寬二丈五尺。每堤一丈，用土五十五方。今可以竟築坦坡之三千八百餘丈，見存堤底，約牽寬三丈五尺，堤面約牽寬一丈五尺，高仍有七尺許。每堤一丈，約存舊土十七方五分，應增土三十七方五分，通共約用土十四萬二千五百方。近者取於半里之外，遠者取於一里之外。用夫四工，挑土一方，共用夫五十七萬工。照例每工給銀四分，共需銀二萬二千八百兩。其餘九千丈，俱應先築坦坡一丈。計每堤一丈，暫省土十六方，實用土三十九方。然堤身頹卸單殘，已稱至極。每丈堤底約牽寬三丈，面約牽寬六尺，高止約牽五尺。每堤一丈，約存土九方，應增土三十方。共堤九千丈，應增土二十七萬方。近者取於七八里之外，遠者取於二十里之外，往返艱難不便。計夫挑築，必須照清水潭計籮買土之例。每方五十籮，共計土一千三百五十萬籮。每籮給銀六釐，共需銀八萬一千兩。又樁木、板纜、蒲包、蔴繩、邊埽、匠工等項，每丈約需銀十兩，共需銀九萬兩。三共實需銀十九萬三千八百兩。然所需之數，較之見估用板、用石、用埽之工，可節省銀二十萬一千七百餘兩，且可免板工沖激頹卸之患也！伏候睿裁。

經理河工第四疏包土堵決

題爲敬陳經理河工事宜第四疏事。臣惟黃、淮之上下流，既議治理疏通，而高家堰堤岸之殘缺低薄者，又擬加帮高厚，則築古溝、翟壩一帶之堤，并堵塞黃、淮各處之決口，使河復故道，可次第而施工矣！查自周家閘歷古溝，唐埂等處，以至翟家壩南，共計三十二里。據山盱河務同知多宏安估計册，開築此三十二里之堤，并堵此内原冲成之九河及高良澗、高家堰、武家墩等大小決口三十四處，共需銀七十萬五千八百餘兩。臣相度水勢，按册而計，皆屬必需之項，似無浮冒。蓋册内堵決，皆係循例用埽，而埽盡薪也。遠運於數百里之外，大繩捲束而投之水中。其物料人工之費，每填堤一丈，水淺者費銀三四十金至七八十金不等，水深者費銀一二百金至六七百金不等。是以需用錢糧如此之多也。且臣驗各處埽工，凡柳枝多者，尚可多延數年；其蘆草多而柳枝少者，不過一二年，悉皆朽壞頹塌，殊非經久之道。於是再四思維，尅水者土也。當求束土禦水之法，斟酌變通，以爲節省永固之計，不必槩用埽工。臣虚心酌畫，除有鑲邊裹頭必須用埽者，有急欲閉合龍門之時，包土稍緩，應速捲大埽，立時填塞斷流者。有修建滚水石閘等項，應先築攔水小壩。而此壩於閘工造成之日，原應毁廢，俾水流通。今若下樁包土，恐日後難於毁壞。有宜仍用埽者，俱照舊用埽外，其餘一切工程，俱宜密下排樁，多加板纜，用蒲包裹土、蔴繩綑扎而填之，較之用埽，既可省費一半，而堅固耐久，又愈於埽。今擬將前項工程改下埽爲包土，仍築坦坡制水，不過費銀三十萬兩，較之原估之數，可節省銀四十萬餘兩。至黃河内桃源、清河、安東三縣之新舊各處決口，水漲則刷成大河，水涸則兩旁淤墊。是以各該縣估計之册，隨時變更，不能畫一。今黃水方大，難以確估。然臣親見情形，大抵俟秋冬水落之際，或應用埽，或兼用包土，不過再費銀八萬兩，可以盡行堵塞，使兩河之水悉，由故道入海矣！通計此疏内築堤堵決，共需銀三十八萬兩。伏候睿裁。

經理河工第五疏挑運河

題爲敬陳經理河工事宜第五疏事。竊惟築防塞決疏引黃淮，使復故道，合流入海事宜，如果一一興行，則閉通濟閘壩，深挑運河，盡堵清水潭等各決口，以通漕艘，誠爲今日至要之務，所當次第修舉者也。查運河自清口至清水潭，共約長二百三十里，通計四萬一千四百丈。因黃水内灌，將河底淤墊甚高，居民日患沉溺，運艘每苦阻梗。今必須將河身大爲挑濬，決口盡行堵塞，庶幾運道可得通行，民生可免昏墊。臣請睿鑒，勅下江南、浙江、江西、湖廣各撫臣，嚴督所屬，將本年應運漕糧及早徵收受載，火速催趲，務於康熙十七年三月內，勒令盡數過淮。俟糧船過完，容臣將通濟閘壩，即日封閉，一切商民船隻，并該年回空漕艘，俱令暫由周橋閘遶出高郵州而行。淮關部司，亦令暫往周橋閘收税。臣一面督集人夫，將運河大爲挑濬，面寬十一丈，底寬三丈，深一丈二尺。每河一丈，挑土八十四方。通計四萬一千四百丈，共挑土三百四十七萬七千六百方。挑起之土，俱令傾於東西兩堤之外，更加夯杵，將西堤築成坦坡，東堤加倍堅厚，以圖永久。毋許將濬土亂堆堤上，以致雨淋仍落河中。每土一方，用夫三工，計共用夫一千四十三萬二千八百工，限三百日完工，每日用夫三萬四千七百七十六名。查挑濬運河，向有每工給銀四分之例，亦有撥派坊里人夫量給銀米之例。但淮、揚二府，節被水災，里民困苦已極。兼之此番工程浩大，需夫衆多，萬難派撥。況坊里人夫，率皆老弱不堪之輩，而又每每逃逸。大抵坊里夫十名，不敵募夫三四名之用。即使派撥，亦屬有名無實。若一體召募，則無告飢民，又得藉以活命。相應照例每工給銀四分，共需銀四十一萬七千三百一十二兩。其督工等項議敘處分事例，并請如臣第一疏内題請之例，一體而行。至於堵塞高、江二州縣之清水潭、大潭灣等決口六處，雖據南河分司估計册，開應用柳束、人夫，俱於各州縣協濟，而所估錢糧、尚需物料等，費銀六十餘萬兩等語，然此數處工程，只須俟翟家壩至武家墩一帶決口盡行堵塞，黄、淮合流，從故道入海之後，下椿包土，相機填塞，并一帶西堤之外，照築坦坡。凡有水占堤根之處，量用短椿、笆席等項，攔土築堤，不過總費十五萬金，便可足用。蓋清水潭一工，自目今視之，誠爲最難。若俟各工告竣之後，留此工於結末，則流止水消，取土亦易，故可省費如許也。計此疏内挑河堵決，共需銀五十六萬七千三百一十二兩。伏候睿裁。

經理河工第六疏 籌畫錢糧

題爲敬陳經理河工事宜第六疏事。竊惟一切治河事宜，臣已於前五疏内一一陳請矣！伏查案准工部，咨爲欽奉上諭事，内開工部等衙門，會覆尚書冀如錫等題前事。查黄、運兩河，關係運道、民生。今既經尚書冀如錫等將應修各處驗明具題，相應照議，即行大爲修築。但今正需錢糧之際。若照此驗勘修築，需用錢糧，甚多不便。槩行修築，應令新任總河將應修緊要處所，酌量修築堅固，不致有悮漕運等。因奉有依議之旨，欽遵行。臣知照在案，臣到任之後，凡經歷河干，驗閲形勢，即將部臣條議工程，細加揆度。如果照議修築誠爲至堅，但所需錢糧不下五六百萬。當此軍興需餉之際，措撥良難。是以廷臣有不便槩行修築之議，蓋部臣奉命勘河，目擊河道壞極情形，不得不從堅固立議，以爲一勞永逸之計。而廷臣灼知司農仰屋之艱，又不得不酌量修築議覆也。惟臣身任總河，親見民生之昏墊，運道之阻梗，田土日渰，賦税日絀；且又深知河帑之無餘，請撥之無項，安敢不委曲籌策，以仰副宵旰之憂虞耶？顧臣審勢揆情，減築堤後河之丈尺，并條議坦坡制水、下椿包土等法，以代石埽板工，然實尚需銀二百一十四萬八千餘兩；并臣第八疏内應打造濬淺船二百九十六隻，約需銀一萬。通共需銀二百一十五萬八千餘兩，乃必不可少之數也。念河流爲害，自康熙六年至今十載之間，歲歲興工，費過錢糧三百餘萬，且更有歷年蠲免之正賦、節次賑恤之帑金，不可勝計，而河患之深，日甚一日。臣身膺重任，不敢玩泄。是以確酌全局，曲思穩當之策，臚列上請也。惟是所需如許多金，既事在必不可少，而又實無可撥之項。臣因再四圖維，不敢稍避勞怨。委曲詳酌，謬擬設處錢糧之計，謹一一爲我皇上陳之。其一則議令淮揚被渰田畝，補納修河之費也。竊計淮揚二郡，被渰田畝何止十萬餘頃？祇因節被水占，耕鑿難施。若黃、淮與運河俱治，則田土盡出，可以施畚鍤而望收成矣！其中量納修河之費，豈特理之所宜，諒亦情之所願也。然田畝有高低之不同，其價值因有貴賤之各別。臣細加體訪，知此等田畝，至水退可耕之時，其在黃、淮之東、南者，每畝值銀一兩至二三四兩不等；其在黃、淮之西、北者，每畝值銀一二錢至六七錢不等。臣請俟大工告成，田土可種之日，容臣會同江蘇撫臣，將凡被渰東、南上則田一畝，令納修河費銀三錢；中則田一畝，令納修河費銀二錢；下則田一畝，令納修河費銀一錢。被渰西、北上則田一畝，令納修河費銀六分；中則田一畝，令納修河費銀四分；下則田一畝，令納修河費銀二分。其銀准分爲兩年完納。若係無主之田，但有人納修河之費者，即便給與執業。至於本田正賦，照例三年之後，陞科其每畝俱照二百四十弓之制科算，毋許以多爲少，欺隱不均。如此約而計之，二郡被渰田畝，補納修河之費，約可得銀一百六七十萬。但議者或謂災民田畝，不能優卹，而反重賦之，似屬病民。殊不知撫民之道，有經有權。發帑救民，而復寬其力者，經也。先憂民之憂，設法拯救；後樂民之樂，多取不虐者，權也。且臣採訪輿論，皆稱田被水渰之後，及河治水退，則田皆沃土，必有二三年加倍收成之美。言人人同，似屬確論。顧此昏墊之民，設兩河一日不治，則民田一日不耕，將凍餒流離，伊於何底？是必河治而後民始得所也明矣！夫以斯民得所之時，坐享沃土倍收之利，於是分粒米狼戾之餘，以補河工萬難之費，此經權互用，有不得不然者。臣所爲不敢避怨，而斷然以爲可行者也。一則運河經過之貨物，宜令加納剥淺之資也。查運河内一切往來船隻，向因河身淤墊，阻滯，盤剥艱苦萬端。若黃、淮俱歸故道，清口以内，一律浚深，則此後各船俱可暢行無阻，省費甚多。因令量輸所省之費，以佐治河之用，亦屬理之所宜，情之所願也。臣請俟運河浚深，船艘通行之日，容臣印發日記、號簿二本，交給淮揚兩關分司。凡過往船隻，裝載豆麥米糧等項者，每石著納剥淺銀二分；引鹽油燭等項者，每百斤著納剥淺銀四分；其餘一切雜貨細貨，每百斤俱著納剥淺銀六分。兩關止納一次，不分重納。兩關之中，此關已經收過該船剥淺銀兩者，即給印照爲憑。該船賫此印照，前赴彼關，立時驗放。如此收至一年，即行停止，約可得銀一二十萬兩。夫加納似乎病商，然臣細察商人遇河道淺阻，則剥淺車脚之費，視加納之數，不啻數倍。今治河以利之，責其出餘利以助河工，亦情理之最當者。矧貿遷有無，商惟視本計利於賫地權貴賤耳！今助工於運河，而取贏於賫地，則子母仍無虧也。一則開廣武生納監之事例也。臣訪得武生之中，亦有願納監生，入文塲鄉試。而格於文武兩途，不敢擅自請納者。今若准令武生亦照文生之例，許其加納，准入文塲應試，則願納者必多。查文生加納銀一百二十兩，俊秀納銀二百兩，俱准爲監生。今武生比之文爲不及，較之俊秀爲有基。臣請許令武生加納銀一百六十兩，准與文生一體爲監生，入文塲應試通行。各直省督撫，凡有武生納監者，俱照例交納藩庫，解赴臣衙門濟用。大約一二十萬金，似亦可得。以上三款，若蒙俞允，則治河之費已備，即有不敷，統容臣於河庫內通融動用。惟是此等銀兩，俱在河工告成之後，方可責成輸納，不能應目前緊急之需。臣愚以爲宜令直隸、江南、浙江、山東、山西、河南、湖北各直省州縣，俱豫徵康熙二十年分一切起存正雜錢糧十分之一，約可得銀二百萬兩。其中即有未敷，統容臣於河庫內通融動支。至各直省豫徵銀兩，請勅各省督撫諸臣，嚴督該省藩司。即日先將見存藩庫銀兩，照豫徵二十年分十分之一之數，限部文行到該省，十日之內火速墊解臣衙門濟用。如有遲悮，容臣將該司查叅，聽部議處。該司仍一面照數豫徵還庫補項，俟河工告成之後，容臣會同江蘇撫臣，督令淮揚二郡府州縣官，照議按畝徵收修河之費；并督淮、揚兩關收取各船剥淺之費，抵還豫徵各直省康熙二十年分錢糧十分之一之數。并移會各直省於該年應徵項下，少徵十分之一，扣還民間。如此一轉移間，不費公帑，而大工可刻期興舉矣！伏候睿裁。

經理河工第七疏 裁併河官選調賢員

題爲敬陳經理河工事宜第七疏事。臣惟修治河工，必先以措設錢糧爲要。今措設錢糧之處，已經臣條議上請，倘蒙皇上俞允，則大工自可刻期興舉矣！惟是大工興舉之日，協理必須多員；而大工告竣之後，保護尤資群力。與夫事可兼攝者，則冗員應裁；權宜歸一者，則職守應併。是皆當因勢度宜，先爲酌派，定其責成，使之可遵可守，無紛雜掣肘、玩忽坐悮之弊，庶可望其樂於黽勉，不爲推諉，而共相維持，以保永久也。竊思臣身任總河，凡直隸、東、豫、江、浙各省有河地方，并河務河官，皆臣督理統轄，不待言矣！其自臣而下，兼理兼轄者，則爲分司各道；兼管者，則爲廳印諸員；分管者，則爲各州縣之佐貳雜職等員。雖官之大小，各有所司，然其職掌之紛淆，事權之雜出，以致掣肘貽悮者，皆當確議釐定也。查河道項下興修守護等事，既有專管、分管各官，駐宿河干，朝夕料理。其司道等官，原以兼總大綱，承上接下，膺督率屬員，指揮調度之任，只須一官而兼轄數府，不必一府而兼設數官者也。今淮、揚兩府既設淮揚、淮徐兩道，又設南河、中河兩分司。竊見分司三年一換，自以一官爲傳舍，而他人亦以客官目之，未免呼應不靈。且分司無地方錢糧、刑名之任，其於民情之休戚，風俗之姦良，不能一一熟察。道臣係久任之官，而又兼管錢糧、刑名之事，於地方情形，自能周知一切，調撥協濟事宜，易於得當，而官民之奉行，尤稱惟謹。臣愚以爲宜將南河、中河兩分司裁去，其該管各務，量其地形事勢，分歸淮揚、淮徐兩道兼理；淮郡之山陽、清河、安東、鹽城、海州、沭陽、贛榆，并揚州府屬河道，俱責成淮揚道兼理，令該道仍駐淮安。淮郡之桃源、宿遷、邳州、睢寧，并鳳陽府之靈璧縣，以及徐州所屬河道，俱責成淮徐道兼理，令該道移駐邳州。至北河、通惠兩分司，亦應并裁。將北河分司事務，照省歸併，分交濟寧、天津二道管理；通惠分司事務，交給通永道管理。又東兖道遠駐沂州，而兼轄滕、嶧兩縣河務，亦屬未當，應歸併濟寧道兼理：庶爲妥協也。又淮安一府，共有同知十員，而管河者居其八，皆係節次添設者也。殊不知河工事務，全在用人之當，而不在設官之多。矧治河之法，疏浚防塞，各有攸宜。同知爲專管官，與分管防守之佐雜微員不同，乃畫河爲兩岸而分管之，是竟置河身於不問矣！且其間有彼此意見不同，而推諉觀望者；有屬員奉行不一，而奔命不遑者。事權之雜出，誠爲未便也。臣愚以爲同知八員之內，今宜裁去三員。將山清同知原管運河事務，歸併山盱同知多宏安管理，駐劄淮安府。山清同知原管外河，并安海同知河務，俱交宿桃南岸同知董安國管理，改爲山清安海同知，駐劄安東縣。俱令淮揚道兼轄宿桃兩縣河務，并歸仁一堤，俱歸併歸仁堤同知佟國聘管理，改爲宿桃歸仁同知，駐劄白洋河。邳、睢、靈璧三州縣河務，仍令邳宿同知蘇嵋管理，改爲邳睢靈璧同知，仍駐劄邳州。徐屬同知事務，仍令祖文明管理，仍駐劄徐州。俱令淮徐道兼轄其所裁山清同知魏師叚、安海同知李朝事、宿桃北岸同知黃道弘，俱應赴部改補；又宿、桃兩縣既有主簿四員，理應每縣各設二員，不應彼此牽混。臣請將宿遷縣主簿王振先，改爲宿遷北岸主簿，宿桃南岸主簿改爲宿遷南岸主簿，桃源縣主簿王金改爲桃源南岸主簿，宿桃北岸主簿夏文象改爲桃源北岸主簿，庶職掌俱各畫一，而無紛雜混淆之虞。此臣所謂事可兼攝者，冗員應裁、權宜歸一者，職守應併者是也。若夫河道一事，攸關民生休戚，地方安危，良非渺小。凡膺民社之寄者，皆當曲圖補救，力爲保護，不宜徒委河官，坐視敝壞。如撥夫、運料等事，在正印官有人民地方之責者，設法自易。其管河同知、通判、佐雜等官，與民絶不相親，於錢穀、刑名、街坊里下諸務，毫無關涉，安能設施？且府、州、縣之正印官，往往視河務爲餘事，等河官爲贅瘤，每有漠不相關之狀，而無同舟共濟之情。雖遇疾呼，未必馳救，以致掣肘悞工，不一而足。臣請嗣今以後，凡遇河防衝決之事，不論欽工、民工，俱倣照盜案之例，將該管之道、府、廳、州、縣、佐雜等官，一併照例題參議處，仍勒限半年，修復完固，亦照盜案，定承修、督修、催修之例，而責成之。如有諱決者，照諱盜例處分。至於薦舉大計等典，凡有河地方之司府州縣正印，並道廳佐雜等官，俱將河工之治否，一併考成，以分殿最。必任内無河道、衝潰之事，并遇決旋修、不致殃民損課者，方准保舉卓異。如此，庶各員知警，共相綢繆於未雨之先，而河道之冲決自少。即有冲決，亦自速爲修治，不致蔓延滋害，如今日之甚。此臣所謂大工告竣之後，保護尤資群力者是也。以上事宜，皆指平時而言。如蒙俞允，則可爲將來防守章程。至見議之大工，如果刻期興舉，則必須多選能員，責成料理。查工部尚書冀如錫等條奏内原有一員分工三十丈之議，雖從慎重堅固起見，然應修堤岸共約二十萬丈，恐不能有如許堪委之員。今臣第一疏内挑河身之土，以築兩岸之堤，每日用夫十二萬有奇。除分管之佐雜等官，見有各州縣管押夫役官員，可以責成分管外，臣請特調才能廳印監理官十二員，分頭董督而監理之。查現有臣請改設之山清安海同知、宿桃歸仁同知，共二員，應再選調十員。又臣第二疏内濬清口以上一帶淤沙，第三疏内增築武家墩至周橋閘一帶帮堤，第四疏内築翟家壩一帶之堤，并堵塞高家堰各處決口等工程，約需佐雜官四十餘員，容臣隨時酌量，於各屬調用，并將所調各職名彙咨達部。其應用才能廳印監理官五員，今見在止有山盱同知一員，應再選調廳印官四員分頭董督而監理之。二共實需選調廳印官十四員。查此皆關係田畝、賦税、運道、民生重務，必須遴選勤敏强幹，才智俱優，實心任事之員，方克勝任。臣再四思維，非臣素所歷試親見確有才能允堪任用者，臣不敢濫任貽悞。伏祈皇上俯念河道關係重大，允臣所請，將見任江南太平府同知劉沛引、揚州府同知王興元、池州府同知、管通判事喻成龍、寧國府通判常君恩、盧州府通判黄際會、滁州知州趙清正、和州知州夏瑋、合肥縣知縣雷動聲、清河縣知縣劉光業、宿遷縣知縣李燦山、東單縣知縣韓第、恩縣知縣何朝聘，并原任五河縣丁憂知縣陳顯忠，原任揚州府降調通判俞森等十四員，准臣馳檄調取，勒限來工，各給委劄，分界事權，授以機宜，共襄大務。其調取各官原任原缺，應請勅部即爲銓補。至臣第五疏内挑濬運河、堵塞清水潭等處決口，各工程原擬在後興舉，應俟興舉之日，再將應調協理官員，另疏題請。此臣所謂大工方舉之日，協理必須多員者是也。又各官之內，除俞森事實臣見在另疏具題外，其餘十三員，有臣於安徽巡撫任內曾經委用歷試才能者，有臣素知其能而今又親見其勤敏練達者。若夫丁憂之員，雖有不准題留之例，然此係因其有才堪用，是以調取，監理督工，並無地方人民錢穀刑名之責，與現任官有別，相應一併題明。至於調取監理之廳印分管之佐雜等官，所修工程必須交明該管廳印佐雜等官確驗，如果合式堅固，該管廳印佐雜等官，即便出具收管印結。該道府覆驗相同，即便加結申送臣衙門，親勘無異，會疏具題。將調取之大小各官，無論原是正途與否，俱作正途，照依原任應陞之缺，加二級從優即陞。其該管河廳佐雜等官，分領自修之工，如遵期完竣，如式堅固，出結申送道、府、州、縣驗明相同，加結轉送臣衙門親勘，無異亦即彙疏具題，照依調取各官一體議敘。若夫給發一切銀兩如協募、見募等夫，俱一例紋銀四分一工，椿埽水手五分一工，木笆等匠三分一工，俱循照往例給與，仍著落各監理官公同各分管官五日一發，當官給散。其餘一應料物等銀，俱著從公速給，毋許遲延。如有劣員更換銀色，短少分兩，扣尅回頭等弊，并或有姦徒陰謀取利，冒領錢糧，捏造訛言，倡邪惑衆，阻撓大工，暗壞工程者，俱容臣立刻嚴拏，究明情罪，遵照勅書內事宜，按軍法題請正法警衆。如此，則在工官民，各知警懼，有奮勉而無壞事，大工可以告成矣！伏候睿裁。

經理河工第八疏 添設兵丁

題爲敬陳經理河工事宜第八疏事。臣惟修治兩河既定分工任人之法，則必當求其成功矣！但河工告成，而不立法以期久遠，恐數年之後，姦弊滋生，難保其不旋壞也。臣到任以來，細加體訪，知保全河道之策，全在能盡人力而不可諉之天數。至於堤岸衝決之由，則官民夫役均有罪焉。官之罪有二：一在備員闒茸，不知河道爲何物，其於運道民生，不啻秦越人之視肥瘠，雖有以未雨綢繆之說告之者，而茫然不能用也；一在利於多事，希圖乘機侵蝕，故薄者不填，而缺者不補，以致潰決廢壞，不可收拾也。民之罪有三：或與近堤之人有讎，而盜決以洊之；或因己田乾旱，而盜洩以溉之；至於周橋、翟壩姦民，知商販畏淮關之稅重，而樂於趨其地也，於是盜決以俟之，堤決而商至，商至而伊得遂其乘機取利之謀矣！若夫夫役之罪，則總在利於動，而不利於靜；樂於有事，而苦於無事，是以百計陰壞之耳。他如高良澗等處板工，上年大水衝擊，除決口二十六處之外，其餘一帶殘堤貼椿之土，悉皆卸塌椿木，無土擁護，易於竊取，致被湖內小船及水洊災民乘夜盜鋸者，不一而足。臣目擊鋸痕，深爲痛惡。雖出示嚴禁，密訪查拏，然犯者已逃，從何究詰。又聞向來多有姦惡夫役，當大埽方下、龍門未合之時，暗藏刀斧，乘夜割斷揪頭繩索，以致所下之埽，隨即衝淌。諸如此類，欲保全河道者，不過一二人；而謀壞之者，徧地皆是，是以殘壞至此。臣再四籌維，欲圖將來久遠之計，莫妙於多設專心保全河道之人。則設兵以守，而立勸懲之法，使之知利之當趨，害之當避，誠爲不易之策也。臣聞故明末年，各省漕糧，皆係世職衛官領運，漫無考成，以致無官不侵蝕，無年不拖欠，無日不追比，糧歸姦橐，而在上者無可如何，流弊至極。迨本朝定鼎之後，責成各衛見任守千等官領運，按運考成，欠者置之以法，完者准與優陞。不數年而錮弊一洗，歲歲全完。此有勸有懲，使知有利有害，而自爲趨避之明驗也。臣愚以爲今既大費財力，高築堅堤，必須按里設兵，使之住於堤上，逐日看守，并將疏浚修葺事宜，一切責成之外，河自雲梯關而下，至於海口，爲兩河朝宗要道，每堤一里，必須設兵六名。每兵一名，管堤三十丈。堤根栽柳務活，堤旁畜草務茂。堤內則乘暇添土，逐漸帮寬。每二里半建一墩，令兵十五名居於墩側。每墩給浚船一隻，各繫鐵掃帚二個，於船尾繫繩，以五丈爲度。每月之初一、十一、二十一日，兩岸墩兵各乘浚船，或布帆，或鼓棹，或纜錨下鐵掃帚於水底，溯流刷沙，往來上下，必令五丈之繫繩，不能到底，而懸鐵掃箒於水中方止。兩岸共堤一百六十里，設兵九百六十名，給船六十四隻；再設兵二百四十名，給船十二隻，專令浚堤外至海口一帶淤沙。自雲梯關至水口，應共設兵一千二百名，守備一員，千總二員，把總四員，給浚船七十六隻，各分汛地，而責成之。自雲梯關而上，南岸至清口，北岸至清河縣，各長二百里，每里設兵三名，每兵管堤六十丈。五里建一墩，令兵十五名住於墩側，每墩亦各給浚船一隻，鐵掃箒繫繩，以四丈爲度。應共設兵一千二百名，守備一員，千總二員，把總四員，浚船八十隻，亦照前法責成之。自清河縣至宿遷縣，兩岸各長二百里。每里亦設兵三名，每兵亦管堤六十丈。五里建一墩，令兵十五名住於墩側。每墩各給浚船一隻，鐵掃箒繫繩以三丈五尺爲度。通共設兵一千二百名，守備一員，千總二員，把總四員，浚船八十隻，亦照前法責成之。自宿遷縣至徐州西兩岸，約各長三百里。每里設兵二名，每兵管堤九十丈。五里建一墩，令兵十名住於墩側。每二墩給浚船一隻，鐵掃箒繫繩以三丈爲度。通共設兵一千二百名，守備一員，千總二員，把總四員，浚船六十隻，亦照前法責成之。內河自清口西南至翟家壩南，共長一萬八千餘丈，應共設兵四百名。每兵管堤四十五丈。五里建一墩，令兵二十名住於墩側。堤根栽密柳，坦坡畜茂草。坦坡之外二十丈，俱密種茭荷蒲葦菱芡之屬，爲永遠護堤之策。應設守備一員，千總一員，把總三員。運河由清口至邵伯鎮南，約長三百三十里。每里設兵二名，每兵管兩岸堤各九十丈。五里建一墩於西堤，令兵十名住於墩側。其栽柳畜草等項，俱照翟壩一帶之法責成之。應共設兵六百六十名，守備一員，千總二員，把總四員。以上六營，共設兵五千八百六十名，俱設步兵，而無庸設馬。內以一分爲百總管隊准支步戰兵糧餉，其餘九分，俱支步守兵糧餉。其應設兵五千八百六十名，容臣移會江督。臣於江蘇所屬額兵內，抽調步戰兵五百八十六名，步守兵一千四百十四名，尚缺步守兵三千八百六十名，容臣遴選召募。每兵每月給銀一兩，米三斗。每歲共需銀四萬六千三百二十兩，共需米一萬三千八百九十六石。連守備、千、把總等官之俸薪、馬乾等項，每歲約需銀四萬九千餘兩。應將淮、揚、徐三府州屬，并靈璧一縣額設之堰，募堤淺等夫查明全裁，即以夫工充此兵餉。其不敷者，容臣於河庫錢糧內通融撥給。歲需米石，亦於河庫內動銀買給，一併容臣於年終報銷。至應給浚船二百九十六隻，必須打造。每隻約用銀三十四兩，共約需銀一萬兩，已經臣於第六疏內題明矣。其各弁兵建曠朋扣等項，照例扣貯，以爲各處歲修及修艌浚船之用。其各官兵，不必設造盔甲。其鎗刀械幟之類，俱令自備。如各弁兵所管地方堤坡堅實，日漸帮寬，並無浪窩殘缺之處，柳密草茂外，河之水果深五丈、四丈及三丈五尺不等，內河坦坡之外，茭葦荷蒲盛長。如是三年，無異將該管守兵拔爲戰兵，戰兵拔爲把總，把總拔爲千總，千總拔爲守備。有缺即題陞，無缺則報部，照伊應陞之缺，遇缺即陞。如各弁兵所管地方堤坡不堅，或並不帮寬，及有浪窩殘缺之處，并柳稀多枯，草被芟割，外河之水不及五丈、四丈、三丈五尺、三丈等深，內河茭葦蒲荷廢弛不種，兵責四十板，枷號一月，穿耳徧遊示衆，仍革去糧餉，另行遴補；千、把總革職，守備降二級調用。若各弁兵該管地方因循闒茸，以致衝決堤岸者，官革職拏問，兵從重處死。以上俱責成總河，臣親往確驗，并不時委官差人嚴查密察，務使各弁兵人人警畏，不敢稍弛。如此則賢否別而勸懲昭，利害攸分，當莫不勉勵鼓舞，共相守護。保全河道之人多，而陰謀廢壞之徒無可逞其姦計。若果久而勿替，雖百世可保無虞，不特三年而已也。至於一例之河道，而臣議設兵船，乃有多寡之殊者，蓋下流既通，則上流可無意外之滯，是以外河獨重於雲梯關以下也。又慮水底之事，目不能及。設有意外驟淤之處，其本汛浚船不能即疏，則又當立調各汛船兵，協力疏浚，各疏本汛，以守其常。通融協助，以防其變，而黃河無慮矣。黃河無意外淤淺之事，則淮河自是安流。淮河安流，則運河益可無恙。其翟壩一帶之兵，倍於運河者，翟壩一帶當淮河之衝，爲上流最要之地也。又查歸仁一堤，已經侍郎臣折爾肯等同臣察審具題，見在候旨。俟命下之後，應作何接築竣工之處，容臣另議題請。至其間或更有應損益增減，及一切未盡事宜有無庸瀆聽者，容臣竟自舉。行有必當上聞者，容臣隨事入告可也。抑臣更有陳者。凡一切工程需用錢糧多寡之數，雖皆臣確核估計，然凡有可以設法節省之處，臣自當格外力求節省。至一切堤岸河身之遠近丈尺，有按册而稽者，有無案可稽、約里而計者，雖無大錯，然其中細數，或有與疏内未必恰合者，統容臣於臨時確丈爲準。若夫臣條奏八疏内之一切事宜，有臣親自勘驗、復採輿論，酌妥定議者，有臣雖訪實情形，而無暇往勘，特遣的當親信之人，確驗繪圖，向臣一一陳説，斟酌定議者。總以事關國計民生，如臣之庸愚，斷不敢偏執己見，惟有廣集衆智，竭臣之努力。愚心以仰答皇上己飢己溺之懷，并簡拔微臣之殊恩於萬一而已。至於黄、淮爲患，延蔓多年。倘獲邀皇上齊天之福，得以奏績，則運道民生，俱爲萬幸。設臣才術淺昧，料理失宜，以致徒糜時日，虚費錢糧，無益於民生運道，并旋修隨圮，限内冲決，則請將臣從重處分，以爲後來溺職者之戒。統俟工程告竣之後，恭請皇上特遣大臣確驗定奪者也。伏候睿裁。

卷七

奏疏下

敬陳經理第一疏 以中河之土築堤

題爲敬陳經理河工事宜第一疏事。切臣看得今日治河之最宜先者，無過於挑清江浦以下河身之土，以築兩岸之堤，臣前疏已備陳之矣！惟是募夫一節，如在工程稍緩，量用人夫數萬名者，不難就近召募。然臣前疏因恐水漲無歸，又生他變，欲於一二年間將兩河工程概圖完竣，是以挑浚黃河之夫，議每日用至十二萬有奇之多。尚有其餘各疏内挑浚帮堤堵决各工所需人夫，每日亦不下七八萬，總計每日用夫二十萬。念淮揚附近，斷不能有如許多夫應募，故不得不將挑浚黃河之夫，議令江南隣屬并河南、山東協募也。今廷議謂遠派各省，恐不肖官役，借端擾民，請勅臣酌量設法，就近募夫，不致悮工等語。臣思道遠工長，不肖官役借端擾民之事，誠難保其必無。然就近召募，則斷不能取齊。若倣照舊例，多加工食，以鼓舞招徠之，則動須增費數十萬兩，從何設處？且使即加給工食，而淮揚被水已久，困苦災黎，除死亡賣身之外，其逃散四方者，一時不能聚集，應募者少，必至悮工。臣反覆籌酌，更得侉車代挑之法。凡下鍬掘土，并夯杵成堤，俱用人力。其往來運土，則以侉車，約可省夫一半。并原限二百日完工者，改爲四百日完工，則前擬每日用夫十二萬有奇者，今止須用夫三萬餘名，并車三萬餘輛足矣！又其餘各工每日亦需夫七八萬，其間但有可用侉車，以省人力之處，容臣隨時斟酌而行，則需夫不至太多。可以仰遵廷議，就近設法召募濟工矣。至所需侉車，查江南非出産之處，但若議派東、豫二省僱募，恐仍有不肖官役借端擾民之事，容臣竟動錢糧，行濟、東、兗、開、歸等府價買，解淮濟用。統計南岸自白洋河歷雲梯關至海口，北岸自清河縣歷雲梯關至海口，挑河築堤工程，其所用人夫、工食、車輛、繩絆以及一切諸費，容臣設法節省，總於原題第一疏内所估需銀九十八萬九千七百九十八兩四錢數内，期於足用。惟是車輛等項，一切俱不派民，而盡屬官買，則其間料理之煩，更多數倍。臣再四思維，必須將臣第八疏内所議守堤官兵豫爲設立，責令照管夫車，督率夯杵。在伊等即係將來守此堤工之人，自能盡力以圖堅固，更爲一舉兩得之道。若夫兩岸遥堤，臣原題面寬三丈，底寬七丈，高一丈二尺，每堤一丈，用土六十方。然臣又各處閲歷，細察情形，遥堤固屬必需，而縷堤尤不可少。蓋黃河流急則沙行，流緩則沙墊。而河身窄則流急，寬則流緩。今莫妙於築縷堤以束水，而以遥堤并加築格堤，用防冲決，使守堤人等盡力防護縷堤。設或大水異漲，即有漫冲，亦至遥堤、格堤而止，自不至於奪河成缺。該守堤人等，隨即星將縷堤仍舊築起，爲工亦易。臣請將原估築遥堤之土六十方，分築遥、縷二堤，并量增格堤。其縷堤頂寬二丈，底寬六丈，高六尺。每縷堤一丈，用土二十四方。遥堤頂亦寬二丈，底亦寬六丈，高八尺。每遥堤一丈，用土三十二方。二共用土五十六方，較之原估，每丈餘土四方，或隔五七里，或隔十餘里，即以所餘之土，再築格堤一道。格堤頂寬二丈，底寬六丈，高五尺以上，各堤均令守堤人等一併加意防護，并將各堤逐年加帮，務極高厚可也。再查南岸白洋河以上至徐州一帶，堤工長二百八十里，北岸清河縣以至徐州一帶堤工長四百里。其間殘缺危險，在在皆然，斷須急爲併治。至於治之之法，臣籌維再四，若徒加幇遥堤，則既不能束水，而又無重門之障，良非至穩之著。莫妙於亦於近河去處，加築縷堤，并量築格堤，以爲外藩。其殘缺遥堤，亦即一體加幇高厚，方稱萬全也。惟是工程浩大，既不能多用民力，亦不敢全動官銀。除臣先經嚴行各該道、州、縣速撥民夫，加幇舊堤，俟詳至務，令一律加幇外，其所議加築之縷、格二堤，必須動支錢糧，募夫興舉者也。至此項堤工，凡在駱馬湖以下者，俱照白洋河以下之式，縷堤築頂寬二丈，底寬六丈，高六尺。每堤一丈用土二十四方，兩岸共計二百里，約長三萬六千丈，用土八十六萬四千方。又應築格堤約七千二百丈，頂寬二丈，底寬六丈，高五尺。每丈用土二十方，共用土十四萬四千方。駱馬湖以上縷堤、格堤，俱築頂寬二丈，底寬六丈，高五尺。每丈用土二十方，南北兩岸，除駱馬湖水占之處不必築堤外，其餘約長四百六十里。計應築縷堤八萬二千八百丈，格堤一萬六千五百六十丈，二共九萬九千三百六十丈，計用土一百九十八萬七千二百方以止。兩岸縷、格二堤，通共用土二百九十九萬五千一百方。每方止以用夫三名，計銀一錢二分，科算共需銀三十五萬九千四百二十四兩。如此，則人力既盡，自可少意外之虞矣。至於管工等官，所管工程堅固合式與否，其議叙議處之法，容臣於第七疏內一併確議題請。伏候睿裁。

敬陳經理第二疏 爛泥淺挑引河二道

題爲敬陳經理河工事宜第二疏事。該臣看得洪澤湖下流，高家堰西北至清口一帶，即爛泥淺等處也。臣原請於河身兩傍，各挑引水河一道，共需銀一萬七千二百八十兩，廷臣先議：應如臣議，速行挑浚等語，後議大修既議暫停，此第二疏内引水河工程，無庸議等語，蒙皇上軫念運道民生，勅臣再行確議。伏查本年八月内洪澤湖下流爛泥淺一帶，已經淤斷，黄、淮相隔約有一十里之遥。雖議堵決束水，而不挑引水河，則淤泥攔阻在前，淮流不能下注，是以臣隨於急工併舉等事案內，一面題請錢糧，一面檄行淮揚道召募人夫，專委原估淮安府山陽縣革職知縣柳天正爲監理官，著令督同分管官六員，并臣又委臣標効用官四員，協力催督，先築土壩一道，攔阻黃流，將淤斷河身挑挖疏通。於八月二十一日興工，至十一月初二日業已告竣。目今淮水直抵土壩，祇因河底墊高，高家堰、三官廟等大決口雖已閉合龍門，仍有次小決口數處，尚未堵完。淮水下注無多，是以未經開壩，俟次第堵塞。淮水加强，自即開壩通流。惟是原疏因正河淺阻，估挑引河二道。今正河全淤，業已挑通；應作挑引河一道。科算尚有一道未挑，必須及早挑浚深通，庶來年伏秋水漲之時，淮水有路遄行，不致更生他變也。伏候睿裁。

敬陳經理第三疏 幫高堰堤以束淮濟運

題爲敬陳經理河工事宜第三疏事。該臣看得高家堰等一帶臨湖堤岸，無論石埽、板工，莫不殘缺單薄。幫修之舉，萬不容緩。前據淮揚道佟康年、山盱同知多弘安等估計，共需銀三十九萬五千五百五十九兩零。臣相度情形，條議槩築坦坡之法，可節省銀二十萬一千七百餘兩，實估銀十九萬三千八百兩，廷臣先議。應如臣議修築堅固等語，後議大修，既議暫停，此第三疏內修築坦坡工程、無庸議等語，蒙皇上軫念運道民生，勑臣再行確議，臣查運河底墊，必須大挑，以濟來年春運，臣見於第五疏內議請矣！但運河既議挑深，若不束淮水入河濟運，而仍容黃流內灌，則不久復淤，豈非徒費錢糧、徒勞民力耶？臣是以將高家堰等臨湖一帶堤工決口見在，上緊堵塞，束淮濟運也。但自高堰三官廟大決口閉合龍門之後，湖水陡長二尺有奇。連日西風鼓浪，便見洶湧之形，此猶在冬涼水落之際也。待至來歲伏秋，自是更加滂湃。似此一帶殘壞之堤，若不及早自下而上、次第火速幫修，務極堅固，勢必又於單薄之處，更生衝潰之變。一經再衝，則淮水仍復旁洩，黃水仍復內灌，運河仍復勢高，漕船既阻滯不通，而見在挑河堵決一切大費之工，盡歸烏有矣！臣言念及此，心膽皆慄。除一面仰請皇上俯念運道錢糧關係至重，允臣仍照原估動銀十九萬三千八百兩之數，一律幫築外，但此幫堤之工甚長，而來年伏秋水漲之期不遠。若待部覆之後，方行興舉，則時日有限，而工程浩繁，必至貽悞。臣已一面檄行淮揚道并飭督山盱同知多弘安協理河務，原任揚州府通判俞森、原任革職山陽縣知縣柳天正等，嚴督分管各官，臣更委臣標効用候缺守備陳杰等，帶領其餘効用各官，協力分工，星飛催儹矣！相應一併題明，伏候睿裁。

敬陳經理第四疏 併修清水潭以束淮敵黃

題爲敬陳經理河工事宜第四疏事。臣看得運河以西臨河一帶堤工，自武家墩歷高家堰，高良澗至周橋閘，共計大小決口三十四處，俱應堵塞。又自周橋閘至翟家壩，應築土堤一道。其中成河九道之處，亦應堵塞。以上工程，先據淮揚道佟康年、山盱同知多弘安等估計，共需銀七十萬五千八百餘兩。臣相度情形，議不復砌石工，惟下埽與包工兼用，并築坦坡制水，可節省銀四十餘萬兩，實估需銀三十萬兩。又堵塞桃源、清河、安東三縣黄河新舊各決口，估銀八萬兩，共需銀三十八萬兩等。因廷臣先議，應如臣議堵築堅固等語，後議大修。既議暫停。此第四疏內築周橋閘等處之堤，及堵各處決口工程無庸議等語，蒙皇上軫念運道民生，勅臣再行確議。查臣自到任之後偕欽差侍郎臣折爾肯等，查勘工程，目擊武家墩決口水勢洶湧，埽臺缺陷。詢據原任淮揚道降調副使黄桂、山盱同知多弘安稟稱，自上年九月至本年二月，經原任革職同知李德燿、署事同知李朝事二官，在於本工越築埽壩，共用過工料銀五千七百三十兩有奇，築過淺處及稍深處工程一百餘丈，尚存中泓深處三丈有奇，未經閉合。忽於本年三月初五日桃汛泛漲，復行潰衝。今決口見寬十丈有餘，深四丈有餘，難以堵塞，必須遠越另做，又估銀一萬七千二百八十二兩有奇等。因臣往來相度，見決口之下兩岸俱屬堅堤，若築攔河大壩，約可省費過半。隨行淮揚道佟康年力督該廳於五月初二日興工，至七月二十三日閉合龍門，九月初九日完工在案。又本年九月初三日，臣因黄運兩河處處淤淺，竟有河水僅深數寸者，回空阻滯難前。臣焦思籌酌，隨具急工併舉、需費浩繁等事一疏，一面請借錢糧，一面飛檄中河、南河兩分司，淮揚、淮徐兩道，并淮安府知府及各廳印河官至。見任官不足於用，又復遴委罣誤能員并臣標効用弁員分頭協理，臣居中調度，往來查勘，不時嚴加催督。及自于家岡決口斷流之日，黄水陡長二尺，而白洋河閉合龍門，黄水又增尺餘。臣復親詣下流，見黄水盡從王家營、張家口決口西奔，而清江浦以下雲梯關一帶，幾有斷流之勢。臣復飛檄道廳印河等官，將王家營、張家口、邢家口二鋪口，并一切無名小口，盡行堵塞，見在加幇寬厚。其回空漕船已進甘羅城草壩者，約有十分之七八，此十一月望前之情形也。近因天氣久晴，兼之隆冬寒凍，黄水槩消四尺，黄河古城一帶，運河板閘一帶，仍復膠淺。其未進草壩之回空，俱在宿桃地方。臣一面檄行司道府廳印河各官分頭設法撈浚，逐船送過淺處，一面飛催山盱同知多弘安等，星將高家堰、高良澗一帶上緊幇堤堵決，以束淮流。至高家堰、三官廟大決口，雖工程浩大，水勢湍騰，然兩頭儹築，計長一百八十一丈五尺，已於十一月初一日閉合龍門。又高家堰、六安溝決口築壩六十八丈五尺，管家西決口築壩十二丈八尺，俱於十二月初一日閉合龍門，見在各各加幇寬厚。惟是臨河一帶決口三十四處，尚有三十處未經堵塞。兼之黄河下流底高淮水，下注未能直下刷沙。臣再四察度，見將高家堰未堵決口數處，飭督各官無分晝夜，飛星堵塞。大約歲内可以斷流。高家堰決口盡行斷流之後，淮流便可加强；再於來春將高良澗各決口次第上緊堵塞，則淮水大强，可以助黄刷沙，并濟來年重運矣！至築翟家壩之堤，并堵成河九道之工程，如不乘時併舉，則清水潭萬難修治。不特高寶等七州縣田畝永無播種之期，而重運經過決口危險異常，殊非長法。且將來楊家莊決口堵塞，黄河復歸故道之後，淮水翟壩旁分，不能敵黄，黄水勢必又從清口内灌淤墊運河，誤運非小，必須次第修築。是臣原題需銀三十八萬兩堵決築堤等工業已陸續興舉，斷難議緩，以致有半途而廢、前功盡棄之虞者也。臣未敢擅便，伏候睿裁。

敬陳經理第五疏挑河以濟重運

題爲敬陳經理河工事宜第五疏事。該臣看得大挑運河，并幫堤岸，以及堵塞清水潭、大潭灣東西堤決口六處等工，臣前疏内條議，除可節省堵決銀四十餘萬之外，共實需銀五十六萬七千三百十二兩，廷臣先議。應如臣議，務須挑通堵築堅固等語，後議大修，既議暫停，此第五疏内挑浚運河并堵清水潭等決口工程無庸議等語，蒙皇上軫念運道民生，勅臣再行確議。查運河自黄流内灌之後，日墊日高。本年八月内，不但河水停而不流，而河邊拆爲十字底漸乾涸。臣隨於急工併舉等事案内一面題明，一面嚴督道府廳印河官，并遴委各官星募人力，閉壩挑浚。彼因回空急須修艌，不能久待深挑，止量挑一二三四尺有奇不等。於九月初七日開工，十月初一日完工。即於次日開壩放船，目下河水深者有四五尺，而淺者止二尺及二尺四五寸不等。回空雖可勉行，而重運必須加挑。今臣擬於來年立春後十日，地凍將解之時，即行閉壩大挑。先挑面寬八丈、底寬六丈、深六尺。每河一丈，先挑土四十二方，即以之幫築堤工。除本年九月内業已每河一丈挑過土十餘方及五六七八方不等外，其餘應挑土方，或俱募人夫，或倣照臣第一疏内以車載代挑之法，統容臣臨期斟酌，量卸土之遠近而行，總限一百日完工。其來年春運過淮之期，必須略爲寬限。查康熙十六年起運十五年分糧船係五月初九日過淮，全完七月初十日過臨全完。今康熙十七年起運十六年分糧船，擬於四月初旬内挑河完工，開壩放船，起約在五月終可以盡數過淮全完。一經過淮，臣自不令停留，嚴加驅趕，務於七月中旬内盡催過臨，總期不悞十七年回空，以濟十八年春運可也。伏乞皇上勅部將十七年春運過淮之期，准臣寬限。至於臣前題疏内每河一丈，估挑土八十四方，一則深通運河，二則幫固堤岸。原屬必須之工，今運本年九月所挑，合之來春所挑，共止擬每丈先挑四十二方者。蓋工程太大，斷斷不能速竣，而漕船難以久待，又不敢將重運輕議由湖冒險越行。是以不得不先挑一半，其餘一半挑河幫堤，并堵塞清水潭各決口等工程，伏祈皇上俯允，照臣原題之數，容臣隨時相機而行。總之務期節省，并斷不施工於無用之地，以致糜費錢糧，以盡微臣職掌也。伏候睿裁。

敬陳經理第六疏 廣開捐輸

題爲敬陳經理河工事宜第六疏事。該臣看得原疏條議挑河築堤、幫堤堵決，并造浚淺船隻等項，除再三設法節省之外，共需銀二百一十五萬八千餘兩。彼因軍興需銀之際，不敢遽請撥發。是以謬陳設處錢糧三款，一將淮揚被渰田畝自河治水涸可以耕種之後，分別令納修河之費；一運河深通，商艘無滯之後，令過往商貨量納剥淺之資；一開廣武生改途納監之例：三共約可得銀二百餘萬兩。即有不敷，統於河庫動支。又因此等銀兩俱在河工告成之後，方可責成輸納，不能應目前之急。需復請預徵各直省康熙二十年分錢糧十分之一，至期扣還民間等。因廷臣先議設處錢糧三款，俱准如臣所請。其預徵之處，目今正值需餉之際，皇上軫念運道民生，並無預徵錢糧。今議預徵之處，不便准行。但各工關係運道民生，不得不動給錢糧，應交與户部照數撥給等語，後議大修，既議暫停，此第六疏内預徵等項無庸議等語，蒙皇上軫念運道民生，攸關重大，勑臣再行確議。臣惟河道之急，當大治，斷斷不可議緩情由，已于前各疏内一一備陳，確議題覆矣！至於所需錢糧，臣原疏題請係二百一十五萬八千一百九十兩四錢。今因黄河駱馬湖以上，南北兩岸，危險甚急，必須加築縷、格等堤，又增估銀三十五萬九千四百二十四兩。一共實需銀二百五十一萬七千六百一十四兩四錢，均屬必需之項。查廷臣雖曾有應交户部撥給之議，然各處需餉繁多，恐難照撥。因議臣前此條陳經理河工八疏之時，先曾計及捐輸之事。祇以内外軍需餉米，俱准援納。若又開河工事例，恐徒有捐輸之名，而無濟于實用，是以止將未議行之武生納監一例題請也。續於八月初九日，准户部咨爲請定停止捐納事例之限等事，内開凡一應捐納事例在京城内者，准於本年十二月以内捐納；在外省者，以部文到日爲始，六個月准其捐納。定限以後，概行停止捐納等。因奉有依議之旨，欽遵通行在案。兹當歲暮之候，雖軍前餉米尚在捐輸，而直省事例見議停止。莫若將治河繁費，廣開捐納之例，庶可不煩司農仰屋之嗟也。至捐納之例，除捐銀之外，更有捐米荳、草束等項。捐銀二百兩，或起河身之土二十丈，運築遥、縷堤各二十丈，格堤四丈者，准紀録二次；捐銀三百兩，或起河身之土三十丈，運築遥堤、縷堤各三十丈，格堤六丈者，准紀録三次；捐銀四百兩，或起河身之土四十丈，運築遥堤、縷堤各四十丈，格堤八丈者，准加一級。各直省見任府同知、知州歷任五年，無錢糧盜案未完者，捐銀一千五百兩，或起河身之土一百五十丈，運築遥、縷堤各一百五十丈，格堤三十丈；歷任二年，無錢糧盜案未完者，捐納銀三千兩，或起河身之土三百丈，運築遥堤、縷堤各三百丈，格堤六十丈者，俱准其離任，以各部員外郎先用知縣。歷任五年，無錢糧盜案未完者，捐銀一千兩，或起河身之土一百丈，運築遥、縷堤各一百丈，格堤二十丈； 歷任三年，無錢糧盜案未完者，捐銀二千兩，或起河身之土二百丈，運築遥、縷堤各二百丈，格堤四十丈，俱准其離任，以中行評博先用。 又通判、知縣無錢糧盜案未完者，捐銀三千兩，或起河身之土三百丈，運築遥、縷堤各三百丈，格堤六十丈者，准其不論俸滿離任，以各部主事先用。 見任一切各道鹽運司、知府，無錢糧盜案未完者，捐銀四千兩，或起河身之土四百丈，運築遥、縷堤各四百丈，格堤八十丈者，准其不論俸滿，以應陞之缺，遇缺即陞。 同知、知州、通判、知縣，無錢糧盜案未完者，捐銀二千兩，或起河身之土二百丈，運築遥、縷堤各二百丈，格堤四十丈，布按都三司，經歷、理問、府衛、经歷、州同、州判、縣丞，無錢糧盜案未完，並儒學教授，捐銀一千兩，或起河身之土一百丈，運築遥、縷堤各一百丈，格堤二十丈； 布政按察司、兩司、都事、知事、校檢、照磨、庫官、府知事、照磨、吏目、主簿、典史、巡檢襍職等官，無錢糧盜案未完，并儒學教諭、訓導納銀二百兩，或起河身之土二十丈，運築遥縷、堤各二十丈，格堤四丈者，俱不論俸滿，以應陞之缺，于急選內遇缺即陞。 武官叅將以下，守備以上，無錢糧盜案未完，并武舉捐銀六百兩，或起河身之土六十丈，運築遥、縷堤各六十丈，格堤十二丈者，叅將等官，俱不論俸滿，即陞武舉，以守備先用。 廩、增、附、監各生，捐銀二百兩，或起河身之土二十丈，運築遥縷、堤各二十丈，格堤四丈，准爲貢生。 捐銀五百兩，或起河身之土五十丈，運築遥、縷堤各五十丈，格堤十丈者，准爲正途。 歲拔貢、廩生捐銀八十兩，或起河身之土八丈，運築遥縷堤各八丈，格堤一丈六尺； 增生捐銀一百兩，或起河身之土十丈，運築遥、縷堤各十丈，格堤二丈； 附生捐銀一百二十兩，或起河身之土五十丈，運築遥、縷堤各五十丈，格堤一十丈； 京官九品以下，外官從七品以下，武官守備以下，捐銀二百兩，或起河身之土二十丈，運築遥、縷堤各二十丈，格堤四丈者，准還所降一級。 如捐銀築堤更多者，照此數遞還所降之級。 虛革、虛降留任，并停陞住俸、戴罪之官，督、撫捐銀二千兩，或起河身之土二百丈，運築遥、縷堤各二百丈，格堤四十丈； 布、按二使，提督捐銀一千五百兩，或起河身之土一百五十丈，運築遥、縷堤各一百五十丈，格堤三十丈； 一切各道鹽運司、府，總共捐銀一千兩，或起河身之土一百丈，運築遥、縷堤各一百丈，格堤二十丈； 文官同知以下，知縣以上，武官副將以下，都司、遊擊以上，捐銀五百兩，或起河身之土五十丈，運築遥縷堤各五十丈，格堤十丈； 文官從七品以下，武官守備以下，捐銀二百兩，或起河身之土二十丈，運築遥、縷堤各二十丈，格堤四丈者，俱開復將原案註銷。 又直省各衙門吏、書，每年赴部考職，雖屬舊例，然不無有往來跋涉之難。 莫若照監生納銀，不必赴監讀書之例，凡各直省役滿五年，吏、書納銀二百兩，或起河身之土二十丈，運築遥、縷堤各二十丈，格堤四丈者，准授爲正八品，以府經歷、縣丞等缺用。納銀一百兩，或起河身之土十丈，運築遥、縷堤各十丈，格堤二丈者，准授爲正九品，以主簿等缺用。納銀八十兩，或起河身之土八丈，運築遥、縷堤各八丈，格堤一丈六尺者，准授爲從九品，以吏目、巡檢、庫官等缺用。納銀六十兩，或起河身之土六丈，運築遥、縷堤各六丈，格堤一丈二尺者，准授爲未入流，以典史雜職等官用。以上各吏、書捐銀築堤之後，臣衙門核實，即使按季彙題達部註册，挨次補選，寄憑赴任。至凡捐納銀兩之人，直隸納河間府庫，江南分納揚河廳、山清廳、徐屬廳三庫，聽其隨便交納；山東納運河廳庫，河南納開封府庫，俱令按月册報臣衙門以憑，不時就便支用。其餘各省，俱納該省布政司庫，照例按季解交山清廳收貯。至於自願築堤之人，查臣見擬設監理官十八員，其築堤者，聽其自投某官名下，認地挑築。經臣衙門核實無異，亦俱按季彙題，請叙可也。以上事例，有見在舉行者，有臣謬爲議擬者。總以臣衙門事例案卷不全，是以不能細考開載，伏乞皇上勅下部臣，確加查酌，再爲開廣。蓋既廣其途，則援納者必衆。援納者既多，則完工自速。方於運道民生有實濟，而免築室道旁之虞也。又督、撫、提、鎮爲封疆大臣，如有仰體皇上宵旰之憂，能遺的當親屬，赴工挑土築堤者，似應照有功之例，優准加銜。蓋捐銀者不過入資于官，即可邀叙；而築堤一事，必須挾資而來，處于荆榛泥淖之中，經營料理，以成堅堤。此堤一成，則運道可通，賦税可裕，其有裨於國計民生者，良非淺鮮。予以加銜之典，似屬允宜。臣請凡直省督、撫諸臣，起河身之土三百丈，運築遥、縷堤各三百丈，格堤六十丈，提督、總兵起河身之土一百五十丈，運築遥、縷堤一百五十丈，格堤三十丈，俱准其加銜一級。如起土築堤更多於此數者，俱照此遞與加銜，相應一併題請。統候工完之日，停止捐納。抑臣更有陳者。事例雖開，而不能即納。臣前題急工併舉等事一疏案內，所借漕項銀十六萬有奇，又將用完。今大工尅期併舉，若錢糧稍不凑手，則貽悮匪淺，伏乞皇上勅下部臣，將江南兩藩司庫貯見銀借撥五十萬兩，俟捐銀至日補還，并請容臣將河南省見在裁剩、裁扣交納歲修夫食節省銀兩，儘數提用，以濟急需可也。伏候睿裁。

敬陳經理第七疏 改調河員以供大修

題爲敬陳經理河工事宜第七疏事。竊臣看得臣前題此第七疏內一切事宜，有經廷臣議允者，有廷臣議稱無庸議者，蒙皇上命臣再行確議。臣謹將隨時之宜，復加詳酌，逐一議請查南河、中河、北河通惠四分司，向來各止漢官一員。至前任河臣羅多任内，各題增滿官一員已經八年矣。臣到任之後，攄南河分司蔡音達禮等、中河分司沈圖等面稱，伊等管理河工，凡一切催夫、辦料各事宜，必得各有司同心協理，方能有濟。乃地方官員視分司爲贅疣，往往呼應不靈，不若道官所行之奉命惟謹。而蔡音達禮更稱伊等例應三年一换。方其初到任之時，諸凡未諳。及一二年後，纔覺熟練，而又屆瓜期，不若道員之久任等語，臣思其言，皆切實事，屬確情。是以請將中河、南河、北河、通惠四分司裁去其所管事務，就近歸併各該道兼理也。今部覆中河、南河、北河三分司俱應如臣議裁，惟通惠分司所管事務，有報臣衙門者，有竟報工部者。且所屬河道俱係旗下地方，不便交通永道管理，相應仍留等。因是此四分司應裁、應留之處，廷臣已有定議，臣無庸更爲置喙矣！至於裁同知三員，將宿、桃二縣主簿四員，分管兩岸，并嗣後堤岸衝決，該管知府與道員一體處分。欽工民工俱照定例議處，大計薦舉等，典除布政、按察司外，其餘道、府、廳、州、縣以下各官，必河道無衝決之事，并旋衝旋堵，不致奪河成缺、淹没田禾、殃民損課者，方准卓異薦舉。決口工程，限半年内堵塞，遲違俱有叅罰。工大難完者，預行題明等各情由，俱應照廷臣原議，俟命下之日，即令所裁分司六員、同知三員，赴部改補；并宿、桃主簿，更定職掌，餘俱載入例册遵行。惟是淮徐道駐劄之處，臣前疏議令移駐邳州，蓋以邳州爲適中之地也。及臣親至邳州，見該州地雖適中，而不無偏僻。宿遷縣爲漕運咽喉之地，向有中河分司駐劄。今中河分司一切事務既裁歸淮徐道管理，應令該道移駐宿遷縣，方爲妥協。又山盱同知所管，歸併山清同知。運河亦有清河縣地方，應將山盱同知官銜，改爲山清盱眙同知者也。至臣前疏請調廳印官十四員，分理大工，曾經廷臣議允。今臣將第一疏内原議限二百日完工者，改爲限四百日完工。原議用夫十二萬有奇者，改爲用夫三萬餘名。其用車運土之處，又於第八疏内議請預設官兵，分頭料理。是第一疏内原請用監理官十二員者，約可省用六員。又第二、第三、第四各疏内一切工程，見在次第催儹。比至部覆之時，約可完十分之二。其原請用監理官五員者，約可省用一員，二其可省監理官七員，尚少監理官七員。又南岸白洋河以上，北岸清河縣以上，議增縷、格堤，并第五疏内先挑運河淤土一半，以幇兩岸堤工，約需監理官八員。内除見在之徐屬同知祖文明、邳宿之同知蘇嵋、揚州府管河通判聶文魁等三員，可以分工監理外，尚少監理官五員。通其實需監理官十二員。内有原任揚州府降調通判俞森，已經奉旨還其原職，見在高家堰等處協理河務。并又有原任淮安府山陽縣革職知縣柳天正，年壯力强，素稱才幹，因十五年分山陽高家堰并裏河堤工衝潰，呈誤革職，曾經漕運督臣帥顏保等以天正清廉愛民題請，將天正革職留任。雖部覆未經允行，而士民之愛戴天正者，迄今不忘。本年八月内，臣因爛泥淺一帶淤斷，必需能員督夫挑浚。據淮揚道佟康年力保天正可用，而漕臣又屢屢面稱其能，臣隨委天正爲監理官，令之督率分管各官，逐段深挑。而天正躬親泥淖之中，不辭勞苦，不避風雨，無分曉夜，與夫役同甘辛，不七旬而將二十里淤土盡行挑開。其間有泥深丈餘、人力難施之處，天正隨機造器，設法疏通，不特功難泯没，而其實心任事之槩，與勤敏幹練之才，洵爲難得之品，士民之稱其善政而訟其冤枉者，牘且盈几。臣愛其勤能，已復委令協助山盱同知多弘安分工堵塞高家堰、高良澗等處決口去訖。俟其再著勞績之時，臣當另疏保舉，以酬其功。除此二員之外，尚少廳印官十員。又查有原任淮安府睢寧縣因錢糧降級續完開復見在赴部銓補之知縣石之玫者，臣因勘閱徐州堤岸，道過睢寧，聞之玫先年爲睢令之時，督築堤工，無分晝夜，駐宿河干。凡一切政務，俱在工所辦理，毫無貽悞。且堤工一日不完，則之玫一日不肯稍自暇逸等情。臣復詢之淮徐道降調副使戴聖聰，而該道之稱許之玫者，與臣所聞無異。并臣前疏所請之山東單縣知縣今陞北城兵馬司指揮韓第，原任五河縣丁憂知縣陳顯忠，皆係實心勤幹之員，均可不負監理之任者。伏乞皇上允臣所請，勑下部臣將石之玫、韓第二官，令之就近來淮監理；并行陳顯忠原籍，催令作速赴工。又除此三員之外，仍少廳印官七員，容臣將原疏請調之太平府同知劉沛引、揚州府同知王興元、池州府同知管通判事喻成龍、寧國府通判常君恩、廬州府通判黃際會、清河縣知縣劉光業、宿遷縣知縣李燦等七員，就近調取赴工，并責成監理可也。至此官七員，臣原請出缺另補。今查劉光業、李燦二官，雖任衝疲之邑，而年青才敏，似可就近兼理河工，容臣督令二官駐工辦事，不必更令出缺。又劉沛引等五官，皆係廳員，與正印官不同，儘可調取赴工。工完之日回任，亦無庸出缺。此即臣前疏所稱或更有應損益增減事宜，有必當上聞者，容臣隨時入告者是也。至於一切工程，凡用監理廳印官一員者，必須用分管佐襍官員以佐之。今臣共用監理官十八員，計需分管官一百八員。查江南微員近因打造烏沙等船，閒者甚少。除臣現於革職廢員之中擇其勤幹者一體委用外，然不敷尚多。臣請容臣於東、豫二省佐襍官員之中，查其職掌稍閒而才幹可用者，隨便調取，共襄大工，方爲有濟也。至於管工之監理、分管各官，伊名下派修之工合式堅固與否，必須優定叙録之典，嚴立處分之法，以鼓勸而儆策之，方可責其黽勉趨事。今廷臣議稱，如果工程合式堅固，俟奏銷之時，工部核明，交與吏部酌量從優議叙等語，臣本不應再瀆，但念黃運兩河無歲不修，無年不壞，流弊至今，極難補救。乃以微臣庸劣之才，孱弱之資，而膺茲艱鉅之任，政不啻以蚊負山，此臣自知之最明者也。祇以君恩深重，不敢不勉竭駑駘，以期仰副知遇於萬一。是用廣資博詢，考古酌今，謬陳修治之計。然而工程浩遠，料理艱繁，不得不將臣所知所見允堪任用之員，列名題請。惟是此等官員之中，除柳天正原係廢員外，餘者或係見任，或係候補，因其賢能而調取來工使之，或離其見在之城郭而處於泥淖之中，或離其見任之家室而日與夫役爲伍，或離其乘輿張蓋之榮而奔走於荆榛草莽之下，尤且日費無資，舟馬自備。直待胼胝辛勤，幸而工程告竣，方得或回任，或赴補，或歸家。若稍不合式，更有嚴叅重處之虞。其舍易就難，舍利就害，至於如此。苟不預定優陞之典，使之知有可至之途，踴躍争趨。一官倡率於前，而千夫効命於後，又安望其事之克濟以共成此莫大之功也！伏乞皇上俯念運道民生，關係至重，此番極大工程，與尋常築堤堵決者不同。將監理分管各官，准照微臣前疏題請之例。凡監理分管等官，所築堤工處處合式堅固，該管廳印河官出具甘結，道府驗實加結，申送臣衙門親勘無異者，俱准照伊原任應陞之缺，加二級從優即陞。如有原非正途者，俱作正途，一體陞遷。至於分管官所築堤工，有一處夯杵不堅盛水即漏，并有一二丈不豐滿合式者，降一級調用；兩處夯杵不堅、盛水即漏，并有三四丈不豐滿合式者，降二級調用；三處夯杵不堅、盛水即漏，并有五丈以上不豐滿合式者，革職。監理官所轄分管官有因築堤不堅固合式，一員議處者，罰俸一年；二員議處者，降一級調用；三員議處者，降二級調用；四員以上議處者，將監理官革職。如議處議叙相同者，准與抵算。如監理官揭叅者，准免連坐。如此，則功罪昭明，賢者益奮，而不肖者知勉，工程可望堅固，而無闒茸貽悮之虞矣！他如劣員，凡有更换銀色、短少分兩、扣尅回頭等弊，并姦徒揑言惑衆，暗壞工程等項，俱應遵照廷議。凡有發覺，容臣拿問究審，具題重懲可也。抑臣更有陳者。挑浚築修之工，雖經遴官委任，然募力辦料，必須附近地方官同心協力，始克有濟。乃邇來之附近有司，視河官爲贅疣，河務爲餘事。一任催呼，漠然罔應。查定例地方官員催夫不發，諉非本汛，并買料不速解送，以致遲悮河工者，定有處分之例。功令煌煌，毫不知畏，總緣處分尚輕耳！臣請嗣後興舉大功，其附近地方官不協同設法募夫，不將急需之柳、草等項一切物料火速協買，上緊解運，以致遲悮河工者，容臣不時題叅，將州縣官降三級調用，道府官降一級調用。如此，庶各官知警，可免貽悮。又河南、山東俱有特設管河道。嗣後凡勘閱情勢，估計工程，報銷錢糧，應歸管河道專責。其一切催督挑河、築堤夫役，并買辦物料事，理必須該地方之道員協同催儹，聯銜會詳，一體責成，方爲有益也。相應一併題請，伏候睿裁。

敬陳經理第八疏 立勸懲以儆汗吏

題爲敬陳經理河工事宜第八疏事。竊臣看得疏通運道，全在束水歸（漕）〔槽〕。而欲束水歸（漕）〔槽〕，則舍徧築堅堤，更無善策。但不肖官員、姦民、蠹役，率皆喜動惡静，樂於有事，而苦於無事，往往有陰求敗廢之者。是以堅堤既築之後，必須設防守之法。否則，不久必壞，猶之未修築堤也。既設防守之法，尤當立勸懲之典。否則，不久必弛，猶之不防守也。臣再四思維，反覆籌酌，是用謬陳。盡裁夫役，特設官兵，令之各駐堤上，將防守修葺事宜，一併責成之。并請嚴立議處，優定議敘之例，以鼓舞而儆戒之也。廷臣先議，應照臣議等語，後議大修，既議暫停，無庸議等語。蒙皇上軫念運道民生，命臣再行確議。臣惟高堰等諸臨湖一帶堤工，臣見在幫寬塞決，束淮濟運。而黃河兩岸各堤，尤須次第速築。是原議防守之兵，誠屬必須者矣！惟是堤成而後設立官兵，交給防守，更不若先設官兵，而即令協同看築堤工之爲尤妙也。蓋臣自到任以來，迄今八月。凡淮揚各處堤岸，莫不盡行親勘。有虛鬆頹塌者，貛狸鑽穴者，大約皆因夯杵不堅，無人看守所致。及觀民間新幫之堤，甚有以大凷濕土疊累而成者，其空鬆之狀何待水衝？凡驟雨一淋，即便塌卸。似此工程，又安能禦怒濤之撞擊也？揆厥所由，總緣築堤之人痛癢不關，止圖苟且完工，并不求其堅固。雖督築之官，定有黃河一年、內河三年，如限內衝決從重處分之例。然大抵止顧目前，不思遠慮。且即有實心任事之官，而一二人之耳目有限，安能徧察數十里之工程，與盈千纍萬人夫之勤惰？是以欲堤岸之堅固原屬最難。今興舉大工，雖設監理之廳印官，率同分管之佐襍官，不時勘查催督。然工程浩遠，耳目難周，誠有鞭長不及之慮。若先將應設之官兵預爲設立，每兵一名交河堤四十五丈，并人夫一二十名，車一二十輛與之，令其日則催夫運土，勤督夯杵，夜則看守料理，照管車輛，且告以此堤既成之後，即係爾永遠防守之工。保過三年，定即從優拔補。若因夯杵不堅，而有意外衝決之變，則獲罪不小，性命攸關，非比泛常等語。在此等官兵既知利害兩途，判若霄壤，且不費己財，而盡皆他人出力，自必盡心以求堅固，況更加分管官之往來催儹，監理官之統督稽查，自可無苟且塞責之功，洵爲至當不易之計也。臣請皇上俯念河道關係重大，容臣將應設官兵即爲預設，責成協同築堤。其遴補官弁，召募兵丁之處，并容臣量才確酌，務令人地相宜，另行咨題報部。至臣前疏議每兵一名，所管之堤有三十丈、四十五丈、六十丈、九十丈之不等，原從汛地有易險之不同起見。今臣復加斟酌，頂衝危險之處，每兵止管三十丈，亦屬繁難；而尋常平易之堤，每兵管至九十丈，亦皆閑空。今莫若每兵一名，一律管堤四十五丈。及待伏秋水漲之時，則調取閑空汛地之兵，協守繁難危險之地，更爲妥當。又每兵一名，其所管之遥、縷堤四十五丈，皆係頂寬二丈、底寬六丈，必須逐年加幫高厚，以圖久遠，以保萬全。其按年責成加幫堤工之尺寸，容臣俟堤成之日，另行酌議題請爲例。但以一人而幫堤四十五丈，力少工長，難期寬厚。臣擬每兵一名，聽其自募幫丁四名，一併同住堤上，共相守助。至幫丁既同官兵協守，堤工必須代爲預謀生計。臣往來相度，目擊黃河兩岸近堤之處，頗多無人耕種之荒土，即其間亦有成熟民田，而瘠薄不堪，納糧無幾。臣請嗣後凡離堤一百八十丈以内，俱爲河地。將此地分給幇丁耕種，責成協保堤工。至此等地土，凡原係荒地，即令幇丁開墾。或間有見在納糧之田，即令業主爲幇丁；或聽業主撥伊家屬爲幇丁，協同保堤挑土，加幇高厚。此幇丁之制一成，則人力益衆，而防守益密，再加鐵埽帚隨時探浚，設有驟淤更調各汛船兵協力疏浚之法，久而勿替，便可永保無虞。不特三年、一年而已也。至臣原題共設兵五千八百六十名，内請於江蘇所屬抽調二千名，尚少三千八百六十名，俱行另募。今廷議准於江藊所屬額兵内抽調戰守兵二千名，再於臣標兵内亦移步兵一千名守堤，其尚少二千八百六十名，准臣選募等。因查臣標官兵係隸山東省經制，而不在江南。且北至張秋起，南至珠梅閘止，一帶三百七十餘里，皆係臣標官兵汛守其間，彈壓地方，催儹漕船，護送差使，責成甚多，尚苦不足，斷難遠調。況設兵守堤、責成修葺之法，臣愈思愈當。其山東、河南二省，臣亦欲次第一律舉行。但江南未經定制，是以遲遲。俟江南定制之後，容臣再將東、豫裁夫設兵之處，另爲題請，是臣標官兵，應俟將來另題俾防東省堤工。此江南守堤之兵，仍請皇上俯允，照臣原題添募三千八百六十名，所需糧餉，除裁一切各夫工食之外，統容臣於河庫内動支給發。蓋設兵幇丁之制一定，則每年歲修錢糧亦可量圖節省。工料之資，補兵餉不敷之用，並不更動公帑，而河堤保固，運道以通，民生以奠，誠一舉數得之利，故臣敢於力請也。又歸仁一堤，仍在確酌，俟隨後另題外，至於所修工程内微小事宜，准臣竟自舉行。工完銷算之時，開明具題。若事大者，仍行題明，并守堤弁兵議處議敘之處，以及盜決故決擬罪之例，俱經廷臣議允，應照廷臣原議，臣無庸更議。倘有未盡事宜，應損益增減者，仍容臣臨期分别，或竟行入告可也。總之臣以一介寒微，駑駘陋質，蒙皇上屢加拔擢，畀以重寄，臣雖肝腦塗地，亦不足以仰答殊恩於萬一。是以雖自知才力之不能勝任，而仍不敢因循苟且，必欲勉强籌維，以期得當。至其間干係重大，設有疎失，獲罪不小。旁人每爲臣危爲臣慮，而臣不敢自計也。臣惟竭區區報主之心，以盡分内之職掌而已。若夫各疏内一切功程如捐納人多，錢糧湊手，則自奉俞旨之後，大約三年可以告竣。如限期之内，黄、淮不復故道，糧艘不能通行，民生仍在昏墊，容臣自行糾劾。恭請皇上嚴賜處分，以彰功令。倘邀皇上齊天之福，幸而告成，其堤工之堅固與否，仍請皇上特遣大臣確驗定奪者也。伏候睿裁。

義友竭忠疏 康熙三十一年十月

奏爲義友竭忠王事，盡瘁捐軀，微臣生死難安，仰籲聖慈推恩分卹，以慰幽魂，以勵草野愚忠事。竊臣一介寒微，歷蒙皇上天恩拔擢於康熙十年，由學士陞授安徽巡撫。大凡外官自州縣以上，有刑名錢穀之責者，必以禮聘士，協同料理，名曰幕賓。臣於是時，留心訪求，未得其人。適有浙江錢塘縣儒士陳潢者，遊學京師，偶與臣遇，臣見其狀貌魁梧，器宇凝重，動止語默，咸秉以禮。臣遂聘以同行，并令教臣子焉，然臣亦未之奇也。徐而察其學問，似非章句；探其言論，悉具性情，臣亦未之信也。乃自抵皖署後，臣與之寢食惟俱，朝夕討論，訪求政事，始知其識明敏而深厚，其才肆應而曲當，臣不禁愛之重之矣！臣撫皖六年，適當軍興之際，陳潢之裨益實多。然此六年之中，猶爲臣一人之私藉，而非有所宣力於國家。迨康熙十六年三月，臣復蒙皇上天恩，陞任總河。當兩河敝壞之後，前此覆轍頻仍，聞者心驚，見者胆落，無不以畏途視之。臣雖報効有心，而設施無術，亦豈能無憂惶悚懼之念？陳潢即毅然告臣曰：『遺大投艱，豈得無懼？但能實心力行，則天下無不可爲之事。正可藉此，以報君恩。即潢草茅下士，素有志於當世之務，而未獲進身，無由建白。今亦正可佐理，以報朝廷，以畢素志。』臣於時一聞潢語，瞿然自驚，隨應之曰：『子能助我宣力王事，以報君恩，我亦何敢再萌身家之慮哉！』於是矢志同心，黽勉協力。出則隨臣荒度經營，入則偕臣料理文告。凡所以算土方、核浮冒、科料物、圖節省之處，纖悉無遺漏。如是不避寒暑，無分晝夜，與大工爲始終者，十年有如一日。故臣得以時遵聖略，竭蹷從事，俾兩河復歸故道，潢與有力焉。但臣蒙皇上命臣治河，臣復以禮聘潢與之司事，是潢之盡心於臣，猶臣之盡心於皇上，乃臣職友誼之所當然耳！臣亦何敢將陳潢妄瀆天聽？特是大工之內，如開河築堤、募夫辦料、設法催儧，及釐姦剔弊，鼓舞人才，不避勞怨，不畏强梁，臣力之所能爲，臣心之所能盡者，陳潢不過助臣盡瘁而已，原無足異。若夫發前人心思之所未及，開微臣智慮之所不能者，則有五大功焉：一如下河七州縣從前被渰，人但知高家堰冲決三十四口，因而不能堵塞清水潭之故，而不知前人尚留翟家壩未堵二十餘里，與成河九道之處，以致滔滔下注，不舍晝夜，清水潭遂成澤國，清口內灌無休，而下河遂成巨浸，被災十分矣！潢乃建議盡行築堤塞河，以敵清口之黃；且創設減水壩，逐漸宣洩，以保高堰之堤，始得減下河十分之災爲二三也。二如清水潭旋築旋決，末次勘估，需帑金五十餘萬。潢乃建議棄其舊口，移築堤工於湖內，改爲永安河，節省帑金四十餘萬，乃得永免潰決而保安瀾也。三如前此甘羅城運口逼近黃河，河水內灌淤墊，山、清、高、寶之河道，每年冬底，必大起民夫挑挖，以濟新運，不無勞民傷財。潢乃建議改進太平壩，以避黃水內灌。即或黃强淮弱之年，間有內灌，黃退旋即冲刷，仍舊永不淤墊。迄今十有餘載，免民夫挑挖之勞，歲省民財數萬金也。四如康熙十七年冬，駱馬湖運口已經淤斷，新運無由北達，危急非常。潢乃建議創挑皂河二十餘里，地皆沮洳陷溺，應期而成，且復挑支河三十里，以避黄水，再無淤墊之患，使通漕直達天庾也。五如聖心愛民，一案原題不過欲洩減壩之水，以利民田。潢乃建議創挑中河，以避黄河一百八十里逆流之險，卹軍利漕，自歷代行運以來，所未有之事也。當其興舉以上各工之時，無論寅僚，不分老幼，無不以爲必不能成，且有涕泣以求臣之停止者。惟潢信之確，而臣任之力，得蒙皇上乾斷，允臣興舉，且荷皇上如天之福，百川効靈，俱已成功，爲國家永遠之利，實潢之聰明卓見有以成之者。臣實不敢昧心掠之歸己，以欺皇上，以欺天也。臣知潢之才，感潢之心，念潢之功，情不得已。當聖駕甲子南巡之時，蒙天語問臣以有無得人，臣即以陳潢姓名對。嗣因皇上聖慈，必欲使下河無一夫之不獲，命臣子治豫，問臣以有無别治之法，潢乃籌之晝夜，議添重堤一策，仍輓減壩所洩之水，以出黄河。臣因試驗有素，是以據實具題。以此策出之陳潢，蒙皇上不次之恩，授以僉事道銜，贊理河務。潢深感激，方將益竭其才，以圖報効，不意因此議論紛起，部議革去職銜，而潢亦隨病入膏肓矣！後蒙聖明洞鑒，察潢無他，特恩寛宥，而潢又隨物故矣！今臣復蒙皇上天恩，復任總河，豈不以臣向者曾効犬馬之勞耶？但向者帮臣以効犬馬之勞者，乃陳潢也。是臣與潢乃同事一體之人，臣幸而生，得再受皇恩；潢不幸而死，臣何忍負之？使潢尚在，臣願以百口保題潢於皇上之前，以備驅使，必有可觀。潢誠不幸而死，臣若避嫌隱忍，是臣生爲負友之人。臣念衰病日甚，旦夕難保，若不及早陳情，一時風燭，死爲負友之鬼，逢潢地下，何以相見乎？臣今不揣冒昧，將臣友潢始末與潢竭忠王事各緣由，據實直陳，仰祈皇上察臣情詞，憐潢勞績，特沛天恩，准復陳潢僉事道銜，以光泉壤。不獨潢之幽魂矢報啣環，而微臣仰荷推恩，及潢亦且死得瞑目。將見天下草野未達之士，當必有所觀感興起，而益奮其他日報効之心矣！臣謹具奏，貼黄難盡。伏祈皇上睿鑒，憐憫施行，臣不勝激切悚惶待命之至。伏候勅旨。

卷八

名論

古之言治河者，始於賈讓，詳於賈魯，大備於潘季馴。然或南北異宜，古今異勢，有不當泥者，師其意可也。獨季馴距今不過百餘年，又四任治河，親水土最久，故其事明以達，其思周以密。其所經畫漕運、黄淮方略，大都可見之施行，有非他人所及。其外諸名臣條議，擇其一二最切者，並録存之，以俻酌取焉。

治河三策

賈讓

漢哀帝初，待詔賈讓言治河有上、中、下策。古者立國居民，疆理土地，必遺川澤之分，度水勢所不及。大川無防，小水得入，陂障卑下以爲汙澤，使秋水多得有所休息，左右游波，寬緩而不迫。夫土之有川，猶人之有口也。治土而防其川，猶止兒啼而塞其口，豈不遽止？然其死可立而待也。故曰：『善爲川者，決之使道；善爲民者，宣之使言。』蓋隄防之作，近起戰國，壅防百川，各以自利。齊與趙、魏，以河爲境。趙魏瀕山，齊地卑下。作隄去河二十五里，河水東抵齊隄，則西而泛趙、魏；趙、魏亦爲隄，去河二十五里。雖非其正，水尚有所遊盪。時至而去，則填淤肥美，民耕田之。或久無害，稍築室宅，遂成聚落。大水時至漂没，則更起隄防以自救，稍去其城郭，排水澤而居之，湛溺固其宜也。今隄防陿者去水數百步，遠者數里。近黎陽南故大金堤，從河西西北行，至西山南頭，廼折東，與東山相屬。民居金隄東，爲廬舍，(住)〔往〕十餘歲，更起隄，從東山南頭，直南與故大隄會。又内黄界中有澤，方數十里，環之有隄，(住)〔往〕十餘歲，太守以賦民，民今起廬舍其中，此臣所親見者也。東郡白馬故大隄，亦復數重，民皆居其間。從黎陽北，盡魏界，故大隄去河，遠者數十里，内亦數重，此皆前世所排也。河從内黄北至黎陽，爲石隄，激使東，抵東郡平(岡)〔剛〕；又爲石隄，使西北抵黎陽、觀下；又爲石隄，使東北，抵東郡津北；又爲石隄，使西北抵魏郡昭陽；又爲石隄，激使東北。百餘里間，河再西三東，迫阸如此，不得安息。

今行上策，徙冀州之民當水衝者，決黎陽遮害亭，放河使北入海。河西薄大山，東薄金隄，勢不能遠汜濫，期月自定。難者將曰：『若如此，敗壞城郭田廬冢墓以萬數，百姓怨恨。』昔大禹治水，山陵當路者毁之，故鑿龍門，闢伊闕，(折)〔析〕(石)〔砥〕柱，破碣石，墮斷天地之性。此乃人功所造，何足言也！今瀕河十郡，治隄歲費且萬萬，及其大決，所殘無數。如出數年治河之費，以業所徙之民，遵古聖之法，定山川之位，使神、人各處其所而不相奸。且以大漢方制萬里，豈其與水爭咫尺之地哉？此功一立，河定民安，千載無患，故謂之上策。

若乃多穿漕渠於冀州地，使民得以溉田，分殺水怒，雖非聖人法，然亦救敗術也。難者將曰：『河水高於平地，歲增隄防，猶尚決溢；不可以開渠。』臣竊按視遮害亭西十八里，至淇水口，迺有金隄，高一丈。〔自〕〔一〕是東，地稍下，隄稍高；至遮害亭，高四五丈。往五六歲，河水大盛，增丈七尺；壞黎陽南郭門，入至隄下。水未踰隄二尺所，從隄上北望，河高出民屋，百姓皆走上山。水留十三日，隄潰二所，吏民塞之。臣循隄上，行視水勢，南七十餘里，至淇口，水適至隄半，計出地上五尺所。今可從淇口以東爲石隄，多張水門。初元中，遮害亭下河去隄足數十步，至今四十餘歲，適至隄足。由是言之，其地堅矣！恐議者疑河大川難禁制，滎陽漕渠足以卜之。其水門但用木與土耳，今據堅地作石隄，勢必完安。冀州渠首盡當卬此水門。治渠非穿地也，但爲東方一隄，北行三百餘里，入漳水中，其西因山足高地，諸渠皆往往股引取之；旱則開東方下水門溉冀州，水則開西方高門分河流。通渠有三利，不通有三害。民常罷於救水，半失作業，此一害也；水行地上，湊潤上徹，民則病濕氣，木皆立枯，鹵不生穀，此二害也；決溢有敗，爲魚鼈食，此三害也。若有渠溉，則鹽鹵下濕，填淤加肥，此一利也；故種禾麥，更爲秔稻，高田五倍，下田十倍，此二利也；轉漕舟舡之便，此三利也。今瀕河隄吏卒郡數千人，伐買薪石之費歲數千萬，足以通渠成水門；又民利其灌溉，相率治渠，雖勞不罷。民田適治，河隄亦成，此誠富國安民、興利除害，支數百歲，故謂之中策。

若乃繕完故隄，增卑倍薄，勞費無已，數逢其害，此最下策也。

至正河防記

歐陽元〔二〕

元至正九年冬，脱脱既復爲丞相，慨然有志於事功。論及河決，即言於帝，請躬任其事，帝嘉納之。乃命集群臣議廷中，而言人人殊，唯都漕運使賈魯昌言必當治。先是，魯〔常〕〔嘗〕爲山東道，奉使宣撫首領官，循行被水郡邑，具得修捍成策。後又爲都水使者，奉旨詣河上相視，驗狀爲圖，以二策進獻。一議修築北隄，以制横潰其用功省；一議疏塞並舉，挽河使東行，以復故道，其功費甚大。及是，復以一策對，脱脱韙其發策。於是遣工部尚書成遵，與大司農秃魯約視河，議其疏塞之方以聞。遵等自濟、濮、汴梁、大名行數千里，掘井以量地之高下，測岸以

〔一〕據《漢書·溝洫志》補。
〔二〕原名歐陽玄，避清聖祖玄燁諱改『玄』爲『元』。

究水之淺深，博采輿論。以謂河之故道，斷不可復，且曰：『山東連歉，民不聊生。若聚二十萬衆於此地，恐他日之憂又有重於河患者。』時脱脱先入魯言，及聞遵等議，怒曰：『汝謂民將反邪？』自辰至酉論辯，終莫能入。明日，執政謂遵曰：『修河之役，丞相意已定，且有人任其責，公勿多言，幸爲兩可之議。』遵曰：『腕可斷，議不可易。』遂出遵河間鹽運使。議定，乃薦魯於帝，大稱旨。十一年四月初四日，下詔中外，命魯以工部尚書爲總治河防使，進秩二品，授以銀印。發汴梁、大名十有三路民十有萬人，盧州等戍十有八翼，軍二萬人供役。一切從事大小軍民，咸稟節度，便益興繕。是月二十二日鳩工，七月疏鑿成，八月決水故河，九月舟楫通行，十一月水土工畢，諸埽諸隄成，河乃復故道，南匯於淮，又東入於海。帝遣貴臣報祭河伯，召魯還京師，論功超拜榮禄大夫、集賢大學士。其宣力諸臣，遷賞有差，賜丞相脱脱世襲荅剌罕之號。特命翰林學士承旨歐陽玄製河平碑文，以旌勞績。玄既爲河平之碑，又自以爲司馬遷、班固記《河渠》《溝洫》，僅載治水之道，不言其方，使後世任斯事者無所考則。乃從魯訪問方略，及詢過客，質吏牘，作《至正河防記》，欲使來世罷河患者按而求之。其言曰：

治河一也，有疏、有濬、有塞，三者異焉。釃河之流，因而導之，謂之疏；去河之淤，因而深之，謂之濬；抑河之暴，因而扼之，謂之塞。疏、濬之別有四：曰生地、曰故道、曰河身、曰減水河。生地有直有紆，因直而鑿之，可就故道；故道有高有卑，高者平之以趨卑，高卑相就，則高不壅，卑不瀦，慮夫壅生潰，瀦生湮也。河身者，水雖通行，身有廣狹，狹難受水，水益悍。故狹者以計闢之；廣難爲岸，岸善崩，故廣者以計禦之。減水河者，水放曠則以制其狂，水隳突則以殺其怒。治隄一也，有刱築、修築之名，有刺水隄、有截河隄、有護岸隄、有縷水隄、有石舡隄。治埽一也，有岸埽、水埽，有龍尾、攔頭、馬頭等埽。其爲埽臺及推捲牽制薶掛之法，有用土、用石、用鐵、用草、用木、用杙、用絙之方。塞河一也，有缺口，有豁口，有龍口。缺口者已成川；豁口者舊常爲水所豁，水退則口下於隄，水漲則溢出於口；龍口者，水之所會，自新河入故道之潨也。此外不能悉書，因其用功之次第，而就述於其下焉。其濬故道，深廣不等，通長二百八十里百五十四步。而强功始自白茅，長百八十二里，繼自黄陵岡至南白茅，闢生地十里。口初受廣百八十步，深二丈有二尺，以下停廣百步，高下不等，相折深二丈及泉。曰停、曰折者，用古筭法。因此推彼，知其勢之低昂，相準折而取匀停也。南白茅至劉莊村，接入故道十里，通折墾廣八十步，深九尺；劉莊至專固百有二里二百八十步，通折停廣六十步，深五尺；專固至黄堌墾生地八里，面廣百步，底廣九十步，高下相折，深丈有五尺；黄堌至哈只口長五十一里八十步，相折停廣墾十步，深五尺；乃濬凹里減水河通長九十八里百五十四步，凹里村缺河口生地長三里四十步，面廣六十步，底廣四十步，深一丈四尺。自凹里生地以下舊河身至張贇店，長八十二里五十四步，上三十六里墾廣二十步，深五尺；　中三十五里墾廣二十八步，深五尺；　下十里二百四十步，墾廣二十六步，深五尺。張贇店至楊青村接入故道，墾生地十有三里六十步，面廣六十步，底廣四十步，深一丈四尺。其塞專固缺口修堤三重，并補築凹里減水河南岸豁口，通長二十里三百十有七步。其剏築河口前第一重西堤，南北長三百三十步，面廣二十五步，底廣三十三步，樹置樁橛，實以土牛，草葦襍稍相兼，高丈有三尺，隄前置龍尾大埽。言龍尾者，伐大樹連稍繫之隄旁，隨水上下，以破囓岸浪者也。築第二重正隄，并補兩端舊堤，通長十有一里三百步。缺口正隄長四里。二堤相接舊堤，置樁，堵閉河身長百四十五步，用土牛葦草，稍土相兼，修築底廣三十步，修高二丈。其岸上土工修築者，長三里二百十有五步有奇，廣不等，通高一丈五尺。補築舊堤者，長七里三百步，表裏倍薄七步，增卑六尺，計高一丈。築第三重東後隄，并接修舊堤，高廣不等，通長八里。補築凹里減水河南岸豁口四處，置樁木草土相兼，長四十七步。於是堤塞黄陵全河水中及岸上修堤長三十六里百三十八步，其修大隄剌水者二，長十有四里七十步；　其西復作大堤，剌水者一，長十有二里百三十步。內剏築岸上土堤，西北起李八宅西堤，東南至舊河岸，長十里百五十步，顛廣四步，趾廣三之，高丈有五尺，仍築舊河岸至入水堤，長四百三十步，趾廣三十步，顛殺其六之一，接修入水兩岸埽堤，並行作西埽者，夏人水工徵自靈武；　作東埽者，漢人水工徵自近畿。其法以竹絡實以小石，每埽不等，以蒲葦綿腰索徑寸許者，從鋪廣可一二十步，長可二三十步，又以拽埽索綯徑三寸或四寸，長二百餘尺者；　衡鋪之相間，復以竹葦、麻檾，大繂長三百尺者爲管心索，就繫綿腰索之端於其上，以草數千束多至萬餘，勻布厚鋪於綿腰索之上，橐而納之。丁夫數千，以足踏實，推轉稍高，即以水工二人立其上，而號於衆，衆聲力舉，用小大推梯，推卷成埽，高下長短不等。大者高二丈，小者不下丈餘。又用大索，或五爲腰索，轉致操管心索，順埽臺立踏，或掛之臺中鐵（描）〔猫〕大橛之上，以漸縋之下水。埽後掘地爲渠，陷管心索渠中，以散草厚覆，築之以土；　其上復以土牛、襍草小埽稍土多寡厚薄先後隨宜修疊爲埽臺，務使牽制上下，縝密堅壯，互爲犄角。埽不動摇，日力不足，夜以繼之。積累既畢，復施前法。卷埽以壓先下之埽，量水淺深，制埽厚薄，疊之多至四埽而止。兩埽之間，置竹絡高二丈或三丈圍四丈五尺，實以小石土牛。既滿，繫之竹纜。其兩旁並埽，密下大樁，就以竹絡上大竹腰索繫於樁上。東西兩埽及其中竹絡之上，以草土等物築爲埽臺，約長五十步或百步，再下埽，即以竹索或麻索長八百尺或五百尺者一二，雜厠其餘管心索之間，候埽入水之後，其餘管心索如前䕸掛，隨以管心長索遠置五七十步之外，或鐵猫，或大樁，曳而繫之。通管束累日所下之埽，再以草土等物通修成堤，又以龍尾大埽密掛於護堤大樁，分(折)〔析〕水勢。其隄長二百七十步，北廣四十二步，中廣五十五步，南廣四十二步。自顛至趾，通高三丈八尺。其截河大隄，高廣不等，長十有九里百七十七步。其在黃陵北岸者，長十里四十一步，築岸上土隄，西北起東西故隄，東南至河口，長七里九十七步，顛廣六步，趾倍之而強二步，高丈有五尺，接修入水，施土牛，小埽稍雜草土，多寡厚薄，隨宜修疊。及下竹絡，安大樁，繫龍尾埽，如前兩堤法。唯修疊埽臺，增用白闌、小石并埽上及前洊修埽堤一長百餘步，直抵龍口稍北。(欄)〔攔〕頭三埽，並竹埽、大堤廣與剌水二堤不同。通前列四埽，間以竹絡，成一大隄，長二百八十步，北廣百一十步。其顛至水面，高丈有五尺，水面至澤腹，高二丈五尺，通高三丈五尺；中流廣八十步，其顛至水面高丈有五尺，水面至澤腹高五丈五尺，通高七丈。刱築縷水橫堤一，東起北截河大堤，西抵西剌水大隄；又一隄，東起中剌水大隄，西抵西剌水大隄，通長二里四十二步，亦顛廣四步，趾三之，高丈有二尺。修黃陵南岸長九里百六十步，內刱岸土隄，東北起新補白茅故隄，西南至舊河口，高廣不等，長八里二百五十步，乃入水作石舡大隄。蓋由是秋八月二十九日乙巳，道故河流先所修北岸西、中剌水及截河三隄猶短，約水尚少，力未足恃。決河勢大，南北廣四百餘步，中流深三丈餘，益以秋漲，水多故河十之八。兩河争流，近故河口，水刷岸北行，洄漩湍激，難以下埽。且埽行或遲，恐水盡湧入決河，因淤故河，前功遂墮。魯乃精思障水入故河之方，以九月七日癸丑，逆流排大舡二十七艘，前後連以大桅或長樁，用大麻索竹絙絞縛，綴爲方舟；又用大麻索竹絙用舡身繳繞上下，令牢不可破。乃以鐵猫於上流硾之水中，又以竹絙絶長七八百尺者，繫兩岸大橛上。每絙或硾二舟或三舟，使不得下舡腹，略鋪散草，滿貯小石，以合子板釘合之；復以埽密布合子板上，或二重，或三重，以大麻索縛之急；復縛橫木三道於頭桅，皆以索維之，用竹編笆，夾以草石，立之桅前，約長丈餘，名曰水簾桅；復以木楮柱使簾不偃仆。然後選水工便捷者，每舡各二人，執斧鑿，立船首尾，岸上搥鼓爲號。鼓鳴，一時齊鑿。須臾，舟穴水入，舟沉，遏決河水怒溢。故河水暴增，即重樹水簾，令後復布小埽、土牛、白闌、長稍，雜以草土等物，隨宜填垛，以繼之石舡，下詣實地，出水基趾漸高，復卷大埽以壓之。前船勢略定，尋用前法沉餘船，以竟後功。昏曉百刻，役大分番甚勞，無少間斷。船堤之後，草堤三道並舉，中置竹絡盛石，並埽置樁，繫纜四埽及絡一。如修北截水堤之法，第以中流水深數丈，用物之多，施功之大，數倍他堤。船堤距北岸纔四五十步，勢迫。東河流峻，若自天降，深淺叵測。於是先捲下大埽約高二丈者，或四或五，始出水面，修至河口一二十步，用工尤艱。薄龍口，喧豗猛疾，勢撼埽基陷裂欹傾，俄遠故所，觀者股慄，衆議騰沸，以爲難合，然勢不容已。魯神色不動，機觧捷出，進官吏工徒十餘萬人，日加獎諭，辭旨懇至，衆皆感激赴工。十一月十一日丁巳，龍口遂合，決河絶流，故道復通。又於堤前通卷（欄）〔攔〕頭埽各一道，多者或三或四，前埽出水，管心大索繫前埽硾後攔頭埽之後，後埽管心大索，亦繫小埽硾前攔頭之前，後先羈縻，以固其勢。又於所交索上及兩埽之間，壓以小石、白闌，土牛、草土相半，厚薄多寡，相勢措置。埽堤之後，自南岸復修一堤，抵已閉之龍口，長二百七十步，船堤四道，成堤用農家場圃之具曰轆軸者，穴石立木，如比櫛，薶前埽之旁。每步置一轆軸，以横木貫其後。又穴石以徑二寸餘麻索貫之，繫横木上，密掛龍尾大埽，使夏秋水潦，冬春凌薄，不得肆力於岸。此隄接北岸截河大隄，長二百七十步，南廣百二十步，顛至水面，高丈有七尺；水面至澤腹，高四丈二尺。中流廣八十步，顛至水面，高丈有五尺；水面至澤腹，高五丈五尺。通高七丈。仍治南岸護隄埽一道，通長百三十步；南岸護岸馬頭埽三道，通長九十五步。修築北岸隄防，高廣不等，通長二百五十四里七十一步。白茅河口至板城，補築舊隄，長二十五里二百八十五步；曹州板城至英賢村等處，高廣不等，長一百三十三里二百步；稍岡至碭山縣，增倍舊隄，長八十五里二十步。歸德府哈只口至徐州路三百餘里修完缺口一百七處，高廣不等，積修計三里二百五十六步。亦思剌店縷水月隄，高廣不等，長六里三十步。其用物之數，凡樁木大者二萬七千，榆柳襍稍六十六萬六千帶；稍連根株者三千六百；藁秸蒲葦襍草以束計者，七百三十三萬五千有奇。竹竿六十二萬五千，葦席十有七萬二千，小石二千艘，繩索大小不等，五萬七千所。沉大船百有二十，鐵纜三十有二，鐵猫三百三十有四，竹（蔑）〔篾〕以斤計者，十有五萬，硾石三千塊，鐵鑽萬四千二百有奇，大釘三萬三千二百三十有二。其餘若木龍蠶、椽木、麥稭、扶樁、鐵叉、鐵弔、枝麻、搭火鉤、汲水、貯水等具，皆有成數。官吏俸給、軍民衣糧工錢，醫藥、祭祀、賑卹、驛置馬乘及運竹木、沉船、渡船、下樁等工，鐵石、竹木、繩索等匠傭貲，兼以和買民地爲河，併應用襍物等價，通計中統鈔百八十四萬五千六百三十六錠有奇。魯（常）〔嘗〕有言：水工之功視土工之功爲難；中流之功，視河濱之功爲難；決河口視中流又難。北岸之功，視南岸爲難；用物之效，草雖至柔，柔能（押）〔狎〕水；水積之生泥，泥與草并，力重如碇。然維持夾輔纜索之功實多，蓋由魯習知河事，故其功之所就如此。玄之言曰：是役也，亦惟是賴朝廷不惜重費，不吝高爵，爲民辟害。脱脱能體上意，不憚焦勞，不惜浮議，爲國拯民。魯能竭其心思智計之巧，乘其精神膽氣之壯，不惜劬瘁，不畏譏評，以報君相知人之明。宜悉書之，使職史氏者有所考證也。先是，歲庚寅，河南、北童謡云：『石人一隻眼，挑動黄河天下反。』及魯治河，果於黄陵岡得石人一眼，而汝、潁之妖寇，乘時而起。議者往往以謂天下之亂，皆由賈魯治河之役，勞民動衆之所致。殊不知元之所以亡者，實基於上下因循，狃於宴安之習，紀綱廢弛，風俗偷薄，其致亂之階，非一朝一夕之故，所由來久矣！不此之察，乃獨歸咎於是役，是徒以成敗論事，非通論也。設使賈魯不興是役，天下之亂，詎無從而起乎？故今具録玄所記，庶來者得以詳焉。

沙灣治河三策

徐有貞

一、置造水門。臣聞水之性可使之通流，不可使之堙塞。昔禹鑿龍門，闢伊闕，無非爲疏導計。故漢武之堙瓠子，終弗成功。漢明之疏汴，踰年著績，此其明驗也。世之言治水者雖多，然於沙灣，獨樂浪王景所述制水門之法可取。蓋沙灣地土皆沙，易致坍決，故作壩作閘，皆非善計。臣請以景法爲之，而加損益於其間，置門於水，而實其底，令高常水五尺。水小則可拘之以濟運河，水大則疏之使趨於海。如是，則有通流之利，無堙塞之患矣！

一、開分水河。凡水勢大者宜分，小者宜合。分以去其害，合以取其利。今黄河之勢大，故恒冲決；運河之勢小，故恒乾淺。必分黄河水合運河，則可去其害而取其利。請相黄河地形水勢於可分之處，開成廣濟河一道，下穿濮陽、博陵二泊。及舊沙河二十餘里，上連東、西影塘及小嶺等地。又數十里餘，其内則有古大金隄，可倚以爲固；其外則有八百里梁山泊，可恃以爲泄。至於新置二閘，亦堅牢可以宣節之，使黄河水大不至泛濫爲害，小不至乾淺，以阻漕運。

一、挑深運河。臣惟水行地中，避高趨卑，勢莫能遏。故河道深則能蓄水，淺則弗能。今運河自永樂間尚書宋禮即會通河浚之，其深三丈，其水丈餘，但以流沙恒多淤塞。後平江伯陳瑄爲設淺舖，又督軍丁兼挑，故常疏通，久乃廢弛。而河沙益淤不已，漸至淺狹。今之河底，乃與昔之岸平。其視鹽河，上下固懸絶。上比黄河來處，亦差丈餘；下比衛河接處，亦差數尺。所以取水則難，走水則易，誠宜浚之如舊。

議疏黄河築決口狀

劉大夏

議得河南山東兩直隸地方，西南高阜，東北低下。黄河大勢，日漸東注。究其下流，俱妨運道。雖該上源分殺，終是勢力浩大，較之漕渠數十餘倍。縱有隄防，豈能容受？若不早圖，恐難善後。其河南所決孫家口、楊家口等處，勢若建瓴，皆無築塞之理。欲於下流修治，緣水勢已逼，尤難爲力。惟看得山東、河南與直隸大名府交界，地方黄陵岡南北古隄，十存七八。賈魯舊河，尚可泄水，必須修整前項隄防，築塞東注河口，盡將河流疏導南去，使下徐、沛，由淮入海。所經州縣禦患隄防，俱令隨處整理，庶幾漕河可保無虞，民患足爲有備。仍於張秋鎮南、北，各造滚水石壩一條，俱長三四十丈，中砌石塊一條，擬長十四五里。雖有小費，可圖經久。若黃陵岡等處隄防，委任得人，可以長遠。仍照舊疏導。汶水接濟運河，萬一河流東決，壩可以泄河流之漲，隄可以禦河流之衝。或夏秋水漲之時，南邊石壩逼近上流河口，船隻不便往來，則於賈魯河或雙河口，徑達張秋北上，以免濟寧一帶閘河，尤爲利便。臣等仰知皇上洞見黃河遷徙之害，深爲國計民生之憂，凡智力所及，不敢不盡。但欲興舉此等工役，未免勞民傷財。今山東等處荒歉之餘，公私匱乏，人夫尚可起倩，財用無從取辦。况好逸惡勞者，怨謗易興；聽聲躡影者，議論難據。乞敕户、兵二部，會同在廷群臣，從長議處，斟酌前項工程，於理應否興止。倘以臣言可採，則其事宜速舉。其買辦木石等項銀兩，應於何處取用；匠作等項口糧，該於何處支給。或此外别有治河長策，可以不費財力，逐一處分，明白定奪，行令臣等遵守施行。

兩河經略疏

潘季馴

題爲遵奉明旨陳愚見議治兩河經略以圖永利事。據司屬蒙臣牌行看得水性就下，以海爲壑。向因海壅河高，以致決隄四溢，運道民生胥受其病。故今談河患者，皆咎海口，而以濬海爲上策，則誠然矣！第海有潮汐，茫無着足，不得已而議他闢。豈知海口視昔雖壅，然自雲梯關、四套以下，闊七八里至十餘里，深皆三四丈不等。縱使欲令開鑿，必須深闊相類，方便注放，則工力艱鉅，必不能成，矧未至海口。乾地猶可施工。及將入海之處，則潮汐往來，亦與舊口等耳！且海之舊口，皆係積沙，人力雖不可濬，水力自能衝刷。乃若新闢之地，則土壤堅實，不特人力難措，而水力亦不能衝。故職等竊謂海無可濬之理，惟當導河以歸之海，則以水治水，即濬海之策也。然河又非可以人力導也，欲順其性，先懼其溢。惟當繕治隄防，俾無旁決，則水由地中，沙隨水去，即導河之策也。顧頻年以來，無日不以繕隄爲事，亦無日不以決隄爲患，何哉？卑薄而不能支，迫近而不能容，襍以浮沙而不能久，隄之制未備耳！是以黃決崔鎮等口，而水多北潰，爲無隄也。淮決高家堰、黃浦等口，而水多東潰，隄弗固也。乃議者不究制之未備，而咎築隄爲下策，豈得爲通論哉？又有所未盡者。上流既潰隄以旁決矣，至於下流，復或歧而分之，其趨於雲梯關正海口者，譬猶强弩之末耳！蓋徒知分流以殺其怒，而不知水勢益分，則其力益弱。水力既弱，又安望其能導積沙以注於海乎？職等故謂今日濬海之急務，必先塞決以導河，尤當固隄以杜決。而欲隄之不決者，必真土而勿雜浮沙，高厚而勿惜鉅費，讓遠而勿與爭地，斯隄於是乎可固也。如徐、邳、桃、清沿河各隄固矣，崔鎮等口塞矣，則黃不旁決，而衝（漕）〔槽〕力專；高家堰築矣，朱家口塞矣，則淮不旁決，而會黃力專。淮、黃既合，自有控海之勢。又懼其分之則力弱也，則必暫塞清江浦河而嚴司啟閉，以防其內奔。姑置草灣河，而專復雲梯，以還其故道。仍接築淮安、新城長隄，以防其末流。盡令淮黃全河之力，涓滴悉趨於海，則力强且專，下流之積沙自去。下流既順上流之淤墊自通，海不濬而闢，河不挑而深矣！此職等所謂固隄即所以導河，導河即所以濬海也。猶慮伏秋水發，暴漲傷隄，職等查得吕梁上洪之磨臍溝，桃源之陵城，清河之安娘城等處，土性堅實，可築滚水石壩三座。若水高於壩，任其走洩，則水勢可殺，而兩隄無虞矣！至若寶應石隄之當復，與夫下流支河之當疏，揚州運河之當濬，皆今時之切務，所宜次第併舉，而不可緩者也。但前項工程，自豐、沛、徐、淮以至水口，共長千有餘里；自清江浦以至儀真，共長三百餘里。地勢遥遠，工程浩大，一時錢糧未措，人夫難集。除前請發銀二十萬兩，併截留漕糧八萬石，一面先將豐、沛縷隄，太行遥隄，及徐邳一帶縷隄，酌量帮築；桃、清南隄，併接淮安、新城長隄，乘時創築；高家堰兩頭水勢稍緩，先行築塞；寶應湖先用椿笆修築土堤外，其餘各項工程，相應大加修舉者。一面請發錢糧，調集官夫，買辦物料，次第興舉，務保無虞等因到臣，臣即會同江一麟躬親督率，沿河荒度。南溯維揚，看得儀真東關歷、石人頭、楊子橋三汊河，直抵高廟止，一帶運河淤淺，寶應一帶湖堤圮壞，黃浦決口淹及數邑，高家堰水射淮揚，清江浦長堤卑薄，柳浦灣至高嶺無隄障禦。西窮鳳、泗，看得全淮不下清口，日益南徙；北抵清、桃，看得崔鎮諸決水從旁洩，一望瀰漫，正河淤淺；徐、沛以上，崔家口新河淺阻，北東一帶水行陸地，僅盈尺餘。東抵海口，看得新挑草灣，尋復淤塞。今自清口至西橋一帶，河流復通，但不及故河十分之一。自安東以下，河身漸廣，雖有淤淺，未復全河，然河水東下，亦無阻礙。隨處患害，一一查閱明白。去後今據前因，該臣會同右侍郎江一麟議。照事師古者罔愆，智不鑿者乃大。孟子論智一章，首以禹之治水爲喻，而論爲政，則曰：『爲政不因先王之道，可謂智乎？』是大智者事必師古，而不師古則鑿矣。故治河者必先求河水自然之性，而後可施其疏築之功；必先求古人已試之效，而後可倣；其平成之業。黃水來自崑崙，入徐濟運，歷邳、宿、桃、清至清口，會淮而東入於海。淮水自洛及鳳，歷盱、泗至清口，會河而東入於海。此兩河之故道，即河水自然之性也。昔元歲漕江南之粟，由揚州直北出廟灣入海。至永樂年間，平江伯陳瑄始堤管家諸湖，通淮河爲運道。然慮淮水漲溢，東侵淮郡也，故築高家堰隄以捍之。起武家墩，經小、大澗，至阜寧湖，而淮水無東侵之患矣！又慮黃河漲溢，南侵淮郡也，故隄新城之北以捍之。起清江浦，沿鉢池山、柳浦灣迤東，而黃水無南侵之患矣！尤慮河水自閘衝入，不免泥淤，故嚴啟閉之禁，止許漕艘鮮舡由閘出入。匙鑰掌之，都漕五日發籌一放，而官民舡隻悉由五壩車盤。是以淮郡晏然，漕渠永賴，而陳平江之功，至今未斬也。後因剥蝕既久，隄岸漸傾，水從高家堰決入，一郡遂爲魚鼈。而當事者未考其故，乃謂海口壅塞，遂穿支渠以洩之。蓋欲亟拯淮民之溺，多方規畫，以爲疏導之計。其意甚善，而其心亦良苦矣！詎知旁支暫開，水勢陡趨西橋以上，正河遂至淤阻，而新開支河闊僅二十餘丈，深僅丈許。較之故道，不及三十分之一耳，豈能容受全河之水？下流既壅，上流自潰，此崔鎮諸口所由決也。今新開尋復淤塞，故河漸已通流，雖深闊未及原河十分之一，而兩河全下，沙隨水刷，欲其全復河身不難也。河身既復，面闊者七八里，狹者亦不下三四百丈，滔滔東下，何水不容？若猶以爲不足，而欲另尋他所，别開一渠，恐人力不至於此也。以臣等度之，非惟不必另鑿一口，即草灣亦可置之勿濬矣！故爲今之計，惟有修復平江伯之故業，高築南北兩隄，以斷兩河之內灌，而淮揚昏墊之苦可免。至於塞黃浦口，築寶應隄，濬東關等淺，修五閘，復五壩之工，次第舉之，則淮以南之運道無虞矣！堅塞桃源以下崔鎮口諸決，而全河之水可歸故道。至於兩岸遥隄，或葺舊工，或剏新址；或因高岡，或填窪下，次第舉之，則淮以北之運道無虞矣！淮、黃二河既無旁決，並驅入海，則沙隨水刷，海口自復，而桃清淺阻，又不足言矣！此以水治水之法也。若夫扒撈挑濬之説，僅可施之於閘河耳！黃河河身廣闊，撈濬何期？悍激湍流，器具難下，前人屢試無功，徒費工料。但恐伏秋水發，淫潦相仍，不免暴漲致傷兩隄。故欲於崔鎮口、陵城、安娘城等處，再築滚水壩三道。萬一水高於壩，任其宣洩，則兩堤可保，而正河亦無淤塞之患矣！徐州以南之工，如此而已。或有難臣者曰：『臣等欲順水性。今淮水欲東，而乃挽之使北；黃水欲北，而乃挽之使東，無柰水性之未適乎？』臣曰：『水以海爲性也。決水乃過顙，在山之水也，非其性也。』或者又曰：『昔禹治河，播九河，同爲逆河入於海。今臣等乃欲塞諸決并二瀆，而不使之少殺耶？縱有滚水壩，僅去浮面之水百一耳，亦烏能殺其勢也？』臣應之曰：『九河非禹所鑿，特疏之耳！蓋九河乃黃河必經之地，勢不能避，而禹仍合之同入於海，其意蓋可想也。況黃河經行之地，惟河南之土最鬆。禹導河入海，止經郟縣、孟津、鞏縣三處，皆隸今之河南一府，其水未必如今之濁。今自河南府之閿鄉縣起，至歸德之虞城縣止，凡五府，河已全經其地而去。禹導河之時，復三千餘年，流日久，土日鬆。土愈鬆，水愈濁，故平時之水以斗計之，沙居其六；一入伏秋，則居其八矣！以二升之水載八升之沙，非極湍急，即至停滯。故水分則流緩，流緩則沙停，勢所必至者。臣等不暇遠引他証，即以近事觀之，草灣一開，而西橋故道遂淤；崔鎮一決，而桃、清以下遂澁。去歲水從崔家口出，則秦溝遂爲平陸，此眼前事也。又何疑哉？』

計開：

一、議塞決以挽正河之水。竊惟河水旁決，則正流自微。水勢既微，則沙淤自積，民生昏墊，運道梗阻，皆由此也。臣等查得淮以東，則有高家堰、朱家口、黄浦口三決，此淮水旁決處也。桃源上下，則有崔鎮口等大小二十九決，此黄水旁決處也。俱當築塞。但伏秋之水，相繼而至，非惟地爲水占，無處取土，抑且波濤洶湧，爲工不堅。除將決口稍窄者見在分役興築外，其決至數十丈以上者，一面鳩集工料，相時興舉。

一、議築隄防以杜潰決之虞。照得隄以防決。隄弗築，則決不已。故隄欲堅，堅則可守，而水不能攻；隄欲遠，遠則有容，而水不能溢。累年事隄防者，既無真土，類多卑薄，已非制矣！且夾河束水，窄狹猶甚，是速之使決耳！合無力鑒前弊。凡堤必尋老土，凡基必從高厚。又必繹賈讓不與争地之旨，倣河南遠隄之制，除豐沛太行堤原址遥遠，仍舊加幫外，徐邳一帶舊堤，查有迫近去處，量行展築月堤，仍於兩岸相度地形最窪易以奪河者，另築遥堤。桃清一帶南岸，多附高岡，但上自歸仁集以至朱連家墩古堤已壞，相應修復，下抵馬厰坡地形頗窪，相應接築，以成其勢。北岸自古城至清河，亦應創築遥堤一道，不必再議縷堤徒縻財力。又查清江浦外河一帶，至柳浦灣止，爲淮城北堤。除（掃）〔埽〕灣單薄量行加幫外，但原基短促，防護未周，仍自柳浦灣至高嶺，創行接築四十餘里，以遏兩河之水，盡趨於海。自清江浦運河至淮安西門一帶舊堤，相應再行帮厚，勿致裏河之水走洩妨運。如此，則諸堤悉固，全河可恃矣！

一、議復閘壩以防外河之衝。查得先該平江伯陳瑄創開裏河仍恐外水内侵，特建五閘，設法甚嚴，鎖鑰掌於漕撫，啟閉屬之分司，運畢即行封塞。一應官民，并回空船隻，悉令車壩，此在嘉靖初年尚爾循行故事，制非弗善也，柰何法久漸弛，五閘已廢。其一僅存，四閘亦且坍塌殆盡，漫無啟閉。是以黄、淮二水，悉由此倒灌，致傷運道，合無議復舊制。將見存四閘俱加修理，嚴司啟閉，俟二月前後糧運過完，即行封閉。惟遇鮮貢船隻，方許啟放，仍行查復五壩，以便官民船隻照舊車盤，毋致曲狥使客，致壞良規。

一、議剏建滚水壩以固隄岸。照得黄河水濁固不可分，然伏秋之間，淫潦相仍，勢必暴漲，兩岸爲隄所固，水不能洩，則奔潰之患，有所不免。今查得古城鎮下之崔鎮口，桃源之陵城，清河之安娘城，土性堅實，合無各建滚水石壩一座。比隄稍卑二三尺，闊三十餘丈。萬一水與堤平，任其從壩滚出，則歸（漕）〔槽〕者常盈，而無淤塞之患；出（漕）〔槽〕者得洩，而無他潰之虞。全河不分，而隄自固矣！

一、議止濬海工程以免縻費。照得海口爲兩河歸宿之地，委應深闊。但查海口原身自清口至安東縣，面闊二三里； 自安東歷雲梯關至海口，面闊七八里至十餘里，深各三四丈不等。止因去年旁決之後，自桃、清至西橋一帶淤塞，尋復通流。今雖未及原身十分之一，而兩河之水全歸故道，並流洗刷深，廣必可復舊。至云相傳海口橫沙，并東西二尖。據土民季真等吐稱，并未望見。潮上之時，海舟通行無滯； 潮退，沙面之水尚深二尺。況橫沙并東西二尖，各去海口三十餘里，豈能阻礙河流？故臣等以爲不必治，亦不能治。惟有塞決挽河，沙隨水去，治河即所以治海也。別鑿一渠，與復濬草灣，徒費錢糧，無濟於事。

一、暫寢老黃河之議以仍利涉。照得黃强淮弱，每每逼淮東注，故議者欲復老黃河故道，冀使黃水稍避高堰，民墊可瘳，斯亦得策。但勘得原河七十餘里中間，故道久棄。無論有水無水之地，詢之居民，俱失其真，無從下手，一不便也。且已棄故道，欲行開復，必須深廣與正河等，乃可奪流。今見存大河口窄狹不及桃清三分之一，而三義鎮入口之處，背灣徑直，猶恐水未必趨，二不便也。又其中流如魚溝、鐵線溝、葉家口、陰陽口等處，地勢卑窪，諸決之水漫流至此，一望瀰茫。築隄費鉅，且恐難保，三不便也。況今桃清遥隄議築，則黃水自有容受； 崔鎮等決議塞，則正河自日深廣； 高家堰議築，則淮水自能會黃； 清江浦等閘議嚴啟閉，新城北隄議行接築，則淮安高寶興鹽等處，自無水患。此河雖不復可也。

河議辨惑

潘季馴

或有問於馴曰：『河有神乎？』曰：『有』。曰：『神之所舍，孰能治之？』曰：『神非他，即水之性也。水性無分於東西，而有分於上下。西上而東下，則神不欲決而西； 北上而南下，則神不欲決而北。間有決者，必流緩而沙墊，是過顙在山之類也。孟子曰：「禹之治水，水之道也。」道即神也。歸天、歸神，悮事最大。故馴不敢不白之首也。』或曰：『宋歐陽修有云：「黃河已棄之故道，自古難復。」而公舍復故道之外無有也，無乃不可乎？』曰：『修之言，未試之言也。嘗考之史，自漢武瓠子之塞，復禹舊跡，而梁楚之地，無水灾。夫禹舊跡，非故道乎？禹掘地而注之海。朱子釋曰：「掘地，掘去壅塞也。」蓋天地開闢之初，百川四瀆，朝宗於海。高卑上下，脉絡貫通，原不假於人力，歲久湮淤。禹惟去其淤壅，以復天地之故道耳！即如賈魯治河，亦以復故爲主。藉令欲棄故道，而鑿新河。無論其無所也，即鑿之能使深闊如故河乎？且故而能淤，新獨不能淤乎？盡信書則不如無書。修言不足信也。』或曰：『沙墊底高之說，何如？』曰：『河底甚深，沙墊則高，理所有也。然以之論於旁決之時則可，非所論於河水歸（漕）〔槽〕之後也。蓋旁決，則水去沙停，其底自高； 歸（漕）〔槽〕，則沙隨水刷，自難墊底。但沙最易停，亦易刷。即一河之中，溜頭趨處則深，平緩處則淺。此淺彼深，總不出我範圍。此挽水歸（漕）〔槽〕之策，必不可緩。而欲挽水者，非塞決築隄不可也。宋蘓軾《吕梁》詩云：「坐觀入市卷閭井，吏民走盡餘王尊。歲寒霜重水歸壑，但見屋瓦留沙痕。」則比時黄河之水，固嘗入市，而河流之沙，高於屋矣！自宋迄今，墊而疏，疏而墊者，不知其幾，豈可以此而遂欲棄故河哉？』或曰：『河以海爲壑。自海嘯之後，沙塞其口，以致上流遲滯。必須疏濬，或别尋一路，另造海口之爲得也。』曰：『海嘯之説，未之前聞。蓋上決而後下壅，非下壅而後上決也。馴嘗親往海口，茫茫萬頃，此身若浮。早暮兩潮，疏濬者何處駐足？若欲另鑿一口，不知何等人力，遂能使之深廣如舊？假令鑿之易矣，又安保其海之不復嘯，嘯之不復塞乎？舊則塞，新鑿者則不塞，非馴之所解也。』或曰：『河由草灣入海何如？』曰：『河由淮城北西橋地方入海，此故道也。嘉靖三十年間，河忽衝開草灣，而西橋正河遂淤。未幾，草灣自塞，河復故道。萬曆十六年，河水仍歸草灣，而故河復淤。淮城之民，恃以安枕矣！查得正河之面三百餘丈，草灣闊僅三分之一。譬之咽喉狹小，吞嚥不及，則徐、邳之水消洩未免遲滯，此則可慮耳！二三年間，恐當復歸正河，姑俟之可也。』或曰：『賈讓有云：「土之有川，猶人之有口也。治土而防其川，猶止兒啼而塞其口。」故禹之治水以導，而今治水以障，何也？無乃止兒啼而塞其口乎？』曰：『昔白圭逆水之性，以隣爲壑，是謂之障。若順水之性，隄以防溢，則謂之防。防之者，乃所以導之也。河水盛漲之時，無隄則必旁溢。旁溢，則必泛濫而不從軌，豈能以海爲壑耶？故隄之者，欲其不溢而循軌，以入於海也。故河以海爲口，障旁決而使之歸於海者，正所以宣其口也。再考之《禹貢》云：「九澤既陂，四海會同。」傳曰：「九州之澤已有陂障，而無決潰；四海之水無不會同而各有所歸。」則禹之導水，何嘗不以隄哉？』曰：『隄以防水，似矣！水高隄高，不將隆隄於天乎？』曰：『若謂隄之外即水耶？隄外爲岸，岸下爲河。平時水不及岸，隄若贅疣。伏秋異常之水，始出岸而及隄，不久復歸於（漕）〔槽〕。馴隄成之後，逾十年矣，未嘗有分寸之加，何須隆之於天也？』或曰：『賈讓有云：「今行上策，徙冀州之民當水衝者，治隄歲費且萬萬。出數年治水之費，以業所徙之民，且以大漢方制萬里，豈其與水争尺寸之地哉？」此策可施於今否？』曰：『民可徙也，歲運之國儲四百萬石，將安適乎？』問者曰：『決可行也。』曰：『崔鎮之決最大，越三四年，而深丈餘者，僅去口一二十丈間。稍入坡内，止深一二尺矣！蓋住址陸地，非若沙淤可刷。散漫無歸之水，原無漕渠可容。且樹椿基磉，在在有之。運艘僥倖由此者，往往觸敗，豈可恃爲運道？且運艘經行之處，雖裏河亦欲築隄，以便牽挽，乃可令之由決乎？』『然則賈讓中策，所謂據堅地作石隄，開水門。旱則開東方下門，溉冀州；水則開西方高門，分河流何如？』曰：『河流不常，與水門每不相值。或并水門而淤漫之，且所溉之地，亦一再歲而高矣！後將何如哉？矧旱，則河水已淺，難於分溉；潦固可洩。而西方地高，水安可往？邱文莊謂古今無出此策，夫乃身未經歷耶？劉中丞《問水集》中，言之甚詳，蓋名言也。惟宋任伯雨曰：「河流混濁，淤沙相半。流行既久，迤邐淤澱，久而決者，勢也。」爲今之策，止宜寬立隄防，約攔水勢，使不大段湧流耳！此即馴近策遥隄之意也。』或曰：『黃、淮原爲二瀆，今合而爲一矣！而自崑崙千溪萬派如涇渭沁汴諸河，與山東諸泉復合之，又何怪其溢也！爲今之計，莫若多穿支河，以殺其勢，何如？』馴曰：『黃河最濁，以斗計之，沙居其六。若至伏秋，則水居其二矣。以二升之水，載八升之沙，非極汛溜，必至停滯。蓋水分則勢緩，勢緩則沙停，沙停則河塞。河不兩行，自古記之。支河一開，正河必奪。故草灣開而西橋故道遂淤，崔鎮決而桃清以下遂塞，崔家口決而秦溝遂爲平陸，近事固可鑿也。』問者曰：『禹疏九河，何如？』馴曰：『九河非禹所鑿，特疏之耳！蓋九河，乃黃河必經之地，勢不能避，故仍疏之，而禹仍合之，同爲逆河，入於海，其意蓋可想也。』『然則如賈讓所云：「多穿漕渠，使民得以溉田分殺水怒」，可乎？』馴曰：『此法行於上源河清之處或可。若蘭州以下，水少沙多，一灌田中，禾爲沙壓，尚可食乎？』『然則淮清，其可分矣！』馴曰：『引淮而西，其勢必與黃會；引淮而東，則與決高堰而病淮揚無異也。蓋河水經行之處，未有不病民者。向有欲自盱眙鑿通天長、六合，出瓜埠入江者。無論中亘山麓必不可開，而天長、六合之民，非我赤子哉？且所藉以敵黃而刷清口者，全淮也。淮若中潰，清口必塞，運艘從何處經行？』或曰：『治河之法凡三：疏、築、濬是也。疏之不可，奚不以濬，而惟以築乎？』曰：『河底深者六七丈，闊者一二里。沙飽其中，不知其幾千萬斛，安能挑而盡也。隄之不築，水復旁溢，則沙復停塞，可勝挑乎？以水刷沙，如湯沃雪。刷之云難，挑之云易，何其愚且拗也！』或曰：『淮不敵黃，故決高堰避而東也。今公復合之，無乃非策乎？』曰：『《禹貢》云「導淮自桐柏東會於泗、沂，東入於海」。按泗、沂即山東汶河諸水也。歷徐、邳至清口，而與淮會。自宋神宗十年七月，黃河大決於澶州，北流斷絶，河遂南徙，合泗、沂而與淮會矣！自神宗迄今，六百餘年，淮黃合流無恙，乃今遂有避黃之説耶？蓋高堰決而後淮水東，崔鎮決而後黃水北，隄決而水分，非水合而隄決也。』問者曰：『茲固然矣！數年以來，兩河分流，小潦即溢。今復合之，溢將柰何？』馴曰：『水分則勢緩，勢緩則沙停，沙停則河飽，尺寸之水皆由沙，面止見其高。水合則勢猛，勢猛則沙刷，沙刷則河深，尋丈之水皆由河底，止見其卑。築隄束水，以水攻沙，水不奔溢於兩旁，則必直刷乎河底，一定之理，必然之勢。此合之所以愈於分也。』或曰：

『河既隄矣，可保不復決乎？復決，可無患乎？』曰：『縱決，亦何害哉！蓋河之奪也，非以一決即奪之。決而不治，正河之流日緩，則沙日高。沙日高，則決日多，河始奪耳！今之治者，偶見一決，鑿者便欲棄故覓新，懦者輒自委之天數。議論紛起，年復一年，幾何而不至奪河哉？今有遥隄以障其狂，有減水壩以殺其怒，必不至如往時多決。縱使偶有一決，水退復塞，還漕循軌可以日計何患哉！往事無論矣，即如萬曆十五年河南劉獸醫等隄共決十餘處，淮安河決范家口、天妃壩二處，上廑宵旰，特遣科臣督築。築後，即成安流，此其明徵矣！』或曰：『隄以遥言，何也？』馴曰：『縷隄即近河濱，束水太急，怒濤湍溜，必至傷隄。遥隄離河頗遠，或一里餘，或二三里。伏秋暴漲之時，難保水不至隄。然出岸之水必淺。既遠且淺，其勢必緩，緩則隄自易保也。』或曰：『然則縷可棄乎？』馴曰：『縷誠不能爲有無也。宿遷而下，原無縷隄，未嘗爲遥，病也。假令盡削縷隄，伏秋黄水出岸，淤留岸高，積之數年，水雖漲，不能出岸矣！第已成之業，不忍言棄。而如雙溝、辛安等處縷隄之内，頗有民居。安土重遷，姑行司道官諭民。五月移住遥隄，九月仍歸故址，從否固難强之。然至危急之時，彼亦不得不以遥隄爲家也。』問者曰：『縷不去，則兩隄相夾，中間積潦之水，或縷隄決入黄流，何處宣洩？』馴曰：『決可入水，亦可出水。水落之後，放水歸（漕）〔槽〕，無難也。縱有積潦，秋冬之間，特開一缺放之，旋即填補，亦易易耳。若無格隄處所，積水順隄直下，仍歸大河，尤不足慮矣！』或曰：『遥隄之築是矣。而直河至古城一帶，何以不築？』馴曰：『此地俱隸宿遷，内有駱馬、侍邱等湖。湖外高岡環繞，乃天然遥隄也。黄水暴漲，則灌入諸湖；黄水消落，則諸湖之水隨之而出。』問者曰：『桃、清二縣之北，亦有諸河聯絡，何以築之？』馴曰：『湖與宿同。而湖外皆係窪地，水從五港灌口出海，故崔鎮一決，而桃清遂涸，此則與宿異耳！』問者曰：『止築北岸，而南岸自馬廠坡而下，何以不築？』馴曰：『此處岸外即係淮河，勢能敵黄。黄水泛濫，未免灌入，黄落仍歸故渠，不能奪河，故不築也。』或曰：『兩隄並峙，重門禦暴，又何需於減水壩也？與其多費以築減水之壩，寧若留決之爲愈乎？且與支河何異也？』馴曰：『防之不可不周，慮之不可不深。異常暴漲之水，則任其宣洩，少殺河伯之怒，則隄可保也。決口虚沙，水衝則深，故掣全河之水，以奪河壩。面有石，水不能汕，故止減盈溢之水。水落，則河身如故也。俱建於北岸者，欲其從淮口入海也。』或曰：『高家堰之築，淮揚甚以爲便；而泗（洲）〔州〕人苦其停蓄淮水，何也？』曰：『此非知水者之言也。史稱漢陳登築堰禦淮，至我朝平江伯陳瑄復大葺之，淮揚恃以爲安者二百餘年。歲久剥蝕，而私販者利其直達，以免關津盤詰，往往盗決之。至隆慶四年，大潰，淮、湖之水，浲洞東注，合白馬、氾光諸湖，決黃浦、八淺，而山陽、高寶、興鹽諸邑，滙爲巨浸。每歲四、五月間，淮陰畚土，塞城門，穴竇出入，而城中街衢尚可舟也。淮既東，黃水亦躡其後。濁流西沂，清口遂堙。而決水行地面，宣洩不及清口之半，不免停注上源，而鳳陽、壽、泗間，亦成巨浸矣！故此堰爲兩河關鍵，不止爲淮河隄防也。馴戊寅之夏，詢之泗人，曰：「鳳泗之水蓄於高堰未決之前乎？抑既決之後也？」僉曰：「高堰決而後畜也。」「清口塞於高堰未決之前乎？抑既決之後也？」僉曰：「高堰決而後塞也。」馴曰：『堰決而塞，築則必通；堰決而畜，築則必達。堰成而清口自利，清口利而鳳泗水下，馴何疑乎？遂銳意董諸臣築之。二月決工告竣，而清口遂闢；七月隄工告成，而清口深闊如故。高堰外，水及隄址者，僅一百五十丈餘，皆乾地。再詢泗（洲）〔州〕之水，盡已歸（漕）〔槽〕，膏腴可耕，而泗（洲）〔州〕人士始謂高堰之當築矣。』曰：『然則每歲伏秋，泗水何復漲也？』曰：『淮水發源於桐柏山，挾汝、泗決，窮潁、肥、濠等處七十二溪之水，至泗州下流，龜山橫截河中，故至泗則湧其勢然也。且淮漲於泗，即黃漲於河南、徐、邳也，每歲伏秋皆然。泗州水困黃遏淮矣。河南、徐、邳水困，又誰遏之？再查萬曆六年以前，黃決崔鎮而北，淮決高堰而東，兩河風馬牛不相及矣！而泗州之告水灾者，無歲無之。右護祖陵東麓及泗州護城堤，皆其時也。亦豈有黃遏之乎？』或曰：『高堰之築是矣，而南有越城并周家橋。淮水暴漲，從此溢入白馬湖，此與高堰之決何異？』曰：『其不同者有三，而其必不可築者一。夫高堰地形甚卑，至越城稍亢。越城迤南，則又亢。故高堰決，則全淮內灌，冬春不止。若越城、周家橋，則大漲乃溢，水消仍爲陸地。每歲漲不過兩次，每溢不滿再旬，其不同一也。高堰逼近淮城，淮水東注，不免盈溢漕渠，圍繞城郭。若周家橋之水，即入白馬諸湖，容受有地，而淮城晏然，其不同二也。淮水從高堰出，則黃河濁流必遡流而上，而清口遂淤。今周家橋止通漫溢之水，而淮流之出清口者如故，其不同三也。當淮河暴漲之時，正欲藉此以殺其勢，即黃河之減水壩也。若并築之，則非惟高堰之水增溢難守，即鳳、泗亦不免加漲矣！』『然則即於周家橋疏鑿成河，以殺淮河之勢，何如？』馴曰：『漫溢之水不多，爲時不久，故諸湖尚可容受。若疏鑿成河，則必能奪淮河之大勢而淤塞，清口泛濫，淮揚之患，又不免矣！況私鹽商舡由此直達，寧不壞鹺政而虧清江板閘之稅耶？』或曰：『老黃河之說何如？』曰：『老黃河之說，吾未之前聞也。考之郡志，止有大清河、小清河註云：「即泗水之末流，源出泰安州。至縣西北三汊口，分爲二河。大清河由治東北入淮，小清河由治西南入淮。」是黃未會淮之時，泗、沂之水，或經於此，並無所謂老黃河者。今據淮人云：自桃源縣三義鎮，經毛家溝、漁溝等處，出大河口，謂之老黃河故道。殊不知大河口去見行清口，僅五里許。至此復與黄會，何能遽殺清浦泗、州水勢？若如近議，欲改從葉家衝、周伏三莊、瓦子灘入顔家河，則自漁溝而北，又非老黄河故道矣！既非志乘有據之言，又非合衆通方之論，執己見以淆國是，如之何其可哉！』

修守事宜

潘季馴

一、築隄

凡黄河隄必遠築，大約離岸須二三里，庶容蓄寬廣，可免決齧，切勿逼水，以致易決。隄之高卑，由地勢而低昂之。先用水平打量，毋一概以若干丈尺爲準。務取真正老土，每高五寸，即夯杵二三遍。若有淤泥與老土同苐，須取起曬晾，候稍乾，方加夯杵。其取土宜遠，切忌旁隄挖取。以致成河積水刷損隄根。驗隄之法，用鐵錐筒探之。或間一掘，試隄式貴陂，切忌陡峻如根六丈，頂止須二丈，俾馬可上下，故謂之走馬隄。工費凡創築者，每方廣一丈、高一尺爲一方，計四工，土近者每工銀三分，最近者二分；土遠者四分。如隄根六丈，頂二丈，須通融作四丈折算，此計土論方之法也。加帮隄，則先計舊隄若干。今增高闊各若干，亦以前法折算。

一、塞決

凡隄初決時，急將兩頭下埽包裹，官夫晝夜看守。稍待水勢平緩，即從兩頭接築。如水勢洶湧，頭裹不住，即於本隄退後數丈，挖槽下埽，如裹頭之法，刷至，彼必住矣，此謂截頭裹也。如又不住，即於上首築逼水大壩一道，分水勢，射對岸，使回溜衝刷正河，則塞工可施矣！塞將完時，水口漸窄，水勢益湧，又有合口之難。須用頭細尾粗之埽，名曰鼠頭埽，俾上水口闊、下水口收，庶不致滚失，而塞工易就也。埽以土勝爲主。埽臺須要卧羊坡，以便推挽。揪頭繩須要緊扯，以防下淌。又須時時打鬆，令其深下。仍覔慣會泅水之人，入水探驗底埽着地，方下簽樟。簽樟須要酌中埽，埽釘着方爲堅固。倘有數寸空懸，無有不敗事者。如寒天或水急，不能泅水，即看揪頭寬鬆，便是着地之驗。繫繩留橛，令人專守。略有走動，須便另下一橛。橛頭上填記苐幾埽，揪頭滚肚明白，以便點查收放。埽面出水未高，寧加一小埽，不可多用土牛，推埽時易動故也。此等事須要勇往直前，俗諺謂之搶築。稍稍逗遛，必有後悔。以上數端，苟不詳慎，勞費罔功，輒疑鬼怪，甚可嗤也。如用大埽長五丈、高六七尺者，用草六百束。每束重十斤，價銀二釐，該銀一兩二錢。柳稍一百二十束，每束重三十斤，價銀一分，該銀一兩二錢。如無柳稍，以葦代之。草繩六十套，每套四十二條，每條長二丈四尺，價銀三分，該銀一兩八錢。樁木五根，每根銀一錢，該銀五錢。揪頭滚肚繩四條，共用蔴二百五十斤，每斤銀五釐，該銀一兩二錢五分。每大埽一個，約該料價銀五兩九錢五分。挑土夫遠近不等，難以預計。中埽并土牛工料，以次遞減。

一、築順水壩

順水壩俗名雞嘴，又爲馬頭，專爲喫緊迎溜處所。如本隄水刷洶湧，雖有邊埽，難以久待。必須將本隄首築順水壩一道，長十數丈，或五六丈。一丈之壩，可逼水遠去數丈。隄根自成淤灘，而下首之隄俱固矣！安埽之法，上水鑲邊埽，宜出將裏頭埽藏入在內，下水埽宜退藏入裏頭埽內，庶水不得揭動埽也。如築長六丈、闊四丈、高一丈，用埽兩面鑲邊，每邊用埽二行裏頭，二行中間壩土。每行用埽三層，共計用中埽十八個，每個長五丈，高三尺，用草四百束，柳稍八十束，草繩四十條，排樁、簽樁共用樁木四根，人夫二十五工，共用捲埽隄夫四百五十工，運工、隄夫二百工，俱不議工食。共用草七千二百束，該銀一十四兩四錢；　柳稍或葦一千四百四十束，該銀一十四兩四錢；　草繩七百二十套，該銀二十一兩六錢；　樁木七十二根，該銀七兩二錢；　行繩十二條，每條重四十斤，共用蔴四百八十斤，該銀二兩四錢。約共該銀六十兩。如無柳稍，以葦代之。

一、下護根乾埽

凡堤係埽灣須預下乾埽以(衝)〔衛〕堤根。此埽須土多料少，簽樁必用長壯，入地稍深，庶不坍蟄。如下長三丈、高三尺埽一個，用草一百六十束，該銀三錢二分；　柳稍四十束，該銀四錢；　草繩十二套，該銀六錢；　樁木三根，該銀三錢。量用蔴作行繩，用堤夫二十工，不議工食。每埽一個，約共該料價銀一兩六錢二分。

一、造滾水石壩即減水壩

滾水石壩，即減水壩也。爲伏秋水發盈(漕)〔槽〕，恐勢大漫堤。設此分殺水勢，稍消，即歸正(漕)〔槽〕，故建壩必擇要害卑窪去處，堅實地基，先下地釘，樁木鋸平，下龍骨木仍用石楂，楂鐵，楂縫方鋪，底石壘砌。雁翅宜長、宜坡，跌水宜長，迎水宜短，俱用立石，攔門樁數層，其地釘樁須搭鷹架，用懸硪釘下石縫，需用糯汁和灰縫，使水不入。如石壩一座，壩身連雁翅共長三十丈，壩身根闊一丈五尺，收頂一丈二尺，高一尺五寸，迎水闊五尺；　跌水石闊二丈四尺，四雁翅各斜長二丈五尺，高九尺，用粗細石計長一千三百九十餘丈，并地釘樁、龍骨木、鐵錠、鐵銷，煤炭、木炭、石灰、糯米蔴麻及各匠工食，約共該銀一千九百餘兩。其運石、抬石、搬料、夫船，并官夫廩糧、工食，臨期酌給。

一、建石閘

建閘節水，必擇堅地開基。先挖固工塘，有水即車乾，方下地釘樁，將樁頭鋸平，楂縫上用龍骨木，地平板鋪底用灰麻，艌過方砌底石，仍於迎水用立石一行，攔門樁二行；　跌水用立石二行，攔門樁八行。如地平板鋪完，工過半矣。自金門起兩面，壘砌完方鋪海漫、雁翅。金門長二丈七尺，兩邊轉角至雁翅，各長五丈，共用石三千一百丈。閘底海漫、攔水、跌水共用石九百丈。二項共用石四千丈，并鐵錠、鐵銷、鐵鋦、天橋環、地釘樁、龍骨木、地平板、萬年(坊)〔枋〕、閘板、絞關、閘耳、絞軸、托橋木、石灰、香油、䕸麻、柴炭等項，及各匠工食約共該銀三千兩有奇。其官夫廩糧、工食臨期酌給。

一、建涵洞

建涵洞以洩積水，基址亦擇堅實，方可下釘樁砌石。水多則建二孔，水少止一孔。如涵洞一座，口闊一丈五尺，身長二丈。中立石墻一堵，亦長二丈，寬五尺，分爲二孔。每孔寬五尺，兩邊四雁翅各一丈五尺。共用石二百丈，并地釘樁、鐵錠、石灰、板木并各匠工食約該銀一百八十餘兩。其夫役工食，臨期酌給。

一、建車船壩

先築基堅實，埋大木於下，以草土覆之。時灌水其上，令軟滑不傷船壩。東西用將車柱各四柱，上横施天盤木各二，下施石窩各二，中置轉軸木各二根。每根爲竅二，貫以絞關木，繫(蔑)〔篾〕纜於舡，縛於軸，執絞關木環軸而推之。

一、挑河

凡挑河，面宜闊，底宜深如鍋底樣，庶中流長深，且岸不坍塌。如不用隄，須將土運於百餘丈外，以免淋入河内。凡創開河者，每方廣一丈，每夫日開深一尺爲一工。挑浚泥水相半者，減十分之五，全係水中撈取者，減十之七八。取土登岸就而築隄者，亦以半折筭焉。

一、閘河偶淺急疏之法

凡閘河淺處，如水溜在中，須兩岸築丁頭壩以束之；水溜在旁，將淺邊順築束水長壩以逼之。水由壩中，其勢自急，中溜自深。如淺處不多，或排板插下泥内，逼水湧刷，或排小舡用杏葉杓挖濬。必不得已，則用椿草製活閘節水，亦一策也。

一、栽柳護堤

卧柳、長柳須相兼栽植。卧柳須用核桃大者，入地二尺餘，出地二三寸許，柳去隄址約二三尺，密栽，俾枝葉搪禦風浪。長柳須距隄五六尺許，既可捍水，且每歲有大枝可供埽料。俱宜於冬春之交，津液含蓄之時栽之，仍須常時澆灌。長柳宜用棘刺圍護，以防盗拔畜嚙。

一、栽茭葦草子護隄

凡隄臨水者，須於隄下密栽蘆葦或茭草，俱掘連根叢株。先用引橛錐窟深數尺，然後栽入，計闊丈許。將來衍茁愈蕃，即有風，不能鼓浪，此護臨水隄之要法也。隄根至面，再採草子，乘春初稍鋤覆密種，俟其暢茂，雖雨淋不能刷土矣！

一、伏秋修守

四防

一曰晝防。隄岸。每遇黃水大發，急溜掃灣處所，未免刷損。若不即行修補，則掃灣之隄愈漸坍塌，必致潰決。宜督守隄人夫，每日捲土牛小埽聽用。但有刷損者，隨刷隨補，毋使崩卸。少暇，則督令取土堆積隄上，若子隄然，以備不時之需，是爲晝防。

二曰夜防。守隄人夫，每遇水發之時，修補刷損。隄工盡日無暇，夜則勞倦，未免熟睡。若不設法(尋)〔巡〕視，恐貪夜無防，未免失事。須置立五更牌面，分發南北兩岸協守官，并管工。委官照更挨發，各鋪傳遞。如天字鋪發一更牌。至二更時，前牌未到，日字鋪即差人挨查，係何鋪稽遲，即時拿究。餘鋪倣此。隄岸不斷人行，庶可無誤。巡守是爲夜防。

三曰風防。水發之時，多有大風猛浪，隄岸難免撞損。若不防之於微，久則坍薄潰決矣！須督隄夫綑札龍尾小埽，擺列隄面。如遇風浪大作，將前埽用繩樁懸繫，附隄水面。縱有風浪，隨起隨落，足以護衛，是爲風防。

四曰雨防。守隄人夫，每遇驟雨淋漓，若無雨具，必難存立，未免各投人家或鋪舍暫避。隄岸倘有刷掃，何人看視？須督各鋪夫役每名各置斗笠、簑衣，遇有大雨，各夫穿帶，隄面擺立，時時巡視，乃無疎虞，是爲雨防。

二守

一曰官守。黃河盛漲，管河官一人不能周巡兩岸，須添委一協守職官，分岸巡督。每隄三里，原設鋪一座，每鋪夫三十名。計每夫分守隄一十八丈。宜責每夫二名，共一段於隄面之上，共搭一窩鋪，仍置燈籠一個，遇夜在彼棲止，以便傳遞更牌。巡視仍畫地分委省義等官，日則督夫修補，夜則稽查更牌。管河官并協守職官，時常催督巡視，庶防守無頃刻懈弛，而隄岸可保無事。

二曰民守。每鋪三里，雖已派夫三十名，足以修守。恐各夫調用無常，仍須預備，宜照往年舊規，於附近臨隄鄉村，每鋪各添派鄉夫十名。水發上隄，與同鋪夫并力協守；水落即省放回家。量時去留，不妨農業。不惟隄岸有賴，而附隄之民，亦得各保田廬矣！

一、竪立旗竿燈籠以示防守

各鋪相離頗遠，倘一鋪有警，別鋪不聞，有悞救護。須令隄老每鋪竪立旗竿一根，黃旗一面，上書某字鋪三字，燈籠一箇。晝則懸旗，夜則掛燈，以便瞻望。仍置銅鑼一面，以便轉報。一鋪有警，鳴鑼爲號，臨鋪夫老挨次傳報，各鋪夫老併力齊赴有警處所，即時救護。首尾相顧，通力合作，庶保萬全。

一、防盜決

守隄之法，隄防盜決最爲喫緊。蓋盜決有數端：坡水稍積，決而洩之，一也；地土磽薄，決而淤之，二也；

仇家相傾，決而灌之，三也；至於伏秋水漲，處處危急，隣隄官老，陰伺便處，盜而洩之，諸隄皆易保守，四也。巡警稍怠，或乘風雨之時，或乘酣睡之處，即被下手矣！防禦者不可不知。

一、議涵洞

涵洞洩水，本是無妨。但須明設石閘，以嚴啟閉。若暗開，隄址草木蒙叢，便難覺察。萬曆八年，奸民私囑管河主簿，將南岸遥隄暗開涵洞數座。十七年伏水暴漲，單家口水從涵洞洩出，勢甚洶湧，一鼓而開，遂成大決。此可謂明鑑矣！司河者知之。

一、歲辦物料

河防全在歲修，歲修全在物料。而州縣河官視爲奇貨。歲估既定，冒銀入已，括取里遞草束，河夫攀折柳稍，遮掩一二，便爲了事。近日徐州判官彭鶴、靈(壁)〔璧〕主簿元仲賢之事可鑒也。今議於十一月間，司道官估計停當，各掌印官領銀收買，法固善矣。又須特委廉能職官一二員，耑管收支。工完之日，將捲築過埽壩，收支過物料數目開報總河衙門查考，庶幾事有責成，而錢糧無冒破矣。又冬初修守稍緩，暇即督夫於漫坡中採取野草，每束十斤者，每夫每日可採四十束。積至百萬，可省千金，裨益非小。草料既備，埽護必周，衝決之患可免。即脱有不測，而物料在手，計日可塞，何致延擱糜費？此河道第一喫緊工夫也。

一、水汛

立春之後，東風解凍，河邊人候水初至，凡一寸，則夏秋當至一尺，頗爲信驗謂之信水。二月三月，桃花始開，冰泮雨積，川流猥集，波瀾盛長，謂之桃花水。春末蕪菁花開，謂之菜花水。四月壠麥結秀，擢芒變色，謂之麥黄水。五月瓜實延蔓，謂之瓜蔓水。朔野之地，深山窮谷，冰堅晚泮，逮乎盛夏消釋方盡，而沃蕩山石，水帶礬腥，併流於河，故六月中旬之水，謂之礬山水。七月菽豆方秀，謂之豆花水。八月荻亂華謂之荻苗水。九月以重陽紀節，謂之登高水。十月水落安流，復其故道，謂之復槽水。十一月、十二月，斷冰雜流，乘寒復結，謂之蹙凌水。此外非時暴漲，謂之客水，皆當督夫巡守。而伏秋水勢最盛，非他時比，故防者晝夜不可少懈云。

條陳治安疏

姜璧

題爲河工將竣敷陳末議懇乞聖明俯賜採擇以保治安事。竊聞之古志曰：防河如防寇。防寇者當以不治治之，來則禦，去則止而已矣！防河者，當以無事行之。逆則治，順則止而已矣！而今之防河者有二弊焉：好事者謂故轍之必不可循，輒爲穿鑿之圖，以亂其性，是挑釁也。怠事者謂河流之必不可治，每爲因循之説，以滋其患，是玩寇也。十餘年間，二弊相尋，河患極矣！上廑宸衷宵旰爲慮，俯從言官之請，遂爲破格之謀。獨斷聖心，群疑屏息，使當事大臣得以殫竭心力，故半載之間，兩河順軌。閭里有可耕之地，運艘無壅阻之虞。據工程雖云繁鉅，計錢糧尚有贏餘。是皆仰賴我皇上純德格天，而淮海效靈；至誠格物，而群工用命之所致也。以此時觀之，可謂一治矣！然慮其始者，不可不慮其終；圖其大者，不可不矜其細。兼理河道，亦臣之責也。尚有一二可言者，臣既得於聞見之真，敬爲我皇上陳之。如蒙不以爲謬，勑下該部覆議施行。

計開：

一曰一事權。天下之事，多緒則亂，多岐則諉。查得治河之官，自永樂以至弘治百五十餘年，原無河道都御史之設，故有以漕運兼理河渠，如景泰之王竑者；有以總兵兼河道，如天順之徐恭者。成化七年，因漕河淺甚，糧道稽阻，特令刑部侍郎王恕出總其事，八年事竣改陞，自後不復建設。凡遇河患，事連各省，重大者輒命大臣督同各省巡撫官治之，事竣還京。此祖宗成法也。至正德十一年，始耑設總理河道，駐劄濟寧。而南、北直隸、河南、山東，皆爲統轄之地。地非不廣，勢非不尊，然延袤五六千里之間，足不及徧，目不及覩。形勝要害，東西南北，俱若夢寐，豈能遥制？至於伏秋暴漲之時，呼吸變態，猝遇衝激，勢若燃眉。州縣管河官白之於府，府白之於道，道白之總理，總理下之道，道下之府，府下之州、縣，往返已一月。然必待禀白而後行之，事已無及。如其不待白也，總理焉用爲也？且既有總理，巡撫必難獨斷。凡遇申呈，輒批仰照總河批詳施行，此在避難者固然，而在任事者亦不得不然，何也？畏侵權也。及至借支錢糧，調派官夫，便相齟齬。此在私而刻者固然，而在無我者亦不得不然，何也？總河之事，不免勞民傷財，而巡撫之責，則在安百姓，節財用也。至於意見不同，秦越相視者，又不待言也。臣昔任山東，當兩河泛濫之時，總河都御史傅希摯力言草灣不可開，崔鎮之當塞，高堰之當築。章疏案牘，班班可考。而漕撫衙門，拒之甚力。後至草灣復淤，横流莫遏，業已悔之無及矣！故今之議者，謂傅希摯之説得行，或吴桂芳早兼河道之任，則平成之績不在今日矣！此事權分諉之弊彰彰也。查得先該吴桂芳節奉聖旨，近來當事諸臣，意見不同，動多掣肘，以致日久無功。今以此耑屬吴桂芳經理河道，都御史暫行裁革，河道事務，着該處巡撫官照地方分管，俱屬吴桂芳提督，事寧回京請旨，再設欽遵。即今潘季馴接管，亦照旨行事。夫巡撫照地理河者，即王竑、徐恭兼理之制也。吴桂芳提督者，即特遣侍郎王恕出總其事，事竣改陞之制也。故事權歸一，事功易就。今日河工之成，實原於此。蓋天啟我皇上以法祖致治之盛，故其明效大驗如此。且事權之隆重，體統之尊嚴，屬寮之承聽，人民之信服，孰有踰於巡撫者哉？天下之事，欲其速辦，孰有易於巡撫者哉？而廼欲益一贅員以滋推諉也。但原奉旨內，有『暫革再設』之語，而各該巡撫又未見特加勅諭。竊以爲復設河道，則推諉之弊復生； 未蒙特勅，則責成之意未篤，終非可久之道。合無將前明旨著爲令甲，而于撫臣特加勅諭一道，其各銜内添增『兼管河道』四字。萬一日後河道有事，亦照祖制，臨時特遣大臣一員，督同各該巡撫管理。如此，則可永杜推諉掣肘之弊，而河渠利賴，世世無窮矣！

二曰嚴責成。夫郡縣之有守令，即家之有長也。一家之事，必取辦于長。其子姓之分猷倅理者，不過受成算、效奔走而已。而於河道，則獨不然。府有管河道同知或通判矣，則郡守若罔聞之； 州縣有管河通判官或主簿矣，則州守、縣令若罔聞之。甚至有牴牾其事，變亂其是非，顛倒其賢否者，此何以故？蓋因管河爲最苦之官，而治河爲最難之事。避難厭苦，爲人情之常。而况奔走河濱，悉聽司道官差委，不得以時親就，以事售之於寮長，其勢固宜然也。至於上官稍稍責成，守令亦不過增一牒文，移付管河官而已，甚至有束之高閣者。竊以爲朝廷張官置吏，莫要於守令。蓋以總括庶務，綜核郡寮也，而何獨於河道遺之哉？今後河工之事，似應耑責掌印官督同管河官管理，各照該地方隄岸，冬春踏勘，隨地修補。伏秋水漲，督率防護。如有疎虞，掌印官與管河官一體叅治，庶責任有歸，而事功易就矣！

三曰議支河。查得先因高堰黄浦之决未塞，全淮之水傾注高寶興鹽之間，田廬墳墓，一望淼渺。當事者不探其原，惟尋其委，請開興化縣之丁溪、白駒二場海口，鹽城縣之周禄港至新河廟三十餘里，又動支鹽運司銀二萬五千餘兩，分貯於興、鹽二縣，大加疎濬，爲洩水計。該臣巡歷於淮泰各鹽場，躬親踏勘，看得地勢外高内窪，無從宣洩，而潮水灌入填塞甚易。及至鹽城，據知縣楊瑞雲併士民謝與成等禀稱，本縣自黄浦等口决後，民田沉于水底者數年。今幸築塞，民有耕穫之望。若又開濬支河，引入潮水，一爲淹没，永不堪種。又據兩淮鹽運司判官孫仲科、竈户管席等禀稱，自鹽城支河一開，將各場運鹽河水盡隨潮洩去，運河斷流，商不來支，鹽日消折，竈日困弊等。因爲照高堰居黄浦之上遊，而黄浦爲興鹽水患之門户。今高堰堤成，黄浦决塞，是上流已斷，則地上乾涸，已無可洩之水。若復開濬海口，則地形外高，徒引倒灌之潮。且海口既多，防禦實難，是開私販之門。鹹水灌入民田，爲害不小，宜乎官竈士民之告禀者紛紛也。臣至淮安，即與總河都御史潘季馴會議，亦云曾委官踏勘，誠不可開。臣思鹽場民地皆國課攸關，河道鹽務臣職掌所係。今堤堰既成，此工可已。如蒙俞允，乞勅該部再加覆議，或將疏濬海口諸工，徑行停止，或轉行總河都御史，逐一再委官勘明，將前工程題覆停寢，不惟可省重費，抑亦可免大患也。

四曰修古隄。查得宋臣范仲淹修築長隄一道，肇自吕泗，終於徐瀆，接連數百里，環繞三十場。隄以外俱係鹽場、草蕩，竈丁居住，煎辦鹽課。離海遠者百里，近者數十里不等。隄以内，則有運鹽官河一道，南抵泰州，北抵廟灣，西通高、寶、興、鹽等處。各湖港商民船隻往來，及田户車戽，甚爲通便。是此隄外以捍海潮，内以護鹽河，併各民田。其計甚深，而利至溥也，至今稱之曰范公隄。中間原留洩水入海之路，如今之白駒閘口及牛灣河、瓦龍諸港，皆隨地形潮勢宣洩，亦不爲害。况當時范堤之初築也，即有蓄潦之慮。及其既築也，復有雨雪之變，事幾中罷。幸而范公之持議甚堅，張、胡二臣之贊襄更力，卒能不惑群言，功成保障，貽海濱數百年之安，供我國家百萬金之課。故三賢有祠，民到於今祀之不忘，柰何前當事者，見高堰淮浦口決，興、鹽、高、寶受害，倡爲鑿范隄，開海口以洩水，徒爲一時權宜之術，更不思昔人剏置之意。隄外係竈户煎鹽之地，淡水一出，則鹽課消薄矣！隄内係民、竈、耕種之田，潮水一入，則田租減省矣！該臣巡歷各鹽塲，皆由范隄往來，見得歷年既久，隄漸坍塌，有舊址見在，半爲民竈所居者；　有海潮淤沙，漸成高阜，與隄相平者；　有被水冲漫，卑薄不堪者。要皆隄址尚存，若肯時加修復，永可爲捍禦之計。是修復古隄，誠鹽塲之切務也。如蒙俞允，乞勅該部覆議，果屬不謬，行令臣轉行運司，併通、泰、淮三分司官，照各該管地方，將范公隄岸逐一踏勘，估計明白，量派竈夫，督率修理。其舊隄高厚可恃者，不必再修，惟於坍塌者築之，卑薄者補之，要害者先之。各夫工食，就將前項興鹽二縣收貯。運司疏濬海口銀兩，動支給領，每年於春正、二月，此非旺煎之時。量修三分，計三年工可全完矣！其原淺水口港，仍舊存留，間修兩岸，使不爲患。如此，先臣之澤永垂於不朽，而國課竈額利賴於無疆矣！

五曰蠲祖租。查得自徐至淮，新築遥隄五百餘里。若以夾岸計之，將千里矣！南北兩隄蟺蜿，若城高堅足恃，誠爲治河之一策矣！但其所築之隄，皆係民間己業，而中間挖沙尋土，傷損地段尤多。夫以不可耕之地，而欲小民償計畝之税，除槩邑昏墊之苦，而使一户賠無産之糧，徵之者似爲無名，而輸之者實爲無辜也！合無行令巡撫衙門，擇委廉能官員，逐一踏勘丈量明白，要見某户某人祖址若干，挖塲地土若干，乞勅户部議蠲租額若干。如以國課必不可損，或以該隄應納之税，均攤一邑，或以水退無主地土，給照開墾，加倍抵補。如此，則地方無不均之歎，而小民無向隅之泣矣！

辨開周家橋疏

黃曰謹

奏爲事關專職，見聞頗真，直陳宣洩泗水，保全運道緣由，乞聖明裁定，以垂萬年永利事。去秋見《邸報》，見原任漕撫、都御史爲州治積水霪潦益甚等事，又巡按御史高爲前事，述泗民之言，謂有欲濬施家溝者，有欲開周家橋者，有欲弛張福口隄者。奉旨會勘，從長酌議。隨據高郵州通學生員張行中等、耆老陳雷等呈狀二紙，叅酌見聞，中間條陳宣洩泗水與周橋不可開，甚悉。又見鳳陽道府等官，畫圖貼説，旦夕即開周橋。職爲此大懼，敬三薰三沐，披肝瀝膽，直陳之。夫高家堰與周家橋相接一隄也，特堰迤北，而橋迤南者也。堰以內與橋以內之水相連一淮也，特堰地稍低，而橋地稍高者也！使周橋可開，則堰地何所事守？高堰必守，則周橋斷不可開。故開周橋者，乃開堰之別名也。此非職臆説也。庚午歲，高堰常決矣，淮水盡由堰而東矣，於是黃河亦躡淮後，徑趨大澗口，破黃浦口，入射陽湖，而清口遂淤，海口幾爲平陸。夫周橋距堰，不過四五十步耳！黃既能躡淮而趨高堰，獨不能躡淮而趨周橋乎？竊恐淮退一尺，則黃進一尺；淮退一丈，則黃進一丈。黃既侵淮而入，淮必不能敵黃而出。如是而清口有不淤，運道有不阻者，未之有也。難職者曰：『吾所開周橋者，不過因見有河形開濬之，以洩淮有餘之水，而清口自若也，奚至於此？』職答之曰：『使水而人也，則將詰之曰：汝勢十分，吾借汝三分而入湖，汝乃挾七分并黃而入海，夫奚不可不知。』水非人也，就下其性也。決之東，則東；決之西，則西。況周橋地形高下，勢甚相越，誠開之，深一丈五尺矣！是明導之以建瓴之勢矣。彼得其勢，則其流必急。流急，則浩浩滔天，一瀉千里，夫誰得而禁之？此其禍近在三年之內，遠不出五年之外。故謂周橋之開，而謂淮不盡東也；謂淮盡東，而黃不復躡也，皆必無之理也。職謂周橋之斷不可開者，此其一也。猶未也。夫淮出清口也，是并黃入海，而以海爲壑也。若開周橋而注之湖，是以湖爲壑矣！夫高、寶之湖，受天長、六合二十四塘并諸山溪之水，毋論伏秋，即四時瀰望連天，已不可支，所恃一線湖隄爲之保障，故運道賴以無虞。若引灌入湖，則淮水之浩蕩無涯，湖面容受有限，勢不至決裂湖隄而奔潰四出不止也。夫伏秋湖漲隄傾，猶有消涸之期，故補築之功可就。使淮與湖合，則無時不滿，無日不漲。萬一隄防有壞，將何所措手而築之乎？竊恐舊壞者難修，新壞者相踵，而運道必從此大壞也。難職者又曰：『淮爲湖之上流，而江則湖之下流也。吾引淮之水入湖，汝復引湖之水入江，奚至漲決如此？』職答之曰：『使湖之水入江，誠猶淮之水入湖也。則悉淮而注之湖，夫奚不可。不知淮之入湖也易，湖之入江也難，何也？湖隄以外，即高、寶、興、鹽、通、泰江都七州縣之民産也。彼其地形窪下，與江面不甚昂。每遇海嘯，江潮倒灌逆湧，民田四百餘里，皆爲淹没。故今通江之路，見有芒稻、白塔二河，與瓜、儀二閘。其餘減水小閘入江海者，共二十八座。晝夜宣洩，而湖水不見大消。如去秋淳家灣、清水潭二決凡百餘丈，而隄內隄外水勢半停。至決口已合，而堤外田廬水尚深三四尺不等。此湖水入江之難之明驗也。使復益之以淮，源源不竭，則高、寶七州縣之地，有不胥而爲沼乎？』故職所謂周橋之斷不可開者，此又其一也。然則泗水將聽其停積而不爲之所乎？

職則以淮有故道，清口是也。但清口黃淮交會，而黃之勢常强於淮，故清口易淤。總河慮其淤也；隄張福口以東之，但借淮刷黃之意勝。而隄之築太長，故出口路窄，淮不免漸高。今總河願裁二百丈，又於張福隄極窪處，如所謂黃韶口、王簡口者，建減水壩二大座。黃漲則下板，以遏黃之內侵；淮漲則啟板，以縱淮之外出。黃淮並漲，則堅守數日，俟其消而節宣之。如此，而淮水有不漸消、泗民有不漸復其業者，職不信也。夫十五年以前，高堰屹然矣，周橋晏然矣，時張福口未隄，而泗人未嘗困於水，則清口之能洩水也明甚，又奚必舍此而他求也哉？周橋之開，總河以爲不可，職以爲不可，即撫、院二臣，亦未敢毅然以爲可。職河官也，河官重務，奉勑准職具奏，非出位沽名者比也。惟皇上矜其愚戇，而賜裁度焉，漕河幸甚！

東省河防

兗州府志

黃河自古爲患。明興以來，報決者屢矣！兗當河下流，而直漕渠之中。自陽穀至魚臺，計三百餘里。弘治六年，河決金龍口，潰黃陵岡，徑趨張秋，賴劉公大夏經略其事，塞口築隄，河乃東徙。張秋之患息，而曹、單歲受衝矣！夫自濟以北決口雖塞，而故道猶存。弘治九年夏，考城縣地方水勢漫入，東來水勢徑衝賈魯河，曹縣梁靖口水溢大隄。遂於賈魯河東岸修築小堤一條，保護大堤。弘治十一年，管河副使張鼎見黃河水勢俱從南行，不由丁家道口入徐州，建言欲將荊隆口分沁水於賈魯河，俱入徐州。本年八月，水從王牌口等處俱往東行，不從丁家道口東南而行，却倒往東北，直至黃陵岡下；又自曹縣以入單縣，南連虞城，渰沒民居人畜。單縣、城武、金鄉、魚臺、濟寧等州縣，皆在巨浸。自濟寧迤南，閘座盡被衝倒，阻礙漕運，比往時張秋之害尤大。蓋兗州之境，地平而土疎，比之河南之地，尤爲卑下。河南地方上流不塞，則本州地方正當下流，雖築隄岸，亦不能保。恐日後黃河之水，不由南行，俱往東注，釀成大患，天下事大可憂矣！故東省之治河，無先於曹、單，舊有太行、縷水二隄，皆所以障河流而護運道。而太行隄較縷水隄爲最急。蓋縷水隄譬之門户，太行隄咫尺閘河。譬之堂寢，堂寢既安，外垣雖未盡飭，亦可以內地之全力從容圖之，此太行一隄所尤宜急修也。

卷九

河防述言 錢塘陳潢省齋原論，同里張靄生編纂。

河性第一

靳大司馬撫軍皖江，擢總督河道，問於陳子曰：『比年河決數處，濁流泛濫，故道淤爲平陸，國患阻漕，民苦墊溺，河害於今亦大矣！治之數年罔效，豈河終不治乎？余不敏，兹奉督河之命，敢不竭力荒度，子盍爲我籌之？』陳子曰：『河之形有古今之異，河之性無古今之殊。水無殊性，故治之無殊理。千古治水者，莫神禹若也。千古知治水之道者，莫孟子若也。孟子曰：「禹之治水，水之道也。」傳曰：「順水之性也。」又曰：「禹之行水，行其所無事也，所惡於智者爲其鑿也。」旨哉言乎！洵深得治水之至理者乎！潢嘗觀人事萬端，或可騁機巧，或可事矯揉，或可任粉飾。猶得掩耳目於一時，襲虚名於後世。若水之性一定而不可移，而黄水之性尤奔注而不可遏，挾沙而不可停，且至與淮合流之區，絶無山陵阻恃，更散漫而不可約束。是機巧於此無所騁，矯揉於此無所事，粉飾於此無所任。惟有順其性而利導之之一法耳！故孟子云「行所無事」誠爲千古治水之至言，爲千古神禹之知己也。』大司馬曰：『疏瀹排決，無非事也，而曰「行所無事」，何也？』陳子曰：『所謂「行」者，疏瀹排決是也。所謂「無事」者，因其欲下而下之，因其欲瀦而瀦之，因其欲分而分之，因其欲合而合之，因其欲直注而直注之，因其欲紆洄而紆洄之。一順水之性，而不參之以人意焉，是之謂「無事」也。』大司馬曰：『水今横決矣，豈可竟順其横決之性而遂謂之治之乎？』陳子曰：『不然。今河之横決，非河之本性也。猶人之拘於氣稟，蔽於習俗，以至蕩佚爲非，而曰其性本惡也，豈其然哉？大河之所以決者，皆由黄水暴漲，下流壅滯，不得遂就下之性，故旁流溢出，致開決口。決口既開，旁流分勢，則正流愈緩。正流緩，則沙因以停。沙停淤淺，則就下之性愈不得遂，而旁決之勢益横矣！若曰河性喜決，此豈知河性者哉！』大司馬曰：『然則河之性若何？』陳子曰：『約而言則曰就下，分而言則避逆而趨順也，避壅而趨疎也，避遠而趨近也，避險阻而趨坦易也。漲則氣聚，聚不能洩，則其性乃怒；分則氣衰，衰不能激，則其性又沉。流迅則性能挾沙土而俱行，勢集則性能壞山陵而駕上。土能制之，即縷岸可抑其狂；風能助之，遇驚飈益張其勢。故禦之得其道，則利無窮；若禦之失其道，則害莫可測。善治水者，先須曲體其性情，而或疏或蓄，或束或洩，或分或合，而俱得其自然之宜。雖有所事，究歸於無事也。宋神宗曰：「後世以事治水，故常有礙；以道治水，無違其性可也。」此與孟子之言似有合焉。至所云能順水所向，遷徙城邑以避之，此猶未知水性，而不明順之之道也。水之性，豈必欲向城邑耶？水之所向，輙徙而避之，匪常法也。如徐州而上，三門以下，土鬆地闊，則寬其途以讓之，而水性以安；徐州而下，城邑逼近於河，所宜嚴其防範，束流刷沙，以趨於海，而河性亦以安然。則寬之、束之，皆所以順之耳！孔子繫易曰：「天道虧盈而益謙，地道變盈而流謙。」夫水麗於地者也，其道之變遷，必由於盈而流，利必歸於謙也。盈也者，漲也，塞也。謙也者，虛也，下也。故水無不下也。孟子論水，深得於孔子之易道者也。故善治水者，惟於盈而防其變，於謙而道其流，水自得其性矣，水果爲厲於世者耶？』大司馬曰：『善。子既深知水性，其亟爲我圖之。』

周諷《河防述言》，抉洪流之竅會，發天地之曠解，宛如與天兄作抵掌談。而筆力所至，自可直成一家。作者固難，述者亦不易。老長兄與天兄生瑜生亮，真難分仲伯也。汪文漪

此篇真是文襄與省齋講學之言。於此知經濟必原於性理，故留埜、省齋學宗孔孟，而能深體河之性情也。今人談經濟，輙以性理爲迂，故其苟且一時，所利者小，而爲害者大。然空談性命，不能實見設施者，又非真儒體用兼優之學也。省齋没久矣！世之稱説省齋者，皆曰能佐文襄公治河，孰知其所以能治之有本源哉！留埜爲闡發其本源如此，省齋於是乎不没。故留埜爲省齋真知己，亦爲談經濟者真儒宗。

夫治河者，文襄公之職。治河而河治，文襄公不朽之大功也。賓朋受其親禮，佐籌於幕府，乃分内事耳！省齋詎敢分任其功哉？文襄公薦之於生前，又請之於身後，古大臣未有之風烈也！留埜載文襄公疏(稾)〔藁〕，見其上不欺於君，下不負於友。夫不欺於君，忠也；不負於友，義也。文襄公忠義如此，留埜是以無所嫌而直爲省齋發明，蓋即文襄公之意云爾。陳又大

審勢第二

靳大司馬問於陳子曰：『子言治河，必順水性，其要何也？』陳子曰：『必也其度勢也。今者諸患並作，若不先度大勢之輕重緩急，而務其重者、急者，猶振衣而不知所挈也。雖然重與急之患，又非即於患處治之也。必推其所以致患之處而急圖之，是非熟審焉不爲功。如有患在下，而所以致患在上，則勢在上也。當溯其源而塞之，則在下之患方息。譬如足病只知療足，而不探其足病之所由來，雖投藥百劑，勿效也。不獨勿效，病且增劇。諺云：「下流處塞水，缺愈塞愈大。」此之謂也。又有患在

上，而所以致患者在下，則勢在下也。當疏其流以洩之，則在上之患自定。譬如困賊於圍中，而不開一面以分其志，以緩其憤，則將激其必死之心。一旦潰圍而出，不可收拾矣！故上流應洩者先須於下流疏之，此又釜底去薪之法也。由是觀之，非歷覽而規度焉，則地勢之高下不可得而知，水勢之來去不可得而明，施工之次序亦不可得而定也。潢請爲公跋涉險阻上下數百里，一一審度，庶弘綱克舉，而籌畫乃可施爾。』大司馬曰：『兩河形勢載籍可攷，繪圖可稽，奚事親歷爲？』陳子曰：『今昔之患，河雖同而被患之地不同。今昔治河之理雖同，而彌患之策亦有不同。故善法古者，惟法其意而已。若欲攷載籍以治之，何異按圖索驥、刻舟求劍耶？』大司馬曰：『然。是固當親歷也。而子言治河之理，今昔無殊，則審勢之說，亦有所昉乎？子其爲我詳言之。』陳子曰：『《禹貢》首言「隨山刊木，奠高山大川」，非審勢而何至乘四載？尤先事歷覽之徵也。《周禮·考工記》曰：「溝必因水勢，防必因地勢。善溝者水漱之，善防者水淫之。」訓詁之家衆矣，先輩惟以王昭禹說爲得旨，說曰：「溝所以導水，不因水勢，則其流易塞。防所以止水，不因地勢，則其土易崩。」故爲溝者必因水勢之曲直，則其流斯無壅矣！爲防者必因地勢之高下，則其土斯無崩矣！是善溝者必漱齧之而無所壅，以因水勢故也。善防者必淫液之而無所決，以其因地勢故也。又按《說文》：「淫者，浸淫，隨理也。」徐氏曰：「隨其脉理而浸漬也。」凡此者，何莫非揆度情形以治水之謂與？惟是勢之爲言亦不一矣！有全體之勢，有一節之勢。論全體之勢，識貴徹始終，見貴周遠近。寧損小以圖大，毋拯一方而悞全局。寧忍暫而謀久，毋利一時而遺慮於他年。地有高卑，有險易；土有淤鬆，有燥濕，其應鑿應築、可行可止，必究其致患之故，以爲探本之謀，必得易於施工之法，以成夫爲下因川之計，是皆舉全勢而審度之者也。若論一節之勢，如水弱必束之，使其勢急；如水强必洩之，使其勢平。水勢停緩，宜引之使直；水勢猛疾，必紆之使寬；水勢衝射而難遏，必築上流以逼之，使之潆洄；水勢蕩滌而可用，即合其流以導之，使之洗刷。此皆因勢之說，又隨時隨地而酌之者也。苟不知勢，用力多而成功少；若審勢以行水，則事半而功倍。如孫臏之救趙，庖丁之解牛，均是法也。治水者，尤不可不神明其意焉！』大司馬曰：『余聞子言，不異讀書十年也。』於是治裝與陳子遍閱黄淮形勢，及諸沖決要害，因條列擬籌河十疏，次第上之。

水之性不可見，見於勢。譬如人之性情不可見，見於言行威儀。審勢者，又如奕棋，先有成局在胸臆，然後下子不悞。大匠建宫室，必先繪全圖，然後衆工人倣而爲之也。此非躬親歷覽不爲功省齋通達事理，非文襄之忠勤爲國，不恤其身者，誰能聽之？讀留埜文，賢主嘉賓諮謀大事，宛然在目。惟其筆力雄健，故能條理精詳。朝勿齋

估計第三

陳子謂靳大司馬曰：『大工告興，不可以惜費用，公其亟請發帑乎？』大司馬曰：『今者三逆甫平，需餉尚繁。臣子體國分憂，乃其分也。河工修築，惟當節省是務。』陳子曰：『否否。適千里者，三月聚糧。治河之役，與治軍無異。庀材鳩工，非財不辦，亦猶用兵之要，必先料其倉庫，轉其芻糧也。若千里饋餉，士有飢色，樵蘇後爨，師不宿飽，皆言糧匱者，知其軍之不振也。今興大工，倘費用不繼，則諸事罔濟。昔人云：「虛鬵乏粒，易牙不能炊；空柯無刃，公輸不能斲。」蓋謂此也。夫河之於國計民生所繫，綦重其與，軍政正復相等，未可以軍旅爲急，而視河防爲緩圖也。』大司馬曰：『帑固應請，但錙銖皆黎庶脂膏，宜省之又省，以上體節用之至意耳！』陳子曰：『不當用而用之，謂之不節。若當用而反節之，恐後之費，轉相倍蓰也。公日閱《沛水編年》，寧不知唐劉晏之理財乎？足國而不厲民，三代以後，能理財者莫有過於晏者也。攷其造運艘，置倉庾，凡諸工計，寧寬毋刻，寧增毋減。其意蓋曰：「始製不惜，物可經久。後圖修整，亦易爲功。」是經始之多費者，正以省費也。設初估苟簡，勢必草率而易壞。一壞之後，不能修復，勢必更張而重構，則其費不更多乎？故深於爲國計者，不可圖一時之省用，而遺旋修旋壞之虞；不可顧目前之易完，而致垂成垂敝之咎。大凡估計，寧留有餘以待節減，甚勿先爲苟且之計，以致因小而悞大也。彼有司之浮冒估銷，以圖侵漁，此不肖之甚者，法固必懲。若以多估爲己嫌，以樽節爲迎合，雖賢者恐亦不免。殊不知大臣公忠爲國，當計其大者、遠者，不當於當用而節之，以留國家異日之患，並累蒼生復罹漂溺之災。將敝國殃民，不幾乎因循苟且、一念基之乎？可不慎哉！』大司馬曰：『子言誠是也。諺云：日費斗金，不敵西風一浪。以公私有盡之金錢，而填此無窮之壑。天之生水，利人爲多，不圖黃水爲害至於靡已也，可不深慨也夫！』陳子曰：『噫！公之悲天憫人，意良善矣！』然亦皆狃於成說，而未之思耳！國家終歲之出入，以千萬計，大半皆以養兵。今時當治平，未聞以糜餉而遂弛兵備也。至於河工歲修之額，設二十餘萬，不及兵餉百分之一。即另有疏築大工，歲增亦不踰數萬金，奈何獨以黃河爲耗財耶？況王者以天下爲家，其城郭、河渠，猶家室之有棟宇、溝洫也。百金之家，搆一室，每歲必有塗茨修葺之用。豈富有四海，而惜此整理山河之費乎？且東南漕運，必經於河。國脉流通，利濟匪細，是又所費小而所益大也。方今當寧軫念河患，一以奠安昏墊是圖。凡有請發，無不允給。仰見廟謨宏遠，則任事臣工，宜仰體此意，何沾沾惜費爲哉！自古英雄必不吝財，乃能成大事，立大功。況於河、淮之治，尤非易易者。然徒知財不可吝，而估計不明，則吝之固非，浪費之亦失。故《審勢》

之後，即繼以《估計》之篇。當時省齋遇文襄，得暢其說。文襄遇朝廷，得行其言。是亦天之欲治河、淮，故君臣賓主間，有此開心布腹、大度無嫌之盛舉。誠古今所希覯也。卓哉留埜，文能傳之！朱綱伯

任人第四

大司馬問曰：『銓曹需次者紛紛赴工，以冀進用，可盡録之乎？』陳子曰：『營室需財，舉事需人。彼欲用命而來，安可不録？然不可濫録也，當慎之於始而已。夫水土畚鍤，非可優游坐治也。暴露日星，櫛沐風雨，躬胼胝，忍飢寒，其事固非易任矣！若膏澤紈袴之子，寧可與共荼苦？躁進趨利之徒，不可與歷艱辛。倘假請濫録，不獨遺悞大工，且或一時未能委以事，若輩逍遥河上，蜂營蠅集，何所不作？如易於題敘，則開倖進之門。如過爲遏抑，必深叢怨之藪，公私交敝，誹謗布騰，其害可勝道哉？甚矣不可濫録也。』大司馬曰：『既需人，而不録之，可乎？是不可無遴選之良法也。』陳子曰：『然。夫工之作也，必有有司董其役。而地廣事繁之處，非一官可辦。若支分縷晰，具位庶僚，亦未足以佐之，則効力者之在所必録也。至如選録之要，仍當責之董理之有司，必先究其素履，驗其材力，審其邪正，擇可録者保之，而升之於公，然後親爲驗視而録之，而試之以事。試而不稱，即黜之，並究保者。試而稱事，由細而鉅，歷委以試之，於是堪大任者出矣！夫苟有成效，必爲薦拔，俾身受者奮庸，而聞風者盡鼓厲，此古用人之法也。要之始貴慎其選擇，繼貴嚴其考覈，終貴信其賞罰。自可收任人之效，而又何有失人之患哉！』

大司馬曰：『親爲驗視，一謀面耳，安能定其賢否耶？』陳子曰：『孟子不云乎「聽其言也，觀其眸子，人焉廋哉？」蓋應對舉止之間，其人之智愚敬忽，大略可見。至其福澤之厚薄，亦不可不審也。故命將者福將爲上，才將次之，勇將又次之。何則？夫福厚者，必得器厚也。其爲人也，大抵皆堅凝持重，謙謹安詳，奉上必誠恪也，任事必周密也，待人必寬恕也，臨財必慎重也。其際危急之時，值艱險之地，乃能鎮定而不驚，好謀而克濟也。故曰觀人者必觀其心，而觀心者必觀其氣也。』大司馬曰：『子言觀人之法，我其試之。若勸懲之道，誠在於賞罰矣！我聞之古人云「賞如山，罰如溪」者，何謂也？』陳子曰：『「如山」云者，確乎其不可拔也，昭其信也。又山重也，所以明不輕也。「如溪」云者，淵乎其不測也，亦可畏也。又溪深也，所以明不寛也。是故賞罰者，居上之樞機，作事之綱領也。信賞必罰，自可以驅天下之才，而成天下之務矣！雖然，猶未論其本也。從來治法固行於治人，而治人之本，尤在居上位者端之於己焉。公身膺重任，所貴敬以臨之也，勇以任之也，明以察之也，勤以率之，寛以期之，信以要之，恒以守之也。備此七者，又矢以實心，懲以實事，將如聲應響，如腕運指，庶司、百執事有不從風而偃者

乎？於以捍大災、禦大患也，何有潢於此更有請焉？潢等臆度之論，又不若經歷之言之親切而已試也。故凡田夫老役有所陳説，皆宜採聽，以備衆詳。此不任其人，而任其言，亦任人之一端也。虞舜好問，好察邇言，取於人以爲善，故其智乃大。今人命意立説，必欲出於己而後快，自私我見之未去，安可以成大事、成大功哉？』大司馬曰：『旨哉言乎，余敢不服膺焉！』

凡事必須人作，論任人詳矣！泛記其語，何異科場中一篇對策？從其語切實行之，誠大臣爲國因人之準則也。至於採聽百姓條陳，恕其無等而不罪，擇其善者而從之，此尤是居官要訣。俗吏不能行者，病在傲；幕賓阻其行者，病在忌。惟文襄當日能行之，省齋當日能勸之，留埜今日能述之，賢矣哉！陳又大

源流第五

大司馬問曰：『同一水也，何黄流湍急，獨挾沙而行，易淤易決，與他水異？果其源有殊歟？』陳子曰：『河非有異於他水也。中國諸水，惟河源爲獨遠。源遠則流長，流長則入河之水遂多。入河之水既多，則其勢安得不洶湧而湍急哉？況西北土性鬆浮，湍急之水，即隨波而行，於是河水遂黄也。嘗聞秦人之歌曰：「涇水一石，其泥數斗。」今按渭流亦濁，不獨涇然也。他如燕地盧溝之水，其勢酷似黄河，故俗稱渾河。晉之沁、汾諸水亦濁，可知西北之水不惟黄河挾沙也。再攷河自西域而來，其流雖濁，不若汴梁以東之甚。昔賈讓之中策，欲引河灌田，邱文莊以經濟名於時，亦不察其弊，而題之，謂古今善策，無過於此者。殊不知今日汴梁以東之河，若引以灌田，則禾苗必盡被沙壓矣！烏可以灌乎？潘印川公之治河，去今爲近。其所著《河防一覽》，多中肯綮。後之議河防者，必當奉爲金科。雖其所言險要，近多變遷，事宜亦有遺漏。然元賈魯之後，深明河務者，潘公爲最也。今稽其疏，有曰黄水所經河南之土最鬆。昔禹導河入海，經河南者止鄭縣、孟津、鞏縣三處耳！當時之水，未必如今之濁。今自河南郡之閿鄉起，至歸德郡之虞城止，凡五郡，河全經其地。故平時之水，沙居其六；一入伏秋，沙居其八。此豈無確據而言之歟？可知河之濁也，至河南而始甚也明矣！潢嘗溯河之上流，惟寧夏、靈武諸處，至今猶引黄流以資灌溉。寧夏有漢、唐二渠，俱設牐以節蓄洩，水旱有備，民皆賴之。然定制：每歲清明起工。按産挑濬，至夏畢事，方理農功，有司董之永以爲則。由此觀之，上流之水，尚不甚濁。然猶每歲必爲疏濬，不然，溝渠亦淤，無所爲利矣！又按：元臨川朱思本所述河源，較爲詳確。其言自星宿海發源，行十數日，水猶清淺，可涉而渡。又行數日，水漸渾濁。則河源本清，與他水無異，不益可信哉！是其挾沙而濁者，皆由經歷既遠，容納無算，又遭西北沙鬆土散之區，於焉流愈疾而水愈濁。濁

則易淤，淤則易決耳！河之濁，且非其本然也。而謂河性喜決也，不更太誣乎？尤可嗤者，昔人籌河，有建議欲於塞外鑿渠導之北流，入於北海，勿使經中土。謂既可阻隔華（彝）〔夷〕，又使中土永無河患。論者莫不奇其策，祇惜途遥，工鉅難成耳！未有知其大謬者。曩見其説，不覺啞然失笑也。何笑乎爾？夫河之自西域而來，若無他水入之，止此一水，曲折行數千里，其勢必衰，曷能爲中國患？其所以爲患於中國者，大半皆中國之水助之也。設導西域本來之水，行於塞北，而域内之水，自湟洮而東，若秦之灃、渭、涇、汭諸水，晉之汾、沁，梁之伊、洛、瀍、澗，齊之濟、汶、洙、泗，其間山泉溪谷，千支萬派之流，未易更僕數。凡此西北之水，安得不會爲一大川以入於海哉！矧河防所懼者，伏秋也。伏秋之漲，尤非盡自塞外來也。類皆秦、隴、冀、豫深山幽谷層冰積雪，一經暑雨，融消驟集，無不奔注於河。所以每當伏秋之候，有一日而水暴漲數丈者，一時不能洩瀉，遂有潰決之事。從來致患，大都出此。雖使河源引而行之塞北，烏能永免中國山水暴漲之害哉！』大司馬喟然歎曰：『噫！彼論河源流者，率多傳訛。今聞子言，可破一切影響之説矣！』

省齋之識若此，全河皆在其指掌中，豈必沿觀直至星宿哉？讀書明理，聽言能以理斷，留埜所謂學博而有識，故言之如此鑿鑿。至於法本印川，推崇之不少諱，惟真豪傑有真本領，故豁達乃爾，非小才攘竊者可比。留埜博學强記，與省齋同，故能於宿草屢經之後，詳寫故人之説，其文辭更工矣！沈黠成

隄防第六

大司馬曰：『論治河者，莫不以分殺河勢爲言。及攷潘印川之説，先以隄防爲事。子今力宗之，願聞其詳焉！』陳子曰：『拯河患於異漲之際，不可不殺其勢。若平時虞其淤塞而致横決之害，更不可不合其流。是合流爲常策，而分勢爲偶事也。設專務於分，則河流必緩。緩則沙停而淤淺，愈淺愈緩，愈淤愈淺，不日而故道俱塞。河既不得遂其就下之性，勢必旁衝而四潰矣！故潘印川曰：「以人治水，不若以水治水也。」蓋隄成則水合，水合則流迅，流迅則勢猛，勢猛則新沙不停，舊沙盡刷，而河底愈深。於是水行隄内，而得遂其就下之性，方克安流耳！所以治河者，必以隄防爲先務也。且攷隄防之繕，由來尚矣，非自潘公始。《禹貢》曰：「九澤既陂。」陂者，隄防也。慎子曰：「治水者茨防決塞，雖在（彝）〔夷〕翟，相似如一，學之於水，不學之於禹也。」解之者曰：「茨防即今黄河之埽也。」《淮南子》曰：「狟狢得埵防弗去而緣」。解之者曰：「埵，水埒也，防土刑也」。「埵」當作「埰」，與「塍」同。凡此所云防者，非隄防而何？』大司馬曰：『余聞宋太祖有云：「夏后治水，但言導河至海，隨山濬川，未聞力制湍流，廣營高岸。自戰國專利堙塞，故

道以小妨大，以私害公。九河之制遂隳，歷代之患弗弭。』論者悉推爲知言。今之隄防，非所謂廣營高岸、力制湍流乎？且曰力制，則非順其性矣！而子以隄防束水爲順其性，其義何居？』陳子曰：『善治水者順水之性，非縱水之性也。譬之人性本善，率之即謂之道。然《易》曰「閑邪存誠」，又曰「義以方外」。夫「閑」與「方」者，非多方防閑之謂乎？惟多方防範，而本然之性乃全。是防者，正所以順其性也。倘人而任情縱欲，以爲率其本性，此放誕者之言，其畔於聖人之道也遠矣！治水亦然。縱之而就下之性反失，防之而朝宗之勢乃成，此潘印川以堤束水，以水刷沙之説，真乃自然之理，初非矯揉之論。故曰後之論河者，必當奉之爲金科也。』大司馬曰：『《禹貢》所謂九澤者，乃施之於瀦水之澤，非於導川者言也。今導川而祖既陂之説，毋惑乎人之尚未釋然耳！』陳子曰：『川澤雖有異義，古文每多互詞。昔賢引經定案，原不泥近説。況今止論隄防之當與否，亦不必論人之曾用與否也。若《禹貢》無既陂之文，而今日合修隄防，亦宜毅然行之，况稽古有徵乎？潘印川云：「禹時之河，經於中州之地甚少，必不若今日之濁，故可分九河以殺其勢。」於以知古之流可緩，而今之流斷不可不迅，此又古今之異勢，難以執一而論也。』大司馬曰：『子論甚快，余固無疑。顧《禹貢》所謂陂者，果與隄防之制有合否耶？』陳子曰：『甚哉公之善問也！夫陂者，坂也，土披下而袤側也。此非陡崖之岸，乃坦陂之隄。後人以騎而可登，謂之曰走馬隄。是即陂也。蓋隄防之制，其基必倍廣於頂，則水不能傾之。古聖人之一言，而作隄之法已備，洵言簡意該也。至於近世隄防之名不一，其去河頗遠，築之以備大漲者，曰遥隄；逼河之游，以束河流者，曰縷隄；地當頂衝，慮縷隄有失而復作一隄於内，以防未然者，曰夾隄；夾隄有不能綿亘，規而附於縷隄之内，形若月之半者，曰月隄。若夾隄與縷隄相比而長，恐縷隄被衝，則流遂長驅於兩隄之間，而不可遏，又築一小隄，横阻於中者，曰格隄；又曰横隄；隄防雖多，不出數者。其作隄之法，遥隄去河遠，必相地勢，因高而聯絡之，其餘隨流以防範焉。取土須遠隄根，築土必旋挑旋夯。若近隄取土，則基不固。土厚方夯，則築不堅也。築成驗土，舊法插籤灌水，水不即滲，便爲堅結。然插驗之法，務於連晴之後，其鐵籤須細，直下直起方合。若輩作弊，籤粗而摇宕之，則貼籤之土先實，水亦不即滲，遂被掩飾矣，驗時宜細察也。遥隄之外，離隄取土之地，即可成小河以資運料。縷隄逼流，排樁、襯埽所不可少。若在頂衝險工，尤必用護隄埽也。隄土插柳，可備捲埽，隄根蓄草，亦足禦波。隨地制宜，皆不可不喻也。』大司馬曰：『子言隄防詳矣！若異漲之時，何以殺其勢乎？』陳子曰：『遥隄去河頗寬。若異漲之時，溢至遥隄，河寬而勢自殺。是雖合流，而分亦寓焉矣！所患者，三瀆並漲耳！三瀆者何？黃、淮及山東漕河也。每年水漲，或黄漲而淮不漲，或淮漲而山東諸水不漲，或淮與山東水漲，而黄反不漲。抑或有漲於春者，有漲於夏秋者。三瀆不並漲，猶可禦也。惟是一時而三瀆適皆漲焉，其勢遂莫之能禦。若無以預爲之地，一經泛溢，其害何可底止？是以遥堤之減水壩，斷不可不設也。當其無事，人有議減壩爲虚設者；及減水時，人又有議減壩爲厲民者；此皆不知全河之事宜，而好爲局外之論者也。夫減壩之設，譬如居室者，雖不日接賓客，而几、席必設，供具必備，偶有賓至，處之泰然。苟几、席供具不一設備，一旦賓客闐集，其何待之？勢必愴惶莫措矣！有遥隄而不預設減壩，萬一三瀆並漲，而蔑由少殺其勢，遥隄一潰，尚可救乎？兵可百年不用，不可一日不備。減壩之設，何以異是？或曰減壩洩水，大似以鄰國爲壑，毋怪乎謗者之謂厲民也。不知減壩之水，節制之兵也。所減有準，則不若隄潰之漂溺無算也。審利害者，若均之有害，必就其輕者焉。譬之子弟縱逸，即當裁抑其受困苦者無幾。若不爲節之，而至於踰閑越矩，將放僻邪侈，靡不爲矣！其陷於罪，尚可言哉？此養癰之害，所以一潰而莫可救藥也。夫減壩有天然之制，必在異漲之時，方有減下之水。若漲稍退，減即止矣！此出於萬不獲已，爲保固全河於異漲之時計。方設是減壩，非若戰國曲防以病鄰國也。且遥隄之外，近有運糧小河，減下之水，將從小河洩之，亦略存大禹疏九河之意耳！設有淹及民田之時，不異偶逢澇災，民田低下者乃罹之也。然低田一經黄水所淤，水退而土即墊高，次年必獲倍收，損益亦正相等。要之設減壩，則遥隄可保無虞。保遥隄，則全河可冀永定。減壩與隄防，實又相爲維持者也。雖有暫時之害，而實收久安之利，安得謂之厲民也哉？』

此篇及下二篇，乃實言治河之事。留埜於二篇章法，前後有次第，讀者不可紊亂之也。迅流刷沙，隄以束之，漲則又有減壩以洩之，其精之擬於率性，而大之同於治兵。清淮刷沙，亦即此理。文襄公逐層問難，真爲大臣虚己之學，任事之忠，非省齋不能答，不能答即不能辨矣！《左傳》《史記》敘次戰攻，一一如畫，留埜筆力足以當之。故讀其書者，即可知治河不難。汪文漪

疏濬第七

靳大司馬曰：『東河趨海，固以隄防爲急務，豈疏濬竟可不事乎？』陳子曰：『疏濬烏竟可廢也？夫隄防束水，固爲行所無事。設處不得不疏濬者，又必有因事順導之法，而不以人意參之，庶不悖神禹之道耳！如有潰決之患，先宜截築決口兩旁，掘溝下埽，以裏定其根，俾決口不致日擴也。若既決於旁流，則正流必緩，故道暫淤。若塞決口而不濬故道，則水將安適？水無所適，而決口之流漸築漸逼，愈逼而水勢愈急，欲望其遽合也，不幾難哉？然疏濬故道，又未易言也。故道雖淤，豈竟如平陸乎？其浮

沙、塗泥、灘河淺水，一望瀰漫。欲事畚插，何所措手？少爲開掘，水即隨之，滂泥水中，焉能深廣？甚矣，人力之疏濬未易言也！潢嘗再四圖維，而知以人治水，誠不若以水治水之爲得其道也。是以欲濬故道者，莫若將決口之下，故道淤處，反築一堰，截其微流。溯決口之上游，相度形勢，則開一引河，直通故道。夫故道淤處既截微流，則河底涸出漸可施工。止須開濬深溝數道，餘不必盡挖也。俟上之引河既成，下之深溝復掘，然後併力下埽，以塞決口。及河流洶湧、勢力加猛之際，遂開決口上流引河之口。黃流復際暴怒，有一道以洩之，勢必直注引河，由引河而直趨故道，故道已開深溝，水有所容，必且沛然莫禦，而停沙淤淺之處，便可隨流而冲刷矣！河溜既歸故道，而決口之事自減，因而再併力下埽，決口斷無不合者也。於是知築隄而水自可刷沙，乃以築爲疏，而疏且本於築也。又當知導流而埽方可塞決，乃以疏爲築，而築又原於疏也。凡此，皆治其所以然之故，而不外乎以水治水而已。故導河者，鑿河之形，人力所成十之二；引河之勢，水力所滌十之八。若以河患委託天意，此任天而不任人者，固失聖人範圍補救之道，以河工全憑人力，此任人而不任理者，尤爲小智穿鑿，意見之私也。』大司馬曰：『海口淤墊，河流不暢，潘印川謂無可施工，惟當築隄合流，導之冲刷，則海口自深。其説是已。但近年淮、黃入海之道，較昔漸狹，豈竟可無事於開廣歟？』陳子曰：『唯唯，否否。夫海口浩渺，洪波滔天，欲事疏濬，誠難言也。然河挾沙，而海潮逆上，安得不墊？傍岸洄溜，尤易停淤。故以今較昔，沙洲出海，幾及百里，而海口漸狹，勢使然也。若終不濬，下流必壅，而欲上流不決，烏可得乎？是濬之法，亦不可不講也。其法於近海兩岸之內，各開一引河，挑土即培於引河之外，以作縷隄，其受河流處與入海處，且緩啟其口，俟河形鑿成，又必當河漲之時，方啟其口，引黃分注於其中，以趨於海。初似析河而三，再將中隔之沙渚，駕犁疏之，其沙必隨波漸削，久之合三而一，則海口遂開廣矣！此亦非全用人力，而半藉水力以成之者也。若曰海口竟不可施工，印川之説不無漏議焉。』大司馬曰：『子之論真可補前賢未盡之旨矣！至運河淤阻，非人不爲功，子有何妙畫，其亦悉言之。』陳子曰：『南北漕水，皆入於河。間有河水暴漲，反入於漕之時，謂之倒灌。一經倒灌，漕必淤淺。如黃速退，而清水下注，便可束深，亦無待開濬也。惟慮清水旁洩，力不能刷，而黃水灌久，則漕不得不濬矣！此人力之必需者也。濬之之計，量度土方以估工費，自有常則。然計方論工，又不若聚夫而計擔給值，隨挑隨發，尤爲便捷。是在敏於任事者因時度地，酌而行之耳！至於河身廣狹深淺之宜，又必計水之大小、流之急緩，量其水方，度其消納以定之。待舟楫通利，淺者亦可漸深。倘朝夕停淤，深者行將漸淺。水無定行，工難終已，歲修額設，良有以也。』

古人以疏濬爲治河之法，省齋以疏濬而濟束河之窮，因時制宜，各有至理。築堰以截微流，開引河以漸通故道，然後決口可塞； 更欲施工海口，則又爲引河、縷隄與黄河分而爲三，然後暫俟其合而爲一，補印川之所未逮。南北漕皆清水，使束之不旁洩，則不至於倒灌。不幸而有時倒灌，則土方、水方，各有量度之法以治之。於是河之表裏，無不治也。 周曉春

工料第八

陳子曰：『謀事者，人心也； 赴工者，人力也； 積貯者，貲財也； 濟用者，物料也。夫謀慮未精，不足以成事。然徒謀而人力不集，則託之空言矣！貲財不貯，不足以圖功。然聚財而物料不備，則緩急亦無濟矣！故欲籌河防，則工力與料物，不得不熟計之也。』靳大司馬曰：『攷古塞河之役，動發卒數十萬。今則不然，近河州縣，有歲修額設之夫。若别有大工興舉，又隨時召募，有司董之，義民率之，功竣罷去，似較古發卒爲便。今之力役，豈尚有未善者乎？』陳子曰：『修舉靡常，届期調發，恐有後時之慮。州縣額夫既有定數，何不如丁銀徵科，解銀河庫，不時雇募，以免民夫起解及在工守候之苦，尤爲公私兩便也。至河流頂衝險要之處，其巡守之夫，無間晝夜，無分晴雨，皆須查視，方可不時搶救。向設有守隄夫役，慮無節制，惰弛不免也。潢思河工原比於軍法，請即以軍法行之。凡給食赴工之夫，盡募爲支餉； 守汛之卒，設千、把等官統之，以弁領兵，以大轄小，一如身之與臂，臂之與指。如此，則節制既有責成，而防禦庶無疎虞矣！所慮者一法立，百弊生。每見營卒多開虛糧，武弁役使無間，而練習缺然矣！河兵流弊，恐一如之。若設則私役，缺則虛冒，不幾名存實亡乎？所宜預立嚴禁，勤爲查點，以杜弊端。然此所設之卒，爲防守搶救之計也。若夫鑿渠、築隄，起建大工，非募夫不辦。其法非可計土以論也，惟制府定其經界，酌其高深，量其尋尺。凡或築或鑿，皆以土方科之，命監司按則估計，以定經費之若干，然後監理有官，分修有官，畫界派工，領費募夫，以從事焉。至於募夫，涣而無稽者也，必慎擇義民以統率之。義民亦計土方，取值於官。自復計工散值於夫其帑之不致於虧空工之必期於合法，全視乎義民之得人與否，此在司事慎重擇之也。胼胝畚鍤，晴霽可作。時際陰雨，則相聚而食，其晴時所餘之貲，不足償雨時坐縻之費。役夫之食，恐致涣散，則土方之外，當量益以陰雨之食給，此又不可不預計者也。夫搶救防守若設，卒有定制，疏塞興作，又量役以募夫，較古之撥發，誠爲無擾而易集事也。惟是精於釐弊，善於奉行，則不在治法，而在治人矣！』大司馬曰：『儲料濟用，欲有利無弊，又當若之何？』陳子曰：『埽柳、葦、檾，近河頗饒。需及時採運，貯於各險。至椿木來自江浙，甃石採於南湖諸山。而灰磚釘鐵，悉事陶冶。其

間若因公擾民，尅價肥私，物既不能符式，料半屬於虚縻，其弊正不可以枚舉矣！祛弊之法，所當勤其稽覈，信其懲究，則弊方不至太甚也。而其要，尤在預爲儲備，不使緩急無藉，此爲肯綮之至論也。若夫磚石之工，以墊底深厚幾層爲固，下埽之法，以簽樁入土多尺爲堅。磚石用灰，須以沙煉。若灌灰漿者，盡屬粉飾。埽用柳草，貴實以土，若鬆浮者尤易漂流。凡此，皆賴實心用事之人，實力董理耳！至瀕海柴蕩，隨河東漲，有日廣之勢。其有裨於料，良非纖細，必宜設專官理之。凡造報之蕩，取近河易運者，責取蘆束，以佐大工。其餘皆宜聽民領管，或歸竈户，或起灘租。裕公之中，復須利民，勿俾豪强兼併，滋爲弊藪，斯善也。至於運載物料，皆係木石、柴草贏重之物，非借水力船隻，何能搬運致遠？向來修築及伏秋搶救，俱封拏商旅行舟。夫封拏客舟，其爲害民，自不必説。且倉卒之際，急欲拏舟，商賈聞風遠避，往往有料無舟，以致徒手莫救小災，遂成大災矣！是宜疏請將河卒建曠銀内動支，特造淺柳船隻四五百號，分隸八河廳營，各撥兵目，爲之催儹駕運，永著爲令。則緩急運料有濟，不致遺悮險工。且拏舟之害民，可以杜其弊。此更有利公私、急須行之者也。』

雇募之夫，巡守之軍，勝於古之調發。料物必覈之勤，而儲之預，煉之固，而下之堅。官理柴蕩，特造運載之船，一一周詳精到，不以大而遺細，不以精而弃粗，可大受，亦可小知。此諸葛孔明、陶士行之流亞歟？朝物齊

因革第九

靳大司馬曰：『潘中丞之治河，去今爲近。其規畫可法者固多，抑有與今異者歟？』陳子曰：『治河之理，千百世不易，豈有明季至今而異也？惟是水之形勢，與世推移，而險要遂異，流行亦殊，則規畫因以不同耳！即如明弘治間，河決荆隆口，潰黄陵岡，山東張秋鎮幾没於河。乃在曹、單等縣，築太行隄障之。嘉靖初年，河漸北徙，濟寧魯橋以下，河道淤填。二十六年，河復決曹縣。四十四年，決沛之飛雲橋，逆流東行，逾曹入昭陽湖，東平州平地水深丈餘。萬曆十五年，又決荆隆口，長垣諸邑俱遭昏墊。是明時山東每有河患，長垣一帶，隄防甚要。自本朝來，徐州以上隄固流深，絶無疎虞。雖防汛難忽，而險要已銷矣！再如北運河口，明萬曆間，猶在徐州北岸。黄漲時，輒灌入古洪，内華等閘，動至淤塞。禁閘啓閉，歲加挑浚，殊費經理。今北運口漸改而東，黄水北灌之患永除，此皆今昔之各異者也。再者運河南口，明時例謹閉通濟閘。糧艘過淮後，每歲六月初，即於閘外築壩，以遏黄流。霜降後，黄水退，回空之時，方啟。凡一切南北往來之船，俱於五壩盤過。潘中丞丁嚀告戒，以爲此例斷不可易。及本朝來，五壩俱廢，通濟閘口今復改制遷廻，其道以接受清淮。若高堰加修，淮水不致東洩，得以全力敵黄，則黄水自不倒灌。此不特遏黄之壩永不必築，即廣濟一閘

似可不用，而南北往來之舟楫無復再事盤壩矣！此更今昔之不同也。夫高堰爲全淮保障，自漢末陳登創建，至明初陳瑄大葺，中季潘中丞又加築焉，迄今獨爲兩河關鍵。但堰之迤南周橋一帶，潘公不加修築，其意慮淮水大漲時，藉以洩瀉。迨我朝，而流水之處，漸次刷決，以致淮水東注，遂有清水潭之大患。今不若將周橋一帶，接建堰堤，則清水潭之決口，終難以塞。此明時可不全築，而今必隄防之者也。然全築之固，所以蓄淮水而敵黃流。顧淮水異漲，而不爲先洩，則堰終難保，此減水壩之必不可不設者也。潘公留越城、周橋之餘地，以洩淮漲，孰知流弊致清水潭之害？今接築之以補其缺略，仍置減壩以神明其宣洩之意，是又今昔方略之不同而同者矣！明萬曆時，北運河猶出古洪口，屢塞屢改，百餘年中，運口十改。迨東移至皂河口，雖明所苦呂梁洪諸險，皆已不經，然倒灌之患，猶或不免。今康熙二十年閉皂河口，又順流而東十五里，出張莊運口，遂免倒灌，而運艘尚經由黃河二百八十餘里，不無牽挽之瘁，風濤之危。潢已於九里岡一帶，黃河北岸之內，間開運料小河，將來因之聯絡，開濬引汶、沂之水，直近清河縣上流，從仲家莊入於黃河，則北河之口愈趨而下，不特黃流倒灌之患永絶，而漕艘過淮出南運口不二十里，即入北運口，可竟脱風濤之厄，與牽挽之勞。利國儲而息軍力，不無有裨，此更古人所不及計，而今可漸爲規畫者也。其他如明季慮睢水直射泗州，有妨陵寢，特築歸仁遥隄以捍之，使睢水北入於河也。今睢水已盡，南入於淮，正可助淮敵黃，而歸仁一隄，不甚扼要矣！又嘉靖間，於黃河北岸王家營東，衝開草灣河，奪黃流十分之七，至赤晏復歸大河。是時清江浦喜河北徙，特以爲安。當事者或以議塞，或議因之而浚，紛紛不一。今已全淤，浚塞均可不議矣！此皆因革之大凡也。要知水性本動，而黃爲尤甚。其變更遷徙，原是無常，固難刻劃古人成跡而治之也。惟是可信者理，可守者法，有事則順理以調劑之，俾彌其害，無事則守法以謹防之，俾安其常。一日如是，千百年亦如是。即河有因革，而理與法安有因革哉！』

談經濟者，援上古不如証近代。蓋近代之與今世，其規模相似，而轉移不甚懸殊也。然即其二三百年間，非多見多聞，亦戛戛乎難言矣！省齋熟於史事，明代河道，歷歷可數，以是而推之，前後之因革，五帝不襲禮，三代不沿樂，儼然有損益。古今氣象，河有變而理與法無變。嗟乎！吾恐變者之不能善變，又恐不變者坐視河之變也。如文襄，其可易得耶？陳又大

善守第十

靳大司馬曰：『河之爲患，終古不息，豈遂無一勞永逸之策乎？』陳子曰：『宇宙間萬事萬物，皆有變更，固不獨河爲然也。試觀城郭、宮室有數千百年不傾圮者耶？即如常人廬舍，猶須歲爲葺治。若不及時綢繆，飄搖

風雨，所不免也。凡此静業，尚不能不敝，况水屬動者乎？水而依山，或不挾沙，猶不速變。若黃水自中州而東，容納既多，流於平曠之境，而又挾沙以行，欲其不變，安可得乎？故一勞永逸之説，治他水或可言，而獨難言於治黃也。雖然，黃之不能常治，究人事之不能有恒耳！蓋致害之端，無不兆於幾微，而成於怠忽也。是以爝火不息，至於燎原；蟻穴不塞，至於沉竈。其所由來者，亦甚微矣！防河者果能察幾慮遠，杜漸防微，一人理之，千百人一其心以行之；一時定之，千百年遵其法以守之。少有冲刷，即捲埽以護之；少有滲漏，即退築以阻之；少有淤墊，即束波以滌之；少有泛溢，即量减以洩之。時時防閑，在在檢飭，自可消大患爲小患，弭小患爲無患。欲期久安長治也，何有無如人事之不能有恒，乃勢使然也。或始勤終怠，或顧此失彼，或遷官罷去，或病疾死亡。自一官而論，已不能必其有恒矣！再者人懷殊心，各立異論，或勤惰不同，或公私各别，或習安而忘危，或喜新而厭舊，種種無恒，河患隨作則自衆人而論，更不能必其有恒矣！人且無恒心而欲河之恒治也，不綦難哉！惟得公忠大臣，深明河務者，朝廷信任不疑，俾之久於其職，督率屬員，惟懷永圖。再簡賢能，副其官，講習有素。即屬員俱宜永任，有過則降黜；若勤勞著績者，增其秩，毋遷其官。一如欽天監、太醫院之員，皆專習其事，自必諳熟其理，庶幾陳、畢繼治而協心，蕭、曹相承而寧一。將奠定之功，克守一年，即可弭患於一年；克守十年、百年，即可弭患於十年、百年矣！獨是守之之要，不特遵其成法，又必通其神明。故有不輕更張而爲守者，更有隨時變通而爲守者，此又顧其人之何如耳！嗟嗟天之生才不數。即生其才，而或未必用；即用而或有間阻，又不獲盡其才。即此其間則有天焉。若曰人事既以克修，而天意尚有難必。是爲流俗人之言，而非深明治河之理者也。』

文襄公思及善守，是真以天地萬物爲心。往古來今爲己任，非徒建功名於一時者。省齋不責之群有司，而責之大臣公忠，可謂深知治體矣！予嘗謂天下久安長治，原不難，祇任宰相、九卿、督撫、將軍得其人耳！大吏得其人，則庶司百職、進退黜陟無不當，而遐陬僻壤，人皆各得其所矣！爲人君者審此，豈非勞於用人而逸於致治哉？

朱綱伯

雜誌第十一

靳公初蒞河，于時黃水決者數處，而楊家庄之患爲尤大。河流盡歸決口，北流入海，正河淤淺，漕不得達宿遷以東北岸民田，皆成巨浸。陳子不爲淺近補救之計，不即築塞決口。先導南岸淮水，從清口暢流，以滌下流入海之淤淺，使故道以疏，然後溯決口之上游，從南岸開鑿引河，引流入於故道。清口既不倒灌，故道既得疏通，河水已半歸故道。於是決口之勢稍殺，隨即捲備巨埽塞決。是時一埽之大如陵阜，約值千金，數百人輓之，以填諸決，而決口之河流奔湧，尚且掣埽漂去。有作埽之良工立埽上，隨之没於河，人皆股栗，束手無策矣！陳子復酌多開引河，分水勢，趨於故道。斯決口之流大緩，漸可築塞。然將及合時，一夕水漲，復報潰開，官吏役工，莫不相顧失色，以爲此工必不可成也。惟陳子鎮之以静，徐曰：『偶值水漲耳！俟水消退，仍塞之，必可合。』後竟如其言。若非陳子之明識定力，欲決之塞也難矣！

黄流之倒灌北運口，其害已非一日矣！明時漕艘歷吕梁，抵徐州，進鎮口閘北運。每年黄漲，即逆流進閘，輙致墊塞。因立法俟漕船進口，即閉閘禁行。至秋深水退，方爲啟閘，放回空之船。然後撈浚之工，究不能免。後漸改而東至皂河口進北運河，雖脱吕梁諸險。然黄河倒灌，猶未免也。靳公甫督河，駱馬湖口已經淤斷，漕運無由北達，危急異常。陳子即相度水勢，建議創挑皂河二十里，復挑支河三十里，由張庄運口北上，於是黄流北灌之患方息，其故何哉？蓋以運口愈東，則地勢愈下，北水從上注下，以順入於河，而黄水不能自下而上，以逆入於漕也。况至張庄運口，又北接駱馬湖之水，合流入河，而力更足以敵黄，即稍爲更定除數百年倒淤之患。非深得水之情性，其孰能之？

南運河口自明季以來，漕船俱出甘羅城口之天妃閘。初時閘口逼近黄河，河水濁流便易倒灌，比北運口之倒灌爲尤甚。淮安一帶運河，遂致淤墊。每年冬季，必大興工挑浚，方可濟運。且黄水既倒灌運河，則淮水不能暢出清口，以致高堰水勢日增，下河被淹爲害甚大。陳子建議改進太平壩，遷其途以避黄水內灌。設或黄强淮弱之年，間有倒灌，黄水勢退，清淮暢流，旋將淤泥即爲冲刷，仍不墊淺，漕運可無阻滯。一轉移間，歲省民力、財用無算。上濟漕運，且保高堰之危，杜下河淹没之源，真在無聲無形之中也。

清水潭者，在高郵之北，運道之所必由者也。淮水東潰，將隄防盡決，數十里略無畔岸。湍波衝激，旋爲淵深，故曰潭也。初時，因漕船經此，輙被漂汩，運道中阻，勢在必修。然塞之必隨水而瀉，屢修屢潰，茫無津涯。估工者計費百萬，訖無效也。靳公既督河道，在所必理。陳子周視形勢，遂估計其費，以爲十萬可塞也。監司以下，皆不敢任其事，謂前估五十餘萬，今估十萬，費省十之八，焉能冀其有成效？於是陳子躬自治之。陳子知清水潭之致患也，由於高堰迤南，潘印川留越城一帶未築，以洩淮漲。及洩瀉日久成河，九道其流不可遏，由高郵湖直衝而東，遂成清水潭之患。陳子先將越城一帶，接高家堰而築之。既障淮水北行，盡出清口，以敵黄。而清水潭上游之勢頓緩，水便減退，即易爲功矣！陳子又計潭之中最深，若必欲徑直築隄，潭深未易填也。乃環潭而築，稍迂其道，就其淺處施工，而其事又易矣！且他人視此工甚險，謂必以竹篾載石下之，或謂以舟載鐵沉之，紛紛妄議。陳子以爲制水者土也，止須土築。乃就近岸淺處，漸次運土築，兩隄於水中。約築半里許，兩頭壩住，將水戽乾，即於兩隄之中，挖土接堤再築。不特取土不遠，而河且深矣！又築半里許，其作壩、戽水、挖土接隄，一如前法。漸築漸挖，而清水潭數十里之間，竟成長隄二道。運艘行乎其間，永無漂漲之患，故今謂之曰永安河。真省費而奏功易，非人意料所及。既成之後，又若行所無事焉，亦神乎其技矣！後之治水者，誠不可不奉爲章程，而會其意旨也。

北運河口改至張庄，雖免倒灌之患，然漕船自淮出清口，溯流而上，尚有一百八十里之遥。重載逆水，固屬難行，而黄水之湍急，於徐州以東更甚。每船過黄，增僱短縴必二十餘人，而日行尚不過二三十里。况遇暴風水漲，不無漂淌之虞。淺洲淤沙，更有起駁之累。故漕艘之過黄，多費而且懷憂，良以大阨也。陳子因修建遥堤，乃於宿遷以下，如七里溝、上渡口諸處，取土築堤，即間開運料小河，後因而規度於黄河北岸之内，另疏一渠，瀉北運河之水。從攔馬河起至仲家庄止，凡一百八十里，就運料小河，通而浚之，擴而深廣之，所費頗節，而中河之運道成矣！使漕船出清口，止於黄河行二十里許，過清河縣，即進仲家庄閘，悉由平流以北運，永免黄河風波之險阻，且省縴挽之勞費，又可速於趲程，不悮漕限。運丁之戴頌，懽呼至今，口碑載道。嗣後每年漕運，從無稍阻。至於民船北上，因經黄河者止二十里，小舠葉舟，皆可直達於通州。裨國便民，匪可言殫。洵哉中河之開，百世之利也。凡此疏築大工，皆以靳大司馬言聽計從，即爲建白，更仰賴朝廷聖明，乾斷允行，方俾膚功克奏。然陳子竭智紓籌，澹災興利，其經世之學，誠有不可泯没者也。

漕船過清江浦，必由新庄閘出太平閘，而新庄閘之南，另疏一渠，由七里閘亦可出太平閘。每年大抵由新庄閘者居多，其設七里閘者，以備新庄閘之敝。或欲修造，則由七里閘也。其年正欲修新庄，遂由七里。適淮水暴漲，漕艘逆上七里閘甚艱，日止過一二船。漕院羽檄，來相催促，以悮河政之悮漕也。奈閘口水勢甚緊，急切不能飛渡。靳大司馬有憂色，陳子曰：『是不難也。』當夕下片紙，諭有司於七里閘之上游，鑿數涵洞，引水出於閘之下。不日涵洞成，閘口水頓平，日報漕船過數十號矣！留埜張氏目擊其事，驚歎不已，問何以閘上鑿涵洞，而水遂平也，陳子曰：『閘上鑿涵洞，則水洩而勢緩；閘下得涵洞之水，則水長而勢平，豈尚慮閘口之湍急難過哉？』留埜曰：『噫！此真得水之性情者也。而子之算亦神矣！』

淮郡之東真武廟者，黄流所經之處也。一日者報河决真武廟，此乃舊决口，今復潰開。靳公不覺失色，陳子曰：『無慮也。潢請即往視之。』及相視而歸，共問爲害若何，以必須急塞也。陳子曰：『可不必塞。不數日後，自塞耳。』人皆異其言，尚疑信參半也。無何，果報决口之水退出，其潰處已塞矣！留埜張氏更爲驚歎，復問其故。陳子曰：『人以此爲舊決口，向年難塞，宜乎共相憂慮也。但不知此乃下決口耳！水從來未有決而上流者。若欲由真武廟決而下行，地多陵阜，水去必不能暢其性，勢必返而仍歸於河。况黄水挾沙，決而不能暢流，其沙俱停墊於所決之處，行即自塞矣，無待人力也。』是時淮民不知陳子不塞之故，但聞其言曰『決將自塞』，未幾其言果驗。民遂有河伯降生之謡也。以上二條，雖無關乎大工，然陳子之論，深得水之性情，可以爲後世法。特附誌之，亦舉一隅之意云耳。前此一篇，通論治河之理。此云《雜誌》，非果雜也，乃省齋佐文襄公治河之實蹟也。文襄公特疏其有大功者五，此與之相發明。按省齋有測水法：以水流迅則如急行人，日可行二百里；水流徐則如緩行人，日可行七八十里。即用『土方』法，以水縱横一丈、高一（丈）〔尺〕[一]爲一方。計此河能行水幾方，然後受之其餘者，皆以計宣洩之。此出彼入，使游波寛衍，不致薄堤。凡置閘通漕，率用此方。第七篇所謂『水方』者是也。清水潭，是省齋改作。若如衆人之議，則雖費帑金五六十萬，亦終不能成。何則？以一潭受全淮之水，愈久愈深。深處築之，旋築旋壞，立下流而承上流之滔滔傾注，雖使鐵石當之，亦不能久存也。故省齋謂疏河當先浚其下，塞決則當先治其上。於是將減水翟家壩三十里，與九道之河盡堤而塞之。上流既治，然後越潭避險，相湖中淺所築堤，堤紆而長，厥根牢固，而清水潭改移其處。自此舟行不患漂溺，而下河七州縣不至瀰漫矣！方其始作時，郡有司謂塞築上流，恐下流未救而上塞先潰。且湖中築堤，事所未經。而向者程工六十萬，今反減其八，以爲十萬可就，是必不能，甚有面陳不可之狀，至於泣下者。省齋持議愈堅，文襄公佐之益力。及其成也，爲時幾何，人役幾何，草柳蓆鐵木石幾何，所估不失毛髮。其改南北兩運口，北者不由遼闊之駱馬湖，而於大澤中鑿河以行；南者業改閘於淮内。運河抵受淮水，淮又足以禦河。然予聞省齋有言：佐大司馬治河無憾，惟南運口尚思再有改也。中河之利，公私便之，萬世賴之。以上列之爲五大功。若楊家庄，即所謂疏河者。先浚下，其人所股栗失色，而能鎮之以静。乃留埜所謂饒膽略者也。七里閘、真武廟皆是饒膽略處。又按中河迤北，復有重河障之以堤，山東之水盡由此入海，黄河不憂其加漲。更相所在，多建閘壩，故黄河與山東之水得以互相游息。而黄河南岸，又有堅堤以障之，不虞其再潰。將從此黄河永不他徙。其中河與重河之間，又有通河，以備蓄洩。區畫之詳，不可殫舉。陳又大

〔一〕《土方則例》：『土以方一丈、高一尺爲一方。』又《修守事宜》：『每方廣一丈、高一尺。』據改。

辨惑第十二

留埜張氏問於陳子曰：『近來河防致患之由，大率以黃水倒灌入淮也。淮既不能出清口，勢必東溢，盡淹高、寶諸州縣。黃水分洩入南運河，則出海之勢自弱，於是沙停水滯，而上流傍決之患遂作矣。此患之不息，而費以不貲也。以愚計之，莫若竟塞清口，使黃流直注於海；再將淮水順其性，而南入於江。孟子「排淮泗而注之江」一語，俾黃淮分流，則永無倒灌，而諸患之原可弭矣！惟是漕船北運，必由清口以出，豈可竟塞乎？不知國帑之費於河工亦多矣！愚意漕艘竟造南北兩班，南班之船運至於淮，即由六壩盤交北班；北班另造小樣之船於黃河受載，運送通州，省每歲河工之費，以爲增造漕船及兩班分運之需，亦不甚遠，而淮泗水患可息，民得安土而居，豈非澹災之策乎？』陳子曰：『子能通計黃淮形勢，及漕運大略，而發爲此論，亦見子留心經世之學矣。特未知近代淮黃亦曾分流矣！元時運道漕船，由江入淮，由淮順流出廟灣海口，從海道北運。是淮原未嘗與黃合流入海，而元時河患，仍未息也。迨明初，平江伯陳瑄始增修高堰，開清口，導淮入黃，漕艘溯黃流，浮汶衞諸水而北上。是時防閑得其道，不獨河無汎濫，而漕亦克濟。是元分淮黃，而患仍作。明合淮黃，而功亦奏。由此觀之，水患不息，豈僅因淮黃之相通哉？況黃水自中州而來，至彭城以下，河流愈濁。及將入於海，又日有兩潮逆其流，若無清淮從而滌之，則海口尤易於淤。平江伯引淮入河，同趨於海，止欲滌海口之淤也。譬之人食稠糜，必易於哽咽。若漱以清茗，有不利喉而下者乎？』留埜曰：『余竊以爲分淮黃而導之，乃順其性耳！元時分流，而患不息，或別有故。今聞子言，方知黃之入海，有藉於淮。余之議，姑存以備參考可耳！』

下河議興，靳大司馬疏請築長堤二道，障各減壩之水，直達於海。議者譁然，以築堤於地面，架水而行，非水由地中之意，且河形既高，則田反在其下，被淹之田，瀦積之波，安能歸於堤內，以瀉入於海耶？聞其說者，皆不能無疑於長堤之策也。留埜張氏因其說而問難於陳子，陳子曰：『子亦知下河之何以議開乎？夫下河高、寶、興、泰七州縣之被淹也，非淹於雨澤之過多，實淹於運河溢出之水也。夫溢出之水由高堰而來，白馬、氾光諸湖不能容，運河不能洩，乃溢注於下河，源源不窮也。若無一渠以達之於海，則日積於七州縣之區矣！此七州縣之所以被淹，下河之所以議開也。若止慮雨澤淫潦，而欲洩之，則原有廟灣、石䃥、串場、芒稻諸河具在，又安用別治一渠哉？今人不明開下河之故，而漫然爲局外之論，是以有堤高於地之惑也。須知七州縣之地，其形如釜。西近運河，地勢固西高而東下，東近海濱，又東高而西下，此范公堤之東障海潮，爲百世之利也。倘鑿渠以東通於海，不特減瀦之水不能逆上而出，將海潮且溢而入矣。今再四籌畫，不得不於淮郡之南、高郵之北，築長堤以護減下之水，向東北就下，而行朦朧港，以趨歸於海也。果將減壩源源之水送之入海，而田中所瀦，皆屬無源，不難日就涸竭也。彼謂田水反下不能入渠爲疑，試問開下河爲洩田中之水乎？抑爲洩減壩之水乎？若爲洩減壩之水而開渠也，又何疑田水之難洩耶？』

陳子既定開浚中河之計，人盡知浚成之利，而僅慮創鑿之難耳！惟竹岡周氏以爲黄流與中河相隔密邇，黄之汎濫莫測，或決入於中河，恐致合爲一渠，終非可久之策，問難於陳子，陳子曰：『子之慮誠遠矣！然而河防之計，其可信以垂久者，惟有謹守之一法也。倘疎於防範，即相越數百千里，而患將及之。若勤於守禦，雖止隔一縷之堤，而可恃以永久。如清江浦之運河，與黄止隔數武耳。而幾百年來，保固無虞，民居列市於堤上，前門臨運河，後門逼黄水，尚處之泰然。是未可以兩河相近爲疑也。』

初，靳公撫皖時，陳子見盧、鳳間多荒蕪曠土，因議爲溝田之制。説本井田之溝洫，而規畫便宜，實利民而可行也。維以靳公移節河干，其事不果。迨乎兩河奠安，向所淹溺之區，漸次涸出。陳子復理溝田之説，先於安東之野，就湖地而屯墾焉。試之而利，因籌帑金之耗於河工者無算，可即涸出之土田，開屯收息，以償庫項。後日者屯租積儲漸多，可以備防河之費，則國帑可節，且兩河無業之民，招之播種，又使各安其生。籌畫再四，遂有屯田之舉焉。其要先搆廬舍，定疆界，給牛種耕具，以招徠流移，歸者如市。疇昔所歎爲汗下之澤國，行見墟烟相望，比成沃壤矣！夫水土平而農事作，裨國計而益民生，方謂太平盛業，無有過於此者也。及闢土漸廣，而豪强佔利，私墾亦多，司事者從而清釐之，怨謗乃起。是時忌功者流見治河告成，苦無從媒孽短長。適因屯田之事，奸民散布流言，欲阻撓屯政，以利其私。而忌者乘之，得以誣陷矣！或者深咎陳子曰：『河工奏績，既上荅國恩，下拯民患，功成名立，可以不朽矣！何爲復營屯政，致起謗端？子豈獨昧於此耶？』陳子曰：『人臣事君，稍有利於國計，有益於民生者，必當竭盡其智力。若見爲可行，而苟且從事以自圖，遠嫌避謗，偷安處逸，其心事尚可問哉？夫屯田之興尚矣！自趙營平、諸葛武侯、羊叔子諸公而後，凡屯田者無不利於國，此從來明驗也。今於河流淹溺之區，就其涸出者給牛種耕具，招無業之民而屯之，何害民之有？倘得會勘，潢當敷陳於廷，聖天子明燭萬里，必且洞鑒勞臣之微忱也。』惜乎陳子抵京，積勞且憤，一病不起，而其心究不能白於天下也，悲夫！

辨惑四條，人所必不能無疑於省齋，因而不能無疑於文襄者。留埜辨之，而其惑始釋然。後留埜表彰故友之心無所遺，而其歸美文襄之義亦無所闕。按文襄公固天所特生以治河者，又生省齋以佐之。省齋渡黄河，目之爲溝，此非狂言，蓋省齋具觀物之智，能推小悟大，亦能歛大歸小，即園夫野農鑿溝行水之法，而通之以治天下之大水，誠曠世之奇才也。而文襄公不矜不伐，取人之善以爲善，用人之才以成功，豈不更與古聖賢同量哉！留埜著書，傳之以教萬世，其心術願量，亦豈淺夫所及也！周曉倉

卷十

河防摘要

黃運兩河紀略

蓋聞治河之法雖殊，其要不過因勢利導，以水治水而已。四海之内，有四瀆焉：爲黃、爲濟、爲江、爲淮，順其性，則資其利；拂其性，則受其害。自國家定鼎燕山，歲漕取于東南。其攸關運道民生者，惟黃淮爲最。黃之發源于崑崙，濟之發源于王屋，江之發源于岷山，淮之發源于桐柏，載明輿圖，姑勿具論。試就黃、運兩河形勢而言之，黃河自三門、七津以下，南合伊、洛、瀍、澗，北滙濟、溴、沁、丹，奔騰東注，浩浩蕩蕩，一入孟津，地當孔道，民址稠而城郭密，土性鬆而衝決易。凡水急則沙行，水緩則沙停。當伏秋異漲之際，使無隄以障之，勢必至水行地上矣！于是乎有遥隄焉，有縷隄焉。黃水泛濫，因遥以汰黃，可無漫溢之虞。黃水歸槽，藉縷以束黃，可免淤墊之患。設使諸水並漲，有迎溜冲决之處，非一堤所能捍禦，則搶築月、格等堤爲之重門。考南岸堤工，起於河南之滎澤，止於江南之山陽。其沿河經歷豫省，屬開封府上南河廳者，爲滎澤縣，爲鄭州。州北臨河，有閘通賈魯河。其東爲陽武，南岸爲中牟縣。屬下南河廳者，爲祥符縣，爲陳留縣，爲蘭陽縣，爲儀封縣。屬歸德府管河廳者，爲考城縣，爲商邱縣，爲虞城縣。迤東接江南界，屬徐州廳者，爲碭山縣，縣東有毛城舖閘，洩異漲水，入小神湖。再東爲蕭縣，爲徐州。州西有王家山天然閘，洩異漲水，入馬家湖。以上各閘諸湖，悉歸洪澤湖，出清口。又東爲靈壁縣，爲睢寧縣。屬宿虹廳者，爲虹縣，爲宿遷，南岸有白洋河。祥符閘，通歸仁等三閘，湖水盛則開放，洩水入黃河。屬桃源廳者，爲桃源縣。屬山清外河廳者，爲清河縣，對岸有張福等口，通洪澤湖。滙黃迤東，有運口，入裡河、揚河，通江，爲山陽縣、清江浦。河北經安東縣對岸，通西坎，歷十巨，由葦蕩入海。北岸隄工，起於河南之武陟，止於江南之安東，其沿河經歷豫省。屬懷慶府沁河廳者，爲武陟縣，正南廣武山對岸，沁、黃交滙處。屬懷慶黃河廳者，爲武陟縣秦家廠、馬營口，爲滎澤北岸。屬開封府上北河廳者，爲原武縣，爲陽武縣，爲封邱縣。屬下北河廳者，爲祥符北岸，爲陳留北岸，爲蘭陽北岸，爲儀封北岸，迤東接山東界。屬黃河廳者，爲曹縣，爲單縣，又東接江南界。仍屬徐（屬）〔州〕廳者，爲豐縣，爲碭山北岸，爲徐州北岸，有李道、華家樓，九十里無隄處，洩異漲水，由石林口入微山、昭陽等湖，其下爲吕梁洪。仍屬邳睢廳者，爲舊邳州； 仍屬宿虹廳者，爲宿遷縣，縣西有駱馬湖口滙黄，上達泇運，下通中河。仍屬桃源廳者，爲桃源北岸。仍屬外河廳者，爲清河縣，爲山陽北岸，有鮑家營洩異漲水，由鹽河入海。屬山安廳者，爲山陽北岸，爲安東，過雲梯關下九套，由青沙、紅沙入海。三省堤工，幾二千里，勢有曲折瀠廻，險有埽灣迎溜。若北岸逼近運道，猶當加意防閑。何則？上源決則下流墊塞，決之後非數年汕刷，不能復元。或建築等堤埽垻以禦其衝，或開挖引河灘嘴以分其勢。必使旁無奪河之隙，然後水由地中行，由是而漕艘進瓜儀，出運口，入中河，歷八閘，通濟汶，會漳衛，下天津，溯流而達通倉，豈非堤工爲之保障哉？是黄流順軌，而後運道、民生安焉矣！考淮河自光縣以下，歷江南泗、壽等州，合七十二山河之水，同入於洪澤湖。由張福口、天然河、張家荘、裴家埸、帥家荘、爛泥淺、三岔河等七處出口，是爲清口，即淮黄交滙處。復折而東，爲甘羅城，即運口，下天妃閘，過清江浦，經淮安，歷高、寶，達揚州，出瓜、儀。通江濟運，咸於高堰、清口是賴。考高堰險工，自運口武家墩西南起，至秦家高崗止，計長八十七里有奇。其名爲史家占，爲高家堰，爲六安溝，爲（候）〔侯〕二門，爲老堤頭，爲小黄荘，爲禹王廟，爲高良澗，爲龍門大閘，爲潭相公廟〔一〕，爲清水潭〔二〕，爲周橋，爲古溝，又西爲滾水北垻，爲塘埂大垻，爲滾水中垻，爲夏家橋垻，爲滾水南垻、爲天然二垻，舊名六垻。又西爲蔣家垻，爲翟家垻堰。東南即淮揚一帶運河。河之西爲清蕩河，爲平湖，爲白馬湖，爲寶應湖，爲氾光湖，爲界首湖，爲高郵湖，爲邵伯湖。河之東爲渌洋湖，爲艾菱湖，爲得勝湖，爲廣洋湖，爲射陽湖。萬一洪澤湖水漲滿，恐妨堰工，則量開天然二垻，俾水由草字河下高、寶、邵伯諸湖，溢入運河； 或由高郵州之滾水、車邏等垻，入射陽諸湖下海； 或由江都之人字河、芒稻河、八港口下江。惟是上源無傾倒之勢，而後下流免横流之災。若堰工修理不堅，一遇異漲，即有冲決之虞。非大開六垻，不能保守堰工。淮既建瓴而東注，黄即乘虚而逆流。由是清口淤墊，運道梗阻，而下河之高、寶、興、泰、山、鹽，盡飽魚腹矣！必也建築高埝，緊閉六垻，俾淮水不旁洩，黄水不倒灌，然後清、運暢流，東南歲漕數百萬得以啣尾而轉輸。淮陽兩郡農工商賈，得以安居而樂業者，非因勢利導、以水治水之力乎？司河者果能因時制宜，綢繆未雨，將見億萬年永保安瀾也。

修建大工

修建大工，要慎重物料，設立廠房，以稽出納。椿繩緌橛，各有所司。用則檢點而出，不用則照常封貯。日間查

〔一〕據《防河奏議·修建湖神各廟》：「洪澤湖，向有許譚二廟。」
〔二〕清水潭不在高堰險工之列。或爲衍文。

點烟火，夜間巡防盜竊。凡下埽，要埽臺寬坦，庶捲拉舒暢，且省人力。挑挖埽（漕）〔槽〕，要深净。一切樹根斜横之物，以及舊樁爛埽，務要刨盡，以防新埽橋擱不能平蟄，致成滙崖之險。至於藏頭門埽，最爲喫緊，下時要相度形勢，繩纜樁橛必須倍用。儻裹頭稍不如式，定有串水揭頭之患。若遇深水邁埽，尤當慎重。險要工程，下一埽要得一埽之力。寧可謀而後動，以保萬全。慎勿輕率，致生他虞。埽未着實，不可即早簽樁。惟鑲墊多用騎馬，俟埽箇（蟄）〔墊〕稳，方可簽釘。用樁要揀選堅實元直之木，切忌灣細空朽之材。一或不慎，不惟不能得力於目前，正恐貽禍於將來。簽樁之時，務囑其靠山，毋任其陡直。恐一遇蟄陷，樁頭出張，即無力矣！臨河無不蟄之埽，工險時慎勿慌亂，要看形勢輕重，相機搶護。若果物料、人夫凑手，臨時調度有方，自然化險爲平矣！初下之埽，所重在看守。揪頭鈎戰留橛之人，要鬆緊得宜，時刻小心，方無錯悞。蟄陷之工，猫洞串水，潰隄裂縫，埽箇抽撤，此責在守垻弁目。日夜巡查，預防無懈，遇險則竭力搶護，庶可易危爲安。一切綢繆未雨，臨時自無周章之患。上下戮力同心，雖險必無意外之虞。所謂章程定而糜費省，賞罰明而功效收矣！

約言六條

一、築堤不可草率也

未築之先，宜相度形勢，擇高阜老地，勿近窪下河形。蓋地高多好土，地窪多浮沙。丈量估計之時，須用水平打探，逐段分別高下，樹立封墩。假如估堤高一丈，頂寬三丈，底寬九丈，此六收法也。忽遇一段較兩頭地勢窪一尺，則將此段估高一丈一尺，頂仍寬三丈，底寬九丈六尺；窪二三尺者，照此遞加。庶堤工告成，方得通長一律。即使水至堤根，亦無窪下漫溢之患。凡堤有縷、遥、越、格、戧之别。臨河者曰縷，離河遠者曰遥，遥單薄而爲之重門者曰越。越有裡外，蓋在因時制宜，間於遥、越之中者曰格。慮河勢變遷，臨河堤工萬一失守，水遇格即可捍禦也。大溜逼近堤根，欲爲捲埽之基，或堤工有滲漏之病，於背後帮貼者，皆謂之戧。臨河用臥羊坡，一名走馬坡，是外坦裡陡，四二收分，便於下埽也。遥、格則用馬鞍式，內外平收可也。至將築之時，先委明白工程官一員監築，然後分派承築各員，須用封墩號橛寫明官銜、段落、高寬丈尺，令承築各員，先將分派本工地上，行硪二三遍，再加新土，是平地之病根已除，他日可免蟄陷浸滲。此後每層須用潤澤散土，毋用焦乾大塊。蓋潤散則遇硪即固，盛水不滲；焦塊則夯硪不膠，遇水即漏。以虛土八寸行硪三遍，打實五寸。如此層層到頂，必能堅固。又虞兩坦硪力不到，務用散潤老土，普面蔓蓋數寸，行硪四五遍，播種草子，經春草根固結，庶無水溝浪窩之患。雖估計有水旱遠近之别，苐硪工甚鉅，若將簀頭覔硪，亦足以工完，公築堤者，止可令夫頭包土，切不可令夫頭包硪，恐其厚土坯而惜硪力也。至上初層土必硪行，一律再加二層土，方免虛鬆之弊。又往往一工之中，夫頭數人包攬承築，即分爲數段，恒有狡猾之徒，於交界處所，各留尺餘，不肯做足。彼此推諉，致成合漏。及至工完，始將合漏一坯做成，夯硪不到，雨過即成水溝。眠牛藏象之病，實基於此。務令監築官逐段逐層稽察，試驗不許留有合漏。遇有交界相接處，押令加土行硪，庶無貽悞。又築堤最忌流沙。及夏、冬二季，流沙遇風即飛颺，遇雨即坍淋。即使本工並無好土，于築成後，亦必遠處尋覓老土，三面各蔓蓋五六寸，行硪數遍，方免剥削卑薄之病。夏月土鬆，易於蟄陷。冬月土凍，不能凝固。非緊急搶險，仍擇二三四月、八九十月農隙土堅，修築得宜。若夫增卑培厚，尤當加意。稍不經心，堤工必致新舊不膠，難資捍禦。加帮底寬若干，即照平地行硪若干寬。再將老堤、坦坡樹木草根剷盡，坡上切成階級様子。每磴寬尺餘，與新土層層犬牙相吞。如是平頂將頂上草根剷盡，頂土挖透半鍬，俾新舊聯絡，然後普面逐層加高，斯可無蟄裂之患矣！

二、修守不可輕忽也

新舊堤工，宜未雨綢繆。司河員弁於冬末春初百虫起蟄之後，往來堤工，細看兩旁坦坡，有積雪凍疎之處以及獾鼠爬掘之跡，並指頭大小窟穴，即令兵夫用鍬挖透，覆以新土。大則行硪，小則夯杵。春修既竪，後值大雨時行，茸草盤結，即無水溝之患。凡堤頂雨過有窟，名曰井穿。此因築堤之時，或係冬月凍土，或係膠泥大塊，壘砌成堤，硪力未到，橋欄棚架於中，百虫乘虛鑚入。大雨一過，即成穿井。由頂及坡，深四五尺不等。始則大如箕斗，填墊不得其法，愈冲愈大，竟有填土數方而不得滿者。此臨河水漲時，多有冲決之害也。填時須將井穿內浮土盡行挖去，仍於週圍本土，各挖五六寸，只清至出水之處，至四面無空缺而止。先用夯杵，逐細杵打數遍；再加新土數寸，着實杵打。如是層土層夯，填與老堤相平，後另用碎土四五寸覆蓋井穿之上，並蔓老堤四圍各尺許，庶徐徐蟄平，再雨不得滲漏。填水溝亦依此法，方能一勞永逸，切不可用柳稍爛草填塞，亦不可用膠泥大塊補墊。恐蟄陷虛懸，爲獾鼠之窟穴，成異日之險要。至捕獾鼠之法，亦宜急講。凡獾有行住之分，舊堤多住獾，新堤無隙可乘，則行獾不能成窟。住獾有用大椒、陳棉同搗於洞口，燃烟熏之者，有覓獵犬捕之者，有張小網于洞口兜之者。其法不一，運用在人。若捉鼠則用地弓、鐵簽，迎風開洞，百不一失耳。

三、下埽不可漫浪也

險將至而旱地下埽者，名曰等埽。險已至而挑（漕）〔槽〕下埽者，是謂摟崖。順堤根初下者，謂之肚埽。埽外邁埽，謂之面埽，是謂一路一層。沉水埽上加埽，謂之套埽，是爲二路二層。此上釘鑲散料，謂之廂墊。下埽之時，須詳審地勢，相度情形，先於堤根數尺外，挑深（漕）〔槽〕，即以（漕）〔槽〕內之土，平鋪坦坡，墊成埽臺，以便捲埽。先下藏頭埽。凡埽要小頭大尾，一名鼠尾埽，一名蘿蔔埽。上水小頭，下水大頭，以便二埽小頭藏於大頭之內。二埽下水，大頭又可藏蓋三埽，庶大溜順埽挑開，不能掀揭埽頭，致有走埽之虞。凡遇險工，估計物料，寧有餘，毋不足。每見漕規，估埽一丈簽樁一株，執此膠柱鼓瑟之論，毋怪乎蟄陷即走埽也。何則？初下埽，箇仗、揪頭、滚肚諸繩挽拉之，但月餘即腐朽矣！全賴長樁釘埽於下，而管束廂墊於上也。三尺一樁也可，五尺一樁也可。果係迎溜頂冲，雖香爐脚、梅花瓣，亦無不可。獨是豫省樁木，每株只銷銀二錢七分，而購辦每株有用一二兩不等者。用多則賠，用少則悞。此不知變通者，不可與言工程也。果能保固要工，決無令河員墊賠之理。萬一貽悞，身家性命係之，司河者急宜猛省。凡鋪埽之際，須令諳練埽手一名，看明地勢，量定寬長。如埽長十丈者，即用長十丈繩二條，兩頭拉齊釘橛上，以爲準則。每五尺用行繩一條，鋪畢即拉纓子。臨河用繩縶纓口，裡面用柳椽穿纓口畢，即安穿心、揪頭等繩。再用小繩縶埽心，將揪頭等繩挽結，埽心抱花畢，從兩頭先鋪草，後鋪柳，柳少以秫稭代用。鋪平即會行繩，齊人夫上埽。每行繩一條，量埽大小，須人夫若干名，逐條安排，然後鳴鑼叫號。凡埽下水，頭必高上水頭二三尺不等。拉時須從下水大頭先拉兩號，然後一齊叫號，兩頭自然平整，亦無雞窩參差之病。拉成，將纓子頭用小繩挽結緊實，再用柳橛有倒鈎者，釘繩頭于埽內，名曰埽腦子。下時令靠埽者與手留繩揪頭者，要聽埽手喝號，急徐有度，不得慌亂。務使後埽緊挨前埽，庶沉水後，無猫洞串水潰堤之虞。埽下之後，未曾着實，揪頭、鈎戰留橛，須令河兵時時看守。要鬆緊得宜，不可忽略。揪頭過鬆，則無力鈎戰；過緊，則發橛也。埽內宜多用柳梢，芟纓繩纜，宜緊密鑲填埽眼，毋多用土。恐新埽未曾蟄實，土多即擠埽外出，丟襠成險也。埽沉水即加鑲。每一尺壓土五寸，鑲二尺用騎馬一路，探量水勢。候埽平水，即釘長樁。釘樁宜靠山迎上水，不宜陡直，防埽蟄外欹，即無力也。大凡蟄埽之時，先用大繩攀樁，層層鑲墊，用騎馬埽身及挑水掛角處，照空多補大樁，土料跟隨，無間晝夜，防守不懈，一蟄定無妨碍。若下埽接頭處，丟襠過大，兜藏不實，即成猫洞。或埽箇虛懸，皆能串水內滙，不但牽累數埽，潰崖攻埽，險不可言。一面清挖裂縫，填絮軟草；一面於進水處急釘大樁，多多益善。加鑲埽身，層層壓土，使埽沉着實，點水不入，方爲穩妥。若滙堤過半，急帮內戧，而滙崖空內，切勿填土，只用兜繩軟鑲，庶不致擠外埽，致有走失之虞。凡遇此等工，俱爲搶險，董其事者務要敬慎，日夜搶救，不可間斷。土料、兵夫，各有專司，調度有方，寬緊得宜。必使人無疲困，物無斷絶，然後易危爲安，化險爲平矣！

四、防險不可玩忽也

三汛之中，有首險，有次險焉。凡水浸堤坡及埽工平蟄，謂之明險，即次險也。若相機加鑲，估做防風，小心保護，俱可抵禦。惟埽下有猫洞，串水內滙，埽抬依然平整，堤坡先已縫裂，漸至樁尖外奔，水底抽撤物料，崖塌埽爬，蟄陷無已。及堤內有獾窟或凍土大塊，玲瓏其間，卒遇異漲之水，冲刷坦坡，引水內注，致成漏洞，謂之暗險，即首險也。搶險者不可忽略，亦不可慌亂，急令善水之人，入水細細探摸，看猫洞在何處。一面於進水埽邊，密密簽釘大樁，隨蟄隨鑲；一面將裂縫堤坡順埽鍬挖，約及進水之處，盡去裂土，急以軟草如麥穰、豆楷之類，迎水填塞。待水流不溜，再用散草順埽填塞，愈緊愈妙，切勿壓土。俟填平本埽，然後通身加鑲。壓土須外七裡三，方爲穩妥總之埽。內宜軟不宜硬，宜輕不宜重也。輕軟則水入沙停，合而爲一。硬重則橋擱攻擠，必致內潰，莫可救援。諺語云『堤上不下埽，埽上不打堤』是也。所謂『堤上不下埽』者，必須挑挖深（漕）〔槽〕，使埽平蟄入地，捍水於外，護堤于內也。儻埽不着實，勢必搜根潰崖，埽張堤裂，搶護不能施力，而埽走矣！所謂『埽上不打堤』者，緣埽係軟物，易於腐朽矣！加土其上，久之蟄陷成坑。卒遇頂冲舊樁，爛埽遂架其中，水必乘虛汕刷，補救不得，其法勢必穿堤而成決口矣！又有順長埽中間成險走失一段，即將上下兩埽簽釘大樁，然後照空補埽，務細細探明兩頭，有無暗樁，或齊頭、或馬面，此埽不長不短，適安其中，始爲有齊。短則有猫洞，長則橋擱下虛，不能着實，反成大險。是補埽不可不慎也。至若堵塞漏洞，更宜詳慎，切勿着忙，斷不可在下水頭亂塞，恐愈塞愈大，反釀成禍胎。惟沿堤細看，見有旋窩，即是進水之門。須探摸洞口大小，或鐵鍋，或襖被，徐徐塞入，再用碎土，順洞口四面加土成井，出水尺餘，始用土一筐一筐填入井內，再於井外用軟草柳梢捲紮埽由，簽釘水內，層層釘鑲防風，出水二三尺，即可保護無虞。或臨河一面水溜，不能施力，即於堤背後星飛買土，搶築小月堤，以閉其氣。待高出漏洞進水之上約三五尺，內外水平，即不流注。大河水退，再用土填實。俟秋汛已過，將大堤挖開，清去病根，層土層硪，以資鞏固。若夫串水裂縫之時，不加省察，及至搶險，又無章程，以致堤坡走漏，而不知搶護，倉忙而無法，雖日費斗金，則亦奚益之有哉？司河者與其葺籬于亡羊之後，不若撤土於未雨之先也。至於頂冲埽工，冬月亦宜防守，謂之凌汛，慮其剷刷埽箇，須於埽外竪木護之。迨天氣融和，即（架）〔駕〕小船，沿埽查勘。遇有冰凌剷刷空虛之處，即便掘挖到底，至平整處止。或套埽，或加鑲，如式填平，與上下埽齊，層層騎馬，再釘長樁。一入伏汛，決不致有猫洞串水之患。而埽工亦不過平蟄而已。孰費孰省，於此概可見焉。

五、形勢不可不熟悉也

蓋廳官要知一廳所屬之全河水勢情形，汛官要知一汛全河之水勢情形，以及堤工之高卑厚薄，離河之遠近險易，並有無支河、引水內灌。廳官每季自源至尾，閱視周遍，某汛某處，係埽灣迎溜、坍塌崖岸。離堤較近，或於對岸迎溜處切嘴，或於本身坍塌處切坡掛柳，此防患於未然之法。縱使不能挽回，亦得此緩其勢，而我從容以禦之。汛官每月一查，遇有(此)〔以〕等坍塌地方，報明本廳，協同勘驗，先期修防，俾不致卒成大險，有臨事周章之患。凡堤工單薄之處，離河稍近，亟請加帮，以資防守。如有支河形或現在流水者，或將來出(漕)〔槽〕水溢者，即便相度情形，看流水處深淺寬窄若干，此河有無直射堤工。若無碍堤工，俟冬末春初堵之。儻有妨礙，當去大河邊百餘丈，擇兩岸地勢最高處。水淺而漫者，急用乾土踹坯，築成大埧，俟出水二三尺，方可行硪。硪早則糊濃，不能斷流，難以成功。水溜而深者，兩岸盤鑲馬頭，用物料迎溜吊纜軟鑲，背後跟土填堵，一名吊纜鑲，一名神仙埽。堵塞淺水漫口，亦用此法。先在上水頭釘橛兩排，將大繩頭挽結橛上，或一尺一條，或二尺一條。繩尾渡過對岸，亦挽橛上，或繫纜小船之上，徐徐鬆繩，俾兜料物着地。每鑲丈餘，即釘簽樁數株以攔之，而背後之土緊緊跟隨，以閉其氣。河寬則兩岸吊鑲中間合龍，河窄則鑲至對岸可以合龍。合龍之後，務令背後土埧斷流。埧上重重壓土，多多簽樁，方免洩氣臌埽之患。仍於埧後百餘丈，再築土埧一道，以爲後靠。若乾河形，惟擇兩岸有高崖處，將河形內草根等硬物去盡，先行地硪一二三遍，一如堤工之法，層層堅築。須坦坡寬長，兩頭勿陡直，宜漸坡去，方無串刷之患。築成之日，務尋真正老土，通身蔓蓋尺餘厚，行硪四五遍，庶水至不能汕刷。凡堵支河，土埧臨河，一面俱要用防風，以防汕刷。正埧之後，再築等埧一二道，以作重門。所謂不一勞者，不久逸；不暫費者，不永寧也。

六、訓練兵夫不可不有素也

凡事熟悉則生巧，疎懶則費力。即如下埽簽樁、鑲填壓土，極易事耳。一念及運道民生，則關係甚鉅，又絲毫不可輕忽者矣！平時並不講究，一旦興工，盡聽兵夫任意布置。其間稍有知識者固不乏人，而愚蠢不諳者，亦復不少。每遇大工搶險之際，互相觀望，參差不齊。考其樁埽之名件，則全不知曉；問其水勢之順逆，工程之險易，則應對茫然。萬金工程，倚若等爲保障，是何異開門而揖盜乎？故孔子曰：『以不教民戰，是謂棄之。』此訓練之不可稍緩者也。訓之云者，耳提而面命之也。練之云者，按期而考驗之也。每逢朔望之日，集兵夫於公所，而問之曰：『埽有名件，有漕規，爾其識之乎？比如埽高一丈，長十丈，用柳幾何？用草幾何？用纓纜幾何？用箍頭繩纜幾何？樁幾株？橛幾段？』彼如曰『不知也』，乃告之曰：『用四十斤重乾柳一千八百束，用七斤重草一千八百束，纓二百套，纜二百套，用五斤重箍頭繩七十條，五十斤重滾肚繩六條，五十斤重揪頭繩四條，五十斤重揪頭繩四條，五十斤重穿心繩一條，用樁十株，橛二十段捲紮埽心，要圓緊；　抱結各繩，要牢穩；　留橛之後，要倚橛；　橛上要戴帽，戰繩捲結埽身，鈎繩摟於埽外，守繩要細心，鬆緊聽號令。　鑲填埽眼，用柳三百束，草三百束。　無柳，即以秫稭代用。　釘樁要靠山外四裡六樁尖要分斫條細，庶不棚架。　鑲填張口，穿心抽撤物料，致成險工。　埽未沉水，先於臨河一面，紮小枕簽釘埽旁，謂之掛簍，以便用土壓埽平水面。　再用物料，料箇釘鑲，須解散，鑲搭宜平整，壓土要均勻。　埽未着實，須聽樁下有响聲。　埽若陡蟄，先用大繩攀樁頭，層層騎馬，乃係鑲填之鈎鍋，密密簽樁，實屬固埽之根基。　埽灣用順埽，以摟之頂沖，須建垻以挑之。　如何塞猫洞，如何堵滲漏，如何填水溝、井穿，如何捕獾捉鼠，照依修守條內之法教之。　如何謂之三汛？曰桃、伏、秋。　如何謂之四防？曰風、雨、晝、夜。　如何謂之二守？曰官民協力。　風防怕汕刷，急鑲防風以護之；　雨防怕沖淋，隨時填墊以補之；　晝防怕漫溢，相機加高以禦之；　夜防怕盗決，張燈鳴鑼以巡之。　官者，河兵堡夫也；　民者，近堤百姓也。　兵夫止可防守，平時若遇伏秋異漲之水，全賴民人協濟。　當異漲之時，水溢堤岸，埽欲加高，或內外皆水；　欲鑲填，或料物缺乏。　搶護稍遲，堤必漫決，埽必漂走。　倉猝搶險，不可不知。　多集人民，就借本堤之土，築一子堰，外紮埽由，壓土鑲填外邊，多簽小橛，仍用繩繫在堤坡。　埽由內絮軟草壓土，以防風浪掀揭。　俟物料運到，挨次鑲填，庶無貽悮，此名曰『打圍子』。每逢朔、望日，則逐條訓誨之。　每初十、二十，則逐條考驗之，令其自捲或長一丈、高一尺小埽，件件應對如式者，記功賞勞，以示鼓勵；　不如式者，或記過，或薄責，以示儆戒，庶賞罰明而人心服。　如是，按漕規由高一尺至高一丈以外者，陸續指示之，俾習以爲常，久而貫通。　卒遇險工，自然隨機應變，協力同心。　况豫省兩岸河弁，皆可於若輩中遴選補用。　由是兵成熟諳之材，官收臂指之效，豈非河工第一要務乎？

搶頂衝大略

搶救之法，莫難於頂沖，其力專，其勢迫，治上游，則直來而不可遏截；　治下堤，則碍堤而不能舒展。　如堤外灘地，尚相去大河百十餘丈或百丈，則相度水勢所射之處，於外灘地，內離堤三四十丈，飛掘丈許深，槽捲做高丈許，釘埽先期埋入槽內，用樁簽釘。　然河勢直來，遇埽阻必折而下流。　其所埋釘埽，須預擬形勢，挨次自上游廻轉之處起，順水之性，或百丈，或七八十丈，下至稍可展舒處爲止，庶臨期不致倉卒。　若離堤甚近，則即於大溜內先用順埽保護，一面仍於順埽外捲下釘埽，均照大溜長短，以定埽箇多寡。　俟水勢稍灣，則或用挑垻，或用雞嘴，照治埽灣之法，自堪保固。　總之，埽灣頂沖之處，莫善於未險之前。　先於堤內創築裡月，以備不虞，實爲事半功倍，至善良策。但月堤宜寬宜遠，下水更宜長，以便轉灣，不宜逼近大堤耳！

魚鱗垻

魚鱗垻，即小雞嘴垻，或相去十丈，或相去二十丈，重叠遥接，如鱗砌者也。然此垻惟用于紋邊拖溜直河，或攙用於摟崖順埽之內，其頂冲埽灣無所用也。至於座數之稀密多寡，在因地制宜而已。

堵塞支河法

支河有兩様，堵塞之法亦有兩様。如一種上有河頭，當河水初長時，水即由河頭流入，在灘地內轉折廻旋，遠者數十里，近者十數里或數里，仍歸大河。此上有河頭，下有河尾者也。堵之之法，當先塞河頭。蓋黄河灘地，臨河必高，靠堤必窪。因此處既有河頭，則不能如河岸同其高阜，故一經漲發，由河分注，且以有源之水，長流於窄隘。河形之內，其勢必急。若於灘地之河身，內築垻橫截，外高內低，必致漫垻而過。每漫一垻，必冲跌一垻。非徒不能堵，適足以激水怒以益寬深，漸至妨碍大堤。故先於河頭高阜處，所擇支河有崖岸之處，約去大河百十丈或數十丈之內，堅築內外大坦土垻一條，必須外坦鑲做防風裹頭方爲萬全。其灘內一帶河身中，亦擇其淺隘處，或相去里許，或相去一二里，間段做束水小垻，如石閘形，各留中間口門數尺或丈許，使水仍可通流。庶河水初長未及漫灘之時，則河流分頭之水，至垻即住。垻外所留河形百十丈，不過數日，亦可淤平，則河頭百數十丈，已極高寬，非普面出槽，涓滴無由分入矣！及至普面出槽之時，一帶河身復逐段有束水小垻。如水比地高，則垻沉水內，河內之水不過與灘地之水同一漫流，必漸淤漸積。迨河水稍落，縱使河身尚未全淤，然水爲束水垻所阻，且上無來源，河水愈退，則淤填愈增。支河之全寬深者，歷伏經秋，必然盡成平陸矣！又有一種支河，上源並無河頭，因內地甚低，當河水出槽之時，滙歸於低窪之內，聚而成溜，日刷日深，亦轉折廻旋于灘地之內，或數十里及數里，然後歸入大河，此則無河頭而但有河尾之支河也。如不爲堵截，恐年復一年，河頭一成，內地既窪，則更爲難堵。此種河形，宜先於河尾內緊靠河岸高阜處，堅築內外大坦土垻一條，截其去路，再於灘內河身淺隘處，亦間斷做束水小垻。惟中間留口門，又當有寬窄之別。蓋此等支河，必灘地內原有至窪之處，非數頃即數十頃者。積滿之後，然後由最低處衝而成河。故凡近窪地之頭，一束水垻，須寬留口門，庶使窪地之水不致漫跌。其下各垻則愈遠，口門愈小。而窪地必淤，河形亦平矣！

攔河垻

河不可攔。垻之所以名攔河者，因正河上游，長有沙嘴侵逼大溜，不能直趨正河。而正河之傍，或舊有支河，或原屬窪地。水性就下，遇坎即行。且黃河灘地凡近堤之處，必低於臨河三、四、五尺不等。若不早爲攔截，勢必愈趨愈下，日刷日深。近溜各堤，必立成新險，正河亦永不可復。然致病之由，始於沙嘴。似當於沙嘴之上，挑掘引河，挽溜歸故。殊不知新生沙嘴，盡屬嫩灘，難施人力。況此沙嘴既能逼溜改河，斷非僅長數里寬數十丈之小灘，稽時費日。及引河告成，無論果否有濟，其保堤之費，已不可勝計矣！故急當正河有水之日，或緊接大堤，或倚靠高地，稍稍斜向正溜初分處，先築土堤一段，或長一百丈，或百數十丈，至水際爲止。其頂底高寬，相機酌估。但此堤兩面或應鑲護防風，或應捲下順埽，以防汕刷爲要。其臨河堤頭一面，則鑲做馬頭，挨次進埽，務將埽箇進至大溜過半之處，使支河之溜不能暢達，自必仍分大溜，歸入正河。再看正河之溜，如下埽後較前漸覺寬深，則支河再進一埽，如溜再增，埽亦再進。如此一闔一闢，兩相照應，不特故河可復，舊險可平，即上游之沙，亦隨溜自去，永無變遷之患矣！如遇正河與支河分流之處，去堤太遠，亦無高地可就，不能建立壩基，則看兩河分流之中，必有高地相隔。俗語所謂『龍舌』者，不妨將壩基移入支河下流一二百丈近堤之處創立。如進埽之後，水已入袖，不能退回，則於龍舌之上，循順水勢，開一引河，亦必日見寬深，獲歸故道矣！其進埽護堤之法，亦照前例，萬不可畏難，終成害患也。

挑水壩

凡建挑水壩，宜於歸灣之上游，相度水勢初灣之處，酌量大溜離堤若干。自河岸起，約計大溜一半之處，應築挑壩直長若干丈。如溜急水深，則宜自岸至溜，全用埽箇。如估建直長一十丈壩，面寬十丈方合大溜之半者，則靠岸起手之埽，應估下高一丈、長二十丈埽一路外，再一路減長一丈計，長十九丈，依次遞減至第十埽，則共計直長十丈壩、面寬十丈之數。如水深高一丈之埽，不能到底，則照底埽之長，加套埽一層。或高幾尺，或高一丈，或不必套埽鑲填，亦可。總以堅固足資捍禦爲主。其上下水雁翅下水，須比上水長十分之三，亦酌量斜長若干，應分爲幾埽，估計捲下。如水淺溜緩，靠岸頭埽則與頂溜門埽其長相等。上下水雁翅，或應下斜長順埽内用鑲填，或止用鑲填，相機估做，亦以下水之長比上水多十分之三爲度。再如挑壩一座，大溜不能遠去，可於頭壩之下，相去數十丈，或十數丈之處，再做挑壩一座，接連再挑，則水自開行矣！然兩壩相隔中間之空處，俱須下藏頭摟崖順埽，或一路一層，或兩路一層。即第二壩之下，亦應下藏頭順埽摟崖，約至溜緩處爲度，則堤堪鞏固，亦無廻溜之虞矣！大凡埽灣之處，其末灣之先，必頂冲直下。惟前路爲堤岸所阻，不能前進，然後折而爲掃。故掃灣之處，多由上游俱係嫩灘，或去隄太遠，不能於上游覔妥當建壩之基，不能不就大溜灣處建之。又恐對岸沙嘴逼近，大挑則溜難舒展，必至出而復返，致成廻溜，其爲險更甚，則宜做扇面壩以挑之。扇面壩即挑水壩之圓而長，其形如扇面者是也，下水亦應估藏頭摟崖順埽。

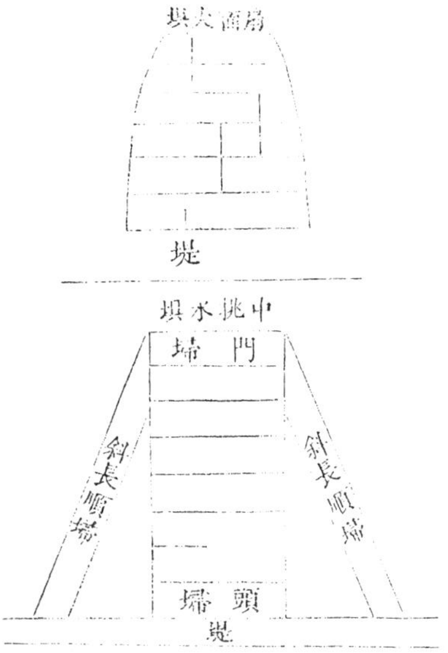

此係挑水大壩。若磯嘴壩，其做法大概相同，人工料物看壩之大小，酌減至一半以下。

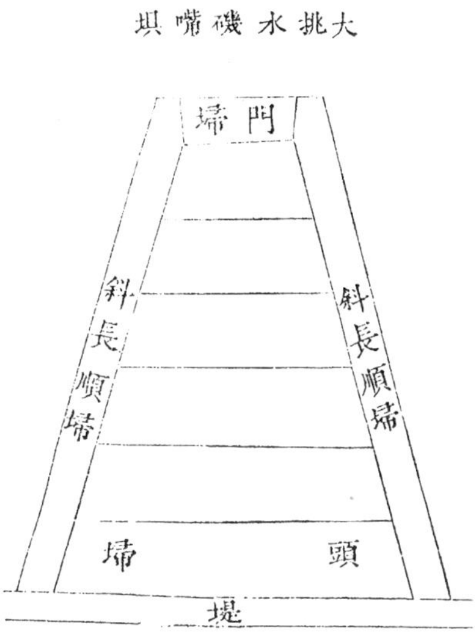

此係磯嘴壩。如水淺溜緩，其埽靠堤，與臨溜俱一樣丈尺。上下分水雁翅，用斜長順埽一路。如釘埽二十丈者，邊旁順埽分爲兩箇，中間鑲填雁翅下水，宜長或二十五六丈，或三十丈俱可。其水深溜緊之處，如臨溜估面寬十丈者，靠堤應先下長二十丈埽一路，第二路減長一丈，餘依次遞減，至迎溜十丈。其上下雁翅，亦用斜長順埽，照依中間長短，分用埽箇。如長二十丈者，用十丈長埽兩箇；長三十丈者，用十丈長埽兩箇，中間鑲填。凡水勢掃灣，於上游初灣之處，相度水勢，即下磯嘴壩，以便挑水。儻溜太激，雖挑出對岸，仍復折廻，致成廻溜，恐傷堤岸。應於下首再下護崖埽，或數十丈，或數丈，或再接下磯嘴壩，接挑大溜，自然開行，無傷堤岸矣！亦有扇面挑水壩，去門埽方角上下水鑲填，俱要長圓，使水不致激怒，更爲妥貼。

挑掘引河

凡黄河掃灣之處，對岸必有沙灘。灘在北，則南堤險；灘在南，則北堤險。治水之法，除于險處做磯嘴、下護埽，并創築裡月之外，救急之善，莫過於沙灘之上挑掘引河，爲效甚速。且河成之後，險亦永平，誠一勞永逸之計也。然挑之略有未妥，則糜費正復不少。蓋黄河掃灣之處，其大溜必直走險工。一岸沙灘，上游盡屬漫灘。且灘地雖似高阜，其沙灘之脚，必自河底斜坦而上，始出水面，是水面下尚有沙灘，難以挖掘。若貪近省費，不遠尋河溜河接之處，安立河頭，縱河已告成，斷不能掣溜入河。一經開放，立見於填。或因河不迎溜，乃於對岸做挑水埧以逼之。若河寬埧短，則不能挑溜歸入引河終屬無益。若大河原窄，必溜急水深，則下流既扼于挑埧，對岸復阻以沙嘴，勢必去而復返，挑埧之下，激成廻溜，倒崖撞堤，變態百出。是一險未平，又增一險，更費周折，此未估挑河之先，當遠覓河頭，不可草率者一也。又河既得之後，自必依形順勢，相度河尾，以便估計。然自頭至尾，一河之長，遠者非數十里，即一二十里；近者不下數里。如此綿遠，河灘之內，能保其無忽高忽窪之處。若惟以意見荒度，不分高下，一概遂定寬深。開放之時，地高之處必致淺阻。高處既阻，恐深窪之處，亦漸成淤填。況高者宜深挑，河面當加寬，窪者宜淺掘，河面可收窄，庶費所當費，省所當省，兩皆合宜。故估計之法，其初次丈量，先於應掘河身內封土作堆，以記丈尺。再估之時，即於封堆上用長竹，各插望竿一條，務使一律條順，直達河尾，不可彎曲，曲者移之。條順之後，然後用土平，或三十丈，或五十丈，挨次打量，記明某段高若干，某段比某段低若干。照依高低，科算土方，通核錢糧，庶河無貽悮，此估計之不可草率者二也。又估計既定之後，自必按段分委人員，其河頭、河尾兩段，必選平日諳練之人，方可委任。將新到學習與不甚謹慎之人，俱派委于河身之內。蓋河之頭、尾，關係通工。且河性無常，消長難測。苟素非諳練，不知利害，則輕忽從事。儻一經暴漲，或有坍塌，則河未全完，水一內注，則前功盡棄。故河之頭、尾，須寬留灘地，或百丈，或八九十丈。仍量貯柴草，以備不虞，方爲萬妥。此分工之不容草率者三也。又分工之後，自必發帑募夫。若發銀太少，則遠夫不彀盤纏，不能應募。發銀太多，則便滋花費，恐後有累工欠帑之弊。須酌量每河一丈，該掘土若干方，值銀若干兩。先發十分之四，以人夫之住居遠近牽算。每夫一名，約先給銀二錢。假如每河一丈，該土六十方，每方銀八分，該銀四兩八錢，約先發銀一兩八錢。該募九名，每夫牽陰雨停工，每一日計掘土七分，每日可掘土六方。嗣後餘銀，計工續發，可無貽累之虞矣！此發帑之當斟酌者四也。又人夫到日，自必興工挑掘。然不必先挑河土，令各員責令各夫頭，如分工二百丈者，先於夫內撥夫四百名，於河身兩岸相去十五丈之外，順長掘小溝一條，約面寬四尺，深二尺，段段相接，自河頭直至河尾，不過一日，便可全完。仍令各夫頭各覓木橛或門板、木板，于小溝上搭橋爲路。凡所掘河土，俱令過溝外遠處堆起，依順小溝，順長堆積，堆至各段之土兩相接連，約高四尺後，方令其往上再堆，不計一筐棄置河邊，被奸夫充填假崖，致少尺寸。如此，則堆積之土既可無假岸之弊，且開河之日，坍塌不過岸土，水力能勝，使土隨水去，易於寬深，而無積土壅塞之患。即未經告成之先，外有積土阻攔，遇暴漲，可免淹漫。下有小溝通流，遇大雨可以宣洩。此初興工之所當斟酌者五也。至於掘河，又不可普律全掘。如第一段，長二百丈；第二段，亦長二百丈。令第一段夫頭除河頭灘地一百丈外，再於所分之內，留第一百丈不挑，先挑第二百丈。第二段夫頭之二百丈，則先挑第三百丈，留第四百丈不挑。將此兩段挑完之後，然後第一段夫頭挑第一百丈，第二段夫頭再挑第四百丈。又須將已挑完一百丈，與未經挑一百丈之交界處，仍留土埂一條，約寬四五尺。俟未挑之九十五丈通身挑完之日，方掘此土埂。蓋因河土甚多，非計日可竣之工，能保無連陰積雨有淹没土塘之患。故二百丈之內，先掘一百丈，則雨水有所容蓄，不致淹没，且可免於車戽之費。所以於交界處仍留土埂者，恐後挑一百丈之時，遇雨則又上下通連，仍舊被淹，是以必於挑第二百丈全完，然後盡掘土埂，無水固妙。即有水，以一百丈之水，均於二百丈之內，水深不過一二尺，始終總無曠工，總無賠累矣！此挑工宜分先後者六也。又全河挑完之日，自必待大水長發開放。開放之時，先掘河尾平地十分之三，始率夫挑掘河頭。蓋河尾無溜，不能撞刷。即單薄滲水，尚易收拾。若河頭先開，河尾未完，則水一進，便恐淤填。此又開放之不可不慎者七也。

堆土處

小溝

此河頭一段各工全完開放時，始挑挖洩水。	第一段第一百丈，第一段夫頭次挑。	土埂于次段挑完之日，盡去	第一段第二百丈，第一段夫頭先挑。	第二段第三百丈，第二段夫頭先挑。	土埂	第二段第四百丈，第二段夫頭次挑。	第三段第五百丈，第三段夫頭次挑。	第三段第六百丈，第三段夫頭先挑。	第四段第七百丈，第四段夫頭先挑。	第四段第八百丈，第四段夫頭次挑。	第五段第九百丈，第五段夫頭次挑。	土埂	第五段第一千丈，第五段夫頭先挑。

小溝

小溝

堆土處

堤工走漏

堤工當外灘長水之時，忽然走漏，前人有覆鍋塞絮之法，然但可堵些微滲流。如或隄內有井穿獾洞，則外面似無大壞，不知隄內已屬空虛。一塞不止，則再塞；一覆不止，則再覆，甚至塞草包，掘堤頂，一陣手忙脚亂，將浮面些須老土蹂躪塌卸，則勢如湧泉，不可復救。凡遇此走漏之處，須細看堤外之水。如不過淹堤二三尺，堤內平地，不過比外地低矮一二尺，過水不甚大者，可飛調人夫，即於堤內走漏之處，緊接大堤，急築長十數丈或三十丈，底寬八九尺，面寬四五尺、高五六尺小月堤一道，攔定走漏之水，勿令伸腰出頭，聽其留滿月堤內之空處，則內外相抵，不致過水矣！然後從月堤兩頭，挨次用土，實填于水池之內，做成小戧堤一條，則可保鞏固，萬不可先於漏處用土加帮，恐夫少則不能立成，人多則必致反損大堤，致有前病。此內堵之法也。如或堤外水深五六尺，堤內平地，又比外堤矮數尺，則倉卒相乘，何能築此高厚月堤？則宜飛運軟草，如無草堆積之處，則暫拆附近民房苫草，于堤外坦坡下，或長十丈、數十丈，挨次鋪鑲。隨用土層層加壓于軟草之上，層草層土，加至出水，則漏自斷。但來往挑土運草之夫，只可於堤頂及草上行走，不可傷着坦坡。此外堵之法也。總之此二法俱係急救。斷流之後，水勢略退，仍須掘開堤面，尋出走漏空處，層層堅築，庶無後患。

裹頭

凡決口初開，急須先下裹頭，以防冲寬。若時已暮秋，水勢不甚洶湧，則不妨就於冲斷堤頭，捲下埽箇。如時方伏秋，水勢洶湧，若裹護太緊，不但不能住，且必更益寬深，然亦無聽其冲刷之理。須相度情形，將已斷之堤，除去近溜堤頭十數丈，或一二十丈之內，將好堤掘斷，與地相平，或比地深一二尺，將埽下於掘斷堤頭之內，須如在大溜中下埽一樣，簽樁、加鑲、壓土，并於上下水各下順埽，或二十丈，或十餘丈，以防將來水到埽邊，有拖溜、迴溜之患。水到埽邊，仍須相機保護。

合龍

堵閉缺口至合龍時，全河水勢正當故道，尚未寬通旁流，又復阻塞，進退兩難，屈不能伸之日，此時苟措置稍有不周，必致乘虛奔潰，盡棄前工。故堵合缺口，築至龍口寬十餘丈之時，務將從前已下各埽，凡揪頭、滚肚以及樁橛等項，一一檢點明白，更調集人夫于相去龍門十數丈之後兩垻臺，各積土百數十方。然後每邊各再進一二埽，鑲垻極稳，方可捲下蘿蔔埽，以合龍門。既下埽後，飛即釘樁，鑲填，就近挑所堆積土，層層加壓。如壓埽已着地，則連前近口處各埽，亦一律加鑲，普面壓土，深四五尺。至鑲填柴草，又不可一律鋪填。如埽面寬十丈者，止於埽頭、埽尾向內各鑲寬一二丈，其埽面中間，盡用土壓埽。上壓土愈重，埽箇愈稳，且將來蟄陷亦少。從來缺口堵合之後，大溜不全歸，正引兩河，亦必去埽工百數十丈之外，似乎足資鞏固。但近埽之處，不有河形，即係窪地，水勢一長，仍必分流。儻不早爲預備，則外口嫩沙見水便去，垻下埽箇日久腐朽。一有變更，便無從下手。或裡口跌塘太深，可於外口約略長短，再下順埽數十丈。或二路二層，或兩路一層，以護之。如跌塘尚淺，則於裡口建貼心壩，以爲內戧。更須創築裡越堤一道，方爲萬妥。此又告成後必做之工程也。從來黃水冲決一次，全河必受病一次。及至堵合之後，水勢不順，二三年內，必有無數變局，甚至另有冲決之處。故決口告成後，必須細查全河之南北兩岸，某處長有沙嘴，某處冲有支河，某處改移大溜，各審其爲害之緩急重輕，處處因地制宜，應築者築，應疏者疏，務使河溜寬通，堤工無碍。然必須上下照應，不可有此利彼害、暫利久害之病。

探埽已未着地聽樁法

凡下埽，須將已下之埽，壓土鑲填，探明已經着地平稳妥貼，方可往前再邁，庶無失悮。但口門水深溜急，難以探量。即探量，亦未確實，人有以揪頭之寬緊爲準者。殊不知此法只探得埽箇之是否着地，不能知水底地勢有無高低。儻地勢有高有低，所下之（掃）〔埽〕擱于高地之上，揪頭亦必不緊，那知低處尚屬懸虛。如信爲平稳，往前再邁。及至再邁之埽，將近着地時，懸虛低窪之處，兩埽相夾，勢必逼溜更緊，漸刷漸深，終成後患。惟有聽樁之法，最爲確實。如所下之埽驗得揪頭稍寬，復將耳朶一隻，虛虛貼於所釘各樁之上，逐一細聽。下有低窪過水之處，深者樁必顫，聲必大，淺者樁雖不動，亦必聞水聲。仍須再加土壓，務以毫無喘息，方爲妥貼。或壓至格格作哽咽聲，亦可不致汕跌矣！

減水壩、滚水壩

從來河勢變遷，必由於積沙之弊。沙之由積，必始於水分而溜緩。故治河之要，宜合不宜分，宜急不宜緩。若減壩，則專主分洩，似與河工有損，可以無容建設。殊不知河之深廣，確有定數；水之大小，莫可預期。假如河面寬五百丈者，究其行溜之處，至濶不過六七十丈，至深不過三四五丈。其餘漫水，盡係淺灘。可見此五百丈內之水，已足供冲沙刷底之用。若當伏秋大漲，必欲盡蓄汛水于兩岸大堤之內。無論冲擊淹漫，搶護不暇，縱使兩岸各有大堤，然南北相去至少必數十里。水一出（漕）〔槽〕，勢必由寬就下，四散分流，徒足致水面寬濶，緩弱正泓，絶與大河毫不相涉。是減壩之設，非惟爲保固大堤，正欲分洩有餘，合其力以送沙也。第建造之舉，大非容易耳！

造減壩事宜

減壩與滚壩不同。減壩面與地相平，過水多；滚壩壩面比地高，過水少。減壩惟可設於河之南，滚壩兼可設於河之北。蓋因南岸自河南起，下至江南，內有淮河，更蕭碭兩邑而東，又多湖蕩，均仍歸淮河，下抵清口。且從來淮弱黃强，黃漲之時，淮不能敵，則清口倒灌，每能阻運。今以所減上游之水，仍以濟下流敵黃之用，誠爲一舉數得之工。但建造之計，少有不周，則必致下淹民田，上分河溜，爲害無窮。減垻垻基必須擇内有舊河或相去不遠之處，即有湖蕩外灘，須相去大河十數里或二十里，覓不高不窪之老土平地，查明每年盛漲，此處水深若干尺。大抵水深一二尺者，即可用，不可太窪。其垻長自左至右，至多不可過百丈。自外至内，至少亦必寬八九十丈。先將平地夯硪堅實，于兩邊堤頭照建石閘，規模按原估高寬，用石砌成金門及迎水、分水。然後於上迎水一面，于平地上照所估應長丈尺，先釘鎖口樁六七路。下口分水，亦照原估丈尺，打鎖口樁八九路，將樁内所留垻面，用夯硪密釘極堅。用極熟礦灰，泡篩潔浄，以薦樟葉泡水，熬江米作稀粥，石灰内和以黄土二分，用粥湯兑入舂搗極勻，乘石灰潮潤之時，挨次平鋪于鎖口樁内，垻面平地之上每層約高五六寸，稍乾即用硪挨次顛打，不可如築堤太重，但以堅實平正爲主。如此普面鋪平，于上再加一層，約共厚一尺二寸，則儘堪堅固矣！至於每年冬月，垻面須蓋土三四寸，庶免冰凍，萬不可因石灰不如石塊，用石鋪砌。石頭雖堅，必須逐塊翀湊。即使打鑿極細，水過之時，必汕開灰縫，漸及底土。一塊虚鬆，通身盡壞，不可救治。故不如三和土做成整石一塊，毫無空隙之反永久也。

堵合漫口説

治河之道，自古迄今，舍順水之性，别無所謂良法，此智愚之所共曉也。獨至堵合漫口，則曰漕運民生，兩關重大，不得不權宜逆治。此但知論其形，未審其理耳！黄河之所以成漫決者，大抵非悮於不及隄防，必失之隄防太過，奔騰下注，原因失其故道，所以横流實非本性。惟初決之時，水勢初達，所苦者在淺隘。人心欲堵，所患者在寬深。主其事者，苟不能相形度勢于遏截之中，仍留一紓緩之地，盡力以制水，水亦必盡力以勝人。斷不免兩相牴牾，變態百端，曠日需時，堵合愈難，而全河愈病。故堵合之道雖多，凡所設施，不能枚舉。然要其大端，惟在主持者敬畏存心，不躁不怠，先以心會地之形，再以心會水之性，然後定謀決計，循次舉行，自然操縱得宜，趨避恰合，水亦無所逞其能，人亦無所用其智。兩相退讓，而工亦告成矣！併述古法之必當師法者數事于後，以備臨時變通而採擇之。

一、堵頂冲決口

凡決口開於頂冲者，其堤必横，其溜必直。既決之後，大溜必全入口門，口門以下之故道，既不行溜，必立見淤墊。既淤，則口門之水更急，不得不開掘引河，以分其勢。第直河之大溜，必走中泓。口門對岸無近溜開河之處，若不開河，則來水一無去路，何能興工下埽？須於直河上游初轉灣之處，尋覓引河。河頭蓋從來口門在北，其直河初轉之處，溜必在南。口門在南，其直河初轉之處，溜必在北。相定地勢，估開引河一道。然堵合之工不可太急，須先裹護決口堤頭，俟引河將次告成，然後進埽。約進至已束住大溜十分之三，即便將引河盡行開放，使水分注，則口門之溜自減，埽亦易進矣！如引河所分之溜不過十分之五，口門仍受水五分，且引河隔口門路復遥遠，則口門五分之水已成，入袖不能退，回亦足爲患。如不甚變更，則照常捲下。儻有變更，或引河河頭之下，對岸有崖岸，可就即於崖岸之處，建一大挑垻以挑之。如無崖岸，則于口門之下，覔一地方，再開一小引河，以分此五分入袖之水，則埽工自稳矣！其堵合埽臺，切宜兩邊兩對，不可高下。

一、堵埽灣決口

凡決口開於埽灣，其大溜不在口門之左，必在口門之右。如正河與口門各分大溜之半，則不必開掘引河，但於口門之或左或右，相去數十丈或百丈大溜之上游，建一挑水大垻。如係灘地，垻無靠身。有高地，則就高地；無高地，即建堤一道，接至大堤。堤上用順埽保護，挑水使歸正河，則口門水緩，埽自易進矣！但埽臺須上游稍高、下流稍下。如初係（掃）〔埽〕灣，及後漸成頂冲，則當於初變之時，飛即接長挑垻或提高上首埽臺，萬不得已，亦開引河。

一、堵疎防決口

凡堤因疎防而決者，其隄原非頂冲，亦非埽灣，且高寬足恃，去河復遠。平素原不留心，衹因堤工歷年久遠，或内有鼠穴、獾洞、井穿等項，外雖堅好，而内實空虚。及河水淹浸，滲泡日久，則水由虚直入，致成潰決。如此決口，雖水勢洶湧，然究竟終屬漫灘，與大溜有别。但急下裹頭，俟汛水稍退，流亦自緩，不難立堵，間亦有自行掛口不煩堵合者。惟堤根之下，舊有支河，急須於方決口之時，星飛乘汛水未落，水面尚寬，晝夜疾堵。若稍一遲延，則汛歸槽，支河之溜即引入大溜，變成至難堵合之決口矣！不可與漫灘同論也。

出馬頭

馬頭者，即堵閉下埽之埽臺。最宜得勢得地，則自始至終，不煩更改，埽亦安稳。如決口之水從中泓直下者，所出馬頭其左右兩邊，相去決口之丈尺遠近，不妨相等。蓋水從中來，則兩邊埽臺受水之力亦相等，庶挨次前進，終始各無輕重，埽自平稳矣！如溜自左來或從右來，則不當溜一邊，須離決口處，較當溜一邊，少遠十數丈或十丈、八九丈。蓋溜從一邊來，則當溜一邊，其勢急，其水深，必先出埽。出埽三二箇之後，大溜必稍稍直下，然後於不當溜一邊，亦挨次前進埽箇。大抵當溜一邊，在堵合工程已成七八分之前，其埽臺俱須比不當溜一邊。上三四尺斜迎大溜，帶挑帶堵，方能得勢。然不當溜一邊，未免受水漸重，須當堵合工程已完七八分之後，則將當溜一邊埽箇暫停讓不當溜一邊進埽，與當溜一邊上下長短相等，則受水之力亦相等，然後一齊進埽。及至合龍，無貽悞矣！

上提〔一〕

如兩邊埽工堵至八九分光景，内有一邊埽門之下，因水急溜深，不能一齊進埽，以致一邊上一邊下，兩不相對，難以合龍。則須於水急溜深一邊，在門埽上水，下長十丈順埽兩路，即於順埽上另出馬頭。往上一提，對定彼岸進埽，則深溜在下，龍口亦對，而易合矣！

下埽

堵合决口，大抵初動工時，水深溜濶，不甚難下。如貪圖疾速，于埽未落底，或揪頭滚肚，無人看守，聽其寬緊不一，或椿未亶刂尖等項，即便鑲填壓土，往前赶下，雖一時不見有病，然埽工愈遠，則水愈深，溜愈急。後下之埽，全仗前下之埽牢稳結實，方能倚靠。若少有不妥，則從前之病，一齊盡發，或劈空蟄陷，或張裂折腰，或走漏過水，或口門埽頭種種變態，俱由此起。故下一埽，必須壓土加鑲，釘椿下橛。俟此埽已經落地，將繩纜檢點明白，椿頭亶刂尖，然後再進，方無貽悞。

下埽壓土釘椿有上水、下水之分

堵合埽工，大抵做到四分以上光景，水勢便與前不同。或溜從埽工上水緊靠埽頭冲下者，則埽先須下上水一頭，揪頭須着人守定，然後下下水一頭，壓土釘椿，亦先從上水起。如下水有回溜倒從，埽工後尾冲入口門者，則須先下下水一頭，壓土釘椿，亦從下水起。

釘椿

凡釘椿不宜太直，椿頭須稍稍向裡一二尺。然脚繩務必要緊。不然，埽方浮於水面之上，椿尖向外，即堆埽離襠，不可不慎也。

釘橛絆纜

凡有一揪頭，有一滚肚，必有一橛。前埽之力，全仗此繩，此繩全仗此橛。釘橛綑繩之後，必須于橛後各釘一根于前橛之上，用繩絆于後橛之上，方爲妥當。橛只宜稍長，切不可短。

壓土扎摟

埽既下後，則須壓土。然壓土須筐筐堆於新埽之上，不可聽人亂倒，堆入埽眼之内。如埽大土輕，不能便沉。可於埽箇迎水一面，用柳或稭扎一小摟，用小簽與繩帶住，則埽面平寬，可以堆積矣！候埽眼填好，前埽已没下

〔一〕《天一遺書》題名爲《上埽》。

十分之八，然後連埽一律加鑲，普面壓土。

記揪頭滾肚

凡埽已沉水過半，即須加鑲，普面壓土。但此時埽箇尚未到底，若揪頭、滾肚不記明白，即令土料掩蓋，無論此埽必不能穩，即欲收放，從何處尋覓？悞事不小。須根根提出，併各掛一木牌，在繩頭上寫明第幾埽揪頭、滾肚，俟埽到（地）〔底〕後，方一概掩蓋。

走漏埽工

凡埽工走漏，如因樁頭未刨，或刨而未尖者，其漏無溜，其水自半腰流出。但于漏處掘開，深三四尺，必見此樁，刨尖掩蓋。如漏有溜，但窄細而無翻花，此壓土離襠之故。但于漏處加鑲，緊守揪頭，多多壓土。如漏有大翻花者，若翻花離埽尾遠，其漏大，必係埽未落底，加鑲壓土，自然平穩。如翻花近而溜大，必係埽下有深坑，因坑短埽長，埽箇横擔于深坑之上，故埽雖落底，而水流入坑內，從新自埽尾流出。若不速治深坑，兩邊漸冲漸長。及至與埽相等，則劈空下陷，其埽立走。須於埽工上水，先下邊順埽，或長十丈，或長二十丈。兩路鑲填，釘樁壓土如式，然後將漏處用斧將埽砍斷，直折到底。見深坑，層層用草捲土埽填之，以填至溜斷為度。算（掃）〔埽〕之法，向用一、三、五、七、九遞加，雖便未捷，不若高以高自乘，再以一八之數乘之，為更捷也。但其中亦有不同。如高一尺至高五尺，并高一丈一尺至高二尺者，只用高以高自乘。以一八之數乘之，便得為高丈尺。至高一丈者，其中有長一丈、二丈、三丈之别，須以高乘長，再以高自乘，然後以一八乘之。

跋

徐績跋

自明成化間設專官督河道，而治河之法始詳。如王端毅《漕河通志》、潘時良《河防一覽》、陳芝巘《濟寧閘河類考》、黃紹夫《疏治黃河全書》諸編，或詳或略，皆傳於世。入國朝，治法愈密。河臣張文端、傅觀察諸公，皆有纂葺。求其簡而有要、繁而切於用者，則靳文襄公《治河書》為最。先祖閣學公為河督，在文襄後，嘗稱其得力在『以水治水』四字。前後所上經理十六疏，尤切中利病。績任兗州泉河通判，以其人其書為先公所矜式，購而讀之，未及録副。又九年由曹州調守濟南，而大中丞武昌崔公始出稿本付剞劂。葢文襄平生經濟於是，真不朽矣！績竊謂古之大臣，樹大功業必先得君，而後可以有為。文襄在聖祖朝，始終委任，所請悉見允行。故聲施爛然，澤被来世，覩是書可見也。大中丞受聖天子特達之知，仗節封疆，勳伐與文襄同，而文襄之著述，乃有藉於公以傳，其殆有夙契歟？績所治郡，首齊魯，運河、濟、漯諸巨流，皆在境內，疏濬隄防之法，時復講求。今年夏，以卓異入覲，蒙皇上詢及先世，及績始任何官，一一奏對。伏荷温旨奬褒，每事恒惴惴以弗稱職為懼，而河工其一端耳！玆既幸獲事大中丞公，飫聞緒論，又幸先公所誦法，昔讀之而未卒業者，灼然大暴白於時。於其書成，乃識數語，以慶其遭，且用自勵焉。

乾隆三十二年閏七月，濟南府知府襄平徐績跋。

俞調元跋

《治河書》八卷，靳文襄公之所著也。凡防守之要，修築之法，古人之成規，悉具於此。自明潘司空《河防一覽》外，未有能逮者也。書成於康熙中，未及板行。藏書家等諸枕中鴻秘，流傳絶少。傅觀察澤洪《行水金鑑》，采載百餘條，僅十之二三。外此録副者，率多訛闕，非復全書之舊。乾隆癸未，武昌夫子由東(籓)〔藩〕晉開府。越二年，政通人和，百度具舉，而山左故有河防。公講求治法，於文襄之書有合焉，惜其闕而多訛也。乃出善本，增補付梓，而《治河》一書，於是乎大備。韓子有言曰：『莫爲之前，雖美弗彰；莫爲之後，雖盛弗傳。』以文襄之功業如此，而手著之書，必待數十年後繼起者刊而傳之，豈書之顯晦，固有數存乎其間耶？是書出而有官守者，皆得講習循行，使河瀆安瀾，於以奠百姓而紓聖天子宵旰之憂，則公之功，豈在文襄下哉！調元辱在門牆，奉委校刊。仰見利濟之盛，心因識巔末於後，以告世之讀是書者。

丁亥閏月，門人海寧俞調元敬跋。

盛百二跋

歲在癸未，客海豐。始于北平劉蓮溪先生所，得讀靳文襄公《治河書》，以未得手録爲憾。丙戌夏，奉檄來濟南，蒙大中丞江夏公以所藏本付梓，命與校訂之役。因借蓮溪本互勘，各有詳略。然名論一卷，有目無書。既得文襄家藏原本，而後其書始全。然如進書、奏表，則又從蓮溪本補録也。三本文句偶有同異，兹擇其簡勁者而從之。陳省齋先生《河防述言》《河防摘要》二卷，公亦命附刻。省齋爲錢塘人，其後流寓吾郡之春波門裏，子孫家焉。然力綿不克傳其先澤，賴我中丞以垂不朽，何其幸歟？

乾隆三十二年冬十月中浣，秀水盛百二謹識。

孫光宸跋

宸先曾王父文襄公受聖祖仁皇帝特達之知，簡任河督二十餘年。雖屢遭吏議，然聖明洞鑒，旋即昭雪。始終倚任，恩眷無渝。先文襄公矢慎矢公，恪供厥職。凡疏濬防築諸大計，或博採寮議，或獨抒己見。閱歷既深，涉筆成帙。舊蒙聖祖清問，曾出所藏以對。温綸褒嘉，宣付治河方略館，其副本則宸世守於家，罔敢失墜。乾隆丁亥，宸以鹺司小吏，備員於東。

大中丞崔公詢及遺書，宸不敢秘先世之寶，用呈副册。大中丞亟付剞劂，以廣其傳。崔公移節南閩，李大中丞以河制任封圻，從而竣之。其効訂梓之功者，胡書巢、俞燮齋、盛秦川三明府也。其與校閱之功者，則張鶴坪、夏南芷、錢素芬三明府也。宸既幸先文襄公際遇之隆，而兩大中丞更起而表章之。一代明良，千秋喜起。謹拜手跋於簡末，以誌其懽忭感戴之意云爾。

乾隆庚午科舉人、候選知縣、署山東王家岡場鹽課大使曾孫光宸謹跋。

整理人：

楊亮，河南衛輝人，文學博士，河南大學文學院副教授。研究專長：古籍整理。在中華書局出版有《袁桷集校注》《王惲全集匯校》等書。

李金松，湖北武穴人，文學博士，河南大學文學院教授。研究專長：古籍整理。在中華書局出版有《述學校箋》。

〔清〕陳潢　撰

天一遺書

趙長貴　整理

整理説明

从順治十六年（一六五九年）至康熙十六年（一六七七年）近二十年間，黄河、淮河和運河連年潰决，這既使大片陸地變成澤國，大量良田化爲瘠壤，兩岸的百姓深受其害，又使海口淤塞，運河斷航，漕運受阻，影響清王朝的國計民生。因此，親政後的康熙帝將『三藩』、河務和漕運視爲關繫清王朝國運的三件大事，爲之殫精竭慮，煞費苦心。在平定『三藩之亂』後，治河保漕作爲國家大計，遂提上解决日程。因此，康熙年間，頻有治河疏漕之舉。治河名臣正是在此情况下脱穎而出的。據王先謙的《東華録（康熙朝）》記載，康熙三十一年（一六九二年）二月初一日，清聖祖曾對大學士等如此説：『朕聽政以來，以「三藩」及河務、漕運爲三大事，夙夜廑念，曾書而懸之宫中柱上，至今尚存。儻河務不得其人，一時漕運有誤，關繫非輕。董訥爲人性刻，恐其僨事。靳輔熟練河務，及其未甚老邁，用之管理，亦得舒數載之慮。靳輔著爲河道總督。』靳輔遂再爲河臣。靳輔等大臣在治理黄河、淮河和運河時，起用了一大批科舉不第的飽學之士，爲之出謀劃策。陳潢、張靄生等人即是其中的佼佼者。他們在治河保漕實踐的基礎上，將治理經驗總結、升華，著書立説，以裨益于河流的治理和民生的改善。陳潢的治河文稿和張靄生的《河防述言》，正是在此背景下面世的。

陳潢（一六三七—一六八八年），字天一，號省齋，浙江錢塘（今杭州）人，一説浙江嘉興人。他主要生活于清朝前期的順治、康熙年間，曾潜心科舉，但屢試不第。他平時留心治學，精通地理方輿，博學多才，是清初著名的治河專家。康熙十六年（一六七七年），河道總督靳輔過邯鄲時，看到陳潢的題壁詩，惊異其才學，蹤跡得之，聘爲幕僚，協助治水。靳輔治河時，多資陳潢之力。陳潢爲制定治河工程計劃，跋涉險阻，上下數百里，一一審度，籌劃方略。靳輔負責治河期間，黄河安然無患，這與陳潢等人的努力是分不开的。康熙二十六年（一六八七年），經靳輔疏言力荐，清廷授陳潢僉事道銜。此後，爲根治黄河、淮河水患，陳潢不落『防河保運』的窠臼，提出『徹首徹尾』治理黄河、淮河的建議，即在黄河、淮河全河『統行規劃、源流并治』，但未爲朝廷采納。次年，在郭琇參劾下，靳輔罷職，陳潢以『屯田擾民』之罪，削職逮京師，未入獄即病卒。靳輔復任河督後，疏請復陳潢官，清廷未准。

《天一遺書》成書于咸豐四年（一八五四年）七月，不分卷，是清人楊象濟匯録陳潢的治河遺著、《河防述言》和靳輔的《義友竭忠疏》而成。其中《河防述言》十二篇，是張靄生采陳潢所論，編次而就。《天一遺書》中詳細記述了治水應注意的事項，并以靳輔與陳潢問答、靳輔上疏追述陳潢治水之功等方式，介紹陳潢的治河方略。陳潢繼承和發展了明代著名治水專家潘季馴『築堤束水，以水攻沙』的治河理論，把『分流』與『合流』有机結合，將『分流殺勢』作爲河水漲溢時的權宜之計，而以『合流攻沙』作爲經常性舉措。在具體操作時，他將築減水壩和開挖引河并舉。爲使正河保持一定的流速流量，他靈活運用『束水攻沙』的理論，發明了『測水法』。

陳潢著有《河防述言》《河防摘要》，附載于靳輔《治河方略》。這次筆者依據北京圖書館藏咸豐四年（一八五四年）楊象濟抄本點校。楊象濟匯録的《天一遺書》中有不少筆誤，出現不少錯字、衍字、衍句和疏漏，甚至有文理不通之處。筆者點校時，參考了清道光十五年青照堂叢書本《河防述言》、清光緒十二年思補樓重校本賀長齡編《清經世文編》卷九十八《工政四》。其收録有張靄生的《河防述言》，詳細地記述了靳輔與陳潢的問答，可與本書相對照。同時參照清文淵閣四庫全書本靳輔《文襄奏疏》和清咸豐刻本沈兆澐《篷窗隨録》收録靳輔的《義友竭忠疏》。

本書由趙長貴點校，吴小倫、李金松、楊亮、毛振培審稿。不當之處請批評指正。

整理者

目録

楊象濟序

國朝治河之略，首數靳文襄。文襄之績，得我浙陳氏天一之助，文襄前後疏稿皆其筆也。天一既治河，擬興溝田以裕西北。乃工甫舉，而嫉者随之，天一發憤而死。後文襄復起，而天一死已久，溝田亦迄不能行，此與明徐貞明事同一可歎者！

陳氏子孫衰替，所著不存。今年夏，高中翰丈即其家購求遺書，則治河諸文稿故在，因裒而録之，題曰《天一遺書》。故象濟得鈔此本，以寄友人寅昉蔣君。其中《河防述言》爲張靄生作，曾刻《陸氏切問齋文鈔》中，而所言皆天一事，今不復區别。夫國家大政，至其敝而俱有不得不變之勢。此書之出，其有天意存其間耶！

咸豐甲寅閏七月，楊象濟記于杭城之静拙軒。

防守堤壩工程善後事宜

一、凡新築大壩，上面鑲壓柴土尚未（蟄）〔埶〕定，將来大（淄）〔溜〕[一]驟臨，或乍經雨淋，勢必灌虚蟄陷，致令壩坑窪不平者有之。務須勤加巡查，即為補廂柴土，修葺堅固平整，庶免折腰裂縫之虞。

一、龍門埽前東西兩邊，俱有樁、橛、鋼釘、揪頭，大繩不宜捲下。順埽須相度機宜，離繩尺許斜下。如現有兩邊護堤邊埽聯接，其揪繩處用軟草廂填平整，逐段層壓土，些高，不得太多，致有攔繩裂橛之患。

一、護堤邊埽與大堤相為唇倚之處，少有裂縫，即用軟草細土填實，方免潰堤之患。

一、凡埽工壓土，務須相機酌加柴廂。每廂柴高一尺，壓土五分，不得太多，致有土料不匀，直沉入泥之病。

一、凡夾壩月堤之縫，最忌雨水淋刷。遇裂縫即用軟草廂補，以防土埽相離之患。

一、月堤北面壩工，即係本堤之防風，務用柴土匀停加廂高厚，以禦水波刀消之患。

[一]『淄』當作『溜』。據下文『若離堤甚近，則即於大溜内先下順埽保護』及文中多處出現的『大溜』一詞改。

一、凡加帮土堤，必須遠取乾碎好土，加意堅築，不得混雜土塊，致令鬆浮。凡遇沙土之處，務取遠處膠土封頂護助，以防風揭。蓋因沙土遇水，則如湯之沃雪，遇風則如灰之簸揚也。

一、各處堤工，每遇雨後夜以及水長之時，嚴令多人往来巡查。遇有鼠洞，即用軟草深深塞住，就近堤上乾土包壓嚴密，堆成土坵，切勿脚踹椿杵，致令洩氣，及有復潰不測之虞。俟斷流之後，或于堤頂，或于堤腰，挖至患處，尋其水穴，層層填土夯築堅實： 此截防法也。倘遇緊急不得軟草，即將衣服為權宜之用，做法如前。

一、各處防險料物，必須預先辦運，堆貯工所； 繩索俱要預備； 椿木預為削尖。遇有緊急，便于策應，免臨事周章之悮。

一、凡遇埽工蟄陷，倉卒搶救之時，必權立主見，按定成法，不得混用蓆片、木、石之類，反生他虞。諺云『不許水中胡擺弄，只在埽上做工夫』，此之謂也。

一、河身上下，凡有支河之處，宜水勢消落之時，飭行盡數堵截，永斷其流，務使水歸正河，專力攻河，則河自能深通，可免汎濫之虞： 此河不兩行之法也。尤可喜者，支河一經堵斷，則大河漫溢，出（漕）〔槽〕之水不過蔓延灌注，積聚於土壩之内，不能成流汕刷堤根。及至盈科後返，水涸泥好，即便淤成平陸。諺云『寧可堤根長沙坵，不許堤根水成流』是也。

一、凡加帮堤工，不論内外，務須離地十五丈以外取土，每取土三十丈，即留十五丈土隔一道，不許絲毫刨挖，以防堤根成河之患。蓋内面成河，則謂引賊入室； 外面成河，則為開門放賊。

一、凡膠土所築之堤，最怕雨淋。倘堤頂、堤腰遇有雨汕、浪窩、溜溝，應取沙土填塞，用杵堅築，較比兩旁高出尺許，方免復汕之虞。斷不可仍用膠土，盖膠土性烈，沙土性柔，两相搀和，方能土脉貫通，合成一家，緣孔必塞，往往試有成效，慎勿忽略。

一、凡加堤，其舊堤之草務要剷削净盡，則新舊二土方能連合，庶免夾皮之患。再鋪碎土一層，厚八寸，即做成。一律平坦，加以夯硪堅實，試以簽錐，不漏方稱合式。最忌收築堤頂形如壁立； 或用鉄鍬撲平； 或加土高至尺許方行動硪，中浮外實； 或於堤根偷土翻上作堤。有事堤工者，幸留意焉。

一、凡堤外所下防風，原恐風浪撞擊堤根而設，或捆埽由，或加廂柴壓土，務要時為查看，小心保護為要。

一、凡做成鉄心埽台，外用埽工，内填土方。其柴土相接之處，務要留心巡查防守，廂填補脩，庶免倉皇莫措之患。

一、凡汛水長發之時，凡遇險要工段，防守官弁除現存窩鋪外，務須多搭蓬蓆，預備簑衣、燈籠、火把等物，帶領兵衆晝夜巡防，畫界分守，乘時補救。此防微杜漸之要道也，切勿泛視。

總之，治河之道，雖無一勞永逸之法，實有補偏救弊之策。未雨綢繆，故不見功；亡羊葺籬，寧不為過。思之勉之，毋怠毋忽。

一、凡挑挖引河，其上首受水之名口，必須正對頂冲，下首出水之口，必須地處窪下，方可引溜入河，暢然下注，借其水力之冲刷以成深河。水不入大溜，必致水緩沙停，自行淤塞。

搶頂衝大略

搶救之法，莫難於頂衝，其力專，其勢迫，治上游則直来而不可遏截，治下流則碍堤而不能舒展。如堤外灘地尚相去大河百十餘丈，或百丈，則相度水勢所射之處，于外灘地内離灘三四十丈，飛掘丈許深槽，捲做高丈許釘埽埋入槽内，用樁簽釘。然河勢直来，遇埽阻必下流，其所埋釘埽，須預擬形勢，挨次自上游廻轉之處起，順之性或百丈，或七八十丈，下至稍可展舒處為止，庶臨期不致倉卒。若離堤甚近，則即於大溜内先下順埽保護，一面仍於順埽水捲下釘埽，均作大溜長短以定埽個多寡。俟水勢稍灣，則或用挑壩，或用磯嘴，照治埽灣之法，自堪保固。

總之，埽灣頂冲之處，莫善於未險之前。先於堤内創築裏、月以備不虞，實為事半功倍至善良策。但月堤宜寬宜遠，下水更宜長，以便轉（灣）〔彎〕，不宜逼近大堤耳。

堵塞支河

支河有兩樣，堵塞之法亦有兩樣。如一種上有河形，當河水初（長）〔漲〕[一]時，水即由河頭流入，在灘内轉折廻旋，遠者數十里，近者十數里，或數里，仍歸大河，此上有河頭，下有河尾者也。堵之之法，當先塞河頭。黄河灘地，臨河必高，靠堤必窪。因此處既有河頭，則不能如河岸同其高阜。故一經漲發，由河分注，且以有源之水，長流於窄隘河形之内，其勢必急。若於灘地之河身内築壩横截，外高内低，必致漫壩而過。每漫一壩，必衝決一壩，非惟不能堵禦，亦且激水之怒以益寬深，漸至妨碍大堤。故先于河頭高阜處所，擇支河有崖岸之處，約去大河百十丈，或數十丈之内，堅築内外大坦土壩一條，必須外垣廂做防風裏頭，方為萬全。其灘内一帶河身中，亦擇其淺隘處，或相去里許，或相夫一二里，間段做束水小壩，如石閘形，各留中間口門数尺，或丈許，使水仍可通流，庶河水初漲未及漫灘之時，則河頭分流之水，至壩即住，壩外所留河形百十丈，不過数日立可淤平。則河頭百十丈已極高寬，非普面出（漕）〔槽〕[二]，涓滴無由分入矣。及至普

〔一〕『長』當作『漲』，以與上文『河水』對應。下同徑改。
〔二〕『漕』當作『槽』。據下文『至普面出槽之時』和『即河出槽之後』『水一出槽』改。

面出槽之時，一帶河身復逐段有束水小壩，如水比地高，則壩沉水内，河内之水不過與灘地之水同一漫流，必漸淤漸積。迨河水稍落，縱使河身尚未全淤，然水為束水壩所阻，且上無来源，河水愈退，則淤填愈隘，支河之至寬深者，歷伏經秋，必然盡成平陸矣。

又有一等支河，上源並無河頭，因内地甚低，當河水出槽之時，滙歸於低窪之内，聚而成溜，日刷日深，亦轉折廻旋於灘地之内，或數十里及數里，然後歸入大河。此則無河頭，而但有河尾之支河也。如不為堵截，恐年復一年，河頭一成，内地則窪，更為難堵。此種河形，宜先於河尾内緊靠河岸高阜處，堅築内外大坦土壩一條，截其去路。再於灘内河淺隘處，亦間段做束水小壩，惟中間留口門，又當有寬窄之别。蓋此等支河，必灘地内原有至窪之處数十頃。即数頃者，積滿之後，然後由（於）最低處衝而成河。故凡近窪地之頭，一束水壩，須寬留口門，庶使窪地之水不致漫跌。其下各壩，則愈遠口門愈小，而窪地必淤，河形亦平矣。

攔河壩

河不可攔，壩之所以名攔河者，因正河上游長有河嘴，侵逼大溜不能直趨正河。而正河之（傍）〔旁〕，或舊有支河，或原属窪地，水（惟）〔性〕[一]就下，遇坎即行。且黄河灘地凡近地之處，必低於臨河四五尺不等。若不早為攔截，勢必愈趋愈下，日刷日深，近溜各堤必立成新險，正河亦永不可復。

然致病之由，始于河嘴，似當於河嘴之上挑挖引河，挽溜歸故。殊不知新生河嘴盡属嫩灘，難施人力。况此河嘴既能逼溜改河，斷非僅長数里，寬數十丈之小灘，稽時費日。及引河告成，毋論果否有濟，其保堤之費已不可勝計矣。故急當正河有水之日，或緊接大堤，或倚靠高地，稍稍斜向正溜初分交，先築土堤一段，或長一百丈，或長百數十丈，至水際為止，其頂底高寬相機酌估。但此堤兩面或應廂護防風，或應捲下順埽，以防汕刷為要。其臨水堤頭一面，則鑲做馬頭，挨次進埽，務將埽個進至大溜過半之處，使支河之溜不能暢達，自必仍分大溜，歸入正河。再看正河之溜，如下埽之後較前漸覺寬深，則支河再進一埽。如溜再增，埽亦再進。如此一闔一闢，兩相照應，不特故河可復，新險可平，即上游之河亦随溜自去，永無變遷之患矣。

如遇正河與支河分流之處去堤太遠，亦無高低可就，不能建立壩基，則看兩河分流之中，必有高地相隔，俗語所謂『龍舌』者，不妨將壩基移入支河下流一二百丈近堤之處創立。如進埽之後水已入〔袖〕[二]，不能退回，則於

[一]《治河方略》作『水性』。據改。
[二]《治河方略》作『水已入袖』。據補。

『龍舌』之上循順水勢開一引河，亦必日見寬深，護歸故道矣。其進護堤之法，亦照前例，萬不可畏難，終成害患也。

挑水壩

凡建挑水壩，宜於埽灣之上游，相度水勢初灣之處，酌量大溜離堤若干，自河岸起，約計大溜一半之處，應築挑壩，直長若干丈。如溜急水深，則宜自岸至溜全用埽個。如估建直長一十丈，壩面寬十丈，方分大溜之半者，則靠岸起手之埽，應估下高一丈，長二十丈埽一路外，再一路減長一丈，計長十九丈，依次遞減至第十埽，則共計長十丈，壩面寬十丈之數。如水深高一丈之埽不能到底，則照底埽之長，上加套埽一層，或高九尺、一丈，或不必套埽，廂埽亦可，總以堅固足資捍禦為主。其上、下水雁翅，下水須比上水長十分之三，亦酌量斜長若干，應分為幾埽估計捲下。如水淺溜緩，靠岸頭埽則與頂溜門埽其長相等。上、下水雁翅，或應下斜長順埽，內用廂填，或止用廂填，相機估做，亦以下水之長比上水多十分之三為度，再加挑壩一座。大溜不能遠去，可於頭壩之下相去數十丈，或十數丈之處，再做挑壩一座，接連再挑，則水自開行矣。

然兩堤相隔中間之空處，具須下藏頭、摟崖順埽，或一路一層，〔或〕[一]兩路一層。二壩之下，亦應藏頭順埽，摟崖約至溜緩處，則堤堪鞏固，亦無廻溜之虞矣。此係挑水大壩，若磯嘴壩，其做法大小相同，看壩之大小酌減至一半以下。

大凡埽灣之處，其未灣之先，必頂衝直下，惟前路為堤岸所阻，不能前進，然後折而為埽灣。故埽灣之處多在上游，俱係嫩灘。或去堤太遠，不能於上游覓妥當建壩之基，不得不就大溜灣處建之。又恐對岸沙嘴逼近，大挑則溜難舒展，必致出而後返，致成廻溜，其為險更甚，則宜做扇面壩以挑之。扇面壩，即挑水壩之圓而長，其形如扇面也。

下水亦應估藏頭摟崖順埽。摟崖埽，係先次所下之順埽，即摟崖埽也。

龍尾埽，係大頭尾小之形。

魚鱗壩，即小磯嘴壩，或相去十丈、二十丈，重疊遙接，如麟砌者也。然此壩惟用于後邊拖溜直河，或挽用于摟崖順埽之內，其頂衝埽灣之處無所用也。至于座數稀密，在因地(置)〔制〕宜而已。

順水壩，即名磯嘴壩，又名馬頭，專為吃緊迎溜處所。如本堤水刷洶湧，雖有邊埽，難以久持，必須將本堤築順水壩一道，長十數丈，或五六七丈，可遏水遠去數丈。堤根自成淤灘，而下首堤自涸矣。

安埽之法，上首廂邊埽宜出，將裏頭埽藏入在內。下水埽宜退藏入裏頭埽內，庶水不得揭動埽也。如築長六

〔一〕『層』下有『或』字。據上文『或一路一層』補。

丈，高一丈，用埽兩面，埽之兩邊用埽兩行，中間填土。每行用埽三層，共用埽十八个。

護堤根乾埽。凡堤係埽灣處，須預下乾埽以衛堤根，需土多料少。簽樁必用長（壯）〔樁〕[一]，入地當深。

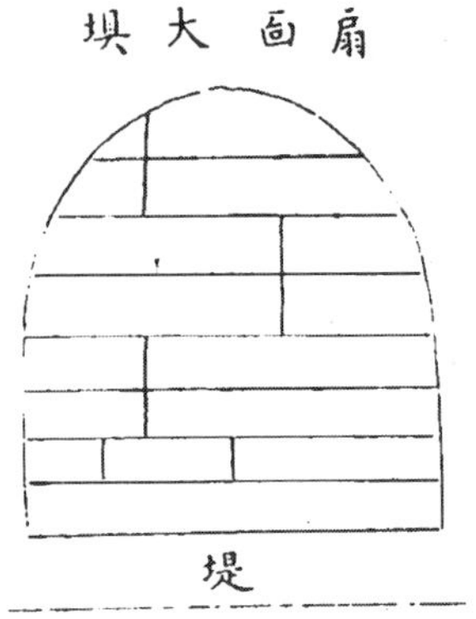

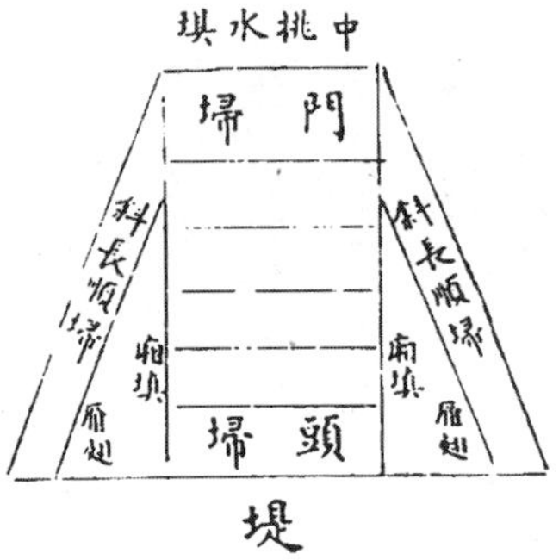

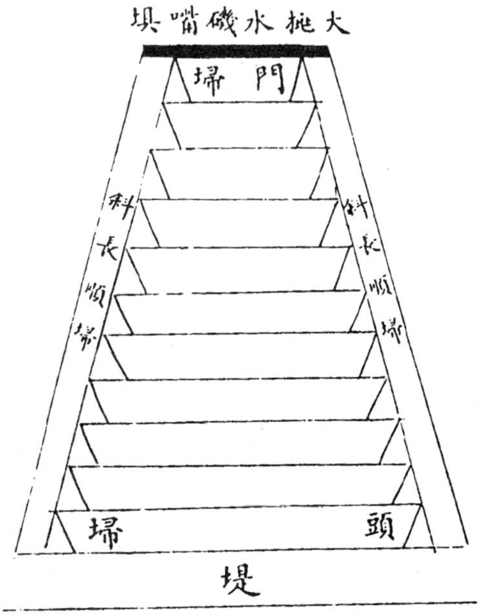

此係矶嘴壩，如水淺溜緩，其埽靠堤，與臨溜俱一樣丈尺，上、下分水雁翍用斜長順埽一路。如釘埽二十丈者，邊傍順埽分為兩個，中間廂填。雁翍下水宜長，或二十五六丈，抑三十丈俱可。其水深溜急之處，如臨溜估面寬十丈者，靠堤下二十丈一路，二路減一丈餘，依遞減，用十丈埽兩個；　三十丈，則以十丈者三個，中間廂填。凡水勢埽灣，于上游初灣之處，相度水勢，即下矶嘴壩，以便挑水。倘溜大激，雖挑出，對岸仍復折回，致成迴溜，恐傷堤岸。應於下首再下護崖埽，或数十丈，數丈，再接下矶嘴壩接挑，則溜自然開行，無傷堤岸矣。亦有扇面挑水壩，去門埽方角上下水廂填，俱要長圓，使水不致激怒為要。

挑掘引河

黃河埽灣之處，對岸必有沙灘，灘在北則南地險，灘在南則北地險。治之法，除險處做矶嘴壩，下護埽，并創築裏越[二]之外，救急之善，莫過於沙灘之上挑掘引河為效甚速，且河成之後，險亦永平，誠一勞永逸之計也。然挑之略倘有未安，則糜費正復不少。盖黃河埽灣之處，其大溜必直走，險工一岸沙灘上游，盡屬浸灘。且灘地雖似高

[一]『壯』當作『樁』，以與上文的『簽樁』和下文的『入地當深』相照應。
[二]『裏越』即『裏月』。

阜，其沙灘之脚，必自河底斜坦而上始出水面，是水面之下尚有沙灘，非人力所能挖掘者。若貪近省費，不遠尋河溜可接之處安立河頭，縱河已告成，斷不能掣溜入流，一經開放，立見淤填。或因河不迎溜，乃於兩岸做挑水壩以逼之。若河寬壩短，則不能挑溜歸入引河，終屬無益。若大河原窄，必溜急水深，則下流既扼於挑壩，對河復阻以沙嘴，勢必去而復返，挑壩之下激成廻溜，倒崖撞堤，變態百出。是一險未平，又增一險，更費周折。此未估挑河之先，當遠尋河頭，不可草率者一也。

又河頭既得之後，自必依形順勢相度河尾，以便估計。然自頭至尾，一河之長，遠者非數十里，即二三十里，近者不下數里。如此綿遠，河灘之内，能保其無忽高忽窪之處？若意見荒亂，不分高下，一概估定寬深，將来開放之時，高處必致淺阻，窪處亦漸成淤填。是以挑河，面當加寬，高處宜深，窪處宜淺，掘河面可收窄，則費所當費，省所當省，兩合皆宜。

凡估計之法，先於應掘河身内封土作堆，以計丈尺。估之時，即於封土堆上用長竹各插望竿一條，務使一律條順，直達河尾，不可（灣）〔彎〕曲，曲者移之。條順之後，再用水平或三十丈，五十丈，挨次打量，記明某段較某段高若干，某段比某段低若干，照依高低科算土方，通核錢粮，庶河無貽悞。此估計之不可草率者二也。

又估計既定之後，自必按段分委人員。其河頭、河尾兩段，必選平日諳練之人方可委任。倘初習學與不甚謹慎之人，俱派委於河身之内。盖河之頭尾關係通工，且河性無常，消長難測。苟素非諳練，不知利害，則輕忽從事。倘一經暴漲，或有坍塌，則河未全完，水一内注，則前功盡棄。故河之頭尾須寬留灘地，或百丈，或八九十丈，仍積貯柴草以備不虞，方為萬妥。此分工之不可草率者三也。

又分工之後，自必發帑募夫。若發銀太少，則遠夫不敷盤用，不能應募；發銀太多，則便滋花費，後有累工欠帑之弊。須酌量每河一丈該掘土若干方，計值銀若干兩，先發十分之幾。以人夫之住居遠近牽筭，每夫一名約先給若干。每夫牽陰雨停工，每日計出土七分。以丈計土，以土計夫，每日可出土若干，先須運籌，庶無賠累。此發帑之當斟酌者四也。

又人夫到日，自必興工挑掘。然不可先挑河土，令各員責令各夫頭，如分工二百丈者，先撥夫四百名，于河身兩岸相去數十丈之外，順長掘小溝一條，約面寬四尺，深二丈。段段相接，自河頭直至河尾，不過一日便可全完。仍令各夫頭各覓木杴或門板，木板于小溝上搭橋為路。凡所掘河土，俱令過溝外遠處堆起，依順小溝順長堆積。堆至各段之工兩相連接，約高四尺後，方令其往上再堆，不許一筐棄置河邊，被奸夫先填假埃，（至）〔致〕少尺寸。如此，則堆積之土既可無假岸之弊，且開河之日坍塌不過岸上。水力能勝〔土〕[一]，使土隨水去，易於寬深，而無積土壅塞之患。即未經告成之先，外有積土阻攔，遇暴漲可免淹漫；下有小溝通流，遇大雨可以宣洩。此初興工之所斟酌者五也。

至于掘河，又不可一律全掘。如第一段長二百丈，第二段亦長二百丈。令第一段夫頭除河頭灘地一百丈外，在所派之内留第一百丈不挑，先挑第二段一百丈。第二段夫頭之二百丈，則先挑第三百丈。又留第四百丈不挑，將此兩段挑完之後，然後第一段夫頭挑第一段一百丈，第二段夫頭再挑第四百丈。於已經挑完一百丈與未經挑之一百丈交界處，必留土(梗)〔埂〕一條，約寬四五尺，俟未挑之九十五丈通身挑完之日，方掘此土埂。蓋因河土甚多，非計日可竣之工，能保無連陰積雨有淹没土塘之患？故二百丈之内先掘一百丈，則雨水有所容蓄，不致淹没，且可免車戽之費。所以於交界處仍留土埂者，恐後之一百丈遇雨則又上下通連，仍舊被淹。是以必於挑二百丈全完，然後盡去土埂。無水固妙，即有水，以一百〔丈〕[二]之水匀于二百丈之内，水深不過一二尺。始終全無曠土，總無貽累矣。此挑宜先後者六也。

又全河挑完之日，自必待大水漲發開放。開放之時，須先掘河尾平地十分之三，然後率夫挑掘河頭。蓋河尾無溜，不能撞刷，即单薄滲水，尚易收拾。若河頭先開，河尾未完，則水一進，便恐淤填。此開放之不可不慎者七也。

堤工走漏

凡堤工當外灘漲水之時，忽然走漏，前人有覆鍋塞絮之法，然但可堵些微滲漏。如或堤内有井穿獾洞，則外面似無大壞，不知堤内已屬虚空，一塞不止則再塞，一覆不止則再覆，甚至塞草包，掘堤頂，一陣手忙脚亂，將浮面些(需)〔許〕老土蹂躪(溻)〔塌〕卸，則勢如湧泉，不可復救。

凡遇此走漏之處，須細看堤外之水。如不過淹堤二三尺，堤内平地不過比外地低矮一二尺，過水不甚大者，可飛調人夫，即於堤内走漏之處，緊接大堤急築長十數丈或二三十丈，底寬八九尺，面寬四五尺，高五六尺小月堤一道，攔定走漏之水，勿令伸腰出頭，聽其流漏月堤内之空處，則内外相抵，不致過水矣。然後從月堤兩頭挨次用土實墹，於水地之内做成戧堤一道，則可保鞏固。萬不可先於漏處用土加帮，恐夫少則不能立成，夫多則必反損大堤，致有前病。此内堵之法也。

如或堤外水深五六尺，堤内平地又比外地矮數尺，則倉卒相乘，何能築此高厚月堤？則宜飛運軟草，如無堆積

[一]『勝』下有『土』字。據下文『使土隨水去，易於寬深』補。

[二]『百』下有『丈』字。據上文『故二百丈之内先掘一百丈，則雨水有所容蓄，不致淹没』及『恐後之一百丈遇雨』補。

之處，則暫拆附近民房，苫草于堤外坦坡下，或十丈，或數十丈，挨次鋪廂。隨用土層層加壓於軟草之上，層草層土，加至出水，則漏自斷。但来往挑土之夫，只可于堤頂及草上行走，不可傷着坦坡。此外堵之法也。

此两者係急救斷流之法，水勢略退，仍須掘開堤面，尋出走漏空處，層層堅築，庶無後患。

裹頭

凡決口初開，急先下裹頭以防衝寛。若時已暮秋，水勢不甚洶湧，則不妨就於衝斷之堤頭捲下埽個。若時方伏秋，水勢洶湧，倘裹護太緊，不但不能住，且必更益寬深，然亦無所其衝刷之理。須相度情形，將已斷之堤除去近溜地頭十數丈，或二三十丈之內，將好堤掘斷，與地相平，或比地深一二尺，將埽下於掘斷堤頭之内。須如在大溜中下埽一樣，簽樁加廂壓土，并於上下水各分順埽，或二十丈，十餘丈，〔以防〕將来水到埽邊，有拖溜、廻溜之患。及水到埽，仍須相機保護。

合龍

堵閉決口至合龍時，全河水勢正當故道尚未寬通，旁流又復阻塞，進退兩難，屈不能伸之日，此時苟措置不周，必致乘虛崩潰，盡棄前工。凡揪頭、滚肚以及樁、柍等項，檢點明白。更調集人夫，於相去龍門十數丈之後兩壩臺，各積土百十方。然後每邊再各進一二埽，廂填極稳，方可捲下蘿蔔埽以合龍門。既下埽後，飛即釘樁廂填，就近挑所積之土層層加壓，約加壓埽已着底，則連前近口各埽，亦一律加廂，普面壓土，至埽溜斷為率，堵閉告成。凡從前做過各埽，須是靠堤起，至龍門口止，通身壓土深四五尺。至廂填柴草，又不可一律鋪填。如埽面寬十丈者，上於埽頭、埽尾向内各廂寬一二丈，其埽面中間盡（自）〔用〕土壓。埽上壓土愈重，埽箇愈稳，且將来折陷亦可。

從来決口堵塞之後，大溜必全歸正，引两河，亦必去埽工百數十丈之外，似乎足資鞏固。但近埽之處若有河形，即係窪地，水勢一長，仍必分流。倘不早為預備，則外河嫩灘見水便去。壩下埽箇日久腐朽，一有變更，便無從下手。或裹口趺塘太深，可於外口約略長短，再下順埽數十丈，或一路一層，或兩路一層以護之。如趺塘尚淺，則于裏口建貼心壩，以為内戧。更須創築裏越堤一道，方為萬妥。此又告成後必做之工程也。

從来黄河衝決一次，全河必受病一次。及至堵合之後，水勢不順，二三年内必有無數變局，甚至另有衝決之處。故決口告成後，必須細查全河之南北兩岸，某處長有河嘴，某處衝有支河，某處改移大溜，各審其害之緩急輕重，處處因地制宜，應築者築，應疏者疏，務使河溜寬通，堤工無碍。然必須上下照應，不可有此利彼害，暫利久害之病。

探埽已未着地聽樁法

凡下埽，須將已下之埽壓土廂填，探明已經着地平穩妥貼，方可往前再進，庶無失悮。但口門水深溜急，難以探量，即探量亦未確實。人有以揪頭之寬緊為準者，殊不知此法只探得埽個之是否着地，不能知水底地勢有無高低。所下之埽攔於高地之上，揪頭亦不必緊，（那）〔哪〕知底處尚屬懸空。如信為平穩，往前再〔進〕[一]，及至再〔進〕之後，將近着地時，懸虛低窪之處兩埽相隔，勢必逼溜更緊，漸刷漸深，終成後患。

惟有聽樁之法最為確實。如所下之埽驗過揪頭稍寬後，將耳朵一隻虛虛貼於所釘各樁之上，逐一細聽。若下有低窪過水之處，深者，樁必顫聲大；淺者，樁雖不動，亦必聞水聲。仍須再加土壓，務以毫無喘息為妥貼。或壓至個個作哽咽聲亦可，不致汕跌矣。

堵合漫口說

治河之道，自古迄今，舍順水之性別無所謂良法，此智愚之所共曉也。獨至堵合漫口，則曰漕運、民生兩關重大，不得不權宜逆治。此但知論其形，未審其理耳。黄河之所以漫决者，非悮於不及隄防，必失於隄防太過，奔騰下注，原因失其故道，所以横流寔非本性。

惟初决之時，水勢初達，所苦者在淺溢，人心欲堵，所患者在寬深。主其事者，苟不能相形度勢，於遏截之中仍留一舒展之地，盡力以制水，水亦必盡力以勝人，斷不免兩相牴牾，變態百端，曠日需時，堵合愈難，而全河愈病。故堵合之道雖（凡）〔繁〕，所設施不能枚舉，然要其大端，惟在主持者敬畏存心，勿躁不急，先以心會地之形，再以心會水之勢，然後定謀决計，循次舉行，自然操縱得宜，趋避却合，水亦無所逞其能，人亦無所用其智，兩相退讓，而工亦告成矣。併述古法之必當師法者數事於後，以備臨時變通而採擇之。

一、堵頂衝决口。凡决口開于頂衝者，其堤必横，其溜必直。既决之後，大溜必全入口門以下之故道。既不行溜，必立見（於）〔淤〕[二]墊。既淤則口門之水更急，不得不掘引河以分其勢。但直河之溜必達中泓口門，對岸無近溜開河之處。若不開河，則来水一無去路，何能興工下埽？須於直河上游初轉（灣）〔彎〕之處尋覓引河頭。蓋從

[一]「再」下有「進」字。據上文「凡下埽……探明已經着地平穩妥貼，方可往前再進」補。下同。

[二]「於」當作「淤」。據下文「既淤則口門之水更急」改。

来口門在北，其直河初轉之處，溜必在南；　口門在南，其直河初轉之處，溜必在北。相定地勢，估開引河告成，然後進埽。約進至已束住大溜十分之三，即便將引河盡行開放，使水分注，則口門之溜自減，埽亦易進矣。如引河所分之溜不過十分之五，口門仍受水五分，且引河隔口門路復遥遠，則口門五分之水已成入袖，不能退回，亦足為患。如不甚變更，則照常捲下。倘有更變，或引河河頭之下對岸有崖可就，即於崖岸處建一大挑壩以挑之。如無崖岸，則於口門之下覓一地方，再開一小引河，以分此五分入袖之水，則埽土自穩矣。其堵合埽臺，切宜兩邊相對，不可高下。

一、堵埽灣決口。凡決口開於埽灣者，其大溜不在口門之左，必在口門之右。如正河與口門各分大溜之半，則不必開掘引河，但於口門之或左右，或相去數十丈，或百丈大溜之上游，建一挑水大壩。如係灘地，壩無靠身。有高地則就高地，無高地即建堤一段，接至大堤之上，用順埽保護挑水，使歸正河，則口門水緩，埽自易進矣。但埽臺須上游少高，下流稍下。如初保埽灣日後漸成頂冲，則當於初變之時，飛即接長挑壩。或（堤）〔提〕高上首埽臺，萬不得已，亦開引河。

一、堵疎防決口。凡堤因疎防而決者，其理原非頂冲，亦非埽灣，且高厚足恃，去河復遠，平素原不留心。祇因堤工歷年久遠，或内有鼠穴、獾洞、井穿等項，外雖堅好，而内實空虚。及河水淹漫滲泡日久，則水由虚直入，致成潰決。如此，決口雖水勢洶湧，然究竟漫灘，終與大溜有别，但急下裹頭，俟汛水稍退，流亦自緩，不難立堵。間亦有自行掛口，不煩堵合者。惟堤根之下舊有支河，急須於方決之時，星飛乘汛水未落，水面尚寬，晝夜疾堵。若稍遲延，則汛水歸槽，支河之溜即引入大溜，變成至難堵合之決口矣，不可與漫灘同論也。

出馬頭

馬頭者，即堵閉不埽之埽臺，最宜得勢。得地則自始至終不煩更改，埽亦穩妥。如決口水之從中泓直下者所出馬頭，其左右兩邊相去決口之丈尺，遠近不妨相等。蓋水從中来，則兩邊埽臺受水之力亦相等，庶挨次前進，終始各無輕重，埽自平穩矣。如溜自左来，或從右来，則不當溜一邊，須離決口處較當溜一邊少遠數十丈，或十丈及八九丈。蓋溜從一邊来，則當溜一邊，其勢急，其水深，必先出埽。出埽三四個之後，大溜必稍稍直下，然後於不當溜一邊亦挨次前進埽個，大抵當溜一邊左，堵合工程已成七八分之前，其埽臺俱須比不當溜一邊上三尺四，斜迎大溜，帶挑帶堵，方能得勢。然不當溜一邊未免受水漸重，須當堵合工程已完七八分之後，則將當溜一邊埽個暫停前進，讓不當溜一邊進埽，與當溜一邊上下長短相等，則受水之力亦相等。然後一齊廂埽，及至合龍，無貽悞矣。

上埽

如兩邊埽工堵之八九分光景，内有一邊埽門之下因水急溜深，不能一齊進埽，以致一邊上，一邊下，两不相對，對以合龍，則於水急溜深一邊，在門埽上水，下長十丈順埽兩路，即於順埽上另出馬頭，往上一(堤)〔提〕，對定彼岸進埽，則深溜在下，龍口亦對，而龍易合矣。

下埽

堵合決口，凡初動工時，水寬溜闊，不甚難下。如貪圖疾速，于埽未落底，或(鍬)〔揪〕頭、滚肚無人看守，聽其寬緊不一，或樁木剷尖等項，即便廂填壓土，往前赶下，雖一時不見有病，然埽工愈多，則水愈深，溜愈急。後下之埽全仗前下之埽堅穩結實，方能倚靠。若少有不妥，則從前之病一齊盡發，或劈空蟄陷，或張裂折腰，或走漏過水，或門埽頭種種變態，俱由此起。故下一埽必須壓土加廂，釘樁下橛，俟此埽已經落底，將繩纜檢點明白，樁頭剷尖，然後再進，方無貽悞。

下埽壓土釘樁有上水下水之分

堵合埽工，大抵做到四分以上光景，水勢便與前不同。或溜從埽工上水緊靠埽頭冲下者，則埽先須下。上水一頭，(楸)〔揪〕頭須着人守定，然後下。下水一頭，其壓土釘樁亦先從上水起。如下水有廻溜，倒從埽上後尾冲入口門者，則須先下下水一頭。其壓土釘樁，亦從下水起。

釘樁

凡釘樁，不宜太直，樁頭稍稍向裏一二尺，然脚繩務必要緊。不然，埽方浮于水面之上，樁尖向外即(堆)〔推〕[一]埽離檔，不可不慎也。

釘(撅)〔橛〕絆纜

凡有一揪頭，有一滚肚，必有一橛。前埽之力全仗此繩，其繩即靠此橛。釘橛綑繩之後，必須於橛後各再釘橛

[一]『堆』當作『推』。據上文『樁尖向外』改。

一根，於前栿之上，用繩絆於後栿之上，方爲妥當。只宜稍長，切忌用短。

壓土(托)〔扎〕摟

埽既下後，則須壓土。然壓土須筐筐堆於新埽之上，不可聽夫亂倒，堆入埽眼之内。如埽大土輕，不能便沉，可於埽個近水一面，用柳或稭扎一小摟，用小簽與繩帶住，則埽面平寬，可堆積矣。俟埽眼填好，前埽已没下十分之八，然後連埽一律加廂，普面壓土。

記(栿)〔揪〕[一]頭、滾肚

凡埽已沉水過半，即便須加廂普面壓土，但此時埽個尚未到底，若揪頭、滾肚不記明白，即令料掩蓋無論。此埽必不能稳，即欲收放，從何處尋覓？悮事不小。須根根提出，必各掛一木牌，在繩頭寫明。凡埽揪頭、滾肚，俟埽倒地後方一概掩盖。

走漏埽工

凡埽工走漏，因樁頭未刨，或刨而未尖者，其漏無溜，其水自半腰流出。但於漏處掘開深三四尺必見此樁，刨尖掩盖。如漏有溜，但窄細而無翻花，此壓上離檔之故，但於漏處加廂緊守，(楸)〔揪〕頭多多壓土。如漏有大翻花者，若翻花離埽尾遠，其漏大，必係埽未落地，加廂壓土，自然平稳。如翻花而溜大，必係埽卜有深坑。因坑短埽長，埽個横擔於深坑之上，故埽雖落底而水流入坑内，從新自埽尾流出。若不速治，深坑兩邊漸冲漸長，及至與埽相等，則劈空下陷，其埽立走，急須于歸埽工上水先下邊順埽，或長十丈、二十丈，两路廂填，釘樁壓土如式，然後將漏處用斧將埽砍斷，直折到底見深坑，層層用土捲土埽壩之，以填至溜斷為度。

減水壩、滾水壩

從来河勢變遷，必由於積砂之弊，弊之由，必始於水分而溜緩，故治河之要，宜合不宜分，宜急不宜緩。若減壩專主分洩，似與河工有損無益，可以無庸建設。殊不知河之深廣確有定數，水之大小莫可預期。假如河面寬五百丈，究其行溜之處，至闊不過六七十丈，至深不過三四五丈，其餘漫水盡係淺灘。可見，此五百丈内之水，已足供衝沙刷底之用，若當伏秋大漲，必欲(畜)〔蓄〕汛水於兩

[一]『栿』當作『揪』。據下文『若揪頭、滾肚不記明白』和『凡揪頭、滾肚，俟埽倒地後方一概掩盖』改。

岸大堤之内，無論衝擊淹漫，搶護不暇，恐滋貽悮。即河出槽之後，縱使两岸各有大堤，然南北相去至少必數(千)〔十〕里，水一出槽，勢必由寬就下，四散分流，徒足增水面寬闊，緩弱正泓絶與大河毫不相涉。是減壩之設非惟為保固大堤，正欲分洩有餘，合其力以送河也。第建造之舉大非容易耳！

造減壩事宜

減壩與滚壩不同。減壩面與地相平，過水多，滚壩壩面比地高，過水少；減壩惟可設于河之南，滚壩兼可設于河之北。盖因南岸自河南起，下至江南，内有淮河，更蕭、碭两邑而東，又多湖蕩，均仍歸淮河，下抵清口。其從来淮弱黄强，黄漲之時，淮不能敵黄，則清河倒灌，每能阻運。今以所減上游之水，仍以濟下流敵黄之用，誠為一舉数得之工。但建造之計少有不周，則必致下淹民田，上分河溜，為害無窮。減壩之基，必須擇内有田河，或相去不遠之處。即有湖蕩外灘，須相去大河十數里，或二十里，覓不高不窪之老土平地，查明每年盛漲時此處水深若干尺。大抵水深一二尺者即可用，不可(大)〔太〕窪。其壩長自左至右，至多不可過百丈，自外至内，至少亦必寬八九十丈。先將平地夯硪堅實，於兩邊堤頭照建石閘，規模按原估高寬，用石砌成金門及迎水、分水，然後於上迫水。一面於平地上照所估應長丈尺，先釘鎖口樁六七路，下口分水亦照原估丈尺，釘鎖樁八九路。將樁所留内壩面用夯硪密打極堅，用極熟礦灰泡篩潔净，以烏樟葉泡水熬江米作稀粥，石灰内和以黄土二分，用粥湯兑入，舂搗極匀，乘石灰潮潤之時，挨次平鋪於鎖口樁内、壩内平地之上，每層約高五六寸。稍乾，即用硪挨次擲打，不可太重，但以堅實平正為主。如此普面鋪完，於上再加一層，約共厚一尺一二寸，則儘堪堅固矣。至於每年冬月壩面須盖土三四寸，庶免冰凍。萬不可因石灰不如石塊，用石鋪砌。石頭雖堅，必須逐塊拚湊。即使打鑿極細，水過之時，必汕開灰縫，漸及底土。一塊虚鬆，通工盡壞，不可救治。故不如三合土做成整石一塊，毫無空隙之處，反永久也。

造閘規式

一、每閘一座，前用迎水裹頭墻長三丈三尺，砌迎水雁翅墻，斜長三丈。再砌金門墻，直長二丈四尺，寬二丈四尺。又砌各水雁翅墻三丈。末砌分水裹頭墻，横長三丈三尺。每岸砌墻一十五丈，两岸共砌三十丈。

一、墻高三丈，應用雙料石二十五層，連丁加工，估用一尺二寸寬、一尺二寸厚雙料墻石九百丈。

一、墻面石之內，應用裏襯之。貼地五層用裏石七路，迤上四層用裏石六路，再上四層用裏石五路，又上四層用裏石三路，頂上連漫石四層用裏石二路，共用裏石一百五十路。每路三十丈，通共用裏石三千四百五十丈。內墻石連丁加工，計多用面石一百五十丈，今應除去面石一百五十丈。又金門等處用石襯裏裏頭處，應以磚代之。再除代十分之四外，實用一尺二寸厚之雙料裏石一千九百八十丈。

一、代石之襯裏磚，應長一千三百二十丈，每丈用一尺二寸長、五寸寬、三寸三分厚之河磚六十塊，共用河磚七萬九千二百塊。

一、頂石樁，每墻石一丈，應用馬牙樁二十段，三路共樁六十段，三十丈共用馬牙樁一千八百段。一木三截，計用一尺六寸圍圓木六百根。

一、入裏頂襯裏石，每墻一丈，應用梅花樁十一路，十二段兩墻共長三十丈，計用梅花樁三百六十段，十一路通共用梅花樁三千九百六十段。一木四截，應用尺四五寸圍圓木九百九十根。

一、金門，底寬二丈四尺，長二丈四尺，計用底石四十八丈。迎水底前寬六丈四尺，後寬二丈四尺，長二丈，計用底石七十三丈三尺四寸。分水底前寬二丈四尺，後寬六丈四尺，長二丈，亦用底石七十三丈三尺四寸。迎水裏頭之前，再添水前底，兩邊各比迎水底寬出一丈，共寬八丈四尺，長三丈，計用底石二百一十丈。分水裏頭之後，亦用添分水後底，兩邊各比分水底寬出一丈，共寬八丈四尺，長三丈，亦用底石二百一十丈。通共用九寸厚一尺二寸之料半底石六百十四丈六尺八寸。

一、底石，應用每丈頂石梅花樁十八段，共用一萬一千六十四段。一木四截，計用一尺三四寸圍圓木二千七百六十六根。

一、每石一丈，不論灌砌坐底，牽用好大灰一石，應運石到土盤窑現燒。墻底襯裏共石三千四百九十四丈六尺八寸，計用火灰三千四百九十四石六斗八升。

一、每灰一石，用糯米六升熬汁調和，共用糯米三百九石六斗八升。

一、熬汁，每米一石，用蘆柴三十束，每束三十斤，共柴六千三百九十束。

一、計缸，每口二錢。

一、計鍋，每口五錢。

一、灰籮，每隻六分。

一、灰篩，每面五分。

一、竹掃箒，每把一分五厘。

一、接灰桶、灰笊、木甑、汁桶等項竹篾，每斤八厘。

一、縈蔴絆繩，大者重百十斤，小者四十斤。

一、大礟重百四十斤，中礟重一百斤，小礟重八十斤，各部五錢。

一、盤硪，一次不過用縈五六斤，盤硪、辮打繩、抬石等項，用縈五斤。

一、拉硪繩，大者二十斤，中十五六斤。

一、打辮子，不過十數斤。

一、雲梯，一步，用二尺四五寸圍木一根。

一、石匠鑿砌面石，每丈三錢，单料減半，舊料一錢。裹石每丈六分，单料三分。

一、石匠鑿錠眼，每個五厘，鋦眼每個三厘。

一、瓦匠砌磚，每塊四毫。

一、繩匠、纘匠、鉄、木、小爐、箍桶等匠，每日每名給銀三分。

一、樁、埽手，每日每名給銀五分。

一、日計夫，每日各給銀四分。

一、廠夫，每名日給銀四分。

一、艌蔴匠，每名銀五分。

一、每石一丈，不論单料、料半、双料，牽用石灰一石。

一、石縫，每丈牽用抵縫油灰七斤。

一、每石一丈，用灌砌石灰一石。

一、每石灰一石，用糯米五升。三合土每灰一石，汁米六升。

一、河磚，每塊牽用石灰一升。

一、樁木，價值，有漕規。

一、簽頂，每丈一路二十根。

一、闊石樁，每（又）〔丈〕[一]，每路用尺五圍木二十根，一木截二。

一、壩尾束水排樁，每丈牽用樁木二十四五根不等，計用尺五六圍木，每根用艌縫油灰四五斤不等。

一、馬牙樁，二路，用木二十根，每地方一丈，用樁相機而行。

一、梅花樁，每丈用尺四五圍木二十根，一木四截。

石壩則例

一、青石，每丈寬一尺二寸，厚一尺二寸者，雙料連運，旱、水脚共銀一兩九錢。厚六寸者，单料連運，旱、水脚共銀九錢五分。雙料裹石九錢，单料減半。

一、河磚，每塊長一尺二寸，寬五寸，厚三寸三分，連運，旱、水脚共銀一分二厘，內水脚三厘八毫。

一、糯米，每石一兩二錢。

一、石灰，每石、南石灰，山價、水脚一錢四分四厘。

一、油灰，每斤價九厘。

一、生鉄錠，每個重四斤，價六分。

[一]『又』當作『丈』。據上文『簽頂每丈一路二十根』和下文『壩尾束水排樁，每丈牽用樁木二十四五根不等』改。

一、熟銅，每個重一斤，價四分。

一、鉄鍬，每個三斤，每斤三分。

一、墻面石，每丈約用鉄鋦二個，如九百丈，計用一千八百，每箇一斤。

一、底石，每丈約用鉄錠三個，每個四斤。

一、擦鉄錠縫醬，每斤一分五厘。

一、□鉄錠鋦，每個價一分五厘。

一、鉄繩三十斤，鉄撬八斤，熟鉄鷹嘴重三斤，幌錘十五斤。以上鉄物每斤三分。

一、金門墻、迎水雁翅、分水雁翅墻，兩岸共長十八丈，每丈換去層處，應用鉄條一條扣住墻石，以免外漲之患。貼地五層之上鉄條，長一丈二尺。迤上四層之上，用一丈一尺。再上四層之上，用一丈。再上四層之上，用九尺。又上四層之上，用八尺。俱一頭扣於墻石之內，一頭埋入堅土，共計用九十條，每〔條〕〔一〕五、六、七、八、九、十斤不等，牽七十斤。

一、迎水、分水前後，向用闊石樁一路，今改用闊石、三合土。緊貼底之處，掘三尺深、三尺寬之溝槽一道，計長二千四丈八尺，内中填築三合土與底石相平，計用三合土一十二方三分二厘。

一、做三合土，每方用大岸三十担，黄土一百筐，楊桃籐六十斤，每斤銀六厘。或用烏樟葉。

一、天然閘，砂積一方四錢，碎石一方九錢五分。單料一丈五錢，双料一丈一兩。鑿光五面見線石，每丈一錢五分。樁手每工五分。每簽樁八根，用匠一工。

排樁工漕規

釘排樁，每丈用尺五排樁木八根，用尺一管頭木一根，用尺五勾。

一、簽釘排樁，入土九尺，出土九尺。其出土九尺排樁内，應用海蘆鑲砌，每丈用蘆一百四十束，樁手七名。

一、木匠楦樁做勾頭管頭木，每根銀四厘，海蘆每束三分。

一、拉梯、搬料、挖溝、鑲蘆、壓土、一切雜作人工，每丈用夫六名。

玳瑁漿法

用江米六斗，加白礬八斤，用水三石，將米熬爛，然後下礬熬成稀粥，起在缸内。用漿之時，每一桶石灰漿，加江米一宮碗半，或一碗。如減省，加黄土三一入在灰漿，

〔一〕『每』下有『條』字。據上文『共計用九十條』補。

則又節省又堅固。

建造石工

一、斷木宜設一廠，凡有闕頭木屑俱可留之熬汁。若不收貯，必致星散。其稍頭長四尺外者，俱可留作陸路梅花樁用。

一、斷木時必須自看，随意抽木十根，斷馬牙樁若干，便可計數。雖無人看，亦知其數，免廠夫匠人作弊。

一、每斷木若干，斷馬牙樁若干，梅花樁若干，一一登記，藉以稽查，並知簽樁數，免樁手浮冒開銷。

一、挑土（漕）〔槽〕須靠排樁，離遠八尺，庶不漏水。細較水平依子埝，即堤一丈三尺，深入老土五六寸不等為度，口面寬一丈三尺，底寬六尺，（漕）〔槽〕宜坡，始無坍塌之患。

一、每日計夫，須除扛抬若干班外，其餘散夫預令夫頭給其腰牌，上書夫頭之名。每早收夫，只取其牌便知人數。午後再將厚牌見人給之，倘剩下，即知人數齊與不齊。晚間收夫，仍將原牌收回，数如與日間符，方免以少報多之弊。每日早飯後，即令夫頭先報名數单，以便不時查點，恐奸滑之夫躲懶，午後方来。不時查考乃杜奸之善策。如有午後風雨夫散，仍令夫頭計分數，另换報单入簿。

計策

一、宜不時巡察，愈勤愈好。夫匠加意，即管工人役亦必留心。倘夫照應，反多縻費滋事。

一、量石開時，即宜將单長筭出，以便有數，免却浮冒。

一、收磚上方須令人坐看，恐有半塊在內。點明畫印後，下船細搜，餘磚盡數留下。否則，恐以拾来半塊、不入數之塊磚抵换整塊，歸付窑户，半價而售，其弊宜絕。

一、隔十日半月，須令人收拾堤下滚散磚塊，失却一塊，便費數文，積少成多，大有裨益。

一、塲中所收料物，務宜随時印記，免致日後將料物溷賴，省費唇舌。

一、下汁米宜令人看，下攪以石灰，免盗汁之弊。

一、熬汁用夫二名，内接灰夫一名，兼管冲灰，勿令其在汁房炊爨，不特省柴，且杜包攬，替夫做飯，糜費柴草。

一、汁房宜潔净，如有婦人来看，穢污等事熬成汁米，上則成皮，下則成水，即無用矣。倘遇此等怪事，急宜香燭化皮解之。

一、當建造大工，各匠役雲集，其中賢愚不等。人多則易滋事，並有賭博、酗酒，甚至火燭堪虞，關碍不小。宜每夜不拘時候巡察，并免散匠逃走，慎之！

一、打樁必須樁頭向水為上，直下次之。樁尖向水不獨無力，兼防久後冲刷之患。

一、將下樁之時，先令石匠牽線，然後埋帥木方，不（灣）〔彎〕曲方令打樁。

一、凡任意，不得逐出樁手，宜令其自行挑選。人人用力，均勻打樁，方不蓬頭。樁打蓬頭，不但無力，且易於朽爛。萬勿信樁手之言，以地硬之故。必須先期曉諭，如打損重責。遇有犯者，責一儆百。并鋸手毋許擅自下塘。

一、砌石務令一律收分，必得八分為準，不得任意出入，難以觀瞻。墻面宜直，毋許後山踮高，以致前撲，貽害非淺。萬勿聽其明收暗收之說。

一、坐縫起槽，自然無隙。頭縫最是要緊，看縫之人更宜揀選，勿貪小利而害大，勿因怠惰而悞事。縫宜勤看為主，勤看易於收入，懶則必致折磚折石，既費料物，又費匠工。頭切忌八字，須預曉諭，忌不許以鍋鉄脩補，縫力宜窄而薄。

一、發樁先向公館取票，發馬牙樁若干，梅花樁若干，赴廠領樁下塘。晚間令廠夫繳原票報单，一同送查，免以少報多之弊。

一、襯裏石澗不可疎，密不可逼。疎則表裏相離，逼則灰汁難灌。外面宜先用條石封尾，內則灰頭拌汁灌緊，再加磚灌透，自然粘成一片。

一、砌磚宜踈不宜緊，須令砌磚之人以磚小面向上，自然有隙相乘，不但汁易灌到，而磚亦省無數矣。砌磚又各付一四尺八寸之尺，再無短少之虞。

一、灌磚尾宜用篩過之灰灌。用米汁宜稀不宜厚，稀則易入，厚則浮面費灰。再用小撬撬開灌之更妙，篩下灰頭，灌頭縫用。灌灰之人，先付小撬一把，鉄鈎一把。

一、錠鍋先付某石匠若干，付以小竹牌若干，上注某某匠錠鍋一個，一同付發。臨下時，須叫管工人驗明收牌，記某層以便登記帳目。設立此法，不但易於考查，且杜偷錠鍋之弊。鍋係熟鉄，可以搷錘，不獨石匠要偷，即夫役亦要偷。

一、七層、八層海漫尾上填土，須跑牌買土，較日計夫省。

一、熬汁宜老宜宿，須冷定方可用，熱則不粘，且入灰清。

一、砌石宜令石匠先以寬為主，若隨意砌去，必致尺寸不符。預先以寬厚相乘，海漫更為易選。

一、石到即須選起可以做海漫之石，庶不致臨期費事。然亦得運石源源而来，方可挑選。若匠人等石鑿鏨，則却不能矣。

一、預先較準石尺一丈零八寸長，砌至幾層，以此丈尺量之，計其高低以便乘除，庶完工時不致短少丈尺。

一、凡各夫匠發銀之時，須先取其領狀，然後發銀，隨時登記流水帳內，次入本人名下，宜注清小脚。更有同日發銀，更宜注明。又發字様，以杜奸頑日久涸賴。

一、鉄繩鎖石甚不合算，易断。即令鉄匠逐日跟接，不勝煩厭，且工價大，不可小算。擬繩頭用一圈，使筲作横拴，得以常用，較之鉄釣勝多矣。

一、椿手用硪，雖晴天，硪亦〔不〕許放塘内過夜。或經雨露，硪繩瓣易爛，换蔴瓣亦須驗過。若换小扣，或换粗瓣，或通身全换，看明發蔴免弊。

一、每日抬扛，諭扛多寛，令謹慎之人持杖押之，免躲懶。如扛多，須二人爰押。

一、每晨鳴鑼集夫，早〔辰〕〔晨〕作三分工，鳴鑼放早飯。飯畢，則鳴鑼催夫上工，至午再做四分工，仍鳴鑼放午飯。飯畢，即鳴鑼催夫上工，午後至暮，作四分工，收牌放暮。

一、用〔人〕[一]最宜妥當。天下有治人，無治法。得人，則諸事奉行； 不得人，雖有善法，何益哉？

一、裏石必須揀不可作墻面之石用之，萬勿聽石匠之言，令扛夫亂扛，吩咐押扛人照應。

一、匠人每每暗損主人作料，各匠皆然。石匠倘不如意，即亂用混錘將好石擊壞。須在看工人冷眼覷之，亦須曉諭為先，亂損裁料者重責。

一、箍汁桶等項，須吩咐做傢伙之人靠底起槽，方可經久。不然，用起便脱，殊為費事，而且悮工。

一、挑土槽靠椿，先以笆對頭重搭，吩咐撩土之人，不得任意以飛土打笆。否則，笆塌又用重加。較笆六十塊方是一工，計笆算土更為省事。

一、工上凡有料物或要移動，可令散夫上工之時，或放飯之際，各帶一件移某處，積少成多，便省多費。

一、每日塘中需用傢伙，臨晚須着經手之夫送回廠房或汁房安貯，不得丟在塘中，以致踈失。

一、執事人役須派单粘貼，各司其職，以免臨時推委。

一、工上固雖小道，必須立一賞罰，庶可勉勵。神而明之，在乎其人，似不必過于饒舌也。

一、下石流繩，必須看塘之深淺，繩之長短。如下大石，須使雙繩，方免斷損及撞損墻工之患。石宜直下，切勿使其横放打滚。滚則流繩易斷，直則萬無一失。

一、下椿之粗細不用一律，粗下第一路，中第二路，下第三路。梅花亦然。不得過四尺八寸之外，外則土無用矣。

辦石各地價

魚臺黃山： 每丈双料石，山價五錢，水脚三錢六分。

虎蹄山、花山： 每丈双料石，山價五錢，水脚三錢

[一]『用』下有『人』字。據下文『天下有治人，無治法。得人，則諸事奉行； 不得人，雖有善法，何益哉？』補。

二分。

江南荻港：　每丈双料，山價四錢五分，水脚四錢。

吕梁山、家山：　每丈山脚，彷佛水脚一錢六分。

邳州劉家寨石灰，每担五分。

儀真龍潭石灰，每担八分。

鳳陽上窑、裏窑石灰，銀一兩，有二十多籮。

黄水築堤，須離岸三二里，切勿逼水，以致易决。至於取土，宜遠，切勿傍堤挖土，以致成河積水，必損堤根。

算法

垜物法：　從脚下起，每層少一個，直垜至頂一個方止。如脚底濶二十五箇，即(巳)〔以〕脚底濶二十五個加頂一個，共二十六個為法，即得實數。

度影量木法：　如樹一株，影長四丈八尺，随立一丈丈竿。如影長一丈二尺，即以樹影四丈八尺為實，以竿影一丈二尺歸之，得樹長四丈矣。

鹽散堆算引法：　每方一尺，積鹽四十斤。今有鹽一堆，長一丈五尺，濶一丈二尺，高六尺五寸，問該若干斤？答曰：　『四萬六千八百斤。』每引三百斤，問該若干引？答曰：　『一百五十六引。』

木龍格式

三十丈起，四十丈止為龍，二十丈為把子，龍頭對插。頭(塔)〔搭〕[一]名鴨嘴，二搭至二十五六搭，封稍止。每搭拖長一丈二尺。如三十丈長，封稍即三丈寬。在七八搭之中間，内有丢檔。尾後七八搭，每搭加寬一二根。倘四十丈，封稍有四丈寬，不丢檔。總而言之，龍腰有丢檔。

下一層名棋盤底，上一層名樑頭，三層龍骨，四層攢樑外、裏風，双撬可偷減。五層面木，六層盖面扁樑。

龍頭前用木二根，油紅色。封稍處用木四根，油紅。萬年樁之前，名曰『童子類』，名曰『萬年樁』，用旗杆二根，有旗二面，頭稍分。

中用鶯架八個，上用小鈴，扎四十丈加二架、四架均可。笆筐七塊，加二塊、四塊均可。三十丈，七塊。加長，酌加四面木筐，中用竹編入丢檔内。犁木七道，每〔道〕[二]用三根，四十丈，者加二道。腰犁二道、鍬犁三道、撬子、枕木、約尺餘。毛竹、廂笆筐邊扒。坎楦、犁頭、犁木、點木、升官木、行江纜、即竹纜，亦名『龍筋』。丈紘、操把纜、鼓纜、子篾、鍬稍犁、鍬犁枎、蔴、桐油。每搭騎樑一道，至封稍止。

[一]『塔』當作『搭』。據下文『二搭至二十五六搭，封稍止。每搭拖長一丈二尺』改。

[二]『每』下有『道』字。據上文『梨木七道』補。

題定各項漕規

凡購用葦柴，每束九月至〔三〕〔十二〕〔一〕月，照三十斤收；　正〔月〕至四〔月〕〔二〕，照二十六斤收；　五〔月〕至八〔月〕，照二十二斤收。

徐屬，邳、睢，二分五厘；　山盱，二分四厘；　宿虹、揚河、運河、江防，俱二分二厘；　高堰、桃源、裏河、安清，二分一厘；　山安、外河、海防，二分。

凡購用正草，除兵草例不開銷錢粮外，淮徐道屬五廳，每束重六斤，〔銀〕二厘六毫；　淮陽道屬九廳，每束重十斤，銀六厘。

凡購用柳株，每束青、濕重八十、六十斤，枯重四十斤，銀三分。　如撥用山東、河南協濟，每束止給水脚銀一分五厘。　至於兵柳，例不銷算錢粮。

凡購用檾蔴，每斤係前河帥齊〔蘇勒〕〔三〕題定，淮揚、徐道屬九、五廳，〔銀〕一分三、一厘。

凡購用正稭，每束重三十斤，銀每斤一分。　淮揚道屬無。

堤河土工方價

乾地挖挑河工，每方銀八分。　如有積水，加戽水銀一分五厘。　創築加帮堤工，并填壩、壓埽等工土價，分別遠近、乾濘、難易入則。

一、近處乾地取土，每方銀二分五厘。

遠處濘地取土，每方銀五分。

遠處乾地及近處濘地取土，每方銀三分六厘。

堤根有積水坑塘，估遶越乾地取土，每方銀七分。

隔堤、河遠處乾、濘地取土，每方銀九分二厘；　水底取土，每方二錢五分。

總河白〔鍾山〕〔四〕題，徐属邳、睢、宿虹三廳，照前減十分之二，桃源、外河、海防、山安、運河、安清六廳，照前減十分之一，餘照前不減。

〔一〕『三』當作『十二』。據下文『正月至四月，照二十六斤收；　五月至八月，照二十二斤收』改。

〔二〕『正』和『四』下俱有『月』字。據上文『九月至十二月』補。以下徑補不注。

〔三〕『齊』下有『蘇勒』二字。據錢實甫編《清代職官年表》第二册《總督年表》補。滿族人齊蘇勒于雍正元年至雍正六年任總河，雍正七年任東河總督。

〔四〕『白』下有『鍾山』二字，據《清代職官年表》第二册《總督年表》補。雍正十二年，白鍾山任副總河。乾隆年間，他長期任河東河督（即東河河督）和江南河督（即南河河督）。

椿木漕規

不登尺木，牽長一丈一二尺，内外不等。徐屬，九分；邳、睢，八分八厘；宿虹、桃源，八分六厘；運河，八分五厘；江防，六分八厘；裏外河、安清、（上）〔山〕〔一〕安、海防、揚河、高堰、山盱，俱七分。

尺木，牽長一丈二三尺，内外不等。徐屬，錢二分；邳、睢，錢二分七厘；宿虹、桃源，錢二分四厘；運河，錢三分三厘；裏河，九分九厘；外河，一錢零一厘；山安、海防、安清，錢零三厘；高堰、山盱，錢三分；揚河，九分三厘；江防，九分。

尺一木，牽長一丈三四尺不等。徐屬，錢七分；邳、睢，錢六分六厘；運河，錢六分一厘；宿虹、桃源，錢六分三厘；裏河，錢二分六厘；外河，錢二分八厘；山安、海防、安清，錢三分一厘；高堰、山盱，錢四分。揚河，錢零九厘；江防，錢零七厘。

尺二木，牽長一丈四五尺不等。徐屬，二錢三分；邳、睢，二錢二分五厘；宿虹、桃源，二錢一分；運河，二錢一分；裏河，錢六分三厘；外河，錢六分半；山安、海防、安清，錢六分九厘；堰、盱，錢八分；揚河，錢二分六厘；江防，錢二分四厘；外河，錢六分五厘。

尺三木，牽長一丈五六尺不等。徐屬，二錢七分；邳、睢，二錢七分四厘；桃、宿，二錢五分九厘；運河，二錢五分六厘；裏河，二錢零七厘；外河，二錢一分一厘；山安、海防、安清，二錢一分六厘；堰、盱，二錢三分；揚河，錢四分三厘；江防，錢四分一厘。

尺四木，牽長一丈六七尺不等。徐屬，三錢一分半；邳、睢，三錢零八厘；運河，三錢；宿、桃，三錢零二厘；裏河，二錢四分三厘；外河，二錢四分八厘；山安、海防、安清，二錢三分三厘；堰、盱，三錢七分；揚河，錢七分七厘；江防，錢七分五厘。

尺五木，牽長一丈七八尺不等。徐屬，四錢六厘；邳、睢，三錢九分八厘；運河，三錢八分四厘；宿、桃，三錢八分一厘；裏河，三錢六分；外河，三錢一分二厘；山安、海防、安清，三錢二分；堰、盱，三錢四分；揚河，錢七分七厘；江防，二錢□〔二〕分。

尺六木，牽長一丈八九尺不等。徐屬，四錢五分五；邳、睢，四錢四分六；宿、桃，四錢三分六；運河，四錢三分二；裏河，三錢八分；山安、海防、安清，四錢零四厘；堰、盱，四錢三分；揚河，二錢五分五；江防，二錢五分三；外河，三錢九分五。

尺七木，牽長一丈九〔至〕二丈不等。徐屬，五錢三分；邳、睢，五錢二分；裏河，四錢七分；宿、桃，五錢零八厘；運河，五錢三厘；山安、海防、安清，四錢九分八；堰、盱，五錢三分；揚河，三錢三分；江防，三錢二分九。

尺八木，牽長二丈至〔二丈〕一尺不等。徐屬、高堰、山盱，六錢七分，減二分；邳、睢，八錢五分五；宿、桃，六錢四分三；運河，六錢三分六；山安、海防、安清，六錢三分；揚河，三錢九分一；裏河，六錢三分；外河，六錢一分六；江防，三錢八分九。

尺九木，牽長二丈一二尺不等。徐屬、堰、盱，八錢三分，減八錢一分三；邳、睢，八錢一分三；宿、桃，七錢九分六；運河，七錢八分八；山安、海防、安清，七錢八分；揚河，四錢六分八；裏河，七錢四分七；外河，七錢六分三；江防，四錢六分六。

二尺木，牽長二丈二三尺不等。徐屬、高堰、山盱，九錢八分，減九錢六分；邳、睢，八錢三分；宿、桃，七錢九分六；運河，七錢八

〔一〕『上』當作『山』。據下文多處出現的『山安』二字改。

〔二〕『錢』後缺一字。

分八；（江防，四錢六分六）〔一〕揚河，四錢六分八；　裏河，七錢四分七；外河，七錢六分三；　江防，四錢六分六。

二尺一木，牽長二丈三四尺不等。徐属、高堰、山盱，一兩二錢二分；　邳、睢，一兩一錢八分五；　宿、桃，一兩一錢六分一；　運河，一兩一錢五分；　江防，六錢三分二；　山安、海防、安清，一兩六錢三分七；裏河，一兩八分九；　外河，一兩一錢一分三；　揚河，六錢三分四。

二尺二木，牽長二丈四五尺不等。徐屬、高堰、山盱，一兩四錢七分；　邳、睢，一兩四錢四分；　宿、桃，一兩六錢六分；　運河，一兩六錢四分三；　山安、海防、安清，一兩三錢八分；　揚河，七錢一分一；　裏河，一兩六錢二分三；　外河，一兩零五分二厘；　江防，□□□□□□□□〔二〕。

二尺三木，牽長二丈五六尺不等。徐属、高堰、山盱，一兩七錢三分；　邳、睢，一兩六錢九分半；　宿、桃，一兩六錢六分；　運河，一兩六錢四分三；　山安、海防、安清，一兩六錢二分六；　揚河、江防，七錢八分四；　裏河，一兩五錢五分七；　外河，一兩五錢九分七。

二尺四木，牽長二丈六七尺不等。徐属、高堰、山盱，二兩零二分；　邳、睢，一兩九錢八分；　宿、桃，一兩九錢三分九；　運河，一兩九錢一分九；　山安、海防、安清，一兩八錢九分八；　揚河，八錢六分八；　裏河，一兩八錢一分六；　外河，一兩八錢五分八；　江防，八錢六分六。

二尺五木，牽長二丈七八尺不等。徐属、高堰、山盱，二兩三錢二分；　邳、睢，二兩二錢七分五；　宿、桃，二兩二錢三分七；　運河，二兩八錢八分；　山安、海防、安清，二兩一錢八分；　揚河、江防，九錢五分四；　裏河，二兩零九分四；　外河，二兩一錢三分四。

二尺六木，牽長二丈八九尺不等。徐属、堰、盱，二兩七錢；　邳、睢，二兩六錢四分六；　宿、桃，二兩五錢九分二；　運河，二兩六錢二分五；　山安、海防、安清，二兩五錢二分八；　揚河、江防，一兩九錢一分；　裏河，二兩四錢二分；　外河，二兩四錢八分四。

二尺七木，牽長二丈九〔至〕三（丈）不等。徐属、堰、盱，三兩一錢二分；　邳、睢，三兩零五分七；　宿、桃，二兩九錢五分九；　運河，二兩九錢六分四；　山安、海防、安清，二兩九錢三分二；　揚河、江防，一兩二錢九分八；　裏河，二兩八錢零八厘；　外河，二兩八錢七分。

二尺八木，牽長三丈〔至三丈〕一尺不等。徐属、高堰、山盱，三兩五錢七分；　邳、睢，三兩四錢九分；　宿、桃，三兩四錢二分七；　運河，三兩九錢六分四；　山安、海防、安清，三兩三錢二分五；　揚河、江防，一兩五錢四分八；　裏河、外河，均三兩二錢一分三。

二尺九木，牽長三丈一二尺不等。徐属、堰、盱，四兩零七分；　邳、睢，三兩九錢八分九；　宿、桃，三兩九錢零七厘；　運河，三兩八錢六分六；　山、海、安，三兩八錢二分五；　揚、江，一兩八錢四分八；　裏河，三兩六錢六分三；　外河，三兩七錢四分三。

三尺木，牽長三丈二三尺不等。徐属、堰、盱，四兩七錢；邳、睢，四兩六錢二分；　宿、桃，四兩五錢一分二；　運河，四兩四錢六分五；　山、海、安，四兩三錢八分六；　揚、江，四兩二錢；　裏河，四兩二錢三分；　外河，四兩一錢九分五。

三尺一木，牽長三丈三四尺不等。徐属、堰、盱，五兩一錢；　邳、睢，四兩九錢九分八；　宿、桃，四兩八錢九分六；　運河，四兩六錢四分五；　山、海、安，四兩七錢九分四；　裏、外河，四兩五、六錢九、九分□〔三〕、二。

三尺二木，牽長三丈四五尺不等。徐属、堰、盱，五兩六錢；　邳、睢，五兩五錢五分六；　宿、桃，五兩四錢五分三；　運河，五兩三錢

〔一〕衍文，與下文『江防，四錢六分六』重複。
〔二〕『江防』後缺八個字。
〔三〕『分』下缺一字。

八分六； 山、海、安，五兩二錢三分； 裏、外河，五兩二、三錢一、八分六、六。

三尺三木，牽長三丈五六尺不等。徐屬、堰、盱，六兩二錢七； 邳、睢，六兩一錢四分四； 宿、桃，六兩一錢九分； 運河，五兩九錢五分六； 山、海、安五兩八錢五分三； 裏、外河，五兩六錢四、六分三、八。

三尺四木，牽長三丈六七尺不等。徐屬、堰、盱，六兩九錢； 邳、睢，六兩七錢六分二； 宿、桃，六兩三錢三分四； 運河，六兩六錢五分五； 山、海、安，五兩八錢九分三； 裏、外河，五兩六錢四、六分三、八。

三尺五木，牽長三丈七八尺不等。徐屬、堰、盱，七兩五錢六； 邳、睢，七兩四錢八分； 宿、桃，七兩二錢五分七； 運河，七兩一錢八分二； 山、海、安，七兩六錢八； 裏、外河，六兩八、九錢四、五分□〔一〕五。

三尺六木，牽長三丈八九尺不等。徐屬、堰、盱，八兩二錢五； 邳、睢，八兩一錢五分八； 宿、桃，七兩九錢二分； 運河，七兩八錢三分七； 山、海、安，七兩七錢五分； 裏、外河，七兩四五錢五七分五、五。

三尺七木，牽長三丈九尺〔四丈〕四丈不等。徐屬、堰、盱，八兩九錢七； 邳、睢，八兩七錢九分； 宿、桃，八兩六錢一分一； 運河，八兩五錢二分一； 山、海、安，八兩四錢三分一； 裏、外河，八兩七六錢零三五分二。

三尺八木，牽長四丈至〔四丈〕一尺不等。徐屬、堰、盱，九兩七錢二； 邳、睢，九兩五錢二分五； 宿、桃，九兩三錢三分一； 運河，九兩二錢三分四； 山、海、安，九兩一錢三分六； 裏、外河，八兩七九錢四四分八三。

三尺九木，牽長四丈一二尺不等。徐屬、堰、盱，十兩五錢； 邳、睢，十兩六錢九分； 宿、桃，十兩零八分； 運河，九兩七錢七分五； 山、海、安，九兩八錢七分； 裏、外河，九兩四六錢五六分。

四尺木，牽長四丈二三尺不等。徐屬、堰、盱，十一兩三錢一分； 邳、睢，十一兩八錢五分； 宿、桃，十四兩八錢五分七； 運河，十兩七錢四分四； 山、海、安，十兩六錢三； 裏、外河，十兩一四錢七一分九五。

四尺一木，牽長四丈三四尺不等。徐屬、堰、盱，十二兩一錢五分； 邳、睢，十一兩九錢七分； 宿、桃，十一兩六錢六分四； 運河，十一兩五錢四分一； 山、海、安，十一兩四錢二分； 裏、外河，十一兩九一錢三七分五八。

四尺二木，牽長四丈四五尺不等。徐屬、堰、盱，十三兩二分； 邳、睢，十二兩七錢五分九； 宿、桃，十二兩五錢； 運河，十二兩三錢六分九； 山、海、安，十二兩二錢三分八； 裏、外河，十一兩七八錢八七分。

四尺三木，牽長四丈五六尺不等。徐屬、堰、盱，十三兩九錢二； 邳、睢，十三兩六錢四分； 宿、桃，十三兩三錢六分三； 運河，十三兩三錢三分三； 山、海、安，十三兩八錢四分； 裏、外河，十二一兩五八錢二六分八。

四尺四木，牽長四丈六七尺不等。徐屬、堰、盱，十四兩八錢五； 邳、睢，十四兩五錢五分三； 宿、桃，十四兩二錢五分六； 運河，十四兩二錢一分七； 山、海、安，十三兩九錢五分九； 裏、外河，十三十二兩三六錢六分三二。

四尺五木，牽長四丈七八尺不等。徐屬、堰、盱，十五兩八錢二； 邳、睢，十四兩五錢四分三；宿、桃，十五兩七錢七分； 運河，十四兩五錢四分三； 山、海、安，十四兩八錢六分； 裏、外河，十四兩一五錢二四分九三。

四尺六木，牽長四丈八九尺不等。徐屬、堰、盱，十六兩八錢； 邳、睢，十六兩四錢六分四； 宿、桃，十六兩二錢一分八； 運河，十五兩九錢二

〔一〕「分」下缺一字。

分；山、海、安，十五兩七錢九分一；裏、外河，十五兩一四錢二五分。

四尺七木，牽長四丈九尺〔至〕五丈不等。徐属、堰、盱，十七兩八錢二；邳、睢，十七兩四錢二分；宿、桃，十七兩一錢七；運河，十六兩九錢一分九；山、海、安，十六兩七錢五分；裏、外河，十六兩一三錢三九分八四。

四尺八木，牽長五丈〔至五丈〕一尺不等。徐属、堰、盱，十八兩八錢八；邳、睢，十八兩五錢一分一；宿、桃，十八兩一錢二分四；運河，十七兩九錢三分六；山、海、安，十七兩四錢七分七；裏、外河，十六七兩九、三錢九七分一。

四尺九木，牽長五丈一二尺不等。徐属、堰、盱，十九兩九錢五；邳、睢，十九兩五錢七；宿、桃，十九兩一錢五分二；運河，十八兩九錢五分三；山、海、安，十八兩七錢五分三；裏、外河，十七八兩九三錢五分二四。

五尺木，牽長五丈二三尺不等。徐属、堰、盱，二十一兩零一分；邳、睢，二十兩三錢三分八；宿、桃，二十兩一錢一分七；運河，二十兩一錢一分七；山、海、安，□□□□□□□□〔一〕。裏、外河，十八九兩九三錢五七分四三。

估算引河法

引河一道，長二百三丈，上口寬三十四丈，底寬三十一丈，深一丈二尺，下口寬三十二丈，底寬二十九丈，深一丈一尺。法以上深倍之，計二丈四尺，加下深，計三丈五尺，以上口底寬相併乘之，計二百二十七丈五尺。再另以下深倍之，計二丈二尺，加上深，以下口底寬相併，計六十一丈，乘之，計二百零七丈四尺。再將兩乘之數合併，計四百三十四丈九尺。折半，計二百十七丈四尺五寸，以長二百丈乘之，計四百三十九丈九尺。用六歸歸之，計土七萬二千四百八十三方三分三厘三毫零。

飛歸歌

見一加三下四隨，見一為五下除二，見二作八隔位八，二十四上一飛歸。逢三進一連二五，三十六上一歸半。四十八上来二子，逢六進二身加五，七十二上進三株，八十四上三歸半。逢九進三連七五，九十六上須進四，一百零八四歸半。

飛歸法

見一為五下除二，二十四上一飛歸。見一加三下四隨，九十六上須進四。七十二上進三株，四十八上来二子，見二作八隔位八，見一為五下除二。四十八上来二子，見一為五下除二。

〔一〕『安』下缺八個字。

還原

五乘一二，七存一六八，八存一九二，二退四八，三退七二，四退九六，四退九六，一退二四，五存一二，六存一四四，九存二一六。

算地畝

每步五尺，計二百四十步為一畝。如地長六十步，寬二十步，先將寬長用存法，二六十二，計算一千二百步，再用二歸四除，計地五畝。如地長一百二十步，寬四十步，將寬長用存法，二四如八，一四如四，計算四千八百步，用二歸四除，計地二十畝。如有東西地一段，東寬五十三步，西寬五十四步，南北長一百廿四步。先將東西總共一百零七步對折，牽計五十三步半，再將南北一百二十四步用存法，計算六千六百卅四步，再將二歸四除，計地二十七畝六分七厘。凡算地畝，用飛歸為上，用此法亦不錯，學者細心考較，而自明矣。

飛歸法

如地長六十步，寬二十步，寬長用存法，計一千二百步。用飛歸法，見一為五下除二，計地五畝。

黃運兩河紀略

蓋聞治河之法雖殊，其要不過因勢利導，以水治水而已。四海之内有四瀆焉：為淮、為濟、為江、為黃。順其性而資其利，拂其性則受其害。

自國家定鼎以来，燕山歲漕取於東南，其攸關運道民生者，惟黃、淮為最要。黃之發源于崑崙，濟之發源於王屋，江之發源於岷山，淮之發源於桐栢，載明輿圖，姑勿具論，試就黃、運兩河情勢而言之。

黃河自三門七津以下，南合伊、洛、瀍、澗，北（淮）〔滙〕[一]濟、溴、沁、丹，奔騰東注，浩浩蕩蕩，一入孟津，地當孔道，民社稠而城密，土性鬆而冲決易。凡水急則沙行，水緩則沙停。當伏秋異漲之際，使無堤以障之，勢必至水行於地上矣。於是乎有遥堤焉、縷堤焉。黃水泛濫，因遥以汰黃，可無漫溢之虞。黃水歸槽，藉縷以束黃，可免淤墊之患耳。設使諸水並漲，有迎溜冲决之處，非一堤所能捍禦，則搶築越、格等堤，為之重門。

考南岸堤工，起於河南之（榮）〔滎〕澤，止於江南之山

[一]『淮』當作『滙』。以與上文『南合伊、洛、瀍、澗』對應。

陽。其沿河經歷豫省，屬開封上南河廳者，為滎澤，縣為鄭縣，縣北臨河有閘通賈魯河，其東為陽武縣，南岸為中牟縣。屬下南河廳者，為祥符縣，為陳留縣，為蘭陽縣，為儀封縣。屬歸德府管河廳者，為考城縣，為商邱縣，為虞城縣。迤東接江南界屬徐州廳者，為碭山縣，縣東有毛成鋪閘，洩異漲水入小神〔湖〕〔一〕。再東為蕭縣，為徐州，州西有五家山天然閘，洩異漲水入馬家湖。以上各閘諸湖悉歸洪澤湖，出青口。又東為靈璧縣，為睢寧縣。屬宿虹廳者，為虹縣，為宿遷，南岸有北洋河，祥符閘通歸仁等三閘，河水盛則開放，洩水入黄河。屬桃源廳者，為桃源縣。屬山清外河廳者，為清河縣，對岸有張福等口，通洪澤湖滙黄。迤東有運（江）〔河〕入裡河、揚河，通江為山陽縣清江浦河。北維安東縣，對岸通西坎，歷十巨，由葦蕩入海。

北岸堤工起於河南之武陟，止於江南之安東。其沿河經歷豫省，屬懷慶府沁河廳者，為武（涉）〔陟〕〔二〕縣，正南廣武山對岸沁、黄交滙處。屬懷慶黄河廳者，為武陟縣秦家廠、馬營口，為滎澤縣北岸。屬開封上北廳者，為原武縣、陽武縣、封邱縣。屬下北廳者，為祥符縣、北陳留、蘭陽、儀封北岸，迤東接山東界。屬黄河廳者，為曹、單縣，東接江南界。屬徐州廳者，為豐、碭縣，北岸有李道、華家樓九十里洩異漲水，由石林口入微山、昭陽等湖，其下為吕梁洪。屬邳睢廳者，為舊邳州。仍屬宿虹廳者，為宿遷縣，縣西有駱馬湖口滙黄，上達（加）〔泇〕運，下通中河。屬桃源廳者，為桃源北岸。屬外河廳者，為清河縣、山陽縣，北岸有鮑家營，洩異漲水由鹽河入海。屬山安廳者，為山陽，北岸為安東，過雲梯關，下九曲套，由青沙、紅沙入海。

三省堤工幾二千里，勢有曲折瀠洄，險有（掃）〔埽〕〔三〕灣迎溜。若北岸逼近運道，猶可加意防閑，何則上源决，下流墊，塞决之後，非數十年汕刷，不能復（元）〔原〕？或建築堤工埽壩以禦其冲，或開挖引河灘嘴以分其勢，必使旁無奪河之隙，然後水行地中。由是而漕艘進瓜、儀，出運口，入中河，（滙入）〔歷八〕閘，通濟、汶，會漳、衛，下天津，湖流而達通倉，豈非堤工為之保障哉？是黄河順軌，而後運道民生安焉矣。

淮河自光縣以下，歷江南壽、泗等州，合七十二山河之水同入於洪澤湖，由張福口、天然河、張家莊、裴家場、

〔一〕『小神』下有『湖』字。據乾隆《靈壁縣誌》卷四：『黄河南岸碭山縣毛城鋪減水壩一座，減水閘一座，二閘壩水俱減入小神湖』補。

〔二〕『涉』當作『陟』。上文有『北岸堤工起于河南之武陟，止于江南之安東，其沿河經歷豫省，屬懷慶府沁河廳者』；再者，據中華書局一九八五年影印本《清世宗實録》卷四三載，雍正四年（一七二六年）四月，清廷將河南磁州改隸直隸廣平府，所屬涉縣也改隸廣平府。涉縣雖曾屬河南，但它南距武陟很遠，北岸堤工并不經過。據改。

〔三〕『掃』當作『埽』。據《治河方略》同文中出現的『埽灣』改。

帥家莊、瀾泥淺、三（盆）〔岔〕河等七處出口，是為青口，即淮、黄交匯處。復折而東，為甘羅城，即運口，下天妃閘，過清江浦，經淮安，歷高、寶，達揚州，出瓜、儀，通濟江。運成，於高堰、清口是賴。考高堰險工，自運口武家墩西南起，至秦家高崗止，計長八十七里有奇。其名為史家占，為高家堰，為六安溝，為〔侯〕〔一〕二門，為老堤頭，為小黄庄，為禹王庙，高良澗，龍門大閘，潭相公庙，為清水潭、周橋，古溝。又西為滚水北壩、塘埂大壩、滚水中壩，為夏家橋滚水南壩、天然二壩，舊名六壩。又西為蔣家壩、翟家壩堰。東為淮揚一帶運河。河之西為清蕩河，為平湖、白馬湖、寶應湖、氾光湖、界首湖、高郵湖、邵伯湖。河之東為淥陽湖、艾菱湖、得勝湖、廣陽湖、射陽湖。萬一洪澤湖水漲滿，恐防工，則量開天然二壩，俾水由〔草〕〔二〕字河下高、寶、邵伯等湖，溢入運河。或由高郵滚水、車邏等壩入射陽諸河下海。或由江都之人字湖、芒稻湖入港口下江。惟是上源無傾倒之勢，而下流免横流之災。

若堰工修理不堅，一遇異漲即有冲決之處，非大開六壩不能保守堰工。淮既建瓴而東注，黄即乘虚而逆流。由是青口淤墊，運河梗阻，而下河之高、寶、興、泰、山、鹽，盡飽魚腹矣必也。建築高埝，緊閉六壩，俾淮（永）〔水〕〔三〕不旁洩，黄水不倒灌。然後清運暢流，東南歲漕數百萬得啣尾而轉（轉）輸，淮揚兩郡農、工、商賈得以安居而樂業者，非因勢利導、以水治水之力乎？司河者果能因時制宜，綢繆未雨，將見歲歲安固，億萬年永保安瀾也。

約言六條

修建大工，要甚重物料，設立廠房，以稽出納。椿、繩、纜、柍，各有所司，用則檢點而出，不用則照常封貯。日間查點烟火，夜間巡防盗竊。凡下埽，要埽臺寬坦，庶捲拉舒暢，且省人力。挑挖埽槽要深净，一切樹根斜横之物，以及舊椿爛埽，務要刨净，以防新埽橋擱，不能平蟄，致成匯窪之險。至於藏頭門埽，最吃緊，下時要相度情形，繩、纜、椿、柍必須倍用。倘裹頭少不如式，定有串水揭頭之患。若遇深水邁埽之處，尤當（甚）〔慎〕重。險要

〔一〕『為』下有『侯』字。清文淵閣四庫全書本乾隆《江南通志》卷五五載：『予……凡竭蹷於河事者五載有奇。……於是計其所施功之地，曰武墩決口，爲丈七十有七；曰高堰決口，爲丈一百八十有餘；曰六安溝；曰侯二門；曰孫家西北；曰孫家西……』。據補。

〔二〕『草』字原文漫漶，據《治河全書》補。據清鈔本《治河全書》卷一六：『于成龍等謹題為酌改高郵滚壩以利運道以衛民生事。竊照南運河乃糧艘經由要津，又居下河七邑上游，更兼高堰六壩減山之水，盡由草字河歷寶應、高郵諸湖而入於此，水勢浩大，河窄難容。』

〔三〕『永』當作『水』字。據下文『黄水不倒灌』改。

(上)〔工〕程，下一埽要得一埽之力，寧可謀而後動以保萬全，慎勿輕率致生他虞。埽未着實，不可即早簽樁。要揀選堅實圓直之木，切忌(灣)〔彎〕細空朽之材。一或不慎，不惟不能得力於目前，正恐貽禍於將来。簽樁之時，務囑其靠山，勿任其陡直，恐一遇蟄陷，樁頭出張即無力矣，臨河無不蟄之。埽工險時，慎勿(荒)〔慌〕亂，要看形勢輕重，相機搶護。若料物、人夫湊手，臨時調度有力，自然化險為平矣。初下之埽，所重在看守揪頭、鈎戳、曲枎之人，要鬆緊得宜，時刻小心，方無錯悮。蟄陷之工、猫洞串水、漬堤裂縫、埽箇抽撤物料，此責在守壩弁目，日夜巡查，預防無懈，遇險則竭力搶護，庶可易危為安。一切綢繆未雨，臨時自無周章之患。上下戮力同心，雖險必無意外之虞。所謂章程定而糜費省，賞罰明而功效收矣。

一、築堤

一、築堤不可草率也。未築之先，宜相度情形，須擇高阜老地，勿近窪下河形。盖地高多好土，地窪多浮沙。丈量估計之時，須用水干打探，逐段分別高下，樹立封墩。假如估堤高一丈，頂寬三丈，宜寬九丈，此六收之法也。忽遇一段較兩頭地勢窪一尺，則將此段估高一丈一尺，頂仍寬三丈，底寬九丈六尺。窪二三尺者，照此遞加，庶堤上告成，得通長一律。即使水至堤根，亦無窪下漫溢之患。凡堤有縷、遥、越、格。創之臨河者曰縷；離河遠者曰遥；遥单薄而為之重門者曰越，越有裹外，盖在因時制宜；間於遥、越之中者曰格，慮河勢變遷，臨河堤工萬一失守，水遇格即捍禦也。大溜逼近堤根，欲為捲埽之基，或堤工有滲漏之病，於背後帮貼者，謂之『裹戧』，臨河用卧羊坡，一名走馬坡，是外坦裹陡，四二收分，便於下埽也。遥、格則為馬鞍式，内外平收可也。至將築之時，先委明白工程官一員監築，然後分派承築各員，須用封墩號寫官銜、段落寬高丈尺，令承築各員先將本土地上行硪三四遍，再加新土。是平地之病根已除，他日可免蟄陷滲浸。此後每層須用潤澤散土，勿用焦乾大塊。盖潤散則遇硪即固，盛水不滲；焦塊則夯硪不膠，遇水即漏。以虚土八寸行硪，五寸打實，三遍如此，層層到頂，必能堅固。又虞两坦硪力不到，務用散潤老土普面蔓盖數寸，行硪五遍。播種草子，經春草根固結，庶無水溝浪窩之患。雖估計有水旱遠近之别，第硪工甚要鉅，若將簦頭覓硪亦足以完工。公築堤者，止可令夫頭包土，不可令夫頭包硪，恐其厚土坯而惜硪力也。至初覓土必(硪行)〔行硪〕[一]，一律再加二層土，方免虚鬆之弊。又往往一工之内，數名夫頭包攬承築。即分為數段，恒有狡猾之徒，於交界處所各留尺餘，不肯做足，彼此推諉，致成合漏。及

[一]『硪行』二字互乙，應爲『行硪』。據上文『令承築各員先將本土地上行硪三四遍』『以虚土八寸行硪』和『行硪五遍』改。

至工完，始將合漏一工一披作成，夯硪不到，雨過即成水溝，眠牛藏象之病實基于此。務令監築官逐段逐層稽查試驗，不許留有合漏。遇有交界相接處，押令加土行硪，庶無貽悞。

又築最忌流沙。及冬夏二季，流沙遇風即飛，遇雨即坍。倘本土並無好土，於築成後亦必遠處尋覓老土，三面各蔓盖五六寸，行硪數遍，方免剥削单薄之病。夏月土鬆，易蟄陷，冬月土凍，不能凝固，非緊急搶險，擇二、三、四、八、九、十等月農隙土堅，修築得宜。若夫增卑培厚，尤當加意。稍不經心，必至新舊不膠，難資捍禦。加帮底寬若干，即照平地行硪若干寬。將老堤坦坡樹木草根剷盡，坡上即砌成階級樣子，每磴寬尺餘，新舊土層層犬牙相吞。如是平頂，將頂上草根剷盡，頂上挖透半鍬，俾新舊聯絡。然後普面逐層加高，可無蟄裂之患矣。

二、修守

修守不可輕忽也。新舊堤工宜未雨而綢繆，司河員弁宜冬末春初百蟲起蟄之後，往来堤上細看兩旁坦坡。遇有積雪凍〔疎〕之處，以及獾鼠爬掘之跡，並指頂大小窟穴，即令兵夫用鐝挖透，（復）〔覆〕以新土，大則行硪，小則夯杵。春修既堅，後值大雨時行，（葺）〔茸〕草盤結，即無水溝之患。凡堤頂雨過有窟，名曰『井穿』。此因築堤之時，或係冬月凍土，或係膠泥大塊壘砌成堤，硪力未到，橋擱棚架於中，百蟲乘空鑽入，大雨一過，即成井穿，由頂及坡，深四五尺不等。始則大如箕斗，填蟄不如其法，愈冲愈大，竟有填蟄數方而不得滿者。此臨河水漲時，多有冲决之害也。填時須將井穿内浮土净行挖去，仍於周圍各挖五六寸至出水之處，至四面無空缺而止。先用夯杵逐細杵打數遍，再加新土數寸着實杵打，如是層層夯填。與老堤相平後，另用碎土四五寸覆盖井穿之上，並蔓老堤四圍各尺許，庶徐徐填平，再雨不得滲漏矣。填水溝亦依此法，方能一勞永逸。切不可用柳稍爛草填塞，亦不可用膠泥大塊補蟄。恐蟄虚懸，為獾鼠之穴，成異日之險要。

（至）〔治〕獾鼠之法，亦宜急講。凡獾有行、住之分。舊堤多住獾，新堤無隙可乘，則行獾不能成窟。住獾有用大椒、陳棉同搗於洞中燃烟熏之者，有覓獵捉捕之者，有張小網於洞口兜之者，其法不一，運用在人。若捉鼠，有用地弓、鉄簽，迎風開洞，百無一失耳。

三、下埽

下埽不可漫浪也。險將至而旱地下埽者，名曰『等埽』。險已至而挑槽下埽者，是謂之『摟崖埽』。順埽根初下者，謂之『肚埽』。埽外邁埽，謂之『面埽』。是謂二路一層沉水埽上加埽，謂之『套埽』。是謂二路二層柴上釘廂散料，謂之『廂埽』。下埽之時，須詳審地勢，相度情形，先於堤根數尺外挑深槽，即以槽内之土平鋪坦坡，蟄成埽臺，以便捲埽。先下藏頭埽，凡埽須要小頭大尾，一名鼠尾埽，一名蘿蔔埽。上水小頭，下水大頭，以便二埽小頭藏於大頭之内，二埽下水，大頭又可藏蓋三埽，庶大溜順埽挑開，不能掀揭埽頭，致有走埽之（餘）〔虞〕。

凡遇險工，估計物料寧有餘勿不足。每見（槽）〔漕〕規，估埽一丈，簽椿一株。執此膠柱鼓瑟之論，毋怪乎（墊陷）〔蟄陷〕[一]走埽。何則初下埽箇，伏（鍬）〔揪〕頭、滚肚諸繩挽拉之，但月餘即腐朽矣，全賴長椿釘埽於下，而受束廂墊中上也。三尺一椿，五尺一椿均可。果係迎溜頂冲，雖香爐脚、梅花瓣亦可。獨豫省椿木，每株只銷銀二錢七分，而購辦不敷，用多則賠，用少則悞。此不知變通者，不可言工程也。果能保固要工，決無令河員賠墊之理。萬一貽悞，則身家性命係之，司河者急宜猛省。

凡鋪埽之際，須用諳練埽手一名，看明地勢，量定寬長。如埽長十丈者，即用長十丈繩二條，兩頭拉齊，釘橛上以為準則。每五尺用行繩一條，鋪畢即拉纓子臨河用繩紮口，裏面用柳椽穿纓口畢，即安穿心揪頭等繩，再用小繩紮埽心，將揪頭等繩挽結埽心抱花畢，從兩頭先鋪草，後鋪柳，少以秫稭代用。鋪平即繪行繩齊人夫上埽。每行繩一條，量埽大小，須人夫若干名，逐條安排，然後鳴鑼叫號。凡埽，下水頭必高上水頭二三尺不等，拉時須從下水大頭先拉兩號，然後方一齊叫號，兩頭自然平整，亦無橋攔參差之病。拉繩成，將纓子頭用小繩挽結緊實，再用柳橛有倒鈎者釘繩頭於埽内，名曰『埽腦子』。下時令靠埽者與守留繩揪頭者，要聽埽手唱號，急徐有度，不可（荒）〔慌〕亂，務使後埽緊挨前埽，庶沉水後無猫洞串水潰堤之虞。

埽下之後未曾着實，揪頭、鈎戳、留橛須令河兵時時看守，要鬆緊得宜，切不可忽略。揪頭過鬆則無力，鈎戳過緊則發橛也。埽内宜多用柳稍，草纓繩纜宜緊密。鑲埽眼勿多用土，恐新埽未曾墊實，土多即擠埽外出，丟檔成險。埽沉水即加廂，按一丈壓土五尺，廂二尺。用騎馬一路探量水勢，候埽平水，即釘長椿。釘椿宜靠山迎上水，不宜陡直，以防埽墊外倚即無力也。

大凡墊埽之時，須用大繩襻椿，層層廂墊，用騎馬埽身及挑水掛角處，照空多補大椿，土料跟随無問。晝夜防守不懈，一蟄定即無妨碍。若下埽接頭處丟檔過大，兜藏不實，即成猫洞，或埽箇虛懸，皆能串水内匯不治，牽累各埽，潰崖攻埽，其險不可言矣。惟一面清挖裂縫，填序軟草，一面於進水處急釘大椿，多多益善。加廂必層層壓土，務使埽沉着沉，黏水不進方為穩妥。若匯堤過半，急帮内創，而匯崖空内切勿填土，只用繩兜廂，庶不致擠外埽，致有走失之虞。凡遇此等工，俱為搶險。董其事者務

〔一〕『墊陷』當作『蟄陷』。據上文『夏月土鬆，易於蟄陷』及文中多次出現的『蟄陷』一詞改。

要謹慎，日夜搶護，調度得宜，必使人無疲困，物無斷絕，然後易危為安，化險為平矣。

四、防險

防險不可玩忽也。三汛之中，有首險，有次險焉。凡水浸堤坡及埽工平蟄，謂之明險。若相機加廂，估作防風，小心防護，俱可抵禦。惟埽下有猫洞串水内匯，埽臺依然平整，堤坡先已裂縫，漸至樁尖外奔，水底抽撤物料，崖塌埽爬，蟄陷無已。及堤内有獾窟或凍土，大塊玲瓏其間，卒遇異漲之水冲刷坦坡，致成内注漏洞，謂之暗險。搶時切不可忽略，亦不可（荒）〔慌〕亂。急令善水之人入水，細細探摸，看猫洞在何處，一面於進水埽邊密密簽釘大樁，隨蟄隨廂，一面將裂縫堤坡順埽掀挖，約及進水之處，盡去裂土，急以軟草加麥穰、豆〔稭〕[一]之類迎水填塞。待水流不溜，再用散草順埽填塞，愈緊愈妙，切勿壓土。俟填平木埽，然後通身加廂壓土，須外七裏三方為穩妥。

總之，埽内宜軟不宜硬，宜輕不宜重。輕軟則水入沙停，合而為一；硬重則（搞）〔橋〕[二]擱攻擠，必致内潰，莫可救援。諺云『堤上不可下埽，埽上不可打堤』是也。所謂『堤上不可埽』者，必須挑挖深槽，使埽平蟄入地，捍水於外，護堤於内也。倘埽不着實，勢必枝根潰崖，埽張於外，堤裂於内也。内搶不能施力，而埽走矣。所謂『埽上不打堤』者，緣埽係軟物，易於朽腐。加土其上，久之蟄陷成坑。卒遇頂冲，舊樁爛埽遂架其中，水必乘虚汕刷。補救不得其法，勢必穿堤而成決口矣。

又有順水埽，如中間成險，走失一段，即將上下二埽簽釘大樁，然後照空補埽。務須細細探明兩頭有無暗樁，或齊頭，或馬面，埽要不長不短，適安其中，始為有濟。短則有猫洞，長則橋擱下虚，不能着實，反成大險。是補埽之不可不慎也。

至若堵塞漏洞，更宜詳慎，切勿着忙，斷不可在水下頭亂塞，恐愈塞愈大，反釀成禍根。惟沿堤細看，見有漩窩即是進水之入門。須探摸洞口大小，或鉄鍋，或襖被，徐徐塞入。再用碎土順洞口四面加土成井，出水尺餘，然後再用土填入，於井外加軟草柳稍捲加，埽内簽釘，水内層層釘廂防風，即可保護無虞。或臨河一面水溜，不能施力，即於堤背後星飛買土，搶築小越堤，以閉其氣。待高出漏洞進水之上約三五尺，内外水平，即不流注，大河水退，再用土填。俟秋汛已過，將大堤挖開，除（去）〔土〕病根，層（去）〔土〕層硪，以資鞏固。

若夫串水裂縫之時不加省察，及至搶險又無章程，以

[一]『豆』下有『稭』或『萁』字。據上文『麦穰』補。

[二]『搞』當作『橋』。據前文『挑挖埽槽要深浄，……以防新埽橋擱，不能平蟄，至成匯窪之隥』，以及『硪力未到，橋擱棚架於中』改。以下徑改。

致堤坡走漏而不知搶護，倉忙而無法，雖日費金，有何益哉？司河者與其葺籬於亡羊之後，不若撤土于未雨之先也。至於頂冲埽工，冬月亦宜防守，謂之凌汛。慮其剷刷埽箇，須於埽外竪木護之。迨天氣融和，即駕小船沿埽查看。遇有冰凌剷刷空虛之處，即便挖掘到底，至平整處止，或套埽，或加廂，如式填平，與上埽齊，層層騎馬，再釘長樁。一入伏汛，决不至有猫洞串水之患。而埽工亦不過平蟄而已。孰費孰省，於此概可見焉。

五、形勢

形勢不可不熟悉也。蓋廳官要知一廳所屬全河之水勢情形，汛官要知一汛之水勢情形，以及堤工之高卑厚薄，離河之遠近險易，並有無支河引水内灌。廳官每季須自源至尾閲視週遍，某汛某處係埽灣迎溜、坍塌崖岸。離埽近或於對岸迎溜切嘴，或於本身坍塌處砌坡掛柳，此防患於未然之先，縱使不能挽廻，亦得以緩其勢，而我得從容以禦之。汛官每月一查，遇有此等坍塌地方，報明本廳協同勘驗，先期修防，俾不致卒成大險，有臨事周章之患。

凡堤工单薄之處離河少近，亟請加帮以資防守。如有支河形或現在流水者，或將来出槽水溢者，即便相度情形，看水勢寛淺深窄若干，此河有無直射堤工，俟冬末春初堵築之。倘有妨碍，當去大河百餘丈，擇兩岸地勢最高處水淺而漫者，急用乾土蹁坯築成大壩，俟出水二三尺方可行硪，硪早則糊農不能斷流，難以成功。水溜深者，兩岸盤廂馬頭，用物料迎溜吊纜軟廂，背後跟土填堵，一名『吊纜廂』，一名『神仙廂』。堵塞淺水漫口亦用此法，先在上水頭打橛兩挑，將大繩挽結橛上，或一尺一條，二尺一條，繩尾渡過對岸，亦挽橛上，或繫纜于小船之上，徐徐鬆繩，俾兜料物着地。每廂丈餘即釘簽樁數株以擱之，而背後之土緊緊跟随以閉氣。河寛則兩岸吊廂，中間合龍；河窄廂至對岸可以合龍。合龍之後，務令背後填土斷流，壩上重壓土，多多簽樁，方免洩氣澎埽之患。仍於壩後百餘丈再築土壩一道，以為後托。若河形再乾，惟擇岸有高崖處，將河形内草根硬物去盡，先行地硪二三遍，一如堤工之法，層層堅築，須坦坡寛長，兩頭勿陟，漸坡去，方無串刷之患。築成之日，務尋真正老土通身蔓盖尺餘厚，行硪四五遍，庶水至不能汕刷。凡堵支河土壩臨河一面，俱要用防風以防汕刷。正填之後，再築土壩一二道以作重門，所謂不一勞者不久逸，不暫費者不永寧也。

六、訓練

兵夫不可不訓練也。凡事熟悉則生巧，疎懶則費力。即如下埽簽樁、廂填壓土，極易事耳！一念及運道民生，則關係甚鉅，此又絲毫不可輕忽者矣。平時並不講究，一旦興工，聽兵夫任意佈置，其間少有知識者固不乏人，而愚蠢不諳者亦復不少。每遇大工險要之際，互相窺望，参差不齊。考其椿埽之名件，則全不知曉，問其水勢之順逆，工程之險易，則應對茫然。萬金工程依若等為保障，是何異開門而揖盜乎？

孔子曰：『以不教民戰，是謂棄之。』此訓練之不可少緩者也。訓之者，耳提而面命之也；練之云者，按期而考驗之也。每逢朔、望，集兵夫於公所，問之曰，埽有名件，有漕規，爾其識之乎？比如埽高一丈，用柳幾何？草幾何？用腰纜幾何？用箍頭繩纜幾何？椿幾株？枖幾段？彼如實不知也，乃告之曰，用四十斤重乾柳一千八百束，用七斤重草一千八百束，纓二百套，纜二百條，用五斤重箍頭繩七十條，五十斤重滾肚繩六條，五十斤重揪頭繩四條，五十斤重穿心繩一條，用椿十株，枖二段。十捲紮埽心要圓緊，抱結各繩要牢穩，留枖之後要倚枖，枖上要戴帽，戰繩捲結埽身，勾繩摟於埽外，守繩細心，鬆緊聽號令。廂填埽眼用柳三百束，草三百束，無柳即秫稭代用。釘椿要靠山，外四裏六，椿尖分研條細，庶〔免〕棚架廂填，張口撤物料，致成險工。埽末（成）〔承〕水，先於臨河一面紮一小枖，簽釘埽旁，謂之『挂箦』，以便用土壓埽平水。再用物料釘廂，廂宜平整，壓土要均勻。埽末着實，須聽椿下有響聲。埽若陡蟄，先用大繩拳椿頭，層層騎馬，乃係廂之鈎鍋，密密簽椿，實屬固埽之根基。埽灣用順埽摟之，頂冲須建壩以挑之。

如何塞猫洞，如何堵滲漏，如何填水溝井穿，如何捕捉獾鼠，照依脩守條內之法教之。

如何謂之三汛？曰桃、伏、秋。如何謂之四防？曰風、雨、晝、夜。如何謂之二守？曰官、民協力。風防怕汕刷，急廂防風以護之。雨防怕冲淋，隨時填墊以補之。晝防怕漫溢，相機加高以禦之。夜防怕盜決，張燈鳴鑼以巡之。官者，河兵、堡夫也。兵夫只可防守，平時若遇伏汛異漲之水，全賴民人協濟。當異漲之時水溢，堤埽欲加高；或內外有水，欲廂墊；或料物缺乏，搶護少遲，堤必漫決，埽必漂走。倉卒搶險，不可不知多集人夫，就借本堤之土築一子埝，外紮埽由壓住廂填，外邊多簽小枖，仍用繩緊在堤坡。埽由內絮軟草壓土，以防風浪掀揭。俟物料運到，挨次廂填，庶無貽悞，此名曰『打圍子』。

每逢朔、望，則逐條訓誨之。每逢初十、二十，則逐條考驗之，令其自捲，驗試如式者，記功獎賞，以示鼓勵；不合式者，則薄責記過，以示儆戒。庶賞罰明而人心服。俾習以為常，久而貫通，卒遇險工，自隨機應變，協力同心。凡豫省兩岸河弁，皆可於中遴選補用。由是兵成熟諳之材，官收指臂之効，豈非河工第一要務乎？

《黃河全圖》引

《漢書·西域（志）〔傳〕》曰，河有二源，一出葱嶺，一出於闐，合流東注蒲昌海。其水不流，潛行（於地）〔地下〕〔一〕，南出于積石。《山海經》亦云。然余按之，意謂積石而西，河有伏流，至積石始見。禹之導自積石，即是故歟。及觀元學士潘昂霄《河源記》與臨川朱思本所誌，皆云河源出自火墩腦兒，譯言星宿海，其地古崑崙山，西南二千餘里至積石。二家之言俱不及伏流，較《西域（志）〔傳〕》為可信，惜其圖遜焉不傳。方輿諸書，言河源者數本《元史》，即有圖，俱以意為之，無確証也。明潘中丞印川公所刊《兩河全圖》，其云星海者，亦出於遥擬，且黃、漕並列，未免牽合。以致北平近逼潼關，太行竟峙河畔，令觀者更為茫然。

迨余游學河署，靳文襄公延周竹岡繪《河圖》，分黃、漕而為二卷，其《黃河圖》始於龍門，以及於海。吾友竹岡沿流歷覽，得形勢極真。圖成進御。其本余嘗熟悉之，第龍門而上，尚未知形若何也！邇来余客甘肅幕府，見前陝輿圖，復西往寧夏，出莊浪塞，經中衛渡河者十餘次，每循河滸，必登眺審度。於是積石東之河形，亦略具於胸臆，而河源究竟難問也。

歲甲申四月，天子命使臣拉席使西域訪河源，出湟中寨，閱三月而返湟中。返則別乘蘇山逸遺畫工從行者繪圖呈撫軍，意與使者復命之圖無異，此河源真本矣。蘇別乘之書曰：歷番帳七十七處，計程三千三百里。雖經歷部落未得其詳，然覽圖中標記，已可約略其概。余因舉元季潘、朱二家之言較之，出星宿海而中無伏流説相（苻）〔符〕合。所經陂澤山川，今之番名與《元史》迥異，且絶無所謂崑崙山者。豈今昔之番名亦有不同歟？大都西域之人，盡随水草居，鮮定（在）〔所〕〔二〕，又無載籍傳世，山川之名随傳訛，原無足怪，惟於圖形為可信也。何也？積石至底柱，自禹迄今，河形不遷，城外之流尚細，又多巒岫峽峙，亘古以来，其無變異也必矣。余既獲河源真本，思積石以東，余夙有考訂，因彙就一圖，似可補從前所未備也。

嗚呼！東西萬餘里，猶約其形於尋尺之中，何異管窺天蠡測海哉！或者如李成之寸馬豆人，雖不得其鬚眉盡致，而神情未嘗不肖耳。此圖位置不能按悉道（理）〔里〕〔三〕，然考訂再四，諒不亦甚逕庭。夫周竹岡之畫及全陝方輿并河源使者，此三圖皆不易見之本，余得彙而約之，使大河全形展卷瞭然，亦可謂奇觀矣！

當今天子神聖，明於治河，屢定方略，將永奏成平之績。又遣使探訪河源，因西域各部莫不向化，遂將窮源探本，報命甚速。想内府《河圖》必有善本，更不知若何精確也。獨草莽之士欲廣其見聞，奚由得窺中秘耶？今為此

〔一〕『於地』當作『地下』。據《漢書》卷九十六《西域傳》『其水亭居，冬夏不增減，皆以爲潛行于地，南出于積石』改。

〔二〕『在』當作『所』。據上文『盡随水草居』改。

〔三〕『理』當作『里』。據上文『此圖位置』改。

圖，聊以備有志博覽之參考云爾。

時康熙己酉年仲春，留埜張靄生書。

河性第一

靳大司馬〔揮〕〔撫〕[一]軍皖江，擢總河道，問於陳子曰：『比〔来〕〔年〕[二]河決數處，濁流汎濫，故道淤為平陸，國患阻漕，民苦墊溺，河害於今亦大矣！治之數年罔效，豈河終不可治乎？余不敏，茲奉督河之命，敢不竭力荒度[三]？子盍為我籌之？』

陳子曰：『河之形有古今之異，河之性無古今之殊，水無殊性，故治之無殊理。千古治水者，莫〔神〕[四]禹若也；千古知治水之道者，莫孟子若也。孟子曰：「禹之治水，水之道也。」《傳》曰：「順水之性也。」又曰：「禹之行水，行其所無事也。」「所惡於智者，為其鑿也。」旨哉言乎！洵深得治水之至理者乎！潢嘗觀人〔世〕〔事〕[五]萬端，或可騁機巧，或可事矯揉，或可任粉飾，猶得掩耳目於一時，襲虛名於後世。若水之性一定而不可移，而黄水之性尤奔注而不可遏，挾沙而不可停。且至與淮合流之區，絶無山〔林〕〔陵〕阻〔峙〕〔恃〕[六]，更散漫而不可約束。是機巧於此無所騁，矯揉於此無所事，粉飾於此無所任。唯有順其性而利導之〔之〕〔一〕[七]法耳！故孟子云「行所無事」〔誠〕為千古〔治水〕[八]之至言，為千古神禹之知己也。』

大司馬曰：『疎、瀹、〔決、排〕〔排、決〕，無非事〔也〕[九]，而曰「行所無事」，何也？』

陳子曰：『所謂行者，疎、瀹〔排、決〕〔決、排〕[一〇]是也。所謂無事者，因其欲下而下之，因其欲瀦而瀦之，因

[一]『揮』當作『撫』。據清道光十五年（一八三五年）青照堂叢書本《河防述言》『靳大司馬撫軍皖江』改。以下所引《河防述言》未注明版本者，皆據此本。

[二]『来』當作『年』。據《河防述言》『比年河決數處，濁流泛濫』改。

[三]清光緒十二年（一八八六年）思補樓重校本《清經世文編》卷九八《工政四·河防述言》載：『靳大司馬撫皖江，擢督河道，問於陳子曰：「比年河決數處，濁流泛濫，故道淤為平陸，國患阻漕，民苦墊溺，治之數年罔效，豈河終不治乎？余不敏，茲奉督河之命，子盍為我籌之？」』其中缺『敢不竭力荒度』一語。

[四]『莫』後缺『神』字。據《河防述言》『千古治水者，莫神禹若也』補。

[五]『世』當作『事』。據《河防述言》『潢嘗觀人事万端，或可騁機巧』改。

[六]『林』當作『陵』，『峙』當作『恃』。據《河防述言》『且至與淮合流之區，絶無山陵阻恃』改。

[七]『之』當作『一』。據《河防述言》『惟有順其性而利導之一法耳』改。

[八]『事』後脱『誠』字，『古』後脱『治水』二字。據《河防述言》『孟子云「行所無事」誠為治水之至言』補。

[九]『決、排』互乙，當作『排、決』，『事』後脱『也』字。據《河防述言》『疎、瀹、排、決，無非事也』改補。

[一〇]『排、決』互乙，當作『決、排』。據《河防述言》『所謂行者，疎、瀹、決、排是也』改。

其欲分而分之，因其欲合而合之，因其欲〔直〕注而〔直〕〔一〕注之，因其欲紆廻而紆廻之，一順水之性而不參以人意焉，是之謂無事也。』

大司馬曰：『水之横決矣，豈可竟順其横決之性，而遂（為）〔謂〕之治〔之〕〔二〕』乎？

陳子曰：『不然，今河之横決（水）〔三〕，非河之本性也。猶人之拘於氣禀，（敝）〔蔽〕〔四〕於習俗，以致蕩佚為非，而曰其性本惡也，豈其然哉？夫河之所以決者，皆由黃水（瀑）〔暴〕〔五〕漲，下流壅滯，不得遂其就下之性，故旁流溢出，致開決口。及決口既開，旁流分勢則正流愈緩，正流緩則（河）〔沙〕因以停，（河）〔沙〕〔六〕停淤淺，則就下之性愈不得遂，而旁決之勢益横矣。若曰河性喜決，此豈知河之性者哉？』

大司馬曰：『然則河之性若何？』

陳子曰：『約而言之，則曰就下；分之言也，則避逆而趨順也，避壅而趨疎也，避遠而趨近也，避險阻而趨坦易也。漲則氣聚，聚則不能洩，則其行乃怒，怒則氣衰，衰則不能激。其性又沉，流迅則性能挾沙土而俱行，勢集則性能懷山陵而駕上。土能制之，即縷崖可抑其狂；風能助之，遇警飈益張其勢。故禦之得其道則利無窮，若禦之失其道則害莫測。善治水者，先須曲體其性情，而或疎，或蓄，或束，或洩，或分，或合，而俱得其自得之宜，雖有所事，究歸於無事也。宋神宗曰，後世以事治水，故嘗有碍，以道治水，無（達）〔違〕〔七〕其性可也。此與孟子之言似有合焉。至所云能順水所向，遷徙城邑以避之，此猶未

〔一〕『直』字原文漫漶。《河防述言》載：『陳子曰：「所謂行者，疏瀹排決是也；所謂無事者，因其欲下而下之，因其欲瀦而瀦之，因其欲分而分之，因其欲合而合之，因其欲直注而直注之……」』據補。

〔二〕『為』當作『謂』字，『治』下有『之』字。《河防述言》載：『大司馬曰：「水今横決矣，豈可竟順其横決之性而遂謂之治之乎？」』據此改、補。

〔三〕『水』字衍。據《河防述言》『陳子曰：「不然，今河之横決，非河之本性也。」』刪。

〔四〕『敝』當作『蔽』。《河防述言》載：『陳子曰：「不然，今河之横決，非河之本性也。猶人之拘於氣禀，蔽於習俗，以至蕩佚為非。」』據改。

〔五〕『瀑』當作『暴』。《河防述言》載：『陳子曰：「……夫河之所以決者，皆由黃水暴漲，下流壅滯，不得遂就下之性，故旁流溢出，致開決口。」』據改。

〔六〕兩處『河』均當作『沙』。《河防述言》載：『陳子曰：「……正流緩，則沙因以停。沙停淤淺，則就下之性愈不得遂，而旁決之勢益横矣。」』

〔七〕『達』當作『違』。清文淵閣四库全書本《續資治通鑒长編》卷四三三載：『自元豐四年河決小吴，神宗皇帝下詔，更不修閉決口，宣諭輔臣曰：「以道治水，無違其性。」』再者，清文淵閣四庫全書本《圖書編》卷五三也載：『神宗曰：「後世以事治水，故常有礙，以道治水，無違其性可也。」』據改。

知水性而不明順之之道也。水之性豈必欲向城邑耶？水之所向，輒徙而避之，非〔當决也〕〔常法也〕〔一〕注。如徐州以上，三門以下，土鬆地闊，則寬其途以讓之，而水性以安。徐州以下，城邑逼近於河，所宜嚴其防範，〔東〕〔東〕流刷〔河〕〔沙〕〔二〕以趨於海，而河性亦以安。然則寬之、東之，皆所以順之耳。孔子《繫易》曰『天道虧盈而益謙，地道變盈而流謙』，〔無非〕〔夫水〕〔三〕麗於地者也，其道之變遷必由於盈，而流利必歸於謙也。盈也〔者〕〔四〕，漲也，塞也；謙也〔者〕，虛也，下也，故下無不下。孟子論水，深得於孔子之《易》道者也。故善治水者，惟〔其〕〔於〕〔五〕盈而防其變，〔唯〕〔六〕於謙而導其流，水自得其性矣。水果為厲於世者耶？』

大司馬曰：『善！子既深知水性，其盍為我圖之？』

審勢第二

靳大司馬問於陳子曰：『子言治河必順水性，其要何〔先〕〔也〕〔七〕？』

陳子曰：『必也其度勢乎！今者諸患並作，若不先度大勢之輕重緩急，而務其重者、急者，猶欲振衣而不知所挈也。雖然，重〔興〕〔與〕〔急〕〔八〕之患，又非可以〔急於〕〔九〕患處治之也。必推其所以致患之處而亟圖之，是非熟審焉不可。如有患在下，而所以致患者在上，則勢在上也。當溯其源而塞之，則在下之患方息。譬如足病，只知療足，而不探其足病之所由来，雖投葯百劑，勿效〔一〇〕也。

〔一〕『當决也』當作『常法也』。據《河防述言》『輒徙而避之，非常法也』改。

〔二〕『東』當作『東』，『河』當作『沙』。《河防述言》載：『徐州而下，城邑逼近於河，所宜嚴其防範，東流刷沙，以趨於海，而河之性亦以安。』再者，上文有『嚴其防範』，下文有『然則寬之、東之，皆所以順之耳』之語。據改。

〔三〕『無非』當作『夫水』。據《河防述言》『夫水麗於地者也，其道之變必由於盈，而流利必歸於謙也』改。

〔四〕『也』下有『者』字。據《河防述言》『盈也者，漲也，塞也；謙也者，虛也，下也。故水無不下也』補。

〔五〕『其』當作『於』字。《河防述言》載：『故善治水者，惟於盈而防其變，於謙而道其流，水自得其性矣。』據改。

〔六〕『唯』字衍。《河防述言》載：『故善治水者，惟於盈而防其變，於謙而道其流，水自得其性矣。』據刪。

〔七〕『先』當作『也』。據《河防述言》『子言治河必順水性，其要何也』改。

〔八〕『興』當作『與』，『之』前有『急』字。上文載『今者諸患並作，若不先度大勢之輕重緩急而務其重者、急者，猶振衣而不知所挈也。』《河防述言》載：『雖然，重與急之患，又非急於患處治之也，必推其所以致患之處而急圖之。』據改、補。

〔九〕『以』下有『急於』二字。《河防述言》載：『雖然，重與急之患，又非急於患處治之也，必推其所以致患之處而急圖之。』據補。

〔一〇〕『勿效』後多作『无效』。

不獨勿效，病且增劇。諺云「下流處塞水缺，愈塞愈大」，此之謂也。又有患在上，而所以致患者在下，勢在下也。當疏其流以洩之，則在上之患自定。譬如困賊於圍中，而不開一面以分其怒，以緩其憤，則將激其必死之心，一旦潰圍而〔出〕〔一〕，不可收拾也。故上流應洩者，先須於下流疏之，此又釜底去薪之法也。由是觀之，非歷覽而規度焉，則地勢之高下不可得，而知水勢之去来不可得，而明施工之次第亦不可得而定也。潢請為公跋涉險阻，上下數百里，一一審度，庶宏綱克舉，而籌畫乃可施耳。』

大司馬曰：『兩河之形勢，載籍可考，繪圖可稽，奚事親覽為？』

陳子曰：『今昔之患河雖同，而被患之地不同；今昔治河之理雖同，而弭患之策不同。故善法古者，唯法其意而已。若欲憑載籍以治之，何異按圖索驥、刻舟求劍耶？』

大司馬曰：『然，是固當觀歷也。而子言治河之理今昔無殊，則審〔勢〕〔二〕之說亦有所昉乎？子其為我詳言之。』

陳子曰：『《禹貢》首言「隨山刊木，奠高山大川」，非審而何至乘四載，尤先事歷覽之徵也？《周禮·考工記》曰：「溝必因水勢，防必因地勢。善溝者，水（瀨）〔漱〕〔三〕之；善防者，水淫之。」訓詁之家衆矣，先輩唯以王昭禹註為得旨。其說曰：「溝所以導水，不因水勢則其流易壅；防所以止水，不因地勢則（土流）〔其土〕〔四〕易崩。故為溝者必因水勢之曲直，則其流斯無壅矣；為防者必因地勢之高下，則其土斯無崩矣。是以善溝者必（瀨）〔漱〕齧之而無所壅，以因其水勢故也；善防者必淫液之而無所决，以其因地勢故也。」又按《說文》：淫者，浸淫隨理也。徐氏曰：「隨其（泳）〔脈〕理而浸（潰）〔漬〕〔五〕也。」凡此者，何莫非揆度形勢，以治水之謂歟？

惟是勢之為言，亦不一矣。有全體之勢，有一節之勢。論全體之勢者，識貴徹始終，見貴周遠近，寧損小以

〔一〕『而』下有『出』字。《河防述言》載：『譬如困賊於圍中，而不開一面以分其志，以緩其憤，則將激其必死。一旦潰圍而出，不可收拾。』據補。

〔二〕『審』後脱『勢』字。據《河防述言》『則審勢之說亦有所昉乎』補。

〔三〕『瀨』當作『漱』。元至正七年福州路儒學刻明修本《禮書》卷二八載：『善溝者，水漱之；善防者，水淫之。』清光緒二十八年瑞安普通學堂刻本《周礼政要》卷下也載：『善溝者，水漱之；善防者，水淫之。』據改。

〔四〕『土流』當作『其土』。據下文『為防者必因地勢之高下，則其土斯無崩矣』改。

〔五〕『泳』當作『脈』，『潰』當作『漬』。清刻本《說文解字句讀》卷一一上載：『淫，浸淫隨理也。《繫傳》曰：「隨其脈理而浸漬也。」』清同治刻本《說文解字義證》卷三四也載：『淫，浸淫隨理也……徐鍇曰：「隨其脈理而浸漬也。」』據改。

圖大，勿(極)〔拯〕〔一〕一方而悞全局，寧忍暫而謀久，毋(慮)〔利〕〔二〕一時而遺(患)〔慮於〕〔二〕他年。地有高卑，有險易； 土有淤鬆，有燥濕。其應鑿應塞，可行可止，必究其〔致〕〔三〕患之故，以為探本之謀； 必得易於施功之法也，以成夫為下因川之計。是皆舉勢之全而審度之也。

若論一節之勢，如水弱，必束之使其勢急； 其水强，必瀉之使其勢平； 水勢停緩，宜引之使直； 水勢猛(急)〔疾〕〔四〕，必(紓)〔紆〕〔五〕之使曲； 見水勢衝射而難遏，必築上流以逼之，使之瀠洄； 水勢湓滌而可用，即合其流以導之，使之洗刷。此皆因勢之説，又随時随地而酌之者也。苟不知勢，用力多而成功難； 若審勢以行水，則事半而功倍。如孫臏之救趙，庖丁之解牛，均是法也。治水者尤不可不神明其意焉。』

大司馬曰：『余聞子言，不異讀書十年也。』於是治裝，與陳子遍閱黄、淮形勢及諸〔冲〕〔六〕决要害，因條〔列擬〕〔七〕籌河十疏，次第上之。

估計第三

陳子謂靳大司馬曰：『大工告興，不可以惜費用，公其亟請發帑乎！』

大司馬曰：『今者三逆甫平，需餉尚緊。臣以體國分憂，乃其分也。河工修築，惟當節省是務。』

陳子曰：『否否。適千里者三月聚糧，治河之役與治軍無異，庀材鳩工，非時不辦，亦猶用兵之必先料其倉庫，轉其芻粮也。若千〔里〕〔八〕饋粮，士有饑色，樵蘇後爨，師不宿飽，皆言粮匱者，知其軍之不振也。今興大工，倘

〔一〕『極』當作『拯』。據《河防述言》載『論全體之勢，識貴徹始終，見貴周遠近。寧損小以圖大，毋拯一方而誤全局； 寧忍暫而謀久，毋利一時而遺慮於他年』改。

〔二〕『慮』當作『利』，『患』當作『慮於』。據《河防述言》載『寧忍暫而謀久，毋利一時而遺慮於他年』改。

〔三〕『其』後有『致』字。《河防述言》載：『其應鑿應築，可行可止，必究其致患之故，以為探本之謀。』據補。

〔四〕『急』當作『疾』。據《河防述言》『水勢停緩，宜引之使直； 水勢猛疾，必紆之使寬』改。

〔五〕『紓』當作『紆』。據《河防述言》『水勢猛疾，必紆之使曲』改。

〔六〕『諸』下有『冲』字。據《河防述言》『大司馬曰：「善！」於是治裝與陳子偏閱黄、淮形勢及諸冲決要害』補。

〔七〕『條』後有『列擬』二字。據《河防述言》『大司馬曰：「善！」於是治裝與陳子偏閱黄、淮形勢及諸冲決要害，因條列擬籌河十疏，次第上之』補。

〔八〕『千』下有『里』字。中華書局一九五九年版《史記》卷九二載：『臣聞千里餽糧，士有飢色； 樵蘇後爨，師不宿飽。』據補。而《河防述言》作『千里饋餉』。

資用不繼，則諸事罔濟。昔人云，〔虚〕〔一〕鬻乏粒，易牙不能炊；空柯無（刀）〔刃〕〔二〕，公輸不能斲，盖（此謂）〔謂此〕〔三〕也。夫河之於國計民生，所係甚重。其與軍政正復相等，未可以軍旅為急，而視河工為緩圖也。』

大司馬曰：『帑固應請，但錙銖皆黎庶脂膏，省當又省，以上體節用之至意。』

陳子曰：『不當用而用之，謂之不節；若當用而反節之，恐後（至）〔之〕〔轉相〕費倍〔蓰〕〔四〕也。公曰閱《涑水編年》，寧不知唐劉晏之理財乎？足國而不厲民，三代以後，能理〔財〕〔五〕者莫有過於晏者也。考其造運艘，置倉庾，凡諸工計，寧寛（無）〔毋〕刻，寧增（無）〔毋〕減，其意盖始製不惜，物可經久，後圖修整，亦易為（功）〔工〕。是經始之多費者，正以省費也。設初估苟簡，勢必草率而易壞。一壞之後，不能（復修）〔修復〕，勢（不）〔必〕〔六〕更張而重構，則其費不更多乎？故深于為國計者，不可圖一時之省用，而貽旋脩旋壞之虞；不可顧目前之易完，而致垂成垂敝之咎。大凡估計，寧留有餘以待節減，甚勿先為苟且之計，以（至）〔致〕因小而悞大者也。彼有司之浮冒估銷以圖浸漁，此不肖之甚者，法（必固）〔固必〕〔七〕懲。若以多估為己嫌，以樽節為迎合，雖賢者恐亦不免。殊不知大臣公忠為國，當計其大者、遠者，不當於當用而節之，以留國家異日之患，并累蒼生復罹漂溺之灾。悞國殃民，不幾乎因苟减一念基之乎？可不慎哉！』

大司馬曰：『言誠是也。諺云「日費斗金，不敵西風一浪」。以公私有盡之金錢，而填此無窮之巨壑。天之生水，利（為人）〔人為〕〔八〕多，不圖黄水為害，至於靡已也，不深可慨也夫！』

陳子曰：『噫！公之悲天憫人，意良善矣。然亦習

〔一〕『鬻』前有『虚』字，據《河防述言》『今興大工，儻費用不繼，則虚鬻乏粒，易牙不能炊；空柯無刃，公輸不能斲也』補。

〔二〕『刀』當作『刃』。據《荀子集解》卷三『空柯無刃，公輸不能以斲』改。

〔三〕『此謂』二字互乙，當作『謂此』。據《河防述言》『盖謂此也』改。

〔四〕『至』當作『之』。『之』後脱『轉相』二字。『倍』後脱『蓰』字。據《河防述言》『不當用而用之，謂之不節；若當用而反節之，恐後之費轉相倍蓰也』改補。

〔五〕『理』後脱『財』字。據《河防述言》『三代以後，能理財者莫有過於晏者也』補。

〔六〕『無』當作『毋』。『功』當作『工』。『復修』二字互乙，當作『修復』。『不』當作『必』。《河防述言》載：『公不見唐劉晏之理財乎？其造運艘，置倉庾，凡諸工計，寧寛毋刻，寧增毋減。蓋以始製不惜，物可經久，後圖修整亦易為功，是經始之多費者，正以省費也。設初估苟簡，勢必草率而易壞，一壞之後，不能修復，勢必更張而重構，則費不更多乎？』據改。

〔七〕『必固』二字互乙，當爲『固必』。據《河防述言》『彼有司之浮冒估銷以圖侵漁，此不肖之甚者，法固必懲』改。

〔八〕『為人』二字互乙。《河防述言》載：『天之生水，利人為多，不圖黄水為害，至於靡已也，可不深慨也夫！』據改。

於成說，而未之思耳！國家終年出入以千萬計，大半皆以（農）〔養〕〔一〕兵。今時當治平，未聞以糜餉而遂弛兵備也。至〔於〕〔二〕河工歲脩之額設二十餘萬，不及兵餉百分之一。即另有疎築大工，歲增亦不踰數萬〔金〕〔三〕，奈何獨以為黄河耗財耶？况王者以天下爲家，其城郭、河渠，猶家室之棟宇、溝洫也。百金之家構一屋，每歲必有塗茨脩葺之用，豈富有四海，而惜此整理山河之費乎？且東（有）〔南〕〔四〕漕運必經於河，國脈流通，利濟匪細，是又費小而益大也。方今（當宁）〔聖人〕〔五〕軫念河患，一以奠安昏墊是圖，凡有請發，無不允給。仰見廟謨宏遠，則任事臣工宜體此意，何沾沾惜費為哉？』

任人第四

大司馬曰：『銓曹需次者紛紛赴工，以冀進用，可盡録之乎？』

陳子曰：『營邑需才，舉事需人，彼欲用命而来，安可不録？然不可濫録也，當慎之於始而已。夫水土畚鍤，非可優遊坐致也。暴露日星，櫛風沐雨，躬胝胼，忍飢寒，共事固非易任矣。若膏（澤）〔粱〕〔六〕紈袴之子，（寧可共茶茗）〔不可與共茶苦〕〔七〕；躁進趋利之徒，不可與歷艱辛。倘假情濫録，不獨貽悮大工，且或一時未能委事，若輩逍遥河上，蜂營蝇集，何所不作？如易於題叙，則開倖進之門；如過為遏抑，必深聚怨讟。公私交敝，誹謗布騰，其害可勝道哉？甚矣！不可濫録也。』

大司馬曰：『既需人，不録之可乎？是不可無遴選之法也。』

陳子曰：『然，工之做也，必有司董其役。而地廣事繁之處，非一官可辦。若條分縷晰，具位庶寮，亦未足以任之，則効力者之在所必録也。至於選録之要，仍當責之

〔一〕『農』當作『養』。下文『今時當治平，未聞以糜餉而遂弛兵備也。』《河防述言》亦載：『國家終歲之出入以千萬計，大半皆以養兵。』據改。

〔二〕『至』後脱『於』字。據文義補。

〔三〕『萬』後脱『金』字。據《河防述言》『即另有疎築大工，歲增亦不踰數萬金』補。

〔四〕『有』當作『南』。據《河防述言》『且東南漕運必經於河，國脉流通』改。

〔五〕『今』下有『聖人』二字，『當宁』二字衍。清光緒十二年（一八八六年）思補樓重校本《清經世文編》卷九八《工政四》之《河防述言》載：『方今聖人軫念河患，一以奠安昏墊是圖，凡有請發，無不允給，仰見廟謨宏遠。』據改。

〔六〕『澤』當作『粱』。《河防述言》載：『若膏粱紈袴之子，不可與共茶苦，躁進趨利之徒，不可與歷艱辛。』據改。

〔七〕『寧可共茶茗』當作『不可與共茶苦』。據思補樓重校本《清經世文編》卷九八《工政四》之《河防述言》載『若膏粱紈袴之子，不可與共茶苦』及下文『躁進趋利之徒，不可與歷艱辛』改。

董理之有司，必先究其素履，驗其才力，審其邪正，擇可録者，保而申之於公，然後親為驗視而録之。而試之以事，試而不稱即黜，然并咎保者。試而稱事，由細而鉅，歷委以試之，於是堪大任者出矣。夫苟有成效，必為薦拔，俾(出身)〔身受〕[一]者奮勇，而聞風者盡鼓勵矣。此古用人之法也。

要之，始貴慎其選擇，繼貴嚴其考覈，終貴信其賞罰，自可收任人之效，而又何有失人之患哉！』

大司馬曰：『親為驗視之，一謀面耳，安能定其賢否耶？』

陳子曰：『孟子不言乎，聽其言也，觀其眸子人焉廋哉！蓋應對舉止之間，其人之智愚敬忽，大略可見。至其福澤之厚薄，亦不可不審也。故命將者，福將為上，才將次之，勇將又次之。何則？夫福厚者，必(得氣)〔德器〕[二]厚也。其為人大抵皆堅凝持重，謙謹安詳，奉上必誠恪也，任事必周密也，待人必寬恕也，臨(則)〔財〕[三]必慎重也。其際危急之時，值艱險之地，乃能鎮定而不驚，好謀而克濟也。故曰觀人者，必觀其心；而觀心者，必觀其氣也。』

大司馬曰：『子言觀人之法，我試行之，若勸懲之道，誠在於賞罰矣。我聞古人云「賞如山，罰如溪」者，何謂也？』

陳子曰：『「如山」云者，確乎其不可拔也，昭其信也，又山，重也，所以明不輕也；「如溪」云者，淵乎其不可測也，示可畏也，又溪，深也，所以明不寬也。是故賞罰者，居上之樞機，作事之綱領也。信賞必罰，自可以驅天下之才，而成天下之務矣。雖然，猶未論其本也。從来治法固行於治人，而治人之本，尤在居上位者端之於己焉。公身膺重任，所貴敬以臨之也，勇以任之也，明以察之也，勤以率之〔也〕[四]，寬以期之〔也〕，信以要之〔也〕，恒以守之也。備此七者，又矢以實心，徵以實事，將各聲應響如腕運指，庶司執事有不從風而偃者乎？于以捍大灾，禦大患，何有？潢于此更有請焉。等臆度之論，又不若經歷之言之親切而已試之也。故凡田夫老役有所陳説，皆宜採聽以備參詳。此不任其人而任其言，亦任人之一端也。虞(帝)〔舜〕好問好察，邇

[一]『出身』當作『身受』。據《河防述言》『俾身受者大奮庸(勇)』改。

[二]『得氣』當作『德器』。思補樓重校《清經世文編》本《河防述言》載：『夫福厚者，必德器厚也。其為人也，大抵皆堅凝持重，謹謹安詳。』據改。

[三]『則』當作『財』。《河防述言》載：『夫福厚者，必德器厚也。……奉上必誠恪也，任事必周密也，待人必寬恕也，臨財必慎重也。』據改。

[四]『之』下有『也』字。據上文『公身膺重任，所貴敬以臨之也，勇以任之也，明以察之也』與下文『恒以守之也』補。以下徑補。

言取於人以為善，故其（治）〔智〕[一]乃大。命意立說，必欲出於己而後快。自私我見之未（知）〔去〕[二]，安可以謀大事、成大功哉？』

大司馬曰：『旨哉言乎！余敢不服膺焉。』

源流第五

大司馬問曰：『同一水也，黃河流湍急濁，挾抄而行，易淤易決，與他水異，果其源有殊歟？』

陳子曰：『河非有異於他水也，中國之水惟河源為獨遠，源遠即流長，長則入河之水遂多，既多則其勢安得不洶湧而湍急哉？況西北之土性浮鬆，遇湍急之水則（遂）〔隨〕波而行，於是河水遂黃矣。嘗聞秦人之歌曰「涇水一石，其泥數斗。」今按渭流亦濁，不獨涇然也。他如燕地盧溝之水，其色（確）〔酷〕[三]似黃河，故俗稱渾河。晉之沁、汾諸水亦濁，可知西北之水，不惟黃河挾沙也。再考河自西域而来，其流雖濁，不若汴梁以東之甚。昔賈讓之中策欲引河灌田，邱文莊以經濟名，於時亦不察其弊，而韙之，謂古今善策無過于此者。殊不知今日汴梁以東之河，若引以灌田，則禾苗必盡被沙壓矣，烏可以灌乎？印川潘公之治河，去今尚近，其所著《河防一覽》多中肯綮，後之議河防者，必當奉為金（針）〔科〕[四]。雖所言險要，近多變遷，事宜亦有遺漏，然元賈魯之後，深明河務者，潘公為最也。今稽其疏，有曰黃水所經土最鬆，昔禹導河入海，經河南者止郟縣、孟津、鞏縣三處耳，當時之水未必如今之濁。今自河南郡之閿鄉起，至歸德郡之虞城止，凡五郡全經其地。故平時之水，沙居其六；一入伏秋，沙居其八。此豈無確據而言之歟？可知河之濁也，至河南而始甚也明矣。

潢嘗溯河之上流，唯寧夏靈武等處，至今猶引黃流以資灌溉。寧夏有漢、唐二渠，俱設以節蓄洩，水旱有備，民皆賴之。然定制：每歲清明起工，按産挑濬[五]，至立夏畢事，方理農工，有司董之，永以為則也。由此觀之，上游之水當不甚濁，然猶每歲必得疏濬。不然，溝渠亦淤，無所為利矣。

又按元臨川朱思本所述河源，較為詳確。其言自星宿海發源，行數十日，水猶清淺可涉而渡。又行數日，水漸渾濁。則河源本清，與他水無異，不益可信哉？是其挾

[一]『帝』當作『舜』，『治』當作『智』。《河防述言》載：『虞舜好問好察，邇言取於人以為善，其智乃大。』據改。

[二]『知』當作『去』。據《河防述言》『我見之未去』改。

[三]『確』當作『酷』。據《河防述言》『如燕地盧溝之水，酷似黃河，故俗稱渾河』改。

[四]『針』當作『科』。據《河防述言》『後之議河防者必當奉為金科』改。

[五]《河防述言》作『按座挑濬』，文義亦通。

沙而濁者，皆由經歷既遠，容納無筭，又遭西北沙鬆土散之區，流愈疾而水愈濁，濁則易淤，淤則易決。河之濁非本然也，而謂河性喜决也，不更大誣乎？尤可嗤者，昔籌河建議，欲於塞外鑿渠，導之北流，入於北海，勿使經中土。謂既可阻隔華夷，又可使中土永無河患。論者莫不奇其策，祇惜途遠，工鉅難成耳，未知其有大謬者。曩見其說，不覺啞然失笑也。何笑乎爾？夫河之自西域来，若無他水入之，止此一水，曲折得數千里，其勢必衰，安能為中國患？其所以為患于中國者，大半皆由中國之水助之也。設導西域本来〔之〕〔一〕水行於塞北，而域内之水自湟、洮而東，若秦〔之〕〔二〕灃、渭、涇、汭之水，晋之汾、沁，梁之伊、洛、瀍、澗，齊之濟、汶、洙、泗，其間山川溪谷，千支萬派之流，未易更〔僕〕〔三〕數。凡西北之水，安得不匯〔為〕〔四〕一大川，以入于海哉？

矧河防所懼者，伏秋也。伏秋之漲，尤非盡自塞外来也，（數）〔類皆〕〔五〕秦、隴、冀、豫深山幽谷，層冰積雪一經暑雨，融消驟集，無不奔走注于河，所以每當伏秋之候，有一（夕）〔日〕〔六〕而水暴漲數十丈者。而水不能洩瀉，遂有潰決之事，從来致患大都出此。雖使河源引而行之塞北，烏能永（無）〔免〕〔七〕中國山水暴漲之害哉？』

大司馬喟然而嘆曰：『噫！彼論河源者，率多傳訛，今聞子言，可破一切影響之説矣。』

（防隄）〔隄防〕〔八〕第六

大司馬曰：『論治河者，莫不以分殺河勢為言，（乃故）〔及攷〕〔九〕，潘印川之説，先以隄防為事。子今力宗之，

〔一〕『来』下有『之』字。據下文『而域内之水自湟、洮而東』補。

〔二〕『秦』下有『之』字。據下文『晋之汾、沁，梁之伊、洛、瀍、澗，齊之濟、汶、洙、泗』補。

〔三〕『更』下有『僕』。《河防述言》載：『而域内之水，自湟、洮而東，若秦之灃、渭、涇、汭諸水，晋之汾、沁，梁之伊、洛、瀍、澗，齊之濟、汶、洙、泗，其間山泉溪谷，千支萬派之流，未易更僕數。』據補。『僕数』意爲一一詳加論列。

〔四〕『匯』下有『為』字。《河防述言》載：『凡此西北之水，安得不會為一大川，以入於海哉？』據補。

〔五〕『數』當作『類皆』。《河防述言》載：『伏秋之漲，尤非盡自塞外来也，類皆秦隴冀豫深山幽谷，層冰積雪一經暑雨，融消驟集，無不奔注於河。』據改。

〔六〕『夕』當作『日』。《河防述言》載：『每當伏秋之候，有一日而水暴漲數丈者。』據改。

〔七〕『無』當作『免』。《河防述言》載：從来致患大都出此，雖使河源引而行之塞北，烏能永免中國山水暴漲之害哉？』據改。

〔八〕『防堤』二字互乙，應爲『隄防』。據《河防述言》『隄防第六』改。

〔九〕『乃故』當作『及攷』。據《河防述言》『及攷潘印川之説，先以隄防為事』改。

願聞其詳焉。』

陳子曰：『〔拯〕〔一〕河患於異漲之際，誠不可不殺其勢。若平時虞其淤塞而致橫決之害也，更不可不合其流。是合流為常策，而分勢為偶事也。設專務於分，則河流必緩，緩則停沙而淤淺，愈淺愈緩，愈緩而愈淤，不日而故道俱塞。河既不得遂其就下之性，勢必〔傍〕〔旁〕〔二〕冲而四潰矣。故潘印川曰：「以人治水，不若以水治水也。」蓋隄成則水合，水合則流〔汎〕〔迅〕，流〔汛〕〔迅〕〔三〕則勢猛，勢猛則新沙不停，舊沙盡刷，而河底愈深。於是水行堤內，而得就其就下之性，乃克安流耳，所以治河者，必以隄防為先務也。

且考隄防之繕，由来尚矣，非是潘公始。《禹貢》曰：「九〔州〕〔澤〕〔四〕既陂。」陂者，隄防也。慎子曰：「治水者，茨防決塞，雖在〔彝於翟〕〔夷狄〕〔五〕，相似如一，學之於水，不學之於禹也。」解之者曰：「茨防，即今黃河之埽也。」《淮南子》曰：「狟狢得埵防，〔而〕弗去〔而〕〔六〕緣。」解之曰：「埵者，水〔摶〕〔埒〕也，防，土〔形〕〔刑〕〔七〕也。埵，當作嵊，與塍同。」凡此所云防者，非堤而何？』

大司馬曰：『余聞宋太祖有云：「夏〔后〕治水〔八〕，但言導河至海，隨山濬川，未聞力制湍流，廣營高岸。」自戰國專利堙塞故道，以小妨大，以私害公，九河之制度隨隳，歷代之患弗弭。」論者悉推為知言。今之隄防，非所謂廣營高岸，力制湍流乎？且曰力制，則非順性矣。而子以

〔一〕『曰』下有『拯』。據《河防述言》『陳子曰：「拯河患於異漲之際，不可不殺其勢」』補。

〔二〕『傍』當作『旁』。據《河防述言》『河既不得遂其就下之性，勢必旁冲而四潰』改。

〔三〕『汎』當作『迅』，『汛』當作『迅』。《河防述言》：『蓋隄成則水合，水合則流迅，流迅則勢猛。』清宣統元年上海集成圖書公司本《東華續錄（光緒朝）》光緒一八一載：『明臣潘季馴有言：「黃河防禦為難而中州為尤難。」故當日治河，專主以隄束水之說：水合則流迅，流迅則勢猛，勢猛則新沙不停，舊沙盡刷，而河亦愈深。』據改。

〔四〕『州』當作『澤』。據清文淵閣四庫全書本《禹貢說斷》卷四『《書》叙榮、蠡既豬，而總之曰「九澤既陂」』改。

〔五〕『彝於翟』當作『夷狄』。據四部叢刊景北宋本《列子》卷五『慎子曰：「……治水者茨防決塞，雖在夷狄，相似如一，學之於水，不學之於禹也」』改。

〔六〕『去』下有『而』字。據清乾隆五十三年刊本《淮南子校定》卷一一：『夫猨狖得茂木，不舍而穴；狟狢得埵防，弗去而緣』改。

〔七〕『摶』當作『埒』，『形』當作『刑』。明嘉靖三十五年刻本《秇林伐山》卷四載：『《淮南子》：「狟狢得埵防，弗去而緣。」注：埵，水埒也；防，土刑也。埵當作塖，與塍同。』明萬曆刻本《弇州四部稿》卷一六九《說部》：『埵防：埵，水埒也；防，土刑也。』據改。

〔八〕『夏』下有『后』字。據清守山閣叢書本《七國考》卷二『宋太祖云：「夏后治水，但言導河至海，隨山濬川，未聞力制湍流，廣營高岸」』補。

隄防束水為順其性乎，其(議)〔義〕[一]何居？』

陳子曰：『善治水者，惟順水之性，非縱水之性也。譬之人性本善，率之即謂之道。然《易》曰「閑邪存其誠」，又曰「義以方外」。閑與方者，非多方防閑之乎？惟多方防範，而本然之性乃全。是防之者，正所以順其性也。倘有人而任情縱欲，以為率其本性，此放誕之言，其叛於聖人之道也遠矣。治水亦然，縱之而就下之性反失，防之而朝宗之勢乃成。此潘印川以堤束水，以水刷沙之說，真乃自然之理，初非矯揉之論。故曰後論河者，必當奉之為金(計)〔科〕[二]也。』

大司馬曰：『《禹貢》所謂九澤者，乃施之于溺水之澤，非於道川者言也。今導川而祖既陂之說，毋惑乎人之尚未釋然耳！』

陳子曰：『川澤雖有異議，古(聞)〔文〕每多互(文)〔詞〕[三]。昔賢引經定案，原不拘泥近說。況今日只論堤防之果當與否，亦不必論人之賢與否也。若因《禹貢》無既陂之文，而今日合修堤(內)〔防〕[四]亦宜毅然行之，況稽古有徵乎？潘印川云，禹時之河經於中州之地甚少，必不若今日之濁，故可分九(州)〔河〕[五]以殺其勢。於以知古之流可緩，而今之流斷不可不(汛)〔迅〕[六]也。此又古今之異勢，難以執一而論也。』

大司馬曰：『子論甚(快)〔善〕[七]，余固無疑。《禹貢》所謂陂者，坡也。土披下而襄側也，此非(淺)〔陡〕[八]崖之岸，乃坦坡之堤。後人以騎可登，謂之曰走堤，即是坡也。盖堤防之制，其底必倍廣於頂，則水不能傾之。古

〔一〕『議』當作『義』。據《河防述言》『子以堤防束水為順其性其義何居』改。

〔二〕『計』當作『科』。據《河防述言》『潘印川以堤束水、以水刷沙之說，真乃自然之理，初非矯揉之論。故曰後之論河，必當奉之為金科也』改。

〔三〕『聞』當作『文』，『文』當作『詞』。據《河防述言》『古文每多互詞』改。

〔四〕『內』當作『防』。據《河防述言》『而今日合修隄防亦宜毅然行之』改。

〔五〕『州』當作『河』。《河防述言》載：『潘印川云：「禹時之河，經於中州之地甚少，必不若今日之濁，故可分九河以殺其勢。」』據改。

〔六〕『汛』當作『迅』，以與上文『以知古之流可緩』中的『緩』字對應。《河防述言》亦載：『於以知古之流可緩，而今之流斷不可以不迅，此又古今之異，勢難以執一而論也。』據改。

〔七〕『快』當作『善』。《河防述言》：『陳子曰：「……於以知古之流可緩，而今之流斷不可以不迅，此又古今之異，勢難以執一而論也。」大司馬曰：「子論甚善，顧《禹貢》所謂陂者，果與堤防之制有合否邪？」』據改。

〔八〕原著『淺』當作『陡』。《河防述言》：『陳子曰：「陂者，坂也，土披下而衺側也。此非陡崖之岸，乃坦坡之隄。」』據改。

人陂之言，而作堤之法以備，洵言簡意（便）〔賅〕〔一〕也。

至考近世堤防之名不一。其去河頗遠，築之以備大漲者，曰「遥堤」； 逼河之滸，以束河流者，曰「縷堤」； 地當頂冲，慮縷堤有失，而後作一堤於内，以防未然者，曰「夾堤」； 夾堤有不能綿亘之規而附於縷堤之内，形若月之半者，曰「月堤」； 若夾堤與縷堤相比而長，恐縷堤被衝，則流遂長驅於兩堤之間而不可遏，又築一堤横阻於中〔者〕〔二〕，曰「格堤」，又曰「横堤」。堤防雖多，不出此數者。

其作堤之法，遥堤去河遠，必相地勢因高而聯絡（者）〔之〕〔三〕，其餘随河流以防範焉。取土須遠堤根之土，築必旋挑旋夯。近堤取土則堤不固，土厚方硪則渠不堅也。築成驗工，錐試灌水不滲，便為堅結。然錐驗之法，務於連晴之後，其錐須細直宜下，使若輩無弊可作。倘錐粗而摇宕之，則貼簽之土先實，水亦不即滲，遂被掩飾矣，驗時宜細察也。遥堤之外離堤取土之地，即可成小河以資運料。縷堤逼流，（挑）〔排〕〔四〕樁、襯埽所不可少，若頂衝險工，尤必用護堤埽也。堤工插柳，可備捲埽； 堤根蓄草，亦（是）〔足〕〔五〕禦波。随（時地）〔地制〕〔六〕宜，皆不可不喻也。』

大司馬曰：『子言堤防詳矣。若異漲之時，何以殺其勢乎？』

〔陳子曰：〕『遥堤去河頗寬，若異漲之時溢至遥堤，河寬而勢亦自殺，是雖合流，而分亦寓焉。所患者，三瀆並漲耳。三瀆者何？黄、淮及山東之漕河也。每年水漲，或黄漲而淮不漲，或淮漲而山東諸水不漲，或淮與山東水漲而黄反不漲，抑或有漲於春者，有漲於夏秋者。三瀆不並漲，（尤）〔猶〕〔七〕可禦也。惟是一時而三瀆適皆漲焉，其勢遂莫能禦。若無以預為之地，一經泛濫，其害何可底止？是以遥堤之減水壩斷不可不設也。當其無事，人有議減壩為虚設者； 及減水時，人有議減水壩為妨民者。

〔一〕『便』當作『賅』。《河防述言》：『蓋隄防之制，其基必倍廣於頂，則水不能傾之。古聖人之一言，而作隄之法已備，洵言簡意該也。』『言簡意該』後多作『言簡意賅』。據改。

〔二〕『中』後有『者』字。據上文『其去河頗遠，築之以備大漲者，曰遥隄； 逼河之游以束河流者，曰縷隄； 地當頂衝，慮縷隄有失，而復作一隄於内以防未然者，曰夾隄； 夾隄有不能綿互規，而附於縷隄之内形若月之半者，曰月隄』補。

〔三〕『者』當作『之』。據《河防述言》『其作隄之法，遥隄去河遠，必相地勢因高而聯絡之，其餘隨流以防範焉』改。

〔四〕『挑』當作『排』。據《河防述言》『縷隄逼流，排樁襯埽所不可少，若在頂衝險工，尤必用護隄埽也』改。

〔五〕『是』當作『足』。據《河防述言》『隄上插柳，可備捲埽； 隄根蓄草，亦足禦波。隨地制宜，皆不可不喻也』改。

〔六〕『時地』當作『地制』。據《河防述言》『隨地制宜，皆不可不喻也』改。

〔七〕『尤』當作『猶』。據《河防述言》『三瀆不並漲，猶可禦也』改。

此皆不知全河之事宜，而好為局外之論者也。夫減水〔壩〕[一]之設，譬如居室者，雖不日接賓客，而几、席必設，供具必備，偶有賓至，處之泰然。苟几、席供具不備，一旦賓集，其何以待之？勢必倉皇莫措矣。有遥堤而不預設減水壩，萬一三瀆並漲，而末由少殺其勢，遥堤一潰，尚可救乎？兵可百年不用，不可一日不備。減壩之説，何以異是？

或曰減水〔壩〕洩水，大似以鄰國為壑，毋怪乎謗者之謂為厲民也。不知減壩之造，節制之兵也。所減有準則，不若堤壞漂溺無筭也。審利害者，若均之有害，必就其輕者焉。譬之子弟縱逸，即當裁抑，其受困苦者無幾。若不為節之，而至於踰閑越矩，將放僻邪侈，靡不為矣。其陷于罪尚可言哉？此養癰之害，所以一潰而莫可救藥也。夫減壩有天然之制，必至異漲之時，方有減下之水。若漲少退，減即止矣。此出于萬不獲已，為保護全河於異漲之時計方設，是減壩非若戰國曲防以病鄰國也。且遥堤之外近有運料小（船）〔河〕[二]，減下之水將從小河洩之，亦略存大禹疏九河之意耳。設有淹及民田之時，不异遇旱逢澇之灾，田之低下者罹之也。然低田一經黄水所淤，水退而土即墊高，次年必獲倍收，損益亦正相等。

要之，設減壩則遥堤可保無虞，保堤則全河可冀永定，減壩與堤防又相為維持者也。雖偶有暫時之害，而實收久安之利，安得謂之厲民也哉？』

疏濬第七

靳大司馬曰：『東河趋海，固以隄防為急務，豈疏濬竟〔可〕[三]不事乎？』

陳子曰：『疏濬烏可竟廢也！夫隄防束水，固為行所無事，設之不得不疏濬也。又有因時順導之法，而不以人意參之，庶不悖神禹之道耳。如有潰決之患，先宜截決口，兩（傍橛）〔旁掘〕[四]溝下埽，裹定其根，俾決口不致日（曠）〔擴〕[五]也。若既決於旁流，則正流必緩，故道漸淤。若止塞決口而不濬故道，則水將安適？水無所適，而決口

[一]『水』後有『壩』字。據上文『是以遥堤之減水壩斷不可不設也』和『人有議減水壩為妨民者』補。

[二]『船』當作『河』。據上文『遥堤之外离堤取土之地，即可成小河以資運料。』及下文『減下之水將從小河洩之。』改。

[三]『竟』下有『可』。據《河防述言》：『靳大司馬曰：「東河趨海，固以隄防為急務，豈疏濬竟可不事乎？」』

[四]『傍橛』當作『旁掘』。據《河防述言》『如有潰決之患，先宜截築決口兩旁，掘溝下埽，以裹定其根，俾決口不致日擴也』改。

[五]『曠』當作『擴』。據《河防述言》『如有潰決之患，先宜截築決口兩旁，掘溝下埽，以裹定其根，俾決口不致日擴也』改。

之流漸築漸逼，而水勢愈急，（愈）〔欲〕[一]望其遽合，不幾難哉？

疏濬故道又未易言也。故道（灘）〔雖〕[二]淤，豈竟如平陸乎？其浮沙、塗泥、灘汀、淺水，一望瀰漫，欲事畚插，何所措乎？少為開掘，水即隨之，滂泥水冲，焉能深廣？甚矣，人之疏濬未易言也！嘗再四圖維，而知以人治水，誠不若以水治水之為得其道也。是以欲濬故道者，莫若將決口之下故道淤處〔反築一堰〕[三]，（既）截微流，溯決口之上游，相度地勢，別開一引河，直通故道。夫故道淤處（免）〔既〕[四]截微流，則河底涸出，漸可施工，止須開濬深溝數道，餘不必盡挖也。俟上之引河既成，深溝復掘，然後併力下埽以塞決口。及河流洶湧，勢力加猛之際，遂開上流引河之口。黄流方際暴怒，有一道以洩之，勢必直注引河，由引河而直趨故道也。故道已開深溝，水有所容，必且沛然莫禦，而停沙淤淺之處，便可隨流而冲刷矣。河流既歸故道，而決口之勢自減，因而再併力下埽，決口斷無有不合者也。於是知築堤而水自可刷沙，乃以築為疏，而疏且本於築也。又當知導流而埽方可塞，決乃以疏為築，而築又原於疏也。凡此皆知其所以然之故，而不外乎以水治水而已。故導河者鑿河之形，人力所成十之二，引河之勢，水力所滌者十之八也。若以河患委托天意，此任天而不任人者，固失聖人範圍補救之道。以河工全憑人力，任人而不任理者，尤為小智，穿鑿意見之私也。』

大司馬曰：『海口淤墊，河流不暢，潘印川所謂無可施工，惟當築堤，合流（道）〔導〕[五]之冲刷，則海口自深。其説（自）〔是〕[六]也，但近年黄、淮入海之道，較昔漸狹，豈竟可無事乎開歟？』

陳子曰：『唯唯否否。夫海口浩渺，洪波滔天，欲事疏濬，誠難言也。然而河流挾沙，海潮逆上，安得不墊？況傍岸回溜尤易停淤，故以今較昔，沙（州）〔洲〕出海（九）〔幾及〕[七]百里，而海口漸狹，勢使然也。若終不濬，則下

[一]『愈』當作『欲』。《河防述言》：『水無所滴，而決口之流漸築漸逼，愈逼而水勢愈急，欲望其遽合也，不幾難哉？』據改。

[二]『灘』當作『雖』。據《河防述言》『然疏濬故道又未易言也，故道雖淤，豈竟如平陸乎』改。

[三]『處』下有『反築一堰』四字。《河防述言》載：『是以欲濬故道者，莫若將決口之下故道淤處反築一堰。』據改。

[四]『免』當作『既』。《河防述言》載：『夫故道淤處既截微流，則河底涸出，漸可施工』。據改。

[五]『道』當作『導』。據《河防述言》『惟當築隄，今流導之冲刷』改。

[六]『自』當作『是』。《河防述言》：『大司馬曰：「海口淤墊，河流不暢，潘印川謂無可施工，惟當築隄合流，導之冲刷，則海口自深。其説是已。」』據改。

[七]『州』當作『洲』，『九』當作『幾及』。《河防述言》載：『陳子曰：「……然河挾沙而海潮逆上，安得不墊？傍岸洄溜，尤易停淤。故以今較昔，沙洲出海幾及百里，而海口漸狹，勢使然也。」』據改。

流必壅，而欲上流不决，烏可得乎？是濬之之法，亦不可不講。其法，於近海兩岸之内，各開一引河，挑土即培於引河外以作縷堤。其受河流（於）〔與〕〔一〕入海處，且緩啟其口，俟河形鑿成，又必當河漲之時，方啟其口，引黄流分注於其中，以趋於海。初似析河而三，再將中隔之沙渚駕犁疎之，其沙必隨波漸削，久之合三為一，則海口遂開廣矣。此亦非全用人〔力〕耳，而半〔藉〕〔二〕水力以成之者也。若曰海口竟不可以施工，潘印川之説不無漏議焉。』

大司馬曰：『子之論真可補前言未盡之旨矣。至運河淤阻，非人力不為功，子有何妙畫，亦悉言之。』

陳子曰：『南北（槽）〔漕〕水皆入於河，間有河水暴漲反入於漕之時，謂之倒灌。一經倒灌，漕必淤淺。如黄（運）〔速〕〔三〕退，而清水下注便可刷深，亦（可）〔無〕〔四〕待開濬也。惟慮清水旁洩，力不能刷，而黄水灌（入）〔久〕〔五〕，則漕不得不濬矣，此人力之必需者也。濬之計，量土方以估工費，自有常則，然計土方而論，又不若聚夫而計担，隨挑隨給，尤為便捷。是（以）〔在〕〔六〕敏於事者，因時度地，酌而行之。至於河身廣狹淺深之宜，又必計水之大小，流之緩急，量其水方，度其消納以定之。待舟楫通利，淺者亦可漸深；潮汛停淤，深者行將漸淺。水無定形，工難終已，歲修額設良有以也。』

工料第八

陳子曰：『謀事者，人心也；赴力者，人力也；（儲財）〔積貯〕〔七〕者，資財也；濟用者，物料也。夫謀慮

〔一〕『於』當作『與』。《河防述言》載：『其受河流處與入海處，且緩啟其口，俟河形鑿成，又必當河漲之時，方啟其口，引黄分注於其中，以趨於海』。據改。

〔二〕『人』下有『力』字，『半』下有『藉』字。據《河防述言》載『初似析河而三，再將中隔之沙渚駕犁疏之，其沙必隨波漸削。久之，合三而一，則海口遂開廣矣。此亦非全用人力，而半藉水力以成之者也』補。

〔三〕『運』當作『速』。據《河防述言》『如黄速退，而清水下注便可刷深，亦無待開濬也』改。

〔四〕『可』當作『無』。據《河防述言》『亦無待開濬也』改。

〔五〕『入』當作『久』。據《河防述言》『惟慮清水旁洩，力不能刷，而黄水灌久，則漕不得不濬矣』改。

〔六〕『以』當作『在』。據《河防述言》『然計方論工，又不若聚夫而計擔給值，隨挑隨發，尤為便捷。是在敏於任事者因時度地，酌而行之耳』改。

〔七〕『儲財』當作『積貯』。據《河防述言》『陳子曰：謀事者，人心也；赴工者，人力也；積貯者，貲財也；濟用者，物料也』改。

未精，不足以成事。然徒謀而人力不（助）〔集〕，則託之空〔言〕〔一〕矣。貲財不貯，不足以圖功。然財聚而物料不備，則緩急亦無濟矣。故欲籌河防，則（土）〔工〕〔二〕力與料物不得不熟計之也。』

〔靳〕大司馬曰：『考古塞河之役，動發〔卒〕數十萬。今則不然，近河州縣有歲脩額（役）〔設〕〔三〕之夫，若別有大工興舉，又隨時召募，有司董之，義民率之，功竣罷去，似較古法為便。今之力役，豈尚有未善者也？』

陳子曰：『修舉靡常，屆期調（撥）〔發〕，恐有後時之慮。州縣額夫既有〔定〕數，何不如丁銀徵料，解銀河庫，不時僱（覔）〔募〕〔四〕，以免民夫起解及在工守候之苦，〔尤為公私兩便。至河流頂衝險要之處，其巡守之夫〕無間晝夜，〔無分〕〔五〕晴雨皆須查視，方可不時搶救。向設有守堤之夫役，慮無節制，難保無疎虞也。〔潢思〕〔六〕河工原比於軍法，請即以軍法行之。凡給食赴工之夫，盡（覔）〔募〕〔七〕為支餉守汛之卒，設千、把等官統之，以弁領兵，以大轄小，一如（心）〔身〕〔八〕之與臂，臂之使指。如此，則節制既有責成，而防禦庶無疎虞。

所慮者，一法立，百弊生。每見營卒多開虛粮，武弁役使無間，而練習缺然矣。河兵流弊，恐亦如之。若設則私役，缺則虛冒，不幾名存實亡乎！所宜預立嚴禁，勤為查點，以杜弊端。然此所設之卒，為防守搶救之計也。若（無）〔夫〕〔九〕鑿渠築堤，起建大工，非募夫不辦，其法非可計工以論也。惟制府定其經界，酌其高深，量其尋尺，凡或築或鑿，皆以土方料之，命監司按則估計經費若干。然

〔一〕『助』當作『集』。『空』後脫『言』字。據《河防述言》『然徒謀而人力不集，則託之空言矣』改、補。

〔二〕『土』當作『工』。據《河防述言》『故欲籌河防，則工力與物料不得不熟計之也』改。

〔三〕『發』下有『卒』字。『役』當作『設』。《河防述言》載：『靳大司馬曰：「考古塞河之役，動發卒數十萬。今則不然，近河州縣有歲修額設之夫，若別有大工興舉，又隨時召募，有司董之。」』據補。

〔四〕『撥』當作『發』。『有』下有『定』字。『覔』當作『募』。《河防述言》載：『陳子曰：「修舉靡常，屆期調發，恐有後時之慮。州縣額夫既有定數，何不如丁銀徵科，解銀河庫，不時雇募，以免民夫起解及在工守候之苦，尤為公私兩便。」』據補。

〔五〕『苦』下有『尤為公私兩便。至河流頂衝險要之處，其巡守之夫』。『夜』後脫『無分』二字。《河防述言》載：『尤為公私兩便。至河流頂衝險要之處，其巡守之夫無間晝夜，無分晴雨，皆須查視，方可不時搶救。』據補。

〔六〕『也』後脫『潢思』二字。據《河防述言》『潢思河工原比於軍法』補。

〔七〕『覔』當作『募』。《河防述言》載：『潢思河工原比於軍法，請即以軍法行之，凡給食赴工之夫，盡募為支餉守汛之卒。設千把等官統之，以弁領兵，以大轄小。』據改。

〔八〕『心』當作『身』。據《河防述言》『一如身之與臂，臂之與指。如此，則節制既有責成，而防禦庶無疏虞矣』改。

〔九〕『無』當作『夫』。據《河防述言》『若夫鑿渠築堤，起建大工，非募夫不辦』改。

後監理有官，分脩有官，畫界派工，領費募夫以從事焉。

至於募夫涣而無稽者也，必慎擇義民〔以統率之，義民〕，亦計土方取值於官，（官）〔自〕復〔計工〕〔一〕散值於夫，其帑不至於虧空。工之必期於合法，全視乎義民之得人與否。此在（自）〔司〕〔二〕事慎重選擇也。胼胝畚鍤，晴（則）〔霽〕可作，時（則）〔際〕〔三〕陰雨，則相聚食。其晴時所餘之資，恐不足償雨食坐靡之費，役夫乏食，恐致涣散也。土方之外，當量益以陰雨之食給之，此又不可不預計者也。夫搶救防守，若（役）〔設〕〔四〕卒有定制，疏塞興作又量役以募夫，較古之撥發，誠為無擾而易集事也。惟是精於釐弊，善於奉行，則不在治法而在治人矣。』

大司馬曰：『儲料濟用，欲有利無弊，又當若之何？』

陳子曰：『埽柳、葦、檾，近河頗饒，惟需及時採運，貯於各險。至椿木来自浙江，甃石採於南（河）〔湖〕〔五〕諸山，而灰、磚、釘、鉄悉事陶冶。其間若因公擾民，剋價肥私，物既不能符式，料半屬於虚靡，其弊正不可以枚舉矣。祛弊之法，所當勤其稽覈，信其懲究，則弊不致太甚也。而其要尤在預爲儲備，不使緩急無稽，此為肯綮之至論也。若夫磚石之工，以墊底深厚幾層為固。下埽之法，以簽椿入土多尺為堅。磚石用灰，〔須〕〔六〕以沙綀，若灌灰漿者，盡屬粉飾。埽用柳草貴實以土，若少鬆浮者尤易漂流。凡此皆賴實心任事之人實力佐理耳。至瀕海柴蕩，随河東漲，有日廣之勢，其有（稗）〔裨〕〔七〕於料良非纖細，必宜設專官理之。凡造報之蕩，取（邊）〔近〕〔八〕河易運者，責取蘆束以作大工。其餘皆聽民領管也，或歸竈户，或起灘租。裕公之中，勿俾豪强兼併，滋為弊〔藪〕〔九〕。

至於運載物料，皆係木、石、柴、草，粗重之物，非借水

〔一〕『民』後脱『以統率之，義民』六字。『官』當作『自』。『復』後脱『計工』二字。據《河防述言》『必慎擇義民以統率之，義民亦計土方取值于官，自復散值於夫』改。

〔二〕『自』當作『司』。《河防述言》載：『工之必期於合法，全視乎義民之得人與否。此在司事慎重擇之也。』據改。

〔三〕『晴則』當作『晴霽』，『時則』當作『時際』。據《河防述言》載『胼胝畚鍤，晴霽可作，時際陰雨，則相聚而食』改。

〔四〕『役』當作『設』。據《河防述言》載『夫搶救防守，若設卒有定制，疏塞興作又量役以募夫，較古之撥發，誠為無擾而易集事也』改。

〔五〕『河』當作『湖』。據《河防述言》『至椿木来自江浙，甃石採於南湖諸山，灰、甎、釘、鐵悉事陶冶』改。

〔六〕『灰』下有『須』字。據《河防述言》『下埽之法，以簽椿入土多尺為堅，甎石用灰，須以沙煉』補。

〔七〕『稗』當作『裨』。據《河防述言》『至瀕海柴蕩隨河東漲，有日廣之勢，其有裨於料良非纖細，必宜設專官理之』改。

〔八〕『邊』當作『近』。據《河防述言》『凡造報之蕩，取近河易運者，責取蘆束以作大工』改。

〔九〕『弊』下有『藪』字。據《河防述言》『其餘皆宜聽民領管，或歸竈户，或起灘租，裕公之中，復須利民。勿俾豪强兼并，滋為弊藪。』補。

勢船隻，何能搬運致遠？向来修築及伏秋搶救，俱封拿商旅行舟。夫封拿客船，甚為害民，自不必言。且倉卒之際，急欲拿舟，商旅風聞遠避，往往有料無船，以致束手莫救，小灾而遂成大灾矣。是以疏請將河卒健曠銀兩内動支，特造浚柳舟四〔五〕百號，分隸（入）〔八〕河廳營，各撥兵目為之催儹駕運，永（着）〔著〕為令，則緩急運料有濟，不致（遺）〔貽〕[一]悞險工，且拿舟害民可以杜其弊端，此更有利公私，急需行之者也。』

因革第九

靳大司馬曰：『潘中丞之治河，去今為近，其規畫可法者固多，抑有與今異者歟？』

陳子曰：『治河之理，千百世不易，豈有明季至今而異也？惟是水之形勢與世推移，而險要遂異，流行亦殊，則規畫因以不同耳！即如明弘治間，河決荆隆口，潰黄陵岡，山東張秋鎮幾没於河，乃在曹、單等縣築（大）〔太〕[二]行堤障之。嘉靖初年，河漸北徙，濟寧魯橋以下河道淤墊。二十六年，河復决曹縣。四十四年，决沛縣之飛雲橋，逆流東行，逾（潮）〔漕〕入（朝）〔昭〕[三]陽湖，東平州平地水深丈餘。萬曆十五年，又決荆隆口，長垣諸邑俱遭昏墊。是明時山東每有河决之患，長垣一帶堤防甚要。自本朝来，徐州以上堤固流深，絶無所虞，雖防難而險要已銷矣。再如運北河口，明萬曆間猶在徐州北岸，黄漲時輒灌入古（同）〔洪〕、〔内〕[四]華等閘，動至淤墊，禁閘啟閉，歲加挑浚，殊費經理。今北運口漸改而東，黄水北灌之患永除。此皆今昔之水異者也。

再者，運河南口，明時例謹閉通濟閘。粮艘過淮後，每歲六月初，即於閘外築壩以遏黄流。霜降後黄水消退，粮船回空之時方啟。凡　切南北往来之船，俱於五壩盤過。潘中丞叮嚀告誡，以為此例斷不可易。及本朝来，五壩俱廢，通濟閘口今復改制，迂廻其道，以接受清淮。若高堰加脩，淮水不致東洩，得以全力敵黄，則黄水自不倒灌。此不遏黄之壩永不必築，即廣濟一閘似可不用，而南

[一]『四』下有『五』字。『入』當作『八』。『着』當作『著』。『遺』當作『貽』。據《河防述言》『是宜疏請將河卒建曠銀内動支，特造浚柳船隻四五百號，分隸八河廳營，各撥兵目為之催趲駕運，永著為令，則緩急運料有濟，不致貽誤險工而害民』改。

[二]『大』當作『太』。據《河防述言》『如明宏治間，河決荆隆口，潰黄陵岡，山東張秋鎮幾没於河，乃於曹、單等縣築太行堤障之』改。

[三]『潮』當作『漕』。『朝』當作『昭』。據《河防述言》『〔嘉靖〕四十四年，決沛之飛雲橋，逆流東行，逾漕入昭陽湖，東平州平地水深丈餘』改。

[四]『同』當作『洪』，『華』前有『内』。《河防述言》載：『再如北運河口，明萬曆間猶在徐州北岸，黄漲時輒灌入古洪、内華等閘，動至淤塞，禁閘啟閉，歲加挑濬，殊費經理。』據改、補。

北往来之舟楫，無復再事盤（剥）〔壩〕〔一〕矣。此今昔之不同也。

夫高堰為全淮保障，自漢末陳（某）〔登〕〔二〕創建，至明初陳瑄大葺，潘中丞又加築高，迄今猶兩河闗鍵。但堰之迤南周橋一帶，潘公不加築脩，其意慮淮水大漲時，藉以洩瀉。迨我朝，流水之處漸次刷决，以致淮水東注，遂有清水潭之大患。今若不得周（椿）〔橋〕〔三〕一帶接建堰堤，則清水潭之决口終難以塞。此明時可不全築，而今必堤防之者也。然全築之，固所以蓄淮水以敵黄，頋黄異漲而不為宣洩，則堰終須難保，此減水壩之必不可不洩者也。潘公畱越城周橋之餘地以洩淮漲，熟知流弊致清潭之患。今（按）〔接〕〔四〕之以補其缺略，仍置減水壩以神明其宣洩之意，是又今昔方略之不同而同者矣。

明萬曆時，北運河猶出古洪口，屢塞屢改，百餘年中，運口十改。迨東遷至皀河口，雖明所苦吕梁洪諸險，皆已不經，〔然〕〔五〕倒灌之患，猶或不免。今康熙二十年間，皀河口又順道而東十五里出張莊，運口遂免倒灌。而運艘尚經由黄河二百八十餘里，不無縴挽之瘁，風濤之危。某已於九里岡一帶黄河北岸之内，〔間〕〔六〕開運料小河，將来因之聯絡開濬，引汶、沂之水直近清河縣。上流從仲家莊入於黄河，則北河之口愈趨而下，不特黄流倒灌之患永絶，而漕艘過淮出南口，運不上二十里即入北運口，可竟脱風濤之厄與縴挽之勞，利國儲而息軍力，不無有裨。此更古人所不及計，而今漸為規畫者也。其他如明季慮睢水直射泗（洲）〔州〕，有妨陵寢，特築歸仁遥堤以捍之，使睢水北入于河也。今睢水已盡南入于淮，正可助淮敵黄，而歸仁一堤不甚扼要矣。又嘉靖間，於黄河北岸王家營東衝開草灣河，奪黄流十分之七，至赤晏復歸大河。是時，清江浦喜河北徙，恃以為安。當事者或議塞，或議因之而濬，紛紛不一。今已全淤，濬塞均不可議矣。此皆因

〔一〕『剥』當作『壩』。據《河防述言》『此不特遏黄之壩永不必築，即廣濟一閘似不可用，而南北往来之舟楫，無復再事盤壩矣』改。

〔二〕『某』當作『登』。《河防述言》載：『夫高堰為全淮保障，自漢末陳登創建，至明初陳瑄大葺，潘公又加築焉，迄今為兩河闗鍵。』據改。

〔三〕『椿』當作『橋』。據上文『但堰之迤南周橋一帶，潘公不加築脩，其意慮淮水大漲時，藉以洩瀉』改。

〔四〕『按』當作『接』。上文『今若不得周橋一帶接建堰堤，則清水潭之决口終難以塞』。光緒十二年（一八八六年）思補樓重校本《清經世文編》卷九八《工政四・河防述言》載：『潘公留越城周橋之餘地，以洩淮漲。孰知流弊，致清水潭之害。今接築之，以補其缺略，仍置減壩以神明其宣洩之意。』據改。

〔五〕『經』下有『然』字。《河防述言》載：『明萬曆時，北運河猶出古洪口，屢塞屢改，百餘年中，運口十改，迨東移至皁河口。雖吕梁洪諸險皆已不經，然倒灌猶或不免。』據補。

〔六〕『内』後脱『間』字。據《河防述言》『潢已於九里岡一帶黄河北岸之内，間開運料小河』補。

革之大凡也。

要之，水性本動，而黄為尤甚，變更遷徙，原是無常，固難刻畫古人成跡而治之也。惟是可信者，理；可守者，法。有事則順理以調劑之，俾弭其害；無事則守法以謹防之，俾安其常。一日如〔是〕〔一〕，千百年亦如是。即河有因革，而理與法安有因革哉？」

善守第十

靳大司馬曰：『河之為患，終古不息，豈遂無一勞永逸之策乎？』

陳子曰：『宇宙間萬事萬物皆有變更，固不獨河為然也。試觀城郭、宮室，有數千百年不傾圮者耶？即如常人廬舍，猶須歲為葺治，若不及時綢繆，飄搖風雨所不免也。凡此静業尚不能不敝，况水属動者乎？水而依山，或不挾沙，猶不速變。若黄自中州而東，容納既多，流於平曠之境，又挾沙以行，欲其不變，安可得乎？故一勞永逸之説，治他水或可言，而獨難言於治黄也。雖然，黄之不能常治，究人治之，不能有恒耳。盖致害之端，無不兆於九微〔二〕，而成于怠急也。是以嚼火不息，至於燎舌；蟻穴不塞，至于沉竈。其所由来者亦甚微矣。防河者果能察機遠慮，杜漸防微，一人之理，千百人其一心以行之，千百年遵其法以守之。少有沖（決）〔刷〕〔三〕，即捲埽以護之；少有滲漏，即速築以阻之；少有淤墊，即束波以滌之；少有泛濫，即量減以洩之。時時防閑，在在檢飭，自可消大患而為小患，弭小患而為無患，欲（其）〔期〕久安（無）〔四〕長治也。何有無如人事之不能有恒，乃勢使然也。或始勤終怠，或顧此失彼，或遷官罷去，或疾病死亡，（有）〔自〕〔五〕一官而論，已不能必其有恒矣。再〔者〕〔六〕，人懷異心，各主異論，或勤惰不同，〔或〕〔七〕公私各別，或（冒）〔習〕〔八〕安而忘危，或喜新而厭舊。種種無恒，河患隨作。則自衆人而論，更不能必其有恒矣。人且無恒心，而欲河之有恒也，不綦難哉？惟得公忠大臣深明河務者，朝廷信任不疑，俾之久於其職，督率屬員，惟懷永圖。再簡賢能

〔一〕『如』下有『是』字。據下文『千百年亦如是』補。

〔二〕《河防述言》作『無不兆於幾微』，文義亦通。

〔三〕『決』當作『刷』。據《河防述言》『少有衝刷，即捲埽以護之；少有滲漏，即退築以阻之』改。

〔四〕『其』當作『期』，『無』字衍。《河防述言》載：『時時防閑，在在檢飭，自可消大患為小患，弭小患為無患，欲期久安長治也。』據改。

〔五〕『有』當作『自』。據下文『則自衆人而論』与《河防述言》『自一官而論已不能必其有恒矣』改。

〔六〕『再』下有『者』字。據《河防述言》『再者，人懷殊心，各立異論』補。

〔七〕『公』前有『或』字。據《河防述言》『或勤惰不同，或公私各別，或習安而忘危，或喜新而厭舊』補。

〔八〕『冒』當作『習』。據《河防述言》『或勤惰不同，或公私各別，或習安而忘危，或喜新而厭舊』改。

副其官，講習有素，（即）〔一如〕[一]欽天監、太醫院之員，皆專習其事，自必熟諳其理。庶幾陳、畢繼治而協心，蕭、曹相承而寧一。將奠定之功克守一年，即可弭患于一年。克守十年、百年，即可弭患其年矣。獨是守之要，不特遵其成法，又必通其神明，故不輕更張，而為守者，更有隨時變通，此又顧為守者其人之何如耳。嗟，嗟！天之生才，而或未必用，即用而或有間阻，又或不盡其才，此其間則有天焉！若曰人事既已克修，而天意尚有難必，是為流俗之言，而非深明治河之理者也。』

雜志第十一

靳公莅河，于時黃水決者數處，而楊家莊之患為尤大。河溜盡歸決口，北流入海。正河淤淺，漕不能達，宿遷以東北岸民田，皆成巨津。陳子不為淺近補救之計，不即塞決口，先（道）〔導〕南〔岸〕淮（口）〔水〕從清口暢流，以滌下流入海之淤淺，使故道（巳）〔以〕[二]疎。然後溯決口之上游，從南岸開鑿引河，引流入於故道。既得疎通，河水已半歸故道，於是決口水勢稍殺，隨即捲備巨埽塞決。是時，一埽之大如陵阜，約值千金，數百人挽之以填諸決。而決口河流奔湧，尚且掣埽漂去。有作埽之良工立埽〔上〕[三]，隨之没於河，人皆股栗，幾束手無策矣。陳子復酌多開引河以分水勢，水趨于故道，斯決口之流大緩矣，漸可築塞。然後將及合時，一夕水漲，復報潰開，官吏、工役莫不相顧失色，以為此工必不可成也。惟陳子鎮之以静，徐曰：『偶值水漲耳！俟水少退仍塞〔之〕[四]，必可合。』後竟如其言。若非陳子之明諒定力，欲決之塞也，難矣！

黃流之倒灌北運口，其害也非一日矣。明時，〔漕艘〕[五]歷吕梁，抵徐州，進鎮口閘。北運每年黃漲時，即逆流進閘，輒至淤塞。因立法，俟漕〔船〕[六]進口，即閉閘禁行止，至深秋水退，方為啟閘放回空之船。然而，撈濬之工究不能免。迨漸改而東，至皂（門）〔河〕[七]口進北運河，雖脱吕梁諸險，然濁流倒灌猶未免也。靳公甫督河，駱馬

[一]『即』當作『一如』。《河防述言》載：『一如欽天監、大醫院之員，皆專習其事，自必諳熟其理。』據改。

[二]『道』當作『導』，『南』後缺『岸』，『口』當作『水』，『巳』當作『以』。《河防述言》載：『陳子不為淺近補救之計，不即築塞決口，先導南岸淮水從清口暢流，以滌下流入海之淤淺，使故道以疏。』據改。

[三]『上』字漫漶。據《河防述言》『而決口之河流奔湧，尚且掣埽漂去。有作埽之良工立埽上，隨之没於河。人皆股栗，束手無策矣』補。

[四]『塞』下有『之』字。《河防述言》載：『陳子鎮之以静，徐曰：「偶值水漲耳！俟水稍退仍塞之，必可合。」』據補。

[五]『時』後有『漕艘』二字。《河防述言》載：『明時，漕艘歷吕梁，抵徐州，進鎮口閘北運。』據補。

[六]『漕』下有『船』字。《河防述言》載：『因立法，俟漕船進口，即閉閘禁行，至秋深水退，方為啟閘放回空之船。』據補。

[七]『門』當作『河』。據前文『皂河』改。

湖口已經淤斷，漕運無由北達，危急異常。陳子即相度水勢，建議創挑皂河二十里，復挑支河三十里，由張莊運口北上，於是黄流北灌之患方息。其故何哉？蓋以運口愈東，則地勢愈下，北水從上注下，以順入于河，而黄水不能自上而下以逆入於清也。況至張莊運口，又北接駱馬湖之水，合流入河，而力更足以敵黄。即少為更定，除數百年倒灌之患。非深得水之性情，其孰能之？

南運河口自明季以来，漕船俱出甘羅城〔口〕〔一〕之天妃閘。初時，閘口逼近黄河之水，濁流便易倒灌，〔比〕〔二〕北運口之倒灌為尤甚。淮安一帶，運河遂至淤墊，每年冬季必興大工挑濬，方可濟運也。且黄水既倒灌入於運河，則黄水不能暢出清口，以至高堰水勢日增，（不）〔下河〕被淹，為〔害〕〔三〕甚大。陳子建議改進太平壩，迂其途以避黄水内灌。或黄強淮弱之年，間有倒灌，黄水勢退，清水暢流，將淤泥衝刷，仍不致墊淺，漕運河可無阻滯。一轉移間，歲省民力財用無筭。上濟漕運，且保高堰之危，杜下河淹没之源，其在無聲無形之中也。

清水潭者，在高郵之北，運道之所必由者也。淮水東潰，將堤防盡決，數十里略無畔岸，湍波衝激，旋為深淵，故曰潭也。初時，漕船經此輒被漂泊，運道中阻，勢在必脩。然塞之必隨水而瀉，屢脩屢潰，茫無津涯。估工者計費百萬，訖無效也。靳公既督河道，在所必理。陳子周視形勢，遂估計其費，以為十萬可塞也。監司以下皆不願任其事，謂前估五十餘萬，今估十萬，費省十之八，烏能冀其有成哉？於是陳子躬自治之。陳子知清水潭之患，由於高堰迤南潘印川留越城一帶未築，留洩淮漲及洩瀉，日久成河九道，其流不可遏，由高郵（河）〔湖〕〔四〕直冲而東，遂成清水潭之患也。陳子先將越城一帶接高堰而築之，既（張黄）〔障淮〕〔五〕水北行，盡出清口以敵黄，而清潭上游之勢頓緩，水便減退，即易為功矣。陳子又計潭之中最深，若必欲徑直築堤，潭深未易填也。乃環潭而築，稍迂其道，就其淺處施工，而其勢又易矣。且他人視此工甚險，謂必以竹簍載石下之，或謂以舟載石沉之，紛紛妄議。陳

〔一〕『城』下有『口』字。據《河防述言》『南運河口（日）〔自〕明季以來，漕船俱出甘羅城口之天妃閘』補。

〔二〕『灌』下有『比』字。《河防述言》載：『南運河口（日）〔自〕明季以來，漕船俱出甘羅城口之天妃閘。初時，閘口逼近黄河，河水□流便易倒灌，比北運口之倒灌為尤甚。』據補。

〔三〕『不』當作『下河』二字。『為』下有『害』字。據《河防述言》『且黄水既倒灌運河，則淮水不能暢出清口，以致高堰水勢日增，下河被淹，為害甚大』改。

〔四〕『河』當作『湖』。據《河防述言》『陳子知清水潭之致患也，由於高堰迆南潘印川留越城一帶未築，以洩淮漲，及洩瀉日久，成河九道。其流不可遏，由高郵湖直衝而東，遂成清水潭之患』改。

〔五〕『張黄』當作『障淮』。據《河防述言》『陳子先將越城一帶接高家堰而築之，既障淮水北行，盡出清口以敵黄，而清水潭上游之勢頓緩，水便減退，即易為功矣』改。

子以謂制水者，土也，止須土築。乃就近岸淺處漸次運土，築兩堤於水中。約築半里許，兩頭壩住，將水戽乾，即於兩堤之中挖土，接堤再築，不特取土不遠，而河且深矣。又築半里許，其壩戽水挖土，接堤一如前法。漸築漸挖，而清水潭數千里之間，竟成長堤兩道，（運）〔糧艘〕[一]行乎其間，永無漂溺之患，故今謂之無事焉，亦神乎其技者矣！後之治水，誠不可不奉為章程，而會其意者也。

北運口河改至張庄，難免倒灌之患。然漕船自淮出清口，溯流而上，尚有一百八十里之遥。重載逆水固屬難行，而黃水之湍急，於徐州之東為更甚。每船過黃，增僱短縴必須二十餘人，而日行尚不過二三十里。若遇暴風水漲，不無有漂泊之虞。淺洲淤沙，更有起駁之累。故漕之過黃，多費而且懷憂，良以大阨也。陳子因修建遥堤，乃於宿遷以下如七里溝、土渡口諸處，取土建堤，即間開運料小河。因而規度於黃河北岸之內，另疏一渠瀉北運河之水，從攔馬〔河〕[二]起，至仲家莊止，凡一百八十里。就運料小河連而濬之，擴而深之，所費頗節，而中河之運道成矣。使漕船出清口，止於黃河，行二十餘里，過清河縣即〔進〕[三]仲家莊閘，悉由平水以北運，永免黃河風波之險，且省捧〔纜〕[四]之勞，又可速於償程，不悮漕限。運丁之感頌懽呼，至今口碑載道。嗣後每年漕運，從無少阻。至于民船北上，因離黃河止二十来里，小舠葉舟皆直達於通州，裨國便民，非可言殫。洵哉！中河之（避）〔辟〕，百世之利也。

凡此疏築大工，皆以靳大司馬言聽計從，即為建白，更仰賴朝廷聖明，乾斷允行，方俾膚功克奏。然陳子皆智紆籌澹，弭灾興利，其經世之學，誠有不可泯没者也。

漕運通清江浦，必由新庄閘出太平閘。而新庄之南另疏一渠，由七里閘亦可出太平閘，每年大抵由新莊閘者居多。其設七里閘者，以備新庄閘之弊，或欲修造，則由七里閘也。其年，正議修新庄閘，遂由七里〔閘〕。淮水暴漲，漕船逆上七里閘甚難，一日止過三船。漕院羽檄来相催促，為河政之悮漕也。奈漕口水勢甚急切，不能飛渡，靳大司馬有憂色。陳子曰：『是不難也，當夕下片紙，諭有司於七里閘之上游鑿數涵洞，引水出於閘之下。』不日涵洞成，閘口水頓平，日夜漕船過數十號矣。

[一]『運』當作『糧艘』。據《河防述言》『而清水潭數十里之間，竟成長堤二道，糧艘行乎其間，永無漂漲之患』改。

[二]『馬』下有『河』字。據《河防述言》『因而規度，於黃河北岸之內，另疏一渠瀉北運河之水，從攔馬河至仲家莊，一百八十里』補。

[三]『即』下有『進』字。據《河防述言》『使漕船出清口，止於黃河，行二十里許，過清河縣即進仲家莊閘，悉由平流以北運』補。

[四]『纜』字漫漶。據文義補。

留埜張氏目擊其事，驚嘆不已，因問曰：『何以鑿涵洞而平矣？』陳子曰：『閘上鑿洞，則水洩而勢緩。閘下得涵洞之水，則水長而勢平，豈尚慮閘口湍急難過哉？』

留野曰：『噫，此真得水性情者也！而子之筭亦神矣！』

淮郡之東〔真〕武（朝）〔廟〕[一]者，黃流所經之地也。一日，報決真武廟。此乃舊決口，今復潰開，靳公不覺失驚。陳子曰：『無慮也，請往視之。』及相視而歸，（共）〔公〕[二]問其害若何，以必需急塞也。陳子曰：『不可塞，不數日後自塞耳。』人有异其言，尚疑信半參也。無幾，果報決口之水退出，其潰處已塞矣。

留埜張氏更為驚嘆，復問其故。陳子曰：『人以為此為舊決耳，水從未決而上流者。若欲由真武庙決而下行，地多陵阜，水去必不能暢其性，勢必返，仍歸於河。況黃水挾沙，決而不能暢流，其沙停墊於所決之處，行即自塞矣，無待人力也。』是時，淮民不知陳子不塞之故，但聞其言曰『決將自塞』。未幾，其言果驗，民遂有河伯降生之謡也。

以上二條雖無闗（於）〔乎〕[三]大工，然陳子之論，深得水之性情，可以為後世法。特附誌之，亦舉一隅之意云爾。

辯惑第十二

留埜張氏問於陳子曰：『近来河防致患之由，大率黃水倒灌，入於淮也。淮既不得入清口，勢必東溢，盡淹高、寶諸州縣。黃水分洩入南運河，則出海之勢自弱。於是沙停水滯，而上流（方）〔旁〕[四]決之患遂作矣。此患之不消，而費以不資也。以愚計之，莫若竟塞清口，使黃流直注於海。再將淮水順其性而南入于江，以應孟子「排淮、泗而注之江」一語。俾黃、淮分流，則永無倒灌，而諸患之源可弭矣。惟是漕船北運，必由清口以出，豈可竟塞乎？不知國帑之費於河工亦多矣！愚意漕船竟造南北兩班，南班之船運至於淮，即由六壩交盤北班。北班另造小

[一]『東』後脱『真』，『朝』當作『廟』。據下文『一日，報河決真武廟，此乃舊決口，今復潰開』和《河防述言》『淮郡之東真武廟者，黃流所經之處也』補、改。

[二]『共』當作『公』。據上文『靳公不覺失驚』改。

[三]『於』當作『乎』。據《河防述言》『以上二條，雖無關乎大工，然陳子之論，深得水之性情，可以為後世法』改。

[四]『方』當作『旁』。據《河防述言》『黃水分洩入南運河，則出海之勢自弱，於是沙停水滯，而上流旁決之患遂作矣』改。

様之船，於黄河受載，（車）〔運〕〔一〕送通州，省每歲河工之費，以為增造漕船及二班分運之需，亦不甚遠。而淮、泗水（運）〔二〕患可息，民得安土而居，豈非濟灾之一策乎？』

陳子曰：『子能通計黄、淮形勢及漕船大略，而發為此端，亦見子留心經世之學，特未知近代黄、淮亦曾分流矣。元時運道，漕船由江入淮，由淮順流出庙灣口，從海道北運，是淮原未嘗與黄合流入海，而元時河患仍未息也。明時平江伯陳瑄始增修高堰，開清口導淮入黄，漕船溯黄流，浮汶、衛諸水而北上。是時，防閑得其道，不獨河無汎溢，而漕亦克濟。是元分淮、黄而患仍作，明合淮、黄而功已奏。由此觀之，水患之不息，豈僅因淮、黄之相通哉？黄、（淮）〔水〕〔三〕自中州而来，至彭城以下，河流愈濁。及將入于海，又日有兩潮逆其流。若無清淮從而滌之，則海口尤易於淤。平江伯引淮入河，同趨於海，正欲滌海〔口〕〔四〕之於淤也。譬人食稠糜，必易於哽咽。若漱以清茗，有不利喉而即下者乎？』

留埜曰：『余竊以為，分淮、黄而導之，乃順其性耳。元時分流而患不息，或别有故。今聞子言，方知黄之入海有藉於淮。余之議姑存之，以備參考可耶。』

下河議興，靳大司馬疏請築長堤二道，障各減壩之水直達於海。議者譁然，以為築堤於地面，架水而行，非水由地中之意耳。且河形既高，則田反在其下，被淹之田瀦積之波，安能歸於堤内，以洩入於海耶？聞其説者，皆不能無疑長堤之策也。

留埜張氏聞其説，而問難於陳子。陳子曰：『子亦知下河之何以議開乎？夫下河高、寶、興、泰七州縣之被淹也，非淹於雨澤之過多，實淹於運河溢出之水也。夫溢出之水由高堰而来，白馬、氾光諸（河）〔湖〕〔五〕不能容，運河不能洩，乃溢注於下河，源〔源〕〔六〕不窮也。若無一渠以達之海，則日積於七州縣之區矣。此七州縣之所以被淹，下河之所以議開也。若止兩澤淫潦而欲洩之，則（源）〔原〕有庙石䃎、串塲、茫稻諸河且在，又安用别治一渠哉？今人不明開下河之故，而漫然為局外之論，是以有堤高於地之惑也。須知七州縣之地，其形如釜，西近運河，地勢因西高而東下。東近海濱，又東高而西下。此范公

〔一〕『車』當作『運』。據《河防述言》『北班另造小様之船，於黄河受載，運送通州』改。

〔二〕『運』字衍。據《河防述言》『而淮、泗水患可息，民得安居』删。

〔三〕『淮』當作『水』。據《河防述言》『況黄水自中州而來，至彭城以下，河流愈濁』改。

〔四〕『海』後有『口』字。據上文『若無清淮從而滌之，則海口尤易於淤』補。

〔五〕『河』當作『湖』。據《中国历史地圖集》和《河防述言》『夫溢出之水由高堰而來，白馬、氾光諸湖不能容』改。

〔六〕『源』後脱『源』。據《河防述言》『乃溢注於下河，源源不窮也』改。

堤以障海〔湖〕〔潮〕〔一〕，為百世之利也。倘鑿渠以東通海，不特減壩之水不能逆上而出，將海潮且溢而入矣。今再四籌畫，不得不於淮郡之南，高郵之北，築長堤以護減下之水向東北就下而行，由朦朧港以趨歸於海也。果將減壩〔原原〕〔源源〕之水送之入〔流〕〔海〕〔二〕，而田中之瀦皆屬無源，不難日就涸竭也。彼謂田水反不能入渠為疑，試問開下河為洩田中之水乎？抑謂洩減壩之水而疎渠也，又何疑田水之難洩哉？』

陳子既定開浚中河之〔後〕〔計〕〔三〕，人盡知濬成之利，而僅慮創鑿之難耳。惟竹岡周氏以為黃流與中河密邇相隔，黃之泛濫莫測，或決入於中河，恐致合為一渠，終非可久之策，問難於陳子。陳子曰：『子之慮誠遠矣！然而河防之計，其可信以垂久者，惟有謹守之一法也。倘疎於防範，即相越數千百里，而患將及之。若勤於守禦，雖止隔一縷之堤，而可以持永久。如清江浦運河與黃止隔數武耳，而幾百年来稳保無虞，民居列市於堤上，前門臨運河，後户逼黃水，尚處之泰然。是未可以兩河相近為疑也。』

靳大司馬奏章

靳大司馬奏為義友竭忠王事，盡瘁捐軀，〔愚〕〔微〕臣〔死生〕〔生死難安〕〔四〕，仰籲聖慈推恩分卹，以慰幽魂，以勵草野愚忠事。

〔竊〕〔五〕臣一介寒微，歷蒙皇上天恩拔擢，於康熙十年，由學士陞授安徽巡撫。大凡外官自州縣以上，有刑名、錢穀之責者，必以聘士協同料理，名曰幕賓。臣於是時留心訪求，未得其人。適有浙江錢塘縣儒士陳潢者，游學京師，偶與臣遇見，其狀貌魁梧，器〔守〕〔宇〕凝重，〔舉〕

〔一〕『湖』當作『潮』。下文『倘鑿渠以東通海，不特減壩之水不能逆上而出，將海潮且溢而入矣』。《河防述言》亦作『此范公堤以障海潮』。據改。

〔二〕『原原』當作『源源』。『流』當作『海』。上文『今再四籌畫，不得不於淮郡之南，高郵之北，築長堤以護減下之水，向東北就下而行，由朦朧港以趨歸於海也。』《河防述言》載：『果將減壩源源之水送入於海，而田中所瀦皆屬無源，不難日就涸竭也。』據改。

〔三〕『後』當作『計』。據《河防述言》『陳子既定開濬中河之計，人盡知濬成之利，而僅慮創鑿之難』改。

〔四〕『愚』當作『微』，『死生』當作『生死難安』。清文淵閣四庫全書本靳輔《文襄奏疏》卷八《治河題稾・義友竭忠疏》：『奏為義友竭忠王事，盡瘁捐軀，微臣生死難安，仰籲聖慈推恩分卹，以慰幽魂以勵草野愚忠事。』據改。

〔五〕段首有『竊』字。據清咸豐刻本《篷窗隨録》卷三《義友竭忠疏》『竊臣一介寒微，歷蒙皇上天恩拔擢，於康熙十年由學士陞授安徽巡撫』補。

〔動〕〔一〕止語默，咸秉以禮。臣遂聘以同行，併令教臣子焉，然臣亦未之奇也。徐而察其學問，似排章句；探其言語之論，悉本性情。臣亦未之信也。乃自抵皖署後，臣與之寢食為俱，朝夕討論政事，始知其識見明敏而深厚，其才肆應而曲當，臣不禁愛之重之矣。臣撫皖六年，適當軍興之際，陳潢之裨益實多。然此六年之中，猶為臣一人之私藉，而非有所宣力國家也。

迨康熙十六年三月，臣復蒙皇上天恩，陞任總河。當兩河敝壞之後，前覆轍頻仍，聞者心驚，見者胆落，無不以畏途視之。雖報効有心，而施設無術，亦豈能無憂惶悚懼之念？潢即毅然告臣曰：『遺大投艱，豈能無懼，但能實心力行，則天下無不可為之事，正可藉此以報君恩。即潢草茅下士，素有志於當世之務，而未獲進身，無由建白，亦可以相佐以報朝廷，以畢素志。』臣於時一聞潢語，瞿然自驚，隨應之曰：『子能助我宣力王事以報君恩，亦何敢再蒙身家之慮哉？』於是矢志同心，黽勉協力，出則随臣荒度經營，入則偕臣料理文告。凡所以算土方，核浮冒，科料物，圖節省之處，纖毫無遺。如是不避寒暑，無分晝夜，與大工為始終者，十年有如一日。故臣得以時遵聖略，竭蹶從事，俾兩河復歸故道，潢與有功焉。偶蒙皇上命臣治河，臣復以禮聘潢與之同事。是潢之盡心於臣，猶臣之盡心於皇上也。臣職友誼之所當然耳！臣亦何敢將陳潢妄瀆天聽。特是大工之内，如開河築堤，募夫辦料，設法催儹，釐奸剔弊，鼓舞人才，不避勞怨，不畏强梁，臣之力所能〔為〕〔二〕，心之所能盡者，陳潢不過助臣盡瘁而已，原無足異者。若〔其〕〔夫〕發前人心思之所未〔聞〕〔開〕〔三〕，微臣智慮之所不能者，則有五大功焉：

一、如下河七州縣從前被淹，人但知高家堰衝〔去〕決三十〔六〕〔四〕〔四〕口，因而不能堵塞清水潭之故，而不知前人尚留翟家壩〔二〕〔三〕十餘里，與成河九道之處，以〔往〕〔致〕〔五〕滔滔下注，不捨晝夜，清水潭遂成澤國，清口内灌

〔一〕『守』當作『字』。『舉』當作『動』。靳輔《文襄奏疏》卷八《治河題藁・義友竭忠疏》：『臣見其狀貌魁梧，器宇凝重，動止語默，咸秉以禮。』據改。

〔二〕『能』下有『為』字。清文淵閣四庫全書本靳輔《文襄奏疏》卷八《治河題藁・義友竭忠疏》：『臣力之所能為，臣心之所能盡者，陳潢不過助臣盡瘁而已，原無足異。』據改。

〔三〕『其』當作『夫』，『聞』當作『開』。清文淵閣四庫全書本靳輔《文襄奏疏》卷八《治河題藁・義友竭忠疏》：『若夫發前人心思之所未及開，微臣智慮之所不能者。』據改。

〔四〕『去』字衍，『六』當作『四』。清文淵閣四庫全書本靳輔《文襄奏疏》卷八《治河題藁・義友竭忠疏》：『如下河七州縣從前被淹，人但知高家堰沖決三十四口，因而不能堵塞清水潭之故。』據改。

〔五〕『二』當作『三』。『往』當作『致』。清文淵閣四庫全書本靳輔《文襄奏疏》卷八《治河題藁・義友竭忠疏》：『而不知前人尚留翟家壩未堵三十餘里，與成河九道之處，以致滔滔下注，不捨晝夜，清水潭遂成澤國。』據改。

無休，而下河遂成巨津，被灾十分矣。潢乃建堤，盡行築堤塞河，以敵清口之黄。且創設減水壩，逐漸宣洩，以保高堰之堤工，始得減下河十分之灾為（一二）〔二三〕[一]也。

二、如清水潭旋塞旋決，未次勘估，須帑金五十餘萬。潢乃建議棄其舊口，移築堤工於湖内，改為永安河，節省帑金四十餘萬，乃得永免潰決而保安瀾也。

三、如前次甘羅城運口逼近，黄河之水内灌淤墊，山、清、高、寶之河道，每年冬底必起大工，民夫挑挖以濟新運，不無勞民傷財耳。潢乃建議改進太平壩，以避黄水内灌，黄退旋即冲刷仍舊，永無淤墊。迄今十餘年，免民夫挑挖之勞，歲省民〔財〕[二]數萬金也。

四、如康熙十七年冬，駱馬河運口已經淤斷，新運無由北達，危急非常。潢乃建議創皂河二十餘里，地皆沮洳陷溺，應期而成。且復挑支河三十里以避黄水，再無淤墊之患，使〔通〕[三]漕直達天庾也。

五、如聖德愛民一案，原題不過欲洩減壩之水以利民田。潢乃建議創挑中河，以避黄河一百八十里逆流之險。卹軍利漕，自歷代行運以來所未有之事也。

當其興〔舉以上各〕[四]工之時，無論寅寮，不分老幼，無不以為必不能成，且有涕泣以求臣之停止者。惟潢信之（真）〔確〕[五]，而臣任之力也，得蒙皇上乾斷，允臣興舉。且荷皇上如天之福，百川效靈，俱已成功，為國家永遠之利，實潢之聰明卓見（有）[六]以成之者。臣〔實〕[七]不敢昧

[一]「一二」當作「二三」。清文淵閣四庫全書本靳輔《文襄奏疏》卷八《治河題藁・義友竭忠疏》：「潢乃建議盡行築堤塞河，以敵清口之黄，且創設減水壩逐漸宣洩，以保高堰之堤工，始得減下河十分之災為二三也。」據改。

[二]「民」下有「財」字。清文淵閣四庫全書本靳輔《文襄奏疏》卷八《治河題藁・義友竭忠疏》：「潢乃建議改進太平壩，以避黄水内灌，即或黄强淮弱之年，間有内灌，黄退旋即冲刷，仍舊永不淤墊。迄今十有餘載，免民夫挑挖之勞，歲省民財數萬金也。」據改。

[三]「使」下脱「通」字。清文淵閣四庫全書本靳輔《文襄奏疏》卷八《治河題藁・義友竭忠疏》：「潢乃建議創挑皁河二十餘里，地皆沮洳陷溺，應期而成，且復挑支河三十里，以避黄水，再無淤墊之患。使通漕直達天庾也。」據改。

[四]「興」下脱「舉以上各」四字。清文淵閣四庫全書本靳輔《文襄奏疏》卷八《治河題藁・義友竭忠疏》載：「當其興舉以上各工之時，無論寅僚，不分老幼，無不以為必不能成，且有涕泣以求臣之停止者。」據補。

[五]「真」當作「確」。清文淵閣四庫全書本靳輔《文襄奏疏》卷八《治河題藁・義友竭忠疏》：「惟潢信之確，而臣任之力，得蒙皇上乾斷，允臣興舉。」據改。

[六]「有」字衍。清文淵閣四庫全書本靳輔《文襄奏疏》卷八《治河題藁・義友竭忠疏》：「俱已成功，為國家永遠之利。實潢之聰明卓見以成之者。」據改。

[七]「臣」後脱「實」字。清文淵閣四庫全書本靳輔《文襄奏疏》卷八《治河題藁・義友竭忠疏》：「俱已成功，為國家永遠之利，實潢之聰明卓見以成之者。臣實不敢昧心掠之歸己，以欺皇上，以欺天也。」據改。

心掠之歸己，以欺皇上，以欺天也。

臣知潢之才，感〔潢之心，念〕〔一〕潢之功，不得已，當聖駕甲子南巡時，蒙天問臣以有無得人，臣即以陳潢姓名對。嗣因命臣〔子〕〔二〕治豫，問臣以有別治之法。潢乃籌之晝夜，議添重堤一策，乃挽減壩所洩之水以出黃河。臣因試驗有素，〔足〕〔是〕〔三〕以據實具題。以此策出之陳潢，蒙皇上不次之恩，授以僉事道銜，賛理河務。潢深感激，方將盡竭其力以圖報効，不意因此議論紛起，部議革去職銜，而潢亦隨病入膏肓矣。後蒙聖恩洞鑒，察潢無他，特恩寬宥，而潢又隨即物故矣。

今臣復蒙皇上天恩任総河道，豈不以臣向者曾効犬馬之勞耶！但向者帮臣以効犬馬之勞者，陳潢也。是臣與潢乃同事一體之人，臣幸而生，遂得受皇恩，潢不幸而死，臣何忍負之？使潢尚在，臣尤願以百口保之於皇上之前，以備驅使，必有可觀。潢誠不幸而死，臣若避嫌隐忍，是生臣為負友之人。念臣衰病日甚，旦夕難保。若不及早陳情，一時風燭，永為負友之鬼，逢潢地下，何以相見乎？

臣今不揣冒昧，將臣友潢始末，與潢竭忠五事各緣由據實直陳，仰祈察臣情詞，憐潢勞績，特沛天恩，准復陳潢僉事道銜，以光泉壤。不獨潢之幽魂天報銜環，而微臣仰荷推恩及潢，亦且死得瞑目。將見天下〔草野〕〔四〕未達之士，當必有所觀感，興起而益奮發其他日報効之心矣。

臣謹具奏，貼黃難盡。伏祈皇上睿鑒全覽，憐憫施行，臣不勝激切悚惶，待命之至，伏候勑旨。

康熙三十一年十月□日奏。

奉旨：『該部議奏。欽此。』

整理人：趙長貴，河南大學副教授，歷史學博士，發表論文近二十篇，與人合著《河南旅游歷史文化》《南京歷代碑刻》等。

〔一〕『感』後脱『潢之心，念』。清文淵閣四庫全書本靳輔《文襄奏疏》卷八《治河題藁・義友竭忠疏》：『臣知潢之才，感潢之心，念潢之功，情不得已，當聖駕甲子南巡之時，蒙天語問臣以有無得人，臣即以陳潢姓名對上。』據改。

〔二〕『臣』下脱『子』字。清文淵閣四庫全書本靳輔《文襄奏疏》卷八《治河題藁・義友竭忠疏》：『嗣因皇上聖慈，必欲使下河無一夫之不獲，命臣子治豫，問臣以有無別治之法。』據改。

〔三〕『足』當作『是』。清文淵閣四庫全書本靳輔《文襄奏疏》卷八《治河題藁・義友竭忠疏》：『潢乃籌之晝夜，議添重堤一策，仍輓減壩所洩之水以出黃河。臣因試驗有素，是以據實具題。』據改。

〔四〕『下』後脱『草野』二字。清文淵閣四庫全書本靳輔《文襄奏疏》卷八《治河題藁・義友竭忠疏》：『微臣仰荷推恩及潢，亦且死得瞑目。將見天下草野未達之士，當必有所觀感，興起而益奮其他日報効之心矣。』據補。

黄河考

〔清〕汪武曹　撰

祁琛雲　整理

整理説明

明清時期由于河患頻發，時人多究心于對歷代河患及治理史實的探究，多部研究黄河變遷史的著作在這一時期問世。據不完全統計，其中以《黄河考》命題的就有三部之多，分别爲明人張複、清人汪武曹及崔熙春所著。

本《黄河考》又名《汪氏黄河考》，由汪武曹所撰著。汪武曹，名份，字武曹，以字行于世。史載汪武曹爲江蘇長洲人（今江蘇蘇州），生于清順治十二年（公元一六五五年），卒于康熙六十年（公元一七二一年），享年六十七歲。汪武曹于康熙四十三年（公元一七〇四年）考取進士，仕至翰林院編修。武曹雖入仕甚晚且地位不顯，却與當世聞人如桐城派領袖戴名世、方苞，康熙時名臣徐乾學、翁叔元等多有交際。汪武曹著述頗豐，除《黄河考》外，尚有《河防考》及《遄喜齊集》傳世，他還曾增定《增補四書人物聚考》一書。關于汪武曹的事迹，可參見《清史列傳》、方苞撰寫的《汪武曹墓表》及戴名世的《〈汪武曹稿〉序》等。

《汪氏黄河考》是一部系統考證黄河源流變遷的著作，共一卷，四萬餘言。本次整理以國家圖書館館藏《青照堂叢書》本爲底本。該著内容龐雜、時間跨度長，上自傳説時代的大禹治河，下迄作者生活的清前期，以這數千年間黄河發生的五次河道大變遷爲主綫，旁徵博引，詳細考辨。作者對不同時期黄河遷道與分流、河患及治理等加以系統梳理，對黄河的發源地與入海口，對禹河故道的遷徙湮塞，對黄河、淮河及運河的關係，對沿黄流域的地形地貌、地名方域、城池村落等精加考證。尤其著力于探究漢代以來黄河河道遷移及其原因、河患及其影響、河工及其效果、黄河對明清以來漕運的影響等方面。《黄河考》的作者有强烈的資鑒意識與淑世情懷，其對數千年來黄河變遷及治黄經驗的梳理與總結，不僅在于探究黄河的歷史，更在于爲當世治理河患提供某些借鑒，這正是該書的價值所在。另外，該書對沿黄地區山川地貌、河流水域、文物古迹等的記述與考辨，對今人研究黄河流域歷史地理有重要的參考價值。而作爲一部全面呈現黄河歷史的專著，是我們探究黄河文明起源與發展、沿黄流域社會變遷與持續發展的重要參考資料。總之，無論在當時，還是在當代，《汪氏黄河考》都是一部值得關注的重要歷史文獻。

受時代的局限，作者將康熙時治河成功的原因歸于最高統治者的英明神武，稱其『經營措注，通於神明，直與禹功並垂』，這抹殺了廣大人民群衆在治河中的作用與貢獻。另外，該書中存在一些明顯的錯誤，如將『滎陽』誤作『榮陽』，將宋光宗『紹熙五年』誤書爲『紹興五年』等。類似這様的錯誤，本次整理中一一做了校正。

本書由祁琛雲點校，田志光、蔣超、毛振培審稿。不當之處請批評指正。

整理者

目録

黃河考

大河自禹迹而後凡五大變，而如西漢之河，則其先已經改移，未可謂爲禹時舊迹。蓋自《河渠書》盛稱：宣房之役，塞瓠子決，河復禹舊迹。《封禪書》亦云，讀者不復致疑。及考其實，乃與《禹貢》大伾以北河流殊不相合。瓠子在今開州，漢武塞其決口，導河北行，復歸當時未決以前故道，此其去今濬縣大伾山西之禹迹蓋百里而遥矣。西漢時能心知其故而明言之者，獨大司空掾王横，横之言曰：『禹之行河〔水〕〔一〕，本隨西山下東北去。《周譜》云：「定王五年河徙。則今所行，非禹之所穿也。」「宜更開空（地），使缘西山，足乘高地，东北入海。」』横言如此，其識雖史遷弗如。横之前賈讓請決黎陽遮害亭，放河使北入海，西薄大山，東薄金隄，以遵古聖之法。計讓固已知當時河自黎陽東去之非古法，而曾不能如横之明言河徙何也。横之後班固既載横言於《溝洫志》。《敘傳》又稱：『惟河爲囏，商竭，周移。』其《地理志》『魏郡鄴縣』下注云：『故大河在東北入海。』又能實指出河隨西山下東北，去之路在於鄴東。其於『鉅鹿』下則注云：『《禹貢》大陸澤在北。』於『元氏』下則注云：『沮水東至堂陽入黃河。』於『真定國緜曼縣』則注云：『斯洨水首受大白渠，東至鄡入河。』又可就此尋求而知鄴東故大河下流在於鉅鹿、在於堂陽、在於鄡。夫阜城以北西漢現有河流，禹迹未改，考驗可知。而鄴東之有河，鉅鹿之有河，堂陽、鄡之有河，實由班《志》發之。故禹迹久湮而得不致終晦者，王横、班固二人力也。

黎陽者，今濬縣也。遮害亭在濬縣西南五十里。鄴縣者，今臨漳也。堂陽者，今新河也。鄡在西漢爲縣，今束鹿也。蓋大河自華陰而東，乃冀州南河之始。其東過洛汭以後，又東至黎陽，西南歷遮害亭，抵宿胥口，斯冀州南河之極東矣。大河至此則折而北行，爲冀州東河之始。東河者，古冀域之東界也。大伾山在河東岸，所謂黎陽東山者也。大伾一曰青壇，其曰紫金、鳳凰、浮邱者，皆其枝峰也。同人、白祀、枉人三山在河西岸，俗號上陽三山，則所謂西山者，即其山也。杜佑謂西山爲太行、恒山，非也。太行在輝縣、林縣，西去濬縣二百里、臨漳一百五十里。恒山在曲陽縣，西北距鉅鹿四百里，至濬縣則八百里，大河安得隨二山之足東北去也？程大昌謂禹河自澶、相以北皆行西山之麓，又謂古河在貝、冀皆穿西山踵趾以行，亦非也。言澶而不言濬。唐澶州治爲今清豐縣，宋澶州

〔一〕據《漢書》卷二九《溝洫志》補。

治爲今開州，皆非禹河所經。貝爲今清河縣，亦非禹河所經。貝、冀界中，求所謂西山踵趾，無有也。

宿胥口在遮害亭東，直西山南。蘇代謂決宿胥之口，魏無虚頓(邱)〔丘〕[一]，而此口卒爲後世決河，難端所從發云。《河渠書》謂禹導河至大伾，廝爲二渠。所謂二渠者，其一爲漯川，自大伾之南而東北流入海於千乘。千乘者，今高苑也。其一爲大河經流，則冀州東河之來自宿胥口者也，酈道元謂之宿胥故瀆。濬縣舊志：故瀆在縣西十里，亦曰西河。李垂謂之西河故瀆，則班《志》鄴東故大河之上流也。蓋以其在冀州東而曰東河，以其既有大伾山南改流東去之河而曰西河。西河云者，所以别於東徙之河也。

賈讓謂淇水口金隄高一丈，其東地稍下，隄稍高，至遮害亭高四五丈，則遮害亭之地卑於淇水口遠甚，而自遮害亭至於大伾以東又可知也。洪水之時，河從大伾山南東出，或決而北，或決而南，如後世決河之汎濫於兖、豫、青、徐、揚之域，《河渠書》所謂行平地數爲敗者也。讓又謂河水盛時，從遮害亭隄上望北，河高出民屋，百姓皆走上山。因欲決其隄，放河使北入海，則遮害亭以北地形之卑下又可知矣。蓋濬縣之地，西則高於東也，南則高於北也。故禹廝河爲二渠：自大伾山北去者爲大河經流，而自大伾山東去者爲支流漯川。漯受水不多，雖行平地不爲敗也。

鄴東故大河上流既折而北行，凡行二百里，西岸爲湯陰、安陽、臨漳，東岸則内黄、魏縣，此之謂故大河之在鄴東者矣。後漢《郡國志》亦云『鄴有故大河』，蓋又祖述班《志》此説，而鄴東故大河之名遂顯白於後。《史記索隱》因謂『河在鄴東，故名鄴爲河内』。《玉海》因謂《地志》魏郡鄴縣有故大河，在東北，直達於海，疑即禹之故河。故禹迹之不致終晦，實由於此矣。

鄴東故大河其下流自此北行，西岸爲肥鄉、曲周，而漳水入之，其東岸爲邱縣之平恩故城。

漳水者，清、濁二漳也。濁漳出長子，清漳出樂平，至(陟)〔涉〕縣而二漳合流，曰交漳口。自交漳口歷臨漳、成安、肥鄉、曲周而入大河。説者謂降水，即濁漳也。降亦作絳，漳、絳得通稱也。是爲北過降水也。自北過降水而漳水，即河水矣。及禹河既徙而漳水循其道北行，故《水經》所敘，漳水自平恩以下皆禹河故道也。

鄴東故大河下流自此又北行，其東岸則廣宗，西岸則平鄉、鉅鹿，大陸澤在焉。所謂『至於大陸』者也。按：濬縣西南直汲縣北有古朝歌城，本殷墟。《貨殖傳》曰：『殷人都河内。』《漢志》曰：『河内，本殷之舊都。』張守節曰：『河從龍門南至華陰，東至衛州，東北入海，曲繞冀州，故言河内。』而《衛世家》稱：『封康叔爲衛君，居河、淇間，故商墟。』顔師古謂爲汲郡，朝歌地。衛之《詩》曰

[一] 此句不通，疑有脱衍。『邱』當作『丘』，據《吕氏春秋集解》卷二一改，以下徑改。

『瞻彼淇澳』，曰『河水洋洋，北流活活』，曰『在彼中河』。淇水逕殷墟之西，河水逕殷墟之東，命曰『河、淇之間』。是故王豹處於淇，而河西善謳。趙岐註曰：『衛地濵於淇水，在北流河之西』。是則禹河在濬西、汲東之明證矣。

自鄴東故大河之説倡於班《志》，後世宗之。而《通典》鄴隸相州，殷王河，亶甲所居，蓋其後因圮而遷。河水所毁曰圮。而西門豹之爲鄴令，鄴人苦爲河伯娶婦。《水經注》：『漳水北逕祭陌西，俗巫爲河伯娶婦，祭於此陌。』祭陌亦曰紫陌，在故鄴城西北五里，戰國時大河出清豐、南樂、元城之間，去鄴百有餘里，土人皆知。異時漳水在鄴北入河，故河雖東徙，猶沿舊稱而呼漳水爲河，因以河伯娶婦惑人。凡《西門豹傳》所謂河者皆漳水也，項羽鉅鹿之戰所謂渡河者亦漳水也，是皆相沿土人舊稱而不變也。

相州自鄴移治安陽，今彰德府治也。蓋彰德土人至今猶知其地舊有大河，故有所謂黄河老身、黄河老家者。余幼時在彰德，土人每指其地以相示。初猶疑流傳之妄，及讀班《志》，乃知其良然。此大河自濬、汲間北流，出於安陽、臨漳東之明證也。《續漢書》謂河水從列人北流，《通典》謂漳水至肥鄉横流入河。肥鄉者，漢列人也。應劭謂彰水自斥章治北入河，今曲周縣有斥章故城，在列人北。東漢初，趙王子林説光武決列人河水灌赤眉，是時河益東徙，列人安得有大河？蓋亦相沿舊稱，以漳水爲河水，如鄴人也。而《殷本紀》：『祖乙遷於邢。』《皇極經世》：『祖乙圮於耿，遷於邢。』《通典》謂即唐邢州，秦爲鉅鹿、邯鄲二郡地。《明一統志》：『祖乙遷邢，即今順德府治也。』蓋其地瀕河，故其後又因圮而遷。而《漢志》既謂《禹貢》大陸澤在鉅鹿北。孫炎云：『大陸，鉅鹿北廣河澤，河所經。』蓋廣河云者，謂其爲河水所滙也。《元和志》謂邢州鉅鹿縣大陸澤，一名鉅鹿澤，在縣西北；趙州昭慶縣廣阿澤，在縣東二十五里，乃大陸别名。蓋一澤跨二縣之境而廣阿者即廣河也，則又河水出於肥鄉、曲周、鉅鹿之東之明證也。

鄴東故大河至鉅鹿，其下流又東北行，則經所謂『又北播爲九河』者是已。蓋自大伾以北，地形平衍，大河勢猶居高屋飜瓶水，其下注大陸，沮洳锺水之區，奔衝散漫，交馳莫禦。禹因而播之，順其性之所便，從其地之所近，河遂分爲九派。《淮南子》所謂禹『剔河而道九岐』、賈誼《新書》所謂大禹『鬢河而道之九牧』者也。而九派中有大河經流焉，其名實曰徒駭，云徒駭之與八支分而前騖也。其西北岸則新河、束鹿、深州、獻縣、青縣、大城、文安、寶(抵)〔坻〕，其東南岸則南宫、冀州、衡水、武邑、武强、阜城、交河、滄州、静海、天津。及禹河既徙而漳河循徒駭故道北流于欽，《齊乘》謂北流之漳，安知非古徒駭河有以也？今德平、樂陵、齊河、濟陽、慶雲、海豐之有土河，乃在九河南，《志》以爲徒駭者妄也。新河即堂陽，束鹿即鄡，班《志》所謂沮水，斯洨水至此入河者也。冀州者，故信都也。深州者，故下博樂鄉也。

武邑有昌亭焉，《水經》『漳水』：『至昌亭與滹沱河會。』《水經》所敘漳水自平恩以北皆禹河故道，其曰『漳水至昌亭與滹沱河會』，則禹時滹沱河在此入於大河而滹沱河即爲河水，土人皆熟知之。故《漢志》謂成平之滹沱河，民曰徒駭河是也。蔡《傳》祖程氏之説，謂滹沱中高，不與河通，而詆班固之顯然謬誤，非也。武强，故武隧也。阜城，故弓高也。獻縣，故樂成、饒安也。交河，故（城）〔成〕[一]平也。青縣，故參户也。滄州，故清池，即浮陽也。《唐志》清池縣西五十里有徒駭河西隄，永徽三年築。唐時大河不能北至清池，蓋猶指清池之漳水爲徒駭河也。静海，故章武、平舒地也，天津鎮亦章武地也，大城亦平舒地也。寶坻，故泉州也。

夫徒駭爲大河之經流，而《爾雅·釋水》：『九河之名，徒駭而外曰太史，曰馬頰，曰覆鬴，曰胡蘇，曰簡，曰絜，曰鉤盤，曰鬲津。』孔穎達謂徒駭是河之本道，東出分爲八支。朱子亦主其説。而蔡《傳》顧從曾旼，謂别有一河爲經流，而合簡、絜爲一河，非也。其相沿謂絜爲潔，亦非也。西漢言九河者，馮逡言『今既滅難明』，平當言『今皆寘滅』，王横亦言『爲海所漸』，獨許商謂：『古説九河之名有徒駭、胡蘇、鬲津，今見在成平東光鬲縣界中。自鬲以北至徒駭間，相去二百餘里，今河雖數徙，不離此域。』孔穎達又推明其説曰：『是知九河所在，徒駭最北，鬲津最南。』許商上言三河下言三縣，則徒駭在成平、胡蘇在東光、鬲津在鬲縣，其餘不復知也。《爾雅》：『九河之次，從北而南，既知三河之處，其餘六者太史、馬頰、覆釜在東光之北，成平之南；簡、絜、鉤盤在東光之南，鬲縣之北也。其河填塞，時有故道。』按：今陵縣北有鬲縣故城，鬲縣者，故有鬲氏國也。而《漢志》謂成平縣有滹沱河，民曰徒駭河。東光縣有胡蘇亭。鬲縣，平當以爲鬲津。其説皆同許商。而三河之外，顔師古謂平原般縣即九河鉤盤，《通典》謂在樂陵東南，亦與孔氏所推許商之説合。他如張守節謂簡在貝州歷亭縣界，歷亭爲今恩縣，則在鬲津南。《通典》謂馬頰、覆釜在平原郡界，又云安德縣有覆釜河。按：唐平原郡德州治安德，鬲縣故城在其西北，則《通典》馬頰、覆釜二河亦在鬲津南，皆與孔氏所推不合。安德者，今陵縣也。《輿地廣記》謂簡、潔在臨津，《元和志》謂簡、潔在南皮城外十餘步，皆合簡、潔爲一，恐未可信。臨津者，今寧津也。近《志》：平原、商河、陽信界中有馬頰河，蓋即《寰宇記》所謂篤馬河，即古馬頰河。自是唐之馬頰，在鬲津南，與《禹貢》九河無與。《明一統志》謂太史河在南皮，識者尤斥爲臆説。

[一]『城』當作『成』，據《漢書》卷六《地理志》改。

蓋九河已亡其八支而滅没難明也。由許商及孔潁達之言，僅可髣髴得其梗概。大抵自鉅鹿、南宫而北，今冀州東鹿以東，海豐、天津以西，南北相距二百餘里間，正禹播爲九河所在。後世不名爲九河某某者，如于欽所謂青、滄二州間有古河隄岸數重，與夫大連澱、大河、沙河、無棣溝、土傷河之屬，未必非禹時某河、某河遺迹，固不宜穿鑿附會，被新河以舊名而一一尺寸以求其合也。至九河之亡其八支，蓋在齊桓公之世。鄭康成據《春秋緯》謂桓公填淤入流以自廣，朱子固以其説難憑而不之取。《齊乘》曰：『河至大陸趨海，勢大土平，自播爲九，禹因而疏之，非禹鑿之爲九。禹後歷商、周，至齊桓公時千五百餘年，支流漸絶，經流獨行，其勢必然，非桓公塞八流以自廣。』此言是也。夫八流雖非齊桓所塞，而其漸就閼淤，實在斯時，蓋其後數十年而大河遂東徙云。

鄭東故大河既播爲九派之後，其下流又自天津之東同爲逆河，東逕故驪城縣，至今昌黎縣東絫縣故城碣石山而入於海。逆之爲言，迎也。鄭康成云：『下尾合名爲逆河，言相迎受。』蓋九派合一，以一迎八而入於海，故命曰逆河。漢人大抵謂逆河爲迎河，其説當矣。然誤在以渤海爲大海，逆河遂無所容其地。唐人亦不明逆河在何處，而宋人之言逆河尤務爲新奇怪異，而即以逆河爲九河。蓋王安石謂逆河者逆設之河，非並時分流也。林之奇謂王氏意以同爲逆河句釋上文，播爲九河之義。羅泌曰：『聖人於冀、兗逆設爲河，以防暴至之患，未至則不妨民耕，既至則不墮民舍。』程珌曰：『禹因地之形而逆設爲九河，凡河之道則不建都邑，不爲聚落，不耕不牧，故謂之逆河。』皆踵安石之謬，以九河爲逆河。而董鼎所採《格言》則云：『逆河是開渠通海以洩河之溢，秋冬則涸，春夏則洩。』夫謂八流爲開渠通海可也。

若如王、羅、程三家以逆設之河解逆河，而以九河皆爲逆設之河，解同爲逆河，則夫所謂未至不妨民耕，秋冬水涸之時，彼大河滔滔之流將惡乎在耶？王氏本欲謂九河非並時分流，乃卒説成並大河經流亦爲逆設之河，此以文義揆之，而知其必不然也。《格言》雖輯録朱子之言，然《文集》《語類》所無，必多朱子未定之説而不欲存者。朱子謂河至兗州分爲九，復合爲一入海，見《東臯集》。傳董氏先載《東臯》此條，而後及《格言》云云。蓋亦以之兼備一説，而非必以爲折衷之定論也。且《格言》未嘗如三家以九河爲逆設之河，安知非朱子本謂八流是開渠通海而記録者，誤以八流爲逆河耶？夫三家之失，失在以逆河爲九河；而漢儒之誤，誤在以渤海爲大海。蓋逆河即是渤海，至哉！蘇子之論莫之能易矣！而薛季宣、程大昌、黄度所云亦爲得之。薛氏謂河入海處舊在平州石城縣，東望碣石，其後大風逆河，皆漸於海。程氏謂逆河，世謂之渤海，逆河之地比九河，又特窪下，故九水傾注焉。黄氏謂逆河、碣石皆淪於海。夫誠知逆河即渤海，而漢時已淪於海，則漢儒之誤可正而宋三家以九河爲逆河之失將不辨而自明。

彼漢人徒見海水所漸者之已成海也，而遂名之爲渤海，而遂即以爲古之大海，而不知漸於海水者之乃逆河也。《河渠書》曰：『同爲逆河，入於渤海。』《漢志》曰：『同爲迎河，入於渤海。』王莽改渤海郡爲迎河，又改南皮縣爲迎河亭。《寰宇記》謂迎河在清池縣西南，胡三省謂之迎河故瀆。蓋既誤以渤海即爲大海，遂謂逆河在南皮、浮陽而大河於章武入海，不至碣石。章武去碣石三百餘里，殊乖經文『夾右碣石入河』之義。《通典》謂爲子長、孟堅之誤宜矣。夫碣石之東爲大海而碣石之西爲逆河，故絫縣故城南之碣石乃河、海之限也，而惜其已淪於海而莫可見也。《漢志》言：『碣石在右北平驪城縣。』蓋今灤州南境，唐馬城縣地，此在濡水之西也。文穎謂碣石在遼西絫縣，絫縣今罷入臨渝，則在濡水之東也。郭璞兩存其説而不偏主。然古時渤海北岸之地水未吞食，灤州南境去海尚遠，玩《禹貢》『夾右碣石入河』之文，惟絫縣海旁特立之石可以當之，此文穎之説所以優於《漢志》歟！

秦始皇嘗刻碣石門，漢武亦嘗登之，曹操征烏丸有『東臨碣石，以觀滄海』之詩，而唐太宗好文主也，新逾遼海，次漢武臺刻石紀功而不刻諸碣石，則意者其時此山已苞海中，不復可見歟。若夫《通典》謂秦築長城，起自碣石，在今高麗舊界，北齊文宣紀大破契丹於青山，還登碣石，則在營州柳城東，皆非《禹貢》碣石，不當引以爲説。夫大河入海在於碣石而不在於章武，是則鄴東故大河下流之所歸宿矣，凡此者乃冀州之東河。

《禹貢》：大伾山西折而北行之故道爲古冀域之東界，而非西漢之大河故瀆也。西漢之大河故瀆，自宿胥口改流東去，則王橫所謂周定王五年所徙之河是也。按：《史記・周本紀》《年表》皆不書河徙，《河渠》《封禪書》又謂宣房之役復禹舊迹，既以西漢所行之河爲禹河，而不自知其誤。至《水經》所謂大河故瀆者，失與遷同。酈道元注淇水，謂淇水東流逕枋城南，右合宿胥故瀆，瀆受河於頓丘縣遮害亭東黎山西，而不知其所受之河即《禹貢》至於大伾之河也。杜佑謂衡、漳至肥鄉入河，而不知其所入之河即《禹貢》北過降水之河也。其他謬誤叢生，禹迹日晦，如鄭康成讀降爲下江反，聲轉爲共而謂共縣，淇水東至黎陽入河，此近降水也。周時國於此地者，惡言降，故謂之共，則以淇水爲降水而謂北過降水在淇口。《漢志》以信都絳水爲《禹貢》降水，《通典》遂於信都下注云：『禹導河北過降水』，即此。夫信都縣北之漳水，乃禹河故道。漢時漳水嘗從縣北改流，出於縣南，其後復由北道，而縣南之流絶，因謂之枯絳。枯絳者，漢時漳水偶然之改流，而《漢志》及《通典》誤以爲《禹貢》降水。程大昌因之謂古降瀆貫穿信都，北向入故河，則謂北過降水在今冀州。《通典》於深州陸澤注云：『《禹貢》大陸澤在此。』程大昌既以枯絳爲禹迹，謂《地志》鉅鹿大陸其地遠在枯絳上流，不與經應，遂從《通典》，以深州之陸澤爲大陸，則謂至於大陸在深州。

漢人又謂九河播自沙邱堰，至南皮、浮陽，仍歸大河爲逆河，則謂播爲九河在元城縣，而於滄州合爲逆河。又如鄭氏以今河所從，去大陸遠，而謂館陶北屯氏河爲故道。酈氏謂爲近是，與夫程氏之以澶、貝之流爲禹迹。蓋大伾遺跡一差無往，非謬又其甚者。以杜氏預之博洽，而其注齊之四履，西至於河，謂河自河東、河內之南界，東北經汲郡、頓丘、陽平、平原、樂陵之東南入海，是又以東漢之新河爲禹河，其爲失也彌遠。孔穎達謂杜所言據其當時之河，《禹貢》導河，大伾以上河道不改，大伾以下即是汲郡以東，河水東流，秦漢以來始然，古之河道自大伾而北過降水。又云晉時河所經春秋之時河，未必然。此其規杜之失，洵高出諸儒之表，然卒謂大伾北過降水故迹，不可復知，則孔氏固亦付之無可如何已矣。

今既本諸王橫、班固之言而節取諸家之說，互相參考，以尋求《禹貢》大伾山西折而北行東河舊迹，如上文所云云，則又就《水經》大河故瀆以得禹河初徙自晚周及西漢之河，於是再徙而爲東漢以至於宋初之河，三徙而爲宋決商胡北流、東流之河，四徙而爲金明昌以後南北分派之河，五徙而爲元明以來由汴合泗挾淮入海之河。此其始末之大，凡固不可不考而知也。

且夫河廼大禹所道，功通神明，萬世難改，而宿胥之口不能不潰決於周定王之五年者，何也？夫獨不難於漢張戎、桓譚，宋蘇轍之言乎？戎之言曰：『水性就下，行疾則自刮除，成空而稍深。河水重濁，號爲一石水而六斗泥。今西方諸郡以至京師東行，民皆引河、渭、山川水溉田。春夏乾燥水少時也，故使河流遲，貯淤而稍淺；雨多水暴至則溢決。而國家數隄塞之，稍益高於平地，猶築垣而居水也。可各順從其性，毋復灌溉，則百川流行，水道自利，無溢決之患矣。』譚之言曰：『民競引河溉田，令河不通利，至三月桃花水至則決，以其噎不洩也。可禁民勿復引河。』轍之言曰：『黃河之性，急則通流，緩則淤澱。既無東西皆急之勢，安有兩河並行之理？』凡此三者，蓋皆言上流宜合而不宜分也。

禹厮二渠，又播九派者，河至大伾，其怒方甚。漯川一道僅分經流一二以少洩之，而九派之分亦水自分流，非禹强鑿。又賴逆河復合爲一，踴躍奔騰入海，碣石復當其衝，是以內沙不停，外沙不入，逆河既漸於海，八支以勢分力弱，不足攻沙，遂至填淤。則夫河之上流宜合不宜分固可知矣。而周之衰也，則於（榮）〔滎〕[一]陽下引河東南爲渠，以與濟、汝、淮、泗會云。蓋始自今河陰縣之莨蕩渠。

〔一〕以下徑改。

蒗蕩渠，至漢末塹石，爲門而曰石門渠，渠水東過滎口，會濟水，又東流至浚儀北，爲浚儀渠。浚儀者，大梁也。及王賁斷此渠，引其水東南出以灌大梁，謂之梁溝，世遂目故渠爲陰溝，而以梁溝爲蒗蕩渠。陰溝亦名汳水，北並大梁東去，即汴渠也。汴渠至彭城入泗，所謂汴、泗交流者也。蒗蕩渠自大梁城南而東南流爲鴻溝，楚、漢指此以中分天下者也。鴻溝亦曰官渡水，其水又分爲睢水，爲渦水，爲沙水。睢水至睢寧入泗，謂之睢口。渦水至義城入淮，謂之渦口。沙水又分爲二派：一至懷遠入淮，謂之沙汭；一合潁、汝至潁上以入淮，謂之潁口。枝津交絡，四達宋、鄭、陳、蔡、曹、衛之郊。

河水入東南渠溝者既多，經流遲緩，不能刷沙，而於是乎有宿胥口之決。當是之時，大河徙自宿胥口，不由大伾山之西而於其南挾漯川以東流，至長壽津乃與漯分，漯川仍從故道至千乘入海。凡自大河泛舟而渡者，皆曰津。長壽津在今滑縣東北六十餘里，去宿胥口故道一百五十餘里，《水經》『河水又東北爲長壽津』，而注謂爲『河之故瀆出焉』者是也。蓋漢武帝導河北行，復歸未決以前故道在此。而大河既東徙至於長壽津，當時於其故道築石隄迫阸之，以防其泛濫。黎陽以東百餘里間，激河再西三東，不得休息，故賈讓以爲此非古法也，而欲決之放河使北也。

滑縣者，古豕韋氏國，所謂滑臺城者也。有津曰延津，亦曰延壽津。延壽之東曰黎陽津，亦曰白馬津。張儀、蘇代皆謂決白馬之口，張耳、陳餘從白馬渡河，袁紹遣顏良攻劉延於白馬，蓋自古津濟之要而今則已成陸矣。大河從滑縣東去，初徙，再徙，其道皆然。《唐志》田（宏）〔弘〕[一]正及薛平引河注故道，滑州遂無水患。至晚唐河決滑州，歷五代及宋初屢決不已，至天聖後禍乃稍紓云。

大河自長壽津又東北行，其東岸爲開州之戚城，西岸爲內黃縣之繁陽故城。《春秋》：『趙鞅納蒯聵於戚，宵迷，陽虎曰右河而南必至焉。』杜曰：『是時河北流，過元城，戚在河外，晋軍已渡河，故欲出河右而南。』蓋戚在大河東岸，大河以西爲河內，故謂戚爲河外也。繁陽者，繁水之陽，春秋之澶淵，杜預曰：『在頓丘縣南也。』大河自此又東北行，其東岸爲清豐縣，西岸爲南樂縣。清豐者，頓丘也。《寰宇記》云王莽河在頓丘北十里。王莽河者，漢時所行之河，以其至王莽時枯而遂名之爲王莽河也。按：元光三年五月始有瓠子之決，其春河先決於頓丘東南而流入渤海，史苐載瓠子決河始末而不及頓丘之塞。蓋頓丘改流泛濫未定，至夏復東決於瓠子，及宣房功成，導河北行，復歸當時未決以前故道。故頓丘決口不勞自塞，而程大昌謂元光以後大河竟行頓丘東南者非

[一]『宏』當作『弘』，據《舊唐書》卷一四一《田弘正傳》改。清人爲清高宗弘曆名諱而作『宏』。以下徑改。

也。南樂者，故昌樂也。《元和志》王莽河去昌樂十六里。

大河自此又東北行，出元城、大名、冠縣、館陶之東。按《水經》：大河故瀆逕元城縣故城西北，而史稱王莽恐河決，爲元城塚墓患；及決東去，元城不憂水，遂不隄塞。《元和志》：王莽曾祖墓在元城縣東二百步，若大河果在元城西北，元城當東下之衝，其決而東去，元城必已圮，王氏墓必已壞，而史乃云元城以水東去不憂水，則大河在元城王氏墓東明矣。《元和志》：王莽墓西去貴鄉縣三里。《通典》：魏州治貴鄉、元城二縣。大河既在貴鄉、元城東而《水經》之誤可知也。《元和志》：貴鄉縣王莽河古隄今名愜山古隄，蓋即所謂沙邱堰也。王延世塞決河於此，以其愜乎人情也，而命曰愜山。唐官軍伐魏，擊朱滔於愜山，滔堰永濟渠入王莽故河，絶官軍歸路。唐仍東漢河道，王莽河已枯，故曰故河也。大名縣，故貴鄉、元城地也。冠縣，故冠氏也。《元和志》王莽河在館陶縣東四里，北去冠氏縣十八里，大河在館陶，嘗因決而分爲屯氏河焉，《水經》所謂自沙邱堰南分屯氏河出焉者是也。

大河自館陶又東北行，其東岸爲堂邑縣，西岸爲清平、爲清河、爲博平，又爲平原之鄃縣故城。堂邑有發千故城，大河所經也。《寰宇記》：王莽河在堂邑縣北十里。《通考》：堂邑，漢縣，有黄河。東昌之堂邑隋時始有，漢之堂邑在江南六合，蓋《堂邑志》已誤，劉南泉始正之。清平縣有貝邱故城，漢時河水北曲三折，皆邪直貝邱，郭昌所謂更穿直渠不令北曲者也。《寰宇記》：王莽河在清平縣南十八里，清河有甘陵故城，博平縣有艾亭城、平晋城、靈縣故城，皆大河所經也，而元帝時大河在靈縣又别出爲鳴犢河焉。鄃者，漢田蚡食邑，河決瓠子，東南注淮、泗，鄃居河北河決而南，則鄃無水災，蚡勸帝勿亟塞，故久不復塞也。

大河自此折而北，其東岸爲平原縣，又爲陵縣之鬲縣故城，爲吴橋縣；其西岸爲平原之繹幕故城，爲今德州治，爲景州。《通典》云：『平原，漢舊縣。』《括地志》云：『平原故城在平原縣東南十里。』《元和志》：王莽枯河在縣南五里，蓋水本在縣北，縣徙而北而水出其南矣。吴橋有安陵故城，大河所經也。今德州治故長河縣，《元和志》：王莽枯河在長河縣東五里。《州志》云：古黄河在州東南二十餘里，今謂之黄河崖是也。景州有修縣故城，修一作蓨，亦大河所經也。

大河又自此而北，其東岸爲東光、南皮，西岸爲阜城，而清河自西來，至東光而入於大河，大河遂挾清河之水又自此而北。其東岸爲滄州，西岸爲交河，其間有合口焉，而復與漳水合，則復歸禹河故道，而東北至天津小直沽口入海矣。《史記》：『田單轉戰逐燕北，至河上，盡復得齊城。』蓋齊地北在於無棣，無棣爲滄州屬縣。《通典》『滄州，戰國齊、趙之境』，是戰國時大河尚在滄州之北明矣。班《志》漳水東至阜城入大河，滹水東至文安入大河，則西漢時阜城、文安境中之漳水猶爲大河，亦可知矣。小直沽者，古沽水也。小直沽受南北諸水，東逕天津城北，合大直沽而東注於海。大直沽者，滱水也。《青縣志》：滱水東北流，逕天津鎮東南十里爲大直沽。地勢平衍，群流漲溢，茫無涯涘，故得厥稱是也。是時逆河已爲海所漸，大河之流至天津遂止此。

禹河之初徙，自周定王五年以後，歷秦至西漢，所行之道，《水經》謂之大河故瀆，一名北瀆，俗所謂王莽河者也。而其決口之作難，實發於宿胥口。蔡《傳》所謂河徙砱礫，砱礫不知何在？按《溝洫志》：賈讓奏有滎陽漕渠，如淳曰『今礫谿口』是也。礫谿，谿名，《漢書》謬本誤，以『今』爲『令』，又加石作砱，遂有河徙砱礫之説。蔡氏仍其誤而以之釋經，蔡《傳》謬誤大抵如此。

所謂清河者，發源於淇水，後世之永濟渠也。當禹河自大伾而北，淇水挾清水自西來注之，其勢不得截，河流而東出於内黃也。其東出内黃，南爲白溝，又挾洹水東北過廣宗縣，東爲清河，至東光入河者，當必在宿胥既徙之後。蘇秦説趙謂東有清河，説齊謂西有清河，其時禹河固已徙流而東也。而禹河既徙之後，漢武帝時河決瓠子，東南注鉅野，通於淮、泗。及宣房既塞，其後河復北決，分爲屯氏河，東北逕魏郡、清河、信都、渤海入海，廣深與大河等。屯氏又分爲屯氏別河，屯氏別河至平原又分爲屯別北瀆、屯別南瀆。北瀆東至陽信故城北入海，南瀆自平原首受大河故瀆水，東出謂之篤馬河，東北至陽信故城南入海，而屯氏別河之逕信成縣，則張甲河出焉。張甲河截清河於廣宗北，出又分爲右瀆、左瀆以入於清河，而鳴犢河又別出於靈縣，鳴犢又與屯氏合而入乎清河。

是時漳水之東、大河之西既有清河，又有屯氏河、屯氏別河、張甲、鳴犢之屬，蓋三百里間枝渠交錯棼如也。而自宣房功成，復歸初徙故道以後，河嘗復決瓠子，爲王延世所塞，自是不復決而南，而輒橫流，有向東之勢。成帝時河再決於平原、濟南、千乘。王莽始建國三年，河決魏郡，泛清河以東數郡，所謂清河以東數郡者，即平原、濟南、千乘也。莽幸河自元城祖墓東去，不加隄塞，而河水右溢汴渠，左亂濟瀆。明帝詔書謂汴渠水門故處皆在河中，張汜謂河決積久，侵毁濟渠，蓋枝渠既已交錯紛糾於北，經流又復縱橫四出，泛溢於滎陽東汴、濟之間，而北瀆之道遂至於空。及東漢王景起而治之，蓋誠懼夫北與棼如者近而不久易敗也，而又因水性之既安於東也，則於王莽時魏郡決口之南別開新道，東注之海。明帝下詔褒美謂：『河、汴分流，復其舊迹；陶、邱之北，漸就壙壤。』事在永平十三年，其河幾及千年乃廢。是時長壽津以北故道既空，大河自津南又挾漯東行，其北岸爲開州之鐵丘，爲觀城，爲朝城。其南岸爲開州之濮陽故城，爲濮州，爲范縣。

所謂開州者，宋之澶州也。鐵丘在開州西南，衛蒯聵登鐵丘望見鄭師自投車下。杜曰『在戚南』，戚居北，而春秋時出河之外；鐵居南，而東漢後在河之內。則是大河日益徙而南也。唐澶州隸河北魏博鎮，胡三省曰：『唐澶州治頓丘縣，後唐於濮州北築德勝南、北城，晉天福三年懼契丹南牧，遂移澶州及頓丘縣於德勝，熙寧以來澶州治濮陽，又非石晉所移之地。』按：李存審於德勝南、北築兩城而守之，晉既移澶州於此，故澶州有北城、南城。宋真宗幸澶州，自南城渡河，御北城門樓，居人所謂南澶、北澶者，蓋指此也。而熙寧之移治濮陽，則金改爲開州，而今仍之者也。

濮陽者，顓頊之墟，故謂之帝丘，其故城在開州西南二十里，鐵丘之東也。濮陽爲漢瓠子決口，其津即以濮陽爲名，有宣房堰金堤在焉。武帝所謂塞東南決口，導河北行者也。東郡太守王尊禱於河伯，請以身填金隄，廬居隄上，不去，水爲之却，即此隄也。《水經注》云：王景治渠築隄，防遏衝要，瓠子之水絶而不通，唯溝瀆存焉。濮陽與鐵丘雖皆開州地，然濮陽在河之南，晉王與梁戰河南，遂拔濮陽是也。濮州，唐號濮陽郡，故或即以濮陽爲濮州，濮陽實自爲縣，而濮州治鄄城，非即濮陽也。及宋以濮陽爲澶州治，澶州益南徙而濮陽並不屬濮州矣。世號澶州爲澶淵，而澶州凡三徙，皆非春秋之澶淵也。

澶、滑接壤，爲晚唐及宋決河發難之始，滑州自唐開成後凡十餘決，澶州自後周廣順後亦十餘決，中間滑禍東移於澶，橫壠、商胡、六塔、曹村決口皆在其地，及北流入清河而澶禍始緩，金明昌河徙而澶州之流乃至於絶云。晉文公敗楚於城濮，《索隱》曰：『城濮，衛邑，即濮州也。』濮州有鄄城故城。觀城者，故衛國縣。范縣有秦亭，皆大河所經也。范縣有津曰倉亭，程昱遣別騎絶倉亭津，陳宫所以不得渡也。

朝城者，東武陽也。東武陽者，武水之陽也。武水者，即漯水也。《通考》：朝城有黃河。《通鑑》：晉王畋於朝城，視河冰已堅，引兵渡河，拔楊劉是也。朝城在長壽津之東，蓋幾二百里。

大河至朝城始與漯分，漯反北行，而河乃在漯南也。其西北岸爲莘縣，爲聊城，爲博平，其東南岸爲陽穀，爲東阿，爲茌平縣之碻磝故城，爲長清縣之臨邑故城，爲高唐西南之楊墟。

莘，衛邑，漢陽平縣地，杜預謂爲河流所經者也。梁劉鄩軍於莘，自莘及河築甬道以通饋餉。胡三省曰：『莘縣東距大河二十餘里，渡河而東南即鄆、濮之境。』

聊城者，故博州治，今東昌府治焉。《通考》：聊城有黃河，唐開元河決博州，晉天福時河決博州，皆聊城也。聊城在堂邑東南，禹河初徙堂邑，聊城皆在河流之東，兹則出其西矣。

《元和志》：黃河在陽穀縣北十六里。《通考》：東阿有黃河。東阿者，此處有脱句。是時大河之衝南漲則淹東平，東溢則侵濟南。東平者，鄆州也。唐李嗣源取鄆州守楊劉。《九域志》云：鄆州東阿縣有楊劉鎮臨河津，梁與唐相持於楊劉，決河水注曹、濮及鄆以限唐兵，謂之護駕水。決口其後益大，爲濮、鄆、齊、棣諸州患。茌平有津曰碻磝，其城西臨大河，晉、宋時圮於河，乃移治河北博州界。宋王元謨入河，平碻磝守之，是南北朝大河皆經此矣。

長清者，故臨邑也。縣有津曰四瀆，自河入濟，自濟入淮，自淮達江，水逕周通，故有四瀆之名也。

楊墟有商河，商河首受河水，有漯水、澤水所滙也。許商所鑿，故名商河。

大河自此則截漯川而北行，其東岸爲今禹城之高唐故城，齊西鄙也。盼子守之而趙人不敢漁於河者也。其西岸爲平原，爲陵縣，袁譚初至青州，其土自河而西，不過平原，是東漢平原在河之西也。

平原有津曰張公渡。《水經》，東漢時人作，稱是時河水逕平原故城東，大河故瀆逕平原故城西。而《元和志》謂王莽枯河在平原縣南五里，黃河在平原縣南五十里，蓋新、舊兩河在此相去最近。然自平原又北至陵縣新河，不能如故瀆之趨而北首，而兩河河道迥别矣。故瀆亦曰北瀆云者，蓋所以别於東漢新河之不能北流入海也。

陵縣有津曰鹿角。陵縣，故安德，唐德州治也。《元和志》：黃河南去安德縣十八里。

大河至此則折而東，其北岸爲樂陵，爲武定，爲蒲臺，其南岸爲德平，爲臨邑，爲商河，爲青城、高苑、博興。大河又自北而東北行，至利津縣之古千乘海口入於海。蓋大河至是時始入今濟南之境，泰山直其南。應劭《漢官儀》所謂『黃河去泰山二百餘里，望之如帶，若在山趾』是也。

武定，故厭次也，有津即以厭次爲名。《元和志》：黃河在厭次縣南三里。蒲臺，故漯沃也，有津亦即以漯沃爲名。《元和志》：黃河西南去縣七十三里。商河、武定、蒲臺皆唐棣州屬縣也。《元和志》：黃河在商河縣南八十里。利津，金析唐渤海、蒲臺二縣置，蓋南與千乘縣共此海口，渤海亦唐棣州縣也。唐時棣州河凡三決，蓋其時海口已淤云。高苑有千乘故城，博興有利縣故城，皆大河所經也。此禹河再徙東漢以後所行之道也。而漯水自東武陽與河别而北行，折而東至故高唐之西，漯在北，河在南；自故高唐以東至千乘海口，河截漯北行，河又在北而漯在南。蓋河已再徙而漯猶自若其故。其後至元魏時漯水雖云輟流，然唐高宗謂濟與漯斷不相屬，則漯行河北，濟行河南，漯水之流尚猶不變。蓋自河決商胡、朝城，流絶而漯水舊迹之存焉者寡矣。當大河自大伾北行時乃在彰德之東、大名之西也，及初徙而出大名之東、東昌之西矣，其再徙則出東昌之東、濟南之西而橫截濟南北境入於海云。

彰德者，唐相州，古冀域晉地也。大名，唐魏州。東昌，唐博州，古兗域。大名亦晉地也。東昌治聊城齊之西界，所謂聊攝以東者也，本非瀕河地也。濟南，唐齊州，古青域齊地也。《禹貢》海岱惟青州不言河者，河流不及於青域也。《爾雅》：『兩河間曰冀州。』郭璞曰：『自東河至西河也。』《王制》曰：『自東河至於西河千里而近。』孔疏曰：『東河之西，西河之東，是冀州之境。』蓋東河爲古冀域東界，自相而汲則在其東界之南也，東河之東畔爲兗域。孔疏所謂『兗州自東河以東』是也。唐魏州之北貝州，治清河縣，又北冀州，治信都縣，與夫滄州治清池縣、棣州治厭次縣，皆古兗域，在東河東，畔爲河外。《通典》誤以信都枯絳爲降水，遂謂信都爲河內，分入冀域，非也。禹河既徙而始自魏州北，逮信都清河，皆在新徙之東河東畔，遠者至二三百里。河流東侵兗域而出齊西界聊城之西，東河去西河已千里而遥矣。然尚猶未入於古青州之域，而是時趙分晉信都清河地，其境東至於新徙之河，趙武靈王謂『吾國東有河，與齊共之』，賈讓謂『齊與趙、魏以河爲界』是也。及禹河再徙出齊地聊城之東，歷青域濟南之境以趨於海。平原、陵縣以北河流不至，冀域不復在兩河間，而趙之故疆亦不能以河爲東界。蓋禹河再徙，其入海之口去古冀域碣石入海處蓋六百餘里云，而長壽津以北故瀆之水盡空，至東光、南皮則清河行漢北瀆故道，自滄州、交河而北則漳河合清河行禹東河故道，故酈道元云『清、漳二瀆，河之舊道』也。而滄州、交河以北之道，禹河初徙時，河水至此復合漳水而行以入於海，東河禹迹猶存此四百餘里。間及河道再徙，新河北行未半，遽折而東流入海，而大伾以北遺迹則盡忘矣。然王景之治新河也，鑿山開澗，築隄自滎陽至千乘海口，竭其才力，爲一勞永逸之計，故功施後代，幾及千年，下逮宋仁宗慶曆八年河決商胡而其河始廢。唐時猶仍景故道，而清豐縣之西南有馬頰河者首受大河水東北流，《唐志》所謂『久視元年開新河』者也。馬頰河至安德縣南合篤馬河，又東北至無棣入海，此特與東漢時小異者獨入海之處。至昭宗景福時自厭次縣界決而東北流，逕濵州之渤海故城，又東北至海豐縣之無棣故城，逕馬谷小山東入海。蓋究其入海所以改流，實即宋初屢決不已，馴至商胡河徙之由。

按：唐河患較前後獨少，長壽二年河始決棣州，開元十二年又決博、棣二州，其後澶、滑間漸被河患，太和二年棣州河決，至壞其城，景福二年，遂改流入海。宋大中祥符三年大決棣州，至徙州陽信界中，而澶、滑之間歲不得寧。仁宗景祐元年，河決橫隴，在東漢故道之南，歷濮州、東平、范縣、陽穀、東阿而至於長清，因名其故道之淤者曰京東故道。其自長清東北則仍行東漢故道，改流不過三百里，未大變遷，然其勢已必不能久行，故未幾而有商胡之決。

夫河雖泥沙得其所歸，何由致淤？下流先淤高壅滯，乃決上流低處。歐陽子謂『横隴之水，海口先淤凡一百四十餘里，其後游、金、赤三河相繼又淤下流，既梗，乃決上流之商胡口，故京東、横隴兩河故道皆下流淤塞，河水已棄之高地，理不可復』。由歐陽子之言推之，乃知唐时棣州屢決，禍及澶、滑，必蒲臺以東海口日淤，故景福乃至改流。宋初景福改流，海口又日就湮塞，不知疏濬，上流用是屢致奔衝潰決，蓋浸不已，俄而河果大決於商胡埽矣。商胡既決，初有北流，繼有東流，迭爲開閉，後竟歸於北流，此禹河之三變也。商胡埽在開州東三十里，其北流自埽決而北，逕清豐、南樂縣西，又北至元城縣東北而與永濟渠合焉。永濟渠者，即前所謂清河在東光入河者也。清河源發於淇水，曹操自枋頭遏其水爲白溝，一名白渠，隋煬帝導爲永濟渠，一名御河，今稱衛河云。

北流既於元城東北合永濟渠，遂由其水道而東北行，至合口而與漳河合焉。其東岸爲今冠縣、館陶、臨清、夏津、武城、棗强、德州、吴橋、東光、南皮、滄州，西岸爲今廣宗、威縣、清河故城、景州。其東光、南皮、滄州之道，即西漢大河故道也。北流既挾永濟渠與漳河合，遂東北流逕獨流口，又東逕劈地口、三义口入於海。其西岸爲今青縣，東岸爲今静海，南岸爲天津。獨流口在静海北二十里，劈地口在縣東北，三义口蓋即天津衛東北之三岔河，此宋黄河北流之道也。嘉祐五年北流復決爲二股河，自大名之東歷冠縣、館陶合馬頰河，東北至德平合篤馬河，又東北逕樂陵、海豐入海，此其所謂東流者也。

東流在東漢故瀆之西，而北流在西漢故瀆之西、漳河之東。北流初行永濟渠，後復從内黄、曲周、平鄉、廣宗、鉅鹿、清河、南宫、冀州、衡水、武强、棗强、樂壽、阜城混入漳水。按：漳水自肥鄉以北皆禹東河故道，其地形獨卑下，故賈讓請放河，使北入漳水中入海。而清河行漳水之東、西漢故瀆之西，去東河禹迹最近。宋之北流合清河以行，至合口又合漳河入海，海口深廣，河流通快，此誠千載一時。

是時自澶州至乾寧軍創隄千有餘里，若能堅其隄防，疏其壅積，上之可漸變而盡復東河禹迹，次之守而不變，亦較之西漢故瀆爲近古，此功一立，雖至今可以無患，非東漢王景所敢望也。而朝議紛紜，必欲回河使東，六塔既敗，二股亦微，禍偏於澶、濮、濟、鄆，神宗乃下詔東流填淤難復，將來更不修閉。元祐時不主回河之議，紹聖諸臣力閉北口，借河事以伸其紹述本謀，而不顧河勢之不欲復東。蓋商河決後二十一年爲神宗熙寧二年，導河東流而北流閉。又十二年爲元豐四年，河復北流。哲宗紹聖初，北流又閉，後數年爲元符二年，東流斷絶，河竟北流，下至建中靖國之初，猶有建東流之議者，而禍變旋興，其地已爲金人所有。《宋史·河渠志》蓋至歎息痛恨言之云。而金人既得其地，則遂以宋爲壑也。又利河之南，不欲其北。大定四年，范成大北使，見濬州城西南僅有大河剩水。計河離濬、滑已在高宗之世，由是河流日趨於南，決勢已成。大定十一年河決濮州之王村，害及南京，孟、衛州界，識者謂下流壅而倒灌上流也。明年，以水東南行勢大，增築上流諸州縣隄岸，至二十七年遂令沿河京、府、州、縣長貳官結銜並帶河防，卒亦無補，不久竟有明昌之決。當商胡既決以後明昌未決以前，汲縣河流未變於昔，開封、祥符直汲縣河流南一百五十里，陳留、杞縣、睢州加遠，至如寧陵、宋城、虞城、曹、單、嘉祥、金鄉、鄆城、豐、蕭、沛、徐直汲縣河流東南，遠者至七八百里，近者猶二三百里，而是時皆爲沿河之地，則河流之必決而南固可知也。

夫滎陽引河而禹跡東徙，枝渠交錯而北瀆遂空，此上流之害及下流者也。晚唐海口淤而景福改流，宋初海口淤而橫隴、商胡屢決，與夫金之河不歸北下流，倒灌而有明昌之決，皆以下流而害及上流者也。故大河之爲患，非一端而已也。

先是熙寧導河使東而北流斷絶，大決於澶州曹村，河道南徙，東滙於梁山張澤濼，分爲二派，一合南清河入淮，一合北清河入海，踰年決口乃塞。至是金章宗明昌五年爲宋光宗紹熙五年，而大河徙於故道之南，起自陽武縣北而東至於梁山濼，其北岸爲新鄉、胙城、長垣、濮州、范縣，南岸爲陽武、延津、封丘、蘭陽、東明、曹州、鄆城。梁山濼在壽張縣東七十里，大野澤之下流也。河水滙此分爲二派，如熙寧曹村決時其北派由北清河入海者，今大清河自東平之西歷東阿、平陰、長清、齊河、歷城、濟陽、齊東、武定、青城、濱州、蒲臺、利津入海者也。

北清河者，濟水故瀆也，其南派由南清河入淮者。今會通河自東平之西歷汶上、嘉祥、濟寧，合泗水至清河縣入淮者是也。南清河者，泗水也。南派入淮，遂挾淮以入海，兩派並行而其大半入於淮水，蓋南派較之北流爲盛云。當禹河初徙，再徙，三徙皆出黎陽之東，東河禹迹積漸盡改，而明昌之決則在黎陽之西百里，南河故道自此亦稍變更，而汲縣、胙城之間河流遂絶，此禹河之四變也。

夫兩河必無並行之理，此既盛而彼必衰，物莫能兩大，雖禹之九河，其後卒亡其八支而並歸徒駭也。明昌之決，兩派分流而入淮者大半，北流不能並南，已具並力趨南之機焉。元世祖至元中河果決而南，又在明昌決口，西起自陽武縣，南由渦水至懷遠入淮。泰定元年改從古汴渠入泗以入淮，則今大河所行之道是也。先是金明昌決後而河已出開、滑、胙城、長垣之南矣，至是由古汴渠之道則並陽武、延津、封丘、東明及今山東地。唐隸河南道者，與夫江南之豐、沛、邳州、宿遷、清河、安東皆在大河之北，蓋較之金温撒可喜所謂河南之地爲狹者而又加狹焉。斯古今地勢不同之極致矣。

是時新鄉河流已絶，大河出獲嘉南六十里，負陽武而東，壓祥符、商丘，至徐州而合泗水，所謂古汴渠之道也。古汴渠嘗改流，從考城、宿州、虹縣至泗州直達於淮，北宋東南漕道由之而堙於南渡之後，蓋改流之道堙而古渠故道復通。泰定時大河既由其道至徐州合泗水，遂挾泗水東南至清河縣南而合淮水，又挾淮水歷山陽之北、安東之南，過雲梯關以入於海，而全河之由淮入海遂相沿至今不變云。且夫河過大伾以東決而東南注於淮，其勢雖便，然其時必駭爲非常鉅變，未有任其通行不塞者也。

漢元光三年，瓠子之決東南入於淮，田蚡雖勸勿强塞，然逾二十年卒塞之；宋太平興國八年河大決滑州東南，至彭城入於淮，亦不久即塞；咸平三年決鄆州，浮鉅野而入於淮，則又即塞；天禧三年決滑州，至梁山濼合清水、古汴渠而入於淮，則又即塞。而熙寧曹村決口，其入淮之南泒，亦不久即塞。其視爲固然任其通行者，則自金明昌五年始，其時南北二泒分流，及至元時改流，出陽武之南，蓋北泒遂并於南而南北故道俱湮云。夫陽武改流不知在至元幾年，已無可考。而會通河自東平歷濟寧至徐州，皆大河南泒之道。度必南泒故道已湮，轉輸不便而乃有會通之役。按：會通河經始於至元二十年，成於二十六年，蓋陽武改流當在二十年以前無疑。《元史》載二十三年、二十五年河決河南，或十五州縣，或二十二州縣，其時或已由渦入淮而又決，或汎濫於汴梁州縣間而尚未能即定，皆未可知也。元末賈魯挽河復入於淮，顧其北流猶自不絕。明初命大將軍徐達自曹州東引河至魚臺入泗以濟運，永樂九年命尚書宋禮自曹疏河，經濮州東北入會通河。大抵別自南方引河北行以爲支流，而非復曩時北泒餘波也。

夫陽武爲南北分泒之地，若北泒果尚有餘波，永樂運道胡爲舟至陽武乃舍舟登陸耶？蓋北泒故道之湮久矣。其後徐有貞分水之渠，白昂興濟十二小河，固皆其自鑿北流之道而已矣。及太行長隄成，全河南下，北流遂自此永絕云。而當泰定時，大河由古汴渠之道合泗以入淮，其後二十年爲順帝至正四年，河北決曹之白茅隄，又決千金隄，自兗州東昌灌會通河，延及濟南河間也。賈魯於是有挽河東歸徐州故道之役，河成，號曰『賈魯河』。《川瀆考》引《河防考》謂大河舊道由新集歷丁家道口、馬牧集、韓家道口、司家道口、牛黃堌、趙家圈、蘇門集，出小浮橋，此賈魯所復故道。《嘉靖實録》按：臣戴金謂大河入淮之道，自開封經葛岡、小壩、丁家道口、馬牧集、鴛鴦口，至小浮橋爲汴河。蓋賈魯河始自白茅隄，雖與古汴渠異道，然下流卒入於汴渠。自新集、丁家道口至小浮橋，其所行者固即古汴渠之道焉耳矣。新集、丁家道口在商丘，馬牧集在虞城，韓司道口、牛黃堌在碭山，趙家圈、薊門集在蕭縣，小浮橋在徐州。《明一統志》謂徐州雲集橋在州城東北隅，跨汴水，比舟爲之，俗名小浮橋是也。

自賈魯河成之後，又四十七年爲明洪武二十四年，河自原武黑洋山決而東經祥符北，又南至項城，出潁州東，至壽州正陽鎮以入於淮也，而正道遂淤。其後二十年至永樂九年，乃復疏入故道。《永樂實録》謂祥符中灤舊黄河岸與今河面平，浚之可殺水勢。又謂開浚訖工，自是河循故道，與會通河合。所謂今河云者，即壽州入淮之河也。其曰水勢可殺，藺芳亦謂中灤分導河流，則是故道之復特爲支流。河臣王暹謂之『小黄河』而其正泒正由壽州之道不塞也。是時宋禮又有疏河經濮州東北入漕之役，《川瀆考》謂金純從金龍口引河達魚臺塌場口，經二洪入淮。夫《實録》明言河循故道，若由濮州東北及魚臺塌場口，不得謂之循故道也。潘希曾謂河由歸德至徐入漕者故道也，永樂年間浚開封支河達魚臺入漕者以濟淺也。胡世寧、焦竑謂河分數道，其中小浮橋、魚臺、陽穀各爲一道，則濮州、魚臺之又别爲支河明也。楊一魁謂永樂時復南決，由渦入淮，未知果否？

自永樂九年河循故道，後三十七年而河自新鄉八柳樹口，出東昌，衝張秋，潰沙灣東隄，奪濟、汶入海。又自滎澤、孫家渡口出祥符南，並流入淮，王暹所謂正統十三年改流爲二者也。《實録》謂八柳樹河決不由金龍口故道，東至徐濟運，蓋古汴渠之道至是又湮，而《實録》不言南流出何道入淮。《川瀆考》一説由渦，又一説至壽，《錐指》則主由渦之説。又考戴時宗謂孫家渡出壽州、胡世寧謂孫家渡至壽州一道，蓋孫家渡者，固由壽入淮之道也，而明初大河分泒並行，則或兼由渦河亦未可知也。張秋在東阿、壽張、陽穀之間，運河所經也。沙灣，壽張隄名。

其後四年爲景泰三年，沙灣復決，都御史徐有貞開廣濟渠疏決河，起張秋，逾范暨濮，抵開州，凡數百里，作九堰以捍横流而使之北出濟運。又於東昌、龍灣、魏灣置八閘導古河入海。《實録》謂會黄河南流入淮。有貞始克奏功而不言南流由何道入淮，然祥符自是乃得復在河南矣。

其後十年爲天順六年，有陽武西南之決，則自獲嘉南入於原武，而獲嘉之流絶矣。又五年爲弘治二年，河決原武，衝張秋，户部侍郎白昂則築陽武長隄，爲張秋之衛，引中牟決河出滎澤、陽橋，下達於淮，濬汴渠及睢水，導河入焉，以殺水勢。又以河入淮非正道，修魚臺、德州吴橋古河隄，而自東平北至興濟鑿小河十二道，引入大清河及古黄河入海。然未及三年河復決於張秋，其所規畫河道廢矣。按：昂所濬汴渠自宿州至泗州者，乃北宋轉漕之道，而昂疏稱決河北流由祥符合沁河，出丁家道口下徐州，宜爲長隄衛之，未嘗言塞其流也。丁家道口爲古汴渠道，豈是時汴渠二道皆通耶？當再考。

都御史劉忠宣大夏之治張秋決河，則分爲四泒入淮以殺其勢，又築太行長隄、金龍口新隄而決口乃塞云。蓋四泒中以出孫家渡者爲經流，其支流自四府營至歸德分爲二，一泒由宿州符離橋出宿遷小河口，一泒由渦河，而其自黄陵岡南出曹縣至徐州河者又爲一泒。黄克纘謂劉忠宣開賈魯河，由丁家道口下徐，蓋即古汴渠之道也，《實録》所謂分流逕歸德、宿遷、徐州[一]入運河者也。時弘治七年也。

朱裳謂弘治以前四支分流：一由孫家渡；一由渦河口；一由趙皮寨；一由梁靖口。梁靖口者，古汴渠之道也。而趙皮寨乃出宿州之道，蓋朱裳四支分流之説即大夏所分四派，而謂爲弘治前已如此，則考之未詳矣。而論者又有河分八道、七道之説，不知的在何年？胡世寧所謂南分二道者，則渦、潁二道是也。所謂東南一道者，則宿州之道是也。所謂東分新、舊五道者，其一出儀封至小浮橋入漕，小浮橋爲古汴渠之道，上文固已言之。其餘有出長垣至陽穀入漕者，有出曹州至魚臺入漕者，有出沛之南從飛雲橋入漕者，有出徐、沛之中境山之北從溜溝入漕者，此四道皆大夏時所未有。鄭曉之説略同焦竑所記，獨少東南出宿州一道。而周金又謂黄河入淮之道有三：曰渦河，曰汴河，曰白河。白河者，宿州之道也。較之大夏所分四派，則少孫家渡經流焉。蓋河流之在南方，其南北又自遷徙不常，而諸説紛(耘)〔紜〕不一，固難盡合。

大抵明初大河分派數道，並行不廢，其宿州一道在汴渠南，渦又在宿州南，潁又在渦之南。如陽穀、魚臺、飛雲、溜溝四道，皆出汴渠北，其後地道遞湮，合并爲一，而要其大體，蓋歸於徐州古汴渠之道焉。而徐州古汴渠之道既爲弘治七年四派分流之一，蓋是時大河之出小浮橋而東注明矣。《正德實録》乃謂正德三年始北徙三百里至小浮橋入漕，不知何故？當再考。而正德三年，河流之北入於小浮橋故道也，明年自小浮橋北徙出飛雲橋，而曹縣楊家口亦決，南道日淤。八年，又出曹、單之北，而曹、單遂爲河流首衝。自是之後十餘年間渦、潁諸道皆湮，水勢無所殺於南，遂北入運河，塞魚臺、魯橋以下諸牐。嘉靖五年，漕船至北，假途昭陽湖以行也。六年，河忽自沛決而南，一出小浮橋，一出小河口，一出渦河，各入清河，而由山陽灌裏河。論者謂沛之患且並及淮安也。然亦分一支北流逾漕河，趨昭陽湖，明年又北入昭陽而運道大阻。八年，又自飛雲橋北徙魚臺之穀亭，舟行牐面。九年，又北決魚臺塌場口，衝穀亭，水經三年不去。蓋河自小浮橋而北出曹、單、豐、沛者二十年，議者患河趨於北，則開趙皮寨支河，南達白河以殺水勢。十三年，遂自趙皮寨決而東穀亭流絶，自是南徙者蓋十餘年。十六年，南入於渦河，二洪水微。十九年，決睢州野雞岡，又南入於渦河，其旁出孫繼口，至徐者十之二，而二洪水不盈尺。二十四年，河日南流，(至)〔致〕徙五河、蒙城縣治避之。俄忽復決而北自曹縣入穀亭，而自是河流之趨北者蓋四十餘年云。三十一年，河下流入海者既壅，遂自徐州房村決，而

[一]『徐州』疑在『宿遷』之前。

北至邳州運道淤者五十里。明年既浚，水湧復淤。三十七年，河益徙而北，而新集口至小浮橋賈魯河故道二百五十餘里皆淤。蓋新集至小浮橋之道號爲銅幫鐵底，潘季馴所謂『河身深廣，自元及本朝嘉靖年間行之甚利』者也。其後別開一道，出小河口以殺水勢。水勢殺而河身日淺，至是二百五十餘里皆淤。

河北出單縣，析爲六：有出大溜溝者，有出小溜溝者，有出秦溝者，有出濁河者，有出胭脂溝者，有出飛雲橋者。既入運河至徐州，洪又分流，出碭山堅城集郭貫樓，更析爲五，凡散爲十一派，勢弱易淤，決溢滋甚。是後一變爲溜溝，再變爲濁河，又變爲秦溝，淤愈甚而變愈速。其後歷四十七年，李化龍、曹時聘挑碭山朱旺口，復小浮橋故道一百七十里，而新集口、丁家道口竟淤，隔在南岸縷隄之外云。四十四年，海沙淤高，至興山等，上流益多河患，河自趙家圈決，而北抵曹縣分爲二：入秦溝者曰『南股』，入大、小溜溝者曰『北股』。而北股又分流出飛雲橋，散爲十三股，北逾漕河，又北入（朝）〔昭〕陽湖。明年河又決沛縣，北入運河。而是時蕭縣城内外一望皆水，水行陸地，深或僅一二尺耳，而河身高於故道至三丈有餘也。朱衡於是開南陽新河爲運道，以遠河患，而修沛縣馬家橋隄遏飛雲橋之流，盡南入秦溝，運道暫通。

隆慶三年，河北決沛縣，西及曹、單，東抵徐州，漕舟阻於邳州者二千。明年，河水暴至茶城，淤邳州，亦決自靈璧，至宿遷分爲十一派，而運道之淤者一百八十里。六年復決於邳州。先是翁大立謂邇來河患專在徐、邳，宜開泇河爲運道，俾徐、邳間勿資河以漕，則河患可避。至是泇河之策竟格而不行，而茶城南、北長隄成矣。噫！此其所謂專事徐、邳之道也。

萬曆元年，河決徐州房村口；二年，決邳州。而徐、邳河身日高。四年，沛、豐、曹縣隄決，災北被魚臺、金鄉。五年，徐州河淤，邳、宿、清源〔一〕兩岸多決。是冬河忽復南，趨入小浮橋故道，與濁河之流並行，蓋自嘉靖末河出秦溝而茶城遂歲患填淤也。至是小浮橋故道始復而新集口之道久塞，故小浮橋以上河身猶淺，潘季馴言復新集口故道有五利而不果行。六年，高堰既堅，崔鎮亦固，淮安水患暫息，而徐、邳亦得暫安。七年、八年，以河工告成，河臣疊受褒賞，然下流通利，上流河防漸弛。十五年，北決於金龍口，長垣、東明幾陷。十七年，河決祥符，又決蘭陽李景高口，南入睢、陳，又北決入夏鎮，而南、北之流靡定。二十一年，魚、沛、徐、邳水漲，邳州城陷，又決單縣黄堌口，北出舊運河，達鎮口牐。二十五年，黄堌復決，南溢夏邑、永城，逕符離橋出小河口分流，北入舊運河而二洪涸。

〔一〕『清源』疑爲『桃、清』，即桃源、清河。

是時徐、邳之間復見清流也。楊一魁欲任河流南趨而濬小浮橋引河支流，濟以汶、泗之水，爲徐州以下運渠而不克，已又欲濬李吉口以挽黄流於徐、邳而又不克。李吉口在黄堌下，淤填益高，北流幾絶，二洪之間褰裳可涉。二十九年，黄堌垂塞，復決於上流蒙牆寺，入商丘南，合淮灌洪澤湖，爲泗州患。曾如春乃開虞城王家口新河以回河濟泗，而新河狹，不能容。三十年，北決單縣蘇莊，衝魚臺、豐、沛，蓋河勢南趨者六年，而又趨於北凡五年而始稍定云。三十一年，又決蘇莊，潰沛縣太行隄，入夏鎮，横衝運道，而泇河之工始不爲異議所尼。三十三年，自徐州決而北泛豐、沛、單縣、魚臺，抵濟寧而吕梁又塞。三十四年，曹時聘開朱旺口，復小浮橋以東故道一百七十里，而魚臺、單、濟、金鄉之流悉歸小浮橋，不復散漫於北矣。自是之後，三十九年，決徐州狼矢溝。明年，決徐州三山，南出白洋河小河口。四十二年，決靈璧之陳鋪。四十四年，決祥符陶家口、張家灣，南入渦河，又決狼矢溝，北入泇河。

天啓元年，決雙溝，南出小河口。三年，決徐州青田大龍口，又決雙溝。四年，灌徐州城，乃遷治於雲龍山。至崇(正)〔禎〕[一]六年，自吕梁洪決而北入直河，滙成洪流。十五年，開封朱家寨之決又南流，自陳、潁入淮。蓋其大體雖歸於徐州古汴渠之道，而倏南倏北，終遷徙不常，莫能悉數，由是南北兩岸遂倚隄爲固。南岸，明初大河分泒並行入淮，故祥符至碭山至隆慶六年方有隄。而北岸務築隄以蹙河使南，故其隄爲尤多南河。考北岸縷水隄西接沁水詹家店隄，東歷荆隆口、銅瓦箱，踰曹、單至徐州、茶城，其在荆隆口、銅瓦箱間者，此必劉大夏所築新隄，曹、單乃劉天和所築，茶城爲朱衡所築，其西起詹家店隄則萬曆十六年增築也。

縷隄之北有舊老隄，白昂築陽武長隄以衛張秋，朱裳謂自原武至曹縣築長隄以防東北入海。正德七年接築曹縣位家灣北大隄百有十里，其後劉天和接築曹、單長隄，皆此隄也。

舊老隄東北有長垣、東明長隄，西起陳橋集，東至白茅村，及河南徙，長垣、東明去河遠，蓋此隄廢不修久矣。而曹縣黄陵岡之西，舊老隄之南，縷隄之北，其中有長隄焉。東訖飛雲橋，則所謂太行隄者也。舊老隄止於曹、單間，而單縣以東遂以太行隄爲在北遥隄云。當今隄工多沿明舊而其實多有不同者焉。

今河南、山東有所謂臨河隄者，而明《南河全考》有縷水隄，無臨河隄。按今《圖説》：舊時隨險築埧，攔水以護縷水隄於内。明季連爲長隄，號『攔水隄』，今更號其隄爲『臨河』，而明《南河考》之無此隄者，蓋其時攔水埧尚未

[一]『正』當作『禎』，清人爲避清世宗胤禛名諱而作『正』。以下徑改。

聯爲長隄。所謂縷水隄，爲防河首重者也。

今《河圖》單縣有臨河隄，其北有縷水隄，又其北爲舊存太行隄，於是號臨河隄爲三隄，縷隄爲二隄，蓋以舊存太行隄爲頭隄也。而曹縣之西惟封丘有縷隄五百五十丈，河南七岸皆無縷隄。蓋既倚臨河隄爲門户，縷隄止爲重門之障，故多廢不修，往往爲今月隄、夾隄、重隄、備隄胚胎，而今臨河隄亦有稱年遠老隄者。碭山以東兩岸則亦如明制，止有縷隄。又按：今宿遷縷隄亦或稱臨黄縷隄。臨黄云者，臨河也。蓋今江南即以縷隄爲臨河隄矣，則今河南、山東所謂臨河隄或間即明縷隄修築亦未可知也。今按《全河圖説》合之明制録河隄如左：

《全河圖説》謂兩岸隄工皆自滎澤縣始，其在北岸者，曰滎澤縣臨河隄，西起武(涉)〔陟〕，東至原武，八里七分。滎澤縣治在南岸。曰原武縣北岸臨河隄，自滎澤東界至陽武西界四十里。又有月隄三。《南河考》：有廟工口遥隄、賈家寨月隄，曰陽武縣北岸臨河隄，自原武東界至封丘西界三十八里有黑洋山月隄。《南河考》：有脾沙環埧，有張茂樓埧。脾沙岡者，萬曆四十七年北決之口也。陽武城故在南岸，與新鄉、汲縣分水，蓋河出其南，南河禹迹愈變。曰封丘縣北岸臨河隄，自陽武東界至祥符西界三十四里，中間于家店、中欒城、荆隆口最著(明)〔名〕。荆隆口即金龍口也，有縷水隄一、月隄五、格隄一。格隄者，横隄也。《南河考》云：荆隆口，萬曆十五年之決，築遥隄，長二千九十丈。又云：陳橋集西抵荆隆口，東連馬家口，每歲加工修守。《川瀆考》：陳橋集在縣東南四十里，與祥符接界。封丘者，古封父國也。曰祥符北岸臨河隄，自封丘東界至陳留西界五十里有月隄十、夾隄一、重隄一。曰陳留縣北岸臨河隄，自祥符東界至蘭陽西界一百十丈又有回回寨月隄。祥符、陳留、蘭陽及儀封縣治皆在河南岸。曰蘭陽縣北岸臨河隄，自陳留東界至長垣西界四十里四分，中間銅瓦箱最著名。銅瓦箱在陳留、蘭陽間，決河入張秋之道也。又有月隄三，《南河考》：有陳留寨、銅瓦箱遥隄，有馬坊營月隄，有岔泥河。曰長垣縣月隄，自蘭陽東界至儀封五百五十一丈。曰儀封縣北岸臨河隄，自長垣東界至曹縣西界共四千六百五十五丈，又有月隄七。《南河考》云：煉城口每歲加護，此今河南大河北岸之隄也。曹、單二縣俱在大河北岸。曰曹縣臨河隄，大河自儀封歷考城界三十里，過曹縣又一百四十里而至單縣西界，考城縣治在河南岸，其隄附曹縣修防，故曹縣臨河隄共一百七十里。臨河之外，縷隄、月隄、遥月隄、備隄、裏河隄、護隄、戧隄、小戧隄、格隄甚夥，而銅奶奶廟尤稱險要。曰單縣臨河隄，自曹縣東界至江南碭山西界六十里，有月隄六、格隄一，有縷水隄五十四里，又有太行隄六十九里。太行隄舊長三百六十里，今既有臨河隄，又有諸隄爲外護，故太行隄廢不修，止存此六十九里在單縣云。《南河考》：正德七年，曹縣築北大隄，自位家灣至雙堌集八十里，又接築三十里，此隄蓋西與舊老隄相接。而黄陵岡之南有賈魯河，又有芝麻莊、陳隆口，有劉滿莊月隄，又有王家垻。曹縣北有曹州雙魚決口。《川瀆考》有楊、孫、焦家諸決口，而梁靖口在曹縣東南，近歸德府，大河北岸是爲趨小浮橋之道，所謂四支分流之一也。《嘉靖實録》：十四年，河臣劉天和於梁靖口東行岔河，添築壓口縷水隄，又於曹縣八里灣至單縣侯家林接築長隄。此長隄當與位家灣雙堌大隄相接，蓋山東大河北岸之隄如此。

而今河南大河南岸之隄，曰滎澤縣南岸臨河隄，西起舊城北，東至鄭州，長十二里。《南河考》：滎澤縣縷隄西起廣武山，東至祥符，而滎澤東南有孫家渡月隄。曰鄭州臨河隄，自滎澤東界至中牟西界四十五里，《南河考》：有黄煉集遥隄。鄭州者，鄭武公徙居此州。東有莘城，史伯所謂『前莘』者也。曰中牟臨河隄，自鄭州東界至祥符西界四十三里七分，又中間錯以陽武隄四里七分。《南河考》：縷隄外有月隄。曰祥符南岸臨河隄，自中牟東界至陳留西界七十七里，其月隄甚夥，府四面有護城隄。《南河考》云：隆慶六年築縷水隄，自祥符東至碭山乃止，又有劉獸醫遥隄，有陶家店遥隄，有張家灣時和驛遥隄，有陶家大垻。《川瀆考》：府西三十里有蘇村，府西二十里有杏花營，府東二十里有陳橋及劉獸醫、陶家店、張家灣，皆歷代決口，祥符當正統既決之後，復大決於天順五年，周王以下至乘舟避水。至崇禎十五年城西北七十里朱家寨之決，闔城被禍，蔓延陳、潁間，水退而城郭屋宇皆填淤在下，遂即其上重加興造，以成都會云。祥符西南二十里有四府營舊河，劉大夏嘗濬之，祥符爲開封府治。留見《公羊傳》，後屬陳故曰陳留。曰陳留縣南岸臨河隄，自祥符東界至蘭陽西界十五里。曰蘭陽縣南岸臨河隄，自陳留東界至儀封西界隄二十五里有月隄。《南河考》：有趙皮寨、李景高口遥隄二千三百五十九丈。儀封者，衛邑也。曰儀封縣南岸臨河隄，自蘭陽東界至考城西界四十七里有月隄一。《川瀆考》：由儀封至睢州，乃及考城，州去河七十里，河隄非州所繕也，州有野雞岡及孫繼口。曰考城臨河隄，自儀封東界至商丘西界五十里，縣城有護城隄。考城，故戴國也。曰商丘縣臨河隄，自考城東界至虞城西界三十六里七分，有月隄七、舊隄二、老垻臺一。《南河考》云：萬曆二十年河決蒙墻寺，築王家大垻。又載新集、丁家道口、賈魯河故道在縷隄之南。商丘爲歸德府治，古宋國，去河遠，少河患，河日南徙，災始及焉。元大順、明正統兩在河北，已而仍在河南。商丘有入淮之道曰飲馬池。曰虞城縣臨河隄，自商丘東界至碭山西界八十三里三分，中間有黄堌垻，又有月隄六。《川瀆考》：黄堌口下有李吉口，虞城西北有曾如春所開王家口新河。《南河考》：虞城東爲夏邑、爲永城，今圖不載，蓋河隄非二縣所繕也。商丘之北岸爲曹縣，虞城之北岸爲單縣。曹縣，隋濟陰縣，唐爲曹州治，金大定河圮，徙州治舊乘氏縣，明初又徙州治盤石鎮，而以治爲縣。自太行長隄成則張秋之患息，而曹、單當衝。是時河患以曹爲首，而單次之，與宋澶、滑無以異。

大抵河由北道趨於海，其途必由澶、滑；河由南道趨於海，其途必自曹、單。《兖州府志》云：兖州地平土疎，較河南尤卑下，恐異日河水不由南行，而俱東注，釀成大患，故山東治河莫先曹、單。乃知曹、單河患當更危於宋澶、滑也。單縣，故單父也。大河北岸曰豐碭汛，自單縣歷碭山北(竟)〔境〕，過豐縣，至徐州西界李道華樓，計程七十三里，皆有縷水長隄。《南河考》：碭山縣北境有堅城集月隄斜垻，有朱旺大垻，有豐縣清水河月隄，有邵家垻，有秦溝上流故道。秦溝在徐州北三十里，有華山，有沛縣飛雲亭。舊運河在沛縣北，昭陽湖又在舊運河北。又回回墓支河有留城口，沛以河北徙遂近河。萬曆三十四年，小浮橋故道復，沛仍與河遠如故。今河隄非沛所縮，故不載。曰徐州大垻汛，自李道華樓至邳州西界計程百九十八里，而李道華樓東無隄者九十里，中間有大穀山隄四百四十七丈，有減水石垻，有蘇家山天然牐。蘇家山東乃有陡山，至子房山縷隄千三百十五丈，鎮口牐在焉。今《圖說》謂徐州城南地窄，難容漲水，城北寬廣，故不築隄，水漲俾得展轉入運河。按：明朱衡築縷水隄，自茶城秦溝而西。茶城在徐州西北三十里，蓋徐州北岸無隄者三十里。萬曆十七年，潘季馴增築塔山長隄，而鎮口牐以西遂皆有隄。是時漕道去河近而爲隄以防黄流逸入，此明隄，今所無者也。鎮口牐之南有濁河故道，鎮口牐之東則大浮橋、小浮橋也。《川瀆考》徐州北五十里曰大溜溝，又北十里曰小溜溝，今《河圖》鎮口牐東至吕梁城，中間有狼矢溝險工及月隄，有長樊大垻險工。《南河考》：有長山遥隄在狼矢溝北吕梁城，臨吕梁洪有上、下二洪，異時激水巉巖，嘉靖時巉削就平。明時吕梁城以東即有縷隄，又有遥隄，而今《河圖》自吕梁之東歷群山，至董家山乃有遥隄百八十二丈，盧家山有遥隄千四百八十二丈，明時有隄者，蓋今無之。其又東曰邳州汛，自邳州西界至東界直河口，計程八十二里。黄山、郭巨山、鳳凰山、蛟龍山之間皆無隄，此亦明隄，今所無者也。自白馬山劉家寨以東，乃有縷隄，歷羊山寺、塘池、董家堂、馬船幫、宋家莊、戚家堡、青墩營，中間月隄、遥隄、撑隄不一。《南河考》：徐州北岸縷隄、遥隄至邳州直河口，止遥隄在邳州舊城北。又北有蛤蟃湖、周柳湖，又北爲泇河。

大河南岸曰碭山縣汛，自虞城東界至蕭縣西界，縷隄八十里。有毛城鋪、石牐、大石垻。《南河考》：碭山縣有朱旺口，近賈魯故河，有蘇莊決口。曰蕭縣汛，自西界至徐州西界，縷隄六十五里。《南河考》：有趙家圈，有兩河口。曰徐州郭工汛，自西界至三山頭，計程六十六里，有王家山縷隄及天然石牐，有韓家山隄及月隄。明隆慶南岸縷隄止碭山西，碭山之東至韓家山乃有石隄，此今隄明所無者也。韓家山之東有郭家觜險工，東爲徐州城，有雲龍山隄，有護城石岸，下有洪奎山店隄、遥隄。《南河考》：徐州城南有永堌湖、姬村湖，有青田埧。曰徐州小店汛，自三山頭至靈璧西界，縷隄四十九里三分，有楊横莊、曹横莊、楊家窪、韓埧小店月隄，有房村。《南河考》：有三山決口，三山以東有縷隄、有遥隄。曰靈璧縣汛，自西界至衛工頭，縷隄三千九百四十八丈。有臨河子隄、有墨家口隄。《南河考》：靈璧縣有陳溝、雙溝決口，曰睢寧縣汛，自衛工頭至峰山，縷隄共千三百四十五丈。有龍虎山、峰山、四牐，四牐西抵毛城舖，共減水牐九，皆所以洩黄水之怒也。自四牐東歷武家營、王家堂、戴家樓，至宿遷西界古隄頭，縷隄共萬五千八百六十六丈八尺。又有月隄、子隄、格隄。

《南河考》：三山遥隄至睢寧縣東止，此碭山、豐縣、蕭縣、徐州、靈璧、睢寧、邳州大河兩岸之隄也。碭山曾在河北，今仍在河南。蕭縣者，古蕭國也。徐州者，古彭城也。自嘉靖八年至天啓四年，河凡十餘決於徐州，竟遷州治雲龍山焉。邳州，古下邳也。大河北岸邳州汛之東曰宿遷阜河攔黄埧汛，自直河口至張莊運口，縷隄五千九百十六丈。有阜河攔黄埧，有支河口，有舊中河口、新中河口，有駱馬湖、竹絡埧，曰宿桃中河。通判管轄隄自張莊運口至矮隄頭，縷隄二千七十四丈。自矮隄頭至吴家墩則馬陵山坡也，故無隄。馬陵山在宿遷城北。曰宿遷大古城汛，自吴家墩至大古城，縷隄八千一百五十八丈五尺。《南河考》云：自直河至古城，因河外諸湖以蓄漲水，河外高岡乃天然遥隄，故不復議築，此則今隄明所無者也。所謂諸湖者，駱馬湖、黄墩湖、侍邱湖也。曰桃源九里岡汛，自古城至河北鎮，縷隄八千十二丈五尺。中間崔鎮、徐昇石埧，今塞崔鎮。在桃源西北三十里有滿家灣引河二，有張家莊引河。曰桃源縣雞觜埧汛，自河北鎮至清河西界駱家營，縷隄六千八百二十九丈一尺。中間季太、三義石埧。有磯觜埧，今塞。有黄家觜，有三岔險工。《南河考》：有遥隄自古城至黄家觜止。

大河南岸睢寧汛之東曰宿遷縣蔡家樓汛，曰宿遷縣陳家道口汛，自古隄頭東至白洋河，計程六十三里七分，縷隄共萬一千四百六十七丈九尺。有蔡家樓、彭家堡、徐家灣、陳家道口險工，有徐家灣臨河隄，又有月隄、總月隄、老隄，有小河口，有白洋河。歸仁隄在宿遷西南。《南河考》：三山縷隄至宿遷城南止，白洋河之東有白鹿湖、邸家湖。曰桃源縣烟墩汛，曰桃源縣龍窩汛，自白洋河至清河西界駱家營，縷隄八十八里。有烟墩險工，有張莊、談莊險工，有月隄。《南河考》：桃源西南爲泗州，烟墩以西今長隄皆明所無也，烟墩以東明乃有長隄，至張福、王簡口，此宿遷、桃源大河南岸之隄也。宿遷，古鍾吾子國，晉宿豫也。大河北岸桃源縣雞觜汛之東曰清河北岸汛，自駱家營至中河口西岸，縷隄二千三百四十丈。中河口在清河縣治西北。自中河口西岸東至山陽西舖溝，縷隄六千四百六十三丈一尺。有陶莊引河，有楊莊引河，有王家大壩，有王家營。《河防一覽》：鮑家營當王家營之上，訾家營之下。《南河考》：清河縣北有老黃河淤，有長隄至草灣支河。曰安東汛，至四舖溝歷顔家河，至安東縣東門，縷隄九千百四十一丈八尺。有新草灣，有邢家河險工，有時家馬頭險工。《南河考》：有草灣河，有赤晏廟。曰安東上河汛，自東門至彭家灘，縷隄八千九百三十三丈。有汪莊二塘險工，有磯觜，有月隄，有茆良口。曰安東下河汛，自彭家灘至雲梯閣，縷隄八千七百十一丈五尺四寸。有龍潭口險工，有老隄頭佃湖磯觜。曰安東北岸汛，自雲梯關過欽賜大通口至六套，縷隄八千一百四十二丈五寸。有薛套，共十套。《川瀆考》云：黃、淮並流，勢盛，流疾，海潮若迎若遏，互相回旋，謂之海套，蓋皆湍激所成也。《南河考》：安東縣有伍港口，所謂欽賜大通口者。我皇上命河臣張鵬翮毁董安國所築攔黃壩而黃、淮入海之路爲之大通，故遂以是名之也。大通口北有馬港口，甚窄，爲攔黃壩引河入海之口，今淤清河、山陽、安東三縣。大河北岸計程共二百四十餘里，而南岸西起清河西界，東訖海口，計程共二百六十餘里。

桃源龍窩汛之東曰清河南岸汛，自清河西界至張福口，縷隄三千五百十丈。有張福口横隄，有挑水御壩，有新築挑水順隄，有清口西壩、東壩。清口之南有張福口引河，有天然河，有張家莊引河，有裴家塲引河，有帥家莊引河。清河之東南爲高家堰清口者，泗水入淮之口，《禹貢》所謂『東會於泗、沂』者也，命曰泗口，亦曰角城，其曰鴨陳口，曰馬頭口，皆此口也。泗水號爲南清口，在縣西三汊口，分大、小清河。大清河由三汊口逕縣東北合淮，歷魚溝入海，嘉靖初淤，蓋即所謂老黃河者也。明人或謂爲東會泗、沂故道，非也。《錐指》謂爲近世決河入海之道，亦非也。小清河則清口是也，大河在清口入淮，每苦濁流倒灌爛泥淺，裴家塲在明世號爲『門限沙』。我皇上深知河流之足以遏淮、蹙淮，使淮不得北出清口而無所歸也，特命築挑水御壩，捍黃水毋南下。又於北岸開陶莊引河以引之，而堅築高家堰以束淮水使北，首又開張福口諸引河，廣闢清口，引淮與黃會而刷黃沙以入海，於是清口通利而陶莊引河遂爲大河北岸經流云。

清口之東爲運河口，運河口之東北有甘羅城隄、有卞家汪工、有天妃壩、有惠濟祠工。自此折而東入山陽界，曰山陽外河汛，自季家淺至三岔，縷隄萬一百九十五丈。有王公隄石工，清江浦直王公隄，南有龍江牐、如老壩口、大小車路口、朱家溝、洪福莊皆險工，有兩車路口月隄。洪福之東爲草灣口，而柴市湯、董莊、上張莊亦險工。柴市直淮安城北，曰山陽上河汛，自三岔至桑家營，縷隄八千八百九十七丈三尺。而尹莊、韓莊亦險工也，有引河二道以分水勢，而新港、周家渡、唐家堡、小茭陵、何莊大茭陵皆險工。曰山陽下河汛，自葉家營至安東界陳家社，縷隄萬三千十二丈。而胡家莊、董家營、左家口皆險工。曰安東南岸汛，自陳家社至陸家社，縷隄萬二百六十一丈五尺。陳家莊、西磡、掌家港皆險工。按今《河圖》自草灣至大茭陵縷隄，外有重隄二層，其最在南者曰汰黃隄。自大茭陵之東至陸家社縷隄，外有重隄一層，而《南河考》則自甘羅城歷王公隄、鉢池山、方新二壩、西橋禮壩，過淮安新城、范家口石隄、劉伶臺、柳浦灣、高嶺、戴百户營、羊寨巡司，不過長隄一層，鉢池山以東隄已去河遠，在今隄之南，此亦隄工之今昔異致也。

南岸重隄之南有廟灣海口，淮安府城之東有澗河，又東爲射陽湖，又東即廟灣海口也。廟灣海口之南爲鹽城海口，爲白馬草堰海口，爲車路口、丁溪海口。北岸雲梯關之北爲灌口，爲潮河。潮河亦曰鹽河，中河所從入海者也。潮河分爲二：曰南潮河、北潮河。北潮河之北爲海州海口，大河合淮水至雲梯關入海，在古揚州域，北距禹碣石古冀州之域東北境，中間更歷兗域、青域、徐域，蓋千八百里云。山陽爲淮安府治，地在射水之陽，漢有射陂，廣陵王相勝之奏奪王射陂葑田予貧民，張晏所謂射水之陂也。安東，漢淮浦也，今既録兩岸河隄於右方。而明人之建隄築垻及其他補偏救弊惟是爲務，用以暫安一時，苟免一方，乃班固所謂國之利害宜多聞而識之者，謹撮其大凡如左。

所謂太行長隄、金龍口新隄者，劉大夏所築以衛張秋者也。蓋黃陵岡居張秋上流，金龍口又居黃陵岡上流，大夏既分河爲四泒，南流以殺水勢，遂於大河北岸黃陵岡左右因舊隄築太行長隄，起胙城，經滑縣、長垣、東明，抵曹、單，盡徐州，凡六百六十里。又於金龍口北岸築新隄一百六十里，以蹙河使南而永絶其北流，其疏稱：『排障百川，悉歸東南，由淮入海，蓋所謂以黃避運之法也。』張秋遂賜名安平鎮。然張秋運道安而魚、濟、徐、淮運道危矣，蓋自古治河之變自是，始故首及之。

所謂曹單長隄者，自築太行長隄後六年河決曹、單而患萃於二縣，嘗北延及城武、金鄉、魚臺、濟寧，一望在洪濤巨浪中。嘉靖十四年，河臣劉天和自梁靖口東至岔河口築壓口縷水隄，又自曹縣八里灣東至單縣侯家林築長隄，蓋其患稍紓十餘里，而其後又時時見告，至萬曆之世，單之患又甚於曹而泇河之議起焉。

所謂茶城南北長隄者，蓋盛應期謂大河自正德來汴南支流俱湮，全河東下至徐、沛入漕，汴河自是無患而徐、沛當衝。隆慶四年，翁大立謂邇來河患不在河南，不在山東，不在豐、沛，在徐、邳。而是時工曹之議亦曰：自弘治時劉大夏治河而河南患息，自嘉靖初築曹單長隄而山東患息，自新河成而豐、沛患息。於是使朱衡、萬恭綰河工以專事徐、沛，而此二人者顧舍泇河良策而惟務築垣居水也，則於北岸築長隄，西至茶城，屬之曹單縷水舊隄；東自茶城，至於宿遷清河，曰此所以防河之北入而運道淤也。則又於南岸築長隄，西自碭山，至祥符東，亦自茶城至宿遷清河，曰此所以防河之南出而正河淤也。時隆慶六年也。其後潘季馴又於徐州東增築南北遥隄，楊一魁所謂季馴創築遥隄以束全河是也。此其捍黃流以全運道，或者謂爲河流賴以得安。然牛應元謂徐州河決，當事無可如何，旁河兩岸築長隄以束之，名曰縷隄。縷隄復決，更於數里外築長隄以防之，名曰遥隄。歲決歲補，莫可誰何。蓋季馴罷後而廷論如此。

夫自明初大河分道，南流入淮，北流亦尚未絶，及太行長隄、金龍口新隄成，盡塞北流，而猶分南流入淮之道爲四，正德時漸并爲一。嘉靖時河臣復建議分導，如滎澤之孫家渡、蘭陽之趙皮寨及祥符之董盆口，寧陵之五里舖，楊村舖，睢州之地邱店、界牌口、野雞岡，分流從亳、壽諸州縣入淮，南流仍未絶也。其後二十年間，南流之道又復漸淤，及茶城是役盡塞支流之口，季馴操之益亟，北岸自曹縣以下無入張秋之道，南岸自虞城以下無入淮之路，而大河洶洶焉盤束迫蹙於一道之中，所謂欲北不得，欲南不得者也。由是混流下赴愈益，壯猛難禦，每遇水發，隄上加隄，水勢轉高，徐州卒至遷治於雲龍山而其禍災之萃尤在揚、淮間。劉堯誨謂河至徐、邳，如大軍既敗而潰，雖有善將銛鋒，勢難約束使之就伍。今之築隄防河，無異喞木填海，盡南山之木，無益於海；盡淮、徐之土，無益於徐、邳。每至伏秋，白浪如山，拔地數仞，奔雷倒海，不足爲喻。丈隄尺土，適以益其怒而恣其暴，痛乎！

徐、邳之勢如此，而下流之爲害所謂禍殃尤萃於淮、揚間者，蓋自嘉靖六年河至山陽入裏河而沛患始移於淮安。漕臣王宗沐謂嘉靖中年以來無歲不被水，而其最甚莫如隆慶三年、萬曆元年，民至棲樹巢塚以救旦夕。而是時郡人胡効謨亦謂頻年河自徐州下清口，雷震憑怒，恍惚神鬼，横截淮水，倒灌洪澤湖以注山陽，又南入白馬、寶應諸湖。山陽平地，常停水三四尺，雨集水深丈餘。自是以後屢潰決不已，至二十三年患稍弭，而天啓元年又大決於王公隄，三年復決於磨盤莊，而其禍且滋興而未知所終極也。

所謂南陽新河、泇河者，皆以運避黃之法也。楊一魁謂明初全河出亳、壽之交，徐、邳運道原不資河。按：洪武時東北一隅供億取給本地，未嘗轉東南之粟以餉北平也。永樂初海陸並運，所謂徐、邳運不資河者當在此時，而九年河循故道，與會通河合，即資之以濟運。論者謂引河入漕始自景泰時，其實不然。蓋是時河分數泒並行，其支流入漕者不過居清水之三，命曰黃三清七，故徐、邳之間皆清流也。其後牐河水政廢弛，占湖爲田，泉流枯槁而河流東注於漕者日盛，因其勢以濟涸。清口以西歷邳州，至徐州，遂假河流以漕，朱衡所謂今徐、邳漕河即黃河是也。漕者每苦河流湍悍及於覆溺，而徐州之北漕、黃既分，運道南近大河，尤多衝決之憂。正德時大河北徙，支流盡塞，獨存飛雲橋一道，水大難容，且去運河益近，恣其潰壞而運道遂塞，至此假途昭陽湖以行。盛應期請於湖東滕、沛、鄒縣、魚臺間別開新道，與河相避，而以湖委河，爲散漫之區，其工垂成而止。嘉靖四十五年，朱衡卒如應期指，開南陽新河，起自徐州留城，歷沛縣夏鎮，至魚臺南陽牐，自是徐州以北運道去河稍遠，翁大立謂新河實勝於舊河也。然運道暫通復阻，大立於是請開泇河，益與河相避，潘季馴、萬恭尼之而止。

其後論者屢以泇河爲請，至萬曆三十二年，李化龍決策開之而人果稱便焉。泇水有二，東泇出沂州西北箕山，南流分一支入芙蓉湖，灌稻田數千頃，所謂瑯琊之稻是也。西泇出嶧縣抱犢山東，南流與東泇合，貫四湖，溉田倍。芙蓉又南合武河，入泗謂之泇口，南流至邳州合沂水入河。武河亦曰小沂，其上流有故渠曰文河，元人謂浚此渠通沛，可避徐州二洪之險。及翁大立倡議開之，而其功卒成於李化龍。蓋化龍之言曰：『黃河者，運河之賊也，用之一里則有一里之害。』於是決策開泇河以避之，自邳州直河口至沛縣李家口，屬於南陽新河之夏鎮，凡二百六十里。異時水程自留城至夏鎮三百六十里，至是徑捷於舊百里。自留城至邳州舊城北直河口，自直河口以西至於徐州，不假河流以漕，而二洪之險遂遠。漕船向稱過洪，兹稱過淮，一時賴其利焉。

孫承宗曰：『漕如身，然蘭陽而上爲肩，單縣而下爲腹，夏鎮而南爲股。河決蘭陽，經東、長，濫曹、濮，則横決張秋而肩背潰；決單縣，則横截穀亭沽頭，入昭陽湖而胸腹潰；決夏鎮之蘇莊，則東西鎮口遂爲河奪而股脛潰。劉公大夏治其上，法在以河避運，於是塞黄陵岡以保張秋。朱公衡治其中，法在以運避黄，於是開南陽湖以安徐、沛。近開泇河，稍倣南陽。然南陽之役，遏黄河之入沛者歸秦溝，而疏支河殺薛、沙〔二〕水之勢。今欲全泇河，則朱旺口之大挑何可緩也？』

是時泇河既開，遂挑朱旺口以復小浮橋故道，而泇河竟安矣。自泇河開後二十年，河臣欲更避河險，乃挑駱馬湖隄三十里，自董溝、陳溝入湖以入泇。已而駱馬湖淺澁難行，則開皁河四十里以入於泇河。然自清口入皁河口，假河流以漕者尚二百里，逆流挽舟，公私猶以爲病也。康熙二十七年，河臣靳輔引駱馬湖水開中河，建仲莊石牐於清口對岸，使漕船由此牐進中河以入皁河，避河險二百里。四十六年，有詔東開楊莊引河，放漕船順流以達於中河。由是盡避逆流之險，風濤無阻，運道通利，亘古莫及。

所謂會通河者，元人轉漕於燕之道，明人因其舊而修之者也。元自伯顔建議海運，歲至運米三百六十萬石至京師也。終元世倚海運爲重，然亦兼資會通以漕。當至元二十年，自濟寧開河，至東平安民山，一百五十里。二十六年，又自安民山開河，至臨清，二百五十里。屬之御河，以達於天津，名曰『會通』。而《元・河渠志》：會通河起須城安山西北，至臨清，長二百五十餘里，建牐三十有一。須城者，東平也。安山者，即安民山也。《元志》不言起濟寧至東平，而下文所敘至臨清、通濟三牐，南至安山牐，凡十四牐，二百八十二里。蓋所謂起安山至臨清者此也。又自安山牐南至濟州，又南至徐州，凡六百里，皆其建牐之地。而《都水分鑑》稱『會通河、沛縣金溝沽頭諸處地形』云云，則自徐、沛以北建牐之所，元時皆通謂之會通河。其止言起須城至臨清者，史文之疎也。

明洪武初，會通河猶存，原武之決河，漫安山湖而南，其道始湮。是時建都金陵，西下江湖之粟，東輸兩浙之漕，至便利矣。五年以後，時由海道運糧以餉遼東。成祖居燕而海陸兼運，海運歲八十萬石，陸運歲四十五萬石。陸運者，漕船自淮河、沙河至陳州，入大河至陽武，乃舍舟陸走以抵御河也。沙河者，汴水之支流，東南至懷遠入淮者也。沙河亦曰蔡河。已而以海險陸費，用潘正叔言，命工部尚書宋禮等濬會通河。十三年，河成，海、陸之運皆罷。而宋禮之濬會通河也，大抵因元人之舊，而元人引汶入洸，又引泗、沂二水入洸，以出濟寧會源閘，入於運渠，猶聽其分流東北入海。故南旺之間水淺，舟膠不任重載，至是則築戴村壩，遏汶水毋東流，俾盡入南旺而水深廣，利於轉漕。戴村在東平州東二十里，南旺在濟寧州北三十五里，地形最高，水至此，南北分流，運河之脊也。自南旺北至臨清，地降九十尺，爲牐十有七而達於衛河。自南旺南至沽頭，地降百一十六尺，爲牐二十一而達於徐州。創造運船，底平艙濶，受載不深，得水六筝而足。六筝者，三尺也。汶水出萊蕪縣原山，合牟汶、北汶、柴汶、嬴汶、小汶，至安山入於濟，至戴村壩之築而安山入濟故道塞矣。自汶別出者曰洸，猶洛之有波也。汶水既全入於南旺，又引濟南、兗州七十二泉以分入諸牐，又以南旺、安山、馬場、昭陽四湖爲水櫃，漕河水漲則減水入湖，涸則放水入河，各建牐、壩，以時啓閉，而會通之漕利矣。

會通河謂之泉河，亦曰牐河，所謂牐漕者也。牐河至臨清與衛河接，衛河濁而盛，牐河清而弱，建牐其間，以防衛水之漲而灌入牐河。又有三年二大挑之法焉，漕河至衛河始無啓閉之阻，安流以達天津，所謂衛漕者也。漕舟自天津又北至武清，又北至通州、太倉，皆白河之流也，曰通惠河，亦曰大通河，所謂白漕者也。白漕之南曰衛漕，衛漕之南曰牐漕，牐漕之南曰河漕，曰湖漕，曰浙漕，是曰六漕。自徐州南至淮安爲河漕，六漕中河漕最險，自泇河及新、舊中河成而河漕之險免矣。自淮安南至於江都爲湖漕，揚州以南爲浙漕。所謂浙漕者，胡三省所謂今浙西運河自杭州達鎮江府入大江是也，今水經謂之南運河。所謂湖漕者，俗謂之裏河，蓋浙西漕糧自瓜（州）〔洲〕壩達於揚州，上江及江西、湖廣漕糧自儀徵達於揚州，而自揚州歷高郵、寶應至於淮安，漕道凡三百有十里，朱子所謂邗溝運河也。其所資者陳公塘、句城塘、上下雷塘、小新塘及邵伯、甓社、樊良、新開、氾光、津湖、白馬諸湖之水。邵伯鎮有越河十八里，萬曆二十八年開也。高郵有康濟越河四十里，弘治三年白昂開，或曰洪武中舊道，昂重闢之也。界首鎮有越河十八里，亦萬曆二十八年開也。寶應有弘濟越河三十六里，萬曆十三年因洪武時直渠而濬之也。寶應又有北月河百三十丈，南月河百五十丈，萬曆四十一年開也。皆明人所鑿以避湖險，要爲自昔轉運舊道，雖小異，不遠也。

所謂邗溝者，南起江北，通射陽湖，抵末口入淮，吴夫差所掘也。《左傳·哀〔公〕九年》：『吴城邗溝，通江淮。』杜註謂之韓江，韓江亦曰邗溟溝。《漢志》江都：渠水首受江，北至射陽入湖。《水經注》中瀆水：首受江於江都縣，逕山陽城西，又東謂之山陽浦，又東入淮。所謂渠水，所謂中瀆水者，邗溝也，其水固自江而北入於淮也。晉永和中江都水斷，乃於歐陽引江入埭六十里至廣陵城，而陳敏又穿樊渠，下注津湖，徑渡十二里達北口，蓋自此始爲直逕。興寧中，復以津湖多風，又緣湖東岸二十里穿複河避之，其道則在邗溝故道之西矣。蓋邗溝首受江處已改，又變曲爲直，而水之自南而北如故。隋開皇七年，開山陽瀆通漕運，蓋即其道也。八年，燕榮伐陳，舟師乃不出淮而出東海，則山陽瀆雖稍廣，猶不勝戰艦。至大業初，大發淮南兵夫十餘萬開邗溝，自山陽至揚子入江三百餘里，水濶四十步，可通龍舟。蓋自是淮水乃自北而南流入江，與曩時異。朱子所謂自高郵入江，不得爲泝也。末口亦曰北口，山陽縣北五里之北神堰也。煬帝既開廣邗溝，又穿江南河，自京口至餘杭八百里，廣十餘丈。京口者，鎮江也，後世大抵從此爲轉輸之道。朱子謂邗溝運河皆築埭置牐，儲閉潮汐以通漕運。則其別鑿複河、築長隄其旁以避湖險，蓋自昔有之。明時特祖述其遺制，故曰雖小異，不遠也。而昔之爲隄者，晉謝安鎮揚州，築埭曰邵伯，而隋渠之旁皆築御道，樹以柳，自長安達江都，所謂隋隄者也。

高郵平津隄，唐李吉甫所築也。宋熙寧五年，用陳損之言，自江都至淮陰三百六十里，立隄堰爲瀦泄，而津河中心之有隄亦自宋始。明人蓋因前世之舊而修治之。洪武九年，修高郵、寶應湖隄六十餘里，其後謂之老隄，又曰西隄。宣德七年，築高郵、寶應、氾光、白馬諸湖長隄。成化八年，治揚州至淮安湖塘，造牐⿰石建，引塘水濟運。弘治時，白昂築高郵中隄、東隄。萬曆四年，修高郵西隄，改挑康濟越河，改築中隄。舟行西隄，中隄間廢，東隄不用。五年，增築山陽運隄。十三年，修築高郵護城隄，所謂高、寶諸湖，周遭數百里，西受天長七十餘河，徒恃百里長隄者是也。又於運河東岸建減水牐、減水洞，水勢七尺以下則蓄之，即踰七尺，則自運隄減水牐、洞下東方諸湖而入於海，所謂『湖漕弗隄與無漕同，湖隄弗牐與無隄同』是也。自成化八年議濬運河身，河臣已有河身高於湖面之奏，故以淺夫淺船，取河之淤，厚湖之隄而爲之法，曰：但許深湖，不許高隄。蓋牐多則水易落而隄堅也，浚勤則湖愈深而隄厚也。其後畏修牐之勞，每壞一隄，即湮一牐；畏浚淺之苦，每湖淺一尺，加隄一尺，而淮南運道壞。於是萬恭請復諸牐，請復淺船淺夫，其言曰：『諸牐欲密、欲狹、欲平水，密則水疏，無脹悶之患。狹則勢緩，無衝擊之患。平水則湖溢，水從上透，湖涸，牐底截住，無啓閉之勞。高、寶、興化諸州縣無潰隄昏墊之苦，因而勿壞公私，百世之利也。』然設隄、置牐、濬淺固爲運道要務，要其本計，尤視黃、淮之治否以爲安危。隆慶三年，河決淮安方新二垻，寶應隄壞。四年，河決崔鎮，淮決高堰，河躡淮後，出黃浦，下射陽湖而高、寶隄壞。黃浦在寶應北二十里。萬曆元年，淮合黃，水幾嚙淮安西橋，截漕河東出。三年，淮復決高堰，黃躡淮後而高、寶隄又壞。十九年，淮、湖大漲，決邵伯隄、高郵中隄。二十一年，淮、湖復漲，高、寶諸隄一日壞者百十所。二十三年，河、淮決，高郵隄復壞，河臣楊一魁分導淮流以弭其患，而卒不能大有益也。界首北十里有子嬰溝，寶應北三十里有涇河，皆所以泄淮水而入於海者也。江都東有芒稻湖，則所以泄淮、湖之水而注之江者也。蓋河從北來，河身比淮爲高，而淮固有不能敵黃之勢矣。淮從西來，淮身比清江浦又高，故淮易於嚙運而黃又易於躡淮之後，灌入浦口以嚙運，而運道危而山陽以南俱危。而山陽西南之有高堰也，以寶應較之，則卑於堰之地一丈八尺有奇；以高郵較之，則卑於堰之地二丈二尺有奇；而高、寶隄東興化、泰州田大抵卑於高、寶隄丈許，其卑於高堰之地則不啻三丈有奇。黃水若倒灌清口，挾淮水以潰高堰而縱横於高、寶諸湖，則運道又危而山陽以北皆危，故曰『運道尤視黃、淮之治否以爲安危也』。

所謂清江浦者，明平江伯陳瑄所築也。古者江、淮本不相通，蓋夫差邗溝之役，《左傳》明言溝通江、淮矣。臨川吴氏澄曰：江北、淮南地高於水，雖曰溝通，江、淮二水之間掘一横溝，兩端築隄，壅水溝中，自江挽舟入溝，又自溝挽舟入淮，江、淮實未嘗通流，與《左氏》不合。《通鑑》胡注謂『夫差溝通江、淮而淮水低於溝水，後人立北神堰以防其洩』者近是。蓋江、淮之通，始自夫差，隋世復大開之，唐睿宗時魏景(倩)〔清〕引淮水自黃土岡通揚州，黃土岡在今清江浦北。而劉晏爲歇艎支江船二千艘，每船受千斛，自揚州遣將，部送至河陰上三門，號上門填闕船，則唐時江、淮之通流明矣。周世宗伐南唐，臨淮水，是時唐運渠已湮，戰艦阻北神堰，不能渡江。陳傅良氏謂六朝都建業，運道不由京口，南唐亦都建業，唐時運河以不由京口而湮，理所必致也。宋雍熙中，劉蟠議開沙河以避山陽灣之險，其後喬維嶽卒開之，河長六十里。舟行便之，即今清江浦運河是也。元末復以兵起而湮，明初自揚州舟行至山陽入淮，有埧爲之關隔，必以車盤過埧乃得泛乎淮流也。瑄因喬維嶽故道引水，自管家湖之馬家嘴至鴨陳口入沙河，築隄置牐以通漕舟，謂之清江浦。又恐黄水濁流灌入浦口以至淤填，乃設五牐，迭相啓閉，北曰新莊，以次而南曰福興，曰清江，曰移風，曰板牐。新莊牐亦名天妃牐，黄水即發則閉天妃牐，實土牐外，築土埧禦之，水定乃啓閉如常，而令民船仍車盤如故。萬恭所謂『河雖善淤，安所假道而犯及清江浦』是也。

自陳瑄鑿浦建牐後垂二百年，守其啓閉之節，中間僅景泰時河灌新莊牐，清江浦淤淺阻漕一事，餘歲未有聞焉。久之遺規廢壞，牐多濁流，舟行阻滯，乃改置牐浦南三里溝，名曰通濟。而異時新莊牐在河流南射西回、北向回溜之地，泥沙不停，風浪不及，及通濟牐之汊建，正當南射之衝，其爲患也滋甚。潘季馴移通濟牐於甘羅城東，去新莊舊牐不及一里，而嚴其啓閉之節，如陳平江時復築高堰長隄，修清江浦西長隄，又用科臣尹瑾言，清江浦河道照南旺例，三年兩濬，揚、儀河道如有淺阻，小則量濬，大則加挑，而運得安，時萬曆六年也。

所謂高家堰者，後漢陳登築堰防淮故址也。明初陳瑄修治之，潘季馴更加增廣，北起武家墩，南經大小澗，其長至八十里。季馴《河防一覽》云：高堰南有越城、周家橋、翟埧，地稍亢，淮水大漲，從此溢入白馬湖，水消仍歸陸地，蓋藉此以殺淮漲，即黄河之減水埧也。若一概築隄，非惟高堰難守，即鳳、泗亦危矣。按：高家堰之西爲阜陵、泥墩、萬家、洪澤湖，諸湖之西爲淮水，淮水奔流至泗州，東激於龜山之横亘，則益折而北，而諸湖環滙於東岸，故淮水泛漲，恒於斯，歐陽子《泗(水)〔州〕先春亭記》所謂『暴莫大於淮』者也。宋發運使許元自淮陰開新河，屬之洪澤，皮公弼又修洪澤(湖)〔河〕，皆所以避長淮之險。其後蔣之奇謂上有清汴，下有洪澤，中間風波之險不過百里，乃自龜山蛇浦至洪澤，鑿左肋爲複河以避之。是時大河自澶、濮而北，去淮流甚遠，而漕船欲避長淮之險，則道由洪澤，是則淮水本不與諸湖合并爲一也。洪澤(湖)〔河〕東岸有洪澤鎮，又東乃有高家堰，湖水未嘗至堰下也。明初河雖入淮而數泒分流，全河未嘗并力以趨清口，當隆慶時而河、淮之肆暴於淮安也亟矣。然諸湖猶在淮水東，與淮分道而行，至清口乃入於淮。而湖之東岸有高地、低地，民田、土城，湖水尚未與堰相接也。自黄流迫束於徐、邳一道中，其遏淮之勢益猛而淮遂挾諸湖之水溢於堰下。季馴力持以隄束水、借水攻沙之策爲以水治水良法，遂增築此堰，藉以束湖助淮而刷黄水之沙也，而命之曰淮、揚之門户，黄、淮之關鍵焉。然留越城以南爲淮水天然減水埧，後人猶患其疎，乃并此築之，而設塘埂減水六埧，以洩淮水、湖水之波於寶應、高郵諸湖云。

所謂西長隄者，淮安大河南岸之隄，漕臣王宗沐因北神堰故址而築之也，後人謂之王公隄。隄自清江浦歷鉢池山，至柳浦灣，六十里。宗沐《淮（安）〔郡〕二隄記》謂高家堰抗淮於西南，長隄障河於西北。其後潘季馴又增築長隄，自柳浦灣以東歷高嶺至戴百户營，由是長隄起清江浦，凡百三十里。及河自西橋北徙，而以草灣支河爲經流，鉢池山以東之隄去河稍遠，而俗遂徒號隄之在清江浦者爲王公隄云。

所謂歸仁隄者，潘季馴所築，以護高堰者也。睢水之入河，在小河口、白洋河，而小河口、白洋河之下有白鹿湖、邸家湖，湖之下爲淮水。自黄河之身日高，睢水地卑，黄水反挾睢水、湖水侵淮，而高堰危而正河愈淤。歸仁隄之築，所以禦之使黄不倒灌而睢水得出於小河口、白洋河也。然小河口、白洋河塞，歸仁隄雖堅無益也。睢故入泗，大河既挾泗會淮，睢遂入河，而明《漕河圖志》乃竟以黄河稱之云。

所謂草灣河、呰家營、黄家嘴支河者，皆所以分導黄流也。大河掠淮安城北，自西橋東北流。嘉靖三十年，河決自草灣口，而正河遂淤。草灣在西橋北，未幾決口，自塞河歸故道。萬曆四年，開草灣支河以殺水勢，其後牛應元又請疏草灣下流，達安東五港灌口入海。蓋自明末草灣之流既通而西橋故道竟淤，遂以草灣支流爲經流焉。呰家營在清河縣東北，常居敬請於此開支河，分引河流東入草灣河，出赤晏廟，復歸大河，潘季馴阻之而止。而呰家營之下有鮑家營，河水於此自決爲支河入海，季馴以謂此天然之呰家營也，請留之以備分泄，其後湮廢已久。康熙四十二年，詔開鮑家營引河，以衛淮安。四十五年，工成，淮人利之，事見後河臣疏中。所謂黄家嘴者，又在鮑家營之上。萬曆二十四年，楊一魁以黄、淮漲溢，力主分黄導淮之説，因於桃源縣開黄垻新河，起自黄家嘴，達於五港口，分洩黄流入海，令毋得盡入淮。既議分黄，遂議導淮，則於子嬰溝、涇河牐、芒稻河引淮流以達於江海云。然而黄家嘴支河未久竟塞，説者謂曩時堅築高堰，爲其能束淮出口與河角勝以刷河沙也。不圖河身淤墊久高，猝難冲刷，淮既不能敵黄，則退入於湖，而欲乘西風以遂潰高堰矣。於是不得已爲分導之計，以救一時。彼楊之所主與潘正相牴牾，然知州俞汝爲乃並謂爲碩畫。何也？蓋潘所著書固自居於補偏救弊，而楊之説亦未始不可拯險危於一時。

夫河不兩行，此爲大河獨行入海言之也。若既南入於淮而淮不能容，則河非昔日之河也。而河不兩行之説，似難固執於斯時而不變也。明初大河數派分流，其後竟并爲一，此誠所謂不兩行之明證也。然明初水患雖迭興，終不至若中晚之甚，潘雖力主不兩行之説，而卒留鮑家營以爲支河，則分黄之可以紓禍亦可見矣。閣臣費宏所謂『勢分雖決，禍不甚大』者也。至淮分則淮弱，淮弱則愈不能敵黄，而爲黄所遏而不能北首入海。故黄未始不可分也，而淮則必不可分也，以之苟救一時可也。且全河自至元時南入於淮，至今垂五百年，其所以久於南而不可北入海者，限於勢而無可如何也。今夫金龍口正東則逕長垣、東明，出曹、濮，直趨大清河入海，蓋較之東南出徐、沛入海之道爲徑直矣。而地勢又南高北下，河之本性未嘗不欲北行也。餘闕所謂南方之地本高於北，河之南徙難而北徙易是也。

然自元及明，河終束於南而不能北，蓋自明人之遷都於燕，則以其倚賴於會通河、東南轉漕者重也，乃始大畏河流之北以壞運道。劉大夏謂地形西南高阜，東北低下，河勢日漸東注，究其下流，俱妨運道。胡世寧謂決而東北而運道竭，禍不可言。朱裳謂自原武至曹縣長隄所以防河東北入海而安運道，近者河過魚臺，其流漸北，有越濟寧趨安平東入於海之勢。洪朝選謂河有北徙之勢，運河必淤。傅希摯謂決於蕭、碭之上，則牐河中斷。潘季馴謂徐、邳以上地形南昂北下，隄防一潰，奔流北徙，將爲牐河之梗。觀此治河之臣所言，而河之未嘗不欲北流，而徒以其有害於運而竭力蹙之使南可知也。

夫既蹙河使南，河欲北不得，其後南岸支流之口盡塞，河又欲南不得，則以全河乘高遏淮於清口，而安東之海口又獨平曠無山，較之碣石、天津、利津、海豐、嶺表南北海口特異，而又有沙漲易於淤塡，故明世論者每蹙蹙然患夫海口不利，清口淤高，黃躡淮後，挾諸湖之水潰高堰，灌高、寶而南注於江焉。瀕江之地雖高，莫能禦也。此則禹河之五變也。

我國家承大河五變之後，明人補救無策之餘，神倉之粟取給東南，勢難縱河北行以壞運道，故治河別無復古奇策。賴我皇上神智天錫，知古人之法與今河勢不同，指授方略，因時制宜，拯民沈溺，天下永寧。康熙四十一年九月十五日，兵部尚書兼都察院右都御史、總督河道軍務臣張鵬翮河工告成，疏曰：『河工一事，每廑睿慮。親臨閱視，洞悉原委。宸衷獨斷，區畫精詳。拆攔黃埧以通海口，築挑水埧、開陶莊引河以導河北行，培高堰、築六埧以束淮敵黃，挑張福口、裴家場、張家莊等引河以暢淮流，修歸仁隄以節宣睢水，塞時家馬頭以杜黃水旁溢，開王家營減水埧、挑鹽河以洩黃、淮漲水，鑿戚字堡諸引河、逢灣取直以分水勢。杜邵伯、更樓諸口，修運河兩岸排樁，濬深運河，改修中河，以利漕運。疏人字、芒稻河，涇、澗諸河以洩運河漲水，挑海溝、蝦鬚等河以洩下河積水，建高郵、南闗、車邏諸滚水埧以資蓄洩。工程次第修理完畢，今歲伏汛，黃、淮並漲，逾月不消，水勢大過三十五年而隄防保固，海口通暢，運道深通，民獲耕穫。黃童白叟感戴聖恩，歡聲如雷，洋溢原野。此皆我皇上睿慮神謨，濬與天通，燭照於事前，符驗於事後，用能臻茲地平天成，萬世永賴之鴻休偉績。』

又四十五年十一月初三日，臣鵬翮請遵上諭，開鮑家營引河，疏曰：『萬里黃河，滙聚百川，至清口與淮水會，又至楊莊與中河諸水會，並濟歸海，水勢滋大。昔年桃源北岸建崔鎮、徐昇、季泰、三義四壩，分洩黄河漲水，前河臣靳輔患黄水出，穿中河而廢之，黄水無從宣洩，致有九里岡、龍窩等前日之決，而去年伏汛水大，清水因黄水遏於外而溢於古溝、唐埂清水溝，黄水因清水助其勢而溢於韓家莊。今年伏、秋二汛，黄、淮、沂、汶、睢、泗之水同時並漲，宿遷之蔡家樓，桃源之九里岡、高家灣，山陽之韓家莊，安東之便益門、南東門、佃湖諸處危險至極。仰賴皇上福與天齊，方略精詳。臣等遵奉搶護，得保無虞。總由衆水，并歸一河。來源多而去路少，一時宣洩不及，所以兩年水長，危險如此其甚也。臣率各河官往來相度，僉云去路一暢則來水可容。向於康熙四十二年三月初三日欽奉上諭曰：「開挑鮑家營引河，俾黄河暴漲之水藉此減洩而黄河上、下工程得以保固，則黄、淮之門户無虞；洪湖暴漲之水藉此暢流而高家堰工程得以平穩，則淮、揚之保障永固。再於中河横隄建草壩二座，於遥隄開鮑家營引河之處開中河草壩，使清水直下鹽河。黄水大則閉中河草壩，開鮑家營草壩，使黄水暢出鮑家營，如此則相機啓閉，操縱由人，且中河亦不虞淤墊。」仰惟我皇上至聖至明，四年以前，早睿照及此。臣知識短淺見，彼時水勢稍平，衹就現在形勢而論，題覆暫停，遂致兩年水勢如此之大。設若早遵聖訓，開此鮑家營引河，必無去年之漫溢，今歲之告險。今折衷衆論，益見聖謨宏遠，睿慮周詳，此河一開，不特黄流遄行，而淮水益得暢出，河道、民生均有裨益，誠永固河防之至計也。』史臣汪份執筆立館下，幸得仰覩聖主平河方略：『臣份竊謂河雖五變而我皇上經營措注，通於神明，直與禹功並垂，謹録河臣二疏，明告天下，使共知焉。』

大河自合淮入海五變之後，東河既已盡亡，南河亦復稍變，洛汭以東禹迹蕩然無一存者。而自孟津以西，逆溯之爲底柱，又逆溯之爲華陰，又逆溯之爲龍門，又逆溯之爲積石，則禹迹具存，其所經歷，輿地固一一可攷而知也。而《禹貢》稱導河始自積石，未嘗遠及河源。《史記·大宛列傳》張騫使西域還，始言于闐之水，其東注鹽澤者潛行地下，河源出於其南。天子案古圖書名河所出山曰崑崙。《漢書·西域傳》又言河有兩源：一出葱嶺山，一出于闐。于闐河北流與葱嶺河合，東注蒲昌海。蒲昌海一名鹽澤，其水渟居，冬夏不增減，皆以爲潛行地下，南出於積石，爲中國河云，此河源之在西域者也。至元都實得河源於土蕃朶甘思西鄙，名曰星宿海。朱思本謂其地直四川馬湖蠻部之正西三千餘里，雲南麗江宣撫司之西北一千五百餘里，自星宿海西北行約共十許日，至九渡又二十日，至崑崙又約行十六七日。河水北行轉西，過崑崙北乃東北流，又約行半月至貴德州，又四百日至積石州，又五日至河州安鄉關，此河源之在吐蕃者也。王文恪公鏊著辨謂不宜以一夫之目廢千古之論，然都實得之身歷，殆非妄談，故論者多疑西域而信吐蕃。吾姑别論，次於後篇，而兹則就《禹貢》之文，論其導河始自積石者。《漢志》金城郡河關縣下云：『積石山在西南羌中，河水行塞外，東北入塞内。』《水經》：釵河水自積石山入塞，東至河曲，逕西海郡直敦煌、酒泉、張掖郡南。酈《注》云：重源發於西塞之外，出於積石之山，逕積石而爲中國河，山在西羌之中，燒當所居。而引司馬彪謂河水屈而東北流，逕於析支之地，是爲河曲。又引應劭謂《禹貢》析支屬雍州，在河關之西，東去河關千餘里，羌人所居，謂之河曲羌。蓋《禹貢》積石山遠在此地，乃魏王泰、李吉甫所謂大積石山者也。漢段熲追燒當羌出塞，至河首積石山。唐侯君集等追吐谷渾王伏允至昨宿川，又達栢海，北望積石山，皆此山也。敦煌爲河西五郡極西，玉門、陽關在其屬縣之龍勒，明初敦煌不入版圖，而遂以肅州衛之嘉峪關爲西界。酒泉者，今肅州衛也。張掖者，今甘州衛也。敦煌、酒泉、張掖本非大河所經，漢時河關以西皆爲羌人地，故聊假三郡之南以表之，謂遥直其地之南也。今以下文道里之數計之，蓋大積石山遥直酒泉之正南，而於敦煌爲東南云。

大河自羌中大積石山東北行而至於小積石，蓋凡千餘里。其北岸則歷西寧州，而馬嶺，而龍夷城，而青海，而臨羌，而西平郡界，而廓州，而龍支；其南岸則歷貴德州，而大小榆谷，而河關，而澆河故城，而積石軍，而臨津城，而枹罕。所謂西寧州者，在析支之東，朱思本所云『東北流過西寧州、貴德州、馬嶺』者也。貴德州，元隸吐蕃宣慰司。龍夷城者，王莽所置西海郡治也。青海者，塞外仙海鹽池，即西海也，趙充國所謂鮮水者也。大榆、小榆谷者，土肥地美，北阻大河，唐之九曲也。臨羌、河關皆金城屬縣也。西平郡治鄯州，今西寧衛也。澆河故城者，南凉秃髮烏孤河南地。廓州，漢末爲西平郡地，直今西寧衛南一百八十里。積石軍在澆河故城東，唐儀鳳中所置，即都實自貴德州行四五日至此者也。臨津者，隋關名，隋煬帝自將伐吐谷渾，出臨津關，渡黄河，至西平，即此關也。枹罕者，亦金城屬縣，今河州也。龍支者，金城郡允吾地也。龍支、枹罕之間有積石山焉，酈《注》謂之唐述山，魏王泰、李吉甫所謂小積石者也。《通典》於鄯州龍支下引《禹貢》之導河積石，誤指此小積石山爲《禹貢》積石，佑蓋失之。蔡氏承其誤以解《禹貢》，曰《地志》積石在金城郡河關縣西南羌中，今鄯州龍支縣也。龍支在廓州東，去河關西南羌中千餘里，蔡氏欲合《漢志》《通典》之説爲一，而不知夫河關西南羌中與龍支相去如此其遠也。都實自貴德州四五日至此亦誤，以唐之積石軍爲《禹貢》積石，皆不可不辨者也。

大河又自小積石山東北流逕蘭州之北，命曰金城河，後漢金城河水溢出二十餘里，即此河也。蘭州，漢金城縣，有金城關在焉。其西岸爲允吾，漢金城郡治。金城郡之西北爲武威郡，今凉州衛也。又西北爲張掖、酒泉、敦煌，所謂河西五郡者也。有澆水者自東南至積石軍而入於大河，有灕水者自西南至枹罕而入於大河，有湟水者合浩亹水自西北至蘭州而入於大河，有洮水者自西傾山西北至蘭州而入於大河。大河又自蘭州東北行，歷金縣北、靖遠衛北，至靈州所北，河西斗絶在其左挾，凡行一千餘里。蓋大河自大積石山至於龍門、華陰，凡四大折，此則其第一大折。

夫《陜西志》謂自積石暨潼關凡五大折，而分蘭州爲第一折，靈州爲第二折。按：大河自積石至靈州，皆東北流，其折而北也，乃自靈州始，故不如本程氏大昌説，并爲一折之爲確云。靖遠，故鶉陰也。榆中勇士祖厲昫卷在衛左右，皆大河所經。大河在祖厲爲祖厲河，漢武帝嘗踰隴登、崆峒，西臨祖厲河而遠云。而靈州所者，漢富平縣，城在河渚上，唐爲靈州靈武郡廻樂縣，朔方節度治所，大河至此始曲而北流，故亦命曰河曲。靖遠衛治唐會州會寧縣也，靖遠之西岸爲寧夏中衛，亦唐靈州地也。大河自靈州所折而北，逕寧夏衛東平羅所東出塞，逕故豐州西，蓋幾千里，漢人亦號爲西河，衛青渡西河至高闕是也。杜佑謂之西河之側者，此第二折也。自西河則折而東，歷三受降城南，凡千里，在漢都直北，漢人謂曰北河，衛青絶梓嶺梁北河，《水經》所謂『屈而東流爲北河』者是也。漢人之前，秦人已謂之北河，惠文王、昭襄王皆嘗游之，張守節所謂『王游觀北河，至靈夏州之黄河』是也，此其第三折也。自北河乃折而南爲第四折之始，逕故勝州東入塞，沿河而下，出孟門，經壺口而至於龍門，爲冀州西河，蓋幾千八百里，則《禹貢》所謂『龍門西河』者也。杜佑所謂西河之側者，蓋所以别於龍門西河也。三受降城者，唐朔方總管張仁愿所築。先是朔方軍北以大河爲界，仁愿乘突厥之虚，渡河奪其地而城之，以拂雲祠爲中城，與東、西兩城相去各四百餘里，所謂漢南地也。高闕、陽山、馬陰山、緑湖山皆在焉。陽山亦曰陰山。西城自高闕以東、陽山以西命曰北假高闕，北距大磧口三百里。中城、東城之間漢有縣曰成宜、宜梁、五原、臨沃、稒陽者，五原郡地也。東城本漢定襄郡盛樂縣，唐置振武軍焉。韓子《送韓重華序》所謂『東起振武，轉而西過雲(中)〔州〕[一]界極，於中受降城，出入河山之際六百餘里』者也。此皆在北河之北岸者也。而北河之南岸自豐州之西、勝州之東，三面皆憑依大河，所謂河套者也。周曰朔方，秦曰新秦，漢爲朔方五原地，隋、唐爲豐勝夏州地，明爲榆林衛北境，中葉以後失之。南岸西自窳渾，而臨河，而廣牧，而九原，而河目，而朔方，而渠搜，而西安陽，而河陰，而沙南，則在北河極東折而南下之地，皆漢朔方郡、五原郡、雲中郡之縣也。窳渾者，出鷄鹿塞之道也。所謂豐州者，即朔方郡廣牧地，

〔一〕據《文苑英華》改。

在西河東岸而廣牧之南。在西河東岸者曰沃野、臨戎，踰河而在其西岸者曰三封，亦皆朔方郡之縣也。三封之南則上文所謂平羅所、寧夏衛也。寧夏衛有賀蘭山，亦漢富平地，趙元昊之所都也。寧夏衛與靈州自古引河灌溉，田多饒沃，今漢渠、唐渠猶在，民賴其利云。所謂勝州者，漢榆谿塞。雲中、五原郡地也，有榆林關焉，雲中故城在其東北四十餘里。

所謂榆林衛者，漢上郡之龜茲縣也。勝州在冀州西河西岸，其東岸爲平鹵衛，漢雁門郡之武州縣也。衛西北有東勝州故城，漢雲中郡中楨陵地也。唐嘗徙東受降城於此，明初舍三受降城而設衛東勝，倚偏隅以爲藩蔽，已又撤東勝，退守延綏，則去北河已遠，而河套亦竟棄而不有云。東勝爲冀州西河東岸之北隅，其南則漢雲中郡之沙陵，定襄郡之定襄、桐過皆在平鹵，西頻河東岸。大河出定襄、桐過二縣間，其津有君子之名焉。桐過西南爲今河曲縣，保德州、興縣、臨縣、永寧州、寧鄉、石樓、永和、大寧、吉州、鄉寧、河津，其西岸勝州、沙南以南爲皇甫川，皇甫川之南爲府谷、神木、葭州、吴堡、綏德、清澗、延川、延長、宜川、韓城。所謂河曲縣者，東北有偏頭關，東接鵶角山，西逼大河，其地東仰西伏，故曰偏頭山。而自河曲之南至蒲津，一千五百里，皆隣陝西，隔河相望，而於神木渡河尤近云。府谷、神木、葭州，唐麟、銀二州地也。綏德州者，隋雕陰郡，唐綏州治，有無定河焉，即奢延水也。奢延水自夏州西南至此入於大河。夏州在豐、勝二州南，赫連所都，名曰統萬。永寧，故離石縣也。石樓者，故土軍縣也。延長，故膚施地，其北有故高奴縣，董翳所都也。吉州，故北屈，晉夷吾所居也，其南有津曰采桑。孟門山在吉州西六十里，酈氏謂之風山，與宜川之孟門山參差相接，俗名石槽，今河中有山鑿中如槽，禹之所鑿也。吉州門之南則爲壺口，孟門夾河左右，實爲龍門上口。其河津縣壺口南支盡處，後世亦謂之龍門，西與韓城之龍門相對，亦夾河左右，謂之下口，蓋上口至下口約一百餘里。《大事記》：周威烈十三年，晉河岸傾，壅龍門，至於底柱，春秋後河患見史傳始於此。

龍門山在同州韓城縣北，唐同州治中雲，得臣開渠，自龍門引黄河溉田六千餘頃。韓城，古梁國，謂之少梁。自華州北至少梁，所謂河西之地也。《秦本紀》『割晉河西八城，魏納河西地』是也，謂其在龍門河之西也。秦更名少梁曰夏陽，韓信陳船欲渡臨晉，而伏兵從夏陽以木罌缻渡軍襲安邑，即此地也。龍門南與梁山相接，《魏土地記》所謂『梁山北有龍門山，大禹所鑿，以通孟津河』者也。《詩》曰：『奕奕梁山，惟禹甸之。』《公羊傳》曰：『梁山，河上山。』《穀梁傳》曰：『梁山崩，壅遏河，三日不流。』皆此梁山也。梁山亦曰吕梁山。河陰，古耿國也，此《禹貢》導河積石至於龍門之所經也。

昔朱子不信人説《禹貢》始於壺口鑿龍門，謂『方河水洶湧迅激，縱鑿就龍門，而下流水未分殺，必且潰決四出。蓋禹先決九川，使各通於海，又濬畎澮，使各通於川。只是先從低處下手，必當始於碣石九河」。然《禹貢》首言既載壺口，明是施功自壺口始。朱子亦云：「載者，始有事也，是朱子未嘗不謂始有事於壺口也，而包揚所録更有先冀即兖之説。蔡《傳》云：「經始治之，謂之載。」「冀州帝都，在所當先，經始壺口以殺河勢，故曰『既載』。」然禹（貢）〔一〕治水施功之序，則始自下流，故次兖」云云，此即朱子所謂『先冀即兖』者，固以此爲定論而宗之也。蓋洪水之時，大河上、下流之患皆已亟矣，朱子謂「龍門未鑿，正道不甚泄，一派西滚入關陜，一派東滚入河東，故此爲患最甚」。蓋《吕氏春秋》謂：「龍門未闢，吕梁未鑿，河出孟門之上，大溢，逆流無有邱陵高阜滅之，名曰洪水。」朱子之説正與相合。當其逆流東入河東，帝都被災既甚，禹受命治水，孰更有急於此者？馬明衡《尚書疑義》曰：「自下流始者，〔此〕治水之大勢，然上流〔亦〕有壅遏之甚者，則亦必先達之，此治水之權宜也。況冀州帝都所在，吕梁河之所急，安得不先治之？」斯言深得《經》意，亦不悖於朱子所云「先冀即兖」，讀《禹貢》者不可不知也。

大河自河津、韓城南流，出郃陽、朝邑、華陰之東，滎河、臨晉、蒲州之西，乃折而東行，其南則潼關負河而立焉。有水自東來，至滎河入河，曰汾。又有水自東來，至蒲州入河，曰涑。有水自西來，至華陰入河，曰渭。而大河之折而東行，亦命曰河曲。秦穆公帥師送公子重耳，涉自河曲，其後秦晉戰於河曲，皆此地也。乃《禹貢》南至於華陰之所，經自大積石山來，第四大折也。蓋大河包絡古雍域之三面，回繞五六千里，所謂秦中天險者也。而《禹貢》雍州西北境貢道浮於積石，至於龍門，西河大抵西傾。豬野以西河西五郡、湟水南北之地，貢道皆浮於積石河，而析支、崑崙、渠搜三國入貢者，亦取道於此焉。豬野者，休屠澤也，蓋雍州與析支接界，其疆域之西境最遼遠矣。自杜佑謂河、湟之間自古羌戎所居，非中國所有，而雍域西界遂蹙，地千里而遥，皆由其誤以龍門積石爲《禹貢》積石之故而已矣。郃陽古有莘邑，《詩》云「在洽之陽」是也。滎河者，漢汾陰也。朝邑有臨晉關，秦建武關、函谷、臨晉關以備山東諸侯，而臨晉居其北焉。蒲州有蒲坂故城，舜所都也。晉封畢萬於魏，亦蒲州地也。其封域南枕河曲，《詩》云「寘之河之干」是也。蒲津關在州西，與臨晉關夾河相對，而《史記正義》謂臨晉關即蒲津關，在臨晉縣，《索隱》則謂臨晉縣名在河之東岸，對舊關，是移河西臨晉之名以名河東之蒲坂，而指河西之關爲舊關也。雷首山在蒲州南，一名首陽山，《唐風》云：「采苓采苓，首陽之顛。」馬融云：「首陽山在蒲坂、河曲之中，或稱首山，亦

〔一〕「禹貢」當作「禹」，據蔡沈《書經集傳》卷二改。

稱獨山，又名襄山，又名薄山，又名堯山，又名，中條山，又名陑山，隨地異名也。』華陰者，華山之陰也。華山者，西嶽也。李白《西嶽靈臺歌》所謂『黃河萬里觸山動，盤渦轂轉秦地雷，三峰却立如玉摧，翠崖丹谷高掌開』者也。渭水入河之口謂之渭口。渭水昔在船司空入河，漢船司空城在華陰東北五十里。其後在隋永豐倉入河，永豐倉在華陰東北三十五里，蓋渭口已移而南，非昔之渭口也。渭口亦名渭汭，水北曰汭，水曲流曰汭，水相入曰汭。《左傳》洛汭、漢汭、滑汭、夏汭、羅汭、豫章之汭、沙汭、淮汭、桐汭，與渭汭皆謂之汭，其義皆如是也。

大河之經孟門、壺口、龍門、梁山，兩岸疊岫連峰，相附相拱，既至潼關，循雷首之西折而東去華山者，復橫亘於其南，而岡巒盤固，河山之勝，甲於天下。潼關者，因潼水以名關，兩崖壁立，甬道天成，所謂上躋高隅，俯視洪流，盤紆峻極，實維天險。其關不知創自何年，至建安十六年，曹操破馬超於潼關而其名始著。《通典》所謂國之巨防，史官闕載是也。大河自潼關北折而東逕閿鄉、靈寶、陝州之北而至於底柱，其北岸則芮城、平陸也。閿鄉者，故湖縣，其津曰郖津，水側有黃（卷）〔巷〕[一]坂，酈《注》云：『涉此坂以升潼關，所謂泝黃巷以濟潼關矣。』《地理通釋》云：即潼關路也。秦函谷關在靈寶縣南十一里。《地理通釋》謂自『黃巷坂東出，通謂之函谷關』，岸高道陿，車不得方軌。又云自潼關至函谷，歷華、陝二州之地，俱謂之桃林塞。芮城者，古芮伯國也。《唐志》謂陝、洛負河而北，而虢、汝、許負河而南。陝，古焦國。周、召分伯以此爲東、西之別，東城即虢都之上陽，曰西虢，亦曰南虢，有虢山臨黃河。魏文侯時虢山頹，壅河。《索隱》曰：今臨河有岡阜，似是頹山之餘也。秦伯伐晉，自茅津渡，封殽尸而還。茅津在陝州西北三里，茅津亦曰陝津。衛固使兵絶陝津，杜畿至數月不得渡，畿詭道由郖津渡是也。而平陸有大陽故城，有虞城。大陽者，虢之下陽也，謂之北虢。虞城者，虞公國也。傅巖在其地，傅說傭隱於虞、虢之間，即此處也。

所謂底柱者，俗名三門山，孔《傳》云：『河水分流，包山而過，山見水中若柱然。』酈《注》云：『禹治洪水，山陵當路者鑿之，故破山以通河……三穿既決，水流疏分，指狀表目，亦謂之三門矣。』三門者，或曰東爲金門，中爲三堆，西爲天柱也，或曰中爲神門，南爲鬼門，北爲人門也。底柱在大河之中，河水包山而過，從此東西波濤千里，乃自古都長安者轉漕之道也。漢武帝時諸農各致粟，山東歲益漕六百萬石，大抵由河入渭，賈誼所謂『河、渭漕輓天下，西給京師』者也。而漕船從東來，更底柱之險，議者多獻計，請底柱以東罷，勿復漕，卒不能行。班固《西都

[一]『卷』當作『巷』，據《水經注》卷四、《通鑒地理通釋》卷二改。以下徑改。

賦》謂『東郊則有通溝大漕，潰渭洞河，泛舟山東，控引淮湖，與海通波』。是時滎陽下已引河爲汴渠，江淮漕船之來，度必自汴入河，而史文簡略，未之言也。隋文帝於衛州置黎陽倉，陝州置常平倉，華州置廣通倉，轉相灌注。其江南時猶未平，所漕者關東及汾、晉之粟，以給京師。其漕船蓋自衛州浮河而致之陝，又自陝浮河以達於渭，而史亦莫之言也。煬帝開通濟渠，自東京西苑引穀、洛水以達於河，復自板渚引水歷滎澤入汴，又自大梁之東引汴水入泗，達於淮。又開邗溝，自山陽至揚子入江。則自江而淮，而汴以入於河，遂自河以達於渭。《通典》謂自是天下便於轉輸，而胡三省謂引河入汴、汴入泗，皆故道。蓋滎陽下引河爲汴渠已久，煬帝以其故道多湮而復開濬之，非創造也。唐初江淮漕米至東都，輸含嘉倉，陸運至陝，凡陸運三百里，所謂南路陸運者也。開元二十二年，裴耀卿請罷陝陸運，乃於汴水入河之口置河陰縣，設河陰倉，三門東設集津倉，三門西設三門倉，亦曰鹽倉。鑿三門北山十八里。陸運以避三門之險，江船至河口，輸米於河陰倉而去，則以河船運至三門東，貯集津倉，而陸運以輸之西倉，乃復以船漕自河達渭，謂之北運，省陸運傭錢三十萬緡。北運不久竟廢，而陝郡太守李齊物鑿底柱爲門以通漕，開其山巔爲輓路，棄石入河，激水益湍，怒不可漕而止。至劉晏領漕事，遵耀卿之制，使江船不入汴，汴船不入河，河船不入渭。江南之運積揚州，汴河之運積河陰，河船之運積渭口，渭船之運入太倉，歲轉粟百一十萬石，無升合溺者。其後李泌益鑿集津倉山西逕爲運道，屬於三門倉，遂罷南路陸運如耀卿昔時所請云。所謂河船不入於渭，河船之運積渭口者，皆此底柱以東至河陰、底柱以西至渭口大河之流也。

底柱山之南有三崤山，謂之三崤道。昔晉人敗秦師於殽，殽有二陵焉，其南陵夏後皋之墓也，其北陵文王之所避風雨也。杜曰此道在二殽之間南谷中，孔《疏》曰俗呼爲土殽、石殽，其阨道在兩殽之間，杜既指此爲二殽，孔又引俗語，明其一爲土崤，一爲石崤。《地理通釋》亦主是説，而胡三省引《水經注》：崤水出盤崤之山，石崤水出石崤之山，謂崤有二陵，皆石崤山，而別以盤崤爲一崤。兩説未知孰是？按：此乃所謂西崤也。古道由此，曹操西征巴、漢，惡其險而更開此道，則所謂東崤也。東崤亦曰干崤之山，山有水注於河，酈《注》所謂『河水翼岸夾山、巍峰峻舉』者是也。《元和志》：『自東崤至西崤，長三十五里。』在秦關之東、漢關之西而底柱以東，至於五户灘，其間一百二十里，亦禹所鑿其山，雖闢而湍流怒溢，舟行者自古患之。河水東流，貫底柱，觸閼流，酈《注》謂『疑此即所謂閼流』者也。

大河自底柱山五户灘而東，其流稍爲寬衍，於是逕澠池、新安、洛陽之北而至於孟津，其北岸則垣曲、濟源、孟縣也。漢函谷關在新安縣，所謂楊僕移關三百里者也。

自漢武移關之後，至董卓脅獻帝西幸長安，出函谷關，其關並在新安。及建安十六年，潼關之名始見於史，而漢武所移之關遂廢。洛陽縣爲河南府治，黄河去縣二十里，繞北邙山之麓。縣西有河南故城，古郟鄏地，周之王城，其東門曰鼎門，九鼎所從入也，王城非天子時會諸侯則虛之。縣東有洛陽故城，周之下都，保釐大臣所居，治事之地也。吕氏曰：『洛都雖有二城，而成周則其總名。』杜、孔皆以下都爲成周，不然也。濟源縣南距河七十里，西與垣曲接壤，大河自芮城、閿鄉至此，北有中條以接王屋，南有崤、函以接北邙，夾河翼帶，天然險固，雖底柱阸塞中流，旁無潰決之患。孟津在河陽縣南門外，武王盟諸侯於此，故曰盟津。馮異爲盟津將軍，統魏郡、河内兵於河上以拒洛陽，時孟津猶在河北，至安帝時，其名乃移於河南。孟津亦曰富平津，杜預造橋於富平津是也。孟縣西有河陽故城，《春秋》所謂『天王狩於河陽』者也。又有平縣故城，《春秋》所謂『首戴』也。黄河在孟縣南二十里，有南城、北城、中潬城，命曰河陽三城。中潬城者，河中有洲，築城其上，而河流貫於三城之間，舊稱每秋泛濫，中潬城獨屹然不動，然一壞於唐貞觀十一年，再壞於宋乾德二年，及嘉祐八年，大水馮襄而中潬竟没於水矣。大河至孟津，雖山脈未盡，兩岸既已平濶。隋唐以來底柱閼流爲患，孟津河身淺於曩時，南北亦多灘渚，水漲難容，宜遭水患，幸地高土堅，不至遠潰。夫下流壅而倒灌孟津，已見於金大定之時，而孟津水怒不能盡泄，其害亦必鍾於下流，故底柱、孟津之間，亦非可姑置之度外也。大河自華陰至此，所謂東至於底柱，又東至於孟津者也。

大河自孟津北又東逕鞏縣北，而洛水入焉。其北岸則温縣，而濟水入焉。又東逕汜水、滎陽之北，其北岸則武陟縣，而沁水入焉。大河在鞏縣謂之鞏河，其津曰五社，朱鮪遣將從五社津渡攻温，爲馮異所敗，光武遣耿弇、陳俊軍五社津，備滎陽以東，皆此津也。洛水至鞏縣入河曰洛汭，亦曰什谷口，張儀所謂『下兵三川，塞什谷之口』者也。《元和志》：『洛水東經洛汭，北對琅琊渚入河，謂之洛口。』今洛水自鞏界東過汜水入河，而洛口已移於東，非古之什谷口也。温，周畿内司寇蘇忿生邑，宋太平興國三年河決孟州之温縣。蓋大河既出險就平，復南納洛川，北并濟水，勢欲馳波四出，而南岸山脈未盡，禹迹尚不至變遷云。

汜水者，鄭之虎牢，亦曰制，即東虢也。漢置成臯縣，成臯有九曲山，亦曰大伾，非《禹貢》大伾也。汜水東有板渚，隋自此渚引河入汴。滎陽者，漢京縣，鄭大叔所居。京有大索城、小索城，《史記》項羽『與漢戰滎陽、京索間』是也。明洪武十五年，河決滎陽。正統十三年，復決滎陽，經曹、濮衝張秋，奪汶、濟入海，久之始復故道。

武陟縣有黄沁口，即沁水入河之口也，熙寧時河嘗溢於此。大河自此又東逕河陰、滎澤之北，其北岸則獲嘉。

又東逕原武、陽武、延津、胙城之北，其北岸則新鄉、汲縣。又東北至濬縣西南淇水口，而淇水入之。又東逕遮害亭，至宿胥口，大伾山在焉，其南岸則滑縣也。今之河陰、滎澤縣，漢滎陽地也。河陰所謂莨蕩渠，亦曰石門渠者在滎澤縣敖城西也。滎澤縣有廣武山、有敖山，山臨河，秦築城置倉曰敖倉，唐開成後河屢決於滎澤縣，濟水軼出爲澤，曰滎澤。軼出者自下湧出，非有來處，本不與河通也。後人導滎澤東流以達於陶邱，復出之濟，在周時已有之。《職方》豫州之川曰滎，《穆天子傳》『浮於滎水，乃奏廣樂』是也。《水經》謂之滎瀆，滎瀆東流之始曰滎口，謂夫導澤爲瀆，從此口而出也。秦告魏所謂『決滎口，魏無大梁』者也。其後秦王賁竟引河溝灌大梁而滅魏。河溝者，浚儀渠也。滎口、浚儀渠皆在大梁北，可以灌城，然二者猶非大河經流。宋趙葵入汴，元人決寸金淀灌其軍，而明末汴城之禍，則朱家寨決口爲之，其所引者皆大河經流，與王賁水異而地同，痛乎！水之可以亡人國也！滎瀆者，南濟也，後世濟水之經流也。其枝津在北者曰北濟，而河陰之莨蕩渠東至滎口，與滎瀆合，自是而河與濟始亂。滎澤至東漢塞爲平陸，相傳滎澤縣即其地也。滎口在敖山東，有石門謂之滎口石門，河陰石門渠至滎口，與滎瀆合，合流久之而復分。分流在北曰滎瀆，分流在南曰汴渠，世或以其嘗合流也，而遂即以滎口石門爲河陰石門渠，非也。一在敖西，一在敖東，不可混爲一也。汴渠在春秋時已有之，楚敗晉軍於邲，邲即汴也，故世謂汴爲禹迹。然《河渠書》明言禹功施乎三代，自是之後滎陽亦引河爲渠，則汴渠非禹所開明矣。

大河自孟津東至於河陰，雖或時有潰決，而禹迹未改。其東爲滎澤，則土始浮鬆，而兩岸長隄遂自兹起矣。王〔一〕滎澤之東爲原武，又東爲陽武，乃始變禹迹而趨於南，故曰南河禹迹之遞變，陽武之屢決爲之也。延津故在河南，其酸棗故城，漢文帝時決口也。《水經》謂『河水又東北，通謂之延津』。酈《注》謂『石勒襲劉曜，途出於此，以河水泮爲神靈之助，號是處爲靈昌津』。而《元和志》謂滑州靈昌縣有延津，『即靈昌津，在縣東北二十二里』。今滑縣西南有靈昌廢縣，津在白馬津之西南，滑縣在延津東北殆二百里萎，《水經》通謂之延津。比河既南徙，縣居河北而其故津遂廢矣。胙城之津曰棘津，亦曰南津。晉文公侵曹，假道於衛，弗許，還自南河濟。杜謂『從汲郡南渡，出衛南而東』。酈《注》謂即此棘津也。胙城本隸開封府，金河徙而縣在河北，遂改隸衛州焉。自獲嘉至新鄉、胙城、汲縣，皆有漢古隄，而汲縣城東南之杏園鎮乃河津戍守地也。淇水口在濬縣西南七十餘里，此大河東過洛汭，至於大伾之西則折而北行，而

〔一〕『王』字于此不通，疑爲『出』。

過滎水，而至大陸，而播爲九河，而同爲逆河，至於碣石入海。蓋大河自古雍域羌中大積石山東北至於古冀域遼西郡絫縣碣石，凡行九千七百餘里而入於海云。

自帝堯八十載禹治河功成，至周定王五年，當魯宣公之七年，凡一千六百六十餘年，而大河東徙爲第一變。自周定王五年至王莽始建國三年，凡六百七十二年，而北瀆遂空，又五十九年，爲漢明帝永平十三年，王景治河功成，爲第二變。自永平十三年至宋仁宗慶曆八年，凡九百七十（七）〔八〕[一]年，而河決商胡，漢唐之河遂廢，爲第三變。自仁宗慶曆八年至金章宗明昌五年，當宋光宗之（紹興）〔紹熙〕[二]五年，凡（一百四十）〔一百四十六〕[三]年而南北分流入海，爲第四變。自金明昌五年河水大半入淮，至元世祖至元二十六年，凡（九十）〔九十五〕[四]年會通河成，北流遂微，又二百五年爲明弘治七年，築斷黃陵岡支渠，北流永絶，又七十八年爲隆慶六年，茶城長隄成，於是始以區區清口受萬里全河之水，爲第五變。蓋近者顧祖禹景范、閻若璩百詩、胡渭朏明，皆精於地理，而胡氏之書論河流尤爲明晰，余於是採其言論，融會貫通於一作，爲是篇，使讀者瞭然一睹，而知萬里河流自禹功告成以後一變、再變、三變，以至於四變、五變，與所以致變之由，其始終曲折大凡如此云。

整理人：祁琛雲，歷史學博士、博士後，河南大學歷史文化學院副教授、研究生導師。發表論文三十餘篇，出版專著一部，參與古籍整理項目三項。

[一]『七』當作『八』。自東漢明帝永平十三年（公元七十年）至北宋仁宗慶曆八年（公元一〇四八年），歷時九百七十八載。

[二]『紹興』當作『紹熙』。『紹興』爲南宋高宗年號，而非光宗年號。另，光宗紹熙五年（公元一一九四年）正當金章宗明昌五年。

[三]『一百四十』當作『一百四十六』。自宋仁宗慶曆八年（公元一〇四八年）至金章宗明昌五年（公元一一九四年，即光宗紹熙五年），歷時一百四十六載。

[四]『九十』當作『九十五』。自金章宗明昌五年（公元一一九四年）至元世祖至元二十六年（公元一二八九年），歷時九十五載。

〔清〕嵇曾筠 著

防河奏議

閔祥鵬 整理

整理説明

《防河奏議》是清雍正年間河南山東河道總督嵇曾筠的治河名著，成書于雍正十一年，收録了他治理黄河的章奏共十卷。《清史稿·藝文志》記載《防河奏議》爲十二卷，因目前未見别的版本，推測可能把序、跋也各算爲一卷。《防河奏議》序言爲嵇曾筠本人撰寫，書後附有范昌治、徐志嚴寫的跋文。

嵇曾筠（一六七〇—一七三八年），字松友，號禮齋，江蘇無錫人，是清代著名的水利專家。他曾踏勘黄河大堤，具有豐富的治河實踐經驗。據《清史稿》記載：『曾筠，康熙四十五年進士，選庶吉士，授編修。累遷侍講。雍正元年，直南書房，兼上書房。擢左僉都御史，署河南巡撫，即充鄉試考官。還兵部侍郎。河決中牟劉家莊、十里店諸地。詔往督築，逾數月，工竟。』嵇曾筠爲《防河奏議》撰寫的序中亦有陳述：『皇上御極之元年六月，命臣曾筠以兵部左侍郎堵築河南中牟縣堤工漫口。……於是年冬月告竣。』雍正二年，嵇曾筠因治理中牟河患的成功，得授河南副總河，駐武陟。序中提及：『凡豫省黄河兩岸堤防，一切修守事宜，俱有專責。』雍正五年，兼管山東黄河堤工，轉吏部侍郎，仍留副總河任。六年擢兵部尚書，調吏部，仍管副總河事。尋雍正七年，授河南山東河道總督。

《防河奏議》是嵇曾筠對自己十年治河實踐的總結，即作者所言『就章奏所存有關於河防之大者，裒而輯之，使普天薄海共曉』。同时也是這一時期重要的水利著作，體現了這一時期治河方法的發展。尤其是奏議中多次提到的開河導水、排除險情的『引河殺險法』，成爲嵇曾筠及後世治理黄河水患的重要手段之一。嵇曾筠在奏議中多次提到以此方法消弭黄河險情。雍正二年春，奏言：『黄、沁並漲，漫溢銚期營、秦家廠、馬營口諸堤。循流審視，窮致患之由。見北岸長沙灘，逼水南趨，至倉頭口，繞廣武山根，逶迤屈曲而下。官莊峪又有山嘴外伸，河流由西南直注東北，秦家廠諸地頂衝受險。請於倉頭口對面横灘開引河，俾水勢由西北而東南，毋令激射東北；並培釘船幫大壩，更於上下增築減水壩，秦家廠諸地險勢可減。』雍正六年，疏言：『儀封北岸因水勢衝急，雷家寺上首灘崖刷成支河。請將舊堤加幫，接築土壩，跨斷支河，以防掣溜侵堤。青龍岡水勢縈紆，將上灣淘作深兜，與下灣相對。請乘勢開引河，導水東行。』雍正七年，授河南山東河道總督，疏請開荆隆口引河。《清史稿》中給予嵇曾筠高度評價：『曾筠在官，視國事如家事。知人善任，恭慎廉明，治河尤著績。用引河殺險法，前後省庫帑甚鉅。』

本次點校的《防河奏議》以雍正十一年刻本爲底本。點校工作由閔祥鵬完成，李金松、楊亮、蔣超、毛振培審稿。不當之處請批評指正。

整理者

目録

序

皇上御極之元年六月，命臣曾筠以兵部左侍郎堵築河南中牟縣堤工漫口，奉上諭：『河南居天下之中，爲腹心要地，爾宜恪勤將事，俾黄流循軌，居民安堵，速竣厥工，毋負兹任。』

臣即欽遵，銜命星馳，尅期儹築，於是年冬月告竣。閱明年，上念河臣駐劄淮浦，遠莫能馭，簡曾筠爲司河之副。凡豫省黄河兩岸堤防，一切修守事宜，俱有專責。猥以簪筆詞臣，未嫻治水之道，仰蒙皇上訓諭諄詳，敬謹遵奉，竭蹶辦理。受事以後，每鼓棹於洪波巨浪之中，周覽於高原平隰之壤，風雨寒暑勤加巡歷。毋論紳士僚屬以及田夫野老，凡有單詞片語關係河防者，靡不採擇，以期益國利民。仰賴皇上德福攸隆，敬誠感格，河定民安，歲登豐稔，四年冬，上天垂象，黄河澄清二千餘里，實千古罕覯之上瑞也。繼而督理河東，遷任江南，統計趨走河干轉瞬十有一年矣。竊惟河有呼吸變遷形勢攸分，水有清濁强弱性情迴別，所以障其狂而束其流，祛其害而資其利者，所關綦重。仰惟聖祖仁皇帝念切運道民生，翠華屢幸河工，治河方略備集大成。我皇上丕顯丕承，善繼善述，沛如天之仁，運如神之智，指示修防，圖維善後。其間因地制宜，隨機應變，或患在下而先治其上源，或患在上而先理其下游，或導之而使朝宗，或瀦之而使利運，或事似平易而其機不可須臾緩，或勢處危難而其效可以旦夕，奏者平險疾徐因時操縱。凡臣知識心思之所未諳，繕摺奏請，蒙皇上披圖覽説，批示精詳，抉要指微，幾先洞鑒，是以異命頻頒，遵循罔後。在河南則修築黄河兩岸之大堤，除汎濫而奏安瀾；在山東則清釐運河夫役之積弊，去浮冒以收實効；在江南則禹王臺壩工成而沭水歸墟，六塘河故道闢而駱湖向若；黄運兩河加築善後堤工，以及保護江濵瓜洲城郭，而民安衽席，漕利輓輸。至如高堰石工尤屬全河關鍵，我皇上發百萬帑金謀兆姓奠安之計，立千年鞏固之基，蓄清抵黄永垂利賴。凡此江、淮、河、濟，爲疏爲濬，爲修爲守，皆仰荷宸謨之廣運，睿算之靡遺，是以條分縷晰，綱舉目張，因勢利導，動合機宜。今者黄運河湖安流底定，堤埽閘壩固於金湯，歲省度支億萬計，而庀材之富屹若崇墉，宣防之事，駸駸乎有成矣。方愧忝竊寵光，迄無寸補，乃沐温綸疊賁，旋歷宫階。予叅幾務勞未宣而賞已懋，恩愈渥而報益難，受此殊榮，彌深儆勵，不亟舉數年來之仰承訓示者昭著於天下後世，則人但知享平成之福，而不知皆由皇上啟臣之愚，策臣之懦，鑒臣之誠，信臣之專，始克收此成效，而謂樗材淺識，敢膺重任而希底績歟！爰就章奏所存有關於河防之大者，裒而輯之，使普天薄海共曉。然於曾筠所以經理河工者，悉稟宸衷之籌畫，且以徵上下之間一心一德，聖主疇咨臣工，宣力其難其慎有如斯也。若夫皇猷巍焕，上媲禹功，史臣自有載筆書之者，奚敢以不文之辭，頌揚天子之弘烈於萬一，謹爲拜手稽首，恭紀始末，弁之簡端。

雍正十一年九月十八日

卷一

堵築十里店漫口合龍

題爲飛報漫口合龍日期，恭慰聖懷事。竊臣等於本年六月内欽承諭旨，堵築中牟縣十里店大堤漫口，除西口合龍已於七月十四日奏報在案，其十里店東口水湧溜急，施功匪易。蒙皇上指示機宜，臣等凛遵聖訓，詳加審慎，相度地勢情形，於上下堤頭盤築壩臺，接連進埽，率領奉旨勅發各官，並揀選河工諳練人員分投任事，俱各奮力争先，風雨無懈，晝夜儹堵，自入冬以來天氣晴和，仰賴聖主敬誠昭格，神人協應，於十一月初十日申時合龍斷流。現於埽壩背後建築靠壩月堤，以資鞏固，所有合龍日期相應會疏題報，伏乞皇上睿鑒施行。

雍正元年十一月十一日題。奉旨：『先聞中牟縣堤口漫決，朕念民生深爲軫懷，覽奏中牟縣十里店東口已經堵築合龍斷流，知道了。但係隆冬所築工程，仍加意防守保固，該部知道。欽此。』

會議豫省河工保固事宜

題爲欽奉上諭事。雍正元年七月初七日，廷臣、怡親王等傳旨：『河南巡撫石文焯奏稱，黄河沁河之水六月二十二日長發，漫溢姚其營無堤之處，衝决詹家店馬營口堤三十丈。着派出大學士張鵬翮前往河南，會同總河齊蘇勒、巡撫石文焯、侍郎嵇曾筠將乘秋水減退永遠保固之處，詳加議定，張鵬翮親身持來具奏。欽此。』欽遵。

臣等齊集河南馬營工所，周覽黄沁交會形勢，南岸廣武山高峙，北岸係屬平地，沁河之水自西來會黄於此。伏汛時，沁、黄二水先後迭長，則循流而逝；若遇二水並漲，南高北卑，易致洶湧，必竭盡人力以資隄防，其勢然也。臣等遵奉諭旨，會議河南黄河馬營等處保固工程事宜。仰見我皇上軫念河道民生，務期安瀾，以資永賴至意，幸荷聖主敬誠昭格，感召神庥，水勢消落，馬營等處漸次堵築成功。所有豫省河工應行保固事宜，謹據臣等一得之愚，詳具條議，是否可行，伏候聖裁。再照條議事宜，字多逾格，貼黄難盡，伏乞皇上全覽施行。

一、秦家厰係捍禦沁、黄交會之關鍵，修防保固最爲緊要。大壩靠堤並月堤應再加幫寬厚，均至底寬十丈，頂寬四丈，高一丈至一丈五尺不等，應照南河例歲修，每年聽河南撫臣估計題銷，仍派本管廳員駐工防守，協同千總帶領河兵、椿埽手人等，不分雨夜住工修防。如三年著有勞績，聽撫臣會同河臣具題以應陞之缺，即用。如或怠玩不時，查叅嚴加治罪。其修工夫役仍照例着地方官僱募，不可遲悞，如有遲悞照例叅處。

一、秦家廠大壩北尾堤應築堤一道，接連遥堤，底寬十二丈，頂寬五丈，高一丈二尺，加鑲埽工以護其衝，庶溢出之水不致下注詹家店有頂衝之險。但遥堤尚屬卑薄，應再加幫底寬四丈，頂寬一丈，與舊堤相平，再於頂上加高三尺。

一、秦家廠南尾堤應接至（祭）〔滎〕澤縣所管臨河大堤，底寬十丈，頂寬四丈，高一丈，以資捍禦。

一、馬營舊有河形，且地處窪下，一遇泛漲保固最難。應將壩後土堤加幫寬厚，均至底寬十五丈，頂寬六丈，高一丈至一丈七尺不等。

一、詹家店舊堤捍禦沁黃交會之水亦關緊要，應再加幫寬厚，均至底寬十二丈，前面於卑窪之處加添埽工，以資防護。

一、沁黃交會之處長有沙灘，沁水會黃不暢，今冬水落之後，該督撫帶領管河道、廳及地方官親往查看，審度形勢，如係老灘則挑挖引河，俟水長風順開放。若係淤泥，人力難施，則乘長水半淹之際，用南河鐵篦子操舟疏刷，沙隨水去。如此，則沁水暢流不致泛濫於姚其營一帶，即秦家廠馬營等工亦可資保固矣。

一、北岸太行堤，自武（涉）〔陟〕縣木欒店起，至直隸長垣縣止，係奉聖祖仁皇帝指示修築之工，關係黃沁並衛河運道。重門保障，應令河南撫臣嚴催承修各官作速修築，務期堅固。一律全完，如有遲延，聽其指叅。

一、堤工既經修築堅固，而防守必須能員。臨河各堤，仍令管河廳汛官駐劄本汛近堤之處，早晚巡防，不許仍前遠駐府縣城内衙署，以致水發搶護，鞭長莫及。自今河南廳汛官員，應令總河、巡撫不拘資格，揀選熟諳能員題補。保固工程三年限滿，該督撫具題，准其應陞之缺即用。如有怠悞，不時查叅。其太行堤，應令州縣官照所管之地不時巡防，遇風雨水漲之時，嚴加防護，不許奸民盜決堤工。如有盜決者，將奸民嚴加治罪，其失於巡防之地方官，并隱匿不報之道廳等官，俱照例嚴加議處。

一、河南黃河兩岸臨河大堤修築年久，風雨淋漓致有卑薄之處。應令河臣於冬間會同撫臣親往逐一查看，將卑者加高，薄者加厚，如有頂衝之處，修築月堤其應用錢糧，聽其估計會題，工完之日，該撫查明，核實報銷。至河南州縣官原有兼管河務之責，如有水發搶修之際，應令地方官協同僱夫辦料，如有推諉膜視者，照例嚴叅。

一、黃河南岸中牟漫口二處，堵築工完之後，應令中牟縣管河縣丞移駐工所，加謹防護。遇汛水漲發，該廳汛官協同該地方官盡心保固，如地方官推諉膜視，照例嚴叅。臣等謹合詞會題。

奉旨：『交與總理事務王大臣會議具奏。欽此。』

請挑倉頭口引河

奏爲欽奉上諭事。竊臣欽承諭旨，會議秦家厰堤工事宜。仰見我皇上注念河道民生，務期安瀾永慶。臣受恩深重，勉竭駑鈍，悉心籌畫，伏思河工須審度形勢，以定疏築之宜。查沁、黄交會姚其營、秦家厰一帶，皆屬頂衝，但此係下流受患，其上流必有致患之由。臣因於本月初六日由武陟縣至孟縣渡口，僱覓小舟，順流東下，詳勘情形，見北岸孟縣、温縣所屬河道長有沙灘，將大溜逼趨南岸至倉頭口、廣武山根，以致崖岸汕刷，民居坍卸。至官莊峪，大溜又爲山嘴所挑，直注東北，於是姚其營、秦家厰一帶遂爲頂衝。沁黄並漲之時，堤工危險，端由於此。臣愚以爲下流固須堵築，上流尤貴疏通，應於倉頭對面所長横灘挑開引河一道，直接中泓，俾水勢順流，由西北徑達東南，不致激射東北，則姚其營、秦家厰一帶可免頂衝之患。再查釘船幫大壩挑水南行，甚屬有益，但孤立水濵，須鑲建鴈翅以資幫護。再於大壩上下相度地勢，添建挑水埽壩二座，庶秦家厰衝激之勢可減，堤工賴以保固。此臣一得之愚，謹繪圖貼説，繕摺奏聞，恭請皇上訓示遵行，伏祈睿鑒。

雍正元年十一月十九日奏。奉旨：『發總理事務王大臣議定，另有部諭。欽此。』議覆准行。雍正元年十二月初二日奉旨：『依議，欽此。』

附紀

雍正元年六月，豫省黄河南岸中牟縣之十里店堤工漫溢。臣曾筠奉命堵築，選員隨帶，馳驛前往，會同河臣、撫臣并力搶築，旋慶安瀾。因思豫河之患，全由於北岸武陟秦家厰之决口，遂致河心淤高，水行兩岸，東衝西突，其性難馴。是則治豫河者必將使武陟上游水勢條順，而後振裘挈領，始可徐圖下游，以次第施功。查上游水勢自三門七津建瓴而下，歷孟縣、温縣，北岸長有沙灘逼水南趨，至倉頭口遶廣武山根逶迤屈曲而下，已成兜灣之勢，及至官莊峪則有山嘴外伸，形如挑水，又由西南直注東北，沁黄交滙之區。秦家厰一帶頂衝受險，以故旋堵旋决，頻年爲患。聖天子宵旰憂勤，多方指示，務期永遠保固。曾筠躬承諭旨，敢不悉心籌畫，以期仰副皇上慎重河防至意。謹爲之巡歷上源，沿流審視，露處小艙，越宿晨興，憑高遠望，灼見於致患之由，端在倉頭口對面横亘之沙灘，若不及早疏濬，則灘形日長，山嘴之挑水益急，自南而北注之勢愈甚，雖於下游竭蹶堵築，終屬無益。今議就倉頭口以上之沙灘開挑引河一道，直接中泓，準對官莊峪下游之水口越過山嘴，俾水由西而徑達於東，則利導其勢，而就下之性已順，既順其性而直行東向矣，豈復有漩洄北折之理乎！審視既定，據實奏請。奉旨廷臣會議，准如所請。曾筠凛慎將事，遴委朱藻、楊守知、范昌治等鳩夫擇吉，開挑引河。工長六百三十丈，該地民人咸知衛其田廬，踴躍應募，畚鍤趨事，費帑無幾，成功甚易而速。伏汛屆臨，乘水長風，順挑開引河頭，頃刻掣溜奔騰，上源黃流湧注東下，官莊峪山嘴不能挑水北向，大溜全走中泓，而引河大成矣。引河成則北岸秦家廠一帶安於盤石，向之橫流激湍至難抵禦者，乃今盡入中泓安流無恙。而武陟沿河地方桑麻遍野，信乎治其本則費省功倍，不得其要雖徒勞無益也。夫下游受患，其上游必有致患之由，曾筠仰承聖主永遠保固之明訓，惟有早夜圖維，審理度勢，循流溯源，以冀効奔走愚誠。至於防河要指，實未嘗窺見萬一也。

豫備歲搶修料物

奏爲欽奉上諭事。臣竊查黃河兩岸土性虛鬆，凡頂衝掃灣，廻溜侵刷堤根，全賴秫草、樁麻、捲埽鑲墊。若無預備料物，每遇水長工危，輒至束手無措。即當時發價購買，未免青黃不接，價值既昂，運送需時，緩不濟事。今蒙我皇上俯念河工料物關係緊要，諭令動用司庫錢糧，仰見保固河工，安全黎庶至意。臣愚以爲應用料物與其採辦於後，毋寧預備於先。查江南各廳員，每歲於冬月請領銀兩，購買料物，隨時應用。豫省黃河兩岸似應照依南工，每歲冬間該廳員具詳，撫臣酌撥司庫錢糧分發沿河州縣，預爲採買堆貯險要工所，以備臨時動用，工完核實估銷。如濵河出産有限，其近河百里內外州縣亦發銀兩辦買，量給車脚以資運送。庶料物應手，修築有資，雖有險工，不致臨時遺悮。臣不揣冒昧，是否可行，恭候聖裁，謹具摺奏聞，伏祈睿鑒。

雍正元年十一月十九日奏。奉旨：『著總理事務王大臣會議具奏。欽此。』議覆准行。雍正元年十二月初二日奉旨：『依議。欽此。』

會估豫省黃河兩岸堤工

題爲陽武大堤危險，亟宜修防，以資鞏固事。該臣等會看得，前因陽武大堤危險，應添遥堤以資重障，並自豫省至徐州一帶臨河大堤，因年久廢弛，應需修築之處甚多，臣等恐工費不貲，不敢輕舉。前經具疏題請，奉旨動庫銀修築，仰見我皇上軫念河工重大，籌畫萬全之至意。臣等遵即率同道廳印汛等官，逐細查勘，豫省南北兩岸堤工歷年久遠，未經加幇，雨淋風刮，日漸朘削。兼因邇年河心淤墊，兩岸積高，向河一面，地勢卑窪者僅餘二、三、四、五、六尺不等，一經汛漲，水無容受，出（漕）〔槽〕浸漫，隨灣汕刷，在在堪虞。亟應加幫高寬，方資捍禦。其北岸堤工自滎澤縣起，至山東曹縣交界止，南岸堤工自滎澤縣起至江南碭山縣交界止，綿亘迢遞，兩岸共約計千有餘里，其中有應行幫築遥堤、月堤、格堤均關緊要，應一例加築以資重障。但因中牟漫溢之後，河底墊高，水流散漫，而大溜掃灣提上移下之勢靡定，俟過桃、伏、秋汛，水往下刷，河有定軌時，再爲量勢確估，另行具題外，今擇其大堤最險要緊之處，按照形勢分别段落，或加幫南面，或加幫北面，因地隨宜，酌量估計。其北岸應行加幫堤工長四萬七千三百四十丈，除舊土一百九十三萬七千五百三十九方零，應添新土一百七十六萬四千五百四十六方零，共需土方銀二十二萬九千五百六十兩六錢一分零；南岸應行加幫堤工長七萬六千四百五十六丈，除舊土三百七萬七千五十三方零，應添新土二百六萬七千五十方零，共需土方銀二十六萬八千七百四十六兩一錢八分零，通共需銀四十九萬八千三百六兩八錢零。查其中之鄭州、中牟、陽武所屬，有頂冲危險萬難刻緩之處，業經動用司庫銀兩分給，疾儹修築。兹據署河南管河道楊守知造册估報前來，臣等覆加親勘，核明無異，除原册送部查核，俟覆准之日，令河南布政司動庫銀給發各州縣一例儹修外，理合具疏會題，伏乞皇上睿鑒，勅部議覆施行。再照歸德府所屬堤工，今估幫於臨河北，而現在均屬旱地，可以節省土方，但此處河崖卑矮，倘遇汛水出（漕）〔槽〕漫至堤根，難以取土之時，臨期相機改幫南面可也。至豫省虞城以下以至徐州一帶，卑矮堤工屬江南地方，其應行加幫之處，現在詳勘丈量，俟確估完日，另行具題，合併聲明。

雍正二年三月初八日題。奉旨：『該部速議具奏。欽此。』部議准行。雍正二年四月初二日奉旨：『依議速行。欽此。』

附紀

豫省堤工因修治之需向無額設，而經理乏人遂致卑薄殘缺，日久廢弛。曾筠自代匱豫撫，即鰓鰓爲慮，洎奉命堵築中牟決口，兢惕於前車之鑒，綢繆於未雨之防，益知修治兩堤急不容緩，不揣冒昧，據實奏請。仰賴皇上智炳幾先，圖維善後，於曾筠未經陳奏之前，已諭令大學士臣張鵬翮前詣河南，會同河臣、撫臣，暨臣曾筠詳加定議，欽遵異命，條晰備陳，兩岸堤工得亟爲修舉。維時陽武大堤最稱險要，河臣齊蘇勒題請先爲搶築，其餘應行加修之處，恐工費不貲，蒙我皇上廑念河防緊要，不惜帑金，大加興築，復命臣曾筠爲副總河，專管豫省河務。仔肩[一]重大，惴惴小心，仰體皇仁，沿堤勘估，溽暑嚴寒，必親必慎，卑薄者議增培，殘缺者議幫補，準地形以定崇卑，酌水勢

[一]『仔肩』，指擔負的擔子、任務，出自《詩·周頌·敬之》『佛時仔肩』。

而分緩急，周行審視，相度會計，約費四十九萬八千三百兩有奇，當與河臣、撫臣會疏題估。及分任印河各官給帑承築，又復分别稽查，量取土之遠近，定工程之難易，於原估數內覈實減省，計實用銀四十二萬三千四百兩有奇。由是豫省堤工長虹綿亘，屹若金湯矣。竊又念夫有堤而無人猶無堤也，有人而無其具猶無人也，乃爲之建官司、設兵夫而董理有人矣，請歲修製濬船，而修防有具矣。至於頂衝危險之區，或增築遥、月、格堤以爲重障，或加修埽壩防風以資捍禦，靡不次第經畫，先事預防，束水歸（漕）〔槽〕，河心愈刷愈深，不復有漫灘旁溢之患。今者千里長堤崇墉屹峙，萬家婦子盡慶盈寧，皆由我皇上睿慮精詳，河流底定，豈非千萬世之利哉！

增設分防廳員汛弁

奏爲請增豫省河員汛弁，並改設河兵以重修防事。

竊查河南黄河兩岸堤工，綿亘千有餘里，地方遼濶，舊設道、廳汛員甚少，往往不能兼顧，以致悮事。至防守堤工，雖有額設堡夫，俱係鄉民，每遇汛險搶救之事，緩急失宜，徒費錢糧，難收實效。查江南黄淮河務，設立淮徐、淮揚二道，分任統轄，其沿河廳員，並河營兵弁，量地遠近，畫界分防，修守有法，工賴其利。今豫省河工，臣等詳加酌議，北岸關係運道民生，最爲緊要，舊設管河道一員，應令駐劄北岸，耑管彰德、衛輝、懷慶三府河務；再於南岸添設巡道一員，耑管開封、歸德、河南三府河務。查現在開歸道管理糧儲、驛站、鹽法，復令兼理地方事務，似屬太繁，應止令管理糧驛、鹽法，其整飭地方，歸兩岸河道管理，庶幾呼應得靈。至沿河廳員，除歸德府屬已有通判一員，毋庸議增外，查開封府屬南北兩岸堤長工險，止有管河同知二員，懷慶府屬六縣皆係濵河，連年水勢漫溢，工程險要，止有管河通判一員，顧此失彼鞭長莫及。應於開封府南北兩岸各添設管河同知一員，懷慶府添設管河同知一員，分轄防守，兼司捕務，其不係沿河州縣，仍聽舊設清軍同知管理。再請於大州縣添設千總一員，中小州縣添設把總一員，每一里分設河兵二名，巡守防護。所有千把總員缺，即於南工熟諳河務，効力弁目並椿埽手內選補，令其董率修防，練習椿埽，庶有堤有人，可免廢弛。其千把總、河兵，仍聽本汛該管廳員統轄調遣。倘一縣之堤有分屬南北岸者，每遇汛水長發，隔河防險勢難周顧，應令接壤汛弁南歸南汛，北歸北汛，就近管理。其廳汛員弁，俱各駐劄險要工所，如有疎防，河弁與汛官一併照例嚴加議處，則耳目近而防守周矣。其原設堡夫，選壯健者改充河兵，餘俱裁去。至新募兵丁，恐不習河務、不諳椿埽做法，應於江南十河營內酌量抽撥，拔充頭目，教習新兵。如果著有成效，即行拔補把總，以示奬勵。所需俸餉等銀，除裁存堡夫工食之項動支給發外，倘有不敷，統於藩庫內撥給。再懷慶府屬之武陟縣險工甚多，武陟縣丞令其專管黃河，并請添設主簿一員，專管沁河，庶修防各有專司，堤工藉以鞏固矣。臣等一得之愚，是否允協，謹會摺請旨，伏乞皇上睿鑒，訓示施行。

雍正二年正月初六日奏。奉旨：『吏、户、兵三部，確議具奏。欽此。』部議同知、主簿等官應如所奏添設，其添設巡道及千把總、河兵之處，均毋庸議。本年三月二十七日奉上諭：『嵇曾筠所請開封府南北兩岸各添設同知一員，懷慶府添設同知一員，武陟縣添設主簿一員，俱依所奏添設。今伏汛伊邇，著交與總河齊蘇勒，一面將熟諳河務人員作速揀選補授赴任辦事，一面具題保奏，著先行文諭知。欽此。』

又於本年四月初三日，怡親王、大臣等面奉上諭：『嵇曾筠已授副總河職銜，伊奏請添設河兵一事，爾等所議毋庸添設，但總河駐劄南河兼管運河，於河南黃河相去甚遠，猝有緊要工程，實難相顧。故將河南黃河另著副總河管理，若無標下官兵，難供驅使，總河標下十河營兵數甚多，或令齊蘇勒酌撥分給，務期永遠可行，爾等詳議具奏。欽此。』王大臣等議覆：應就近於河南撫標撥守備一員、千總一員，把總二員，馬兵一百名聽副總河差遣。至總河標下十河營弁兵，應令齊蘇勒酌撥分給聽副總河就近使用等因。

本年四月二十三日奉旨：『依議。欽此。』

委用協理道員

奏爲錢糧關係重大，稽察須有賢員，恭請訓示，仰祈睿鑒事。竊惟黃河兩岸堤工，荷蒙聖主軫念有關運道民生，特勅加幫修理，預備歲搶料物，所費不下數十萬金，皆動用正項錢糧，仰見我皇上慎重河防之至意。查錢糧俱由管河道轉發各州縣募夫辦料，欵項繁多，支應紛雜。該署道楊守知在工年久，亦明晰河務，但值此大工興舉之時，錢糧關係尤重，必得賢員協理，方可慎出入而重稽查。上年蒙皇上勅發禮部堂主事朱藻，操守謹飭，辦事勘敏，自到工至今，殊見勞績。臣擬委令稽察河工錢糧，凡一應收發俱同該署道協理，庶將來核算易清，於工程亦有裨益。是否可行，伏乞皇上指示，謹具摺請旨，仰祈睿鑒。謹奏。

雍正二年閏四月十三日奏。奉旨：『好。已諭部存案矣。欽此。』

請建石家橋一帶埽壩等工

題爲亟請建築埽壩，加鑲防風以固堤工，以衛民生事。該臣等會看得，鄭州大堤石家橋迤東一帶，上年水勢平緩，未經估入歲搶修册內，自入伏以來，大溜南趨，直射堤根，甚屬危險，應於迎溜處所，下埽、簽樁，加鑲高厚，復於掃灣之處接鑲防風，並築磯嘴，壩工挑溜開行，以資捍禦。又中牟縣拉牌寨一帶工程，近緣河面寬闊，水勢浩瀚，黄流逼射，衝刷堪虞，必須下護崖順埽，鑲墊防風，仍建磯嘴挑水壩二座，挑溜開行，再將斷堤一道加幇高厚，接至大堤，以資鞏固。又穆家樓堤工，全黄大溜建瓴奔注，坐當頂衝危險異常，亟應下埽加鑲，簽樁堅實，方資保護。

查鄭州石家橋迤東堡房起至牛角灣迤下止，計長一千二百三十丈，内石家橋工長二十丈，車道埠口工長四十丈，牛角灣迤西工長三十丈，牛角灣工長三十丈，四共埽工長一百二十丈，其餘接鑲防風長一千一百一十丈，並下水頭接築磯嘴壩一座，共估工料銀六千二百九十五兩一錢六分。中牟縣黄河南岸拉牌寨鑲墊工長二百五十丈，護崖埽工二段共長一百六十丈，並磯嘴挑水壩工二座，以及加幇斷堤工長二十五丈，共估工料、土方銀四千三百一十九兩五錢六分。又穆家樓埽工長二百七十六丈，估銀二千三百四十八兩四錢九分。據署管河道楊守知確估册詳前來，臣等逐一親勘覆核無異，因係緊要工程，除一面檄行布政司先行撥帑，給發各該印官乘時辦料募夫儹築，署管河道楊守知監工督催，并原册送部查核外，理合會疏具題，伏乞皇上睿鑒，勑部議覆施行。

雍正二年七月初七日題。奉旨：『該部速議具奏。欽此。』部議准行，雍正二年七月二十二日奉旨：『依議速行。欽此。』

條陳河工應行事宜

奏爲謹陳管見，仰祈睿鑒事。竊臣一介寒微，受恩深重，雖竭盡犬馬，莫報涓埃。自奉命管理豫省堤工，更加惕勵，矢公矢慎，冰蘖自持，凡有裨於國計民生者，悉心諮訪，有所見聞不敢隱匿，前恭請陛見，原擬據實口奏，面請聖訓。祇緣欽承諭旨，未敢擅離，謹將緊要事宜具摺奏明，伏祈皇上睿鑒施行。

一、修築堤工定例，每土一方給銀一錢二分，内除加一節省外，實給銀一錢零八釐。臣恪遵定例，批令管河道照數給發在案，但細加採訪，平易工程每方九分六釐可以敷用。恭逢皇上聖明，内外並無雜費，似應於扣存加一節省之外，再扣加一節省，留存河庫，作正項支銷，以裕國帑。倘有難做之工，及取土甚遠并買土搶險者，責令管河道親加察核，酌量加增。庶帑項不致虚糜，而工程亦免悮累矣。

一、河工錢糧不比州縣，黄流泛漲呼吸變遷，有昔險今平今平忽險者，有突遇危急，所用銀兩浮於原估之數者，亦有不及題估而急需儹做難緩時刻者，事當倉猝，勢若救焚，不得不多用料物金錢，移緩就急，竭力搶護，以保運道民生。若執一而不變通，則該管各官恐有賠累，或致臨事畏縮，貽悞非小。如今年伏秋兩汛，水勢異漲，處處告險，備費周章，仰賴聖主軫念河防，先幾指示，俾得凛慎欽遵，幸保無虞。臣愚以爲：凡一切工程，或有昔險今平者，據實扣除；或有今平忽險，及水勢洶湧搶救銀兩浮於原估者，據實題銷；如有緊急險工難緩時刻者，一面題估，一面通融接應。惟在臨時相機修防，管河道嚴加察核，毋許冒破，庶緊急工程不致坐失機宜矣。

一、柳枝荻葦爲河工第一要料。豫省堤園柳株歲久瘦枯，更兼連年險工，取用採伐殆盡。至荻葦一項，原非中州土産，舊例俱以穀草秫稭代用，入水即腐，不能經久。臣查黄河兩岸濵河處所多有新淤灘地，地方官逐一清查，其未經陞科之灘地，或有種荻一頃，或有種柳千枝，實能成活濟工者，驗實詳報咨部，官則給予紀録，民則給予頂帶，榮身則人皆踴躍，二三年間荻柳蕃盛，而歲修購料銀兩可以漸減矣。至現今一切堤估地畝，并取土挖廢坑塘，合無仰請聖恩，俯賜循照江南之例，俟堤工告成之後，行令地方官逐細查丈，蠲除錢糧，仍留充栽柳種荻，則所産愈廣，在朝廷普寬大之恩，小民免虚糧之累，而物料之所出，當不減於正供之所入矣。

一、豫省原額堡夫。因臣上年奉差到工，往來堤上，見其蹤跡寥寥，有名無實，且不諳簽樁、下埽，是以議請裁去，循照江南之例，添設河兵駐工防護，庶爲有濟。荷蒙皇上聖明，特諭調撥江南河兵來豫修守，隨經河臣齊蘓勒抽調十河營兵一千名，千把總六員赴豫，當同臣等擇其險要之處，分派安插訖。但歸德府屬考城、商邱、虞城三縣不敷分撥，原未安兵。今值冬季，裁去堡夫，則兵夫俱缺，乏人防守。况水勢上游既經收束，則下游自漸湍激，尤宜加意防範，似應再於南工調兵二百名分令駐防，庶工程大有裨益矣。

以上各條，臣從慎帑急公起見，於查工之際細加諮訪，所有一得之愚不揣冒昧，謹具摺奏聞，是否可行，恭候皇上訓示。爲此具奏，伏祈睿鑒。

雍正二年十一月初三日奏。奉旨：『九卿速議具奏，前議裁去堡夫之議似屬未妥，不可固執，再詳悉斟酌，確議奏聞。欽此。』

預撥歲搶修銀兩

題爲遵例題明，仰祈睿鑒事。雍正二年十一月二十八日准工部咨：爲遵旨議覆事内開該臣等會議得，嗣後歲修工程應於本年十月内題估，次年四月内題銷，如逾限不行題銷，將所用錢糧着落授受之員賠還等因。奉旨：『依議通行。』欽遵在案。伏查江南歲修工程，俱係上年冬間發銀備料，經過本年桃、伏、秋汛之後，於水落工平之際，河臣核實題估，次年造册題銷，成例已久。但豫省從前原無歲搶工程，因近年黄河水勢泛漲，兩岸堤工大溜頂冲險汛林立。欽蒙皇上允臣所請，持勅總理事務王大臣會議，照依江南歲搶修之例，按年估修以資鞏固。因事屬創始，並無額設辦料銀兩，是以河臣齊蘇勒將雍正二年歲搶修工程，先於雍正元年十二月内相度河勢情形，酌量險要處所，共題估銀五萬九千餘兩，於司庫撥解購料，以備臨時應用。併聲明黄河大溜趨向無常，有初險今平、今平後險之處，未可預定。雖以現在情形購料分貯，嗣後遇有此平彼險之處，應令該管各官就近於平緩工内通融撥用，以資搶護在案。今雍正二年分歲搶工程，經臣等揆其緩急，因時通融，撥給料物以濟修防，獲保無虞。除將做過丈尺工段，現在查核遵例於次年四月内題銷外，其雍正三年歲搶各工錢糧，仰祈皇上俯照江南估修發帑之例，勅部於司庫内先行撥銀五萬兩移解河道，及時分發備料，統俟經過桃、伏、秋汛之後，將用過料物銀兩核定實數，照例於本年十月内題估，次年四月内題銷。如有餘剩料物，仍令加謹收貯，以充下年修防之用；倘有不敷，再行題明撥給，庶工程有裨而帑項不致虚糜矣。臣謹會同河臣齊蘇勒、撫臣田文鏡合詞具題，伏乞皇上勅部議覆施行。

雍正二年十二月二十一日題。奉旨：『該部速議具奏。欽此。』部議准行，雍正三年二月初八日奉旨：『依議。欽此。』

議留堡夫並建堡房

奏爲遵旨確議，仰祈睿鑒事。雍正二年十一月二十二日，臣於武陟工次跪接皇上硃批臣謹陳管見等事奏摺，奉旨：『九卿速議具奏，前議裁去堡夫之議似屬未妥，不可固執，再詳悉斟酌，確議奏聞。欽此。欽遵。』臣跪讀聖訓，仰見我皇上至聖至明，慎重河防，睿慮周詳，無微不照，洵非臣等愚昧所能窺見萬一者也。

伏查豫省堤工緊要，荷蒙皇上指示方略，得以遵循修築。又奉特旨，調撥江南河兵來豫防守，簽樁、下埽俱能合法，是以今年伏秋水勢異漲，獲保平穩。兹以裁去堡夫之議未妥，上厪聖懷，敕令不可固執，再詳悉斟酌確議奏聞。臣惶悚無地，謹悉心籌畫，再陳管見，恭候聖裁。

竊思豫省兩岸堤長一千三百餘里，加以近年新建埽壩，并歲搶各工不下數十處，在在需人防守。今以調來河兵一千名而裁去九百餘名之堡夫，自難免顧此失彼之虞。况河兵生長江南，遠離鄉井，千里防河，未免人懷歸志。雖經臣等會議一年一換，而往返道途不無曠工廢事，似宜兵夫兼用，協力修防，庶收實效。今蒙皇上洞鑒及此，誠堤工萬世之利。臣愚以爲老弱無用之堡夫可裁，精壯有用之堡夫不可裁，相應將堡夫名數照舊仍留。嚴飭廳印各官選擇年力精壯者充當，所給工食亦照給發兵餉之例包封唱給，務使均沾實惠。是設一名堡夫即得一名之用，而可免有名無實之弊矣。

再查，堡夫工食每名月給銀五錢，守兵餉米除朋扣外，每名月給銀一兩一錢九分。若堡夫中有能跟隨河兵習學椿埽工程，諳練明白者，該印汛官驗實出結保詳，即拔作河兵，照例給餉。於年終造册報部，每年計拔堡夫若干名，即將調來河兵發回若干名，其所缺堡夫另擇年力精壯者充補。二三年間若可得諳練椿埽上著河兵五百名，以幫堡夫之不逮，則既有河兵簽椿、下埽，又有堡夫負土擔薪，修防有賴，而南工之兵俱可發回，豫省之堡夫亦人人踴躍於工程，實有裨益。

至於堤上舊制，每二里設立堡房以便棲身修守。因年久坍毀，十無一二，前南工兵到，無地容身，臣令各印官捐搭窩篷，暫爲栖息，伏秋連雨頗受其益，合無仰懇聖恩，仍照舊制，行令地方官每二里建堡房一座，每座約銀三兩，即於節省項內動支報銷。則一應兵夫住足有所，風雨不離長堤，蜿蜒燈火相照，聲息相聞，縱遇險工，一呼即應，則搶護不致失時矣。緣係奉旨詳悉斟酌，確議事理，不揣冒昧，謹抒管見，是否可行，伏候皇上訓示。爲此具奏，伏祈睿鑒。

雍正二年十二月初九日奏。奉旨：『嵇曾筠從前會奏請將堡夫裁去，今復以堡夫照舊仍留，具摺奏請，這所奏近是。但摺內稱將堡夫內選拔充補河兵，照例給餉，將從前江南調來河兵發回等語，今若將堡夫拔補河兵，其調來河兵發回作何著落之處，並未議及。著將本並摺交與九卿詳閲，如照嵇曾筠所奏可行，即議准行。如有未盡處，九卿各抒所見，詳議具奏。欽此。』議覆准行。

雍正三年三月二十六日奉旨：『依議。欽此。』

請修月格等堤

題爲陽武大堤危險，急宜修防以資鞏固事。該臣等會看得，豫省南北兩岸遥、月、格堤，案准部覆，俟桃、伏、秋汛後確估具題等因。奉旨：『依議。』欽遵。轉行遵照在案。祗因上年秋冬，南北兩岸堤工千有餘里，同時並舉，勢難兼顧，是以未敢遽爲題估。今加幫工程竭力嚴催，已據各州縣陸續呈報，皆已完工。所有應築遥、月、格堤，最緊要之處，上年秋汛水長，竭力搶護，幸保平穩。今亟宜乘時擇險帮築以資鞏固。臣謹會同河臣齊蘇勒親詣該工，逐細確勘，如蘭陽縣北岸雷家新莊、耿家寨、四門堂等處，舊有月堤二道，儀封縣堌陽集前舊子堤一道，皆因年久失修，殘缺卑矮，一遇汛水長發，由堤頂漫溢直達大堤，汕刷衝激，危險堪虞，亟應加帮高寛，以爲外衛。又祥符縣南岸一覽臺等處，大堤切近省城，堤工單薄，亟應帮築貼堤以爲內戧。又姜家莊、程家寨舊有月堤二道，格堤一段，單薄卑矮，一經水長漫及堤根，甚屬危險，亟應加築高厚以爲捍禦。又考城縣南岸胡家道口、石家莊舊壩月堤一道，商邱縣南岸蔚家窪大堤一段，外月土壩一道，虞城縣南岸待賓寺月堤一道，俱因年久未修卑矮單薄，上年秋汛水發，溜逼堤根，甚屬危險，亟應加幫高寬，並築子堰以爲重障。

查蘭陽縣雷家新莊、耿家寨月堤工長一千八百零一丈，估加新土五萬八千八百七十五方，該實銀五千六百五十二兩； 四門堂月堤工長四百六十六丈，估加新土一萬四千四百六十八方五分，該實銀一千三百八十八兩九錢七分零。

查儀封縣堌陽集前子堤工長一千五百五十八丈，估加新土六萬四千八百二十九方八分，該實銀六千二百二十三兩六錢六分零。以上蘭、儀二縣堤工共估新土一十三萬八千一百七十三方三分，每方銀九分六厘，共該實銀一萬三千二百六十四兩六錢三分零。

查祥符縣一覽臺幇築貼堤工長一千九十一丈，共估新土一萬五千二百七十四方，該實銀一千四百六十六兩三錢零。又姜家莊月堤工長一千五百七十丈，估加新土四萬一百七十方，該實銀三千八百五十六兩三錢零。又程家寨月堤工長一千一百八十九丈，估加新土三萬一百二方八分，該實銀二千八百八十九兩八錢六分零。又舊格堤一段工長一百九十五丈，空缺一段應接築格堤與月堤相連，工長五十丈，共工長二百四十五丈，估加新土七千九百六十方，該實銀七百六十四兩一錢六分，以上祥符縣堤工共估新土九萬三千五百六方八分，每方銀九分六厘，共該實銀八千九百七十六兩六錢五分零。

查考城縣胡家道口、石家莊舊壩月堤長四百八十五丈，估加新土一萬五千五百七十七方三分，該實銀一千四百九十五兩四錢二分零。又商邱縣蔚家窪大堤工長二百九十三丈五尺，估加新土六千九百五十五方九分，該實銀六百六十七兩七錢七分零。又外月土壩上加子堰工長二百七十丈，估加新土一千五百六十八方，該實銀一百五十兩五錢二分零。又虞城縣待賓寺月堤工長一千二百一丈，估加新土二萬六千九百二十一方七分，該實銀二千五百八十四兩四錢八分零。以上考、商、虞三縣堤工共估新土五萬一千二十三方，每方銀九分六厘，共該實銀四千八百九十八兩二錢零。前據詳估，經臣等嚴批核減去後，今又據管河道副使佟鎮詳稱，委係據實確估，並無絲毫浮冒。詳請一面具題，一面撥帑募夫疾儹完固，庶重門有賴等情。冊詳前來，臣等復加親核無異，除將原冊送部查核，一面將奉旨撥交臣嵇曾筠銀五萬兩內，檄令管河道動支給發，募夫興修，務於伏汛前乘時儹築，以資鞏固。臣謹會同河臣齊蘇勒、撫臣田文鏡合詞具題，伏乞皇上睿鑒，勅部議覆施行。再照兩岸應行估修遥月等堤之處，因伏汛將臨未能尅期並舉，謹將亟應修築首險各工先爲題估，合併聲明。

雍正三年五月初十日題。奉旨：『該部速議具奏。欽此。』部議准行。雍正三年六月初五日奉旨：『依議。欽此。』

留工効力人員

題爲遵旨具題事。竊惟河工以用人爲本，用人以諳練爲先。查豫省南北兩岸堤長一千三百餘里，其間工程遥遠，河務浩繁，一應奔走往來，不得不收効力人員以供驅使，以資防護。臣自到工以來，見有佐雜生監各員范昌治等，紛紛具呈請願河工効力。臣逐一考騐，除不堪委用者不准外，擇其精明强幹可供驅策者，共有五十六人，即委令分任督工防險諸事，俱能自備鞍馬，出力行走，卧雨餐風，共勷厥事。且各盡心習練，頗見勤勞，若令留工一二年，則皆成諳練之才。竊思伊等不辭辛苦，原爲功名起見，臣亦不敢遽爲代請議敘，惟求皇上洪恩，容臣將伊等功績履歷造具册結，咨部存檔，准其留工効力學習，俾伊等知進身有階，自能人人奮勉，而臣亦可收臂指之效矣。理合恭疏具題，伏祈皇上睿鑒，勑部議覆施行。

雍正三年九月二十六日題。奉旨：『該部議奏。欽此。』

卷二

增修兩岸險工

題爲欽奉上諭事。雍正三年八月初五日，准工部咨開，奉上諭：『今歲入夏以來雨水過多，朕心念黃、淮，伏秋雨汛必然水勢浩瀚，甚以爲憂。所以從前批嵇曾筠奏摺有無日不神馳黃、淮兩岸之語，今據田文鏡奏稱，儀封縣南岸大寨，蘭陽縣北岸板厰後兩處，衝開决口各十餘丈，此皆朕躬不德，或用人行政有缺失之所致。返躬惕勵，夙夜不安，其衝决堤工可星速會同副總河嵇曾筠率各屬河員併力搶築，務期永久堅固。其一帶危險工程，亦當增卑培薄，預爲之防。至被灾人民，着速委能員實心確查，應賑恤者即動正項錢糧，衝没田地詳細勘估，應豁免者題請豁免。朕從前會命將河屬官員分別議敘，今儀封、蘭陽兩處既被衝决，例應叅處。但朕自念不德，其疎防各官吏止停其議敘，不必叅處，賠修亦着寬免。特諭，欽此。相應行文副總河可也。』爲此合咨前去，查照施行等因到臣。准此。除儀封之大寨，并蘭陽之板厰後漫口，俱各尅日堵築完竣，其完竣日期當經題報在案。所有應估增卑培薄堤工，隨行各道廳欽遵去後，今據造册詳請會核題估等情到臣。據此，該臣等會看得，豫省黃河兩岸土埽工程，荷蒙聖恩，估計加幇，并增歲搶二修，業已綢繆未雨。緣上年秋水泛漲，將儀封大寨、蘭陽板厰二處漫溢，又蒙特沛恩綸，將一帶危險工程亦當增卑培薄，預爲之防。臣等欽承之下，仰見皇恩浩蕩，慎重周詳，隨經行令管河道廳逐細查勘，確估幇築。臣等復加親勘，兩岸堤工原有暫緩加幇之大堤，并有未經估計加修之遥、月等堤，又有雖經加幇，或因地本窪下未能與兩頭一律平高者，更有兩岸堤根被沙淤墊，堤身卑矮亟應加高培厚者。今據該道詳稱，查得開封府上南河廳屬鄭州應增高培厚大堤共工長一千四百六十二丈，估加新土四萬六千二百七十七方二分，共實銀五千四百八十一兩九錢七分零。又來童寨舊斷堤工長二百四十丈，估加新土一萬二千八百三十五方五分，共實銀一千二百三十二兩二錢零。中牟縣應增高培厚大堤共工長一千四百五十五丈五尺，估加新土七萬七十九方四分，共實銀六千七百二十七兩六錢二分零； 月堤共工長三百六十五丈五尺，估加新土一萬七千一百六十八方六分，共實銀一千六百四十八兩一錢九分零。

開封府下南河廳屬祥符縣南岸應增高培厚大堤共工長七千七百九十八丈五尺，估加新土三十一萬四百六十方九分零，又攔土埽工長十三丈，以上土埽二工共實銀三萬九百六十五兩一錢八分零；　月堤共工長五千二百六十三丈二尺，估加新土十八萬六千三百五十方七分零，共實銀一萬八千六百七十二兩五錢零。陳留縣南岸應增高培厚大堤共工長一千八百八十八丈，估加新土三萬五千四百六十一方六分，共實銀三千六百七十一兩八錢八分零。蘭陽縣南岸應增高培厚大堤共工長七百五十丈，估加新土一萬九千二百八十二方，共實銀一千八百五十一兩七分零。儀封縣南岸應增高培厚大堤共工長四千一百六丈，估加新土十二萬一千四十九方三分，共實銀一萬二千七百八十七兩三錢一分；　月堤工長二千六百四十九丈，估加新土十五萬六百四方六分，共實銀一萬四千六百二十二兩二錢三分零。

歸河廳屬考城縣應增高培厚大堤共工長二百三十丈，估加新土一千九百一十方，共實銀二百七十五兩四分。商邱縣應增高培厚大堤共工長二千三百四十四丈，估加新土八萬七千八十三方五分，共實銀八千四百一十七兩六錢二分零。虞城縣應增高培厚大堤共工長二千五百二十丈三尺，估加新土一十二萬三千七百四十六方四分，共實銀一萬三千五百四十四兩八錢七分零。

懷慶府黃河廳屬武陟縣應增高培厚大堤工長二千三百九丈，又填實釘船幇大壩後有牙池週圍長一百四十四丈，共估新土十一萬四千二百二十方七分，共實銀一萬一千二百七十六兩九錢五分零。

開封府上北河廳屬原武縣應增高培厚大堤共工長一千二百六丈，估加新土二萬三千三百四十四方，共實銀二千八百九兩七錢二分零。陽武縣應增高培厚大堤共工長三千七十五丈，估加新土八萬八千八十九方九分，共實銀一萬二千六百八十四兩九錢四分零。月堤工長三百四十丈，估加新土一萬二千六百方，共實銀一千二百九兩六錢。封邱縣應增高培厚大堤工長四百六十丈估加新土二萬六百七十方，共實銀二千九百二十一兩七錢二分。

開封府下北河廳屬祥符縣北岸應增高培厚大堤工長四十五丈，估加新土二千三百八十二方七分，共實銀二百二十八兩七錢四分。子堤工長一千四十三丈，估加新土四萬三千一百二十六方，共實銀四千一百四十兩九分零。蘭陽縣北岸應增高培厚大堤工長四千一十四丈五尺，估加新土一十六萬八千六百九十九方六分，共實銀一萬八千八百六十七兩二錢五分零。月堤工長一千九百四十三丈，估加新土一十二萬七百八十四方一分，共實銀一萬一千五百九十五兩二錢七分零。儀封縣北岸應增高培厚大堤工長一千七百五十一丈，估加新土十萬四千五百三十八方七分，共實銀一萬二千五百四十五兩六錢零。格堤工長四千五百三十丈，估加新土二十八萬八千二百七十方一分，共實銀二萬七千六百七十三兩九錢三分零。

又山東黃河廳屬劉家口曹縣外月堤工長七百五十七

丈五尺，估加新土四萬六千五百九十九方七分，共實銀五千三百五兩一錢八分零。

以上各廳所屬豫省大堤通共估用土方銀一十四萬五千五十八兩五錢四分零，月格堤工通共估用土方銀八萬七百九十四兩四分零，二共銀二十二萬五千八百五十二兩五錢九分零。俱係據實估報，委無浮開等情册詳前來。臣等復加親核無異，因係緊要工程，照例行令布政司撥發帑銀，擇險先修，業經遴委幹員分段儹築，以禦汛水。一面移咨山東撫臣，飭令黃河廳將劉家口曹縣堤工一例動帑興築，除原册送部查核外，臣謹會同河臣齊蘇勒、撫臣田文鏡合詞具題，伏乞皇上睿鑒，勅部議覆施行。

雍正四年三月十三日題。奉旨：『該部速議具奏。欽此。』部議准行，雍正四年四月初九日奉旨：『依議速行。欽此。』

增修埽壩防風

題爲亟請增修埽壩，加鑲防風，以保堤工，以資捍禦事。該臣等會看得，豫省土脉虚鬆，一切堤工必須相機修守，保護萬全。仰蒙我皇上洞悉河防，特頒諭旨將危險工程增卑培薄，豫爲之防，當經轉飭欽遵，現在另册估報。但連年黃水泛漲，致將兩岸堤根沙停淤墊，堤身多有卑矮，兼以堤內地勢甚窪，一遇汛水長發，大溜頂衝，甚屬危險。亟應擇其險要處所增修埽壩，鑲做防風，保護堤工，方克有裨。今據管河道副使佟鎮詳稱，查上南河廳屬鄭州汛內薛家寨上下一帶險工長七百六十丈，應鑲防風，實估用工料銀五千一百五十三兩九錢六分。又來童寨險工長二百四十丈，應下埽包裹堤頭接鑲防風，實估用工料銀一千六百三十七兩五錢八分零。以上共估工料銀六千七百九十一兩五錢四分零。

下南河廳屬祥符縣南岸程家寨險工長二百三十丈，應下埽加鑲，實估用工料銀六千六百三十二兩六銀八分零。蘭陽縣南岸河渠險工長一百二十丈，應鑲防風，實估用工料銀六百六十三兩六錢。又韓陵寺險工長一百丈應鑲防風，實估用工料銀五百五十三兩。儀封縣南岸馬家店險工長六十丈應鑲防風，實估用工料銀三百九十八兩一錢六分。又亓家莊險工長一百丈應下埽加鑲，實估用工料銀八百六十七兩八分零。又周家莊險工長八十丈應下埽加鑲，實估用工料銀七百九十五兩八錢四分。又鹿家口月堤東壩險工長六十丈應下埽加鑲，實估用工料銀五百六十兩六分零。又鹿家口月堤北壩險工長一百丈應下埽加鑲，實估用工料銀九百四十九兩七錢一分零。以上祥、蘭、儀三縣南岸共估工料銀一萬一千四百二十兩一錢五分零。

歸河廳屬考城縣汛內自司家道口起至王家道口止，險工長六百二十一丈，內應建磯嘴壩三座，順長共二十一丈，接鑲防風六百丈，實估用工料銀五千一百八十一兩四錢六分零。又十四堡險工長二十六丈，內應建磯嘴壩一座，順長六丈，接鑲防風二十丈，實估用工料銀六百一十三兩三錢四分零。商邱縣汛內自考商交界起至楊家堂止，工長七百七十丈，內擇險應做防風二百丈，實估用工料銀一千六十一兩七錢六分。又楊家堂小月堤險工長七十二丈，應下埽加鑲，接鑲防風，實估工料銀三百二十九兩五錢四分零。虞城縣汛內張家潭險工長二十七丈五尺，應下埽加鑲接鑲防風，實估工料銀五百一十九兩六分零。以上考、商、虞三縣共估工料銀七千七百五兩一錢六分零。

上北河廳屬原武縣北岸胡唐莊險工長六十丈，應鑲防風，實估用工料銀三百一十九兩二錢。又朱家莊後大堤兆灣險工長六十五丈，應鑲防風，實估用工料銀三百六十五兩七錢五分。又柳園村前險工長七十丈，應鑲防風，實估用工料銀三百七十二兩三錢。又劉務村後險工長二百丈，應鑲防風，實估用工料銀一千六十三兩九錢七分。以上共估工料銀二千一百二十一兩二錢二分。

下北河廳屬蘭陽縣北岸管李寨撑堤、橫堤共長四百八十四丈，應下埽加鑲接鑲防風，實估用工料銀三千七百一十三兩五錢六分零。又管李寨圈堤內險工長六百八十丈，應鑲防風，實估用工料銀三千六百九兩九錢八分零。又耿家寨險工長一百六十丈，應下埽加鑲，實估用工料銀三千五百六十九兩二錢八分。儀封縣北岸雷家寺迤西險工長一百二十丈，應鑲防風，并下裹頭埽，實估用工料銀九百一十兩四錢一分零。又宋家營一帶險工長六十六丈，應下埽加鑲，實估用工料銀三百九十二兩五錢四分零。又十九堡月堤險工長五百二十一丈，應下防風，實估用工料銀二千八百八十六兩六錢六分。以上蘭儀二縣北岸共估工料銀一萬五千八十二兩四錢四分零。通共估用工料實銀四萬三千一百兩五錢三分零。委無浮冒，造具估册，詳請會核題估，發帑興修。統俟本年十月內，將用過工料彙册題報，次年四月題銷等情，册詳前來。臣等親勘復核無異，因係緊要工程，除照例行令布政司先行撥帑，乘時辦料興修，并原册送部查核外，相應會同河臣齊蘇勒、撫臣田文鏡合詞具題，伏乞皇上睿覽，勅部議覆施行。

雍正四年三月十三日題。奉旨：『該部速議具奏。欽此。』部議准行，雍正四年四月初九日奉旨：『依議速行。欽此。』

改估臨河增卑培薄工程

題爲亟請改築月堤，並添建戧堤、貼堤以保險工，以節帑項事。雍正四年九月十一日准工部咨開，都水清吏司案呈查得副總河嵇曾筠咨稱，黃河水性變遷靡常，惟在審時度勢，相機修築。豫省臨河增卑培薄工程，奉部覆准在案。但前項工程皆在去冬，今春水勢未長以前約照上年之情形勘估，現今河流長發，又有變遷，若不相機改估，誠恐輕重失宜，緩急倒置，相應咨請改築，俟工完之日逐欵聲明，造册彙銷。除一面發帑委員星夜儹築外，擬合咨明等因前來。查豫省臨河增卑培薄工程，前據副總河疏稱關係緊要，業經本部覆准修築在案。今雖據稱河流變遷，應相機改築，不便據咨遽議，應行副總河具題到日再議可也。爲此合咨前去，查照施行等因到臣。准此。當經轉行遵照去後，今據河南管河道副使佟鎮詳請，仍照前册會核具題，准其改築，俟工完彙册奏銷，則節帑保工，實有裨益等因到臣。據此，該臣等會看得，豫省臨河堤工，蒙我皇上睿謨廣運，籌畫周詳，勑令增卑培薄，豫爲修防，前經臣等欽遵，確勘會核題估，奉部覆准，一切緊要堤工俱經遴員分築，竭力儹催在案。但前項工程皆在去冬，今春水勢未長以前，約照上年之情形勘估，現今河流長發忽有變遷。伏查河工先估後做，工程有臨修之時形勢更改化險爲平，原應移平就險。若不因時相機改估，誠恐輕重失宜，緩急倒置。今查下南河廳屬應停修儀封縣南岸大寨北面殘缺舊月堤一道，工長二千九十七丈，撑堤一道工長一百二丈，共原估銀一萬二千六百六十三兩八錢三分零，今移於南面改築月堤一道，工長七百一十四丈，夾壩後幇築戧堤一道，工長一百零一丈。又李家莊堤灣起至五堡迤南止，幇築貼堤工長七百零七丈。又自十六堡迤東起至十八堡迤西止，幇築貼堤工長四百丈。又蘭陽大堤自陳留交界起至管家水口止，幇築貼堤工長六百丈。共工長二千五百二十二丈，共估銀一萬二千五百五十四兩七錢二分零，計節減銀一百九兩一錢零。

又儀封縣南岸大堤自十三堡東起至大王廟止，加幇工長三百一十丈之內應停修工長一百丈，計原估銀二百四十八兩八錢八分，今移於三十三堡起至趙家埠口東止，改幇大堤工長一百丈，共估銀二百二十三兩八錢，計節減銀二十五兩八分。

又歸河廳屬應停修虞城縣黃堌壩東自下壩尾起至裴家莊廢堤頭止工長五百九十二丈五尺，共原估銀二千八百七十六兩九錢七分零，今移於商邱縣自考城縣交界起至楊家堂止，並李江莊河夫營天齊廟等處添築貼堤四段，共工長一千四百六十丈。又虞城縣待賓寺一帶添築貼堤工長二百三十五丈五尺，共估銀二千七百九十一兩九錢九分零。計節減銀八十四兩九錢八分零。以上各工均應相機因時改築，前據該道造册改估前來，當經臣等會核，將工段丈尺銀數一面咨明工部，俟工完逐欵聲明彙册題銷。一面發帑委員星夜儹築，以資保護在案。今准部覆行，令具題到日再議等因。行據管河道副使佟鎮詳覆前來，相應會同河臣齊蘇勒、撫臣田文鏡合詞具題，伏乞皇上睿鑒，勑部議覆施行。

雍正四年九月二十六日題。奉旨：『該部議奏。欽此。』部義准行，雍正四年十一月十六日奉旨：『依議。欽此。』

條陳河工善後事宜

奏爲大工初竣，善後宜詳，謹陳末議，仰祈睿鑒事。竊照豫省黄河兩岸隄防廢弛年久，蒙皇上拯溺鴻仁發帑興修，宸謨指示，底績安瀾。今南北大堤加幇完竣，歲、搶二修，因地制宜，一切遥、月、格堤，兼修並舉，而增卑培薄，又復預爲防範，皆荷我皇上睿慮精詳，所以無微不到，從兹遞年修守，自可永慶平成矣。臣以菲材，謬膺簡任，隆恩疊被，聖訓頻加，第愧知識短淺，寸長未効，捫心夙夜，感悚交并，唯有殫竭愚誠，以冀仰報涓埃，所有芻蕘末議，敬爲我皇上陳之。

一、歲修埽料宜節減清釐也。查豫省大工以及搶修埽料所需秫稭，俱係臨時濟急，購運艱難，每百觔實銷銀九分，無容置議外。惟題定歲修一項，不比從前創始，今定於秋成後即發銀各廳及早購辦，每百觔七分便可置買，務於八月内道庫發銀，勒限十月内照額辦足，即令管河道查驗，如有短少，即以辦料遲延条處。除穀草椿蔴，臣逐年體訪，額價萬難議減，其秫稭一項請於雍正五年承辦，六年歲修，每百觔即照七分報銷，則每年億千萬束之秫稭，所節帑金便可積零成鉅，而仍於工程無悮。再查河工埽料柳束爲重，河南柳園無多，採用殆盡，且園臨灘地，每年河水汕塌，以致園額愈少，柳束無出，秫稭代柳，費帑愈多。伏查民間灘地，凡有坍塌即將新淤之地抵補，相沿已久，獨至柳園，此地一經坍損，彼地雖有新淤，官無界址，民多隱佔，亟應清釐，以垂永久。合無仰懇皇上勅下撫臣，行令沿河州縣，檢查地册，會同廳汛將現存之柳園丈勘立界，已坍之柳園此坍彼淤，釐剔清查撥補完額，則無害於民而有益於公。園額無虧，嚴督河員廣爲栽植，庶柳束繁多，埽料錢糧可以漸次節省矣。

一、印河各官宜通融調補也。查豫省管河道以下設有廳汛河員，以協佐府州縣印官。但向來定例，印官耑司民事，係撫臣題授；河員耑理河工，係河臣題授。不特循資陞調分爲兩途，即辦事同城，亦不無歧視。合無仰懇皇上天恩，准於定例之外通融調補。如沿河府州縣有才嫻河務者，准其陞調河工道廳；而河工廳汛有才守兼優者，准其陞調沿河府州縣。一轉移間，彼此均有裨益，庶印、河各官益勵寅恭，而河防吏治互相講究學習，俱當協力同心，爲地方保障矣。

一、防河兵弁宜酌增耑設也。查豫省堤工，蒙我皇上乾綱獨斷，調撥江南河兵一千名分派防守。嗣因更番遠涉，往返需時，經臣條奏，請將兩岸堡夫仍留學習椿埽，如果熟諳，拔充河兵。二三年間，若得土著河兵五百名，則南兵一千名俱可發回。已奉部議，覆准在案。今查堤工初竣，椿埽繁多，汛險工長，不敷應用，河兵汛弁自應隨時籌畫。伏懇聖恩，仍照一千名之數，勅部再行議覆，於堡夫內逐漸拔補足額，即將南兵逐漸扣除發回原汛。則豫省兵皆土著，以千名之兵守千里之堤，庶椿埽嫻熟而工程鞏固。再查河兵散處工所無人管押，恐其偷安多事，是以江南撥來千把總六員，用資約束，若南兵發回，該弁等原各有耑汛，非可久留豫省者，請耑設千總二員，把總四員，分隸開封府兩岸河廳管轄。至歸德府通判汛內，應將原設武陟千總二員內調往一員，分撥河兵一百名移駐歸德各工，交與該弁管領，則豫工兵弁整飭而修防無悮矣。

一、月堤防守宜增設抽撥也。查豫省大堤，每隔二里額設堡房一座，分駐堡夫，令其修墊水溝浪窩，巡查獾洞、鼠穴。但重門保障，實倚月堤以資捍衛。今歲欽奉諭旨，增卑培薄，案內臨河月堤居其大半，而堡房未設防守無人，風雨損傷河水漲漫，不無意外。伏乞皇上勅下部議，遵照大堤之例，每隔二里增設堡房一座，給價三兩，着令地方官建造速完。至堡夫一項，若再議增，恐錢糧過費。合無於臣奏請，仍設河兵一千名內酌量調撥月堤防守，則無容增設堡夫，而臨河險工堤埽兼有倚賴矣。

一、汛地遼濶宜添設微員也。查開封府南岸地方祥符縣堤長八十六里，止有縣丞一員，工長汛遠，策應維艱。況近日險汛下移，祥符一帶工程更爲險要，似應添設祥符南岸主簿一員，分段管理。再開封府北岸地方印捕各官俱在南岸，且與直隸長垣、山東曹縣等處犬牙相錯，民俗刁頑。祥符、蘭陽、儀封北岸雖有主簿，俱耑管河務不理民事，且堤埽綿長，奔走窵遠，募夫辦料呼應不靈。合無添設巡檢二員，一駐祥符、陳留適中之地，一駐蘭陽、儀封適中之地。如遇工程告險，即着協同廳汛募夫辦料，竭力搶護；所有一切逃盜事宜，令其盤查稽察，仍聽該縣督率管轄。再查祥、陳等處北岸，舊有汰黃堤一道以爲後障，例係民修，應責令該員督率附近莊民勤加修墊，則寧謐地方而於河務工程俱有裨益矣。

一、撥料浚船宜循例添設也。查江南黃運兩河，凡有歲、搶修工程之處，即設浚柳船隻以資撥運料物，所以一呼即應，往來如織，料物凑手。今豫省上至武陟，下至虞城，俱有歲、搶二修，而撥運無船，每每此工貯料，彼工告險，不能立時濟急。且當汛水長發之際，一望汪洋，堤外被水，居民望救甚迫，莫能往援。是豫省浚船不但運料，兼可濟人，更甚於江南也。伏乞皇上天恩，勅部查照南工浚船則例，寛長丈尺，需用工料銀數，即於節省項下給發各廳，令其每汛造船五隻，堅固如式，即撥河兵運駕看守，照例按年修理，勿使朽壞，則工程民命均有攸賴矣。

以上六條，臣親歷河干，目擊情形，敬抒臆見，上瀆宸聰，是否有當，伏乞皇上訓示遵行。

雍正五年正月初四日奏。奉旨：『着怡親王、順承郡王、大學士富寧安、九卿會議具奏。欽此。』議覆准行，雍正五年二月初六日奉旨：『依議。欽此。』

清查東省黄河額夫工食

題爲清查東省黄河額夫工食之積弊，仰請聖裁，杜虚冒以收實效事。竊查東省黄河廳屬之曹州、曹縣、單縣、金鄉、定陶、城武等六州縣額設徭夫一千三百零八名，每歲十二個月，共工食銀一萬五千六百九十六兩，彙解黄河廳轉給該管各官爲幇堤之用，定制相沿，其來已久。嗣後將正、十一、十二三個月共工食銀三千九百二十四兩撥解運河廳庫，其黄河廳止解自二月至十月九個月，共工食銀一萬一千七百七十二兩。向例每歲額定加土十一萬七千七百二十方，年終造册報部銷算。此外又有幇貼徭夫銀錢，合計六州縣共幇貼銀七千二百一十七兩八錢一分。因係歷年成例，會經河臣檄飭解廳，轉發臨河州縣存貯備用在案。

今臣細加訪查，徭夫工食一項雖有額設名數，而做工多係總甲承攬，臨時僱募，其間不無影射虚糜。至歷年歲修報銷，雖係按銀計土，然未將新舊土方先行確估，無憑查考，而幇貼銀錢尤屬有名無實，半係印河各官之陋規，半係胥役甲長之侵蝕，其於工程夫役兩無裨益。伏思除弊務絶其根，而課工貴核其實，凡加幇工程必先將舊堤頂底高寬若干，共計舊工若干量估明確，然後將加至頂底高寬若干，應用新土若干，應給方價若干，一一分晰估算，方無浮冒。况堤工段落各有長短之不齊，土方因之增減；而取土又有難易之不同，給價遂有多寡。今按銀計土，斷不能歲歲相同，若不計短長，不論難易，不分新舊，懸定土方以符銀數，每歲加增如出一轍，其中豈無牽混？且錢糧欵項理應畫一，各歸各欵，庶日後便於奏銷。今以黄河廳屬之徭夫工食而撥入運河廳庫，月稽年考一欵兩銷，甚非釐剔之良法，猶恐將來修工不敷應用，另行請撥，轉滋煩擾。合無仰懇聖恩，請自雍正五年爲始，將黄河廳屬之全年工食并幇貼銀兩，飭令各該州縣彙解該廳轉交曹縣貯庫。查明堤工有應行加幇之處，照例按段確估舊堤高寬若干，加至高寬若干，除舊土若干應加新土若干，旱工每方給銀九分六釐，水工每方給銀一錢四分四釐，水旱攸分，方價又可節省。每年先期勘明造册題估，遴選諳練各官分段修築，務期堅固如式，以資抵禦。倘該廳發銀扣尅，承修官有丈尺短少及潦草虚鬆等弊，即行指名題參，從重治罪。年終統算，共加過新土若干，共用銀若干，仍照舊例報部核銷。如工程平穩有可停修之處，即將存剩銀兩留爲下年加幇之用。如此則上不侵帑，下不冒工，堤工尺寸皆有着落，錢糧絲毫皆歸實用，而夫役總甲墨吏奸胥不得上下其手矣。臣從清核錢糧、保守工程起見，且桃汛在即，亟應擇險確估興工，不敢因循貽悮，相應據實上陳，是否允協，臣未敢擅便。理合恭疏具題，伏乞皇上睿鑒，勅部議覆施行。

雍正五年二月十三日題。奉旨：『該部議奏。欽此。』部議會同總河、山東巡撫畫一妥議具題等因。奉旨：『依議。欽此。』欽遵。會同河臣齊蘇勒、山東撫臣塞楞額合詞具題。奉旨：『該部議奏。欽此。』部議准行，雍正五年十二月初十日奉旨：『依議。欽此。』

題明免報查工日期

題爲題明事。竊臣奉命兼管山東黃河工程，臣接准部咨，隨即遵旨前赴東省，將曹、單等縣臨河堤埽工程逐細查勘，所有應修應築之處，并一切應行事宜，臣一面審量緩急，上緊料理。應動帑者即行題請，應備料者飛飭攢辦，應察核者現在清查，應估計者按段確估。容臣分別先後，次第入告，請旨遵行外。但查各省督撫出境回署，例應具疏題報，臣在豫四載，原無一定衙舍，惟視水勢工程之平險，上下遷移防護，不敢坐守安居。因上年險勢下移，蘭陽、儀封、考城等縣堤工均須加緊修守，臣已經題明，移駐蘭考適中之儀封縣濱河處所，往來策應在案。今蒙聖恩，命臣兼管兩省堤工，查濱河埽壩，如豫省之三家莊，東省之芝麻莊，均屬最爲險要。二工界連接壤，即遇汛水長發，臣駐劄適中，兩頭策應，可以朝往夕還，其蘭陽等處險工相距亦不甚遠，俱可隨時查閱，非若他省督撫經年一再出者可比。合無仰懇聖慈，嗣後臣往來東豫兩省工次，免其題報，既可省案牘之煩，而亦不致以微臣出入細故屢瀆宸聰矣。相應恭疏題明，伏乞皇上睿鑒施行。

雍正五年二月十三日題。奉旨：『該部知道。欽此。』

搶築蘭陽南岸埽壩等工

題爲亟請搶築埽壩防風，並創建月堤，加幇戧隔等堤工程，以資重障，以衛民生事。該臣等會看得，蘭陽縣南岸管、梁、蔡、耿四水口一帶堤工，係遠年漫口，南臨深潭，北靠支河，且地處窪下，河勢南趨，崖岸日漸坍塌，堤根相距大河僅止里許，一遇水長，全河大溜直入支河，衝射堤根，危險至極。今相度情形，亟須將梁、蔡、耿三水口迎溜處所，邁下長椿大埽，丁鑲防風，上下接做護崖順埽，一律加鑲堅固。再於四水口大堤南面幇戧加高，並於堤南創築魚鱗月堤四道，以作重門之障，方保萬全。

又二堡迤東起至三堡迤西止大堤一段，原於陽武大堤案內加幇，但該工堤北舊有河形，地處窪下，上年水發沿堤走溜，勢甚汹湧，兼之堤南積水浸泡，實屬堪虞，亟須幇築貼堤，以資鞏固。又祥符縣南岸自李盤寨後起至馬頭北埠口止月堤一道，近因黃河大溜日漸南趨，該工單薄卑矮，一遇汛水長發，湧注堤根，危險尤甚，亟應加幇高厚，以資抵禦。

又程家寨月堤一道，前於陽武大堤等事案內，雖經加幫，但該工逼近黄河，上年汛水長發，沿堤走溜洶湧湍激，危險異常，亟應再行加幫高厚，方保無虞。

又祥陳二縣舊有民堤一道，年遠失修，向因伏秋水長，將歐家潭、荔家莊等處漫溢缺口，以致上下間斷，一遇汛水，全河之勢直注口門，祥陳一帶村莊多有被淹，下游一帶堤根頂衝汕刷，爲害甚巨，亟須將歐家潭缺口下埽鑲填，並幫築裹戧，接至民堤兩頭，仍將王家樓、郭家寨等處卑薄民堤一律加幫高厚，以資捍衛。

又陳留縣七、八、九堡大堤地勢窪下，每遇汛水長發直射堤根，沿堤拖溜，風浪撞擊，甚屬危險； 堤北舊有隔堤一道，年久失修，卑矮殘缺，一經水長漫堤過水，雖有重門之名，並無捍禦之實，必須加幫高厚，接至兩頭老堤，並將老堤一律增培，庶大堤得收外衛之固，而迤下一帶堤根可免衝刷之慮。

查蘭陽縣梁、蔡、耿三水口邁埽加鑲，並上下護崖、順埽、防風共工長四百三十丈，實估料物夫工銀一萬一千八百一十二兩四錢九分。 又四水口大堤幫戧加高共工十一段，長一千三百五十七丈，堤南創築魚鱗月堤四道，共工長一千七十二丈，共需土一十六萬五千八百八十六方六分，分別遠近、水旱方價，實估銀一萬九千二百六十五兩二錢八分。 又二堡迤東起至三堡迤西止大堤長三百二十丈，加幫貼堤需土六千七百二十方，分別水旱方價，實估銀八百六兩四錢。 又祥符縣李盤寨後月堤加幫工長一千四百五十丈，需土五萬一千二百四十五方，實估銀四千九百一十九兩五銀二分。 又程家寨月堤兩面加幫貼戧工長一千二百八十九丈，需土四萬二千六百三十方，分別水旱方價，實估銀五千二百六十兩六錢零。 又歐家潭缺口下埽加鑲，並上下雁翅共工長一百二十丈，實估料物夫工銀一千三百九十八兩二錢六分零。 又王家樓加幫民堤，並歐家潭填墊河形接築堤工長一千一百九十丈，郭家寨接幫民堤長一千一百一十九丈，共需土二萬四千八百六十一方四分，實估銀二千三百八十六兩六錢九分零。 又陳留縣七、八、九堡大堤北首加幫隔堤，並接幫兩頭老堤，共工長七百七丈，需土一萬七千三百五方二分，實估銀一千六百六十一兩二錢九分零。俱係確核至再，據實估計，毫無浮冒。 今據管河道祝兆鵬造册詳請，會核題估，先行發帑，乘時興工儹築前來。臣等親勘復核，俱係相機緊要工程，務於汛水未長之前及時興工，方克有濟。 除一面檄飭管河道先於河庫銀內借發該廳辦料募夫，遴委諳練河員上緊督催儹築； 一面照例行令布政司撥帑給發還項，并原册送部查核外。臣謹會同河臣齊蘇勒、撫臣田文鏡合詞具題，伏乞皇上睿鑒，勅部議覆施行。

雍正五年四月二十日題。 奉旨：『該部速議具奏。欽此。』部議准行，雍正五年五月十六日奉旨：『依議速行。欽此。』

估幇曹單二縣大堤

題爲亟請加幇大堤，并鑲護防風以資捍禦事。該臣等會看得，東省曹、單二縣臨河大堤綿長二百三十餘里，乃全河之屏障，密邇運道，最關緊要。近年以來因險勢下移，頂衝掃灣處所更加湍激，水長則出（漕）〔槽〕泛溢，沿堤走溜，堤工叠受衝刷，其地勢低窪之處水落則積水停蓄，終年不乾，每遇風浪，堤身屢被撞擊，多有卑薄殘缺，實屬堪虞，亟須先行擇險確估加幇一律高厚。再險要之工所築新土，若不鑲護防風，一遇水長溜逼堤根，勢難捍禦。今相度情形，必須一面加幇，一面相機鑲護防風，方免汕刷之患。伏查東省止有芝蔴莊埽工一處，經臣題明撥帑辦料歲修，其餘堤工向無額設辦料銀兩，今芝蔴莊所備料物止足防護該工之用，不克分濟別工。合無仰懇聖恩，先行撥帑乘時儹築堤工，并預備料物，俟加幇工程告竣，即行相機鑲做防風，以保萬全。

查曹、單二縣應行加幇堤工共長八千九百五十一丈四尺，除舊土外應加新土三十三萬三千九百六十九方，據實分別方價，共該土方銀三萬六千六百二十四兩二錢九分零。又陳家樓前黃奶奶廟等處，應行加鑲防風工程二段，共長九百九十六丈五尺，共估銀五千三百三十六兩三錢一分零。以上堤埽等工共需銀四萬一千九百六十兩六錢零。第查曹州等六州縣額設黃河修堤徭夫工食并幇貼銀兩，現准工部咨覆令臣會同河撫二臣虛公畫一妥議，尚未議覆。且此項銀兩不特不敷所估之數，又兼徵解不時，難以濟急。請於山東藩庫內動撥銀四萬一千九百六十兩六錢零，移解兖寧道庫轉給該廳，遴員儹築堤工，並令曹、單二縣預購料物貯工備用。所有動用銀兩，容臣等將黃河修堤徭夫工食一項公同議定，具題部覆至日在於本年徭夫工食等銀抵還至次險堤工。臣等酌量情形陸續相機估計具題，則堤工捍衛有資，修防得免貽悞，運道民生大有攸賴矣。今據兖寧道傅澤洪確估造册詳請具題前來，臣等復核無異，相應會同河臣齊蘇勒、合詞恭疏具題，伏乞皇上睿鑒，勅部議覆施行。

雍正五年四月二十七日題。奉旨：『該部速議具奏。欽此。』部議准行。雍正五年五月二十六日奉旨：『依議。欽此。』

芝蔴莊添設弁兵

題爲循例題請添設弁兵，以重修防事。竊照東省芝蔴莊埽壩工程，前經河臣齊蘇勒於請開引河以保運道事一疏內稱，山東、河南堤工平時歲修係用堡夫、徭夫，遇有大工撥用民夫，其椿埽搶救事宜茫然不曉，猝遇緊要工程，率多觀望不前。今曹縣黃河大溜北徙之處，共有四工，此地切近運道，關係緊要，請照河南之例，將江南熟諳椿埽河兵選撥二百名，遴委千總一員，把總二員，帶領駐守修防。其山東堡夫應責令調去，河兵教習椿埽事宜，令該管廳員時加考驗，如遇兵丁缺出，挑選補額，至二三年後，堡夫嫻習，即可充作河兵，將江南之兵掣回等因。具題經部議覆，奉旨：『依議速行。欽此。』欽遵在案。

今查東省芝蔴莊工程，前經南工撥來河兵二百名駐工修防，並教習堡夫，已經二載，邇來東省堡夫內多有熟悉椿埽事宜，堪以充作河兵者。應照原題，於此熟諳堡夫內揀選二百名充補河兵，將從前江南調來之兵盡行掣回本汛修防。至該處千、把各弁，亦請照例於熟諳弁目內揀選拔補千總一員，把總一員，仍隸黃河廳管轄。其芝蔴莊工程應派千總一員，目兵一百二十名駐工修守。曹、單二縣臨河大堤工程應派把總一員，目兵八十名駐工修守。一應修防事宜，協同額設舖堡夫往來巡查，遇有險要工程，仍行一體齊集搶護。其江南撥來千總一員，把總二員，應一併發回原汛。庶兵弁俱得專力修守，而於運道民生均有攸賴矣。臣謹會同河臣齊蘇勒合詞循例具題，伏乞皇上睿鑒，勅部議覆施行。

雍正五年九月二十六日題。奉旨：『該部議奏。欽此。』部議准行，雍正五年十一月初五日奉旨：『依議。欽此。』

挑穵雷家寺引河

題爲亟請開穵引河，堵截支河，以保堤工事。該臣等會看得，儀封縣北岸黃河水勢自南岸之青龍岡迤下，由西南掃成大灣，河溜直趨北岸，致將北岸雷家寺上首之灘崖刷成支河一道，沿堤走溜，經宋家營、刁家樓、徐家堂、曲家樓、狀元口、楊家橋等處，直至三家莊出口，五十餘里之堤工胥受其害。每至水勢泛漲，激流汕刷，勢如奔馬，上下搶護，救應不遑，甚屬險要。今查勘形勢，必須於雷家寺上首廢堤頭加幇高寬，接築土壩一道，內外下埽并鑲墊防風，將支河跨斷，不使掣溜侵堤。再查南岸青龍岡迤下水勢瀠洄紆折，將上灣淘作深兆，與下灣相對，止隔四百一十丈，上水河頭有吸川之形，下水河尾有建瓴之勢，亟宜乘機因勢開穵引河一道，導水東行，則河身順直，水不紆回，大河之流既暢，支河之勢自緩，不特壩工可以經久捍禦，而黃流全歸正河，自當愈刷愈深，河灘亦能漸次淤高，俾雷家寺迤東五十餘里堤埽工程得免汕刷之虞，實於運道民生大有裨益。查加幇廢堤頭接築土壩共需土四千九百九十八方五分，每方實給銀九分六釐，共銀四百七十九兩八錢五分零。又內外捲下埽個并鑲墊防風計用工料銀一千七百九十兩二錢一分零。又開挖引河工長四百一十丈，計土六萬一千六百七十方，每方實給銀八分一釐，共銀四千九百九十五兩二錢七分。通共銀七千二百六十五兩三錢三分零。據管河道祝兆鵬、河北守道朱藻造册詳請會核題估前來。臣等親勘，覆核無異。一面檄令管河道，先於河庫銀内動支給發該廳，上緊興工儧挑堵築，遴委諳練河員監工督催；一面照例在於藩庫内撥帑還項，除原册送部查核外，相應會同河臣齊蘇勒、督臣田文鏡合詞具題，伏乞皇上睿鑒，勅部議覆施行。

雍正五年十二月十七日題。奉旨：『該部議奏。欽此。』部議准行。雍正六年二月十三日奉旨：『依議，欽此。』

附紀

治水者之開引河，乃順其性而導之，以水治水之良法也。然非慎重詳審，真知確見，而率意舉行，往往什不成一二。以故司河者於此每徘徊瞻顧，不敢輕以建議。苟能分別地形之高下，詳覘大溜之趨向，乘機因勢而果斷行之，則無不有明效大驗者。雍正四年秋汛平穩，曾筠恭進《黄沁安瀾圖》上呈御覽。仰蒙聖鑒，就圖指示，將灣處取直，堤工即可化險爲平。諭令查勘。具奏。大哉王猷，誠得治河之三昧，而洞悉乎因利乘便行所無事之大指也。維時儀封北岸雷家寺一工，因上游青龍岡水勢兆灣，刷開支河一道，掣溜侵堤，直注三家莊，致成五十餘里之險工。該汛員弁築壩攔截，水力盛大殊難抵禦。曾筠凛遵聖訓，奉有諭旨，親赴青龍岡，率同河員之諳練者范昌治等爲之準定形勢，立竿標記，就形導引，順勢開挑，是日工程將竣，天色初暝，風雨驟至，河頭一開，浪湧波騰，勢如奔馬，大溜掣入陡刷深通沛然浩然，一往莫禦。回視舊日河身，頃刻沙淤並無，行溜兵夫百姓靡不稱奇。曾筠與在工諸員額手歡呼，恭頌聖天子愛民之念上格蒼穹，如神之知洞中機宜，成功之速一至於此。向非睿慮周詳，按圖指示，則雷家寺一帶五十餘里之堤工，支流衝嚙，搶救不遑，欲其化險爲平而安流底定也，何可得哉？蓋黄河之水其性多曲，每遇埽灣轉溜，非斜趨而北即直注而南，以致兩岸堤工，或當大河頂衝，或被支河汕刷，危險堪虞；多方搶救，試于灣曲之處乘機迎溜，利以導之，則河身順直，水不紆回，暢達深通，自無旁射，此誠以水治水，行所無事之大指也。然同此黄河，江南土性堅凝，難於刷動，豫地則土性浮鬆，易於奏效，引河之法施之於豫省黄河，尤得地勢之利便者也。謹於該工之成，志其原委如此。若夫測地形之高下，以定濬河之淺深，或一律開挑順流直下，或間設坑塘跌盪取勢，至新河既成，仍將舊河首尾築壩攔截，不使大溜復趨故道，變態難齊，事宜不一，隨機應變則又神而明之視乎其時與地，而斟酌補救，引溜入河務在必成而已矣。

續留効力人員

題爲循例題明，仰祈睿鑒事。竊照河工務在得人，多得一人學習，將來即多得一諳練之人。今查東、豫二省，黄河南北兩岸堤工綿長千有餘里，欽蒙皇上不惜帑金，指示方略，將一切堤埽工程修築堅固，兩岸黎庶固已咸安衽席，永慶平成。第堤工雖經告竣，每遇大汛，經臨修防吃緊之後，除專管廳汛等官之外，必得効力人員分投防險，奔走贊勷方無貽悮。是以臣於雍正二年九月遵旨具題事案内題明奉旨收録候補州同范昌治等五十六人留工効力在案。今查四年以來，効力五十六員之中，有已經題補及委署試用，並緣事咨斥、患病回籍等員共二十九人，現今在工効力止有二十七人。每遇汛水長發，各處險工需員防守，除黄堌壩、賈魯河二處，係河臣齊蘇勒差委南工効力官二員分防外，其餘兩岸工長汛險，差委之處甚多，實不敷用，因又陸續收有候選州同王定成等二十五人。臣細加揀選，俱係年力强幹，堪供驅策。隨即行文各原籍，查其家道是否殷實，去後今俱取到原籍印結前來，臣復查無異。合無仰懇聖恩，俯照江南河工効力人員遇有題補緣事等項，續收補用之例，將續收人員亦准留工効力，俾各分險巡防，庶河工均收得人之效，而臣亦得臂指之助矣。除將現今在工新舊効力人員，造具履歷功績清册，並取到原籍印結送部存案外，臣謹循例恭疏具題，伏乞皇上睿鑒，勅部議覆施行。

雍正六年七月二十八日題。奉旨：『該部議奏。欽此。』

修建耿家寨埽壩等工

題爲詳請建築埽壩，鑲墊防風，並幫築内戧壩臺，增培裏月堤工，以禦頂衝，以衛民生事。該臣等會看得，蘭陽縣北岸耿家寨臨河月堤一道，實爲大堤外護，因南岸長出沙灘，河勢北趨，全黄大溜直注該工，是以本年二月内有漂走埽個，塌卸堤工之患。經臣親駐工所，晝夜設法搶護，幸保平穩。其下埽失宜之原任同知張近光，業經會疏題參，照例議處。并將漂走埽料、土方，行文確查照數追賠在案。但查該工内臨積水深潭，外當全黄倒注大溜直射，勢如奔馬，怒濤衝刷堤根，水深二丈八九尺至三丈七八尺不等，加以汛水踵臨，汹湧倍常，實屬危險堪虞。必須於臨河上水褁頭、下水摟崖外邁沉水大埽，層層鑲墊，簽釘長樁，堅築高寬大壩，逼溜開行。再於堤内積水之中密釘排樁，捲紮埽由填實底土，上面加幫，内戧建築壩臺，俾有捲埽之基，兼得内靠之固。仍須將壩工東西兩頭堤身再加高寬，以禦上下回溜埽灣汕刷之患。更宜計圖善後，將壩後裏月堤工一律增培高厚，以資重障。並將裏月堤南坦估下埽個防風，庶外堤藉有倚賴，得以預保萬全。

查內戧壩臺並排樁埽由工長一百五丈，共估銀一千九百五十三兩五錢四分零，內除張近光應賠補舊土銀三十八兩一分六釐外，實需土方料物銀一千九百一十五兩五錢三分零。又臨河大壩加鑲埽工長九十丈，實估埽料夫工銀一萬二千四百八十六兩九錢七分零，內除應追張近光賠補埽料銀四百四十二兩七錢七分零歸入該工應用外，實需銀一萬二千四十四兩二錢零。又壩後裏月堤工一道長二百六十丈，實估工方需銀一千五百一十兩八錢八分零。又裏月堤南坦下埽加鑲工長二百六十丈，實估料物夫工共需銀四千三百二十三兩二分。又臨河堤工壩臺西首加幇工長一百二十七丈，實估土方需銀三百二十五兩一錢二分。又壩臺東首加幇工長一百二十六丈，實估土方需銀六百四十五兩九錢二分零。以上土埽各工共估銀二萬一千二百四十五兩四錢七分零，內除張近光應賠埽料銀四百八十兩七錢九分零，追入該工應用外，實需土方埽料銀二萬七百六十四兩六錢八分零。今據河北守道朱藻確勘造册詳請題估修築前來，臣等確勘覆核無異。因係緊要工程，除一面先行動支河庫銀兩辦料儹築保護，併將原册送部查核外，相應會同河臣齊蘇勒，督臣田文鏡合詞恭疏題估，伏乞皇上睿鑒，勅部議覆施行。

再照裏月堤南坦，雖據該道廳計圖善後，預估埽料銀四千三百二十三兩零，但水勢變遷靡定，如臨河壩工秋汛後大溜南行，工程穩固，臣等再行相機減省，以節錢糧，合併聲明。

雍正六年八月初四日題。奉旨：『該部速議具奏。欽此。』部議准行，雍正六年九月初一日奉旨：『依議速行。欽此。』

卷三

恭報起程到任日期

題爲恭報微臣到任日期，仰祈睿鑒事。竊臣於雍正七年三月初二日准吏部咨，欽蒙皇上洪恩，授臣爲總督河南、山東河道，提督軍務。欽此。臣隨具疏恭謝天恩訖。又於本月二十二日准吏部咨，奉上諭：『嵇曾筠向來但管山東、河南之黄河，今既授爲山東河南河道總督，着將山東境内之運河交與嵇曾筠一併管轄。欽此。』欽遵。

伏思東省運河乃漕艘經由要地，目下重運遄行，一應疏濬催儹諸事最關緊要，亟宜前往查察。除一面移咨江南河臣，查取運河案卷外，臣隨於雍正七年三月二十五日由河南儀封縣北岸工次起程，沿途查勘堤埽要工，即前赴山東濟寧州總河衙門，於雍正七年四月初二日到任訖。至一切應行事宜，容臣逐一清查，次第舉行。惟有竭盡駑駘，悉心整理，以仰報皇上簡任洪恩於萬一耳。所有微臣到任日期，理合恭疏題報，伏乞皇上睿鑒施行。

雍正七年四月初二日題。奉旨：『該部知道。欽此。』

續留効力人員

題爲循例題明，仰祈睿鑒事。竊惟河工務在得人，而人才尤貴諳練。臣以菲材，仰蒙皇上天恩，畀以副總河之職，管理豫省河務，工長汛遠，一應奔走往來需人委用，會經具題請旨，收録効力人員范昌治等五十六名以供驅策。後因題補委署，及緣事回籍等情，除去二十九人，止存二十七人在工効力。每遇汛水漲發，差遣之處甚多，實不敷用。又續收王定成等二十五人，復經題明在案。今蒙聖恩高厚，授臣爲總督河東河道，兼管運河。伏念豫東二省黄運兩河千有餘里，其間工程遥遠河務殷繁，更須差遣多人，往來照應，方資防護。

查雍正六年，臣續題効力人員一疏，有行文本籍地方，取具身家殷實印結未經送到者，概不列名，今據各地方官陸續結送前來，有候選州同杜宫聲等十一名。臣向經差遣，俱係年力强幹堪供驅策之員。合無仰懇皇上洪恩，俯念黄運二河需人孔亟，准其一體留工効力。則伊等各知上進有階，自能奮勉從事，而臣亦得收臂指之助矣。再查候選知縣蔣祈年原係鑲藍旗漢軍白慈存佐領下人，於雍正五年二月内到工學習河務，不辭辛苦，最爲勤慎，今已熟諳工程。但該旗都統移送並無假冒過犯等情印結前來，查無殷實字樣，理應欽遵上諭，將該員咨回吏部。

另行奏聞，恭候睿裁，合併聲明。除現在造具各員履歷功績清册，并取到原籍印結送部存案外，臣謹遵例題明，伏乞皇上睿鑒，勅部議覆施行。

雍正七年五月初二日題。奉旨：『該部議奏。欽此。』

建築諸望壩埽工

題爲亟請下埽鑲護堵截支河，圈築裏月堤工，以禦頂衝，以資保固事。該臣等會看得，單縣諸望壩臨河大堤，坐當河勢兆灣，素稱險要。緣上年南岸淤出沙灘，全黃大溜直逼北崖，頂衝塌卸，危險堪虞。經臣親詣確勘，相度形勢，亟應儹下護埽，摟崖外邁沉水大埽，上加套埽，鑲墊高寬，簽樁堅實，逼溜開行。并將壩工下游舊有支河建築土壩二道，使水不致注入。再於壩後圈築小月堤一道，以資重障。

今據兗寧道副使吕維炳詳稱，查諸望壩下埽三路普而加鑲工長八十丈，共估工料實銀一萬一千二百三十一兩九錢六分零。又建築支河壩并圈築月堤共工長一百六十三丈，共估土方實銀六百一十五兩八錢四分。通共實估工料土方銀一萬一千九百四十七兩八錢零。委無浮冒，因該工關係緊要，於上年冬間詳蒙動支曹縣庫存，雍正五年分停工徭夫工食并幇貼銀兩分發儹辦料物，乘時興修建築，以資保護。擬合造册詳請，會核題估等情前來。臣等確勘復核無異，除將原册送部查核外，相應會同署江南河臣尹繼善、河東督臣田文鏡、署山東撫臣費金吾，合詞具疏，題估，伏乞皇上睿鑒，勅部議覆施行。

雍正七年六月二十七日題。奉旨：『該部議奏。欽此。』部議准行，雍正七年閏七月初六日奉旨：『依議。欽此。』

恭報秋汛平穩

奏爲秋汛已竣，恭報水勢、工程平穩情形，仰慰聖懷事。竊惟豫東二省黃河，自入伏以來，我皇上睿慮周詳，特頒諭旨：『恐夏末秋初，雨水過多，河工堤岸之敬慎防範，更當加倍寅畏以從事。』臣等凛慎欽遵，倍切小心，所有南北兩岸應行修守之處，時時嚴飭道廳汛弁，督率兵夫，將土埽工程增加寬厚。兹於八月初旬，因大雨積水，黃沁又復加長至初七初八等日，接連異漲，埽灣迎溜之處長至七尺八尺不等。緣從前汛水尚未全消，而天雨連日，山陝兩省伊、洛、瀍、澗、丹、沁諸水滙入黃河，並漲，遂致平漫出(漕)〔槽〕，一派汪洋，直至堤根。全賴兩岸堤工堅厚，埽壩、防風俱各鑲築高寬，足資捍禦，所以此番水長雖消落稽遲，連日浸泡，而工程穩固不致疎虞。間有臨河月堤逼近黃流，水勢騰湧沿灘而上，所恃料物充足，兵夫齊集，曉夜搶護，並無貽悮。查六月望前，臣等欽奉上諭，敬慎防範，隨經到處宣揚，嚴飭欽遵。屆此異常漲水，兩岸員弁兵夫暨濱河父老，無不仰服我皇上幾先遠見，若燭照數計，纖毫不爽。而臣等更感我皇上訓旨預頒，誥誡諄諄，所以先事圖維，俾得保衛蒼生，各安衽席，廪倉儲蓄，閭井熙恬，不勝額手慶幸也。

抑更有奇驗者，如豫省三家莊，原爲首險工程，黄流自南而北，久成頂衝之勢，以致長樁大埽，刻刻加修，兵夫員弁，奔走不遑，上年曾蒙聖諭，於對岸沙灘相機開穵引河，導水東流。臣等細加審視，因係曠衍平灘，河頭無吸川之形，河尾無建瓴之勢，所以未敢輕舉。倘河勢稍有遷移，即當乘時開穵。乃此番長水之後，南北兩岸沿堤掣溜之河身俱爲淤斷，而對岸大灘之内，倏汕深渠，中流直瀉成河，竟至大溜離三家莊埽臺約有數百丈之遠。竊思開穵引河非千萬人夫不能趲事，亦非盈萬帑金不能興作，今中間自汕，河泓奔騰，浩瀚百日之工成於一旦，三家莊埽壩俱現，淤灘化險爲平，藉非神力，何能至此？雖水勢直注東省芝蔴莊，固屬險要，但以修防全力保護一工，實可無兼顧之憂，而得有專成之效，較之險生兩地，彼此分心，其爲勞逸，不啻倍蓰。皆由我皇上愛育黎元，奠安河岳，聖心誠敬，上格於天，所以水土治平，下孚於地。臣等往來河畔，目擊情形，驚喜之至，愈生寅畏，服膺聖訓更加敬慎。謹爲據實奏聞，仰慰聖懷，伏祈皇上睿鑒。

雍正七年八月二十四日奏。奉旨：『嵇曾筠著交部議敘，其在工人員，著嵇曾筠分別等次送部議敘，欽此。』經部議覆，雍正七年十一月十四日奉旨：『嵇曾筠著加一級，田文鏡總督河東河工事務，雖非專責，然年來與嵇曾筠同寅協恭，悉心料理，是以堤工完固，共慶安瀾，田文鏡亦著加一級，餘依議。欽此。』

蘭陽南岸天然自開引河

題爲報明蘭陽河勢取直，天然新闢引河順流東注事。該臣等會看得，黄河灣曲之處取直順行，堤工即可化險爲平，運道民生胥受其福。我皇上愛育黎元，勤求治理，誠敬感孚，懷柔河岳。如儀封縣北岸三家莊埽壩工程，本年八月初旬，汛水長發，於對面大灘之内，自汕引河，水勢順行，百日之功成於一旦。臣等已將工程平穩情形敬謹奏明在案，今蘭陽縣南岸耿家水口自銅瓦廂以下，朱家寨之北，河勢取直，東西坍透，不煩畚插之勞，天然自汕引河一道，中泓暢達，直趨而下，又復化險爲平。竊思豫省要工，若蘭陽縣之四水口，河勢兆灣，大灘横亘，約有數十餘里，如挑穵引河，導水東流，工大費繁，經時累月，今乃自爲開闢，中泓取直，循軌順流，與三家莊新汕引河，一月之間兩呈奇驗，人力不勞，成功迅速，不特兩岸險工俱臻平穩，而沿堤灘地亦得廣爲耕耨，皆由我皇上軫念河防，深仁育物，所以平成底績，屢著神庥。益信上蒼之昭格，舉念可通；聖德之精純，至誠普應。臣等愈凜小心，彌深忻忭，謹會同河東督臣田文鏡合詞具題，伏乞皇上睿鑒施行。

雍正七年十月初八日題。奉旨：『據嵇曾筠等奏稱，蘭陽縣耿家水口銅瓦廂以下，朱家寨之北，自汕引河一道，中泓暢達，化險爲平，與三家莊新汕引河，一月之間兩呈奇驗等語。前因三家莊大灘之内自汕深渠，朕感念河神默佑，福庇吾民，已降特旨，諭令河臣虔敬致祭，以申謝悃。今又蒙顯賜靈應，着將蘭陽縣自汕引河之處一併敘入祭文之内，該部知道。欽此。』

酌定運河夫役工食

題爲酌定運河夫役工食銀兩，去浮冒以收實效事。竊查東省運河，上自德州交界起，下至江南邳州交界止，計長一千一百餘里，爲漕艘經由要地，所以運河、捕河、泇河、東昌上下河五廳，額設淺溜、橋閘等項長夫共計三千三百三十三名，歲支工食銀三萬二千二百四十兩九錢六分零，遇閏加增，在於各州縣地丁項下動用報銷。冬春小挑不敷力作，則於長夫之外添設酌補夫一千四百二十一名；間年大挑，則於酌補之外又加募夫五千四百七十名。所需工食，因各縣夫役遠涉爲勞，舊例按畝輸錢，名曰幫貼，小挑之年共計幫貼銀四萬四千一百五十七兩三錢八分零，大挑之年共計幫貼銀六萬二千六百八十三兩二錢四分零。此酌補加募之由，總因運河水勢靡定，水小則流緩沙停，水大則噴沙淤積，是以大挑小挑，乃係運河一定之工程，長夫募夫均係河工必需之力作。況力役乃小民分内之事，而幫貼則免其遠涉之勞。惟當察除額外之浮費，不便議減舊有之成規，寧留有餘以備不虞，無致臨期而或束手。所需幫貼一項仍照舊例徵收，臣等留心體察，不許各該州縣多派濫徵，廳汛員役短扣冒銷外。惟是各夫工食有舊額多寡不同，而慣夫積役有包攬虚冒等弊，甚有已支工食而重索幫貼者，其應添跨夫應用器具，又令長夫自行雇覓購辦者，不但影射侵漁，冒銷分蝕難以究詰，抑且同一夫役而工食互異，苦樂不均。今擬按其力作通盤核算，酌定工食以爲常則。請將淺溜軍橋徭壩等夫，每名歲給工食銀一十二兩，量給器具銀八錢。閘夫啟閉辛勤，每名歲給工食銀一十四兩四錢，量給器具銀八錢。兵夫仍照兵餉之例，每名歲給工食銀一十四兩六錢四分，亦量給器具銀八錢。以上各夫共需銀四萬六千五百六十四兩六錢七分零，除各州縣額編工食銀三萬二千二百四十兩九錢六分零外，其不敷銀一萬四千三百二十三兩七錢零，在於幫貼項下照數找足，遇閏加增。

至於酌募等夫，自築壩戽水以至起壩放水，内有需工三十日以至六十日者，此乃暫時募用，與長養之夫不同，且時當沍寒，力作亦苦，應每日量給工價銀六分，每名量給器具銀二錢，亦於幇貼項下照數支給。仍令各該濱河州縣僱募交發，河員將到工名數册報道廳轉報臣衙門，即遴選幹員分投查點，務使名名着實，按工計夫，按夫給價。則因地制宜，工程既有定限，分查總核夫役亦難虚冒。其節省銀兩，俱令解交運河廳庫，報明存貯，以爲河工緊要工程之需，臨時仍題明動用，報部查核。

至於水勢有大小，淤沙有厚薄，酌補募夫多寡原難預定，設有應添應減之處，臨期責令道廳據實詳報，以憑酌核，務期無悮運行。所有一應夫工確數，盈餘銀兩，統於冬春挑河竣事後，臣等核實題明，另造清册咨部備案。如有扣尅短發，妄肆侵漁；或揑少報多，希圖浮冒；或於幇貼之外另立名色，再爲科派，臣等即據實糾条，嚴加治罪。庶帑不虚糜，工收實效，夫食無偏枯，徵輸有定額，運道民生均資裨益矣。

再查泇河廳屬有新建閘夫三十名，下河廳屬有軍夫六十名，橋夫二名，均係例不協挑塘河，共工食銀七百五十九兩八錢零。又捕河廳屬壽張縣臨時協濟夫五十五名，清河縣臨時協濟夫一十二名，共工食銀八十七兩九錢零。均可毋庸另議，增減仍令照常支給外。臣等謹會同河東督臣田文鏡、署山東撫臣費金吾合詞恭疏具題，伏乞皇上睿鑒，勑部議覆施行。

雍正七年十月初八日題。奉旨：『該部議奏。欽此。』部議准行，雍正七年十二月初七日奉旨：『依議。欽此。』

添設豫省河營守備

題爲請旨事。雍正七年閏七月二十日准兵部咨開職方清吏司案呈兵科抄出本部題前事內開議得，河南山東河道總督嵇曾筠疏稱，懷河營千總王經文歷俸年滿，例應開缺，但汛內有經管武陟秦家廠、馬營等處埽壩工程，全賴修守得人，今已俸滿，可否授以守備職銜，仍管懷河千總汛務等因，具題。奉旨：『王經文著照該督所請，准授守備職銜，仍管懷河千總汛務。豫省河營從前原未設有守備之缺，着兵部酌議添設守備幾缺，以爲武弁効力河工者上進之階，該部知道。欽此。』

除俸滿千總王經文已奉旨，准授守備職銜，仍管懷河千總汛務，行文該督欽遵外。查豫省河營，南北兩岸原設千總四員，把總四員，並未設有守備員缺，所以千總內即有熟悉椿埽勤敏盡職之員，每無陞用之路，今欽奉俞旨，令臣等酌議添設守備幾缺，爲武弁効力河工上進之階。此誠我皇上軫念河工，鼓勵人材之至意。臣等遵旨酌議，擬於豫省懷豫兩河營內添設守備二員，將一應堤工修築事宜，令其督率千把總晝夜防護。其所添守備員缺，有專司河務之責，應令該督將河營千總內在工年久、熟悉河務、諳練椿埽、勤勞素著之員，揀選題補，照例送部引見。應給守備關防，俟該督將分管事宜擬定營制，到日移咨禮部鑄給可也等因。

雍正七年閏七月初七日題。本月初九日奉旨：『依議。欽此。』抄出到部，爲此合咨前去，欽遵施行等因。移咨到臣，欽此欽遵。該臣看得，河南黄河南北兩岸，蒙皇上飭部議添守備二員，令臣將河營千總内在工年久、熟悉河務、諳練樁埽、勤勞素著之員揀選題補。仰見我皇上軫念河工鼓勵人材之至意。伏查河南懷河營千總王經文，前因該員歷俸年滿，例應開缺，但汛内有經管武陟秦家廠、馬營等處埽壩工程，全賴修守得人，經臣將王經文以守備職銜仍管千總汛務，具題請旨，已蒙皇上俞允，授以守備職銜。今河南懷河營黄河北岸應添守備一員，仰懇天恩，即將王經文補授實屬銜缺相當。

再有河南黄河南岸應添守備一員，臣於河營現任千總内細加遴選，查有山東芝蔴莊汛千總焦彝昌熟悉河務、諳練樁埽，在工年久，實係勤勞素著之員，仰懇聖恩，准其補授。洵屬人地相宜，修防有賴，而該弁等感沐天恩，自能益加鼓勵矣。

再查河營千總惟以諳練樁埽爲重，其於弓馬原非所長，今王經文、焦彝昌二員原係河兵出身，力役工程俱各三十餘年，一切修守機宜皆所慣習，而弓馬騎射原未嫻熟，合併聲明。除將懷豫兩河營添設守備二員營制事宜移咨兵部，請旨遵行外，謹將王經文、焦彝昌二員履歷造册送部查核，並給咨該員等隨本赴部，聽候引見。臣謹恭疏具題，伏乞皇上睿鑒，勅部議覆施行。

雍正七年十一月初八日題。奉旨：『王經文着補授河南懷河營守備，焦彝昌着補授河南豫河營守備。欽此。』

孟縣主簿應歸河缺

題爲黄河上游河員緊要，恭請揀選題補以固修防，以收實效事。竊惟豫省河工，仰蒙我皇上愛育黎元，慎重河防，不惜百萬帑金，加幇兩岸堤工，遞年以來，工程鞏固，共慶安瀾，沿河億萬蒼生叠逢稔歲，儲蓄豐盈，久已安居樂土，咸登衽席矣。惟是全河形勢，下游之去路既已順軌安流，上游之門户尤須周詳慎固。查黄河自三門、七津建瓴而下，南岸有北邙、廣武一帶山岡高阜，足資捍禦；北岸則爲温、孟二縣，地形平坦，土性虚鬆，容易汕刷。向來孟縣沿河地方險要之處，俱有民堤以爲護衛，例係民築民修，但須董率有方，小民始克急公趨事。其一應修守機宜，尤須熟練河務之員勤加相度，如式修防，方無貽悮。除勸諭民夫鳩工修築，仍令印官循照舊例加謹辦理外，所有孟縣管河主簿一員，向由部選。誠恐不諳修防，致滋貽悮，似應循例，請旨，選員題補，專司修守之責。仍令該員駐劄孟縣堤工，兼理温縣河務。其武汛修防事宜，交懷河營千總管理，并酌量派撥河兵，在於孟縣堤工防守，仍飭懷河同知守備不時廵查。庶上游之門户修理周密，則下游之去路愈加平順，全河水勢振衣挈領，工不煩而效更遠，運道民生均有裨益矣。臣等謹會同河東督臣田文鏡合詞恭疏具題，伏乞皇上睿鑒，勅部議覆施行。

雍正八年正月二十四日題。奉旨：『該部議奏。欽此。』部議准行，雍正八年三月二十二日奉旨：『依議。欽此。』

堡房造入交代

題爲堤岸堡房上動國帑，下資河防，關係匪輕，詳請飭入交代，以定考成事。該臣等會看得，豫省黄河南北兩岸大堤並月格等堤，經臣先後條奏，建蓋堡房共五百一十二座，俱蒙皇上恩允，動用司庫節省銀兩，令臨河各州縣修蓋如式，造册題銷在案。惟是防守堤岸全恃兵夫，而兵夫寢食惟藉堡房，第恐間有損壞，必須隨時修整堅固，方可棲息。前據河北守道朱藻詳以堡房照倉厫交代之例，造入交代册内，同厫座一例交盤。如有損壞不修照例議處等情。當經臣等批令管河道會同布政司妥議詳奪去後，嗣據署河南布政司事按察使陳東侇、管河道副使祝兆鵬詳稱，會查得堤工全恃兵夫以修防，而兵夫惟賴堡房爲棲止，堡房完固，俾得在内存身，庶可朝修而夕守。至臨河州縣雖各仰體軫念河防、撫恤下役之德意，時加修葺，不致滲漏頹圮。然章程不定，則責守不專，北道所議固益河防，但倉厫乃糧儲攸繫，堡房爲兵夫所棲，立意雖無二致，輕重自有不同，未便一律而論者也。查河工錢糧已於雍正四年奉准部覆，照依倉庫錢糧定限兩月交代遵照在案。

再查定例内開官員修造砲臺邊、界烽墩等項，不速行修造完結，遲延者降職一級，修完之日還其所降之級，不催之上司罰俸一年等語。今議將堡房如遇州縣官陞遷事故，令其造入工程錢糧項下，交代接任官親詣堤工驗明完固，造册具結，申送河廳，核明加結，轉呈。如有破壞者接任官即行揭報，轉請咨叅，此照砲臺、邊界烽墩等項不修例議處，着令前官賠修完日開復。如該管之廳員狥縱不加督察者，經道揭報，照不催上司例議處。如接任官因循接受，即着接受之員賠修。如堡房完固，接任官故意措勒，照新舊交代，前官已將錢糧徹底清白造册交代，而新官推諉不接者，罰俸一年例議處。如是則臨河地方各官咸知警惕，時加修葺，兵夫既得所棲，河防更有攸賴等情。當經臣等會同督臣田文鏡咨明工部在案，今准部覆，應令具題到日再議等因。相應會同督臣田文鏡合詞恭疏具題，伏乞皇上睿鑒，勅部議覆施行。

雍正八年正月二十九日題。奉旨：『該部議奏。欽此。』部議准行，雍正八年四月十四日奉旨：『依議。欽此。』

開挑荆隆口對岸引河

題爲亟請開挑引河，以順水性，以保險要堤工事。該臣等會看得，黄河北岸封邱縣荆隆口素稱險要，近因黄流北趨，南岸淤灘日漸增長，河勢從黑堽口而下，自南至北三十餘里大溜頂衝，直注荆隆口，奔騰浩瀚勢若建瓴，衝塌河厓離大堤僅五六十丈不等。一帶堤埽工程俱關吃緊，密邇運道，尤須先事預防。前據該道廳詳請備料，建築埽壩防風，並加幫裹戧以資捍禦。經臣批飭多貯料物，儹幫戧堤，相機加謹修守在案。兹查該工乃舊時決口與古黄池緊接，內臨深潭，形同釜底；外當頂衝，大溜直射。今籌畫萬全，必須於荆隆口對岸開穵引河一道，導水東行，以爲一勞永逸萬年鞏固之計。經臣親至該工，乘舟上下細加查看，南岸河勢從黑堽口直注而北，荆隆口正值頂衝，由古黄池繞灣南向至柳園口迤東曲折紆廻，激流洶湧，若於從中避灣就直引溜順行，甚爲利便。況今黑堽口迤下大灘埽溜之處，正在塌厓，已經刷成兆灣，天然自立河頭，大有吸川之形。其下游之柳園口自高而卑現有坐灣。應在陡厓處所安置河尾，更得建瓴噴瀉之勢。形勢既成，急宜乘機開穵引河一道，俾水勢順趨大溜直注中泓，不特荆隆口險工可保無虞，即古黄池一帶要工均得久安穩固，運道民生實有裨益。查引河頭自黑堽口迤下至柳園口陡厓河尾止，計工長三千三百五十丈，共計土三十四萬四千七百三十七方五分，每方實給銀八分一釐，共該土方銀二萬七千九百二十三兩七錢三分零。行據河北道朱藻册詳前來，臣等覆核無異，因係緊要工程，除一面先行動支管河道庫河銀給發該廳，分委幹練河員興工儹挑，務於伏汛前完工，俟河水大長乘機開放，并飭委河北道朱藻監工督催。仍照例請於司庫內撥帑還項，並將原册送部查核外，相應會同河東督臣田文鏡、江南河臣孔毓珣合詞恭疏題估，伏乞皇上睿鑒，勅部議覆施行。

雍正八年三月二十二日題。奉旨：『該部速議具奏。欽此。』部議准行，雍正八年四月二十一日奉旨：『依議。欽此。』

幫築祥陳二汛臨河月堤

題爲亟請加幫臨河月堤以資保障事。該臣等會看得，豫省黄河南岸祥、陳二汛月堤，因節年汛水長發，沙淤卑矮，先據管河道造册詳請題估加幫，經臣嚴批查駁在案。

今查祥陳二汛月堤等工，俱當臨河險要，從前原有暫緩未修，亦有節次加幫者。但修守工程全在審視乎平險，平則雖係卑矮之工可以暫緩，險則雖加幫數次仍應興修，決不敢以不必加幫之工冒昧估修，更不敢以已經加幫尚未准銷之工稽遲貽悞。衹緣節年汛水長發，直抵堤根，水退沙停淤埋卑矮，現在臨河北面堤身僅存四尺至六七尺不等，一遇汛水漫灘之時，在在有汕刷浸滲之虞。若不亟爲加築高厚，難資捍禦。隨行該管道廳逐細確估去後，玆據該道等詳稱，遵查祥符縣南岸上下二汛月堤等工，共長六千六百八十五丈，應普例加高二尺，幫至頂寬三丈，底寬十丈，需土十三萬二千一百四十二方九分，共估用銀一萬二千七百六十三兩一錢八分零。又陳留汛南岸八、九堡月堤二段，工長三百八十三丈，應普例加高二尺，幫至頂寬三丈，底寬十丈，需土七千九百九十五方一分，共估用銀七百六十七兩五錢三分零。以上祥、陳二縣月堤通共估用銀一萬三千五百三十兩七錢一分零，俱係據實估計，並無絲毫浮冒，理合造具估册，詳請核題等情前來。臣等確勘復核無異，因該工關係省會，爲大堤之重門保障，甚屬緊要，批飭在於河銀欵内先行通融動發銀兩，乘時上緊儹築。應請仍於司庫撥解還項，并檄該道親詣監工督催外，相應會同河東督臣田文鏡、護理江南河臣康弘勳合詞具疏題估，伏乞皇上睿鑒，勅部議覆施行。

雍正八年五月十六日題。奉旨：『該部速議具奏。欽此。』部議准行，雍正八年六月十二日奉旨：『依議速行。欽此。』

加修程家寨埽土

題爲詳報工程極險情形，亟請邁埽鑲墊防風，以禦黄溜，以衛城社民生事。該臣等會看得，下南河廳屬祥符縣南岸下汛程家寨月堤，地勢窪下，逼近省城，最關緊要。雍正四年因河水泛漲，於增估案内修做埽工長二百三十丈，每年循例歲修，加謹防護。雍正七年自夏徂秋，澍雨連綿，八月内河水長發，洶湧異常，全河之勢趨向南岸，大溜滾射該工。埽外水深一丈八九尺至二丈一二尺不等，根底埽料朽腐不堪，水勢搜刷情形極險。先據該道廳造册詳請題估邁埽加鑲，經臣嚴批查駁在案。今查該工現在水勢上提，大溜奔騰，埽下水仍深一丈八九尺至二丈一二尺不等。竊恐河性靡常，伏秋踵至，斷非單埽所能抵禦，隨經批發銀一萬六千兩，儹辦各料，於七年十月内下埽加鑲，抵禦凌汛。又經飭令續辦料物，於八年正月内節次加鑲，抵禦桃汛。是已做工程凌桃著有成效，其未做工程伏秋尤須經理。應仍估邁埽二路，照前鑲壓高寬，惟相機籌度將下水頭長二十丈暫緩修做，又於埽個每路減高一層，共估工長一百八十丈，邁埽一路三層，二路四層，計應下長十丈高一丈埽共一百二十六個，普面加鑲長一百八十丈，仍寬三丈高一丈三尺，庶足以資捍禦而堤工可保無虞。計邁埽加鑲工長一百八十丈，共估用料物夫工銀二萬二千四百四十三兩一錢二分。兹據該道廳造册詳請會核題估前來，臣等復核無異，因該工逼近省城最關緊要，批飭在於管河道庫存陽武大堤易工節省銀内通融動支，先行酌發，乘時辦料貯工，相機修築。除飭該道監工督催，并將原册送部查核外，相應會同河東督臣田文鏡、護理江南河臣康弘勳合詞具疏題估，伏乞皇上睿鑒，勅部議覆施行。

再照前項邁埽工程，據該道廳册估下埽二路，套埽三層、四層不等，理應先行備齊料物，堆貯工所聽用。如伏秋二汛水勢稍平，臣等再行相機減省以節錢糧，餘剩料物留爲下年别工之用，合併聲明。

雍正八年五月十六日題。奉旨：『該部速議具奏。欽此。』部議准行，雍正八年六月十三日奉旨：『依議速行。欽此。』

卷四

恭報接印到任日期

題爲恭報微臣接印到任日期，仰祈睿鑒事。竊臣欽蒙皇上天恩，特命臣以吏部尚書管理南河總督印務。臣隨遵旨將河東河道總督印信於雍正八年五月二十五日委員賫交河東督臣田文鏡掌管，并自□起程，緣由具疏報在案。今於六月初九日行至江南清河縣地方，准護理江南總督河道印務管理河庫道祭議兼管淮徐道事康弘勳差委裏河同知夏建德、莘蕩營叅將劉延廣等賫送欽頒總督江南河道關防一顆，王命旗牌十桿，面副《聖諭廣訓》漢字書一本，《御製朋黨論》清、漢書二本，上諭一卷，恭録上諭六本，硃字上諭一卷，《人臣儆心録》一套，上諭清、漢書十一本，御賜《瑞穀圖》一幅，上諭一本，御賜《覽述録》一部，未用火牌十七張，并書吏文卷等項到臣。臣隨恭設香案，望闕叩頭謝恩接受，於雍正八年六月初十日到任，其河工一切修防應行事宜，容臣查明另疏具題，至欽部案件，遵照定例展限完結外，所有微臣接印、到任日期，理合恭疏題報，伏乞皇上睿鑒施行。

雍正八年六月十一日題。奉旨：『該部知道。欽此。』

恭報堵竣漫工

題爲恭報河湖水勢消落，漫工堵築完竣，據實陳明，仰慰聖懷事。雍正八年七月初三日，奉上諭：『據河道總督嵇曾筠奏稱，六月二十六七等日風雨連綿晝夜不止，東省蒙陰、沂州、郯、費、滕、嶧各地方山水暴發，直注邳州，猫兒窩迤下并荆山口上接微山、昭陽諸湖之水，一時滙聚於駱馬湖，激成過顙在山之勢，溢入運河，漫入黄河，浮堤越岸奔騰南注，滙歸洪澤一湖。據邳州、宿遷、桃源一帶沿河官員陸續詳報相同，臣已飛飭該道廳等星赴漫溢處加謹保護，一面親赴高堰，將天然二壩、滚水三壩督率開放，以洩異漲。現今黄、運、湖、河水勢方定，淮揚居民安堵，其邳、宿各工過水之處，現有露出崖岸，已嚴飭各廳汛裏頭保護，無使蔓延等語。覽奏甚爲駭愕，今年春夏之交北方雨澤略少，朕即慮夏秋之間雨水必多，屢諭河臣加謹保護工程，以防伏秋之汛，今觀湖河漲溢情形，有非人力所能捍禦者，朕惟有修省戒懼，以凛上天示儆之深恩。更念邳州、宿遷、桃源等處水勢驟長，禾稼室廬必遭淹没，深可憫惻，著差往江南清查錢糧之侍郎馬爾泰、彭維新，御史安修德等星赴被水地方，動支藩庫銀數萬兩，速行賑濟。其應行帶往散賑之員，著馬爾泰等遴選廉幹者帶往，分派各處，會同地方官悉心辦理，勿稍稽遲，勿令遺漏，務使窮民人人安堵寧居，咸得其所。其被災之處，今年額徵錢糧，著悉行蠲免，倘有已經完納者，准作明年額徵之數。聞山東水發之處，民間田舍亦被損傷，著巡撫岳濬遴選賢能官員前往查勘，動支庫銀速行賑濟，勿使一夫失所。其應行蠲免錢糧之處，著一併確查，奏聞請旨。欽此。』欽遵。

竊惟今歲伏汛水勢安瀾，嗣因秋雨連綿，東省山水暴發，一時滙聚於駱馬湖，盈堤越岸，溢運浮黃，奔注洪澤，以致各工在在報險。經臣奏明，蒙聖主愛民念切，大沛恩綸，四野蒸黎歡聲雷動，通工員弁感激難名。臣與蘇州撫臣尹繼善悉心商酌，往來各工督率搶護，竭蹷料理，仰賴皇上至誠昭格，黃運各工水勢消落，或沙淤掛口，或截閉斷流，俱各化險爲平。其水勢湍急如宿虹廳屬之孟誠菴、朱衣城外河，山安廳屬之沈家圩、陳家社等處漫工，臣等親身督率，星運料物，調集弁兵相機進埽，俱於八月初八、初十、十三等日合龍告竣，所有上、下、中河間段殘缺堤工，現在修補囬空，漕船毫無遲悞。淮揚一帶運河，因閘壩宣洩，水勢平穩，高堰大堤蒙我皇上智炳幾先，發帑幇築，雖湖水盈滿，足資捍禦，幸保無虞。現在濵河兩岸城郭人民依然安堵，堤堰埽壩次第完工，詢之年老居民，僉稱今秋水勢甚大，而旋即沙淤掛口，從未有如此神速等語。皆由我皇上愼重河防，如傷在念，一聞民罹水患，即荷恩膏飛下，蠲賑弘施，比之堯咨舜儆己溺己饑更爲迫切。而精誠所感，呼吸可通，所以偶逢水漲，而一過即消，尅日施工，而旋經奏績。億萬兵夫百姓異口同聲，莫不頌聖主之至德深仁，奠清寧而贊化育，實有潛移默契，非人力之所能爲也。

今次湖河漫溢各工，道廳營汛員弁雖經竭力搶救，星速堵築合龍，未曾奪溜。但疎防之咎實所難辭，應將各職各分別造册，另行咨部聽候查議。所有堵塞漫工，以及修復各堤錢糧，據淮徐、淮揚兩道册呈，共計銀三萬八千二百餘兩。臣等復核備造細册，另行咨送，統聽部議責令分賠。至臣等忝膺河務，不能防患於未然，適遇山水驟漲，堤岸漫溢，以致上廑宸衷，實屬奉職無狀，均祈勅部議處。臣等愧懼交深，悚惶無地，惟有益加敬謹，協力齊心，將一切事宜詳確商酌辦理，務期永慶安瀾，以仰報聖恩於萬一也。所有水勢消落漫工堵竣情形，臣謹會同蘇州撫臣尹繼善合詞恭疏具題，伏祈皇上睿鑒施行。

雍正八年八月十三日題。奉旨：『據河道總督嵇曾筠等奏稱『黃運兩河水勢消落，其湍急諸處竭力修築，於八月初八、初十、十三等日俱已合龍告竣，所有上、下、中河間段殘缺堤工，現在修補囬空，漕船毫無遲悞。其高堰大堤，因今年奉旨發帑幇築，是以湖水雖大，足資捍禦，幸保無虞。兩岸居民依然安堵，父老僉稱今秋水勢甚大，而旋即沙淤掛口，從未有如此神速』等語。朕前聞湖河水勢漲溢，附近地方罹於水患，宵旰憂慮不釋於懷，發帑遣官，星馳賑恤。兼命河臣等竭力堵築，務期早慶安瀾。今水勢消落迅速，計日施工即能底績。此皆神明默鑒朕衷，俯垂護佑，故化險爲平，奏功若此之速也。朕心深爲感激，着照上年之例，敬謹致祭南河北河之神，以申報享之典。祭祀應行禮儀，着該部查明具奏。所有疎防大小各員，着免其查叅，其修復各堤錢糧亦免分賠，該部知道。欽此。』

附紀

自古之言塞決者詳矣，大概經時累月，奏功不易。假使河流漫缺，或僅在一隅，或水勢陸續加長，司其事者縱不能防患未然，猶及徐圖抵禦。若乃各路山水陡發，汪洋浩蕩，平湧而來，雖有智能無所措手，此豈尋常人力所能堵築耶！雍正八年七月，東省山水異漲，匯歸駱馬一湖，湖不能容，溢運浮黄，河湖合一，報漫缺者以數十計。一時河工員弁稱諳練者望洋心悸，莫知所措。臣曾筠初涖南河，方巡閱各工未遍，聞報即於途次具摺以聞，一面親赴各要害處，審形度勢，籌所以捍禦之策，行至桃源工次，目睹夫滔滔之勢奔注洪澤，乃恍然定計曰，是不可不爲水謀一去路也。遂策馬飛馳，即赴山盱周橋以南，舉天然南北二壩，刨開百數十丈，復委員盡啟高、江、寶一帶閘壩，分流洩入江海，譬如人之一身患脹滿者，尾閭通利則疾去半矣。會巡撫臣尹繼善自蘇馳會宿邑，相與寢食舟中，口咨手畫，鳩夫衆運料物，躬率員弁分投堵禦。仰荷聖主恩綸飛下，蠲賑頻施，費以百數十萬計，並舉本歲民間已完賦稅抵明年額徵，凡自道、府、廳、縣、將、備以下，聞者靡不感繼以泣，而兵夫百姓歡呼於河兩岸者，聲如雷焉。於是負畚秉鍤，益踴躍奮興爭致其力，與馮夷相搏，而水勢亦遂日退，沙淤掛口，比比皆是。且有不煩一夫，不動一料而決口自合者，咸詫爲奇異。即勢至險要，如宿虹之孟誠莽、朱衣城外河之沈家圩三處水亦旋消，得以迸力堵築，不彌月而竣事。從來堵漫缺者，每於霜降後視勢減方敢進埽，未有若斯之神且速者，信天功非人力也。至今回憶，斯時人盡張皇，勢甚汹湧，嚮非皇上如天之仁，挽回造化，昭格上穹，則數十處漫工，毋論積日月之久，耗水衡之錢不知凡幾，而二麥失種，民之薦饑者更復何如！蒙我皇上誠敬感孚，洪施普被，上契天心，水勢驟退，閭閻安堵如故。維時奉命董賑務者侍郎臣馬爾泰、臣彭維新，御史臣安修德沿邨散給，蔀屋均沾。濵河諸州邑得蒙聖主之賜，盡力於南畝，不特河流奠定，而民困皆賴頓甦。然後知禦灾捍患，誠能以至誠之心格天，則雖異漲如是，不難立致乂安，天人相應顯而有徵。臣曾筠與大小僚屬奔馳工次，不過竭蹶趨走，未有尺寸之補，廼蒙不加譴責，恩諭優敘，益滋愧恧，唯有感激奮勉，倍存寅畏，以仰報國恩，祈求永慶安瀾而已。

預備各工歲搶修並上游料物

題爲題明預備工料，仰祈睿鑒事。竊照河工料物，全在及時儹辦，貯工濟用，方資修守。臣蒙皇上天恩，前在河南副總河任內奏請每年八月內道庫發銀購料，勒限十月照額辦足，並請動支帑銀，另行購料堆貯上游，倘遇新生險工，立即順流搬運，以濟急用，有備無患。仰荷聖明俞允，是以豫省歷年修防，叨被皇恩，安瀾有慶。

今臣調任江南，遍閱黄河，自徐屬之碭山以至出安海口，兩岸綿長一千六百餘里，堤埽工程非迎溜頂衝，即埽灣拖溜，在在險汛，如同鱗集。兼之邳、宿、桃、中高堰、淮揚一帶湖河工程攸關運道民生，均屬緊要。每年歲搶以及新險費帑數十萬兩，需料億千萬束方能敷用，從前河臣每年除額運葦營蕩柴一百五十萬束之外，俱於河庫通融發帑，於年前預給辦料銀兩，購貯料物。但所備之料不過十分之二三，工多料少，分貯難遍，一遇水勢長發，購辦維艱，緩不濟急。且查江南柴束産自海口一帶，守候風信，挽運更延時日。若非先事豫圖，恐致臨期坐悞。以臣愚見，請照豫省之例，每年於九、十月內即預爲約計各廳來年需用之料，通融動支銀兩預備十分之七，酌量工程險易分貯各工，限以本年十一月內運工一半，次年正月內務令全運到工。其餘俟次年視工程之緩急，再行辦運，實爲妥便。所有各廳承辦料物，責令道員嚴催，照限辦運貯工，詳委就近州縣盤查出結備案。如有虧少及辦不足數，該州縣據實揭報，由道查明，即將該廳以侵蝕錢糧例揭報嚴叅。倘委盤之員扶同瞻狥，其短少物料仍照盤查倉庫之例責令分賠。該道如有瞻狥情面，不行據實揭報，一經查出，將該道照狥庇例一併叅處。再各廳緊要工程處所，除前預備歲搶料物之外，再酌發銀三萬兩，亦照豫省之例，每年辦料堆貯上游，遇有新險，即可星飛協運濟用；如無新險工程，即准入於次年歲搶工程動用，仍於酌發下年預備料物銀內照數扣銀發給，另行購易新料堆貯上游，庶得年年有備無患。如此則辦運及時，料物充足，修防得以緩急有濟，更可預爲稽查清楚，一舉數善，實與工程錢糧大有裨益。除照例通融河庫存銀動支預辦外，臣謹會同蘇州巡撫協理河工事務臣尹繼善合詞恭疏題明，伏乞皇上睿鑒施行。

雍正八年九月二十九日題。奉旨：『該部議奏。欽此。』部議准行，雍正八年十二月初二日奉旨：『依議。欽此。』

估築山盱東水堤工

題爲遵旨議奏事。該臣等看得，滚水壩下南北兩岸束水堤工，荷蒙我皇上軫念蒼黎，誠恐天然等壩洩出之水溢浸田廬，特命前河臣孔毓珣相度動帑，於壩下修築束水堤工，爲保衛民生之計。當經前河臣奏請，將南甸以下王家菴等處改濶，另築新堤一道，其南北兩岸堤尾各建築新堤一道； 再將南北兩岸舊堤，按其段落，分其平險，遞爲增減，一律加高培厚，俾兩堤夾束，水勢湍流，自無旁溢之患。接准户部咨開大學士等議覆，應如所議。令該督動支河庫銀兩，遴委賢員即速將堤工分段修築，尅期告竣。堤成之後，交與地方官，選殷實老成之人令充堤長。遇放壩之時，率領附近居民輪流巡邏防護，閉壩之後，仍令民間照例修補，地方官會同河官看驗，并嚴禁豪强包攬，胥役勒索等弊。其修築丈尺及需用銀兩，完工之日造報工部核銷等因。奉旨：『依議。欽此。』欽遵。移咨到前河臣准此，當經轉行遵照，動支河庫銀兩，遴委幹員分段修築去後。續准工部咨開准户部咨，照相應行文，將前項應築應幫各工丈尺，及需用銀兩細數，照例據實確估造册具題等因。亦經前河臣轉行遵照確估造册詳報，嗣據淮揚道白鍾山詳稱，遵將滚水壩下改濶加幫，南北束水兩堤並堤尾接築新堤，細加丈量共工長一萬九千六百五十六丈，逐一確估共用土方銀一十萬五百一十八兩一錢六分零，造册詳送核題等情。經前河臣孔毓珣核明，照數動支河庫，部撥鹽課銀兩分派各員儹築，委淮揚道監工督催在案。臣到任後即值湖水盈漲，將山盱各壩開放宣洩，壩下一帶新築堤工雖間有被水汕刷，然藉以束水歸湖，順流東注，此誠我皇上洞燭機宜，先事預圖之明驗也。目今各壩已閉，現在飛飭該道查明，將被水汕刷以及雨淋殘缺之處逐段挨查，責令承修之員上緊儹築，俟一律完竣之後，即將用過銀兩核實題銷。一面交與地方官選殷實老成之人令充堤長，嗣後遇有放水之時，率領附近居民輪流防護；閉壩之後，仍令民間照例補修，地方官會同河官看驗，並嚴禁豪强包攬，胥役勒索等弊。理合先行會核題估，除原册送部查核外，臣謹會同蘇州巡撫協理河工事務臣尹繼善、河東總督掌管北河總督印務臣田文鏡合詞恭疏題估，伏乞皇上睿鑒，勅部議覆施行。

雍正八年十月二十九日題。奉旨：『該部議奏。欽此。』部議准行，雍正八年十二月十九日奉旨：『依議。欽此。』

廳員分管黄運工程

題爲廳員管轄黄、運兩河，難於兼顧，請將工程酌量調管，以專修守事。該臣等看得，江南黄、運兩河工程關係運道民生，設官分職必須因地制宜，庶便隨時修守。若駐劄寫遠，不無鞭長莫及之慮。查前河臣孔毓珣以邳睢、宿桃、宿虹三廳所管汛地工程黄、運交錯，兼顧難周，奏請分調管轄，接准部覆，應令該督會同尹繼善會題，到日再議等因。奉旨：『依議。欽此。』欽遵。到前護河臣康弘勳移交到臣，臣蒞任後同撫臣尹繼善於查看邳宿工程之時，相度機宜，公同商酌，查邳睢同知一員，所管黄、運兩河，工不綿長，路不窵遠，照管甚易，所有邳睢同知舊管黄、運兩河工程，似毋庸更改。惟宿虹同知所管黄河兩岸一百四十餘里，險工林立，若再兼管運河，實覺難於策應。又宿桃中河通判所管中河，兩岸子堤二百五十餘里，既屬綿亘；又兼管黄河葉家莊、竇家林等工，照應亦甚難周。應將宿虹同知一員令其專管舊管黄河兩岸一百四十餘里，并宿桃中河通判舊管之黄河葉家莊、竇家林等工，歸併宿虹同知一並管理。其宿虹同知舊管運河兩岸堤工共長四十八里零，應改歸宿桃中河通判管理。其宿桃中河通判舊管中河兩岸子堤共長二百五十餘里，若仍令照舊全行管理，又難兼顧。應自宿遷至古城運河兩岸子堤共長九十餘里，連歸併宿虹之運河兩岸工程四十八里零，俱令宿桃中河通判管理，將該廳改爲宿遷運河通判，以專其責。至宿桃中河通判舊管古城以下至三岔運河兩岸子堤計長一百三十餘里，查有安清中河通判一缺，原管運河自桃源三岔起至清河縣楊家莊止，兩岸子堤不過五十餘里；又管運鹽中河一道，自運口鹽河閘起至安東縣止，道路雖長，其緊要工段俱在運河兩岸五十餘里之内，應將古城至三岔一帶運河兩岸子堤工程歸併安清中河通判管理，將安清中河通判改爲桃源安清中河通判，以專其責。如此分調管轄，實於工程大有裨益。再臣等更有請者，山安、外河、揚河三廳所管黄、運兩河工程，俱各綿長二百餘里，險工林立，亦難兼顧。查有海防同知駐劄廟灣，並無緊要工程，應將外河廳南岸工程之内，自新港工頭起至山安交界陳家社止，計工長一百五里六分零；又山安廳南岸工程之内，自陳家社起至陸家社竈工堤尾止，計工長六十一里八分，二共工長一百六十七里四分零，分歸海防廳，移駐童家營適中之處就近管理，仍可兼管沿海各州縣墩臺，并海鹽二州縣蝦、鬚二溝河道。請將該廳改爲分管山安南岸河務海防同知。又查江防同知駐劄瓜洲，止管江口并三汊河迤南河道二十五里，所管地方甚近，應將揚河廳工程之内，自邵伯迤北高、江交界三十里舖起至三汊河止，兩岸各工長八十里分歸江防廳管理，請將該廳改爲揚河江防同知。自此分界之後，則外河廳所管工程，自高家灣起至新港工頭止，計工長一百四十九里零。山安廳所管工程，自四舖溝起至六套堤尾止，計工長一百九十五里零。揚河廳所管工程自黄浦起至邵伯迤北高江交界三十里舖止，計工長一百三十九里九分。工段既屬停均，修防亦易照應。再查分歸海防廳之新港工頭起至葉家營止，工長六千零二十七丈六尺，原屬外河廳屬之上河汛内工程，今既歸海防廳分管，應請添設巡檢一員，把總一員，令其管理其上河汛内舊管工程；除分歸新設巡檢把總管理外，尚存工長二千八百六十九丈七尺，應仍令舊管汛員管理，庶各有專守而修防不致貽悮矣。

再查各廳既分調工程，關防處須更换，宿桃中河通判應换給淮安府分管宿遷運河通判字樣關防，安清中河通判應换給淮安府分管桃源安清中河通判字樣關防，海防同知應换給淮安府分管山安南岸河務海防同知字樣關防，江防同知應换給揚州府分管揚河江防河務同知關防，其童家營新添巡檢一員應請鑄給童營司巡檢印信，庶分管地方與關防字樣脗合，而各員之職守分明。復行據淮徐道副使吕維炳、淮揚道僉事白鍾山各詳議前來，與臣等查核無異，除新添巡檢一員、把總一員，俟奉旨允准之日，容臣等揀選分别咨題補授。

再照沂郯海贛同知一缺，經管山東沂州、郯城縣并江南海州、贛榆縣河道工程，因該員駐劄山東郯城縣之大興鎮，是以分隸北河。但所管郯城縣禹王臺工程，耑爲抵遏沭水不使滙歸江南之駱馬湖而設，修防職守攸關綦重，請將該員舉劾事宜，應聽河東河臣并臣衙門一體考察。臣謹會同蘇州巡撫協理河工事務臣尹繼善合詞具題，伏乞

皇上睿鑒，勑部議覆施行。

雍正八年十一月初八日題。奉旨：『該部議奏。

欽此。』部議准行，雍正九年三月十五日奉旨：『依議。

欽此。』

估計高堰山盱土工

題爲恭謝天恩事。雍正七年十一月二十四日准工部咨開都水清吏司案呈雍正七年十一月初五日工科抄出江南總河孔毓珣題恭謝調補江南河道總督一案，奉旨：

『朕思治河之道，惟有使黄水暢流無所壅滯，則永慶安瀾。然欲使黄水無所壅滯，必須保固高家堰堤工，使清水力能敵黄，且以助其暢流之勢，則河工永遠無慮。是高堰堤工關係最爲緊要，從前齊蘇勒雖將石工稍加幇修，而朕以爲不若多費帑金，於堤工險要之所及單薄之處俱加修石工，務令堅固高厚，以爲久遠之計，庶於河道民生大有裨益。前孔毓珣在京陛見時，朕以此諭之，伊亦深以爲然。又會將治河之道降旨詢問田文鏡，而伊之所奏與朕意不謀而合，可見高堰堤工乃必應加增修理者也。着發户部帑銀一百萬兩，交與孔毓珣、尹繼善籌畫相度，有應行預備料物之處，即於歲内採買，早爲預備。再着汪漋、對琳、張坦麟、吴昌祚前往淮上，協同河臣等悉心辦理。該部知道。

欽此。』相應行文江南總河孔毓珣，仍轉行知照蘇撫尹繼善，一體遵照旨内事理遵行可也。爲此合咨前去，欽遵施行等因到前河臣。准此。當經檄行遵照去後。今據淮揚道僉事白鍾山詳送高堰山盱幇戧土工估册到臣，據此該臣等看得高堰、山盱二廳一帶石土堤工，捍禦洪澤全湖巨

浪，保護淮揚二郡民生，蓄清敵黄、利漕濟運最爲緊要。仰賴我皇上聖神天縱，洞悉全河關鍵，特發百萬帑金，務令加修高厚，以爲久遠之計。此誠千百世未有之功，億萬年無疆之業也。前河臣孔毓珣當即行令淮揚道，將石土工程逐細確估，並節次發帑，分委承修各員，一面幫築土工，一面造船分赴各山採辦石料。臣嵆任之後，復經壘檄嚴催辦石各員作速運料開工，適值今夏六、七月間汛水驟長，是以挽運維艱。除現在委員押催，陸續儹運開工另取估册核題外，兹據該道詳稱，修砌石工必先於工外建築越壩攔水，然後可以施工。今小黄莊迤南湖面寬濶，水勢浩大，每遇風浪勢若排山，一壩孤縣安能抵禦？再四思維，惟有借舊石工連土留寬二丈暫爲外障，以代越壩。即於後身堤面開槽，釘樁砌築石工，俟新工築定根基，再將舊工拆起選石添建，方資捍禦。但於堤面開槽，則舊堤單薄，應先於堤後幫築裏戧，加培寬厚以還舊堤。再堤内多有積水坑塘，應填墊馬路以便取土。今查高堰廳屬自六堡起至小黄莊止，應幫戧堤工長三千四百九十六丈六尺八寸；又自小黄莊起至高良澗禹王廟前止，應幫戧堤工長二千四百七十四丈九尺八寸。共工長五千九百七十一丈六尺六寸，連填墊馬路，共估用土方料物銀一十萬六千二百五十六兩五錢七分零。山盱廳屬自高良澗禹王廟前起至古溝東壩北止，應幫戧堤工長三千三百五十六丈七尺四寸；又自古溝東壩南起至滚水北壩止，應幫戧堤工長五百八十丈八尺九寸。共工長三千九百三十七丈六尺三寸，連填墊馬路，估用土方料物銀七萬九千二百二兩一錢三分零。以上高堰、山盱二廳應幫修堤工共工長九千九百九丈二尺九寸，共估用土方料物銀一十八萬五千四百五十八兩七錢一分零。並無浮冒，所有幫戧土工，理合造册先行詳送題估等因前來。臣等親勘復查無異，除原册送部查核外，相應會同蘇州巡撫協理河工事務臣尹繼善、河東總督掌管北河總督印務臣田文鏡、原任内閣學士臣張坦麟、原任户部右侍郎革職臣汪漋、通政司右通政臣吴昌祚、御史管坐糧廳事在任守制臣程仁圻合詞具題，伏乞皇上睿鑒，勅部議覆施行。

雍正八年十一月十八日題。奉旨：『該部議奏。欽此。』部議准行，雍正九年二月十四日奉旨：『依議。欽此。』

建築清口挑水埽壩

題爲亟請建築挑水埽壩，以保要工，以衛運道事。該臣等看得，清口西壩爲黄、淮二瀆交滙之區，全河門户攸關綦重。康熙三十八年，恭遇聖祖仁皇帝南巡，閲河駐蹕該工，相度河勢，親定方所，命立樁建壩，挑水北入陶莊引河，清水暢流，黄水不致倒灌。迄今民人稱壩爲御壩，樁爲御樁，歷年修守已久。近因對岸長出淤灘，比前形勢迥不相同。入秋以來異漲洶湧，大溜南趨，衝厓刷岸，以致大壩迤下一帶堤工直接清口西東水壩之後尾，悉成頂衝之區，水勢盤旋洄洑，甚屬危險。前據該道廳禀報到臣，經臣於八月十六日自宿遷工所合龍告竣之後，由黄河東下乘夜駐宿堤頭，一面飛撥料物接濟該工，一面率領員弁相度機宜，於御椿亭大壩雁翅之下接築埽工長九十五丈，上護壩工下衛堤岸。並於工尾接建挑水壩一座，計長十丈，下築雁翅長三十丈，挑溜開行。誠恐大溜復迴，又接前工再建挑水二壩一座，計長十丈，並築上下雁翅長六十丈。又於雍正二年黄河澄清，蒙皇上致祭河神，建造御碑亭前再築挑水三壩一座，計長十丈，並築上下雁翅七十五丈。再接前工建築護厓埽工長九十八丈四尺，所下埽工一帶魚鱗順埽，中間間段築壩，挑開大溜歸入中泓，既順水以護厓，復迎流而挑溜，使其工段聯絡形勢互倚，節節順挑，重重捍禦，實與御椿亭相爲表裏，共資鞏固。伏念該工前蒙聖祖仁皇帝指授修建，更蒙皇上法祖敬天，爲民防河，於御壩一帶工程特諭前河臣孔毓珣預爲籌畫。仰見我皇上丕顯丕承，大孝大德，永垂千古。臣等欽承聖諭，時刻敬謹留心，緣值今秋大水，一時衝刷至險至緊，臣等率領員弁星夜儹辦，一律平穩。現今大壩巍然，雙亭輝映，長堤完固，運口深通，清黄滙合，和流並濟，循軌朝宗，安瀾有慶。在工員弁兵民莫不歡呼踴躍，頂戴皇仁，兹據該道確估，各壩埽個鑲填共需工料銀三萬九千七百七十一兩六錢三分零，造册呈送前來。臣等復核無異，因係緊要工程，除照例先行動支部撥鹽課銀兩，給發該廳購辦各料上緊興修儹築完固，並行淮揚道白鍾山監督及原册送部查核外，臣謹會同河東總督掌管北河總督印務臣田文鏡、蘇州巡撫協理河工事務臣尹繼善合詞恭疏題估，伏乞皇上睿鑒，勅部議覆施行。

雍正八年十二月初八日題。奉旨：『該部議奏。欽此。』部議准行，雍正九年四月初二日奉旨：『依議。欽此。』

附紀

修防之有埽壩，乃救險之急務也。然而工有首險次險之不一，則埽壩亦有長短大小之不同。勢尚可緩而率舉大工則爲妄費，時非得已而因循不斷則又每致悞工。唯斟酌夫時與勢之必行者而行之，斯爲至當而不易。雍正八年秋，曾筠自宿遷堵築漫工竣事，由黄河東下沿流審視，方有事於善後之舉，至清口西壩以上，則見對岸沙灘日漸加長，逼溜南趨，堤根直受衝刷。自聖祖仁皇帝御壩迤下，直接清口東水西壩之後尾一帶堤工，悉成頂衝首險，非建壩挑溜別無搶護之策，誠時與勢之亟不容緩者也。躬率道廳親加相度，先爲之測探水勢，詳閲溜頭以定築壩之基址。繼則熟視溜之大勢，必挑出若干丈以外方可開行，以定壩身之寬長、埽個之大小、雁翅之長短。又恐挑行之溜去而復廻，再於所建頭壩之下，離數十丈建挑水二壩，接連再挑。又恐二壩之下溜仍不能遠去，更建挑水三壩至順勢開行而後止。其三壩相隔之中間接排雁翅，順埽連比，節節開挑，重重捍禦，以至下埽之層次、路數，椿橛，繩纜高下尺寸，莫不一一詳究，計算靡遺。蓋如此則雖有洶湧之勢，而防之既密無隙可乘，將見水之暴者以馴，怒者以息，順流而下，不復肆其沖囓矣。相度既定，即飛調兵夫儹運料物，遴委將備中之熟諳椿埽者專司其事，刻期興築，不三月而竣工。舉一時之至險至緊者，順勢循軌，遂致乂安。伏念聖祖仁皇帝睿謨指示興築挑水大壩一座，逼黃溜北注陶莊引河，俾清水暢出，至今二瀆合流，貽萬世之利。我皇上敬天法祖，萬幾之暇，廑念斯工。曾筠欽奉諭旨，遵循舊章，接築三壩，易險爲平，永資鞏固。埽壩之所關鉅矣哉！若夫魚鱗磯嘴小大異形，沉水摟厓緩急異用，上水下水之斜排雁翅，係安危於尺寸；逼水順水之盤築馬頭，爭利害於微茫。以及障廻瀾而象形扇面，禦汕刷而鑲墊防風，名以形殊，用隨時異，莫不各有至理存乎其間。高談形勢者忽視而不詳求，躬親操作者泥近而忘遠照。必也詳覘全體大勢，運籌於一心，洞悉椿埽做法不遺乎微末，斯鉅細周知，措施各當，修防能事其庶幾已！

挑濬駱馬湖下游六塘河

題爲湖工亟循舊制，水利先濬下源，敬籌一得，仰祈睿鑒事。竊照水性就下，必須因勢利導，俾脉絡疏通，分路朝宗於海，方可永慶安瀾。伏查宿遷縣駱馬湖一承東省運河之水，一承蒙沂諸山之水，一承荆山口宣洩各湖之水，滙爲巨浸。且與運河僅隔一綫孤堤，若蓄洩失宜，易致壅積成患，賴有湖之南岸洩水口門名十字河，引湖濟運兼以刷黃，歷年久遠有利無患。其湖之尾閭有六塘河一道，以資宣洩，歷宿遷、桃源、清河、安東、沭陽以至海州歸海。嗣值湖水微弱，誠恐黃水倒灌，將十字河口門堵閉；又於西寧橋迤西高阜之地建築攔湖堤壩，因此湖水不通，耑資黃水濟運，以致中河之水山劉老澗挾沙而下，將舊有入海之路淤墊淺阻。今秋東省山水暴漲，合流而下，全無去路，浮溢堤岸，關係匪輕。臣等悉心籌畫，亟應將十字河口門仍復舊制，俾駱馬湖之水流入中河，刷深運道兼敵黃流。其西寧橋迤西攔湖堤壩酌量開寬，俾湖水由六塘河迤下分流入海，則上游有餘之水庶有歸宿，不致壅滯浮溢。如慮開放之後湖水或值微弱，應於十字河口門建築草壩一座，伏秋水盛，開放暢流，冬春水弱，仍行堵閉。其西寧橋迤西亦如前法，建築草壩，視水盈縮以爲瀦洩。至六塘河迤下河身在宿、桃境内者，尚屬流通。在清、安、沭、海境内者，間段淤墊，亟宜大加挑濬，即以挑河之土幫築子堰，以資收束。

當經檄飭淮揚道白鍾山、淮徐道吕維炳查勘確估去後，茲據該道等議詳，駱馬湖三合土壩之下頂衝中河廟灣頭埽工，應改挑引河長六百一十三丈，導水東注；其六塘河至清河縣之朱家莊河分南北二股，北股自清河縣朱家莊起，歷沭陽至安東之謝家莊入碩項湖，由海州龍溝義澤河入潮河歸海，應挑濬河長六千七百九十四丈，南股亦自清河縣朱家莊起，歷安東之蘇家蕩至沭陽之孟家渡武障河，入潮河歸海，應挑濬河長六千零八十七丈。每方照例給銀九分，約計共該土方銀五萬一千餘兩。即以挑河之土運於河之兩岸各離河十五丈外，築成子堰約攔水勢，導引朝宗。所有宿、桃、安、清、海、贛三廳，應請加兼管水利職銜以便不時查察，如有淤淺，即令該地方印官督同佐貳，率令田頭夫於農隙時隨加疏濬。其挑河之土並可增培子堰，將見河日寬深，堰日高厚，水勢暢流，無虞壅滯，舟楫通行漁鹽利涉。由安東沭陽至邳宿一帶，不惟河防攸賴，抑且水利無窮等情前來。

臣復親詣該工，詳看形勢，審度機宜，查核無異，誠爲宣洩湖流要工，民瘼河防急務。爲此仰懇天恩，俯賜俞允開挑，俾異漲之水得有宣洩，則黄運河湖兩岸隄防均資鞏固矣。除土方細數俟春融水涸逐一確估造册送部外，臣謹會同河東總督掌管北河總督印務臣田文鏡、蘇州巡撫協理河工事務臣尹繼善繪圖貼説，合詞恭疏具題，伏乞皇上睿鑒，勅部議覆施行。

雍正八年十二月初十日題。奉旨：『該部議奏，圖併發。欽此。』部議准行，雍正九年四月二十五日奉旨：『依議。欽此。』

附紀

考之《禹貢》淮沂其乂，蔡沈集註載：其川淮泗，其浸沂沭，是治沂者必兼治沭。曾筠於禹王臺築竹絡壩，所以遏沭水之西流，俾從故道由沭陽灑泥洪入海，於竹絡壩附紀中言之詳矣。但蔡註又載：徐之浸莫大於沂，沂又則自沭而下凡爲浸者，可知是治沭者又必先治沂。查沂水由蒙沂諸山千支萬派，南至下邳會合荆山口所洩微山、昭陽諸湖之水，而總滙於駱馬一湖。湖之南岸有洩水口門，名十字河，乃中河未闢以前駱馬湖洩水入黄之徑。中河既闢，即從此口引清濟運，與黄水口門竹絡壩相對，亦一清黄交滙處也。中河横亘其間形成十字，故名十字河。湖之尾閭又有六塘河一道宣洩歸海，嗣值湖水微弱，於尾閭西寧橋築三合土壩以塞其歸墟之路。又恐黄水倒灌并將十字河口門堵閉，另於王家溝迤上建閘引水以便啟閉。惟是閘基高阜水不能出，運河水小之年，轉資黄水由竹絡壩流入中河濟運，以致劉老澗挾沙而下，將湖之尾閭六塘河舊爲歸海之道淤墊淺阻，散漫民田，六州縣咸病之。雍正八年，駱馬湖、沂沭並漲，水無去路，汎濫爲患，因有鑒於此，遂決意開十字河，并舉六塘河挑濬焉。時屆嚴寒，乘舴艋於湖蕩之間，沿流溯洄，遇淤墊不能行，復舍舟而陸，審地形水勢，迂迴者取直之，湧注者分濬之，自宿遷直抵海濵。閲明年，更遴員張其智、胡士圻等，逐細確估，分其任於所司州縣，俾各經理疏濬，於是駱馬湖歸海舊渠滔滔東注，慶協朝宗，而沂水之會合諸流以滙瀦於駱馬湖者，不復有汎濫之患矣。蓋沂、沭二水爲青徐巨浸，合之則同挾其過顙在山之勢，分之則各安其就下之性。今沭則遏之，沂則導之，同於入海而各有其歸途，庶有當於其乂之旨也。與是役也，鮮不以爲力矯前弊，意專主宣洩，不知水勢靡常，旱潦不一，前之人處湖水不足之時議堵築，兹值湖水有餘之日議開挑，其事不同，其揆一也。而況乎因時而用，相機而行，水大則開放宣洩，水小則建壩瀦蓄，操縱由己，節宣有制，既無汎濫之虞，且得濟運之益，斯屬兩全無弊。若以爲可蓄而常蓄之，可洩而常洩之，其治水也鮮不敗，乃事豈獨駱馬湖然哉？故備書之以告後之治河者。

修濬文華寺閘下河堤

題爲遵旨查議事。雍正八年二月初八日，准户部咨開內閣交出大學士等議覆河道總督孔毓珣奏前事內開臣欽奉聖諭：『淮安府城逼近河濵，爾到任時可詳細相度城外堤工，舊有石工卑薄者加修高厚，無石工者建築石工等因。欽此。』

臣親赴淮城，沿堤詳看，查得淮安府城西門一帶，乃係兆灣頂衝，素稱險要，於康熙三十八年間建有石工，長三百六十丈，現在堅固。其自西門以至南角樓止，堤長二百二十丈，水勢平緩，非係迎溜之處。是以當年止做柴土工程，邇年歲歲修防，臨河添下埽個，堤身培薄增卑，現在高寬堅厚，足資保障，似可不必再築石工。伏查淮郡城西舊有護城河一道，自運口迤下文華寺閘起至白馬湖止，計長八十餘里，原屬分洩運河暴漲之水，以保淮郡堤工，並備嘆乾之時涵洞分達，利濟西鄉田畝，實屬緊要。今河身淤墊，堤埂日漸坍頹，一遇開閘宣洩，水無收束，漫衍横流，西鄉一帶田疇悉被淹浸。且暴漲之水宣洩不暢，仍歸運河。請將此護城一河再行挑濬深通，并將兩岸堤堰加修寬厚。凡值汛水暴漲，即將文華寺閘啟放，以六分入運四分歸湖，各循軌而去，堤工自可鞏固。約計挑濬此河淤墊，並修幇兩岸殘缺卑矮堤工，需銀三萬餘千兩等因。奏旨：『大學士議奏。欽此。』臣等查得，淮城險要既有堅固石工，其柴土工程之處皆屬水勢平緩，無容再添石工。其自清口入運，由惠濟閘折北而行至文華寺，折東而至淮城，每當淮水暢盛之時，浩瀚之勢全賴支河旁洩以分其漲。今孔毓珣請疏濬護城河，從文華寺閘瀉出達於白馬湖，以保固堤工，應如所請，速將河身淤墊之處即行挑濬深通。其兩岸堤堰加修寬厚，飭令河官將文華寺閘座視淮水緩急以爲啟閉，其挑濬修幇銀兩於河庫動支，工完之日造報可也。爲此謹奏請旨。雍正八年正月二十二日奉旨：『依議。欽此。』交出到部，相應行文河道總督，遵照議覆施行等因到前河臣，准此。當即轉行遵照確估，造報去後。今據淮揚道僉事白鍾山詳送估册到臣。據此該臣等看得，文華寺下引河一案，經前河臣孔毓珣遵奉諭旨，親赴淮城沿堤逐一詳看，因該處河身年久淤墊，奏請挑濬深通，并將兩岸堤堰加修寬厚。奉准部覆，以挑濬加修銀兩於河庫動支，工完之日造報。奉旨：『依議。』咨行到前河臣孔毓珣，欽遵。轉行檄飭河庫道動支部撥鹽課銀兩，給發裏河同知夏建德僱夫償築挑濬，委淮揚道監工督催在案。續准工部咨行，前項應行挑濬河身并加修高厚各工丈尺，需用銀兩照例確估具題等因。亦經前河臣轉行遵照確估造報，旋據該道册估到前河臣孔毓珣，尚未核題。臣到任之後即值秋汛水勢驟長，臣相機飭令將文華寺閘開放，賴此河挑挖深通，得以宣洩，裏河工程保固平穩。水落之後，隨令堵閉，並檄飭該道將各工逐一查驗修築。並令再行核減去後。今據該道詳稱，遵即逐段確估，加修兩堤自鑼鼓墩起至洪家圩堤尾止，共長一萬六千七百七十七丈五尺，挑濬河長四千八丈。又撈白馬湖邊淤淺二十丈。共實估銀三萬四千五百六十二兩二錢二分零，造册詳送核題等情前來。臣等復加查核無異，理合會核題估，除原册送部查核外，臣謹會同河東總督掌管北河總督印務臣田文鏡、蘇州巡撫協理河工事務臣尹繼善合詞恭疏具題，伏乞皇上睿鑒，勑部議覆施行。再照臣因出勘河工，沿堤辦事，難副定限，業經臣題明展限在案，合併陳明。

雍正八年十二月十五日題。奉旨：『該部議奏。欽此。』部議准行，雍正九年四月十二日奉旨：『依議。欽此。』

停止荆山口水道工程

奏爲事關兩省民生，工係全漕運道，詳勘情形據實備陳，仰祈睿鑒事。案准户部咨，内開：前署山東撫臣費金吾奏請開挑東省河渠以洩濟寧等州縣滙入魚臺之積水，因各州縣應開河道俱在江南，必須查明出水處所，會同疏濬等因。經部議覆：彭口以下河身非極寬廣，今昭陽、微山諸湖之水盡流入運，倘雨水過多，諸湖滙流而下或致運河急不能容，應令費金吾會同河東總督臣田文鏡、北河總督臣嵇曾筠、前署總河臣尹繼善詳確妥議具奏。奉旨：『所議甚屬妥協，依議速行。欽此。』欽遵。移咨到前河臣隨經檄行兖寧、淮徐兩道會同覆勘議詳，欽遵在案。

竊惟興舉水利，俾兩省沮洳俱成沃壤，誠屬亘古未有之隆恩。但事關重大，臣等仰承辦理，必須通盤審慎，事出萬全，方可上副宸衷。今臣調任南河，自邳、宿上下以至桃、清、沭、海各地方，凡屬水道，察其地形之高下、河湖之遠近，親身查勘。除六塘河迤下歸海之道，有關駱馬湖承上啟下之關鍵原係至要之工，現在題請疏濬外。其自山東濟寧各州縣以至江南荆山口一帶，疏導千支萬派之水，一併下注南河，關係重大，實有難於舉行者。伏查山東泉河原有本境歸海之路，而湖稱水櫃，蓄水濟運以防旱暵；設遇水勢過大，汶濟以上則有鹽河、馬頰、徒駭諸河導流歸海。其魚沛以下則由張谷山、荆山口洩入駱馬湖與運河。今山東上游蓄洩機宜，尚有應行籌畫之處。乃遽將各州縣故河積窪之水全注江南，竊恐地處下游，勢難容受。況徐州黃河北岸李道華家樓接連蘇家山，寬衍數十餘里，向來不議築堤。每黃水出(漕)〔槽〕漫灘之水從岡頭河、十字河、荆山口輾轉東注，而荆山口橋下尚留山麓坡陀，勿使鑿闢深廣者，誠恐黃水入運挾帶濁沙，古蹟昭然，良存深意。今議開濬荆山口，所有漫灘之水濁流併注，淤墊堪虞。即使挑空深通，而微山、昭陽諸湖之水合流而下，誠如部議不入於運即入於黃，開濬之處甚有關係，此江南水道上截之形勢也。

又自徐塘口三岔河迤下運河窄狹，今再益山東河泉坡窪之衆水奔騰驟湧而來，運河西岸以及邳州唐宋山格堤均難保固。至運河東岸湖中一線孤堤，雖有馬莊、萬莊減水石壩，但增多減少，萬一河湖通連，則漕船縴道，安能飛越。況駱馬湖添納諸水，自必倍加漲湧，水勢高於黃運，其患有不敢言者矣。今秋山水驟漲，仰賴我皇上精誠昭格，天意潛孚，是以驟漲之水雖溢入於黃河，仍歸洪澤湖。因此各工沙淤掛口，旋堵旋竣，遇此希有之事而水性靡常，萬一全歸黃運，誠如部議，諸湖滙流而下或致急不能容，此江南水道中截之形勢也。至駱馬湖既承受諸山各河之水，湖之尾閭勢必宣洩不及。且宿、桃、清、安直至龍溝歸海，計程綿亘，自應一律加築長堤。但兩省之水同歸并注，安得有綿長千里之工程以資捍禦。況沭邑又增沭水一道，海州又有海潮上湧，倘遇伏秋大汛，河海相抵不能順下，雖有高大之堤，恐撞擊散漫，六州縣之城社民田所關匪細，此時山東水源未闢，已覺壅積爲患。所以微臣現在題請挑濬，不過安其就下之性，順其歸墟之勢。所費無多，即以挑河之土培成子堰，約攔水勢，導引朝宗，水大則聽其溢歸湖蕩，可保相安無事。若大闢來源滔滔浩浩，遽恃新築之土堤可以約束，恐水湧未能循軌，此江南水道下截之形勢也。今春該道等議估除山東另核外，江南需帑銀三十餘萬兩。伏念我皇上如天之德，固不惜多費帑金，然事必求其有濟，方可功垂永久。臣蒙皇上隆恩異數，捐糜莫報，如少有一得之愚而附和因循，臣罪益滋難逭。在前河臣孔毓珣據詳条酌，已屬躊躇，未能遽議；而微臣親身查勘，積慮深思，權其輕重，相其緩急，委屬未能舉行，可否請停，伏候睿裁。不揣冒昧，謹備列情形，據實奏陳，仰祈皇上訓示遵行。

雍正八年十二月二十日奏。奉旨：『所奏甚爲明晰。應停止者，該部知道。欽此。』

附紀

仰惟我皇上痌瘝民瘼，己饑己溺，凡臣工敷奏有關閭閻休戚者，即令舉行，惟恐不及。雍正七年署山東撫臣費金吾條奏，請將東省積水山江南荆山口宣洩歸海。部臣議覆，行令河東督臣、南北河臣詳勘妥議。時曾筠總理北河，即遴員之諳練者分往查勘。明年五月，恭膺管理南河恩命，履任後舉江南境内上自徐、邳下迄沭陽、海州水道慎重詳審，靡不躬親閲歷，知其勢有必不可行者。是年秋適遇異漲，邳、宿諸州縣胥罹水患，幾爲運道憂。究其來源，俱由東省諸水滙注而下，假令荆山口已貿然開闢，不知更作何景狀矣？曾筠既遍涉諸川，親加籌度，何敢知而不言？謹將上下形勢詳細縷陳，仰蒙乾斷，即准停止，運道民生均被乂安。夫欲舉魚、濟諸州邑歷有之坡窪積水，一旦悉令歸海，涸出膏腴之壤，俾民耕鑿，其意何嘗不善！但積水之在東省，已非一日，其病小；而江南急不能容其害大。求利民而先病民，所繫非輕，既病民而且妨運，所繫不更重乎！大小輕重之間尤宜深思而熟計之也。

估計高堰山盱石工

題爲恭謝天恩事。該臣等看得，高堰、山盱臨湖一帶石工蒙我皇上睿謨弘遠，發帑大修，不獨使洪湖之水得以暢出敵黄，而淮揚一帶漕運民生永慶安瀾之福。當經前河臣孔毓珣發帑分委承修，各員一面幫築上工，一面造船採辦石料。臣嵇任之後，復又疊檄嚴催，除幫戧土工前據該道造册估用銀一十八萬五千四百五十八兩七錢一分零，臣等業經勘核題估，旋據各員俱已呈報完工，現在飭令查勘另行造册咨部外。

兹據淮揚道僉事白鍾山詳稱，堰盱一帶石工，欽奉特旨發帑加修，屢蒙檄飭查勘相度湖河水勢情形，悉心確估，加培高厚以垂久遠。今除石工之内現在完整，止須每年照例於石上鑲柴搶修，足資捍禦無庸加修外。共有間段底樁腐朽、石塊欹斜，原屬順砌卑矮者，應建築越壩，拆修加高，一律堅實。又有年久風浪撞激、灰縫剥落、底樁腐朽歪斜脈裂傾圮者，其中雖間有完整，但向係順砌之工，襯裏甎石單薄，若於舊石之上再加新石，上重下虚，勢難撑立。應行通身全拆重修，另换馬牙、梅花等樁，丁順間砌，始能垂久。至於新砌石工，必先築越壩攔水，然後可以興工。今湖面寛濶水勢浩大，一遇狂風巨浪，力若排山，一壩孤懸安能抵敵，工段綿長實難保護。況查舊工根基樁空之内向經墊滿碎石，今則舊樁難起新樁難下，徒費人力，不能施工。惟有借舊石工連土留寛二丈，暫爲外障，於後身開槽釘樁砌石，俟新工築定根基，再拆舊石選用。其舊工底石因新工灰汁未老，應留二層以防風浪撞擊，保護新工。再清水潭一壩裏越未建石工，今應一例創建以期鞏固。

所有高堰、山盱二廳屬應行拆修并創建石工，通共工長六千三百四十二丈九尺四寸，共估用料物夫工銀八十三萬二千三百九十一兩八錢五分零，並無浮冒。再查土石工程二項，共計估銀一百一萬七千八百五十兩五錢六分零。除部撥銀一百萬兩之外，其餘銀一萬七千八百五十兩五錢六分零應在道庫存庫銀兩内動支給發，理合造册詳送會核題估等情前來。

臣等親勘復核無異，除原册送部查核外，相應會同河東總督掌管北河總督印務臣田文鏡、蘇州巡撫協理河工事務臣尹繼善、原任内閣學士臣張坦麟、原任户部右侍郎臣汪㴶、御史管坐糧廳事在任守制臣程仁圻合詞恭疏具題，伏乞皇上睿鑒，勅部議覆施行。

雍正八年十二月二十日題。奉旨：『該部議奏。欽此。』部議准行，雍正九年四月二十二日奉旨：『依議。欽此。』

歲加五寸堤工

題爲欽奉上諭事。該臣等看得，江南徐州以下一帶黄運兩河堤工，荷蒙我皇上聖明洞鑒，念及額設河兵只能修補水浪衝激，防備臨險搶護之用。至於堤身一年之内風雨淋漓，車馬踐踏，恐漸至侵蝕，欽頒諭旨，逐年加增，仰見聖主治益求治，安益求安之至意。經前河臣孔毓珣題請：堤工去河甚遠現在高厚者，可以緩其加修；其頂衝迎溜勢甚險要，風雨淋漓堤身卑薄之處，先將統加五寸之錢糧詳細勘估加高培厚，次年再以統加五寸之錢糧修次險之工，再次年將可緩者一例增修。以後總酌，分緩急輪流加培，庶堤身可冀一律高厚，永資捍禦。約計每年培修黄運兩河堤工需銀二萬八千餘兩等因。

部覆應如所題，酌分緩急輪流加增，務使堤身堅固以資捍禦。但江南黄運兩河工段繁多，逐年題估題銷先後不一，今欽奉諭旨：將堤工加高五寸，該督題請輪流加增，誠恐承修各官，不無以上年已修工程揑作新修，希圖冒銷等弊。應令該督除每年歲搶修各工仍照例估銷外，所有黄運兩河應行加高各工逐一確勘，將地名、工段、高寬丈尺、需用銀兩數目以及應動欵項，據實分晰，另行造册具題等因。奉旨：『依議。欽此。』欽遵。移咨到前護河臣康弘勳，准此當即轉行遵照在案。

今據淮徐道副使吕維炳、淮揚道僉事白鍾山將所屬各廳黄運兩河應行加高培厚堤工，通共估用土方銀二萬八千八百八十一兩九錢三分四毫二絲逐一確勘，委無浮冒，各造清册詳送核題前來。臣等復加親勘，查核無異，除動支河庫銀兩給發各廳儹修并原册送部查核外，相應會同蘇州巡撫協理河工事務臣尹繼善恭疏具題，伏乞皇上睿鑒，勅部議覆施行。

雍正八年十二月二十二日題。奉旨：『該部議奏。欽此。』部議准行，雍正九年三月二十五日奉旨：『依議。欽此。』

卷五

題署淮揚道員缺

題爲欽奉上諭事。該臣等看得，淮揚道一缺管理黃運河湖堤岸工程，并分巡各屬地方事務，吏治河防均關緊要，必須才能敏幹人員方克勝任。欽奉諭旨：『江蘇布政使員缺着淮揚道白鍾山補授，淮揚道員缺着嵇曾筠、尹繼善於屬員内揀選委署，俟秋汛後送部引見。欽此。』欽遵。臣等在於屬員内詳加選擇，惟有淮安府裏河同知夏建德於上年秋月水勢漲發之際，殫力修守用心防護，汛内工程得保平穩，且於理事職任更能整飭稽查，既嫻吏治復熟河防，實係辦事幹練才堪肆應之員。所有淮揚道印務，臣等遵旨，請將夏建德暫行委署。現今桃汛甫過，伏秋大汛接踵而至，令其督率廳汛，加謹修防，辦理賑務，彈壓地方，俟於霜降後給咨送部引見。伏候聖裁，除將該員履歷、實蹟另册送部查核外，臣謹會同蘇州巡撫協理河工事務臣尹繼善合詞具疏題明，伏乞皇上睿鑒施行。

雍正九年三月二十七日題。奉旨：『該部知道。欽此。』

建築禹王臺竹絡石壩

題爲請旨事。雍正九年三月初五日准工部咨開。都水清吏司案呈。雍正九年二月十九日内閣交出江南河道總督嵇曾筠奏請修復郯城縣禹王臺竹絡石壩工一案。奉旨：『照所請行，該部知道。欽此。』欽遵。抄出前來，相應抄録原奏，行文江南總河并河東總河可也。爲此合咨前去，欽遵查照施行，計粘單一紙。

竊照東省郯邑禹王臺一工，原以抵遏沭水，俾其東由江南沭陽、海州入海，不容其會合蒙沂、自馬諸山河之水入駱馬湖，以爲運道民生之患，所關綦重。自明季郯令拆移臺石，修砌城垣，水遂西行爲患滋甚。康熙二十八年恭遇聖祖仁皇帝南巡，閱視中河。前河臣王新命以中河之水全資駱馬一湖，而湖受沂、沭、白馬諸水，時常泛濫。於是請修土、石兩壩堵截沭水，江南數十年無上游水患者職此之故。後經前河臣陳鵬年於土壩之南越築圈堤一道，前河臣齊蘇勒又於臨河設立防風埽工，更建築戧堤、子堰以爲重障。誠有見夫土、石兩壩維繫江南數百里之運道，千萬户之民生，慎之重之而年年修守者也。不虞上年秋汛東省山水異漲，將禹王臺土石埽壩各工全行冲塌，僅存竹絡石壩二十七丈，壩之南北殘缺土堤二百餘丈。沂沭諸水一時滙注於駱馬湖，盈堤溢岸，莫可抵禦。仰賴聖主誠敬格天，水勢旋消，漫溢各工得以尅期底績。而東省郯邑壩工實爲目今要務，若上源一日不治，則下游一日不安。雖禹王臺隸在北河，應聽北河河臣經理，但此壩之興廢關係江南黄運兩河之利害，况南北原爲一體，事機尤屬切膚。臣前已兩次咨商北河河臣，業准咨覆，檄飭委員勘估。第兩省文移往返稽遲，且值新舊河臣交代接替，輾轉躭延。竊恐會題部覆，爲時甚久，急切不能竣事，萬一山水驟發，或致措手不及。微臣愚昧，身膺重任，不得不鰓鰓過慮也。伏念駱馬一湖乃衆水滙歸之地，今又益以沭水并諸山積潦，建瓴而下直注駱馬湖，地尤逼近而勢更騰湧。查禹王臺現係沂郯、海贛同知所轄，沂郯則屬北河，海贛又屬南河，南北交界均有責任。現今臣等於請定廳員管轄等事案内會題，請聽南北河臣考察在案。今臣酌量該工圈堤、防風等工，目前尚屬可緩。惟將最要壩工，乘此汛水未發之前，即令該廳會同郯城縣於舊石工以上，現存殘缺石工二十七丈之處接築壩工，共長九百餘丈。誠恐土堤不堅，山水性猛難於捍禦，應令通身建作竹絡石壩。俾水從壩過而壩不動摇，沙至壩停而壩復堅實，愈資抵禦。此壩一成，沭水可以東分，駱馬湖不致盈溢。縱有白馬、沂河等處之水，亦可相機宣洩，江南之運道民生庶保無虞矣。前項壩工土石分築，但頂衝緊要之處必須多用竹絡石壩，并挑濬沭水舊河口門，約需銀三萬餘千兩。統容臣親赴該工相度機宜，詳加核算，再行確估。但工程緊急，竹、石等料備辦宜早，其所需銀兩可否即於南工河庫内動支給發。臣未敢擅便，伏候訓旨遵行。臣現今江工查勘已畢，復由邳、宿一帶前赴該工，親身查勘所有禹王臺壩工急應修復事宜。合先恭摺請旨，伏祈皇上睿鑒施行。謹奏。等因到臣。准此當即檄行遵照確估去後。今據山東兖寧道副使王鴻勲、淮徐道副使吕維炳、淮揚道僉事白鍾山會勘造册詳送到臣。據此該臣等看得，山東郯城縣境内禹王臺一工，原以抵遏沭水，俾其東由江南沭陽、海州南行入海，不容其會合蒙、沂、白馬、諸山河之水入駱馬湖，以爲運道民生之患，所關綦重。因上年秋汛東省山水異漲，將禹王臺土石、埽壩各工全行沖塌，僅存竹絡石壩二十七丈，並壩之南北殘缺土堤二百餘丈，難資抵禦。是以臣於本年二月内將急應修築情形，以及約需銀兩恭摺具奏。并聲明容臣親赴該工相度機宜，再行確估。其所需銀兩可否即於江南河庫内動支給發。荷蒙我皇上念切運道民生，欽頒俞旨：『照所請行，該部知道。欽此。』欽遵。隨即轉行確估去後。

今據該道等會詳稱：遵即帶同該管印河各官親勘確估，查禹王臺應建竹絡石壩共長六百四十丈，其接新石絡以北應創築土堤長三百丈，壩南應補築漫缺土堤長四十八丈，外坡包鑲石絡至所存舊堤石土壩工長三百八丈三尺。内二十七丈係石絡舊壩，兩肩陡坦應以碎石一律壘砌補平。又十四丈外坡，原係石絡鑲邊，水冲石塊現存，應揀取修整。又五十八丈三尺外坡原有雁翅石絡，挑水開行，毋容加絡鑲邊。其餘二百九丈應於堤之外坡包鑲石絡，以資捍禦。再將沭水進口轉灣歸故河道淺阻之處，疏濬深通，以資暢流。以上通共計新築石土壩工長九百四十丈，又補修舊石土壩工長三百五十六丈三尺，并開挑沭水進口河道一百丈，共估用工料土方銀三萬八千六百四十三兩七錢零。相應轉詳題估。再該工經前河臣王新命創建，原案一切夫工均係撥用，徭夫不計錢糧。今查徭夫一項，業經題明歸入黃河廳曹、單二汛，每年加幫大堤力作歲修工程，萬難調撥。且石絡工程較與從前多至二十餘倍，需夫甚多，俱係據實確估，並無浮冒等情，造册詳送前來。

臣復親勘查核無異，除動支江南河庫銀兩給發該廳縣辦料興修，俟工完之日會同河南山東河臣查核題銷，并原册送部查核外。相應會同河南山東河臣沈廷正、河東督臣田文鏡、山東撫臣岳濬、蘇州巡撫協理河工事務臣尹繼善合詞具題，伏乞皇上睿鑒，勅部議覆施行。

雍正九年五月十五日題。奉旨：『該部議奏。欽此。』部議准行，雍正九年八月初一日奉旨：『依議。欽此。』

附紀

沭水由穆陵關而下，會莒蒙諸山水合流東注，抵馬陵山，相傳大禹治水時鑿山口導水西流，復建臺障之，俾由東南入海。自明季郯令毁臺取石以繕郛，水遂西流會合沂河、白馬河諸水湧入駱馬湖，湖不能容漫入黃運兩河，沂、郯、邳、宿諸州邑歲有淪胥之患，且爲運道梗。康熙二十八年聖祖仁皇帝南巡狩，詔河臣王新命治之，爰建竹絡石壩二十七丈，以抵遏沭水，復由東南故道歷紅花埠、峒峿、沭陽、海州歸海。厥後河臣陳鵬年接築土堰，河臣齊蘇勒增修茨防，區畫備至。

雍正八年六月，曾筠欽承恩命，調任南河。甫及旬日，即遇山水驟發，淫潦異漲，駱馬湖水盈堤溢岸越運浮黃，勢莫可遏。因念駱馬湖雖爲諸水滙歸，然非沂、沭合流，其暴未必至此。上源禹王臺土石工程必有漂淌之虞，隨赴該工查勘，一望彌漫，盡成沙渚，臨河堤埽果蕩然無存，惟舊時竹絡石壩二十七丈巋然無恙。循沭水而東即係馬陵山，山後層巒疊嶂，千谿萬壑，勢若建瓴。而沭水進口處嶄然中劃，形如斧劈，其下深不可測。水勢自東徑西，盡失其入海故道。若不亟思所以修治之則，下游州邑罹水患者終無底極，而歲漕轉運亦復可虞。但山水性猛頂衝直激，非土堤椿埽所能禦，即大發帑金如高堰之甃石，而地係浮沙，基不堅實，亦無所施其功。若夫水衝不損而又能隨沙坐實，足資捍禦，則惟竹絡石壩爲至計。況山中多產碎石，取材富而易，因議從舊竹絡壩接築六百四十丈，審地形以扼其要害，蜿蜒綿亘自西北漸之東南。又於新壩北首接築土堤三百丈，枕山坡爲依據。其舊壩之南殘缺土堤三百零八丈下迄民堰止，槩用竹絡石鑲邊一律修砌完整。又於沭水進口之河頭挑去砂石，俾舊河深通暢流。計費三萬八千六百四十兩有奇。聖天子軫念民瘼，俯允所請，不待下其事於部議。即准江南河庫動支帑項。隨分檄海贛同知蔣祈年、郯城知縣馮爲桐、縣丞張杞承築，飭委原估官胡士圻等監工督催。從事斯役者咸知運道民生之重，鳩工庀材踴躍奮興，始其事於雍正九年之二月，至六月即告竣。是年伏秋山水又大發，壩工抵住不能西注，仍由沭河東南故道入海，沂、郯、邳、宿之民恃以無恐，黄運工程亦安流無恙。則是工之興廢，關於江南利害較東省爲尤鉅，司河者慎毋隳厥成功也哉。

開挑正人洲引河建築夾江大壩

題爲敬籌大江形勢，請開分溜引河以固城垣以利漕運，仰祈睿鑒事。該臣等看得，瓜洲大江西南正人洲，潮沙淤墊，日益寬長，數年以來，洲尾長有翅膀定業等洲挑激大溜，直射瓜洲花園港一帶，以致歷年歲搶修工程，旋修旋蟄，不能抵禦，江岸日漸塌卸，逼近城垣，危險堪虞。經臣具摺奏請，將高資港河頭之浮沙暗灘力爲疏濬，再於正人洲開挑引河，其翅膀等洲長出河嘴老灘，并油沙稀淤處所照例設立犁船二隻，并令舊設之救生船協力同施，用混江龍等器往來刷滌等因。奉准部覆，應如所請，作速動支銀兩，給發募夫僱挑。仍將應挑河道工段寬深丈尺，并設立犁船動用銀兩欵項數目，一面動工，一面題估造册，報部查核。其花園港等處，應令該督詳細斟酌，量爲修護以資防禦等因。奉旨：『依議。』欽遵。轉行確估在案。今據署淮揚道夏建德册詳前來，臣查瓜洲大江南灘上源有高資港一道，形似夾江而河頭不暢，應將高資港之浮沙并正人洲迤上舊有港汊之處力爲疏通，以暢其流。又於正人洲下截頂衝迎溜舊有河形之處，挑挖引河一道，長四百三十丈，引水南行以分江溜。接此河之尾，又生開引河一道，長二百一十一丈，使上源之水滙流直注夾江，減其北趨之勢。庶瓜洲一帶城池、運道得以保護。又恐引河之水從夾江仍向東北逼溜直注瓜洲，今相度形勢，應於夾江内築夾土壩一座，長一百五十丈五尺，兩面下埽鑲墊，簽釘大樁於夾壩中間，填土以攔水勢。又恐伏秋大汛漫灘，水高數尺，復於壩上壓土高七尺，兩頭接築土壩二百五十八丈，以防夾江之水漫灘四散。又於定業洲迤下挑濬支河一道，長三百六丈，俾引河大溜順流從支河宣洩，直抵南岸大江。至於高資港河頭、江心套港口以及正人洲、翅膀洲長出磯嘴挑溜之處，督率河兵閘夫乘駕犁船，用鐵篦、混江龍等具併力挑切犁爬，務俾疏通暢流，分引江溜，保護瓜城。以上挑河、築壩、造船共估用土方工料銀四萬九千七百七十七兩七錢八分零。相應題估發帑興挑，工成之日請照康熙五十五年間奏明事案内創建江工之例，入於歲搶修案内修理。至於瓜洲花園港一帶迎溜之處，相機下石，護崖鑲埽，以衛城社。因係緊要工程，除動支河庫存貯各欵銀兩給發該廳等僱辦料物，將引河分段挑空，夾壩併力堵築完竣，相機開放并將原册送部查核外。臣謹會同江南總督臣高其倬、總漕臣性桂、河南山東河臣沈廷正、蘇州巡撫協理河工事務臣尹繼善會詞具疏題估，伏乞皇上睿鑒，勅部議覆施行。

雍正九年五月二十四日題。奉旨：『該部速議具奏。欽此。』部議准行，雍正九年六月二十四日奉旨：『依議速行。欽此。』

附紀

瓜洲濵大江北岸，其城與南岸京口相爲犄角，控扼江海，乃沿江之要地，漕運之咽喉也。因江之西南有正人洲廻溜沙淤，日漸增長，挑溜北注直薄瓜城，洄漩汕刷，崖岸塌卸。於康熙五十五年建築埽壩，添設歲搶修工程，用資抵禦。然江流猛烈激湍，震撼埽工，隨下隨蟄，大江逼近城隍，危險堪虞。曾筠數往查勘，乘舟偏視，知受患雖在瓜洲，而致患之由則在上游沙渚。若不分其北注之勢導其南趨之路，則金山以上之旋溜積沙，正人洲以下之翅膀、定業等洲，挑溜愈急。兼之中有大江，南有夾江，兩水并衝瓜城勢不能支。此時欲以長椿大埽敵千尋之巨浪，以保護洲城，戛戛乎其難哉。昔人有言曰：『以水治水，以水攻沙』，實探本窮源之論，今亦惟以水治之而已。仍於上游對岸之高資港，則設船疏擴以分其勢，於正人洲則挑濬引河，順注夾江，以暢其流。又恐夾江之水仍逼東北，則於夾江尾閭搶築大壩一道，以遏其衝。俾浩瀚江流奔赴於五公灘引河，旋繞於南岸山根以直達大江，而北岸瓜城之勢減矣。至于翅膀等洲，老灘則挑切之，新淤則梳爬之，皆所以平上游之患也。夫而後審察瓜洲沿江崖岸，於廻溜則下摟崖埽以護之，於頂衝則下沉水埽以禦之。而其間之或用挑水，或用磯嘴，悉因地相機以資防護。

獨是大江之水與黃河不同，黃水挾沙而來，遇埽即停，沙停則埽愈固；大江水清性烈，潮汐晝夜不停，凡遇埽工不能汕擊于上，即往埽根淘刷，久之埽底淘虛，工程下蟄，而崖岸之坍塌隨之。是以黃河埽工在在可恃而施之，江工則又有未可全恃者。曾筠籌畫再四，終無善全之計，因思古人治水之法除疏濬椿埽而外，兼用土石。然竹絡既虞費帑，又恐兜水，今變化其用石之方，凡於埽根汕刷之處，多下石塊以護之，庶水力不能淘刷，埽個得以穩固。審度既定，遂親臨工所，命廳營汛弁即挨埽下石試之。豈知石下之處，汕刷之勢果減，埽工依然無慮。遂繕摺奏請，仰蒙皇上俞允。于是疏築並舉，椿埽兼施，而且設犁船以梳爬沙嘴，下碎石以防護埽根，數年來瓜之城社民生俱得保全無恙。當是時議論紛如，謂碎石護崖之法前人未用，且夾江大壩孤立江心勢不能存。不知苟能熟察乎水之形勢，詳審乎水之性情，即古人未用之法而變通用之，亦未始無濟者，豈必拘拘刻舟以求劍耶。惟我皇上聖明，洞燭機宜，出以乾斷，巽命風行。俾瓜洲數萬民生盡免阽危而登衽席，恩膏普被浩蕩難名，是又紀述之所不能盡者矣。

留工効力人員

題爲循例題明効力人員，以資河防事。竊惟修守機宜得人爲重，江南地卑工險，河務殷繁，一應差委需員甚多。臣荷蒙聖恩，調任南河，涖任之始即經查明，通工効力人員自前河臣及署河臣尹繼善各任内題明留工共計百有餘員，以供驅使。惟是歷經兩載，更畨差遣，除委署叅革丁憂事故之外，爲數漸少。目今高堰石工押催儹砌，瓜洲江工挑穵引河，修復駱馬湖上游禹王臺壩工，挑穵駱馬湖以下六塘河河道，以及協辦黃運兩河各汛緊要工程同時具舉，在在需員委用，加以三汛防險各廳查料催漕報水，一切工務分派調遣之處甚多，所有從前題留之員實屬不敷。

臣查前河臣陳鵬年、齊蘇勒、孔毓珣、署河臣尹繼善各任内尚有久經收録留工効力未及題明，并臣因上年汛險乏人，新經收録各員，皆於水勢長發之際，同在工所効力行走。其中有不避危險協同搶救工程者，有派防險汛加謹保護平穩者，有委辦委催緊急工料剋期儹運接濟者，俱竭蹷辦公，殊爲出力。伏念上年秋汛，有功人員仰荷皇恩議敘，臣等將現任各員并及已經題留人員，分晰等次造册咨部，而此等人員，因未經題明，不便一例造入册内均沾曠典。但既在工趨事，實難泯其勞績。今臣於各員内擇其年力精壯、勤敏小心、取到殷實印結者，選有候選州同楊惠春等四十一員。又有未經取到印給，同在上年搶護險工勞效昭著，及現今委辦要工勤謹出力者候選州同于廷烈等七員，據該道廳等保詳，請循例留工効力。臣復歷經差委，試看才具，皆有可用，一併附入疏内，通共計有四十八員。仰懇皇上天恩，俯念河務需員，准其一體留工以敷差委，以示鼓勵。則各員自必益加感奮努力，而臣等亦得收臂指之使。自留工以後倘有敗檢踰閑，臣等不時察訪叅處。再此内有江南籍貫者例應迴避，但查歷次投効人員，惟江南最多，他省及旗員不過十之二三，若悉令迴避，本省人才愈難。况江南人員生長河干，素悉堤工、河道。今該員等差遣已久，伏籲聖恩，請照前署河臣尹繼善題留江南籍貫効力知縣陳儒等十六員之例，仍留南工。俟有勞績，以專管河務之缺補用，或咨北河酌量題補。除循例開列各員職名、履歷、功績造册送部外，臣謹會同蘇州巡撫協理河工事務臣尹繼善合詞具題，伏乞皇上睿鑒，勅部議覆施行。

雍正九年六月十三日題。奉旨：『該部議奏。欽此。』部議覆准，雍正九年十月二十二日奉旨：『依議。欽此。』

設立堡房堡夫

題爲循例請設堡房、堡夫，以助修守、以固隄防事。竊照河工要務全在堅築隄防，尤貴專人修守，有堤而無人，則與無堤同，有人而不能使其常用在堤盡修防之力，則又與無人同。此豫省所以有堡房、堡夫之設，南河亟應循例請行者也。查江南黄運兩河堤岸縱横綿亘二千三百餘里，險工林立，要汛繁多，比年以來荷蒙皇上發帑興修，凡屬卑矮之處靡不增培高厚，每歲應行修理事宜，亦莫不仰邀睿鑒先事預防。雍正七年，復荷聖明，念及河兵只供搶險，未能概令修防，着將黄運堤工遞年加高五寸。仰見皇上弘謨遠略，超越千古，爲隄防計者至周且密矣。所有修守事宜，臣等敢不早夜講求，務期鉅細靡遺，以仰荅聖主慎重河防之至意。

竊見江南十河營兵丁雖係沿河設立，有修防之責，然下埽簽樁是其專司，南工埽壩繁多，一處搶險，各處調撥，若遇汛水長發，恒苦分身無術。誠如聖諭，河兵只供搶險，未能槩令修防也。況長堤原無堡房，做工夫役每逢大雨，遍體淋漓，既無容身之所，又乏炊爨之處，風餐露宿，亦難責其晝夜不離。伏查豫省河兵之外，設有堡房、堡夫，使河兵聚集於埽壩，堡夫殫力於修防，業已著有成效。今江南事同一例，仰懇皇上俯准，照豫省每二里蓋一堡房，每堡一座設夫二名，歸於該管文武汛員管轄。令其駐宿堡内，常用巡守，無事則搜巡獾洞、鼠穴，修補水溝浪窩，每日堆積土牛，可多得土方之用；設遇有警則鳴鑼爲號，上下兵夫齊集，協力搶護。如此則江南黄運堤工汛堡沿排，聲援互倚，修守綦嚴，而隄防寔資鞏固矣。

今查各廳黄運兩河堤工葢造堡房共需一千一百五十四間，每間估銀三兩，共需銀三千四百六十二兩。堡夫共需二千三百零八名，每名每月工食需銀五錢，以一年總計，共需銀一萬三千八百四十八兩。如蒙俞允，請將堡房銀兩動撥藩庫存留欵項給發各州縣，會同廳員就近於堤上預爲建設。其每年工食，俟各該州縣招募堡夫到日，統於藩庫按季撥發州縣貯庫，於每月會同廳員唱名給散，庶幾印河各官互有覺察，而錢糧不致有那移扣尅等弊。除現在另造細册送部查核外，臣謹會同蘇州巡撫協理河工事務臣尹繼善合詞具題，伏乞皇上睿鑒，勅部議覆施行。

雍正九年八月初三日題。奉旨：『該部議奏。欽此。』部議准行，雍正九年十月二十日奉旨：『依議。欽此。』

預撥鹽課銀兩

題爲題明事。竊照江南黄運湖河　切埽壩工程，每年需料繁多，必須乘時購辦，預爲堆貯，方堪濟緩急而資修守。臣於上年水長之時，親見臨時辦料，挽運維艱，無補急需，是以循照豫省之例，題請在於年前九、十月内，約計購辦十分之七，限以十一月内運工一半，次年正月内全運到工，其餘視工程緩急再行辦運。荷蒙聖明俞允，接准部覆遵行在案。茀查河庫錢糧俱係按年撥解，今既於年前九、十月内預爲購辦來年料物，則來年應用錢糧亦須於年前九、十月内預爲撥解，河庫始足以供支給之用。查河庫錢糧除别項難以預撥者無庸置議外，所有雍正五年間經前河臣齊蘇勒題請，每年撥解河工鹽課銀三十萬兩，原爲辦料修防之用，但此項銀兩歷年俱於歲底及次年正月内始行解交河庫，不克有副預備之期。伏思各工料物既定於每年九、十月内預爲購辦，則前項鹽課錢糧亦須於每年九、十月内早爲撥解，庶得給發無悮。仰懇皇上天恩，俯念修守機宜，工料綦重，請將每年撥解河工鹽課銀三十萬兩内，先撥解銀一十五萬兩，預於每年九、十月内解交河庫，其餘銀一十五萬兩仍循向例於該年正月内撥解。以便督令河庫道給發各廳儧辦料物，如限貯工，照例責成該管道員嚴催運工，詳委就近州縣盤查出結備案。一轉移間則錢糧毫無增加，而料物早得預備，實於河工大有裨益。除移咨兩淮鹽臣，將應撥雍正壬子年鹽課銀三十萬兩内先行撥解銀一十五萬兩，以資給發預備料物外，臣謹會同署江南總督印務蘇州巡撫協理河工事務臣尹繼善合詞具疏題明。伏乞皇上睿鑒施行。

雍正九年九月三十日題。奉旨：『該部議奏。欽此。』部議准行，雍正九年十二月十九日奉旨：『依議。欽此。』

黄運兩河善後堤工

題爲遵旨查議事。雍正九年三月十五日准工部咨開：都水清吏司案呈：大學士等奏覆江南河道總督嵇曾筠奏請修築黄運兩河堤岸工程一案，雍正九年二月二十六日奉旨：『依議。欽此。』欽遵。於本月二十七日内閣交出到部，相應抄録原奏，行文江南總河，并劄行兩淮鹽院，欽遵旨内事理，遵行可也。爲此合咨前去，欽遵施行，計粘單一紙，内開大學士等謹奏：爲遵旨查議事，據總督江南河道嵇曾筠奏稱：竊照江南黄運兩河道里綿長，工程繁劇。臣於上年甫到江南境内，見江南堤工迥與豫省不同，一則地勢本卑，再則衆流畢集，水勢益高堤工愈險。查江南黄河上自虞城、單縣交界起，下迄安東海口止，兩岸工程共有二十四萬一千七百三十餘丈。運河上自臺莊交界起，下至瓜洲江口止，兩岸臨河縷堤工程共有一十九萬二千一百三十餘丈。兩河通共計有四十三萬三千八百六十餘丈。從前修理兩河大堤并月格等堤，共止修過十五萬四千一百八十餘丈，實不過十分之三四。臣上年初任，寓目驚心，正思逐一經理，上請訓旨，未及奏陳，不虞遽逢秋漲，水勢盈溢。荷蒙皇上軫念河防民瘼，諭旨諄諄，既勅加謹保護，復諭善後事宜。是以各處漫工仰賴聖謨，堵築久經告竣，殘堤業已修補。臣凛遵訓諭，復又鑒此前車，敢不殫思補救，以圖善後，以期鞏固。又竊念徐邳以下各州縣瀕河被水小民，荷蒙聖主賑恤兼施，不致流離失所。但當此麥未成熟之候，覓食維艱，合無再懇皇仁，以工寓賑，令其就食，亦可資生。再本案工程應令濵河印官與河官公同修理，庶牧民之吏倍切民瘼，管工之員益勵河防，互相覺察，協同辦理，責成又易爲力。臣一面檄飭淮徐淮揚二道，將現今黄運兩河工程逐一查勘，據實確估會核題請。如蒙俞允，請照例先撥鹽課銀二十萬兩，乘此青黄不接之際給發買土募夫，尅日起工。等語。查黄河堤岸所關甚鉅，而運河之堤，上年經東省山水漲漫之後，亦當急爲修築。況值此青黄不接之時動興大工，俾沿河數十萬之民就工謀食，亦補助賑濟之一法。應令署兩淮鹽政伊拉齊將雍正八年鹽課銀二十萬兩作速解送總河衙門，令總河嵇曾筠將黄河堤工險要之處先行買土募夫，尅日起工。其運河殘缺之處即行修補，餘亦次第修築，務期堅固幫厚，以抵異漲。將各處之工程交與濵河印官會同河員分段管理，互相稽察，以專責成。仍令嵇曾筠將應修工程據實確估核題可也。爲此謹奏請旨等因到臣。准此，該臣等看得：江南黄運兩河堤工，經上年秋水盈溢之後，荷蒙我皇上指授方略，諭以修守善後事宜。臣謹遵諭旨，奏請興修以期鞏固。並懇皇仁以工寓賑，令瀕河被水小民得以就食，准部議覆。應令兩淮鹽政伊拉齊將雍正八年鹽課銀二十萬兩作速解送臣衙門，令臣將黄河堤工險要之處先行買土募夫，尅日起工。其運河殘缺之處，亦次第修築，務期堅固幫厚，以抵異漲。將各處工程交與濵河印官會同河員分段管理互相稽察以專責成仍令臣將應修工程據實確估核題等因。奉旨：『依議。欽此。』欽遵。當即飛檄印河各官，即日領帑募夫，分段買土儹修，一面嚴飭淮徐淮揚兩道，逐一確估造册去後。今據淮徐道副使吕維炳、署淮揚道印務夏建德詳據各廳估修黄運兩河善後堤工、挑穵河道并護堤板工等項，共估用土方料物銀二十萬三千五百二十五兩四錢六分零，各造清册詳送前來。臣等親勘復核無異，因係緊要之工，照例先行動支原撥解鹽課銀二十萬兩外，又動支河庫存庫銀三千五百十五兩四錢六分零，給發濵河印官與各河員分段照估儹修。除將原册送部查核外，相應會同河南山東河臣沈廷正、署江南總督印務蘇州巡撫協理河工事務臣尹繼善恭疏具題，伏乞皇上睿鑒，勅部議覆施行。

雍正九年十月初七日題。奉旨：『該部議奏。欽此。』部議准行，雍正九年十二月十七日奉旨：『依議。欽此。』

附紀

雍正八年秋，邳宿河湖異漲，皇上廑念民瘼，蠲賑頻施，大沛洪仁，如天如地。曾筠於堵築工次，督令河員募夫力作，每聞在工夫衆群相告語：『今歲偶逢水患，仰沐皇恩，蠲免錢糧，復又遍户查明賑濟，我儕無以仰報。廼區區擔土負薪之勞，顧又日給以值，不但一己果腹，闔家老幼俱得免於饑餒。』用是歡欣踴躍，争先趨事，加高培厚，克有成功。夫寓賑於工原屬救荒之策，況南北兩岸堤工歲久剥蝕，更遭異漲，益多殘損，增修尤不容緩。今以水衡必需之帑爲補助灾黎之用，一舉兼善，澤弘利溥，皆由聖主俯允奏請，始得飛檄印河各員，分投買土興工。二十萬兩之帑金，全活者豈止億萬户。計自八年之十一月始，至九年四月迄，工積半歲之久，瀕河兆姓老幼男女，無不攜筐荷鍤，盡一手一足之力，爲仰事俯畜之資。出於阽危登之衽席，而兩岸隄防已屹若金湯矣。曾筠於工完勘丈時目睹夫二麥盈疇，閭閻安堵如故，向之鳩形鵠面者，盡易爲含哺鼓腹。相忘於荒歉之餘，然後知皇恩浩蕩，變霜雪爲陽和直指顧間事。恭逢堯舜在上，雖有灾眚，不能爲患，洵億兆臣民之幸也夫。

淮徐道員移駐宿遷

題爲請旨事。竊照江南淮徐道一缺，管理黃運湖河堤岸工程，并分巡徐邳二州，兼轄桃源縣及徐州潼安二衛地方事務，吏治河防均關重大，必須駐劄適中緊要之地，上下巡查，殫力策應，方無貽悮。查該道從前兼管河庫錢糧，駐劄清江。於雍正七年經前河臣孔毓珣以該道有工程地方事務不能兼管河庫奏請仍循舊例分任職掌。荷蒙聖恩俞允，頒到勅書，令其駐劄徐州，欽遵在案。惟是徐州雖爲江南河道上游，但與宿桃一帶緊要工程之處相隔窵遠，文移往返動經數日，汛水長發之時不能一呼即應。今臣查宿遷縣地方界於黃運兩河之間，爲淮徐所屬南北適中之地，且駱馬湖切近宿城，上接蒙陰沂泗諸山之水併流滙聚一帶，堤岸險汛最多。上年湖水漲發，幸賴皇上至誠感格洪恩浩蕩，旋即保護平穩。本年伏秋二汛，臣前往宿遷，督率文武各員搶修工程。細察駱馬湖水勢，已有禹王臺新築壩工攔截沭水分路入海。但蒙沂諸山以及荆山口、微山湖等處之水滙流而下，勢亦浩瀚，似宜將淮徐道員移駐宿遷，庶得朝夕相機料理，時刻加謹修守，較之駐劄徐州大爲有益。至於分巡地方事務，該道衙門既駐適中之地，則上下查察更覺便易，而文書往返亦得迅速辦理，不致稽延遲悮。再查該道徐州舊署久已坍塌，現在估修。如蒙聖恩，准其移駐宿遷，請即以徐州估修之費在於宿遷縣地方創建，一轉移間，吏治河防均有攸賴矣。臣謹會同署江南總督印務蘇州巡撫協理河工事務臣尹繼善合詞具題請旨，伏乞皇上睿鑒，勅部議覆施行。

雍正九年十一月十四日題。奉旨：『該部議奏。欽此。』部議准行，雍正十年二月二十六日奉旨：『依議。

欽此。』

添設標營將弁整飭營制事宜

題爲欽奉上諭事。雍正九年十二月初五日准户部咨開：雍正九年十一月十六日内閣交由大學士張廷玉等奏，前事内開：雍正九年十一月初六日大學士張廷玉、蔣廷錫，内大臣户部侍郎海望，都統管理藩院事務莽鵠立奉上諭：『山東登州乃濱海重鎮，所轄地方遼濶，查該鎮本標及所屬兵丁除水師外，額兵六千餘名，似不敷用。再自添設河東總河之後，將南河總河標兵歸於河東總河管轄，而以漕標兵丁一千餘名改歸南河總督，於是兩河標兵及漕標操防之兵俱覺不敷。此四處兵丁應否酌量增添之處，爾等詳查定議，具奏。欽此。』

臣等查得登州一鎮所轄汛地，跨濟、登、青、萊四府，南北東三面臨海，延遠二千餘里，洵屬海疆重鎮。而所屬文登等十營兵丁，祇五千餘名，汛廣兵單，且本鎮標兵除水師外，馬步兵僅一千三百餘名，又有貼防分汛之用，在城之兵僅數百名，實屬不敷。臣等酌議，應添兵一千名駐劄鎮城以實行伍。再總河標下原於濟寧州設立馬步兵一千九百六十八名，分防河汛，嗣於雍正七年添設總河一員，分任南北河道，遂將濟寧之河標兵一千九百二十一名俱隸河東總河管轄。而以漕標之徐州宿遷城守三營兵一千七百五名，并抽撥葦蕩兩營濟寧河標兵各四十七名，改隸江南總河。查北河統攝河南、山東兩省前項標兵，祇回分防河汛，其在城守者僅濟寧衛一營，實屬不敷。南河標兵祇一千八百餘名，於内派出一千六百名分防徐州、宿遷等處河汛，江南總河駐劄之清江浦僅有兵丁二百餘名，甚覺單少。再漕標舊有兵六千餘名，已將徐州等三營撥屬總河，本標祇存兵四千五百名，各有催漕儹運之差使，存駐淮安者寥寥無幾。臣等酌議請將漕標及兩河標兵各添設一千名，與添設登鎮陸路之兵共四千名，交與總漕、總河并登鎮總兵官精選技勇壯健之人，照馬四步六之例召募充補。毋得潦草狥庇，將老弱無能者應數濫充，倘有此等情弊，查出時將召募之員交部嚴加議處。此項兵丁入伍之後，遴選員弁勤加訓練，務使技藝精熟，行伍整齊。至一應馬匹、盔甲、軍器各項，務製備齊全，一有調撥，數日之内即可起程。倘平時怠於訓練，及軍裝等項不能齊全，將管轄之員交部議處。

再查登鎮水師原額兵一千二百名，趕繒船二十隻，康熙五十二年將水師兵丁裁歸陸路，其識水性海路者移於奉天金州，并將趕繒船十隻一并發往金州，登鎮只留水師兵五百名，趕繒船十隻。後經總督田文鏡條奏，添設艍船七隻，兵三百五十名，共兵八百五十名。但所轄海面島嶼甚多，往來巡哨之用尚覺不敷，似應再添艍船三隻，兵一百五十名，以足一千之數。此所添兵丁，務選擇熟於海道及通曉水戰之人召募充補。其艒船一項，行令山東巡撫委員監造。至各處添設兵丁，其應加守、千等員，及應建營房，令總漕、江南、河東兩處總河、登鎮會同該督撫詳酌，妥議具題。其應需糧餉等項，令各該督撫照例支給，入於兵馬奏銷册內造報可也。爲此謹奏請旨。雍正九年十一月十五日奉旨：『依議。欽此。』交出到部，爲此合咨前去，欽遵施行等因到臣。准此。該臣等會看得，江南河標中、右、蕭三營共兵一千八百八十九名，內除分防徐、邳、豐、沛、蕭、碭山、睢寧、宿遷、桃源九州縣汛地兵一千六百九十一名外，其近臣駐劄之清江清河二汛兵丁止有一百九十八名，分防操演，誠屬廖廖。蒙我皇上睿慮周詳，特諭廷臣應否酌量增添。經大學士臣張廷玉等議添兵一千名，令臣精選技勇壯健之人充補，遴選員弁勤加訓練，務使技藝精熟，行伍整齊。至一應馬匹、盔甲、軍器各項，務製備齊全。其應加守、千等員，及應建營房，令臣等會同詳酌，妥議具題。臣等遵即增添兵丁，充實營伍以敷操防，但江南河標原係漕標改撥，營制尚未詳備。今召募之兵既多，即應添設管轄官員，專司約束。伏查中營副將一員，現領守備二員、千總二員、把總四員、兵七百四十九名，兼轄蕭營守備一員、把總一員、兵二百五十一名，巡防徐州、豐、沛、蕭、碭山、睢寧等六州縣汛地，環圍一千五百餘里。右營遊擊一員，現領守備二員、千總二員、把總五員、兵八百八十九名，巡防邳州、宿遷、桃源、清河、山陽等五州縣汛地，環圍亦有一千五百餘里。該副將、遊擊之職司固繁且鉅矣。若再將所添之兵一千名俱屬該副將、遊擊管轄，誠恐約束難周。今相度機宜，應另設一營，分轄新兵六百名，駐劄清江浦，隨標操演，苐非守、千等員足以彈壓。且查中營副將駐劄徐州城內，離清江浦五百餘里，右營遊擊駐劄白洋河鎮，離清江浦亦有一百五十餘里，相隔窵遠，策應維艱。今應於清江浦添設副將一員，以爲河標中軍官，聽候調度，統轄清江新舊弁兵，護衛清江衝繁重鎮，專司操演，勤加訓練。庶管轄近而約束自嚴，約束嚴而訓練自精，於新添兵丁大有裨益。至清江原設守備一員，照例改爲都司，以爲副將中軍官聽候提調。新兵六百名照依營制，每兵二隊計兵一百名，應加管轄官一員，今應加千總二員，分爲左右哨，把總四員，分爲左哨二員、右哨二員。左右哨內又各分爲頭二司，分領兵丁協力操演，屬副將統轄，都司兼管，以爲河標中營。其右營原防清河汛把總一員并清江清河兵一百九十八名，統歸中營管轄。原漕標徐州營改爲河標中營者，今應改爲河標左營，合之右營統成三軍，則河標營制從此整飭。

再查左營副將雖現領兵一千名，右營遊擊除管轄清江、清河二汛舊兵一百九十八名，歸中營管轄外，雖仍領兵丁六百九十一名，但除分防汛地之外，其實副將駐劄徐州城內，止有兵三百二十二名，遊擊駐劄白洋河鎮內，止有兵二百六十名，俱覺單少。今應將新兵分二百名駐劄徐州城內，隨副將操演。查徐州協、標、守備、千、把除分防外，隨標止有守備一員，今應加千總一員，把總一員，專司操演。如是則徐州重地營伍亦得以整齊。再將新兵分二百名駐劄白洋河鎮，隨遊擊操演，查該遊擊所轄守備、千、把除分防外，防營止有千總一員，今應加千總一員、把總一員，專司操演。如是則白洋河重鎮營伍亦得以整齊。統計河標添設副將一員，千總四員，把總六員，守備改爲都司一員，均有訓練兵丁之責，必須才堪勝任者方可補用。其副將、都司等員，如蒙俞允，伏乞皇上天恩，准臣等就近在於江省各標營內詳加考察調補，千把總一體挑選調用，分別咨題請旨，庶得人地相宜，於營伍有濟。第清江雖設立副將以資管轄，而新募兵丁臣等仍督率訓練，務期兵丁技勇嫻熟，以實營伍。再查營房一項，每兵一名應給與二間，馬兵每名應另給與馬棚一間，各照依駐劄處所按名建蓋。至添設官員，亦應各給與衙署一所，得以棲止。再清江原屬漕標，分防汛地，未有演習兵丁教場，今既添設中營官兵六百七員名，合原防清江清河二汛官兵二百一員名，共官兵八百八員名，應設教場一處，以便率領新舊兵丁勤加訓練，以備調遣。除召募兵丁臣等凛遵細加挑選，業已遵照馬二步八戰守各半充補齊全。現在勤加訓練，務使技藝精熟，行伍整齊。馬匹亦已購足，盔甲、軍器、官署、營房、教場等項，俱現在確估，另行會核具題外，相應會同署江南總督印務蘇州巡撫協理河工事務臣尹繼善、署蘇州巡撫臣喬世臣恭疏具題，伏乞皇上睿鑒，勅部議覆施行。

雍正十年三月十八日題。奉旨：『原議之大臣等議奏。欽此。』議覆准行，雍正十年五月初七日奉旨：『依議。欽此。』

遵例自陳

奏爲遵例自陳事。竊臣係江南蘇州府長洲縣人，現年六十三歲，由康熙丙戌科進士選翰林院庶吉士，於康熙四十八年考授翰林院編修。康熙五十二年癸巳科充會試同考官。康熙五十六年充日講官、起居注。本年八月提督山西學政。康熙六十年陞授詹事府左春坊左中允，又陞授翰林院侍講。雍正元年正月奉旨入值南書房。本年二月奉旨補授都察院左僉都御史，特命署理河南巡撫事務，隨奉旨典試河南。本年六月欽蒙特恩，陞授兵部左侍郎，奉旨差往河南堵築中牟縣十里店漫工，十一月內合龍斷流。雍正二年二月蒙聖恩，念切豫省黃河堤工關係重大，畀臣副總河之職。本年十月十三日准工部咨，爲恭報秋汛水勢情形等事一本奉旨加三級。雍正四年遵例自陳，不職蒙皇上格外優容，着臣照舊供職。雍正五年正月又蒙聖恩，念切東省河務甚屬緊要，特諭廷臣議奏，將黃河東省堤岸等工交臣管轄。

本年三月准吏部等部咨，爲請旨事內開：　准禮部咨稱，恭奏聖世河清普天同慶一摺，奉旨加一級。　本年閏三月奉旨補授吏部右侍郎。　本年十月准吏部咨，爲恭報秋汛水勢情形等事一本奉旨加一級。　雍正六年正月奉旨轉補吏部左侍郎。　本年三月奉旨補授兵部尚書，仍着辦理河工事務。　本年五月奉旨補授吏部尚書，仍辦理副總河事。　雍正七年三月欽蒙特旨，授臣總督河南山東河道提督軍務。　雍正七年自陳，不職蒙皇上恩綸特沛，着臣照舊供職。　本年十一月准吏部咨，爲秋汛已竣等事案內奉旨加一級。　雍正八年四月欽奉上諭，署理南河總督印務。本年五月欽蒙聖恩，着以吏部尚書管理南河總督印務。本年十一月二十四日准吏部咨，爲恭報秋汛等事案內奉旨加一級。　雍正九年十一月十四日准吏部咨，爲恭報八月水勢等事一本奉旨：『河道總督嵇曾筠初任北河時，尚覺拘謹，後因歷練多年，識見開展，竭其心力，與田文鏡和衷共事，凡所辦理皆甚妥協，自總理南河以來，公正明達，經理合宜，不負朕倚任之重，甚屬可嘉。　著交部議敘，具奏。　欽此。』應照例將嵇曾筠准其加一級等因。　雍正九年十月二十六日奉旨：『嵇曾筠着加一級。　欽此。』伏念臣才本庸愚，識尤淺陋，荷蒙皇上知遇隆恩，屢膺拔擢，洊歷卿尹之班，簡畀宣防之任，十載以來無一時不叨沭生成，無一事不仰承訓示。　惟兹江南河務，坐當黃運下游，爲滙歸入海之區，最稱險要。　邇年長堤鞏固，二瀆安瀾，皆蒙我皇上敬誠感召，指授精詳，俾得遵循恪守。　臣實知識愚蒙，寸長未効，仔肩重大，悚惕難安，兹當澄敘官方之際，正宜菲材引退之時，在犬馬戀主之心葵忱時切，而駑駘報効之力蚊負堪虞。　何敢虛糜廩禄，戀職自容。　伏乞皇上將臣即賜罷斥，另簡賢能，庶河防要務獲有裨益矣。臣不勝惶悚待命之至，爲此具本謹奏請旨。

雍正十年四月十六日奏。　奉旨：『卿老成練達，廉慎和平，簡畀銓衡，總督河道正資料理，着照舊供職。　該部院知道。　欽此。』

添設河庫道俸工

題爲欽奉上諭事。　雍正九年八月十九日，准吏部咨開：　雍正九年八月初三日，內閣奉上諭：『據總河嵇曾筠、巡撫尹繼善奏稱：　揚州府知府張師載克勝河庫道之任，着照所請，將張師載補授河庫道。　揚州府知府員缺甚屬緊要，着湖廣總督邁柱等於通省所屬知府內揀選一員調補。　其所有知府員缺，着將永順府同知趙侗斆補授。永順同知等缺，亦着該督撫遴行題補。　欽此。』爲此合咨前去，欽遵查照施行等因到臣。　准此。　該臣等看得，河庫道印務向係淮徐道兼管，其官役俸工未經另爲添設。　今淮徐河庫二道既經分任管理，所有河庫道官俸役食必須另行編給。　查現任河庫道張師載係知府陞授道員，應照副使職銜編給俸銀一百五兩，嗣後如奉除授道員，係僉事職銜，即照銜支給，餘銀扣存河庫。至河庫道衙門各役，照經制設立典吏二名，快手十二名，門役四名，皂隸十二名，轎傘扇夫七名，舖兵二名，與淮徐道衙門相同，應照數編給。又查該道衙署設立清江浦，五方雜處，非有城郭可比，應設立庫丁八名以資防護。以上各役除典吏二名例無工食外，其快手等役共四十五名，每名歲支工食銀六兩，共銀二百七十兩。通共官役每年共支俸工銀三百七十五兩，統於該道河庫河銀内按年支給。役食以庫道分設之日爲始，官俸以該道到任之日爲始，在於歲報册内銷算。再該道專司庫務，有出納錢糧之責，理合一併請給傳勅一道，以專責守。茲據蘇州布政使白鍾山詳請具題前來，除將送到原册揭送吏部工部查核外，臣謹會同署江南總督印務蘇州巡撫協理河工事務臣尹繼善合詞具題，伏乞皇上睿鑒，勅部議覆頒給施行。

雍正十年五月二十九日題。奉旨：『該部議奏。欽此。』部議准行，雍正十年九月初六日奉旨：『依議。欽此。』

建築四套月堤

題爲亟請建築月堤，收束水勢，以資捍禦事。該臣等看得，阜寧縣黄河北岸四套、五套一帶地方，坐當黄河尾閭，諸水滙歸入海之區，地形最窪，危險堪虞。前於雍正八年秋汛水勢驟長，人力難於保護，致將四套埽工衝塌。經臣題請，着落承修之員，照例分賠在案。今因南岸長出沙灘，溜勢日漸北徙，四套上下甚屬危險，若再搶築埽工，則臨河地勢虚鬆，不特難於保護，且錢糧需費浩繁。臣親赴該工逐細確勘，必須寬築隄防以禦汛水，於三套以下高阜之處建築月堤一道，庶上下包護兜灣，俾水勢循軌東注，不致有出(漕)〔槽〕旁洩之患。查三套以下接連新善後工尾起至五套止，建築月堤一道長一千八百丈，估用土方銀九千一百一十六兩六分。茲據該道確估造册詳請核題前來，臣等復核無異，因係緊要工程，照例動支部撥鹽課銀兩給發該廳募夫修築，並行署淮揚道印務夏建德監工督催，及原册送部查核外，相應會同河東河臣朱藻、署江南總督印務蘇州巡撫協理河工事務臣尹繼善合詞恭疏題估，伏乞皇上睿鑒，勅部議覆施行。

雍正十年五月二十九日題。奉旨：『該部議奏。欽此。』部議准行，雍正十年七月初六日奉旨：『依議。欽此。』

挑濬鹽河

題爲亟請築壩挑河以濟鹽柴運行，以裨河道事。該臣等看得桃清中河廳屬清河縣楊家莊，鹽河閘迤下，舊有鹽河一道，原以分洩中河異漲之水濟運鹽柴船隻，前因河身淤墊，中河水勢不能暢洩，鹽柴船隻運行阻滯，經臣等題估築壩挑河，統計共銀三萬八千二百九十二兩四分七釐五毫。援照康熙四十年舊例，移咨鹽臣先動運庫錢糧，令商人挑浚，分爲五年捐還歸欵。接准部覆，應如所題，業蒙俞允欽遵在案。祇因題估之後，即值汛水驟長，准前任鹽臣伊拉齊來咨，據衆商禀，稱請俟水退之後再行挑濬。臣恐有悞鹽柴運行，隨經飭令該管道廳將鹽河閘越河頭備料募夫僨築壩工，收束水勢裹護堤頭，并將越河口門設法挑撈，引清水由鹽河下注以濟鹽柴運行。今水勢已經消落，急應挑濬，一律深通，俾中河異漲之水得以暢洩。但鹽河現在寬深丈尺，較比原估之時汕刷不同，若照原估恐滋糜費。臣復委員會同廳汛逐細確估應挑處所去後，今據署淮揚道印務夏建德詳稱：查丈自鹽河閘越河頭壩起至舊河形止，開挑河長四百五十八丈；又自鹽河閘起至山安交界小朱元莊止，疏濬河長七千一十七丈；又自小朱元莊起至新安鎮止，疏濬河長二萬二千二百丈。以上共應挑濬河長二萬九千六百七十五丈，其河頭築壩仍照原估修建，以新定漕規科算料物價值，計挑河築壩今復估共用土方工料銀二萬五千五百九十兩一錢零。至於舊鹽河閘金門內攔水壩工係動用堤園草束，并令河兵挑土鑲壓，不動錢糧，所有原估銀兩相應一併節省，以上照原估共該節省銀一萬二千七百一兩八錢零。再查挑河工段之內，有張家莊平旺河新安鎮一帶水工，照新定漕規例應每方加戽水銀一分五釐，共銀八百三十八兩一錢零。又查鹽河閘迤下王營草壩之北，向有鮑家營引河頭築壩一座，原備水勢長發宣洩之用，因雍正八年黃運兩河並漲，開放宣洩，俾水暢由引河入海。今鹽河既估挑穵寬深，應仍照舊築壩截攔黃水不致旁洩，其遥堤所缺之處亦係河頭重門保障，應補修與舊堤一律以資捍禦，築壩補堤應用銀一千四百五十五兩六錢零。以上二共計用銀二千二百九十三兩八錢零，應在於前項節省項下動用。以上挑河戽水築壩補堤復估通共應用銀二萬七千八百八十三兩九錢零，較之原估實節省銀一萬四百八兩零，其節省錢糧應令解繳運庫，毋庸衆商捐補。

又查鹽河下尾一段，自平旺河堤尾迤下起至新安鎮止，計程三十餘里，兩岸向無堤堰夾束，所以每當伏秋水大之年，鹽河之水即從此處散漫，安東、沭陽、海州一帶附近民田場竈多有被淹。今相度形勢，令挑河人員即將河內挑起之土，離河十丈築成子堰。兩岸共築子堰一萬一千二百餘丈，不費錢糧而堤堰完備，從此水無散漫，不特民田足資保護，抑且鹽河賴以刷深，實爲一舉兩得裨益良多。沿河居民歡聲載道，咸謂濱海之區皆成沃壤，靡不焚香頂祝，感頌皇恩。今據該道將改估情形另造清册，詳請具題前來，臣等復查無異，除一面飛咨鹽臣，飭令該商等購料募夫，星速照依復估工程，乘時挑築；臣一面多委幹練河員，分工儹催，如式完竣，并估册送部查核外，所有改估緣由，相應會同河東河臣朱藻、署江南總督印務蘇州巡撫協理河工事務臣尹繼善、管理兩淮鹽政布政使臣高斌合詞題明，伏乞皇上睿鑒施行。

雍正十年閏五月初十日題。奉旨：『該部議奏。欽此。』部議准行，雍正十年七月二十七日。奉旨：『依議，欽此。』

移建天妃石閘

題爲亟請移建閘座，挑河築堤建壩以濟漕運以衛民生事。該臣等看得，清河縣運口舊有天妃石閘一座，與越河石閘互相表裏，以資啟閉，誠爲淮揚一帶漕運之咽喉，最關緊要。祗緣天妃石閘自康熙四十九年間拆修，至今二十餘載，兼之運口水勢湍激，建瓴而下，衝刷異常，以致閘底椿石節被侵損，金門雁翅相繼傾圮。據該道廳呈報到臣，當即親往查看，檄飭上緊煞壩儹修。又恐運口水勢全歸越河，滙流湧急，復飭另於越河鉗口壩上挑空引河一道，以資分洩去後。今據署淮揚道印務夏建德詳稱，遵於雍正九年冬，回空漕船過畢之後，即將天妃閘正河上下煞築攔河土埽，壩工車水斷流，以便拆卸修建。又恐運口水勢全歸越河，滙流湧急，另於越河鉗口壩上挑空引河一道，以資分洩，是以今歲重運糧船俱得由越河閘并新挑引河兩路並進，啣尾遄行。惟是新挑引河雖資宣洩，而無閘座啟閉，恐遇黄水驟長，不無内灌之虞。亟應仍循舊制，在於正河内建築石閘以資啟閉。查天妃舊閘，基址虚鬆，石墻倒卸，實難補葺，必須通身拆起，另選堅實地基，重新修築，方可垂久，以資捍禦。若仍在舊基修建，不惟朽壞椿木難以起盡，即閘基地勢愈空愈深，水勢愈低愈急，船隻往來更難挽拽。今相度運口一帶地勢情形，惟有二草壩迤下北岸大堤之内地勢堅實，堪以開塘建閘，應於此處上下挑通引水河道，并兩岸修築束水堤。工將舊閘拆舊添新移建於此，與越河石閘互相表裏，以資啟閉，則漕運民生兩有裨益。查建閘挑河築堤建壩共估料物土方夫工銀二萬九千九百八十八兩一錢零，相應造册詳請核題等情前來。臣等復核無異，除照例先行動支河庫銀兩給發辦料興修，委淮揚道監工督催，并原册送部查核外，相應會同河東河臣朱藻、署江南總督印務蘇州巡撫協理河工事務臣尹繼善恭疏具題，伏乞皇上睿鑒，勅部議覆施行。

雍正十年閏五月二十二日題。奉旨：『該部議奏。欽此。』部議准行，雍正十年八月初七日奉旨：『依議。欽此。』

卷六

高堰山盱石工告成

題爲恭報高堰山盱石工告成，仰祈睿鑒事。欽惟皇上德溥堯仁，功高禹迹。平成永賴，萬方沐清晏之庥；底定興歌，億兆被盈寧之福。聖謨弘遠，籌一事而必計及萬全；睿算精詳，建一業而定垂諸永久。以高堰爲黄淮之關鍵，甃砌宜崇，大堤乃民社之屏藩，增培須固，特頒諭旨，發百餘萬最多之内帑，擇吉興修。簡命卿僚，舉數千年未備之大工，乘時監築。一夫一料，不動民間，寸石寸工，均銷正項。匠役應期而雲集，工員趨事以星馳。

惟是購辦紛繁，既轉輸之不易，洪湖浩瀚，亦濟渡之維艱。仰蒙聖主敬誠，兩載西風寧静，因荷神祇默佑，頻年汛水安瀾。是以鼓檝揚帆，載花山吕梁之石争先飛輓；編簰結筏，下荆湖豫章之木協運儲需。萃千里百里之良材，備千夫萬夫之工作。陶人塼埴堆垛崇墉，冶氏鑪錘鈎聯作錠。樁排馬齒櫛比深根，石甃龍鱗縱横峭壁。金錢給賞夫役懽騰，令甲綦嚴旦明僨辦。

臣等或按時查閲，或常川督修，料物極其精純，筍縫極其脗合，汁漿極其充足，土戧極其堅凝。曲者環灣肖波流之廻轉，直者矢棘循岸勢之斜飛。磚工土工底四十餘仞，面二十餘尋，從未有如此之寬厚。順砌丁砌纍十有五層，高十有八尺，從未有如此之崇隆。高澗以南，周橋以北，迤邐六千餘丈，延袤四十餘里，從未有如此之綿長。經始於庚戌之秋，告成於壬子之夏，四時料物遄行再歲工程竣事，從未有如此之迅速。皆由我皇上軫念運道民生，體效天地之心以爲心，斯感召山川百神，奉若皇上之事以爲事。會陰陽風雨之協相，成水土金木之功能。由是東洪湖千頃之波，而敵黄有力濟運愈見其深通；護淮揚萬塍之田，而循軌無虞居民得安其康阜。共慶皇圖鞏固，兩河均沐鴻庥；咸賡聖壽無疆，萬世常霑愷澤。兹准欽差原任户部右侍郎臣汪漋等會咨：『高堰大工已於雍正十年六月十七日一律告竣』等情到臣，并據署淮揚道印務夏建德詳報前來。除移咨督臣尹繼善會勘收工，并飭淮揚道將工程丈尺、用過銀兩造册另疏具題外。所有大工告竣日期，理合會同署理江南江西總督印務蘇州巡撫協理河工事務臣尹繼善、原任户部右侍郎臣汪漋、原任内閣學士臣張坦麟、通政司右通政降三級調用臣宋筠、御史管坐糧廳事在任守制臣程仁圻合詞恭疏題報，伏乞皇上睿鑒施行。

雍正十年六月十八日題。奉旨：『洪澤湖爲東南諸水總滙之區，全賴高堰大堤以爲保障。朕特發帑金命河道總督欽差大臣等指示督率，建立石工，以爲久遠之計。乃二年以來風濤恬静，汛水安瀾，工作易施，成功迅速。此皆湖神默佑之力，朕心深爲感慶，理宜虔誠展祀，以申報享之忱。其湖神廟宇或重加修葺，或擇地建造，着總河嵇曾筠等確查定議具奏。此次修築堤工之大臣官員及効力各官，悉心辦理，俱屬可嘉，着分别議敍具奏。該部知道。欽此。』

附紀

嘗攷淮自桐柏發源，挾七十二山河之水，歷千有餘里，經鳳泗以滙入洪澤，淼茫浩瀚，一望無涯。西風驟作，銀山湧地，雪嶺界天，若非約束狂瀾，逼使湖流盡出清口，敵黄東注，刷沙歸海，何以保障淮揚，護衛漕堤？而高寶興鹽七州邑之廬舍田疇，難免胥溺。則是高堰一堤誠淮南之門户，黄運之關鍵也。自漢陳登創築以後，明陳瑄大葺之，潘季馴復加修治，然土石間築，且格於時議未能悉力經理。

迨至我朝，歷任河臣仰承聖祖仁皇帝睿謨指示，增修加築，易土以石，堅閉六壩而敵黄有力，建置滚水而宣洩得宜，留南北天然二壩而異漲有備，章程亦大略定矣。惟是洪湖風浪不時，易於震撼，且石工舊制既卑，上用草土加鑲，終非經久之策。我皇上繼天繩武，洞悉全河形勢機宜，厪念高堰一工爲南河第一險要，雍正七年十月特頒諭旨，大發帑金百萬兩，簡命卿寮來淮監理。凡工之卑矮殘缺者概命加修，石工一律高厚堅固，以垂永久。誠神明乎！黄淮强弱之機洞燭乎！借助分合之妙，雖大智如禹莫能過也。

前河臣孔毓珣、撫臣尹繼善等欽承聖訓，率同淮揚道白鍾山詳加審度，若者重修，若者拆砌，遴委人員，預備工料，正擬興修。適臣曾筠調任南河，首詣工次，審察諮諏，道廳具册以對。復爲斟酌詳核物料之漏估者，加增入册，承修之罷玩者斥易其人。度樁木之徑圍，較磚石之尺寸，驗米汁灰漿之濃淡，稽鉤聯錠鋦之重輕。夏秋水長，帆檣雲集，預儲料物；冬春水落，工作齊興，及時甃砌。事事恪遵諭旨，與監督諸臣往來經理，開誠曉諭，俾承辦工員殫心趨事，應役夫匠奮力赴功，務期永遠鞏固，以仰副皇上慎重要工，保惠黎元之至意。更賴聖主誠敬，感孚神靈默佑，兩載以來，西風不作。舉凡運送木石等料，由江入運，由黄入湖，素稱險阻者，波浪無驚，舟航利達，物料應手工程。亟僨經始，於雍正八年十月至十年六月告竣，緻密高堅逾於曩制，蜿蜒綿亘屹若金城。收束淮流既暢，出敵黄而黄治，黄水循軌，則永無倒灌而運治。黄運河湖共慶安流，國計民生長資利賴。淮揚億萬姓額手懽呼，焚香頂禮，齊祝聖壽無疆，環籲代爲題謝。臣曾筠與在事人員恭逢盛事，目覩輿情，懽忻抃舞，賡颺難盡，謹拜手稽首，以紀聖德神功，傳諸永永無極而已。

開墾版荒柳地

題爲請墾版荒柳地，以裕工料事。該臣等看得，江南臨河各堤内外，向有官地栽植柳株以濟工需。雍正三年經前河臣齊蘇勒奏明，每歲令官民捐栽，年底造册報部，分別議敘在案。除熟地及新淤地畝種柳皆得長成外，其年久舊園所栽之柳不能茂盛，兼之從不一施犁鋤，以致日漸枯息，柳根盤結，地内竟成版荒。前河臣孔毓珣曾經飭行各屬查明版荒地畝，應行開墾者分別造册詳報。祇因地畝未得查清，是以未經具題。臣到任後復又查案飭催，旋值雍正八年秋汛水長，難以查勘。今復通飭各屬逐一確查，去後。茲據署淮揚道印務夏建德、淮徐道副使呂維炳會詳稱：遵即確查各屬柳園地畝，除現在長柳蕃盛之地毋庸墾種外，其徐邳宿桃山安外河等各營，汛内現在共有版荒地八百六十九頃六十六畝零。募民領墾，因係在官地畝，墾熟之後，仍要歸公，彼此觀望不前。查新設堡夫，雖有防守堤工、擡積土牛、修補水溝浪窩之責，但伊等住居堤旁，家中又有餘丁，若將版荒地畝着令就近分領耕種，甚屬便易。其每年開墾所獲籽粒，聽其收取以償工本，稭草令其交工以充公用。五年之後地内盤結柳根俱可悉行鋤净，仍將所種之地，責令守備千把督率兵夫全行栽柳。如此則沿河一帶柳地俱得轉荒爲熟，將來栽植柳株自必發生榮長，草束亦皆暢茂適用，有裨工需良非淺鮮矣。其堡夫每年應分給地畝若干，統候奉旨允准之日，另造細册報部外。所有各營版荒地畝確數并應給堡夫，領墾五年後責令守備千把率兵栽柳之處，相應會題。伏乞皇上睿鑒，勅部議覆施行。

雍正十年八月初三日題。奉旨：『該部議奏。欽此。』部議准行，雍正十年十一月十四日奉旨：『依議，欽此。』

修建劉老澗減壩等工

題爲亟請修築閘壩埽工，以利蓄洩，以資捍禦事。該臣等看得，宿遷運河乃分黃河駱馬湖及東省諸泉之水，濟運最爲緊要。舊時湖之對岸，黃運交滙之處，有東西竹絡石壩二座，康熙六十一年經前河臣陳鵬年修築，東竹絡二十五丈，西竹絡一十五丈，中留口門一十五丈以作湖河關鍵。祇因年久不修，竹絡損壞無存。且當湖水頂冲之所，碎石冲淌沙淤，現今止存壩形共三十七丈。若不照依現在壩形加修添建竹絡，石壩難以收束水勢。又運河西岸内有黃墩一湖，上受徐邳睢三州縣唐宋山等處會歸之水，因岸繞堤環水無去路，遂致日積日盈，每遇風浪，撞激堪虞。查運河堤岸舊有民間傾圮涵洞，石塊應拆取添新，於西岸建造小石閘一座，宣洩湖内積水，不特堤工可保無虞，即漕運民田亦資利賴，工費無多，甚有裨益。

又中河北岸舊有劉老澗，九孔八磯心減水石壩一座，以備伏秋汛水長發，開放宣洩水勢，保固兩岸堤工。康熙五十七年經前河臣趙世顯題請移建之後，歷今一十四載，每遇開放，勢若建瓴，下口三合土歲受冲激，遂致跌塘。石壩下雁翅底石上口寬二十丈，下口寬三十一丈，直長八丈，以及舊釘樁木悉皆冲損。查此壩乃中河蓄洩關鍵，若不及早修砌，將來冲動磯心，必致工費浩大。又安東縣黄河北岸劉周二莊，正當黄水大溜掃灣頂冲之處，河崖日漸塌卸，一線沙堤難資捍禦，必須建築埽工方保無虞。

以上各工，臣於秋汛之前查勘情形，即飭淮徐淮揚二道復勘估修。去後。兹據淮徐道副使吕維炳詳稱：宿遷運河與黄河交滙之處，應修竹絡石東壩新舊共長二十九丈，西壩長十二丈，共估工料銀一千三百零九兩八分八釐。又西岸應修小石閘一座，除需用裏石底石，查有民間舊涵洞年久傾廢石塊，選用以節錢糧外，計估工料銀一千零三十九兩六錢九分零。又北岸拆修劉老澗減水壩，石底并三合土共估工料銀六千三百八十八兩八錢三分零。又據署淮揚道印務夏建德詳稱：安東縣黄河北岸劉周二莊建築摟崖順埽外邁沉水大埽，計工共長一百三十丈，共估工料銀六千九百五十兩五錢七分零。各造清册詳估前來，臣復勘核無異，除一面照例動支河庫銀兩給發各廳辦料募夫興修，派委淮徐道吕維炳、署淮揚道夏建德監工督催，併原册送部查核外，臣謹會題，伏乞皇上睿鑒，勅部議覆施行。

雍正十年九月初四日題。奉旨：『該部議奏。欽此。』部議准行，雍正十年十二月初二日奉旨：『依議，欽此。』

附紀

江南運道自開闢中河以避黄河之險，東南歲漕數百萬石輓輸利便上達天庾，厥功甚鉅。嗣以中河尾段逼近黄河，復自桃源之盛家口起，改挑六十里，名曰新中河。又慮新中河河身淺狹不足行運，更於三義壩以下用新中河之半，以上仍舊中河之半合爲一河，漕渠之制幾備。復蒙聖祖仁皇帝改運口於楊莊，俾糧艘順流渡黄，輓運更易，創千古未有之模，垂萬世無窮之利，尤爲盡善盡美。統計運河自黄林庄以及瓜儀爲道千有餘里，其間涵洞閘壩蓄洩機宜雖有已定之成規，尤貴因時而補救，如宿遷運河之駱馬湖口，乃黄運二河交滙要區，操縱盈虚，權衡消長，全賴於此。仰承聖祖仁皇帝特諭，開通黄河口門，東西建竹絡壩以爲河湖關鍵，法良意美，欽遵罔斁。第歷年既久，竹絡毁壞，碎石冲淌，曾筠往來查勘，未雨綢繆，每思善後，亟請增築。荷蒙聖主洞悉情形，即賜俯准。從此湖河吐納，互相挹注，以資利涉，千檣啣尾，兩岸盈寧，國計民生均有裨焉。

再查運河西岸內有黃墩一湖，乃銅邳睢三州縣及唐宋等山諸水會歸之壑，祇緣岸繞堤環水無去路，每遇風浪，汕刷堤根。因查堤內原有民間廢棄涵洞石塊現存，應拆舊添新建築小石閘一座，不特消洩湖中泛溢積潦，田廬可免淹没，且運河水小之年並可資其利濟。至中河東岸又有劉老澗減水石壩一工，原設以洩伏秋異漲，瀉入六塘河歸海。此與清河境內之鹽河閘呼吸相通，一遇汛水漲發，上下開放，庶水有分洩，上游不致爲患。

此皆運道喫緊要工，修舉刻不容緩者。蓋運河之水，少則易竭，多則易盈，固貴廣引其來源，又貴疏通其去路。況宿遷一帶運道來源甚廣，其勢易盈，使宣洩失宜，則窄狹河身不能容納，必致漫溢，是又不可不審察者也。

至于挑濬之工，尤爲運河要務。如桃源古城之砂礓溜，係山根餘氣，砂磧成灘，橫亘河心，流分兩股，水小則膠舟，水大則壅潰，糧艘經行，每以爲慮，論者皆曰河底礓砂人力難施，且運河舟楫往來如織，難以築壩興工，故歷來未敢輕議疏濬。曾筠則驗勘砂性，審量水勢，決計挑穵。於河之一股築壩斷流，仍留一股通行船隻，更畚挑浚，兼工疾儹，不旬日而向之阻梗者轉爲利涉矣。可見事貴因時變通，不可狃於成說又如此。茲因修劉老澗等工而連類記之，俾司河者知所留意焉。

覆部駁堰盱戧工

題爲恭謝天恩事。該臣等看得，高堰山盱一帶幫戧堤工，前經臣將用過銀兩核明題銷。奉准部查，册內就近取土每方銷銀一錢三分，查徐屬廳雍正四年分亟請下埽等事，案內近處取土每方止銷銀一錢二分五釐，今每方多開銀五釐；又積水坑塘遠處取土每方銷銀一錢八分，查外河廳雍正四年分亟請幫築等事，案內遠處灣地取土每方止開銷銀一錢五分，今每方多開銀三分，應令查明核減。再河工需用草束向令河兵開採，不計錢糧，今册內核算數目用過草束至三十四萬九千六百餘束之多，因何不用兵採草束，全行購買。即或用草繁多，兵草不敷，亦應將購買緣由逐一聲明，以便查核。至僱募夫工一項，臣部查，堵閉瓜洲運口等工案內，將每日用夫名數、做工日期及每日給價若干之處，逐疑開註分晰，今前項工程需用釘樁拉埽等項夫工，並不將每日用夫若干逐款分晰，總以籠統開載。再，需用樁木五百三十五根，册內祇有圍圓徑寸，並無長短丈尺，殊難查核，事關錢糧，均難遽准。應令該督等將土方多開銀數、並不用兵草之處據實核減，并樁木長短丈尺及需用夫工等項數目，逐細分晰聲明，另册具題，到日再議等因。奉旨：『依議。欽此。』欽遵。移咨到臣。當即轉行遵照，分晰聲明，據實核減詳報。

去後，今據署淮揚道印務夏建德詳稱：查堰盱二廳幫戧堤工，內有填墊馬路之土，雖係就近取用，實從水內撈取，並無路徑，是以每土一方實用銀一錢三分有難與徐屬廳雍正四年分亟請下埽等事，案內就近取用乾土，止用銀一錢二分五釐之例可比者。至遠處澤地取土，查別工未有積水坑塘，夫役挑運俱從直路即可到工，今堰盱一帶堤裏因多積水，坑塘必須遶灣越徑方可到工，較比別工遠處澤地取土之路，不啻兼倍，是以每土一方實用銀一錢八分，亦難與外河廳雍正四年分亟請幫築等事案內遠處澤地取土止用銀一錢五分之例可比。再查填墊馬路與堤裏下埽所用購草，乃在二、三月間開工價做，本年尚未有兵草，是以全用購草。因係循照河工通例購用，故未於冊內聲明。至需用人夫，自應遵奉部查，照依堵閉瓜洲運口等工之例，將每日用夫名數開造，但查堵閉瓜洲運口工長二百一十五丈，按日計算共用人夫二千七百五十名，今該工因係積水，不敢比照黃運兩河興修大工之例按日計算，故每工一丈止用夫十名，共工長一百六十丈五尺二寸，共用夫一千六百名。照例每名日給銀四分，俱係實用。再冊內開用尺七椿木五百三十五根，祇有圍圓徑寸並無長短丈尺，查歷來報銷舊例，俱係照依圍圓徑寸之大小核銷，價值之多寡，從未照依長短核銷，所以當日亦照例止開載圍圓徑寸，未經開報長短丈尺。前於擬定成規等事，案內會詳請照現在購買椿木酌定長短丈尺，造冊報部核示頒行，以雍正十年爲始，凡有歲搶新工照新定長短丈尺之例估銷，著爲定例遵行。等情題明在案。今堰盱戧土工程所用椿木，乃係未定成規以前，其長短丈尺未便照依現在購買丈尺朦混開報，相應詳請題覆，仍照原冊准銷等因前來。臣等復核無異，相應會題，伏乞皇上睿鑒，勅部仍照原冊准銷施行。

雍正十年十月初二日題，奉旨：『該部察核具奏。欽此。』部議應令該督等飭令承修之員，逐段分晰道路遠近、乾澤土價，據實核減，確查保題，到日再議等因。

雍正十一年二月二十六日奉旨：『這本，部駁是。但嵇曾筠所奏朕可信其無浮冒之處，且嵇曾筠辦事勤明，屬下承修各員亦不能朦混，著照該督所奏准銷。欽此。』

恭請御製高堰碑文

題爲聖主鴻功普慶，濵湖億兆情殷，恭請頒賜碑文以垂萬禩事。欽惟我皇上功恢禹迹，德峻堯年。手畫平成予九州以樂利，心參造化致萬國之盈寧。既治既安，一勞永逸，或疏或濬，百谷朝宗。固已瑞應河清福如川至，乃猶念洪湖爲黃運兩河之樞紐，首重宣防，高堰乃淮揚二郡之屏藩，尤須培護，垂諸永久。殊恩出自宸衷，計及萬全，乾斷不由廷議，爲運道謀奠安之計，籌維何啻再三，念民生立永固之基。發帑動盈百萬，庀材悉備，萬役歡呼，趨事維勤，群工踴忭。尤喜天心感格，頻年日麗風和；加以神力昭靈，再歲波恬浪靜。慶奏功之迅速，兩載告成；遵聖訓之勤惓，一夫不擾。從此輓輸攸利，隨時總慶安瀾；因之耕鑿咸寧，是處均沾愷澤。衢歌巷舞，靡不擊壤以騰歡；華祝嵩呼，俱切焚香而頂戴。仰惟皇上爲民創建之鴻烈，功奠山川；皇上爲民保護之聖心，光昭日月。恭懇堯章丕煥，以誌天庥；羲畫弘開，以彰神應。欣睹千尋萬丈之金堤玉堰一律告成，務俾萬載千秋之磐石苞桑遞相保固。謹據輿情籲請，伏祈御賜碑文，永飭河工官守天下臣民。瞻睿藻而敬悉至誠大德之精虔，覩宸章而愈圖鞏固隄防於悠久。將見勒岐陽之石應地無疆，峙岣嶁之碑與天同壽。玆據署淮揚道夏建德轉詳前來，相應恭疏具題，伏乞皇上睿鑒施行。

雍正十年十月初二日題，奉旨：『該部議奏。欽此。』部議准行，雍正十年十一月二十七日奉旨：『依議。欽此。』

修建湖神各廟

題爲湖神特荷聖恩，遵旨確查定議，據實奏聞以光祀典事。竊惟洪湖巨浸，滙七十二支之水力刷黃流；高堰長堤，鞏百千萬載之基永安淮甸。欽惟我皇上聖智周而

德同無間，平成奏而功溥咸寧。奠流峙以興舉鴻猷，並升恒以永昭丕烈。特發百萬兩之國帑，興修千萬丈之石工。一從經始，恬浪無驚；兩載迅成，安瀾有慶。迺我皇上，彌隆謙德，歸功於默佑之明神；特展聖誠，復沛以報功之盛典。其湖神廟宇，或修或建，命臣等確查定議具奏。

臣欽遵諭旨，矢誠矢敬，悉心查核，高堰湖堤各廟宇：內有禹王廟一座，昭隨刊於四乘，奠嶽瀆於萬年。雖祀享遍於東西南朔之方，而尊崇尤切於河濟江淮之會，亟應聿新廟貌以沛皇恩。玆據淮揚道確造估册，現經發帑興修。尚有盱眙縣淮瀆廟，楝宇傾圮，應與堤頂之關聖廟、黃堽寺，一體邀恩重加修葺。

再查專司洪澤一湖，向有許譚二廟。許神名遠，共張廵而史稱唐室忠良，守睢陽而功作江淮保障，爰稽鄱陽血食，張廵已著於西江，今此洪澤荐馨許遠，尤昭於淮右。譚神名易，義彰明代，靈著熙朝，每示兆於湖風欲發之先，諸父老之傳聞最確；常保安於堤岸瀕危之際，前河臣之記載甚詳。以上二神均於洪澤湖堤彰靈默佑，濟運保工，最爲顯應。仰蒙聖主攄虔，復據輿情籲懇，臣備查經傳，望於山川，徧於郡神。又曰：有功德於民者則祀之，能禦灾捍患者則祀之，允合禮經，兼符祀典。伏乞温綸特沛並錫蒸嘗，則此洪澤波恬，悉荷恩光普被。瞻禹王之廟貌翬飛鳥革長昭沐日浴月之區，錫庶祀之馨香鳳誥龍章永護億載千秋之會矣。除將估修各廟工料銀三千八百餘兩

清册，并許譚二神事實册一併送部查核外，理合恭疏具題，伏乞皇上勅部議覆施行。

雍正十年十月二十六日題，奉旨：『該部議奏。欽此。』部議准行，雍正十一年二月二十一日奉旨：『依議。欽此。』

石工人員補用沿河州縣

題爲請旨事。竊照高堰石工，荷蒙皇上特頒百萬帑金，命往効力多員，來工分段承修，現今一律告成，萬世永賴。復荷恩綸，議敘通工，感戴皇仁，莫不懽忻鼓勵。伏念錢糧工程均關重大，承修各員俱有保固之責，未便遠離。查雍正五年經前河臣齊蘇勒奏稱，黄運兩河攸關緊要，沿河州縣同心共濟，呼應靈而成功速。是以河南定例，遇有濱河州縣缺出，將通省熟識河務之州縣調補。而山東沿河州縣亦蒙聖明遼照，特旨俱着揀選賢能之員補用。現今印河兩官合而爲一，共相協濟，甚有裨益。查江南徐、邳、豐、沛、蕭、碭、靈璧、睢寧、宿遷、虹縣、桃源、清河、安東、山陽、寶應、高郵、江都等所屬沿河十七州縣，爲黄運兩河必經之地，百川總滙之區，甚爲緊要，嗣後遇有此等沿河州縣缺出，仰請皇上勅令江南督撫，亦照東豫兩省之例，於所屬現任州縣内揀選，會同保題，引見調補。如州縣内難得其人，即在佐貳各官内揀選，保題補授。再查豫省奉旨定例，沿河府州縣有才嫻河務者准令河臣會同撫臣保題，陞調河工之道廳，其河工廳汛有才守兼優者准令河臣會同撫臣保題，陞調沿河之府州縣，通融調補，更於河防有裨等因。奉旨：『照該督所請行，欽此。』欽遵。在案。仰見我皇上慎重河防愛惜人才之至意，今承修石工人員内有候補知府、知州、知縣，以及在部學習并佐貳等官，業已工完事竣。念其趨事大工，勤勞三載，且辦運木石，遍歷黄運河湖，河務甚爲嫺習。合無仰懇皇上天恩，准臣於此等人員内除遵旨送部各員外，擇其明晰河務而又謹慎勤敏堪膺民社之員，如遇沿河州縣缺出，詳加選擇，咨送督撫各臣驗看，會同保題，恭候欽定補用。如此，則不必於現任州縣内另諮熟悉河務之員，以省更調之繁。而伊等向係經修高堰石工，亦可就近保固，呼應得靈，其於重大工程更爲有濟。將見得人而共効循良保工而彌增鞏固，民事河防咸沭聖恩於天高地厚矣。再查沿河自徐邳以迄淮揚各府州縣，暨新分之阜寧、甘泉二縣外，其盱眙、泗州地方坐當洪澤大湖，今新建高堰大工，修防保護攸關綦重，盱泗二缺自應比照沿河之例，一體揀選，合併陳明，理合恭疏具題，伏乞皇上睿鑒，勅部議覆施行。

雍正十年十月二十六日題，奉旨：『該部議奏。欽此。』部議准行，雍正十年十二月二十二日奉旨：『依議。欽此。』

稽查工料條例

奏爲敬陳稽查料物之法，仰祈睿鑒以垂久遠事。竊照江南黃運湖河險工林立，所賴者修防，而修防全在料物之充足，庶不虛縻帑項，工程得收實效。是料物實爲河工第一要務，臣抵任南河以來，目擊汛險工多，歲需物料帑金較之豫東二省不啻數倍，誠恐稽查不實，上負聖主委托之重。是以臣殫心竭力設法嚴查，并題請照豫省之例，在於霜降後即將次年應用工料預爲儲備，令沿河州縣盤查出結在案。又將廳庫外解河銀一項奏明，不許廳員指稱辦料，擅自動用。近來各廳亦知畏懼，不敢那移虧空，惟查料一事，欵項繁多，即如葦柴一項，内有領帑新辦之柴，有舊日用存之柴，有葦蕩營額派應用之柴，有緩工轉運險工之柴，有預備上游新工之柴，有各廳協濟搶險之柴。有州縣止知見料即盤，不能分晰孰爲某欵某料，誠恐不肖廳員以舊作新，彼此牽混，若物料不能核實，則工程必致虛浮。今臣悉心籌畫，謹將查料之法行之有效者四條敬爲我皇上陳之：

一、各工物料當酌量預儲數目以便查察也。大凡各廳每年需用之料雖多寡難以預定，但工程之平險情形可以預爲測度，請銀購買之時，即當酌定工程首險次險各應貯料幾何？預爲呈明，以便飭知委員按數稽查。至臨期或有昔平今險、昔險今平之工，即可將緩工物料轉運險工濟用。如此則各工緩急有備，而查察分明亦瞭如指掌矣。

一、各工收到料物當編號標記以憑稽核也。凡到工之料，誠恐廳汛以少報多、彼此牽混等弊。今臣俱派委効力官公同查收，挨次編立字號，插立號橛，前面書明某欵某料某日到工，續到者挨次堆垛。至臨用之時，在於號橛背面書明某月某日修做某段工程用去，并載明存廠册籍，以便不時查對。至霜降後各工用存物料，查明數目算入次年項下工用。則指舊作新，希圖□帑之弊自可杜絶矣。

一、於運料要地設立總廠以查多寡虧足也。各廳内除由安海防二廳柴束毋容運至清江，并各廳採買秫稭、椿橛、緶纜、草束俱於該廳本工設廠，委員秤盤圜量分別查收外，其餘所用葦柴概由清江經過。各廳向日亦俱設有料廠在浦堆貯，陸續轉運本工。是清江既爲各廳辦料總會之地，即應在此查其辦料多寡之數。臣思河庫道一缺祇管收發帑項，尚無工程地方之責，况物料即係帑項所關，理應該道稽查。臣擬酌派効力官數員，交與該道督率稽查各廳辦料數目。凡係長船裝運到工者俱令赴該道衙門掛號，該道督率委員將所裝柴束查驗，出給驗票交明船户，即日開運赴工，令常川收料之員照票查收。如係短裝運送清江總廠之料，即無容掛號，俱令在廠委員秤收，該道親自查驗之後發票轉運，各工再行秤收明白，仍將原票繳該道衙門查核。如此則船户家人亦不敢中途盜賣，致有揑報交工之弊矣。

一、派委常川收料之員應分別公私勤惰以定賞罰也。查向時查料之員俱係隨時差遣，既不常川在工，則廳汛易於欺誑。今臣擇其勤慎明白者，每廳酌派二員令其常川駐工，遵照題明觔重，折正秤收，并令稽查號橛分晰欵項，庶各廳辦柴不致牽混短少。而委員既親駐要工，下埽加鑲又得不時學習，如該員果能勤慎秉公，則一年之後，容臣量才委用，以示鼓勵。若有不肖之員通同作弊，一經察出將該員一并嚴叅治罪。如此則賞罰嚴明，而廳汛効力各員亦俱知奮勉自勵矣。

以上四條俱臣分所當爲，本不應瑣瀆宸聰，但工料所關甚大，現今行之有效，誠恐法久易弛，仰懇睿裁，著爲定例。則物料充實，修防鞏固，全河各工永賴聖恩靡既矣。理合繕摺敬謹陳奏，伏乞皇上訓示遵行。

雍正十年十二月初二日奏。奉旨：『所奏是，當妥協照所請行。該部知道。欽此。』

建築龔家營徐家莊月堤

題爲亟請修築月堤以固河防事。該臣看得，山陽縣黄河南岸龔家營地方坐當黄水入海門户，最爲緊要。祇因舊有縷堤臨河太近，大溜汕刷河崖坍塌入裏，致成埽灣險工。若下埽修防，工段綿長，需料浩繁，且全黄之水建瓴而下，埽刷埽根更難保護，急應在於縷堤之南圈築月堤一道，避其激湍之勢以順其就下之性。

又阜寧縣黄河南岸徐家莊地方去海更近，雍正八年大溜日漸南徙，經前河臣孔毓珣請建月堤一道，自徐家莊至陳家浦止，計長二千九百八十丈，原估止高八尺，頂寬二丈，底寬六丈，續經臣等會疏題修在案。迄今復歷三載，北岸沙灘日長，頂冲大溜直射南岸，而該處地形窪下，前次所築之堤殊屬卑薄，恐汛水長發，黄水下注，海潮上湧，難資捍禦，亟應加幇高厚以固隄防。查山陽縣黄河南岸龔家營上自邵家莊後起，下至吉家莊後止，創築月堤一道長一千一百五十五丈，估用土方銀八千七百三十四兩六錢八分零。阜寧縣黄河南岸自徐家莊起至陳家浦止，加幇月堤長二千九百八十丈，估用土方銀一萬三百四十一兩八錢三分零，二共估銀一萬九千七十六兩五錢二分零。兹據該道確估造册詳請核題，前來。臣復核無異，因係緊要工程，照例動支部撥鹽課銀兩給發該廳募夫修築，并行署淮揚道印務夏建德監工督催，及原册送部查核外，相應會疏題估，伏乞皇上睿鑒，勅部議覆施行。

雍正十一年三月初七日題，奉旨：『該部議奏。欽此。』部議准行，雍正十一年五月十四日奉旨：『依議。欽此。』

恭報秋汛水勢平穩

題爲恭報秋汛水勢平穩情形，仰祈睿鑒事。該臣看得，今年秋汛黃運河湖水勢長發，臣仰遵聖訓，敬謹修防，多辦料物，督率道廳營汛，并分委効力人員住宿工所，將一切險要工程無分晝夜，上緊加修，一律高厚以資捍禦，各處閘壩涵洞，飭令相機啓閉，以資宣洩。仰賴聖主至誠感格，邳睢王家堂頂冲之處天賜引河，大溜直趨中泓，通工化險爲平，全河暢達，實爲聖朝上瑞。今已水勢消落，各工平穩，黃淮二瀆循軌安流，直達於海，淮徐淮揚一帶運道民生安瀾有慶。

茲據各廳呈報，黃河自徐屬以至海口，陸續淨長水九尺八寸及一丈四寸不等，邳宿桃清運糧中河陸續淨長水八尺五寸及九尺不等，淮揚運河陸續淨長水九尺四寸及一丈三寸不等，洪澤湖加長水九尺八寸各等因前來。時值霜降水落工平，皆由我皇上軫念運道民生，時勤宵旰，所以朝宗順軌屢著神庥，益信上蒼之昭格舉念可通，聖德之精虔至誠普應。臣率同通工員弁殫心修守，喜睹休徵，感忭交深，益加敬慎。所有秋汛已過，各工保固平穩情形相應恭疏題報，伏乞皇上睿鑒施行。

雍正十一年九月十六日題，奉旨：『據奏今年秋汛黃運湖河水勢長發，臣等敬謹修防，竭力捍禦，並將各處閘壩相機啟閉以資宣洩，仰賴天賜引河化險爲平，全河暢達，實爲上瑞。今時屆霜降水勢消退，各工保固平穩」等語。河神福庇群生，朕心感慶，前已降旨虔誠祭祀，以荅神貺。今年直隸豫省河堤均有潰決之處，而江南地處下游各工平穩無恙，顯係南河大臣官員殫心職守，感召神庥之明驗。河道總督及在事各員俱著交部分别議叙具奏。欽此。』

增定葦營柴束

奏爲葦營柴束繁多，謹請立法清釐，以濟工需，以節帑項，仰祈睿鑒事。竊照江南葦蕩營原係出產工用葦柴之所，康熙五十九年於蕩地淤墊，不產葦柴等事案內，將葦營裁汰。由是河工柴束盡皆購買，料價每致騰貴。雍正四年經河臣齊蘇勒奏請復設葦營，將從前額柴一百二十萬束之外，又加增三十萬束，并於額柴之外搜採盈餘中柴十萬餘束，折正柴五萬餘束，每年葦營共採額餘正柴統計一百五十餘萬束，俱分撥各廳運貯要工，照依各廳漕規柴價解繳河庫，以爲發給葦營兵餉之需。立法誠善，但前項柴束原於各河營濬船之內調撥赴蕩，令河兵撐駕儹運。祇因柴束繁多，止令浚船裝運九十萬束堆貯清江之王營、洪福二廠，再令各廳運回本工。其餘額柴六十萬束，并盈餘柴束俱令各廳僱船自行裝運。遂有不肖之員往往吝惜運脚，延挨推諉，遇有要工臨期購料，緩不濟急； 而葦營柴束採完堆貯水口，日久不運，又有霉爛缺少并海潮漂淌、弁兵盜賣之弊。及至各廳僱船到蕩，則又無柴裝運，互相推諉，是以應繳柴價經年累月拖欠不清。自臣到任之後，立法嚴查，將從前未清柴價逐一查出題參，勒限追繳。今年海灘一帶雨水調和，蕩地所産葦柴豐茂，臣隨飭令葦營參將黄正元督兵竭力搜採，在於每年額餘柴束之外又多採出盈餘中柴四十餘萬，折算正柴二十餘萬束，俱令營兵濬船裝至清江王營、洪福二廠，同自運額柴一併勒限令各廳全數儧運交工濟用。是以本年柴束不但修防及期無悞，且得多採正柴至二十餘萬，於工料不無小補。伏思我皇上至聖至明，一應工需皆歸實濟，今葦營額餘柴束，若不乘此清釐之日嚴立章程，以垂永久，恐日久又滋弊混。臣請葦營額柴自雍正十二年起，應加增正柴二十萬束，令左右二營分採，連舊額每年統計一百七十餘萬束，永爲定例。令各廳照舊僱船自運六十萬束，其餘一百一十萬束仍令濬船及期儧運，交王營、洪福二廠分撥各工濟用。繳價務令按年清楚，如有採不足額、弁兵盜賣并不行即速裝運到工等弊廳員，令淮徐、淮揚二道查察揭報，營員令葦營參將揭報，容臣分別嚴參議處，勒令賠補，不許莖束短少延挨。至此外再有盈餘，俱按年查明據實報部，不容侵隱。設遇風潮損壞，以及兩澤稀少額柴虧缺之年，亦即查明據實報部，免其追賠。如此則葦營柴束得以年清年額，而應繳柴價亦不致有拖欠日久之弊矣。臣因濟工節帑起見，用敢據實陳奏，伏乞皇上訓示遵行。

雍正十一年十一月初一日奏。奉旨：『工部議奏。欽此。』部議准行，雍正十一年十二月二十日奉旨：『依議。欽此。』

兵夫積土章程

題爲請定兵夫積土成例，以固隄防，以收實效事。切照江南黄運兩河題岸綿遠，祇有河兵看守埽壩，一遇汛水長發，各處調撥分身乏術，以致長堤之上防護無人。臣於雍正九年八月內題請循照豫省之例，每堤二里添設堡房一座，召募堡夫二名，每名按月給工食銀五錢，共歲需銀一萬三千餘兩。即令堡夫常川防守，挑積土牛以資修補堤工之用。荷蒙皇上洪慈，恩准照例添設，欽遵在案。

今臣嚴加督率，按堡稽查，除寒暑兩月免其積土外，其餘每月黄河一堡二夫責令積土十五方，運河一堡二夫除糧船往返修補犁溝㮰眼外，責令積土十二方，以一年合算，通共積土十五萬餘方，已收費少工多之效。惟是堡夫有勤惰不齊，該管汛官亦有賢否各別，若不嚴立章程，恐日久法弛難於查察。臣請核定成規以雍正十二年正月爲始，責令該管汛官將所屬汛內堡夫從前積過土牛逐堡挨查確實，作爲舊土報明備案，即於正月起，照依前定數目，每名按月如數挑積，仍將挑過之土，每月造於新土册內彙報算入交代以專責成。若不能如數挑積者，將岀汛文員罰俸一年，該管廳員罰俸半年。倘或挑積不及一半，即將岀汛文員降職一級，暫留原任戴罪儹挑，該管廳員罰俸一年。自此章程一定，則廳汛自必上緊督率如數挑積矣。再查河兵舊例，每年桃、伏、秋三汛俱正埽壩力作，其鋪捲埽個防風之暇，理應按時積土預備鑲填之用。聖於霜降後工務稍閒計算兩月日期亦應照堡夫例每二名一月積土十五方，堆積堤工備用。今查黄運兩河除樁夫、埽手、撑駕、浚船，并各該將弁養廉之外，實在力作河兵約計五千餘名，共應積土七萬五千餘方，亦應將所積土牛查明造册入於該備弁交代項下，以專責成。若該管備弁不勤加督率，致有土方缺少者，即照前定堡夫積土之例分别查參議處。從此各汛兵夫自無閒曠，錢糧不致虚糜，既資防守之益，復成積累之功。伏查雍正七年，荷蒙皇上廑念，河堤每年加修五寸，沿河黎庶莫不頂頌聖恩安益求安之至意。今復設有堡夫嚴其課程，而於水勢緊要堤工單薄之處多積土牛，霜降以後，即將本汛兵夫所積之土增培本汛卑薄之堤，止須酌給潑水行硪之費。在於每年歲修加高册內據實聲明，以節錢糧，務令該管員弁盡心董理修築堅固，工完委員核實查收，彙册題報。如此遞年添用兵夫，積土幇堤，則加高五寸各工，亦可遞年逐漸减省，而堤工得免殘缺卑薄之虞。但國帑堤工攸關重大，誠恐奉行日久或致玩誤廢弛，相應仰懇睿裁，著爲定例。則日久見效，錢糧既可節省，工程又復鞏固，實荷皇恩於億萬斯年矣。相應恭疏具題，伏乞皇上睿鑒，勑部議覆施行。

雍正十一年十一月二十八日題。奉旨：『該部議奏。欽此。』部議准行，雍正十二年二月二十四日奉旨：『依議。欽此。』

卷七

恭賀日月合璧五星聯珠

題爲聖德同天，七政呈瑞，恭申忭賀，仰祈睿鑒事。雍正三年二月十二日准禮部咨開：本年正月二十九日奉旨：『據欽天監奏稱，雍正三年二月初二日庚午，日月合璧以同明，五星連珠而共貫。宿躔營室之次，位當娵訾之宫，爲從來未有之瑞應，請勅付史館等語。朕惟日月五星運行於天，本有常度，是以從古曆元可坐算而得。然古稱高陽時五星會於營室，漢帝時五星聚於東井，宋祖時五星聚於奎璧，史書皆紀以爲祥。蓋七政會合數雖一定，而遭逢其時者，實海宇昇平民安物阜之會也。若以爲德化所致，朕方臨御二載，有何功德遽能致此嘉祥？皆由我皇考六十餘年聖德神功，蟠天際地，爲千古不世出之君，爲上天第一篤愛之子，所以純禧駢集，曆數綿長，錫祚垂光，至於今日，覩此難逢之嘉瑞。朕嗣統以來兢兢業業，率由舊章，惟以皇考之心爲心，以皇考之政爲政，宅中圖治罔敢稍越尺寸，故邀上天垂鑒，仍如皇考之御宇綏猷而錫以無疆之福也。朕幸逢嘉會，不但不敢自居，亦且不敢自謙，總由上天申眷皇考，朕與天下臣民同在福祐之中，當與天下臣民共慶之。所奏著付史館，并頒示中外。該部知道。欽此。』欽遵。移咨到臣，跪讀之下不勝忭舞，欽惟我皇上德協重華，光昭復旦。敬五事而五行克正，齊七政而七曜交輝。龍飛歲在旃蒙，景運啟雲翔霞蔚；鳳曆初回斗柄，嘉祥兆璧合珠聯。星涵太史之河，雙懸明鏡；曜映文昌之府，環聚中樞。誠千古氣運之隆，實萬世綿長之福。伏思聖祖峻德，開天久矣，凝承而篤祜；恭逢皇上文明，協帝猶然，謙讓以褆躬。至孝至仁，愈廑宸衷翼翼；欽承欽若，欣瞻詔命煌煌。將見日升月恒，玉燭叶三靈而薦祉；從此星輝海潤，璇穹囿六合以迎禧。臣恭聞天瑞，踴躍懽欣，緣辦事河干，不獲同在廷諸臣隨班拜舞。謹繕疏題賀，伏祈皇上睿鑒施行。

雍正三年二月二十九日題。奉旨：『該部知道。欽此。』

恭賀黄河澄清

題爲恭報聖世河清，昌期嘉應事。切照豫省黄河自雍正四年十二月初九日起，漸見澄清，至十六、十七等日尤爲清澈。臣在祥符縣北岸工所覩此奇瑞，隨委員各處查驗，去後。節據河南管河道廳並山東兖州府黄河同知陸續詳報到臣，伏查黄流循軌原爲盛世之休徵，河水澄清更屬聖朝之嘉瑞。稽之史册，千餘年僅見一書； 考之輿圖，數百里已稱奇異。未有千里之遥，彌月之久，澄明清澈，一氣綿長如今日者也。欽惟我皇上天地同心，乾坤合撰，至誠上格蒼穹。快覩平成底績，異瑞炯昭黄瀆，欣看清晏呈祥。水由地中，喜澄光之如練； 源從天上，慶朗鑑之無翳。歷境彌長，爲時甚永，父老歡呼，閭閻喜慶。皆由我皇上位育清寧，奠安河岳之所致也。臣目覩奇徵，躬逢盛事，溯河水之漣漪，益思聖德； 鑒平波之皎潔，愈感天庥。踴躍彌深，歡忭倍切，理合會同河臣齊蘓勒恭疏題賀，伏乞皇上睿鑒施行。

雍正五年正月十九日題。奉旨：『該部知道。欽此。』

恭賀萬壽節雲南呈現慶雲

題爲恭逢聖誕，瑞洽慶雲，敬申賀悃仰祈睿鑒事。雍正七年三月初二日准禮部咨開： 本年正月初九日奉旨：『朕治天下以實心實政爲務，不言祥瑞，屢頒諭旨甚明。今據雲貴、廣西總督鄂爾泰摺奏，雍正六年十月二十九日恭逢萬壽令節，雲南四府三縣卿雲呈現，光燦捧日，經辰、巳、午三時之久。又奏摺内引《孝經援神契》之語曰： 天子孝則慶雲見。朕之事親不敢言孝，但自藩邸以至於今，四十餘年以來，誠敬之心有如一日，秖此一念可以自信。而鄂爾泰援引典籍以慶雲爲朕孝之感，朕每承天眷昭示嘉祥，感激慶幸之中益加儆惕，兹逢慶雲之瑞實愈增朕心之敬畏。鄂爾泰公忠體國，實爲不世出之名臣，數年以來節制滇黔，化導所屬官吏人人奉公盡職，懷忠君親上之心。是以於朕萬壽之辰天錫慶雲於滇省，正所以表著該省官吏敬恭協和之忱悃也。此則朕心深爲嘉悦，俟鄂爾泰題本到日，另降諭旨。今諸王大臣等奏請宣付史館，朕之允行者，非欲誇示於衆也，蓋以天人感召之理捷於影響，該督正己率屬，有忠愛之丹誠，則該省受福迎祥有光昭之瑞應。朕願内外大小臣工均以鄂爾泰爲法，且願遠近各省官民等聞風慕義，興孝勸忠，人人共受上天之福佑，乃朕心之所謂上祥大瑞也。欽此。』移咨到臣。欽惟我皇上堯雲廣被，舜日重華。開壽域於八埏，清寧合撰； 轉洪鈞於一氣，宇宙同春。大孝格天，會見天庥洊至； 深仁育物，聿彰物採休明。恭逢聖誕，良辰歡騰華祝； 適遇壽星，分野慶洽雲蒸。越兩日以彌鮮，合兆民而共覩。鸞翔鳳舞，照耀三時； 岳峙川渟，輝煌萬里。恭覩金柯玉葉，彌昭聖德之光昌； 敬瞻瓊蕊瑶葩，益仰皇猷之丕冒。積遠近休嘉之氣，過化存神會明良喜起之風，重熙累洽，太平有象，兆協屢豐，萬壽無疆，光添上瑞。臣職司河務，欣看黄水澄清，幸際昌期，共仰慶雲爛縵。昭回於上，燦如璧合珠聯； 澤潤靡涯，渥若體泉甘露。卜億萬年之景運，郁郁繽繽； 登千百國於春臺，熙熙皞皞。民安物阜，同瞻化日之舒長； 大法小廉，咸感恩波之浩蕩。臣不勝踴躍懽忭之至，理合恭疏慶賀，伏祈皇上睿鑒施行。

雍正七年四月初十日題。奉旨：『該部知道。欽此。』

恭賀景陵瑞芝

題爲聖孝格天，叠見太和瑞應，神芝特産，欣逢萬壽昌期，恭疏申賀永慶嘉祥事。雍正七年十一月初七日准禮部咨開：本年十月初五日奉旨：『據領侍衛内大臣尚崇廙等奏：景陵聖德神功碑亭儀樹之右，産瑞芝一本於石上，長六七寸，祥光焕發，觀者無不欣喜等語。朕從來不言祥瑞，屢頒諭旨，曉示臣民。惟是建立景陵聖德神功碑，今年甫經勒石告成，而瑞芝即産於碑亭之右。仰見上天特賜嘉祥，表揚我皇考功德之隆盛，朕心不勝慶慰。該部知道。欽此。』抄出到部，相應移咨該督可也等因到臣。欽惟我皇上大孝光昭，至誠丕應。德並乾坤而合撰，二氣宣和；化周品物以咸亨，五行順序。花騰瑞藹，表聖朝化育之功；彩燦卿雲，昭盛世文明之治。乃一人孝思不匱，屢徵秀毓山川；俾萬類兆應靡涯，頻覩榮敷草木。九莖仙種五色神芝，既獻瑞於景陵，彰奕奕勳華之應；復呈祥於碑右，顯巍巍功德之符。玉葉金柯，借瑶草琪花並茂，丹紋紫蓋，與蒼松翠栢争妍。惟淑氣之涌濡，致奇英之炳焕。臣賡颺復旦，歌咏昇平。聖祖治冠古今，謨烈昭垂於萬世；皇上孝通造化，敬誠感召夫千祥。荷聖訓之頻頒，仰見淵衷時儆，喜休徵之洊至；欣逢景運維新，良由積厚以流光。自是重熙而累洽，堯天浩蕩寳曆綿蓂莢之春，舜日舒長福祚固苞桑之瑞。臣不勝踴躍懽忭之至，理合恭疏題賀，伏乞皇上睿鑒施行。

雍正七年十一月二十八日題。奉旨：『該部知道。欽此。』

恭賀黔省慶雲

題爲聖德光昭，祥雲叠現，普天同慶，恭申賀悃，仰祈睿鑒事。雍正七年十月初十日准禮部咨開：本年八月二十一日奉旨：『據總督鄂爾泰奏稱，黔屬思州及古州之梅得等處，自七月初八日至閏七月十一日，有五色彩雲，光輝燦爛，叠秀争華，歷時經久，一月之内七見嘉徵等語。朕嘗言天人相感之理，捷於影響，督撫大臣等果能公忠體國實心愛民，必能感召天和，錫嘉祥於其所轄之地。即如鄂爾泰頻年駐節本省，祥雲三見於滇南；今年以公事前往貴州，慶雲即見於黔省；又如今歲岳鍾琪領兵甘肅，而甘肅禾稼豐登；田文鏡節制山東，而山東秋成大稔；又如李衛總督浙江，比歲以來境内農田豐熟，今年甫離浙境，而衢屬山鄉即有蛟水泛溢之事。舉此近事數端，仰見上天昭示顯然，欲使君臣共知儆惕也。朕素不言祥瑞，所以屢年以來從未曾因嘉徵而受慶賀，而敬慎之念日益加虔，想中外臣民亦共知之矣。夫上天示人君以災祥，一如人君加臣下以賞罰也。人臣受君上之賞，固不可侈然自足，放逸驕矜，若並無欣慰之心，而不以爲慶，則受君上之罰亦不知畏懼悛改，此非矯情違衆之人，即胸無忌憚之輩矣。人君之於天其理亦復如是。至如鄂爾泰之屢次奏報慶雲者，蓋以滇黔地方有此瑞應，萬目共覩，在人臣之心，無不願國家之蒙福，兆庶之凝禧，州縣申詳而督臣陳奏，此皆出於情理之不能自已。倘有心懷不肖之人，或且議其爲迎合，或且議其爲諂諛，此皆藏幸災樂禍之邪心，不止於《春秋》責備賢者而已。惟是滇黔遠省，荷上天之垂象加恩如此，則大臣以及官弁兵民宜何如之？敬謹虔恭以永承天貺，是則所當夙夜加勉者也。該部知道，圖併發。欽此。』欽遵到部。將圖存部外，相應行文直隸各省督撫，轉行駐劄該省之提鎮文武各衙門可也等因移咨到臣。欽惟我皇上覆載同符，清寧合撰。治開凝命，光昌上達乎紫微；化洽弘文，巍焕遥連於黄道。太和洋溢，隨景運而凝庥；至治感孚，眷聖人而垂象。期當萬壽即著祥光，地屬遐方頻昭瑞靄。五星二曜奇呈璧合珠聯，兩珥叄環輝映上承下戴。兹逢銀漢澄秋之候，又覩流霞捧日之休。參并之交拱北辰而絢彩，黔滇之會依南極而增輝。郁郁精英，萬姓同瞻麗景；綿綿喜瑞，一月七著天章。媲美唐堯，麗日協重華之慶；同揆虞舜，卿雲奏復旦之歌。加以物阜民安，登八埏於壽域；時和歲稔，躋六合於春臺。凡兹繁祉之誕膺，悉本聖誠之昭格，乃我皇上聖不自聖，時致警於天心；安益思安，每勤求乎吏治。申一誠之有感，呼吸相通；昭兩大之無私，纖毫不爽。臣欽承天語，益仰皇猷。矢志涓涓勵公忠而罔懈，存誠旦旦凜敬畏以加虔。從兹倍竭丹忱，與億兆同依臨照；愈勤修守，歷萬年永慶平成。臣不勝踴躍懽忭之至，謹繕疏恭賀，伏乞皇上睿鑒施行。

雍正七年十一月二十八日題。奉旨：『該部知道。欽此。』

恭賀萬蠶瑞繭

題爲皇仁廣育，瑞繭呈奇，慶洽群生，恭疏申賀事。雍正七年十一月初十日准禮部咨開：本年八月十八日，奉旨：『前據浙江署督性桂、署撫蔡士舢等奏進湖州居民王文隆家，萬蠶同織瑞繭一幅，長五尺八寸，寬二尺三寸，父老皆稱爲從來未有之事。朕恐小民圖利望恩，或用人力造作而成，亦未可知，因令性桂等詳細體訪，務令確實，勿爲所欺。昨性桂、蔡士舢等於本地詳加驗看訪察，實係自然成就，並不由於人工，具摺覆奏前來。廷臣等以蠶桑織紝乃衣被之大原，養民之切務，今浙省有此瑞應，則小民溫暖可期，咸爲國家稱慶，奏請宣付史館昭示萬世。朕素不言祥瑞，數年以來每遇休徵，必倍加乾惕儆戒，所頒諭旨至再至三，想中外臣民共知之矣。朕愛育元元，務期普天率土之人同霑實惠，一時希有之物不足以禦饑寒，倘蒙上天俯鑒悃誠，錫福黎庶，蠶桑普盛，衣食充盈，乃朕心之所謂祥瑞也。朕命卿等觀看，理應具奏，然宣付史館之處可不必行，欽此。』欽遵到部。相應行文直隸各省督撫，轉行駐劄該省之提鎮文武各衙門可也等因移咨到臣。欽惟我皇上光被寰輿，恩周品彙。春臺廣闢，集萬國之冠裳，仁域弘開，沛八方之雨露。重農時而豐亨豫大，喜穀盈疇；飭蠶事而茂育繁熙，柔桑匝野。太和翔洽，啟蒼生衣被之原，大化旁流，照繡壤珍奇之盛。既已休徵洊至，抑且福應駢臻。復有湖郡桑村，苕溪蠶舍，沐聖朝之膏澤，歲獲豐收；彰帝世之光華，瑞呈刱見。萬絲巧綴，織文勝碧海鮫綃；巨幅精瑩，麗色比銀河雲錦。不事機杼之製，出自天成；莫尋經緯之端，非由人力。仰淵衷之鴻鑒，特命體訪加詳；採輿論之咸孚，具見化工丕著。在昔堯時，霜繭惟聞徑尺之長；即如仙圃，香蛾僅得百枚之數。玆合萬蠶吐秀，誠爲亘古奇觀。臣幸遇休嘉，欣瞻毓瑞，聆煌煌聖訓，廑九重宵旰之經綸；萃奕奕天庥，運百物生成之機軸。自是人歌殷阜，千秋玉燭長調；家慶豐亨，萬世金甌永固。臣不勝踴躍懽忭之至，理合恭疏題賀，伏乞皇上睿鑒施行。

雍正七年十二月二十日題。奉旨：『該部知道。欽此。』

恭賀闕里慶雲

題爲聖主文治光昭，曲阜慶雲瑞現，臣民歡洽，恭申賀悃事。雍正七年十二月十二日，據分守濟東道副使張體仁詳稱恭報：闕里欣睹慶雲等事詳報到臣。欽惟我皇上道貫高深，治隆宇宙。闢四門以籲俊，宸衷接泗水文瀾；崇五教以作人，聖化闡尼山道脉。瞻杏壇氣象，錫寶翰而光耀八紘；溯麟紱源流，加玉藻而爵隆五代。乃復發金錢於帑藏，重營植檜之庭；美輪奐於宮墻，廣映列槐之舍。聿徵瑞應，感眷佑於天心；爰著祥符，表虔誠於帝德。敬諏吉日，將駕聖廟之梁；忽現卿雲，預展璇霄之彩。繽紛五色，儼如舞鳳翔鸞；璀璨千層，宛若奇峰秀嶂。歷午未申三時而吐艷，遥捧赤日於中天；合東西南三面以迴環，高拱紫宸於北極。法宮虔格誠爲亘古靡加，雲物揚輝洵屬千秋盛事。臣欣逢上瑞，願賡復旦之歌；幸際昇平，仰沐重華之治。瞻晝棟雕楹於闕里，永昭聖德之輝煌；覩金柯玉葉於蒼垠，共慶皇猷之巍煥。

從此三垣凝瑞，億萬年景運常新； 九有呈祥，千百國車書並集。臣不勝踴躍懽忭之至。謹繕疏題賀，伏乞皇上睿鑒施行。

雍正七年十二月二十二日題。奉旨：『該部知道。欽此。』

恭賀登萊彩雲

題爲聖德日新，瑞雲時現，普天洽慶，恭疏申賀，仰祈睿鑒事。雍正八年二月初二日，據山東登萊青道副使孫蘭芬呈，據萊州府知府王榮賜、登州府知府楊弘俊詳稱：雍正七年十二月二十八日亥時，仰見西北彩雲旋繞，夜明如晝，更歷亥子丑時之久各等情到臣。欽惟我皇上撰合乾元，道弘坤載。備中和以行健，緝熙隆參贊之功； 廣化育以敦仁，格被茂栽成之績。聖敬躋而丹霄應瑞，疊燦榮光； 皇極建而紫洛呈奇，頻昭朗象。緬彼滇黔遐壤，絢爛祥光； 今兹齊魯名區，彌綸異彩。焕綺霞於泗水尼山之上，既適逢文廟重光； 凝瑞靄於方壺員嶠之間，復咸仰首春嘉兆。繡文與錦章並麗，糺縵中霄； 金柯共玉葉交輝，繽紛午夜。儼五色之翔鸞翥鳳，渤海光聯； 恍千層之高觀重樓，岱宗彩映。惟帝德之感孚彌至，斯天心之福佑加隆。特彰照夜奇觀，益著聖朝上瑞。臣恭逢盛事，忝荷殊榮，仰至治於平成，期殫修防之職； 感鴻庥於清晏，方賡喜起之歌。乃瑞叶重華，益覩皇猷之巍焕； 祥符復旦，永昭帝業之輝煌。從此玉燭長調，綿億萬年之寶曆； 金甌鞏固，握千百世之璿圖。臣不勝踴躍懽忭之至，謹繕疏恭賀，伏乞皇上睿鑒施行。

雍正八年二月二十二日題。奉旨：『該部知道。欽此。』

恭賀晉省保德卿雲

題爲帝德格天，卿雲捧日，寰輿洽慶，率土騰歡，恭疏申賀，仰祈睿鑒事。雍正八年二月十二日准禮部咨開：雍正七年十二月十九日奉旨：『據山西巡撫石麟奏稱，本年十一月初二日保德州地方忽覩卿雲捧日，外繞三環，光華四射，萬民歡慶，以爲從來未有之嘉徵等語。山西民風由來淳樸，今年辦理軍需，其踴躍急公，爭先恐後，一片忠君親上之忱悃，實爲罕見。朕已降旨褒嘉，並免其額徵錢糧以示恩賞。乃不旬日之間，該地方即有卿雲捧日之瑞，天人相感之機捷於影響。又如湖南風俗澆漓，致有曾静、張熙輩懷藏逆志，犯上作姦，是以屢年以來水潦爲災，收成歉薄。即一省近事觀之，仰見上天善惡之報，絲毫不爽。若但朕心宵旰焦勞，思欲移風易俗，而百姓不肯洗心滌慮，改過於隱微，而欲上感天和錫以福慶，此必無之理也。朕之屢次曉諭者，並非推卸其責於臣民也。但實有見於天人感應之道確然如此，而朝乾夕惕，寤寐弗忘，億萬臣民果能體朕此心，各自儆醒，則上下交修，安有不受上天之福佑者哉。總之朕爲天下萬民主，民風良善乃朕教化之所當然，而民俗乖張必朕轉移無術之所致，在朕則實無可諉也。着將此旨並諭湖南官民知之，該部知道。欽此。』欽遵到部。相應行文該督轉行駐劄該省之將軍提鎮文武各衙門可也等因到臣。欽惟我皇上化日長融，薰風普被。鼓太和於禹甸，峻德茂昭；錫多福於箕疇，繁禧協應。祥符輻輳，彰異彩於九垓；瑞兆升恒，耀殊輝於八柱。即如冀州舊壤，晉水名區，俗樸民淳克服尊親之訓，赴功趨事常懷愛戴之誠。我皇上諄切勸忠，隆施賞善。紫綸飛下，千村喜氣風生；丹詔驚來，萬井歡聲雷動。擊壤歌衢之衆，共沐陽春；含哺鼓腹之儔，同沾膏雨。於是天人適協，感應旋昭，至德輝煌，雲興五色；鴻猷巍煥，日拱三環。恍同舒艷之金柯，娟娟秀麗；儼若凝華之綺繡，奕奕鮮妍。允昭昌熾休隆，益著文明景象。臣河防忝職，嘉祉欣逢。展瑞氣於蒼垠，悉本湛恩廣被；著榮光於碧落，皆由愷澤覃敷。從此一道同風，處處胥成仁域；飲和食德，人人共入春臺。河岳休祥，叶千百國聖壽無疆之頌；苞符上瑞，永億萬年皇風有道之徵。臣不勝踴躍歡忭之至，謹繕疏恭賀，伏乞皇上睿鑒施行。

雍正八年二月二十四日題。奉旨：『該部知道。欽此。』

恭賀遵化鳳凰翔集都勻石芝挺生

題爲彩鳳來儀，金芝挺秀，皇仁應瑞，寰宇騰懽事。

雍正八年二月十二日准禮部咨開：雍正七年十二月二十一日奉旨：『連年以來，雲南地方屢有卿雲醴泉之瑞，蓋因總督鄂爾泰公忠體國，以善政化導官民，人從基教，和氣致祥，是以仰蒙上天疊昭瑞應。朕之所以宣諭臣民者，蓋欲使天下之人共知大人之道，有感必通，黽勉爲善，以其受上帝之福佑也。今覽沈廷正所奏，朕言益可徵信。朕從來不言祥瑞，如尚崇廙奏報，遵化州天台山有鳳凰翔集，鄂爾泰奏報都勻府苗疆有石芝叢生，朕皆未宣示廷臣，天下之人勿誤以朕爲誇張祥瑞，而忘自修之道也。沈廷正所奏知道了，該部知道。欽此。』欽遵到部。相應行文該督，轉行駐劄該省之將軍提鎮文武衙門可也等因移咨到臣。欽惟我皇上化溥八紘，恩周萬彙。播聲教於南朔東西之壤，匝地薰風；茂生成於飛潛動植之倫，普天甘雨。堯雲舜日，啟景運之光昌；禹鼎湯盤，鼓太和之洋溢。是以兩間之大，並著繁禧；六服之遙，皆呈嘉兆。茲者朝陽丹鳳，翔集皇畿；毓瑞神芝，叢生黔域。翩翩舉翰，特昭聖治之光華；奕奕敷榮，仰荷恩光之格被。峻嶺崇岡之上，群瞻六象雲儀；蒼松黛栢之間，共覩九莖仙種。惟我皇上道備中和而建極，萬方向善以同風；

功參化育以施仁，百物蒙休而咸若。是以來遊神鳥，望丹闕以揚輝；兼之疊産奇英，拱紫宸而舒艷。允矣，天人適協；誠哉，感應交孚。臣幸際昌期，欣逢盛世。滎河温洛，頌揚之微悃方殷；膏露醴泉，拜獻之虔衷實切。乃復嘉祥洊至，上瑞駢臻。聖德冠乎古今，振威鳳九苞之彩；帝治孚乎遐邇，耀石芝三秀之奇。從此金檢玉符，偕澤馬器車，並表一人之有慶；丹紋紫蓋，與琪花瑶草，同祝萬壽之無疆。臣不勝踴躍懽忭之至，謹繕疏恭賀，伏乞皇上睿鑒施行。

雍正八年三月十九日題。奉旨：『該部知道。欽此。』

恭賀臨晉卿雲麗日文水河渠自成

題爲卿雲麗彩頻昭，汾水神功丕應，聖治光昌普天同慶事。雍正八年二月十二日准禮部咨開：七年十二月二十一日奉旨：『昨據山西巡撫奏報，本年十一月初二日保德州慶雲呈瑞，今又奏報十二月初一日臨晉縣卿雲麗日，歷午、未、申、酉四時，五色繽紛，霞光萬道。又據布政使蔣泂摺奏，從前汾河形勢，惟文水縣地勢低窪，河身淤淺，是以議開引渠二道，正河一道。今年六月内，汾河水發，河道改流，文水縣自青高村至尹家社各開引渠二道，舊時漫流已爲沃壤。而東城村欲開之河，現今寬濶十餘丈或數十丈，衆水會同，河身長二十五里，直達歸（漕）〔槽〕，經年累月，人力不能成之功，天然疏濬等語。朕思晉省民風由來醇樸，是以感召天和，屢歲皆登豐稔。即如近日預備軍需，民情踴躍，争先恐後，悉出至誠。觀此尊君親上之念，則其孝親敬長，克敦行誼可知，而地方官員平日訓導有方，亦即此可見。是以仰蒙上天昭示瑞應，以奬官民之善，朕心深爲慰悦，着照河南例通行所屬府州縣，將人材品行可備任使者，不拘人數資格，秉公舉出，該撫再加遴選，具題奏聞，送部引見。并令各州縣於常例歲舉老農外，再各舉一人，給以八品頂帶，以示朕褒嘉善俗，廣沛恩膏之至意。該部知道。欽此。』欽遵到部。相應行文該督轉行駐劄該省之將軍提鎮文武各衙門可也。爲此合咨前去，查照施行等因移咨到臣。欽惟我皇上德合清寧，功參覆載。堯雲普蔭，萬方昭格被之光，舜澤覃敷，四海頌平成之績。祥符慶靄，屢徵聖德輝煌；瑞應甘泉，共沐皇仁浩蕩。兹者雲興臨晉，繼方州而復現光華；地接汾河，汕深渠而自成形勢。焕彩歷四時之久，咸仰昭回；歸（漕）〔槽〕會衆派之流，無需利道。儼若翔鸞翥鳳，彰景運之文明；恍如温洛滎河，溥太和之膏潤。紛綸萬象，亘古希逢。灌注百川，生民有賴。乃率土頌聲交作，宸衷謙德彌光，年歲順成嘉美。士民忠孝。閭閻樂善特宣，綸綍褒揚，誠哉，至治靡加；允矣，隆庥莫媲。臣河防忝職，幸沐洪恩；上瑞欣瞻，敬抒微悃。雲霞吐色，由聖人之大德格天；川瀆循流，本元后之至仁育物。從此輝騰九野，永凝瑞氣於薇垣；波静三門，長應休符於德水。金泥玉檢，億萬年固寶鼎之基；澤馬山東，千百國拱泰階之運。臣不勝踴躍懽忭之至。謹繕疏恭賀，伏乞皇上睿鑒施行。

雍正八年三月十九日題。奉旨：『該部知道。欽此。』

恭賀景陵産瑞芝三本

題爲聖孝昭格天心，福地疊呈芝瑞，恭申賀悃，仰祈睿鑒事。雍正八年三月二十四日准禮部咨開：本年二月初六日奉旨：『景陵寶城山上首春産瑞芝三本，諸王大臣等奏稱爲朕純孝之所感召。朕撫躬自問，生平事我皇考不敢當純孝之名，但誠敬之心數十年如一日，此則可以自信。自御極以來，不但一言一事皆仰體聖心，而後見諸施行；即夢寐之中一念舉發，從無有知其不合聖意而敢存於胸臆者。諸王大臣等稱朕以皇考之心爲心，此實朕之悃忱。至云朕以皇考之政爲政，朕之才力遠不逮我皇考，舉凡宣猷敷治之間，雖黽勉效法，究不能企及於萬一，何能致芝草之嘉祥？諸臣以此歸美於朕，朕不居也。實因我皇考之聖德神功際天蟠地，深仁渥澤積厚流光。上天特欲顯示天下臣民，是以數年之中三見芝英於陵寢。似今之歷霜雪而挺生，當首春而呈瑞，稽諸史册，更屬罕聞。朕感上天昭示之弘恩，叨皇考貽謀之景福，慶幸懽欣，不敢不宣布於衆庶，使天下之後世臣民知上天之眷佑皇考，與皇考之垂裕萬年者，即瑞芝一事，明顯昭著，信而有徵，固如是也。著照所請，宣付史館。欽此。』抄出到部，移咨到臣。欽惟我皇上大仁大孝，至聖至誠。覆中蹈和，裕參贊經綸之治；存神過化，浦蕩平正直之風。惟紹衣而永涵精一於心源，斯繩武而式焕勳華於治統。修和府事，九州樂頌昇平；感應天人，萬彙駢臻嘉兆。庥凝慶集，月盛日新。山川秀毓奇英，特表一人之純孝；草木榮敷異彩，聿彰元后之精誠。恭遇景陵寶城之上，挺生五色神芝；仍於碑亭儀樹之旁，蔚産九莖仙種。芳含瑞雪，艷吐青陽；色比雲霞，形呈綺繡。金柯奕奕，偕瑶草而競麗丹臺；紫蓋森森，共琪花而增妍蓬島。宣昭史册，萃彤管之光；華傳播寰區，壯黄輿之氣象。率土臣工溢慶，普天兆庶騰懽。臣幸際昌期，欣瞻上瑞，伏念聖祖治道極隆，峻業永垂於萬世；皇上孝思不匱，蒼穹因錫以千祥。聆明訓而共仰淵衷，印心傳而益崇帝德。自此重熙累洽，源遠流長。舜日凝輝，玉葉並扶桑而永耀；堯雲焕彩，瓊枝同瑞莢以長榮。臣不勝踴躍懽忭之至，謹恭疏題賀，伏乞皇上睿鑒施行。

雍正八年五月初四日題。奉旨：『該部知道。欽此。』

恭賀瑞穀

題爲瑞穀敷榮，顯昭帝德，繪圖刊布，仰沐皇仁，亘古奇逢，普天同慶事。雍正八年十月十八日内閣頒發皇上欽賜瑞穀圖到臣，隨恭設香案，望闕叩頭謝恩祇領訖。欽惟我皇上九德當陽，六符御極。堯雲布濩，徧九州藹藹春臺；舜日温和，合六字融融樂土。休徵屢現，嘉兆頻彰。璧合珠聯朗，昭回於乾曜；波澄浪静，忻獻瑞於河清。卿雲糺縵以凝輝，芝莩繽紛而焕彩。翶翔威鳳，來儀首善之區；汪濊甘泉，漸被邊陲之地。皆本一人之有道，聿臻萬福之攸同。聖主軫念民依，日勤宵旰，上帝感孚至德，永錫豐穰。誕降嘉禾，産生瑞穀，直省之屬既歌多黍多稌，偏徼之區復咏如墉如櫛。種凡四十有六，穗計一萬八千。維秬維秠，維穈維芑，大有特書；實穎實栗，實好實堅，屢豐興頌。上瑞自遐方進獻，繪圖從内府刊成。鳳藻遥頒，綸綍沛仁風化雨；鴻章廣布，縹緗焕萬寶百昌。以聖不自聖之淵衷，召此康年之景象；以安益求安之睿慮，致兹多稼之祥符。萬方粒食騰歡，四海農夫胥慶。臣欣逢盛世，幸覩庥祥，修守維殷，冀登蒸黎於衽席，氷淵是惕；敬承有容之精勤，俯聆聖訓煌煌、益加黽勉快覩瑞圖奕奕，彌切拜颺。從此玉燭長調，璇衡順序。五風十雨，處處青疇翠畝，稷翼黍與；二稻八蠶，村村白叟黄童，含哺鼓腹。比户可封，千百國共樂昇平之有象；嘉祥並集，億萬載永歌景運之維新。臣不勝踴躍懽忭之至，謹繕疏恭賀，伏乞皇上睿鑒施行。

雍正九年正月十九日題。奉旨：『該部知道。欽此。』

恭賀河州河清

題爲聖治光昭，河清瑞應，普天慶溢，率土歡騰事。

雍正八年十一月初五日准禮部咨開：本年八月十八日奉旨：『王大臣等以河州地方黄河澄清合詞奏賀，朕從來不言祥瑞，諒王大臣等久已深知朕心。朕之祇事上帝神明，惟以公誠一念爲昭格之本，果蒙上帝垂鑒，頻年顯示嘉祥。觀公誠之感通神捷如此，則懷不公不誠之心者豈能逃於上天之譴責乎？朕心不但不敢矜誇，且因此倍加乾惕，更願天下臣工士庶各矢公誠之念，以受上天之恩。著照王大臣等所請宣付史館，俾世世子孫臣民恪遵朕訓以綿福澤。欽此。』欽遵到部。相應行文該督轉行所屬文武各衙門一體遵照可也等因移咨到臣。隨恭設香案望闕叩頭，慶賀訖。欽惟我皇上道配乾元，德符坤厚。沛彌綸之愷澤，績底平成；溥汪濊之恩波，功弘漸被。堯雲舜日，仰帝治之光華；周露商霖，沐王風之熙皥。百昌集慶，載玉管以書祥；萬象凝禧，捧瑶牋而紀瑞。稽九河之既導，並四瀆以稱尊。探星海而銀漢遥連，溯崑崙而龍門直下。名傳德水，旁潤靡涯；瑞啟榮光，聿彰有道。我皇上含弘大化，保合太和。睿慮周詳，切防川之咨警；宸猷淵廣，隆治水之功勳。度地經營，因時裁制。合南北以施碩畫，兼疏築以顯弘模。浪静三門，共覩安瀾於聖世； 波恬九曲，咸瞻底定於熙朝。大德感孚，已驗澄清之嘉兆； 至誠昭格，復彰湛澈之鴻庥。積石名區，河州勝地，淵泓中外，湛碧源流。朗映水壺，照雲霞而動色； 光開寶鑑，浴日月以生輝。豈惟慶溢圖書，洵足光照史册。臣河防忝職，聖訓祗承，幸遇昌期，鼓舞與悚惶備至； 欣逢上瑞，拜颺共黽勉交殷。虔展葵忱，敬申燕賀。自是袞延萬里，永澄貝闕之瓊沙； 襟帶百川，常靜蛟宮之玉浪。彤廷受祉，神魚出水以呈庥； 紫禁膺圖，龍馬凌波而獻瑞矣。臣實切踴躍懽忭之至，謹繕疏恭賀，伏乞皇上睿鑒施行。

雍正九年三月十八日題。奉旨：『該部知道。欽此。』

恭賀景陵産石芝一本彩芝四本

題爲聖武布昭，天庥滋至，孝誠感召，瑞應靈芝，恭疏慶賀，仰祈睿鑒事。雍正十年十一月十二日准禮部咨開： 本年十月十九日奉旨：『朕從來不言符瑞，時時訓諭天下臣民，屏虚文而務實行。是以數年來各處奏報慶雲、嘉穀等事，朕悉降旨訓勉，未嘗宣示於外以爲祥瑞也。惟是今歲秋間準噶爾賊人侵犯北路，深入我境，我師奮擊大獲全勝，殲賊萬餘而我官兵損者僅六十餘人，行間軍士及邊外蒙古無不額手懽呼，以爲從來未有之大捷，非荷上天、皇考默佑，何能至此！朕心方深感激，而瑞芝恰産於景陵，天人協應，信而有徵，仰見上天、皇考福國庇民，特錫嘉祥以昭示天下之臣庶也。朕與諸大臣等同此慶幸懽忭之悃忱，所奏知道了。著照所請宣付史館。欽此。』等因移咨到臣。隨恭設香案，望闕叩頭慶賀訖。欽惟我皇上治協纘承，孝隆繼述。漸仁摩義被文德以覃敷，大烈耿光揚武功而耆定。洽天心而彰上瑞，萬國咸寧； 弘祖德而召奇祥，四方來賀。是以存神過化，靡一人不荷裁成； 動植飛潛，無一物不蒙化育。惟聖主之精誠愈篤，斯昊蒼之眷佑益昭。比者塞外餘氛師中大後捷，仰賴天戈遐鬯，六軍揚萬里之威； 廟略弘施，一怒建三驅之績。龍堆雁磧，雲霞耀鎧甲之光； 瀚海流沙，雷電鼓鉦鐃之氣。殲茲烏合，用整鷹揚，溯天河而挽洗甲兵； 普滋雨露，遍巖岫而震驚草木。永靖烽烟、天地合謀，山川助順，是以奏膚功於荒服，枯巧咸摧； 昭符應於景陵，芝英疊見。仰惟聖祖仁皇帝道全德備，治定功成。敷上蟠下際之鴻猷，丕基永奠，顯紹往開來之駿烈，景運綿長。今茲符瑞之榮昭悉，本孝誠之感格。蓋聖祖貽謀有永，致上天嘉貺頻臻； 我皇上昭格惟虔，寶域休嘉協應。伏覩金柯煥彩，因知積厚流光； 敬瞻玉葉敷榮，咸被太和元氣。歷稽史册，端由聖孝之徵； 載考圖經，實荷仁慈之瑞。九莖煜煜，適見於欃槍掃靖之時； 五色煌煌，疊敷於福地凝庥之日。感通一氣，現三秀之菁英； 瑞著兩儀，徵萬年之枝幹。歡騰中外，喜溢臣民。臣躬際昇平，欣逢聖訓，自憐弱植，備蒙培養深仁；　忝任宣防，久誌澄清大慶。伏願堯風普被，舜日常依。瑞協河山，異彩娩琪花而更麗；光昭寰宇，靈根同瑶草以長春。臣無任踴躍懽慶之至，理合恭疏題賀，伏乞皇上睿鑒施行。

雍正十年十一月二十八日題。奉旨：『該部知道。欽此。』

恭賀闕里慶雲再見

題爲聖朝上瑞，光昭闕里，慶雲再見，恭疏慶賀，仰祈睿鑒事。雍正十年八月十三日准禮部咨開：奉旨：『據山東巡撫岳濬奏稱，曲阜縣六月二十五日午時皎日正中，有慶雲捧於日輪之下，五色俱備，寶光燏煌。又於日之西南有霞光三道絢爛增輝，歷午未二時絪緼不散。正值林園工竣之時，上瑞疊臻，千秋罕遇等語。朕素不言祥瑞，惟有朝乾夕惕，感上天垂象示儆之恩，何敢冀嘉祥之疊錫，已屢降諭旨訓教天下臣民。但自信生平尊師重道之心至誠至敬，闕里爲聖人之鄉，尤切羨牆之慕。乃前歲文廟重新，慶雲湧現；　今者林園工竣，復覩嘉祥。或者朕誠敬之衷爲神明之所歆格，故顯示以象，用昭日監在茲之義歟！朕感慶之下，倍增虔悚，爰諭天下臣民共知之。欽此。』相應行文該督，轉行通省之文武大小衙門一體欽遵曉諭可也等因移咨到臣。隨恭設香案，望闕叩頭，慶賀訖。欽惟我皇上化洽萬方，光昭四表。懋崇高之至德，比峻尼山；　沛浩蕩之深仁，承源泗水。道隆參贊，集群聖之大成；　治協中和，邁百王而首出。是以昭回著象，聿彰文治之益隆；　豫順徵庥，共荷恩光之普被。維兹聖廟，尤廑宸衷，內帑特頒，實屬九重之盛典；　泮宮勅建，更新三代之弘規。前此宫牆丕焕之時，喜見慶雲之應瑞；　今兹林域竣工之日，復呈捧日之殊祥。亘萬丈之榮光，遠環紫極，絢一輪之彩色，朗映丹霄。爛熳金柯，接古檜靈蓍而挺秀；　絪緼玉葉，蔭泮芹渚藻以交輝。後先三載之中，兩經湧現；　午未二時之内，萬姓欣觀。仰兹璀璨之天章，實喜文明有兆，臻此頻仍之繁祉，益徵曆服無疆。慶溢群工，懽騰兆庶。仰惟皇上敬天法祖，因之屢召休徵；　加以重道尊師，用是叠彰嘉慶。睿懷欽翼，猶乾惕之彌殷，聖德感孚致光華之益著。臣幸逢瑞美，願倍切於瞻雲；　忝任宣防，心實虔於向日。瞻依曷極，忭舞難名。惟祝皇圖昌熾於萬年萬國，慶重華之盛；　帝業輝煌於萬世萬民，興復旦之歌。臣實切踴躍懽忭之至，理合恭疏慶賀，伏乞皇上睿鑒施行。

雍正十一年正月二十一日題。奉旨：『該部知道。欽此。』

卷八

恭謝特授副總河

奏爲恭謝天恩，敬請聖訓事。竊臣一介庸愚，至微極陋，荷蒙皇上天恩，授以副總河之銜，耑管豫省河務。臣自揣庸才，恐難勝任，具摺陳情，復蒙敕下王大臣議覆，仍照前議。奉旨：『此事依議，著部行文，將嵇曾筠奏摺一併發去。欽此。』工部備咨到臣，隨恭設香案，望闕叩頭謝恩訖。伏念河工關係運道民生，豫省堵築甫竣，隄防尤屬緊要，臣知識短淺，膺茲重任，實切悚惶，敢不矢慎矢勤，力圖報効，惟祈訓示方略，俾有遵循，得以黽勉趨事。上賴聖誠昭格，河流底定，永慶安瀾，庶幾仰報皇上洪恩於萬一耳。謹具疏恭謝天恩，敬請聖訓，伏乞皇上睿鑒施行。

雍正二年閏四月十三日奏。奉旨：『該部知道。欽此。』

恭謝欽賜《陸贄奏議》

題爲恭謝聖恩事。雍正二年閏四月初十日，蒙皇上恩賜臣《陸贄奏議》一部到武陟工所，臣隨恭設香案，望闕叩頭謝恩祇領訖。欽惟我皇上德懋勳華，功降謨烈。乘乾敷化，立誠敦參贊之原，啟震膺圖，主敬裕治安之本。宸衷肅穆，勤披覽而金鏡常昭，聖學淵深，廣論思而玉編早鑑。緬維唐臣陸贄，實爲前代名賢，本學問而爲事功，既有裨於當日；竭忠誠而陳奏議，可昭示於來兹。迺蒙我皇上御製序文，垂治平之典則；特行頒賜，勵中外之臣工。焕睿藻於行間，節目綱維悉；著冠王言於篇首，精微廣大胥陳。臣學愧疎庸，深有慕於酌古準今之用；才慚弇陋，當益勉夫忠君愛國之忱。謹口誦以心維，什襲奉爲至寶；務躬行而力踐，就將仰答洪慈。謹具疏恭謝聖恩，伏祈皇上睿鑒施行。

雍正二年閏四月十九日題。奉旨：『該部知道。欽此。』

恭謝欽賜《朋黨論》

題爲欽奉上諭事。雍正二年九月十六日准兵部咨：奉旨頒發抄録上諭一道，《御製朋黨論》滿、漢書共二本，扇面連四紙裱的一張。提塘官捧賫到豫，臣隨跪接至武陟工所，恭設香案，望闕叩頭謝恩，祇領訖。欽惟我皇上萬善攸同，一中建極。化隆大順，彌深咨儆之忱；道合至公，仰見都俞之盛。盡忠補過，儼聞天語之以諄詳；大法小廉，凜對王言之誥誡。乃靖共夙夜，宜共矢夫忠誠；蹌蹐班聯，或易流於明黨。爰抒宸翰，直窮比匪之隱微；載焕天章，永示臣工之法守。遵道遵路，躋斯世於蕩平；無黨無偏，肅官方於正直。臣欽承聖訓，益凜旦明；敬佩鴻文，彌深惕勵。秉一誠以自矢，瞻依惟注楓宸；勉三事以在公，寤寐亦傾葵悰。奎章愷切，祗服膺爲几案之銘；聖藻光華，願什襲爲子孫之寶。謹宣揚而率屬，咸恪守以持躬。所有奉到上諭並《御製朋黨論》緣由，理合具疏恭謝天恩，伏乞皇上睿鑒施行。

雍正二年九月二十八日題。奉旨：『該部知道。欽此。』

恭謝秋汛議敘加級

奏爲恭謝天恩事。雍正二年十月十三日准工部咨：欽蒙皇上批臣恭報秋汛等事一本，奉旨：『據奏黄沁二水經過秋汛，工程保固平穩，知道了。嵇曾筠率領各官於黄、沁二河堤工保固修築，雖河水泛漲，俱各無虞。可嘉嵇曾筠着加三級，仍行令嵇曾筠會同齊蘇勒將河工實在効力行走勤勞顯著之員，察明造册送部議敘，該部知道。欽此。』欽遵。移咨到臣。隨恭設香案，望闕叩頭恭謝聖恩訖。欽惟我皇上道隆參贊，功著平成。四海敉寧，尚勤求夫民隱；兩河底定，每加惠於臣工。徧庶職以蒙庥，靡一夫之不獲。臣忝膺重任，未効寸長，惟兹秋汛之湍流，偶逢泛漲；仰賴聖恩之廣被，得慶安瀾。至率屬修防，原以靖共夫職守；而頻年經理，並無獨出之謀猷。乃奔走微勞，亦荷九重之廑念；絲綸特賁，幸邀三級之榮加，敬宣德意於河干，懽呼丕徧；遠戴恩光於闕下，感激難名。受此隆施，刻圖仰報。惟有率循僚屬，益盡力以盡心，鞏固工程；倍矢勤而矢慎，庶以仰酬高厚於萬一耳。除會同河臣齊蘇勒，將河工實在効力行走勤勞顯著之員，察明造册，送部議敘外，所有微臣感激愚忱，謹繕疏恭謝天恩，伏祈皇上睿鑒施行。

雍正二年十月二十日題。奉旨：『該部知道。欽此。』

恭謝欽賜上諭清、漢書二本

題爲欽奉上諭事。雍正三年三月十八日奉旨頒發上諭清、漢書二本到臣，隨恭設香案，望闕叩頭謝恩祗領訖。欽惟我皇上智周六合，德冠三才。百度維新，允矣禮明樂備；萬幾協一，森然綱舉目張。作君兼以作師，官箴親製；保民如同保赤，聖諭弘宣。昭德化之大原，廣教思於盛世。伏念聖祖光前啟後六十年之大烈丕；揚恭逢皇上敬天勤民，千百國之深仁溥被。自朝廷以及邦國，靡一人不愷切提撕；由庠序以至郊圻，無一事不周詳指示。誡朋黨而登俊乂，言言廣大精微；

揆國用以沛恩施，字字纏綿諄摯。良由至誠以立體，本仁育義正之聖心；是以吐辭而爲經，垂覺世牖民之至教。用彰令典，普示群工。臣仰荷恩頒，恭承寶訓。惟有公忠益勵，永奉萬年法守之良規；更期敬謹宣揚，咸歸一道同風之至治。謹繕疏恭謝天恩，伏祈皇上睿鑒施行。

雍正三年四月二十四日題。奉旨：『該部知道。欽此。』

恭謝免賠蘭儀二縣漫工并免叅疏防

題爲聖主恩施浩蕩，微臣感激難名，敬陳謝悃，仰祈睿鑒事。雍正三年八月初五日，准工部咨開：『本年七月二十二日，内閣抄出，奉上諭：「今歲入夏以來雨水過多，朕念黄淮伏秋兩汛必然水勢浩瀚，甚以爲憂，所以從前批發嵇曾筠奏摺有無日不神馳黄淮兩岸之語。今據田文鏡奏稱，儀封縣南岸大寨、蘭陽縣北岸板廠後兩處衝開決口各十餘丈，此皆朕躬不德或用人行政有缺失之所致，返躬惕勵，夙夜不安。其衝決堤工，田文鏡可星速會同副總河嵇曾筠督率各屬河員併力搶築，務期永久堅固；其一帶危險工程，亦當增卑培薄，預爲之防。至被災人民，着速委能員實心確查，應賑恤者即動用正項錢糧賑恤。衝没田地，詳細估勘，應豁免者題請豁免。朕從前曾命將河屬官員分别議敘，今儀封、蘭陽兩處既被衝決，例應叅處，但朕自念不德，其疏防各官吏止停其議叙，不必叅處，并從寬免其賠修。特諭欽此。」相應行文副總河遵行可也，爲此合咨前去，查照施行』等因移咨到臣。隨行布政司管河道廳一體欽遵外，今據河南管河道府廳縣詳請代爲題謝等請到臣等。欽惟我皇上德隆覆載，勳著平成。發帑興工，固隄防於九曲；捐租賜復，普樂利於千秋。業已咸登衽席，共慶安瀾矣。伏念臣等猥以庸材，承乏河干，智識短淺，防護未週，以致蘭陽北岸板廠、儀封南岸大寨兩處堤工各漫塌十餘丈，此皆臣等奉職無能，一時疏忽所致，理應照例處分賠修。荷蒙我皇上覆冒弘慈，恩施格外，温綸特沛，恕宥臣工，諭令疏防各官不必叅處，併免賠修。軫念被災人民，動帑賑恤，淹没田地錢糧，估勘豁免。異數殊恩，逾於堯舜；深仁厚澤，浹於臣民。萬姓歡呼，百官踴躍。臣等跪讀之下，感激涕零，愧汗無地。查儀封縣南岸大寨漫口已於八月十一日合龍，二十二日告竣；蘭陽縣北岸板廠漫口已於八月十二日合龍，十八日告竣。臣等惟有殫心竭力，夙夜黽勉，率同印河各官加謹防護。凡有危險工程，俱應凜遵聖訓，相機增卑培薄，務期永久堅固，上慰聖懷。除被災人民及瀕没田地錢糧聽撫臣田文鏡動帑賑恤、估勘豁免外，所有臣等感激微忱，及道府廳縣等官，詳請恭謝天恩情由，理合會同河臣齊蘇勒、撫臣田文鏡合詞具題，伏祈皇上睿鑒施行。

雍正三年九月十三日題。奉旨：『該部知道。欽此。』

恭謝兼管山東黃河工程

奏爲恭謝天恩，仰祈睿鑒事。雍正五年正月初三日准工部咨開：雍正四年十一月十二日吏部奉旨：『近年豫省河務險工下移，堤岸完固平穩；山東河務甚屬緊要，向係山東巡撫管理，但巡撫有地方責任，恐不能專理河務。山東與河南接壤，作何令副總河嵇曾筠兼管之處，著九卿會議具奏。欽此。』欽遵。於十一月十六日吏部移送到部，該臣等會議得：山東與河南接壤，皆黃河所經，兩省堤工最稱險要。近年豫省河務荷蒙皇上聖謨指示，預籌鞏固，特發數十萬帑金令其增卑培薄，并將從前暫緩之大堤以及應修遥月等堤一概興修，是以豫省河工得以完固平穩。乃睿謀深遠，復頒諭旨：『以豫省河務險工下移，山東河務甚屬緊要，巡撫有地方責任不能專理河務，河南與山東接壤，作何令副總河嵇曾筠兼管之處，著九卿會議具奏。欽此。』臣等查河工事宜本係總河專責，今河南既設有副總河，現駐河南武陟等處，與山東地方接壤，兩省河工原屬一體。其山東巡撫既有地方專責，若一兼管河務，不無顧此失彼之虞。理應欽遵諭旨，將山東與河南接壤之曹縣、定陶、曹州、單縣、城武等處附近黃河地方，凡一切修築堤岸等工，應交與副總河嵇曾筠就近管轄；至萊蕪、泰安、新泰等十七州縣泉源，并柳長河、魏河、高津、趙牛等河湖閘壩，一切挑挖修築工程，及膠萊民田陂水，已經臣等於内閣學士何國宗等覆奏案内議准，添設管泉通判一員，令其稽查疏濬。查各處地勢遠近不一，且挑挖修築多係地方官經理，相應仍令山東巡撫作速興修。再徒駭河自山東東昌府聊城縣起經濟南府至濱州入海，計五百六十八里，共歷十三州縣；馬頰河自東昌府博平縣起經德州至海豐縣入海，計四百九十二里，共歷十州縣，俱附近濟南副總河駐劄，武陟相去濟南千有餘里，若至濱州、海豐等處，則更覺遼遠，前已於雍正四年七月十三日奉旨，交與御史尤清、王之錡各管一處，聽山東巡撫調度，遵行在案，應仍令山東巡撫管理。俟命下之日行文總河、副總河，并山東巡撫遵行可也。雍正四年十二月十九日題，本月二十一日奉旨：『依議。欽此。』抄出到部，爲此合咨前去，欽遵施行等因移咨到臣。隨恭設香案，望闕叩頭，恭謝天恩訖。竊臣一介寒微，才庸識短，仰蒙皇上特達之知，非常之遇，畀以河防重任，報稱無能，愆尤叢積，屢荷聖慈高厚，教育矜全。臣身邀怙冒之深仁，心凛諄詳之訓誡。時深惕勵，方切悚惶。迺蒙我皇上新恩再沛，委任有加，特頒諭旨，軫念山東河務緊要，將附近黃河地方，凡一切修築堤岸等工交臣就近管轄。臣仰承恩命，清夜捫心，感愧交併。伏念東省黃河經行曹、單等縣地方，密邇運道，所關尤重。臣菲材蚉負，夙夜戰兢，豫省堤工善後，固不敢少懈修防，而山東河務經營伊始，更當黽勉辦理。惟有益加奮勵，殫竭駑駘，務期小心修守，鞏固長堤，以仰報皇上天恩於萬一耳。除臣於正月初七日前往曹、單等縣，查勘堤埽工程，一切事宜另行陳奏，敬請聖訓外，所有微臣仰荷新綸，感激蟻忱，理合具疏恭謝天恩，伏祈皇上睿鑒施行。

雍正五年正月十九日奏。奉旨：『該部知道。欽此。』

恭謝河清加級

奏爲恭謝天恩事。雍正五年三月初一日，准吏部等部咨：爲請旨事雍正五年二月十八日本部等部奏前事內開：准禮部咨稱雍正五年正月十三日恭奏《聖世河清普天同慶》一摺，於本月十七日奉旨：『覽諸王大臣等奏稱，河水澄清二千里，期逾兩旬，爲從來未有之瑞，懇請陞殿慶賀。朕嘗言天下至大，庶務至繁，斷非人主一身所能經理，必賴內外臣工協力贊襄，然後可以成一道同風之盛。若上有涼德之主，而下皆皋、夔、稷、契之臣，則工虞水火，佐理有人，政務亦不患其不舉；若上有堯舜之主，而下皆共工、驩兜之輩，則耳目股肱，無所資藉，政務亦必至於廢弛。故人君之道以得人爲要，而人臣之道以奉職爲先，此一定之理也。朕統臨萬方，雖刻刻有勵精圖治之念，然必賴內外臣工共矢公忠，各殫才力，然後有實政實效。及於吏治民生，方可以感天和而錫繁祉，不然，則朕雖有勤政之念，豈能事事躬親辦理之也。今見數年之中，荷蒙上天、皇考默佑，疊錫嘉祥，茲又有河清之上瑞，朕細推天人感應之理，自非無因，應是內外臣工能體朕宵衣旰食之懷，洗陽奉陰違之習，分猷効職有數端之善，上合昊天、皇考之心，是以錫茲福慶以勵將來。爾等試再思之，人事甫修，僅有數端之善，即邀上天、皇考之嘉貺。若此倘能益竭忠誠，事事皆善，則其獲福又當何如！或山此而侈然，自是怠惰前修，則其獲譴又當何如！可不慎乎！可不懼乎！況天道惡盈，朕心方且因此益加戒儆，所請慶賀典禮，朕必不行。朕念君臣之間，實屬一體，上天、皇考既垂訓於朕，朕即以此訓及諸臣；上天、皇考既賜福於朕，朕即以此福及諸臣。凡屬京官，自大學士、尚書以下，主事以上，內大臣、都統、前鋒、統領、護軍統領、步軍統領以下，叅領以上；凡屬外官，自督撫以下，知縣以上；武官自將軍、提鎮以下，叅將以上，俱着加一級。其王公等管理部院、都統事務者，應如何加恩之處，着宗人府議奏。自茲以往，內外臣工當益加黽勉，精白乃心，和衷共濟，矢勤矢慎，秉公去私，凛天鑒之匪遙，念感應之不爽，以至誠至敬，仰承上天、皇考之眷佑，則受福孔多，永永弗替矣。勉之勉之。欽此。』欽遵。移咨前來，查文職京官內閣、部院各衙門堂官，詹事府中贊以上，翰林院講讀以上，并各部院衙門之郎中、員外、主事及與主事對品應陞員外郎等官； 外官自督撫、學政司道，以及知府、知州、知縣、正印官，俱遵奉諭旨加一級。其六科給事中、各道監察御史，雖係七品，多由各部郎中、員外、主事補授，其稽察、巡查各有職任，應亦准共加級。至翰林院修撰、編檢，雖與科道品級相同，並無專司職掌，應不准其加級。在外佐貳等官，以及布按二司首領，概不准其加級。以上應加級現任各官，除初任及補任之員，在奉旨以前到任未及三月者俱不准其加級。其新經陞轉調補各官，雖未及三月，在前任內應加級者，俱准於新任加級。恭候命下臣部等部，行文各部院等衙門，并八旗都統、直隸各省督撫，順天、奉天府尹、將軍提鎮，將應加級各官註明到任日期，造册送部，查核存案等因。雍正五年二月十八日奉旨：『翰林院修撰、編修、檢討亦准其加級，餘依議。欽此。』爲此合咨前去，欽遵查照施行等因移咨到臣。隨恭設香案，望闕叩頭恭謝天恩訖。欽惟我皇上堯文炳煥，禹迹遐通。勲德敻隆，文武聖神由廣運，聲教遠訖，東西南朔慶平成。七政齊八風，協民安物阜，本宵衣旰食之勤； 三事備六府，修上清下，寧增川至日升之盛。固已瑞麥嘉禾、連珠合（壁）〔璧〕、苞符叠至、福祉駢臻矣。茲值三陽開泰，恭逢五省河清，皆由我皇上大孝格天，至仁育物，朝乾夕惕，敬承聖祖之鴻庥； 圖治求安，上感穹蒼之默契。是以兩河獻瑞，九曲呈祥。祚鞏崑崙，堯堦永奠於九有； 波恬宿海，舜衣垂拱於萬年。誠爲啟嘉應而報昌期，洵屬大休徵而呈上瑞。廼聖心敬躋，睿德謙冲。命辭朝賀之儀，恩逮臣工之級。寵施車服，喜動班聯。逾常秩以增榮； 鷺序鴛行，齊拜舞感洪仁之特沛，山陬海澨盡騰懽。臣供職河濵，欣沐滂流之膏澤； 蒙恩霄漢，凛遵訓誡於氷淵。惟有殫竭微忱，長祝澄清之景運； 率先黽勉，愈圖鞏固於金堤。臣謹繕疏恭謝天恩，伏祈皇上睿鑒施行。

雍正五年三月十三日奏。奉旨：『該部知道。欽此。』

恭謝轉補吏部左侍郎

奏爲恭謝天恩事。雍正六年正月初十日准吏部咨開： 雍正五年十二月二十日奉旨：『嵇曾筠轉補吏部左侍郎，劉師恕補授吏部右侍郎，錢以愷補授禮部右侍郎，欽此。』查本部右侍郎嵇曾筠現任副總河，相應行文知照可也。爲此合咨前去，欽遵查照施行等因到臣。隨恭設香案，望闕叩頭，恭謝天恩訖。竊臣葑菲庸材，至愚極陋，欽蒙皇上高厚洪慈，拔置卿貳。復緣豫省、山東堤岸有關運道民生，特奉上諭，命臣管理河干五載，深慚蚊負。幸賴聖謨廣運，睿慮周詳，指示遵循，安瀾永慶。惟是才微任重，未効寸長，中夜捫心，方深悚惕。乃蒙皇上恩綸特沛，將臣轉補吏部左侍郎，聞命自天感激無地。伏念晉秩，幸登銓部，已邀逾格之隆恩，遷階得亞天卿，尤屬非常之曠典。臣生何幸，荷此殊榮，縱竭涓埃，難酬怙冒。惟有事事恪遵聖訓，時時殫竭愚忱，修守加勤，隄防永固，以期無負皇上拔擢深恩於萬一耳。臣謹恭疏叩謝天恩，伏乞皇上睿鑒施行。

雍正六年二月初八日奏。奉旨：『該部知道。欽此。』

恭謝授兵部尚書

奏爲恭謝天恩事。雍正六年三月十三日，准吏部咨開：本年三月初三日奉旨：『稽曾筠補授兵部尚書，仍著辦理河工事務。欽此。』爲此合咨前去，欽遵查照施行等因到臣。隨恭設香案，望闕叩頭，恭謝天恩訖。竊臣一介愚陋，樗櫟庸材，荷蒙皇上不次拔擢，洊列卿貳，因河南、山東黃河堤岸爲運道民生所關，特頒諭旨，授臣以副總河之職，奔馳數載，報稱全無，夙夜冰兢，恒深儆惕。上賴睿謨廣運，聖訓精詳，得以黃水安瀾，河流順軌。乃蒙温綸疊沛，寵命頻加，命臣補授兵部尚書，仍著辦理河工事務。驚聞簡任，感激涕零。伏念臣識淺才庸，備沐殊恩異數，六年之內屢荷超遷，兩省之中復叨統轄，兹復畀以樞機重寄，仍兼水土是司。臣顧何人？邀兹寵遇，分愈榮而責愈重，恩愈渥而報愈難。慚悚交并，不知所措，惟有勉竭駑鈍，永効馳驅，益殫蟻忱，時勤修守，以期仰答皇上始終策勵洪恩於萬一耳。臣謹繕疏恭謝天恩，伏祈皇上睿鑒施行。

雍正六年三月十九日奏。奉旨：『該部知道，欽此。』

恭謝欽賜子史精華

題爲恭謝天恩事。雍正六年三月初六日，內閣交出皇上欽賜御定子史精華，全部到豫。臣隨恭設香案，望闕叩頭謝恩，祇領訖。欽惟我皇上德盛文明，孝隆繼述。聖神天亶，周萬幾於一日，午夜觀書；學問日新，垂大訓於千秋，酉山啟秘。惟宸謨之懋著，斯祖學之彌昭。恭讀子史精華一書，仰見聖祖仁皇帝治定功成，敏求好古。萃群言之義藴，而用其中；得一貫之指歸，而握其要。已纂修於館閣，將宣布乎寰區。我皇上繩武維殷，右文倍切。聖以繼聖，乘勅幾之暇以蒐羅；勤益加勤，分宵旰之餘而鑒定。爰梓後先之史集，用頒中外之臣工。俯察仰觀，圖疇皆備；廣稽博者，囊括靡遺。加以擷芳藻於藝林，兼收華實；匯文瀾於學海，悉合淵源。臣自愧空疎，幸蒙寵賜。仰誦輝煌之御序，儼同日照月臨；敬披璀璨之琅函，何異雲蒸霞蔚。將見多士登百家之堂奥，益彰帝業光華；群寮得萬世之津梁，永頌皇猷巍焕。臣曷任感激懽忭之至，理合繕疏恭謝天恩，伏祈皇上睿鑒施行。

雍正六年四月三十日題。奉旨：『該部知道。欽此。』

恭謝補授吏部尚書

奏爲恭謝天恩事。雍正六年五月初六日，准吏部咨開：本年四月二十五日奉旨：『嵇曾筠補授吏部尚書，仍辦理副總河事。欽此。』爲此合咨前去，欽遵查照施行等因移咨到臣。隨恭設香案，望闕叩頭謝恩訖。竊臣謭陋庸才，遭逢盛世，荷蒙皇上特加任使，不次超遷，由詞垣而洊歷卿班，未有涓埃之報；以武部而兼司河務，慙無尺寸之長。上賴聖訓頻加，俾得恪遵無斁，是以河防永固，隨時俱慶安瀾；疆畔畢修，是處皆成樂土。在臣工竭誠趨事，固屬職分宜然；我聖主懋賞酬庸，尤極古今未有。六年以内，乃蒙六晉官階；兩月之中，復幸兩膺寵命。疊垂宸眷，特賜恩綸，命臣補授吏部尚書，仍辦理副總河事。敬聞之下，愧悚交深。伏念銓部水衡，乃六曹之長；冢卿重寄，居百爾之先。臣何人斯，膺兹異數。縱殫心竭力，莫報高深；即刻骨銘肌，難名感激。惟有事事欽承訓旨，永爲服官之箴；時時加謹修防，仰副簡畀之重。庶以上報皇上弘慈於萬一耳。謹繕疏恭謝天恩，伏祈皇上睿鑒施行。

雍正六年五月初十日奏。奉旨：『該部知道。欽此。』

恭謝欽賜《古今圖書集成》

題爲恭謝天恩事。雍正六年八月初一日，蒙皇上欽賜《古今圖書集成》全部到臣，隨恭設香案，望闕叩頭謝恩，祇領訖。欽惟我皇上道集大成，孝隆善述。範圍有象，文章丕焕於堯天；漸被無疆，聲教聿周於禹甸。伏念聖祖仁皇帝法剛健於乾行，配含弘於坤載。萬幾餘暇，久昭删定之功；群籍搜羅，更極圖書之盛。我皇上紹聞無斁，纘緒惟勤，特命臣工重加編校。首天文而次地理，經緯靡遺；明庶物而察人倫，紀綱畢具。金聲玉振，脉絡貫通；璧合珠聯，光華爛熳。統六千部之赤文緑字，廣大精微；萃一萬卷之碧簡縹題，群分類聚。是惟聰明睿智，作君而兼作師；所以齊治均平，善政由於善教。本敬承之至意，裁鑒彌精；布嘉惠之深仁，洪纖備舉。臣昔依侍從，曾覩石室之藏；近事宣防，屢拜琅函之錫。溯詞源於學海，往者過來者續，用彰古往今來；匯聖澤於恩波，河出圖洛出書，喜洽滎河温洛。貫三才而包六合，典章總備於皇章；邁千聖而冠百王，文治原兼乎孝治。珍逾鴻寶，弘開奕葉之光；感切葵忱，長戴重華之運。臣無任踴躍懽忭之至，理合恭疏，奏謝天恩，伏乞皇上睿鑒施行。

雍正六年九月二十日題。奉旨：『該部知道。欽此。』

恭謝欽賜《音韻闡微》

題爲恭謝天恩事。雍正六年十一月初二日，據提塘官齎捧内閣交出皇上欽賜《音韻闡微》全部到豫。臣隨恭設香案，望闕叩頭，謝恩祗領訖。欽惟我皇上運啟重華，道隆善述。大一統車書之盛，同文不異於同倫；聞五音聲教之先，爲律實兼於爲度。伏讀《音韻闡微》一書，仰見盛朝文治與政治以偕隆，聖主教思本孝思以廣運。歷十年而竣事，纂修已極周詳；會四海以同風，平仄惟期畫一。開齊撮合，别呼法於輕重之中；齒舌喉唇，辨收聲於語言之表。貫古今而包南北，經緯分明；參天地而洽神人，洪纖具舉。合聲切法，圖書之義類無窮；按韻分音，字母之標題有等。蓋緩讀則成二字，急讀則成一字。提其要，聿彰翻切之大綱。乃律感吕而聲生，吕感律而音生。遡其原，足悟精微之妙藴。臣備蒙寵錫，仰鳳藻之輝煌；深愧顓愚，凜葵衷之感惕。採精華於子史，璧合珠聯；探律曆之淵源，乾旋坤運。圖書之富已集大成，傳説之精俱由欽定。乃諧聲會意，直窮造字之原；將制樂審音，更極永言之盛。帝暉遐燭，雲漢爲章；天籟齊鳴，宫商迭應。備四聲於一語，敬陳聖哲之詞；垂三重於萬年，長戴文明之運。臣不勝感激懽忭之至，謹繕疏恭謝天恩，伏乞皇上睿鑒施行。

雍正六年十二月十二日題。奉旨：『該部知道。欽此。』

恭謝欽賜《人臣儆心録》

題爲恭謝天恩事。雍正六年十二月十五日，蒙皇上欽賜世祖章皇帝《御製人臣儆心録》清漢文各一本到臣，隨恭設香案，望闕叩頭，謝恩祗領訖。欽惟我皇上覺世功隆，教忠恩溥。惟精惟一，契十六字之心傳；丕顯丕承，垂億萬年之聖教。伏讀世祖章皇帝《御製人臣儆心録》，訏謨弘遠，每切堯咨舜儆之忱；制作輝煌，常昭禹範湯銘之訓。我皇上奉揚祖烈，用肅官方，嚴誥誡於一編，聿著公私之辨；統規箴於八則，特申誠僞之分。蓋惟事有殊途，美惡都由心造；道無中立，忠良祗在躬行。必須先正其心，斯克靖共爾位黨援弗植。惟臣節之是敦實效，宜崇勿虚聲之是騖。識明守定，公爾忘私；大法小廉，義以爲利。冰淵自凜，每深盈滿之防；夙夜不遑，務竭悃忱之獻。此皆臣子在公之令典，即爲盛朝勵俗之良模。臣自愧顓蒙，常存警惕，荷聖明之洞鑒，感切葵衷；仰謨制之遐頒，珍逾鴻寶。惟時時以捧誦，雖寤寐亦用儆心；且處處以提撕，俾僚屬皆知滌慮。矢公矢慎，敬承牖啟之王言；一德一心，幸際郅隆之聖治。都俞吁咈，明良喜協於虞廷；南朔東西，聲教覃敷於禹甸。臣不勝感切凜遵之至，理合繕疏恭謝天恩，伏祈皇上睿鑒施行。

雍正七年三月二十二日題。奉旨：『該部知道。欽此。』

恭謝管理河南山東河道總督

奏爲恭謝天恩事。雍正七年三月初二日，准吏部咨開：本年二月初五日大學士等奉上諭：『齊蘇勒練達老成，深悉河工事務，是以將嵇曾筠爲副總河，專管北河，而令齊蘇勒兼理南北兩河之事。今尹繼善新管河務，朕意欲令尹繼善、嵇曾筠分任南北兩河。又思治河之道，必合全河形勢，通行籌畫，方可疏導安瀾；若分令兩員管理，恐有推諉掣肘之處。著怡親王、大學士等會同署蘇州巡撫王璣，及九卿内本籍江南、河南、山東之人通曉河務者詳悉，速議具奏。欽此。』臣等查得，河務關係重大，河流自河南至江南入海，數千里間緊險工程之處甚多，實非一人所能經理。雍正元年皇上特命嵇曾筠爲副總河專理北河，齊蘇勒仍兼管南北二河之事，數年以來河水安瀾，堤工完固。兹奉諭旨：『尹繼善新管河務，欲令尹繼善、嵇曾筠分任南北兩河。又思治河之道必合全河形勢，通行籌畫方可疏導安瀾；若分令兩員管理，恐有推諉掣肘之處。著臣等會同詳議具奏，欽此。』臣等謹議：河之南北因地而分，共源委通流本屬一貫，是以上流勢緩則下亦舒徐，上流勢緊則下即奔激，修治之道必合全河形勢，彼此關照方可堵築疏導。是河臣雖分兩員，而辦事應如一體。請將尹繼善爲總督江南河道，提督軍務，嵇曾筠爲總督河南山東河道，提督軍務，分管南北兩河，其有江南河南山東修理工程，令尹繼善、嵇曾筠公同商酌，會稿具題，期於兩處均有利益。倘有緊要搶修之處，即一面堵築，一面知會，亦不得借會商爲名以致遲悞工程。至題補河員及奏銷錢糧等項，則各歸各管。庶南北既有專司，而河工亦無推諉掣肘之事。恭候命下，交與禮部鑄給關防等因。

雍正七年二月初八日奏。本月十六日奉旨：『依議，欽此。』爲此合咨前去，欽遵查照施行等因到臣。隨恭設香案，望闕九叩，恭謝天恩訖。竊臣一介庸愚，至微極陋，荷蒙皇上殊恩，不次拔擢，授以河南副總河之職。又復仰承恩命，兼管山東黃河堤工。任事以來，皆上賴聖謨廣運，睿慮精詳，所以黃流循軌，彰盛世之休徵；河水澄清，應熙朝之上瑞。臣幸邀天庇，得奉安瀾，敬謹遵循，悚惶倍切。廼蒙特頒諭旨，令尹繼善與臣曾筠分任南北二河之事。又以治河之道，必合全河形勢通行籌畫，方可疏導安瀾，若分令兩員管理，恐有推諉掣肘之處，特允廷臣議奏，授臣爲總督河南、山東河道，提督軍務。其有江南、河南、山東修理工程，令尹繼善與臣公同商酌，會稿具題，期於兩處均有利益。其有緊要搶修之處，即一面堵築，一面知會，亦不得藉會商爲名以致遲悞工程。至題補河員及奏銷錢糧等項，則各歸各管。仰見皇上聖明天縱，洞悉河防，指示機宜無微不照。伏念臣司河漸久，負罪愈深，清夜捫心，彌增感愧。今復荷洪慈，疊邀曠典。總督膺兩省之職任，豫東界千里之修防。臣何人斯，受兹重寄，惟有益加謹慎，詳求疏築之宜； 勤事奔馳，勉竭駑駘之力。和衷共濟，倍凛小心，務期河道深通，全堤鞏固，以仰報皇上天恩於萬一耳。所有一切應行事宜，恭候勅書、印信頒發到日，凛慎欽遵，次第舉行外，臣謹繕疏恭謝天恩，伏乞皇上睿鑒施行。

雍正七年三月初三日奏。奉旨：『該部知道。欽此。』

恭謝欽賜律例

題爲恭謝天恩事。雍正七年五月十三日，准律例館咨： 奉旨頒發律例一部到臣，欽此。隨恭設香案，望闕叩頭，謝恩祗領欽遵訖。欽惟我皇上剛健執中，聖神立法。持平慎罰，登兆姓於春臺，準義揆情，保群生於壽域。藹陽和而兼秋肅，四海同倫； 飭大法而謹小廉，八方循矩。雍熙有象，本祖訓以弼教明刑； 董正咸宜，體天道以裁成輔相。剛柔乂用，沐生全者同遊化日光天； 偏黨潛消，大會規者共識飲和食德。是以王言屢沛，炳日月之照臨，帝德弘敷，參宇宙之化育。惟律例爲制刑之本，而科條乃聽斷之原。恭逢聖主乘乾即命詳加釐定，復荷帝心清問務期考核酌中。曰重曰輕，協權衡於至當，有倫有要，慎出入以無差。化洽萬邦，會見祥刑有慶； 風同六合，胥歸至善無私。臣學愧刑名，忝膺河任，仰帝光之漸被，詠聖治之蕩平。講讀維勤，願祗承於夙夜； 欽遵罔斁，矢服習於在公。條教丕宣，綏甸要荒，馴致風清俗美； 準繩既定，勞來匡直，咸知向化傾心。慶一人以洽兆民，令典昭垂千載，享安和之福； 敬五刑以成三德，鴻鈞廣運，萬方臻仁讓之休矣。所有奉到欽定律例緣由，理合恭疏題謝，伏乞皇上睿鑒施行。

雍正七年閏七月十七日題。奉旨：『該部知道。欽此。』

恭謝秋汛議敘

奏爲恭謝天恩事。雍正七年十一月二十六日，准吏部咨爲秋汛已竣等事，文選清吏司案呈，吏科抄出本部題前事內開議得河東河道總督嵇曾筠疏稱： 豫東二省黄河水勢消落，工程穩固，三家莊大灘之內自汕深渠，埽壩俱現，淤灘化險爲平等因具奏。奉旨：『嵇曾筠著交部議敘，其在工人員著嵇曾筠分別等次送部議敘，欽此。』欽遵。查雍正五年十月內，原任總河齊蘇勒等恭報秋汛水勢平穩一疏，經臣部遵旨議敘，各准其加一級在案。今河東總河嵇曾筠督率河員悉心防護，秋汛平穩，河工保護完固，永慶安瀾，應將嵇曾筠照例准其加一級，其在工人員俟該督分別等次，報部到日議敘可也等因。雍正七年十一月十四日奉旨：『嵇曾筠著加一級，田文鏡總督河東河工事務，雖非專責，然年來與嵇曾筠同寅協恭，悉心料理，是以堤工完固，共慶安瀾，田文鏡亦著加一級，餘依議，欽此。』抄出到部，爲此合咨前去，欽遵查照施行等因移咨到臣。欽此欽遵。臣隨恭設香案，望闕叩頭恭謝天恩訖。欽惟我皇上德邁唐堯，功高神禹。和恒景運，洽流峙以凝禧；光被鴻庥，媲清寧而合撰。惟是導河碩畫，殫黼座之經營；治水弘謨，廑彤廷之咨儆。應疏應濬，天語叮嚀；宜築宜修，王言誥誡。溯黄河萬里，豫東實屬要區；逢汛水三秋，捍禦尤爲急務。循原及委，睿算精詳；發帑鳩工，湛恩汪濊。心叅造化普錫福於臣民；手畫平成，致懷柔於河岳。此誠曠代所無，實屬生民未有。茲者河流循軌，險勢皆平，中泓自汕成渠，兩岸長堤鞏固。穀穗禾莖，徧野共靈芝異卉以呈祥，河黄沁碧，恬波映麗日卿雲而獻瑞。皆由我皇上至誠感召，因之默佑天心；大德昭宣，是以顯彰神應。何意温綸褒敘，遍及群工，謭劣微臣倖蒙加級。伏念臣職忝宣防，才慚駑拙，欽褒忠節，雙親邀旌表之龍章；德厚生成，累世受栽培之愷澤。祖孫父子，感泣難言；身體髮膚，捐縻莫報。乃復恩加晉級，榮更非常；寵賜頻頒，受而滋愧。臣惟冰淵矢志，偕督臣而益凜寅恭；胼胝施工，率群力而彌勤修守。俾沁黄諸派，永歌底績之休；豫兗各區，長頌安瀾之慶。以期仰報聖主洪恩於萬一耳。除將在工人員，分別等次造册，報部議敘外，所有微臣感激愚忱，謹繕疏恭謝天恩，伏祈皇上睿鑒施行。

雍正七年十二月初四日奏。奉旨：『該部知道。欽此。』

卷九

恭謝調任南河總督

奏爲恭謝天恩事。雍正八年五月十五日，准吏部咨開：本年五月初二日奉上諭：『嵇曾筠著以吏部尚書管理南河總督印務，北河總督事務著范時繹前往，協同田文鏡辦理，其河道總督印信仍著田文鏡掌管，凡一切防汛稽查及督率河員之處，俱係范時繹傳□其調度工程，舉劾屬員等緊要事件，悉聽田文鏡定奪。嵇曾筠久任北河諸事，甚爲熟練，今調任南河相隔不遠，若有預爲應行詢問商酌之處，著范時繹寄信諮商。欽此。』爲此合咨前去，欽遵查照施行等因到臣。欽此欽遵。隨恭設香案，望闕九叩恭謝天恩訖。竊臣猥以菲材，毫無知識，荷蒙皇上天恩，特命署理南河總督印務，蚊力負山時深惴惴。今荷温綸再沛，著臣以吏部尚書管理南河總督印務，聞命自天，益滋惶悚。伏念南河地方襟帶黄淮，控扼江海，工長汛險，地窄民稠，諸凡思患預防先事綢繆之處，蒙我皇上軫念民生，大發帑金廣爲修築。臣仰蒙高厚，刻思勉竭駑駘，力圖報効，而才識疎庸，艱於肆應，竊恐機宜未諳獲咎匪輕，惟有仰聖恩，多方指示開導愚蒙，俾臣凛遵睿慮之精詳，得以戒慎於幾先；敬佩聖謨之弘遠，更可圖維於善後。庶幾疏築允宜，修防妥協，保黄運之安瀾，奠金堤於鞏固，以仰報皇上洪慈於萬一耳。臣謹繕疏恭謝天恩，伏祈皇上睿鑒施行。

雍正八年五月十六日奏。奉旨：『該部知道。欽此。』

恭謝臣子嵇璜欽點庶常

奏爲聖主加恩愈重，微臣感激難名，謹陳謝悃，仰祈睿鑒事。雍正八年五月十五日接閱邸抄，臣子嵇璜，荷蒙皇上天恩，欽點翰林院庶吉士。臣隨恭設香案，望闕叩頭恭謝天恩訖。竊臣一介單寒，至愚極陋，欣逢聖主逾分邀榮，洊列卿班，畀以河防重寄，寸長未効，蚊負滋慚。乃荷天恩高厚，弘開錫類之深仁，又沛生成之大德，捫心感泣，嗚咽難言。伏念臣父嵇永仁殉節閩疆，我皇上恩子旌揚，附列忠勲祠内，俾得春秋陪祀；又蒙恩贈尚書職銜，光垂泉壤，御書『忠節流芳』匾額，榮及家祠，隆恩異數，希世難逢。今臣子嵇璜，樗材淺植，初學未嫻，上年應試北闈，欽賜舉人，一體會試，恩賜二甲進士，隨班引見，又蒙欽點翰林院庶吉士，讀書中秘。祖孫父子三代邀榮，聖恩稠疊，既表揚其忠節，復録用其子孫，聞者尚知興起，受者如何感戴？不特臣之一身宜矢報於畢生，即臣之子孫氏族，亦當共切其忠誠！不特臣子一人宜奮勵以學習，即臣之捐糜頂踵，亦何能稍効於涓埃！所有微臣感激愚忱，敬謹繕疏，恭謝天恩，伏祈皇上睿鑒施行。

雍正八年五月十六日奏。奉旨：『該部知道。欽此。』

恭謝免參疏防並免分賠修復各堤錢糧

題爲恭謝天恩事。竊臣於雍正八年九月初十日接准工部咨：爲恭報河湖水勢消落，漫工堵築完竣等事一疏，奉旨：『據河道總督嵇曾筠等奏稱「黄運兩河水勢消落，其湍急諸處竭力修築，於八月初八、初十、十三等日俱已合龍告竣。所有上下中河間段殘缺堤工，現在修補，回空漕船毫無遲悮。其高堰大堤，因今年奉旨發帑幫築，是以湖水雖大足資捍禦，幸保無虞。兩岸居民依然安堵，父老僉稱今秋水勢甚大，而旋即沙淤掛口，從未有如此神速」等語。朕前聞湖河水勢漲溢，附近地方罹於水患，宵旰憂慮不釋於懷，發帑遣官星馳賑恤；兼命河臣等竭力堵築，務期早慶安瀾。今水勢消落迅速，計日施工仰能底績，此皆神明默鑒朕衷，俯垂護佑，故化險爲平，奏功若此之速也。朕心深爲感激，著照上年之例，敬謹致祭南河北河之神，以申報享之典，祭祀應行禮儀著該部查明具奏。所有疎防大小各員，著免其查參，其修復各堤錢糧亦免分賠。該部知道。欽此。』抄出前來相應移咨禮部，并江南總河、河東總河俱各遵照旨內事理欽遵施行，仍知照吏部可也。爲此合咨前去，欽遵施行等因。移咨到臣。欽此。欽遵。臣跪聆之下，當即率領在工文武員弁，恭設香案，望闕叩頭，恭謝天恩訖。當經轉行各該道欽遵去後，兹據道府廳營印汛各員籲請，代題恭謝聖恩情由會詳到臣。該臣等看得，今秋山水驟發，恭荷皇上法宮咨儆，宵旰勤求，蠲賑洪施，沛九重之雨露，修防明訓，貽萬姓以生全。是以愷澤旁敷，精誠上達，兩儀同撰，躋聖敬而一氣感孚；四瀆朝宗，展睿謨而百川奠定。神祇默佑，造化潛移，因之各工掛口沙淤旋堵旋竣，是皆荷皇上之天功，實非人力所能爲也。臣等大小河員不能未雨綢繆，煩勞聖慮，處分嚴譴，分所宜然，伏荷特恩宥過曠典矜全。至於各堤修復鉅萬錢糧，更沐鴻慈咸予豁免。欽惟我皇上，德洽生成，功參位育。恭寬信敏惠，裕全備之深仁；水火木土金，協修和之景運。迺沐恩施下逮，亘古特隆；體恤群工，有加靡已。臣等戴德同天，感恩無地，自今以往，臣下之身家既沐皇上保全之賜，而頂踵僉切捐糜應賠之帑藏，復蒙皇上賞賚之仁，而修守尤宜節慎。詠歌浩蕩，仰至德之難名；指示遵循，賴聖功之無間。惟有彌增寅畏，倍凛冰淵，協力修防，務期鞏固。抒誠奮勉，永慶安瀾，仰報洪恩於萬一。今據各該道轉據各員感激情由，籲請代題，前來，臣謹會同蘇州巡撫協理河工事務臣尹繼善合詞具題，恭謝天恩，伏乞皇上睿鑒施行。

雍正八年九月二十二日題。奉旨：『該部知道。欽此。』

恭謝秋汛議敘

奏爲恭謝天恩事。雍正八年十一月二十四日，准吏部咨：爲恭報秋汛等事，内開文選清吏司案呈，吏科抄出本部題前事内開議得兼理河東河道總督田文鏡疏稱，豫東二省秋汛水勢已過，各工平穩情形，理合題報等因具題。奉旨：『田文鏡、嵇曾筠、尹繼善着交部議敘，南北兩河官員在工防護有功者，着該總河一一查明送部分別議敘。欽此。欽遵。』查今年南北兩河水勢浩大，兩河總督等督率河員搶護修築，各工平穩得慶安瀾，應將總督田文鏡、嵇曾筠、巡撫尹繼善照例各准其加一級；其南北兩河在工防護有功官員，俟該總河查明報部到日分別議敘可也等因。於雍正八年十一月初三日奉旨：『田文鏡、嵇曾筠、尹繼善俱着加一級，餘依議。欽此。』爲此合咨前去，欽遵查照施行等因移咨到臣。隨恭設香案，望闕叩頭，恭謝天恩訖。竊臣一介庸愚，仰荷皇上高厚隆恩，畀以南河重任。今年水勢浩大，竭蹶辦理，深虞蚊負。迺以搶護修築早慶安瀾，特旨勅部議敘，俾微臣獲邀晉級之榮，聞命自天，感激無地。伏念南工實爲湖河交錯之區，防護攸關運道民生之計，蒙我皇上法宫咨儆，綸詔星馳，天心昭鑒於聖心，聖德允符乎天德。是以百川奠定，二瀆安流。况河員既蒙曠典以矜全，工帑更沐鴻慈而賞賚，隆恩下逮，至渥至周。迺微臣彌切悚惶，忽荷温綸褒敘，正深感激，又叨晉級榮加刻骨銘心。賡頌宣勞天語，淪肌浹髓，涵濡浩蕩恩波。仰覆載之無私，實有加而靡已，荷寵榮之逾分，殊内省以多慚。惟有殫盡血誠，彌增敬謹；竭茲駑力，益慎修防。身叨聖主千百倍之恩施，捐糜難補；頂祝黄運億萬年之底定，衍慶無疆，以期仰報高厚於萬一耳。除將在工防護有功官員效力實蹟，臣等查明分別造册報部議敘外，所有微臣感激愚忱，謹繕疏恭謝天恩，伏祈皇上睿鑒施行。

雍正八年十二月初七日奏。奉旨：『該部知道。欽此。』

恭謝欽賜《書經傳説彙纂》

題爲恭謝天恩事。雍正九年五月初六日，臣於宿虹工次，蒙皇上恩賜《書經傳説彙纂》一部到臣，隨跪迎道左，恭設香案，望闕叩頭謝恩祇領訖。欽惟我皇上德媲堯文，功敷禹甸。作君兼作師之極，治統與道統交隆；丕承昭丕顯之謨，孝思合文思廣被。光華懋著，典學方殷。仰惟聖祖仁皇帝建極綏猷，崇文敷教，以《尚書》記載爲治法綱維，垂十六字之精微，開千萬年之統緒。研性道於典謨訓誥，直接心傳；溯淵源於虞夏商周，益隆德化。既編成夫解義，普示寰區；復集説於諸家，折中聖鑒。仰賴煌煌鉅製，俾成奕奕鴻文。我皇上繼述功宏，表揚念切，當校刊之竣事，弁御序於簡端。闡發心源，顯著精華於萬世；昭宣道法，彌彰藴奥於千秋。勒金石以珍，藏香生玉殿；布笥函而俯錫，露湛楓宸。恍聞孔壁金絲，儼睹堯天雲日。臣欣逢復旦，幸際文明，受恩賜以拜颺。益仰平成之治；捧全編而敬讀，愈深寅亮之忱。自兹河洛呈祥，駿業與鴻篇並永；車書獻瑞，麟章共寶曆常新。臣不勝懽忭感激之至，理合具疏恭謝天恩，伏乞皇上睿鑒施行。

雍正九年六月十三日題。奉旨：『該部知道。欽此。』

恭謝照舊供職

奏爲恭謝天恩事。准吏部咨開，遵例自陳事，考功清吏司案呈，吏科抄出，江南河道總督嵇曾筠奏前事等因。雍正十年四月十六日奏，五月初七日奉旨：『卿老成練達，廉慎和平，簡畀銓衡，總督河道正資料理，著照舊供職，該部院知道。欽此。』抄出到部，爲此合咨前去，欽遵施行等因移咨到臣。隨恭設香，案望闕叩頭，恭謝天恩訖。竊臣樗櫟庸材，荷蒙聖眷列卿尹之崇班，寄宣防之重任，生成教育，高厚難名。久沐國家豢養之恩，未盡人臣犬馬之報。雖早作夜思，不敢須臾稍怠；而汲深綆短，常懷蚊負堪虞。是以恭逢考察，據實自陳，乃蒙皇上格外優容，著臣照舊供職。復荷温綸寵錫，策勵有加，俾臣自凛幽獨之微衷，得仰邀夫聖鑒，即臣時惕冰淵之素志，幸上沐乎主知。臣跪讀之下，感愧交併，捐糜頂踵難酬知遇洪恩，惟有恪矢丹誠，愈加奮勉，一事不苟，一刻不懈，殫竭臣心臣力，以期仰報高深於萬一耳。謹恭疏奏謝，伏乞皇上睿鑒施行。

雍正十年五月二十九日奏。奉旨：『該部知道。欽此。』

恭謝高堰山盱石工告成

題爲高堰石工告成，萬民感戴情殷，懇請代題，恭謝天恩事。據署淮揚道夏建德詳據淮安府知府于本宏、揚州府知府尹會一、據山陽江都等縣詳稱：據士民安瀾、成永慶、祝純嘏、樂萬年等呈稱：欽惟我皇上德合清寧，功隆位育。湛恩洋溢，同源水之盈科；渥澤滂流，若江河之行地。慶會同於禹甸，頻年海晏興歌；奏底績於堯封，比歲河清獻瑞。既世登乎袵席，猶念切乎痌瘝。本宵衣旰食之勤，布激濁揚清之治。兹以河淮二瀆漕運攸關，堤岸千尋，民生重繫，欲導河以入海，必束清以刷黄。惟淮泗合注乎洪流，而保障全憑於高堰，雖歲加增築豈患鯨波？第久禦全湖保無蟻穴？爾乃治益求治，恒饑溺之如傷；安愈思安，時綢繆於未雨。務培夫北墩南澗，俾一綫固於金湯；庶垂之萬禩千秋，使億姓安如磐石。用頒巽命，沛百萬之帑金，特簡重臣，策庶僚以襄事。萬夫雷動，尅日功成；千版雲興，指期報竣。崇崗屹峙，何憂乎巨浪長風；玉鑑澄空，止覺其恬波静影。七省之糧艘利涉，三河之澤國生春。是惟聖天子深軫民依，知人善任；遂得諸大憲仰承睿算，竭力抒公。建萬年鞏固之弘圖，創萬派朝宗之大烈。此清黄之分流合注，總無强弱之殊；而淮揚之下隰高原，永受平成之福。在兩郡黄童白叟，被恩蒙澤，固無不望日以懽呼；即四海赤子蒼黎，食德飲和，亦無不瞻天而慶頌。安瀾等躬逢盛世，感雨露之頻加；居近河濆，識恩膏之普洽。愧涓埃之莫報，群熙皞於沭口浴月之中；抱悃忱以求伸，争鼓舞於華祝衢歌之世。爲此連名具呈，伏祈俯賜轉詳，代達輿情，激切上呈等情。由縣詳府、由府詳道、轉詳到臣，據此：欽惟我皇上道隆參贊，績著平成。昭瑞慶於堯封，河清海晏；慶安流於禹甸，嶽峙淵渟。萬方共沐恩波，倍切民依之念；億兆咸霑沛澤，猶深己溺之懷。顧惟高堰中界淮揚，實兩邦之保障；近連淮泗，乃二瀆之巨津。蓄清以敵黄，各省之糧儲利賴；滙河而注海，衆流之脉絡攸通。運道所關民生重繫，仰蒙皇上宸衷獨斷，恩命特頒，發百萬鎰之帑金，建億萬年之砥柱。簡大員而監築，欽承聖訓之周詳；集僚寀以鳩工，各殫職司而策勵。庀材既足力，作齊興。帆檣載木石以如飛，畚鍤歷春秋而弗輟。一從經始，風浪無驚；迨至成功，平安有慶。仰惟聖主至誠感格，因之默契天心；大德丕昭，是以顯彰神應。增其舊制，百廢重修，幸此大工兩年告竣，洽清黄而交濟，永利輓輸；障淮海以安瀾，咸資耕鑿。民心悦豫，年年可慶西成；清口暢流處處悉縱東注。總由廟謨廣運，俾分流合注以朝宗；更兼國帑豐頒，奠玉堰金堤之鞏固。臣等查閲工次，備悉輿情，多士拜稽，懽聲雷動；群黎額手，喜氣雲興。巷舞衢歌，沐率土咸周之聖澤；嵩呼華祝。頌與天同壽之皇仁。兹據署淮揚道印務夏建德、詳據淮揚兩屬士民安瀾等，感戴情切，籲請代題恭謝天恩。前來。臣不敢壅於上聞，相應會疏恭謝天恩，伏乞皇上睿鑒施行。

雍正十年六月十八日題。奉旨：『該部知道。欽此。』

恭謝欽賜上諭

題爲恭謝欽頒上諭事。雍正十年七月二十二日，内閣頒發上諭一部到臣，隨恭設香案，望闕叩頭，謝恩祇領訖。欽惟我皇上勳著堯文，功宏禹烈，爲經爲緯，焕兩大之文章；如綍如綸，布萬方之典令。申誥誡於幾康之內，至教昭宣；示箴規於乾惕之中，弘謨丕著。凡德音之涣發，悉仁政之覃敷。固已澤遍群生，靡一夫之不獲；治臻上理，致萬彙之咸亨。乃猶體物不遺，益切勤求之念；誨人不倦，彌深廣濟之懷。恭逢皇上御極以來，備蒙訓諭提撕，莫不淪肌而浹髓，兹當御集告成之日，凡屬臣工拜賜，尤當惕目以警心。綱舉目張，悉是敦本明倫之要道；條分縷晰，無非牖民覺世之宏規。立義禮之大綱，匡直乎人心風俗；敷漸摩之雅化，觀感於吏治民生。用熙庶績於虞廷，咸興樂利；復敘九功於禹服，永慶平成。是皆睿畫之周詳，益仰聖謨之弘遠，良由我皇上敬天法祖，一本於至孝至誠，是以大聖人訓俗型方，悉出於惟公惟正。群工敬佩，億兆咸遵。臣九叩欽承，益凛天顔於咫尺；三薰啟讀，載賡皇極之會歸。鉅細畢該，有倫有要；化裁咸善，無黨無偏。洵是與商《盤》周《誥》而媲隆，並垂久遠；誠可廣《堯典》《禹謨》之未備，尤極精詳。自七年傳至億年，朝野共昭夫法守；由一集彙成萬集，臣民永奉爲章程。瞻睿製而被榮光，如日月之經天，無微不照；溉文瀾而成愷澤，如江河之行地，無往不周。從此隨在宣揚，逐條講誦，不特通都大邑之蒼黎赤子皆望日以懽呼，抑且山陬海澨之白叟黄童，亦同風而嚮道。嘉謨廣播，千百國咸沐皇仁；寶訓昭垂，億萬世永沾聖化矣。所有臣領到欽頒上諭，理合恭疏題謝，伏乞皇上睿鑒施行。

雍正十年九月十五日題。奉旨：『該部知道，欽此。』

恭謝特加宫保銜

奏爲恭謝天恩事。雍正十年十二月十三日准吏部咨開：本年十一月二十六日内閣奉上諭：『吏部尚書、管理河道總督事務嵇曾筠，敬慎居心，恪勤襄事，數年以來勞績懋著，甚屬可嘉，著加太子太保銜以示恩眷。欽此。』爲此合咨前去，欽遵查照施行等因移咨到臣。欽此。臣隨恭設香案，望闕叩頭，恭謝天恩訖。竊臣一介庸愚，遭逢聖主特達之知，教育生成有逾常格，臣於雍正元年奉差中牟縣河工，即承恩命擢授副總河，繼邀眷畀總督北河，調任南河，洊陟崇班歷膺重任。十載以來隆恩異數疊沛頻頒，已屬至優極渥，方愧涓埃無補、蚊負堪虞，乃荷恩綸加秩，特畀宫銜，聞命之下，臣受寵而驚惶莫措，感深而跼蹐靡寧。伏念臣叨任河防，一切運道民生，仰賴我皇上如天之仁、先幾之智，多方指示，誥誡精詳，俾臣得以敬謹遵循、竭蹶辦理，雖歷經就緒，實乏寸長自効。伏蒙皇上既錫臣以厚秩崇階，而又灼見臣之居心襄事，是微臣隱微之地天鑒常昭；奔走之勞，皇恩必録。雖自古君臣知遇，未得有如此高深、如此肫切。臣何人斯，仰荷殊榮至於此極！惟有捫心感愧，矢竭愚誠，修防鞏固，永冀安瀾，以期仰報洪慈於萬一。理合恭疏奏謝，伏乞皇上睿覽施行。

雍正十年十二月十六日奏。奉旨：『覽卿奏謝，知道了。該部知道。欽此。』

恭謝特授大學士

奏爲恭謝天恩，仰祈睿鑒事。雍正十一年四月二十日，准吏部咨開：本年四月初四日内閣奉上諭：『吏部尚書嵇曾筠忠孝傳家，才猷卓越，自簡任河道總督以來，公正廉明，正己率屬，實心實政，懋著功勳，久欲用爲大學士，因河務正需經理，遂爾遲遲；今著授爲大學士，仍管理江南河道總督事務，吏部尚書員缺著刑部尚書劉於義補授，仍署理陝西總督事；務刑部尚書員缺著左都御史凃天相補授，左都御史員缺著刑部侍郎張照補授；刑部侍郎員缺著副都御史馮景夏補授，禮部侍郎員缺，著内閣學士鄧鍾岳補授；兵部侍郎員缺，著光録寺少卿高起補授，倉場總督員缺，著奉天府尹楊超曾補；授奉天府尹員缺，著順天府尹焦祈年調；補順天府尹印務，仍著張照兼管；楊超曾俟焦祈年到奉天後，再行回京，赴倉場總督之任；楊超曾未到任之前，倉場總督印務仍著凃天相管理；其刑部尚書事務，著張照暫行署理，欽此。』爲此合咨前去，欽遵查照施行等因移咨到臣。隨恭設香案，望闕叩頭，恭謝天恩訖。竊臣一介庸材，忻逢盛世，荷蒙皇上簡畀宣防重任，凛承睿訓精詳，所以兩河循軌，彰至治之休徵；百谷安瀾，協熙朝之上瑞。臣忝司水土，未効涓埃，清夜捫心，方深惶悚，迺蒙我皇上優頒懋賞，疊沛温綸，特加宮保之銜，已屬非常榮遇，再錫鈞衡之職，尤爲至渥隆恩。自顧何人，膺兹異數；聞命自天，措躬無地。伏念臣生長單寒，少無依倚，臣父以忠義而膺曠典，臣母以節操而荷旌褒，仰承一忠一節之遺緒，敬沐至高至厚之皇仁。殫力宣勞，惟恐有違親訓；夙興夜寐，祇慚未報國恩。我皇上念臣家世忠孝流傳，憐臣趨走駑駘竭蹶，眷存彌切，獎勵頻承，超擢之榮，雖夢寐未敢希冀；知遇之盛，即捐糜洵屬難酬。此臣所以撫膺感泣，跼蹐靡寧者也。惟是臣奉差河務十載有餘，睽隔天顔，時深孺慕。兹蒙恩命，簡侍綸扉，將來入覲闕廷，欽承聖訓，叨沐太和之洋溢，得申依戀之悃誠。又不禁慶忭蟻衷、歡忻舞蹈。臣惟有益加敬謹，倍矢藎勤，宣力皇輿，長祝河山之奠定；敷揚聖化，載賡日月之升恒。以祈仰報皇上洪恩於萬一耳。所有臣感激微忱，理合敬謹繕疏恭謝天恩，伏乞皇上睿鑒施行。

雍正十一年四月二十二日奏。奉旨：『覽卿奏謝，知道了。該部知道。欽此。』

恭謝臣子嵇璜授職編修

奏爲恭謝天恩，仰祈睿鑒事。雍正十一年五月十二日接閲邸抄，臣子嵇璜，荷蒙聖恩，授翰林院編修，欽此。臣隨恭設香案，望闕叩頭，恭謝天恩訖。竊臣子嵇璜，樗材淺植，初學未嫻，荷蒙特旨，賞拔舉人，中庚戌科進士，學習國書，兹又邀恩授職編修。臣感忭交深，莫能名狀。伏念臣父嵇永仁以生員殉難，荷蒙聖祖仁皇帝贈銜賜卹，表著幽光；又蒙我皇上親灑宸章，旌揚忠節，入祠從祀，恩禮優加。臣職司河務，敬承聖主逾格之鴻慈，屢膺亘古難逢之曠典。今臣子嵇璜，又叨恩命，簡畀編修。祖孫父子三代邀榮，聖恩稠疊，既表章其先世，復擢用其後人。臣即生生世世，捐糜頂踵，實難少報涓涘；子子孫孫，銘鏤銜結，亦未得仰酬毫末。臣惟有殫竭血誠，奔走河干，圖維鞏固，并勉臣子勤勵讀書，小心學習，以祈仰報聖主高厚生成於萬一耳。臣謹恭疏奏謝，伏乞皇上睿鑒施行。

雍正十一年五月二十五日奏。奉旨：『該部知道。欽此。』

恭謝欽賜《大清會典》

題爲恭謝天恩事。雍正十一年八月初六日，臣跪接

皇上頒賜《大清會典》一部，當即恭設香案，望闕叩頭，謝恩祗領訖。欽惟我皇上德合清寧，化隆位育，統百王而立極，祖述憲章；執一中以宜民，仁規義矩。法制定人倫之紀，咸遵有物有恒；教養會王政之全，永爲世法世則。伏讀《大清會典》，仰見世祖章皇帝聞天出治，牖世覺民，訏謨垂萬禩之丕基，制度定一朝之大統；聖祖仁皇帝文明累洽，聲教覃敷，六十年文德武功，光比經天日月；千百國禮陶樂淑，默成覺世範圍。我皇上治協中和，功高作述，道隨時泰，尤崇列聖之章程；化與俗宜，專重熙朝之法守。爰本敬承之至意，特宣頒賜之恩綸。兵農禮樂，燦若星辰；服物採章昭如雲漢。顯諸仁而藏諸用，無一物不歸裁制之中；遠不禦而近不遺，舉斯世悉臻化神之域。仰觀俯察綜成致治之鴻編，際地蟠天莫罄無名之廣運。皆由皇上聰明睿知，實本法祖以勤民，所以齊治均平，上駕虞書與堯典，一時臣工拜賜八埏，道路同遵。臣館閣趨承，曾窺緗帙；湖河奔走，屢拜琅函，兹荷隆恩，寵頒《會典》，焚香捧誦，聿瞻聖治之精詳；盥手開函敬仰維皇之極則。是知太平白象，聿昭禮度文章；更卜悠久無疆，永奉典章謨制。臣惟有望羮牆而加勵，對官禮而心虔。珍同緣字，願山陬海澨聲教同風；欽若赤文，祝金簡玉書詠歌長治。臣謹繕疏，恭謝天恩，伏乞皇上睿鑒施行。

雍正十一年九月二十日題。奉旨：『該部知道。

欽此。』

恭謝欽賜《孝經》《小學》

題爲恭謝天恩事。雍正十一年八月初六日，臣跪接皇上頒賜《欽定孝經》一部，《欽定小學》一部，當即恭設香案，望闕叩頭，謝恩祇領訖。欽惟我皇上孝隆至德，學集大成，闡經義於倫常，光昭日月；勤編摩於養正，功振鐘鏞。蓋聖孝出乎性成，志隆繼述；而聖學由於天縱，道協纘承。教忠教孝，以範民彝；是訓是行，以弘雅化。仰惟聖祖仁皇帝崇儒重道，稽古右文，蒐輯《孝經》，推廣人倫之本；牋疏《小學》，弘敷大化之原。我皇上篤念永言，精思無逸，聿昭祖訓，特開館閣以纂修；刊示臣工，徧布閭閻而誦法。冠以輝煌之御製，比隆帝典王謨；光兹璀璨之瓊編，媲美聖經賢傳。深微廣大，經剖晰而人知法行法言；本末精粗，仰宣示而咸能有德有造。萬方感被，四海儀型。臣學愧迂疎，孝慚奉養。當年僕直，深荷聖明教誨之恩；此日宣防，疊拜天府圖書之賜。兹復仰蒙寵注，頒賜經書，敬啟琅函，如承寶訓。自兹逐條體認，用資事君以事親；敬謹宣揚，兼藉教民以教士。惟願率土昭明倫之要道，六合同風；普天奉覺世之訏謨，萬年恪守。臣不勝感激凛遵之至，謹繕疏恭謝天恩，伏祈皇上睿鑒施行。

雍正十一年九月二十日題。奉旨：『該部知道。欽此。』

恭謝秋汛議敘加級

奏爲恭謝天恩事。雍正十一年十一月二十七日，准吏部咨，爲恭報秋汛等事內開議得工部咨稱大學士仍管理江南河道總督事務嵇曾筠恭報今年秋汛水勢已過，各工保固平穩情形一疏，奉旨：『河道總督及在事各員，著交部分別議敘具奏。欽此。』欽遵。查雍正九年十月内，江南河道總督嵇曾筠恭報秋汛平穩，經臣部遵旨議敘，准其加一級在案。今南河大臣官員殫心職守，各工平穩，得慶安瀾，欽奉諭旨議敘，應將江南河道總督嵇曾筠照例准其加一級，其在事官員俟該總河查明報部到日再行議敘。雍正十一年十一月初九日奉旨：『嵇曾筠著加一級，餘依議。欽此。』爲此合咨前去欽遵查照施行等因移咨到臣。隨恭設香案，望闕叩頭，恭謝天恩訖。竊臣備員河務，荷蒙皇上隆恩異數，疊沛頻頒，自分率屬修防，毫無報効，兹以本年秋汛保固平稳，廼荷隆恩特賁，仰邀晉級殊榮，感激難名，悚惶彌切。伏念江南河工，地處下游，襟帶黄淮，上賴聖謨廣運，凛遵睿訓周詳，各工得以保護。且河水長發之時，又於睢寧地方仰蒙天賜引河，地呈上瑞，全河暢達，化險爲平。嘉應休徵，皆由我皇上大德精誠感孚默契，所以兩儀同撰，昭聖敬而一氣旁流；四瀆會歸，拱皇輿而百川奠定。凝庥錫福，河定民安。臣以庸愚，重蒙嘉勉，感荷宣勞之榮眷；天語諄諄，涵濡浩蕩之皇恩。臣心惴惴，自傾十年以内，業叨聖主稠疊恩施；兹於一歲之中，復荷温綸再三錫命。受恩愈重，圖報愈難。惟有益矢捐糜，愈圖鞏固，長頌安瀾之慶，永臻底定之休。以期仰報高厚洪慈於萬一耳。除將在事各員効力實蹟容臣查明分别造册、報部議敘外，所有微臣感激愚忱，謹繕疏恭謝天恩，伏祈皇上睿鑒施行。

雍正十一年十二月初一日奏。奉旨：『該部知道。欽此。』

恭謝一品誥封

奏爲恭謝天恩事。竊臣於宿遷工次接閲邸抄，欽奉上諭：『大學士嵇曾筠敬慎居心、忠勤襄事，自簡任河道總督以來整理有方、調度合宜。即如今年直隸、豫省河工均有潰決，而江南地處下游，不但各工平穩，且有自開引河之端，此實嵇曾筠殫力宣勞之所感召。且江南河務今年工程較多，所用物料加倍，而所費錢糧轉較從前減省。兹又奏請將葦蕩營每年出産柴束立定章程，儹運交工濟用，具見實心實力鉅細不遺，深屬可嘉。朕念伊母之忠義，伊母之節操，雖已贈卹旌褒，尚未膺一品封典，今特沛殊恩，著給與大學士應得誥封以示優眷。欽此。』臣跪讀之下，當即恭設香案，望闕叩頭，恭謝天恩訖。欽惟我皇上堯仁溥被，禹績丕昭，康阜咸登，尚勤求夫民隱；平成永慶，每加惠於臣工。臣猥以庸材，忝膺重任，仰賴神謨廣運，隨時得奏安瀾；更由聖敬昭孚，邇歲頻臻瑞應。惟皇上宸衷乾惕，因之屢召休徵；而微臣殫力宣勞，祇有靖共職守，敬沐優頒懋賞，疊賁温綸，受此隆恩，已爲逾分。廼更荷皇上推恩之大典，錫類之弘仁，憫念臣父殉忠、臣母守節，特加一品封誥，用彰三代榮施，發潛德之幽光，錫龍章而益著；表貞操之苦志，賁鳳詔而增輝。聖訓煌煌，勵世以褒忠教孝；王言藹藹，聞風而懦立頑廉。况臣身受洪慈，刻骨鏤膺，感激難名萬；一親邀曠典，涕零心惕，悚惶何啻再三。表揚之典至優，犬馬之報何在？即時時奮勉致身竭力，莫副如天如地之皇仁；縱世世子孫銜環結草，難酬無盡無涯之聖澤。惟有藎誠永矢，慶河山奠定於千秋；感頌加虔，祝日月升恒之萬壽，庶以仰報皇上鴻恩於萬一耳。所有微臣感激愚忱，謹繕疏恭謝天恩，伏祈皇上睿鑒施行。

雍正十一年十二月初二日奏。奉旨：『該部知道。欽此。』

卷十

挑挖引河說

嘗攷黄河自潼關以下，無山麓束水，河流漸肆，激湍奔放，東衝西突，遂成埽灣頂衝之勢，兩岸險工多由於此。從來黄河夏月走灘，冬月行灣。每歲冬初及春，河流類皆埽灣廻溜，侵刷堤根，水緩沙淤，灘形漸長，如水射北則灘在南，射南則灘在北，此一定之形勢也。至夏秋水長，河勢浩瀚，前此侵刷之處，遂成頂衝。當此之時，必須於險處做磯嘴，下護埽，并創築裹月堤，以保固萬全。但河勢灣曲太甚，漸成一往之勢，恐滋漲漫之虞。萬不獲已，計莫善於開引河，爲效既速，且河成之後，化險爲平，誠一勞永逸之計也。但貴乘時，尤宜審勢。黄河埽灣之處，其大溜必直走險工一岸，沙灘上游，盡屬漫灘，難以施工。若不遠尋河頭，有吸川之勢，縱一時告成，終不能掣溜，及經開放，立致淤墊。是以相度河頭，惟在迎溜，如其溜勢衝擊塌崖，即於頂溜處所，安立河頭，放開口門納溜，自然頃刻成河。但黄水倏忽變遷。往往有冬春水落，勘定河勢迎溜，及至夏秋水長，河形忽又改易者。斯時或於上游迎溜處所，開挖深溝，引溜入河； 或於新河對岸，作挑水壩挑溜入口； 雖多費帑金，恐難收效，不若預先審定河頭爲善也。河頭既定，當依形順勢，相度河尾。河尾不可太低，低則引河以下之水倒灌而入，河亦難成。是河頭既有吸川之形，河尾尤貴有建瓴之勢，斷斷不可移易者也。至於河身，宜在老灘上開挑，不致水大易漫。首尾定而地勢得，然後講究挑河之法。

統計引河長者二三千丈，其次千餘丈數百丈不等，但其中高窪不一，若不分别高下，一槩若干深，將來開放之時，高亢之處，必患淺阻，卑窪之處，必虞淤墊。故估計之法，先於應挑河身内封土作堆，以記丈尺。次於封土上，各插長竹望竿一條，使河頭至尾，一律調順。然後用水平或三十丈，或五十丈，挨次量記，某段較高若干，某段較低若干，照依高低，科算土方，通核錢糧，庶免浮刻。估計既定，又必按段分委人員，頭尾兩段必擇夙昔諳練之人，方可委任。葢河之頭尾，關係通工，且河性無常，消長莫測，苟非熟悉工程，不知利害。一經暴漲，或有坍塌，則河未全完，水一内注，頃刻漲平，前工盡棄。故河之頭尾，須寬留灘地一百丈或五十丈。如逢水長，則用挑河之土疊作土埂攔水，仍量貯柴草，以備不虞，方爲萬妥。此分工委員之又宜審慎者也。

至發帑募夫，尤應慎重。如發銀太少，則遠募之夫盤費不敷，多則恐致花費，日後便有累工欠帑之弊。假如河身一丈，該土若干，每方計銀若干，共該銀若干，先酌發十分之四，每名先得若干，每夫每日牽陰雨停工約挑土七分，每日每丈內可挑土幾方，嗣後計工績發，可無賠累之虞矣。

又人夫到齊，不許先挑河土。令承挑各員諭各夫頭，如分工二百丈者，先撥夫四百名，於河身兩岸，各離十五丈之外，順長先挑小溝一道，面寬四尺，深二尺，段段相接，自首訖尾。普例溝完，仍令夫頭於小溝上搭橋爲路。凡所挖河土俱令挑過溝外，從遠處堆起，依溝順長堆至各段之土，兩相連接，約至高四尺後，方令其再往上堆。不許一筐棄置河邊，可杜奸民做假崖墊高之弊。開河之日，亦無積土卸下之患。即挑河未成之先，倘遇河水暴漲，外有積土阻攔，可免漫淹。或值大雨，下有小溝通流，積土亦不致卸入河內。此興工之始所當措置者也。

至於開河，其中更有先後次第，不可普例全開。除去河頭灘地百丈外，如第一段長二百丈，第二段亦長二百丈，各段內間一百丈，開一百丈。其間與開之交界處，各留土埂一條，約寬四五尺。俟所開之百丈通身挑完。然後挑去上埂。蓋河上[一]甚多，工非計日可竣。如遇連陰積雨，不免淹没土塘。故於二百丈間段挑挖，則雨水有所容，不致浸塘，且可省車戽之費。其於交界處仍留土埂者，恐後挑之土，遇雨積水，難以施工。有此土埂，無水固妙。縱有水即可以現挑土塘之水，戽於已完上塘之內，費省而工便，可免曠工賠累之患矣。

全河既已挑完，必待汛水長發，溜急湍湧，然後迎溜開放。河面寬二三十丈者，頃刻八九十丈，坍塌成河。將開之時，先須挑去河尾平地十分之三，然後挑挖河頭，兩相照應。蓋河尾無溜，不能衝刷，尚易收拾，若河頭先開，河尾未完，則河水一進，便易淤塞，開放誠不可不慎也。

總之，挑挖引河不可太窄，窄則受水無多，遽難挽溜；不可太淺，淺則水不全趨，勢緩沙墊；不可太短，短則水流不舒，每爲正河所抑，洄洑易淤；如引河長者，又不可太直，直則水平溜緩，必中間坑溝相間，怒濤跌蕩，日衝日刷，河乃深濶，再於河頭下唇築接水壩，約攔水勢入裏，此皆一定之機宜也。引河既成，雖向之被禍最烈者，不數年間皆化爲沃壤，禾麥盈疇，桑麻徧野。如河南之倉頭口雷家寺，豈非明效大驗歟？然此尤宜於中州者，以土鬆而河易成也。若徐邳以下，土性膠粘，則又當審形度勢，不可一律論矣。

堵塞支河説

論治河者莫不以分殺水勢爲言，然拯河患於異漲之

[一]『河上』疑作『河土』。

時，誠不可不分其勢，若預先防其淤墊，慮其橫決，則貴合其流而歸於一。蓋黄流最濁，沙居六七，合則汛溜水急挾沙而行，水行沙刷河流暢達。分則水勢散緩，緩則沙停河塞，而壅滯潰決之患未有不相因而至者，則支河之應堵亦彰明較著矣。獨是堵之之法不可執一而論：

如有一種支河上有河頭下有河尾，一當河水長發，水由河頭流注，遠者數十里，近者十數里，夫以黄河汹湧之水奔注於狹隘河形之内，其勢倍急激湍廻旋撞擊堤根，日刷日深爲害非細； 堵之之法當擇河頭高阜有崖岸處所，約離大河百十丈、或數十丈之内，堅築夾土壩，中心填土，兩邊用埽，由防風加鑲高厚以斷其衝； 若溜勢甚湧，則連築夾壩一二道，重門保障庶無意外之虞。

至于沿堤串溜之支河，須於一帶河身中各擇淺隘處間段築束水壩，或相隔一二里或里許，形如石閘，各留口門，寬者丈許，窄者數尺，仍使通流不致激怒，水流遇壩停蓄，泥沙頓積，即有涓涓細流不致刷深河形，一遇河水平漫串入支河，有束水小壩間段約攔，河水慢流漸淤漸積，歷伏經秋盡成平陸。

更有支河上源並無河頭，祇因内地低窪，當河水出(漕)〔槽〕之時滙潴於此，自高而下聚而成溜，衝刷成河，雖繞堤遠近不等，究歸大河，但堤根沿流浸汕，如不急爲堵截，恐年復一年，日漸深濶，堵塞更難，其法又當先於河尾内靠河崖高阜處堅築内外大坦土壩一條，截其去路，兼於河身淺隘之所亦間段築束水小壩，各審形勢以留口門寬窄，至近窪地之第一束水壩口門須寬，庶窪聚之水不致跌蕩，以下束壩遞遠，口門遞收，河水漫漲水束沙淤，日漸墊平，雖有細小河形不足慮矣。

昔人有言曰：『黄河無十年不變之形。』此就大勢而言，若夫支河治之得宜，一經伏秋即淤爲沃壤，可計日而待也。

堤工説

隄防束水，由來舊矣，然隄名宜辨，隄之形勢宜審，且修築之法宜詳，未可視爲粗淺，漫不講求也。

一曰遥堤。遥堤之制，離河二三里外就高堅築，正如設險者遥爲控制之意，以防汛水長發，俾得寬容游衍，即至平漫及堤，其勢已殺，不復衝激爲患。前人所云遥堤約攔水勢，取其易守者，此也。

一曰縷堤。沿河順築條直如縷，束水歸(漕)〔槽〕日刷日深，不致涣散停墊，是以不拘黄運及洩水河渠，槩有兩堤夾水。前人所云縷堤拘束河流取其冲刷者，此也。

一曰格堤。遥縷二堤之間地勢寬衍，脱遇縷堤有警，則恐漫溢之水，騰波掣溜刷成支河，所宜酌量遠近，間段築堤如橫格然。前人所云決水順遥而下亦可成河，欲其遇格即止也。

一曰月堤。水性遷移靡定，如舊堤漸近河身，則溜勢日益侵射難資捍禦，下埽修防工大費繁，相機建築月堤以爲重障。前人所云縷逼河流難免冲突，欲其遇月即止也。

他如河湖相連之處，建堤隔截，則曰隔堤，水櫃四圍周遭環築，則曰圈堤，汛水長發勢機危急於堤坝搶築小堤，則曰子堰。石工以內埽工以裏於後尾用土填築，則曰裏戧。舉凡湖堰海堤以及圩塍塘埭，雖名異而用同，可即小以見大，總在條理得宜，建制如式而已。

若夫築堤之法，不論工程之大小難易，先分别乎剏建、加幫： 如工之剏建者，首在相度形勢，抵水而不與水爭，然後酌量地形之高下，詳審起訖之憑依，或裏陡而外坦，或由高而漸卑，胸有成算，斯動能中矩。 如工之加幇者，或年久失修而形勢不改，則修殘補缺，丈尺止還其舊制； 或建築未幾而形勢異宜，則裏收外出規模。 又貴乎變通增培，雖無異致而機宜各有攸分。

至於坯頭不可過一尺； 取土離堤十五丈； 潑水夯硪用簽探試； 肋土貴乎豐盈； 收頂貴乎圓滿； 地係浮沙，則遠取膠泥； 蓋面四圍水佔，則急圖圍埂成功； 船裝車載，所以節人力之勞； 馬路浮橋所以利夫工之便； 取土既有近遠之分，方價又有乾濘之别； 修補者先將原堤夯實草根芟盡，新舊土斯能合一； 保固者須知填補浪窩，搜尋獾洞，伏秋汛方可無虞。 此乃不易之章程，修防之定制也。 玆因修築善後堤工之役，爲之分别著明焉，司河者其先準形度勢，分明乎緩急之用，斟酌乎制度之宜，而後如法行之，斯得堤工之三昧矣夫。

堤工走漏説

語云： 千金之堤潰於蟻穴，穴之不可不慎也。 所貴平時巡查嚴密，有則填塞，斯汛水長發，乃可無患。 如堤內積水之區色泛微黄，必臨水坦坡有進水之穴洞，查勘得實，即用鐵鍋扣住，勿使走氣，周圍用土填壓，堆成高厚土坵，切勿脚踹杵夯致令洩氣，恐有意外之慮。 斷水之後，或於堤頂、或於堤腰挖至患處，尋其過水之洞，層層填土，夯築堅實，此截築法也。

又如河水漫灘堤根滲漏，洞穴難註，但見裏堤過水，即令會水精細人在外坦逐細跴尋，凡過水之處抽氣必大，易於覺察。 踹尋着實，萬勿用碎石、草把填塞，越塞越漏，恐成大患，須量洞口之大小，或塞以棉襖，或塞以棉被，便可堵住。 設或洞口寬大，必使一人赤體將洞口坐住，一面飛集人夫於所坐之下周圍填土，離人二三尺圍繞成圈，築成井様，寬七八尺，高出水面二三尺，俟外水不入，即令塞穴之人扶竿速起，立將井土填實。 若恐頂衝油刷，加以護埽防風，斷不致潰裂。

此外堵法也更有一種井穿獾洞，外面似無大壞，不知堤內已屬空虛，一遇水長忽然走漏，勢如泉湧不可復救，則非覆鍋塞絮所能奏效者，須細看堤外之水，如淹堤二三尺，堤內平地比外地低窪一二尺，過水不大，宜飛調人夫即於堤內走漏處緊接大堤買土急築小月堤一道，攔定走漏之水，勿使伸腰透氣，聽其流滿月堤，內外相抵，則不過水矣，然後從月堤兩頭挨次月土實填，築成裏戧一道，可資鞏固，切勿先於漏處用土加帮，夫少則不能立成，夫多則蹂躪塌卸，反損大堤，此內堵法也。倘或堤外水深五六尺，堤內之地又較外地卑矮，倉猝相乘，焉能築此高厚月堤以資捍禦？則宜星運軟草於隄外坦坡下，挨次鋪鑲細土，層層加壓，加至出水則漏自斷，俟汛水消落當築裏月堤一道，內外兼治，方可永固。大抵獾洞、鼠穴不在堤之外坦而在裏陡，不在人跡常經之地而在幽僻荆棘之間，嚴飭各汛文武員弁修補於平時，自不貽悮於倉猝。巡查之責屬之兵夫，催督之任寄之官弁，實爲閑中之當急，小中之最大者也司，河者幸毋忽視焉。

石工説

石工之要，第一先審水勢。如黃河水性靡常，沙土虛鬆，除山陵岡麓土性堅凝，量爲建築石工，以資捍禦，其餘概難壘砌。又如清水頂冲之處建閘，若遇山水大發，全力冲動，必致潰裂難支。惟熟察夫來源之清濁，爲頂冲，爲拖溜，擇地建造，方能堅久。是水勢之貴於斟酌者一也。

一在先據根基。如根基不能堅實，雖密釘長樁，層壘巨石，平甃下座，必致塌陷。務須選擇土性堅凝之處，然後施工，則久而不敝。即至歷年既遠，間有損傷，基址永固，易於修理。是根基之貴於堅實者一也。

至於壘砌之法，首重底樁。毋論馬牙梅花，務必株株實在，方能着力。一有虛鬆，則力難勝重，上實下虛，通身受病。即全體俱堅，間有一二樁根不能到地，偶遇石縫接筍之處，立致欹斜偏側。是以按照漕規估計，有二截、三截之分，而測量地勢簽釘，務以着實到地爲要。是底樁之貴於實在者一也。

一重石塊。不拘丁砌順砌，務須六面琢平，方能穩固，倘一面不平，即一處不穩。每有任聽匠作草率了事，鏨鑿不平，用碎石襯墊，迨至壘砌既高，其力愈重，所墊碎石難支，工完未幾，旋有蟄裂。是石塊之貴於平整者一也。

一重對縫。石縫不密，則罅隙可虞，易於滲漏，即使灌以濃漿，而灰縫粗疎，不能鎔成一片，串水之患，勢不能免。凡鬬筍接縫之處，務必琢磨細緻，參差壓縫，勾抿合式，方資鞏固。是接縫之貴於密緻者一也〔一〕。

一重灰汁。灰有真膺之辨，汁有濃薄之分，少不留心察看，則動多虛假。苟至計及錙銖，希圖節省，即有匠工

〔一〕此句爲『是接縫之貴於密緻者一也』。

牙儈乘機舞弊，灰則攙和沙泥，汁則半多清水，豈能融洽膠粘，充盈飽滿？徒飾外觀，其弊不可勝言。是灰汁之貴乎察核者一也。

一重丁石。不拘大小石工，如得層層丁砌，自當格外堅固，否則層丁、層順間砌，皆能垂久。如非喫緊大工，則估計順砌居多。每層順砌一丈，例用丁頭石三塊，每塊長三尺六寸，庶與襯裏磚石，裏外牽扯，方資鞏固。如謂壘砌在中，無可考究，所用丁頭石長不如式，則牆裏二石兩不相蒙，倒卸之虞，半多由此。是丁石之貴於照估者一也。

一重襯磚。牆石之後，接砌裏石；裏石之後，復襯河磚。蓋土石性殊，難於聯屬，以磚貼土，誠有妙理。如或聰明自用，更改成規，動謂磚性不堅，不如省去，不知土石性難融洽，分而不屬，大有疎虞。是襯磚之貴乎如式者一也。

一重尾土。石工背後，用土填築。土石相接，最難聯屬，夯杵不密，每致成患。務須砌石一層，即填土一層，用襍木夯杵，百鍊千錘，方能堅凝貼合。如壘砌既高，方始填土，以及任意堆積，先後失宜，兩淋水灌，非虛鬆塌卸，則脹裂傾欹，均爲石工大患。是尾土之貴乎堅密者一也。

一重月壩。凡修砌石工，必先築月壩攔水。法用兩面排樁，襯以笆蓆，中填土心，攩溜閉氣，不使少有滲漏，以便施工，此不易之則也。然於洪波巨浪中，一壩孤懸，勢難屹立，如徒固執舊章，不知變通，萬一工程將半，壩有疎虞，前功盡棄，所損實多。又在因地制宜，如水淺則用月壩，水深則留存舊工一二層以爲外障，退進一二丈，空漕釘樁壘砌。是月壩之貴於相機者一也。

他如清槽戽水，扣錠安鋦，集料庀材，鳩工利器，事無巨細，貴周備而不遺；時有後先，毋臨期而滋誤。若夫金門、雁翅之須詳，磯心、裏頭之有別。迎水、跌水，在長短之合宜；減壩、滾壩，實同工而異用。閘洞無分乎大小，堤堰總貴乎高堅，形制雖殊，施工則一：要須熟習於平時，方不致周章於臨事也。謹於高堰工成，爲志大略於此。

減水滾水閘壩説

束水莫如堤，然堤有常而水之暴漲無常，於是相度地宜，築閘壩以減之、滾之，而後堤可保也。夫黃河自武陟滎澤迤下，全憑兩岸大堤約束。惟豫省土性虛鬆，并無崗麓依附，難立閘壩基址。至江南碭徐以南，土質堅凝，山岡林立，上有毛城鋪、石林口，下有王家山、峰山、大谷山等閘壩，以洩其漫灘有餘之水，而大溜仍走中泓，是以水勢安行，堤工鞏固。迨至宿虹廳，則有竹絡壩以分減黃流，外河廳則有王營減壩以宣洩異漲。以及駱馬、洪澤等湖，上下運河，水小則謹閉以蓄水，水大則開放以減水，權衡消長，吐納盈縮，全賴於此。其間制度有不可不講者，蓋閘之底深於岸，其寬不過二丈四尺至三丈而止；壩之寬者至百丈，窄者亦六七十丈，其底與岸平者爲減壩，高於岸者爲滚壩，滚之過水少，減之過水多，滚洩暴漲，減洩平(漕)〔槽〕，制雖不同，減則一也。但建造必須周詳審度，斟酌萬全，如閘壩基址務擇地形得勢，且内有舊河或相隔不遠附近湖蕩者，挑河通流，庶易爲力。其外灘離大河甚近，須用水平測量平準，方可施功。再查歷年水漲時，此地水高若干，大抵水深一二尺者即可用，如太窪則洩水過多矣。其最要者察土性之堅凝，度壩基之長短，審水勢之淺深，酌口門之廣狹，量消納之多寡。一或不慎，必致下淹民田，上奪河溜，甚至水漫趺塘，旋築旋潰，爲害又何可言耶！至於築基甃砌之法，前人已備載矣，無俟贅述。

順水挑水壩說

黃河當頂衝埽灣，溜湍水湧，正堤岸危險之際，急於上游下摟崖順埽，上用裹頭埽以下一路魚鱗。又恐不能挑水，則盤築磯嘴壩以挑溜開行，然後危可安而險可平也。夫河溜之緩急淺深，形勢不同，則挑壩之長短濶狹制度亦異。如遇溜急水深，必須盤築大磯嘴壩或三四路不等。倘大溜水深，底埽不能出水，則上加套埽一層，上下雁翅下水宜長十分之三，酌量斜長均匀，埽個方爲平穩；若溜緩水淺，又當減去埽路，上用散鑲雁翅之長短高寬亦須酌減，務期妥貼堅固。設或建挑壩一座，挑溜不遠則於頭壩之下相去數十丈或十餘丈再築挑壩一二座，接聯挑逼，水自開行；其兩壩相接中間空處，俱須下摟崖順埽，至溜緩處乃止，則堤根鞏固，永無廻溜之虞矣。又有一種埽灣，上游來勢甚猛，先宜下順埽護崖，略帶魚鱗；若挑水過急，溜難舒展，必致盤旋濴洄，汕刷堤根，宜築扇面壩以挑之，蓋扇面則水不激怒逼溜使開，庶爲穩便。若夫魚鱗壩者即小磯嘴也，用於絞邊拖溜直河爲最，宜重疊遥接，形如鱗砌，亦間用於摟崖順埽之間以保堤岸，然須審水勢之上提下坐，以爲接應，不可概用也。更有一等挑水大壩，自岸至溜全用埽個，臨溜門埽寬十丈者，靠堤起手之埽先下寬二十丈高一丈爲一路，逐路遞減一丈，下至第十路門埽，恰寬十丈，統計直長亦符十丈之數。臨溜水深底埽不能出水，更用套埽，悉照底埽之長短爲則，兩旁俱用邊埽，至上下水雁翅均用順埽，上再加鑲高厚以資挑溜；然此等大壩惟用於埽灣決口，或因口門水勢洶湧，急難進埽，飛築大挑壩一座，逼溜使歸正河，口門溜減，庶易堵築。又或決口已經堵塞，恐河勢流順，仍由決口故道，運道民生關係匪輕者，復於上游建築大壩挑之，逼溜盡歸正河，以杜後患。總在相水勢以定機宜可耳。

堵塞決口説

漢武宣房而後堵塞之事，代有傳述，但專事茭薪楗竹者，不省川源之大勢，專言支分派别者，不知埽理之機宜，欲堵築之稱善難矣。蓋河流漫決，形勢難定，先須裹頭護堤固守，一面購齊料物，俟水落時堵築。苟不能相形度勢籌畫周詳，而遽圖遏截，則人方盡力以制水，水亦必騰湧以勝人，彼此牴牾，變態百出，曠日持久，難與争衡。必詳悉地形，領會水性，然後定謀決策，立見施行於挽逆之中，而仍得順遂之理，然後操縱得宜，趨避得法，事半功倍，工可告成。如決口之由於頂冲者，其溜必直，大溜全入口門，正河立見淤墊，不得不開空引河以分其溜。第河之大溜必走中泓，口門對岸自無迎溜吸川之勢，須於直河上遊轉灣之處尋覓引河河頭以挽之。蓋口門在北，其上游轉灣之溜必在南；口門在南，其上游轉灣之溜必在北也。今引河開濬，將大溜分去幾分，則口門之勢必減，而堵塞易爲力矣。

如決口之由於埽灣者，其大溜不在其左即在其右，正河與口門兩相行溜，則又不必開空引河，止於口門之或左或右，上游相去數十丈建大挑壩一座，挑溜使歸正河，則口門水緩，埽自易進。如地係浮灘壩無靠身，即於壩後建戧堤一段，接至大堤前，用順埽、魚鱗埽保護，便可無虞。倘或初係埽灣及後漸成頂冲，則於初變之時飛即接長挑壩，或於埽臺上首連築磯嘴挑溜遠行，斯又應變之一策也。

如決口之由於漫灘者，既非頂冲亦非埽灣，或緣堤工年久單薄卑矮，或因獾洞鼠穴罅隙虚鬆被水浸泡致成潰漫，雖水勢汹湧異常，究與大溜有别，俟汛水退後，其流自緩，不難立堵。且有自行掛口，不煩閉合者。惟外灘舊有河溝串入堤根，急須於灘上多用草土堵塞溝形，以斷其來路，則決口不勞工力而易塞矣。若夫埽臺不可參差相向，下埽不可緩急失宜；或上水下水溜勢不齊，先於上水加功；或新決舊堤激湍難合，則從裏越盤壩。以至功將半而忽有他虞，患在防微之不密，龍已合而變生意外，至資料物之充盈。與夫盤壩、下埽、簽樁、壓土、釘橛、絆纜、探埽、聽樁、埽工走溜、合龍閉氣，各有法則，分著於篇，庶後之司河者竭離婁之明而運工輸之巧，大綱節目兩相需而兩相得也。

盤壩進埽説

堵決埽臺，先宜相度地勢，則自始至終不煩更改，埽亦安穩。如決口之水從中泓直下者，則兩邊埽臺所出馬頭受水之力亦相等，庶挨次前進，各無輕重。如溜自左來或從右來，則當溜一邊其勢急，其水深，必先出埽，俟出埽三兩個之後，大溜必稍稍直下，然後於不當溜一邊亦挨次前進埽個，則兩邊上下長短相等，受水之力亦相等，及至合龍，自無貽悞。若夫兩邊埽工堵至八九分光景，內有□邊門埽之下，因深水洄漩湍洑，不能一齊進埽，以至邊上邊下兩不相對，難以合龍，急於水深溜漩一邊，在門埽上水下長十丈順埽兩路，即於順埽上另出馬頭，往上一提對定彼岸進埽，則深溜在下龍口亦對而易合也。總之壩臺必須三面壓實，方可往前進埽，水淺則埽上加鑲，水深則騎馬套埽。其捲埽之法爲邊埽、爲門埽、爲沉水埽、爲馬頭埽、爲魚鱗埽，埽個不同，譬之兵家列陣，攻守異宜，戈矛弓矢，各得其用而已矣。不然恐欲速圖功，冒昧臨事，壩臺門埽之上或憑空蜇陷，或漲裂欹斜，或壩身折腰，或門埽垂頭，其患可勝言哉？司堵決者不可不加之意也。

簽椿壓土說

埽用柳草爲之，其性輕浮，簽椿以使其不移，壓土以使其着實，則簽之壓之，殊無難事，雖然未易概言也。簽椿須看水勢，水淺則早簽，水深則看埽蟄至七八分方可簽釘。如有舊埽在底，新埽必壓到新舊接聯，始可簽椿。水緩椿頭不必絆纜，水急椿頭絆纜方爲得力。至於簽釘之法，水淺居中，水深裏四外六，如再深裏三外七； 惟於簽下之時，不宜太直，椿頭須稍稍向裏一二尺，脚繩須要收緊，以防埽未着底，椿尖向外，致有推埽離襠之患。與夫雲梯、天礮、脚繩、立索，器具務要精良，不然十餘椿夫施工，用力於岑樓之上，而下臨不測之深淵，工程民命寧不兩關綦重耶！或者謂簽椿固甚難之工，壓土猶爲易事，殊不知壩臺之上，擔土人夫易於雜亂，若不派委諳練之人勤視指撥，或倒土邊重邊輕以致埽個傾側，或壓土太輕過薄以致埽個不沉，均爲失宜。且正當合龍之際，惟知積料而不知積土，倘遇龍門告警，雖有積薪，苦無簣土，每致張皇失措，必也預積土於龍門十數丈之後，頃刻就近移用，層層加壓，以資鞏固，以收全功。始知制水之道，原以土爲用也。

釘橛絆纜說

凡埽已沉水過半，即當普面加鑲壓土，但此時埽個尚未到底，若揪頭滾肚未曾標記明白，即加土料掩蓋，無論此埽必不能穩，即欲收放，從何處尋覓？貽誤匪輕。務將各繩根根提出，各掛一木牌於繩頭之上，註明苐幾埽揪頭滾肚，俟埽個到地後方可一槩掩蓋。至於有一揪頭有一滾肚，必有一橛木，埽個之力全仗此繩，此繩全仗此橛。是以綑繩之後，必須於橛後各再釘橛一根於前橛之上，用繩絆於後橛之上方穩，橛木宜稍長不宜過短。總之埽浮水面比諸不繫之舟、泛駕之馬，有橛有纜收管周匝，則舟可維而馬可勒矣。

探埽聽樁說

厢臺進埽，人情大抵欲速，兵弁類多鹵莽，殊不知機伏於隱微，患生於俄頃，所係安危甚大。是以進埽之時，務將已下之埽壓土鑲填，探明着地穩實，方可前往再邁。但口門水深溜急，難以探量，即探量亦未必確實。人有以揪頭之寬緊爲準者，此法祇可探埽個之是否着地，不能知水底地勢凹凸。倘地勢有高有低，所下之埽擱於高地之上，揪頭亦必不緊，詎知低處尚屬懸虛，如信爲平穩，往前再邁，及至再邁之埽將近着地時，懸虛低窪之處兩埽相夾，勢必逼溜更緊，漸汕漸深，釀成大患。惟有聽樁之法，最爲確實，曾筠於堵決大工，每遴選精細河員派於樁橛之旁，晝夜監守，驗得所下之埽揪頭已經稍寬，復於所釘各樁之上逐一用耳細聽，若下有坑窪過水之處，深者樁必顫聲必大，淺者樁雖不動，亦必聞水聲，仍須再加土壓，務以毫無聲息方爲妥貼。或壓至格格作哽咽聲，亦可不致汕跌成患。總之埽不離樁，樁不離埽，樁埽實寓至理，露於形者必先發於聲，人力致勝，幾先視於目者尚需聽於耳，微乎微乎，難言之矣。

埽工走漏說

合龍未經蟄定之時，其埽厢柳草緶纜微有隙罅之處，或滴如屋漏水，或激如珍珠泉，層壓層鑲，自然貼伏，均可無慮。其最可慮者，樁埽施工受病於先，發病於後，變態百出，倉皇震動，誠不可不設法以治之也。如走漏之處或因樁頭未刨而遽套埽者，或刨而未尖者，漏水不致成溜，其水自半腰流出，但於漏處掘開深三四尺，必見此樁，刨尖掩蓋，便可平穩。如漏處有溜，但窄細而無翻花，此壓土離襠之故，但於漏處加鑲，緊守揪頭，多爲壓土，自然填塞。如漏有大翻花者，其翻花離埽尾遠，漏必大，必係埽未落底，加鑲壓土俾其墜實；如翻花近而溜大，必係埽下有深坑，因坑短埽長，埽個橫擔於深坑之上，埽雖落底而水流入坑内盈坎上冲，從新自埽尾流出，若不速治，深坑漸冲漸長，及至與埽相等，則憑空下陷，其埽立走，急須於埽工上水先護邊順埽，或長十丈或二十丈，兩路鑲填如式，釘樁壓土，然後將漏處用利斧砍斷，直折到底，摸見深坑，層層用草捲土埽填之，以填至漏斷爲度。總之水從上湧，其下必有空隙，况塞决合龍，大溜初遏，其勢難馴，必須尋源補救，防維周密，若涓涓不息，遂成江河。可不懼哉！可不慎哉！

合龍閉氣說

堵閉決口，至合龍時，正河尚未寬通，旁流又復阻塞，全河水勢，進退兩難，屈不能伸之日。此時苟措置少有不周，必致尋路奪門，乘虛潰陷，盡棄前工。故堵合決口，築至衹寬十餘丈之時，務將從前已下各埽，凡揪頭、滾肚以及樁、橛等項，一一撿點明白，更驗明積料積土若干，然後每邊各再進一二埽，鑲墊極穩，方可捲下合龍埽個。其埽或用單用雙俱可，不拘。既下埽閉合之後，一鼓作氣，竭力鑲填，層層加壓着地，隨即簽樁，至埽尾溜斷爲率。至從前做過各埽，須自靠堤起至龍門口止，通身壓土三四尺。加鑲，又不可一律鋪填，如埽面寬十丈者，止於埽頭埽尾各鑲寬一二丈。其埽面中間多用土壓，埽上壓土愈重，埽個愈穩，將來蟄陷亦少。

若夫堵合決口之後，河流亦必去埽工數十丈之外，似乎足資鞏固。但近埽之處，不有河形，即係窪地，水勢一長，仍必分流，倘不早爲防備，則外口嫩沙，見水便消。壩下埽工，倘或朽腐，一有更變，便無從下手。亟須於龍門外口，約略長短，再下順埽數十丈，或二路二層，或二路一層以護之。如龍門裏口跌塘尚淺，則於裏口建貼心壩，以爲內戧，更著緊晝夜搶築裏越大堤一道，方爲萬全無失。蓋以論水者，氣勢二字本屬相連，勢之所趨，氣必隨之。今裏戧外護，而又圈以越堤，俾其氣無所透，而其勢亦隨以退阻，淤沙掛灘可跂而待。司壩工者，其可不急爲之善後耶？

後跋

雍正元年，我皇上膺圖纘緒，加意河防，於是虞廷咨儆，簡在帝心，命今宮保大學士錫山嵇公以兵部侍郎乘傳至豫，奠定中牟河患，隨即開府駐節，繼而分任北河調任南河，事歷十年之久，功成三省之遠。

今兩河底績，裒其前後章疏彙為一集，壽之梨棗，以小子昌治志巖昔曾執經問字，而河干之役又嘗親侍鞭鐙，朝夕於公之側也，命志名卷末。小子受而讀之，竊嘆明良遇合之奇，利濟匡扶之大，《易》之《泰》曰『上下（文）〔交〕〔二〕而其志同』，屯曰『雲雷屯君子以經綸。』惟公有焉。是應運而篤生名世者蘊而為忠，蓄發而為文章，懇懇肫肫，琅琅炳炳，誠足以信今而傳後也。嘗攷《記》曰『江淮河濟為四瀆』；《禹貢》曰『沿江達淮，亂河浮濟。』則四瀆即古之運河，而今之運河，則自瓜儀逆流而上，渡黃淮入中河運口，由中河至山東閘河，轉運各省數百萬石之糧以達京師，亦猶之乎古之運河以達其貢賦。然是運河也，未始不以四瀆之通塞為利害焉。蓋四瀆襟帶運河，相為經緯，治四瀆即以治運河，第蓄洩異宜，分合異用，其治較古人為尤難也。

雖然有聖主斯有賢臣，有治人斯有治法，自古皆然，於今為烈。彼夫古之言，治河者漢推賈讓，馮逡次之，但議者以為祇崇空語無裨實用，唐世河患頗息議論亦希，宋則如廬陵、眉山頗見讜言碩論，而史册所載二股、六塔，由於因循寡斷，迄無成功。可見不得其人則不治，即得其人而不得信任之耑，亦歸於不治，則是漢之宣房、宋之滑臺，投璧沉馬、增埽繕堤，亦河之一隅，成功於一時耳。求其上承聖哲之鴻謨，下竭匪躬之偉績，由是四瀆著清寧之象，兩河垂奕禩之休，盱衡千古，詎能數覯也哉。

伏念我公以邃學詞臣，洊陟卿貳，其初膺河務也，親秉鼛鼓於畚鍤間，凡河務機宜，悉稟睿慮周詳，竭力宣勞，以除旁挺橫溢之患。嗣是疏築並行，築長堤而兩岸夾峙，疏引河而千里一瀉，上游下游，均資其利，其所以治黃者至矣。洎乎移節東來，蒿目會通一河，實為河漕命脉，釐夫役之積弊，脩節宣之良法，其所以籌濟水者至矣。更且南河初涖，奉命經理高堰，上體聖天子如天之仁，下念全河關鍵之重，意匠經營，工良心苦，兩載告成，安瀾普慶，其所以乂淮者至矣。至其挽北徙之江潮，通注江之去路，於瓜洲殫相度之勤，於金灣、芒稻等閘講節宣之制，其所以導江者至矣。若夫棄禹王臺竹絡壩而沭水安流，向若

〔二〕據《周易正義》改。

疏駱馬湖尾閭而六塘順軌朝宗，其所以吐納黃運，蓄洩河湖者，又至矣。蓋惟胸有全河，故能提綱挈領縷晰條分，而黃運江淮濟汶沂泗胥受治焉。

然則治效者幹濟鴻才也，端本者淵微懿德也。惟公之才本於德，是以出其傳家之忠孝，布為體國之謨猷。運道民生凡所措施皆治實而不治名，治本而不治末，故於其所急者不敢泄泄以隳工，於其可緩者不敢張皇以糜費，勿以遺艱投大而為難，勿以謹小慎微而為易，十年黃運其精神之所耑注，有真積力久之功，有篤實煇光之德，侍其側者，每見飲食寤寐，無時不仰體皇上之心為心，雨暘寒燠，無日不念切斯民之事為事，存誠主敬，盟山川而貫金石，尤為古名臣所莫及者。猗歟休哉，竭慥慥之悃忱，樹煌煌之勳業，何其偉歟！

伏荷我皇上聖眷優隆，晉秩宮保，旋登台輔，盛典酬勛，天下臣民莫不慶為亘古難逢之盛。廼頌《書》至《説命》『爰立作相』之文，『若濟巨川，用汝作舟楫』，則又知勳著濟川，允洽作相，自古有傳之者。而況安瀾乆奏，調鼎方新，霖雨蒼生正未有艾也。

昌治、志巖才識愚昧，闇於經世大略，今手是編而廻環捧誦，直以一函而挈兩河之全局，為疏為築若者為未雨之綢繆也，為障為防若者為苞桑之鞏固也。抑且樸忠性植，格議天生，詳慎懇摯之氣，溢於言表。繫辭曰修詞立其誠，惟公足以當之。較之潘印川之《一覽》、朱國盛之《南河》，以及《問水》《敬止》《通考》《輯略》諸篇，知人論世者，必有起而軒輊其偏全者矣。而況親炙之近，追趨之乆，中心誠服，誠有不能自已者乎。今日者剞劂告成，傳世行遠，固陋巵言，幸得附名簡末，此則小子之厚幸也。第恐高深莫量，掛一而漏萬，識其小而不識其大，此又小子之隱愧也夫。

雍正十一年歲次癸丑九月中浣之吉。

山東兖州府沂郯海贛同知范昌治，原任河南開封府北河同知徐志巖，仝熏沐拜手敬跋。

整理人：閔祥鵬，歷史學博士、博士後，副教授，碩士生導師，河南大學黃河文明與可持續發展研究中心專職研究員。主要研究方向爲灾害史與文化史，近年來主持國家社科基金、中國博士後基金、國家財政重大專項子課題、河南省科技攻關重點項目等各類課題十餘項。發表論文三十餘篇，出版專著一部，合著及參編多部。研究成果獲河南省社科優秀成果獎等十餘項。

中國水利史典　編輯出版人員

總　編　輯　湯鑫華
總責任編輯　陳東明
副總責任編輯　穆勵生　馬愛梅

黄河卷二

責任編輯　趙　耀
審稿編輯　穆勵生　馬愛梅　宋建娜　王　藝　楊春霞
　　　　　張小思　朱　莉　趙　耀　王　勤
封面設計　王　鵬　蘆　博
版式設計　孫立新　黄雲燕
責任排版　吴建軍　郭會東　孫　静　丁英玲　聶彦環
責任校對　張　莉　梁曉静　黄　梅
責任印制　崔志强　劉一槊　帥　丹　孫長福　王　凌